Waldmann
Poisson-Geometrie und
Deformationsquantisierung

Stefan Waldmann

Poisson-Geometrie und Deformations-quantisierung

Eine Einführung

Mit 32 Abbildungen

 Springer

HD Dr. Stefan Waldmann
Fakultät für Mathematik und Physik
Physikalisches Institut
Albert-Ludwigs-Universität
Hermann Herder Straße 3
79104 Freiburg
E-mail: Stefan.Waldmann@physik.uni-freiburg.de

Bibliografische Information der Deutschen Nationalbibliothek

Die Deutsche Nationalbibliothek verzeichnet diese Publikation in der Deutschen Nationalbibliografie;
detaillierte bibliografische Daten sind im Internet über http://dnb.d-nb.de abrufbar.

Mathematics Subject Classification (2000): 53D05, 53D17, 53D20, 53D55, 81S10

ISBN 978-3-540-72517-6 Springer Berlin Heidelberg New York

Springer ist ein Unternehmen von Springer Science+Business Media

springer.de

© Springer-Verlag Berlin Heidelberg 2007

Umschlaggestaltung: WMXDesign GmbH, Heidelberg
Herstellung: LE-TEX Jelonek, Schmidt & Vöckler GbR, Leipzig
Satz: Datenerstellung durch den Autor unter Verwendung eines Springer TEX-Makropakets
Gedruckt auf säurefreiem Papier   175/3180YL - 5 4 3 2 1 0

Für Sonja, Richard, Silvia und Viola

Vorwort

Dieses Buch entstand aus einem – anfangs bei weitem nicht so ausführlich geplanten – Vorlesungsskript zu einer zweisemestrigen Vorlesung über Poisson-Geometrie und Deformationsquantisierung mit wöchentlichen Übungen, die ich in Freiburg am Physikalischen Institut im Wintersemester 2003/2004 und im Sommersemester 2004 und dann wieder im Wintersemester 2006/2007 und Sommersemester 2007 hielt. Die Zielgruppe dieser Veranstaltung waren Physik- und Mathematikstudenten im Hauptstudium. Mein wesentliches Ziel bei diesen Vorlesungen und nun auch bei diesem Buch war es, eine kohärente Darstellung der klassischen Mechanik (in Form von symplektischer und Poisson-Geometrie) und ihrer Quantisierung (in Form von Deformationsquantisierung) zu geben, da meiner Überzeugung nach eine klassische physikalische Theorie ohne Blick auf ihre Quantisierung ebenso unvollständig sein muß wie eine quantentheoretische Theorie ohne das genaue Wissen um die klassischen Ursprünge.

An der Entstehung dieses Buches haben mir viele Kollegen und Freunde mit Rat und Tat beigestanden, es sei ihnen an dieser Stelle daher herzlich gedankt: vor allem Martin Bordemann, Nikolai Neumaier und Hartmann Römer verdanke ich viele Diskussionen zur Differentialgeometrie, mathematischen Physik und insbesondere zur Deformationsquantisierung, welche auf die eine oder andere Art in diesem Buch mit eingeflossen sind. Thomas Strobl möchte ich besonders für seine wichtigen Kommentare und Hinweise zur Quantisierung danken. Martin Schlichenmaier und Gerd Rudolph gebührt ebenfalls großer Dank für ihre zahlreichen Verbesserungsvorschläge und Kommentare. Juan-Pablo Ortega sei für hilfreiche Erklärungen zur Blätterungstheorie gedankt. Den Freiburger Diplomanden und Doktoranden Florian Becher, Svea Beiser, Michael Carl, Jakob Heller, Hans-Christian Herbig, Stefan Jansen, Frank Keller und Stefan Weiß möchte ich herzlich für ihre Kommentare und das eifrige Korrekturlesen danken. Den Hörerinnen und Hörern meiner Vorlesung sei ebenfalls für die vielen Kommentare insbesondere zu den Übungen gedankt. Weiter möchte ich Julius Wess ganz besonders für die Ermutigung danken, dieses Buch zu schreiben, auch wenn es ursprünglich etwas anders geplant war. Ebenfalls danke ich Herrn Prof. Wolf Beiglböck für seine Kommentare zu den ersten Versionen des Manuskripts. Schließlich möchte ich den Damen und Herren vom Springer-Verlag für ihre Unterstützung bei der Umsetzung dieses Buchprojekts danken.

Der größte Dank gebührt aber sicherlich meinen Kindern Silvia, Richard und Sonja, die mit viel Geduld lange Abwesenheiten meinerseits ertrugen, und meiner Frau Viola, die mir jederzeit Diskussionspartner, Stütze und Inspiration bei der Entstehung dieses Buches war.

Freiburg, Mai 2007   *Stefan Waldmann*

Inhaltsverzeichnis

Einleitung

In diesem Lehrbuch der mathematischen Physik soll eine kohärente Darstellung der Poisson-Geometrie und der Deformationsquantisierung erreicht werden. Das Buch gliedert sich daher in zwei große Teile, den der klassischen Mechanik und den der Quantenmechanik. Beide Teil sind jedoch inhaltlich eng verzahnt und nehmen Bezug aufeinander, nicht zuletzt um die Problematik der Quantisierung zu verdeutlichen: ohne genaue Kenntnis der klassischen Situation bleibt Quantisierung ein leerer Begriff. Die Quantentheorie ist andererseits ohne Rückgriff auf klassische Begriffe in weiten Teilen nicht interpretierbar, so daß der Quantisierung und dem klassischen Limes eine Schlüsselrolle beim Verständnis der Quantentheorie zukommt. Darüberhinaus lassen sich viele Konstruktionen und Begriffe in der klassischen Mechanik nur im Hinblick auf ihre quantentheoretischen Analoga vollständig verstehen und motivieren. Daher ist es das erklärte Ziel dieses Buches, die klassische Mechanik *gemeinsam* mit ihrer Quantisierungstheorie zu beschreiben und dafür die angemessenen mathematischen Techniken zu entwickeln. Hier beschreitet das vorliegende Buch nicht nur den üblichen Weg eines Lehrbuchs der Mathematik, es wird vielmehr versucht, die physikalische Motivation, Interpretation und Bedeutung der einzelnen mathematischen Strukturen klar herauszustellen. Gerade durch diese kohärente Darstellung soll der engen Verbindung von Physik und Mathematik im Bereich der Mechanik und Quantisierungstheorie Rechnung getragen werden.

Klassische Mechanik. . .

Die klassische Mechanik besitzt viele mathematische Formulierungen und gilt nicht zuletzt deshalb als eine der bestverstandenen physikalischen Theorien, weil je nach konkreter Situation verschiedene, bestens angepaßte Techniken zur Verfügung stehen. Aber auch auf konzeptueller Ebene ist die klassische Mechanik diejenige physikalische Theorie, die der Anschauung und damit der Interpretation am wenigsten Probleme bereitet.

Im Hinblick auf die angestrebte Quantisierung gilt es eine geeignete Auswahl unter den mathematischen Formulierungen zu treffen, die im vorliegenden Buch auf die *Hamiltonsche Formulierung* der klassischen Mechanik fallen wird. Diese erweist sich zum einen als besonders nahe an der Quantenmechanik, was sie attraktiv für Quantisierungstheorien macht, zum anderen öffnet der Hamiltonsche Zugang die Türen zu einer geometrischen Beschreibung der Mechanik mit Hilfe der *symplektischen Geometrie* und der *Poisson-Geometrie*. An dieser Stelle sollte jedoch nicht verschwiegen werden, daß die klassische Mechanik mehr Phänomene bereit hält also die, die mit der Hamiltonschen Formulierung angemessen beschrieben werden können, insbesondere seien hier dissipative Systeme, bei denen die Energieerhaltung verletzt ist, und Systeme mit stochastischen Einflüssen genannt.

Der wesentliche Aspekt der Hamiltonschen Mechanik, welcher sich in der symplektischen Geometrie wie auch der Poisson-Geometrie wiederfindet, ist ja gerade die *Energieerhaltung*: Die fundamentalen *Hamiltonschen Gleichungen*

$$\dot{q}(t) = \frac{\partial H}{\partial p}(q(t), p(t)) \quad \text{und} \quad \dot{p}(t) = -\frac{\partial H}{\partial q}(q(t), p(t))$$

für gesuchte Kurven $q, p : \mathbb{R} \longrightarrow \mathbb{R}^n$ bei gegebenen Anfangsbedingungen $q(0) = q_0$ und $p(0) = p_0$ zu einer vorher festgelegten *Hamilton-Funktion H* beschreibe eine Dynamik, so daß die Funktion H selbst immer eine Erhaltungsgröße ist. Entscheidend hierfür ist das vielleicht wichtigste Minuszeichen der mathematischen Physik in den Hamiltonschen Gleichungen sowie die Tatsache, daß partielle Ableitungen vertauschen, sofern H von der Klasse C^2 ist, was immer angenommen werden soll. Diese Antisymmetrie in den Hamiltonschen Gleichungen unter Vertauschung von Orten q und Impulsen p wird nun zum grundlegenden Prinzip in der symplektischen Geometrie: Gegenstand der symplektischen Geometrie sind Mannigfaltigkeiten mit einer *antisymmetrischen* nichtausgearteten Bilinearform ω auf jedem Tangentialraum, der *symplektischen Form*. Ganz anders verhält es sich beispielsweise mit der Riemannschen Geometrie, wo die Symmetrie eines Skalarprodukts als Ausgangspunkt genommen wird, um symmetrische Bilinearformen zu betrachten.

Während nun die Hamiltonsche Mechanik auf dem einfachsten Phasenraum $\mathbb{R}^{2n}$ im wesentlichen durch symplektische lineare Algebra beschrieben werden kann, benötigt man im allgemeinen geometrischen Kontext eine *Integrabilitätsbedingung*, die Geschlossenheit der symplektischen Form. Diese gestattet es letztlich, die aus dem $\mathbb{R}^{2n}$ bekannte Poisson-Klammer von Funktionen

$$\{f, g\} = \sum_{k=1}^{n} \left(\frac{\partial f}{\partial q^k} \frac{\partial g}{\partial p_k} - \frac{\partial f}{\partial p_k} \frac{\partial g}{\partial q^k} \right)$$

auch geometrisch zu verallgemeinern, so daß die algebraischen Eigenschaften beibehalten werden können: Antisymmetrie (erneut das wichtigste Minuszeichen) und Jacobi-Identität. Daß es sich bei der Geschlossenheit tatsächlich um eine Integrabilitätbedingung handelt, ist gerade die Aussage des Darboux-

Theorems: es lassen sich auf jeder symplektischen Mannigfaltigkeit lokale Koordinaten finden, so daß die Hamiltonschen Gleichungen und die Poisson-Klammer die obige einfache Gestalt annehmen.

Es stellt sich nun die Frage, warum sich insbesondere auch Physiker mit symplektischer Geometrie beschäftigen sollten, wo doch die „relevanten" mechanischen Systeme bequem mit dem Phasenraum $\mathbb{R}^{2n}$ beschrieben werden können. Hier gibt es mindestens zwei Antworten: zum einen sind auch mechanische Systeme mit *Zwangsbedingungen* relevant, welche im einfachsten Fall zu Phasenräumen führen, die mathematisch durch das Kotangentenbündel eines geometrisch nicht-trivialen Konfigurationsraumes beschrieben werden. Globale Effekte, wie sie in diesem Fall beispielsweise bei einem geladenen Teilchen im magnetischen Feld eines (hypothetischen) magnetischen Monopols auftreten, zeigen, daß eine rein lokale Sicht der Dinge wesentliche physikalische Phänomene übersehen muß. Zum anderen, und dies ist vermutlich der fundamentalere Grund, treten bei mechanischen Systemen mit *Symmetrien* bei der Beschreibung der reduzierten Phasenräume, wo also bestimmte Erhaltungsgrößen, die Komponenten einer Impulsabbildung, in ihren Werten fixiert wurden, symplektischen Mannigfaltigkeiten auf, welche eine nahezu generische Komplexität aufweisen können, auch wenn das ursprüngliche System den trivialen Phasenraum $\mathbb{R}^{2n}$ besaß.

Der Schritt von der symplektischen Geometrie zur allgemeineren Poisson-Geometrie ist dagegen vergleichsweise leicht zu verstehen, insbesondere im Hinblick auf die angestrebte Quantisierung. Es ist letztlich nicht die Geometrie, welche für ein mechanisches System ausschlaggebend ist, sondern die algebraische Beschreibung der Observablen mit Hilfe der Poisson-Algebra der Funktionen auf dem Phasenraum, welche geometrischen Strukturen der Phasenraum selbst auch immer haben mag. Fordert man daher nur die Existenz einer Poisson-Klammer für die Funktionen, so erhält man als zugrundeliegende geometrische Struktur einen Poisson-Tensor auf dem Phasenraum, der nun im Gegensatz zum symplektischen Fall auch ausgeartet sein darf. Auf diese Weise erhält man dann eine willkommene Verallgemeinerung der symplektischen Geometrie, die immer noch die relevanten algebraischen Strukturen bereithält, die bei der Quantisierung von Nöten sind, aber nun neue Beispielklassen und Phänomene ermöglicht. Als erstes wichtiges Strukturmerkmal von Poisson-Mannigfaltigkeiten erhält man das Resultat, daß sie sich auf kanonische Weise in immersierte symplektische Untermannigfaltigkeiten zerblättern, wobei die Blätterung im allgemeinen singulär und damit sehr kompliziert ist.

Eines der wichtigsten Beispiele für eine Poisson-Mannigfaltigkeit ist der Dualraum $\mathfrak{g}^*$ einer Lie-Algebra $\mathfrak{g}$, auf dem es eine kanonische lineare Poisson-Struktur gibt. Dieses Beispiel erlaubt es zugleich, Poisson-Geometrie als eine Verallgemeinerung von Lie-Algebratheorie zu sehen. Mit diesem Beispiel erweist sich Poisson-Geometrie als überaus nützlich beim Verständnis von Symmetrien: die Impulsabbildung eines Hamiltonschen Systems mit Symmetrie ist eine Poisson-Abbildung $J : M \longrightarrow \mathfrak{g}^*$, womit Poisson-geometrische Methoden auch Einzug in die symplektische Geometrie halten. Darüberhinaus liefern

Poisson-Mannigfaltigkeiten erste Beispiele für *Lie-Algebroide*, die ihrerseits ebenfalls zur Verallgemeinerung von Symmetriekonzepten herangezogen werden können. Die beiden letzten Aspekte von Poisson-Geometrie zeigen klar das Potential dieser Konzepte auch jenseits von Anwendungen in der geometrischen Mechanik.

... und ihre Quantisierung

Die fundamentale physikalische Konstante, die den Übergang von klassischer Physik zu Quantenphysik kontrolliert, ist das *Plancksche Wirkungsquantum* $\hbar = 1.05457168 \times 10^{-34}$Js der physikalischen Dimension *Wirkung*. Bei der Beschreibung eines physikalisches System muß mit Quanteneffekten gerechnet werden, wenn typische Größen des Systems der Dimension Wirkung von der Größenordnung $\hbar$ sind, und es ist leider sehr schwer zu sagen, was nun „typischen Größen" sein sollen, die in Relation zu $\hbar$ gesetzt werden müssen. Eine Theorie der Quantisierung soll nun diese Vorstellungen genauer fassen und mathematisch präzisieren.

Während es bei der mathematischen Modellierung klassischer mechanischer Systeme einen großen Konsens gibt, welche Situation welche Beschreibung erfordert, zeigt sich das Bild deutlich weniger einheitlich, wenn es um den Übergang von klassischer Physik zur Quantenphysik geht. Abgesehen von Zugängen zur Quantenphysik, die die Notwendigkeit und Nützlichkeit einer Quantisierung gänzlich negieren, gibt es sehr viele konkurrierende Methoden der Quantisierung, wie etwa die sogenannte kanonische Quantisierung, gruppentheoretische Techniken, Pfadintegralquantisierung, geometrische Quantisierung und eben Deformationsquantisierung, um nur einige –ohne jeden Anspruch auf Vollständigkeit– zu nennen. Bevor man nun die Diskussion um die „richtige" Quantisierung beginnt, sollte man zunächst klarstellen, daß Quantisierung von einem physikalischen Standpunkt aus ein im wesentlichen *irrelevantes* Problem darstellt: nach allem, was zur Beziehung von klassischer Physik und Quantenphysik bekannt ist, handelt es sich bei der Quantentheorie um die fundamentalere und universellere Beschreibung der Natur, womit letztere sowieso schon „quantisiert" ist. Das eigentliche physikalische und auch ungleich schwierigere Problem ist es, zu erklären, wieso in einer reinen Quantenwelt in gewissen Bereichen überhaupt eine klassische Beschreibung möglich und sinnvoll ist. Ein konzeptuell klares Verständnis dieses *klassischen Limes* ist sicherlich noch nicht erreicht, geht es dabei doch um sehr viel mehr als die bloße Rechtfertigung gewisser Näherungen: das Auftreten einer *deterministischen* klassischen Mechanik aus einer indeterministischen Quantenmechanik rührt letztlich an den fundamentalen Fragen zur Interpretation der Quantenmechanik selbst.

In diesem Lichte läßt sich der Wunsch nach einer Quantisierung als ein sehr viel bescheidenerer erkennen: gesucht werden Kandidaten für ein mathematisches Modell der Quantentheorie unter Benutzung der Vorkenntnis der klassischen Beschreibung, auch wenn klar ist, daß es letztlich nur eine physikalisch richtige Beschreibung geben wird. Quantisierung läßt sich daher als pragmatischer Zugang zu einer mathematischen Modellierung eines Quantensystems verstehen, für welches das Aufstellen einer *a priori* quantentheoretischen Beschreibung zu schwierig und unzugänglich ist.

Ohne auf einen detaillierten Vergleich der einzelnen Quantisierungsmethoden einzugehen, dies erforderte sicherlich ein eigenständiges Lehrbuch, lassen sich doch folgende Charakteristika erkennen: da es sich bei der Quantisierung mathematisch gesehen um ein recht schlecht gestelltes Problem handelt, sind zunächst die klassischen Voraussetzungen zu klären und einzugrenzen. Je besser das klassische System bekannt ist und je genaueres Vorwissen über es benutzt werden kann, desto spezifischere Resultate kann man von einer Quantisierung erwarten. Im Idealfall läßt sich so eine (und damit die) quantentheoretische Beschreibung gewinnen. Der Preis dafür ist jedoch, daß unter Umständen eben sehr viele, stark beispielabhängige Informationen benutzt werden müssen und so allgemeine Aussagen über das Verhältnis von klassischer Physik zu Quantenphysik kaum möglich sind. Dies hingegen wäre das Ziel einer Quantisierungstheorie, die von einer möglichst generischen klassischen Situation ausgeht, etwa von einer symplektischen oder gar Poisson-Mannigfaltigkeit, und anschließend damit Kandidaten für die entsprechende Quantentheorie zu konstruieren sucht. Für diesen, ebenfalls extremen Standpunkt gilt entsprechend, daß sich kaum erwarten läßt, einen eindeutigen Kandidaten zu finden. Vielmehr wird man sich begnügen müssen, die vielen Kandidaten in sinnvoller Weise zu klassifizieren. Erst durch anschließende Spezialisierung der klassischen Ausgangssituation wird sich die Wahl eingrenzen lassen.

Es ist klar, daß beide Extreme ihre Vor- und Nachteile besitzen: für eine relevante Anwendbarkeit in der Physik muß der Weg zu Ende gegangen werden, was für eine Berücksichtigung aller zur Verfügung stehenden Information spricht. Umgekehrt erlaubt nur eine einigermaßen generische klassische Situation eine vernünftige Axiomatisierung und damit Mathematisierung des Quantisierungsvorhabens.

Die Deformationsquantisierung und damit der Gegenstand des zweiten großen Teils dieses Buches ist sicherlich eine derjenigen Quantisierungsmethoden, die mit sehr geringen Voraussetzungen auf klassischer Seite auskommt. Die grundlegende Motivation bezieht die Deformationsquantisierung aus folgender Beobachtung: Für den trivialen Phasenraum $\mathbb{R}^{2n}$ ist die Quantentheorie bekannt und läßt sich beispielsweise im Schrödingerschen Bild realisieren: Der relevante Hilbert-Raum der Zustandsvektoren ist der Raum der quadratintegrablen Wellenfunktionen $L^2(\mathbb{R}^n, \mathrm{d}^n x)$, und die Observablen werden durch typischerweise unbeschränkte Operatoren in $L^2(\mathbb{R}^n, \mathrm{d}^n x)$ beschrieben. Die fundamentalen Observablen sind die üblichen Orts- und Impulsoperatoren und deren Polynome. Nach Wahl einer *Ordnungsvorschrift* lassen sich den klassischen Polynomen in Orts- und Impulskoordinaten nun entsprechende Polynome der nicht länger kommutativen Orts- und Impulsoperatoren zuord-

nen. Mathematisch gesehen führt dies zu einem (vollständigen) Symbolkalkül
für Differentialoperatoren mit glatten Koeffizienten, wobei die Symbole also
durch glatte Funktionen auf $\mathbb{R}^{2n}$ beschrieben werden, die in den Impulsen
polynomial sind. Mit Hilfe dieser Quantisierungsabbildung läßt sich nun das
nichtkommutative Operatorprodukt der Differentialoperatoren auf die Symbole zurückziehen, und man erhält so die ersten Beispiele für das fundamentale
Objekt in der Deformationsquantisierung, ein *Sternprodukt*. Wählt man beispielsweise als Ordnungsvorschrift die Weylsche Symmetrisierungsvorschrift,
so erhält man das Weyl-Sternprodukt

$$f \star_{\mathrm{Weyl}} g = \sum_{r=0}^{\infty} \frac{1}{r!} \left(\frac{\mathrm{i}\hbar}{2} \right)^r \sum_{s=0}^{r} \binom{r}{s} (-1)^{r-s} \frac{\partial^r f}{\partial q^s \partial p^{r-s}} \frac{\partial^r g}{\partial p^s \partial q^{r-s}},$$

wobei die vermeintlich unendliche Reihe abbricht, da f, g in den Impulsen
polynomial sind. Es sind nun genau die Eigenschaften von solchen konkret gewonnenen Sternprodukten, welche verallgemeinert und axiomatisiert werden
können: In nullter Ordnung des Planckschen Wirkungsquantums $\hbar$ ist $\star_{\mathrm{Weyl}}$
gerade das punktweise, kommutative Produkt fg, in erster Ordnung liefert
der $\star_{\mathrm{Weyl}}$-Kommutator die Poisson-Klammer $\mathrm{i}\hbar\{f,g\}$, die höheren Ordnungen schließlich bestehen aus Bidifferentialoperatoren, so daß $\star_{\mathrm{Weyl}}$ insgesamt
assoziativ ist. Da es sich bei $\star_{\mathrm{Weyl}}$ um ein isomorphes Abbild der üblichen
Operatormultiplikation handelt, enthält $\star_{\mathrm{Weyl}}$ per constructionem die selbe
Information wie die übliche Formulierung der Quantenmechanik mit Operatoren in $L^2(\mathbb{R}^n, \mathrm{d}^n x)$.

Um nun die Eigenschaften von $\star_{\mathrm{Weyl}}$ zu axiomatisieren, gilt es zunächst
folgendes Problem zu bewältigen: auf einer generischen symplektischen oder
gar Poisson-Mannigfaltigkeit gibt es keine ausgezeichnete Funktionenklasse,
die den in den Impulsen polynomialen Funktionen auf $\mathbb{R}^{2n}$ entspricht. Für
beliebige glatte Funktionen ist $\star_{\mathrm{Weyl}}$ aber sicher nicht konvergent und daher
nur als eine *formale Potenzreihe in* $\hbar$ zu verstehen. In einem ersten Schritt
betrachtet man daher nur solche formalen Sternprodukte, dann allerdings ist
eine allgemeine Definition für Poisson-Mannigfaltigkeiten unmittelbar klar: $\star$
ist eine assoziative Multiplikation für die formalen Reihen $C^\infty(M)[[\lambda]]$, wobei
der formale Parameter λ in konvergenten Situationen $\hbar$ entspricht, derart daß
in nullter Ordnung von λ die punktweise Multiplikation und in erster Ordnung
im Kommutator die Poisson-Klammer erhalten wird.

Einer der großen Vorzüge der Deformationsquantisierung ist, daß sowohl die Existenz allgemein für Poisson-Mannigfaltigkeiten gesichert als auch
die Klassifikation von Sternprodukten gut verstanden ist. Die verbleibenden
Schwierigkeiten sind trotzdem zahlreich. So mächtig die allgemeinen Existenz-
und Klassifikationssätze auch sind, so schwierig ist es, konkrete Formeln und
explizite Beispiele anzugeben. Viele dieser wenigen werden jedoch in diesem
Buch eingehend diskutiert. Weiter ist der formale Charakter der Sternprodukte physikalische sicherlich unbefriedigend und muß in einem weiteren Schritt
überwunden werden. Hier zeigt sich, daß es nur wenige allgemein gültige Aus-

sagen gibt, vielmehr hängt die Lösung des Konvergenzproblems sehr spezifisch von den betrachteten Beispielen ab und ist dann mitunter auch sehr technisch.

Die physikalische Interpretation der so erhaltenen Sternproduktalgebren, sieht man von den Konvergenzproblemen einmal ab, ist die der Observablenalgebra der Quantentheorie. Es ist einer der wesentlichen Züge der Deformationsquantisierung, die Observablenalgebra als das primäre Objekt der Quantentheorie zu verstehen und als zweiten Schritt daraus die Zustände sowie Hilbert-Raumdarstellungen abzuleiten. Dieser zweite Schritt sollte in seiner Bedeutung jedoch nicht unterschätzt werden, da für eine vollständige quantenmechanische Beschreibung sicherlich auch ein angemessener Begriff für Zustände vorhanden sein muß. In der Deformationsquantisierung, wie auch in anderen Zugängen zur Quantentheorie, die auf der Observablenalgebra basieren, bedient man sich dabei der *positiven Funktionale* als Zustände, ganz analog zur Vorgehensweise für C^*- oder allgemeiner O^*-Algebren. Eine kleine Schwierigkeit ist jetzt jedoch, daß zunächst ein geeigneter Positivitätsbegriff im Rahmen der formalen Potenzreihen gefunden werden muß. Ist dies aber erreicht, so lassen sich auch die weiteren Konzepte der Theorie der C^*- und O^*-Algebren übertragen und insbesondere Darstellungen konstruieren.

Zum Gebrauch dieses Buches

Als ein Lehrbuch der *mathematischen Physik* richtet sich dieses Buch vor allem an Studenten und Studentinnen der Mathematik und Physik, welche sich bereits im Hauptstudium befinden. Des weiteren mag das Buch als kohärente Darstellung der Poisson-Geometrie und der Deformationsquantisierung und damit als Nachschlagewerk oder auch als Grundlage für Vorlesungen und Seminare zu diesem Thema dienen.

Es wird stillschweigend vorausgesetzt, daß der Leser oder die Leserin neben den Grundvorlesungen in Mathematik (Analysis und (multi-)lineare Algebra) und Physik (vor allem theoretische Mechanik) auch über ein solides Grundwissen in der Quantenmechanik verfügt. Vorwissen in Differentialgeometrie ist hingegen *nicht* erforderlich, da alle benötigten Konzepte und Techniken teilweise zwar knapp aber doch vollständig entwickelt werden. Das Buch kann und will jedoch ein Lehrbuch zur Differentialgeometrie nicht ersetzen, so daß für etliche Beweise und weiterführendes Material auf entsprechende Lehrbücher zurückgegriffen werden sollte. Darüberhinaus ist eine gewisse Vertrautheit mit elementaren Begriffen der Algebra und der mengentheoretischen Topologie sicherlich nützlich. Die wichtigste Voraussetzung ist jedoch sicherlich wie immer das Interesse am Gegenstand der Betrachtungen.

Zum Abschluß jedes Kapitels findet sich ein Abschnitt mit *Übungsaufgaben*, denen eine zentrale Bedeutung zukommt: zum einen läßt sich wohl kein Gebiet der mathematischen Physik erlernen und verstehen, wenn man nicht Hand anlegt und eine bestimmte Menge an Rechnungen selbst durchführt. Zum anderen beinhalten die teilweise ausführlichen und umfangreichen Übungen ergänzendes Material wie auch Details zu Beweisen, die im Haupttext nicht ausgeführt werden. Es gibt zwar keine expliziten Lösungen zu den Übungen, jedoch sind sie mit zahlreichen Hinweisen und Anleitungen versehen, so daß einer erfolgreichen Bearbeitung nichts im Wege stehen sollte.

Das *Literaturverzeichnis* gliedert sich in zwei Teile, zum einen gibt es eine nach Kapiteln geordnete kommentierte Sammlung von Verweisen auf Lehrbücher und einzelne Übersichtsartikel, welche gerade Studentinnen und Studenten als erste Anlaufstelle zum Weiterlesen dienen sollten. Das eigentliche Literaturverzeichnis ist alphabetisch geordnet und die Verweise im Haupttext beziehen sich auf diesen Teil. Hier findet sich eine Fülle von Originalarbeiten, welche jedoch trotzdem notwendigerweise unvollständig bleiben muß. Dieser Teil ist daher eher für die fortgeschrittenere Leserschaft gedacht, die einzelne, speziellere Aspekte recherchieren will.

Das Ende eines Beweises wird mit dem Symbol $\square$, ein Teilabschnitt eines Beweises mit $\triangledown$ gekennzeichnet.

Neue Begriffe, Bezeichnungen und Notationen werden sowohl in abgesetzten Definitionen als auch direkt im laufenden Text erklärt. Darüberhinaus werden folgende Konventionen allgemein benutzt: Die natürliche Zahlen $\mathbb{N}$ beginnen mit $\{1, 2, \ldots\}$ und $\mathbb{N}_0 = \mathbb{N} \cup \{0\}$. Wie in der Differentialgeometrie üblich wird die Einsteinsche Summenkonvention verwendet: über doppelt vorkommende (Koordinaten-) Indizes ist automatisch zu summieren. Unter glatten Funktionen werden unendlich oft stetig differenzierbare Funktionen verstanden, was synonym zur Bezeichnung C^∞ verwendet wird. Allgemeiner steht C^k für k-mal stetig differenzierbar und C^ω für reell-analytisch. Die Bezeichnung $V^\bullet$ soll andeuten, daß der Vektorraum V graduiert ist, also $V = \bigoplus_{k \in \mathbb{Z}} V^k$, wobei die Summe auch über Teilmengen von $\mathbb{Z}$ laufen kann. Entsprechend bedeutet $\phi: V^\bullet \longrightarrow W^{\bullet + \ell}$, daß die lineare Abbildung ϕ homogen vom Grade ℓ ist, also $\phi(V^k) \subseteq W^{k+\ell}$ für alle k. In einer Aufzählung bedeutet $a_1, \ldots, \overset{i}{\wedge}, \ldots, a_n$, daß a_i nicht auftritt. Schließlich bezeichnet δ_{ij} das Kronecker-Symbol und ϵ_{ijk} den total antisymmetrischen ϵ-Tensor, also $\epsilon_{ijk} = \text{sign}(ijk)$ falls ijk eine Permutation von 123 ist und 0 sonst. Die Tensorprodukte $\otimes$ sind meistens über $\mathbb{C}$ oder $\mathbb{R}$ zu verstehen, gelegentlich wird der Grundring auch explizit angegeben, um Mißverständnissen vorzubeugen.

Jeder wissenschaftliche Text größeren Umfangs enthält zweifellos und unweigerlich Fehler verschiedener Natur. Bekannte Fehler und deren Korrekturen sowie weitere Informationen zur Poisson-Geometrie und Deformationsquantisierung, Links zum Thema, weitere Hinweise zu den Aufgaben sowie aktualisierte Literaturangaben finden sich im Internet unter:

http://idefix.physik.uni-freiburg.de/~stefan/

1

Aspekte der Hamiltonschen Mechanik

Die klassische Mechanik ist aus mehrerlei Gründen diejenige physikalische Theorie, welche als Vorbild für jeden anderen Zweig der Physik dienen sollte. Zum einen bietet sie die am besten verstandene Begrifflichkeit: Die Zuordnung von physikalischen Phänomenen und mathematischen Modellen ist nirgends so gut verstanden wie in der klassischen Mechanik, weshalb sich in diesem Aspekt jede andere physikalische Theorie an der Mechanik messen lassen muß. Zum anderen ist die klassische Mechanik Ausgangspunkt für vielerlei Verallgemeinerungen: Der Übergang von endlich vielen zu unendlich vielen Freiheitsgraden führt ins Reich der Feldtheorie und der statistischen Physik, der Übergang von klassischer Physik zur Quantenphysik wird in den folgenden Kapiteln noch eingehend studiert werden.

Ziel dieses Kapitels ist es, die wohlbekannte Hamiltonsche Mechanik im $\mathbb{R}^{2n}$ zu wiederholen, siehe beispielsweise [11, 140, 171], und eine Formulierung bereitzustellen, die sich auf geometrischere Situationen verallgemeinern läßt.

Der Konfigurationsraum eines klassischen Hamiltonschen Systems ist von der Form $\mathbb{R}^n$ mit (verallgemeinerten) Ortskoordinaten $x^1, \ldots, x^n$. Der zugehörige Phasenraum ist dann $\mathbb{R}^{2n}$ mit den induzierten kanonischen Koordinaten $q^1, \ldots, q^n$, $p_1, \ldots, p_n$, wobei $q^1, \ldots, q^n$ die Ortskoordinaten und $p_1, \ldots, p_n$ die dazu kanonisch konjugierten Impulskoordinaten sind. Die Dynamik eines Hamiltonschen Systems ist durch die Angabe einer (reellwertigen) *Hamilton-Funktion*

$$H : \mathbb{R}^{2n} \longrightarrow \mathbb{R}$$

festgelegt: Gesucht werden die Lösungen der *Hamiltonschen Bewegungsgleichungen*

$$\dot{q}(t) = \frac{\partial H}{\partial p}(q(t), p(t)) \quad \text{und} \quad \dot{p}(t) = -\frac{\partial H}{\partial q}(q(t), p(t))$$

zu vorgegebenen Anfangsbedingungen $q(0) = q_0$ und $p(0) = p_0$. Hier und im folgenden werden gelegentlich die Koordinatenindizes unterdrückt, solange der Kontext klar ist.

1.1 Analytische Aspekte der Hamiltonschen Mechanik

Die Hamiltonschen Gleichungen sind gewöhnliche Differentialgleichungen erster Ordnung, also von der Form

$$\dot{x}^i(t) = X^i(x(t)) \quad \text{für} \quad i = 1, \ldots, d, \tag{1.1}$$

wobei $X^i \in C^\infty(\mathbb{R}^d)$ vorgegebene reellwertige Funktionen sind und $d = 2n$ gilt. Im allgemeinen besitzen solche (gekoppelten) Differentialgleichungen zu gegebenen Anfangsbedingungen $x(0) = x_0 \in \mathbb{R}^d$ eine eindeutige maximale Lösung, auch *Integralkurve* oder *Flußlinie* genannt:

Satz 1.1.1 (Picard-Lindelöf, lokale Version). *Sei* $X^i \in C^\infty(\mathbb{R}^d)$ *für* $i = 1, \ldots, d$ *und* $x_0 \in \mathbb{R}^d$ *vorgegeben. Dann gilt:*

i.) Es existiert eine auf einem offenen Intervall I um 0 definierte glatte Kurve

$$x : I \subseteq \mathbb{R} \longrightarrow \mathbb{R}^d, \tag{1.2}$$

welche (1.1) löst und $x(0) = x_0$ erfüllt. Sind x und x' Lösungen zur selben Anfangsbedingung $x(0) = x_0 = x'(0)$, so gilt $x(t) = x'(t)$ auf $I \cap I'$.
ii.) Sei I_{x_0} das maximale Intervall, auf dem die Lösungskurve mit Anfangsbedingung x_0 definiert ist. Dann ist

$$\mathcal{U} = \bigcup_{x_0 \in \mathbb{R}^d} I_{x_0} \times \{x_0\} \subseteq \mathbb{R} \times \mathbb{R}^d \tag{1.3}$$

eine offene Umgebung von $\{0\} \times \mathbb{R}^d$ in $\mathbb{R} \times \mathbb{R}^d$.
iii.) Die Abbildung

$$\Phi : \mathcal{U} \ni (t, x_0) \mapsto \Phi(t, x_0) = x(t) \in \mathbb{R}^d, \tag{1.4}$$

welche der Anfangsbedingung x_0 und der Zeit t den Wert der zugehörigen Lösungskurve zur Zeit t zuordnet, ist glatt.
iv.) Für alle $x_0 \in \mathbb{R}^d$ und alle $t, s \in \mathbb{R}$ mit $(t, x_0), (s, x_0), (t + s, x_0) \in \mathcal{U}$ gilt

$$\Phi(t, \Phi(s, x_0)) = \Phi(t + s, x_0) = \Phi(s, \Phi(t, x_0)) \quad \text{und} \quad \Phi(0, x_0) = x_0. \tag{1.5}$$

Einen Beweis für diesen Satz findet man in jedem Lehrbuch zu gewöhnlichen Differentialgleichungen. Der Beweis folgt im wesentlichen direkt aus dem Banachschen Fixpunktsatz, siehe beispielsweise [1, Thm. 2.1.2].

Bemerkung 1.1.2 (Flußabbildung).

i.) Die Abbildung Φ heißt *Flußabbildung* oder auch *Fluß* der Differentialgleichung (1.1). Eine Differentialgleichung der Form (1.1) heißt auch (lokales) *dynamisches System*. Die Hamiltonschen Bewegungsgleichungen sind also ein spezielles dynamisches System.

ii.) Gilt $\mathcal{U} = \mathbb{R} \times \mathbb{R}^d$, ist der Fluß also für jede Anfangsbedingung für alle Zeiten definiert, so heißt der Fluß *vollständig*, siehe auch Abbildung 1.1. In der klassischen Mechanik treten sowohl vollständige als auch unvollständige Flüsse auf: der harmonische Oszillator hat einen vollständigen Fluß, das Kepler-System hat einen unvollständigen Fluß, siehe auch Aufgabe 1.1 sowie Aufgabe 1.3.

iii.) Der Satz ist ebenfalls richtig, nach den offensichtlichen Modifikationen, falls die Funktionen X^i und damit die Differentialgleichung (1.1) nur auf einem offenen Teil $W \subseteq \mathbb{R}^d$ definiert sind.

iv.) Die Glattheit von Φ heißt insbesondere, daß der Wert einer Lösung $x(t)$ sowohl glatt von der Zeit als auch glatt von den Anfangsbedingungen abhängt.

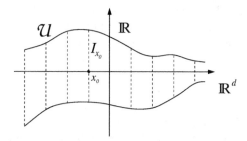

Abb. 1.1. Die Umgebung $\mathcal{U}$ für einen unvollständigen Fluß

Im folgenden betrachten wir hauptsächlich vollständige Flüsse. Ansonsten muß man sich auf einen kleinen offenen Bereich W von $\mathbb{R}^d$ um einen gegebenen Punkt x_0 einschränken, um für *alle* Anfangsbedingungen in W den Fluß für eine gewisse Zeit $t > 0$ definiert zu haben. Man definiert

$$\Phi_t : \mathbb{R}^d \longrightarrow \mathbb{R}^d, \quad \Phi_t(x) = \Phi(t, x). \tag{1.6}$$

Dann gilt offenbar

$$\Phi_0 = \mathsf{id} \quad \text{und} \quad \Phi_t \circ \Phi_s = \Phi_{t+s} \tag{1.7}$$

sowie

$$\frac{\mathrm{d}}{\mathrm{d}t} \Phi_t = X \circ \Phi_t. \tag{1.8}$$

Folgerung 1.1.3. *Sei Φ_t ein (vollständiger) Fluß.*

i.) *Die Abbildung $t \mapsto \Phi_t$ ist eine Einparametergruppe von Diffeomorphismen $\Phi_t : \mathbb{R}^d \longrightarrow \mathbb{R}^d$ und es gilt $\Phi_t^{-1} = \Phi_{-t}$.*

ii.) *Umgekehrt definiert jede (glatte) Einparametergruppe von Diffeomorphismen $\{t \mapsto \Phi_t\}_{t \in \mathbb{R}}$ via (1.8) eine gewöhnliche Differentialgleichung der Form (1.1), deren Fluß sie ist.*

Es besteht also eine eineindeutige Korrespondenz zwischen Differentialgleichungen der Form (1.1) und Einparametergruppen von Diffeomorphismen.

Die Definition einer erhaltenen Größe ist in der gesamten Mechanik und weit darüber hinaus von fundamentaler Bedeutung: Zum einen nützen sie beim praktischen Lösen der Bewegungsgleichungen, zum anderen sind Erhaltungsgrößen, wie wir noch im Detail sehen werden, untrennbar mit Symmetrien verknüpft. Hier nun also die wohlbekannte Definition.

Definition 1.1.4 (Erhaltungsgröße). *Eine (glatte) Erhaltungsgröße f für* (1.1) *ist eine Funktion* $f \in C^\infty(\mathbb{R}^d)$ *mit*

$$f \circ \Phi_t = f \qquad (1.9)$$

für alle t.

Mit anderen Worten: der Wert von f bei x hängt nur von der (eindeutigen) Lösungskurve durch x, nicht aber vom Punkt auf der Lösungskurve ab. Offenbar ist dies zur infinitesimalen Charakterisierung

$$\sum_{i=1}^{d} X^i \frac{\partial f}{\partial x^i} = 0 \qquad (1.10)$$

äquivalent. Durch Ableitung von (1.9) nach t bei $t = 0$ erhält man offenbar (1.10). Umgekehrt liefert (1.10) unter Verwendung der Einparametergruppeneigenschaft von Φ_t auch (1.9).

1.2 Geometrische Aspekte der Hamiltonschen Mechanik

Wir wollen nun die analytische Beschreibung auf geometrischere Weise deuten. Da der Fluß Φ_t eines dynamischen Systems eine Einparametergruppe von Diffeomorphismen ist, liegt es nahe, die Eigenschaften dieser Abbildung von einem geometrischen Standpunkt aus zu studieren.

1.2.1 Geometrische Eigenschaften von Flüssen

Ein dynamisches System

$$\dot{x}^i(t) = X^i(x(t)), \quad i = 1, \ldots, d, \qquad (1.11)$$

läßt sich als glattes *Vektorfeld*

$$X : \mathbb{R}^d \longrightarrow \mathbb{R}^d \qquad (1.12)$$

auffassen. Eine Lösungskurve $x(t)$ von (1.11) ist somit eine Kurve in $\mathbb{R}^d$, die an jedem Punkt *tangential* an das vorgegebene Vektorfeld X ist, siehe Abbildung 1.2. Dies legt folgende intuitive Interpretation nahe: Das Vektorfeld X

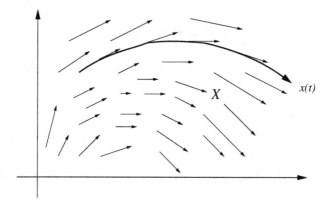

Abb. 1.2. Vektorfeld und Flußlinie

kann als „Geschwindigkeitsvektorfeld" einer „Flüssigkeit" aufgefaßt werden.
Die Lösungskurven sind dann die Trajektorien von kleinen Testteilchen, welche in der Flüssigkeit treiben. Daher auch der Name „Flußabbildung" und „Flußlinie".

Auch wenn man die Flußabbildung in vielen Fällen *nicht explizit* bestimmen kann, so lassen sich anhand des geometrischen Bildes bestimmte Eigenschaften zumindest qualitativ verstehen. Dabei sind insbesondere folgende Fragestellungen und Eigenschaften von Interesse:

- Volumenerhaltender Fluß, entspricht einer inkompressiblen Flüssigkeit.
- Fixpunkte entsprechen $X(m) = 0$.
- Attraktoren/Repelloren.
- Geschlossene Bahnen.

Diese Fragestellungen sind der Ausgangspunkt zur qualitativen Analyse dynamischer Systeme, siehe beispielsweise [275, Kap. 9] sowie [1, Part III] und [11].

1.2.2 Hamiltonsche Flüsse

Die Hamiltonschen Bewegungsgleichungen liefern ein spezielles dynamisches System, welches wir nun im Lichte der vorangegangenen Diskussion näher betrachten wollen. Das zugehörige *Hamiltonsche Vektorfeld* ist durch

$$X_H(q,p) = \begin{pmatrix} \frac{\partial H}{\partial p}(q,p) \\ -\frac{\partial H}{\partial q}(q,p) \end{pmatrix} \tag{1.13}$$

gegeben. Das Vektorfeld X_H kann man als „Schiefgradient" von H auffassen:
Mit der Matrix

$$\Omega_0 = \begin{pmatrix} 0 & \mathbb{1} \\ -\mathbb{1} & 0 \end{pmatrix} \tag{1.14}$$

gilt

$$X_H = \Omega_0 \nabla H, \tag{1.15}$$

wobei ∇H den üblichen Gradienten von H bezeichnet. Das Minuszeichen in (1.14), also die *Antisymmetrie* der Matrix Ω_0 stellt in gewisser Hinsicht das wichtigste Minuszeichen in der mathematischen Physik dar.

Die „Flüssigkeit" eines Hamiltonschen Vektorfeldes ist *inkompressibel*, es gilt nämlich der *Satz von Liouville*:

Satz 1.2.1 (Liouville). *Ein Hamiltonsches Vektorfeld X_H ist divergenzfrei. Damit ist ein Hamiltonscher Fluß volumenerhaltend.*

Beweis. Der Beweis erfolgt durch elementares Nachrechnen, denn die Divergenz ist durch

$$\operatorname{div} X_H = \sum_{k=1}^{2n} \frac{\partial X_H^k}{\partial x^k} = \sum_{k=1}^{n} \left(\frac{\partial}{\partial q^k} \left(\frac{\partial H}{\partial p_k} \right) - \frac{\partial}{\partial p_k} \left(\frac{\partial H}{\partial q^k} \right) \right) = 0$$

gegeben. $\square$

Bemerkung 1.2.2. In Dimension $2n = 2$ ist umgekehrt jedes divergenzfreie Vektorfeld Hamiltonsch. In höheren Dimensionen $2n \geq 4$ gilt diese Umkehrung allerdings nicht mehr: es gibt divergenzfreie Vektorfelder und damit volumenerhaltende Flüsse, die nicht Hamiltonsch sind.

Ein Hamiltonscher Fluß erhält mehr als nur das Volumen. Er erhält auch die Matrix Ω_0 in folgendem Sinne:

Proposition 1.2.3. *Sei Φ_t der Hamiltonsche Fluß eines Hamiltonschen Vektorfeldes X_H und sei $\mathrm{D}\,\Phi_t$ die Jacobi-Matrix von Φ_t. Dann gilt für alle t und $x \in \mathbb{R}^{2n}$*

$$(\mathrm{D}\,\Phi_t)^{\mathsf{T}} \big|_x \circ \Omega_0 \circ (\mathrm{D}\,\Phi_t) \big|_x = \Omega_0 = (\mathrm{D}\,\Phi_t) \big|_x \circ \Omega_0 \circ (\mathrm{D}\,\Phi_t)^{\mathsf{T}} \big|_x. \tag{1.16}$$

Beweis. Mit Hilfe der Kettenregel und der Bewegungsgleichung (1.8) erhält man aus (1.15) die Beziehung

$$\frac{\mathrm{d}}{\mathrm{d}t} (\mathrm{D}\,\Phi_t) \big|_x = \Omega_0 \circ \mathrm{D}^2 H \big|_{\Phi_t(x)} \circ (\mathrm{D}\,\Phi_t) \big|_x, \tag{1.17}$$

wobei $\mathrm{D}^2 H$ die (symmetrische) Hesse-Matrix der Hamilton-Funktion H ist. Da $\Omega_0^{\mathsf{T}} = -\Omega_0$, folgt aus (1.17) leicht, daß

$$\frac{\mathrm{d}}{\mathrm{d}t} \left((\mathrm{D}\,\Phi_t)^{\mathsf{T}} \big|_x \circ \Omega_0 \circ (\mathrm{D}\,\Phi_t) \big|_x \right) = 0. \tag{1.18}$$

Da Gleichung (1.16) für $t = 0$ sicherlich richtig ist, folgt mit (1.18) die Aussage auch für $t \neq 0$. Die zweite Gleichheit in (1.16) folgt durch Invertieren der ersten mit $\Omega_0^{-1} = \Omega_0^{\mathsf{T}} = -\Omega_0$ und $(\mathrm{D}\,\Phi_t)^{-1} = (\mathrm{D}\,\Phi_{-t})$. $\square$

Bemerkung 1.2.4. Diese recht technisch scheinende Proposition besitzt eine konzeptuell viel klarere Deutung im Rahmen der symplektischen Geometrie, welche wir in Kapitel 3 kennenlernen werden.

1.2.3 Die symplektische Form

Die Matrix Ω_0 kann auch dazu verwendet werden, eine Bilinearform zu definieren. Für Vektoren $X, Y \in \mathbb{R}^{2n}$ definiert man

$$\omega_0(X,Y) = \langle X, \Omega_0 Y \rangle. \tag{1.19}$$

Entsprechend kann man $\omega_0(X,Y)$ für Vektorfelder X, Y auf $\mathbb{R}^{2n}$ punktweise definieren und erhält eine Funktion $\omega_0(X,Y) \in C^\infty(\mathbb{R}^{2n})$.

Lemma 1.2.5. *Die Bilinearform ω_0 erfüllt folgende Eigenschaften:*

i.) ω_0 ist antisymmetrisch: $\omega_0(X,Y) = -\omega_0(Y,X)$.
ii.) ω_0 ist nichtausgeartet: $\omega_0(X,Y) = 0$ für alle Y impliziert $X = 0$. Äquivalent dazu ist die Aussage, daß die Abbildung

$$\flat : X \in \mathbb{R}^{2n} \mapsto X^\flat \in (\mathbb{R}^{2n})^* \tag{1.20}$$

ein Vektorraumisomorphismus ist, wobei $X^\flat(Y) = \omega_0(X,Y)$.

Beweis. Klar. □

Definition 1.2.6 (Kanonische symplektische Form). *Die Zweiform ω_0 heißt kanonische symplektische Form auf $\mathbb{R}^{2n}$. Eine Matrix $A \in M_{2n}(\mathbb{R})$ heißt symplektisch, falls*

$$\omega_0(AX, AY) = \omega_0(X,Y), \tag{1.21}$$

und infinitesimal symplektisch, falls

$$\omega_0(AX, Y) + \omega_0(X, AY) = 0 \tag{1.22}$$

für alle $X, Y \in \mathbb{R}^{2n}$.

Proposition 1.2.7 (Die symplektische Gruppe und ihre Lie-Algebra).
Bezüglich der kanonischen symplektischen Form ω_0 gilt:

i.) Die Menge der symplektischen Matrizen

$$\mathrm{Sp}_{2n}(\mathbb{R}) = \{A \in M_{2n}(\mathbb{R}) \mid A \text{ symplektisch}\} \tag{1.23}$$

ist eine topologisch abgeschlossene Untergruppe von $\mathrm{GL}_{2n}(\mathbb{R})$.
ii.) Die Menge der infinitesimal symplektischen Matrizen

$$\mathfrak{sp}_{2n}(\mathbb{R}) = \{A \in M_{2n}(\mathbb{R}) \mid A \text{ infinitesimal symplektisch}\} \tag{1.24}$$

ist eine Lie-Unteralgebra von $\mathfrak{gl}_{2n}(\mathbb{R})$.

Beweis. Der Beweis erfolgt durch direktes Verifizieren der Gruppen- beziehungsweise der Lie-Algebrenaxiome. Die topologische Abgeschlossenheit folgt aus der Stetigkeit der Bedingung (1.21), siehe auch Aufgabe 1.5. □

Bemerkung 1.2.8. Die symplektische Zweiform kann als antisymmetrisches Analogon zu einem Euklidischen Skalarprodukt $\langle \cdot, \cdot \rangle$ auf $\mathbb{R}^{2n}$ gesehen werden. Dann entsprechen die symplektischen Matrizen gerade den orthogonalen Matrizen, also den Isometrien des Skalarprodukts $\langle \cdot, \cdot \rangle$.

Satz 1.2.9. *Sei Φ_t ein Hamiltonscher Fluß. Dann ist $\mathrm{D}\,\Phi_t\big|_x$ für alle t und x eine symplektische Matrix.*

Beweis. Der Beweis erfolgt durch Nachrechnen mittels Proposition 1.2.3, Gleichung (1.16). $\qquad\square$

Im Hinblick auf Bemerkung 1.2.8 zeigt sich hier bereits ein drastischer Unterschied zu einem Euklidischen Skalarprodukt $\langle \cdot, \cdot \rangle$: Ein Diffeomorphismus Φ, für den $\mathrm{D}\,\Phi\big|_x$ für alle $x \in \mathbb{R}^d$ eine Isometrie bezüglich $\langle \cdot, \cdot \rangle$ ist, ist selbst eine affine Euklidische Transformation, also eine Drehspiegelung mit einer Verschiebung. Dagegen gibt es nach Satz 1.2.9 viel mehr Diffeomorphismen, für welche $\mathrm{D}\,\Phi\big|_x$ die symplektische Form ω_0 erhält.

1.3 Algebraische Aspekte der Hamiltonschen Mechanik

Im Hinblick auf die Quantentheorie, welche in erster Linie eine algebraische Theorie ist, wollen wir hier eine Formulierung der klassischen Mechanik bereitstellen, welche ebenso algebraische Eigenschaften in den Vordergrund stellt. Zudem sollen die wichtigen Begriffe „Observable" und „Zustand" auch für die klassische Mechanik detailliert vorgestellt werden.

1.3.1 Observable und Zustände

Die *reinen Zustände* eines klassischen mechanischen Systems entsprechen Punkten im zugehörigen Phasenraum, da durch Angabe aller Orts- und Impulskoordinaten eines Teilchens/Systems sein Zustand bereits eindeutig charakterisiert wird.

Die *Observablen* des Systems sind physikalisch zumindest prinzipiell realisierbare Meßvorschriften, welche in einem reinen Zustand einen eindeutigen Erwartungswert besitzen. Dabei können bestimmte Eigenschaften eines physikalischen Systems offenbar durch verschiedene Meßvorschriften erfaßt werden, man kann beispielsweise den Abstand zweier Teilchen auf verschiedene Weise messen. Daher wollen wir die zugehörige „Observable" als die Äquivalenzklasse der entsprechenden Meßvorschriften auffassen. Dies liefert zwar noch keine im mathematischen Sinne axiomatische Definition einer Observablen, stellt aber vom physikalischen Standpunkt aus eine gute Arbeitsdefinition dar. Insbesondere ist diese Sichtweise für klassische wie quantenmechanische Systeme gleichermaßen gültig.

Da die Zustände in der klassischen Mechanik eindeutig durch die Orts-und Impulskoordinaten der betrachteten Teilchen bestimmt sind, sind Observablen *Funktionen* der Orts- und Impulskoordinaten und damit Funktionen auf dem Phasenraum. Die *möglichen Meßwerte* sind dann der Wertevorrat der Funktion. Hier gibt es verschiedene Optionen für die Funktionenklasse, beispielsweise

i.) Polynomiale Funktionen $\mathrm{Pol}(\mathbb{R}^{2n})$,
ii.) Analytische Funktionen $C^{\omega}(\mathbb{R}^{2n})$,
iii.) Glatte Funktionen $C^{\infty}(\mathbb{R}^{2n})$, eventuell mit kompaktem Träger $C_0^{\infty}(\mathbb{R}^{2n})$,
iv.) Stetige Funktionen $C(\mathbb{R}^{2n})$, eventuell mit kompaktem Träger $C_0(\mathbb{R}^{2n})$,
v.) Integrierbare Funktionen wie beispielsweise $L^p(\mathbb{R}^{2n})$ oder $L^{\infty}(\mathbb{R}^{2n})$,

und viele mehr. Neben den Regularitätsforderungen lassen sich auch Bedingungen an das Wachstumsverhalten im Unendlichen stellen.

Welche Klasse angemessen ist, hängt typischerweise vom konkreten Problem ab. Zum einen sollte die Klasse nicht zu klein sein, um bestimmte wichtige Observablen, wie beispielsweise die Hamilton-Funktion selbst und wichtige Erhaltungsgrößen, zu enthalten, zum anderen sollte sie nicht zu groß sein, um noch physikalisch realisierbaren Meßvorschriften zu entsprechen. Für unsere Zwecke wird daher die Wahl meistens auf die glatten Funktionen fallen, eventuell mit Bedingungen an den Träger oder das Wachstumsverhalten im Unendlichen. Wichtig ist auch der Wertebereich:

i.) Reellwertige Funktionen,
ii.) Komplexwertige Funktionen,
iii.) Vektorwertige Funktionen mit Werten in einem (reellen oder komplexen) Vektorraum.

Vektorwertige Funktionen wie beispielsweise der Drehimpuls $\vec{L}$ können sicher auf die ersten beiden Fälle zurückgeführt werden, indem man entsprechende Komponenten der Vektoren betrachtet. Die komplexwertigen Funktionen scheinen zunächst auch ein Spezialfall davon zu sein, bieten aber in Hinblick auf die Quantenmechanik eine entscheidende zusätzliche Struktur, die komplexe Konjugation. Daher werden wir als Observablen komplexwertige Funktionen verwenden. Im eigentlichen Sinne *observabel* sind aber nur die reellwertigen Funktionen

$$f = \overline{f}. \tag{1.25}$$

Diese Überlegungen führen zu folgender Definition:

Definition 1.3.1 (Klassische Observablenalgebra). *Die Observablenalgebra eines klassischen mechanischen Systems ist die * -Algebra $C^{\infty}(\mathbb{R}^{2n})$ der komplexwertigen glatten Funktionen auf dem Phasenraum. Observable sind Elemente $f \in C^{\infty}(\mathbb{R}^{2n})$ mit $f = \overline{f}$.*

Dazu ist noch folgende Definition einer *-Algebra über $\mathbb{C}$ nachzutragen:

Definition 1.3.2 (*-Algebra). *Eine *-Algebra über* $\mathbb{C}$ *ist ein Vektorraum über* $\mathbb{C}$ *mit einem* $\mathbb{C}$-*bilinearen assoziativen Produkt* $(a, b) \mapsto ab$ *und einer* *-*Involution* $a \mapsto a^*$, *also einem* $\mathbb{C}$-*antilinearen, involutiven Antiautomorphismus. Ausgeschrieben bedeutet dies*

$$(za + wb)^* = \bar{z}a^* + \bar{w}b^*, \quad (a^*)^* = a \quad und \quad (ab)^* = b^*a^* \tag{1.26}$$

für $a, b \in \mathcal{A}$ *und* $z, w \in \mathbb{C}$.

Bemerkung 1.3.3. Es ist klar, daß $C^\infty(\mathbb{R}^{2n})$ auf kanonische Weise eine *-Algebra in diesem Sinne ist: Das assoziative Produkt von $C^\infty(\mathbb{R}^{2n})$ ist einfach das punktweise Produkt von Funktionen und damit insbesondere auch *kommutativ*. Die *-Involution ist die punktweise komplexe Konjugation.

Die *Erwartungswerte* einer Observablen $f \in C^\infty(\mathbb{R}^{2n})$ in einem reinen Zustand $x \in \mathbb{R}^{2n}$ sind dann einfach durch die Auswertung

$$\mathrm{E}_x(f) = f(x) \tag{1.27}$$

bei x gegeben. Die *Varianz* ist definitionsgemäß

$$\mathrm{Var}_x(f) = \mathrm{E}_x(f^2) - \mathrm{E}_x(f)^2 = \mathrm{E}_x((f - \mathrm{E}_x(f))^2), \tag{1.28}$$

womit in einem reinen Zustand insbesondere für alle $f \in C^\infty(\mathbb{R}^{2n})$

$$\mathrm{Var}_x(f) = 0 \tag{1.29}$$

gilt. In der klassischen Mechanik erhält man in einem reinen Zustand also immer „scharfe Meßwerte" für *alle* Observablen, ganz im Gegensatz zur Quantenmechanik.

Um statistische Mechanik betreiben zu können, benötigt man auch *gemischte Zustände*, welche durch Dichtefunktionen ϱ auf $\mathbb{R}^{2n}$ beschrieben werden. Dieses Konzept läßt sich folgendermaßen algebraisch verallgemeinern und vereinfachen:

Definition 1.3.4 (Positive Funktionale und Zustände). *Sei* $\mathcal{A}$ *eine* *-Algebra über* $\mathbb{C}$. *Ein lineares Funktional* $\omega : \mathcal{A} \longrightarrow \mathbb{C}$ *heißt positiv, falls*

$$\omega(a^*a) \geq 0 \tag{1.30}$$

für alle $a \in \mathcal{A}$. *Besitzt* $\mathcal{A}$ *ein Einselement* $\mathbb{1}$, *so heißt* ω *ein Zustand, falls zudem*

$$\omega(\mathbb{1}) = 1. \tag{1.31}$$

Die Zahl

$$\mathrm{E}_\omega(a) = \omega(a) \tag{1.32}$$

heißt Erwartungswert von a *im Zustand* ω.

Bemerkung 1.3.5. Die Erwartungswertfunktionale $\mathrm{E}_x(f) = f(x) = \delta_x(f)$ von $C^\infty(\mathbb{R}^{2n})$ sind offenbar positiv und normiert, also Zustände im Sinne der Definition 1.3.4. Ist $\varrho \geq 0$ eine stetige Funktion, so ist auch

$$\mathrm{E}_\varrho(f) = \int_{\mathbb{R}^{2n}} f(x)\varrho(x)\mathrm{d}^{2n}x \tag{1.33}$$

ein positives Funktional, sofern man durch Bedingungen an das Wachstum im Unendlichen sicherstellt, daß das Integral konvergiert.

Umgekehrt gilt folgender nicht-trivialer Satz:

Satz 1.3.6 (Rieszscher Darstellungssatz). *Jedes positive Funktional* $\omega :$ $C^\infty(\mathbb{R}^{2n}) \longrightarrow \mathbb{C}$ *ist von der Form*

$$\omega(f) = \int f\mathrm{d}\mu \tag{1.34}$$

mit einem positiven Borel-Maß μ mit kompaktem Träger.

Einen detaillierten Beweis findet man beispielsweise in [279, Thm. 2.14] und die Formulierung für glatte Funktionen findet man in [57, App. B].

Bemerkung 1.3.7 (Reine und gemischte Zustände von $C^\infty(\mathbb{R}^{2n})$).

i.) Je nach Anwendung haben die Maße *keinen* kompakten Träger, beispielsweise für den thermischen Zustand mit Temperatur T

$$\varrho(x) = \frac{1}{Z}\mathrm{e}^{-\beta H(x)} \tag{1.35}$$

aus der statistischen Mechanik, wobei $\beta = \frac{1}{kT}$ die inverse Temperatur, k die Boltzmann-Konstante und Z die kanonische Zustandssumme ist. In diesem Fall ist das zugehörige Funktional nur auf einer geeigneten *-Unteralgebra von $C^\infty(\mathbb{R}^{2n})$ definiert, etwa auf $C_0^\infty(\mathbb{R}^{2n})$.

ii.) Die Varianz ist genauso definiert wie in (1.28). Jetzt gilt aber $\mathrm{Var}_\omega(f) = 0$ für alle f genau dann, wenn $\omega = \delta_x$ ein *reiner* Zustand war. Im allgemeinen gilt $\mathrm{Var}_\omega(f) \geq 0$.

iii.) Von allen positiven Funktionalen von $C^\infty(\mathbb{R}^n)$, also allen positiven Borel-Maßen mit kompaktem Träger, sind typischerweise keineswegs alle physikalisch auch relevant: Physikalisch realisierbare Zustände besitzen gewisse Regularitätseigenschaften, welche über die eines Borel-Maßes hinausgehen, aber mathematisch recht schwer zu fassen sind und vom physikalischen Kontext abhängen. Aus diesem Grunde sollte man die Definition 1.3.4 eines Zustandes als eine gewisse Idealisierung betrachten, welche die Situation erheblich vereinfacht.

Diesen algebraischen Zugang zum Zustandsbegriff in der klassischen Mechanik werden wir an verschiedenen Stellen wieder aufgreifen und auch auf die Quantenmechanik übertragen, siehe insbesondere Abschnitt 7.1.

1.3.2 Die Poisson-Klammer und die Zeitentwicklung

Die kanonische Poisson-Klammer auf $\mathbb{R}^{2n}$ erweist sich als die zentrale algebraische Struktur, mit deren Hilfe die gesamte Hamiltonsche Mechanik formuliert werden kann.

Definition 1.3.8 (Kanonische Poisson-Klammer). *Für $f, g \in C^\infty(\mathbb{R}^{2n})$ ist die kanonische Poisson-Klammer durch*

$$\{f, g\} = \sum_{k=1}^{n} \left(\frac{\partial f}{\partial q^k} \frac{\partial g}{\partial p_k} - \frac{\partial g}{\partial q^k} \frac{\partial f}{\partial p_k} \right) \tag{1.36}$$

definiert.

Proposition 1.3.9. *Für die kanonische Poisson-Klammer gilt*

i.) $\{f, g\} \in C^\infty(\mathbb{R}^{2n})$ *für* $f, g \in C^\infty(\mathbb{R}^{2n})$.
ii.) $\{\cdot, \cdot\}$ *ist $\mathbb{C}$-bilinear.*
iii.) $\{f, g\} = -\{g, f\}$ *(Antisymmetrie).*
iv.) $\{f, gh\} = \{f, g\}h + g\{f, h\}$ *(Leibniz-Regel).*
v.) $\{f, \{g, h\}\} = \{\{f, g\}, h\} + \{g, \{f, h\}\}$ *(Jacobi-Identität).*
vi.) $\overline{\{f, g\}} = \{\overline{f}, \overline{g}\}$ *(Realität).*

Beweis. Der Beweis erfolgt durch einfaches Nachrechnen. □

Diese Eigenschaften der kanonischen Poisson-Klammer werden uns im weiteren noch oft begegnen, womit die folgende Definition gut motiviert sein sollte:

Definition 1.3.10 (Poisson-Algebra). *Eine assoziative, kommutative Algebra $\mathcal{A}$ über $\mathbb{C}$ mit einer $\mathbb{C}$-bilinearen und antisymmetrischen Klammer $\{\cdot, \cdot\} : \mathcal{A} \times \mathcal{A} \longrightarrow \mathcal{A}$, welche die Leibniz-Regel und die Jacobi-Identität erfüllt, heißt Poisson-Algebra. Ist $\mathcal{A}$ zudem eine $*$-Algebra und erfüllt die Poisson-Klammer die Realitätsbedingung, so heißt $\mathcal{A}$ Poisson-$*$-Algebra.*

Die Relevanz der kanonischen Poisson-Klammer liegt in ihrer Bedeutung für die Zeitentwicklung: Ist Φ_t der Hamiltonsche Fluß zu einer Hamilton-Funktion H, so definiert man für $f \in C^\infty(\mathbb{R}^{2n})$ die *Hamiltonsche Zeitentwicklung* $f(t)$ durch

$$f(t) = f \circ \Phi_t = \Phi_t^* f. \tag{1.37}$$

Die Abbildung $\Phi_t^* : C^\infty(\mathbb{R}^{2n}) \longrightarrow C^\infty(\mathbb{R}^{2n})$ heißt auch *pull-back* mit dem Fluß Φ_t.

Satz 1.3.11 (Hamiltonsche Zeitentwicklung). *Sei Φ_t der Hamiltonsche Fluß zu $H \in C^\infty(\mathbb{R}^{2n})$.*

i.) Φ_t^* *ist ein $*$-Automorphismus von $C^\infty(\mathbb{R}^{2n})$, d.h.*

$$\Phi_t^*(zf + wg) = z\Phi_t^* f + w\Phi_t^* g, \tag{1.38}$$

$$\Phi_t^*(fg) = (\Phi_t^* f)(\Phi_t^* g), \tag{1.39}$$

$$\Phi_t^* \overline{f} = \overline{\Phi_t^* f}. \tag{1.40}$$

ii.) Φ_t^* *ist eine Poisson-Abbildung, d.h.*

$$\Phi_t^* \{f, g\} = \{\Phi_t^* f, \Phi_t^* g\}. \tag{1.41}$$

iii.) Es gelten die Hamiltonschen Bewegungsgleichungen

$$\frac{\mathrm{d}}{\mathrm{d}t} \Phi_t^* f = \{\Phi_t^* f, H\}. \tag{1.42}$$

iv.) Es gilt die Energieerhaltung

$$\Phi_t^* H = H. \tag{1.43}$$

v.) Eine Observable f ist genau dann Erhaltungsgröße $\Phi_t^* f = f$, wenn $\{f, H\} = 0$.

vi.) Sind f und g Erhaltungsgrößen, so ist auch $\{f, g\}$ eine Erhaltungsgröße.

Beweis. Der erste Teil ist trivial. Für den zweiten Teil rechnet man zunächst die Identität

$$\{f, g\} = \langle \nabla f, \Omega_0 \nabla g \rangle$$

für die Poisson-Klammer nach. Mit der Kettenregel findet man dann

$$\nabla(\Phi_t^* f) = (\mathrm{D}\, \Phi_t)^{\mathrm{T}} \circ (\nabla f)\big|_{\Phi_t},$$

womit aus (1.16) die Gleichung (1.41) leicht folgt. Für den dritten Teil verwendet man zunächst (1.8) sowie (1.15), womit unter Verwendung des zweiten Teiles

$$\frac{\mathrm{d}}{\mathrm{d}t} \Phi_t^* f = \Phi_t^* \{f, H\} = \{\Phi_t^* f, \Phi_t^* H\}$$

folgt. Damit folgt zunächst (1.43), da trivialerweise $\{H, H\} = 0$. Dies liefert dann auch (1.42). Der fünfte Teil ist mit den bereits erzielten Resultaten klar und der letzte folgt aus der Jacobi-Identität der Poisson-Klammer. $\square$

Bemerkung 1.3.12. Als Fazit erhält man also folgende Struktur: Ein klassisches mechanisches System wird durch seine Observablenalgebra $\mathcal{A}$, eine Poisson-*-Algebra, charakterisiert. Die Zustände sind die positiven Funktionale auf $\mathcal{A}$, und die Zeitentwicklung ist eine Einparametergruppe von Poisson-*-Automorphismen von $\mathcal{A}$ mit infinitesimalem Erzeuger $H \in \mathcal{A}$.

1.4 Warum „Geometrische Mechanik"

Die Geometrie von Phasenräumen ist in physikalisch interessanten Fällen komplizierter als $\mathbb{R}^{2n}$, weshalb eine geometrisch formulierte Mechanik erforderlich wird. Die vorangegangene Diskussion legt nahe, daß dies möglich ist. Folgende Beispiele und Situationen seien hier genannt:

A Systeme mit Zwangsbedingungen

Insbesondere Zwangsbedingungen $Z_\alpha \in C^\infty(\mathbb{R}^n)$ an die Konfigurationen, also holonome und skleronome Zwangsbedingungen der Form

$$Z_\alpha(x^1, \ldots, x^n) = 0 \quad \text{für} \quad \alpha = 1, \ldots, k \leq n \qquad (1.44)$$

spielen in der klassischen Mechanik eine wichtige Rolle. Solche Zwangsbedingungen definieren eine Untermannigfaltigkeit $Q \subseteq \mathbb{R}^n$ von zulässigen Konfigurationen. Die erlaubten Geschwindigkeiten sind dann notwendigerweise *tangential* an Q. Allein um beschreiben zu können, was unter „tangential" zu verstehen ist, benötigt man bereits differentialgeometrische Konzepte. Gesucht ist dann die Hamiltonsche Mechanik für eine solche Situation.

B Systeme mit Symmetrien

Das Ausnutzen von Erhaltungsgrößen beziehungsweise Festlegen derselben auf numerische Werte verringert effektiv die Zahl der Freiheitsgrade. Auch wenn man mit dem geometrisch trivialen Phasenraum $\mathbb{R}^{2n}$ startet, liefert diese „Phasenraumreduktion" im allgemeinen niedrigdimensionalere Phasenräume mit komplizierterer Geometrie. Eine genaue Formulierung im Rahmen der symplektischen Geometrie werden wir in Abschnitt 3.3 finden.

C Systeme mit Eichfreiheitsgraden

Typischerweise treten solche Systeme erst für unendlich viele Freiheitsgrade, also Feldtheorien, auf. Dann ist aber jede physikalisch relevante fundamentale Feldtheorie von dieser Form: die allgemeine Relativitätstheorie, die Elektrodynamik, das Standardmodell der Teilchenphysik, etc.

Die „echten" physikalischen Freiheitsgrade sind diejenigen „modulo Eichtransformationen". Die resultierenden Quotientenräume haben dann im allgemeinen eine komplizierte Geometrie.

Feldtheorien haben natürlich noch andere Schwierigkeiten, die von der unendlichen Zahl der Freiheitsgrade kommen, insbesondere funktionalanalytische Probleme vielfältiger Natur. Trotzdem sind endlichdimensionale Modelle, also klassische mechanische Systeme, gute „Spielzeugmodelle", bei denen man zumindest diejenigen Schwierigkeiten und Effekte studieren kann, die ihre Ursache in der komplizierten Geometrie haben. Bemerkenswerterweise sind die mathematischen Techniken zur Beschreibung dieser Situation in weiten Bereichen die selben wie bei der Phasenraumreduktion, wohingegen die physikalische Interpretation eine völlig andere ist.

1.5 Aufgaben

Aufgabe 1.1 (Hamiltonsche Flüsse). Betrachten Sie folgende drei (eindimensionale) Hamiltonsche Systeme:

- Das freie Teilchen mit Hamilton-Funktion $H(q,p) = \frac{p^2}{2m}$.

- Der freie Fall mit Hamilton-Funktion $H(q, p) = \frac{p^2}{2m} + mgq$.
- Der harmonische Oszillator mit Hamilton-Funktion $H(q, p) = \frac{p^2}{2m} + \frac{1}{2} m \omega^2 q^2$.

i.) Berechnen und zeichnen Sie die jeweiligen Hamiltonschen Vektorfelder.

ii.) Berechnen Sie explizit die jeweiligen Flußabbildungen und zeichnen Sie exemplarisch Flußlinien in das Phasenraumdiagramm von Teil *i.)*.

iii.) Sind die Flüsse vollständig? Wenn ja, weisen Sie die Eigenschaft einer Einparametergruppe explizit nach.

iv.) Geben Sie mit einer kurzen Begründung ein Beispiel für ein Hamiltonsches System, dessen Fluß unvollständig ist.

Aufgabe 1.2 (Lie-Algebren). In dieser Aufgabe sei an die elementaren Eigenschaften einer Lie-Algebra erinnert: Sei $\mathfrak{g}$ ein Vektorraum über $\Bbbk$, wobei $\Bbbk$ für uns meistens $\mathbb{R}$ oder $\mathbb{C}$ sein wird, im allgemeinen aber ein beliebiger Körper der Charakteristik ungleich 2 sein darf. Dann heißt $\mathfrak{g}$ Lie-Algebra, wenn $\mathfrak{g}$ mit einer bilinearen Abbildung, der *Lie-Klammer*, $[\cdot, \cdot] : \mathfrak{g} \times \mathfrak{g} \longrightarrow \mathfrak{g}$ versehen ist, welche antisymmetrisch ist, $[\xi, \eta] = -[\eta, \xi]$, und die Jacobi-Identität

$$[\xi, [\eta, \chi]] = [[\xi, \eta], \chi] + [\eta, [\xi, \chi]] \tag{1.45}$$

für alle $\xi, \eta, \chi \in \mathfrak{g}$ erfüllt. Sind $\mathfrak{g}$ und $\mathfrak{h}$ Lie-Algebren, heißt eine lineare Abbildung $\phi : \mathfrak{g} \longrightarrow \mathfrak{h}$ *Lie-Algebrahomomorphismus*, oder auch kurz Morphismus von Lie-Algebren, falls ϕ Klammern auf Klammern abbildet, also $\phi([\xi, \eta]) = [\phi(\xi), \phi(\eta)]$ für alle $\xi, \eta \in \mathfrak{g}$. Ein Untervektorraum $\mathfrak{h} \subseteq \mathfrak{g}$ heißt *Lie-Unteralgebra*, wenn $\mathfrak{h}$ unter Klammern abgeschlossen ist, also $[\xi, \eta] \in \mathfrak{h}$ für alle $\xi, \eta \in \mathfrak{h}$. Ein Untervektorraum $\mathfrak{h} \subseteq \mathfrak{g}$ heißt *Lie-Ideal*, falls $[\xi, \eta] \in \mathfrak{h}$ für alle $\xi \in \mathfrak{h}$ und $\eta \in \mathfrak{g}$.

i.) Zeigen Sie, daß die Verkettung von Lie-Algebrahomomorphismen wieder ein Lie-Algebrahomomorphismus ist. Zeigen Sie weiter, daß die Nullabbildung immer ein Morphismus von Lie-Algebren ist.

ii.) Zeigen Sie, daß ein Lie-Ideal immer eine Lie-Unteralgebra ist.

iii.) Zeigen Sie, daß der Kern eines Lie-Algebrahomomorphismus ein Lie-Ideal und das Bild eine Lie-Unteralgebra ist.

iv.) Sei $\mathfrak{h} \subseteq \mathfrak{g}$ ein Lie-Ideal. Zeigen Sie, daß der Quotientenvektorraum $\mathfrak{g}/\mathfrak{h}$ auf kanonische Weise eine Lie-Algebra wird, so daß die Projektion $\pi : \mathfrak{g} \longrightarrow \mathfrak{g}/\mathfrak{h}$ ein Morphismus von Lie-Algebren ist.

Aufgabe 1.3 (Poisson-Klammern im Kepler-System). Betrachten Sie das 3-dimensionale Kepler-System mit Hamilton-Funktion

$$H(\vec{q}, \vec{p}) = \frac{\|\vec{p}\|^2}{2m} - \frac{\alpha}{q}, \tag{1.46}$$

wobei $q = \|\vec{q}\|$ der Betrag von $\vec{q}$ und $\alpha > 0$ die Kopplungskonstante ist. Der Konfigurationsraum ist entsprechend $\mathbb{R}^3 \setminus \{0\}$, und der Phasenraum ist $(\mathbb{R}^3 \setminus \{0\}) \times \mathbb{R}^3$.

Weiter sei

$$\vec{L}(\vec{q}, \vec{p}) = \vec{q} \times \vec{p} \tag{1.47}$$

der Drehimpuls und

$$\vec{M}(\vec{q}, \vec{p}) = \frac{\vec{q}}{q} + \frac{1}{\alpha m} \vec{L} \times \vec{p} \tag{1.48}$$

der Lenz-Runge-Vektor, beide aufgefaßt als vektorwertige Funktionen auf dem Phasenraum mit Komponenten L_i und M_i, $i = 1, 2, 3$.

Berechnen Sie folgende Poisson-Klammern

$$\{L_i, H\}, \quad \{M_i, H\}, \quad \{L_i, L_j\}, \quad \{M_i, L_j\}, \quad \{M_i, M_j\}, \tag{1.49}$$

und zeigen Sie so, daß $\vec{L}$ und $\vec{M}$ Erhaltungsgrößen des Kepler-Systems sind. Zeigen Sie weiter, daß die L_i bezüglich der Poisson-Klammern eine Lie-Unteralgebra bilden. Bilden auch die M_i eine Lie-Unteralgebra?

Aufgabe 1.4 (Symplektische Vektorräume und das lineare Darboux-Theorem). Sei V ein reeller m-dimensionaler Vektorraum und $\omega : V \times V \longrightarrow \mathbb{R}$ eine antisymmetrische Bilinearform. Dann heißt (V, ω) *symplektischer Vektorraum* mit *symplektischer Form* ω, falls die Bilinearform ω nichtausgeartet ist. Sei $W \subseteq V$ ein Untervektorraum. Dann ist das ω-*orthogonale Komplement* $W^\perp$ von W als

$$W^\perp = \{v \in V \mid \omega(v, w) = 0 \text{ für alle } w \in W\} \tag{1.50}$$

definiert. Eine lineare Abbildung zwischen zwei symplektischen Vektorräumen $\phi : (V, \omega) \longrightarrow (V', \omega')$ heißt *symplektisch*, wenn $\omega'(\phi(v), \phi(w)) = \omega(v, w)$ für alle $v, w \in V$. Gilt zudem, daß ϕ ein Isomorphismus ist, so heißt ϕ Symplektomorphismus.

i.) Zeigen Sie, daß ein symplektischer Vektorraum notwendigerweise gerade Dimension $m = 2n$ hat.

ii.) Zeigen Sie, daß ω genau dann symplektisch ist, wenn $\flat : V \longrightarrow V^*$ mit $v^\flat = \omega(v, \cdot)$ ein Isomorphismus ist.

iii.) Zeigen Sie, daß $W^\perp$ ein Untervektorraum ist. Zeigen Sie weiter, daß $W^\perp \subseteq U^\perp$, falls $U \subseteq W$, und daß $W \subseteq W^{\perp\perp}$. Gilt auch $W = W^{\perp\perp}$? Bestimmen Sie dazu $\dim W^\perp$ in Abhängigkeit von $\dim W$.
 Vorsicht: Es gilt im allgemeinen nicht, daß $W + W^\perp = V$. Vielmehr kann $W \cap W^\perp \neq \{0\}$ sein.

iv.) Zeigen Sie induktiv, daß es eine Basis $e_1, \ldots, e_n, f_1, \ldots, f_n$ von V gibt, so daß $\omega(e_i, e_j) = 0$, $\omega(f_i, f_j) = 0$ und $\omega(e_i, f_j) = \delta_{ij}$ gilt.

v.) Zeigen Sie, daß (V, ω) zu $\mathbb{R}^{2n}$, versehen mit der Standardsymplektik ω_0, symplektomorph ist, es also einen Symplektomorphismus von (V, ω) nach $(\mathbb{R}^{2n}, \omega_0)$ gibt.

Aufgabe 1.5 (Die symplektische Gruppe und ihre Lie-Algebra). Betrachten Sie $\mathbb{R}^{2n}$ mit der Standardsymplektik ω_0. Sei weiterhin $\mathrm{Sp}_{2n}(\mathbb{R})$ die symplektische Gruppe und $\mathfrak{sp}_{2n}(\mathbb{R})$ die symplektische Lie-Algebra.

i.) Zeigen Sie, daß $\mathrm{Sp}_{2n}(\mathbb{R})$ eine topologisch abgeschlossene Untergruppe von $\mathrm{GL}_{2n}(\mathbb{R})$ ist und daß $\mathfrak{sp}_{2n}(\mathbb{R})$ eine Lie-Unteralgebra von $\mathfrak{gl}_{2n}(\mathbb{R})$ ist.
Hinweis: Formulieren Sie die Frage zunächst mit Hilfe der Matrix Ω_0.

ii.) Zeigen Sie: Ist $t \mapsto A(t) \in \mathrm{GL}_{2n}(\mathbb{R})$ eine glatte Kurve mit Werten in $\mathrm{Sp}_{2n}(\mathbb{R})$ und $A(0) = \mathbb{1}$, so gilt $\dot{A}(0) \in \mathfrak{sp}_{2n}(\mathbb{R})$. Ist umgekehrt $X \in \mathfrak{sp}_{2n}(\mathbb{R})$, so gilt $e^{tX} \in \mathrm{Sp}_{2n}(\mathbb{R})$ für alle $t \in \mathbb{R}$.

iii.) Zeigen Sie, daß $\mathrm{Sp}_{2n}(\mathbb{R})$ sogar eine Untergruppe von $\mathrm{SL}_{2n}(\mathbb{R})$ ist.
Hinweis: Zeigen Sie zunächst, daß

$$\Omega_0(v_1, \ldots, v_{2n}) = \sum_{\sigma \in S_{2n}} \mathrm{sign}(\sigma) \omega_0(v_{\sigma(1)}, v_{\sigma(2)}) \cdots \omega_0(v_{\sigma(2n-1)}, v_{\sigma(2n)})$$

(1.51)

ein von Null verschiedenes Vielfaches der Determinantenfunktion det ist.

iv.) Zeigen Sie, daß $\mathrm{Sp}_2(\mathbb{R}) = \mathrm{SL}_2(\mathbb{R})$ und $\mathfrak{sp}_2(\mathbb{R}) = \mathfrak{sl}_2(\mathbb{R})$.

Aufgabe 1.6 (Das Tensorprodukt). Seien V, W nicht notwendigerweise endlichdimensionale Vektorräume über einem Körper $\Bbbk$. Zeigen Sie folgenden Satz:

Satz. *Es gibt einen Vektorraum $V \otimes W$ zusammen mit einer $\Bbbk$-bilinearen Abbildung $\otimes : V \times W \longrightarrow V \otimes W$ derart, daß es für jede andere $\Bbbk$-bilineare Abbildung $\phi : V \times W \longrightarrow U$ in einen weiteren $\Bbbk$-Vektorraum U eine eindeutig bestimmte $\Bbbk$-lineare Abbildung $\Phi : V \otimes W \longrightarrow U$ gibt, so daß*

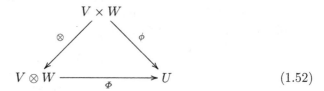

(1.52)

kommutiert.

Anleitung:

i.) Betrachten Sie den Vektorraum $\mathcal{M} = \Bbbk[V \times W]$, also die lineare Hülle von Basisvektoren $e_{v,w}$, welche durch Paare $(v, w) \in V \times W$ indiziert werden (dieser Vektorraum ist wirklich sehr groß). Sei $\iota : V \times W \longrightarrow \mathcal{M}$ die (keineswegs lineare!) Abbildung $(v, w) \mapsto e_{v,w}$. Zeigen Sie dann, daß durch die Festlegung $\widetilde{\Phi} : \mathcal{M} \ni e_{v,w} \mapsto \phi(v, w) \in U$ eine wohldefinierte lineare Abbildung gegeben ist, welche eindeutig durch die Eigenschaft $\widetilde{\Phi} \circ \iota = \phi$ bestimmt ist.

ii.) Definieren Sie weiter einen Untervektorraum $\mathcal{M}_0 \subseteq \mathcal{M}$, welcher durch Vektoren der Form $\alpha e_{v,w} - e_{\alpha v, w}$, $\alpha e_{v,w} - e_{v, \alpha w}$, $e_{v+v', w} - e_{v, w} - e_{v', w}$ und $e_{v, w+w'} - e_{v, w} - e_{v, w'}$ aufgespannt wird, wobei $\alpha \in \Bbbk$ und $v, v' \in V$, $w, w' \in W$ beliebig sind (auch $\mathcal{M}_0$ ist wirklich sehr groß). Zeigen Sie dann, daß $\widetilde{\Phi}(\mathcal{M}_0) = 0$. Damit ist $\widetilde{\Phi}$ auch auf dem Quotientenraum $\mathcal{M}/\mathcal{M}_0$ wohldefiniert und liefert eine lineare Abbildung

$$\Phi : \mathcal{M}/\mathcal{M}_0 \ni [X] \mapsto \widetilde{\Phi}(X) \in U. \qquad (1.53)$$

iii.) Bezeichnet $\pi : \mathcal{M} \longrightarrow \mathcal{M}/\mathcal{M}_0$ die kanonische Projektion, so ist $\pi \circ \iota$ bilinear.

iv.) Zeigen Sie, daß $V \otimes W = \mathcal{M}/\mathcal{M}_0$ und $\otimes = \pi \circ \iota$ den Anforderungen des Satzes genügen.

Jedes solche Paar $(V \otimes W, \otimes)$ heißt (ein) *Tensorprodukt* von V und W.

v.) Zeigen Sie: Ist $(V \overset{\sim}{\otimes} W, \widetilde{\otimes})$ ein weiteres Tensorprodukt, so gibt es einen eindeutigen Isomorphismus $I : V \otimes W \longrightarrow V \widetilde{\otimes} W$ mit der Eigenschaft, daß

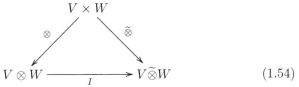

$$(1.54)$$

kommutiert. Daher ist das Tensorprodukt von V und W *eindeutig bis auf einen eindeutigen Isomorphismus* bestimmt, und man spricht von *dem* Tensorprodukt $V \otimes W$.

Betrachten Sie nun zwei *endlichdimensionale* Vektorräume V, W. Mit $\mathrm{Bil}(V^* \times W^*, \Bbbk)$ seien die Bilinearformen auf $V^* \times W^*$ mit Werten in $\Bbbk$ bezeichnet.

vi.) Zeigen Sie, daß $\mathrm{Bil}(V^* \times W^*, \Bbbk)$ zusammen mit der Abbildung $\otimes : V \times W \longrightarrow \mathrm{Bil}(V^* \times W^*, \Bbbk)$ *ein* und damit *das* Tensorprodukt $(V \otimes W, \otimes)$ ist, wobei die Bilinearform $v \otimes w$ auf $V^* \times W^*$ durch

$$(v \otimes w)(\alpha, \beta) = \alpha(v)\beta(w), \qquad \alpha \in V^*, \beta \in W^* \qquad (1.55)$$

definiert ist. Benutzen Sie zum Beweis Basen von V und W sowie die zugehörigen dualen Basen von V^* und W^*. Damit erweist sich die obige Definition des Tensorprodukts als eine Verallgemeinerung des Tensorprodukts von endlichdimensionalen Vektorräumen.

Bemerkung: Die obige Konstruktion des Tensorprodukt läßt sich auf offensichtliche Weise auch für mehrere „Faktoren" $V_1, \ldots, V_k$ verallgemeinern und liefert ein Tensorprodukt $V_1 \otimes \cdots \otimes V_k$. Dann erfüllt das Tensorprodukt die üblichen Assoziativitätseigenschaften, wie man diese vom endlichdimensionalen Tensorprodukt her kennt. Wir werden allerdings auch unendlichdimensionale Vektorräume und deren Tensorprodukte benötigen, deshalb ist die etwas allgemeinere Konstruktion hier vorgestellt worden. Nachlesen kann man das Ganze beispielsweise in [219, Kapitel XVI] oder [127, Abschnitt 6.3].

Aufgabe 1.7 (Tensorprodukte und Abbildungen). Seien V, V', V'', W, W' und W'' Vektorräume und seien lineare Abbildungen $\phi : V \longrightarrow V'$ und $\psi : W \longrightarrow W'$ sowie $\phi' : V' \longrightarrow V''$ und $\psi' : W' \longrightarrow W''$ vorgegeben.

i.) Zeigen Sie, daß es eine eindeutig bestimmte lineare Abbildung $\phi \otimes \psi$: $V \otimes W \longrightarrow V' \otimes W'$ gibt, welche

$$(\phi \otimes \psi)(v \otimes w) = \phi(v) \otimes \psi(w) \tag{1.56}$$

erfüllt. Zeigen Sie

$$(\phi' \otimes \psi') \circ (\phi \otimes \psi) = (\phi' \circ \phi) \otimes (\psi' \circ \psi) \quad \text{sowie} \quad \mathsf{id}_V \otimes \mathsf{id}_W = \mathsf{id}_{V \otimes W}. \tag{1.57}$$

ii.) Für $\alpha \in (V')^*$ definiert man den *pull-back* $\phi^* \alpha \in V^*$ durch

$$(\phi^* \alpha)(v) = \alpha(\phi(v)). \tag{1.58}$$

Der pull-back $\phi^* : (V')^* \otimes \cdots \otimes (V')^* \longrightarrow V^* \otimes \cdots \otimes V^*$ ist als $\phi^* \otimes \cdots \otimes \phi^*$ im Sinne von Teil *i.)* definiert. Zeigen Sie:

$$(\phi' \circ \phi)^* = \phi^* \circ (\phi')^* \quad \text{und} \quad (\mathsf{id}_V)^* = \mathsf{id}_{V^* \otimes \cdots \otimes V^*}. \tag{1.59}$$

Aufgabe 1.8 (Algebren und Derivationen). Sei $\mathcal{A}$ eine assoziative Algebra über $\Bbbk$, also ein $\Bbbk$-Vektorraum mit einer $\Bbbk$-bilinearen assoziativen Verknüpfung $\mathcal{A} \times \mathcal{A} \longrightarrow \mathcal{A}$, der *Algebra-Multiplikation*.

i.) Zeigen Sie, daß die Multiplikation mit einer *linearen* Abbildung $\mu : \mathcal{A} \otimes \mathcal{A} \longrightarrow \mathcal{A}$ identifiziert werden kann und daß $\mathcal{A}$ genau dann assoziativ ist, wenn

$$\mu \circ (\mu \otimes \mathsf{id}) = \mu \circ (\mathsf{id} \otimes \mu) \tag{1.60}$$

gilt. Sei mit $\tau : \mathcal{A} \otimes \mathcal{A} \longrightarrow \mathcal{A} \otimes \mathcal{A}$ die kanonische *Flip*-Abbildung bezeichnet, also $\tau(a \otimes b) = b \otimes a$. Wie können Sie die Kommutativität von μ formulieren?

ii.) Sei $D : \mathcal{A} \longrightarrow \mathcal{A}$ eine *Derivation*, also eine lineare Abbildung mit $D(ab) = D(a)b + aD(b)$. Sei weiter $\Phi : \mathcal{A} \longrightarrow \mathcal{A}$ ein *Algebrahomomorphismus*, also eine lineare Abbildung mit $\Phi(ab) = \Phi(a)\Phi(b)$. Formulieren Sie diese Bedingungen auf äquivalente Weise mit Hilfe von μ.

iii.) Zeigen Sie, daß der Kommutator

$$[a, b] = ab - ba = \mathrm{ad}(a)b \tag{1.61}$$

die Algebra zu einer Lie-Algebra macht. Zeigen Sie weiter, daß jede Linearkombination und der Kommutator zweier Derivationen wieder eine Derivation ist und folgern Sie, daß die Derivationen $\mathsf{Der}(\mathcal{A})$ von $\mathcal{A}$ eine Lie-Algebra bilden.

iv.) Eine Derivation D heißt *innere Derivation*, wenn $D = \mathrm{ad}(a)$ für ein $a \in \mathcal{A}$. Zeigen Sie, daß die inneren Derivationen $\mathsf{InnDer}(\mathcal{A})$ von $\mathcal{A}$ einen Untervektorraum von $\mathsf{Der}(\mathcal{A})$ bilden, so daß für eine beliebige Derivation D' und eine innere Derivation $D = \mathrm{ad}(a)$ immer $[D', \mathrm{ad}(a)] \in \mathsf{InnDer}(\mathcal{A})$ gilt. Zeigen Sie so, daß der Quotient $\mathsf{OutDer}(\mathcal{A}) = \mathsf{Der}(\mathcal{A})/\mathsf{InnDer}(\mathcal{A})$ der *äußeren Derivationen* in kanonischer Weise (wie?) zu einer Lie-Algebra wird.

Aufgabe 1.9 (Isotrope, Lagrangesche und koisotrope Unterräume).
Sei (V, ω) ein symplektischer Vektorraum der Dimension $2n$. Ein Teilraum $W \subseteq V$ heißt

- *isotrop*, falls $W \subseteq W^\perp$,
- *Lagrangesch*, falls $W = W^\perp$,
- *koisotrop*, falls $W^\perp \subseteq W$,
- *symplektisch*, falls $W \cap W^\perp = \{0\}$.

Der sportliche Ehrgeiz bei dieser Aufgabe besteht darin, einen unabhängigen Beweis für das lineare Darboux-Theorem zu finden und dabei auch noch etwas Neues zu lernen. Die Aufgabe 1.4, Teil *iv.)* soll also *nicht* verwendet werden. Die Idee ist im wesentlichen aus [234, Sect. 1.2].

i.) Zeigen Sie, daß W genau dann isotrop ist, wenn $W^\perp$ koisotrop ist. Zeigen Sie, daß W genau dann symplektisch ist, falls ω eingeschränkt auf W symplektisch ist.

ii.) Zeigen Sie, daß jeder symplektische Vektorraum einen Lagrangeschen Teilraum besitzt, indem Sie mit einem isotropen Teilraum starten und diesen maximal vergrößern, so daß er noch isotrop ist. Folgern Sie so, daß jeder isotrope Unterraum in einem (nicht notwendigerweise eindeutigen) Lagrangeschen Unterraum enthalten ist.

iii.) Seien $W_1, \dots, W_r$ Lagrangesche Teilräume von V. Zeigen Sie, daß es dann einen weiteren Lagrangeschen Teilraum W_0 gibt, welcher $W_0 \cap W_j = \{0\}$ für alle $j = 1, \dots, r$ erfüllt.
Hinweis: Sei W_0 ein isotroper Teilraum, welcher $W_0 \cap W_j = \{0\}$ erfüllt. Solch einen Teilraum gibt es immer (warum?). Zeigen Sie: ist W_0 maximal mit dieser Eigenschaft (also in keinem isotropen Unterraum enthalten, der alle W_j transversal schneidet), so ist W_0 Lagrangesch.

iv.) Seien nun W_1 und W_2 zwei transversale Lagrangesche Unterräume von V, deren Existenz nach *ii.)* und *iii.)* garantiert ist. Es gilt also insbesondere $W_1 \oplus W_2 = V$ (warum?). Zeigen Sie, daß die Einschränkung von ω auf $W_1 \times W_2$ nichtausgeartet ist und daher einen Isomorphismus $W_1^* \cong W_2$ induziert. Zeigen Sie, daß eine Basis $e_1, \dots, e_n$ von W_1 und die zugehörige duale Basis von W_1^* mit diesem Isomorphismus eine Basis $f_1, \dots, f_n$ von W_2 liefert, so daß $e_1, \dots, e_n, f_1, \dots, f_n$ eine Darboux-Basis von (V, ω) ist.

v.) Zeigen Sie damit: Für zwei symplektische Vektorräume (V, ω) und (V', ω') der selben Dimension mit jeweils zwei transversalen Lagrangeschen Unterräumen $W_i \subset V$ und $W_i' \subseteq V'$, $i = 1, 2$, gibt es einen linearen Symplektomorphismus $\phi : V \longrightarrow V'$, so daß $\phi(W_i) = W_i'$, $i = 1, 2$.

vi.) Zeigen Sie, daß es für einen k-dimensionalen isotropen Unterraum W eine Darboux-Basis $e_1, \dots, e_n, f_1, \dots, f_n$ gibt, so daß $W = \mathrm{span}\{e_1, \dots, e_k\}$.

vii.) Sei nun W koisotrop. Zeigen Sie, daß es einen Lagrangeschen Unterraum $L \subseteq W$ gibt. Wählen Sie einen Lagrangeschen Unterraum L' transversal zu L und sei $U = W \cap L'$. Wählen Sie nun auf geeignete Weise eine Basis von U, L' und L, um eine Darboux-Basis zu erhalten, so daß $W = \mathrm{span}\{e_1, \dots, e_n, f_1, \dots, f_{n-k}\}$, wobei $k = \mathrm{codim}(W)$.

Differentialgeometrische Grundlagen

In diesem Kapitel stellen wir kurz die für uns wesentlichen Grundlagen der Differentialgeometrie zusammen, wobei wir zum Teil auf die Beweise verzichten oder diese nur skizzieren werden. So erhalten wir das Rüstzeug für alle weiteren Betrachtungen in der geometrischen Mechanik. Weiterführende Techniken und Resultate der Differentialgeometrie werden bei Bedarf später sowie in den Aufgaben diskutiert werden.

Wir benötigen einige elementare Begriffe der mengentheoretischen Topologie: Ein *topologischer Raum* $(M, \mathcal{M})$ ist eine Menge M zusammen mit einer *Topologie* $\mathcal{M}$, also einer Menge $\mathcal{M}$ von Teilmengen von M, den *offenen Teilmengen*, derart, daß $\emptyset, M \in \mathcal{M}$ und daß beliebige Vereinigungen und endliche Durchschnitte von offenen Mengen wieder offen sind. Dann heißt eine Teilmenge $A \subseteq M$ *abgeschlossen*, falls $M \setminus A$ offen ist. Der *topologische Abschluß* U^{cl} einer Teilmenge $U \subseteq M$ ist die kleinste abgeschlossene Teilmenge von M, welche U enthält. Der *offene Kern* $\mathring{U}$ einer Teilmenge $U \subseteq M$ ist die größte offene Menge, welche in U enthalten ist. Eine Abbildung $f : (M, \mathcal{M}) \longrightarrow (N, \mathcal{N})$ heißt *stetig*, wenn die Urbilder offener Teilmengen von N wieder offen in M sind. Eine bijektive stetige Abbildung $f : (M, \mathcal{M}) \longrightarrow (N, \mathcal{N})$ heißt Homöomorphismus, wenn auch f^{-1} stetig ist. In diesem Falle heißen die topologischen Räume M und N homöomorph.

Ein topologischer Raum heißt *Hausdorffsch*, wenn es zu je zwei Punkten $x_1 \neq x_2$ in M zwei offene Mengen $O_1, O_2 \in \mathcal{M}$ gibt, so daß $x_i \in O_i$ und $O_1 \cap O_2 = \emptyset$. Ein topologischer Raum erfüllt das *zweite Abzählbarkeitsaxiom*, wenn es abzählbar viele offene Mengen $\{O_n\}_{n \in \mathbb{N}}$ gibt, so daß jede andere offene Menge durch Vereinigung von diesen O_n's erhalten werden kann. Ein topologischer Raum heißt *kompakt*, wenn es zu jeder offenen Überdeckung eine endliche Teilüberdeckung gibt. Weiter heißt M *zusammenhängend*, falls M nicht als disjunkte Vereinigung zweier offener Mengen geschrieben werden kann. Diese Grundbegriffe der mengentheoretischen Topologie werden im folgenden als bekannt vorausgesetzt. Weiteres findet man beispielsweise in [179, 199, 270].

Differenzierbare Mannigfaltigkeiten werden nun topologische Räume mit bestimmten, zusätzlichen Strukturen und Eigenschaften sein, welche nicht nur einen Begriff von Stetigkeit sondern auch von Differenzierbarkeit erlauben.

Wir werden zunächst die elementaren Eigenschaften von differenzierbaren Mannigfaltigkeiten vorstellen und in einem zweiten Schritt Vektorbündel über differenzierbaren Mannigfaltigkeiten betrachten. Im drittem Abschnitt werden wir schließlich den Tensor- und Formenkalkül auf differenzierbaren Mannigfaltigkeiten einführen.

Eine gut verständliche Einführung ist beispielsweise in [180,275] zu finden. Weiterführende Darstellungen und Lehrbücher zur Differentialgeometrie sind zahlreich, als Auswahl sei [1,220,235] erwähnt.

2.1 Differenzierbare Mannigfaltigkeiten

Grundlegend für die Definition einer differenzierbaren Mannigfaltigkeit ist der Begriff der lokalen Karte und der lokalen Koordinatensysteme. Diese gestatten, in konsistenter Weise von Differenzierbarkeit auf einem topologischen Raum zu sprechen, und erlauben eine intrinsische Definition und Konstruktion von Tangentialvektoren, ohne sich den zugrundeliegenden topologischen Raum als in einen großen $\mathbb{R}^N$ eingebettet vorstellen zu müssen.

2.1.1 Karten und Atlanten

Im folgenden ist M ein topologischer Raum und $n \in \mathbb{N}_0$. Die Definition einer Karte ist unmittelbar durch die Anschauung motiviert, lokale Koordinaten für die Punkte in M einführen zu wollen.

Definition 2.1.1 (Karte). *Eine n-dimensionale Karte für M ist eine offene Teilmenge $U \subseteq M$ zusammen mit einer Abbildung $x : U \longrightarrow V \subseteq \mathbb{R}^n$, so daß V offen ist, x bijektiv ist und x sowie x^{-1} stetig sind.*

Bemerkung 2.1.2 (Karten und Koordinaten).

i.) Ist $p \in M$ und (U, x) eine Karte mit $p \in U$, so nennen wir (U, x) eine *Karte um p*. Gilt $x(p) = 0$, so heißt die Karte (U, x) um p *zentriert*. Durch geeignete Verschiebungen im $\mathbb{R}^n$ läßt sich offenbar eine um p zentrierte Karte finden.

ii.) Es wird nicht verlangt, daß V zusammenhängend oder gar zusammenziehbar ist. Es sei daran erinnert, daß eine offene Teilmenge $V \subseteq \mathbb{R}^n$ (im glatten Sinne) *zusammenziehbar* heißt, falls es eine bijektive glatte Abbildung $f : V \longrightarrow B_1(0)$ auf den offenen Einheitsball im $\mathbb{R}^n$ gibt, so daß auch f^{-1} glatt ist.

iii.) Die Komponenten $x^1, \ldots, x^n$ der Kartenabbildung x heißen auch lokale Koordinaten. Eine Karte heißt auch lokales Koordinatensystem. Die Werte $x^1(p), \ldots, x^n(p)$ heißen daher auch die lokalen Koordinaten des Punktes $p \in U$ bezüglich der Karte (U, x).

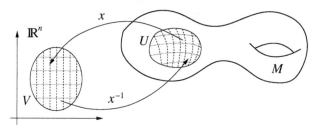

Abb. 2.1. Eine Karte

Oft wird auch x^{-1} anstelle von x angegeben, wie beispielsweise für die *Polarkoordinaten*

$$x(r, \varphi) = r \cos \varphi \quad \text{und} \quad y(r, \varphi) = r \sin \varphi. \tag{2.1}$$

Hier ist der topologische Raum der $\mathbb{R}^2$, und das Inverse der Kartenabbildung geht von $V = \mathbb{R}^+ \times (0, 2\pi)$ nach $U = \mathbb{R}^2 \setminus [0, +\infty)$. Offenbar sind die Polarkoordinaten stetig, bijektiv und haben eine stetige Umkehrabbildung auf dem angegebenen Bereich U. Oft wird die explizite Angabe der Definitionsbereiche der Karten unterdrückt. In diesen Fällen erschließt sich U beziehungsweise V typischerweise aus der Forderung nach maximaler Gültigkeit der in Definition 2.1.1 gewünschten Eigenschaften.

Seien nun zwei Karten (U, x) und $(\widetilde{U}, \widetilde{x})$ von M gegeben. Dann ist $U \cap \widetilde{U}$ offen, eventuell leer. Falls $U \cap \widetilde{U}$ nicht leer ist, liefert die Abbildung

$$\widetilde{x} \circ x^{-1}\Big|_{x(U \cap \widetilde{U})} : x(U \cap \widetilde{U}) \longrightarrow \widetilde{x}(U \cap \widetilde{U}) \tag{2.2}$$

eine bijektive, stetige Abbildung mit stetigem Inversen $x \circ \widetilde{x}^{-1}\big|_{\widetilde{x}(U \cap \widetilde{U})}$. Diese Abbildung heißt *Kartenwechsel* von der Karte (U, x) zur Karte $(\widetilde{U}, \widetilde{x})$. Die folgende Definition formalisiert die Vorstellung, daß wir für jeden Punkt p der Mannigfaltigkeit eine lokale Karte mit zugehörigen lokalen Koordinaten um p wünschen.

Definition 2.1.3 (Atlas und differenzierbare Struktur). *Ein n-dimensionaler Atlas $\mathfrak{A}$ für M ist eine Menge von n-dimensionalen Karten $\{(U_\alpha, x_\alpha)\}_{\alpha \in I}$, so daß die Kartenbereiche M ganz überdecken, also $M = \bigcup_{\alpha \in I} U_\alpha$. Ein Atlas $\mathfrak{A}$ heißt differenzierbar, wenn für je zwei Karten (U, x) und $(\widetilde{U}, \widetilde{x})$ in $\mathfrak{A}$ entweder $U \cap \widetilde{U} = \emptyset$ oder der Kartenwechsel $\widetilde{x} \circ x^{-1}\big|_{x(U \cap \widetilde{U})}$ differenzierbar ist. Eine differenzierbare Struktur für M ist ein maximaler differenzierbarer Atlas.*

Bemerkung 2.1.4 (Differenzierbare Atlanten).

i.) Für einen differenzierbaren Atlas sind also alle Kartenwechsel *Diffeomorphismen*, da sowohl $\widetilde{x} \circ x^{-1}$ als auch $x \circ \widetilde{x}^{-1}$ differenzierbar sind. Diese

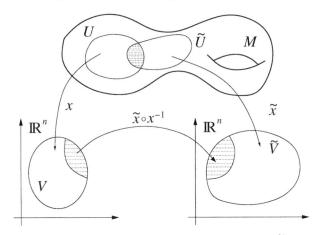

Abb. 2.2. Der Kartenwechsel von (U, x) nach $(\widetilde{U}, \widetilde{x})$

Verträglichkeit wird es erlauben, konsistent von „Differenzierbarkeit" auf M zu sprechen.

ii.) Man kann „differenzierbar" auch durch C^k mit $k \in \mathbb{N}$, also k-mal stetig differenzierbar, oder durch C^ω, also reell-analytisch, ersetzen. Für uns ist aber im wesentlichen nur die C^∞-Version relevant.

iii.) Man beachte, daß zur Definition einer differenzierbaren Struktur für M nur der (bekannte) Differenzierbarkeitsbegriff im $\mathbb{R}^n$ verwendet wird.

iv.) Ein differenzierbarer Atlas $\mathfrak{A}$ legt bereits einen maximalen differenzierbaren Atlas fest, indem man alle mit $\mathfrak{A}$ verträglichen Karten noch hinzunimmt. Diese sind dann automatisch auch untereinander verträglich (warum?). In der Praxis kann man sich daher darauf beschränken, einen möglichst kleinen differenzierbaren Atlas anzugeben, um eine differenzierbare Struktur festzulegen.

Wir können nun die zentrale Definition der Differentialgeometrie formulieren:

Definition 2.1.5 (Differenzierbare Mannigfaltigkeit). *Eine differenzierbare Mannigfaltigkeit der Dimension n ist ein topologischer Hausdorff-Raum, welcher dem zweiten Abzählbarkeitsaxiom genügt, zusammen mit einer n-dimensionalen differenzierbaren Struktur.*

Zur Vereinfachung werden wir im folgenden nur von einer „Mannigfaltigkeit" sprechen. Daß die Hausdorff-Eigenschaft sinnvoll und nützlich ist, sollte unmittelbar einsichtig sein, auch wenn es Gebiete in der Differentialgeometrie gibt, in denen diese Forderung eine unnötige Einschränkung bedeutet. Die Bedeutung des zweiten Abzählbarkeitsaxioms ist nicht unmittelbar zu ersehen, stellt aber letztlich sicher, daß die differenzierbaren Mannigfaltigkeiten nicht „zu groß" werden. Eine wichtige Konsequenz wird die Existenz einer *Zerlegung der Eins* sein, welche ein wichtiges technisches Hilfsmittel in der Differentialgeometrie darstellt. Die Details hierzu finden sich in Anhang A.1.

Beispiel 2.1.6 (Differenzierbare Mannigfaltigkeiten).

i.) $\mathbb{R}^n$ mit dem globalen Koordinatensystem id : $\mathbb{R}^n \longrightarrow \mathbb{R}^n$ ist eine n-dimensionale Mannigfaltigkeit, ebenso jede offene Teilmenge von $\mathbb{R}^n$. Jeder reelle n-dimensionale Vektorraum ist ebenfalls eine Mannigfaltigkeit: nach Wahl einer Basis $e_1, \ldots, e_n$ erhält man eine globale Karte $x \mapsto (x^1, \ldots, x^n)$, wobei $x = x^i e_i$. Diese Karte ist um den Ursprung zentriert. Analog wird jeder endlichdimensionale reelle affine Raum zu einer differenzierbaren Mannigfaltigkeit.

ii.) Jede offene Teilmenge einer Mannigfaltigkeit ist wieder eine Mannigfaltigkeit der selben Dimension.

iii.) Die n-Sphäre $\mathbb{S}^n = \{x \in \mathbb{R}^{n+1} \mid \|x\| = 1\}$ mit den beiden Koordinatensystemen, die man aus der stereographischen Projektion vom Nordpol beziehungsweise Südpol aus erhält, ist eine Mannigfaltigkeit. Eine einfache Rechnung zeigt, daß der Kartenwechsel glatt ist, siehe auch Aufgabe 2.2.

iv.) Der n-Torus $\mathbb{T}^n = \mathbb{S}^1 \times \cdots \times \mathbb{S}^1$ mit den Koordinatensystemen, die von den beiden Karten der $\mathbb{S}^1$ kommen, ist auch eine Mannigfaltigkeit.

v.) Ganz allgemein ist das Kartesische Produkt $M \times N$ auf kanonische Weise eine $(m + n)$-dimensionale Mannigfaltigkeit, wenn M und N Mannigfaltigkeiten der Dimensionen m und n sind.

Während *i.)* (und im allgemeinen auch *ii.)*) nichtkompakte Mannigfaltigkeiten sind, sind $\mathbb{S}^n$ und $\mathbb{T}^n$ kompakt.

Wann immer man in der Mathematik neue Objekte definiert, will man auch über Abbildungen zwischen ihnen reden, welche die vorhandenen charakterisierenden Strukturen berücksichtigen. Im Falle von Mannigfaltigkeiten will man also von *glatten* Abbildungen sprechen.

Definition 2.1.7 (Differenzierbare Abbildung). *Seien M und N Mannigfaltigkeiten und sei $\phi : M \longrightarrow N$ eine stetige Abbildung. Dann heißt ϕ differenzierbar (auch: glatt, C^∞) bei $p \in M$, wenn es eine Karte (U, x) um p und eine Karte $(\widetilde{U}, \widetilde{x})$ um $\phi(p)$ gibt, so daß die Abbildung $\widetilde{x} \circ \phi \circ x^{-1}\big|_{x(\phi^{-1}(\widetilde{U}) \cap U)}$ differenzierbar ist. Weiter heißt ϕ differenzierbar (auch: glatt, C^∞), wenn ϕ bei allen Punkten von M differenzierbar ist. Die Menge der glatten Abbildungen von M nach N wird mit $C^\infty(M, N)$ bezeichnet.*

Bemerkung 2.1.8 (Differenzierbarkeit).

i.) Da ϕ als stetig angenommen wurde, ist $\phi^{-1}(\widetilde{U})$ offen in M und somit ist auch $x(\phi^{-1}(\widetilde{U}) \cap U)$ offen in $\mathbb{R}^m$. Damit ist $\widetilde{x} \circ \phi \circ x^{-1}\big|_{x(\phi^{-1}(\widetilde{U}) \cap U)}$ eine $\mathbb{R}^n$-wertige Funktion auf einer offenen Teilmenge von $\mathbb{R}^m$, für die man den *üblichen* Differenzierbarkeitsbegriff verwenden kann, siehe auch Abbildung 2.3.

ii.) Da Kartenwechsel Diffeomorphismen sind, gilt die Eigenschaft, daß $\widetilde{x} \circ \phi \circ x^{-1}\big|_{x(\phi^{-1}(\widetilde{U}) \cap U)}$ differenzierbar ist, auch in allen anderen Paaren von Karten, wenn sie einmal in einem Kartenpaar gilt.

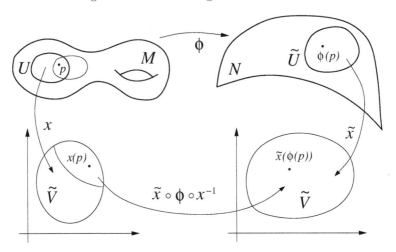

Abb. 2.3. Zur Definition von Differenzierbarkeit bei p.

Von besonderer Bedeutung sind natürlich die glatten Funktionen, also die glatten Abbildungen von M in die reellen oder komplexen Zahlen. Diese werden einfach mit $C^\infty(M)$ bezeichnet, bzw. mit $C^\infty(M, \mathbb{R})$ oder $C^\infty(M, \mathbb{C})$, wenn man sich festlegen will, ob die Werte in $\mathbb{R}$ oder in $\mathbb{C}$ liegen sollen.

Offenbar ist $C^\infty(M, \mathbb{R})$ ein reeller Vektorraum und $C^\infty(M, \mathbb{C})$ ein komplexer Vektorraum. Wie üblich hat man die Unterräume der Funktionen mit *kompaktem Träger*, die mit $C_0^\infty(M)$ bezeichnet werden. Hier ist der *Träger* einer glatten Funktion als

$$\operatorname{supp} f = \{p \in M \mid f(p) \neq 0\}^{\mathrm{cl}} \subseteq M \tag{2.3}$$

definiert, wobei ^{cl} den topologischen Abschluß in M bezeichnet. Es ist klar, daß $C^\infty(M, \mathbb{R})$ bzw. $C^\infty(M, \mathbb{C})$ sogar assoziative, kommutative Algebren (über $\mathbb{R}$ bzw. $\mathbb{C}$) mit Eins sind und daß $C_0^\infty(M)$ in beiden Fällen ein Ideal in $C^\infty(M)$ ist.

Bemerkung 2.1.9 (Fréchet-Topologie von $C^\infty(M)$). Wie bereits für glatte Funktionen auf einer offenen Teilmenge $V \subseteq \mathbb{R}^n$ kann man ein System von Halbnormen für $C^\infty(M)$ definieren, bezüglich dessen $C^\infty(M)$ ein Fréchet-Raum wird. Ein *Fréchet-Raum* ist hierbei ein Vektorraum V über $\mathbb{R}$ oder $\mathbb{C}$ mit abzählbar vielen Halbnormen $\{p_\ell\}_{\ell \in \mathbb{N}}$, welcher bezüglich der durch diese Halbnormen festgelegten (lokal konvexen) Topologie *vollständig* ist: Jede Cauchy-Folge hat einen Grenzwert in V. Üblicherweise fordert man zudem, daß die Topologie *Hausdorffsch* ist, Folgen also eindeutige Grenzwerte besitzen. Wir skizzieren kurz die Konstruktion der Halbnormen für $C^\infty(M)$: Man betrachtet alle Kompakta $K \subseteq M$, welche in Kartenbereichen U enthalten sind. Dann definiert man zu solch einem Kompaktum K, einer entsprechenden Karte (U, x) und $\ell \in \mathbb{N}_0$ die Halbnorm

$$p_{K,U,x,\ell}(f) = \max_{p\in K, i_1,\dots,i_\ell} \left| \frac{\partial^\ell (f \circ x^{-1})}{\partial x^{i_1} \cdots \partial x^{i_\ell}}(x(p)) \right|, \tag{2.4}$$

wobei wir die partiellen Ableitungen in $V = x(U) \subseteq \mathbb{R}^n$ verwenden. Das System aller dieser Halbnormen definiert dann eine Topologie, welche sich als Fréchet-Topologie für $C^\infty(M)$ herausstellt. Die Details hierzu sind beispielsweise in [169] zu finden. Wir werden diese analytischen Eigenschaften von $C^\infty(M)$ jedoch im folgenden zunächst nicht weiter benötigen.

Der lokale Begriff des Diffeomorphismus verallgemeinert sich nun leicht auch auf Mannigfaltigkeiten:

Definition 2.1.10 (Diffeomorphismus). *Eine glatte Abbildung $\phi : M \longrightarrow N$ heißt Diffeomorphismus, falls ϕ bijektiv ist und ϕ^{-1} ebenfalls glatt ist. In diesem Fall heißen M und N diffeomorph.*

Sind M und N diffeomorph, so bezeichnet man mit $\mathrm{Diffeo}(M, N)$ die Menge der Diffeomorphismen von M nach N und entsprechend mit $\mathrm{Diffeo}(M)$ die Gruppe der Diffeomorphismen von M.

2.1.2 Tangentialvektoren und das Tangentenbündel

Um einen sinnvollen Begriff für Tangentialvektoren zu finden, der nicht auf eine Einbettung in einen großen $\mathbb{R}^N$ Bezug nimmt, sondern „intrinsisch" definiert ist, bieten sich drei Möglichkeiten an:

- Algebraische Definition: „Richtungsableitung".
- Kinematische Definition: „Tangente an eine Kurve".
- Physikalische Definition: „ein Tangentialvektor ist ein Tangentialvektor, wenn er sich wie ein Tangentialvektor transformiert".

Alle drei Möglichkeiten sind äquivalent und gleichermaßen wichtig. Wir verwenden die erste zur Definition, werden aber später unbekümmert zwischen den verschiedenen Sichtweisen wechseln. Dazu benötigen wir zuerst den Begriff des „Funktionenkeims":

Definition 2.1.11 (Funktionenkeim). *Eine lokal definierte, glatte Funktion um $p \in M$ ist eine glatte Funktion $f \in C^\infty(U)$, wobei $U \subseteq M$ eine offene Teilmenge mit $p \in U$ ist. Zwei lokale Funktionen (f, U) und (g, V) um p heißen äquivalent, wenn es eine offene Umgebung $W \subseteq U \cap V$ von p gibt, so daß*

$$f\big|_W = g\big|_W. \tag{2.5}$$

Eine Äquivalenzklasse von lokalen Funktionen bei p heißt Funktionenkeim, die Menge der Funktionenkeime bei p wird mit C_p^∞ bezeichnet.

Offenbar ist C_p^∞ ein reeller Vektorraum, ja sogar eine assoziative, kommutative Algebra mit Eins. Ist $U \subseteq M$ eine offene Umgebung von p, so ist die Einschränkung

$$C^\infty(U) \ni f \mapsto [f] \in C_p^\infty \tag{2.6}$$

ein Algebrenhomomorphismus. Im allgemeinen ist dieser *nicht* injektiv, aber man kann zeigen, daß (2.6) surjektiv ist, indem man eine Abschneidefunktion um p verwendet. Dies zeigt, daß die Algebra der Funktionenkeime C_p^∞ letztlich nicht von der umgebenden Mannigfaltigkeit M abhängt, sondern bereits durch eine beliebig kleine offene Umgebung von p festgelegt ist. Die Auswertung bei p

$$\delta_p : C_p^\infty \ni [f] \mapsto f(p) \in \mathbb{R} \tag{2.7}$$

liefert ein wohl-definiertes lineares Funktional auf C_p^∞ (warum?). Wenn keine Verwechslung möglich ist, schreiben wir einfach f für die Äquivalenzklasse von f in C_p^∞.

Definition 2.1.12 (Tangentialraum). *Ein Tangentialvektor v_p bei p ist eine lineare Abbildung*

$$v_p : C_p^\infty \longrightarrow \mathbb{R} \tag{2.8}$$

mit der Eigenschaft

$$v_p(fg) = v_p(f)g(p) + f(p)v_p(g). \tag{2.9}$$

Die Menge aller Tangentialvektoren bei p heißt Tangentialraum T_pM.

Offenbar gilt für eine *lokal konstante* Funktion f um p immer $v_p(f) = 0$. Da die Bedingung (2.9) linear in v_p ist, ist der Tangentialraum ein reeller Vektorraum. Die weitere Struktur von T_pM wird nun durch folgenden Satz geklärt, wobei wir von nun an die Summenkonvention benutzen:

Satz 2.1.13. *Sei M eine n-dimensionale Mannigfaltigkeit und $p \in M$. Sei weiter (U, x) eine Karte um p.*

i.) Die Abbildungen

$$\left.\frac{\partial}{\partial x^i}\right|_p : C_p^\infty \ni f \mapsto \left.\frac{\partial(f \circ x^{-1})}{\partial x^i}\right|_{x(p)} \in \mathbb{R} \tag{2.10}$$

mit $i = 1, \ldots, n$ bilden eine Basis von T_pM. Insbesondere ist $\dim T_pM = n$. Für $v_p \in T_pM$ mit $v_p = v_p^i \left.\frac{\partial}{\partial x^i}\right|_p$ gilt

$$v_p^i = v_p(x^i), \tag{2.11}$$

wobei x^i als lokale Funktion um p aufgefaßt wird.

ii.) Ist $(\widetilde{U}, \widetilde{x})$ eine weitere Karte um p, so transformieren sich die Komponenten v_p^i von $v_p \in T_pM$ mit der Jacobi-Matrix des Koordinatenwechsels, genauer

$$\widetilde{v}_p^j = \left.\frac{\partial(\widetilde{x}^j \circ x^{-1})}{\partial x^i}\right|_{x(p)} v_p^i. \tag{2.12}$$

iii.) Ist $\gamma : (-\epsilon, \epsilon) \longrightarrow M$ *eine glatte Kurve durch* $p = \gamma(0)$, *so definiert*

$$\dot{\gamma}(0)f = \frac{\mathrm{d}}{\mathrm{d}t}(f \circ \gamma)\Big|_{t=0} \quad \textit{für} \quad f \in C_p^\infty \tag{2.13}$$

einen Tangentialvektor. Mit $\gamma^i(t) = x^i \circ \gamma(t)$ *gilt*

$$\dot{\gamma}(0) = \dot{\gamma}^i(0)\frac{\partial}{\partial x^i}\Big|_p. \tag{2.14}$$

Beweis. Zunächst ist klar, daß $\frac{\partial}{\partial x^i}\big|_p f$ nur von der Äquivalenzklasse von f in C_p^∞ abhängt, da $\frac{\partial(f \circ x^{-1})}{\partial x^i}\big|_{x(p)}$ nur von der Gestalt von f in einer beliebig kleinen offenen Umgebung von $x(p)$ abhängt. Weiter ist klar, daß $\frac{\partial}{\partial x^i}\big|_p$ linear ist und die Derivationseigenschaft (2.9) erfüllt. Damit ist $\frac{\partial}{\partial x^i}\big|_p$ also tatsächlich ein Tangentialvektor.

ad i.) Sei nun $v_p \in T_pM$ beliebig und f eine lokale Funktion. Dann gibt es lokale Funktionen f_i mit

$$f(q) = f(p) + (x^i(q) - x^i(p))f_i(q) \quad \text{für } q \text{ nahe genug bei } p,$$

wobei x^i wieder die lokale Koordinatenfunktion bezeichnet, und

$$f_i(p) = \frac{\partial(f \circ x^{-1})}{\partial x^i}\Big|_{x(p)}.$$

Dies ist gerade der Anfang der Taylor-Entwicklung mit Restglied, insbesondere liefert

$$f_i(q) = \int_0^1 \frac{\partial(f \circ x^{-1})}{\partial x^i}\big(t(x(q) - x(p)) + x(p)\big)\mathrm{d}t$$

eine explizite Form für die f_i. Also gilt wegen $v_p(const) = 0$ und $(x^i - x^i(p))\big|_p = 0$ die Gleichung

$$v_p(f) = v_p(x^i)f_i(p) = v_p(x^i)\frac{\partial(f \circ x^{-1})}{\partial x^i}\Big|_{x(p)}.$$

Damit gilt also

$$v_p = v_p(x^i)\frac{\partial}{\partial x^i}\Big|_p,$$

womit die Tangentialvektoren $\frac{\partial}{\partial x^i}\big|_p$ ein Erzeugendensystem von T_pM bilden. Offenbar sind sie auch linear unabhängig, was man durch Anwenden auf die lokalen Funktionen x^i sieht.

ad ii.) Dies ist einfach die Kettenregel, die wir in einer hinreichend kleinen Umgebung um p, wo der Kartenwechsel eben definiert ist, anwenden können:

$$v_p(f) = v_p^i \frac{\partial(f \circ x^{-1})}{\partial x^i}\Big|_{x(p)}$$

$$= v_p^i \frac{\partial(f \circ \widetilde{x}^{-1})}{\partial \widetilde{x}^j}\bigg|_{\widetilde{x}(p)} \frac{\partial(\widetilde{x} \circ x^{-1})^j}{\partial x^i}\bigg|_{x(p)}$$

$$= v_p^i \underbrace{\frac{\partial(\widetilde{x} \circ x^{-1})^j}{\partial x^i}\bigg|_{x(p)}}_{\widetilde{v}_p^j} \frac{\partial}{\partial \widetilde{x}^j}\bigg|_{\widetilde{x}(p)} f.$$

ad iii.) Offenbar ist $\dot{\gamma}(0)f$ wohl-definiert auf C_p^∞, da wieder nur die Gestalt von f auf einer beliebig kleinen offenen Umgebung von p bekannt sein muß. Die Linearität und Derivationseigenschaft sind ebenfalls offensichtlich, womit $\dot{\gamma}(0)$ tatsächlich ein Tangentialvektor ist. Gleichung (2.14) ist dann eine einfache Rechnung, indem man $\dot{\gamma}(0)$ auf x^i anwendet und (2.11) verwendet.   □

Bemerkung 2.1.14. Teil *ii.)* liefert die „physikalische" Definition, während Teil *iii.)* die „kinematische" Definition liefert. Einen schönen und detaillierteren Vergleich findet man beispielsweise in [180, Kap. 2].

Da jeder Punkt $p \in M$ nun seinen eigenen Tangentialraum hat, kann man die Gesamtheit aller Tangentialräume betrachten. Man definiert

$$TM = \bigcup_{p \in M} T_p M, \tag{2.15}$$

wobei die Vereinigung als *disjunkte* Vereinigung zu verstehen ist (etwas anderes ist auch nicht sinnvoll). Jedes Element in TM ist also Element $v_p \in T_p M$ in einem bestimmten Tangentialraum an einem bestimmten Punkt $p \in M$. Daher hat man eine Projektion

$$\pi : TM \ni v_p \mapsto p \in M. \tag{2.16}$$

Satz 2.1.15. *Die Menge TM ist auf kanonische Weise eine $2n$-dimensionale Mannigfaltigkeit, wobei jede Karte (U, x) von M eine Karte $(TU, Tx = (q, v))$ von TM induziert, nämlich*

$$TU = \bigcup_{p \in U} T_p M \subseteq TM \tag{2.17}$$

und

$$Tx = (q, v) : TU \ni v_p \mapsto \big(q^1(v_p), \dots, q^n(v_p), v^1(v_p), \dots, v^n(v_p)\big) \in x(U) \times \mathbb{R}^n, \tag{2.18}$$

wobei $q^i(v_p) = x^i(p)$ und $v^i(v_p) = v_p(x^i)$. Damit wird insbesondere $\pi : TM \longrightarrow M$ glatt.

Beweis. Die topologische Struktur von TM wird dadurch erklärt, daß man Urbilder (unter Tx) und deren endliche Durchschnitte und beliebige Vereinigungen von offenen Teilmengen in $Tx(TU) \subseteq \mathbb{R}^{2n}$ für alle Karten (U, x) der differenzierbaren Struktur von M als offen erklärt. Dann ist es leicht nach-zurechnen, daß (2.18) tatsächlich Karten definiert und daß die Kartenwechsel glatt sind. Dies folgt unmittelbar aus der Glattheit der Kartenwechsel von x nach $\tilde{x}$. Die Hausdorff-Eigenschaft sowie das zweite Abzählbarkeitsaxiom kann man ebenfalls leicht einsehen. Die Abbildung π in den Koordinaten (TU, Tx) für TM und (U, x) für M ist gerade die Projektion auf die ersten n Koordinaten und damit sicherlich glatt. Somit erhält man aus einem differenzierbaren Atlas von M einen differenzierbaren Atlas von TM. $\qquad\square$

Die Konstruktion der Mannigfaltigkeit TM aus einer gegebenen Mannig-faltigkeit M wird uns weiterhin begleiten und ist von fundamentaler Wichtig-keit in der gesamten Differentialgeometrie.

Definition 2.1.16 (Tangentenbündel). *Die Mannigfaltigkeit TM mit der Projektion*

$$\pi : TM \longrightarrow M \tag{2.19}$$

heißt Tangentenbündel von M.

Satz 2.1.17. *Sei $\phi : M \longrightarrow N$ eine glatte Abbildung.*

i.) Dann definiert

$$(T_p\phi(v_p))f = v_p(f \circ \phi) \quad \text{für} \quad f \in C^\infty_{\phi(p)} \tag{2.20}$$

einen Tangentialvektor $T_p\phi(v_p) \in T_{\phi(p)}N$ für alle $p \in M$ und $v_p \in T_pM$. Die Abbildung

$$T_p\phi : T_pM \longrightarrow T_{\phi(p)}N \tag{2.21}$$

ist linear.

ii.) Sind (U, x) und (V, y) Koordinaten um p und $\phi(p)$, so gilt

$$T_p\phi \left(v_p^i \frac{\partial}{\partial x^i}\Big|_p \right) = v_p^i \frac{\partial(y^j \circ \phi \circ x^{-1})}{\partial x^i}\Big|_{x(p)} \frac{\partial}{\partial y^j}\Big|_{\phi(p)}. \tag{2.22}$$

iii.) Ist $\gamma : (-\epsilon, \epsilon) \longrightarrow M$ eine glatte Kurve durch $\gamma(0) = p$, so gilt

$$T_p\phi(\dot{\gamma}(0)) = (\phi \circ \gamma)^{\cdot}(0). \tag{2.23}$$

iv.) Die Abbildung $T\phi : TM \longrightarrow TN$ mit $T\phi|_{T_pM} = T_p\phi$ ist glatt und es gilt die Kettenregel

$$T \, \mathsf{id}_M = \mathsf{id}_{TM} \quad \text{und} \quad T(\phi \circ \psi) = T\phi \circ T\psi. \tag{2.24}$$

Die Abbildung $T\phi$ heißt auch Tangentialabbildung von ϕ.

Beweis. ad i.) Zunächst ist klar, daß $T_p\phi v_p$ tatsächlich ein wohl-definierter Tangentialvektor ist, denn $f \circ \phi$ ist eine lokal definierte Funktion um p, deren Äquivalenzklasse in C^∞_p nur von der Äquivalenzklasse von f in $C^\infty_{\phi(p)}$ abhängt.

Die Linearitäts- und Derivationseigenschaft sind offensichtlich, womit $T_p\phi v_p \in T_{\phi(p)}N$. Die Linearität der Abbildung (2.21) ist auch klar.

ad ii.) Nach Definition rechnet man die behauptete Eigenschaft einfach nach, indem man die Kettenregel verwendet und auf einer hinreichend kleinen Umgebung von $\phi(p)$ beziehungsweise p die Karte (V, y) „einschiebt"

$$
\begin{aligned}
T_p\phi\left(v_p^i \frac{\partial}{\partial x^i}\bigg|_p\right)f &= v_p^i \frac{\partial(f \circ \phi \circ x^{-1})}{\partial x^i}\bigg|_{x(p)} \\
&= v_p^i \frac{\partial(f \circ y^{-1} \circ y \circ \phi \circ x^{-1})}{\partial x^i}\bigg|_{x(p)} \\
&= v_p^i \frac{\partial(f \circ y^{-1})}{\partial y^j}\bigg|_{y(\phi(p))} \frac{\partial(y^j \circ \phi \circ x^{-1})}{\partial x^i}\bigg|_{x(p)} \\
&= v_p^i \frac{\partial(y^j \circ \phi \circ x^{-1})}{\partial x^i}\bigg|_{x(p)} \frac{\partial}{\partial y^j}\bigg|_{\phi(p)} f.
\end{aligned}
$$

ad iii.) Dies rechnet man ebenso mit Hilfe der Definition direkt nach,

$$
T_p\phi(\dot\gamma(0))f = \dot\gamma(0)(f \circ \phi) = \frac{\mathrm{d}}{\mathrm{d}t}(f \circ \phi \circ \gamma)\bigg|_{t=0} = (\phi \circ \gamma)^\cdot(0)f,
$$

da ja $\phi \circ \gamma : (-\epsilon, \epsilon) \longrightarrow N$ eine Kurve durch $\phi(p)$ ist.

ad iv.) Mit (2.22) folgt die Differenzierbarkeit von $T\phi$ unmittelbar, explizit gilt mit den Karten (TU, Tx) beziehungsweise (TV, Ty) sowie der Abkürzung $\phi^i = y^i \circ \phi \circ x^{-1}$

$$
\begin{aligned}
Ty \circ T\phi \circ (Tx)^{-1}\bigg|_{Tx(v_p)} &= Ty \circ T\phi\left(v^i \frac{\partial}{\partial x^i}\bigg|_p\right) \\
&= Ty\left(v^i \frac{\partial\phi^j}{\partial x^i}\bigg|_p \frac{\partial}{\partial y^j}\bigg|_{\phi(p)}\right) \\
&= \left(\phi^1, \ldots, \phi^n, v^i \frac{\partial\phi^1}{\partial x^i}, \ldots, v^i \frac{\partial\phi^n}{\partial x^i}\right)\bigg|_{x(p)},
\end{aligned}
$$

wobei $Tx(v_p) = (x^1, \ldots, x^m, v^1, \ldots, v^m)$. Damit folgt die Glattheit, da ja $y \circ \phi \circ x^{-1}$ glatt ist und die Abhängigkeit von den Koordinaten $v^1, \ldots, v^m$ sowieso *linear* und damit glatt ist. Die Abbildung $T\phi$ sieht also in Koordinaten so aus, daß für die ersten m Koordinaten die Abbildung ϕ verwendet wird und für die zweiten m Koordinaten die Jacobi-Matrix von ϕ, beides in den jeweiligen Koordinaten. Die Kettenregel ist völlig banal, denn

$$
(T_p(\phi \circ \psi)v_p)f = v_p(f \circ \phi \circ \psi) = (T_p\psi(v_p))(f \circ \phi) = (T_{\psi(p)}\phi(T_p\psi(v_p)))f,
$$

sowie

$$
(T\,\mathsf{id}(v_p))f = v_p(f \circ \mathsf{id}) = v_p(f) = (\mathsf{id}_{TM}\,v_p)f.
$$

$\square$

Bemerkung 2.1.18 (Der Tangentialfunktor). Mit etwas mehr „high-tech" kann man diese Resultate, insbesondere (2.24), auch folgendermaßen verstehen: Mannigfaltigkeiten und glatte Abbildungen bilden Objekte und Morphismen einer Kategorie Mf. Dann ist die Zuordnung $T : M \mapsto TM$ für Objekte und $T : (\phi : M \longrightarrow N) \mapsto (T\phi : TM \longrightarrow TN)$ für Morphismen ein (kovarianter) Funktor T von Mf nach Mf. Diese funktoriellen Aspekte der Differentialgeometrie werden beispielsweise in [202] zum zentralen Gegenstand der Betrachtungen gemacht.

Da die Tangentialabbildung an jedem Punkt eine lineare Abbildung ist, kann man vom Rang der Tangentialabbildung an jedem Punkt sprechen. Interessant sind nun die beiden extremen Fälle, daß die Tangentialabbildung punktweise surjektiv beziehungsweise injektiv ist:

Definition 2.1.19 (Submersion und Immersion). *Sei $\phi : M \longrightarrow N$ eine glatte Abbildung. Ist dann $T_p\phi$ für alle $p \in M$ surjektiv (injektiv), so heißt ϕ Submersion (Immersion).*

Diffeomorphismen sind offenbar sowohl Submersionen als auch Immersionen.

2.1.3 Vektorfelder, Flüsse und Lie-Klammern

Nachdem das Tangentenbündel TM erklärt ist, kann man die lokalen Vorstellungen von Vektorfeldern wie in Abschnitt 1.2.1 leicht auf Mannigfaltigkeiten übertragen.

Definition 2.1.20 (Vektorfeld). *Eine glatte Abbildung $X : M \longrightarrow TM$ mit $\pi \circ X = \mathrm{id}_M$ heißt Vektorfeld. Die Menge aller Vektorfelder wird mit $\Gamma^\infty(TM)$ bezeichnet. Entsprechend definiert man auch lokale Vektorfelder $X : U \subseteq M \longrightarrow TU \subseteq TM$, die nur auf einer offenen Teilmenge U von M erklärt sind.*

Die Bedeutung der Bedingung $\pi \circ X = \mathrm{id}_M$ ist, daß ein Vektor $X(p)$ des Vektorfeldes $X : M \longrightarrow TM$ am „richtigen" Tangentialraum, nämlich dem zum Fußpunkt p, angeheftet ist, siehe auch Abbildung 2.4.

Proposition 2.1.21. *Die Menge der Vektorfelder $\Gamma^\infty(TM)$ ist in natürlicher Weise ein Modul über der Algebra $C^\infty(M)$, via*

$$(\alpha X + \beta Y)(p) = \alpha X(p) + \beta Y(p) \tag{2.25}$$

und

$$(fX)(p) = f(p)X(p), \tag{2.26}$$

wobei $\alpha, \beta \in \mathbb{R}$, $X, Y \in \Gamma^\infty(TM)$, $p \in M$ und $f \in C^\infty(M)$.

Der Beweis ist offensichtlich.

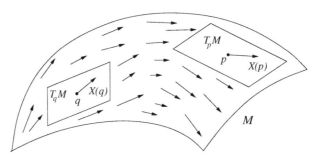

Abb. 2.4. Der Vektor $X(p)$ eines Vektorfeldes X ist bei p angeheftet, also im Tangentialraum T_pM von p.

Beispiel 2.1.22. Sei (U, x) eine Karte von M, dann sind die Abbildungen $U \ni p \mapsto \frac{\partial}{\partial x^i}\big|_p \in T_pM$ offenbar glatt. Also definieren sie lokale Vektorfelder $\frac{\partial}{\partial x^i}$. Jedes Vektorfeld X ist lokal von der Form

$$X\big|_U = X^i \frac{\partial}{\partial x^i} \tag{2.27}$$

mit eindeutig bestimmten, lokal definierten glatten Funktionen $X^i \in C^\infty(U)$.

Vektorfelder definieren schon im lokalen Fall eine gewöhnliche Differentialgleichung, deren Lösung eine Kurve in M ist. Global formuliert sich dies folgendermaßen:

Definition 2.1.23 (Integralkurve). *Eine Kurve* $\gamma : I \subseteq \mathbb{R} \longrightarrow M$ *heißt Integralkurve durch* $\gamma(0) = p$ *für das Vektorfeld* $X \in \Gamma^\infty(TM)$, *falls*

$$\dot\gamma(t) = X(\gamma(t)). \tag{2.28}$$

In lokalen Koordinaten bedeutet dies gerade

$$\dot\gamma^i(t) = X^i(\gamma^1(t), \dots, \gamma^n(t)), \tag{2.29}$$

womit (2.28) also eine gewöhnliche Differentialgleichung ist, deren Lösbarkeit durch den Satz 1.1.1 von Picard-Lindelöf garantiert wird. So erhält man durch die lokale Überlegung und anschließendes „Zusammenkleben" der Lösungen über die Geltungsbereiche der jeweiligen Karten hinweg folgenden Satz, siehe auch Abbildung 2.5:

Satz 2.1.24 (Picard-Lindelöf, globale Version). *Sei* $X \in \Gamma^\infty(TM)$ *ein Vektorfeld. Dann gibt es eine eindeutig bestimmte maximale offene Umgebung* $\mathcal{U} \subseteq \mathbb{R} \times M$ *von* $\{0\} \times M$ *mit einer eindeutigen glatten Abbildung* $\Phi : \mathcal{U} \longrightarrow M$ *derart, daß* $\Phi(0, p) = p$ *und*

$$\frac{\mathrm{d}}{\mathrm{d}t}\Phi(t, p) = X(\Phi(t, p)) \tag{2.30}$$

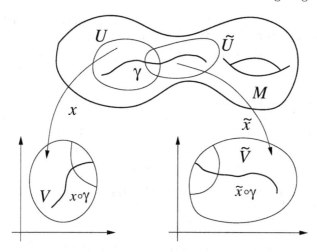

Abb. 2.5. Zusammenkleben lokaler Lösungskurven aufgrund der Eindeutigkeit der Lösung bei gegebenen Anfangsbedingungen im Überlappgebiet.

für alle $(t, p) \in \mathcal{U}$. *Es gilt*

$$\Phi(t, \Phi(s, p)) = \Phi(t + s, p), \tag{2.31}$$

wann immer Φ *auf den angegebenen Punkten erklärt ist.*

Wie schon im $\mathbb{R}^d$ nennt man Φ den *Fluß* von X und Φ heißt *vollständig*, falls $\mathcal{U} = \mathbb{R} \times M$, die Lösungen also zu allen Anfangsbedingungen für alle Zeiten definiert sind. Ist der Fluß vollständig, so ist $\Phi_t = \Phi(t, \cdot)$ eine Einparametergruppe von Diffeomorphismen von M.

Vektorfelder besitzen noch eine weitere Interpretation, nämlich als *Derivationen* der Algebra $C^\infty(M)$, siehe auch Aufgabe 1.8.

Definition 2.1.25 (Derivation). *Sei $\mathcal{A}$ eine assoziative Algebra und $D : \mathcal{A} \longrightarrow \mathcal{A}$ eine lineare Abbildung. Dann heißt D Derivation, falls*

$$D(ab) = D(a)b + aD(b). \tag{2.32}$$

Die Menge aller Derivationen von $\mathcal{A}$ bezeichnen wir mit $\mathrm{Der}(\mathcal{A})$.

Satz 2.1.26. *Die Vektorfelder $\Gamma^\infty(TM)$ sind kanonisch in linearer Bijektion zu den Derivationen von $C^\infty(M)$ mittels*

$$(Xf)(p) = X(p)f. \tag{2.33}$$

Man schreibt auch $X(f) = Xf$ oder

$$\mathscr{L}_X f = Xf, \tag{2.34}$$

und nennt den Operator $\mathscr{L}_X$ die *Lie-Ableitung* der Funktion f in Richtung des Vektorfelds X.

Beweis (Skizze). Zunächst ist klar, daß $\mathscr{L}_X$ eine Derivation ist. Dies rechnet man unmittelbar mit Hilfe der Derivationseigenschaft eines Tangentialvektors (2.9) nach. Damit erhält man sofort, daß $X \mapsto \mathscr{L}_X$ eine injektive (warum?) lineare Abbildung in die Derivationen von $C^\infty(M)$ ist. Schwieriger ist die Surjektivität. Hierzu muß man zunächst zeigen, daß sich eine beliebige Derivation D von $C^\infty(M)$ auf offene Teilmengen *einschränken* läßt, also eine Derivation D_O von $C^\infty(O)$ für alle offenen Teilmengen O liefert. Dies ist der eigentliche und nichttriviale Schritt. Anschließend kann man mit einem lokalen Argument in einer Karte die genau Form von D_O bestimmen. Wir führen diese Details hier nicht aus, sondern verweisen auf Anhang A.3, Korollar A.3.8. $\qquad\square$

Da im allgemeinen der Kommutator $[D_1, D_2] = D_1 \circ D_2 - D_2 \circ D_1$ zweier Derivationen wieder eine Derivation ist, kann man aus zwei Vektorfeldern X, Y ein neues Vektorfeld konstruieren:

Definition 2.1.27 (Lie-Klammer). *Die Lie-Klammer $[X, Y]$ von $X, Y \in \Gamma^\infty(TM)$ ist das eindeutig bestimmte Vektorfeld mit*

$$\mathscr{L}_{[X,Y]} = [\mathscr{L}_X, \mathscr{L}_Y]. \tag{2.35}$$

Satz 2.1.28. *Die Lie-Klammer $[\cdot, \cdot]$ von Vektorfeldern erfüllt folgende Eigenschaften für alle $f \in C^\infty(M)$ und $X, Y, Z \in \Gamma^\infty(TM)$:*

i.) $[\cdot, \cdot]$ *ist bilinear.*
ii.) $[X, Y] = -[Y, X]$ *(Antisymmetrie).*
iii.) $[X, [Y, Z]] = [[X, Y], Z] + [Y, [X, Z]]$ *(Jacobi-Identität).*
iv.) $[X, fY] = f[X, Y] + X(f)Y$ *(Leibniz-Regel).*

Beweis. Der Beweis erfolgt durch einfaches Nachrechnen. $\qquad\square$

In lokalen Koordinaten gilt mit $X = X^i \frac{\partial}{\partial x^i}$ und $Y = Y^j \frac{\partial}{\partial x^j}$ die Gleichung

$$[X, Y] = \left(X^i \frac{\partial Y^j}{\partial x^i} - \frac{\partial X^j}{\partial x^i} Y^i \right) \frac{\partial}{\partial x^j}, \tag{2.36}$$

was man entweder mittels der Definition oder mit Satz 2.1.28 leicht nachprüft. Satz 2.1.28 besagt insbesondere, daß die Lie-Klammer von Vektorfeldern wirklich eine Lie-Klammer ist und $\Gamma^\infty(TM)$ so zu einer *Lie-Algebra* wird.

Eine weitere äquivalente Formulierung für die Lie-Ableitung erhält man über den Fluß Φ_t von X. Ganz allgemein definieren wir:

Definition 2.1.29 (pull-back). *Sei $\phi : M \longrightarrow N$ eine glatte Abbildung. Dann ist der pull-back von Funktionen auf N mit ϕ als*

$$\phi^* f = f \circ \phi \in C^\infty(M) \tag{2.37}$$

erklärt.

Bemerkung 2.1.30 (Algebrahomomorphismen von $C^\infty(M)$). Der pull-back ϕ^* : $C^\infty(N) \longrightarrow C^\infty(M)$ ist offenbar linear und erfüllt

$$\phi^*(fg) = (\phi^* f)(\phi^* g), \tag{2.38}$$

ist also ein Algebrahomomorphismus. Weiter gilt

$$(\phi \circ \psi)^* = \psi^* \circ \phi^* \quad \text{und} \quad \mathrm{id}_M^* = \mathrm{id}_{C^\infty(M)}. \tag{2.39}$$

Man kann nun sogar zeigen, daß *jeder* Algebrahomomorphismus von $C^\infty(N)$ nach $C^\infty(M)$ von dieser Form ist (*Milnor's Exercise* [236]). Insbesondere sind alle Algebraautomorphismen von $C^\infty(M)$ pull-backs mit Diffeomorphismen von M, siehe etwa [144,245] für einen neueren Zugang.

Proposition 2.1.31. *Sei $X \in \Gamma^\infty(TM)$ und sei Φ_t der (vollständige) Fluß von X. Dann gilt*

$$\mathscr{L}_X f = \frac{\mathrm{d}}{\mathrm{d}t} \Phi_t^* f \Big|_{t=0} \tag{2.40}$$

und

$$\mathscr{L}_X \circ \Phi_t^* = \Phi_t^* \circ \mathscr{L}_X. \tag{2.41}$$

Beweis. Beide Behauptungen sind einfache Rechnungen, welche unmittelbar aus der Definition und der Einparametergruppeneigenschaft von Φ_t folgen. $\qquad\square$

Insbesondere gilt für alle t die Gleichung

$$\frac{\mathrm{d}}{\mathrm{d}t} \Phi_t^* f = \Phi_t^* \mathscr{L}_X f = \mathscr{L}_X \Phi_t^* f, \tag{2.42}$$

was unmittelbar aus den beiden Gleichungen (2.40) und (2.41) folgt. Daher schreibt man auch symbolisch

$$\Phi_t^* = \text{„} e^{t \mathscr{L}_X} \text{“}. \tag{2.43}$$

Abschließend bemerken wir noch folgendes Resultat, welches eine geometrische Interpretation der Lie-Klammer von Vektorfeldern liefert. Einen Beweis findet man beispielsweise in [235, Cor. 3.15].

Satz 2.1.32. *Seien $X, Y \in \Gamma^\infty(TM)$ mit Flüssen Φ_t und Ψ_s. Dann gilt $[X,Y] = 0$ genau dann, wenn $\Phi_t \circ \Psi_s = \Psi_s \circ \Phi_t$ für alle t, s.*

2.2 Vektorbündel

Das Tangentenbündel $\pi : TM \longrightarrow M$ ist der Prototyp eines *Vektorbündels*. Sowohl in differentialgeometrischen und auch in physikalischen Anwendungen werden aber auch andere „Vektorfelder" als nur solche mit Werten in den

Tangentialvektoren benötigt. Beispiele sind Felder mit Werten in bestimmten Tensorräumen, die man aus den Tangentialräumen gewinnt, aber auch Spinorfelder in Yang-Mills-Theorien. Diese Beispiele rechtfertigen es, die allgemeine Theorie der Vektorbündel hier zumindest in ihren Ansätzen zu entwickeln.

Vektorbündel sollen folgende Situation axiomatisch fassen und verallgemeinern: Auf einer Mannigfaltigkeit M will man *Felder* mit Werten in einem bestimmten Vektorraum V betrachten, also Abbildungen $M \longrightarrow V$. Da ein endlichdimensionaler Vektorraum selbst eine Mannigfaltigkeit ist, kann man problemlos von $C^\infty(M, V)$ als dem Raum aller glatten V-wertigen Felder auf M sprechen. Wir benötigen jedoch eine geringfügig allgemeinere Definition.

2.2.1 Bündelkarten und erste Eigenschaften

Im folgenden sei $\pi : E \longrightarrow M$ eine surjektive glatte Abbildung zwischen zwei Mannigfaltigkeiten der Dimensionen $N + n$ und n, und V sei ein N-dimensionaler reeller Vektorraum.

Definition 2.2.1 (Bündelkarte). *Eine Bündelkarte (U, φ) von $\pi : E \longrightarrow M$ mit typischer Faser V ist eine offene Teilmenge $U \subseteq M$ zusammen mit einem Diffeomorphismus $\varphi : \pi^{-1}(U) \subseteq E \longrightarrow U \times V$, so daß*

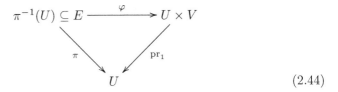

$$(2.44)$$

kommutiert. Hier ist $\mathrm{pr}_1 : U \times V \longrightarrow U$ *die Projektion auf den ersten Faktor.*

Eine Bündelkarte heißt auch *lokale Trivialisierung*. Beim Begriff der Bündelkarte ist etwas Vorsicht geboten, da es in der Differentialgeometrie auch andere „Bündel" als nur Vektorbündel gibt. Daher sollte man eigentlich von einer „Vektorbündelkarte" sprechen. Wir werden aber im folgenden keine anderen Bündel benötigen, so daß dies hier eine unnötige Verkomplizierung der Sprechweise darstellte.

Definition 2.2.2. *Zwei Bündelkarten (U_1, φ_1) und (U_2, φ_2) von $\pi : E \longrightarrow M$ heißen verträglich, wenn die Abbildung*

$$\varphi_2 \circ \varphi_1^{-1} \big|_{(U_1 \cap U_2) \times V} : (p, v) \mapsto (p, \varphi_{21}(p)v) \tag{2.45}$$

auf $(U_1 \cap U_2) \times V$ linear in $v \in V$ ist.

Da φ_1 und φ_2 Diffeomorphismen sind, ist $\varphi_{21}(p) : V \longrightarrow V$ bijektiv, also ein linearer Isomorphismus für jedes $p \in U_1 \cap U_2$. Diesen p-abhängigen Isomorphismus kann man daher auch als glatte Abbildung

$$\varphi_{21} : U_1 \cap U_2 \longrightarrow \mathrm{GL}(V) \tag{2.46}$$

auffassen. Dann heißt φ_{21} *Übergangsmatrix*.

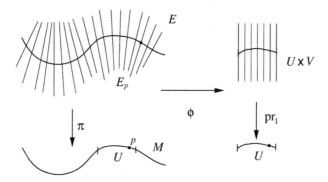

Abb. 2.6. Eine Bündelkarte liefert eine lokale Trivialisierung

Definition 2.2.3 (Vektorbündel).

i.) Ein Vektorbündelatlas ist eine Menge von paarweise miteinander verträglichen Bündelkarten $\{(U_\alpha, \varphi_\alpha)\}_{\alpha \in I}$, so daß $M = \bigcup_{\alpha \in I} U_\alpha$.

ii.) Ein Vektorbündel ist eine glatte Abbildung $\pi : E \longrightarrow M$ vom Totalraum E auf die Basis M zusammen mit einem (maximalen) Vektorbündelatlas.

Wie schon bei einer differenzierbaren Mannigfaltigkeit kann man einen gegebenen Vektorbündelatlas durch Hinzunahme aller verträglicher Bündelkarten zu einem maximalen Atlas ausbauen.

Der Name „Vektorbündel" rechtfertigt sich durch die Beobachtung, daß für jeden Punkt $p \in M$ die *Faser* über p, also $E_p = \pi^{-1}(\{p\}) \subseteq E$ ein zu V isomorpher *Vektorraum* ist. Die Wohl-Definiertheit der Vektorraumstruktur folgt unmittelbar daraus, daß die Übergangsmatrix φ_{21} zwischen je zwei Bündelkarten *linear* ist. Entsprechend nennt man die Dimension der Fasern E_p auch die *Faserdimension* des Vektorbündels. Ein Vektorbündel mit eindimensionaler Faser heißt dann auch *Geradenbündel*.

Beispiel 2.2.4 (Das Tangentenbündel). Das Tangentenbündel $\pi : TM \longrightarrow M$ einer Mannigfaltigkeit M ist ein Vektorbündel. Ist nämlich (U, x) eine Karte von M, so ist

$$\varphi : \pi^{-1}(U) = TU \subseteq TM \ni v_p \mapsto (p, v_p(x^1), \ldots, v_p(x^n)) \in U \times \mathbb{R}^n \quad (2.47)$$

mit $x = (x^1, \ldots, x^n)$ eine Bündelkarte im Sinne von Definition 2.2.1. Die Verträglichkeit verschiedener solcher Bündelkarten folgt leicht aus dem Transformationsverhalten (2.12). Insbesondere sind die Übergangsmatrizen gerade die Jacobi-Matrizen der Koordinatenwechsel.

Beispiel 2.2.5 (Das triviale Vektorbündel). Sei V ein reeller Vektorraum, dann ist $\pi : E = M \times V \longrightarrow M$ mit $\pi = \mathrm{pr}_1$ ein Vektorbündel mit typischer Faser V, wobei (M, id) eine *globale* Bündelkarte also bereits ein Vektorbündelatlas ist.

Beispiel 2.2.6 (Möbius-Band). Das wohlbekannte Möbius-Band, siehe Abbildung 2.7 sowie Aufgabe 2.12, läßt sich auf naheliegende Weise als nichttriviales Vektorbündel über $\mathbb{S}^1$ mit eindimensionaler reeller Faser auffassen.

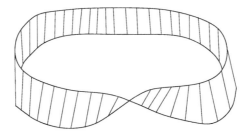

Abb. 2.7. Das Möbius-Band als nichttriviales Vektorbündel über $\mathbb{S}^1$.

Beispiel 2.2.7 (Eingeschränktes Vektorbündel). Ist $\pi : E \longrightarrow M$ ein Vektorbündel und $U \subseteq M$ eine offene Teilmenge, so können wir nur diejenigen Fasern betrachten, die an Punkten aus U angeheftet sind, also $E\big|_U = \pi^{-1}(U)$. Dann ist $\pi\big|_{E|_U} : E\big|_U \longrightarrow U$ ein Vektorbündel über U.

Proposition 2.2.8. *Sei $\pi : E \longrightarrow M$ ein Vektorbündel mit Vektorbündelatlas $\{(U_\alpha, \varphi_\alpha)\}_{\alpha \in I}$. Dann gilt für die Übergangsmatrizen die Kozyklusidentität*

$$\varphi_{\alpha\beta} = \varphi_{\beta\alpha}^{-1} \quad und \quad \varphi_{\alpha\beta} \circ \varphi_{\beta\gamma} \circ \varphi_{\gamma\alpha} = \mathsf{id}_V, \tag{2.48}$$

auf dem Durchschnitt der jeweiligen Definitionsbereiche.

Beweis. Dies folgt unmittelbar aus der Definition der Übergangsmatrizen und der Beobachtung, daß für die Bündelkarten offenbar $\varphi_\alpha \circ \varphi_\beta^{-1} \circ \varphi_\beta \circ \varphi_\gamma^{-1} \circ \varphi_\gamma \circ \varphi_\alpha^{-1} = \mathsf{id}$ gilt. $\qquad\square$

Bemerkung 2.2.9. Hat man umgekehrt eine offene Überdeckung $\{U_\alpha\}_{\alpha \in I}$ von M gegeben und sind auf den Überlappgebieten $U_\alpha \cap U_\beta$, sofern sie nicht leer sind, $\mathrm{GL}(V)$-wertige glatte Funktionen $\varphi_{\alpha\beta}$ gegeben, welche (2.48) erfüllen, so läßt sich aus diesen Daten ein Vektorbündel mit typischer Faser V über M konstruieren, so daß die Übergangsmatrizen gerade die $\varphi_{\alpha\beta}$ sind, siehe beispielsweise [235, Sect. 6].

Ganz analog zur Definition von Vektorfeldern, die Werte in den Tangentialräumen annehmen, definiert man nun E-wertige Vektorfelder, welche in der Differentialgeometrie vorzugsweise Schnitte genannt werden:

Definition 2.2.10 (Schnitte). *Sei $\pi : E \longrightarrow M$ ein Vektorbündel. Eine glatte Abbildung*

$$s : M \longrightarrow E \quad mit \quad \pi \circ s = \mathrm{id}_M \qquad (2.49)$$

heißt Schnitt von E oder E-wertiges Vektorfeld. Die Menge der Schnitte von E wird mit $\Gamma^\infty(E)$ bezeichnet. Analog definiert man die lokalen Schnitte $\Gamma^\infty(E|_U)$ für eine offene Teilmenge $U \subseteq M$.

Für das triviale Vektorbündel $E = M \times V$ erhält man gerade die V-wertigen Abbildungen auf M

$$\Gamma^\infty(M \times V) \cong C^\infty(M, V) \qquad (2.50)$$

und damit die ursprüngliche Vorstellung von Vektorfeldern mit Werten in einem Vektorraum V. In Analogie zu Proposition 2.1.21 erhält man allgemein, daß auch $\Gamma^\infty(E)$ ein $C^\infty(M)$-Modul ist:

Proposition 2.2.11. *Die Schnitte $\Gamma^\infty(E)$ eines Vektorbündels $\pi : E \longrightarrow M$ sind in natürlicher Weise ein $C^\infty(M)$-Modul.*

Bemerkung 2.2.12. Da wir im folgenden sowohl reellwertige als auch komplexwertige Funktionen betrachten, sollte man bei der Formulierung von Proposition 2.2.11 zumindest einmal etwas Vorsicht walten lassen: Die Schnitte $\Gamma^\infty(E)$ eines reellen Vektorbündels sind ein $C^\infty(M, \mathbb{R})$-Modul. Für ein *komplexes* Vektorbündel $\pi : E \longrightarrow M$ (mit offensichtlicher Definition) sind die Schnitte $\Gamma^\infty(E)$ sogar ein $C^\infty(M, \mathbb{C})$-Modul. Im folgenden werden wir nur von „Vektorbündeln" und „Funktionen" sprechen, sofern aus dem Zusammenhang klar ist, ob man im reellen oder komplexen Kontext arbeitet. Wir werden in Abschnitt 3.2.3 nochmals auf diese Problematik zurückkommen.

Ein spezieller Schnitt in jedem Vektorbündel ist der *Nullschnitt*, der jedem $p \in M$ den Nullvektor $0_p \in \pi^{-1}(\{p\}) = E_p$ zuordnet. Auf diese Weise erhält man also eine injektive glatte Abbildung

$$\iota_E : M \ni p \mapsto 0_p \in E. \qquad (2.51)$$

Bemerkung 2.2.13. Ist (U, φ) eine Bündelkarte von $\pi : E \longrightarrow M$ und wählt man in der typischen Faser V eine Basis $e_1, \ldots, e_N$, so liefert dies lokale Schnitte von E, definiert auf U, indem man für $p \in U$

$$e_\alpha(p) = \varphi^{-1}(p, e_\alpha), \quad \alpha = 1, \ldots, N, \qquad (2.52)$$

setzt. Diese sind an jedem Punkt linear unabhängig und spannen E_p auf. Ist daher $s \in \Gamma^\infty(E)$ ein anderer Schnitt, eventuell auch nur lokal auf U definiert, so gibt es eindeutig bestimmte lokale Funktionen $s^\alpha \in C^\infty(U)$ derart, daß

$$s(p) = s^\alpha(p) e_\alpha(p) \qquad (2.53)$$

für $p \in U$. Dies entspricht den lokalen Ausdrücken eines Tangentialvektorfeldes im Beispiel 2.1.22. Umgekehrt liefern solche *lokale Basisschnitte* eine lokale Trivialisierung, indem man punktweise die Koeffizienten bezüglich der Basisschnitte zusammen mit dem Fußpunkt als Bündelkarte verwendet.

Die folgende Definition verallgemeinert den Begriff einer linearen Abbildung zwischen Vektorräumen auf die Situation von Vektorbündeln:

Definition 2.2.14 (Vektorbündelmorphismus). *Seien $\pi_E : E \longrightarrow M$ und $\pi_F : F \longrightarrow N$ zwei Vektorbündel. Eine glatte Abbildung $\Phi : E \longrightarrow F$ heißt Vektorbündelmorphismus, falls Φ fasertreu, also Fasern auf Fasern abbildet, und faserweise linear ist.*

Proposition 2.2.15. *Sei $\Phi : E \longrightarrow F$ ein Vektorbündelmorphismus. Dann gibt es eine eindeutig bestimmte glatte Abbildung $\phi : M \longrightarrow N$, so daß*

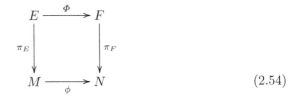

$$(2.54)$$

kommutiert. Ist insbesondere Φ ein Vektorbündelisomorphismus, so ist ϕ ein Diffeomorphismus.

Beweis. Sei $p \in M$. Dann wird E_p in irgendeine Faser $F_{p'}$ abgebildet, wobei $p' \in N$. Dies definiert eine eindeutige Abbildung $\phi : p \mapsto p'$, so daß (2.54) kommutiert. Offenbar ist $\phi = \pi_F \circ \Phi \circ \iota_E$, also ist ϕ glatt. $\qquad\square$

Bemerkung 2.2.16. Zwei Vektorbündel über M heißen *isomorph*, wenn es einen Vektorbündelisomorphismus Φ gibt, der zudem $\phi = \mathrm{id}_M$ erfüllt. Dies ist eine etwas schärfere Version von Isomorphismus, als Definition 2.2.14 zunächst nahelegt. Ein Vektorbündel heißt *trivial* (trivialisierbar), wenn es zum trivialen Vektorbündel $M \times V$ isomorph ist. Ein solcher Isomorphismus heißt dann auch globale *Trivialisierung*.

Zum Schluß erwähnen wir ohne Beweis noch folgenden Satz, welcher die Trivialität von Vektorbündeln zumindest lokal immer garantiert:

Satz 2.2.17. *Sei $E \longrightarrow M$ ein Vektorbündel und $U \subseteq M$ eine offene zusammenziehbare Teilmenge. Dann ist das auf U eingeschränkte Vektorbündel $E\big|_U \longrightarrow U$ trivial.*

2.2.2 Konstruktionen von Vektorbündeln

In der linearen Algebra werden aus endlichdimensionalen Vektorräumen neue konstruiert, indem man zu direkten Summen, Tensorprodukten, Dualräumen, etc. übergeht, siehe beispielsweise die Aufgaben 1.6, 1.7 und 2.1. Diese Konstruktionen lassen sich auf Vektorbündel übertragen, indem man sie zunächst faserweise für die Fasern der Bündel durchführt und anschließend wieder richtig „zusammenklebt".

Im folgenden sind also $\pi_i : E_i \longrightarrow M$, $i = 1, 2, \ldots$ Vektorbündel über M mit typischen Fasern V_i. Dann sind folgende kanonische Konstruktionen relevant:

i.) **Die direkte Summe (oder Whitney-Summe) $E_1 \oplus E_2$**
Als Menge definiert man den Totalraum als

$$E_1 \oplus E_2 = \bigcup_{p \in M} E_{1,p} \oplus E_{2,p}, \qquad (2.55)$$

mit der offensichtlichen kanonischen Projektion $\pi_{E_1 \oplus E_2} : E_1 \oplus E_2 \longrightarrow M$. Sind (U_1, φ_1) und (U_2, φ_2) Bündelkarten, so definiert man auf $U_1 \cap U_2$ die Bündelkarte $\varphi_1 \oplus \varphi_2$ durch

$$\varphi_1 \oplus \varphi_2 : v_{1,p} \oplus v_{2,p} \mapsto \big(p, \mathrm{pr}_2 \circ \varphi_1(v_{1,p}) \oplus \mathrm{pr}_2 \circ \varphi_2(v_{2,p})\big), \qquad (2.56)$$

wobei $\mathrm{pr}_2 : U_i \times V_i \longrightarrow V_i$ die entsprechende Projektion auf den zweiten Faktor ist. Damit erhält man einen Vektorbündelatlas für $E_1 \oplus E_2$. Offenbar addieren sich die Faserdimensionen. Analog verfährt man für mehrere Summanden und es gilt auf die übliche kanonische Weise

$$E_1 \oplus (E_2 \oplus E_3) \cong E_1 \oplus E_2 \oplus E_3 \cong (E_1 \oplus E_2) \oplus E_3 \qquad (2.57)$$

und

$$E_1 \oplus E_2 \cong E_2 \oplus E_1. \qquad (2.58)$$

ii.) **Das Tensorprodukt $E_1 \otimes E_2$**
Hier definiert man

$$E_1 \otimes E_2 = \bigcup_{p \in M} E_{1,p} \otimes E_{2,p} \qquad (2.59)$$

mit den Vektorbündelkarten

$$\varphi_1 \otimes \varphi_2 : v_{1,p} \otimes v_{2,p} \mapsto \big(p, \mathrm{pr}_2 \circ \varphi_1(v_{1,p}) \otimes \mathrm{pr}_2 \circ \varphi_2(v_{2,p})\big). \qquad (2.60)$$

Wie beim Tensorprodukt von endlichdimensionalen Vektorräumen multiplizieren sich auch hier die Faserdimensionen. Weiter gilt die „Assoziativität" und „Bilinearität" bezüglich der direkten Summe bis auf kanonische Isomorphismen:

$$E_1 \otimes (E_2 \otimes E_3) \cong E_1 \otimes E_2 \otimes E_3 \cong (E_1 \otimes E_2) \otimes E_3, \qquad (2.61)$$

$$E_1 \otimes E_2 \cong E_2 \otimes E_1, \qquad (2.62)$$

$$E_1 \otimes (E_2 \oplus E_3) \cong (E_1 \otimes E_2) \oplus (E_1 \otimes E_3). \qquad (2.63)$$

iii.) **Das duale Vektorbündel E^***
Hier ist

$$E^* = \bigcup_{p \in M} E_p^* \qquad (2.64)$$

mit den Bündelkarten

$$\varphi^* : \alpha_p \mapsto \left(p, \left(\left(\mathrm{pr}_2 \circ \varphi\right)\big|_p^{\mathsf{T}}\right)^{-1}(\alpha_p)\right). \qquad (2.65)$$

Hier ist $\left.(\mathrm{pr}_2 \circ \varphi)\right|_p^{\mathrm{T}} : V^* \longrightarrow E_p^*$ die transponierte Abbildung zu $\left.(\mathrm{pr}_2 \circ \varphi)\right|_p :$ $E_p \longrightarrow V$. Von besonderer Bedeutung wird das *Kotangentialbündel* oder auch *Kotangentenbündel* T^*M von M sein, welches als das zu TM duale Bündel definiert ist.

Die Verträglichkeit mit direkter Summe und Tensorprodukten ist wie gewohnt

$$(E_1 \oplus E_2)^* \cong E_1^* \oplus E_2^* \tag{2.66}$$

und

$$(E_1 \otimes E_2)^* \cong E_1^* \otimes E_2^*. \tag{2.67}$$

iv.) **Das Homomorphismenbündel** $\mathsf{Hom}(E_1, E_2)$
Der Totalraum ist

$$\mathsf{Hom}(E_1, E_2) = \bigcup_{p \in M} \mathsf{Hom}(E_{1,p}, E_{2,p}), \tag{2.68}$$

und die Bündelkarten sind

$$\mathsf{Hom}(\varphi_1, \varphi_2) : A_p \mapsto \left(p, \left.(\mathrm{pr}_2 \circ \varphi_2)\right|_p \circ A_p \circ \left(\left.(\mathrm{pr}_2 \circ \varphi_1)\right|_p \right)^{-1} \right). \tag{2.69}$$

Dann gelten die üblichen Verträglichkeiten mit $\oplus$, $\otimes$ und $*$. Insbesondere gilt

$$\mathsf{Hom}(E_1, E_2) \cong E_1^* \otimes E_2. \tag{2.70}$$

Von besonderer Bedeutung ist auch das *Endomorphismenbündel*

$$\mathsf{End}(E) = \mathsf{Hom}(E, E) \cong E^* \otimes E \tag{2.71}$$

eines Vektorbündels.

v.) **Kern- und Bildbündel** $\ker \Phi$ **und** $\operatorname{im} \Phi$
Ist $\Phi : E \longrightarrow F$ ein Vektorbündelmorphismus für zwei Vektorbündel $E \longrightarrow M$ und $F \longrightarrow N$ über $\phi : M \longrightarrow N$, so kann man punktweise den Kern und das Bild von $\left.\Phi\right|_{E_p}$ mit $p \in M$ betrachten. Ist der Rang der linearen Abbildung $\left.\Phi\right|_{E_p} : E_p \longrightarrow F_{\phi(p)}$ *konstant*, also nicht von p abhängig, so definiert

$$\ker \Phi = \bigcup_{p \in M} \left.\ker \Phi\right|_{E_p} \subseteq E \tag{2.72}$$

ein *Untervektorbündel* von E. Ist *zudem* ϕ ein Diffeomorphismus, so definiert auch das punktweise gebildete Bild

$$\operatorname{im} \Phi = \bigcup_{p \in N} \operatorname{im} \Phi_{E_{\phi^{-1}(p)}} \subseteq F \tag{2.73}$$

ein Untervektorbündel von F. Für den (nun eher offensichtlichen) Begriff eines Untervektorbündels sowie die Konstruktion der entsprechenden Bündelkarten für $\ker \Phi$ und $\operatorname{im} \Phi$ verweisen wir auf [54, Kap. 3].

vi.) **Das Quotientenbündel** E/F

Ist $E \longrightarrow M$ ein Vektorbündel mit einem Untervektorbündel $F \longrightarrow M$, so ist auch das punktweise gebildete Quotientenbündel

$$E/F = \bigcup_{p \in M} E_p/F_p \tag{2.74}$$

ein Vektorbündel über M. Die Konstruktion der Bündelkarten sollte auch in diesem Fall klar sein. Die punktweise definierte Projektion $E_p \longrightarrow E_p/F_p$ definiert dann einen Vektorbündelhomomorphismus über der Identität id_M.

vii.) **Das Annihilatorbündel** F^{ann}

Sei $F \subseteq E$ ein Untervektorbündel eines Vektorbündels. Dann betrachtet man punktweise die Annihilatorräume $F_p^{\mathrm{ann}} \subseteq E_p^*$, welche durch

$$F_p^{\mathrm{ann}} = \{\alpha_p \in E_p^* \mid \alpha_p(v_p) = 0 \text{ für alle } v_p \in F_p\} \tag{2.75}$$

definiert sind. Dann ist das Annihilatorbündel F^{ann} von F

$$F^{\mathrm{ann}} = \bigcup_{p \in M} F_p^{\mathrm{ann}} \subseteq E^* \tag{2.76}$$

ein Untervektorbündel von E^*.

Durch Kombination der obigen Konstruktionen erhält man weitere neue Vektorbündel. Als wichtigste Beispiele seien folgende genannt:

i.) Die *Tensorpotenzen* $T_s^r(E) = \bigotimes^r E \otimes \bigotimes^s E^*$ mit $r, s \in \mathbb{N}_0$. Als Konvention setzt man hierbei $T_0^0(E) = M \times \mathbb{C}$ oder $T_0^0(E) = M \times \mathbb{R}$, je nachdem, ob E komplex oder reell ist.

ii.) Das *Grassmann-Algebrabündel*

$$\Lambda^{\bullet}(E) = \bigoplus_{k=0}^{\infty} \Lambda^k(E), \tag{2.77}$$

wobei $\Lambda^k(E)$ die antisymmetrischen k-Tensoren in $\bigotimes^k E$ bezeichnet und wie immer $\Lambda^0(E) = M \times \mathbb{C}$ bzw. $\Lambda^0(E) = M \times \mathbb{R}$. Die direkte Summe ist in Wirklichkeit *endlich*, da $\Lambda^k(E) = M \times \{0\}$, sobald k größer als die Faserdimension N ist.

iii.) Das *symmetrische Algebrabündel*

$$\mathrm{S}^{\bullet}(E) = \bigoplus_{k=0}^{\infty} \mathrm{S}^k(E), \tag{2.78}$$

wobei $\mathrm{S}^k(E)$ die symmetrischen k-Tensoren in $\bigotimes^k E$ bezeichnet. Diese direkte Summe ist *nicht* endlich, $\mathrm{S}^{\bullet}(E)$ ist also ein Vektorbündel mit *unendlichdimensionaler* Faser. Das fällt streng genommen nicht unter unsere

Definition von Vektorbündel, aber wir werden sehen, daß die Definition
von glatten Schnitten aufgrund der *direkten Summe* kein Problem darstellt. Für jedes feste k hingegen ist $S^k(E) \longrightarrow M$ ein Vektorbündel mit
endlicher Faserdimension.

Bemerkung 2.2.18. Alle diese Konstruktionen lassen sich von einem funktoriellen Standpunkt aus einheitlich und etwas systematischer verstehen, siehe [235, Sect. 6] sowie [202, Sect. 6]

Als letzte Konstruktion sei das *Zurückziehen* von Vektorbündeln genannt.
Hier betrachtet man ein Vektorbündel $\pi_F : F \longrightarrow N$ und eine glatte Abbildung $\phi : M \longrightarrow N$. Dann definiert man das mit ϕ *zurückgezogene Vektorbündel* $\pi_{\phi^\# F} : \phi^\# F \longrightarrow M$ durch

$$\phi^\# F = \bigcup_{p \in M} (\phi^\# F)_p \quad \text{mit} \quad (\phi^\# F)_p = F_{\phi(p)} \tag{2.79}$$

und verwendet folgende Bündelkarten: Zu einer Bündelkarte (V, ψ) für F ist
$\phi^{-1}(V) = U$ offen in M und

$$\varphi : \pi_{\phi^\# F}^{-1}(U) \ni v_p \mapsto \left(p, (\mathrm{pr}_2 \circ \psi) \big|_{\phi(p)}(v_p) \right) \tag{2.80}$$

liefert eine lokale Trivialisierung. Die Fasern von $\phi^\# F$ erhält man also dadurch,
daß man die Fasern vom Bildpunkt $\phi(p)$ bei p „anheftet". Offenbar gilt mit
$\Phi\big|_{(\phi^\# F)_p} = \mathrm{id}_{(\phi^\# F)} = \mathrm{id}_{F_{\phi(p)}}$, daß

$$
\begin{array}{ccc}
\phi^\# F & \xrightarrow{\;\Phi\;} & F \\
{\scriptstyle \pi_{\phi^\# F}} \downarrow & & \downarrow {\scriptstyle \pi_F} \\
M & \xrightarrow[\;\phi\;]{} & N
\end{array}
\tag{2.81}
$$

ein kommutierendes Diagramm ist und daß Φ ein Vektorbündelmorphismus
ist. Vorsicht ist bei (2.81) jedoch geboten, denn Φ ist zwar faserweise ein Vektorraumisomorphismus, jedoch im allgemeinen keineswegs ein Vektorbündelisomorphismus, da weder alle Fasern von F erreicht werden müssen (ϕ nicht
surjektiv) oder bestimmte Fasern mehrfach erreicht werden (ϕ nicht injektiv).

2.2.3 Algebraische Strukturen für Schnitte von Vektorbündeln

Wir wollen nun untersuchen, welche algebraischen Strukturen die Schnitte von
Vektorbündeln erben, wenn die obigen Konstruktionen durchgeführt wurden.
Die Beweise für die folgenden Resultate bestehen in langweiligen und einfachen
Rechnungen, was ohne große Mühen geschieht.

i.) **Direkte Summe:** Für $s_i \in \Gamma^\infty(E_i)$, $i = 1, 2$, definiert man $s_1 \oplus s_2 \in \Gamma^\infty(E_1 \oplus E_2)$ *punktweise* durch

$$(s_1 \oplus s_2)(p) = s_1(p) \oplus s_2(p). \tag{2.82}$$

Damit erhält man einen Isomorphismus

$$\Gamma^\infty(E_1 \oplus E_2) \cong \Gamma^\infty(E_1) \oplus \Gamma^\infty(E_2). \tag{2.83}$$

ii.) **Tensorprodukt:** Für $s_i \in \Gamma^\infty(E_i)$, $i = 1, 2$, definiert man $s_1 \otimes s_2 \in \Gamma^\infty(E_1 \otimes E_2)$ *punktweise* durch

$$(s_1 \otimes s_2)(p) = s_1(p) \otimes s_2(p). \tag{2.84}$$

Das Tensorprodukt ist damit offenbar assoziativ und bilinear.

iii.) **Natürliche Paarung:** Sei $s \in \Gamma^\infty(E)$ und $\alpha \in \Gamma^\infty(E^*)$, dann definiert man die natürliche Paarung $\langle \alpha, s \rangle = \alpha(s)$ als C^∞-Funktion auf M *punktweise* durch

$$(\alpha(s))(p) = \alpha(p)(s(p)). \tag{2.85}$$

Offenbar gilt $\alpha(s) \in C^\infty(M)$, und $\alpha(s)$ ist linear in α und in s.

iv.) **Anwenden von Homomorphismen:** Sei $s \in \Gamma^\infty(E_1)$ ein Schnitt und $A \in \Gamma^\infty(\mathsf{Hom}(E_1, E_2))$. Dann definiert man $A(s) \in \Gamma^\infty(E_2)$ *punktweise* durch

$$(A(s))(p) = A(p)(s(p)) \tag{2.86}$$

und erhält so eine lineare Abbildung

$$A : \Gamma^\infty(E_1) \longrightarrow \Gamma^\infty(E_2). \tag{2.87}$$

Bemerkung 2.2.19. Alle diese Operationen sind sogar $C^\infty(M)$-linear bezüglich der Modulstrukturen als $C^\infty(M)$-Moduln, es gilt also beispielsweise $(f s_1) \otimes s_2 = f(s_1 \otimes s_2) = s_1 \otimes (f s_2)$ für $f \in C^\infty(M)$.

Durch Kombination der faserweisen Operationen erhält man insbesondere folgende algebraische Strukturen für die Vektor- und Tensorfelder. Für die entsprechenden punktweisen Konstruktionen sei auf Aufgabe 2.1 verwiesen.

i.) Die *Tensoralgebra*

$$\mathcal{T}^\bullet(E) = \bigoplus_{k=0}^{\infty} \mathcal{T}^k(E) \quad \text{mit} \quad \mathcal{T}^k(E) = \Gamma^\infty(T^k(E)) \tag{2.88}$$

ist eine assoziative Algebra mit Einselement $1 \in \mathcal{T}^0(E) = C^\infty(M)$ bezüglich des punktweisen Tensorprodukts von Schnitten.

ii.) Die *Grassmann-Algebra*

$$\Omega^\bullet(E^*) = \bigoplus_{k=0}^{\infty} \Omega^k(E^*) \quad \text{mit} \quad \Omega^k(E^*) = \Gamma^\infty(\Lambda^k E^*) \tag{2.89}$$

ist eine assoziative, superkommutative Algebra mit Eins bezüglich des punktweise erklärten $\wedge$-Produkts von Schnitten. Explizit ist $\alpha \wedge \beta \in \Gamma^\infty(\Lambda^{k+\ell}E^*)$ für $\alpha \in \Gamma^\infty(\Lambda^k E^*)$ und $\beta \in \Gamma^\infty(\Lambda^\ell E^*)$ durch

$$
\begin{aligned}
&(\alpha \wedge \beta)\big|_p(s_1, \ldots, s_{k+\ell}) \\
&= \frac{1}{k!\ell!} \sum_{\sigma \in S_{k+\ell}} (-1)^\sigma \alpha\big|_p\big(s_{\sigma(1)}, \ldots, s_{\sigma(k)}\big) \beta\big|_p\big(s_{\sigma(k+1)}, \ldots, s_{\sigma(k+\ell)}\big)
\end{aligned}
\tag{2.90}
$$

definiert, wobei $s_i \in E_p$, $i = 1, \ldots, k + \ell$. Die behaupteten Eigenschaften
a) $\wedge$ ist bilinear,
b) $\wedge$ ist assoziativ, also $\alpha \wedge (\beta \wedge \gamma) = (\alpha \wedge \beta) \wedge \gamma$,
c) $\wedge$ ist superkommutativ, also $\alpha \wedge \beta = (-1)^{k\ell}\beta \wedge \alpha$,
d) $\alpha \wedge 1 = \alpha = 1 \wedge \alpha$,
können punktweise überprüft werden, siehe Aufgabe 2.1 sowie [145]. Damit können also die bekannten Eigenschaften des $\wedge$-Produkts für endlich-dimensionale Vektorräume übernommen werden. Es sei abermals betont, daß $\wedge$ sogar $C^\infty(M)$-bilinear ist, es gilt also

$$
(f\alpha) \wedge \beta = f(\alpha \wedge \beta) = \alpha \wedge (f\beta)
\tag{2.91}
$$

für $f \in C^\infty(M)$, was auch aus (b) und (c) sowie $\Omega^0(E^*) = C^\infty(M)$ folgt. Ist nun $s \in \Gamma^\infty(E)$ ein Vektorfeld, dann kann man die *Einsetzderivation* i(s) punktweise erklären,

$$
(i(s)\alpha)\big|_p(s_2, \ldots, s_k) = \alpha\big|_p(s(p), s_2, \ldots, s_k), \quad s_2, \ldots, s_k \in E_p.
\tag{2.92}
$$

So erhält man eine $(k-1)$-Form i$(s)\alpha \in \Gamma^\infty(\Lambda^{k-1}E^*)$. Es gelten die üblichen Rechenregeln, wie man sie von der linearen Algebra kennt, siehe ebenfalls Aufgabe 2.1 und [145]:
a) i$(s) : \Omega^\bullet(E^*) \longrightarrow \Omega^{\bullet-1}(E^*)$ ist $C^\infty(M)$-linear.
b) i(s) ist eine *Antiderivation*

$$
i(s)(\alpha \wedge \beta) = i(s)\alpha \wedge \beta + (-1)^k \alpha \wedge i(s)\beta.
\tag{2.93}
$$

c) Einsetzderivationen antikommutieren

$$
i(s_1)\,i(s_2) + i(s_2)\,i(s_1) = 0,
\tag{2.94}
$$

insbesondere gilt i$(s)\,$i$(s) = 0$.

iii.) Die *symmetrische Algebra*

$$
\mathcal{S}^\bullet(E^*) = \bigoplus_{k=0}^\infty \mathcal{S}^k(E^*) \quad \text{mit} \quad \mathcal{S}^k(E^*) = \Gamma^\infty(\mathrm{S}^k E^*)
\tag{2.95}
$$

ist eine assoziative, kommutative Algebra mit Eins bezüglich des punktweise erklärten $\vee$-Produkts von Schnitten. Auch hier ist $\vee$ sogar $C^\infty(M)$-bilinear und man hat Einsetzderivationen i(s) für $s \in \Gamma^\infty(E)$, mit entsprechenden algebraischen Identitäten analog zur Grassmann-Algebra, nur ohne Vorzeichen.

Manchmal werden wir simultan $\Omega^\bullet(E^*)$ und $\mathcal{S}^\bullet(E^*)$ verwenden, dann bezeichnen wir die „antisymmetrischen Einsetzderivationen" mit $i_a(s)$ und die „symmetrischen" mit $i_s(s)$.

Die symmetrische Algebra $\mathcal{S}^\bullet(E^*)$ besitzt noch eine weitere Interpretation, welche wir nun diskutieren wollen. Wir beginnen mit folgender Definition, welche eine spezielle Funktionenklasse auf einem Vektorbündel auszeichnet:

Definition 2.2.20 (Polynomiale Funktionen). *Sei $\pi : E \longrightarrow M$ ein Vektorbündel. Dann heißt $f \in C^\infty(E)$ polynomial (in den Fasern) vom Grade $k \in \mathbb{N}_0$, falls $f\big|_{E_p} \in \mathrm{Pol}^k(E_p)$ für alle $p \in M$. Die polynomialen Funktionen vom Grade k werden mit $\mathrm{Pol}^k(E)$ bezeichnet, und wir setzen*

$$\mathrm{Pol}^\bullet(E) = \bigoplus_{k=0}^{\infty} \mathrm{Pol}^k(E) \subseteq C^\infty(E). \tag{2.96}$$

Da jede Faser E_p ein Vektorraum ist, ist es offenbar wohl-definiert, von Polynomen auf E_p bezüglich dieser Vektorraumstruktur zu sprechen.

Lemma 2.2.21. *Die polynomialen Funktionen $\mathrm{Pol}^\bullet(E)$ auf E bilden eine gradierte Unteralgebra von $C^\infty(E)$ und es gilt*

$$\mathrm{Pol}^0(E) = \pi^* C^\infty(M). \tag{2.97}$$

Beweis. Der Beweis ist unmittelbar klar. $\square$

Um die polynomialen Funktionen $\mathrm{Pol}^\bullet(E)$ auf E besser charakterisieren zu können, benötigen wir das *Euler-Vektorfeld* von E. Wir betrachten folgende Abbildung

$$\Phi : \mathbb{R} \times E \ni (t, v_p) \mapsto \Phi_t(v_p) = \mathrm{e}^t v_p \in E. \tag{2.98}$$

Offenbar definiert Φ_t eine glatte Einparametergruppe von Diffeomorphismen von E, ja sogar von Vektorbündelautomorphismen über der Identität, da $\pi \circ \Phi_t = \pi$ und Φ_t sicherlich faserweise linear ist. Daher ist Φ_t der Fluß eines Vektorfelds:

Definition 2.2.22 (Euler-Vektorfeld). *Sei $\pi : E \longrightarrow M$ ein Vektorbündel. Dann heißt das durch*

$$\xi(v_p) = \frac{\mathrm{d}}{\mathrm{d}t}\bigg|_{t=0} \Phi_t(v_p) \tag{2.99}$$

definierte Vektorfeld $\xi \in \Gamma^\infty(TE)$ das Euler-Vektorfeld von E.

Da Φ_t nach Konstruktion der Fluß von ξ ist, besitzt das Euler-Vektorfeld einen vollständigen Fluß.

Wir wollen nun einige lokale Ausdrücke für ξ und auch $f \in \mathrm{Pol}^\bullet(E)$ gewinnen. Dazu wählen wir eine geeignete offene Teilmenge $U \subseteq M$ mit lokal auf U definierten Basisschnitten $e_1, \ldots, e_N$ von E wie in Bemerkung 2.2.13.

Dann bezeichnen wir mit $e^1, \ldots, e^N$ die entsprechenden lokalen dualen Basis-schnitte von E^*. Diese definieren lineare Koordinatenfunktionen auf E durch die natürliche Paarung

$$s^\alpha(v_p) = \langle e^\alpha(p), v_p \rangle, \tag{2.100}$$

welche wir ebenfalls in Bemerkung 2.2.13 bereits verwendet haben. Es handelt sich bei $s^1\big|_{E_p}, \ldots, s^N\big|_{E_p}$ gerade um die linearen Koordinaten auf der Faser E_p bezüglich der Vektorraumbasis $e_1(p), \ldots, e_N(p)$. Weiter verwenden wir die durch

$$\frac{\partial}{\partial s^\alpha}\bigg|_{v_p} = \frac{\mathrm{d}}{\mathrm{d}t}\left(v_p + te_\alpha(p)\right)\bigg|_{t=0} \tag{2.101}$$

definierten lokalen Vektorfelder. Diese sind tangential an die Fasern und ent-sprechend den Koordinatenvektorfeldern zu den linearen Koordinaten, wenn wir sie auf eine Faser einschränken. Dies rechtfertigt die Bezeichnung (2.101).

Satz 2.2.23. *Sei $\pi : E \longrightarrow M$ ein Vektorbündel und $e_1, \ldots, e_N \in \Gamma^\infty(E\big|_U)$ lokal auf einer offenen Teilmenge $U \subseteq M$ definierte Basisschnitte mit indu-zierten linearen Koordinatenfunktionen $s^1, \ldots, s^N \in C^\infty(E\big|_U)$. Dann gilt:*

i.) Lokal gilt für das Euler-Vektorfeld

$$\xi\big|_{E|_U} = s^\alpha \frac{\partial}{\partial s^\alpha}. \tag{2.102}$$

ii.) Für $f \in C^\infty(E)$ gilt genau dann $f \in \mathrm{Pol}^k(E)$, falls

$$\mathscr{L}_\xi f = kf. \tag{2.103}$$

iii.) Für $f \in C^\infty(E)$ gilt genau dann $f \in \mathrm{Pol}^k\left(E\big|_U\right)$, falls lokal

$$f\big|_{E|_U} = \frac{1}{k!}\pi^* f_{\alpha_1 \cdots \alpha_k} s^{\alpha_1} \cdots s^{\alpha_N} \tag{2.104}$$

mit gewissen, in den Indizes $\alpha_1, \ldots, \alpha_k$ total symmetrischen Funktionen $f_{\alpha_1 \cdots \alpha_k} \in C^\infty(U)$.

iv.) Die Abbildung

$$\jmath : \mathrm{S}^\bullet(E^*) \longrightarrow \mathrm{Pol}^\bullet(E) \tag{2.105}$$

mit

$$\jmath(F)(v_p) = \frac{1}{k!}F_p(v_p, \ldots, v_p) \tag{2.106}$$

für $F \in \mathrm{S}^k(E^*)$ ist ein Isomorphismus von gradierten Algebren.

Beweis. Der erste Teil ist eine einfache Auswertung der Definition (2.99) in den lokalen Koordinaten, womit sich auch die Bezeichnung „Euler-Vektorfeld" erklärt. Der zweite Teil kann faserweise überprüft werden, da ξ offenbar tan-gential an die Faser ist. Auf E_p für $p \in M$ ist (2.103) Dank (2.102) aber eine bekannte Charakterisierung von homogenen Polynomen vom Grad k auf dem

Vektorraum E_p. Der dritte Teil ist ebenfalls klar, da die s^α gerade die linearen Koordinaten auf E_p bezüglich der Basis $e_1(p), \ldots, e_N(p)$ sind. Der vierte Teil läßt sich ebenfalls faserweise beziehungsweise punktweise in M überprüfen, so daß Aufgabe 2.1 zur Anwendung kommt.   □

Auf diese Weise erhalten wir nun die bereits angekündigte Interpretation der symmetrischen Algebra $S^\bullet(E^*)$ als die polynomialen Funktionen $\mathrm{Pol}^\bullet(E)$. Man beachte, daß in der lokalen Formel (2.104) die lokalen Koeffizientenfunktionen $f_{\alpha_1 \cdots \alpha_k}$ von $f \in \mathrm{Pol}^k(E)$ gerade den Koeffizienten des Tensorfeldes $F \in S^k(E^*)$ bezüglich der dualen Basisschnitte $e^1, \ldots, e^N$ entsprechen, wobei $\mathcal{J}(F) = f$.

Nach Bemerkung 2.2.19 sind alle oben genannten algebraischen Strukturen auf den Schnitten nicht nur (multi-) linear über $\mathbb{R}$ beziehungsweise über $\mathbb{C}$ sondern sogar über $C^\infty(M)$. Ist umgekehrt eine $C^\infty(M)$-(multi-) lineare Verknüpfung auf Schnitten gegeben, so handelt es sich dabei um ein Tensorfeld in folgendem Sinne:

Satz 2.2.24. *Seien* $\pi_i : E_i \longrightarrow M$, $i = 1, \ldots, k$ *und* $\pi : F \longrightarrow M$ *Vektorbündel über* M *und sei*

$$A : \Gamma^\infty(E_1) \times \cdots \times \Gamma^\infty(E_k) \longrightarrow \Gamma^\infty(F) \tag{2.107}$$

eine $C^\infty(M)$-*multilineare Abbildung, also*

$$A(s_1, \ldots, f s_i, \ldots, s_k) = f A(s_1, \ldots, s_k) \tag{2.108}$$

für $f \in C^\infty(M)$ *und* $s_i \in \Gamma^\infty(E_i)$, $i = 1, \ldots, k$. *Dann gibt es ein eindeutig bestimmtes Tensorfeld* $\widetilde{A} \in \Gamma^\infty(E_1^* \otimes \cdots \otimes E_k^* \otimes F)$, *so daß im Sinne der punktweisen natürlichen Paarung*

$$A(s_1, \ldots, s_k) = \widetilde{A}(s_1, \ldots, s_k). \tag{2.109}$$

Beweis. Den Beweis erbringen wir in Anhang A.5, Satz A.5.1.   □

Die letzte Bemerkung bezieht sich auf die Schnitte eines zurückgezogenen Bündels. Sei also $\pi : F \longrightarrow N$ ein Vektorbündel und $\phi : M \longrightarrow N$ eine glatte Abbildung. Für $s \in \Gamma^\infty(F)$ definiert man den *zurückgezogenen Schnitt* $\phi^\# s \in \Gamma^\infty(\phi^\# F)$ durch

$$(\phi^\# s)(p) = s(\phi(p)) \in F_{\phi(p)} = (\phi^\# F)_p. \tag{2.110}$$

Dadurch erhält man eine lineare Abbildung

$$\phi^\# : \Gamma^\infty(F) \longrightarrow \Gamma^\infty(\phi^\# F), \tag{2.111}$$

welche

$$\phi^\#(fs) = (\phi^* f)(\phi^\# s) \tag{2.112}$$

erfüllt. Im allgemeinen ist $\phi^\#$ weder surjektiv noch injektiv.

2.2.4 Kovariante Ableitungen und Krümmung

Nachdem mit Satz 2.2.24 jede $C^\infty(M)$-lineare Operation auf Schnitten durch ein geeignetes Tensorfeld beschrieben werden kann, wollen wir nun Schnitte auch „ableiten" können. Intrinsisch geht das im allgemeinen nicht, man benötigt vielmehr eine *zusätzliche* Struktur:

Definition 2.2.25 (Kovariante Ableitung). *Sei* $\pi : E \longrightarrow M$ *ein Vektorbündel. Eine kovariante Ableitung (auch: Zusammenhang)* ∇ *für* E *ist eine bilineare Abbildung*

$$\nabla : \Gamma^\infty(TM) \times \Gamma^\infty(E) \longrightarrow \Gamma^\infty(E) \tag{2.113}$$

mit den Eigenschaften

i.) $\nabla_{fX}s = f\nabla_X s$
ii.) $\nabla_X(fs) = X(f)s + f\nabla_X s$

für $f \in C^\infty(M)$, $X \in \Gamma^\infty(TM)$ *und* $s \in \Gamma^\infty(E)$.

Wegen *ii.)* ist ∇ *kein* Tensorfeld mehr, der Schnitt s wird nun „wirklich" in Mannigfaltigkeitsrichtung abgeleitet. Trotzdem ist ∇ noch eine lokale Operation

$$\mathrm{supp}(\nabla_X s) \subseteq \mathrm{supp}\, X \cap \mathrm{supp}\, s, \tag{2.114}$$

wobei der *Träger* von Vektorfeldern im offensichtlichen Sinne definiert ist. Der Beweis folgt direkt aus der Funktionenlinearität in X und der Leibniz-Regel in s, siehe Anhang A.5, Beispiel A.5.6. Diese Lokalität erlaubt es nun, ∇ auch auf lokalen Schnitten auszuwerten. Sei also $e_1, \ldots, e_N$ eine lokale Basis von Schnitten von E, definiert auf einer geeigneten offenen Umgebung $U \subseteq M$. Dann gilt

$$\nabla_X e_\alpha = A_\alpha^\beta(X)e_\beta, \tag{2.115}$$

mit gewissen lokalen Funktionen $A_\alpha^\beta(X) \in C^\infty(U)$. Da ∇ im $\Gamma^\infty(TM)$-Argument sogar $C^\infty(M)$-linear ist, muß nach Satz 2.2.24 die Matrix $A = (A_\alpha^\beta)$ auch $C^\infty(M)$-linear in X sein. Also sind die A_α^β lokale Einsformen

$$A_\alpha^\beta \in \Gamma^\infty(T^*U). \tag{2.116}$$

Diese Einsformen heißen auch *Zusammenhangseinsformen*. Offenbar charakterisieren sie ∇ lokal. Für einen beliebigen (lokalen) Schnitt $s \in \Gamma^\infty(E\big|_U)$ gilt mit $s = s^\alpha e_\alpha$ dann

$$\nabla_X s = X(s^\alpha)e_\alpha + s^\alpha A_\alpha^\beta(X)e_\beta. \tag{2.117}$$

Umgekehrt liefert die Angabe von N^2 lokalen Einsformen A_α^β offenbar einen zumindest lokal definierten Zusammenhang, indem man (2.117) zur Definition erhebt. Daß es auch *global*, also nicht nur auf einer kleinen Umgebung $U \subseteq M$, einen Zusammenhang gibt, zeigt folgender Satz:

Satz 2.2.26. *Für jedes Vektorbündel $\pi : E \longrightarrow M$ existieren kovariante Ableitungen. Für je zwei kovariante Ableitungen ∇ und ∇' ist die Differenz*

$$S^{\nabla - \nabla'}(X)s = \nabla_X s - \nabla'_X s \tag{2.118}$$

ein Tensorfeld $S^{\nabla - \nabla'} \in \Gamma^\infty(T^*M \otimes \mathsf{End}(E))$. Umgekehrt liefert zu jedem Tensorfeld $S \in \Gamma^\infty(T^*M \otimes \mathsf{End}(E))$ und zu einer fest gewählten kovarianten Ableitung ∇ die Formel

$$\nabla'_X s = \nabla_X s - S(X)s \tag{2.119}$$

eine neue kovariante Ableitung.

Beweis. Der Existenzbeweis verwendet eine Zerlegung der Eins und die lokale Existenz, indem man die lokalen Zusammenhangseinformen einfach mit Hilfe der Zerlegung der Eins zusammenklebt, siehe auch Satz A.1.7. Der Rest ist eine einfache Rechnung, siehe Aufgabe 2.13. $\qquad\square$

Bemerkung 2.2.27. Die Zusammenhänge bilden also einen *affinen Raum* über dem unendlichdimensionalen Vektorraum $\Gamma^\infty(T^*M \otimes \mathsf{End}(E))$.

Anders als partielle Ableitungen brauchen kovariante Ableitungen in verschiedene „Richtungen" $X, Y \in \Gamma^\infty(TM)$ nicht zu vertauschen, selbst dann nicht, wenn $[X, Y] = 0$. Dieses Phänomen wird durch folgende Definition erfaßt:

Definition 2.2.28 (Krümmung). *Sei ∇ eine kovariante Ableitung für $\pi : E \longrightarrow M$. Dann ist der Krümmungstensor $R \in \Gamma^\infty(\Lambda^2 T^*M \otimes \mathsf{End}(E))$ von ∇ durch*

$$R(X, Y)s = \nabla_X \nabla_Y s - \nabla_Y \nabla_X s - \nabla_{[X,Y]} s \tag{2.120}$$

definiert.

Nach Satz 2.2.24 ist R tatsächlich ein Tensor vom angegebenen Typ, da (2.120) in jedem Argument $C^\infty(M)$-linear ist, was eine leichte Rechnung zeigt. Lokal läßt sich R aus den Zusammenhangseinsformen berechnen, es gilt

$$R(X,Y)e_\alpha = \big(X(A_\alpha^\beta(Y)) - Y(A_\alpha^\beta(X)) - A_\alpha^\beta([X,Y]) + [A(X), A(Y)]_\alpha^\beta\big) e_\beta. \tag{2.121}$$

Die lokalen Zweiformen

$$R_\beta^\alpha(X,Y) = X(A_\alpha^\beta(Y)) - Y(A_\alpha^\beta(X)) - A_\alpha^\beta([X,Y]) + [A(X), A(Y)]_\alpha^\beta \tag{2.122}$$

heißen lokale *Krümmungszweiformen*.

Bemerkung 2.2.29 (Kovariante Ableitungen in der Feldtheorie). Die lokalen Formeln für die kovariante Ableitung (2.117) sowie für die Krümmungszweiform (2.121) legen nahe, die lokalen Zusammenhangseinsformen als Eichpotentiale einer Eichfeldtheorie zu deuten, wobei die Materiefelder die Schnitte von E sind. Dann sind die Krümmungszweiformen gerade die Feldstärken der Eichpotentiale. In der Tat lassen sich die üblichen Modelle der Teilchenphysik auf diese Weise geometrisch deuten, was wir hier jedoch nicht weiter vertiefen wollen, siehe aber etwa [82, 83, 248, 302]. Des weiteren ist die Krümmung auch die zentrale Größe in der Allgemeinen Relativitätstheorie, siehe auch Bemerkung 3.2.23.

Als nächstes zeigen wir, wie kovariante Ableitungen und die kanonischen Konstruktionen von Vektorbündeln zusammenpassen. Im folgenden seien also $E \longrightarrow M$ und $F \longrightarrow M$ Vektorbündel mit Zusammenhängen ∇^E und ∇^F.

i.) Die direkte Summe $\nabla^{E \oplus F}$ für $E \oplus F$ erklärt man durch

$$\nabla_X^{E \oplus F}(s \oplus t) = \nabla_X^E s \oplus \nabla_X^F t. \tag{2.123}$$

ii.) Das Tensorprodukt $\nabla^{E \otimes F}$ für $E \otimes F$ erklärt man durch

$$\nabla_X^{E \otimes F}(s \otimes t) = \nabla_X^E s \otimes t + s \otimes \nabla_X^F t. \tag{2.124}$$

iii.) Den dualen Zusammenhang ∇^{E^*} für E^* erklärt man durch

$$\left(\nabla_X^{E^*} \alpha\right)(s) = X(\alpha(s)) - \alpha\left(\nabla_X^E s\right). \tag{2.125}$$

iv.) Schließlich erklärt man den Zusammenhang $\nabla^{\mathsf{Hom}(E,F)}$ für $\mathsf{Hom}(E, F)$ durch

$$\left(\nabla_X^{\mathsf{Hom}(E,F)} A\right)(s) = \nabla_X^F\left(A(s)\right) - A\left(\nabla_X^E s\right). \tag{2.126}$$

Eine einfache Rechnung zeigt, daß dies tatsächlich kovariante Ableitungen für die angegebenen Vektorbündel definiert, siehe auch Aufgabe 2.13 für weitere Konstruktionen mit Zusammenhängen.

Zum Abschluß betrachten wir den wichtigen Spezialfall des Tangentenbündels. Ist ∇ eine kovariante Ableitung für TM, so können wir für zwei Vektorfelder $X, Y \in \Gamma^\infty(TM)$ sowohl $\nabla_X Y$ als auch $\nabla_Y X$ berechnen. Man beachte, daß dies tatsächlich nur für das Tangentenbündel möglich ist. Da $\nabla_X Y$ in Y eine Leibniz-Regel erfüllt, in X dagegen nicht, betrachtet man die antisymmetrische Version $\nabla_X Y - \nabla_Y X$, welche nun in beiden Argumenten eine Leibniz-Regel analog zur Lie-Klammer erfüllt. Dies motiviert folgende Definition:

Definition 2.2.30 (Torsionstensor). *Sei ∇ eine kovariante Ableitung für TM. Dann heißt*

$$\mathrm{Tor}(X, Y) = \nabla_X Y - \nabla_Y X - [X, Y] \tag{2.127}$$

der Torsionstensor der kovarianten Ableitung ∇. Gilt $\mathrm{Tor} = 0$, so heißt ∇ torsionsfrei.

In der Tat rechnet man leicht nach, daß Tor funktionenlinear in beiden Argumenten ist, womit erneut Satz 2.2.24 zur Anwendung kommt und die Torsion ein Tensor

$$\mathrm{Tor} \in \Gamma^\infty(\Lambda^2 T^* M \otimes TM) \tag{2.128}$$

ist, siehe auch Aufgabe 2.14.

2.2.5 Orientierung und α-Dichtenbündel

Wir erinnern zunächst an den Begriff der α-Dichte auf einem reellen Vektorraum, bevor wir dies auf Vektorbündel verallgemeinern, siehe auch [16, App. A] oder [235, Sect. VI.8].

Definition 2.2.31 (α-Dichten). *Sei V ein n-dimensionaler reeller Vektorraum und $\alpha \in \mathbb{C}$. Eine Abbildung*

$$\mu : \underbrace{V \times \cdots \times V}_{n\text{-mal}} \longrightarrow \mathbb{C} \tag{2.129}$$

heißt α-Dichte, falls für alle $v_1, \ldots, v_n \in V$ und $A \in \mathsf{End}(V)$

$$\mu(Av_1, \ldots, Av_n) = |\det(A)|^\alpha \mu(v_1, \ldots, v_n) \tag{2.130}$$

gilt, wobei konventionsgemäß $0^\alpha = 0$ gesetzt wird. Die Menge aller α-Dichten auf V wird mit $|\Lambda^n|^\alpha V^*$ bezeichnet. Für $\alpha = 1$ schreiben wir auch kurz $|\Lambda^n|^1 V^* = |\Lambda^n| V^*$.

Analog definiert man für reelles α auch reellwertige α-Dichten, womit unsere Notation nicht ganz konsequent ist. Da wir aber hauptsächlich den komplexen Fall betrachten, ignorieren wir diese marginalen Schwierigkeiten in unserer Notation.

Lemma 2.2.32. *Sei V ein n-dimensionaler reeller Vektorraum.*

i.) Ist $\mu \in |\Lambda^n|^\alpha V^*$, und sind $v_1, \ldots, v_n \in V$ linear abhängig, so gilt $\mu(v_1, \ldots, v_n) = 0$.

ii.) $|\Lambda^n|^\alpha V^*$ ist ein eindimensionaler komplexer Vektorraum.

iii.) Ist $\mu \in |\Lambda^n|^\alpha V^*$ und $\nu \in |\Lambda^n|^\beta V^*$, so ist das punktweise Produkt $\mu\nu$ eine $(\alpha + \beta)$-Dichte $\mu\nu \in |\Lambda^n|^{\alpha+\beta} V^*$. Dies induziert einen kanonischen Isomorphismus

$$|\Lambda^n|^\alpha V^* \otimes |\Lambda^n|^\beta V^* \ni \mu \otimes \nu \mapsto \mu\nu \in |\Lambda^n|^{\alpha+\beta} V^*. \tag{2.131}$$

iv.) Ist $\mu \in |\Lambda^n|^\alpha V^*$, so definiert $\overline{\mu}(v_1, \ldots, v_n) = \overline{\mu(v_1, \ldots, v_n)}$ eine $\overline{\alpha}$-Dichte $\overline{\mu} \in |\Lambda^n|^{\overline{\alpha}} V^*$ und $\mu \mapsto \overline{\mu}$ ist ein antilinearer Isomorphismus

$$|\Lambda^n|^\alpha V^* \xrightarrow{\cong} |\Lambda^n|^{\overline{\alpha}} V^*. \tag{2.132}$$

v.) Ist $\mu \in |\Lambda^n|^\alpha V^*$, so definiert $\mu^* \in |\Lambda^n|^{-\alpha} V$ mit

$$\mu^*(e^1, \ldots, e^n) = \mu(e_1, \ldots, e_n) \tag{2.133}$$

einen kanonischen Isomorphismus

$$|\Lambda^n|^\alpha V^* \cong |\Lambda^n|^{-\alpha} V, \tag{2.134}$$

wobei $e_1, \ldots, e_n$ eine Basis von V und $e^1, \ldots, e^n$ die zugehörige duale Basis von V^* ist.

Beweis. Der erste Teil ist klar, da $0^\alpha = 0$ und $v_i = Ae_i$ mit einer Basis $e_1, \ldots, e_n$ von V und einer linearen Abbildung $A \in \mathsf{End}(V)$ mit $\det(A) = 0$. Für den zweiten Teil seien $\mu, \nu \in |\Lambda^n|^\alpha V^*$ und $z, w \in \mathbb{C}$ gegeben. Dann gilt für $v_1, \ldots, v_n \in V$ und $A \in \mathsf{End}(V)$

$$(z\mu + w\nu)(Av_1, \ldots, Av_n) = z|\det(A)|^\alpha \mu(v_1, \ldots, v_n) + w|\det(A)|^\alpha \nu(v_1, \ldots, v_n)$$
$$= |\det(A)|^\alpha (z\mu + w\nu)(v_1, \ldots, v_n),$$

womit $z\mu + w\nu$ wieder eine α-Dichte ist und daher $|\Lambda^n|^\alpha V^*$ ein komplexer Vektorraum wird. Weiter ist μ durch den Wert auf einer Basis $e_1, \ldots, e_n$ bereits eindeutig bestimmt, da μ auf linear abhängigen Vektoren 0 ist und für eine andere Basis $f_1, \ldots, f_n$ gilt

$$\mu(f_1, \ldots, f_n) = \mu(Ae_1, \ldots, Ae_n) = |\det(A)|^n \mu(e_1, \ldots, e_n),$$

mit dem durch $f_i = Ae_i$ eindeutig bestimmten Basiswechsel $A \in \mathsf{Gl}(V)$. Dies zeigt, daß $|\Lambda^n|^\alpha V^*$ eindimensional ist. Für den dritten Teil gilt

$$(\mu\nu)(Av_1, \ldots, Av_n) = \mu(Av_1, \ldots, Av_n)\nu(Av_1, \ldots, Av_n)$$
$$= |\det(A)|^\alpha |\det(A)|^\beta \mu(v_1, \ldots, v_n)\nu(v_1, \ldots, v_n)$$
$$= |\det(A)|^{\alpha+\beta}(\mu\nu)(v_1, \ldots, v_n),$$

womit $\mu\nu \in |\Lambda^n|^{\alpha+\beta} V^*$. Da offenbar $\mu\nu \neq 0$ für $\mu \neq 0 \neq \nu$, folgt die Surjektivität von (2.131). Die Injektivität folgt aus Dimensionsgründen, was den dritten Teil zeigt. Der vierte Teil ist klar, da $\overline{|\det(A)|^\alpha} = |\det(A)|^{\overline{\alpha}}$, weil $|\det(A)| \in \mathbb{R}$ reell ist. Die Isomorphie (2.132) ist ebenfalls klar. Für den fünften Teil verwendet man zunächst, daß durch die Festlegung der Zahl $\mu(e_1, \ldots, e_n) \in \mathbb{C}$ für eine Basis $e_1, \ldots, e_n$ tatsächlich eine α-Dichte $\mu \in |\Lambda^n|^\alpha V^*$ eindeutig festgelegt wird, da für jede andere Basis genau eine invertierbare Abbildung A mit $f_i = Ae_i$ existiert. Damit ist μ^* als $(-\alpha)$-Dichte wohl-definiert. Es bleibt zu zeigen, daß μ^* nicht von der Wahl der Basis $e_1, \ldots, e_n$ abhängt. Ist daher $f_i = Ae_i$, so gilt für die dualen Basen $f^i = (A^{\mathrm{T}})^{-1}e^i$, womit folgt, daß

$$\mu^*(f^1, \ldots, f^n) = |\det((A^{\mathrm{T}})^{-1})|^{-\alpha}\mu(e^1, \ldots, e^n)$$
$$= |\det(A)|^\alpha \mu(e^1, \ldots, e^n) = \mu(f^1, \ldots, f^n),$$

womit die Definition von μ^* nicht von der gewählten Basis abhängt. Die Isomorphie (2.134) ist klar. $\qquad \square$

Bemerkung 2.2.33 (α-Dichten).

i.) Ist $\alpha \in \mathbb{R}$ reell, so liefert $\mu \mapsto \overline{\mu}$ einen antilinearen involutiven Automorphismus $|\Lambda^n|^\alpha V^* \longrightarrow |\Lambda^n|^\alpha V^*$ und man kann von einer *reellen α-Dichte* $\mu = \overline{\mu}$ sprechen. Darüberhinaus folgt für $\mu = \overline{\mu} \neq 0$, daß $\mu(e_1, \ldots, e_n)$ für eine und damit für alle Basen $e_1, \ldots, e_n$ entweder positiv oder negativ ist. Dies ist nach Definition (2.130) klar, da $|\det(A)|^\alpha$ für reelles α immer ≥ 0 ist. Daher kann man für alle reellen α von einer *positiven α-Dichte* sprechen. Die 1-Dichten bezeichnen wir einfach als *Dichten*.

ii.) Ist α, β reell, so ist das Produkt von reellen α- und β-Dichten eine reelle $(\alpha + \beta)$-Dichte, ebenso für positive Dichten.

iii.) Eine 0-Dichte ist eine konstante Funktion auf der Menge der Basen.

Der Zusammenhang von n-Formen und Dichten läßt sich folgendermaßen formulieren. Hierzu ist zunächst die Wahl einer *Orientierung* von V notwendig: Wir erinnern daran, daß zwei Basen $e_1, \ldots, e_n$ und $f_1, \ldots, f_n$ von V *gleich orientiert* heißen, falls $\det(A) > 0$ für den Basiswechsel $f_i = Ae_i$ gilt. Dies definiert eine Äquivalenzrelation auf der Menge der Basen von V mit genau zwei Äquivalenzklassen. Die Wahl einer dieser Äquivalenzklassen entspricht dann der Wahl einer Orientierung. Die Basen dieser Äquivalenzklasse heißen dann *positiv orientiert*, die der anderen entsprechend *negativ orientiert*. Eine n-Form $\omega \in \Lambda^n V^*$ heißt *positiv orientiert*, falls $\omega(e_1, \ldots, e_n) > 0$ für eine und damit alle positiv orientierten Basen $e_1, \ldots, e_n$ von V. Eine n-Form ω ist demnach entweder gleich 0, positiv oder negativ orientiert. Daher erhält man eine alternative und äquivalente Beschreibung der Orientierung von V durch die Angabe einer von Null verschiedenen n-Form $\omega \in \Lambda^n V^*$.

Lemma 2.2.34 (α-Dichten und n-Formen). *Sei V ein n-dimensionaler reeller Vektorraum.*

i.) Sei $\omega \in \Lambda^n V^*$ (oder in $\Lambda^n_{\mathbb{C}} V^* = \Lambda^n V^* \otimes \mathbb{C}$), dann definiert

$$|\omega|^\alpha(v_1, \ldots, v_n) = |\omega(v_1, \ldots, v_n)|^\alpha \tag{2.135}$$

eine α-Dichte $|\omega|^\alpha \in |\Lambda^n|^\alpha V^*$ und es gilt $|z\omega|^\alpha = |z|^\alpha |\omega|^\alpha$ für $z \in \mathbb{C}$.

ii.) Sei V orientiert und $\mu \in |\Lambda^n| V^*$ eine Dichte. Dann definiert

$$\omega_\mu(v_1, \ldots, v_n) = \det(A)\mu(e_1, \ldots, e_n) \tag{2.136}$$

eine (komplexe) n-Form $\omega_\mu \in \Lambda^n_{\mathbb{C}} V^*$, wobei $e_1, \ldots, e_n$ eine positiv orientierte Basis ist und $A \in \mathsf{End}(V)$ durch $v_i = Ae_i$ festgelegt ist. Die Zuordnung

$$|\Lambda^n| V^* \ni \mu \mapsto \omega_\mu \in \Lambda^n_{\mathbb{C}} V^* \tag{2.137}$$

ist ein linearer Isomorphismus, der nur von der Orientierung aber nicht von der Wahl der positiv orientierten Basis abhängt. Positive Dichten werden auf positiv orientierte n-Formen abgebildet, und für positive Dichten gilt $|\omega_\mu| = \mu$.

Beweis. Der erste Teil ist eine einfache Verifikation. Für den zweiten Teil müssen wir zunächst zeigen, daß ω_μ multilinear und antisymmetrisch ist. Dies ist aber klar, da die Determinante $\det(\cdot)$ bezüglich der Spalten und Zeilen diese Eigenschaft besitzt. Damit ist $\omega_\mu \in \Lambda^n_{\mathbb{C}} V^*$. Offenbar ist (2.136) linear und injektiv, also aus Dimensionsgründen auch bijektiv. Sei nun eine andere positiv orientierte Basis $f_1, \ldots, f_n$ gegeben mit $Be_i = f_i$. Dann gilt $\det(B) > 0$ und deshalb

$$\mu(f_1, \ldots, f_n) = |\det(B)|\mu(e_1, \ldots, e_n) = \det(B)\mu(e_1, \ldots, e_n).$$

Wählen wir nun die $f_1, \ldots, f_n$ für die Definition von ω_μ, so gilt für $v_i = Af_i$

$$\begin{aligned}
\omega_\mu(v_1, \ldots, v_n) &= \det(A)\mu(f_1, \ldots, f_n) \\
&= \det(A)\det(B)\mu(e_1, \ldots, e_n) = \det(AB)\mu(e_1, \ldots, e_n),
\end{aligned}$$

womit gezeigt ist, daß die Definition (2.136) nicht von der Wahl der positiv orientierten Basis abhängt, da ja $v_i = ABe_i$. Ist weiter $\mu > 0$ eine positive Dichte, so gilt $\omega_\mu(e_1, \ldots, e_n) = \mu(e_1, \ldots, e_n) > 0$ für jede positiv orientierte Basis $e_1, \ldots, e_n$. Also ist ω_μ positiv orientiert. Schließlich gilt

$$\begin{aligned}
|\omega_\mu|(v_1, \ldots, v_n) &= |\det(A)\mu(e_1, \ldots, e_n)| \\
&= |\det(A)|\mu(e_1, \ldots, e_n) = \mu(v_1, \ldots, v_n),
\end{aligned}$$

da $\mu > 0$. Damit ist das Lemma gezeigt. $\qquad\square$

Dieses Lemma rechtfertigt unsere Bezeichnungen für α-Dichten, wobei wir einen gewissen Notationsmißbrauch bei der Unterscheidung von komplexwertigen und reellen α-Dichten im Falle reeller α in Kauf nehmen.

Wir kommen nun zu den geometrischen Verallgemeinerungen. Sei dazu ein reelles Vektorbündel $\pi : E \longrightarrow M$ der reellen Faserdimension k vorgegeben. Dann definiert jede Faser E_p für $p \in M$ den Raum der α-Dichten $|\Lambda^k|^\alpha E_p^*$. Deren Vereinigung ist dann das Bündel der α-Dichten

$$|\Lambda^k|^\alpha E^* = \bigcup_{p \in M} |\Lambda^k|^\alpha E_p^*, \tag{2.138}$$

wobei wir lokale Trivialisierungen auf folgende Weise erhalten: Sei (U, φ) eine Vektorbündelkarte von E im Sinne von Definition 2.2.1. Seien weiter $e_1, \ldots, e_k \in \Gamma^\infty(E|_U)$ die entsprechenden lokalen Basisschnitte $e_i(p) = \varphi^{-1}(p, \vec{e}_i)$, wobei $\vec{e}_i \in \mathbb{R}^k$ die kanonische Basis ist. Dann definiert man für $\mu_p \in |\Lambda^k|^\alpha E_p^*$ die α-Dichte $\mu_p^\varphi \in |\Lambda^k|^\alpha(\mathbb{R}^k)^*$

$$\mu_p^\varphi(\vec{v}_1, \ldots, \vec{v}_k) = |\det(A)|^\alpha \mu_p(e_1(p), \ldots, e_k(p)) = \mu_p(v_1, \ldots, v_k), \tag{2.139}$$

wobei $\vec{v}_1, \ldots, \vec{v}_k \in \mathbb{R}^k$ und $A = (\vec{v}_1, \ldots, \vec{v}_k)$ sowie $v_i = Ae_i(p) = \varphi^{-1}(p, \vec{v}_i)$. Somit wird

$$|\varphi|^\alpha : \pi_{|\Lambda^k|^\alpha E^*}^{-1}(U) \ni \mu_p \mapsto (p, \mu_p^\varphi) \in U \times |\Lambda^k|^\alpha(\mathbb{R}^k)^* \tag{2.140}$$

eine Vektorbündelkarte, und glatte Kartenwechsel von E induzieren glatte Kartenwechsel des α-Dichtenbündels $|\Lambda^k|^\alpha E^*$.

Proposition 2.2.35. *Sei $\pi : E \longrightarrow M$ ein reelles Vektorbündel der Faserdimension k. Dann ist $|\Lambda^k|^\alpha E^* \longrightarrow M$ ein komplexes Vektorbündel mit eindimensionaler Faser. Zudem ist $|\Lambda^k|^\alpha E^*$ ein triviales Bündel und jede positive*

Dichte $\mu \in \Gamma^\infty(|\Lambda^k|E^*)$ *(also* $\mu_p > 0$ *für alle* $p \in M$) *liefert eine Trivialisierung, da durch*

$$\mu_p^\alpha(v_1, \ldots, v_k) = |\mu_p(v_1, \ldots, v_k)|^\alpha \quad \text{für} \quad v_1, \ldots, v_k \in E_p \qquad (2.141)$$

ein nirgends verschwindender Schnitt $\mu^\alpha \in \Gamma^\infty(|\Lambda^k|^\alpha E^*)$ *definiert ist.*

Beweis. Daß $|\Lambda^k|^\alpha E^* \longrightarrow M$ ein komplexes Vektorbündel ist, wird durch die lokalen Trivialisierungen (2.140) erreicht. Eine leichte Rechnung zeigt, daß die Kartenwechsel glatt sind. Wir zeigen nun zunächst, daß es immer eine positive Dichte $\mu \in \Gamma^\infty(|\Lambda^k|E^*)$ gibt. Sei dazu ein lokal endlicher Vektorbündelatlas $\{(U_i, \varphi_i)\}_{i \in I}$ von E gegeben und sei $\{\chi_i\}_{i \in I}$ eine dazu untergeordnete, lokal endliche Zerlegung der Eins, siehe Anhang A.1. Es gilt also $\chi_i \in C^\infty(M)$ mit $\operatorname{supp}\chi_i \subseteq U_i$ und $\sum_i \chi_i = 1$, wobei die Summe lokal endlich ist. Weiter können wir $0 \le \chi_i \le 1$ annehmen. Sei nun μ_i auf U_i durch

$$\mu_i(v_1, \ldots, v_k) = |\det(\vec{v}_1^{(i)}, \ldots, \vec{v}_k^{(i)})|$$

definiert, wobei $\vec{v}_\ell^{(i)} = \varphi_i(v_\ell) \in \mathbb{R}^k$ und $\ell = 1, \ldots, k$. Dies ist die eindeutig bestimmte, auf U_i glatte Dichte mit

$$\mu_i(e_1, \ldots, e_k)\big|_p = 1$$

für $p \in U_i$ und die lokalen Basisschnitte $e_1, \ldots, e_k$, welche durch die Vektorbündelkarte (U_i, φ_i) festgelegt sind. Es ist also $\mu_i \in \Gamma^\infty\left(|\Lambda^k|E^*\big|_{U_i}\right)$ und daher ist $\chi_i \mu_i \in \Gamma^\infty(|\Lambda^k|E^*)$ eine global definierte glatte Dichte mit

$$\operatorname{supp}(\chi_i \mu_i) \subseteq U_i \quad \text{und} \quad \chi_i \mu_i \ge 0.$$

Da die χ_i lokal endlich sind, ist

$$\mu = \sum_i \chi_i \mu_i \in \Gamma^\infty(|\Lambda^k|E^*)$$

eine wohl-definierte glatte Dichte. Nun gilt für linear unabhängige $v_1, \ldots, v_k \in E_p$

$$\mu_p(v_1, \ldots, v_k) = {\sum_i}' \chi_i(p) \left|\det(\vec{v}_1^{(i)}, \ldots, \vec{v}_k^{(i)})\right|,$$

wobei die Summe nun nur über diejenigen i läuft, für die $p \in U_i$ gilt. Da aber für diese Indizes bereits $\sum_i' \chi_i(p) = 1$ gilt und da $\left|\det(\vec{v}_1^{(i)}, \ldots, \vec{v}_k^{(i)})\right| > 0$ gilt, folgt, daß $\mu_p(v_1, \ldots, v_k) > 0$ ist. Damit ist μ eine überall positive Dichte und somit ein nirgends verschwindender Schnitt von $|\Lambda^k|E^*$, womit dieses Bündel *global* trivialisiert wird. Sei nun $\mu > 0$ eine solche positive Dichte. Dann ist für alle $\alpha \in \mathbb{C}$ und $p \in M$ die Abbildung (2.141) definiert, indem man den eindeutigen positiven Logarithmus von $\mu_p(v_1, \ldots, v_k) > 0$ verwendet. Somit erhält man eine glatte Abbildung $p \mapsto \mu_p^\alpha$ und offenbar ist $\mu_p^\alpha \ne 0$ ein nirgends verschwindender Schnitt. Also ist auch $|\Lambda^k|^\alpha E^*$ ein triviales Bündel und (2.141) liefert eine Trivialisierung. $\qquad\square$

Bemerkung 2.2.36. Auch wenn die Bündel $|\Lambda^k|^\alpha E^* \longrightarrow M$ alle trivial sind, so sind sie *nicht* kanonisch trivialisiert. Die Trivialisierung aus Proposition 2.2.35 hängt von der nichtkanonischen Wahl einer positiven Dichte $\mu > 0$ ab. Ausnahme bilden die 0-Dichten von E_p: Diese sind einfach *konstante Funktionen* auf den Basen von E_p und somit nur Funktionen von p, womit kanonisch

$$\Gamma^\infty(|\Lambda^k|^0 E^*) \cong C^\infty(M) \tag{2.142}$$

gilt. Die Wahl einer nirgends verschwindenden α-Dichte $\mu_0 \in \Gamma^\infty(|\Lambda^k|^\alpha E^*)$ liefert einen Isomorphismus

$$\Gamma^\infty(|\Lambda^k|^\alpha E^*) \ni \mu \mapsto \frac{\mu}{\mu_0} \in C^\infty(M) \tag{2.143}$$

von $C^\infty(M)$-Moduln.

Als nächstes wollen wir auch Lemma 2.2.34 auf Vektorbündel verallgemeinern. Hier zeigt sich, daß dies nicht immer möglich ist, sondern nur, falls wir das Vektorbündel auf konsistente Weise orientieren können.

Proposition 2.2.37. *Sei* $\pi : E \longrightarrow M$ *ein reelles Vektorbündel der Faserdimension* k. *Dann ist äquivalent:*

i.) Es gibt einen Vektorbündelatlas $\{(U_\alpha, \varphi_\alpha)\}_{\alpha \in I}$ *von* E, *so daß für alle* $\alpha, \beta \in I$ *mit* $U_\alpha \cap U_\beta \neq \emptyset$ *die Übergangsmatrizen*

$$\det\left(\varphi_{\alpha\beta}\big|_p\right) > 0 \tag{2.144}$$

für alle $p \in U_\alpha \cap U_\beta$ *erfüllen.*
ii.) Das Vektorbündel $\Lambda^k E^* \longrightarrow M$ *ist trivial.*
iii.) Es gibt eine k-*Form* $\omega \in \Gamma^\infty(\Lambda^k E^*)$ *mit* $\omega_p \neq 0$ *für alle* $p \in M$.

Beweis. Da das Bündel $\Lambda^k E^*$ eindimensionale Fasern besitzt, ist es genau dann trivial, wenn es einen nirgends verschwindenden Schnitt gibt, womit die zweite und dritte Aussage äquivalent sind.

Sei also zunächst $\{(U_\alpha, \varphi_\alpha)\}_{\alpha \in I}$ ein Atlas mit (2.144). Sei weiter $\mu \in \Gamma^\infty(|\Lambda^k| E^*)$ eine positive Dichte. Ist nun $p \in M$ und $v_1, \ldots, v_k \in E_p$ eine Basis, so nennen wir sie *positiv orientiert* bezüglich des Atlases $\{(U_\alpha, \varphi_\alpha)\}_{\alpha \in I}$, falls die Übergangsmatrix $v_i = A e_i^{(\alpha)}(p)$ für ein α mit $p \in U_\alpha$ eine positive Determinante $\det(A) > 0$ besitzt, wobei $e_1^{(\alpha)}, \ldots, e_k^{(\alpha)} \in \Gamma^\infty(E|_U)$ die durch die Bündelkarte $(U_\alpha, \varphi_\alpha)$ festgelegten lokalen Basisschnitte sind, siehe Bemerkung 2.2.13. Aufgrund von (2.144) ist dies tatsächlich unabhängig von α und somit wohl-definiert. Wir definieren dann $\omega_p \in \Lambda^k E_p^*$ durch

$$\omega_p(v_1, \ldots, v_k) = \mu_p(v_1, \ldots, v_k) > 0$$

für positiv orientierte Basen $v_1, \ldots, v_k \in E_p$. Dadurch ist ω_p offenbar festgelegt und liefert einen glatten Schnitt $\omega \in \Gamma^\infty(\Lambda^k E^*)$, welcher Dank $\mu_p > 0$ offenbar nirgends verschwindet.

Sei umgekehrt $\omega \in \Gamma^\infty(\Lambda^k E^*)$ ein nirgends verschwindender Schnitt, und sei $\{(U_\alpha, \widetilde{\varphi}_\alpha)\}_{\alpha \in I}$ ein Vektorbündelatlas mit entsprechenden lokalen Basisschnitten $\widetilde{e}_1^{(\alpha)}, \ldots, \widetilde{e}_k^{(\alpha)}$, wobei wir ohne Einschränkung annehmen dürfen, daß alle U_α zusammenhängend sind. Dann gilt für alle $p \in U_\alpha$ entweder $\omega_p(\widetilde{e}_1^{(\alpha)}(p), \ldots, \widetilde{e}_k^{(\alpha)}(p)) > 0$ oder $\omega_p(\widetilde{e}_1^{(\alpha)}(p), \ldots, \widetilde{e}_k^{(\alpha)}(p)) < 0$, da ω nirgends verschwindet und stetig ist. Im zweiten Fall vertauschen wir die Reihenfolge von $\widetilde{e}_1^{(\alpha)}$ und $\widetilde{e}_2^{(\alpha)}$ und erhalten so eine neue Karte und insgesamt einen Vektorbündelatlas $\{(U_\alpha, \varphi_\alpha)\}_{\alpha \in I}$ mit $\omega_p(e_1^{(\alpha)}(p), \ldots, e_k^{(\alpha)}(p)) > 0$ für alle $\alpha \in I$ und $p \in U_\alpha$. Aus dem Transformationsverhalten von k-Formen unter Basiswechsel folgt dann sofort (2.144). $\qquad \square$

Wir wählen eine der drei äquivalenten Charakterisierungen zur Definition der Orientierbarkeit von Vektorbündeln:

Definition 2.2.38 (Orientierbarkeit). *Ein reelles Vektorbündel $\pi : E \longrightarrow M$ mit k-dimensionaler Faser heißt orientierbar, falls $\Lambda^k E^* \longrightarrow M$ trivial ist.*

Sei also nun $\pi : E \longrightarrow M$ orientierbar. Dann heißen zwei nirgends verschwindende k-Formen $\omega, \omega' \in \Gamma^\infty(\Lambda^k E^*)$ *gleich orientiert*, falls die eindeutig bestimmte Funktion $f \in C^\infty(M)$ mit $\omega = f\omega'$ überall positiv ist $f > 0$. Analog nennen wir zwei Vektorbündelatlanten $\{(U_\alpha, \varphi_\alpha)\}_{\alpha \in I}$ und $\{(\widetilde{U}_\beta, \widetilde{\varphi}_\beta)\}_{\beta \in J}$ mit der Eigenschaft (2.144) *gleich orientiert*, falls der Atlas $\{(U_\alpha, \varphi_\alpha)\}_{\alpha \in I} \cup \{(\widetilde{U}_\beta, \widetilde{\varphi}_\beta)\}_{\beta \in J}$ immer noch die Eigenschaft (2.144) besitzt. Der Beweis von Proposition 2.2.37 zeigt nun, daß es sich hierbei um äquivalente Konzepte handelt. Weiterhin ist klar, daß es sich bei „gleich orientiert" in beiden Fällen um eine Äquivalenzrelation handelt. Dies liefert nun, analog zur Definition einer Orientierung eines Vektorraums, folgende Definition:

Definition 2.2.39 (Orientierung). *Sei $\pi : E \longrightarrow M$ ein orientierbares reelles Vektorbündel mit k-dimensionaler Faser. Eine Orientierung von E ist die Wahl einer Äquivalenzklasse von gleich orientierten k-Formen, oder dazu äquivalent, von gleich orientierten Vektorbündelatlanten.*

Bemerkung 2.2.40 (Orientierbarkeit und Orientierung).

i.) Ist M zusammenhängend, so besitzt ein orientierbares reelles Vektorbündel aus Stetigkeitsgründen offenbar genau zwei Orientierungen. In diesem Fall können wir also nach Wahl einer Orientierung von positiv und negativ orientierten k-Formen, Vektorbündelkarten, und Basisschnitten sprechen. Im allgemeinen Fall gibt es 2^N Orientierungen bei N Zusammenhangskomponenten.

ii.) Die Orientierbarkeit ebenso wie die Orientierung verträgt sich gut mit direkten Summen und Tensorprodukten, sowie mit Dualisieren und Zurückziehen von Vektorbündeln. Dies sieht man unmittelbar an den in Abschnitt 2.2.2 konstruierten Übergangsfunktionen. Man beachte jedoch, daß Unterbündel im allgemeinen nicht orientierbar zu sein brauchen, wie das nächste Beispiel zeigt.

Beispiel 2.2.41. Ein reelles Geradenbündel $L \longrightarrow M$ ist offenbar genau dann orientierbar, wenn es trivial ist. Somit ist das Möbius-Band, siehe Abbildung 2.7, nicht orientierbar. Man beachte, daß das Möbius-Band als Unterbündel eines trivialen $\mathbb{R}^2$-Bündels über $\mathbb{S}^1$ angesehen werden kann, siehe auch Aufgabe 2.12.

Nach der Wahl einer Orientierung können wir nun Lemma 2.2.34 auf orientierte Vektorbündel verallgemeinern:

Proposition 2.2.42. *Sei $\pi : E \longrightarrow M$ ein orientiertes Vektorbündel. Der punktweise Vektorraumisomorphismus (2.137) liefert einen Vektorbündelisomorphismus*

$$|\Lambda^k| E^* \cong \Lambda^k E^* \tag{2.145}$$

und damit einen $C^\infty(M)$-linearen Isomorphismus

$$\Gamma^\infty(|\Lambda^k| E^*) \ni \mu \mapsto \omega_\mu \in \Gamma^\infty(\Lambda^k E^*). \tag{2.146}$$

Beweis. Da die Wahl der Orientierung von E glatt vom Fußpunkt abhängt, liefert die punktweise Definition von (2.136) eine glatte k-Form ω_μ. Da (2.146) punktweise einen Isomorphismus liefert, folgt (2.145) und so auch (2.146). $\qquad\square$

Umgekehrt können wir für jedes Vektorbündel $\pi : E \longrightarrow M$ aus einer k-Form $\omega \in \Gamma^\infty(\Lambda^k E^*)$ immer eine nicht-negative α-Dichte $|\omega|^\alpha \in \Gamma^0(|\Lambda^k| E^*)$ bilden, welche im allgemeinen jedoch nur noch *stetig* aber nicht länger glatt ist. Die möglichen Nullstellen von ω können dies verhindern.

Wir wollen nun beschreiben, wie man α-Dichten kovariant ableiten kann. Sei dazu ∇^E eine kovariante Ableitung für $E \longrightarrow M$ und sei $e_1, \ldots, e_k$ eine lokale Basis von Schnitten von E auf $U \subseteq M$. Dann sind durch

$$\nabla_X^E e_\ell = A_\ell^r(X) e_r \tag{2.147}$$

die Zusammenhangseinsformen von ∇^E bezüglich der lokalen Basis $e_1, \ldots, e_k$ festgelegt, wobei $X \in \Gamma^\infty(TM)$. Man definiert nun für eine α-Dichte $\mu \in \Gamma^\infty(|\Lambda^k|^\alpha E^*)$ lokal

$$(\nabla_X^\alpha \mu)(e_1, \ldots, e_k) = X(\mu(e_1, \ldots, e_k)) - \alpha \sum_\ell A_\ell^\ell(X) \mu(e_1, \ldots, e_k) \tag{2.148}$$

und setzt dies zu einer lokal definierten α-Dichte $\nabla_X^\alpha \mu \in \Gamma^\infty\left(|\Lambda^k|^\alpha E^*\big|_U\right)$ fort.

Proposition 2.2.43. *Sei ∇^E eine kovariante Ableitung für $E \longrightarrow M$.*

i.) Die Definition von ∇^α hängt nicht von der Wahl der lokalen Basisschnitte $e_1, \ldots, e_k$ ab und definiert deshalb eine globale kovariante Ableitung ∇^α für das α-Dichtenbündel $|\Lambda^k|^\alpha E^* \longrightarrow M$. Für $\alpha = 0$ gilt $\nabla_X^0 = \mathscr{L}_X$ mit der Identifikation (2.142).

ii.) Für $\mu \in \Gamma^\infty(|\Lambda^k|^\alpha E^*)$ *und* $\nu \in \Gamma^\infty(|\Lambda^k|^\beta E^*)$ *gilt*

$$\nabla_X^{\alpha+\beta}(\mu\nu) = (\nabla_X^\alpha \mu)\nu + \mu(\nabla_X^\beta \nu). \tag{2.149}$$

Ist $\mu > 0$ *eine positive Dichte, so gilt*

$$\nabla_X^\alpha \mu^\alpha = \alpha \mu^{\alpha-1} \nabla_X^1 \mu, \tag{2.150}$$

wobei μ^α *die durch* (2.141) *festgelegte* α-*Dichte ist.*

iii.) Ist $R^E \in \Gamma^\infty(\mathsf{End}(E) \otimes \Lambda^2 T^*M)$ *der Krümmungstensor von* ∇^E, *so gilt für den Krümmungstensor* $R^\alpha \in \Gamma^\infty(\mathsf{End}(|\Lambda^k|^\alpha E^*) \otimes \Lambda^2 T^*M) \cong \Gamma^\infty(\Lambda^2 T^*M)$

$$R^\alpha = -\alpha \operatorname{tr}_{\mathsf{End}(E)} R^E, \tag{2.151}$$

wobei wir verwenden, daß $\mathsf{End}(|\Lambda^k|^\alpha E^*)$ *auf kanonische Weise ein triviales Vektorbündel ist. Mit Hilfe der lokalen Krümmungszweiformen* $(R^E)^r_\ell$ *von* ∇^E *gilt für die Krümmungszweiform*

$$R^\alpha(X,Y) = -\alpha \sum_\ell (R^E)^\ell_\ell(X,Y), \tag{2.152}$$

wobei $X, Y \in \Gamma^\infty(TM)$.

Wenn keine Verwechslung möglich ist, schreiben wir ∇ *anstelle von* ∇^α.

Beweis. Der erste Teil wird durch Nachrechnen bewiesen: Sei also $\tilde{e}_i = \Phi_i^j e_j$ mit $\Phi_i^j \in C^\infty(U \cap \tilde{U})$ eine weitere lokale Basis von Schnitten auf $\tilde{U}$ mit $U \cap \tilde{U} \neq \emptyset$. Dann gilt für die lokalen Zusammenhangseinsformen $\tilde{A}_i^j$ bezüglich der $\tilde{e}_1, \ldots, \tilde{e}_k$

$$\tilde{A}_i^j(X) = (\Phi^{-1})_k^j \mathscr{L}_X \Phi_i^k + (\Phi^{-1})_k^j A_r^k(X) \Phi_i^r,$$

siehe auch Aufgabe 2.13. Wir zeigen nun zunächst, daß für die Ableitung der Determinante von Φ

$$\mathscr{L}_X |\det(\Phi)| = |\det(\Phi)| \operatorname{tr}(\Phi^{-1} \mathscr{L}_X \Phi) \tag{$*$}$$

gilt. Da auf einer Zusammenhangskomponente von U entweder $\det(\Phi) > 0$ oder $\det(\Phi) < 0$ gilt, können wir in $(*)$ den Betrag getrost weglassen und die Gleichung

$$\mathscr{L}_X \det(\Phi) = \det(\Phi) \operatorname{tr}(\Phi^{-1} \mathscr{L}_X \Phi) \tag{$**$}$$

betrachten. Diese Gleichung ist aber ganz allgemein für die Ableitung einer Determinante gültig, sofern Φ invertierbar ist. Am einfachsten sieht man dies wohl mit dem Laplaceschen Entwicklungssatz für die Determinante, siehe auch Aufgabe 5.10. Damit rechnet man die Unabhängigkeit von der Wahl der Basis direkt nach, denn mit der Invertierbarkeit der Matrix Φ gilt

$$(\nabla_X^\alpha \mu)(\tilde{e}_1, \ldots, \tilde{e}_k)$$

$$\begin{aligned}
&= \mathscr{L}_X(\mu(\tilde{e}_1,\ldots,\tilde{e}_k)) - \alpha \tilde{A}_\ell^\ell(A)\mu(\tilde{e}_1,\ldots,\tilde{e}_k) \\
&= \mathscr{L}_X\left(|\det(\Phi)|^\alpha \mu(e_1,\ldots,e_k)\right) - \alpha \tilde{A}_\ell^\ell(X)|\det(\Phi)|^\alpha \mu(e_1,\ldots,e_k) \\
&= \left(\alpha|\det(\Phi)|^{\alpha-1}\mathscr{L}_X|\det(\Phi)| - \alpha \tilde{A}_\ell^\ell(X)|\det(\Phi)|^\alpha\right)\mu(e_1,\ldots,e_k) \\
&\quad + |\det(\Phi)|^\alpha \mathscr{L}_X(\mu(e_1,\ldots,e_k)) \\
&\overset{(*)}{=} |\det(\Phi)|^\alpha \left(\mathscr{L}_X(\mu(e_1,\ldots,e_k)) - \alpha A_\ell^\ell(X)\mu(e_1,\ldots,e_k)\right),
\end{aligned}$$

wobei wir im letzten Schritt das Transformationsgesetz der lokalen Zusammenhangseinsformen verwendet haben. Daher ist die Basisunabhängigkeit gezeigt. Daß ∇^α nun tatsächlich eine kovariante Ableitung definiert, ist leicht zu sehen, da (2.148) in X funktionenlinear und in μ derivativ ist. Damit ist der erste Teil gezeigt. Der zweite Teil folgt durch einfaches Nachrechnen mit Hilfe der lokalen Formel. Für den dritten Teil bemerken wir zunächst, daß für ein beliebiges Geradenbündel $L \longrightarrow M$ das Endomorphismenbündel $\mathsf{End}(L) \longrightarrow M$ kanonisch trivial ist, da $\mathsf{id} \in \Gamma^\infty(\mathsf{End}(L))$ einen nirgends verschwindenden Schnitt liefert und die Faser eindimensional ist. Daher ist der Krümmungstensor einer kovarianten Ableitung für ein Geradenbündel einfach eine Zweiform

$$R^L \in \Gamma^\infty(\mathsf{End}(L) \otimes \Lambda^2 T^*M) \cong \Gamma^\infty(\Lambda^2 T^*M).$$

Die Beziehung (2.151) beziehungsweise (2.152) rechnet man dann mit Hilfe der lokalen Formeln einfach nach. $\qquad\qquad\Box$

2.3 Kalkül auf Mannigfaltigkeiten

Für die kanonisch definierten Vektorbündel TM und T^*M sowie ihre Tensorbündel gibt es „natürliche Operationen", welche über die rein tensoriellen hinausgehen. Diese Tensoranalysis, die auch an vielen Stellen in der mathematischen Physik zum Einsatz kommt, wollen wir nun vorstellen.

2.3.1 Tensorfelder und Lie-Ableitung

Im folgenden betrachten wir das *Tangentenbündel* $TM \longrightarrow M$ sowie das dazu duale *Kotangentenbündel* $T^*M \longrightarrow M$ und deren Tensorpotenzen. Zur Abkürzung setzen wir

$$\mathcal{T}_s^r(M) = \Gamma^\infty(\underbrace{TM \otimes \cdots \otimes TM}_{r\text{-mal}} \otimes \underbrace{T^*M \otimes \cdots \otimes T^*M}_{s\text{-mal}}) \tag{2.153}$$

und nennen Tensorfelder $S \in \mathcal{T}_s^r(M)$ s-fach kovariante und r-fach kontravariante Tensoren, wobei $r, s \geq 0$. Die Stellung der Indizes ist Konvention und wird in der Literatur zum Teil auch entgegengesetzt verwendet.

Definition 2.3.1 (pull-back). *Sei $\phi : M \longrightarrow N$ eine glatte Abbildung und sei $\omega \in \mathcal{T}_r(N)$ ein r-fach kovarianter Tensor. Dann ist der pull-back $\phi^*\omega$ von ω mit ϕ durch*

$$(\phi^*\omega)\big|_p(v_1,\ldots,v_r) = \omega\big|_{\phi(p)}(T_p\phi(v_1),\ldots,T_p\phi(v_r)) \tag{2.154}$$

erklärt, wobei $p \in M$ und $v_1,\ldots,v_r \in T_pM$.

Proposition 2.3.2. *Es gilt $\phi^*\omega \in \mathcal{T}_r(M)$ und $\phi^* : \mathcal{T}_r(N) \longrightarrow \mathcal{T}_r(M)$ ist linear. Weiter gilt*

$$\phi^*(\omega \otimes \mu) = \phi^*\omega \otimes \phi^*\mu \tag{2.155}$$

sowie

$$\mathrm{id}_M^* = \mathrm{id}_{\mathcal{T}_r(M)} \quad und \quad (\phi \circ \psi)^* = \psi^* \circ \phi^*. \tag{2.156}$$

Beweis. Das ist im wesentlichen die Kettenregel (2.24) sowie einfaches Nachrechnen. □

Bemerkung 2.3.3. Damit wird also der pull-back von Funktionen (2.37) auf beliebige kovariante Tensorfelder verallgemeinert. Man beachte jedoch den *Unterschied* des pull-backs $\phi^*\omega \in \Gamma^\infty(T^r(T^*M))$ und des zurückgezogenen Schnitts $\phi^\#\omega \in \Gamma^\infty(\phi^\# T^r(T^*N))$. Im allgemeinen sind die Bündel $\phi^\# T^r(T^*N)$ und $T^r(T^*M)$ *nicht* einmal isomorph.

Kontravariante Tensorfelder lassen sich dagegen *nicht* so ohne weiteres zurückziehen. Dies geht vielmehr nur, wenn ϕ ein Diffeomorphismus ist:

Definition 2.3.4. *Sei $\phi : M \longrightarrow N$ ein Diffeomorphismus und $S \in \mathcal{T}_s^r(N)$ ein r-fach kontravarianter und s-fach kovarianter Tensor. Dann definiert man den pull-back ϕ^*S mit ϕ durch*

$$
\begin{aligned}
(\phi^*S)\big|_p&(v_1,\ldots,v_s,\alpha_1,\ldots,\alpha_r)\\
&= S\big|_{\phi(p)}\left(T_p\phi(v_1),\ldots,T_p\phi(v_s),\alpha_1 \circ (T_p\phi)^{-1},\ldots,\alpha_r \circ (T_p\phi)^{-1}\right)
\end{aligned}
\tag{2.157}
$$

für $p \in M$, $v_1,\ldots,v_s \in T_pM$ und $\alpha_1,\ldots,\alpha_r \in T_p^*M$.

Offenbar ist $\alpha_i \circ (T_p\phi)^{-1} \in T_{\phi(p)}^*N$ wirklich eine Einsform am richtigen Punkt $\phi(p)$, so daß (2.157) tatsächlich wohl-definiert ist.

Proposition 2.3.5. *Sei $\phi : M \longrightarrow N$ ein Diffeomorphismus und $S \in \mathcal{T}_s^r(N)$. Dann gilt $\phi^*S \in \mathcal{T}_s^r(M)$ und*

$$\phi^* : \mathcal{T}_s^r(N) \longrightarrow \mathcal{T}_s^r(M) \tag{2.158}$$

ist eine lineare Bijektion mit Inversem

$$(\phi^*)^{-1} = (\phi^{-1})^*. \tag{2.159}$$

Weiter gilt

$$\phi^*(S \otimes S') = \phi^*S \otimes \phi^*S' \tag{2.160}$$

und

$$\mathrm{id}_M^* = \mathrm{id}_{\mathcal{T}_s^r(M)} \quad und \quad (\phi \circ \psi)^* = \psi^* \circ \phi^*. \tag{2.161}$$

Beweis. Auch für diese Proposition benötigt man letztlich nur ein bißchen lineare Algebra. Die Glattheit von $\phi^* S$ ist klar, siehe auch Aufgabe 2.6. □

Man nennt $\phi_* = (\phi^*)^{-1} = (\phi^{-1})^*$ auch den *push-forward* bezüglich des Diffeomorphismus ϕ. Der pull-back ϕ^* ebenso wie der push-forward ist mit der natürlichen Paarung verträglich. Es gilt

$$\phi^*(S(X_1,\ldots,X_s,\alpha_1,\ldots,\alpha_r)) = (\phi^* S)(\phi^* X_1,\ldots,\phi^* X_s,\phi^*\alpha_1,\ldots,\phi^*\alpha_r)$$
(2.162)

für $X_1,\ldots,X_s \in \Gamma^\infty(TN)$ und $\alpha_1,\ldots,\alpha_r \in \Gamma^\infty(T^*N)$.

Da der Fluß Φ_t zu einem Vektorfeld $X \in \Gamma^\infty(TM)$ zumindest auf einer kleinen offenen Umgebung um jeden Punkt U für kleine Zeiten t definiert ist und dann einen Diffeomorphismus liefert, kann man die Lie-Ableitung von beliebigen Tensorfeldern wie folgt definieren:

Definition 2.3.6 (Lie-Ableitung). *Sei Φ_t der (lokale) Fluß eines Vektorfeldes $X \in \Gamma^\infty(TM)$ und $S \in \mathcal{T}^r_s(M)$ ein Tensor. Dann definiert man die Lie-Ableitung $\mathscr{L}_X S$ von S in Richtung X durch*

$$\mathscr{L}_X S = \frac{\mathrm{d}}{\mathrm{d}t}\Phi_t^* S\Big|_{t=0}.$$
(2.163)

Satz 2.3.7. *Seien $X, Y, X_i \in \Gamma^\infty(TM)$ Vektorfelder, $\alpha_j \in \Gamma^\infty(T^*M)$ Einsformen, $S, S' \in \mathcal{T}^\bullet_\bullet(M)$ Tensorfelder und Φ_t der Fluß von X. Dann gilt:*

i.) $\mathscr{L}_X : \mathcal{T}^r_s(M) \longrightarrow \mathcal{T}^r_s(M)$ ist linear.

ii.) $\mathscr{L}_X f = X(f)$ stimmt mit der zuvor erklärten Lie-Ableitung von Funktionen überein und

$$\mathscr{L}_X Y = [X, Y].$$
(2.164)

iii.) $\mathscr{L}_X$ vertauscht mit dem zugehörigen Fluß

$$\mathscr{L}_X \circ \Phi_t^* = \Phi_t^* \circ \mathscr{L}_X.$$
(2.165)

iv.) $\mathscr{L}_X$ ist eine Derivation bezüglich des Tensorprodukts

$$\mathscr{L}_X(S \otimes S') = (\mathscr{L}_X S) \otimes S' + S \otimes (\mathscr{L}_X S').$$
(2.166)

v.) $\mathscr{L} : X \mapsto \mathscr{L}_X$ ist eine Lie-Algebrendarstellung

$$[\mathscr{L}_X, \mathscr{L}_Y] = \mathscr{L}_{[X,Y]}.$$
(2.167)

vi.) $\mathscr{L}_X$ ist derivativ bezüglich der natürlichen Paarung

$$\begin{aligned}
&\mathscr{L}_X(S(X_1,\ldots,X_s,\alpha_1,\ldots,\alpha_r)) \\
&= (\mathscr{L}_X S)(X_1,\ldots,X_s,\alpha_1,\ldots,\alpha_r) \\
&\quad + \sum_{i=1}^s S(X_1,\ldots,\mathscr{L}_X X_i,\ldots,X_s,\ldots,\alpha_1,\ldots,\alpha_r) \\
&\quad + \sum_{j=1}^r S(X_1,\ldots,X_s,\alpha_1,\ldots,\mathscr{L}_X \alpha_j,\ldots,\alpha_r).
\end{aligned}$$
(2.168)

vii.) $\mathscr{L}_X$ ist verträglich mit Diffeomorphismen $\Psi : M \longrightarrow N$

$$\mathscr{L}_X \circ \Psi^* = \Psi^* \circ \mathscr{L}_{(\Psi^{-1})_* X} \,. \tag{2.169}$$

Beweis. Teil *i.)* ist klar und Teil *ii.)* ist auch klar für Funktionen. Für Vektorfelder muß man hier wirklich etwas rechnen, siehe beispielsweise [235, Sect. 3.13]. Teil *iii.)* folgt aus der Einparametergruppeneigenschaft von Φ_t. Teil *iv.)* erhält man durch Ableiten nach t von (2.160) mit $\phi = \Phi_t$ bei $t = 0$. Teil *v.)* ist nach Definition für Funktionen und Vektorfelder erfüllt. Für andere Tensorfelder folgt das Resultat aus der Derivationseigenschaft *iv.)* sowie aus *vi.)*. Diese Aussage erhält man wieder leicht durch Ableiten von (2.162). Der letzte Teil *vii.)* folgt, wenn man die Einparametergruppe $\Psi \circ \Phi_t \circ \Psi^{-1}$ auf N betrachtet, dann muß man (2.169) nur für Funktionen überprüfen, um das „richtige" Vektorfeld, nämlich $(\Psi^{-1})_* X$ zu identifizieren. $\qquad \square$

Bemerkung 2.3.8. Man kann alternativ und völlig äquivalent zu (2.163) die Lie-Ableitung von Tensorfeldern auch dadurch erklären, daß man $\mathscr{L}_X$ für Funktionen und Vektorfelder wie bisher erklärt und dies „derivativ" fortsetzt, also via (2.166) und (2.168). Dann sind die Aussagen des Satzes einigermaßen offensichtlich, jedoch die Gleichheit (2.163) muß mit einigen Schwierigkeiten bewiesen werden.

2.3.2 Differentialformen

Die Differentialformen verallgemeinern in gewisser Hinsicht die Funktionen auf einer Mannigfaltigkeit und spielen entsprechend eine zentrale Rolle. In einer eher heuristischen Weise werden Differentialformen an vielen Stellen in der Physik gebraucht, so beispielsweise in der phänomenologischen Thermodynamik, wo die Energieerhaltung $\mathrm{d}E = T\mathrm{d}S - p\mathrm{d}V + \mu\mathrm{d}N$ als eine Gleichung zwischen Einsformen verstanden werden kann. In der Maxwellschen Elektrodynamik lassen sich die Feldstärken und deren Potentiale ebenfalls als Zwei- und Einsformen interpretieren, wie wir dies noch genauer sehen werden.

Definition 2.3.9 (Differentialformen). *Die Algebra der Differentialformen (oder Grassmann-Algebra) einer n-dimensionalen Mannigfaltigkeit ist die assoziative, superkommutative Algebra*

$$\Omega^\bullet(M) = \bigoplus_{k=0}^{\infty} \Gamma^\infty\left(\Lambda^k T^* M\right) = \Gamma^\infty\left(\bigoplus_{k=0}^{n} \Lambda^k T^* M\right), \tag{2.170}$$

wobei wie immer $\Omega^0(M) = C^\infty(M)$ gesetzt wird.

Da wir mit $\Omega^\bullet(E)$ in Abschnitt 2.2.2 auch die Grassmann-Algebra eines Vektorbündels bezeichnet haben, ergibt sich hier eventuell ein Notationskonflikt, falls $E = T^*M$. Beide Bezeichnungen sind jedoch gebräuchlich, die jeweilige Bedeutung sollte immer aus dem Zusammenhang klar werden.

Ist M eine n-dimensionale Mannigfaltigkeit, so bezeichnet man die n-Formen $\Gamma^\infty(\Lambda^n T^*M)$ auch als *Volumenformen*. Die Motivation hierfür ist, daß für einen n-dimensionalen Vektorraum V der *eindimensionale* Vektorraum der n-Formen $\Lambda^n V^*$ gerade durch die Determinantenfunktion aufgespannt wird, siehe auch Abschnitt 2.3.4.

Bis jetzt haben wir folgende Operationen auf $\Omega^\bullet(M)$ erklärt:

i.) Das $\wedge$-Produkt, welches die assoziative, superkommutative Algebrastruktur definiert.

ii.) Die Einsetzderivationen $i_X = i(X) : \Omega^\bullet(M) \longrightarrow \Omega^{\bullet-1}(M)$ für $X \in \Gamma^\infty(TM)$, welche Antiderivationen bezüglich des $\wedge$-Produkts vom Grad -1 sind.

iii.) Die pull-backs $\phi^* : \Omega^\bullet(N) \longrightarrow \Omega^\bullet(M)$, da der pull-back die Antisymmetrie von kovarianten Tensorfeldern offenbar nicht zerstört und sich somit auf $\Omega^\bullet(M)$ einschränken läßt. Ein pull-back ist immer ein Algebramorphismus bezüglich des $\wedge$-Produkts

$$\phi^*(\alpha \wedge \beta) = (\phi^*\alpha) \wedge (\phi^*\beta), \tag{2.171}$$

da dies für $\otimes$ richtig ist und ϕ^* mit dem Antisymmetrisieren in (2.90) vertauscht.

iv.) Die Lie-Ableitungen $\mathscr{L}_X : \Omega^\bullet(M) \longrightarrow \Omega^\bullet(M)$, welche sich ebenfalls auf antisymmetrische Tensoren einschränken und Derivationen vom $\wedge$-Produkt liefern

$$\mathscr{L}_X(\alpha \wedge \beta) = \mathscr{L}_X\,\alpha \wedge \beta + \alpha \wedge \mathscr{L}_X\,\beta, \tag{2.172}$$

was man entweder durch Ableiten von (2.171) für $\phi = \Phi_t$ oder direkt aus der Derivationseigenschaft von $\mathscr{L}_X$ bezüglich $\otimes$ erhält.

Ziel dieses Abschnitts ist es nun, eine weitere kanonische Operation auf den Differentialformen $\Omega^\bullet(M)$ zu konstruieren, nämlich das *deRham Differential* $d : \Omega^\bullet(M) \longrightarrow \Omega^{\bullet+1}(M)$. Wir beginnen mit dem Differential einer Nullform, also einer Funktion:

Definition 2.3.10 (Differential). *Sei $f \in C^\infty(M)$. Das Differential $df \in \Omega^1(M)$ ist die Einsform, welche durch*

$$df\big|_p(v_p) = v_p(f) \quad v_p \in T_pM \tag{2.173}$$

eindeutig bestimmt ist.

Anders ausgedrückt: Ist $X \in \Gamma^\infty(TM)$ ein Vektorfeld, so ist df durch

$$df(X) = X(f) = \mathscr{L}_X\,f \tag{2.174}$$

eindeutig bestimmt. Offenbar ist $df\big|_p$ nur vom Funktionenkeim von f bei p abhängig, daher ist das Differential ein lokales Konzept auf M.

Bemerkung 2.3.11. Ist (U, x) eine lokale Karte, so bilden die Vektorfelder $\frac{\partial}{\partial x^i}$, $i = 1, \ldots, n$, an jedem Punkt $p \in U$ eine Basis von $T_p M$. Umgekehrt sind die Differentiale $\mathrm{d}x^i$, $i = 1, \ldots, n$, der lokalen Koordinatenfunktionen an jedem Punkt p eine Basis von $T_p^* M$, denn es gilt

$$\mathrm{d}x^i \big|_p \left(\frac{\partial}{\partial x^j} \Big|_p \right) = \frac{\partial x^i}{\partial x^j} \Big|_p = \delta^i_j, \tag{2.175}$$

womit $\mathrm{d}x^1, \ldots, \mathrm{d}x^n$ sogar als die *duale Basis* von $\frac{\partial}{\partial x^1}, \ldots, \frac{\partial}{\partial x^n}$ identifiziert ist. Bezüglich dieser Basis gilt offenbar

$$\mathrm{d}f = \frac{\partial (f \circ x^{-1})}{\partial x^i} \mathrm{d}x^i. \tag{2.176}$$

Bemerkung 2.3.12. Bei einem Koordinatenwechsel transformieren sich die Basisvektoren $\mathrm{d}x^i$ von $T_p^* M$ gemäß

$$\mathrm{d}\widetilde{x}^i \big|_p = \frac{\partial (\widetilde{x}^i \circ x^{-1})}{\partial x^j} \Big|_{x(p)} \mathrm{d}x^j \big|_p, \tag{2.177}$$

sofern $p \in \widetilde{U} \cap U$. Dies folgt entweder aus (2.176) für $f = \widetilde{x}^i$ oder aus dem entsprechenden Transformationsverhalten der dualen Basis $\frac{\partial}{\partial x^i}$ nach (2.12).

Bemerkung 2.3.13. Da die $\mathrm{d}x^i \big|_p$ eine Basis von $T_p^* M$ für alle $p \in U$ bilden, erhält man auch induzierte Basen für die äußeren Potenzen $\Lambda^k T_p^* M$ durch

$$\left\{ \mathrm{d}x^{i_1} \wedge \cdots \wedge \mathrm{d}x^{i_k} \mid 1 \le i_1 < \cdots < i_k \le n \right\}. \tag{2.178}$$

Jede (lokale) k-Form $\omega \in \Omega^k(U)$ läßt sich also als

$$\omega = \sum_{1 \le i_1 < \cdots < i_k \le n} \omega_{i_1 \cdots i_k} \mathrm{d}x^{i_1} \wedge \cdots \wedge \mathrm{d}x^{i_k} \tag{2.179}$$

mit eindeutig bestimmten lokalen Funktionen $\omega_{i_1 \cdots i_k} \in C^\infty(U)$ schreiben. Etwas bequemer ist es, die Einschränkung an die Indizes fallen zu lassen und dafür die Antisymmetrie der Koeffizientenfunktionen zu fordern, um die Summenkonvention verwenden zu können, also

$$\omega = \frac{1}{k!} \omega_{i_1 \cdots i_k} \mathrm{d}x^{i_1} \wedge \cdots \wedge \mathrm{d}x^{i_k}, \tag{2.180}$$

wobei der Faktor $\frac{1}{k!}$ jetzt nötig ist, um Mehrfachzählungen zu vermeiden.

Das Differential von Funktionen besitzt nun eine eindeutige Fortsetzung auf ganz $\Omega^\bullet(M)$ in folgendem Sinne:

Satz 2.3.14 (Äußere Ableitung). *Es existiert eine eindeutige Fortsetzung des Differentials* $\mathrm{d} : \Omega^0(M) \longrightarrow \Omega^1(M)$ *als Superderivation vom Grad* $+1$ *bezüglich des $\wedge$-Produkts und mit* $\mathrm{d}^2 = 0$, *d.h.*

i.) $\mathrm{d} : \Omega^\bullet(M) \longrightarrow \Omega^{\bullet+1}(M)$ *ist linear,*

ii.) $\mathrm{d}(\alpha \wedge \beta) = \mathrm{d}\alpha \wedge \beta + (-1)^k \alpha \wedge \mathrm{d}\beta$ *für* $\alpha \in \Omega^k(M)$,

iii.) $\mathrm{d}^2 = 0$.

Die Abbildung d *heißt deRham Differential oder äußere Ableitung.*

Beweis. Der eigentlich schwierige Schritt besteht wieder darin, aus der Lokalität der äußeren Ableitung

$$\mathrm{supp}(\mathrm{d}\alpha) \subseteq \mathrm{supp}\,\alpha, \tag{2.181}$$

welche man wieder leicht mit der Produktregel und der Linearität zeigen kann, zu folgern, daß d sich auf offene Teilmengen $U \subseteq M$ *lokalisieren* läßt. Die Vorgehensweise ist analog zu der von Satz 2.1.26, siehe Anhang A.5, Beispiel A.5.4. Dies voraussetzend, kann man $\mathrm{d}\alpha$ in einer lokalen Karte (U, x) auswerten. Mit

$$\alpha\big|_U = \frac{1}{k!}\alpha_{i_1\cdots i_k}\mathrm{d}x^{i_1} \wedge \cdots \wedge \mathrm{d}x^{i_k} \tag{2.182}$$

folgt aus der Linearität, der Produktregel und $\mathrm{dd}x^i = 0$ dann direkt, daß

$$\mathrm{d}\alpha\big|_U = \frac{1}{k!}\mathrm{d}\alpha_{i_1\cdots i_k} \wedge \mathrm{d}x^{i_1} \wedge \cdots \wedge \mathrm{d}x^{i_k}. \tag{2.183}$$

Da $\alpha_{i_1\cdots i_k}$ eine Funktion ist, ist $\mathrm{d}\alpha_{i_1\cdots i_k}$ bereits erklärt. Damit ist die Eindeutigkeit einer Fortsetzung von d gezeigt. Die Existenz folgt nun leicht, da man $\mathrm{d}\alpha$ durch (2.183) lokal definieren kann und zeigt, daß diese Definition nicht von den gewählten Karten abhängt und die gewünschten Eigenschaften erfüllt. $\qquad\square$

Satz 2.3.15. *Sei* $\alpha \in \Omega^k(M)$ *und* $X_0, \ldots, X_k \in \Gamma^\infty(TM)$. *Dann gilt*

$$(\mathrm{d}\alpha)(X_0, \ldots, X_k) = \sum_{i=0}^{k} (-1)^i X_i(\alpha(X_0, \ldots, \overset{i}{\wedge}, \ldots, X_k))$$

$$+ \sum_{i<j} (-1)^{i+j}\alpha\left([X_i, X_j], X_0, \ldots, \overset{i}{\wedge}, \ldots, \overset{j}{\wedge}, \ldots, X_k\right). \tag{2.184}$$

Beweis. Zunächst zeigt man, daß die rechte Seite tatsächlich eine antisymmetrische Differentialform definiert, indem man mit den üblichen Regeln für die Lie-Klammer nachrechnet, daß die rechte Seite $C^\infty(M)$-multilinear und antisymmetrisch ist. Daher darf man Satz 2.2.24 anwenden. Nun stimmen zwei $(k+1)$-Formen genau dann überein, wenn sie lokal für jede Karte auf den Basisfeldern $\frac{\partial}{\partial x^i}$ übereinstimmen. Dies ist mit (2.183) und $[\frac{\partial}{\partial x^i}, \frac{\partial}{\partial x^j}] = 0$ aber schnell gezeigt. $\qquad\square$

Bemerkung 2.3.16. Man hätte (2.184) ebensogut als Definition von $\mathrm{d}\alpha$ nehmen können und mit dieser Formel die Eigenschaften von d gemäß Satz 2.3.14 nachrechnen können. Die Eindeutigkeit ist dann allerdings geringfügig schwieriger zu sehen.

Die Verträglichkeit von d mit den bereits erklärten Operationen auf Formen wird durch folgenden Satz illustriert:

Satz 2.3.17. *Sei $X, Y \in \Gamma^\infty(TM)$ und $\phi : M \longrightarrow N$. Dann gelten folgende Rechenregeln für die äußere Ableitung, die Lie-Ableitung, die Einsetzderivationen und den pull-back von Differentialformen:*

i.) $\mathrm{d}_M \circ \phi^* = \phi^* \circ \mathrm{d}_N$ *(Natürlichkeit von d).*
ii.) $\mathscr{L}_X = \mathrm{i}_X \circ \mathrm{d} + \mathrm{d} \circ \mathrm{i}_X$ *(Cartan-Formel).*
iii.) $\mathscr{L}_X \circ \mathrm{d} = \mathrm{d} \circ \mathscr{L}_X$ *(infinitesimale Natürlichkeit von d).*
iv.) $\mathscr{L}_X \circ \mathrm{i}_Y - \mathrm{i}_Y \circ \mathscr{L}_X = \mathrm{i}_{[X,Y]}$.
v.) $[\mathscr{L}_X, \mathscr{L}_Y] = \mathscr{L}_{[X,Y]}$.

Dies kann man entweder stupide nachrechnen, oder etwas dabei lernen. Wir entscheiden uns für die zweite Alternative. Die folgenden Begriffe sind wohlbekannt und wurden zum Teil auch bereits benutzt:

Definition 2.3.18. *Eine assoziative Algebra $\mathcal{A}$ heißt $\mathbb{Z}$-graduiert, wenn*

$$\mathcal{A}^\bullet = \bigoplus_{k \in \mathbb{Z}} \mathcal{A}^k \tag{2.185}$$

und $\mathcal{A}^k \cdot \mathcal{A}^\ell \subseteq \mathcal{A}^{k+\ell}$. Elemente in $\mathcal{A}^k$ heißen homogen vom Grad $\deg(a) = k$. Der Superkommutator von $a \in \mathcal{A}^k$ und $b \in \mathcal{A}^\ell$ ist durch

$$[a, b] = ab - (-1)^{k\ell} ba \tag{2.186}$$

definiert. Sind alle Superkommutatoren 0, so heißt $\mathcal{A}$ superkommutativ. Eine Superderivation vom Grad d ist eine lineare Abbildung

$$D : \mathcal{A}^\bullet \longrightarrow \mathcal{A}^{\bullet + d} \tag{2.187}$$

mit

$$D(ab) = D(a)b + (-1)^{kd} a D(b) \tag{2.188}$$

für $a \in \mathcal{A}^k$. Der Superkommutator von homogenen linearen Abbildungen $D_i : \mathcal{A}^\bullet \longrightarrow \mathcal{A}^{\bullet + d_i}$ ist

$$[D_1, D_2] = D_1 \circ D_2 - (-1)^{d_1 d_2} D_2 \circ D_1. \tag{2.189}$$

Lemma 2.3.19. *Sei $\mathcal{A}^\bullet$ eine $\mathbb{Z}$-graduierte assoziative Algebra, und seien $D_i : \mathcal{A}^\bullet \longrightarrow \mathcal{A}^{\bullet + d_i}$, $i = 1, 2$, Superderivationen vom Grad d_i. Dann ist $[D_1, D_2]$ wieder eine Superderivation vom Grad $d_1 + d_2$. Ist D eine Superderivation von $\mathcal{A}$, und ist $\{e_i\}_{i \in I}$ ein Erzeugendensystem (bezüglich der assoziativen Multiplikation), dann ist D durch die Werte $D(e_i)$ bereits eindeutig bestimmt.*

Beweis. Der Beweis erfolgt durch einfaches Nachrechnen. $\qquad\square$

Bemerkung 2.3.20. Angewendet auf $\Omega^\bullet(M)$ und d, i_X und $\mathscr{L}_X$ erhält man also folgendes Bild: $\Omega^\bullet(M)$ ist eine assoziative superkommutative $\mathbb{Z}$-gradierte Algebra mit Eins, d ist eine Superderivation vom Grad $+1$, i_X ist eine Superderivation vom Grad -1 und $\mathscr{L}_X$ ist eine Superderivation vom Grad 0, also eine Derivation. Die Aussagen von Satz 2.3.17 sind dann Aussagen über die jeweiligen Superkommutatoren.

Beweis (von Satz 2.3.17). Da alle Operationen lokal sind in dem Sinne, daß wenn die Gleichungen lokal auf allen offenen Kartenumgebungen gelten, daß sie dann auch global gelten, kann man die behaupteten Gleichungen *lokal* prüfen. Lokal wird $\Omega^\bullet(U)$ aber von Funktionen $f \in C^\infty(U)$ und deren Differentialen $\mathrm{d}g \in \Omega^1(U)$ bezüglich des $\wedge$-Produkts erzeugt, dies sieht man direkt an (2.180). Damit kann man den Satz also beweisen, indem man ihn für Funktionen und Einsformen der Form $\mathrm{d}g$ beweist und dann Lemma 2.3.19 zur Anwendung bringt. Da ϕ^* ein Homomorphismus von $\wedge$ ist, gilt das gleiche Argument auch für diesen Teil. Die verbleibenden Rechnungen sind dann aber einfach. □

Bemerkung 2.3.21. Wir werden diese Argumentation noch an verschiedenen Stellen erneut verwenden und algebraische Identitäten auf „lokalen Erzeugern" nachprüfen.

Die Eigenschaft $\mathrm{d}^2 = 0$ erlaubt es nun, eine *Kohomologie-Theorie* zu definieren, die *deRham-Kohomologie*.

Definition 2.3.22 (Geschlossene und exakte Formen). *Eine k-Form $\alpha \in \Omega^k(M)$ heißt*

i.) geschlossen, falls $\mathrm{d}\alpha = 0$,
ii.) exakt, falls $\alpha = \mathrm{d}\beta$ für ein $\beta \in \Omega^{k-1}(M)$.

Die geschlossenen k-Formen werden mit $Z^k(M)$, die exakten mit $B^k(M)$ bezeichnet.

Offenbar gilt

$$B^k(M) \subseteq Z^k(M), \qquad (2.190)$$

da $\mathrm{d}^2 = 0$, und sowohl $Z^k(M)$ als auch $B^k(M)$ sind Untervektorräume von $\Omega^k(M)$.

Definition 2.3.23 (DeRham-Kohomologie). *Die deRham-Kohomologie von M ist der Quotientenvektorraum*

$$\mathrm{H}_{\mathrm{dR}}^\bullet(M) = \bigoplus_{k=0}^\infty \frac{Z^k(M)}{B^k(M)}. \qquad (2.191)$$

Die Elemente von $\mathrm{H}_{\mathrm{dR}}^k(M)$ sind also Äquivalenzklassen $[\omega]$ von geschlossenen k-Formen ω modulo der exakten k-Formen. Die folgende Struktur von $\mathrm{H}_{\mathrm{dR}}^\bullet(M)$ folgt nun leicht aus unserem Kalkül.

Proposition 2.3.24. *Die deRham-Kohomologie ist eine assoziative, super-kommutative Algebra mit Einselement $\mathbb{1} = [1]$ via*

$$[\alpha] \wedge [\beta] = [\alpha \wedge \beta]. \tag{2.192}$$

Ist $\phi : M \longrightarrow N$ eine glatte Abbildung, so induziert der pull-back einen Algebrahomomorphismus

$$\phi^* : \mathrm{H}_{\mathrm{dR}}^\bullet(N) \ni [\omega] \mapsto [\phi^*\omega] \in \mathrm{H}_{\mathrm{dR}}^\bullet(M), \tag{2.193}$$

und es gilt

$$(\phi \circ \psi)^* = \psi^* \circ \phi^* \quad und \quad \mathrm{id}_M^* = \mathrm{id}_{\mathrm{H}_{\mathrm{dR}}(M)}. \tag{2.194}$$

Beweis. Es gilt die Wohl-Definiertheit von (2.192) zu prüfen. Mit der Leibniz-Regel für d ist das aber eine leichte Rechnung. Die konstante Funktion 1 liefert das Einselement $[1] \in \mathrm{H}_{\mathrm{dR}}^0(M)$. Aus der Natürlichkeit der äußeren Ableitung $\mathrm{d} \circ \phi^* = \phi^* \circ \mathrm{d}$ folgt zunächst, daß ϕ^* geschlossene Formen auf geschlossene und exakte Formen auf exakte abbildet. Damit ist ϕ^* aber auch auf dem Quotienten wohl-definiert. Da die Homomorphismuseigenschaften bereits für Repräsentanten gelten, siehe (2.171), ist auch (2.193) ein Homomorphismus von gradierten superkommutativen assoziativen Algebren, welcher auch die Einselemente aufeinander abbildet. Schließlich gilt (2.194) ebenfalls bereits auf Repräsentanten, siehe (2.156). □

Die deRham-Kohomologie trägt wichtige geometrische Informationen über M in sich, welche das *globale* Aussehen von M betreffen. *Lokal* ist die deRham-Kohomologie nämlich trivial:

Satz 2.3.25 (Poincaré-Lemma). *Sei α eine geschlossene k-Form mit $k \geq 1$. Dann gibt es zu jedem Punkt $p \in M$ eine offene Umgebung $U \subseteq M$ und eine lokal definierte $(k-1)$-Form $\beta \in \Omega^{k-1}(U)$ mit $\mathrm{d}\beta = \alpha|_U$.*

Beweis. Der Beweis und die Konstruktion von β wird in den Aufgaben 2.9 und 2.11 diskutiert. □

Korollar 2.3.26. *Sei M glatt zusammenziehbar, also diffeomorph zu einer offenen Kugel $B_r(0) \subseteq \mathbb{R}^n$. Dann gilt*

$$\mathrm{H}_{\mathrm{dR}}^k(M) = \begin{cases} \mathbb{R} & \text{für } k = 0 \\ \{0\} & \text{für } k > 0. \end{cases} \tag{2.195}$$

Beweis. Nach Proposition 2.3.24, Gleichung (2.194) gilt ganz allgemein, daß diffeomorphe Mannigfaltigkeiten isomorphe deRham-Kohomologien besitzen. Nach Voraussetzung ist M diffeomorph zu $\mathbb{R}^n$, womit wir das Poincaré-Lemma in Form von Aufgabe 2.9 anwenden können. □

Eine physikalische Deutung der deRham-Kohomologie werden wir unter anderem im Rahmen der Hamiltonschen Mechanik von geladenen Teilchen auf nichttrivialen Konfigurationsräumen in einem externen Magnetfeld finden, siehe Bemerkung 3.2.19 sowie Aufgabe 3.4.

2.3.3 Multivektorfelder und die Schouten-Nijenhuis-Klammer

Ziel dieses Abschnittes ist es, die Lie-Klammer für Vektorfelder auf die assoziative superkommutative Algebra der *Multivektorfelder*

$$\mathfrak{X}^\bullet(M) = \bigoplus_{k=0}^\infty \mathfrak{X}^k(M), \quad \text{mit} \quad \mathfrak{X}^k(M) = \Gamma^\infty(\Lambda^k TM), \tag{2.196}$$

auf eine mit dem $\wedge$-Produkt verträgliche Weise auszudehnen. Um dies zu präzisieren, benötigen wir folgende Begriffe:

Definition 2.3.27 (Super-Lie-Algebra). *Eine Super-Lie-Algebra $\mathfrak{g}^\bullet$ ist ein $\mathbb{Z}$-gradierter Vektorraum $\mathfrak{g}^\bullet = \bigoplus_{k \in \mathbb{Z}} \mathfrak{g}^k$ mit einer bilinearen Verknüpfung, der Super-Lie-Klammer,*

$$[\cdot, \cdot] : \mathfrak{g}^k \times \mathfrak{g}^\ell \longrightarrow \mathfrak{g}^{k+\ell} \tag{2.197}$$

für alle $k, \ell \in \mathbb{Z}$, so daß für alle $a \in \mathfrak{g}^k$, $b \in \mathfrak{g}^\ell$ und $c \in \mathfrak{g}^\bullet$ gilt:

i.) $[a, b] = -(-1)^{k\ell}[b, a]$ *(superantisymmetrisch).*
ii.) $[a, [b, c]] = [[a, b], c] + (-1)^{k\ell}[b, [a, c]]$ *(Super-Jacobi-Identität).*

Beispiel 2.3.28 (Super-Lie-Algebren). Der Vektorraum der Superderivationen einer $\mathbb{Z}$-gradierten Algebra ist bezüglich des Superkommutators eine Super-Lie-Algebra. Ebenso ist eine assoziative $\mathbb{Z}$-gradierte Algebra $\mathcal{A}^\bullet$ eine Super-Lie-Algebra bezüglich des Superkommutators. Der Superkommutator erfüllt zudem die Super-Leibniz-Regel

$$[a, bc] = [a, b]c + (-1)^{k\ell}b[a, c], \tag{2.198}$$

falls $a \in \mathcal{A}^k$, $b \in \mathcal{A}^\ell$ und $c \in \mathcal{A}^\bullet$. Dies zeigt man analog zu Aufgabe 1.8.

Definition 2.3.29 (Gerstenhaber-Algebra). *Eine Gerstenhaber-Algebra $\mathfrak{G}^\bullet$ ist eine $\mathbb{Z}$-gradierte, assoziative, superkommutative Algebra zusammen mit einer Super-Lie-Algebrastruktur $[\![\cdot, \cdot]\!]$ bezüglich der um eins nach unten geschobenen Gradierung derart, daß die Leibniz-Regel*

$$[\![a, b \wedge c]\!] = [\![a, b]\!] \wedge c + (-1)^{(k-1)\ell}b \wedge [\![a, c]\!] \tag{2.199}$$

gilt, wobei $a \in \mathfrak{G}^k$, $b \in \mathfrak{G}^\ell$ und $c \in \mathfrak{G}^\bullet$.

Bemerkung 2.3.30 (Gradierungen in einer Gerstenhaber-Algebra). Im Detail bedeutet dies, daß die Vorzeichen in der Super-Lie-Klammer die um eins nach unten verschobenen Grade von $\mathfrak{G}^\bullet$ verwenden. Die Superantisymmetrie und die Super-Jacobi-Identität lauten explizit

$$[\![a, b]\!] = -(-1)^{(k-1)(\ell-1)}[\![b, a]\!] \tag{2.200}$$

und

$$[\![a, [\![b, c]\!]]\!] = [\![[\![a, b]\!], c]\!] + (-1)^{(k-1)(\ell-1)}[\![b, [\![a, c]\!]]\!] \tag{2.201}$$

für $a \in \mathfrak{G}^k$, $b \in \mathfrak{G}^\ell$ und $c \in \mathfrak{G}^\bullet$. Man beachte das unterschiedliche Vorzeichen in (2.199) im Vergleich mit (2.198). Die Homogenität der Klammer ist so, daß

$$\left[\!\left[\mathfrak{G}^k, \mathfrak{G}^\ell \right]\!\right] \subseteq \mathfrak{G}^{k+\ell-1}, \tag{2.202}$$

wohingegen die Gradierung des Produkts durch

$$\mathfrak{G}^k \cdot \mathfrak{G}^\ell \subseteq \mathfrak{G}^{k+\ell} \tag{2.203}$$

gegeben ist. Insbesondere haben die Elemente in $\mathfrak{G}^0$ den Grad -1 bezüglich der Super-Lie-Struktur und die Elemente in $\mathfrak{G}^1$ haben den Grad 0 bezüglich der Super-Lie-Struktur.

Folgerung 2.3.31. *Ist $\mathfrak{G}^\bullet$ eine Gerstenhaber-Algebra, so ist $\mathfrak{G}^1$ eine Lie-Algebra.*

Bemerkung 2.3.32. Ist $\mathfrak{G}^\bullet$ eine Gerstenhaber-Algebra und sind $\{e_i\}_{i \in I}$ Erzeuger (im algebraischen Sinne bezüglich des assoziativen Produkts) von $\mathfrak{G}^\bullet$, so ist $[\![\cdot,\cdot]\!]$ durch die Werte $[\![e_i, e_j]\!]$ für $i, j \in I$ bereits festgelegt. Dies folgt unmittelbar aus der Leibniz-Regel (2.199).

Der folgende Satz zeigt nun, daß sich die Lie-Klammer von Vektorfeldern und die Lie-Ableitung von Funktionen in Richtung eines Vektorfeldes zu einer eindeutig bestimmten Gerstenhaber-Algebrastruktur auf $\mathfrak{X}^\bullet(M)$ fortsetzen läßt. Da lokal in einer Karte (U, x) jedes Multivektorfeld $X \in \mathfrak{X}^k(M)$ von der Form

$$X\big|_U = \frac{1}{k!} X^{i_1 \cdots i_k} \frac{\partial}{\partial x^{i_1}} \wedge \cdots \wedge \frac{\partial}{\partial x^{i_k}} \tag{2.204}$$

ist und da eine Super-Lie-Klammer für $\mathfrak{X}^\bullet(M)$, welche (2.199) erfüllt, notwendigerweise lokal ist, siehe auch Anhang A.5, folgt sofort, daß die Klammer durch ihre Werte auf Funktionen und Vektorfeldern *eindeutig* bestimmt ist, sofern sie überhaupt existiert. Dies zeigt aber der folgende Satz:

Satz 2.3.33. *Die Multivektorfelder $\mathfrak{X}^\bullet(M)$ werden auf kanonische Weise zu einer Gerstenhaber-Algebra, indem man*

$$[\![f, g]\!] = 0, \tag{2.205}$$

$$[\![X, f]\!] = X(f) = -[\![f, X]\!] \tag{2.206}$$

und

$$[\![X, Y]\!] = [X, Y] \tag{2.207}$$

fordert. Explizit gilt für faktorisierende Multivektorfelder $X = X_1 \wedge \cdots \wedge X_k$, $Y = Y_1 \wedge \cdots \wedge Y_\ell$ mit $X_i, Y_j \in \Gamma^\infty(TM) = \mathfrak{X}^1(M)$ und $f \in C^\infty(M) = \mathfrak{X}^0(M)$

$$[\![X, Y]\!] = \sum_{i=1}^k \sum_{j=1}^\ell (-1)^{i+j} [X_i, Y_j] \wedge X_1 \wedge \cdots \overset{i}{\wedge} \cdots \wedge X_k \wedge Y_1 \wedge \cdots \overset{j}{\wedge} \cdots \wedge Y_\ell \tag{2.208}$$

und

$$[\![f, X]\!] = -\,\mathrm{i}(df)X = \sum_{i=1}^{k} (-1)^i X_i(f) X_1 \wedge \cdots \overset{i}{\wedge} \cdots \wedge X_k. \tag{2.209}$$

Beweis. Die expliziten Formeln (2.208) und (2.209) werden von der Leibniz-Regel (2.199) und (2.205)–(2.207) erzwungen. Damit kann man $[\![X, Y]\!]$ lokal festlegen, und es bleibt nachzurechnen, daß die lokalen Ausdrücke das richtige Transformationsverhalten unter Koordinatenwechseln haben. Auf diese Weise wird $[\![X, Y]\!]$ dann tatsächlich wohl-definiert. Daß $[\![\cdot, \cdot]\!]$ dann auch die Super-Jacobi-Identität erfüllt, ist eine weitere einfache Rechnung: Die Super-Jacobi-Identität (2.201) ist sowohl lokal als auch superderivativ in jedem der drei Argumente, was man unmittelbar mit der Leibniz-Regel der Klammer $[\![\cdot, \cdot]\!]$ einsieht. Daher genügt es nach Lemma 2.3.19, die Identität (2.201) auf den lokalen Generatoren nachzuprüfen, also auf Funktionen und Vektorfeldern. Für diese ist (2.201) offensichtlich erfüllt. $\qquad\square$

Definition 2.3.34 (Schouten-Nijenhuis-Klammer). *Die in Satz 2.3.33 konstruierte Super-Lie-Klammer $[\![\cdot, \cdot]\!]$ auf $\mathfrak{X}^\bullet(M)$ heißt Schouten-Nijenhuis-Klammer.*

Eine alternative Charakterisierung, welche auch die „obskuren Vorzeichen" besser erklärt, erhält man auf folgende Weise: Zunächst dehnt man die Einsetzderivationen von Vektorfeldern $\mathrm{i}_X : \Omega^\bullet(M) \longrightarrow \Omega^{\bullet-1}(M)$ auf ganz $\mathfrak{X}^\bullet(M)$ aus, indem man i zu einem Algebrenhomomorphismus bezüglich des $\wedge$-Produkts erklärt. Explizit auf faktorisierenden Multivektorfeldern setzt man

$$\mathrm{i}_{X_1 \wedge \cdots \wedge X_k}\,\omega = \mathrm{i}_{X_1} \cdots \mathrm{i}_{X_k}\,\omega \tag{2.210}$$

für $X_1, \ldots X_k \in \Gamma^\infty(TM) = \mathfrak{X}^1(M)$ und $\omega \in \Omega^\bullet(M)$, sowie

$$\mathrm{i}_f\,\omega = f\omega \tag{2.211}$$

für $f \in C^\infty(M)$, was mit (2.210) konsistent ist. Dann gilt offenbar, daß

$$\mathrm{i}_X : \Omega^\bullet(M) \longrightarrow \Omega^{\bullet-k}(M) \tag{2.212}$$

eine $C^\infty(M)$-lineare Abbildung ist, die auch im $\mathfrak{X}^\bullet(M)$-Argument $C^\infty(M)$-linear und ein $\wedge$-Homomorphismus ist. Man beachte, daß $\mathrm{i}_X\big|_{\Omega^\ell(M)} = 0$ für $\ell < k$ und $X \in \mathfrak{X}^k(M)$. Die Abbildung i_X ist aber *keine* Superderivation von $\Omega^\bullet(M)$, außer wenn X ein Vektorfeld ist. Mit Hilfe von i_X kann man nun die Cartan-Formel aus Satz 2.3.17 auf Multivektorfelder verallgemeinern und eine verallgemeinerte „Lie-Ableitung" von Differentialformen $\omega \in \Omega^\bullet(M)$ in „Richtung" eines Multivektorfeldes $X \in \mathfrak{X}^k(M)$ durch

$$\mathscr{L}_X\,\omega = [\mathrm{i}_X, \mathrm{d}]\omega = \mathrm{i}_X\,\mathrm{d}\omega - (-1)^k \mathrm{d}\,\mathrm{i}_X\,\omega \tag{2.213}$$

definieren. Offenbar stimmt der so definierte Operator $\mathscr{L}_X$ mit der üblichen Lie-Ableitung überein, falls $k = 1$ gilt. Dies ist gerade die Aussage von Satz 2.3.17, Teil *ii.*). Allgemein gelten folgende Beziehungen:

Satz 2.3.35. *Sei* $X \in \mathfrak{X}^k(M)$, $Y \in \mathfrak{X}^\ell(M)$, $f \in C^\infty(M)$ *und* $\omega \in \Omega^\bullet(M)$. *Dann gelten folgende Rechenregeln*

i.) $\mathscr{L}_X : \Omega^\bullet(M) \longrightarrow \Omega^{\bullet-(k-1)}(M)$ *ist linear,*
ii.) $\mathscr{L}_f \omega = -\mathrm{d}f \wedge \omega$,
iii.) $[\mathscr{L}_X, \mathrm{d}] = 0$,
iv.) $\mathrm{i}_{X \wedge Y} = \mathrm{i}_X \mathrm{i}_Y$,
v.) $\mathscr{L}_{X \wedge Y} = \mathrm{i}_X \mathscr{L}_Y + (-1)^\ell \mathscr{L}_X \mathrm{i}_Y$,
vi.) $[\mathscr{L}_X, \mathrm{i}_Y] = \mathrm{i}_{[\![X,Y]\!]}$,
vii.) $[\mathscr{L}_X, \mathscr{L}_Y] = \mathscr{L}_{[\![X,Y]\!]}$.

Beweis. Teil *i.)* ist klar, da i_X den Formengrad um k verringert und d den Formengrad um eins erhöht. Diese Beobachtung ist letztlich dafür verantwortlich, daß die Gradierung für die Super-Lie-Struktur $[\![\cdot,\cdot]\!]$ gegenüber der Gradierung für das $\wedge$-Produkt um eins nach unten verschoben ist. Teil *ii.)* ist eine einfache Rechnung

$$\mathscr{L}_f \omega = [\mathrm{i}_f, \mathrm{d}]\omega = f\mathrm{d}\omega - \mathrm{d}(f\omega) = -\mathrm{d}f \wedge \omega.$$

Teil *iii.)* ist ebenso eine einfache Anwendung der Super-Jacobi-Identität für Superkommutatoren

$$[\mathscr{L}_X, \mathrm{d}] = [[\mathrm{i}_X, \mathrm{d}], \mathrm{d}] = [\mathrm{i}_X, [\mathrm{d}, \mathrm{d}]] + (-1)^{1 \cdot 1} [[\mathrm{i}_X, \mathrm{d}], \mathrm{d}] = -[\mathscr{L}_X, \mathrm{d}],$$

da $[\mathrm{d}, \mathrm{d}] = \mathrm{dd} + \mathrm{dd} = 2\mathrm{d}^2 = 0$. Damit folgt aber $[\mathscr{L}_X, \mathrm{d}] = 0$. Teil *iv.)* ist klar nach Konstruktion von i_X. Teil *v.)* rechnet man direkt mit der Super-Jacobi-Identität für Superkommutatoren nach

$$\mathscr{L}_{X \wedge Y} = [\mathrm{i}_{X \wedge Y}, \mathrm{d}] = [\mathrm{i}_X \mathrm{i}_Y, \mathrm{d}] = \mathrm{i}_X [\mathrm{i}_Y, \mathrm{d}] + (-1)^\ell [\mathrm{i}_X, \mathrm{d}] \mathrm{i}_Y$$
$$= \mathrm{i}_X \mathscr{L}_Y + (-1)^\ell \mathscr{L}_X \mathrm{i}_Y.$$

Teil *vi.)* ist etwas aufwendiger. Zunächst bemerkt man, daß die Behauptung für Vektorfelder richtig ist. Für zwei Funktionen $f, g \in C^\infty(M)$ gilt ebenso $[\mathscr{L}_f, \mathrm{i}_g] = 0 = \mathrm{i}_{[\![f,g]\!]}$. Für eine Funktion und ein Vektorfeld rechnet man nach, daß

$$[\mathscr{L}_f, \mathrm{i}_X]\omega = -\mathrm{d}f \wedge \mathrm{i}_X \omega - \mathrm{i}_X(\mathrm{d}f \wedge \omega) = -X(f)\omega = \mathrm{i}_{-X(f)}\omega = \mathrm{i}_{[\![f,X]\!]}\omega$$

sowie

$$[\mathscr{L}_X, \mathrm{i}_f]\omega = \mathscr{L}_X(f\omega) - f\mathscr{L}_X\omega = X(f)\omega = \mathrm{i}_{[\![X,f]\!]}\omega.$$

Damit ist die Behauptung auch für ein Vektorfeld und eine Funktion richtig. Als nächstes zeigt man, daß die linke wie die rechte Seite das selbe derivative Verhalten bezüglich des $\wedge$-Produkts haben: Zum einen gilt mit Hilfe von Teil *v.)* und unter Ausnutzung der Super-Jacobi-Identität

$$[\mathscr{L}_{X \wedge Y}, \mathrm{i}_Z] = [\mathrm{i}_X \mathscr{L}_Y + (-1)^\ell \mathscr{L}_X \mathrm{i}_Y, \mathrm{i}_Z] = \mathrm{i}_X [\mathscr{L}_Y, \mathrm{i}_Z] + (-1)^{\ell(m+1)} [\mathscr{L}_X, \mathrm{i}_Z] \mathrm{i}_Y,$$

da die beiden übrigen Terme wegen $[i_X, i_Z] = 0 = [i_Y, i_Z]$ verschwinden. Dies folgt aus der Superkommutativität von $\wedge$ und der Homomorphismuseigenschaft von $X \mapsto i_X$. Andererseits gilt mit der Leibniz-Regel (2.199)

$$i_{[\![X \wedge Y, Z]\!]} = i_{X \wedge [\![Y,Z]\!]} + (-1)^{(m-1)\ell}[\![X,Z]\!] \wedge Y = i_X \, i_{[\![Y,Z]\!]} + (-1)^{\ell(m-1)} i_{[\![X,Z]\!]} \, i_Y \, .$$

Damit erfüllen also beide Seiten von *vi.)* im *ersten Argument* dieselbe „Leibniz-Regel" bezüglich des $\wedge$-Produkts. Für das zweite Argument gilt das selbe, denn einerseits gilt

$$[\mathscr{L}_X, i_{Y \wedge Z}] = [\mathscr{L}_X, i_Y \, i_Z] = [\mathscr{L}_X, i_Y] \, i_Z + (-1)^{(k-1)\ell} i_Y [\mathscr{L}_X, i_Z]$$

und andererseits

$$i_{[\![X, Y \wedge Z]\!]} = i_{[\![X,Y]\!]} \, i_Z + (-1)^{(k-1)\ell} i_Y \, i_{[\![X,Z]\!]} \, .$$

Daher müssen beide Seiten insgesamt übereinstimmen, da sie es auf den lokalen Generatoren von $\mathfrak{X}^\bullet(M)$ tun. Dies zeigt Teil *vi.)*. Der letzte Teil ist damit eine einfache Rechnung

$$
\begin{aligned}
[\mathscr{L}_X, \mathscr{L}_Y] &= [\mathscr{L}_X, [i_Y, d]] = [[\mathscr{L}_X, i_Y], d] + (-1)^{(k-1)\ell}[i_Y, [\mathscr{L}_X, d]] = [i_{[\![X,Y]\!]}, d] \\
&= \mathscr{L}_{[\![X,Y]\!]} \, .
\end{aligned}
$$

$\square$

Bemerkung 2.3.36. Alternativ hätte man die Schouten-Nijenhuis-Klammer auch dadurch *definieren* können, daß man zeigt, daß der Kommutator von $\mathscr{L}_X = [i_X, d]$ mit i_Y von der Form i_Z mit einem eindeutig bestimmten Multivektorfeld Z ist. Dann wäre Teil *vi.)* von Satz 2.3.35 zur Definition erhoben worden und man hätte daraus die Formeln und Eigenschaften von $[\![\cdot, \cdot]\!]$ rekonstruieren können.

Bemerkung 2.3.37. Auch die Schouten-Nijenhuis-Klammer ist natürlich bezüglich Diffeomorphismen: Für die Lie-Klammer gilt ja

$$\phi^*[X, Y] = [\phi^* X, \phi^* Y] \tag{2.214}$$

falls $X, Y \in \Gamma^\infty(TN)$ und $\phi : M \longrightarrow N$ ein Diffeomorphismus ist. Die Anwendung eines Vektorfeldes auf eine Funktion ist ebenfalls natürlich

$$\phi^*(X(f)) = (\phi^* X)(\phi^* f), \tag{2.215}$$

womit aus der Konstruktion der Schouten-Nijenhuis-Klammer zusammen mit (2.160) folgt, daß

$$\phi^* [\![X, Y]\!] = [\![\phi^* X, \phi^* Y]\!] \tag{2.216}$$

für alle $X, Y \in \mathfrak{X}^\bullet(N)$ und alle Diffeomorphismen $\phi : M \longrightarrow N$.

Wie wir noch sehen werden, spielt die Schouten-Nijenhuis-Klammer eine ebenso fundamentale Rolle in der Differentialgeometrie wie die äußere Ableitung: beide Konzepte erweisen sich letztlich als äquivalent, siehe Abschnitt 4.2.1, auch wenn historisch der äußeren Ableitung die größere Bedeutung beigemessen wird. Physikalisch wird sich die Schouten-Nijenhuis-Klammer vor allem in der Poisson-Geometrie und der formalen Deformationsquantisierung als nützlich erweisen. Eine Interpretation als eine „Super-Poisson-Klammer" werden wir in Bemerkung 3.2.9 finden. Anwendungen gibt es aber darüberhinaus in verschiedenen anderen Bereichen der mathematischen Physik wie etwa der multisymplektischen Geometrie mit ihren Anwendungen zur geometrischen Feldtheorie, siehe etwa [128–130, 142, 230, 260, 261] für weiterführende Diskussionen.

2.3.4 Integration auf Mannigfaltigkeiten

Für das Tangentenbündel $TM \longrightarrow M$ besitzen die Dichten $\Gamma^\infty(|\Lambda^n|T^*M)$ die zusätzliche, bemerkenswerte Eigenschaft, integriert werden zu können. Dies basiert auf der Transformationsformel für einen Variablenwechsel beim Integrieren im $\mathbb{R}^n$. Wir beginnen mit folgender Beobachtung:

Lemma 2.3.38. *Sei $\mu \in \Gamma^\infty(|\Lambda^n|^\alpha T^*M)$ eine α-Dichte und seien (U, x) und (V, y) Karten von M mit $U \cap V \neq 0$. Dann gilt auf $U \cap V$*

$$\mu\left(\frac{\partial}{\partial x^1}, \ldots, \frac{\partial}{\partial x^n}\right) = \left|\det\left(\frac{\partial(y^i \circ x^{-1})}{\partial x^j}\right)\right|^\alpha \mu\left(\frac{\partial}{\partial y^1}, \ldots, \frac{\partial}{\partial y^n}\right), \quad (2.217)$$

wobei die Matrix $\left(\frac{\partial(y^i \circ x^{-1})}{\partial x^j}\right)$ die Jacobi-Matrix des Kartenwechsels ist.

Beweis. Der Beweis folgt aus dem Transformationsverhalten (2.12) für die partiellen Ableitungen und der Definition (2.130) einer Dichte. $\square$

Man kann α-Dichten auf M auch durch ihr Transformationsverhalten gemäß (2.217) *definieren*, indem man eine α-Dichte μ als eine Familie von lokal definierten Funktionen $\mu_{(U,x)}$ für jede Karte (U, x) ansieht, welche sich auf dem Überlappgebiet gemäß (2.217) ineinander umrechnen lassen.

Da für eine Dichte, also für $\alpha = 1$, in (2.217) gerade der *Betrag* der Jacobi-Determinante steht, lassen sich Dichten wohl-definiert integrieren:

Definition 2.3.39 (Integration von Dichten). *Sei $\{(U_\alpha, x_\alpha)\}_{\alpha \in I}$ ein lokal endlicher Atlas von M und $\{\chi_\alpha\}_{\alpha \in I}$ eine untergeordnete Zerlegung der Eins. Für $\mu \in \Gamma_0^\infty(|\Lambda^n|T^*M)$ definiert man das Integral*

$$\int_M \mu = \sum_{\alpha \in I} \int_{x_\alpha(U_\alpha)} \left((\chi_\alpha \mu)\left(\frac{\partial}{\partial x_\alpha^1}, \ldots, \frac{\partial}{\partial x_\alpha^n}\right)\right) \circ x_\alpha^{-1} \, d^n x_\alpha. \quad (2.218)$$

Proposition 2.3.40. *Die Integration von Dichten mit kompaktem Träger ist wohl-definiert, hängt also nicht von der Wahl $\{(U_\alpha, x_\alpha, \chi_\alpha)\}_{\alpha \in I}$ ab.*

Beweis. Zunächst ist klar, daß $\chi_\alpha\mu$ kompakten Träger in U_α hat, womit jedes einzelne Integral in der Summe definiert ist. Weiter werden aufgrund der Kompaktheit des Trägers nur endlich viele α beitragen, da der Atlas als lokal endlich vorausgesetzt wird, so daß auch die Summe wohl-definiert ist. Sei also $\{(V_\beta, y_\beta, \psi_\beta)\}_{\beta\in J}$ eine alternative Wahl. Dann gilt mit Lemma 2.3.38

$$\sum_{\alpha\in I} \int_{x_\alpha(U_\alpha)} \left((\chi_\alpha\mu)\left(\frac{\partial}{\partial x_\alpha^1},\ldots,\frac{\partial}{\partial x_\alpha^n}\right)\right)\circ x_\alpha^{-1}\,\mathrm{d}^n x_\alpha$$

$$= \sum_{\substack{\alpha\in I\\\beta\in J}} \int_{x_\alpha(U_\alpha)} \left((\chi_\alpha\psi_\beta\mu)\left(\frac{\partial}{\partial x_\alpha^1},\ldots,\frac{\partial}{\partial x_\alpha^n}\right)\right)\circ x_\alpha^{-1}\,\mathrm{d}^n x_\alpha$$

$$= \sum_{\substack{\alpha\in I\\\beta\in J}} \int_{x_\alpha(U_\alpha\cap V_\beta)} \left((\chi_\alpha\psi_\beta\mu)\left(\frac{\partial}{\partial x_\alpha^1},\ldots,\frac{\partial}{\partial x_\alpha^n}\right)\right)\circ x_\alpha^{-1}\,\mathrm{d}^n x_\alpha$$

$$= \sum_{\substack{\alpha\in I\\\beta\in J}} \int_{x_\alpha(U_\alpha\cap V_\beta)} \left(\left|\det\left(\frac{\partial(y_\beta^j\circ x_\alpha^{-1})}{\partial x_\alpha^i}\right)\right|(\chi_\alpha\psi_\beta\mu)\left(\frac{\partial}{\partial y_\beta^1},\ldots,\frac{\partial}{\partial y_\beta^n}\right)\right)\circ x_\alpha^{-1}\,\mathrm{d}^n x_\alpha$$

$$= \sum_{\substack{\alpha\in I\\\beta\in J}} \int_{y_\beta(U_\alpha\cap V_\beta)} \left((\chi_\alpha\psi_\beta\mu)\left(\frac{\partial}{\partial y_\beta^1},\ldots,\frac{\partial}{\partial y_\beta^n}\right)\right)\circ y_\beta^{-1}\,\mathrm{d}^n y_\beta$$

$$= \sum_{\beta\in J} \int_{y_\beta(V_\beta)} \left((\psi_\beta\mu)\left(\frac{\partial}{\partial y_\beta^1},\ldots,\frac{\partial}{\partial y_\beta^n}\right)\right)\circ y_\beta^{-1}\,\mathrm{d}^n y_\beta,$$

wobei wir $\sum_\beta \psi_\beta = 1 = \sum_\alpha \chi_\alpha$ sowie die Transformationsformel benutzt haben. $\qquad\square$

Bemerkung 2.3.41 (Integration von Dichten).

i.) Sei $\mu\in\Gamma_0^\infty(|\Lambda^n|T^*M)$ mit $\mu\geq 0$. Dann gilt

$$\int_M \mu\geq 0 \quad\text{und}\quad \int_M \mu = 0 \quad\text{genau dann, wenn}\quad \mu = 0. \qquad(2.219)$$

ii.) Die *Halbdichten* $\Gamma_0^\infty(|\Lambda^n|^{\frac{1}{2}}T^*M)$ besitzen *kanonisch* die Struktur eines Prä-Hilbert-Raumes mittels

$$\langle\mu,\nu\rangle = \int_M \overline{\mu}\nu. \qquad(2.220)$$

Die Vervollständigung von $\Gamma_0^\infty(|\Lambda^n|^{\frac{1}{2}}T^*M)$ zu einem Hilbert-Raum heißt der *intrinsische Hilbert-Raum* von M. Dieser Hilbert-Raum ist Ausgangspunkt verschiedener Quantisierungstheorien, wie etwa der geometrischen Quantisierung, siehe [1, Sect. 5.4] oder [328]. Allgemein definiert man für eine α-Dichte $\mu\in\Gamma_0^\infty(|\Lambda^n|^\alpha T^*M)$ und eine $(1-\overline{\alpha})$-Dichte $\nu\in\Gamma_0^\infty(|\Lambda^n|^{1-\overline{\alpha}}T^*M)$ die Paarung

$$\langle \mu, \nu \rangle = \int_M \overline{\mu}\nu, \tag{2.221}$$

welche nichtausgeartet und sesquilinear ist.

iii.) Ist $\mu \in \Gamma^\infty(|\Lambda^n|T^*M)$ positiv, $\mu > 0$, so definiert

$$\langle \phi, \psi \rangle_\mu = \int_M \overline{\phi}\psi\mu \tag{2.222}$$

für $\phi, \psi \in C_0^\infty(M)$ ein positiv definites Skalarprodukt auf $C_0^\infty(M)$, womit $C_0^\infty(M)$ ein Prä-Hilbert-Raum wird. Dieser ist zum kanonischen Prä-Hilbert-Raum der Halbdichten durch die lineare und sogar $C^\infty(M)$-lineare Abbildung

$$\phi \mapsto \phi\mu^{\frac{1}{2}} \tag{2.223}$$

isometrisch isomorph. Man beachte jedoch, daß sich Funktionen auf M im Gegensatz zu Dichten *nicht* intrinsisch integrieren lassen sondern die Wahl einer Referenzdichte $\mu > 0$ erfordern.

In Abschnitt 2.2.5 haben wir gesehen, daß für orientierbare und orientierte Vektorbündel die Dichten zu den Formen maximalen Grades isomorph sind. Daher können wir auch n-Formen integrieren, sofern das Tangentenbündel orientierbar ist. Diese wichtige Situation motiviert folgende Definition:

Definition 2.3.42 (Orientierbarkeit und Orientierung). *Eine Mannigfaltigkeit M heißt orientierbar, wenn ihr Tangentenbündel $\pi : TM \longrightarrow M$ orientierbar ist. In diesem Fall ist eine Orientierung von M eine Orientierung des Tangentenbündels.*

Ist M nun orientiert, so gibt der allgemeine Isomorphismus aus Proposition 2.2.42 einen $C^\infty(M)$-linearen Isomorphismus

$$\Gamma^\infty(|\Lambda^n|T^*M) \cong \Gamma^\infty(\Lambda^n T^*M), \tag{2.224}$$

welcher es gestattet, auch n-Formen $\omega \in \Gamma_0^\infty(\Lambda^n T^*M)$ zu integrieren, indem man

$$\int_M \omega = \int_M \mu \tag{2.225}$$

setzt, wobei $\mu \in \Gamma_0^\infty(|\Lambda^n|T^*M)$ diejenige eindeutig bestimmte Dichte mit $\omega = \omega_\mu$ ist. Für die Integration von n-Formen gilt dann der wichtige *Satz von Stokes*

$$\int_M \mathrm{d}\omega = \int_{\partial M} \iota^*\omega. \tag{2.226}$$

Hier ist $\omega \in \Gamma_0^\infty(\Lambda^{n-1}T^*M)$ eine $(n-1)$-Form und $\iota : \partial M \longrightarrow M$ der (möglicherweise nichtleere) glatte Rand von M. Da wir bisher noch nicht definiert haben, was Mannigfaltigkeiten mit Rand sind, wollen wir den Satz von Stokes nicht weiter diskutieren, eine ausführliche Darstellung findet man beispielsweise in [180]. Für unsere Mannigfaltigkeiten ohne Rand folgt insbesondere

$$\int_M \mathrm{d}\omega = 0. \tag{2.227}$$

Für α-Dichten $\mu \in \Gamma^\infty(|\Lambda^n|^\alpha T^* M)$ lassen sich weitere kanonische Operationen definieren: der *pull-back* und die *Lie-Ableitung*. Da für $\mu \in |\Lambda^n|^\alpha W^*$ und eine lineare Abbildung $\phi : V \longrightarrow W$ zwischen reellen Vektorräumen der selben Dimension n die Definition

$$(\phi^* \mu)(v_1, \dots, v_n) = \mu(\phi(v_1), \dots, \phi(v_n)) \tag{2.228}$$

offenbar eine α-Dichte $\phi^* \mu \in |\Lambda^n|^\alpha V^*$ definiert, verhalten sich α-Dichten wie kovariante Tensorfelder. Dies erlaubt eine Definition von pull-back und Lie-Ableitung analog zu den Definitionen aus Abschnitt 2.3.1.

Im folgenden haben M und N immer dieselbe Dimension n. Ist dann $\phi : M \longrightarrow N$ eine glatte Abbildung, so definiert

$$\phi^* : \Gamma^\infty(|\Lambda^n|^\alpha T^* N) \ni \mu \mapsto \phi^* \mu \in \Gamma^\infty(|\Lambda^n|^\alpha T^* M) \tag{2.229}$$

mit

$$(\phi^* \mu)\big|_p (v_1, \dots, v_n) = \mu\big|_{\phi(p)} (T_p\phi(v_1), \dots, T_p\phi(v_n)) \tag{2.230}$$

eine glatte α-Dichte $\phi^* \mu$. Ist weiter $X \in \Gamma^\infty(TM)$ ein Vektorfeld mit lokalem Fluß Φ_t, so definiert man die *Lie-Ableitung* $\mathscr{L}_X \mu$ durch

$$\mathscr{L}_X \mu = \frac{\mathrm{d}}{\mathrm{d}t}\bigg|_{t=0} \Phi_t^* \mu. \tag{2.231}$$

Folgende Rechenregeln erhält man mit den üblichen Argumenten analog zu Abschnitt 2.3.1.

Lemma 2.3.43. *Sei $\phi : M \longrightarrow N$ glatt und $\alpha, \beta \in \mathbb{C}$.*

i.) Der pull-back $\phi^* : \Gamma^\infty(|\Lambda^n|^\alpha T^* N) \longrightarrow \Gamma^\infty(|\Lambda^n|^\alpha T^* M)$ ist eine wohldefinierte lineare Abbildung und es gilt

$$\phi^*(\mu\nu) = (\phi^*\mu)(\phi^*\nu) \tag{2.232}$$

für $\mu \in \Gamma^\infty(|\Lambda^n|^\alpha T^* N)$ und $\nu \in \Gamma^\infty(|\Lambda^n|^\beta T^* N)$.

ii.) Ist ϕ eine Submersion, so ist für eine positive Dichte $\eta \in \Gamma^\infty(|\Lambda^n| T^* N)$ die Dichte $\phi^* \eta$ wieder positiv und es gilt

$$(\phi^* \eta)^\alpha = \phi^* \eta^\alpha. \tag{2.233}$$

iii.) Es gilt $(\phi \circ \psi)^* = \psi^* \circ \phi^*$ und $\mathrm{id}^* = \mathrm{id}$.

iv.) Ist ϕ ein Diffeomorphismus, so gilt

$$\int_M \phi^* \mu = \int_N \mu \tag{2.234}$$

für alle $\mu \in \Gamma_0^\infty(|\Lambda^n| T^* N)$.

v.) Ist $X \in \Gamma^\infty(TM)$ ein Vektorfeld, so gilt

$$\mathscr{L}_X(\mu\nu) = (\mathscr{L}_X \mu)\nu + \mu(\mathscr{L}_X \nu) \quad und \quad \mathscr{L}_X(\eta^\alpha) = \alpha\eta^{\alpha-1}\mathscr{L}_X \eta \quad (2.235)$$

für $\mu \in \Gamma^\infty(|\Lambda^n|^\alpha T^*M)$, $\nu \in \Gamma^\infty(|\Lambda^n|^\beta T^*M)$ und eine positive Dichte $\eta \in \Gamma^\infty(|\Lambda^n|T^*M)$.

vi.) Ist $X \in \Gamma^\infty(TM)$ ein Vektorfeld, so gilt

$$\int_M \mathscr{L}_X \mu = 0 \qquad (2.236)$$

für alle $\mu \in \Gamma_0^\infty(|\Lambda^n|T^*M)$.

Beweis. Die ersten drei Teile lassen sich leicht punktweise nachprüfen. Der vierte Teil ist die globale Version von Proposition 2.3.40 und drückt erneut die Koordinatenunabhängigkeit der Integration aus. Nachgeprüft wird dies ebenfalls mit der Transformationsformel für den Variablenwechsel beim Integrieren. Der fünfte Teil folgt durch Ableiten von (2.232) und (2.233) für $\phi = \Phi_t$ bei $t = 0$. Der letzte Teil folgt durch Ableiten von (2.234), ebenfalls für $\phi = \Phi_t$ bei $t = 0$. $\qquad \square$

Die Lie-Ableitung erlaubt es nun, für eine positive Dichte $\mu > 0$ eine *Divergenz* von Vektorfeldern zu definieren. Sei $X \in \Gamma^\infty(TM)$, dann ist $\mathscr{L}_X \mu \in \Gamma^\infty(|\Lambda^n|T^*M)$ wieder eine Dichte und damit ein Funktionenvielfaches von μ, da $\mu\big|_p > 0$ für alle $p \in M$ und der Vektorraum der Dichten bei p eindimensional ist. Dies motiviert folgende Definition:

Definition 2.3.44 (Divergenz). *Sei $\mu \in \Gamma^\infty(|\Lambda^n|T^*M)$ eine positive Dichte $\mu > 0$ und $X \in \Gamma^\infty(TM)$ ein Vektorfeld. Die durch die Gleichung*

$$\mathscr{L}_X \mu = \operatorname{div}_\mu(X)\mu \qquad (2.237)$$

eindeutig bestimmte Funktion $\operatorname{div}_\mu(X) \in C^\infty(M)$ heißt Divergenz von X bezüglich μ.

Die Eigenschaften der Divergenz sowie die Abhängigkeit von div_μ von der (nicht kanonischen) Wahl von μ klärt folgendes Lemma:

Lemma 2.3.45. *Sei $\mu \in \Gamma^\infty(|\Lambda^n|T^*M)$ eine positive Dichte $\mu > 0$. Dann gilt*

$$\operatorname{div}_\mu(fX) = f\operatorname{div}_\mu(X) + X(f) \qquad (2.238)$$

für alle $f \in C^\infty(M)$ und $X \in \Gamma^\infty(TM)$ und $X \mapsto \operatorname{div}_\mu(X)$ ist linear. Ist $\tilde{\mu}$ eine weitere positive Dichte, so gilt $\tilde{\mu} = e^g\mu$ mit einer eindeutig bestimmten reellwertigen Funktion $g \in C^\infty(M)$ und

$$\operatorname{div}_{\tilde{\mu}}(X) = \operatorname{div}_\mu(X) + X(g). \qquad (2.239)$$

Beweis. Wir zeigen zunächst eine nützliche lokale Formel. Sei dazu (U, x) eine lokale Karte von M und sei Φ_t der (lokale) Fluß von X, wobei $X\big|_U = \sum_k X^k \frac{\partial}{\partial x^k}$. Mit

$$T_p\Phi_t\left(\frac{\partial}{\partial x^i}\right) = \frac{\partial \Phi_t^k}{\partial x^i}\bigg|_p \frac{\partial}{\partial x^k}$$

für $p \in U$ und t klein genug, damit $\Phi_t(p) \in U$, folgt

$$(\Phi_t^* \mu)\big|_p\left(\frac{\partial}{\partial x^1}\bigg|_p, \ldots, \frac{\partial}{\partial x^n}\bigg|_p\right) = \det\left(\frac{\partial \Phi_t^k}{\partial x^i}\bigg|_p\right)\mu\left(\frac{\partial}{\partial x^1}, \ldots, \frac{\partial}{\partial x^n}\right)\bigg|_{\Phi_t(p)}.$$

Die Ableitung bei $t = 0$ liefert dann zwei Beiträge: den der Ableitung der Determinante und den der Funktion $\mu\left(\frac{\partial}{\partial x^1}, \ldots, \frac{\partial}{\partial x^n}\right)\big|_{\Phi_t(p)}$. Es gilt daher unter Verwendung von $\Phi_0(p) = p$ sowie $T_p\Phi_t\big|_{t=0} = \mathsf{id}$

$$\frac{\mathrm{d}}{\mathrm{d}t}\bigg|_{t=0}(\Phi_t^* \mu)\big|_p\left(\frac{\partial}{\partial x^1}\bigg|_p, \ldots, \frac{\partial}{\partial x^n}\bigg|_p\right)$$

$$= \frac{\mathrm{d}}{\mathrm{d}t}\bigg|_{t=0}\det\left(\frac{\partial \Phi_t^k}{\partial x^i}\bigg|_p\right)\mu\left(\frac{\partial}{\partial x^1}, \ldots, \frac{\partial}{\partial x^n}\right)\bigg|_p + \mathscr{L}_X\left(\mu\left(\frac{\partial}{\partial x^1}, \ldots, \frac{\partial}{\partial x^n}\right)\right)\bigg|_p$$

$$= \frac{\mathrm{d}}{\mathrm{d}t}\bigg|_{t=0}\left(\sum_{k=1}^n \frac{\partial \Phi_t^k}{\partial x^k}(p)\right)\mu\left(\frac{\partial}{\partial x^1}, \ldots, \frac{\partial}{\partial x^n}\right)\bigg|_p + \mathscr{L}_X\left(\mu\left(\frac{\partial}{\partial x^1}, \ldots, \frac{\partial}{\partial x^n}\right)\right)\bigg|_p$$

$$= \sum_{k=1}^n \frac{\partial X^k}{\partial x^k}(p)\mu\left(\frac{\partial}{\partial x^1}, \ldots, \frac{\partial}{\partial x^n}\right)\bigg|_p + \mathscr{L}_X\left(\mu\left(\frac{\partial}{\partial x^1}, \ldots, \frac{\partial}{\partial x^n}\right)\right)\bigg|_p,$$

wobei wir wieder die Rechenregeln für die Ableitung einer Determinante wie auch im Beweis von Proposition 2.2.43 benutzt haben. Also folgt die lokale Formel

$$\mu\left(\frac{\partial}{\partial x^1}, \ldots, \frac{\partial}{\partial x^n}\right)\mathrm{div}_\mu(X) = \frac{\partial X^k}{\partial x^k}\mu\left(\frac{\partial}{\partial x^1}, \ldots, \frac{\partial}{\partial x^n}\right) + X^k \frac{\partial\mu\left(\frac{\partial}{\partial x^1}, \ldots, \frac{\partial}{\partial x^n}\right)}{\partial x^k}.$$

$$\tag{2.240}$$

Aus dieser Gleichung folgt (2.238) sofort. Weiter ist klar, daß für zwei positive Dichten μ und $\tilde{\mu}$ die *Funktion* $f = \tilde{\mu}/\mu \in C^\infty(M)$ ebenfalls positiv ist. Damit besitzt f einen eindeutigen glatten reellen Logarithmus $g = \overline{g} \in C^\infty(M)$, womit $\tilde{\mu} = e^g \mu$ folgt. Aus dieser Darstellung und der Leibniz-Regel für die Multiplikation einer Dichte mit einer Funktion in (2.235) folgt die Beziehung (2.239) direkt. $\qquad\square$

2.4 Aufgaben

Aufgabe 2.1 (Grassmann-Algebra und Symmetrische Algebra). Sei V ein $\Bbbk$-Vektorraum und $T^k(V) = \bigotimes^k V = \underbrace{V \otimes \cdots \otimes V}_{k\text{-mal}}$ die k-te Tensorpotenz von V sowie $T^0(V) = \Bbbk$ und

$$T^\bullet(V) = \bigoplus_{k=0}^\infty T^k(V). \qquad (2.241)$$

Elemente T in $T^\bullet(V)$ mit $T \in T^k(V)$ heißen *homogene Tensoren vom Grad* k. Man definiert die lineare *Gradabbildung* $\deg : T^\bullet(V) \longrightarrow T^\bullet(V)$ durch $\deg\big|_{T^k(V)} = k \operatorname{id}_{T^k(V)}$ für $k \in \mathbb{N}_0$. Also ist T genau dann homogen vom Grade k, wenn $\deg T = kT$.

i.) Zeigen Sie, daß das Tensorprodukt $\otimes$ den Vektorraum $T^\bullet(V)$ zu einer assoziativen Algebra mit Eins macht, wobei man $\alpha \otimes v = \alpha v = v \otimes \alpha$ für $\alpha \in \Bbbk$ und $v \in V$ setzt und die übliche Assoziativität von $\otimes$ verwendet. Zeigen Sie weiter, daß $\deg$ eine Derivation ist.

ii.) Zeigen Sie, daß durch lineare Fortsetzung von

$$\sigma \rhd (v_1 \otimes \cdots \otimes v_k) = v_{\sigma(1)} \otimes \cdots \otimes v_{\sigma(k)} \qquad (2.242)$$

eine Darstellung der symmetrischen Gruppe S_k auf $T^k(V)$ definiert wird. Zeigen Sie weiter, daß

$$\mathcal{A}lt_k = \frac{1}{k!} \sum_{\sigma \in S_k} \operatorname{sign}(\sigma)\sigma \rhd \quad \text{und} \quad \mathcal{S}ym_k = \frac{1}{k!} \sum_{\sigma \in S_k} \sigma \rhd \qquad (2.243)$$

Projektoren in $T^k(V)$ sind. Zeigen Sie so, daß auch $\mathcal{A}lt = \bigoplus_{k=0}^\infty \mathcal{A}lt_k$ und $\mathcal{S}ym = \bigoplus_{k=0}^\infty \mathcal{S}ym_k$ mit $\mathcal{A}lt_0 = \operatorname{id}_{\Bbbk} = \mathcal{S}ym_0$ Projektoren sind.

iii.) Sei nun $\Lambda(V) = \mathcal{A}lt(T^\bullet(V))$ und $S(V) = \mathcal{S}ym(T^\bullet(V))$. Zeigen Sie, daß

$$\Lambda^\bullet(V) = \bigoplus_{k=0}^\infty \Lambda^k(V) \quad \text{mit} \quad \Lambda^k(V) = \mathcal{A}lt_k(T^k(V)) \qquad (2.244)$$

und

$$S^\bullet(V) = \bigoplus_{k=0}^\infty S^k(V) \quad \text{mit} \quad S^k(V) = \mathcal{S}ym_k(T^k(V)). \qquad (2.245)$$

Definieren Sie entsprechend den *antisymmetrischen* und *symmetrischen* *Grad* $\deg_a$ und $\deg_s$ als die Einschränkung von $\deg$ auf $\Lambda^\bullet(V)$ und $S^\bullet(V)$.

iv.) Definieren Sie für $v \in \Lambda^k(V)$ und $w \in \Lambda^\ell(V)$ beziehungsweise $p \in S^k(V)$ und $q \in S^\ell(V)$ das $\wedge$-Produkt beziehungsweise das $\vee$-Produkt durch

$$v \wedge w = \frac{(k+\ell)!}{k!\,\ell!} \mathcal{A}lt(v \otimes w) \quad \text{und} \quad p \vee q = \frac{(k+\ell)!}{k!\,\ell!} \mathcal{S}ym(p \otimes q). \quad (2.246)$$

und setzen Sie es zu einer bilinearen Verknüpfung auf $\Lambda^\bullet(V)$ beziehungsweise $S^\bullet(V)$ fort. Zeigen Sie, daß $\Lambda^\bullet(V)$ beziehungsweise $S^\bullet(V)$ dadurch zu einer assoziativen, superkommutativen (bzw. kommutativen) Algebra mit Eins wird.

Hinweis: Zeigen Sie zunächst, daß für $\sigma \in S_k$ und $\mathrm{id}_\ell \in S_\ell$ die Permutation $\sigma \times \mathrm{id}_\ell \in S_{k+\ell}$ das selbe Signum wie σ besitzt. Zeigen Sie weiter, daß $\mathcal{A}lt_{k+\ell} \circ (\sigma \times \mathrm{id})\triangleright = \mathrm{sign}(\sigma)\,\mathcal{A}lt_{k+\ell}$. Folgern Sie so, daß $\mathcal{A}lt_{k+\ell} \circ (\mathcal{A}lt_k \otimes \mathrm{id}) = \mathcal{A}lt_{k+\ell} = \mathcal{A}lt_{k+\ell} \circ (\mathrm{id} \otimes \mathcal{A}lt_\ell)$. Verwenden Sie dieses Resultat um die Assoziativität von $\wedge$ zu zeigen, indem Sie zunächst $\mathcal{A}lt(\mathcal{A}lt(T) \otimes S) = \mathcal{A}lt(T \otimes S) = \mathcal{A}lt(T \otimes \mathcal{A}lt(S))$ für beliebige Tensoren T und S zeigen. Die Verteilung der Fakultäten in (2.246) ist dabei essentiell. Verfahren Sie analog für $\vee$.

v.) Zeigen Sie, daß $\deg_{\mathrm{a}}$ beziehungsweise $\deg_{\mathrm{s}}$ Derivationen von $\wedge$ beziehungsweise von $\vee$ sind.

vi.) Sei nun $\dim V = n < \infty$ und sei $e_1, \ldots, e_n$ eine Basis von V. Welche Dimensionen haben dann $\Lambda^k(V)$ und $\mathrm{S}^k(V)$. Geben Sie jeweils eine Basis an. Welche Dimension hat $\Lambda^\bullet(V)$ und $\mathrm{S}^\bullet(V)$?

vii.) Sei wieder $\dim V = n < \infty$. Mit $\Bbbk[x_1, \ldots, x_n]$ werde die Polynomalgebra in n Variablen über $\Bbbk$ bezeichnet. Zeigen Sie, daß es einen eindeutig bestimmten Algebraisomorphismus

$$\mathcal{J} : \mathrm{S}^\bullet(V) \overset{\cong}{\longrightarrow} \Bbbk[x_1, \ldots, x_n] \tag{2.247}$$

mit $\mathcal{J}(e_i) = x_i$ und $\mathcal{J}(1) = 1$ gibt.

viii.) Sei wieder $\dim V = n < \infty$ und sei V^* der Dualraum zu V. Sei $\mathrm{Pol}^\bullet(V^*)$ die assoziative, kommutative gradierte Algebra der *polynomialen* $\Bbbk$-*wertigen Funktionen* auf V^*. Zeigen Sie, daß es einen eindeutig bestimmten, *kanonischen* und mit den Gradierungen verträglichen Algebraisomorphismus

$$\mathrm{S}^\bullet(V) \overset{\cong}{\longrightarrow} \mathrm{Pol}^\bullet(V^*) \tag{2.248}$$

gibt, welcher $v \in V \subseteq \mathrm{S}^\bullet(V)$ die *lineare* Funktion $V^* \ni \alpha \mapsto \alpha(v) \in \Bbbk$ zuordnet. Können Sie den Beweis führen, *ohne* eine Basis zu wählen?

Die Algebra $\Lambda^\bullet(V)$ heißt *äußere Algebra* oder *Grassmann-Algebra* von V. Die Algebra $\mathrm{S}^\bullet(V)$ heißt *symmetrische Algebra* von V, siehe beispielsweise [145].

Aufgabe 2.2 (Die stereographische Projektion). Betrachten Sie die 2-Sphäre im $\mathbb{R}^3$, definiert durch

$$\mathbb{S}^2 = \left\{ \vec{p} \in \mathbb{R}^3 \mid \|\vec{p}\| = 1 \right\}, \tag{2.249}$$

versehen mit der von $\mathbb{R}^3$ induzierten Topologie. Offene Teilmengen von $\mathbb{S}^2$ sind also diejenigen Teilmengen, die sich als Schnitt von $\mathbb{S}^2$ mit einer offenen Teilmenge von $\mathbb{R}^3$ schreiben lassen. Betrachten Sie dann die stereographische Projektion vom Nordpol $N = (0, 0, 1) \in \mathbb{S}^2$ und vom Südpol $S = (0, 0, -1) \in \mathbb{S}^2$ aus, siehe Abbildung 2.8.

i.) Gegen Sie den (maximalen) Definitionsbereich und den Bildbereich der stereographischen Projektion an und berechnen Sie explizit die Koordinaten $y_S(\vec{p})$ und $x_N(\vec{p})$ in Abhängigkeit der kartesischen Koordinaten p_1, p_2, p_3 von $\vec{p} \in \mathbb{S}^2 \subseteq \mathbb{R}^3$. Offenbar sind sowohl x_N als auch y_S stetig.

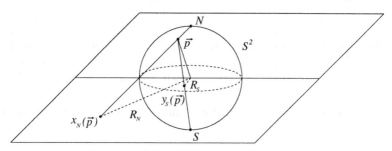

Abb. 2.8. Die stereographische Projektion

ii.) Bestimmen Sie die Umkehrabbildungen von x_N und y_S explizit. Hier ist
es hilfreich, die Abkürzung $R_N^2 = (x_N^1)^2 + (x_N^2)^2$ und entsprechend $R_S^2 = (y_S^1)^2 + (y_S^2)^2$ zu verwenden.

iii.) Geben Sie den maximalen Definitionsbereich des Kartenwechsels $x_N \circ y_S^{-1}$
sowie $y_S \circ x_N^{-1}$ an und zeigen Sie, daß der Kartenwechsel glatt, ja sogar
reell-analytisch ist. Damit wird $\mathbb{S}^2$ zu einer differenzierbaren (bzw. sogar
reell-analytischen) Mannigfaltigkeit.

iv.) Schreiben Sie die Koordinaten der Nordpolkarte als $z_N = x_N^1 + i x_N^2$ und
identifizieren Sie $\mathbb{R}^2 \cong \mathbb{C}$. Können Sie durch geeignete Redefinition der
Südpolkarte erreichen, daß der Kartenwechsel *holomorph* wird? Auf diese
Weise wird $\mathbb{S}^2$ sogar zu einer *komplexen Mannigfaltigkeit*.

Bemerkung: Auch die höheren Sphären $\mathbb{S}^n$, $n \geq 3$ lassen sich so zu differenzierbaren (bzw. reell-analytischen) Mannigfaltigkeiten machen, allerdings
läßt sich für $n \neq 2, 6$ nicht mehr erreichen, daß die Kartenwechsel holomorph
sind. Bei $\mathbb{S}^6$ ist es nicht ganz geklärt, aber das ist eine andere Geschichte...

Aufgabe 2.3 (Der Satz vom konstanten Rang). Sei $\phi : M \longrightarrow N$ glatt.
Dann definiert man den *Rang* von ϕ bei $p \in M$ als

$$\mathrm{rang}_p(\phi) = \mathrm{rang}(T_p\phi), \tag{2.250}$$

wobei $\mathrm{rang}(T_p\phi)$ den Rang der linearen Abbildung $T_p\phi : T_pM \longrightarrow T_{\phi(p)}N$
bezeichnet.

i.) Zeigen Sie, daß der Rang lokal nicht kleiner wird: Ist $\mathrm{rang}_p(\phi) = k$, so gibt
es eine offene Umgebung $U \subseteq M$ von p mit $\mathrm{rang}_q(\phi) \geq k$ für alle $q \in U$.
Hinweis: Berechnen Sie den Rang in Koordinaten und nutzen Sie die
Stetigkeit der Determinante!

ii.) Zeigen Sie folgenden Satz vom konstanten Rang:

*Satz (Satz vom konstanten Rang). Sei $p \in M$ so, daß rang(ϕ) auf
einer offenen Umgebung von p konstant gleich k ist. Dann gibt es Karten
(U, x) von M um p und (V, y) von N um $\phi(p)$ derart, daß $x(p) = 0$ und
$y(\phi(p)) = 0$ sowie*

$$y \circ \phi \circ x^{-1} : x(U) \ni (x^1, \ldots, x^m) \mapsto (x^1, \ldots, x^k, 0, \ldots, 0) \in y(V). \quad (2.251)$$

Anleitung (nach [54, Satz 5.4]): Zeigen Sie zunächst, daß man sich auf den Fall $M \subseteq \mathbb{R}^m$, $N \subseteq \mathbb{R}^n$, jeweils offen, sowie $\phi(0) = 0$ beschränken kann. Zeigen Sie weiter, daß man nach Umsortieren der Koordinaten $\text{rang}(\frac{\partial \phi^j}{\partial x^i})_{i,j=1,\ldots,k} = k$ annehmen kann. Betrachten Sie dann neue Koordinaten im Urbildraum und im Bildraum, welche folgendermaßen definiert werden: Sei

$$\chi : (x^1, \ldots, x^m) \mapsto (\phi^1(x), \ldots, \phi^k(x), x^{k+1}, \ldots, x^m) = (z^1, \ldots, z^m).$$

Zeigen Sie zunächst mit Hilfe des Satzes von der Umkehrfunktion, daß auf einer genügend kleinen offenen Umgebung von $0 \in \mathbb{R}^m$ die Abbildung χ ein Diffeomorphismus ist und betrachten Sie dann $\psi = \phi \circ \chi^{-1}$. Berechnen Sie die Jacobi-Matrix von ψ und zeigen Sie, daß $\frac{\partial \psi^i}{\partial z^j} = 0$ für $i = k+1, \ldots, n$. Setzen Sie $\tilde{y}^i = y^i - \psi^i(y^1, \ldots, y^k, 0, \ldots, 0)$ für $i = k+1, \ldots, n$, und betrachten Sie weiter die Abbildung

$$\eta : (y^1, \ldots, y^n) \mapsto (y^1, \ldots, y^k, \tilde{y}^{k+1}, \ldots, \tilde{y}^n)$$

und zeigen Sie, daß auch η auf einer genügend kleinen Umgebung von $0 \in \mathbb{R}^n$ ein Diffeomorphismus ist. Betrachten Sie dann $\Phi = \eta \circ \phi \circ \chi^{-1}$.

Aufgabe 2.4 (Untermannigfaltigkeiten und reguläre Werte). Sei $N \subseteq M$ eine Teilmenge einer Mannigfaltigkeit M. Eine Karte (U, x) um $p \in N$ von M heißt *Untermannigfaltigkeitskarte für N* der Dimension $n \leq m$, falls

$$x(U \cap N) \subseteq \mathbb{R}^n \times \{0\} \subseteq \mathbb{R}^m \quad (2.252)$$

und das Bild aufgefaßt als Teilmenge in $\mathbb{R}^n$ offen ist. Hier wird $\mathbb{R}^n \times \{0\}$ in der üblichen Weise als Unterraum von $\mathbb{R}^m$ aufgefaßt, siehe Abbildung 2.9. Gibt es zu jedem Punkt $p \in N$ eine Untermannigfaltigkeitskarte um p, so heißt N *Untermannigfaltigkeit* von M. Die Zahl $\text{codim}(N) = m - n$ heißt *Kodimension* von N in M. Der Tangentialraum T_pN von p an N ist ein Untervektorraum von T_pM, den man beispielsweise dadurch erhält, daß man nur solche Tangentialvektoren an M nimmt, die sich als Tangentialvektoren von Kurven in N schreiben lassen.

Sei $\phi : M \longrightarrow N$ eine glatte Abbildung. Ein Punkt $w \in N$ heißt *regulärer Wert* von ϕ, wenn für alle Punkte $p \in \phi^{-1}(\{w\})$ die Abbildung $T_p\phi$ surjektiv ist. Insbesondere ist w ein regulärer Wert, wenn w *nicht* im Bild liegt.

i.) Zeigen Sie, daß eine Untermannigfaltigkeit N eine n-dimensionale Mannigfaltigkeit ist, indem Sie die Untermannigfaltigkeitskarten dazu verwenden, um einen Atlas für N zu konstruieren.

ii.) Sei $w \in N$ ein regulärer Wert von $\phi : M \longrightarrow N$ und sei $\phi^{-1}(\{w\}) \subseteq M$ nicht leer. Zeigen Sie, daß dann $\phi^{-1}(\{w\})$ eine Untermannigfaltigkeit von M ist. Was ist die Dimension von $\phi^{-1}(\{w\})$, ausgedrückt durch die Dimensionen von M und N?

Hinweis: Verwenden Sie den Satz vom lokal konstanten Rang.

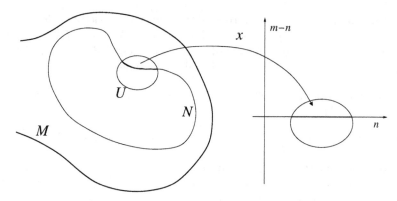

Abb. 2.9. Untermannigfaltigkeitskarte

iii.) Zeigen Sie daß folgende Teilmengen von $\mathbb{R}^N$ Untermannigfaltigkeiten sind und geben Sie die Dimensionen an:
(a) Die Sphären $\mathbb{S}^n \subseteq \mathbb{R}^{n+1}$.
(b) Die invertierbaren $n \times n$ Matrizen $\mathrm{GL}_n(\mathbb{R}) \subseteq \mathbb{R}^{n^2}$.
(c) Die speziellen invertierbaren $n \times n$ Matrizen $\mathrm{SL}_n(\mathbb{R})$.
(d) Die speziell orthogonalen Matrizen $\mathrm{SO}(n)$ sowie die speziellen pseudo-orthogonalen Matrizen $\mathrm{SO}(n,m)$ bezüglich des Skalarprodukt $\eta = \mathrm{diag}(+1,\dots,+1,-1,\dots,-1)$ der Signatur (n,m).
(e) Die unitären Matrizen $\mathrm{U}(n)$ und die speziellen unitären Matrizen $\mathrm{SU}(n)$.
(f) Die symplektischen Matrizen $\mathrm{Sp}_{2n}(\mathbb{R})$.
Hinweis: Finden Sie geeignete Abbildungen, so daß obige Teilmengen die Urbilder eines regulären Wertes sind.

Aufgabe 2.5 (Lie-Ableitung und äußere Ableitung). Sei $H \in C^\infty(M)$, $\alpha \in \Gamma^\infty(T^*M)$ und $\omega \in \Gamma^\infty(\Lambda^2 T^*M)$. Weiter seien $X, Y, Z \in \Gamma^\infty(TM)$.
Zeigen Sie mit Hilfe von Satz 2.2.24, daß durch die rechten Seiten folgender Gleichungen tatsächlich Differentialformen definiert werden und daß sie mit den linken Seiten übereinstimmen:

$$(\mathscr{L}_X \alpha)(Y) = X(\alpha(Y)) - \alpha([X,Y]) \tag{2.253}$$

$$(\mathscr{L}_X \omega)(Y,Z) = X(\omega(Y,Z)) - \omega([X,Y],Z) - \omega(Y,[X,Z]) \tag{2.254}$$

$$(\mathrm{d}H)(X) = X(H) \tag{2.255}$$

$$(\mathrm{d}\alpha)(X,Y) = X(\alpha(Y)) - Y(\alpha(X)) - \alpha([X,Y]) \tag{2.256}$$

$$(\mathrm{d}\omega)(X,Y,Z) = X(\omega(Y,Z)) + Y(\omega(Z,X)) + Z(\omega(X,Y))$$
$$- \omega([X,Y],Z) - \omega([Y,Z],X) - \omega([Z,X],Y) \tag{2.257}$$

Aufgabe 2.6 (Pull-back und push-forward von Vektorfeldern). Sei $\phi : M \longrightarrow N$ ein Diffeomorphismus. Sei weiterhin $X \in \Gamma^\infty(TM)$ und $Y \in \Gamma^\infty(TN)$. Bestimmen Sie explizit und punktweise den push-forward $\phi_* X$ von X sowie den pull-back $\phi^* Y$ von Y mit Hilfe der Tangentialabbildung $T_p \phi$.

Aufgabe 2.7 (Surjektive Submersionen). Betrachten Sie eine surjektive Submersion $\pi : M \longrightarrow M'$.

i.) Zeigen Sie, daß es für jeden Punkt $p \in M'$ eine offene Umgebung $U \subseteq M'$ und eine glatte Abbildung $\sigma : U \longrightarrow M$ mit $\pi \circ \sigma = \mathrm{id}_U$ gibt.
  Hinweis: Satz vom lokal konstanten Rang, Aufgabe 2.3.
ii.) Zeigen Sie, daß eine Abbildung $\phi : M' \longrightarrow N$ in eine weitere Mannigfaltigkeit N genau dann glatt ist, wenn $\phi \circ \pi : M \longrightarrow N$ glatt ist.

Bemerkung: Dieses Kriterium für die Glattheit von Abbildungen wird sich als sehr wichtig für den Fall erweisen, daß $M' = M/G$ der Quotientenraum einer netten (beispielsweise freien und eigentlichen) Gruppenwirkung einer Lie-Gruppe G auf M ist, siehe dazu auch Abschnitt 3.3.1.

Aufgabe 2.8 (ϕ-verwandte Vektorfelder). Im allgemeinen kann man mit einer beliebigen glatten Abbildung $\phi : M \longrightarrow N$ Vektorfelder weder von M nach N noch zurück transportieren. Aus diesem Grunde nennt man Vektorfelder $X \in \Gamma^\infty(TM)$ und $Y \in \Gamma^\infty(TN)$ ϕ-*verwandt* (oder ϕ-*bezogen*), wenn punktweise

$$T_p \phi \, (X_p) = Y_{\phi(p)} \tag{2.258}$$

für alle $p \in M$ gilt. Man schreibt in diesem Fall auch $X \sim_\phi Y$.

i.) Begründen Sie, warum man bei gegebenem X durch die linke Seite von (2.258) im allgemeinen *kein* Vektorfeld auf N definieren kann.
ii.) Zeigen Sie, daß für $X \sim_\phi Y$ und $X' \sim_\phi Y'$ und $\alpha, \beta \in \mathbb{R}$

$$\alpha X + \beta X' \sim_\phi \alpha Y + \beta Y' \tag{2.259}$$

sowie

$$[X, X'] \sim_\phi [Y, Y'] \tag{2.260}$$

gilt.
  Hinweis: Es genügt, die Definition eines Tangentialvektors und die punktweise Definition von $T\phi$ zu verwenden.

Aufgabe 2.9 (Das Poincaré-Lemma). Sei $\xi \in \Gamma^\infty(T\mathbb{R}^n)$ das *Euler-Vektorfeld* $\xi(x) = x$, wobei hier wie im folgenden der Tangentialraum $T_x \mathbb{R}^n$ bei x mit $\mathbb{R}^n$ identifiziert werde. Sei weiter $\alpha : \mathbb{R} \times \mathbb{R}^n \longrightarrow \mathbb{R}^n$ definiert durch

$$\alpha : (t, x) \mapsto \alpha(t, x) = \alpha_t(x) = tx. \tag{2.261}$$

i.) Berechnen Sie den Fluß zu ξ und zeigen Sie so, daß

$$\frac{\mathrm{d}}{\mathrm{d}t}\alpha_t^* = \frac{1}{t}\alpha_t^* \,\mathscr{L}_\xi \tag{2.262}$$

für $t \neq 0$. Da die linke Seite offenbar auch für $t = 0$ definiert ist, liefert dies eine Fortsetzung der rechten Seite für $t = 0$.

Hinweis: Es genügt, Funktionen zu betrachten, da die äußere Ableitung mit jedem pull-back vertauscht. Somit kann man das übliche Argument mit den lokalen Erzeugenden der Differentialformen anwenden.

ii.) Berechnen Sie $T_x\alpha_t$ für alle t und zeigen Sie

$$\frac{1}{t}\alpha_t^*(\mathrm{i}_\xi\,\omega)\Big|_x(\cdots) = t^{k-1}\omega\Big|_{tx}(x,\cdots). \tag{2.263}$$

Da die rechte Seite auch für $t = 0$ definiert ist, liefert dies eine Fortsetzung der linken Seite für $t = 0$.

iii.) Definieren Sie nun den *Homotopie-Operator* $h : \Omega^k(\mathbb{R}^n) \longrightarrow \Omega^{k-1}(\mathbb{R}^n)$ durch

$$h(\omega) = \int_0^1 \frac{1}{t}\alpha_t^*(\mathrm{i}_\xi\,\omega)\mathrm{d}t \tag{2.264}$$

und zeigen Sie, daß

$$h\mathrm{d}\omega + \mathrm{d}h\omega = \omega - \alpha_0^*\omega. \tag{2.265}$$

Die Integration ist so zu verstehen, daß man zuerst punktweise auf $k-1$ Tangentialvektoren auswertet und dann die verbleibende t-abhängige Funktion integriert.

Hinweis: Hauptsatz der Differential- und Integralrechnung und Cartan-Formel.

iv.) Bestimmen Sie $\alpha_0^*\omega$ und berechnen Sie so die deRham-Kohomologie von $\mathbb{R}^n$ in allen Formengraden. Zeigen Sie so das Poincaré-Lemma und insbesondere Korollar 2.3.26.

Aufgabe 2.10 (div-rot-grad **im** $\mathbb{R}^3$). Sei $\vec{A} \in \Gamma^\infty(T\mathbb{R}^3)$ ein Vektorfeld im $\mathbb{R}^3$ mit Komponenten $\vec{A}(\vec{x}) = A^i(\vec{x})\vec{e}_i$, wobei $\vec{e}_i = \frac{\partial}{\partial x^i}$ die Koordinatenvektorfelder der kanonischen globalen Koordinaten x^1, x^2, x^3 sind. Durch die Definition

$$A(\vec{x}) = A_i(\vec{x})\mathrm{d}x^i \quad \text{mit} \quad A_i(\vec{x}) = A^i(\vec{x}) \tag{2.266}$$

können Sie jedem Vektorfeld $\vec{A}$ eine Einsform $A \in \Gamma^\infty(T^*\mathbb{R}^3)$ zuordnen.

i.) Zeigen Sie, daß die Zuordnung (2.266) eine $C^\infty(\mathbb{R}^3)$-lineare Bijektion ist. Finden Sie eine entsprechende Bijektion, die jedem Vektorfeld $\vec{B}$ eine Zweiform B zuordnet. Dies ist (nur) in drei Dimensionen möglich. Finden Sie weiter eine möglichst „kanonische" $C^\infty(\mathbb{R}^3)$-lineare Bijektion von $C^\infty(\mathbb{R}^3)$ und $\Gamma^\infty(\Lambda^3 T^*\mathbb{R}^3)$. Hier bestehen gewisse Freiheiten bei der Wahl von Vorzeichen.

ii.) Zeigen Sie, daß der Gradient grad f einer Funktion f unter den obigen Bijektionen gerade dem Differential df entspricht. Wählen Sie die Vorzeichen geschickt, so daß die Rotation rot $\vec{A}$ gerade der äußeren Ableitung dA und ebenso die Divergenz div $\vec{B}$ der äußeren Ableitung dB entspricht. Folgern Sie so, daß

$$\text{div} \circ \text{rot} = 0 \quad \text{und} \quad \text{rot} \circ \text{grad} = 0. \tag{2.267}$$

iii.) Zeigen Sie, daß jedes auf $\mathbb{R}^3$ glatte rotationsfreie Vektorfeld ein Gradientenfeld und jedes glatte divergenzfreie Vektorfeld die Rotation eines anderen Vektorfeldes ist. Benutzen Sie die explizite Homotopie h aus Aufgabe 2.9, um zu einem Magnetfeld $\vec{B}$ explizit ein Vektorpotential $\vec{A}$ zu konstruieren.

Aufgabe 2.11 (Polynomiale Differentialformen). Betrachten Sie einen n-dimensionalen reellen Vektorraum V als differenzierbare Mannigfaltigkeit und die Differentialformen $\Omega^\bullet(V)$ auf V. Sei weiter $e_1, \ldots, e_n$ eine Basis von V und $e^1, \ldots, e^n$ die duale Basis von V^*.

i.) Zeigen Sie, daß als $\mathbb{Z}$-gradierte $C^\infty(V)$-Moduln auf kanonische Weise

$$\Omega^\bullet(V) \cong C^\infty(V) \otimes \Lambda^\bullet(V^*) \tag{2.268}$$

gilt, wobei die $C^\infty(V)$-Modulstruktur der rechten Seite einfach durch Multiplikation im ersten Tensorfaktor gegeben ist, indem Sie Tensoren in $\Lambda^\bullet(V^*)$ als *konstante* Differentialformen auf V interpretieren.

ii.) Eine Differentialform $\omega \in \Omega^k(V)$ heißt *polynomial*, wenn die Koeffizientenfunktionen von ω bezüglich der kanonischen Basis $e^{i_1} \wedge \cdots \wedge e^{i_k}$ polynomial sind. Diese Definition hängt offenbar *nicht* von der Wahl der Basis von V ab (warum?). Die polynomialen Differentialformen seien mit $\Omega^\bullet_{\text{pol}}(V)$ bezeichnet. Zeigen Sie, daß unter obigem Isomorphismus (2.268) gilt, daß

$$\Omega^\bullet_{\text{pol}}(V) \cong \mathrm{S}^\bullet(V^*) \otimes \Lambda^\bullet(V^*), \tag{2.269}$$

wobei der erste Grad der rechten Seite dem Polynomgrad entspricht. Zeigen Sie, daß dem $\wedge$-Produkt der Differentialformen folgendes Produkt

$$(f \otimes \alpha)(g \otimes \beta) = (f \vee g) \otimes (\alpha \wedge \beta) \tag{2.270}$$

in $\mathrm{S}^\bullet(V^*) \otimes \Lambda^\bullet(V^*)$ entspricht, wobei $f, g \in \mathrm{S}^\bullet(V^*)$, $\alpha, \beta \in \Lambda^\bullet(V^*)$ und (2.270) bilinear fortgesetzt sei.

Hinweis: Verwenden Sie Aufgabe 2.1, Teil *viii.)*.

iii.) Zeigen Sie, daß sich der Operator

$$\delta(f \otimes \alpha) = \mathrm{i_s}(e_i)f \otimes e^i \wedge \alpha \tag{2.271}$$

linear zu einem basisunabhängigen Operator $\delta : \mathrm{S}^\bullet(V^*) \otimes \Lambda^\bullet(V^*) \longrightarrow \mathrm{S}^{\bullet-1}(V^*) \otimes \Lambda^{\bullet+1}(V^*)$ fortsetzt und $\delta^2 = 0$ erfüllt. Zeigen Sie weiter, daß δ eine Superderivation des Produkts (2.270) vom antisymmetrischen Grad $+1$ ist. Welchem Operator entspricht δ unter dem Isomorphismus (2.269)?

iv.) Definieren Sie analog den Operator

$$\delta^*(f \otimes \alpha) = e^i \vee f \otimes \mathrm{i_a}(e_i)\alpha, \qquad (2.272)$$

und zeigen Sie, daß δ^* eine Superderivation vom antisymmetrischen Grad -1 ist und $(\delta^*)^2 = 0$ erfüllt. Betrachten Sie weiter die Grad-Derivationen $\deg_\mathrm{s}$ und $\deg_\mathrm{a}$, welche durch lineare Fortsetzung von

$$\deg_\mathrm{s}(f \otimes \alpha) = kf \otimes \alpha \quad \text{und} \quad \deg_\mathrm{a}(f \otimes \alpha) = \ell f \otimes \alpha \qquad (2.273)$$

festgelegt sind, wobei $f \otimes \alpha \in \mathrm{S}^k(V^*) \otimes \Lambda^\ell(V^*)$.

v.) Zeigen Sie, daß

$$\delta\delta^* + \delta^*\delta = \deg_\mathrm{s} + \deg_\mathrm{a}. \qquad (2.274)$$

vi.) Definieren Sie $\sigma : \mathrm{S}^\bullet(V^*) \otimes \Lambda^\bullet(V^*) \longrightarrow \mathbb{R}$ als Projektion auf den Anteil mit symmetrischem und antisymmetrischem Grad 0. Definieren Sie weiter den Operator δ^{-1} durch lineare Fortsetzung von

$$\delta^{-1}(f \otimes \alpha) = \begin{cases} 0 & \text{falls } k = 0 = \ell \\ \frac{1}{k+\ell}\delta^*(f \otimes \alpha) & \text{falls } k + \ell \neq 0, \end{cases} \qquad (2.275)$$

wobei $\deg_\mathrm{s} f = kf$ und $\deg_\mathrm{a} \alpha = \ell\alpha$. Zeigen Sie damit die Gleichung

$$\delta\delta^{-1} + \delta^{-1}\delta + \sigma = \mathrm{id}, \qquad (2.276)$$

und folgern Sie das Poincaré-Lemma für polynomiale Differentialformen: Ist ω eine geschlossene polynomiale ℓ-Form mit $\ell > 0$, so gibt es eine polynomiale $(\ell - 1)$-Form μ mit $\mathrm{d}\mu = \omega$.

vii.) Vergleichen Sie (2.276) mit der Homotopie h in Aufgabe 2.9 unter Verwendung des Isomorphismus (2.269).

Aufgabe 2.12 (Das Möbius-Band).   Basteln Sie aus einem langen und schmalen Streifen Papier ein Möbius-Band.

i.) Interpretieren Sie dieses als Geradenbündel über $\mathbb{S}^1$ und zeichnen Sie den Nullschnitt ein. Zeichnen Sie ebenfalls die Fasern ein und machen Sie sich so klar, wieso das Möbius-Band ein nichttrivales Geradenbündel ist.

ii.) Benutzen Sie nun einige kreisförmige Papierscheiben, deren Durchmesser gleich der Breite des Möbius-Bandes ist, und schneiden Sie jene längs eines Radius ein. Stecken Sie sie auf das Möbius-Band und visualisieren Sie so, daß das Möbius-Band als Unterbündel eines *trivialen* Vektorbündels mit typischer Faser $\mathbb{R}^2$ über $\mathbb{S}^1$ aufgefaßt werden kann. Zeichnen Sie schließlich das punktweise in $\mathbb{S}^1$ gebildete orthogonale Komplement des Möbius-Bandes in dem $\mathbb{R}^2$-Bündel ein und argumentieren Sie so, daß das Komplement selbst wieder ein Möbius-Band ist.

iii.) Fassen Sie nun das Möbius-Band als eine nichtkompakte zweidimensionale Mannigfaltigkeit auf. Zeichnen Sie in Ihr Modell die Definitionsbereiche von *zwei* Karten ein, so daß diese einen Atlas bilden.

iv.) Argumentieren Sie graphisch mit Ihrem Modell, daß das Möbius-Band als Mannigfaltigkeit nicht orientierbar ist. Zeichnen Sie hierzu in Ihrem Atlas die Koordinatenlinien ein und argumentieren Sie, wieso es keine Redefinition der Karten gibt, welche eine positive Jacobi-Determinante des Kartenwechsels ermöglicht.

Aufgabe 2.13 (Der zurückgezogene Zusammenhang). Betrachten Sie zunächst ein Vektorbündel $F \longrightarrow N$ über N mit Faserdimension k und eine glatte Abbildung $\phi : M \longrightarrow N$. Sei weiter $E = \phi^{\#}F \longrightarrow M$ das mit ϕ nach M zurückgezogene Vektorbündel. Sei nun eine kovariante Ableitung ∇^{F} für F gegeben. Sind $e_{\alpha} \in \Gamma^{\infty}(F|_{V})$, $\alpha = 1, \ldots k$, auf $V \subseteq N$ definierte, lokale Basisvektorfelder von F, so sind die *Zusammenhangseinsformen* $A_{\alpha}^{\beta} \in \Gamma^{\infty}(T^{*}V)$ durch

$$\nabla_{X}e_{\alpha} = A_{\alpha}^{\beta}(X)e_{\beta} \tag{2.277}$$

definiert. Umgekehrt liefert die Vorgabe von Zusammenhangseinsformen A_{α}^{β} auf V lokal einen Zusammenhang (wie?).

i.) Bestimmen Sie das Transformationsverhalten der Zusammenhangseinsformen unter einem „Basiswechsel".

Anleitung: Seien also $\tilde{e}_{\gamma} \in \Gamma^{\infty}(F|_{\tilde{V}})$, $\gamma = 1, \ldots, k$ auf $\tilde{V}$ definierte, lokale Basisvektorfelder mit auf $\tilde{V}$ definierten Zusammenhangseinsformen $\tilde{A}_{\gamma}^{\delta}$. Zeigen Sie zunächst, daß es eine Matrix von lokal auf $V \cap \tilde{V}$ definierten Funktionen $\Phi_{\alpha}^{\gamma} \in C^{\infty}(V \cap \tilde{V})$ mit $e_{\alpha} = \Phi_{\alpha}^{\gamma}\tilde{e}_{\gamma}$ gibt, wobei die Matrix (Φ_{α}^{γ}) invertierbar ist. Zeigen Sie so, daß

$$A_{\alpha}^{\beta}(X) = (\Phi^{-1})_{\gamma}^{\beta}(\mathrm{d}\Phi_{\alpha}^{\gamma})(X) + (\Phi^{-1})_{\delta}^{\beta}\tilde{A}_{\gamma}^{\delta}(X)\Phi_{\alpha}^{\gamma} \tag{2.278}$$

gilt, was man kurz in Matrixschreibweise als

$$A = \Phi^{-1}(\mathrm{d}\Phi) + \Phi^{-1}\tilde{A}\Phi \tag{2.279}$$

schreibt.

ii.) Zeigen Sie umgekehrt, daß die Angabe von lokalen Einsformen A_{α}^{β} auf V bezüglich von Basisvektorfeldern e_{α} einen *globalen* Zusammenhang definiert, falls die V's ganz N überdecken und die A's sich bei Basiswechsel gemäß (2.279) transformieren.

iii.) Betrachten Sie nun die Krümmungszweiformen $B(X,Y)_{\alpha}^{\beta}$, welche durch

$$R(X,Y)e_{\alpha} = B(X,Y)_{\alpha}^{\beta}e_{\beta}, \tag{2.280}$$

definiert werden, wobei $R \in \Gamma^{\infty}(\Lambda^{2}T^{*}N \otimes \mathsf{End}(F))$ den Krümmungstensor von ∇ darstellt. Zeigen Sie, daß die Krümmungszweiformen B_{α}^{β} durch die Zusammenhangseinsformen A_{α}^{β} und deren Differentiale ausgedrückt werden können

$$B_{\alpha}^{\beta} = \mathrm{d}A_{\alpha}^{\beta} + A_{\gamma}^{\beta} \wedge A_{\alpha}^{\gamma}, \tag{2.281}$$

also kurz $B = \mathrm{d}A + A \wedge A$. Zeigen Sie so die *Bianchi-Identität*

$$dB = [B, A], \qquad (2.282)$$

wobei der Matrixkommutator bezüglich des $\wedge$-Produkts zu nehmen ist.

iv.) Betrachten Sie nun das zurückgezogene Bündel. Zeigen Sie, daß die zurückgezogenen Schnitte $\phi^\# e_\alpha$ auf $\phi^{-1}(V)$ lokale Basisvektorfelder von $\phi^\# F$ bilden und drücken Sie den Basiswechsel zwischen $\phi^\# e_\alpha$ und $\phi^\# \tilde{e}_\gamma$ durch die Matrix Φ aus.

v.) Zeigen Sie, daß die Definition

$$\nabla^\#_Y s = (\mathscr{L}_Y s^\alpha)\phi^\# e_\alpha + s^\alpha (\phi^* A^\beta_\alpha)(Y)\phi^\# e_\beta, \quad \text{mit} \quad Y \in \Gamma^\infty(TM)$$
$$(2.283)$$

lokal einen Zusammenhang $\nabla^\#$ auf $U = \phi^{-1}(V)$ von $E = \phi^\# F$ definiert, wobei $s = s^\alpha \phi^\# e_\alpha$ die lokale Darstellung eines beliebigen Schnittes bezüglich der zurückgezogenen Basisvektorfelder $\phi^\# e_\alpha$ ist. Betrachten Sie explizit einen Basiswechsel und zeigen Sie so, daß $\nabla^\#$ tatsächlich *global* erklärt ist, also nicht von der Wahl der lokalen Basisvektorfelder e_α abhängt und somit einen global erklärten Zusammenhang $\nabla^\#$, den *zurückgezogenen Zusammenhang*, von $\phi^\# F$ definiert.

vi.) Berechnen Sie die Zusammenhangseinsformen und die Krümmungszweiformen des zurückgezogenen Zusammenhangs bezüglich der zurückgezogenen Basisvektorfelder. Was fällt auf?

Aufgabe 2.14 (Torsion und torsionsfreie Zusammenhänge). Sei ∇ eine kovariante Ableitung für das Tangentenbündel TM und $\mathrm{Tor}(X, Y) = \nabla_X Y - \nabla_Y X - [X, Y]$ die Torsion von ∇. Seien weiter in einer lokalen Karte (U, x) die *Christoffel-Symbole* Γ^k_{ij} von ∇ durch

$$\nabla_{\frac{\partial}{\partial x^i}} \frac{\partial}{\partial x^j} = \Gamma^k_{ij} \frac{\partial}{\partial x^k} \qquad (2.284)$$

definiert.

i.) Zeigen Sie, daß die Torsion von ∇ ein Tensorfeld $\mathrm{Tor} \in \Gamma^\infty(\Lambda^2 T^*M \otimes TM)$ ist, indem Sie Satz 2.2.24 verwenden.

ii.) Bestimmen Sie die Koeffizientenfunktionen T^k_{ij} des Torsionstensors in Abhängigkeit der Christoffel-Symbole. Welche Eigenschaft der Christoffel-Symbole kennzeichnet also eine torsionsfreie kovariante Ableitung?

iii.) Zeigen Sie, daß $\widetilde{\nabla}_X Y = \nabla_X Y - \frac{1}{2} \mathrm{Tor}(X, Y)$ eine torsionsfreie kovariante Ableitung ist.

iv.) Sei nun ∇ torsionsfrei. Setzen Sie ∇ wie üblich auf alle Tensorbündel über M fort und betrachten Sie insbesondere die antisymmetrischen Differentialformen. Zeigen Sie, daß

$$dx^i \wedge \nabla_{\frac{\partial}{\partial x^i}} \alpha = d\alpha \qquad (2.285)$$

für alle $\alpha \in \Gamma^\infty(\Lambda^\bullet T^*M)$, indem Sie die Derivationseigenschaften beider Seiten ausnutzen und die Identität auf Funktionen und Einsformen nachprüfen.

v.) Zeigen Sie: Ist ∇ torsionsfrei und $\omega \in \Gamma^\infty(\Lambda^\bullet T^*M)$ eine kovariant konstante Differentialform $\nabla\omega = 0$, so ist ω geschlossen.

vi.) Sei R der Krümmungstensor eines torsionsfreien Zusammenhangs ∇. Zeigen Sie die (erste) *Bianchi-Identität*

$$R(X,Y)Z + R(Y,Z)X + R(Z,X)Y = 0 \tag{2.286}$$

für $X, Y, Z \in \Gamma^\infty(TM)$.

3

Symplektische Geometrie

In der symplektischen Geometrie werden die für die Hamiltonsche Mechanik relevanten Eigenschaften des Phasenraumes $\mathbb{R}^{2n}$ geometrisch gedeutet und entsprechend verallgemeinert. Dazu werden wir in diesem Kapitel zunächst die Grundlagen der symplektischen Geometrie diskutieren und allgemeine symplektische Mannigfaltigkeiten als Phasenräume betrachten. Der zentrale Begriff ist dabei die symplektische Form, aus dem alle weiteren Begriffe wie Hamiltonsche Vektorfelder und Poisson-Klammern erhalten werden. Das Darboux-Theorem wird schließlich zeigen, daß jede symplektische Mannigfaltigkeit zumindest lokal so aussieht wie unser Beispiel $\mathbb{R}^{2n}$. In einem zweiten Abschnitt diskutieren wir die für die Physik besonders wichtigen Beispiele. Zuerst sind dabei die Kotangentenbündel mit ihrer kanonischen symplektischen Struktur zu nennen. Diese erfahren ihre physikalische Deutung als Phasenräume von Teilchen, die sich in einem beliebigen Konfigurationsraum bewegen. Hier läßt sich die Beziehung von Lagrangescher und Hamiltonscher Mechanik auf einfache geometrische Weise verstehen. Die zweite große Beispielklasse sind die Kähler-Mannigfaltigkeiten, welche später insbesondere in der Quantisierung besondere Aufmerksamkeit verdienen. Abschließend diskutieren wir in diesem Kapitel die Beziehungen von Symmetrien und Erhaltungsgrößen in der Hamiltonschen Mechanik, wobei der Begriff der symplektischen Gruppenwirkung und der Impulsabbildung im Vordergrund stehen werden. So erhält man zum einen eine geometrische Version des wohlbekannten Noether-Theorems, zum anderen einen ersten Zugang zur Theorie der Phasenraumreduktion. Als weiterführende Literatur seien vor allem [1, 11, 72, 149, 221, 231, 259, 275, 301] genannt.

3.1 Symplektische Mannigfaltigkeiten als Phasenräume

Der Begriff der symplektischen Mannigfaltigkeit verallgemeinert die symplektische Struktur ω_0 des Phasenraumes $\mathbb{R}^{2n}$ und stellt die Geometrie, die der Hamiltonschen Mechanik zugrundeliegt, in ein klareres Licht.

3.1.1 Definitionen und erste Eigenschaften

Wir beginnen mit dem grundlegenden Begriff einer symplektischen Mannigfaltigkeit:

Definition 3.1.1 (Symplektische Mannigfaltigkeit). *Eine symplektische Mannigfaltigkeit ist eine Mannigfaltigkeit M mit einer punktweise nichtausgearteten geschlossenen Zweiform $\omega \in \Gamma^\infty(\Lambda^2 T^*M)$, der symplektischen Form.*

Unser bisheriges Beispiel eines Phasenraums, nämlich $\mathbb{R}^{2n}$, ist mit der kanonischen symplektischen Form $\omega_0 = \mathrm{d}q^i \wedge \mathrm{d}p_i$ offenbar eine symplektische Mannigfaltigkeit. Die Bedeutung der Geschlossenheit von ω, also

$$\mathrm{d}\omega = 0, \tag{3.1}$$

wird im Laufe dieses Abschnitts klar werden. Als erste Motivation für (3.1) mag die Tatsache dienen, daß im fundamentalen Beispiel $\mathbb{R}^{2n}$ die kanonische symplektische Form ω_0 *konstant* also insbesondere geschlossen ist, siehe Definition 1.2.6. Der Begriff „konstant" ist geometrisch natürlich nur in Bezug auf die globale Karte von $\mathbb{R}^{2n}$ sinnvoll.

Bemerkung 3.1.2. Notwendigerweise ist $\dim M = 2n$ *gerade*. Trotzdem gibt es $2n$-dimensionale Mannigfaltigkeiten, die *keine* symplektische Form zulassen.

Definition 3.1.3 (Symplektomorphismus). *Ein Diffeomorphismus ϕ : $M \longrightarrow N$ zwischen zwei symplektischen Mannigfaltigkeiten (M, ω) und (N, ω') heißt symplektisch (kanonische Transformation, Symplektomorphismus), falls*

$$\phi^* \omega' = \omega. \tag{3.2}$$

Es ist klar, daß die symplektischen Diffeomorphismen $M \longrightarrow M$ eine Gruppe bilden. Diese wird als *Symplektomorphismengruppe* $\mathrm{Sympl}(M)$ bezeichnet. Die infinitesimale Version von (3.2) liefert den Begriff des symplektischen Vektorfeldes:

Definition 3.1.4. *Ein Vektorfeld $X \in \Gamma^\infty(TM)$ heißt symplektisch, falls*

$$\mathscr{L}_X \omega = 0. \tag{3.3}$$

Proposition 3.1.5. *Die symplektischen Vektorfelder bilden eine Lie-Unteralgebra von $\Gamma^\infty(TM)$. Ist Φ_t der Fluß von $X \in \Gamma^\infty(TM)$, so ist X genau dann symplektisch, wenn $\Phi_t : M \longrightarrow M$ für alle t symplektisch ist.*

Beweis. Es gilt $\mathscr{L}_{[X,Y]}\,\omega = \mathscr{L}_X \mathscr{L}_Y\,\omega - \mathscr{L}_Y \mathscr{L}_X\,\omega = 0$, also ist $[X, Y]$ wieder symplektisch. Damit folgt die erste Behauptung. Weiter gilt für symplektisches X

$$\frac{\mathrm{d}}{\mathrm{d}t}\Phi_t^*\omega = \Phi_t^* \mathscr{L}_X\,\omega = 0,$$

also $\Phi_t^*\omega = \Phi_0^*\omega = \omega$. Ist umgekehrt Φ_t^* symplektisch, so gilt also $\Phi_t^*\omega = \omega$ für alle t und damit

$$\mathscr{L}_X\,\omega = \frac{\mathrm{d}}{\mathrm{d}t}\Big|_{t=0}\Phi_t^*\omega = \frac{\mathrm{d}}{\mathrm{d}t}\Big|_{t=0}\omega = 0.$$

$\square$

Der Satz von Liouville aus Abschnitt 1.2.2 läßt sich folgendermaßen verallgemeinern:

Proposition 3.1.6 (Satz von Liouville). *Sei (M, ω) eine $2n$-dimensionale symplektische Mannigfaltigkeit. Dann ist die $2n$-Form*

$$\Omega = \underbrace{\omega \wedge \cdots \wedge \omega}_{n\text{-}mal} \in \Gamma^\infty(\Lambda^{2n} T^* M) \tag{3.4}$$

eine nirgends verschwindende Volumenform, womit M orientierbar ist. Ist X ein symplektisches Vektorfeld beziehungsweise $\phi \in \mathrm{Sympl}(M)$ ein Symplektomorphismus, so gilt

$$\mathscr{L}_X \, \Omega = 0 \quad \textit{beziehungsweise} \quad \phi^* \Omega = \Omega. \tag{3.5}$$

Beweis. Die Volumenform $\Omega\big|_p$ ist genau dann ungleich Null, wenn $\omega\big|_p$ nicht ausgeartet ist. Dies wird (implizit) in Aufgabe 1.5, Teil *iii.)*, gezeigt und folgt auch leicht aus dem linearen Darboux-Theorem in Aufgabe 1.4. Mit den üblichen Rechenregeln für $\mathscr{L}_X$ und ϕ^* ist (3.5) offensichtlich. $\qquad\square$

Definition 3.1.7 (Liouville-Volumenform). *Die Volumenform $\Omega = \omega \wedge \cdots \wedge \omega$ auf einer symplektischen Mannigfaltigkeit heißt Liouville-Volumenform.*

Da symplektische Mannigfaltigkeiten also immer *orientierbar* sind, verwenden wir die Liouville-Volumenform, um (M, ω) zu orientieren. In der Literatur sind auch andere Vorfaktoren bei der Definition von Ω gebräuchlich.

Da ω nicht ausgeartet ist, läßt sich punktweise aus einem Vektorfeld X eine Einsform $X^\flat$ bilden, indem man analog zu Lemma 1.2.5

$$X^\flat = \mathrm{i}_X \, \omega \tag{3.6}$$

definiert. Dies liefert eine $C^\infty(M)$-lineare Abbildung

$$\flat : \Gamma^\infty(TM) \longrightarrow \Gamma^\infty(T^* M), \tag{3.7}$$

welche sogar eine Bijektion ist, da ω nicht ausgeartet ist. Die Umkehrabbildung von $\flat$ wird mit

$$\sharp : \Gamma^\infty(T^* M) \longrightarrow \Gamma^\infty(TM) \tag{3.8}$$

bezeichnet. In lokalen Koordinaten $x^1, \dots, x^{2n}$ gilt also mit

$$\omega = \frac{1}{2} \omega_{ij} \mathrm{d}x^i \wedge \mathrm{d}x^j \tag{3.9}$$

und $X = X^k \frac{\partial}{\partial x^k}$ die Beziehung

$$X^\flat = X^k \omega_{kj} \mathrm{d}x^j. \tag{3.10}$$

Die Indizes von X^k werden also mit der Matrix ω_{kj} „heruntergezogen". Mit ω^{ij} wird die zu ω_{jk} inverse Matrix bezeichnet, also

$$\omega^{ij}\omega_{jk} = \delta^i_k. \tag{3.11}$$

Für eine Einsform $\alpha = \alpha_i dx^i$ folgt entsprechend

$$\alpha^\sharp = \alpha_i \omega^{ij} \frac{\partial}{\partial x^j}. \tag{3.12}$$

Da das Hoch- und Runterziehen punktweise geschieht, erhält man Vektorbündelhomomorphismen zwischen den Vektorbündeln TM und T^*M über der Identität id_M, welche die entsprechenden Abbildungen zwischen den Schnitten gemäß Abschnitt 2.2.3 induzieren. Wir fassen zusammen:

Proposition 3.1.8. *Sei (M, ω) symplektisch. Dann sind die Abbildungen*

$$\flat : TM \longrightarrow T^*M \quad und \quad \sharp : T^*M \longrightarrow TM \tag{3.13}$$

zueinander inverse Vektorbündelisomorphismen, welche die zueinander inversen $C^\infty(M)$-linearen Isomorphismen

$$\flat : \Gamma^\infty(TM) \longrightarrow \Gamma^\infty(T^*M) \quad und \quad \sharp : \Gamma^\infty(T^*M) \longrightarrow \Gamma^\infty(TM) \tag{3.14}$$

induzieren.

Bemerkung 3.1.9. Die Isomorphismen $\flat$ und $\sharp$ heißen auch *musikalische Isomorphismen*. Für ihre Definition und auch die folgenden gibt es (leider) zahllose Vorzeichenkonventionen. Die obige entspricht der aus [1]. Weitere Eigenschaften der musikalischen Isomorphismen werden in Aufgabe 3.2 diskutiert.

3.1.2 Hamiltonsche Vektorfelder und Poisson-Klammern

Wie schon im $\mathbb{R}^{2n}$ wollen wir nun zeigen, wie sich aus einer Hamilton-Funktion $H \in C^\infty(M)$ auf einer symplektischen Mannigfaltigkeit (M, ω) ein Vektorfeld gewinnen läßt, das Hamiltonsche Vektorfeld, mit dessen Hilfe dann die Hamiltonsche Zeitentwicklung formuliert werden soll. Es zeigt sich, daß auch in diesem geometrischen Rahmen die Funktionen $C^\infty(M)$ eine Poisson-Klammer besitzen, mit deren Hilfe die Zeitentwicklung ebenfalls beschrieben werden kann. Wir beginnen mit der Definition des Hamiltonschen Vektorfeldes:

Definition 3.1.10 (Hamiltonsches Vektorfeld). *Sei (M, ω) symplektisch und $H \in C^\infty(M)$. Das durch die Bedingung*

$$i_{X_H}\omega = dH \tag{3.15}$$

eindeutig festgelegte Vektorfeld $X_H \in \Gamma^\infty(TM)$ heißt Hamiltonsches Vektorfeld zur Hamilton-Funktion H. Das Tripel (M, ω, X_H) heißt Hamiltonsches System. Der Fluß Φ_t zu X_H heißt Hamiltonscher Fluß oder Hamiltonsche Zeitentwicklung zu H.

Bemerkung 3.1.11 (Hamiltonsche Vektorfelder).

i.) Da ω nicht ausgeartet ist, ist X_H tatsächlich eindeutig durch (3.15) bestimmt. Es gilt offenbar $X_H = (dH)^\sharp$.

ii.) Ist M zusammenhängend und $H, H' \in C^\infty(M)$ mit $X_H = X_{H'}$, so gilt $dH = dH'$ und daher $H' = H + const$. Die Hamilton-Funktion zu einem Hamiltonschen Vektorfeld ist also bis auf eine Konstante eindeutig bestimmt. Interpretiert man wie üblich die Hamilton-Funktion als Energiefunktion, so entspricht dies gerade der Freiheit bei der Wahl des Energienullpunkts.

iii.) Es ist eine kleine Übung, zu zeigen, daß diese Definitionen im Fall $(\mathbb{R}^{2n}, \omega_0)$ die in Abschnitt 1.2 bereits definierten Begriffe reproduzieren.

Bis jetzt wurde die Geschlossenheit von ω nicht benutzt; die obigen Definitionen nehmen nur auf die Nichtausgeartetheit von ω Bezug. Dies ändert sich im folgenden Satz:

Satz 3.1.12. *Sei* (M, ω) *symplektisch.*

i.) Ein Hamiltonsches Vektorfeld X_H ist symplektisch

$$\mathscr{L}_{X_H} \omega = 0. \tag{3.16}$$

ii.) Jedes symplektische Vektorfeld ist lokal Hamiltonsch.

iii.) Die Lie-Klammer von zwei symplektischen Vektorfeldern X, Y ist Hamiltonsch

$$i_{[X,Y]} \omega = -d(\omega(X,Y)), \tag{3.17}$$

nämlich mit Hamilton-Funktion $-\omega(X,Y)$.

iv.) Ein Vektorfeld $X \in \Gamma^\infty(TM)$ ist genau dann symplektisch, wenn

$$\mathscr{L}_X X_H = [X, X_H] = X_{\mathscr{L}_X H} \tag{3.18}$$

für alle $H \in C^\infty(M)$.

v.) Ein Diffeomorphismus $\phi : M \longrightarrow M$ ist genau dann symplektisch, wenn

$$\phi^* X_H = X_{\phi^* H} \tag{3.19}$$

für alle $H \in C^\infty(M)$.

Beweis. Mit dem in Kapitel 2 entwickelten Kalkül läßt sich dieser Satz koordinatenfrei beweisen:
ad i.) $\mathscr{L}_{X_H} \omega = i_{X_H} d\omega + d i_{X_H} \omega = 0 + ddH = 0$.
ad ii.) Sei X symplektisch. Dann gilt $0 = \mathscr{L}_X \omega = i_X d\omega + d i_X \omega = d i_X \omega$. Also ist $i_X \omega \in \Omega^1(M)$ geschlossen und nach dem Poincaré-Lemma (Satz 2.3.25) lokal exakt, also von der Form $i_X \omega\big|_U = dH$ mit $H \in C^\infty(U)$. Damit ist aber $X\big|_U = X_H$. Global muß dies jedoch nicht notwendigerweise der Fall sein.
ad iii.) Sei $\mathscr{L}_X \omega = 0 = \mathscr{L}_Y \omega$. Dann gilt mit der Cartan-Formel und $d\omega = 0$ die Gleichung

$$\begin{aligned}
i_{[X,Y]}\,\omega &= \mathscr{L}_X\,i_Y\,\omega - i_Y\,\mathscr{L}_X\,\omega \\
&= (d\,i_X + i_X\,d)\,i_Y\,\omega - 0 \\
&= -d(\omega(X,Y)) + i_X(d\,i_Y + i_Y\,d)\omega - i_X\,i_Y\,d\omega \\
&= -d(\omega(X,Y)) + i_X\,\mathscr{L}_Y\,\omega - 0 \\
&= -d(\omega(X,Y)) + 0,
\end{aligned}$$

womit (3.17) bewiesen ist.

ad iv.) Die Hamiltonschen Vektorfelder spannen an jedem Punkt $p \in M$ den Tangentialraum T_pM auf, da die Einsformen dH für $H \in C^\infty(M)$ den Kotangentialraum T_p^*M aufspannen und $\sharp : T_p^*M \longrightarrow T_pM$ ein Vektorraumisomorphismus ist. Daher genügt es, Identitäten für Formen auf Hamiltonschen Vektorfeldern nachzuprüfen. Von dieser Argumentation werden wir im folgenden gelegentlich Gebrauch machen, ohne dies jedesmal zu erwähnen. Wir berechnen für beliebiges Y

$$\begin{aligned}
(\mathscr{L}_X\,\omega)&(X_H, Y) \\
&= X(\omega(X_H, Y)) - \omega([X, X_H], Y) - \omega(X_H, [X,Y]) \\
&= X(dH(Y)) - \omega([X, X_H], Y) - (dH)([X,Y]) \\
&= (\mathscr{L}_X\,dH)(Y) + (dH)([X,Y]) - \omega([X, X_H], Y) - (dH)([X,Y]) \\
&= (d\,\mathscr{L}_X\,H)(Y) - (i_{[X,X_H]}\,\omega)(Y) \\
&= (i_{X_{\mathscr{L}_X\,H}}\,\omega)(Y) - (i_{[X,X_H]}\,\omega)(Y) \\
&= \omega(X_{\mathscr{L}_X\,H} - [X, X_H], Y).
\end{aligned}$$

Damit folgt die Behauptung, da ω nichtausgeartet und Y beliebig ist.

ad v.) Im wesentlichen ist dies die globale Version von Teil *iv.)*. Es gilt

$$\phi^*(\omega(X_H, Y)) = (\phi^*\omega)(\phi^*X_H, \phi^*Y)$$

und andererseits

$$\phi^*(\omega(X_H, Y)) = \phi^*(dH(Y)) = (d\phi^*H)(\phi^*Y) = \omega(X_{\phi^*H}, \phi^*Y),$$

also insgesamt

$$\omega(X_{\phi^*H}, \phi^*Y) = (\phi^*\omega)(\phi^*X_H, \phi^*Y)$$

für alle Vektorfelder $Y \in \Gamma^\infty(TM)$ und $H \in C^\infty(M)$. Ist nun $\phi^*\omega = \omega$, so folgt $\phi^*X_H = X_{\phi^*H}$, da ω nichtausgeartet ist. Ist umgekehrt $\phi^*X_H = X_{\phi^*H}$ für alle H, so gilt $\phi^*\omega = \omega$, da die Hamiltonschen Vektorfelder an jedem Punkt den Tangentialraum aufspannen. $\qquad\square$

Bemerkung 3.1.13 (Satz von Liouville). Da Hamiltonsche Vektorfelder symplektisch sind, gilt für sie und ihre Flüsse insbesondere der Liouvillesche Satz, also $\mathscr{L}_{X_H}\,\Omega = 0$ beziehungsweise $\Phi_t^*\Omega = \Omega$.

Fundamental für die physikalische Interpretation einer symplektischen Mannigfaltigkeit M als Phasenraum ist die *Poisson-Klammer* von M.

Definition 3.1.14 (Poisson-Klammer). *Sei (M, ω) symplektisch. Dann ist die Poisson-Klammer $\{f, g\}$ von $f, g \in C^\infty(M)$ durch*

$$\{f, g\} = \omega(X_f, X_g) \tag{3.20}$$

definiert.

Den Namen „Poisson-Klammer" trägt (3.20) zu Recht. Zum einen zeigt man leicht, daß (3.20) im Fall $(\mathbb{R}^{2n}, \omega_0)$ tatsächlich die kanonische Poisson-Klammer aus Definition 1.3.8 reproduziert. Im allgemeinen zeigt folgender Satz, daß (3.20) alle Eigenschaften der kanonischen Poisson-Klammer besitzt. Hierbei ist es durchaus illustrativ, den differentialgeometrischen Beweis mit den wenig erhellenden Rechnungen in lokalen Koordinaten wie etwa in [140] zu vergleichen.

Satz 3.1.15. *Sei (M, ω) symplektisch.*

i.) Die Poisson-Klammer (3.20) macht $C^\infty(M)$ zu einer Poisson-Algebra. Es gilt

$$\{f, g\} = (\mathrm{d}f)(X_g) = X_g f \tag{3.21}$$

sowie

$$[X_f, X_g] = -X_{\{f,g\}}. \tag{3.22}$$

ii.) Ein Vektorfeld $X \in \Gamma^\infty(TM)$ ist genau dann symplektisch, wenn

$$\mathscr{L}_X\{f, g\} = \{\mathscr{L}_X f, g\} + \{f, \mathscr{L}_X g\} \tag{3.23}$$

für alle $f, g \in C^\infty(M)$.

iii.) Ein Diffeomorphismus $\phi : M \longrightarrow M$ ist genau dann symplektisch, wenn

$$\phi^*\{f, g\} = \{\phi^* f, \phi^* g\} \tag{3.24}$$

für alle $f, g \in C^\infty(M)$.

Beweis. Wieder erfolgt der Beweis durch einfaches und koordinatenfreies Nachrechnen:

ad i.) Antisymmetrie und Bilinearität von (3.20) sind klar, ebenso $\{f, g\} \in C^\infty(M)$. Die Gleichung (3.21) folgt direkt aus der Definition 3.1.10 von X_f. Damit folgt auch unmittelbar die Leibniz-Regel in jedem Argument von $\{\cdot, \cdot\}$, da X_g beziehungsweise X_f Derivationen von $C^\infty(M)$ sind. Gleichung (3.22) ist eine einfache Konsequenz von (3.18), denn

$$[X_f, X_g] = X_{\mathscr{L}_{X_f} g} = X_{\mathrm{d}g(X_f)} = -X_{\{f,g\}}.$$

Damit folgt

$$\{f, \{g, h\}\} = X_{\{g,h\}} f$$
$$= -[X_g, X_h] f$$

$$= -X_g X_h f + X_h X_g f$$
$$= -X_g \{f, h\} + X_h \{f, g\}$$
$$= -\{\{f, h\}, g\} + \{\{f, g\}, h\},$$

also die Jacobi-Identität.

ad ii.) Sei $X \in \Gamma^\infty(TM)$ und $f, g \in C^\infty(M)$. Dann gilt

$$X\{f, g\} = X(\omega(X_f, X_g))$$
$$= (\mathscr{L}_X \omega)(X_f, X_g) + \omega([X, X_f], X_g) + \omega(X_f, [X, X_g]). \tag{$*$}$$

Andererseits gilt

$$\mathrm{d}X(f) = \mathrm{d}\mathscr{L}_X f = \mathscr{L}_X \mathrm{d}f = \mathscr{L}_X \mathrm{i}_{X_f} \omega = \mathrm{i}_{X_f} \mathscr{L}_X \omega + \mathrm{i}_{\mathscr{L}_X X_f} \omega,$$

und ausgewertet auf dem Vektorfeld X_g liefert dies die Beziehung

$$\{X(f), g\} = (\mathrm{d}X(f))(X_g) = (\mathscr{L}_X \omega)(X_f, X_g) + \omega([X, X_f], X_g). \tag{$**$}$$

Nach Vertauschen von f und g sowie unter Verwendung der Antisymmetrie von ω liefern $(*)$ und $(**)$ schließlich die Beziehung

$$X\{f, g\} - \{X(f), g\} - \{f, X(g)\} = -(\mathscr{L}_X \omega)(X_f, X_g). \tag{3.25}$$

Da die Hamiltonschen Vektorfelder punktweise jeden Tangentialraum aufspannen, folgt die Behauptung.

ad iii.) Sei nun $\phi : M \longrightarrow M$ ein Diffeomorphismus. Ist ϕ symplektisch, so gilt $\phi^* X_f = X_{\phi^* f}$ nach (3.19) und damit

$$\phi^*\{f, g\} = \phi^*((\mathrm{d}f)(X_g)) = (\mathrm{d}\phi^* f)(\phi^* X_g) = (\mathrm{d}\phi^* f)(X_{\phi^* g}) = \{\phi^* f, \phi^* g\},$$

also (3.24). Ist umgekehrt (3.24) gültig für alle $f, g \in C^\infty(M)$, so folgt

$$\omega(X_{\phi^* f}, X_{\phi^* g}) = \{\phi^* f, \phi^* g\} = \phi^*\{f, g\} = (\phi^* \mathrm{d}f)(\phi^* X_g) = (\mathrm{d}\phi^* f)(\phi^* X_g)$$
$$= \omega(X_{\phi^* f}, \phi^* X_g),$$

also $\omega(X_{\phi^* f}, X_{\phi^* g} - \phi^* X_g) = 0$. Damit folgt $X_{\phi^* g} = \phi^* X_g$, da ω nichtausgeartet ist und die Hamiltonschen Vektorfelder X_f punktweise jeden Tangentialraum aufspannen. Aufgrund von Satz 3.1.12 ist dies aber gleichbedeutend mit $\phi^* \omega = \omega$. $\qquad\square$

Als geometrisches Analogon und Verallgemeinerung von Satz 1.3.11 erhält man folgende Struktur für die Hamiltonsche Zeitentwicklung:

Folgerung 3.1.16. *Ist (M, ω, X_H) ein Hamiltonsches System auf (M, ω) mit Hamilton-Funktion $H \in C^\infty(M)$, so liefern die* Hamiltonschen Bewegungsgleichungen

$$\dot{\gamma}(t) = X_H(\gamma(t)) \tag{3.26}$$

eine Einparametergruppe von symplektischen Diffeomorphismen, die Hamiltonsche Zeitentwicklung $\Phi_t : M \longrightarrow M$, *so daß für eine beliebige Observable* $f \in C^\infty(M)$

$$\frac{\mathrm{d}}{\mathrm{d}t}\Phi_t^* f = \{\Phi_t^* f, H\} \tag{3.27}$$

gilt. Insbesondere ist H *selbst eine Erhaltungsgröße und* f *ist genau dann erhalten, wenn* $\{f, H\} = 0$. *Mit* f *und* g *ist auch* $\{f, g\}$ *erhalten. Weiter ist der pull-back*

$$\Phi_t^* : C^\infty(M) \longrightarrow C^\infty(M) \tag{3.28}$$

eine Einparametergruppe von Poisson-Automorphismen.

Beweis. Es ist bereits gezeigt worden, daß Φ_t eine Einparametergruppe von symplektischen Diffeomorphismen ist, siehe Satz 3.1.12, Teil *i.)* und Proposition 3.1.5. Nach Satz 3.1.15, Teil *iii.)* ist Φ_t^* eine Einparametergruppe von Poisson-Automorphismen von $C^\infty(M)$. Gleichung (3.27) folgt mit (2.163) und (2.165) sofort, denn $\frac{\mathrm{d}}{\mathrm{d}t}\Phi_t^* f = \mathscr{L}_{X_H} \Phi_t^* f = \{\Phi_t^* f, H\}$. Damit folgt insbesondere $\frac{\mathrm{d}}{\mathrm{d}t}\Phi_t^* H = 0$, da $\frac{\mathrm{d}}{\mathrm{d}t}\Phi_t^* H = \Phi_t^* \mathscr{L}_{X_H} H = \Phi_t^*\{H, H\} = 0$. Da Φ_t^* ein Poisson-Automorphismus ist, folgt aus (3.27) auch, daß f genau dann erhalten ist, wenn $\{f, H\} = 0$. Die Jacobi-Identität liefert sofort, daß $\{f, g\}$ erhalten ist, sofern f und g erhalten sind. $\qquad\square$

3.1.3 Das Darboux-Theorem

Bis jetzt ist $M = \mathbb{R}^{2n}$ mit $\omega_0 = \sum_{i=1}^n \mathrm{d}q^i \wedge \mathrm{d}p_i$ unser einziges Beispiel einer symplektischen Mannigfaltigkeit. Bevor wir im nächsten Abschnitt eine Fülle von Beispielen diskutieren werden, zeigt das *Darboux-Theorem*, daß *lokal* jede symplektische Mannigfaltigkeit (M, ω) so aussieht wie eine offene Teilmenge von $(\mathbb{R}^{2n}, \omega_0)$. Um diesen Satz beweisen zu können, benötigt man einige Eigenschaften von *zeitabhängigen Vektorfeldern* und ihren Zeitentwicklungen, welche auch von unabhängigem Interesse sind.

Definition 3.1.17 (Zeitabhängiges Vektorfeld). *Ein zeitabhängiges Vektorfeld auf* M *ist eine glatte Abbildung*

$$X : J \times M \longrightarrow TM, \tag{3.29}$$

wobei $J \subseteq \mathbb{R}$ *ein offenes Intervall ist, so daß*

$$\pi \circ X = \mathrm{pr}_2, \tag{3.30}$$

wobei $\mathrm{pr}_2 : J \times M \longrightarrow M$ *die Projektion ist. Für* $(t, p) \in J \times M$ *schreibt man*

$$X(t, p) = X_t(p) \in T_p M. \tag{3.31}$$

Eine lokale Integralkurve $\gamma : I \subseteq J \longrightarrow M$ *von* X *ist eine Kurve mit*

$$\dot{\gamma}(t) = X(t, \gamma(t)). \tag{3.32}$$

Hier ist $I \subseteq J$ *ein offenes Teilintervall.*

Man kann die zeitabhängige gewöhnliche Differentialgleichung (3.32) immer auf eine zeitunabhängige zurückführen, für deren Lösungstheorie man dann den Satz von Picard-Lindelöf zu Rate ziehen kann. Dies erreicht man durch Hinzunahme eines weiteren Parameters, wie dies auch schon im lokalen Fall von zeitabhängigen Differentialgleichungen im $\mathbb{R}^n$ üblich ist.

Proposition 3.1.18. *Sei* $X : J \times M \longrightarrow TM$ *ein zeitabhängiges Vektorfeld und sei* $\overline{X} \in \Gamma^\infty(T(J \times M))$ *das durch*

$$\overline{X}(t, p) = \left(\frac{\partial}{\partial t}\Big|_t, X(t, p) \right) \tag{3.33}$$

definierte (zeitunabhängige) Vektorfeld. Dann gilt:

i.) *Eine Kurve* $\gamma : I \longrightarrow M$ *ist genau dann Integralkurve von* X *mit* $\gamma(t_0) = p_0$, *wenn*

$$\gamma(t) = \mathrm{pr}_2 \circ \overline{\Phi}_{t-t_0}(t_0, p_0), \tag{3.34}$$

wobei $\overline{\Phi}$ *der Fluß zu* $\overline{X}$ *und* $\mathrm{pr}_2 : J \times M \longrightarrow M$ *die Projektion auf den zweiten Faktor ist.*

ii.) *Zu jeder Anfangszeit* $t_0 \in J$ *und jeder Anfangsbedingung* $p_0 \in M$ *existiert eine eindeutig bestimmte, auf* I_{t_0,p_0} *definierte, maximale Lösung von* (3.32) *von der Form* (3.34).

iii.) *Es existiert eine offene Umgebung* $\mathcal{U} \subseteq J \times J \times M$ *von* $\Delta_J \times M$, *wobei* $\Delta_J = \{(s, s) \in J \times J \mid s \in J\}$ *die Diagonale ist, derart, daß die Abbildung* $\Phi : \mathcal{U} \longrightarrow M$ *mit* $\Phi(t, t_0, p_0) = \gamma(t)$ *mit* $\gamma(t_0) = p_0$ *glatt ist. Es gilt*

$$\Phi(t, t_0, p_0) = \mathrm{pr}_2 \circ \overline{\Phi}_{t-t_0}(t_0, p_0), \tag{3.35}$$

und daher gilt für $\Phi_{t,t_0}(p_0) = \Phi(t, t_0, p_0)$ *die Zeitentwicklungsgleichung*

$$\Phi_{t,s} \circ \Phi_{s,t_0}(p_0) = \Phi_{t,t_0}(p_0) \quad und \quad \Phi_{t,t} = \mathrm{id}_M, \tag{3.36}$$

sofern die Abbildungen auf den angegebenen Punkten erklärt sind.

Beweis. Wir zeigen, wie man aus Integralkurven von X solche von $\overline{X}$ gewinnt und umgekehrt. Sei $t \mapsto \overline{\Phi}_t(t_0, p_0)$ die Integralkurve von $\overline{X}$ durch (t_0, p_0), wobei t, t_0 derart gewählt seien, daß die Integralkurve definiert ist. Dann gilt also $\frac{\mathrm{d}}{\mathrm{d}t}\overline{\Phi}_t(t_0, p_0) = \overline{X}(\overline{\Phi}_t(t_0, p_0))$. Seien $\overline{\Phi}_t(t_0, p_0) = (\tau(t), p(t))$ die beiden Komponenten gemäß $J \times M$. Mit der Zerlegung (3.33) von $\overline{X}$ erhält man also folgende Gleichungen als äquivalent zur ursprünglichen Zeitentwicklungsgleichung

$$\dot{\tau}(t) = 1 \quad \mathrm{mit} \quad \tau(0) = t_0$$

und

$$\dot{p}(t) = X(\tau(t), p(t)) \quad \mathrm{mit} \quad p(0) = p_0.$$

Die erste Gleichung hat die triviale Lösung $\tau(t) = t + t_0$, so daß $\dot{p}(t) = X(t + t_0, p(t))$ gilt. Die Definition $\gamma(t) = p(t - t_0) = \mathrm{pr}_2 \circ \overline{\Phi}_{t-t_0}(t_0, p_0)$ liefert dann eine und damit die eindeutige maximale Lösung von Gleichung (3.32) zur richtigen Anfangsbedingung und Anfangszeit. Ist umgekehrt $\gamma(t)$ eine solche Lösung, dann läßt sich entsprechend die Lösungskurve zu X rekonstruieren, indem man die obigen Schritte in der umgekehrten Reihenfolge durchläuft. Damit hat man das Problem vollständig auf den zeitunabhängigen Fall zurückgeführt und kann Satz 2.1.24 anwenden. □

Bemerkung 3.1.19. Ist X zeitunabhängig, so liefert die obige Proposition das bereits bekannte Resultat aus Satz 2.1.24, wobei der Fluß Φ_t mit der Zeitentwicklung Φ_{t,t_0} über $\Phi_{t-t_0} = \Phi_{t,t_0}$ zusammenhängt und letztere nur von der Differenz $t - t_0$ abhängt. Im allgemeinen Fall hängt $\Phi_{t,t_0}(p)$ aber nicht nur von der Differenz $t - t_0$ sondern eben getrennt von t und von der Anfangszeit t_0 ab. Daher erhält man auch keine Einparametergruppe von Diffeomorphismen, sondern nur eine Zeitentwicklungsidentität der Form (3.36).

Umgekehrt erhält man aus einer beliebigen glatten Kurve Φ_t von Diffeomorphismen mit $\Phi_0 = \mathsf{id}_M$ ein zeitabhängiges Vektorfeld X_t. Glattheit soll hier bedeuten, daß $\Phi : J \times M \longrightarrow M$ mit $\Phi(t,p) = \Phi_t(p)$ glatt ist. Man definiert X_t durch

$$X(t,p) = \frac{\mathrm{d}}{\mathrm{d}s}\Phi_{t+s}\left(\Phi_t^{-1}(p)\right)\Big|_{s=0}. \tag{3.37}$$

Diese Definition hängt nun im allgemeinen wirklich von t ab, außer Φ_t ist eine Einparametergruppe. Wegen $\Phi_0 = \mathsf{id}_M$ ist

$$s \mapsto \gamma(s) = \Phi_{t+s}(\Phi_t^{-1}(p)) \tag{3.38}$$

eine glatte Kurve durch $\gamma(0) = p$, welche auch glatt von p abhängt. Daher ist $X(t,p) \in T_pM$ wohl-definiert, und X hängt glatt von t und p ab.

Proposition 3.1.20. *Sei* $\Phi_t : M \longrightarrow M$ *eine im obigen Sinne glatte Kurve von Diffeomorphismen von* M *mit* $\Phi_0 = \mathsf{id}_M$. *Dann definiert* (3.37) *ein glattes zeitabhängiges Vektorfeld und die Zeitentwicklung* Φ_{t,t_0} *von* X *ist durch*

$$\Phi_{t,t_0}(p) = \Phi_t(\Phi_{t_0}^{-1}(p)) \tag{3.39}$$

gegeben.

Beweis. Es genügt zu zeigen, daß (3.39) die richtige Differentialgleichung erfüllt. Zunächst gilt wie gewünscht $\Phi_{t,t}(p) = p$. Weiter gilt

$$\frac{\mathrm{d}}{\mathrm{d}t}\Phi_t(\Phi_{t_0}^{-1}(p)) = \frac{\mathrm{d}}{\mathrm{d}s}\Phi_{t+s}(\Phi_t^{-1} \circ \Phi_t \circ \Phi_{t_0}^{-1}(p))\Big|_{s=0} = X(t, \Phi_t(\Phi_{t_0}^{-1}(p))),$$

womit $t \mapsto \Phi_t(\Phi_{t_0}^{-1}(p))$ eine und damit die eindeutige Lösungskurve von X zur richtigen Anfangsbedingung für $t = t_0$ ist. □

Bemerkung 3.1.21. Die Aussage, daß Vektorfelder in 1 : 1-Korrespondenz zu glatten Einparametergruppen von Diffeomorphismen stehen, verallgemeinert sich also dahingehend, daß zeitabhängige Vektorfelder in 1 : 1-Korrespondenz zu glatten Kurven von Diffeomorphismen mit $\Phi_0 = \mathrm{id}_M$ stehen.

Das folgende technische Lemma zeigt den Zusammenhang zwischen dem pull-back mit Φ_t und der Lie-Ableitung in Richtung X_t für festes t. Der Einfachheit wegen formulieren wir nur den Fall von Differentialformen.

Lemma 3.1.22. *Sei Φ_t eine glatte Kurve von Diffeomorphismen mit $\Phi_0 = \mathrm{id}$ und sei X_t das zugehörige zeitabhängige Vektorfeld. Dann gilt für $\omega \in \Omega^\bullet(M)$ und alle t*

$$\frac{\mathrm{d}}{\mathrm{d}t}\Phi_t^* \omega = \Phi_t^* \mathscr{L}_{X_t} \omega. \tag{3.40}$$

Beweis. Da Φ_t^* ein Automorphismus von $\wedge$ und $\mathscr{L}_{X_t}$ eine Derivation ist, genügt es wieder, (3.40) für die lokalen Erzeugenden von $\Omega^\bullet(M)$ zu zeigen, also für Funktionen und exakte Einsformen. Da aber zudem die äußere Ableitung mit Φ_t^* sowie mit $\mathscr{L}_{X_t}$ vertauscht, genügt es, (3.40) sogar nur für Funktionen allein zu zeigen. Zunächst gilt

$$\frac{\mathrm{d}}{\mathrm{d}t}(\Phi_t^* f)(p) = \frac{\mathrm{d}}{\mathrm{d}s}f(\Phi_{t+s}(p))\Big|_{s=0}.$$

Da der Tangentialvektor an die Kurve $t \mapsto \Phi_t(p)$ gerade durch $X_t(\Phi_t(p))$ gegeben ist, folgt weiter

$$\frac{\mathrm{d}}{\mathrm{d}t}(\Phi_t^* f)(p) = X_t(\Phi_t(p))f = (X_t f)(\Phi_t(p)) = (\Phi_t^* \mathscr{L}_{X_t} f)(p),$$

womit die Behauptung gezeigt ist. $\square$

Bemerkung 3.1.23. Im allgemeinen zeitabhängigen Fall gilt $\Phi_t^* \mathscr{L}_{X_t} \neq \mathscr{L}_{X_t} \Phi_t^*$ im Gegensatz zum zeitunabhängigen Fall (2.165).

Mit diesem Rüstzeug können wir das Darboux-Theorem beweisen. Der folgende Beweis stammt von Weinstein [317] und basiert auf einer Arbeit von Moser [244].

Satz 3.1.24 (Darboux-Theorem). *Sei (M, ω) eine $2n$-dimensionale symplektische Mannigfaltigkeit und $p \in M$. Dann existiert eine offene Umgebung $U \subseteq M$ von p und eine offene Umgebung $V \subseteq \mathbb{R}^{2n}$ sowie ein Symplektomorphismus*

$$\varphi : (U, \omega|_U) \xrightarrow{\cong} (V, \omega_0|_V). \tag{3.41}$$

Beweis. Da die Aussage des Satzes lokal ist, genügt es zu zeigen, daß jede symplektische Form ω auf $\mathbb{R}^{2n}$ zu ω_0 lokal symplektomorph ist. Da je zwei *konstante* symplektische Formen zueinander linear symplektomorph sind, siehe Aufgabe 1.4, genügt es zu zeigen, daß ω zu einer konstanten symplektischen Form lokal symplektomorph ist.

Sei also ω auf $U \subseteq \mathbb{R}^{2n}$ mit $0 \in U$ vorgegeben, und sei ω_0 diejenige konstante symplektische Form, welche durch $\omega_0(x) = \omega(0)$ für $x \in U$ festgelegt ist. Dann stimmen ω und ω_0 offenbar für $x = 0$ überein. Aus Stetigkeitsgründen ist

$$\omega_t = \omega_0 + t(\omega - \omega_0)$$

für alle $t \in [0,1]$ zumindest auf einer eventuell kleineren Umgebung U' von 0 nichtausgeartet, also symplektisch, da ω_t offenbar geschlossen ist.

Gesucht wird nun eine glatte Kurve von Diffeomorphismen Φ_t, welche für $t \in [0,1]$ auf einer eventuell noch kleineren Umgebung von 0 definiert sind, so daß $\Phi_0 = \mathrm{id}$ und

$$\Phi_t^* \omega_t = \omega_0 \qquad (*)$$

für alle $t \in [0,1]$. Dann wäre insbesondere $\Phi_1^* \omega_1 = \omega_0$ und ω_1 stimmt ja gerade mit ω überein. Somit wäre Φ_1 der gesuchte Symplektomorphismus φ von ω nach ω_0.

Um Φ_t zu finden, stellt man eine Differentialgleichung für Φ_t auf, von deren Lösbarkeit man sich dann zu überzeugen hat. Da $\mathrm{d}\omega = 0 = \mathrm{d}\omega_0$ findet man nach dem Poincaré-Lemma auf einer eventuell kleineren Umgebung U'' von 0 eine Einsform $\psi \in \Omega^1(U'')$ mit $\mathrm{d}\psi = \omega - \omega_0$ und $\psi(0) = 0$, da man sonst die *konstante* Einsform $\psi(0)$ von ψ abziehen könnte, ohne $\mathrm{d}\psi = \omega - \omega_0$ zu verletzen. Angenommen, man hätte nun Φ_t mit $(*)$ gefunden, dann gälte mit Lemma 3.1.22

$$\begin{aligned}
0 &= \frac{\mathrm{d}}{\mathrm{d}t} \Phi_t^* \omega_t \\
&= \Phi_t^* \left(\mathscr{L}_{X_t} \omega_t + \frac{\mathrm{d}}{\mathrm{d}t} \omega_t \right) \\
&= \Phi_t^* \left(\mathrm{i}_{X_t} \mathrm{d}\omega_t + \mathrm{d}\,\mathrm{i}_{X_t} \omega_t + \omega - \omega_0 \right) \\
&= \Phi_t^* \left(\mathrm{d}\left(\mathrm{i}_{X_t} \omega_t + \psi \right) \right),
\end{aligned} \qquad (**)$$

wobei X_t das zu Φ_t gehörige zeitabhängige Vektorfeld ist. Da ω_t symplektisch ist, ist nach Vorgabe von ψ durch die Gleichung

$$\mathrm{i}_{X_t} \omega_t + \psi = 0$$

tatsächlich ein zeitabhängiges Vektorfeld X_t definiert. Da $\psi(0) = 0$ ist, gilt zudem $X_t(0) = 0$ für alle t. Nach Proposition 3.1.18 besitzt X_t eine Zeitentwicklung Φ_t, welche wegen $X_t(0) = 0$ den Ursprung 0 fest läßt. Daher bildet Φ_t für alle $t \in [0,1]$ eine eventuell abermals verkleinerte Umgebung von 0 diffeomorph auf eine t-abhängige Umgebung von 0 ab. Rückwärts gelesen zeigt die Rechnung $(**)$, daß Φ_t tatsächlich die gewünschte Eigenschaft hat und daher ist Φ_1 der gesuchte Symplektomorphismus. $\qquad \square$

Mit anderen Worten, eine symplektische Mannigfaltigkeit sieht lokal so aus wie unser Standardbeispiel $(\mathbb{R}^{2n}, \omega_0)$. Es gibt also, ganz anders als in der Riemannschen Geometrie, keine *lokalen Invarianten* in der symplektischen

Geometrie. Symplektische Geometrie ist also lokal gesehen trivial, interessant wird symplektische Geometrie daher von einem globalen Standpunkt aus betrachtet.

Ein lokaler Symplektomorphismus wie in (3.41) ist offenbar insbesondere eine Karte. Derartige Karten heißen auch *Darboux-Karten* und die zugehörigen Koordinaten heißen *Darboux-Koordinaten* oder auch kanonische Koordinaten. Das Darboux-Theorem besagt also, daß es zu jeder symplektischen Mannigfaltigkeit einen Atlas aus Darboux-Karten gibt.

Mit diesem Satz ist also endgültig der Kontakt zur Hamiltonschen Mechanik im $\mathbb{R}^{2n}$ hergestellt. Insbesondere gelten die Formeln für den $\mathbb{R}^{2n}$ für die Poisson-Klammer, das Hamiltonsche Vektorfeld, die Bewegungsgleichungen etc. auf *jeder* symplektischen Mannigfaltigkeit, sofern man lokale Darboux-Koordinaten verwendet.

Von praktischer Bedeutung ist Satz 3.1.24 jedoch nur bedingt. Die Konstruktion von Darboux-Koordinaten ist ja reichlich inexplizit gewesen. In konkreten Beispielen wird man daher entweder direkt Darboux-Koordinaten vorliegen haben oder aber andere, geometrischere Techniken verwenden müssen.

3.2 Beispiele von symplektischen Mannigfaltigkeiten

In diesem Abschnitt werden wir nun aufzeigen, wie sich zwei große Beispielklassen von symplektischen Mannigfaltigkeiten, die Kotangentenbündel und die Kähler-Mannigfaltigkeiten, erschließen lassen. Jedes Kotangentenbündel T^*Q besitzt eine kanonische symplektische Struktur und erlaubt die Interpretation als Impulsphasenraum eines Teilchens, welches sich im Konfigurationsraum Q bewegt. Nachdem wir die grundlegenden Eigenschaften von Kotangentenbündeln vorgestellt haben, werden wir diese Aussage rechtfertigen, indem wir eine geometrische Formulierung der Lagrange-Mechanik und der Legendre-Transformation geben. Die Kähler-Mannigfaltigkeiten werden uns Beispiele liefern, welche über Kotangentenbündel hinausgehen und in der Quantisierungstheorie eine besondere Rolle spielen.

3.2.1 Kotangentenbündel

Kotangentenbündel stellen die für die Physik wichtigste Beispielklasse von symplektischen Mannigfaltigkeiten dar. Sei also Q eine Mannigfaltigkeit, der *Konfigurationsraum*, und sei $\pi : T^*Q \longrightarrow Q$ das Kotangentenbündel von Q, der *Phasenraum* zum Konfigurationsraum Q. Punkte in Q werden durch $q \in Q$ bezeichnet, Punkte in T^*Q sind Einsformen $\alpha_q \in T_q^*Q$ auf dem Tangentialraum T_qQ bei $q \in Q$. Sind $x^1, \ldots, x^n$ lokale Koordinaten auf $U \subseteq Q$, so sind die induzierten lokalen Koordinaten auf $T^*U \subseteq T^*Q$ durch

$$q^i(\alpha_q) = x^i(q) = x^i \circ \pi(\alpha_q) \tag{3.42}$$

und

$$p_i(\alpha_q) = \alpha_q \left(\frac{\partial}{\partial x^i}\bigg|_q \right) \tag{3.43}$$

für $i = 1, \ldots, n$ definiert. Wie schon beim Tangentenbündel TQ liefert ein Atlas von Q auf diese Weise einen Atlas von T^*Q.

Definition 3.2.1 (Kanonische Einsform). *Die kanonische Einsform $\theta_0 \in \Gamma^\infty(T^*(T^*Q))$ auf T^*Q ist durch*

$$\theta_0\bigg|_{\alpha_q} (w_{\alpha_q}) = \alpha_q \left(T_{\alpha_q}\pi(w_{\alpha_q}) \right) \tag{3.44}$$

definiert, wobei $\alpha_q \in T_q^*Q$ und $w_{\alpha_q} \in T_{\alpha_q}(T^*Q)$.

Da π den Kotangentialraum T_q^*Q bei q auf $q \in Q$ projiziert, bildet $T_{\alpha_q}\pi$ den Tangentialraum $T_{\alpha_q}(T^*Q)$ auf den Tangentialraum T_qQ ab. Daher läßt sich für $w_{\alpha_q} \in T_{\alpha_q}(T^*Q)$ die Einsform α_q tatsächlich auf $T_{\alpha_q}\pi(w_{\alpha_q})$ anwenden und θ_0 ist wohl-definiert. Daß θ_0 glatt von α_q abhängt, folgt aus der Glattheit von π. In lokalen Koordinaten erhält man folgenden Ausdruck für θ_0, der ebenfalls zeigt, daß θ_0 glatt ist:

Lemma 3.2.2. *Seien $x^1, \ldots, x^n$ lokale Koordinaten auf $U \subseteq Q$ und $q^1, \ldots, q^n$, $p_1, \ldots, p_n$ die induzierten lokalen Koordinaten auf $T^*U \subseteq T^*Q$. Dann gilt*

$$\theta_0\bigg|_{T^*U} = p_i \mathrm{d}q^i, \tag{3.45}$$

womit θ_0 insbesondere glatt ist.

Beweis. Allgemein ist jede Einsform $\theta \in \Gamma^\infty(T^*(T^*Q))$ lokal von der Form

$$\theta = \beta_i \mathrm{d}q^i + \gamma^i \mathrm{d}p_i,$$

wobei $\beta_i = \theta(\frac{\partial}{\partial q^i})$ und $\gamma^i = \theta(\frac{\partial}{\partial p_i})$ lokale Funktionen sind. Wir berechnen für $f \in C^\infty(U)$

$$T_{\alpha_q}\pi \left(\frac{\partial}{\partial q^i}\bigg|_{\alpha_q} \right) f = \frac{\partial}{\partial q^i}(f \circ \pi)\bigg|_{\alpha_q} = \frac{\partial}{\partial q^i}(f \circ x^{-1} \circ x \circ \pi)\bigg|_{\alpha_q}$$

$$= \frac{\partial(f \circ x^{-1})}{\partial x^j}\bigg|_{x(q)} \frac{\partial q^j}{\partial q^i}\bigg|_{\alpha_q} = \frac{\partial(f \circ x^{-1})}{\partial x^i}\bigg|_{x(q)},$$

also

$$T_{\alpha_q}\pi \left(\frac{\partial}{\partial q^i}\bigg|_{\alpha_q} \right) = \frac{\partial}{\partial x^i}\bigg|_q. \tag{3.46}$$

Für die verbleibenden Basisvektoren $\frac{\partial}{\partial p_i}$ erhalten wir

$$T_{\alpha_q}\pi \left(\frac{\partial}{\partial p_i}\bigg|_{\alpha_q} \right) f = \frac{\partial}{\partial p_i}(f \circ \pi)\bigg|_{\alpha_q} = \frac{\partial}{\partial p_i}(f \circ x^{-1} \circ x \circ \pi)\bigg|_{\alpha_q}$$

$$= \frac{\partial(f \circ x^{-1})}{\partial x^j}\bigg|_{x(q)} \frac{\partial q^j}{\partial p_i}\bigg|_{\alpha_q} = 0,$$

also

$$T_{\alpha_q}\pi\left(\frac{\partial}{\partial p_i}\bigg|_{\alpha_q}\right) = 0. \tag{3.47}$$

Daher gilt

$$\theta_0\bigg|_{\alpha_q}\left(\frac{\partial}{\partial q^i}\bigg|_{\alpha_q}\right) = \alpha_q\left(\frac{\partial}{\partial x^i}\bigg|_q\right) = p_i(\alpha_q) \quad \text{und} \quad \theta_0\bigg|_{\alpha_q}\left(\frac{\partial}{\partial p_i}\bigg|_{\alpha_q}\right) = 0,$$

womit (3.45) folgt. $\qquad\square$

Definition 3.2.3 (Kanonische Zweiform). *Die kanonische Zweiform* $\omega_0 \in \Gamma^\infty(\Lambda^2 T^*(T^*Q))$ *auf* T^*Q *ist durch*

$$\omega_0 = -d\theta_0 \tag{3.48}$$

definiert.

Satz 3.2.4. *Sei* Q *eine Mannigfaltigkeit und* $\pi : T^*Q \longrightarrow Q$ *ihr Kotangentenbündel.*

i.) (T^*Q, ω_0) *ist eine (exakte) symplektische Mannigfaltigkeit.*
ii.) *Jede lokale Karte* (U, x) *für* Q *liefert eine Darboux-Karte* $(T^*U, (q, p))$ *für* (T^*Q, ω_0), *denn lokal gilt*

$$\omega_0\bigg|_{T^*U} = dq^i \wedge dp_i. \tag{3.49}$$

Beweis. Dies folgt unmittelbar aus der lokalen Gestalt (3.45) von θ_0. $\qquad\square$

Um die symplektische Geometrie von T^*Q genauer zu untersuchen, betrachtet man speziellere Funktionen auf T^*Q als allgemeine glatte Funktionen. Da die Fasern von T^*Q über jedem Punkt $q \in Q$ Vektorräume T_q^*Q sind, ist es wohl-definiert, von glatten Funktionen $f : T^*Q \longrightarrow \mathbb{R}$ (oder $\mathbb{C}$) zu sprechen, welche *polynomial* in den Fasern (also in den Impulsen) sind. Offenbar sind alle physikalisch relevanten Observablen typischerweise polynomial in den Impulsen. Dies werden wir im nächsten Abschnitt noch im Detail zu diskutieren haben. Wir werden also nun die polynomialen Funktionen $\mathrm{Pol}^\bullet(T^*Q)$ genauer betrachten, wobei wir auf unsere allgemeinen Ergebnisse aus Abschnitt 2.2.3 zurückgreifen können. Dabei hatte sich insbesondere das *Euler-Vektorfeld* als hilfreich erwiesen.

Definition 3.2.5 (Liouville-Vektorfeld). *Das durch*

$$i_\xi \omega_0 = -\theta_0 \tag{3.50}$$

eindeutig festgelegte Vektorfeld $\xi \in \Gamma^\infty(T(T^*Q))$ *auf* T^*Q *heißt Liouville-Vektorfeld.*

Satz 3.2.6. *Sei* $\pi : T^*Q \longrightarrow Q$ *das Kotangentenbündel von* Q.

i.) Das Liouville-Vektorfeld ξ *ist konform-symplektisch, also*

$$\mathscr{L}_\xi \omega_0 = \omega_0 \quad \text{und sogar} \quad \mathscr{L}_\xi \theta_0 = \theta_0. \tag{3.51}$$

ii.) Für $f, g \in C^\infty(T^*Q)$ *gilt*

$$\mathscr{L}_\xi \{f, g\} = -\{f, g\} + \{\mathscr{L}_\xi f, g\} + \{f, \mathscr{L}_\xi g\}. \tag{3.52}$$

iii.) In induzierten lokalen Darboux-Koordinaten gilt

$$\xi\Big|_{T^*U} = p_i \frac{\partial}{\partial p_i}, \tag{3.53}$$

womit das Liouville-Vektorfeld ξ *mit dem Euler-Vektorfeld des Vektorbündels* $\pi : T^*Q \longrightarrow Q$ *übereinstimmt.*

iv.) Eine Funktion $f \in C^\infty(T^*Q)$ *ist genau dann in* $\mathrm{Pol}^k(T^*Q)$, *wenn* $\mathscr{L}_\xi f = kf$.

v.) Die polynomialen Funktionen $\mathrm{Pol}^\bullet(T^*Q)$ *bilden eine Poisson-Unteralgebra von* $C^\infty(T^*Q)$ *und es gilt*

$$\left\{ \mathrm{Pol}^k(T^*Q), \mathrm{Pol}^\ell(T^*Q) \right\} \subseteq \mathrm{Pol}^{k+\ell-1}(T^*Q). \tag{3.54}$$

Beweis. Der erste Teil folgt aus

$$\mathscr{L}_\xi \theta_0 = \mathrm{i}_\xi \,\mathrm{d}\theta_0 + \mathrm{d}\,\mathrm{i}_\xi \theta_0 = -\,\mathrm{i}_\xi \omega_0 - \mathrm{d}\,\mathrm{i}_\xi \,\mathrm{i}_\xi \omega_0 = \theta_0$$

und aus dem Vertauschen von Lie-Ableitung und äußerer Ableitung d. Für den zweiten Teil benutzt man (3.25) aus dem Beweis zu Satz 3.1.15. Damit folgt die Behauptung sofort aus dem ersten Teil. Mit den Koordinatenausdrücken für θ_0 und ω_0 ist (3.53) ebenfalls offensichtlich. Damit folgt aber mit Satz 2.2.23 der dritte Teil. Der vierte Teil ist nach den allgemeinen Resultaten aus Satz 2.2.23 auch klar. Der fünfte Teil folgt damit direkt aus dem zweiten. $\qquad\square$

Bemerkung 3.2.7. Physikalisch interpretiert „zählt" die Lie-Ableitung $\mathscr{L}_\xi$ bezüglich des Liouville-Vektorfeldes die „Impulsdimensionen". Insbesondere verringert die Poisson-Klammer nach (3.52) die Impulsdimension um eins, was nach der lokalen Form (1.36) offensichtlich ist und mit (3.52) seine globale Formulierung findet. Dies ist jedoch eine Besonderheit von Kotangentenbündeln, da es auf einer allgemeinen symplektischen Mannigfaltigkeit kein konform-symplektisches Vektorfeld geben muß. Die Existenz eines konform-symplektischen Vektorfeldes ist ja nach der Cartan-Formel gleichbedeutend mit der *Exaktheit* von ω, was beispielsweise für kompakte symplektische Mannigfaltigkeiten *nie* der Fall sein kann. Selbst wenn ω exakt ist, muß es keine *physikalisch ausgezeichnete* Wahl für ein konform-symplektisches Vektorfeld geben.

Der kanonische Isomorphismus von gradierten Algebren aus Satz 2.2.23

$$\mathcal{J} : S^\bullet(TQ) \longrightarrow \mathrm{Pol}^\bullet(T^*Q) \tag{3.55}$$

induziert in diesem speziellen Fall eine Poisson-Klammer für $S^\bullet(TQ)$, welche mit der Gradierung im Sinne von (3.54) verträglich ist. Es gilt also

$$\{S^k(TQ), S^\ell(TQ)\} \subseteq S^{k+\ell-1}(TQ) \tag{3.56}$$

für alle k, ℓ. Diese läßt sich nun sehr einfach bestimmen:

Proposition 3.2.8. *Seien* $X, Y \in \Gamma^\infty(TQ)$ *Vektorfelder auf* Q *und* $f \in C^\infty(Q)$. *Dann gilt*

$$\{\mathcal{J}(X), \mathcal{J}(Y)\} = -\mathcal{J}([X,Y]). \tag{3.57}$$

und

$$\{\mathcal{J}(X), \pi^* f\} = -\pi^*(\mathscr{L}_X f). \tag{3.58}$$

Damit ist die Poisson-Klammer auf $S^\bullet(TQ)$ *gerade die negative Lie-Klammer von Vektorfeldern, die auf kanonische Weise zu einer Poisson-Klammer fortgesetzt wird.*

Beweis. Der einfachste Beweis besteht vermutlich im schlichten Nachrechnen in Koordinaten. Sei also $X\big|_U = X^i \frac{\partial}{\partial x^i}$ und $Y\big|_U = Y^j \frac{\partial}{\partial x^j}$. Dann gilt

$$
\begin{aligned}
\mathcal{J}([X,Y])\big|_U &= \pi^* \left(X^i \frac{\partial Y^j}{\partial x^i} - Y^i \frac{\partial X^j}{\partial x^i} \right) p_j \\
&= \frac{\partial(p_k \pi^* X^k)}{\partial p_i} \frac{\partial(p_j \pi^* Y^j)}{\partial q^i} - \frac{\partial(p_j \pi^* Y^j)}{\partial p_i} \frac{\partial(p_k \pi^* X^k)}{\partial q^i} \\
&= \{p_j \pi^* Y^j, p_k \pi^* X^k\} \\
&= -\{\mathcal{J}(X), \mathcal{J}(Y)\}\big|_U .
\end{aligned}
$$

Die zweite Gleichung (3.58) ist mit den lokalen Ausdrücken trivial. Damit folgt aber auch die letzte Behauptung, da $S^\bullet(TQ)$ von $S^0(TQ) = \pi^* C^\infty(Q)$ und $S^1(TQ) = \Gamma^\infty(TQ)$ lokal erzeugt wird und eine Poisson-Klammer durch die Werte auf den lokalen Erzeugern eindeutig bestimmt ist. $\square$

Bemerkung 3.2.9. Vergleicht man den Beweis und das Resultat dieser Proposition mit der Konstruktion der Schouten-Nijenhuis-Klammer in Satz 2.3.33 so ergibt sich folgende überraschende Interpretation von $[\![\cdot, \cdot]\!]$: Wir können die Schouten-Nijenhuis-Klammer offenbar als eine *ungerade Super-Poisson-Klammer* interpretieren. Demnach wäre die Gerstenhaber-Algebra $\mathfrak{X}^\bullet(Q)$ als die Algebra der polynomialen Funktionen auf dem „Superkotangentenbündel" von Q zu interpretieren. Für uns ist dies nichts weiter als eine Analogie, welche helfen kann, die Schouten-Nijenhuis-Klammer zu interpretieren. Man kann dies jedoch in der Theorie der Supermannigfaltigkeiten präzisieren, siehe etwa [93, 211].

Zum vorläufigen Abschluß unserer Betrachtungen zu Kotangentenbündeln werden wir noch zwei Typen von Diffeomorphismen von T^*Q näher studieren: die *Punkttransformationen* und die *Fasertranslationen*. Wir beginnen mit den Punkttransformationen:

Definition 3.2.10 (Punkttransformation). *Sei $\phi : Q \longrightarrow Q'$ ein Diffeomorphismus. Dann ist der Kotangentiallift $T^*\phi : T^*Q' \longrightarrow T^*Q$ durch*

$$(T^*\phi(\alpha_{q'}))(v_q) = \alpha_{q'}(T_q\phi(v_q)) \tag{3.59}$$

definiert, wobei $q' = \phi(q)$. Die zu ϕ gehörende Punkttransformation ist durch

$$T_*\phi = \phi^{T^*} = T^*\phi^{-1} : T^*Q \longrightarrow T^*Q' \tag{3.60}$$

definiert.

Der Name „Punkttransformation" rührt daher, daß ϕ^{T^*} von einer Transformation der Punkte des Konfigurationsraumes kommt. Man beachte die unterschiedliche Bedeutung von * im pull-back ϕ^* und dem Kotangentiallift $T^*\phi$ beziehungsweise der Punkttransformation $T_*\phi$. Die Eigenschaften von Punkttransformationen klärt folgender Satz:

Satz 3.2.11. *Seien $\phi : Q \longrightarrow Q'$ und $\psi : Q' \longrightarrow Q''$ Diffeomorphismen. Sei $X \in \Gamma^\infty(TQ)$ ein Vektorfeld auf Q mit (lokalem) Fluß ϕ_t.*

i.) $T^*\phi$ ist ein Vektorbündelisomorphismus von T^*Q' nach T^*Q längs ϕ^{-1}. Es gilt

$$\phi \circ \pi \circ T^*\phi = \pi' \tag{3.61}$$

und

$$T^*\phi \circ \iota' \circ \phi = \iota, \tag{3.62}$$

wobei π und π' die Bündelprojektionen und ι und ι' die Nullschnitte sind.
ii.) Es gilt

$$T^*(\psi \circ \phi) = T^*\phi \circ T^*\psi \quad und \quad T^*\mathsf{id}_Q = \mathsf{id}_{T^*Q} \tag{3.63}$$

und somit auch

$$T_*\phi = (T^*\phi)^{-1}, \quad T_*(\psi \circ \phi) = T_*\psi \circ T_*\phi \quad und \quad T_*\mathsf{id}_Q = \mathsf{id}_{T^*Q}. \tag{3.64}$$

iii.) Ein Diffeomorphismus $\Phi : T^*Q' \longrightarrow T^*Q$ ist genau dann der Kotangentiallift $\Phi = T^*\phi$ eines Diffeomorphismus $\phi : Q \longrightarrow Q'$, wenn

$$\Phi^*\theta_0 = \theta_0'. \tag{3.65}$$

iv.) $T^*\phi$ und ebenso $T_*\phi$ sind Symplektomorphismen.
v.) Der Hamiltonsche Fluß Φ_t zur Hamilton-Funktion $\mathcal{J}(X) \in \mathrm{Pol}^1(T^*Q)$ ist durch

$$\Phi_t = T_*\phi_t \tag{3.66}$$

gegeben. Das Hamiltonsche Vektorfeld $X_{\mathcal{J}(X)}$ ist π-verwandt zu X, es gilt also

$$T\pi \circ X_{\mathcal{J}(X)} = X \circ \pi. \tag{3.67}$$

Beweis. ad i.) Daß $T^*\phi$ ein Vektorbündelisomorphismus längs ϕ^{-1} ist, folgt unmittelbar aus der Definition und der Beobachtung, daß $T_*\phi$ das Inverse ist. Sei $\alpha_{q'} \in T_{q'}^*Q'$ vorgegeben. Dann ist $T^*\phi(\alpha_{q'})$ definitionsgemäß eine Einsform auf $T_q Q$, wobei $\phi(q) = q'$. Also gilt $\pi(T^*\phi(\alpha_{q'})) = \phi^{-1}(q') = \phi^{-1}(\pi'(\alpha_{q'}))$ und somit (3.61). Ist umgekehrt $q \in Q$, so ist $0_{\phi(q)} \in T_{\phi(q)}Q$ und daher $T^*\phi(0_{\phi(q)}) \in T_q Q$. Da aber $T^*\phi$ faserweise linear ist, folgt (3.62). Diese Eigenschaften gelten allgemein für jeden Vektorbündelmorphismus längs eines vorgegebenen Diffeomorphismus ϕ beziehungsweise ϕ^{-1}.

ad ii.) Dies ist eine Folgerung zur Definition und der Kettenregel (2.24).

ad iii.) & iv.) Wir zeigen zunächst, daß $T^*\phi$ die kanonische Einsform erhält. Wie vorher sei $\alpha_{q'} \in T_{q'}^*Q'$ und $w_{\alpha_{q'}} \in T_{\alpha_{q'}}(T^*Q')$. Dann gilt

$$
\begin{aligned}
(T^*\phi)^*\theta_0\Big|_{\alpha'_q}(w_{\alpha'_q}) &= \theta_0\Big|_{T^*\phi(\alpha_{q'})}\left(T_{\alpha_{q'}}(T^*\phi)(w_{\alpha_{q'}})\right) \\
&= T^*\phi(\alpha_{q'})\left(T_{T^*\phi(\alpha_{q'})}\pi\, T_{\alpha_{q'}}(T^*\phi)(w_{\alpha_{q'}})\right) \\
&= \alpha_{q'}\left(T_{\pi(T^*\phi(\alpha_{q'}))}\phi\, T_{T^*\phi(\alpha_{q'})}\pi\, T_{\alpha_{q'}}(T^*\phi)(w_{\alpha_{q'}})\right) \\
&= \alpha_{q'}\left(T_{\alpha_{q'}}(\phi \circ \pi \circ T^*\phi)(w_{\alpha_{q'}})\right) \\
&= \alpha_{q'}\left(T_{\alpha_{q'}}\pi'(w_{\alpha_{q'}})\right) \\
&= \theta_0'\Big|_{\alpha_{q'}}(w_{\alpha_{q'}}).
\end{aligned}
$$

Damit ist die eine Richtung von (3.65) gezeigt. Sei nun $\Phi : T^*Q' \longrightarrow T^*Q$ ein Diffeomorphismus mit $\Phi^*\theta_0 = \theta_0'$. Damit gilt zunächst, daß $\Phi^*\omega_0 = \omega_0'$, womit Φ auch symplektisch ist. Dies zeigt insbesondere Teil *iv.)*. Es gilt

$$
i_{\Phi^*\xi}\,\omega_0' = \Phi^*(i_\xi\,\Phi_*\omega_0') = \Phi^*(i_\xi\,\omega_0) = -\Phi^*\theta_0 = -\theta_0' = i_{\xi'}\,\omega_0',
$$

womit $\Phi^*\xi = \xi'$ aus der Nichtausgeartetheit von ω_0' folgt. Da das Liouville-Vektorfeld gerade das Euler-Vektorfeld ist, ist sein Fluß durch (2.98) bestimmt. Insbesondere folgt, daß die Punkte von Q, aufgefaßt als Nullpunkte in T^*Q unter dem Fluß von ξ invariant sind. Andererseits zeigt $\Phi^*\xi = \xi'$, daß Φ Integralkurven von ξ' auf Integralkurven von ξ abbildet, also insbesondere Fixpunkte des Flusses auf Fixpunkte abbildet. Dies liefert eine eindeutig bestimmte bijektive Abbildung $\phi^{-1} : Q' \longrightarrow Q$, welche glatt ist, da ϕ^{-1} aus der Einschränkung einer glatten Abbildung Φ auf eine Untermannigfaltigkeit $\iota'(Q') \subseteq T^*Q'$ entsteht. Es bleibt also nur noch zu zeigen, daß $T^*\phi = \Phi$ gilt. Zunächst zeigen wir, daß Φ Fasern auf Fasern abbildet. Da Φ Flußlinien von ξ' auf Flußlinien von ξ abbildet, folgt, daß $\Phi(e^t\alpha_{q'})$ von der Form $e^t\beta_q$ mit einem bestimmten $\beta_q \in T_q^*Q$ ist. Da Φ stetig ist, folgt

$$
0_q = \lim_{t \to -\infty} e^t\beta_q = \lim_{t \to -\infty} \Phi(e^t\alpha_{q'}) = \Phi\left(\lim_{t \to -\infty} e^t\alpha_{q'}\right) = \Phi(0_{q'}) = 0_{\phi^{-1}(q')}.
$$

Es gilt also $q = \phi^{-1}(q')$ und damit $\Phi(\alpha_{q'}) \in T^*_{\phi^{-1}(q')}Q$ für alle $\alpha_{q'} \in T^*_{q'}Q'$. Somit ist Φ fasertreu und es gilt $\pi \circ \Phi = \phi^{-1} \circ \pi'$. Sei nun $w_{\alpha_{q'}} \in T_{\alpha_{q'}}(T^*Q')$ vorgegeben. Dann gilt

$$
\begin{aligned}
\alpha_{q'}\left(T_{\alpha_{q'}}\pi'(w_{\alpha_{q'}})\right) &= \theta'_0\Big|_{\alpha_{q'}}\left(w_{\alpha_{q'}}\right) \\
&= (\Phi^*\theta_0)\Big|_{\alpha_{q'}}\left(w_{\alpha_{q'}}\right) \\
&= \theta_0\Big|_{\Phi(\alpha_{q'})}\left(T_{\alpha_{q'}}\Phi(w_{\alpha_{q'}})\right) \\
&= \Phi(\alpha_{q'})\left(T_{\Phi(\alpha_{q'})}\pi\, T_{\alpha_{q'}}\Phi(w_{\alpha_{q'}})\right) \\
&= \Phi(\alpha_{q'})\left(T_{\alpha_{q'}}(\pi \circ \Phi)(w_{\alpha_{q'}})\right) \\
&= \Phi(\alpha_{q'})\left(T_{\alpha_{q'}}(\phi^{-1} \circ \pi')(w_{\alpha_{q'}})\right) \\
&= \Phi(\alpha_{q'})\left(T_{\pi'(\alpha_{q'})}\phi^{-1}\, T_{\alpha_{q'}}\pi'(w_{\alpha_{q'}})\right) \\
&= (T^*\phi^{-1})(\Phi(\alpha_{q'}))\left(T_{\alpha_{q'}}\pi'(w_{\alpha_{q'}})\right).
\end{aligned}
$$

Da nun die Tangentialabbildung $T\pi'$ von π' punktweise *surjektiv* ist, siehe (3.46), folgt, daß $\alpha_{q'} = T^*\phi^{-1}(\Phi(\alpha_{q'}))$ und damit $\Phi = T^*\phi$ wie gewünscht.
ad v.) Nach dem bisher Gezeigten ist $T_*\phi_t$ eine Einparametergruppe von symplektischen Diffeomorphismen, weshalb

$$
\mathscr{L}_Y = \frac{\mathrm{d}}{\mathrm{d}t}(T_*\phi_t)^*\Big|_{t=0}
$$

ein symplektisches Vektorfeld Y auf T^*Q definiert. Wir wollen zeigen, daß Y mit dem Hamiltonschen Vektorfeld $X_{\mathcal{J}(X)}$ zur Hamilton-Funktion $\mathcal{J}(X)$ übereinstimmt. Zunächst folgt aus $(T_*\phi_t)^*\theta_0 = \theta_0$, daß $\mathscr{L}_Y\,\theta_0 = 0$. Daher ist Y das Hamiltonsche Vektorfeld zur Hamilton-Funktion $\theta_0(Y)$, denn

$$
0 = \mathscr{L}_Y\,\theta_0 = \mathrm{d}\,\mathrm{i}_Y\,\theta_0 + \mathrm{i}_Y\,\mathrm{d}\theta_0 = \mathrm{d}(\theta_0(Y)) - \mathrm{i}_Y\,\omega_0.
$$

Es bleibt also $\theta_0(Y) = \mathcal{J}(X)$ zu zeigen. Dazu berechnen wir für $f \in C^\infty(Q)$ und $\alpha_q \in T^*_q Q$

$$
\begin{aligned}
(T_{\alpha_q}\pi(Y_{\alpha_q}))f = Y_{\alpha_q}(f \circ \pi) &= \frac{\mathrm{d}}{\mathrm{d}t}(f \circ \pi \circ T_*\phi_t(\alpha_q))\Big|_{t=0} = \frac{\mathrm{d}}{\mathrm{d}t}(f \circ \phi_t(q))\Big|_{t=0} \\
&= X_q f.
\end{aligned}
$$

Also projiziert Y auf X. Es gilt $T\pi \circ Y = X \circ \pi$, womit die Vektorfelder Y und X π-verwandt sind, siehe auch Aufgabe 2.8 zum Begriff der π-Verwandtschaft von Vektorfeldern. Sei also $X|_U = X^i \frac{\partial}{\partial x^i}$ in lokalen Koordinaten (U, x) und entsprechend $Y|_{T^*U} = Y^i \frac{\partial}{\partial q^i} + Y_i \frac{\partial}{\partial p_i}$ in den induzierten lokalen Koordinaten

$(T^*U, (q, p))$. Mit (3.46), (3.47) und der π-Verwandtschaft folgt, daß $Y^i(\alpha_q) = X^i(q)$ und damit

$$\theta_0(Y)(\alpha_q) = p_i(\alpha_q)Y^i(\alpha_q) = p_i(\alpha_q)X^i(q) = \mathfrak{J}(X)(\alpha_q)$$

wie gewünscht. $\square$

Bemerkung 3.2.12 (Universelle Impulsabbildung). Für $X \in \Gamma^\infty(TQ)$ heißt die Hamilton-Funktion $\mathfrak{J}(X) \in \mathrm{Pol}^1(T^*Q)$ auch *Impuls* zu X. Die Abbildung

$$\mathfrak{J} : \Gamma^\infty(TQ) \longrightarrow \mathrm{Pol}^1(T^*Q) \tag{3.68}$$

heißt auch *universelle Impulsabbildung* des Kotangentenbündels T^*Q.

Beispiel 3.2.13 (Linearer Impuls und Drehimpuls). Sei $Q = \mathbb{R}^3$ und

$$\mathsf{P}_i = \frac{\partial}{\partial x^i} \tag{3.69}$$

sowie

$$\mathsf{L}_i = \epsilon_{ij}^k x^j \frac{\partial}{\partial x^k} \tag{3.70}$$

für $i = 1, 2, 3$. Dann ist das Vektorfeld P_i gerade der infinitesimale Erzeuger der linearen Translation in i-Richtung und L_i ist der infinitesimale Erzeuger der Drehung um die i-te Koordinatenachse. Mit anderen Worten, die Flüsse zu P_i beziehungsweise zu L_i sind die entsprechenden Einparametergruppen von Translationen und Drehungen. Dies sieht man elementar. Nun gilt für die zugehörigen „Impulse" im Sinne von Bemerkung 3.2.12

$$\mathfrak{J}(\mathsf{P}_i)\big|_{(q,p)} = p_i = P_i(q, p) \tag{3.71}$$

und

$$\mathfrak{J}(\mathsf{L}_i)\big|_{(q,p)} = \epsilon_{ij}^k x^j p_k = L_i(q, p). \tag{3.72}$$

Man erhält also gerade die Komponenten des linearen Impulses $\vec{P}$ und des Drehimpulses $\vec{L}$. Weitere Details werden wir in Abschnitt 3.3.2 und in Aufgabe 3.25 diskutieren.

Wir kommen nun zur zweiten Klasse von Diffeomorphismen von T^*Q, den Fasertranslationen:

Definition 3.2.14 (Fasertranslation). *Sei $A \in \Gamma^\infty(T^*Q)$ eine Einsform auf Q.*

i.) Der vertikale Lift $A^\mathsf{v} \in \Gamma^\infty(T(T^*Q))$ von A ist das durch

$$A^\mathsf{v}(\alpha_q) = \frac{\mathrm{d}}{\mathrm{d}t}(\alpha_q + tA(q))\Big|_{t=0} \tag{3.73}$$

bestimmte Vektorfeld.

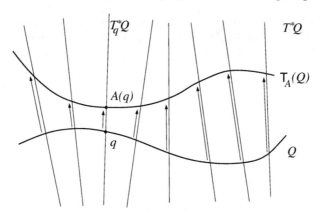

Abb. 3.1. Der Konfigurationsraum Q als Nullschnitt von T^*Q und sein Bild unter der Fasertranslation um eine Einsform A

ii.) Die Fasertranslation um A ist der Diffeomorphismus

$$\mathsf{T}_A(\alpha_q) = \alpha_q + A(q) \tag{3.74}$$

von T^*Q.

Bemerkung 3.2.15 (Vertikale Lifts und Fasertranslationen). Daß der vertikale Lift $A^{\vee}$ und die Fasertranslation T_A tatsächlich wohl-definiert sind, liegt daran, daß die Fasern von T^*Q *Vektorräume* sind. Offenbar ist das Vektorfeld $A^{\vee}$ ein *vertikales Vektorfeld* in dem Sinne, daß

$$T\pi(A^{\vee}) = 0. \tag{3.75}$$

Die Fasertranslation T_A ist ein Diffeomorphismus mit Inversem T_{-A} und der Eigenschaft

$$\pi \circ \mathsf{T}_A = \pi. \tag{3.76}$$

Dies wird auch durch Abbildung 3.1 illustriert. Für verschiedene Einsformen $A, B \in \Gamma^{\infty}(T^*Q)$ und $s, t \in \mathbb{R}$ gilt offenbar

$$[A^{\vee}, B^{\vee}] = 0 \tag{3.77}$$

sowie

$$\mathsf{T}_{tA} \circ \mathsf{T}_{sB} = \mathsf{T}_{tA+sB} = \mathsf{T}_{sB} \circ \mathsf{T}_{tA}, \tag{3.78}$$

da die faserweise Addition in T^*Q kommutativ und distributiv ist. Insbesondere ist $t \mapsto \mathsf{T}_{tA}$ eine Einparametergruppe von Diffeomorphismen von T^*Q und es gilt

$$A^{\vee}(\alpha_q) = \frac{\mathrm{d}}{\mathrm{d}t} \mathsf{T}_{tA}(\alpha_q) \Big|_{t=0}, \tag{3.79}$$

womit T_{tA} der vollständige Fluß von $A^{\vee}$ ist.

Weiter sei hier noch angemerkt, daß die Definition einer Fasertranslation und des zugehörigen vertikalen Lifts auch für ein beliebiges Vektorbündel sinnvoll ist. Es gelten auch in diesem Fall die analogen Beziehungen zwischen Fasertranslationen und vertikalen Lifts. Eine genauere Ausformulierung findet sich in den Aufgaben 5.15 und 5.20. Der nächste Satz dagegen benutzt die symplektische Struktur eines Kotangentenbündels:

Satz 3.2.16. *Sei $A \in \Gamma^\infty(T^*Q)$ eine Einsform auf Q.*

i.) Es gilt

$$\mathsf{T}^*_A \theta_0 = \theta_0 + \pi^* A \qquad (3.80)$$

und damit

$$\mathsf{T}^*_A \omega_0 = \omega_0 - \pi^* \mathrm{d}A. \qquad (3.81)$$

ii.) Es gilt

$$\mathscr{L}_{A^\mathsf{v}} \theta_0 = \pi^* A \quad und \quad \mathscr{L}_{A^\mathsf{v}} \omega_0 = -\pi^* \mathrm{d}A. \qquad (3.82)$$

iii.) Der vertikale Lift A^v beziehungsweise die Fasertranslation T_A ist genau dann symplektisch, wenn A geschlossen ist

$$\mathrm{d}A = 0. \qquad (3.83)$$

iv.) Lokal gilt mit $A\big|_U = A_i \mathrm{d}x^i$

$$A^\mathsf{v}\Big|_{T^*U} = (\pi^* A_i)\frac{\partial}{\partial p_i} \qquad (3.84)$$

und somit

$$\theta_0(A^\mathsf{v}) = 0, \quad \mathrm{i}_{A^\mathsf{v}} \omega_0 = -\pi^* A \quad und \quad [\xi, A^\mathsf{v}] = -A^\mathsf{v}. \qquad (3.85)$$

v.) Der vertikale Lift A^v ist genau dann Hamiltonsch, wenn $A = \mathrm{d}S$ exakt ist mit $S \in C^\infty(Q)$. In diesem Fall ist

$$A^\mathsf{v} = -X_{\pi^* S}. \qquad (3.86)$$

Beweis. ad i.) Mit $\pi \circ \mathsf{T}_A = \pi$ erhält man durch Nachrechnen

$$
\begin{aligned}
(\mathsf{T}^*_A \theta_0)\Big|_{\alpha_q}(w_{\alpha_q}) &= \theta_0\Big|_{\mathsf{T}_A(\alpha_q)}\left(T_{\alpha_q} \mathsf{T}_A(w_{\alpha_q})\right) \\
&= \theta_0\Big|_{\alpha_q + A(q)}\left(T_{\alpha_q} \mathsf{T}_A(w_{\alpha_q})\right) \\
&= (\alpha_q + A(q))\left(T_{\alpha_q + A(q)}\pi \, T_{\alpha_q} \mathsf{T}_A(w_{\alpha_q})\right) \\
&= (\alpha_q + A(q))\left(T_{\alpha_q}(\pi \circ \mathsf{T}_A)(w_{\alpha_q})\right) \\
&= \alpha_q(T_{\alpha_q}\pi(w_{\alpha_q})) + A(q)(T_{\alpha_q}\pi(w_{\alpha_q})) \\
&= \theta_0\Big|_{\alpha_q}(w_{\alpha_q}) + (\pi^* A)\Big|_{\alpha_q}(w_{\alpha_q}),
\end{aligned}
$$

womit (3.80) gezeigt ist. Gleichung (3.81) folgt dann aus der Vertauschbarkeit von äußerer Ableitung mit pull-backs.

ad ii.) Da T_{tA} gerade der Fluß zu A^v ist, folgt (3.82) durch Ableiten von (3.80) beziehungsweise (3.81) bei $t = 0$.

ad iii.) Anhand von (3.81) beziehungsweise (3.82) ist dies offensichtlich.

ad iv.) Sei $f \in C^\infty(T^*Q)$, dann gilt lokal

$$
\begin{aligned}
A^\mathrm{v}(\alpha_q)f &= \frac{\mathrm{d}}{\mathrm{d}t} f(\alpha_q + tA(q)) \Big|_{t=0} \\
&= \frac{\partial f}{\partial q^i}\Big|_{\alpha_q} \frac{\partial q^i(\alpha_q + tA(q))}{\partial t}\Big|_{t=0} + \frac{\partial f}{\partial p_i}\Big|_{\alpha_q} \frac{\partial p_i(\alpha_q + tA(q))}{\partial t}\Big|_{t=0} \\
&= 0 + \frac{\partial f}{\partial p_i}\Big|_{\alpha_q} A_i(q),
\end{aligned}
$$

woraus die lokale Darstellung (3.84) folgt. Damit kann man die übrigen Behauptungen leicht nachprüfen. Alternativ dazu erhält man ein globales Argument auf folgende Weise: Zunächst folgt $\mathrm{i}_{A^\mathrm{v}}\,\theta_0 = 0$ direkt aus der Definition von θ_0 und (3.75). Damit gilt dann

$$
\mathrm{i}_{A^\mathrm{v}}\,\omega_0 = -\,\mathrm{i}_{A^\mathrm{v}}\,\mathrm{d}\theta_0 = -\,\mathscr{L}_{A^\mathrm{v}}\,\theta_0 + \mathrm{d}\,\mathrm{i}_{A^\mathrm{v}}\,\theta_0 = -\,\mathscr{L}_{A^\mathrm{v}}\,\theta_0 = -\pi^*A.
$$

Die Behauptung $[\xi, A^\mathrm{v}] = -A^\mathrm{v}$ gilt allgemein, siehe Aufgabe 5.15, Teil *v.*).

ad v.) Mit $\mathrm{i}_{A^\mathrm{v}}\,\omega_0 = -\pi^*A$ folgt sofort, daß A^v genau dann Hamiltonsch ist, wenn π^*A exakt ist. Dies ist aber genau dann der Fall, wenn A selbst exakt ist. Gilt nämlich $\pi^*A = \mathrm{d}f$ mit $f \in C^\infty(T^*Q)$, so folgt aus

$$
\iota^*\pi^*A = (\pi \circ \iota)^*A = \mathrm{id}_Q^*\,A = A,
$$

daß $\iota^*\mathrm{d}f = \mathrm{d}\iota^*f = A$, womit A selbst exakt ist. Ist also $A = \mathrm{d}S$ mit $S \in C^\infty(Q)$, so folgt aus $\mathrm{i}_{A^\mathrm{v}}\,\omega_0 = -\pi^*A = -\pi^*\mathrm{d}S = -\mathrm{d}\pi^*S$ auch (3.86). $\square$

Bemerkung 3.2.17. Ist $H \in C^\infty(T^*Q)$ eine Hamilton-Funktion, die nur von den Orten, aber nicht von den Impulsen abhängt, also von der Form $H = \pi^*S$ mit $S \in C^\infty(Q)$ ist, so ist das Hamiltonsche Vektorfeld gerade durch $-(\mathrm{d}S)^\mathrm{v}$ gegeben, und der Hamiltonsche Fluß ist $\mathsf{T}_{-t\mathrm{d}S}$ und damit vollständig.

Die Fasertranslation um eine Einsform $A \in \Gamma^\infty(T^*Q)$ hat eine natürliche *physikalische* Interpretation. Einsformen A auf dem Konfigurationsraum Q entsprechen *Vektorpotentialen* $\vec{A}$ für *Magnetfelder* $\vec{B}$, welche der Zweiform $B = \mathrm{d}A$ entsprechen. Für $Q = \mathbb{R}^3$ ist dies in der Tat die geometrische Formulierung von $\vec{B} = \mathrm{rot}\,\vec{A}$, und die resultierende Geschlossenheit $\mathrm{d}B = 0$ von B ist gerade die Maxwell-Gleichung $\mathrm{div}\,\vec{B} = 0$, siehe Aufgabe 2.10.

Sei also Q der Konfigurationsraum eines geladenen Teilchens mit Ladung e und $B \in \Gamma^\infty(\Lambda^2 T^*Q)$ ein Magnetfeld mit Vektorpotential $A \in \Gamma^\infty(T^*Q)$, also $B = \mathrm{d}A$. Ist nun $H \in C^\infty(T^*Q)$ die Hamilton-Funktion des Teilchens bei „abgeschaltetem" Magnetfeld, so liefert $H_A = \mathsf{T}_{-eA}^*H$ die richtige Hamilton-Funktion bei „angeschaltetem" Magnetfeld. Explizit gilt

$$H_A(\alpha_q) = (\mathsf{T}^*_{-eA} H)(\alpha_q) = H(\mathsf{T}_{-eA}(\alpha_q)) = H(\alpha_q - eA(q)). \qquad (3.87)$$

Die neue Hamilton-Funktion H_A geht aus H durch *minimale Kopplung* hervor, also dadurch, daß man alle Impulse p_i durch $p_i - eA_i(q)$ ersetzt. Es zeigt sich, daß H_A im Falle eines freien Teilchens im $\mathbb{R}^3$ tatsächlich die richtige Bewegungsgleichung liefert, welche durch die *Lorentz-Kraft* bestimmt wird.

Man kann die minimale Kopplung aber auch anders interpretieren, nämlich so, daß man die Hamilton-Funktion beibehält aber die symplektische Form ändert. Es gilt folgender Satz:

Satz 3.2.18 (Minimale Kopplung). *Sei $B \in \Gamma^\infty(\Lambda^2 T^*Q)$ eine exakte Zweiform auf Q mit $B = \mathrm{d}A$ und $A \in \Gamma^\infty(T^*Q)$, und sei $H \in C^\infty(T^*Q)$ eine Hamilton-Funktion. Dann ist das Hamiltonsche System (T^*Q, ω_0, H_A) mit $H_A = \mathsf{T}^*_{-eA} H$ äquivalent zum Hamiltonschen System $(T^*Q, \omega_0 - e\pi^*B, H)$ via T_{-eA}.*

Beweis. Offenbar ist T_{-eA} ein Diffeomorphismus von T^*Q mit $\mathsf{T}^*_{-eA} H = H_A$ (nach Definition) und

$$\mathsf{T}^*_{-eA}(\omega_0 - e\pi^*B) = \omega_0 + e\pi^*\mathrm{d}A - e\pi^*B = \omega_0,$$

da $\mathsf{T}^*_{-eA}\,\pi^* = \pi^*$ aufgrund von $\pi \circ \mathsf{T}_{-eA} = \pi$. $\qquad\qquad\qquad\square$

Bemerkung 3.2.19 (Magnetische Monopole). Der Satz impliziert insbesondere, daß $\omega_0 - e\pi^*B$ wieder eine symplektische Form ist. Dies gilt nicht nur für exaktes B sondern auch, falls B nur geschlossen ist. In diesem Fall gibt es eventuell *kein* (globales) Vektorpotential A mit $\mathrm{d}A = B$, und man spricht von einem *magnetischen Monopol*. Die Formulierung der minimalen Kopplung mittels (T^*Q, ω_0, H_A) scheitert deshalb, während die Formulierung mittels $(T^*Q, \omega_0 - e\pi^*B, H)$ nach wie vor sinnvoll ist und die „richtigen" Bewegungsgleichungen liefert. *Lokal* ist der Übergang zu H_A natürlich immer möglich, wie das Poincaré-Lemma zeigt, siehe auch Aufgabe 3.4.

3.2.2 Von Lagrangescher zu Hamiltonscher Mechanik

Das Tangentenbündel TQ eines Konfigurationsraumes Q ist die Mannigfaltigkeit aller möglichen Geschwindigkeitsvektoren von Kurven in Q und wird daher auch als *Geschwindigkeitsphasenraum* bezeichnet, während T^*Q der *Impulsphasenraum* ist. Wir wollen nun den Zusammenhang von Lagrangescher Mechanik und Hamiltonscher Mechanik genauer untersuchen.

Die übliche kinetische Energie $T(\vec{q}, \vec{v}) = \frac{1}{2}m \|\vec{v}\|^2$ ist eine positiv definite homogene quadratische Funktion der Geschwindigkeiten $\vec{v}$. Dies läßt sich geometrisch folgendermaßen formulieren:

Definition 3.2.20 (Kinetische Energie). *Eine Funktion $T \in C^\infty(TQ)$ heißt kinetische Energie, falls $T\big|_{T_qQ}$ für alle $q \in Q$ eine homogene, positiv definite Quadratform ist.*

Bemerkung 3.2.21. Da T_qQ ein Vektorraum ist, ist es wohl-definiert, von einer (homogenen) Quadratform zu sprechen. Positiv definit heißt dann einfach

$$T(v_q) > 0 \quad \text{für} \quad v_q \neq 0_q. \tag{3.88}$$

Wir betrachten wieder die Unteralgebra der in den Fasern polynomialen glatten Funktionen $\text{Pol}^\bullet(TQ)$ auf dem Vektorbündel TQ. Eine kinetische Energie ist also eine Funktion $T \in \text{Pol}^2(TQ)$ mit $T(v_q) > 0$ für $v_q \neq 0_q$. Nach Satz 2.2.23 entspricht T daher ein symmetrisches kovariantes Tensorfeld $g \in \Gamma^\infty(S^2T^*Q)$ auf Q mit der Eigenschaft, daß

$$g_q(v_q, v_q) > 0 \quad \text{für} \quad v_q \neq 0_q, \tag{3.89}$$

wobei $T(v_q) = \frac{1}{2}g_q(v_q, v_q)$. Umgekehrt liefert jedes solche Tensorfeld g eine kinetische Energie. Offenbar wird jeder Tangentialraum T_qQ mittels g_q zu einem Euklidischen Vektorraum vermöge

$$\langle v_q, w_q \rangle_q = g_q(v_q, w_q). \tag{3.90}$$

Umgekehrt wird durch die Wahl eines glatt vom Fußpunkt q abhängenden Skalarprodukts $\langle \cdot, \cdot \rangle_q$ auf jedem Tangentialraum T_qQ ein solches Tensorfeld $g \in \Gamma^\infty(S^2T^*Q)$ definiert.

Diese Struktur ist auch weit jenseits der geometrischen Mechanik derart wichtig, daß sie einen eigenen Namen verdient. Tatsächlich ist unsere Interpretation von Tensorfeldern g vom Typ (3.89) als kinetische Energie eher exotisch und sicherlich nicht die ursprüngliche.

Definition 3.2.22 (Riemannsche Metrik). *Ein symmetrisches kovariantes Tensorfeld $g \in \Gamma^\infty(S^2T^*Q)$ mit $g_q(v_q, v_q) > 0$ für alle $v_q \neq 0_q$ heißt Riemannsche Metrik für Q. Falls g nichtausgeartet aber indefinit ist, heißt g Pseudo-Riemannsche Metrik. Ist bei einer Pseudo-Riemannschen Metrik g die Signatur von g_q an jedem Punkt $(+, -, \cdots, -)$, so heißt g Lorentz-Metrik.*

In einer lokalen Karte (U, x) ist eine (Pseudo-) Riemannsche Metrik g durch

$$g\big|_U = \frac{1}{2}g_{ij}\mathrm{d}x^i \vee \mathrm{d}x^j \tag{3.91}$$

mit gewissen lokalen Funktionen $g_{ij} \in C^\infty(U)$ gegeben. Die symmetrische Matrix $(g_{ij}(p))$ ist für jeden Punkt $p \in U$ nichtausgeartet und im Riemannschen Fall sogar positiv definit. Das Inverse dieser Matrix wird üblicherweise mit (g^{ij}) bezeichnet, wobei also $g^{ij}g_{jk} = \delta^i_k$ auf U gilt.

Es ist physikalisch sehr plausibel, daß es für die Bewegung eines Teilchens auch eine kinetische Energie geben sollte. Tatsächlich läßt sich zeigen, daß es auf jeder Mannigfaltigkeit eine Riemannsche Metrik gibt, siehe Satz A.1.7.

Bemerkung 3.2.23. Die *Riemannsche Geometrie* befaßt sich mit dem Studium von Riemannschen Mannigfaltigkeiten (M, g), siehe beispielsweise [235,

Chap. V], [100, 133, 220] und die Literaturverweise dort. Lorentz-Mannig-
faltigkeiten bilden den Ausgangspunkt und die mathematische Arena der
Allgemeinen Relativitätstheorie, siehe beispielsweise [290, 295, 302]. Wir werden hier jedoch einen bescheidenen Standpunkt einnehmen und nur die von
uns benötigten Anfangsgründe der (Pseudo-) Riemannschen Geometrie diskutieren. In den Aufgaben 3.7, 3.8 und 3.10 werden wir weitere Aspekte der
Riemannschen Geometrie vom Standpunkt der Hamiltonschen Mechanik aus
diskutieren.

Wir kommen nun zur zentralen Funktion in der Lagrangeschen Formulierung der Mechanik:

Definition 3.2.24 (Lagrange-Funktion). *Eine potentielle Energie* $U \in$
$C^\infty(TQ)$ *ist eine Funktion* $U \in \mathrm{Pol}^0(TQ)$, *also von der Form* $U = \pi^*V$ *mit*
$V \in C^\infty(Q)$. *Die zu einer kinetischen Energie* $T \in \mathrm{Pol}^2(TQ)$ *und einer po-*
tentiellen Energie $U \in \mathrm{Pol}^0(TQ)$ *gehörende Lagrange-Funktion* $L \in C^\infty(TQ)$
ist durch

$$L = T - U \tag{3.92}$$

definiert.

Bemerkung 3.2.25. Allgemein heißt jede Funktion $L \in C^\infty(TQ)$ *Lagrange-*
Funktion. Der für die Physik wichtigste Fall ist sicherlich der, in dem L die
Form (3.92) besitzt. Es gibt jedoch auch darüber hinausgehende Beispiele.

Es gilt also nun, die Euler-Lagrange-Gleichungen als Bewegungsgleichungen der Lagrangeschen Mechanik auch geometrisch zu formulieren und die
Beziehung zur Hamiltonschen Mechanik zu verstehen. Wir beginnen mit folgendem Begriff der Faserableitung, der die geometrische Formulierung der
Legendre-Transformation ermöglichen:

Definition 3.2.26 (Faserableitung). *Sei* $L \in C^\infty(TQ)$ *gegeben. Dann ist*
die Faserableitung

$$\mathbb{F}L : TQ \longrightarrow T^*Q \tag{3.93}$$

durch

$$(\mathbb{F}L(v_q))(w_q) = \frac{\mathrm{d}}{\mathrm{d}t}L(v_q + tw_q)\Big|_{t=0} \tag{3.94}$$

definiert.

Lemma 3.2.27. *Sei* $L \in C^\infty(TQ)$.

i.) *Es gilt* $\mathbb{F}L(v_q) \in T_q^*Q$, *also insbesondere* $\pi_{T^*Q} \circ \mathbb{F}L = \pi_{TQ}$, *und* $\mathbb{F}L :$
$TQ \longrightarrow T^*Q$ *ist glatt.*

ii.) *Sei* (U, x) *eine Karte für* Q *und* $(TU, (q, v))$ *beziehungsweise* $(T^*U, (q, p))$
die induzierten Karte für TQ *beziehungsweise* T^*Q. *Dann gilt*

$$\mathbb{F}L(v_q) = \frac{\partial L}{\partial v^i}\Big|_{v_q} \mathrm{d}x^i\Big|_q \quad \text{also} \quad p_i(\mathbb{F}L(v_q)) = \frac{\partial L}{\partial v^i}\Big|_{v_q}. \tag{3.95}$$

Beweis. Zunächst ist zu zeigen, daß $(\mathbb{F}L(v_q))w_q$ tatsächlich linear von w_q abhängt. Nach der Kettenregel ist dies aber klar. Damit ist $\mathbb{F}L(v_q)$ also eine Einsform auf T_qQ, womit auch der Fußpunkt von $\mathbb{F}L(v_q)$ mit dem von v_q übereinstimmt. Die Glattheit folgt aus der lokalen Darstellung, welche man wie folgt nachrechnet

$$
\begin{aligned}
(\mathbb{F}L(v_q))(w_q) &= \frac{\mathrm{d}}{\mathrm{d}t}L(v_q + tw_q)\Big|_{t=0} \\
&= \frac{\partial L}{\partial q^i}\Big|_{v_q}\frac{\partial q^i(v_q + tw_q)}{\partial t}\Big|_{t=0} + \frac{\partial L}{\partial v^i}\Big|_{v_q}\frac{\partial v^i(v_q + tw_q)}{\partial t}\Big|_{t=0} \\
&= 0 + \frac{\partial L}{\partial v^i}\Big|_{v_q}v^i(w_q) \\
&= \frac{\partial L}{\partial v^i}\Big|_{v_q}\mathrm{d}x^i(w_q),
\end{aligned}
$$

womit auch (3.95) gezeigt ist.   □

Beispiel 3.2.28. Sei $T \in \mathrm{Pol}^2(T^*Q)$ die kinetische Energie zur Riemannschen Metrik g und U eine potentielle Energie. Dann gilt für $L = T - U$

$$
\mathbb{F}L(v_q) = g_q(v_q, \cdot) = v_q^{\flat_g}, \tag{3.96}
$$

wobei $\flat_g : TQ \longrightarrow T^*Q$ der durch g induzierte musikalische Vektorbündeliso-morphismus (analog zum symplektischen Fall in Bemerkung 3.1.9) ist. Man rechnet nämlich nach, daß

$$
\mathbb{F}L(v_q)(w_q) = \frac{\mathrm{d}}{\mathrm{d}t}L(v_q + tw_q)\Big|_{t=0} = \frac{\mathrm{d}}{\mathrm{d}t}\frac{1}{2}g_q(v_q + tw_q, v_q + tw_q)\Big|_{t=0} = g_q(v_q, w_q), \tag{3.97}
$$

da g_q bilinear ist und die potentielle Energie U nur vom Fußpunkt abhängt.

Offenbar ist in diesem Beispiel die Faserableitung $\mathbb{F}L$ ein *Diffeomorphis-mus* $TQ \longrightarrow T^*Q$, da die Riemannsche Metrik g ja nichtausgeartet ist. Dies motiviert folgende allgemeine Definition:

Definition 3.2.29 (Hyperreguläre Lagrange-Funktion). *Eine Lagran-ge-Funktion* $L \in C^\infty(TQ)$ *heißt hyperregulär, falls* $\mathbb{F}L$ *ein Diffeomorphismus ist.*

Ist $\gamma : I \longrightarrow Q$ eine glatte Kurve, so ist

$$
\dot{\gamma} : I \ni t \mapsto \dot{\gamma}(t) \in T_{\gamma(t)}Q \tag{3.98}
$$

eine glatte Kurve in TQ und es gilt

$$
\pi_{TQ} \circ \dot{\gamma} = \gamma. \tag{3.99}
$$

Ist umgekehrt $c : I \longrightarrow TQ$ eine glatte Kurve in TQ, so ist zwar

$$\gamma = \pi_{TQ} \circ c : I \longrightarrow Q \tag{3.100}$$

eine glatte Kurve in Q, aber im allgemeinen gilt

$$\dot{\gamma}(t) = \frac{\mathrm{d}}{\mathrm{d}t}\pi_{TQ} \circ c(t) = T_{c(t)}\pi_{TQ}(\dot{c}(t)) \neq c(t). \tag{3.101}$$

Es ist also sicher nicht jede Kurve in TQ von der Form (3.98). Dies motiviert folgende Begriffsbildung:

Definition 3.2.30 (Gleichung zweiter Ordnung). *Ein Vektorfeld $X \in \Gamma^\infty(T(TQ))$ auf TQ definiert eine Gleichung zweiter Ordnung auf Q, falls*

$$T\pi_{TQ} \circ X = \mathrm{id}_{TQ}. \tag{3.102}$$

Lemma 3.2.31. *Ein Vektorfeld $X \in \Gamma^\infty(T(TQ))$ definiert genau dann eine Gleichung zweiter Ordnung auf Q, wenn für jede Integralkurve $c : I \longrightarrow TQ$ von X*

$$\frac{\mathrm{d}}{\mathrm{d}t}(\pi_{TQ} \circ c) = c \tag{3.103}$$

gilt.

Beweis. Mit (3.101) gilt (3.103) genau dann, wenn für alle Integralkurven c

$$c(0) = T_{c(0)}\pi_{TQ}(\dot{c}(0)) = T_{c(0)}\pi_{TQ} \circ X \circ c(0)$$

gilt. Also muß $T\pi_{TQ} \circ X = \mathrm{id}_{TQ}$ gelten, da ja die Anfangsbedingungen $c(0) \in TQ$ beliebig sind. Die Umkehrung folgt analog. $\qquad\square$

Nun können wir die *Euler-Lagrange-Gleichungen* geometrisch formulieren:

Definition 3.2.32. *Sei $L \in C^\infty(TQ)$ eine Lagrange-Funktion.*

i.) Die Funktion $E \in C^\infty(TQ)$

$$E(v_q) = (\mathbb{F}L)(v_q)v_q - L(v_q) \tag{3.104}$$

heißt Energie zu L.

ii.) Die geschlossene Zweiform

$$\omega_L = (\mathbb{F}L)^*\omega_0 \in \Gamma^\infty(\Lambda^2 T^*(TQ)) \tag{3.105}$$

heißt Lagrange-Zweiform zu L. Entsprechend definiert man die Lagrange-Einsform durch $\theta_L = (\mathbb{F}L)^*\theta_0 \in \Gamma^\infty(T^*(TQ))$.

iii.) Ein Vektorfeld $X_E \in \Gamma^\infty(T(TQ))$ mit

$$\mathrm{i}_{X_E}\omega_L = \mathrm{d}E \tag{3.106}$$

heißt Lagrangesches Vektorfeld zu L.

Offenbar gilt immer

$$\omega_L = -\mathrm{d}\theta_L, \tag{3.107}$$

aber ω_L braucht *nicht* symplektisch zu sein. Daher ist die Existenz von X_E wie in (3.106) im allgemeinen keineswegs gesichert. Selbst wenn es ein X_E mit (3.106) gibt, braucht es *nicht* eindeutig bestimmt zu sein. Dieser Fall ist für die Physik von *constraints* durchaus von Bedeutung, soll jedoch hier nicht weiter vertieft werden, siehe hierzu etwa [95, 167, 292]. Im Falle einer hyperregulären Lagrange-Funktion, also insbesondere für $L = T - U$ mit T und U wie gehabt, ist die Situation viel einfacher:

Satz 3.2.33 (Euler-Lagrange-Gleichungen). *Sei $L \in C^\infty(TQ)$ eine Lagrange-Funktion.*

i.) Es gilt

$$\theta_L\Big|_{v_q}(w_{v_q}) = \mathbb{F}L(\pi_{T(TQ)}w_{v_q})(T_{v_q}\pi_{TQ}(w_{v_q})) \tag{3.108}$$

und lokal in einer induzierten Karte $(TU, (q, v))$ gilt

$$\theta_L\Big|_{TU} = \frac{\partial L}{\partial v^i}\mathrm{d}q^i \tag{3.109}$$

$$\omega_L\Big|_{TU} = \frac{\partial^2 L}{\partial v^i \partial q^j}\mathrm{d}q^i \wedge \mathrm{d}q^j + \frac{\partial^2 L}{\partial v^i \partial v^j}\mathrm{d}q^i \wedge \mathrm{d}v^j. \tag{3.110}$$

Insbesondere ist ω_L genau dann symplektisch, falls an jedem Punkt $v_q \in TQ$ die zweite Faserableitung $\mathbb{F}^2 L$ von L (Definition analog zu $\mathbb{F}$) nicht-ausgeartet ist, also lokal

$$\det\left(\frac{\partial^2 L}{\partial v^i \partial v^j}\Big|_{v_q}\right) \neq 0. \tag{3.111}$$

ii.) Ist L hyperregulär, so ist ω_L symplektisch und das Lagrangesche Vektorfeld X_E existiert, ist eindeutig und definiert eine Gleichung zweiter Ordnung auf Q.

iii.) Sei L hyperregulär. Eine Kurve $c : I \longrightarrow TQ$ ist genau dann eine Integralkurve von X_E, falls die Fußpunktkurve $\gamma = \pi_{TQ} \circ c$ lokal die Euler-Lagrange-Gleichungen

$$\frac{\mathrm{d}}{\mathrm{d}t}\left(\frac{\partial L}{\partial v^i}(\dot{\gamma}(t))\right) - \frac{\partial L}{\partial q^i}(\dot{\gamma}(t)) = 0, \quad i = 1, \dots, n, \tag{3.112}$$

erfüllt und $c = \dot{\gamma}$.

Beweis. Der Beweis zum ersten Teil erfolgt durch einfaches Nachrechnen mit Hilfe der Definition von $\mathbb{F}$ und (3.95). Der zweite Teil benutzt folgendes Lemma:

Lemma 3.2.34. *Ein Vektorfeld* $X \in \Gamma^\infty(T(TQ))$ *definiert genau dann eine Gleichung zweiter Ordnung, wenn in lokalen Koordinaten* $(TU, (q, v))$

$$X\big|_{TU}(q, v) = v^i \frac{\partial}{\partial q^i} + X_2^i(q, v) \frac{\partial}{\partial v^i} \tag{3.113}$$

mit lokalen Funktionen $X_2^i \in C^\infty(TU)$.

Beweis (von Lemma 3.2.34). Zum Beweis wertet man die Bedingung $T\pi_{TQ} \circ X = \mathrm{id}_{TQ}$ auf den lokalen Basisvektorfeldern $\frac{\partial}{\partial q^i}$ und $\frac{\partial}{\partial v^i}$ aus. Analog zum Fall des Kotangentenbündels gilt

$$T_{v_q}\pi_{TQ}\left(\frac{\partial}{\partial q^i}\bigg|_{v_q}\right) = \frac{\partial}{\partial x^i}\bigg|_q \quad \text{und} \quad T_{v_q}\pi_{TQ}\left(\frac{\partial}{\partial v^i}\bigg|_{v_q}\right) = 0,$$

woraus (3.113) leicht folgt, siehe auch Aufgabe 3.9.   ▽

Es bleibt nun zu zeigen, daß die lokale Gestalt von X_E tatsächlich so beschaffen ist, daß X_E eine Gleichung zweiter Ordnung definiert. Diese Rechnung, sowie auch die verbleibende Rechnung zum dritten Teil, wird in Aufgabe 3.9 besprochen.   □

Bemerkung 3.2.35. Im hyperregulären Fall, also insbesondere für $L = T - U$, sind die üblichen Euler-Lagrange-Gleichungen also die lokale Version der Bewegungsgleichungen

$$\dot{c}(t) = X_E \circ c(t), \tag{3.114}$$

wobei das Lagrangesche Vektorfeld X_E das *Hamiltonsche Vektorfeld* zur Hamilton-Funktion $E \in C^\infty(TQ)$ bezüglich der symplektischen Struktur ω_L ist.

Diese Beobachtung legt nahe, die Faserableitung $\mathbb{F}L$ dazu zu verwenden, ein äquivalentes Hamiltonsches System direkt auf T^*Q zu definieren, was in der Tat möglich ist:

Satz 3.2.36 (Legendre-Transformation). *Sei* $L \in C^\infty(TQ)$ *eine hyperreguläre Lagrange-Funktion und sei*

$$H = E \circ (\mathbb{F}L)^{-1} \in C^\infty(T^*Q) \tag{3.115}$$

die Legendre-Transformierte von L. *Dann gilt:*

i.) *Das Hamiltonsche System* (TQ, ω_L, E) *ist zum Hamiltonschen System* (T^*Q, ω_0, H) *via* $\mathbb{F}L : TQ \longrightarrow T^*Q$ *äquivalent.*

ii.) $\mathbb{F}L$ *bildet Integralkurven von* X_E *in* TQ *bijektiv auf Integralkurven von* X_H *in* T^*Q *ab, und die Fußpunktkurven in* Q *von entsprechenden Integralkurven stimmen überein.*

Beweis. Der erste Teil ist klar, da $\mathbb{F}L : TQ \longrightarrow T^*Q$ nach Definition von ω_L ein Symplektomorphismus ist und $E = (\mathbb{F}L)^*H$. Insbesondere folgt daraus, daß X_E und X_H $\mathbb{F}L$-verwandt sind, sogar

$$(\mathbb{F}L)^*X_H = X_E \quad \text{und} \quad (\mathbb{F}L)_*X_E = X_H.$$

Sei nun $c : I \longrightarrow TQ$ eine Integralkurve von X_E, dann gilt für $\tilde{c}(t) = \mathbb{F}L \circ c(t)$ nach der Kettenregel

$$\dot{\tilde{c}}(t) = T_{c(t)}\mathbb{F}L \circ \dot{c}(t) = T_{c(t)}\mathbb{F}L \circ X_E \circ c(t) = X_H(\mathbb{F}Lc(t)) = X_H(\tilde{c}(t)).$$

Die Umkehrung folgt analog. In der Tat sind ganz allgemein die Integralkurven von ϕ-verwandten Vektorfeldern immer in Bijektion via ϕ. Für die Fußpunktkurven gilt

$$\tilde{\gamma}(t) = \pi_{T^*Q} \circ \tilde{c}(t) = \pi_{T^*Q} \circ \mathbb{F}L \circ c(t) = \pi_{TQ} \circ c(t) = \gamma(t),$$

da $\pi_{T^*Q} \circ \mathbb{F}L = \pi_{TQ}$, womit die Fußpunktkurven übereinstimmen. $\qquad\square$

Bemerkung 3.2.37. Umgekehrt kann man für eine hyperreguläre Hamilton-Funktion mittels der entsprechenden Faserableitung $\mathbb{F}H$ (Definition analog zu $\mathbb{F}L$) von Hamiltonscher zu Lagrangescher Mechanik wechseln.

Beispiel 3.2.38. Sei $T \in \mathrm{Pol}^2(TQ)$ die kinetische Energie zur Riemannschen Metrik g und $U = \pi_{TQ}^*V \in \mathrm{Pol}^0(TQ)$ eine potentielle Energie. Dann gilt mit Beispiel 3.2.28

$$E = T + U \tag{3.116}$$

und entsprechend

$$H = \tilde{T} + \tilde{U}, \tag{3.117}$$

wobei $\tilde{T}(\alpha_q) = \frac{1}{2}g_q^{-1}(\alpha_q, \alpha_q)$ und $\tilde{U} = \pi_{T^*Q}^*V$ und g^{-1} das zu g inverse kontravariante Tensorfeld $g^{-1} \in \Gamma^\infty(\mathrm{S}^2TQ)$ bezeichnet.

Wir schließen diesen Abschnitt mit einer Bemerkung zur *kräftefreien Bewegung* in einer Riemannschen Mannigfaltigkeit.

Definition 3.2.39 (Geodäte). *Sei g eine (Pseudo-) Riemannsche Metrik auf Q. Eine Kurve γ in Q heißt Geodäte bezüglich g, falls die Kurve $c = \dot{\gamma}$ in TQ eine Integralkurve von X_E mit $L = T = E$ ist, also eine Lösung zur kräftefreien Bewegung.*

Diese etwas eigentümliche Definition einer Geodäten liefert tatsächlich die übliche Definition:

Satz 3.2.40 (Geodätengleichung). *Sei g eine (Pseudo-) Riemannsche Metrik auf Q. Dann ist eine Kurve γ in Q genau dann eine Geodäte bezüglich g, falls lokal in einer Karte (U, x) für $\gamma^i(t) = x^i(\gamma(t))$*

$$\ddot{\gamma}^k(t) + \Gamma_{ij}^k(\gamma(t))\dot{\gamma}^i(t)\dot{\gamma}^j(t) = 0 \tag{3.118}$$

gilt, wobei

$$\Gamma_{ij}^k = \frac{1}{2}g^{k\ell}\left(\frac{\partial g_{\ell i}}{\partial x^j} + \frac{\partial g_{\ell j}}{\partial x^i} - \frac{\partial g_{ij}}{\partial x^\ell}\right) \in C^\infty(U) \tag{3.119}$$

die lokalen Christoffel-Symbole von g sind und $(g^{k\ell})$ die zu (g_{ij}) inverse Matrix bezeichnet und $g\big|_U = \frac{1}{2}g_{ij}\mathrm{d}x^i \vee \mathrm{d}x^j$.

Beweis. Mit den lokalen Ausdrücken für $\mathbb{F}L$, X_E und T ist die Verifikation von (3.118) in lokalen Koordinaten eine leichte Übung, siehe Aufgabe 3.10.

$\square$

Weitere Details zur „Hamiltonschen Sichtweise" in der Riemannschen Geometrie werden in den Aufgaben 3.7, 3.8 und 3.10 besprochen.

3.2.3 Fast-Komplexe Strukturen und Kähler-Mannigfaltigkeiten

Eine zweite große Beispielklasse von symplektischen Mannigfaltigkeiten mit „Extrastruktur" bilden die *Kähler-Mannigfaltigkeiten*. Wir beginnen mit einigen Überlegungen zu komplexen Mannigfaltigkeiten, siehe etwa [146, 177, 201, 325] für Details.

Definition 3.2.41 (Fast-komplexe Struktur). *Eine fast-komplexe Struktur auf M ist ein Tensorfeld $J \in \Gamma^\infty(\mathsf{End}(TM))$ mit der Eigenschaft*

$$J^2 = -\,\mathsf{id}\,. \tag{3.120}$$

Eine Mannigfaltigkeit M mit einer fast-komplexen Struktur J heißt fast-komplexe Mannigfaltigkeit. Eine glatte Abbildung

$$\phi : (M, J) \longrightarrow (M', J') \tag{3.121}$$

heißt fast-holomorph, falls

$$T\phi \circ J = J' \circ T\phi. \tag{3.122}$$

In (3.122) werden J und J' als faserweise lineare Diffeomorphismen

$$J : TM \ni v_p \mapsto J_p(v_p) \in TM \tag{3.123}$$

verstanden.

Bemerkung 3.2.42. Ist (M, J) eine fast-komplexe Mannigfaltigkeit, so ist also auf jedem Tangentialraum T_pM eine *lineare fast-komplexe Struktur* $J_p : T_pM \longrightarrow T_pM$ vorgegeben. Insbesondere folgt, daß $\dim M = 2n$ gerade ist, siehe Aufgabe 3.5.

Definition 3.2.43 (Komplexe Mannigfaltigkeit). *Eine komplexe Mannigfaltigkeit M der komplexen Dimension n ist eine differenzierbare (reelle) Mannigfaltigkeit der reellen Dimension $2n$, welche einen holomorphen Atlas $\{(U_\alpha, z_\alpha)\}$ besitzt, so daß es also lokale glatte Karten*

$$z_\alpha : U_\alpha \xrightarrow{\cong} z_\alpha(U_\alpha) = V_\alpha \subseteq \mathbb{C}^n \tag{3.124}$$

mit der Eigenschaft gibt, daß $z_\beta \circ z_\alpha^{-1}\big|_{z_\alpha(U_\alpha \cap U_\beta)}$ für alle α, β holomorph ist. Eine Abbildung $\phi : M \longrightarrow N$ zwischen zwei komplexen Mannigfaltigkeiten heißt holomorph, falls ϕ in lokalen holomorphen Karten holomorph ist.

Sind also $z_\alpha = (z_\alpha^1, \ldots, z_\alpha^n)$ und $z_\beta = (z_\beta^1, \ldots, z_\beta^n)$ Koordinaten auf U_α und U_β mit $U_\alpha \cap U_\beta \neq \emptyset$, so gelten die *Cauchy-Riemannschen Differentialgleichungen*

$$\frac{\partial(x_\beta^k \circ z_\alpha^{-1})}{\partial x_\alpha^j} - \frac{\partial(y_\beta^k \circ z_\alpha^{-1})}{\partial y_\alpha^j} = 0 = \frac{\partial(x_\beta^k \circ z_\alpha^{-1})}{\partial y_\alpha^j} + \frac{\partial(y_\beta^k \circ z_\alpha^{-1})}{\partial x_\alpha^j} \tag{3.125}$$

für alle $k, j = 1, \ldots, n$ genau dann, wenn der Kartenwechsel $z_\beta \circ z_\alpha^{-1}$ holomorph ist. Hier bezeichnet x_α^k den Realteil von z_α^k und y_α^k entsprechend den Imaginärteil von z_α^k, etc. Es gilt also $z_\alpha^k = x_\alpha^k + iy_\alpha^k$.

Beispiel 3.2.44 (Komplexe Mannigfaltigkeiten).

i.) Jede offene Teilmenge von $\mathbb{C}^n$ ist eine komplexe Mannigfaltigkeit der komplexen Dimension n. Allgemeiner ist jede offene Teilmenge einer komplexen Mannigfaltigkeit wieder eine komplexe Mannigfaltigkeit der selben Dimension.

ii.) Die 2-Sphäre $\mathbb{S}^2$ besitzt mittels den stereographischen Projektionen vom Nordpol und Südpol aus einen holomorphen Atlas und ist daher eine kompakte komplexe Mannigfaltigkeit der komplexen Dimension 1, siehe Aufgabe 2.2.

iii.) Allgemeiner betrachtet man in $\mathbb{C}^{n+1} \setminus \{0\}$ die Menge der komplexen Strahlen. Dies definiert den komplex-projektiven Raum $\mathbb{CP}^n$, welcher sich als eine komplexe n-dimensionale Mannigfaltigkeit erweist. Es gilt dann $\mathbb{CP}^1 \cong \mathbb{S}^2$, siehe auch Aufgabe 3.27.

Proposition 3.2.45. *Seien M, M' komplexe Mannigfaltigkeiten.*

i.) Sei (U_α, z_α) eine holomorphe Karte. Die durch

$$J_\alpha\left(\frac{\partial}{\partial x_\alpha^k}\right) = \frac{\partial}{\partial y_\alpha^k} \quad und \quad J_\alpha\left(\frac{\partial}{\partial y_\alpha^k}\right) = -\frac{\partial}{\partial x_\alpha^k} \tag{3.126}$$

lokal auf U_α definierte fast-komplexe Struktur J_α ist unabhängig von der holomorphen Karte und definiert daher eine kanonische fast-komplexe Struktur $J \in \Gamma^\infty(\mathsf{End}(TM))$.

ii.) Eine glatte Abbildung $\phi : M \longrightarrow M'$ ist genau dann holomorph, falls ϕ fast-holomorph bezüglich der kanonischen fast-holomorphen Strukturen J und J' ist, also $T\phi \circ J = J' \circ T\phi$.

Beweis. Aus dem Transformationsverhalten von Koordinatenvektorfeldern nach Satz 2.1.13 und aus (3.125) folgt, daß für je zwei holomorphe Karten (U_α, z_α) und (U_β, z_β) auf $U_\alpha \cap U_\beta$ die Gleichheit $J_\alpha = J_\beta$ gilt. Diese Rechnung sei als eine einfache Übung gestellt. Damit folgt aber der erste Teil, da offenbar $J_\alpha^2 = -\mathrm{id}$. Für den zweiten Teil zeigt man, daß (3.122) lokal dazu äquivalent ist, daß die Cauchy-Riemannschen Differentialgleichungen erfüllt sind, ϕ also holomorph ist. Die Rechnung ist ebenfalls einfach und benutzt nur die lokale Form der Tangentialabbildung aus Satz 2.1.15. $\qquad\square$

Es stellt sich also die Frage, ob eine fast-komplexe Struktur J auf einer reellen Mannigfaltigkeit nicht vielleicht von einer komplexen Mannigfaltigkeitsstruktur von M kommt. Dies ist im allgemeinen *nicht* so, aber es läßt sich eine einfache notwendige und hinreichende Bedingung formulieren:

Definition 3.2.46 (Nijenhuis-Torsion). *Sei $A \in \Gamma^\infty(\mathsf{End}(TM))$, und seien $X, Y \in \Gamma^\infty(TM)$. Dann ist die Nijenhuis-Torsion N_A von A durch*

$$N_A(X, Y) = [AX, AY] - A[AX, Y] - A[X, AY] + A^2[X, Y] \qquad (3.127)$$

definiert.

Man rechnet leicht nach, daß $N_A(X, Y) = -N_A(Y, X)$ und daß N_A funktionenlinear ist, siehe Aufgabe 3.11. Daher ist nach Satz 2.2.24 die Nijenhuis-Torsion ein Tensorfeld vom Typ

$$N_A \in \Gamma^\infty(\Lambda^2 T^* M \otimes TM). \qquad (3.128)$$

Satz 3.2.47 (Newlander-Nirenberg-Theorem). *Sei (M, J) eine fast-komplexe Mannigfaltigkeit. Dann gilt, daß M genau dann eine komplexe Mannigfaltigkeit mit zugehöriger kanonischer fast-komplexer Struktur J ist, falls*

$$N_J = 0. \qquad (3.129)$$

Beweis. Die Notwendigkeit von (3.129) läßt sich leicht nachprüfen, da N_J ein Tensor ist und (3.129) daher lokal in einer holomorphen Karte geprüft werden kann. Mit (3.126) ist dies aber eine triviale Rechnung, da ja alle Koordinatenvektorfelder Lie-kommutieren. Die Umkehrung dagegen ist ein höchst nichttrivialer Satz, siehe beispielsweise die Diskussion in [201, App. 8]. $\qquad\square$

Eine fast-komplexe Struktur J mit $N_J = 0$ heißt auch *integrabel* oder einfach *komplexe Struktur*. Der große Vorteil der Bedingung (3.129) liegt darin, daß $N_J = 0$ lokal in einer Karte durch einfaches Berechnen von Ableitungen von J geprüft werden kann, da N_J ja ein Tensor ist.

Bevor wir nun den Begriff einer Kähler-Mannigfaltigkeit definieren können, benötigen wir einige genauere Aussagen über komplexwertige Differentialformen und Vektorfelder. Man betrachtet dazu das *komplexifizierte Tangentenbündel*

$$T_{\mathbb{C}}M = TM \otimes_{\mathbb{R}} \mathbb{C}, \tag{3.130}$$

welches das Tensorprodukt (im Sinne von Vektorbündeln) des reellen Tangentenbündels mit dem trivialen Vektorbündel $M \times \mathbb{C}$ mit reell zweidimensionaler typischer Faser $\mathbb{C}$ ist. Die Faser von $T_{\mathbb{C}}M$ am Punkt $p \in M$ ist also der *komplexifizierte Tangentialraum $T_pM \otimes_{\mathbb{R}} \mathbb{C}$*. Als reelles Vektorbündel hat $T_{\mathbb{C}}M$ nun $(2 \dim M)$-dimensionale, als komplexes Vektorbündel $(\dim M)$-dimensionale Fasern. Ebenso wie TM komplexifiziert man auch das Kotangentenbündel

$$T_{\mathbb{C}}^*M = T^*M \otimes_{\mathbb{R}} \mathbb{C}, \tag{3.131}$$

sowie die anderen, daraus abgeleiteten Tensorbündel. Die Fasern von $T_{\mathbb{C}}^*M$ sind dann als der komplexe Dualraum vom komplexifizierten Tangentialraum aufzufassen, also

$$T_{\mathbb{C}}^*M\big|_p = \left\{ \alpha : T_{\mathbb{C}}M\big|_p \longrightarrow \mathbb{C} \mid \alpha \text{ ist } \mathbb{C}\text{-linear} \right\}. \tag{3.132}$$

In jedem komplexifizierten reellen Vektorbündel $E \otimes_{\mathbb{R}} \mathbb{C}$ hat man die *punktweise komplexe Konjugation*, definiert durch

$$v \otimes z \longmapsto \overline{v \otimes z} = v \otimes \bar{z}, \tag{3.133}$$

wobei $v \in E_p$ und $z \in \mathbb{C}$. Dann wird (3.133) ein $\mathbb{R}$-linearer, involutiver und $\mathbb{C}$-antilinearer Vektorbündelautomorphismus. Angewandt auf das Tangentenbündel und die daraus abgeleiteten Vektorbündel erhält man also folgendes Bild:

Proposition 3.2.48. *Sei $T_{\mathbb{C}}M = TM \otimes_{\mathbb{R}} \mathbb{C}$ das komplexifizierte Tangentenbündel einer differenzierbaren Mannigfaltigkeit und entsprechend $T_{\mathbb{C}}{}^r_s T_{\mathbb{C}}M$ die komplexen Tensorbündel.*

i.) Komplexe Vektorfelder $X \in \Gamma^\infty(T_{\mathbb{C}}M)$ sind in linearer Bijektion zu $\mathbb{C}$-linearen Derivationen der komplexwertigen Funktionen $C^\infty(M, \mathbb{C})$, und es gilt

$$\overline{X}(f) = \overline{X(\bar{f})}. \tag{3.134}$$

ii.) Das komplexe Tensorbündel $T_{\mathbb{C}}{}^r_s T_{\mathbb{C}}M$ ist kanonisch isomorph zur Komplexifizierung des reellen Tensorbündels $T^r_s TM$.

iii.) Die komplexe Konjugation von Tensorfeldern ist verträglich mit der natürlichen Paarung, d.h. für $S \in \Gamma^\infty(T_{\mathbb{C}}{}^r_s T_{\mathbb{C}}M)$ und $X_1, \ldots, X_s \in \Gamma^\infty(T_{\mathbb{C}}M)$, $\alpha_1, \ldots, \alpha_r \in \Gamma^\infty(T_{\mathbb{C}}^*M)$ gilt

$$\overline{S(X_1, \ldots, X_s, \alpha_1, \ldots, \alpha_r)} = \overline{S}(\overline{X_1}, \ldots, \overline{X_s}, \overline{\alpha_1}, \ldots, \overline{\alpha_r}). \tag{3.135}$$

*iv.) Jedes komplexe Tensorfeld $S \in \Gamma^\infty(T_{\mathbb{C}}{}^r_s T_{\mathbb{C}} M)$ läßt sich eindeutig in Real-
und Imaginärteil zerlegen, $S = S_1 + iS_2$, mit $S_1, S_2 \in \Gamma^\infty(T^r_s TM)$.*

*v.) Die Operationen $\mathscr{L}_X$, d, i$_X$, $\llbracket \cdot, \cdot \rrbracket$ etc. werden $\mathbb{C}$-multilinear fortgesetzt.
Dann gilt*

$$\overline{\mathscr{L}_X S} = \mathscr{L}_{\overline{X}} \overline{S}, \tag{3.136}$$

$$\overline{\mathrm{d}\alpha} = \mathrm{d}\overline{\alpha} \quad und \quad \overline{\mathrm{i}_X \alpha} = \mathrm{i}_{\overline{X}} \overline{\alpha}, \tag{3.137}$$

$$\overline{\llbracket Y, Z \rrbracket} = \llbracket \overline{Y}, \overline{Z} \rrbracket, \tag{3.138}$$

wobei $X \in \Gamma^\infty(T_{\mathbb{C}} M)$, $S \in \Gamma^\infty(T_{\mathbb{C}}{}^r_s T_{\mathbb{C}} M)$, $\alpha \in \Gamma^\infty(\Lambda^\bullet_{\mathbb{C}} T^*_{\mathbb{C}} M)$ und $Y, Z \in \Gamma^\infty(\Lambda^\bullet_{\mathbb{C}} T_{\mathbb{C}} M)$.

Beweis. Die elementare Verifikation wird in Aufgabe 3.6 besprochen.   □

Bemerkung 3.2.49 (Reelle und komplexe deRham-Kohomologie). Im Hinblick
auf die Bezeichnungen aus Definition 2.3.22 sollten wir bei Differentialformen nun etwas mehr Sorgfalt walten lassen. Deshalb schreiben wir nun auch
$Z^k(M, \mathbb{R})$ beziehungsweise $Z^k(M, \mathbb{C})$, um zu betonen, daß wir reelle oder
komplexwertige geschlossene k-Formen betrachten. Entsprechend schreiben
wir $B^k(M, \mathbb{R})$ und $B^k(M, \mathbb{C})$. Für die resultierenden deRham-Kohomologien
zeigt man nun leicht, daß

$$\mathrm{H}^\bullet_{\mathrm{dR}}(M, \mathbb{C}) \cong \mathrm{H}^\bullet_{\mathrm{dR}}(M, \mathbb{R}) \oplus i\mathrm{H}^\bullet_{\mathrm{dR}}(M, \mathbb{R}) \cong \mathrm{H}^\bullet_{\mathrm{dR}}(M, \mathbb{R}) \otimes \mathbb{C}, \tag{3.139}$$

indem man eine komplexe Differentialform in ihren Real- und Imaginärteil
zerlegt.

Die obigen Aussagen sind noch für beliebige Mannigfaltigkeiten gültig. Interessant wird es, wenn M eine fast-komplexe Struktur J besitzt. Da eine
$\mathbb{C}$-lineare Abbildung $J : V_{\mathbb{C}} \longrightarrow V_{\mathbb{C}}$ mit $J^2 = -\mathrm{id}$ immer komplex diagonali-
sierbar ist mit Eigenwerten $\pm i$ und

$$v_{(1,0)} = \frac{1}{2}(v - iJ(v)) \quad und \quad v_{(0,1)} = \frac{1}{2}(v + iJ(v)) \tag{3.140}$$

die entsprechende Zerlegung $v = v_{(1,0)} + v_{(0,1)}$ in die $(\pm i)$-Eigenvektoren liefert,
induziert eine fast-komplexe Struktur auf M eine Zerlegung von $T_{\mathbb{C}} M$ in zwei
komplexe Unterbündel:

Proposition 3.2.50. *Sei (M, J) eine fast-komplexe Mannigfaltigkeit der reellen Dimension $2n$.*

*i.) Das komplexifizierte Tangentenbündel $T_{\mathbb{C}} M$ ist die direkte Summe der
Eigenraumbündeln von J zu den Eigenwerten $\pm i$*

$$T_{\mathbb{C}} M = T_{\mathbb{C}} M^{(1,0)} \oplus T_{\mathbb{C}} M^{(0,1)}, \tag{3.141}$$

*wobei punktweise $v = v_{(1,0)} + v_{(0,1)}$ und $v_{(1,0)}$ und $v_{(0,1)}$ wie in (3.140). Die
Eigenraumbündel $T_{\mathbb{C}} M^{(1,0)}$ und $T_{\mathbb{C}} M^{(0,1)}$ sind komplexe Vektorbündel der
komplexen Dimension n.*

ii.) Die Zerlegung (3.141) induziert eine Zerlegung

$$T_{\mathbb{C}}^* M = T_{\mathbb{C}}^* M^{(1,0)} \oplus T_{\mathbb{C}}^* M^{(0,1)}, \tag{3.142}$$

wobei $T_{\mathbb{C}}^* M^{(1,0)}$ das zu $T_{\mathbb{C}} M^{(1,0)}$ und $T_{\mathbb{C}}^* M^{(0,1)}$ das zu $T_{\mathbb{C}} M^{(0,1)}$ duale Bündel ist.

iii.) Die Zerlegungen (3.141) und (3.142) induzieren Zerlegungen aller Tensorbündel. Speziell für das Grassmann-Bündel erhält man

$$\Lambda_{\mathbb{C}}^k T_{\mathbb{C}}^* M = \bigoplus_{r+s=k} \Lambda_{\mathbb{C}}^{(r,s)} T_{\mathbb{C}}^* M \tag{3.143}$$

mit $\Lambda_{\mathbb{C}}^{(r,s)} T_{\mathbb{C}}^* M = \Lambda_{\mathbb{C}}^r T_{\mathbb{C}}^* M^{(1,0)} \otimes \Lambda_{\mathbb{C}}^s T_{\mathbb{C}}^* M^{(0,1)}$.

Der Beweis ist offensichtlich.

Definition 3.2.51. *Sei (M, J) eine fast-komplexe Mannigfaltigkeit.*

i.) Ein Vektorfeld $X \in \Gamma^\infty(T_{\mathbb{C}} M)$ heißt vom Typ $(1, 0)$ beziehungsweise von Typ $(0, 1)$, falls $X \in \Gamma^\infty(T_{\mathbb{C}} M^{(1,0)})$ beziehungsweise $X \in \Gamma^\infty(T_{\mathbb{C}} M^{(0,1)})$.

ii.) Eine Differentialform $\alpha \in \Gamma^\infty\left(\Lambda_{\mathbb{C}}^k T_{\mathbb{C}}^* M\right)$ heißt vom Typ (r, s), wobei $k = r + s$, falls $\alpha \in \Gamma^\infty\left(\Lambda_{\mathbb{C}}^{(r,s)} T_{\mathbb{C}}^* M\right)$. Die Projektion auf $\Lambda_{\mathbb{C}}^{(r,s)} T_{\mathbb{C}}^* M$ wird mit

$$\pi^{(r,s)} : \Lambda_{\mathbb{C}}^k T_{\mathbb{C}}^* M \longrightarrow \Lambda_{\mathbb{C}}^{(r,s)} T_{\mathbb{C}}^* M \tag{3.144}$$

bezeichnet.

Sei nun $\alpha \in \Gamma^\infty\left(\Lambda_{\mathbb{C}}^{(r,s)} T_{\mathbb{C}}^* M\right)$, dann kann α lokal als Summe von $(r + s)$ Einsformen der Form

$$\alpha = \beta_1 \wedge \cdots \wedge \beta_r \wedge \gamma_1 \wedge \cdots \wedge \gamma_s \tag{3.145}$$

geschrieben werden, wobei $\beta_i \in \Gamma^\infty\left(T_{\mathbb{C}}^* M^{(1,0)}\right)$ und $\gamma_j \in \Gamma^\infty\left(T_{\mathbb{C}}^* M^{(0,1)}\right)$ Einsformen vom Typ $(1, 0)$ beziehungsweise $(0, 1)$ sind. Anwenden der äußeren Ableitung d liefert in dα aufgrund der Leibniz-Regel neben den Termen dβ_i und dγ_j mindestens $(r - 1)$ Einsformen β_i und $(s - 1)$ Einsformen γ_j. Daher sind die möglichen Typen, die in dα auftreten können, Einschränkungen unterworfen: Insgesamt erhält man, daß dα Beiträge von $(k + 1)$-Formen mit Typ $(r - 1, s + 2)$, $(r, s + 1)$, $(r + 1, s)$ und $(r + 2, s - 1)$ enthalten kann.

Für eine *komplexe* Mannigfaltigkeit wird die Situation sehr viel einfacher, da nur 2 der a priori 4 Möglichkeiten tatsächlich auftreten. Um dies sehen zu können, benötigen wir aber noch einige lokale Ausdrücke in lokalen holomorphen Koordinaten. Sei also (U, z) eine holomorphe Karte einer komplexen Mannigfaltigkeit (M, J). Dann definiert man die lokalen komplexen Vektorfelder

$$\frac{\partial}{\partial z^k} = \frac{1}{2}\left(\frac{\partial}{\partial x^k} - \mathrm{i}\frac{\partial}{\partial y^k}\right) \quad \text{und} \quad \frac{\partial}{\partial \bar{z}^k} = \frac{1}{2}\left(\frac{\partial}{\partial x^k} + \mathrm{i}\frac{\partial}{\partial y^k}\right) \tag{3.146}$$

sowie die lokalen komplexen Einsformen

$$\mathrm{d}z^k = \mathrm{d}x^k + \mathrm{i}\mathrm{d}y^k \quad \text{und} \quad \mathrm{d}\bar{z}^k = \mathrm{d}x^k - \mathrm{i}\mathrm{d}y^k = \overline{\mathrm{d}z^k}, \tag{3.147}$$

wobei $z^k = x^k + \mathrm{i}y^k$ die übliche Zerlegung in Real- und Imaginärteil der Koordinatenfunktionen ist. Offenbar ist (3.147) konsistent mit unserer übrigen Notation, da die äußere Ableitung ja $\mathbb{C}$-linear fortgesetzt ist und daher $\mathrm{d}z^k$ beziehungsweise $\mathrm{d}\bar{z}^k$ tatsächlich die Differentiale der komplexen Koordinatenfunktionen z^k beziehungsweise $\bar{z}^k$ sind.

Proposition 3.2.52. *Sei (M, J) eine komplexe Mannigfaltigkeit und (U, z) eine lokale holomorphe Karte.*

i.) *Die Vektorfelder $\frac{\partial}{\partial z^k}$ und $\frac{\partial}{\partial \bar{z}^k}$ sind vom Typ $(1,0)$ beziehungsweise $(0,1)$ und es gilt*

$$\overline{\frac{\partial}{\partial z^k}} = \frac{\partial}{\partial \bar{z}^k}. \tag{3.148}$$

ii.) *Es gilt*

$$\mathrm{d}z^k \left(\frac{\partial}{\partial z^\ell} \right) = \delta^k_\ell = \mathrm{d}\bar{z}^k \left(\frac{\partial}{\partial \bar{z}^\ell} \right) \quad \text{und} \quad \mathrm{d}z^k \left(\frac{\partial}{\partial \bar{z}^\ell} \right) = 0 = \mathrm{d}\bar{z}^k \left(\frac{\partial}{\partial z^\ell} \right). \tag{3.149}$$

Damit sind die Vektorfelder $\frac{\partial}{\partial z^k}$ lokale Basisfelder von $T_\mathbb{C}U^{(1,0)}$ und entsprechend sind die $\frac{\partial}{\partial \bar{z}^k}$ lokale Basisfelder von $T_\mathbb{C}U^{(0,1)}$. Die Einsformen $\mathrm{d}z^k$ beziehungsweise $\mathrm{d}\bar{z}^k$ bilden dann die entsprechenden dualen Basisfelder von $T^*_\mathbb{C}U^{(1,0)}$ und $T^*_\mathbb{C}U^{(0,1)}$.

iii.) *Eine lokale Funktion $f \in C^\infty(U, \mathbb{C})$ ist genau dann holomorph in U, wenn*

$$\frac{\partial}{\partial \bar{z}^k}f = 0 \quad \text{für alle} \quad k = 1, \dots, n. \tag{3.150}$$

iv.) *Jede k-Form $\alpha \in \Gamma^\infty\left(\Lambda_\mathbb{C}^{(r,s)}T^*_\mathbb{C}M\right)$ vom Typ (r,s) mit $r+s = k$ läßt sich als*

$$\alpha\big|_U = \frac{1}{r!s!}\alpha_{k_1\dots k_r\bar{\ell}_1\dots\bar{\ell}_s}\mathrm{d}z^{k_1} \wedge \dots \wedge \mathrm{d}z^{k_r} \wedge \mathrm{d}\bar{z}^{\ell_1} \wedge \dots \wedge \mathrm{d}\bar{z}^{\ell_s} \tag{3.151}$$

mit eindeutig bestimmten Funktionen $\alpha_{k_1\dots k_r\bar{\ell}_1\dots\bar{\ell}_s} \in C^\infty(U)$, antisymmetrisch in $k_1, \dots, k_r$ und antisymmetrisch in $\bar{\ell}_1, \dots, \bar{\ell}_s$, darstellen.

v.) *Für $\alpha \in \Gamma^\infty\left(\Lambda_\mathbb{C}^{(r,s)}T^*_\mathbb{C}M\right)$ wie in (3.151) gilt lokal*

$$\mathrm{d}\alpha\big|_U = \frac{1}{r!s!}\frac{\partial\alpha_{k_1\dots k_r\bar{\ell}_1\dots\bar{\ell}_s}}{\partial z^{k_0}}\mathrm{d}z^{k_0} \wedge \mathrm{d}z^{k_1} \wedge \dots \wedge \mathrm{d}z^{k_r} \wedge \mathrm{d}\bar{z}^{\ell_1} \wedge \dots \wedge \mathrm{d}\bar{z}^{\ell_s}$$
$$+ \frac{(-1)^r}{r!s!}\frac{\partial\alpha_{k_1\dots k_r\bar{\ell}_1\dots\bar{\ell}_s}}{\partial \bar{z}^{\ell_0}}\mathrm{d}z^{k_1} \wedge \dots \wedge \mathrm{d}z^{k_r} \wedge \mathrm{d}\bar{z}^{\ell_0} \wedge \mathrm{d}\bar{z}^{\ell_1} \wedge \dots \wedge \mathrm{d}\bar{z}^{\ell_s}. \tag{3.152}$$

Damit gilt also insbesondere $\mathrm{d}\alpha \in \Gamma^\infty\left(\Lambda_\mathbb{C}^{(r+1,s)}T^*_\mathbb{C}M \oplus \Lambda_\mathbb{C}^{(r,s+1)}T^*_\mathbb{C}M\right)$.

Beweis. Den ersten Teil erhält man durch konkretes Nachrechnen, etwa

$$J\left(\frac{\partial}{\partial z^k}\right) = \frac{1}{2} J\left(\frac{\partial}{\partial x^k} - i\frac{\partial}{\partial y^k}\right) = \frac{1}{2}\frac{\partial}{\partial y^k} + \frac{i}{2}\frac{\partial}{\partial x^k} = i\frac{\partial}{\partial z^k}.$$

und analog für $\frac{\partial}{\partial \bar{z}^k}$. Da $\frac{\partial}{\partial x^k}$ und $\frac{\partial}{\partial y^k}$ reelle Vektorfelder sind, ist (3.148) offensichtlich. Den zweiten Teil rechnet man ebenfalls elementar nach, beispielsweise

$$\mathrm{d}z^k\left(\frac{\partial}{\partial z^\ell}\right) = \frac{1}{2}(\mathrm{d}x^k + i\mathrm{d}y^k)\left(\frac{\partial}{\partial x^\ell} - i\frac{\partial}{\partial y^\ell}\right) = \frac{1}{2}\delta^k_\ell + 0 + 0 + \frac{1}{2}\delta^k_\ell = \delta^k_\ell$$

und analog für die übrigen Kombinationen. Die weiteren Behauptungen folgen dann einfach aus den Gleichungen (3.149). Für den dritten Teil findet man, daß die Bedingung (3.150), aufgespaltet in Real- und Imaginärteil von f, gerade die Cauchy-Riemannschen Differentialgleichungen sind. Daher folgt die Behauptung. Für den vierten Teil verwendet man, daß die $\mathrm{d}z^k$ und $\mathrm{d}\bar{z}^\ell$ lokale Basisfelder der Einsformen vom Typ $(1,0)$ beziehungsweise $(0,1)$ sind. Damit folgt die lokale Darstellung (3.151) sofort. Der fünfte Teil folgt ebenfalls durch eine einfache Rechnung und $\mathrm{d}^2 = 0$, wobei die „partiellen Ableitungen" nach z^{k_0} beziehungsweise $\bar{z}^{\ell_0}$ als Anwendung der Vektorfelder $\frac{\partial}{\partial z^{k_0}}$ beziehungsweise $\frac{\partial}{\partial \bar{z}^{\ell_0}}$ zu verstehen sind. $\qquad\square$

Die lokale Gestalt von α gemäß (3.151) sowie die von $\mathrm{d}\alpha$ nach (3.152) zeigt, daß von den a priori vier möglichen Beiträgen in $\mathrm{d}\alpha$ auf einer komplexen Mannigfaltigkeit nur zwei tatsächlich auftreten. Dies erlaubt folgende Definition:

Definition 3.2.53 (Dolbeault-Operator). *Sei* (M, J) *eine komplexe Mannigfaltigkeit. Die Zerlegung (3.152) liefert eine Zerlegung der äußeren Ableitung* d *in zwei Operatoren*

$$\mathrm{d} = \partial + \bar{\partial}, \tag{3.153}$$

wobei $\partial = \oplus_{k=0}^\infty \oplus_{r+s=k} \pi^{(r+1,s)} \circ \mathrm{d} \circ \pi^{(r,s)}$ *und* $\bar{\partial} = \oplus_{k=0}^\infty \oplus_{r+s=k} \pi^{(r,s+1)} \circ \mathrm{d} \circ \pi^{(r,s)}$. *Der Operator* ∂ *heißt Dolbeault-Operator.*

In lokalen holomorphen Koordinaten (U, z) sind $\partial\alpha$ und $\bar{\partial}\alpha$ gerade durch die beiden Beiträge in (3.152) gegeben, also

$$\partial\alpha\big|_U = \frac{1}{r!s!}\frac{\partial\alpha_{k_1...k_r\bar{\ell}_1...\bar{\ell}_s}}{\partial z^{k_0}}\mathrm{d}z^{k_0}\wedge\mathrm{d}z^{k_1}\wedge\cdots\wedge\mathrm{d}z^{k_r}\wedge\mathrm{d}\bar{z}^{\ell_1}\wedge\cdots\wedge\mathrm{d}\bar{z}^{\ell_s} \tag{3.154}$$

und

$$\bar{\partial}\alpha\big|_U = \frac{(-1)^r}{r!s!}\frac{\partial\alpha_{k_1...k_r\bar{\ell}_1...\bar{\ell}_s}}{\partial\bar{z}^{\ell_0}}\mathrm{d}z^{k_1}\wedge\cdots\wedge\mathrm{d}z^{k_r}\wedge\mathrm{d}\bar{z}^{\ell_0}\wedge\mathrm{d}\bar{z}^{\ell_1}\wedge\cdots\wedge\mathrm{d}\bar{z}^{\ell_s}. \tag{3.155}$$

Satz 3.2.54 (Dolbeault-Komplex). *Sei* (M, J) *eine komplexe Mannigfaltigkeit. Dann gilt*

$$\overline{\partial}\alpha = \overline{\partial}\,\overline{\alpha} \tag{3.156}$$

und

$$\partial^2 = 0 = \overline{\partial}^2 \quad sowie \quad \partial\overline{\partial} = -\overline{\partial}\partial. \tag{3.157}$$

Eine lokale Funktion $f \in C^\infty(U)$ ist in U genau dann holomorph, falls

$$\overline{\partial}f = 0. \tag{3.158}$$

Beweis. Anhand der lokalen Formeln (3.154) und (3.155) ist (3.156) klar. Wegen $\mathrm{d}^2 = 0$ folgt auch $\partial^2 + \overline{\partial}^2 + \partial\overline{\partial} + \overline{\partial}\partial = 0$. Da aber aufgrund der direkten Summe (3.143) die Resultate in jeweils verschiedenen disjunkten Teilräumen liegen, muß (3.157) gelten. Aus der lokalen Form (3.150) folgt unmittelbar (3.158). □

Nachdem komplexe Mannigfaltigkeiten erklärt sind, will man nun nach symplektischen Mannigfaltigkeiten suchen, welche auf eine kompatible Weise auch komplex sind. Hier ist folgende Definition naheliegend:

Definition 3.2.55. *Sei (M, ω) eine symplektische Mannigfaltigkeit und J eine fast-komplexe Struktur auf M. Dann heißt J kompatibel mit ω, falls*

$$g(X, Y) = \omega(X, JY) \tag{3.159}$$

mit $X, Y \in \Gamma^\infty(TM)$ eine Riemannsche Metrik g auf M definiert.

Satz 3.2.56. *Auf jeder symplektischen Mannigfaltigkeit existieren kompatible fast-komplexe Strukturen.*

Beweis. Nach Satz A.1.7 können wir eine Riemannsche Metrik g auf M auswählen. Dann definiert

$$g_p(v_p, w_p) = \omega_p(v_p, A_p w_p)$$

einen invertierbaren linearen Endomorphismus $A_p \in \mathsf{End}(T_pM)$. Offenbar ist $A : p \mapsto A_p$ ein glatter Schnitt $A \in \Gamma^\infty(\mathsf{End}(TM))$, da sowohl g als auch ω glatt sind. Dies sieht man in einer lokalen Karte, wo $g = \frac{1}{2}g_{ij}\mathrm{d}x^i \vee \mathrm{d}x^j$ und $\omega = \frac{1}{2}\omega_{ij}\mathrm{d}x^i \wedge \mathrm{d}x^j$. Dann gilt mit der inversen Matrix ω^{ij} zu ω_{ij} die Gleichung $A_i^j = \omega^{jr}g_{ri}$, womit A glatt ist, da sowohl die Koeffizienten g_{ij} als auch die Koeffizienten ω^{ij} lokale glatte Funktionen sind. Mit der *Polarzerlegung* (bezüglich g) von A gilt

$$A = J|A|, \quad \text{wobei} \quad |A| = \sqrt{A^{\mathrm{T}}A}$$

die eindeutig bestimmte, positive Wurzel von $A^{\mathrm{T}}A$ ist und A^{T} der bezüglich g transponierte Endomorphismus ist. Da die Wurzel eines *invertierbaren* Endomorphismus wieder glatt und ebenfalls invertierbar ist, sind $|A| \in \Gamma^\infty(\mathsf{End}(TM))$ und $J \in \Gamma^\infty(\mathsf{End}(TM))$ ebenfalls glatt und invertierbar. Im allgemeinen wäre $\sqrt{A^{\mathsf{T}}A}$ nur stetig, nicht aber glatt. Durch eine punktweise durchgeführte Rechnung folgt schließlich, daß

$$J^2 = -\mathsf{id}$$

und $[A, |A|] = [A, J] = [|A|, J] = 0$, siehe Aufgabe 3.5. Daher definiert

$$\tilde{g}(X, Y) = g(|A|^{-1/2}X, |A|^{-1/2}Y) = \omega(X, JY)$$

eine neue, glatte Riemannsche Metrik $\tilde{g}$ sowie eine fast-komplexe Struktur J, so daß J kompatibel mit ω wird. $\qquad\square$

In der Tat zeigt der obige Beweis sogar mehr, da ja $|A|$ und $J = A|A|^{-1}$ glatt von A abhingen. Dies läßt sich folgendermaßen nutzen:

Satz 3.2.57. *Sei (M, ω) eine symplektische Mannigfaltigkeit. Sei g_t eine glatte Kurve von Riemannschen Metriken (Im offensichtlichen Sinne, also $g : I \times M \longrightarrow TM$ sei glatt mit $\pi \circ g = \mathrm{pr}_2$ und $g_t = g(t, \cdot)$ sei eine Riemannsche Metrik für alle $t \in I$). Dann liefert die obige Konstruktion eine glatte Kurve J_t von kompatiblen fast-komplexen Strukturen auf M. Sind umgekehrt zwei fast-komplexe Strukturen J_0 und J_1 auf M vorgegeben, dann lassen sie sich durch eine auf $[0, 1]$ stetige und in $(0, 1)$ glatte Kurve J_t von kompatiblen fast-komplexen Strukturen verbinden.*

Beweis. Da die Abbildung A_t mit $g_t(X, Y) = \omega(X, A_t Y)$ glatt von t abhängt, gilt dies auch für $|A_t|$ und $J_t = A_t |A_t|^{-1}$. Dies zeigt die erste Aussage. Sind umgekehrt J_0 und J_1 vorgegeben und sind g_0 und g_1 die zugehörigen Riemannschen Metriken, so ist auch $g_t = tg_1 + (1-t)g_0$ eine Riemannsche Metrik (warum?), die offenbar glatt von $t \in (0, 1)$ und stetig von $t \in [0, 1]$ abhängt. Auf diese Kurve wendet man den ersten Teil nun an. $\qquad\square$

Es folgt insbesondere, daß der Raum aller kompatiblen fast-komplexen Strukturen nicht nur weg-zusammenhängend sondern sogar kontrahierbar ist, da dies für den Raum aller Riemannschen Metriken gilt.

Bemerkung 3.2.58. Ist J kompatibel mit ω, so folgt durch eine einfache Rechnung

$$\omega(JX, JY) = \omega(X, Y) \tag{3.160}$$

$$g(JX, JY) = g(X, Y) \tag{3.161}$$

$$\omega(JX, Y) = -\omega(X, JY) \tag{3.162}$$

$$g(JX, Y) = -g(X, JY) \tag{3.163}$$

Auch wenn es immer eine kompatible fast-komplexe Struktur J auf (M, ω) gibt, ist diese im allgemeinen *nicht integrabel*. Man kann sogar symplektische Mannigfaltigkeiten konstruieren, für die es *keine* integrable kompatible fast-komplexe Struktur J gibt, siehe beispielsweise die Diskussion in [317, Sect. 2]. Dies motiviert nun die Definition einer *Kähler-Mannigfaltigkeit*:

Definition 3.2.59 (Kähler-Mannigfaltigkeit). *Eine Kähler-Mannigfaltigkeit* (M, ω, J, g) *ist eine symplektische Mannigfaltigkeit* (M, ω) *mit integrabler kompatibler fast-komplexer Struktur* J *und zugehöriger Riemannscher Metrik* g.

Bemerkung 3.2.60. Nach dem Newlander-Nirenberg-Theorem 3.2.47 ist M mittels J also insbesondere eine *komplexe* Mannigfaltigkeit. Damit stehen die durchaus sehr mächtigen Werkzeuge der komplexen Differentialgeometrie zur Verfügung. Insbesondere können wir von holomorphen Karten Gebrauch machen. Gleichzeit können wir aber auch die Resultate der Riemannschen Geometrie zum Einsatz bringen, da (M, g) auch eine Riemannsche Mannigfaltigkeit ist. Damit ist insbesondere mit dem Levi-Civita-Zusammenhang, siehe Aufgabe 3.7, bezüglich g ein Zusammenhang ∇ ausgezeichnet, den man auf einer Kähler-Mannigfaltigkeit dann den *Kähler-Zusammenhang* nennt, siehe Aufgabe 3.14. Die Kähler-Geometrie befindet sich also im Schnittpunkt dreier differentialgeometrischer Disziplinen, der komplexen Differentialgeometrie, der symplektischen Geometrie und der Riemannschen Geometrie.

Beispiel 3.2.61 (Kähler-Mannigfaltigkeiten).

i.) Jede offene Teilmenge in $\mathbb{C}^n$ ist bezüglich der kanonischen symplektischen Form ω_0 auf $\mathbb{C}^n \cong \mathbb{R}^{2n}$ und der kanonischen (fast-) komplexen Struktur J_0 eine Kähler-Mannigfaltigkeit. Es gilt

$$g_0 \left(\frac{\partial}{\partial q^i}, \frac{\partial}{\partial q^j} \right) = \delta_{ij}, \quad g_0 \left(\frac{\partial}{\partial q^i}, \frac{\partial}{\partial p_j} \right) = 0, \quad \text{und} \quad g_0 \left(\frac{\partial}{\partial p_i}, \frac{\partial}{\partial p_j} \right) = \delta^{ij}, \tag{3.164}$$

womit die zugehörige Kähler-Metrik g_0 also gerade die übliche Euklidische (flache) Metrik auf $\mathbb{R}^{2n}$ ist. In diesem Fall sind die kanonischen Darboux-Koordinaten auch orthonormale Koordinaten und gleichzeitig die Real- und Imaginärteile der kanonischen holomorphen Koordinaten. Im allgemeinen ist dies jedoch keineswegs zu erreichen.

ii.) Die 2-Sphäre $\mathbb{S}^2$ mit der komplexen Struktur aus der stereographischen Projektion und der kanonischen Volumenform als symplektische Form ist eine *kompakte* Kähler-Mannigfaltigkeit, siehe Aufgabe 2.2 und 3.12. Ebenso erweisen sich die komplex-projektiven Räume $\mathbb{CP}^n$ als kompakte Kähler-Mannigfaltigkeiten, siehe auch Aufgabe 3.28.

iii.) Allgemeiner ist jede zweidimensionale symplektische Mannigfaltigkeit eine Kähler-Mannigfaltigkeit, siehe Aufgabe 5.11.

Da eine Kähler-Mannigfaltigkeit (M, ω, J, g) insbesondere eine komplexe Mannigfaltigkeit ist, besitzt M einen holomorphen Atlas. Von diesen holomorphen Koordinaten können wir also Gebrauch machen, um einige lokale Ausdrücke für ω und g zu finden. Es zeigt sich, daß hier die holomorphen Koordinaten für bestimmte Probleme sehr viel nützlicher sind als Darboux-Koordinaten. Zunächst erweitert man ω und g aber, wie schon erwähnt, auf

$\mathbb{C}$-bilineare Weise auf das komplexifizierte Tangentenbündel. Daher faßt man ω und g als *reelle* Schnitte

$$\omega = \overline{\omega} \in \Gamma^{\infty}\left(\Lambda^2_{\mathbb{C}} T^*_{\mathbb{C}} M\right), \quad g = \overline{g} \in \Gamma^{\infty}\left(S^2_{\mathbb{C}} T^*_{\mathbb{C}} M\right) \tag{3.165}$$

in den komplexifizierten Bündeln auf.

Satz 3.2.62. *Sei (M, ω, J, g) eine Kähler-Mannigfaltigkeit und (U, z) eine lokale holomorphe Karte von M.*

i.) Lokal gilt

$$\omega\big|_U = \frac{i}{2}\omega_{k\overline{\ell}}\mathrm{d}z^k \wedge \mathrm{d}\overline{z}^{\ell} \quad und \quad g\big|_U = \frac{1}{2}\omega_{k\overline{\ell}}\mathrm{d}z^k \vee \mathrm{d}\overline{z}^{\ell} \tag{3.166}$$

mit lokalen Funktionen $\omega_{k\overline{\ell}} \in C^{\infty}(U)$, wobei die Matrix $(\omega_{k\overline{\ell}})$ Hermitesch, also $\overline{\omega_{k\overline{\ell}}} = \omega_{\ell\overline{k}}$, und invertierbar ist.

ii.) Die symplektische Form ω ist vom Typ $(1,1)$ und erfüllt

$$\partial\omega = 0 = \overline{\partial}\omega. \tag{3.167}$$

iii.) Bezeichnet $(\omega^{k\overline{\ell}})$ die zu $(\omega_{k\overline{\ell}})$ inverse Matrix (mit $\omega^{k\overline{\ell}}\omega_{m\overline{\ell}} = \delta^k_m$ und entsprechend $\omega^{k\overline{\ell}}\omega_{k\overline{m}} = \delta^{\overline{\ell}}_{\overline{m}}$), so gilt

$$X_f\big|_U = \frac{2}{i}\omega^{k\overline{\ell}}\left(\frac{\partial f}{\partial \overline{z}^{\ell}}\frac{\partial}{\partial z^k} - \frac{\partial f}{\partial z^k}\frac{\partial}{\partial \overline{z}^{\ell}}\right) \tag{3.168}$$

und

$$\{f, g\}\big|_U = \frac{2}{i}\omega^{k\overline{\ell}}\left(\frac{\partial f}{\partial z^k}\frac{\partial g}{\partial \overline{z}^{\ell}} - \frac{\partial f}{\partial \overline{z}^{\ell}}\frac{\partial g}{\partial z^k}\right). \tag{3.169}$$

Es gilt also insbesondere $\{z^k, z^{\ell}\} = 0 = \{\overline{z}^k, \overline{z}^{\ell}\}$ und $\{z^k, \overline{z}^{\ell}\} = \frac{2}{i}\omega^{k\overline{\ell}}$.

Beweis. Lokal bilden die $\{\mathrm{d}z^k, \mathrm{d}\overline{z}^{\ell}\}_{k,\ell=1,\ldots,n}$ und die $\{\frac{\partial}{\partial z^k}, \frac{\partial}{\partial \overline{z}^{\ell}}\}_{k,\ell=1,\ldots,n}$ zueinander duale Basisvektorfelder von Einsformen beziehungsweise Vektorfeldern. Daher kann man alle Tensorfelder bezüglich dieser Basen darstellen, und es verbleibt die Aufgabe, die entsprechenden Koeffizienten zu finden.
ad i.) Jede Zweiform ω läßt sich als

$$\omega = \frac{i}{2}\omega_{k\ell}\mathrm{d}z^k \wedge \mathrm{d}z^{\ell} + \frac{i}{2}\omega_{k\overline{\ell}}\mathrm{d}z^k \wedge \mathrm{d}\overline{z}^{\ell} + \frac{i}{2}\omega_{\overline{k}\overline{\ell}}\mathrm{d}\overline{z}^k \wedge \mathrm{d}\overline{z}^{\ell} \tag{$*$}$$

schreiben. Da die Vektorfelder $\frac{\partial}{\partial z^k}$ vom Typ $(1,0)$ sind, gilt mit (3.160)

$$\omega\left(\frac{\partial}{\partial z^k}, \frac{\partial}{\partial z^{\ell}}\right) = -\omega\left(J\left(\frac{\partial}{\partial z^k}\right), J\left(\frac{\partial}{\partial z^{\ell}}\right)\right) = -\omega\left(\frac{\partial}{\partial z^k}, \frac{\partial}{\partial z^{\ell}}\right) = 0.$$

Analog zeigt man, daß ω auf zwei Vektorfeldern vom Typ $(0,1)$ verschwindet. Daher verbleiben von den möglichen Koeffizienten in $(*)$ nur die $\omega_{k\overline{\ell}}$, womit Gleichung (3.166) für ω gezeigt ist. Da $\omega = \overline{\omega}$ reell ist und die komplexe Konjugation mit der natürlichen Paarung (3.135) verträglich ist, folgt aus (3.148), daß die Koeffizienten $\omega_{k\overline{\ell}}$ tatsächlich eine Hermitesche Matrix bilden. Die Nichtausgeartetheit von ω ist dann gleichbedeutend mit der Invertierbarkeit der Matrix $(\omega_{k\overline{\ell}})$. Mit derselben Argumentation findet man, daß auch g auf zwei Vektorfeldern vom Typ $(1,0)$ beziehungsweise auf zwei Vektorfeldern vom Typ $(0,1)$ verschwindet, indem man (3.161) verwendet. Für den verbleibenden Beitrag gilt

$$\frac{1}{2}g_{k\overline{\ell}} = g\left(\frac{\partial}{\partial z^k}, \frac{\partial}{\partial \overline{z}^\ell}\right) = \omega\left(\frac{\partial}{\partial z^k}, J\left(\frac{\partial}{\partial \overline{z}^\ell}\right)\right) = -\mathrm{i}\omega\left(\frac{\partial}{\partial z^k}, \frac{\partial}{\partial \overline{z}^\ell}\right) = -\mathrm{i}\frac{\mathrm{i}}{2}\omega_{k\overline{\ell}},$$

womit in der Tat $g_{k\overline{\ell}} = \omega_{k\overline{\ell}}$ folgt und der erste Teil bewiesen ist.

ad ii.) Nach der lokalen Form ist ω offensichtlich vom Typ $(1,1)$. Daher ist $\partial\omega$ eine 3-Form vom Typ $(2,1)$ und $\overline{\partial}\omega$ ist eine 3-Form vom Typ $(1,2)$. Da aber $\mathrm{d} = \partial + \overline{\partial}$ und $\mathrm{d}\omega = 0$, folgt $\partial\omega = 0 = \overline{\partial}\omega$, da die Summe in (3.143) *direkt* ist.

ad iii.) Lokal gilt für eine Funktion

$$\mathrm{d}f\big|_U = \frac{\partial f}{\partial z^k}\mathrm{d}z^k + \frac{\partial f}{\partial \overline{z}^\ell}\mathrm{d}\overline{z}^\ell$$

und entsprechend für ihr Hamiltonsches Vektorfeld

$$X_f\big|_U = X_f^k\frac{\partial}{\partial z^k} + X_f^{\overline{\ell}}\frac{\partial}{\partial \overline{z}^\ell}.$$

Einsetzen von X_f in ω liefert nach einem einfachen Koeffizientenvergleich mit $\mathrm{d}f$ die lokale Darstellung (3.168). Die Gleichung für die Poisson-Klammer $\{f,g\} = \mathrm{d}f(X_g)$ folgt damit unmittelbar. $\qquad\square$

Der Kähler-Zusammenhang als Levi-Civita-Zusammenhang der Kähler-Metrik erhält nicht nur diese sondern auch die symplektische Kähler-Form und die komplexe Struktur. Darüber hinaus verschwinden viele der Christoffel-Symbole in holomorphen Koordinaten:

Satz 3.2.63 (Kähler-Zusammenhang). *Sei (M, ω, J, g) eine Kähler-Mannigfaltigkeit und ∇ der Kähler-Zusammenhang. Sei weiter (U, z) eine lokale holomorphe Karte.*

i.) Es gilt

$$\nabla\omega = 0 \quad und \quad \nabla J = 0. \tag{3.170}$$

ii.) Für die komplexen Christoffel-Symbole des Kähler-Zusammenhangs bezüglich der holomorphen Koordinaten gilt

$$\frac{\partial \omega_{k\overline{\ell}}}{\partial z^\ell} = \omega_{m\overline{\ell}}\Gamma^m_{\ell k} \quad und \quad \frac{\partial \omega_{k\overline{\ell}}}{\partial \overline{z}^\ell} = \omega_{k\overline{m}}\Gamma^{\overline{m}}_{\overline{\ell}\,\overline{\ell}}, \tag{3.171}$$

und alle anderen Kombinationen verschwinden.

iii.) Die einzigen nichtverschwindenden Komponenten des Krümmungstensors sind durch

$$R\left(\frac{\partial}{\partial z^k}, \frac{\partial}{\partial \overline{z}^\ell}\right)\frac{\partial}{\partial z^m} = R^n_{mk\overline{\ell}}\frac{\partial}{\partial z^n} \quad und \quad R\left(\frac{\partial}{\partial z^k}, \frac{\partial}{\partial \overline{z}^\ell}\right)\frac{\partial}{\partial \overline{z}^m} = R^{\overline{n}}_{\overline{m}k\overline{\ell}}\frac{\partial}{\partial \overline{z}^n} \tag{3.172}$$

gegeben und es gilt $\overline{R^n_{mk\overline{\ell}}} = -R^{\overline{n}}_{\overline{m}\ell\overline{k}}$.

Beweis. Hier ist ∇ wie immer auf alle Tensorbündel fortgesetzt. Der Beweis ist Gegenstand der Aufgaben 3.13 und 3.14. $\square$

Beispiel 3.2.64. Sei $M = \mathbb{C}^n$ (oder eine offene Teilmenge in $\mathbb{C}^n$) mit kanonischer symplektischer Struktur ω_0 und komplexer Struktur J_0 und entsprechender kanonischer Euklidischer Riemannscher Metrik g_0 wie in Beispiel 3.2.61. Dann gelten folgende Formeln, siehe auch Aufgabe 3.6,

$$\omega_0 = \frac{\mathrm{i}}{2}\sum_{k=1}^n \mathrm{d}z^k \wedge \mathrm{d}\overline{z}^k \quad und \quad g_0 = \frac{1}{2}\sum_{k=1}^n \mathrm{d}z^k \vee \mathrm{d}\overline{z}^k, \tag{3.173}$$

$$X_f = \frac{2}{\mathrm{i}}\sum_{k=1}^n \left(\frac{\partial f}{\partial \overline{z}^k}\frac{\partial}{\partial z^k} - \frac{\partial f}{\partial z^k}\frac{\partial}{\partial \overline{z}^k}\right), \tag{3.174}$$

$$\{f, g\} = \frac{2}{\mathrm{i}}\sum_{k=1}^n \left(\frac{\partial f}{\partial z^k}\frac{\partial g}{\partial \overline{z}^k} - \frac{\partial f}{\partial \overline{z}^k}\frac{\partial g}{\partial z^k}\right), \tag{3.175}$$

$$\{z^k, z^\ell\} = 0 = \{\overline{z}^k, \overline{z}^\ell\} \quad und \quad \{z^k, \overline{z}^\ell\} = \frac{2}{\mathrm{i}}\delta^{k\overline{\ell}}. \tag{3.176}$$

Da der Kähler-Zusammenhang gerade die *flache* kovariante Ableitung auf $\mathbb{C}^n$ ist, verschwinden alle Christoffel-Symbole sowie der Krümmungstensor. Die Vertauschungsrelationen (3.176) können als klassisches Analogon zu den Vertauschungsrelationen der *Erzeugungs-* und *Vernichtungsoperatoren* in der Quantenmechanik angesehen werden. Damit werden Kähler-Mannigfaltigkeiten also diejenigen Phasenräume, auf denen man auf geometrische Weise von Erzeugern und Vernichtern sprechen kann. Dies wird beim Übergang zur Quantentheorie eine zusätzliche und sehr nützliche Eigenschaft darstellen.

3.3 Impulsabbildungen und Phasenraumreduktion

Symmetrien sind in der Physik von fundamentaler Bedeutung, nicht nur deshalb, weil sie uns erlauben, konkrete Beispiele faktisch auch zu lösen, sondern auch, weil sie in vielen Bereichen der Physik schlichtweg die Grundlage der Theoriebildung darstellen. Um im Rahmen der klassischen Mechanik den Symmetriebegriff genauer fassen zu können, benötigt man den Begriff der Lie-Gruppe und der Gruppenwirkung, welcher weit über die Mechanik hinaus fundamentale Bedeutung in der mathematischen Physik besitzt. Darauf aufbauend läßt sich dann die infinitesimale Version einer Gruppenwirkung definieren, mit deren Hilfe das Noether-Theorem in seiner Hamiltonschen Form formuliert wird. Systematisches Eliminieren von Freiheitsgraden kann man durch Ausnutzen von Erhaltungsgrößen erreichen, was auf die Marsden-Weinstein-Reduktion und ihre vielen Varianten führen wird. Die wesentlichen Referenzen für diesen Abschnitt sind beispielsweise in den Büchern [1, 87, 108, 231, 259] zu finden. Eine schöne historische Übersicht bietet [232].

3.3.1 Lie-Gruppen und Gruppenwirkungen

In diesem Abschnitt werden wir die Anfänge der Theorie der Lie-Gruppen und ihrer Wirkungen vorstellen. Ein großer Teil der Beweise ist Gegenstand der Aufgaben, insbesondere der Aufgaben 3.17, 3.18, 3.19, 3.20, 3.21 sowie 3.23, 3.24 und 3.26. Für die übrigen Beweise von anderen Sätzen muß auf die Literatur verwiesen werden. Als weiterführende Literatur zur Theorie der Lie-Gruppen und ihrer Gruppenwirkungen seien vor allem [1, 108, 163, 166, 231, 235, 289, 316] genannt.

Definition 3.3.1 (Lie-Gruppe). *Eine Lie-Gruppe G ist eine differenzierbare Mannigfaltigkeit mit einer Gruppenstruktur, so daß die Gruppenmultiplikation*

$$\mu : G \times G \longrightarrow G \tag{3.177}$$

und die Inversenabbildung glatt sind. Mit

$$\ell_g : G \ni h \mapsto gh \in G \quad und \quad r_g : G \ni h \mapsto hg \in G \tag{3.178}$$

werden die Diffeomorphismen der Links- und Rechtsmultiplikationen mit festen Gruppenelementen $g \in G$ bezeichnet. Ein Vektorfeld $X \in \Gamma^\infty(TG)$ heißt linksinvariant, falls

$$\ell_g^* X = X \tag{3.179}$$

für alle $g \in G$ gilt. Das Einselement von G wird mit e bezeichnet.

Man kann mit dem Satz von der Umkehrfunktion zeigen, daß bei glatter Multiplikation μ die Inversenabbildung notwendigerweise selbst auch glatt ist, siehe beispielsweise [235, Cor. 4.3].

Satz 3.3.2. *Sei G eine Lie-Gruppe der Dimension n.*

i.) Für jeden Tangentialvektor $\xi \in T_eG$ existiert genau ein linksinvariantes Vektorfeld $X^\xi \in \Gamma^\infty(TG)$ mit

$$X^\xi(e) = \xi \quad nämlich \quad X^\xi(g) = T_e\ell_g(\xi). \tag{3.180}$$

Die Abbildung $\xi \mapsto X^\xi$ ist linear.

ii.) Die Lie-Klammer zweier linksinvarianter Vektorfelder ist wieder linksinvariant. Damit wird durch

$$[\xi, \eta] = \left[X^\xi, X^\eta\right](e) \quad für \quad \xi, \eta \in T_eG \tag{3.181}$$

eine Lie-Algebrastruktur auf T_eG induziert. Man nennt $\mathfrak{g} = (T_eG, [\cdot, \cdot])$ die Lie-Algebra der Lie-Gruppe G.

iii.) Jedes linksinvariante Vektorfeld X^ξ hat einen vollständigen Fluß Φ_t^ξ und es gilt $\Phi_t^\xi \circ \ell_g = \ell_g \circ \Phi_t^\xi$ für alle $g \in G$ und $t \in \mathbb{R}$.

iv.) Für jedes $\xi \in \mathfrak{g}$ ist die Kurve

$$t \mapsto \exp(t\xi) = \Phi_t^\xi(e) = \Phi_1^{t\xi}(e) \tag{3.182}$$

eine glatte Einparameteruntergruppe in G. Es gilt also

$$\exp(t\xi)\exp(s\xi) = \exp((t + s)\xi) \quad und \quad \exp(0) = e \tag{3.183}$$

für $t, s \in \mathbb{R}$ und $\xi \in \mathfrak{g}$. Weiter gilt

$$\frac{\mathrm{d}}{\mathrm{d}t} \exp(t\xi)\Big|_{t=0} = \xi, \tag{3.184}$$

und jede glatte Einparameteruntergruppe in G ist von dieser Form.

v.) Die Exponentialabbildung

$$\exp : \mathfrak{g} \ni \xi \mapsto \exp(\xi) \in G \tag{3.185}$$

ist glatt und erfüllt $T_0 \exp = \mathrm{id}_{\mathfrak{g}}$. Daher gibt es eine offene Umgebung $U \subseteq \mathfrak{g}$ von 0 und eine offene Umgebung $V \subseteq G$ von e, so daß

$$\exp\big|_U : U \longrightarrow V \subseteq G \tag{3.186}$$

ein Diffeomorphismus ist.

Beweis. Der Beweis findet sich in jedem Lehrbuch über Lie-Gruppen und wird in Aufgabe 3.17 besprochen. □

Bemerkung 3.3.3 (Lie-Gruppen).

i.) Alle gängigen Matrixgruppen wie $\mathrm{GL}_n(\mathbb{R})$, $\mathrm{GL}_n(\mathbb{C})$, $\mathrm{SL}_n(\mathbb{R})$, $\mathrm{SL}_n(\mathbb{C})$, $\mathrm{SO}(n, m)$, $\mathrm{U}(n)$, $\mathrm{SU}(n)$, $\mathrm{Sp}_{2n}(\mathbb{R})$ sind Lie-Gruppen bezüglich ihrer Untermannigfaltigkeitsstruktur als Untermannigfaltigkeiten von $\mathrm{GL}_N(\mathbb{R})$, mit N passend gewählt. Ihre Lie-Algebren sind die entsprechenden Lie-Unteralgebren $\mathfrak{gl}_n(\mathbb{R})$, $\mathfrak{gl}_n(\mathbb{C})$, $\mathfrak{sl}_n(\mathbb{R})$, $\mathfrak{sl}_n(\mathbb{C})$, $\mathfrak{so}(n, m)$, $\mathfrak{u}(n)$, $\mathfrak{su}(n)$, $\mathfrak{sp}_{2n}(\mathbb{R})$ von $\mathfrak{gl}_N(\mathbb{R})$ bezüglich des Kommutators als Lie-Klammer. Die Exponentialabbildung ist dabei immer die übliche exp-Funktion von Matrizen, siehe Aufgaben 3.18, 3.19 und 3.20.

ii.) Im allgemeinen ist die Exponentialabbildung $\exp : \mathfrak{g} \longrightarrow G$ weder injektiv noch surjektiv. Es gilt jedoch, daß Elemente der Form $\exp(\xi)$ die Zusammenhangskomponente des Einselements multiplikativ erzeugen. Die Exponentialabbildung liefert auch den Fluß der linksinvarianten Vektorfelder: Der Fluß zu X^ξ ist durch die *Rechtsmultiplikation* $r_{\exp(t\xi)}$ mit $\exp(t\xi)$ gegeben, was man direkt aus dem dritten Teil des Satzes erhält.

iii.) Jede zusammenhängende *abelsche* Lie-Gruppe ist von der Form $G \cong \mathbb{R}^k \times \mathbb{T}^{n-k}$, wobei die Gruppenmultiplikation durch Addition in $\mathbb{R}^k$ und Multiplikation der komplexen Phasen $e^{i\varphi}$ in $\mathbb{T} = \mathbb{S}^1 \subseteq \mathbb{C}$ gegeben ist.

iv.) Analog zu den linksinvarianten Vektorfeldern lassen sich beliebige linksinvariante Tensorfelder konstruieren. Diese sind eindeutig durch ihren Wert
bei $e \in G$ bestimmt und können nach Vorgabe dieses Wertes durch „Linkstranslation" desselben global gewonnen werden. Von besonderem Interesse
werden linksinvariante Einsformen und Volumenformen sein. Ebenso gibt
es nach Wahl eines Skalarprodukts auf $\mathfrak{g}$ immer eine linksinvariante Riemannsche Metrik auf G, siehe auch Abbildung 3.2.

v.) Ist $e_1, \ldots, e_n \in \mathfrak{g}$ eine Basis von $\mathfrak{g}$, so sind die linksinvarianten Vektorfelder $X_1 = X^{e_1}, \ldots, X_n = X^{e_n}$ an jedem Punkt $g \in G$ linear unabhängig.
Ist weiter $e^1, \ldots, e^n \in \mathfrak{g}^* = T_e^*G$ die duale Basis, so sind die linksinvarianten Einsformen $\theta^1, \ldots, \theta^n$ mit $\theta^k(e) = e^k$ an jedem Punkt $g \in G$ linear
unabhängig und

$$\{X_1(g), \ldots, X_n(g)\} \quad \text{und} \quad \{\theta^1(g), \ldots, \theta^n(g)\} \tag{3.187}$$

bilden zueinander duale Basen von T_gG und T_g^*G für alle $g \in G$. Damit
kann jeder Tangentialvektor $v_g \in T_gG$ als

$$v_g = v^i X_i(g) \quad \text{mit} \quad v^i = \theta^i\big|_g(v_g) \in \mathbb{R} \tag{3.188}$$

geschrieben werden, was eine *globale* Vektorbündelkarte für TG liefert

$$TG \ni v_g \mapsto (g, v^i e_i) \in G \times \mathfrak{g}. \tag{3.189}$$

Es gilt daher

$$TG \cong G \times \mathfrak{g} \quad \text{und genauso} \quad T^*G \cong G \times \mathfrak{g}^*. \tag{3.190}$$

Damit sind die Vektorbündel TG und T^*G triviale Vektorbündel, ebenso
alle höheren Tensorbündel. Insbesondere ist (3.189) nicht von der Wahl
der Basis in $\mathfrak{g}$ abhängig sondern kanonisch, siehe auch Aufgabe 3.26.

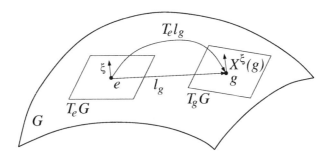

Abb. 3.2. Linkstranslationen und linksinvariante Vektorfelder

Definition 3.3.4 (Lie-Gruppenmorphismus). *Ein Morphismus von Lie-Gruppen ist ein glatter Gruppenmorphismus*

$$\phi : H \longrightarrow G. \tag{3.191}$$

Dies definiert die Kategorie der Lie-Gruppen.

Satz 3.3.5. *Seien G und H Lie-Gruppen und sei $\phi : H \longrightarrow G$ ein glatter Gruppenmorphismus.*

i.) Es gilt

$$\phi \circ \exp^H = \exp^G \circ T_e\phi. \tag{3.192}$$

ii.) Die Abbildung

$$T_e\phi : \mathfrak{h} \longrightarrow \mathfrak{g} \tag{3.193}$$

ist ein Homomorphismus von Lie-Algebren.

iii.) Die Zuordnung $G \mapsto \mathfrak{g}$ und $(\phi : H \longrightarrow G) \mapsto (T_e\phi : \mathfrak{h} \longrightarrow \mathfrak{g})$ liefert einen kovarianten Funktor von der Kategorie der Lie-Gruppen in die Kategorie der endlichdimensionalen reellen Lie-Algebren.

Beweis. Der Beweis ist Gegenstand der Aufgabe 3.20. □

Bemerkung 3.3.6 (Lies III. Theorem). Ein nichttrivialer Satz (Lies III. Theorem) besagt, daß jede endlichdimensionale reelle Lie-Algebra $\mathfrak{g}$ tatsächlich die Lie-Algebra einer bis auf Isomorphie eindeutig bestimmten, zusammenhängenden und einfach-zusammenhängenden Lie-Gruppe G ist, siehe beispielsweise [108, Sect. 1.14] für einen neuen Zugang zu dieser Aussage. Es sei hier daran erinnert, daß ein topologischer Raum M einfach-zusammenhängend genannt wird, wenn sich jede geschlossene stetige Kurve in M auf stetige Weise zu einem Punkt zusammenziehen läßt.

Sei M eine Menge. Eine „Symmetrie" von M mit „Symmetriegruppe" G zu haben, bedeutet, daß die Gruppe G auf der Menge M „wirkt". Für Mannigfaltigkeiten und Lie-Gruppen wird diese naive Vorstellung durch folgende Begriffsbildung genauer gefaßt:

Definition 3.3.7 (Gruppenwirkung). *Sei M eine Mannigfaltigkeit und G eine Lie-Gruppe. Eine Linkswirkung (Wirkung von links) von G auf M ist eine glatte Abbildung*

$$\Phi : G \times M \longrightarrow M \tag{3.194}$$

mit

$$\Phi(e, p) = p \quad und \quad \Phi(g, \Phi(h, p)) = \Phi(gh, p) \tag{3.195}$$

für alle $g, h \in G$ und $p \in M$. Analog definiert man eine Rechtswirkung.

Fixiert man das Gruppenelement g in (3.194), so schreibt man auch

$$\Phi_g : M \ni p \mapsto \Phi_g(p) = \Phi(g,p) \in M. \tag{3.196}$$

Insbesondere ist die Abbildung Φ_g ein Diffeomorphismus mit Inversem $\Phi_g^{-1} = \Phi_{g^{-1}}$ und es gilt

$$\Phi_e = \mathrm{id}_M \quad \text{und} \quad \Phi_g \circ \Phi_h = \Phi_{gh}. \tag{3.197}$$

Manchmal schreibt man auch einfach

$$g \cdot p = \Phi_g(p), \tag{3.198}$$

wenn klar ist, um welche G-Wirkung es sich handelt. Analog bezeichnet man mit

$$\Phi_p : G \ni g \mapsto \Phi_p(g) = \Phi(g,p) \in M \tag{3.199}$$

die Abbildung, wo in (3.194) der Punkt $p \in M$ fixiert ist. Offenbar ist Φ_p ebenfalls eine glatte Abbildung. Die folgenden Begriffe dienen nun dazu, eine Gruppenwirkung näher zu charakterisieren:

Definition 3.3.8. *Sei $\Phi : G \times M \longrightarrow M$ eine G-Wirkung.*

i.) Die Bahn (Orbit) durch $p \in M$ ist als

$$G \cdot p = \{\Phi_g(p) \in M \mid g \in G\} = \Phi_p(G) \subseteq M \tag{3.200}$$

definiert.

ii.) Die Isotropiegruppe (Standgruppe, Stabilisatorgruppe) von $p \in M$ ist durch

$$G_p = \{g \in G \mid \Phi_g(p) = p\} = \Phi_p^{-1}(\{p\}) \tag{3.201}$$

definiert.

iii.) Die Wirkung heißt transitiv, falls es nur eine Bahn gibt, also $G \cdot p = M$. Die Wirkung heißt effektiv (treu), falls $\Phi_g = \mathrm{id}_M$ nur für $g = e$. Die Wirkung heißt frei, falls $G_p = \{e\}$ für alle $p \in M$, also kein Φ_g außer Φ_e einen Fixpunkt hat.

Von besonderem Interesse, nicht nur in der Quantenmechanik, sind die Wirkungen einer Gruppe auf einem Vektorraum, welche zudem mit der linearen Struktur verträglich sind:

Definition 3.3.9 (Lie-Gruppendarstellung). *Sei V ein (reeller, endlich-dimensionaler) Vektorraum. Eine (glatte) Darstellung von G auf V ist eine (glatte) G-Wirkung Φ auf V, so daß alle $\Phi_g : V \longrightarrow V$ lineare Abbildungen sind.*

Bemerkung 3.3.10. Für Lie-Gruppen und ihre Wirkungen genügt es oft, eine geringere Differenzierbarkeit als C^∞ zu fordern. Es folgt aus C^2 gleich C^∞ oder sogar C^ω, siehe beispielsweise die Diskussion in [108, 235, 316].

Beispiel 3.3.11 (Gruppenwirkungen und Bahnen). Wir betrachten die Lie-Gruppe $\mathbb{S}^1$, welche wir durch Rotation um die z-Achse auf der 2-Sphäre $\mathbb{S}^2$ wirken lassen. Die Bahnen dieser glatten Wirkung sind zum einen der Nord- und der Südpol, zum anderen die Breitenkreise, siehe auch Abbildung 3.3. Hier gibt es also zwei Typen von Bahnen, die Fixpunkte N und S, sowie die Breitenkreise. Ein etwas komplizierteres Beispiel erhält man auf dem Torus $\mathbb{T}^2$, welchen man am einfachsten durch Paare von komplexen Phasen $(e^{i\varphi_1}, e^{i\varphi_2})$ beschreibt. Durch die Vorschrift

$$\mathbb{R} \times \mathbb{T}^2 \ni (t, (e^{i\varphi_1}, e^{i\varphi_2})) \mapsto (e^{i(\varphi_1+t)}, e^{i(\varphi_2+\alpha t)}) \tag{3.202}$$

erhält man für jedes $\alpha \in \mathbb{R}$ eine glatte $\mathbb{R}$-Wirkung. Ist nun α *irrational*, so liegt jede Bahn dicht in $\mathbb{T}^2$, siehe Abbildung 3.4.

Um eine G-Wirkung $\Phi : G \times M \longrightarrow M$ zu verstehen, muß man offenbar zum einen verstehen, welche Bahnen $G \cdot p \subseteq M$ auftreten, und zum anderen, wie die Gruppe auf den Bahnen wirkt. Nach Definition einer Bahn $G \cdot p$ ist die eingeschränkte G-Wirkung auf $G \cdot p$ transitiv. Daher beschreibt man die Wirkung auf der Bahn durch Angabe der Isotropiegruppe G_p. Die Struktur

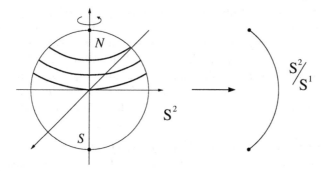

Abb. 3.3. Bahnen in der 2-Sphäre bezüglich der Drehungen um die z-Achse und der zugehörige Bahnenraum

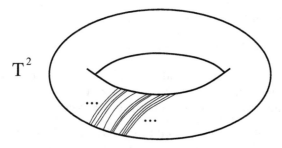

Abb. 3.4. Für irrationale „Steigung" wickeln sich die Bahnen dicht um den Torus

des *Bahnenraums* beschreibt man dadurch, daß man alle Punkte einer Bahn identifiziert. Man definiert also

$$p \sim p' \quad \text{falls} \quad p' = \Phi_g(p), \quad \text{für ein} \quad g \in G, \tag{3.203}$$

was zu $p' \in G \cdot p$ oder $p \in G \cdot p'$ äquivalent ist. Die Menge der Äquivalenzklassen $M/\sim$ wird mit M/G bezeichnet und auch *Quotientenraum* M modulo G genannt. Die Projektion auf die Äquivalenzklassen wird mit

$$\pi : M \longrightarrow M/G \tag{3.204}$$

bezeichnet. Der Quotientenraum M/G wird auf kanonische Weise zu einem topologischen Raum, mittels der *Quotiententopologie*: Man erklärt $U \subseteq M/G$ für offen, falls $\pi^{-1}(U) \subseteq M$ offen ist. Dies ist die *feinste* Topologie für M/G, so daß π stetig ist. Soweit die gute Nachricht.

Das Komplizierte an der Quotiententopologie ist, daß viele schöne Eigenschaften, die M besitzt, für M/G verloren gehen können. Im allgemeinen ist M/G beispielsweise *nicht einmal Hausdorffsch*, wie etwa für die $\mathbb{R}$-Wirkung auf dem Torus aus Beispiel 3.3.11. Selbst wenn M/G Hausdorffsch ist, ist keineswegs klar, daß M/G selbst wieder eine Mannigfaltigkeit ist und daß π eine glatte (möglichst submersive) Abbildung ist. Als Beispiel betrachte man erneut die $\mathbb{S}^1$-Wirkung auf $\mathbb{S}^2$, deren Quotientenraum topologisch zum *abgeschlossenen* Intervall $[0, 1]$ homöomorph und damit keine differenzierbare Mannigfaltigkeit ist, siehe Abbildung 3.3. Wir müssen also weitergehende Annahmen an die Wirkung stellen, um einen „guten" Quotienten zu erhalten.

Zunächst betrachten wir nur die Gruppe G selbst und Untergruppen in G. Hierfür benötigen wir folgenden Satz, der auch von unabhängigem Interesse ist.

Satz 3.3.12 (Abgeschlossene Untergruppe). *Sei $H \subseteq G$ eine algebraische Untergruppe einer Lie-Gruppe G. Ist $H = H^{\mathrm{cl}}$ topologisch abgeschlossen in G, so ist H eine Untermannigfaltigkeit von G und damit insbesondere eine Lie-Gruppe.*

Beweis (nach [235, Thm. 5.5]). Als Kandidaten für die Lie-Algebra $\mathfrak{h}$ von H definiert man folgende Teilmenge

$$\mathfrak{h} = \{\dot{\gamma}(0) \mid \gamma : \mathbb{R} \longrightarrow H \subseteq G, \gamma(0) = e\} \subseteq \mathfrak{g}$$

der Lie-Algebra $\mathfrak{g}$ von G, also gerade die Tangentialvektoren bei e an Kurven durch e, die ganz in H verlaufen. Das erste Ziel ist es, zu zeigen, daß $\mathfrak{h}$ ein Untervektorraum von $\mathfrak{g}$ ist. Dazu benötigen wir folgendes Lemma:

Lemma 3.3.13. *Seien $g, h \in G$ und $v_g \in T_g G$, $w_h \in T_h G$. Dann gilt*

$$T_{(g,h)}\mu(v_g, w_h) = T_g r_h(v_g) + T_h \ell_g(w_h). \tag{3.205}$$

Beweis. Mit $i_g^r, i_g^\ell : G \longrightarrow G \times G$ werden die Rechts- und Linkseinsetzungen $i_g^r(h) = (g, h)$ und $i_g^\ell(h) = (h, g)$ bezeichnet. Dann gilt $(v_g, w_h) = T_g i_h^\ell(v_g) + T_h i_g^r(w_h)$. Da weiter $\mu \circ i_h^\ell(g) = gh = r_h(g)$ und $\mu \circ i_g^\ell(h) = gh = \ell_g(h)$ gilt, folgt

$$
\begin{aligned}
T_{(g,h)}\mu(v_g, w_h) &= T_{(g,h)}\mu \circ \left(T_g i_h^\ell(v_g) + T_h i_g^r(w_h)\right) \\
&= T_g(\mu \circ i_h^\ell)(v_g) + T_h(\mu \circ i_g^r)(w_h) \\
&= T_g r_h(v_g) + T_h \ell_g(w_h).
\end{aligned}
$$

$$\nabla$$

Seien nun $\gamma_1, \gamma_2 : \mathbb{R} \longrightarrow G$ mit $\gamma_i(t) \in H$ und $\gamma_i(0) = e$, sowie $t_1, t_2 \in \mathbb{R}$ vorgegeben. Dann gilt für alle $t \in \mathbb{R}$, daß $\gamma(t) = \gamma_1(tt_1)\gamma_2(tt_2) \in H$ und $\gamma(0) = e$, da ja H als Untergruppe vorausgesetzt ist. Es gilt

$$
\begin{aligned}
\dot{\gamma}(0) &= \frac{\mathrm{d}}{\mathrm{d}t}\bigg|_{t=0} (\gamma_1(tt_1)\gamma_2(tt_2)) \\
&= \frac{\mathrm{d}}{\mathrm{d}t}\bigg|_{t=0} \mu\left(\gamma_1(tt_1), \gamma_2(tt_2)\right) \\
&= T_{(e,e)}\mu\left(\frac{\mathrm{d}}{\mathrm{d}t}\bigg|_{t=0}\gamma_1(tt_1), \frac{\mathrm{d}}{\mathrm{d}t}\bigg|_{t=0}\gamma_2(tt_2)\right) \\
&= T_{(e,e)}\mu\left(t_1\dot{\gamma}_1(0), t_2\dot{\gamma}_2(0)\right) \\
&= T_e r_e(t_1\dot{\gamma}_1(0)) + T_e \ell_e(t_2\dot{\gamma}_2(0)) \\
&= t_1\dot{\gamma}_1(0) + t_2\dot{\gamma}_2(0),
\end{aligned}
$$

da $r_e = \mathrm{id}_G = \ell_e$. Damit folgt aber $t_1\dot{\gamma}_1(0) + t_2\dot{\gamma}_2(0) = \dot{\gamma}(0) \in \mathfrak{h}$, womit gezeigt ist, daß $\mathfrak{h}$ ein Untervektorraum von $\mathfrak{g}$ ist. Als nächstes zeigen wir, daß

$$\mathfrak{h} = \{\xi \in \mathfrak{g} \mid \exp(t\xi) \in H \text{ für alle } t \in \mathbb{R}\}, \qquad (*)$$

wobei offenbar „$\supseteq$" gilt. Sei also $\xi = \dot{\gamma}(0) \in \mathfrak{h}$ mit $\gamma(t) \in H$ und sei

$$\eta(t) = \exp^{-1}(\gamma(t)) \in \mathfrak{g},$$

was zumindest für kleine t wohl-definiert ist, da $\exp$ ein lokaler Diffeomorphismus ist und $\gamma(0) = e$. Dann gilt

$$\xi = \frac{\mathrm{d}}{\mathrm{d}t}\gamma(t)\bigg|_{t=0} = \frac{\mathrm{d}}{\mathrm{d}t}\exp(\eta(t))\bigg|_{t=0} = T_0\exp(\dot{\eta}(0)) = \dot{\eta}(0),$$

da $T_0\exp = \mathrm{id}_{\mathfrak{g}}$. Demnach ist $\eta(\frac{1}{n})$ zumindest für große $n \in \mathbb{N}$ wohl-definiert und es gilt

$$\dot{\eta}(0) = \lim_{n \to \infty} n\eta\left(\frac{1}{n}\right).$$

Dann gilt mit $t_n = \frac{1}{n}$ und $\xi_n = n\eta(\frac{1}{n})$

$$\xi_n \longrightarrow \dot{\eta}(0) = \xi \quad \text{und} \quad \exp(t_n\xi_n) = \exp\left(\eta\left(\frac{1}{n}\right)\right) = \gamma\left(\frac{1}{n}\right) \in H,$$

zumindest für diejenigen großen n, so daß $\gamma(\frac{1}{n})$ in der Exponentialkarte liegt. Sei nun $t \in \mathbb{R}$ vorgegeben und $m_n \in \mathbb{Z}$, so daß $m_n t_n \longrightarrow t$, also beispielsweise $m_n \in (\frac{t}{t_n} - 1, \frac{t}{t_n}] \cap \mathbb{Z}$. Damit gilt auch $m_n t_n \xi_n \longrightarrow t\xi$ und daher mit der Stetigkeit der exp-Abbildung

$$\exp(t\xi) = \lim_{n\to\infty} \exp(m_n t_n \xi_n) = \lim_{n\to\infty} (\exp(t_n\xi_n))^{m_n},$$

da exp eine Einparametergruppe liefert und m_n *ganzzahlig* gewählt ist. Nun ist aber $\exp(t_n\xi_n) = \gamma(\frac{1}{n}) \in H$ und H ist eine Untergruppe. Daher ist auch $\exp(t_n\xi_n)^{m_n} \in H$. Da H aber zudem *abgeschlossen* ist, folgt, daß der Grenzwert der Folge $\exp(t_n\xi_n)^{m_n}$ ebenfalls in H liegt. Damit ist also $\exp(t\xi) \in H$ und $(*)$ ist gezeigt.

Wir betrachten nun einen zu $\mathfrak{h}$ komplementären Unterraum $\mathfrak{k} \subseteq \mathfrak{g}$, so daß also $\mathfrak{k} \oplus \mathfrak{h} = \mathfrak{g}$. Dann gibt es eine offene Umgebung $W \subseteq \mathfrak{k}$ von 0 mit der Eigenschaft

$$\exp(W) \cap H = \{e\}. \qquad (**)$$

Um dies zu zeigen, nehmen wir an, $(**)$ sei falsch. Dann gibt es eine Folge $0 \neq \eta_n \in \mathfrak{k}$ mit $\eta_n \longrightarrow 0$, so daß $\exp(\eta_n) \in H$ für alle $n \in \mathbb{N}$. Sei nun $\|\cdot\|$ eine Norm auf $\mathfrak{g}$ (welche ist egal, da alle Normen sowieso äquivalent sind). Sei weiter

$$\xi_n = \frac{\eta_n}{\|\eta_n\|} \in \mathfrak{k},$$

womit also $\|\xi_n\| = 1$. Daher gibt es in der *kompakten* Sphäre mit Radius 1 bezüglich der Norm $\|\cdot\|$ in $\mathfrak{g}$ einen Häufungspunkt ξ von ξ_n, so daß eine Teilfolge von ξ_n gegen ξ konvergiert. Wir denken uns diese Teilfolge bereits ausgewählt, so daß also $\xi_n \longrightarrow \xi$. Da aber $\xi_n \in \mathfrak{k}$ und $\mathfrak{k} \subseteq \mathfrak{g}$ als Untervektorraum abgeschlossen ist, folgt $\xi \in \mathfrak{k}$. Nun gilt aber $\exp(\|\eta_n\|\xi_n) = \exp(\eta_n) \in H$, und $\|\eta_n\| \longrightarrow 0$, so daß mit dem selben Argument wie zum Beweis von $(*)$ folgt, daß auch $\exp(t\xi) \in H$ für alle $t \in \mathbb{R}$ und damit $\xi \in \mathfrak{h}$ nach $(*)$. Da aber $\mathfrak{k} \cap \mathfrak{h} = \{0\}$ folgt $\xi = 0$, womit ein Widerspruch zu $\|\xi\| = 1$ erreicht ist. Daher folgt $(**)$.

Wir verwenden die Aufspaltung $\mathfrak{g} = \mathfrak{h} \oplus \mathfrak{k}$ und $(**)$, um eine Karte für H zu konstruieren. Dazu betrachtet man die Abbildung

$$\varphi : \mathfrak{g} = \mathfrak{h} \oplus \mathfrak{k} \ni (\xi, \eta) \mapsto \exp(\xi)\exp(\eta) \in G.$$

Es gilt offenbar $\varphi(0) = e$ und mit Lemma 3.3.13

$$\begin{aligned}
T_0\varphi &= T_0\left(\mu \circ (\exp\big|_{\mathfrak{h}} \times \exp\big|_{\mathfrak{k}})\right) \\
&= T_{(e,e)}\mu \circ \left(T_0\exp\big|_{\mathfrak{h}} \times T_0\exp\big|_{\mathfrak{k}}\right) \\
&= T_e r_e \circ T_0\exp\big|_{\mathfrak{h}} + T_e \ell_e \circ T_0\exp\big|_{\mathfrak{k}}
\end{aligned}$$

$$= T_0 \exp \big|_{\mathfrak{h}} + T_0 \exp \big|_{\mathfrak{k}}$$
$$= T_0 \exp$$
$$= \mathsf{id}_{\mathfrak{g}} \,.$$

Damit ist also $T_0 \varphi = \mathsf{id}_{\mathfrak{g}}$, und φ ist ein lokaler Diffeomorphismus. Es gibt also offene Umgebungen der Null $W \subseteq \mathfrak{k}$ und $V \subseteq \mathfrak{h}$ und eine offene Umgebung $U \subseteq G$ von e, so daß

$$\varphi : V \times W \xrightarrow{\cong} U$$

ein Diffeomorphismus ist. Nach $(**)$ können wir W so wählen, daß $\exp(W) \cap H = \{e\}$. Weiter gilt nach der Konstruktion von $\mathfrak{h}$, daß $\exp(\mathfrak{h}) \subseteq H$, womit $\exp(V) \subseteq H \cap U$. Sei nun $h \in H \cap U$ vorgegeben. Dann gibt es eindeutig bestimmte $(\xi, \eta) \in V \times W$ mit $\exp(\xi) \exp(\eta) = h$, da φ ein Diffeomorphismus ist. Da aber $\exp(\xi) \in H$, weil H eine Untergruppe ist, folgt $\exp(\eta) \in H$. Nach $(**)$ ist dies aber nur für $\exp(\eta) = e$ und damit $\eta = 0$ möglich, da auch $\exp$ ein Diffeomorphismus ist (eventuell muß man V, W, U noch etwas kleiner wählen). Damit ist aber $h = \exp(\xi)$ mit einem eindeutig bestimmten $\xi \in V$ für alle $h \in H \cap U$. Somit ist

$$\exp \big|_V : V \longrightarrow H \cap U$$

also eine bistetige Bijektion. Also ist $\varphi^{-1} : U \longrightarrow V \times W$ eine Untermannigfaltigkeitskarte für $H \cap U \subseteq U$ um den Punkt $e \in H$. Durch Linkstranslation mit dem Diffeomorphismus ℓ_h für $h \in H$ erhält man dann aus dieser Karte eine Untermannigfaltigkeitskarte von H um jedes vorgegebene $h \in H$. So wird H zu einer Untermannigfaltigkeit von G. Insbesondere ist $\mathfrak{h} \subseteq \mathfrak{g}$ tatsächlich die Lie-Algebra von H als Lie-Untergruppe von G. $\qquad\square$

Folgerung 3.3.14. *Sei G eine Lie-Gruppe.*

i.) *Sei $H \subseteq G$ eine Untergruppe. Dann ist $H^{\mathrm{cl}} \subseteq G$ ebenfalls eine Untergruppe und daher sogar eine Untermannigfaltigkeit und Lie-Gruppe.*

ii.) *Ist $\Phi : G \times M \longrightarrow M$ eine G-Wirkung auf einer Mannigfaltigkeit M, so ist für jedes $p \in M$ die Isotropiegruppe $G_p \subseteq G$ eine abgeschlossene Untergruppe und daher selbst eine Lie-Gruppe.*

iii.) *Jede abgeschlossene Untergruppe $H = H^{\mathrm{cl}} \subseteq \mathrm{GL}_n(\mathbb{R})$ ist eine Lie-Gruppe. Solche Lie-Gruppen heißen* Matrix-Lie-Gruppen. *Alle Gruppen aus Bemerkung 3.3.3, Teil i.) sind offenbar von dieser Form, was einen neuen Beweis liefert, daß es sich um Lie-Gruppen handelt. Es gibt aber auch Lie-Gruppen, die* keine *Matrix-Lie-Gruppen sind.*

Beweis. Die erste Aussage folgt direkt aus der Stetigkeit der Gruppenmultiplikation. Der zweite Teil ist ebenfalls klar, da G_p das Urbild einer abgeschlossenen Teilmenge von M unter einer stetigen Abbildung ist, nämlich $G_p = \Phi_p^{-1}(\{p\})$. Der dritte Teil ist klar. $\qquad\square$

Wir kommen nun zur Frage zurück, ob der Quotient M/G für eine G-Wirkung eine Mannigfaltigkeit ist. Diese läßt sich für *eigentliche und freie*

Gruppenwirkungen positiv beantworten. Wir beginnen mit folgender Definition:

Definition 3.3.15 (Eigentliche Wirkung). *Eine stetige Abbildung* Φ : $M \longrightarrow M'$ *zwischen topologischen Räumen* M, M' *heißt eigentlich, falls für jede kompakte Teilmenge* $K' \subseteq M'$ *auch* $K = \Phi^{-1}(K')$ *eine kompakte Teilmenge von* M *ist. Eine* G-*Wirkung* $\Phi : G \times M \longrightarrow M$ *heißt eigentlich, falls die Abbildung*

$$\overline{\Phi} : G \times M \ni (g, p) \mapsto (\Phi_g(p), p) \in M \times M \tag{3.206}$$

eine eigentliche Abbildung ist.

Zur Erinnerung: Nicht jede stetige Abbildung ist eigentlich. Im allgemeinen sind die *Bilder* von kompakten Teilmengen unter stetigen Abbildungen wieder kompakt, nicht aber deren *Urbilder*.

Bemerkung 3.3.16. Ist die Gruppe G kompakt, so ist *jede* (stetige) G-Wirkung Φ eigentlich. Ist nämlich $K \subseteq M \times M$ kompakt, so gibt es kompakte Teilmenge $K_1, K_2 \subseteq M$ mit $K \subseteq K_1 \times K_2$. Damit ist aber $\overline{\Phi}^{-1}(K) \subseteq G \times K_2$ in einem Kompaktum enthalten. Da das Urbild eines Kompaktums aber immer abgeschlossen ist und jede abgeschlossene Teilmenge eines Kompaktums selbst kompakt ist, folgt, daß $\overline{\Phi}^{-1}(K)$ kompakt ist. Daher ist Φ eigentlich. Für kompakte Lie-Gruppen sind die folgenden Theoreme also trivialerweise anwendbar.

Proposition 3.3.17. *Sei* Φ : $G \times M \longrightarrow M$ *eine eigentliche* G-*Wirkung. Dann ist die Quotiententopologie von* M/G *Hausdorffsch.*

Beweis (nach [1, Prop. 4.1.19]). Angenommen, M/G ist nicht Hausdorffsch mit zwei Punkten $[x] \neq [y]$, welche nicht getrennt werden können. Für je zwei offene Teilmengen $[x] \in U^x$ und $[y] \in U^y$ gilt also $U^x \cap U^y \neq \emptyset$. Seien nun U^x_n und U^y_n offene Umgebungen von x und y in M, welche eine (abzählbare) Umgebungsbasis von x beziehungsweise y bilden. In einer Karte kann man beispielsweise die offenen Kugeln um x mit Radius $\frac{1}{n}$ nehmen. Dann ist $\Phi_g(U^x_n)$ und ebenso $\Phi_g(U^y_n)$ wieder offen, da Φ_g ein Diffeomorphismus ist. Daher sind auch

$$W^x_n = \bigcup_{g \in G} \Phi_g(U^x_n) \quad \text{und} \quad W^y_n = \bigcup_{g \in G} \Phi_g(U^y_n)$$

offen in M und enthalten x beziehungsweise y. Darüberhinaus sind W^x_n und W^y_n invariant unter der G-Wirkung. Damit sind

$$V^x_n = \pi(W^x_n) \quad \text{und} \quad V^y_n = \pi(W^y_n)$$

offen in M/G, da nämlich $\pi^{-1}(V^x_n) = W^x_n$ und $\pi^{-1}(V^y_n) = W^y_n$ offen in M sind. In der Tat, $\pi^{-1}(V^x_n)$ besteht aus all den Punkten $p \in M$ mit $\pi(p) \in \pi(W^x_n)$. Daher ist p äquivalent zu einem Punkt p' in W^x_n oder $p = \Phi_g(p')$.

Damit ist p aber bereits in W_n^x enthalten. Da nach Voraussetzung $V_n^x \cap V_n^y \neq \emptyset$, gibt es ein $[z_n] \in V_n^x \cap V_n^y$. Sei nun $x_n \in W_n^x$ ein Repräsentant für $[z_n]$ und genauso $y_n \in W_n^y$. Es gibt also Gruppenelemente $g_n, h_n \in G$ mit $\Phi_{g_n}(x_n) = z_n = \Phi_{h_n}(y_n)$. Da die U_n^x und U_n^y Umgebungsbasen von x und y bilden, folgt zum einen $x_n \longrightarrow x$ sowie $y_n \longrightarrow y$. Zum anderen gilt $y_n = \Phi_{h_n^{-1} g_n}(x_n) = \Phi_{k_n}(x_n)$ mit $k_n = h_n^{-1} g_n \in G$. Da sowohl x_n als auch y_n konvergente Folgen sind, liegen die Punkte $y_n \in K_1$ und $x_n \in K_2$ in *kompakten* Teilmengen K_1, K_2 von M. Damit liegt aber auch $(y_n = \Phi_{k_n}(x_n), x_n) \in K_1 \times K_2$ in einer kompakten Teilmenge. Da Φ *eigentlich* ist, ist $\overline{\Phi}^{-1}(K_1 \times K_2) \subseteq G \times M$ kompakt, und da $(y_n, x_n) = \overline{\Phi}(k_n, x_n)$ gilt, folgt, daß die Gruppenelemente k_n alle in einem Kompaktum $K_3 \subseteq G$ liegen. Nach Auswahl einer konvergenten Teilfolge (die wir uns ohne Einschränkung als bereits gewählt denken können) folgt, daß $k_n \longrightarrow k \in G$ konvergiert. Dann folgt aber aus der Stetigkeit von Φ, daß

$$y = \lim_{n \to \infty} y_n = \lim_{n \to \infty} \Phi_{k_n}(x_n) = \Phi_k(x).$$

Also sind x und y äquivalent und daher $[x] = [y]$, was einen Widerspruch zur Annahme darstellt. $\qquad \square$

Ist die Gruppenwirkung nicht nur eigentlich, sondern auch noch frei, erhält man einen „guten" Quotienten M/G:

Satz 3.3.18 (Freie und eigentliche Wirkung). *Sei $\Phi : G \times M \longrightarrow M$ eine eigentliche und freie G-Wirkung einer Lie-Gruppe G auf einer Mannigfaltigkeit M. Dann besitzt M/G eine eindeutig bestimmte differenzierbare Struktur, so daß für jeden Punkt in M/G eine offene Umgebung $U \subseteq M/G$ und ein Diffeomorphismus*

$$\tau : \pi^{-1}(U) \ni p \mapsto (\pi(p), \chi(p)) \in U \times G \tag{3.207}$$

mit der Eigenschaft

$$\tau(\Phi_g(p)) = (\pi(p), g\chi(p)) \tag{3.208}$$

existiert. Die Topologie von M/G ist die Quotiententopologie und

$$\pi : M \longrightarrow M/G \tag{3.209}$$

ist eine surjektive Submersion.

Beweis (nach [108, Thm. 1.11.4]). Sei $p \in M$ und $\Phi_p : G \longrightarrow M$ die Abbildung $\Phi_p(g) = \Phi(g, p)$. Das Bild von Φ_p ist dann gerade die Bahn $G \cdot p$ durch p. Zuerst zeigt man, daß die Tangentialabbildung $T_e \Phi_p$ injektiv ist. Ist nämlich $T_e \Phi_p(\xi) = 0$, so gilt

$$\frac{\mathrm{d}}{\mathrm{d}t} \Phi_{\exp(t\xi)}(p) = \frac{\mathrm{d}}{\mathrm{d}s} \Phi_{\exp((t+s)\xi)}(p) \Big|_{s=0}$$
$$= \frac{\mathrm{d}}{\mathrm{d}s} \Phi_{\exp(t\xi)} \Phi_{\exp(s\xi)}(p) \Big|_{s=0}$$

$$= T_p\Phi_{\exp(t\xi)} \circ \frac{\mathrm{d}}{\mathrm{d}s}\Phi_{\exp(s\xi)}(p)\Big|_{s=0}$$

$$= T_p\Phi_{\exp(t\xi)} \circ \frac{\mathrm{d}}{\mathrm{d}s}\Phi_p(\exp(s\xi))\Big|_{s=0}$$

$$= T_p\Phi_{\exp(t\xi)} \circ T_e\Phi_p(\xi) = 0.$$

Daher ist $\Phi_{\exp(t\xi)}(p) = p$ konstant für alle $t \in \mathbb{R}$. Da die G-Wirkung *frei* ist, folgt aber $\exp(t\xi) = e$ für alle $t \in \mathbb{R}$. Durch Ableiten bei $t = 0$ erhält man schließlich $\xi = 0$, womit $T_e\Phi_p$ wie behauptet injektiv ist. Insbesondere ist $\dim G = \dim \mathfrak{g} \leq \dim M = \dim T_pM$ eine notwendige Voraussetzung für eine freie Wirkung.

Sei nun $\widetilde{U} \subseteq M$ eine (kleine) Untermannigfaltigkeit von M mit $p \in \widetilde{U}$, so daß der Tangentialraum $T_p\widetilde{U}$ von $\widetilde{U}$ bei p ein Komplement zu $T_e\Phi_p(\mathfrak{g})$ darstellt. Lokal gibt es eine solche Untermannigfaltigkeit immer: Man wählt beispielsweise eine Karte um p, so daß die ersten $(\dim \mathfrak{g})$-Koordinaten dem Untervektorraum $T_e\Phi_p(\mathfrak{g})$ entsprechen. Dann erklärt man diese Karte zu einer Untermannigfaltigkeitskarte für eine Untermannigfaltigkeit, welche durch die verbleibenden $\dim M - \dim \mathfrak{g}$ Koordinaten beschrieben wird. Dies läßt sich durch eine einfach Rotation um den Punkt p in einer beliebigen Karte erreichen. Nach eventuellem Verkleinern von $\widetilde{U}$ zu einer Untermannigfaltigkeit U kann man annehmen, daß für alle $p' \in U$

$$T_{p'}U \oplus T_e\Phi_{p'}(\mathfrak{g}) = T_{p'}M \tag{$*$}$$

gilt. Dies folgt aus Stetigkeitsgründen. Insbesondere kann man U diffeomorph zu einer $(\dim M - \dim \mathfrak{g})$-dimensionalen offenen Kugel in $\mathbb{R}^{\dim M - \dim \mathfrak{g}}$ wählen, siehe auch Abbildung 3.5.

Der Untervektorraum $T_e\Phi_p(\mathfrak{g})$ hat die folgende Interpretation als Vektorraum aller Tangentialvektoren von Kurven durch p, die ganz in der Bahn $G \cdot p$ verlaufen. Dies deutet bereits an, daß $T_e\Phi_p(\mathfrak{g})$ als Tangentialraum an die Bahn $G \cdot p$ interpretiert werden kann, auch wenn wir noch nicht wissen, ob $G \cdot p$ überhaupt eine Untermannigfaltigkeit von M ist. Insofern kann $(*)$

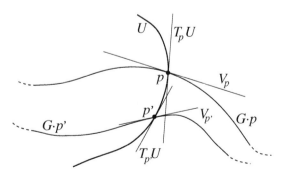

Abb. 3.5. Die Konstruktion der Untermannigfaltigkeit U mit $V_p = T_e\Phi_p(\mathfrak{g})$

also so interpretiert werden, daß U eine Untermannigfaltigkeit von M ist, die *transversal* zu allen Bahnen $G \cdot p'$ mit $p' \in U$ liegt, siehe Abbildung 3.5. Da U jede Bahn zumindest lokal um p nur einmal schneidet, was noch zu zeigen ist, liegt es nahe, U als lokale Karte vom Quotientenraum M/G zu verwenden. Es gilt also, diese geometrische Vorstellung, die Abbildung 3.5 nahelegt, zu präzisieren.

Wir betrachten die Abbildung $\Psi : G \times U \ni (g, p') \mapsto \Phi(g, p') \in M$, also die Einschränkung von Φ auf die Untermannigfaltigkeit $G \times U \subseteq G \times M$. Damit ist Ψ auf jeden Fall glatt und bei $(e, p') \in G \times U$ gilt, daß $T_{(e,p')}\Psi :$ $\mathfrak{g} \times T_{p'}U \longrightarrow T_{p'}M$ bijektiv ist. In der Tat, sei $t \mapsto p'(t) \in U$ eine Kurve in U durch p', so gilt $\Psi(e, p'(t)) = p'(t)$ und daher

$$T_{(e,p')}\Psi \left(\frac{\mathrm{d}}{\mathrm{d}t}\bigg|_{t=0}(e, p'(t)) \right) = \dot{p}'(0) \in T_{p'}U.$$

Auf diese Weise erhält man unter $T_{(e,p')}\Psi$ also zunächst alle Vektoren in $T_{p'}U$ in bijektiver Weise. Andererseits gilt für festes $p' \in U$ und $\xi \in \mathfrak{g}$

$$\Psi(\exp t\xi, p') = \Phi_{p'}(\exp(t\xi)),$$

womit $T_{(e,p')}\Psi$ auf Tangentialvektoren an G ebenfalls injektiv ist, da $T_e\Phi_{p'}$ injektiv ist. Dank der direkten Summe in $(*)$ ist $T_{(e,p')}\Psi$ damit insgesamt injektiv und aus Dimensionsgründen bijektiv.

Als nächstes berechnet man die Tangentialabbildung von Ψ für beliebige Punkte $(g, p') \in G \times U$. Da Φ eine G-Wirkung ist, gilt

$$\Psi(g, p') = \Phi(g, p') = \Phi(g, \Phi(e, p')) = \Phi_g(\Psi(e, p')),$$

so daß nach der Kettenregel $T_{(g,p')}\Psi = T_{p'}\Phi_g \circ T_{(e,p')}\Psi$. Da Φ_g ein Diffeomorphismus ist, ist mit $T_{(e,p')}\Psi$ auch $T_{(g,p')}\Psi$ bijektiv für alle $(g, p') \in G \times U$. Daher ist Ψ ein lokaler Diffeomorphismus auf das Bild $\Psi(G \times U)$. Der entscheidende Schritt besteht nun darin zu zeigen, daß Ψ auf $G \times U$ mit einer eventuell nochmals verkleinerten Untermannigfaltigkeit U sogar injektiv und damit wirklich ein Diffeomorphismus auf das Bild ist. Man muß also folgende Situation ausschließen: In der Abbildung 3.6 ist Ψ zwar lokal um p injektiv, läßt man aber alle Elemente $g \in G$ zu, kann man $q \in \Psi(G \times U)$ auf zwei Weisen erreichen, nämlich als $q = \Psi(e, q) = \Psi(g, p)$ für ein geeignetes „großes" $g \in G$. Die Eigentlichkeit von Φ garantiert nun, daß man U klein genug wählen kann, so daß dies schließlich nicht mehr passieren kann. Bildlich gesprochen durchstößt die Bahn $G \cdot p$ die Untermannigfaltigkeit U eben nur „selten" genug. Häuften sich dagegen diese Durchstoßpunkte um p, so könnte man U nicht geeignet verkleinern.

Sei also Ψ auf keiner offenen Umgebung von $p \in U$ injektiv. Dann gibt es Folgen (g_n, x_n) und (h_n, y_n) in $G \times U$ mit $(g_n, x_n) \neq (h_n, y_n)$ für alle n und $x_n \longrightarrow p$, $y_n \longrightarrow p$ sowie

$$\Phi_{g_n}(x_n) = \Psi(g_n, x_n) = \Psi(h_n, y_n) = \Phi_{h_n}(y_n).$$

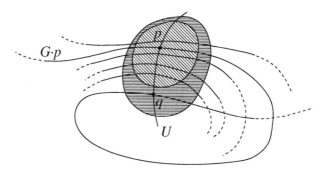

Abb. 3.6. Zur Nichtinjektivität der Abbildung Ψ

Insbesondere gilt $g_n \neq h_n$ für alle n, da sonst $x_n = \Phi_{g_n^{-1}h_n}(y_n)$ impliziert, daß auch $x_n = y_n$ also $(g_n, x_n) = (h_n, y_n)$. Sei also $k_n = g_n^{-1}h_n \neq e$. Da nun $\Phi_{k_n}(y_n) = x_n \longrightarrow p$ ebenso wie $y_n \longrightarrow p$ konvergiert, ist die Folge $\overline{\Phi}(k_n, y_n) = (\Phi_{k_n}(y_n), y_n)$ in einem Kompaktum in $M \times M$ enthalten. Damit folgt, daß auch die Folge (k_n, y_n) in einem Kompaktum in $G \times M$ enthalten ist, da Φ eine *eigentliche* G-Wirkung ist. Es gibt also eine konvergente Teilfolge von k_n, welche wir uns ohne Einschränkung bereits ausgewählt denken. Daher gilt $k_n \longrightarrow k$ und deshalb

$$p = \lim_{n \to \infty} x_n = \lim_{n \to \infty} \Phi_{k_n}(y_n) = \Phi_k(p).$$

Da die G-Wirkung *frei* ist, folgt $k = e$. Daher gibt es also Folgen $(e, x_n) \longrightarrow (e, p)$ und $(k_n, y_n) \longrightarrow (e, p)$ mit $(e, x_n) \neq (k_n, y_n)$ aber $\Psi(e, x_n) = x_n = \Phi_{k_n}(y_n) = \Psi(k_n, y_n)$. Damit kann Ψ also auf keiner Umgebung von $(e, p) \in G \times U$ injektiv sein, was ein Widerspruch zur lokalen Injektivität von Ψ ist. Also ist Ψ auf $G \times U$ mit eventuell verkleinertem U injektiv.

Damit ist die Abbildung $p \in U \mapsto G \cdot p \in M/G$ injektiv. Somit kann man durch U eine lokale Karte für M/G erklären. Insbesondere ist ja $G \times U \cong \pi^{-1}(\pi(U)) \subseteq M$ offen, womit das Bild von U unter π eine in der Quotiententopologie offene Teilmenge von M/G ist. Es bleibt also zu zeigen, daß die „Kartenwechsel" glatt sind und daß man tatsächlich eine Abbildung τ der Form (3.207) findet.

Es gilt $\Phi_g(\Psi(h, p)) = \Phi_g(\Phi_h(p)) = \Phi_{gh}(p) = \Psi(gh, p)$ also $\Phi_g \circ \Psi = \Psi \circ (\ell_g \times \mathrm{id}_U)$. Daher gilt für die zu Ψ inverse Abbildung

$$\Psi^{-1} \circ \Phi_{g^{-1}} = (\ell_{g^{-1}} \times \mathrm{id}_U) \circ \Psi^{-1}.$$

Wir setzen $\tau = \Psi^{-1}$ mit $\tau(p') = (\pi(p'), \chi(p')) \in U \times G$. Dann folgt die Äquivarianzeigenschaft $\tau(\Phi_g(p')) = (\mathrm{id}_U \times \ell_g) \circ \tau(p') = (\pi(p'), g\chi(p'))$ wie für (3.207) gewünscht. Da wir die Differenzierbarkeit in M/G gerade durch die Untermannigfaltigkeit $U \subseteq M$ erklären wollen, wird τ ein Diffeomorphismus. Ebenso folgt aus der Diffeomorphismeneigenschaft von Ψ beziehungsweise τ,

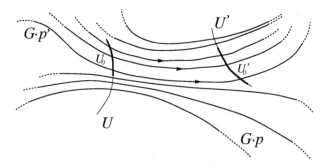

Abb. 3.7. Der Kartenwechsel von U nach U' entlang der Bahnen

daß die Projektion π auf U eine Submersion ist. Es bleibt also nur noch zu zeigen, daß die „Kartenwechsel" glatt sind.

Seien also $p, p' \in M$ vorgegeben und U, U' Untermannigfaltigkeiten wie oben konstruiert, so daß $\Psi : G \times U \longrightarrow V \subseteq M$ und $\Psi' : G \times U' \longrightarrow V' \subseteq M$ Diffeomorphismen sind, wobei $\Psi(g, x) = \Phi_g(x)$ und $\Psi'(g, x') = \Phi_g(x')$ mit $x \in U$ und $x' \in U'$. Sei weiterhin $\pi(V) \cap \pi(V') \neq \emptyset$, so daß es also mindestens eine Bahn gibt, in Abbildung 3.7 ist das beispielsweise $G \cdot p'$, die sowohl U also auch U' trifft. Daher ist also $V \cap V' \neq \emptyset$ und somit offen. Weil $V = \pi^{-1}(\pi(V))$ und ebenso $V' = \pi^{-1}(\pi(V'))$, folgt, daß auch $\pi(V) \cap \pi(V') = \pi(V \cap V')$ offen ist. Es ist daher zu zeigen, daß es offene Untermannigfaltigkeiten $U_0 \subseteq U$ und $U_0' \subseteq U'$ gibt, welche diffeomorph sind, so daß

$$\Psi(G \times U_0) = V \cap V' = \Psi'(G \times U_0'). \qquad (**)$$

Der Diffeomorphismus $U_0 \longrightarrow U_0'$ ist dann der Kartenwechsel. Abbildung 3.7 legt nahe, daß es einen solchen Diffeomorphismus geben sollte, indem man einfach von U_0 aus den Bahnen folgt, bis man auf U_0' trifft. Tatsächlich ist dies auch der Fall. Da Ψ ebenso wie Ψ' ein Diffeomorphismus und $V \cap V'$ offen ist, folgt, daß $\Psi^{-1}(V \cap V')$ und $\Psi'^{-1}(V \cap V')$ offen in $G \times U$ beziehungsweise in $G \times U'$ sind. Da mit $p \in V \cap V'$ auch $\Phi_g(p) \in V \cap V'$ gilt, folgt aus der Äquivarianzbedingung (3.208), daß $\Psi^{-1}(V \cap V') \subseteq G \times U$ invariant unter der Linksmultiplikation mit $g \in G$ im ersten Argument ist, ebenso für $\Psi'^{-1}(V \cap V')$. Damit gibt es aber offene Teilmengen $U_0 \subseteq U$ beziehungsweise $U_0' \subseteq U'$ mit $\Psi^{-1}(V \cap V') = G \times U_0'$ beziehungsweise $\Psi'^{-1}(V \cap V') = G \times U_0'$, womit $(**)$ erreicht ist. Da U_0 und U_0' jede Bahn in $V \cap V'$ genau einmal schneiden, zeigt dies, daß $\Psi^{-1}(U_0')$ von der Form $(\chi(y), y) \in G \times U_0$ ist. Die Abbildung $\chi : U_0 \longrightarrow G$ ist glatt und injektiv, da Ψ glatt ist. Also ist $U_0 \ni y \mapsto \Phi_{\chi(y)}(y) \in U_0'$ ebenfalls glatt und bijektiv. Durch Vertauschen der Rolle von U und U' erhält man schließlich, daß diese Abbildung ein Diffeomorphismus ist. Damit ist der Satz schließlich gezeigt. $\qquad\qquad \square$

Bemerkung 3.3.19 (Hauptfaserbündel). Bei der obigen Struktur handelt es sich um ein *Hauptfaserbündel*. Wir werden diesen Aspekt jedoch nicht weiter benötigen, daher verweisen wir auf die Literatur, insbesondere auf [235, Chap. VI] und [202, Chap. III].

Der Satz erweist sich aus vielerlei Gründen als sehr nützlich. Wir diskutieren nun einige Anwendungen, siehe auch Aufgabe 3.27.

Beispiel 3.3.20. Die G-Wirkung auf G durch Linksmultiplikationen ist frei und eigentlich: Es ist klar, daß $\ell : G \times G \longrightarrow G$ eine Gruppenwirkung ist. Gilt $\ell_g(h) = h$, so folgt $g = e$, womit ℓ frei ist. Da die Abbildung $\overline{\ell} : G \times G \longrightarrow G \times G$ mit $\overline{\ell}(g,h) = (gh,h)$ ein Diffeomorphismus ist, folgt, daß $\overline{\ell}^{-1}(K) \subseteq G \times G$ für jedes kompakte $K \subseteq G \times G$ wieder kompakt ist. Daher ist ℓ eigentlich. Der Quotient G/G ist in diesem Fall natürlich nur ein Punkt und daher ist $\pi : G \longrightarrow G/G$ trivialerweise eine surjektive Submersion.

Interessanter ist die Situation, wenn man nicht G sondern nur eine (abgeschlossene) Untergruppe H von G auf G durch Linksmultiplikationen wirken läßt. Dies liefert eine große Klasse von differenzierbaren Mannigfaltigkeiten, die *homogenen Räume*: Konventionsbedingt betrachtet man hier die Rechtswirkung durch Rechtsmultiplikation, wofür der Satz 3.3.18 nach trivialer Umformulierung selbstverständlich genauso gültig ist.

Proposition 3.3.21. *Sei $H = H^{\mathrm{cl}}$ eine abgeschlossene Untergruppe einer Lie-Gruppe G, welche durch Rechtsmultiplikationen auf G wirkt. Dann ist die H-Wirkung auf G frei und eigentlich, womit*

$$\pi : G \longrightarrow G/H \tag{3.210}$$

eine surjektive Submersion auf G/H liefert.

Beweis. Nach Satz 3.3.18 müssen wir nur noch zeigen, daß H frei und eigentlich wirkt. Da bereits G frei wirkt, wirkt jede Untergruppe auch frei. Sei also $K \subseteq G \times G$ kompakt und $\overline{r}^{-1}(K) \subseteq H \times G$. Da $\overline{r_G}^{-1}(K) \subseteq G \times G$ (bezüglich der gesamten Rechtsaktion r_G von ganz G auf G) kompakt ist, folgt, daß auch $(H \times G) \cap \overline{r_G}^{-1}(K) = \overline{r}^{-1}(K)$ kompakt ist, da H abgeschlossen ist. Also ist r eigentlich. $\qquad\square$

Definition 3.3.22 (Homogener Raum). *Eine differenzierbare Mannigfaltigkeit M von der Form $M = G/H$ mit einer Lie-Gruppe G und einer abgeschlossenen Untergruppe H heißt homogener Raum.*

Folgerung 3.3.23. *Sei G/H ein homogener Raum. Dann definiert*

$$g'[g] = [g'g] \tag{3.211}$$

für $[g] \in G/H$ und $g' \in G$ eine glatte Linkswirkung von G auf G/H, welche transitiv ist. Die Isotropiegruppe $G_{[g]}$ von $[g] \in G/H$ ist die abgeschlossene Untergruppe $gHg^{-1} \subseteq G$. Daher sind alle Isotropiegruppen isomorph.

Beweis. Zunächst ist (3.211) wohl-definiert, da Links- und Rechtsmultiplikationen vertauschen. Weiter ist (3.211) glatt, da die Abbildung auf dem Niveau von G glatt ist und $\pi : G \longrightarrow G/H$ eine surjektive Submersion ist, siehe Aufgabe 2.7. Die Transitivität ist auch klar, da G auf sich transitiv wirkt. Schließlich gilt $g'[g] = [g]$ genau dann, wenn $g'g = gh$ mit $h \in H$, also $g' = ghg^{-1}$. $\qquad\square$

Wir betrachten nun eine allgemeine G-Wirkung auf M. Da die Isotropiegruppe G_p eines Punktes $p \in M$ eine abgeschlossene Untergruppe von G ist, ist G/G_p ein homogener Raum. Die Abbildung

$$\Phi_p : G \ni g \mapsto \Phi_p(g) = \Phi_g(p) \in G \cdot p \tag{3.212}$$

ist per definitionem surjektiv und faktorisiert zu einer bijektiven Abbildung

$$\widetilde{\Phi}_p : G/G_p \ni [g] \mapsto \Phi_g(p) \in G \cdot p, \tag{3.213}$$

denn $\Phi_g(p) = \Phi_{g'}(p)$ gilt genau dann, wenn $g^{-1}g' \in G_p$, also $[g] = [g'] \in G/G_p$. Wir haben also folgendes kommutatives Diagramm

$$\tag{3.214}$$

Diese Beobachtung hilft, die Struktur der Bahnen einer G-Wirkung zu klären:

Proposition 3.3.24. *Sei Φ eine G-Wirkung auf M und $p \in M$. Die Abbildung*

$$\widetilde{\Phi}_p : G/G_p \longrightarrow M \tag{3.215}$$

ist eine injektive Immersion mit $\widetilde{\Phi}_p(G/G_p) = G \cdot p$. Ist Φ eigentlich, so ist $\widetilde{\Phi}_p$ sogar eine Einbettung, und die Bahn $G \cdot p$ ist eine abgeschlossene Untermannigfaltigkeit von M.

Beweis. Da $\Phi_p : G \longrightarrow M$ glatt ist, ist mit $\widetilde{\Phi}_p \circ \pi = \Phi_p$ auch $\widetilde{\Phi}_p$ glatt, da π eine surjektive Submersion ist, siehe Aufgabe 2.7. Es bleibt also zu zeigen, daß $\widetilde{\Phi}_p$ eine Immersion ist, da die Injektivität ja schon gezeigt wurde. Sei also $[g] \in G/G_p$ gegeben. Dann müssen wir zunächst eine handlichere Form für den Tangentialraum $T_{[g]}(G/G_p)$ finden. Zunächst betrachten wir G_p, dann gilt

$$T_e G_p = \{\xi \in \mathfrak{g} \mid \exp(t\xi) \in G_p\}, \tag{3.216}$$

da $G_p \subseteq G$ eine abgeschlossene Untergruppe ist und daher $\iota : G_p \longrightarrow G$ ein injektiver Morphismus von Lie-Gruppen ist. Daher kann man Satz 3.3.5 mit den Gleichungen (3.192) und (3.193) zur Anwendung bringen. Wir hatten dies auch schon im Beweis von Proposition 3.3.21 gesehen. Die Bedingung $\exp(t\xi) \in G_p$ ist äquivalent zu $\Phi_{\exp(t\xi)}(p) = p$ oder eben $\Phi_p(\exp(t\xi)) = p$ für alle t. Damit folgt

$$0 = \frac{\mathrm{d}}{\mathrm{d}t}\Big|_{t=0} \Phi_p(\exp(t\xi)) = T_e\Phi_p \frac{\mathrm{d}}{\mathrm{d}t}\Big|_{t=0} \exp(t\xi) = T_e\Phi_p(\xi).$$

Gilt umgekehrt $T_e\Phi_p(\xi) = 0$, so ist

$$\frac{\mathrm{d}}{\mathrm{d}t}\Phi_p(\exp(t\xi)) = \frac{\mathrm{d}}{\mathrm{d}s}\Big|_{s=0} \Phi(\exp(t\xi)\exp(s\xi), p) = \frac{\mathrm{d}}{\mathrm{d}s}\Big|_{s=0} \Phi_{\exp(t\xi)} \circ \Phi_{\exp(s\xi)}(p)$$
$$= T_p\Phi_{\exp(t\xi)}\left(T_e\Phi_p(\xi)\right) = 0.$$

Daher ist $\Phi_p(\exp(t\xi)) = \Phi_p(e) = p$ konstant und folglich $\exp(t\xi) \in G_p$. Also gilt

$$T_eG_p = \{\xi \in \mathfrak{g} \mid T_e\Phi_p(\xi) = 0\} = \ker T_e\Phi_p.$$

Damit folgt aber aus $\widetilde{\Phi}_p \circ \pi = \Phi_p$ zunächst

$$T_{[e]}\widetilde{\Phi}_p \circ T_e\pi = T_e\Phi_p,$$

und weil $T_e\pi$ surjektiv ist, folgt, daß $T_{[e]}\widetilde{\Phi}_p$ injektiv ist, da der Kern von $T_e\pi$ gerade T_eG_p ist und T_eG_p mit dem Kern von $T_e\Phi_p$ übereinstimmt. Damit ist $\widetilde{\Phi}_p$ also zumindest beim Punkt $[e] \in G/G_p$ immersiv. Die anderen Punkte erreicht man nun durch folgendes „Homogenitätsargument". Sei $[g] \in G/G_p$ beliebig. Dann gilt

$$\widetilde{\Phi}_p([g]) = \Phi_p(g) = \Phi(g,p) = \Phi_g \circ \Phi_p(e) = \Phi_g \circ \widetilde{\Phi}_p([e])$$

und daher

$$T_{[g]}\widetilde{\Phi}_p = T_p\Phi_g \circ T_{[e]}\widetilde{\Phi}_p.$$

Da aber $T_p\Phi_g$ bijektiv ist, weil Φ_g ein Diffeomorphismus ist, folgt, daß auch $T_{[g]}\widetilde{\Phi}_p$ injektiv ist. Dies zeigt die erste Aussage.

Sei also Φ nun zudem eine eigentliche G-Wirkung. Wir müssen also zeigen, daß $\widetilde{\Phi}_p$ nicht nur injektiv und immersiv ist, sondern $\widetilde{\Phi}_p^{-1} : G \cdot p \longrightarrow G/G_p$ ebenfalls stetig ist. Dann ist $\widetilde{\Phi}_p$ ein Homöomorphismus und mit dem Satz über die Umkehrfunktion ein Diffeomorphismus. Daher müssen wir nur noch zeigen, daß $\widetilde{\Phi}_p$ eine abgeschlossene Abbildung ist, da dann die Homöomorphismuseigenschaft allgemein folgt, siehe etwa [270, Satz 22.28]. Sei also $A \subseteq G/G_p$ abgeschlossen und $A' = \widetilde{\Phi}_p(A) \subseteq G \cdot p$. Sei weiter $x_n \in G\cdot p$ eine gegen $x \in M$ konvergente Folge mit entsprechender Urbildfolge $y_n = \widetilde{\Phi}_p^{-1}(x_n)$. Da $x_n \in G\cdot p$, gibt es eine Folge $g_n \in G$ mit $x_n = \Phi_{g_n}(p)$. Dann liegen die Punkte (x_n, p) in einem Kompaktum in $M \times M$, da $x_n \longrightarrow x$ konvergiert. Also liegen auch die Punkte (g_n, p) in einem Kompaktum in $G \times M$, da die Wirkung *eigentlich* ist. Somit gibt es eine konvergente Teilfolge von g_n, welche wir uns bereits ausgewählt denken. Daher gilt $g_n \longrightarrow g$, womit

$x = \lim_n x_n = \lim_n \Phi_{g_n}(p) = \Phi_g(p) \in G \cdot p$. Damit ist die Bahn $G \cdot p \subseteq M$ selbst abgeschlossen. Da $\Phi_p(g_n) = \Phi_{g_n}(p) = x_n$, folgt $\widetilde{\Phi}_p([g_n]) = x_n$ und daher $y_n = [g_n]$. Also konvergieren auch die $y_n \longrightarrow y \in G/G_p$ und da die y_n in A mit A abgeschlossen liegen, gilt $y \in A$. Somit gilt $x = \lim_n x_n = \lim_n \widetilde{\Phi}_p(y_n) = \widetilde{\Phi}_p(y) \in \widetilde{\Phi}_p(A) = A'$. Daher ist $A' \subseteq M$ abgeschlossen und deshalb auch abgeschlossen in der abgeschlossenen Teilmenge $G \cdot p$. Dies zeigt, daß $\widetilde{\Phi}_p$ eine abgeschlossene Abbildung und damit ein Homöomorphismus auf das Bild ist. $\qquad\square$

Zusammen mit Proposition 3.3.21 folgt, daß für eine *transitive* G-Wirkung auf M die Mannigfaltigkeit M diffeomorph zum homogenen Raum G/G_p ist, wobei G_p die Isotropiegruppe eines beliebigen Punktes $p \in M$ ist. Alle Isotropiegruppen sind zueinander konjugiert. Die G-Wirkung auf M stimmt dann mit der kanonischen G-Wirkung auf G/G_p überein.

Wir kommen nun zur infinitesimalen Version einer G-Wirkung. Wenn eine Lie-Gruppe durch Diffeomorphismen auf M wirkt, so soll eine Lie-Algebra entsprechend durch Vektorfelder auf M „wirken". Um diese Vorstellung zu präzisieren, starten wir zunächst mit einer G-Wirkung $\Phi : G \times M \longrightarrow M$. Sei dann $\xi \in \mathfrak{g}$ und $t \mapsto \exp(t\xi)$ die zugehörige Einparametergruppe in G. Damit wird

$$t \mapsto \Phi_{\exp(t\xi)} \tag{3.217}$$

eine glatte Einparametergruppe von Diffeomorphismen von M. Diese entspricht aber gerade dem Fluß eines Vektorfeldes:

Definition 3.3.25 (Fundamentales Vektorfeld). *Sei $\Phi : G \times M \longrightarrow M$ eine G-Wirkung auf M. Das durch*

$$\xi_M(p) = \frac{\mathrm{d}}{\mathrm{d}t}\Phi_{\exp(t\xi)}(p)\Big|_{t=0} \tag{3.218}$$

für $p \in M$ und $\xi \in \mathfrak{g}$ festgelegte Vektorfeld heißt fundamentales Vektorfeld (auch: infinitesimaler Erzeuger) der G-Wirkung zu $\xi \in \mathfrak{g}$.

Bemerkung 3.3.26. Aus dem Beweis von Proposition 3.3.24 folgt insbesondere, daß der Tangentialraum an die immersierte Untermannigfaltigkeit $G \cdot p \subseteq M$ durch

$$T_{p'}(G \cdot p) = \{\xi_M(p') \mid \xi \in \mathfrak{g}\} \tag{3.219}$$

beschrieben werden kann, was anschaulich auch unmittelbar klar ist, siehe Abbildung 3.8.

Proposition 3.3.27. *Sei $\Phi : G \times M \longrightarrow M$ eine G-Wirkung auf M. Dann ist*

$$\mathfrak{g} \ni \xi \mapsto \xi_M \in \Gamma^\infty(TM) \tag{3.220}$$

ein Antihomomorphismus von Lie-Algebren. Es gilt also, daß (3.220) linear ist und daß

$$[\xi_M, \eta_M] = -[\xi, \eta]_M \tag{3.221}$$

für alle $\xi, \eta \in \mathfrak{g}$.

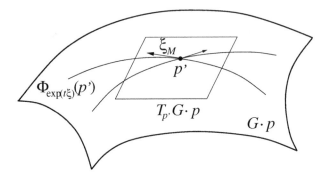

Abb. 3.8. Der Tangentialraum bei p' an die Bahn $G \cdot p$

Beweis. Der Beweis wird mit Hilfe der adjungierten Darstellung konzeptuell etwas klarer in den Aufgaben 3.23 und 3.24 besprochen, siehe auch Proposition 3.3.50. Hier geben wir eine direkte Herleitung, welche implizit natürlich von der adjungierten Darstellung Gebrauch macht. Wir zeigen zunächst die Linearität von (3.220). Sei also $\xi \in \mathfrak{g}$. Dann gilt

$$
\begin{aligned}
\xi_M(p) &= \frac{\mathrm{d}}{\mathrm{d}t}\Big|_{t=0} \Phi_{\exp(t\xi)}(p) \\
&= \frac{\mathrm{d}}{\mathrm{d}t}\Big|_{t=0} \Phi(\exp(t\xi), p) \\
&= T_{(e,p)}\Phi\left(\frac{\mathrm{d}}{\mathrm{d}t}\Big|_{t=0} \exp(t\xi), 0\right) \\
&= T_{(e,p)}\Phi(\xi, 0),
\end{aligned}
\tag{$*$}
$$

womit (3.220) linear ist, da die Tangentialabbildung linear ist. Um die zweite Gleichung zu zeigen, betrachten wir

$$
\begin{aligned}
\left(\Phi_g^* \eta_M\right)(p) &= T_{\Phi_g(p)}\Phi_g^{-1}\left(\eta_M(\Phi_g(p))\right) \\
&= T_{\Phi_g(p)}\Phi_g^{-1} \frac{\mathrm{d}}{\mathrm{d}s}\Big|_{s=0} \Phi_{\exp(s\eta)}(\Phi_g(p)) \\
&= T_{\Phi_g(p)}\Phi_g^{-1} \frac{\mathrm{d}}{\mathrm{d}s}\Big|_{s=0} \Phi_{\exp(s\eta)g}(p) \\
&= \frac{\mathrm{d}}{\mathrm{d}s}\Big|_{s=0} \left(\Phi_{g^{-1}}\Phi_{\exp(s\eta)g}(p)\right) \\
&= \frac{\mathrm{d}}{\mathrm{d}s}\Big|_{s=0} \Phi_{g^{-1}\exp(s\eta)g}(p) \\
&= T_{(e,p)}\Phi\left(\frac{\mathrm{d}}{\mathrm{d}s}\Big|_{s=0} g^{-1}\exp(s\eta)g, 0\right) \\
&= \left(\frac{\mathrm{d}}{\mathrm{d}s}\Big|_{s=0} g^{-1}\exp(s\eta)g\right)_M(p).
\end{aligned}
\tag{$**$}
$$

für $\eta \in \mathfrak{g}$ und $g \in G$. Die Kurve $g^{-1} \exp(s\eta)g$ geht für $s = 0$ durch e und definiert daher über ihren Tangentialvektor ein Lie-Algebraelement. Tatsächlich ist diese Kurve ja sogar eine Einparametergruppe. Wir betrachten nun den Fall $g = \exp(t\xi)$ und berechnen die Ableitung sowohl nach t als auch nach s, jeweils bei 0. Dazu verwenden wir, daß der Fluß Φ_t^ξ des linksinvarianten Vektorfeldes X^ξ zu $\xi \in \mathfrak{g}$ durch die Rechtsmultiplikation mit $\exp(t\xi)$ gegeben ist und mit allen Linksmultiplikationen vertauscht, siehe Satz 3.3.2 und Bemerkung 3.3.3. Es gilt

$$
\frac{d}{dt}\Big|_{t=0} \frac{d}{ds}\Big|_{s=0} \exp(-t\xi)\exp(s\eta)\exp(t\xi)
$$

$$
= \frac{d}{dt}\Big|_{t=0} \frac{d}{ds}\Big|_{s=0} r_{\exp(t\xi)} \circ \ell_{\exp(-t\xi)}(\exp(s\eta))
$$

$$
= \frac{d}{dt}\Big|_{t=0} \left(T_{\exp(-t\xi)} r_{\exp(t\xi)} \frac{d}{ds}\Big|_{s=0} \ell_{\exp(-t\xi)} \circ \Phi_s^\eta(e) \right)
$$

$$
= \frac{d}{dt}\Big|_{t=0} \left(T_{\exp(-t\xi)} r_{\exp(t\xi)} \frac{d}{ds}\Big|_{s=0} \Phi_s^\eta(\exp(-t\xi)) \right)
$$

$$
= \frac{d}{dt}\Big|_{t=0} \left(T_{\exp(-t\xi)} r_{\exp(-t\xi)}^{-1} X_{\exp(-t\xi)}^\eta \right)
$$

$$
= \frac{d}{dt}\Big|_{t=0} \left(\left(\Phi_{-t}^\xi \right)^* X^\eta \right)(e)
$$

$$
= -\left(\mathscr{L}_{X^\xi} X^\eta \right)(e)
$$

$$
= -[\xi, \eta]. \tag{$***$}
$$

Diese beiden Rechnungen kombinieren sich nun folgendermaßen

$$
[\xi_M, \eta_M](p) = \frac{d}{dt}\Big|_{t=0} \left(\Phi_{\exp(t\xi)}^* \eta_M \right)(p)
$$

$$
\stackrel{(**)}{=} \frac{d}{dt}\Big|_{t=0} \left(T_{(e,p)} \Phi \left(\frac{d}{ds}\Big|_{s=0} \exp(-t\xi)\exp(s\xi)\exp(t\xi), 0 \right) \right)
$$

$$
\stackrel{(***)}{=} T_{(e,p)} \Phi \left(\frac{d}{dt}\Big|_{t=0} \frac{d}{ds}\Big|_{s=0} \exp(-t\xi)\exp(s\eta)\exp(t\xi), 0 \right)
$$

$$
= T_{(e,p)} \Phi \left(-[\xi, \eta], 0 \right)
$$

$$
\stackrel{(*)}{=} -[\xi, \eta]_M(p).
$$

Damit ist die Proposition bewiesen. □

Diese Beobachtung motiviert folgende Definition einer infinitesimalen G-Wirkung beziehungsweise einer $\mathfrak{g}$-Wirkung, wenn $\mathfrak{g}$ eine (reelle) Lie-Algebra ist.

Definition 3.3.28 (Lie-Algebrawirkung). *Sei $\mathfrak{g}$ eine endlichdimensionale Lie-Algebra über $\mathbb{R}$, und sei M eine Mannigfaltigkeit. Eine Lie-Algebrawirkung von $\mathfrak{g}$ auf M ist eine lineare Abbildung*

$$\varphi : \mathfrak{g} \longrightarrow \Gamma^\infty(TM), \tag{3.222}$$

so daß

$$[\varphi(\xi), \varphi(\eta)] = -\varphi([\xi, \eta]). \tag{3.223}$$

Mit anderen Worten, φ ist ein Antihomomorphismus von Lie-Algebren.

Der Wechsel von Homomorphismus zu Antihomomorphismus ist trivial, da φ genau dann ein Antihomomorphismus ist, wenn $-\varphi$ ein Homomorphismus ist. Daher ist die (seltsame) Bedingung (3.223) nur eine (sehr praktische) Konvention, siehe auch Aufgabe 3.22. Die Aussage von Proposition 3.3.27 läßt sich somit auf folgende Weise umformulieren:

Folgerung 3.3.29. *Jede G-Wirkung Φ auf M liefert über*

$$\varphi : \mathfrak{g} \ni \xi \mapsto \varphi(\xi) = \xi_M \in \Gamma^\infty(TM) \tag{3.224}$$

eine $\mathfrak{g}$-Wirkung φ der Lie-Algebra $\mathfrak{g}$ von G.

Es stellt sich also die berechtigte Frage, inwieweit die infinitesimale $\mathfrak{g}$-Wirkung φ die G-Wirkung Φ bereits festlegt beziehungsweise ob Φ aus φ (re-) konstruiert werden kann. In bestimmten Situationen ist dies tatsächlich möglich, wie folgendes Theorem von Palais zeigt:

Satz 3.3.30 (Palais). *Sei $\varphi : \mathfrak{g} \longrightarrow \Gamma^\infty(TM)$ eine $\mathfrak{g}$-Wirkung auf M, so daß für alle $\xi \in \mathfrak{g}$ das Vektorfeld $\varphi(\xi)$ einen vollständigen Fluß hat. Sei weiter G die (bis auf Isomorphie eindeutig bestimmte) zusammenhängende und einfach-zusammenhängende Lie-Gruppe mit Lie-Algebra $\mathfrak{g}$. Dann gibt es eine eindeutig bestimmte G-Wirkung Φ von G auf M, so daß $\varphi(\xi) = \xi_M$ bezüglich Φ.*

Die Notwendigkeit der Bedingung ist leicht einzusehen, da $\xi_M = \frac{\mathrm{d}}{\mathrm{d}t}\big|_{t=0} \Phi_{\exp(t\xi)}$ immer einen vollständigen Fluß hat, nämlich $\Phi_{\exp(t\xi)}$. Für einen Beweis sei auf [235, Thm. 14.12] verwiesen.

Wir schließen diesen Abschnitt mit einigen Bemerkungen zum Spezialfall einer (glatten) G-Darstellung. Sei also V ein reeller endlichdimensionaler Vektorraum und $\Phi : G \times V \longrightarrow V$ eine G-Darstellung auf V. Das fundamentale Vektorfeld $\xi_V \in \Gamma^\infty(TV = V \times V)$ ist daher an jedem Punkt ein Element in V. Weiter ist $\xi_V(v)$ im Argument v linear, da Φ_g linear ist. Daher können wir ξ_V mit einer linearen Abbildung $\xi_V \in \mathsf{End}(V)$ identifizieren, wobei wie immer $T_vV = V$ verwendet wird.

Definition 3.3.31 (Lie-Algebradarstellung). *Sei $\mathfrak{g}$ eine (reelle) Lie-Algebra und V ein (reeller) Vektorraum. Eine Darstellung φ von $\mathfrak{g}$ auf V ist ein Lie-Algebrenhomomorphismus*

$$\varphi : \mathfrak{g} \longrightarrow \mathsf{End}(V), \tag{3.225}$$

wobei $\mathsf{End}(V)$ die übliche, durch den Kommutator gegebene Lie-Algebrastruktur trägt.

Proposition 3.3.32. *Sei G eine zusammenhängende und einfach-zusammen-hängende Lie-Gruppe mit Lie-Algebra $\mathfrak{g}$ und sei V ein endlichdimensionaler reeller Vektorraum. Jede glatte G-Darstellung Φ von G auf V liefert über $\varphi(\xi) = \xi_V$ eine $\mathfrak{g}$-Darstellung φ von $\mathfrak{g}$ auf V. Umgekehrt läßt sich jede $\mathfrak{g}$-Darstellung φ von $\mathfrak{g}$ auf V zu einer eindeutig bestimmten glatten G-Darstellung Φ integrieren.*

Beweis. Man rechnet direkt nach, daß mit den obigen Identifikationen φ tatsächlich eine $\mathfrak{g}$-Darstellung liefert, siehe auch Aufgabe 3.22. Ist umgekehrt eine $\mathfrak{g}$-Darstellung gegeben, so ist $t \mapsto e^{t\varphi(\xi)}$ der vollständige Fluß zu ξ_V, insbesondere ist der Fluß selbst wieder eine lineare Abbildung. Daher können wir den Satz von Palais anwenden und erhalten eine glatte G-Wirkung. Da diese für „kleine" Gruppenelemente eine Darstellung ist und jedes Gruppenelement endliches Produkt von „kleinen" Elementen ist, folgt, daß die Wirkung insgesamt eine Darstellung ist. $\qquad\square$

Einige fundamentale Beispiele wie die adjungierte und koadjungierte Darstellung von G werden in Aufgabe 3.23 besprochen. Die folgende Bemerkung zeigt, daß die Voraussetzungen an die Lie-Gruppe in Proposition 3.3.32 im allgemeinen nicht fallen gelassen werden können.

Bemerkung 3.3.33. Ist die Gruppe nicht zusammenhängend und nicht einfach-zusammenhängend, so ist das „Integrationsproblem" schwieriger: Bekanntermaßen haben SU(2) und SO(3) isomorphe Lie-Algebren $\mathfrak{su}(2) \cong \mathfrak{so}(3)$, aber nur SU(2) ist einfach-zusammenhängend, während SO(3) nicht einfach-zusammenhängend ist. Dies zeigt man etwa durch Angabe eines expliziten Diffeomorphismus SU(2) $\cong \mathbb{S}^3$. Daraus resultiert, daß nur diejenigen $\mathfrak{so}(3)$-Darstellungen zu „ganzzahligem Spin" sich zu SO(3)-Darstellungen integrieren lassen, während der allgemeine Fall nur eine Darstellung von SU(2) liefert. Als weiteres Beispiel sei die Lorentz-Gruppe $\mathcal{L}^{(1,3)} = O(1,3)$ genannt, welche in 4 Zusammenhangskomponenten SO(1,3), SO(1,3)$\mathbb{P}$, SO(1,3)$\mathbb{T}$, SO(1,3)$\mathbb{PT}$ zerfällt, wobei $\mathbb{P}$ und $\mathbb{T}$ die Raum- und Zeitspiegelung sind. Ob nun zu einer gegebenen Darstellung von SO(1,3), also der eigentlichen, orthochronen Lorentz-Gruppe auch eine der gesamten Lorentz-Gruppe gehört, kann nicht mit Lie-algebraischen Methoden entschieden werden. Diese beiden für die Physik fundamentalen Beispiele werden in großem Detail in [163, 291] diskutiert.

3.3.2 Impulsabbildungen

In diesem Abschnitt werden wir untersuchen, wie Symmetrien eines Hamiltonschen Systems zu formulieren sind und wie sie Erhaltungsgrößen liefern. Auf diese Weise wird die Aussage des Noetherschen Theorems in einem geometrischen Kontext bewiesen. Die Relevanz folgender Definition ist dabei naheliegend.

Definition 3.3.34. *Sei* (M, ω) *eine symplektische Mannigfaltigkeit und* $\Phi :$ $G \times M \longrightarrow M$ *eine glatte* G-*Wirkung. Dann heißt die* G-*Wirkung symplektisch, falls*

$$\Phi_g^* \omega = \omega \tag{3.226}$$

für alle $g \in G$. *Analog heißt eine* $\mathfrak{g}$-*Wirkung* $\varphi : \mathfrak{g} \longrightarrow \Gamma^\infty(TM)$ *symplektisch, falls*

$$\mathscr{L}_{\varphi(\xi)} \omega = 0 \tag{3.227}$$

für alle $\xi \in \mathfrak{g}$.

Die folgende Aussage ist mit den bekannten Rechenregeln für Lie-Ableitung und pull-back offensichtlich.

Proposition 3.3.35. *Sei* (M, ω) *symplektisch und* G *eine zusammenhängende Lie-Gruppe mit Lie-Algebra* $\mathfrak{g}$. *Sei* $\Phi : G \times M \longrightarrow M$ *eine* G-*Wirkung mit zugehöriger* $\mathfrak{g}$-*Wirkung* φ. *Dann ist* Φ *genau dann symplektisch, wenn* φ *symplektisch ist.*

Beweis. Ist Φ symplektisch, so erhält man durch Ableiten von $\Phi_{\exp(t\xi)}^* \omega = \omega$ nach t bei $t = 0$, daß auch φ symplektisch ist. Da andererseits $\Phi_{\exp(t\xi)}$ der Fluß zu $\xi_M = \varphi(\xi)$ ist, folgt aus $\mathscr{L}_{\varphi(\xi)} \omega = 0$ direkt $\Phi_{\exp(t\xi)}^* \omega = \omega$ für alle t. Da nun jedes Gruppenelement endliches Produkt von „kleinen" Gruppenelementen ist, folgt, daß Φ_g für alle $g \in G$ symplektisch ist. $\square$

Wir wollen nun die Frage präzisieren, wann eine symplektische Gruppenwirkung *Erhaltungsgrößen* liefert. Dazu wollen wir zunächst erreichen, daß die symplektischen Vektorfelder ξ_M für alle $\xi \in \mathfrak{g}$ sogar *Hamiltonsch* sind und nicht nur symplektisch. Wir suchen daher für jedes $\xi \in \mathfrak{g}$ eine Funktion $J(\xi) \in C^\infty(M)$ mit

$$X_{J(\xi)} = \xi_M. \tag{3.228}$$

Sei nun $e_1, \ldots, e_n \in \mathfrak{g}$ eine Basis. Dann gilt für beliebiges $\xi \in \mathfrak{g}$ mit $\xi = \xi^i e_i$ die Gleichung $\xi_M = \xi^i (e_i)_M$, da $\xi \mapsto \xi_M$ ja linear ist. Daher erwarten wir $X_{J(\xi)} = \xi_M = \xi^i (e_i)_M = \xi^i X_{J(e_i)} = X_{\xi^i J(e_i)}$, womit es also eine Konstante $c(\xi) \in \mathbb{R}$ mit

$$J(\xi) = \xi^i J(e_i) + c(\xi) \tag{3.229}$$

gibt (falls M nicht zusammenhängend ist, kann $c(\xi)$ auf jeder Zusammenhangskomponente einen anderen Wert annehmen). Dies zeigt aber, daß wir ohne Beschränkung der Allgemeinheit $J(\xi)$ als linear in ξ annehmen dürfen. Genauer gilt sogar, daß, falls wir $J(e_i)$ mit (3.228) für eine Basis $e_1, \ldots, e_n$ von $\mathfrak{g}$ finden,

$$J(\xi) = \xi^i J(e_i) \tag{3.230}$$

eine in ξ lineare Funktion $J(\xi) \in C^\infty(M)$ definiert, welche (3.228) für *alle* $\xi \in \mathfrak{g}$ erfüllt. Dies motiviert folgende Definition einer *Impulsabbildung*:

Definition 3.3.36 (Impulsabbildung). *Sei* $\Phi : G \times M \longrightarrow M$ *eine symplektische G-Wirkung. Eine glatte Abbildung*

$$J : M \longrightarrow \mathfrak{g}^* \qquad (3.231)$$

heißt Impulsabbildung für Φ*, falls für alle* $\xi \in \mathfrak{g}$

$$X_{J(\xi)} = \xi_M, \qquad (3.232)$$

wobei $J(\xi) \in C^\infty(M)$ *als punktweise natürliche Paarung* $J(\xi)(p) = \langle J(p), \xi \rangle$ *zu verstehen ist.*

Sind J_1 und J_2 Impulsabbildungen für dieselbe G-Wirkung, so ist $J_1(\xi) - J_2(\xi) = \mu(\xi)$ für jedes $\xi \in \mathfrak{g}$ eine *konstante* Funktion auf M. Hier und im folgenden ist es zweckmäßig, M als *zusammenhängend* anzunehmen, anderenfalls gelten diese Überlegungen entsprechend für jede Zusammenhangskomponente separat. Daher gibt es also ein $\mu \in \mathfrak{g}^*$ mit

$$J_1 - J_2 = \mu = const. \qquad (3.233)$$

Bevor wir nun die Frage nach der Existenz einer Impulsabbildung zu einer gegebenen G-Wirkung näher diskutieren, zeigen wir die sicherlich wichtigste Konsequenz für die klassische Mechanik:

Satz 3.3.37 (Noether-Theorem). *Sei* $\Phi : G \times M \longrightarrow M$ *eine symplektische G-Wirkung mit Impulsabbildung* $J : M \longrightarrow \mathfrak{g}^*$*. Ist* $H \in C^\infty(M)$ *eine G-invariante Hamilton-Funktion, so ist für jedes* $\xi \in \mathfrak{g}$ *die Funktion* $J(\xi) \in C^\infty(M)$ *eine Erhaltungsgröße bezüglich der Zeitentwicklung von* H*.*

Beweis. Die G-Invarianz bedeutet $\Phi_g^* H = H$ für alle $g \in G$. Daher gilt für alle $\xi \in \mathfrak{g}$ die Gleichung

$$0 = \frac{\mathrm{d}}{\mathrm{d}t}\Big|_{t=0} \Phi_{\exp(t\xi)}^* H = \mathscr{L}_{\xi_M} H = \mathscr{L}_{X_{J(\xi)}} H = \{H, J(\xi)\},$$

womit der Satz bewiesen ist. □

Bemerkung 3.3.38 (Erhaltungsgrößen und Symmetrien).

i.) Ist G zusammenhängend, so gilt auch die Umkehrung: eine Hamilton-Funktion H ist G-invariant, falls alle $J(\xi)$ Erhaltungsgrößen sind.

ii.) Aufgrund der Linearität von $\xi \mapsto J(\xi)$ gibt es höchstens $\dim \mathfrak{g}$ viele unabhängige Erhaltungsgrößen.

iii.) Der obige Satz zeigt also, daß Symmetrien und Erhaltungsgrößen für symplektische G-Wirkungen mit Impulsabbildung letztlich ein und dasselbe sind. Daher kann man Satz 3.3.37 zu Recht als geometrische Verallgemeinerung des wohlbekannten Noether-Theorems der Hamiltonschen Mechanik ansehen.

Eine wichtige Beispielklasse bilden wieder die Kotangentenbündel. Hier betrachtet man Symmetrien des Konfigurationsraumes Q, also eine G-Wirkung

$$\phi : G \times Q \longrightarrow Q \tag{3.234}$$

und deren Lift zu einer symplektischen G-Wirkung auf T^*Q durch

$$\Phi : G \times T^*Q \longrightarrow T^*Q, \quad \Phi_g = T_*\phi_g. \tag{3.235}$$

Nach Satz 3.2.11, Teil $ii.$) ist Φ in der Tat eine G-Wirkung auf T^*Q, welche sogar exakt symplektisch ist, also $\Phi_g^*\theta_0 = \theta_0$ für alle $g \in G$ erfüllt. Es zeigt sich, daß in dieser Situation immer eine Impulsabbildung existiert, die universelle Impulsabbildung aus Bemerkung 3.2.12:

Satz 3.3.39. *Sei $\phi : G \times Q \longrightarrow Q$ eine G-Wirkung auf Q. Die entsprechende geliftete G-Wirkung $\Phi : G \times T^*Q \longrightarrow T^*Q$ durch Punkttransformationen besitzt eine kanonische Impulsabbildung, nämlich*

$$J : \mathfrak{g} \ni \xi \mapsto J(\xi) = \mathfrak{J}(\xi_Q) \in \mathrm{Pol}^1(T^*Q). \tag{3.236}$$

Es gilt zudem

$$\{J(\xi), J(\eta)\} = J([\xi, \eta]). \tag{3.237}$$

Beweis. Sei $\xi_Q = \frac{\mathrm{d}}{\mathrm{d}t}\big|_{t=0} \phi_{\exp(t\xi)}$ das fundamentale Vektorfeld zu ξ auf Q. Dann ist nach Satz 3.2.11, Teil $v.$) der Hamiltonsche Fluß zu $\mathfrak{J}(\xi_Q)$ gerade durch die Punkttransformation $T_*\phi_{\exp(t\xi)}$ gegeben. Daher ist $\Phi_{\exp(t\xi)}$ tatsächlich der Hamiltonsche Fluß zur Hamilton-Funktion $\mathfrak{J}(\xi_Q) = J(\xi)$. Weiter ist $\xi \mapsto J(\xi)$ offenbar linear, womit J eine Impulsabbildung ist. Nach Proposition 3.2.8 und Proposition 3.3.27 gilt

$$\{J(\xi), J(\eta)\} = \{\mathfrak{J}(\xi_Q), \mathfrak{J}(\eta_Q)\} = -\mathfrak{J}([\xi_Q, \eta_Q]) = +\mathfrak{J}([\xi, \eta]_Q) = J([\xi, \eta]),$$

womit auch (3.237) gezeigt ist.   □

Als nächstes wollen wir die *Obstruktionen* für die Existenz einer Impulsabbildung zu einer gegebenen symplektischen G-Wirkung bestimmen. Folgendes Lemma ist eine kleine Umformulierung von bisherigen Resultaten:

Lemma 3.3.40. *Sei (M, ω) symplektisch. Ein Vektorfeld X ist genau dann symplektisch, wenn $\mathrm{i}_X \omega$ geschlossen ist, und Hamiltonsch, wenn $\mathrm{i}_X \omega$ exakt ist.*

Damit erhält man unmittelbar folgendes Kriterium für die Existenz einer Impulsabbildung:

Proposition 3.3.41. *Sei $\Phi : G \times M \longrightarrow M$ eine symplektische G-Wirkung auf einer symplektischen Mannigfaltigkeit (M, ω). Es existiert genau dann eine Impulsabbildung $J : M \longrightarrow \mathfrak{g}^*$ für Φ, falls es eine Basis $e_1, \ldots, e_N$ von $\mathfrak{g}$ gibt, so daß $\mathrm{i}_{(e_\ell)_M} \omega$ exakt ist für alle $\ell = 1, \ldots, N$.*

Folgerung 3.3.42. *Sei $\Phi : G \times M \longrightarrow M$ eine symplektische G-Wirkung. Dann sind folgende Bedingungen* hinreichend *für die Existenz einer Impulsabbildung:*

i.) $H^1_{dR}(M) = \{0\}$.

ii.) $[\mathfrak{g}, \mathfrak{g}] = \mathfrak{g}$ *(Lie-Algebren mit dieser Eigenschaft heißen* vollkommen*).*

Beweis. Der erste Teil ist klar, da mit $H^1_{dR}(M) = \{0\}$ *jedes* symplektische Vektorfeld Hamiltonsch ist. Der zweite Teil folgt aus der Beobachtung, daß die Lie-Klammer symplektischer Vektorfelder Hamiltonsch ist, siehe Satz 3.1.12, Teil *iii.).* Sei also $e_1, \ldots, e_N$ eine Basis von $\mathfrak{g}$ und seien $\xi_{\ell,i}$ und $\eta_{\ell,i}$ mit

$$e_\ell = \sum_i [\xi_{\ell,i}, \eta_{\ell,i}]$$

gegeben. Dann gilt $(e_\ell)_M = -\sum_i [(\xi_{\ell,i})_M, (\eta_{\ell,i})_M]$, womit $(e_\ell)_M$ Hamiltonsch ist. □

Die kanonische Impulsabbildung für Punkttransformationen von T^*Q, also nach T^*Q geliftete G-Wirkungen auf Q, besitzt eine weitere Eigenschaft, nämlich

$$\{J(\xi), J(\eta)\} = J([\xi, \eta]). \tag{3.238}$$

Damit ist $\xi \mapsto J(\xi)$ ein Homomorphismus von Lie-Algebren $\mathfrak{g} \longrightarrow C^\infty(M)$ in die Poisson-Algebra $C^\infty(M)$. Wir wollen nun untersuchen, ob dies immer der Fall ist beziehungsweise die Obstruktionen dafür bestimmen. Um diese genauer fassen zu können, benötigen wir die (skalare) Lie-Algebrenkohomologie von $\mathfrak{g}$.

Definition 3.3.43 (Chevalley-Eilenberg-Operator). *Sei $\mathfrak{g}$ eine (reelle, endlichdimensionale) Lie-Algebra und $C^\bullet(\mathfrak{g}, \mathbb{R}) = \Lambda^\bullet \mathfrak{g}^*$ die Grassmann-Algebra über $\mathfrak{g}^*$. Dann definiert man den Chevalley-Eilenberg-Operator*

$$\delta_{CE} : C^\bullet(\mathfrak{g}, \mathbb{R}) \longrightarrow C^{\bullet+1}(\mathfrak{g}, \mathbb{R}) \tag{3.239}$$

durch

$$(\delta_{CE}\alpha)(\xi_0, \ldots, \xi_k) = \sum_{i<j} (-1)^{i+j} \alpha\left([\xi_i, \xi_j], \xi_0, \ldots, \overset{i}{\wedge}, \ldots, \overset{j}{\wedge}, \ldots, \xi_k\right), \tag{3.240}$$

wobei $\alpha \in C^k(\mathfrak{g}, \mathbb{R})$ und $\xi_0, \ldots, \xi_k \in \mathfrak{g}$.

Proposition 3.3.44. *Sei $\mathfrak{g}$ eine (reelle, endlichdimensionale) Lie-Algebra.*

i.) Ist $e_1, \ldots, e_N$ eine Basis von $\mathfrak{g}$ mit dualer Basis $e^1, \ldots, e^N$ von $\mathfrak{g}^*$ und gilt $[e_i, e_j] = c_{ij}^k e_k$ (die Zahlen c_{ij}^k heißen Strukturkonstanten *von $\mathfrak{g}$ bezüglich dieser Basis), so gilt*

$$\delta_{CE} = -\frac{1}{2} c_{ij}^k e^i \wedge e^j \wedge i(e_k). \tag{3.241}$$

ii.) Es gilt

$$\delta_{\mathrm{CE}}^2 = 0 \quad und \quad \delta_{\mathrm{CE}}(\alpha \wedge \beta) = \delta_{\mathrm{CE}}\alpha \wedge \beta + (-1)^k \alpha \wedge \delta_{\mathrm{CE}}\beta, \qquad (3.242)$$

für $\alpha \in C^k(\mathfrak{g}, \mathbb{R})$ *und* $\beta \in C^\bullet(\mathfrak{g}, \mathbb{R})$. *Damit ist* δ_{CE} *insbesondere eine Superderivation von* $C^\bullet(\mathfrak{g}, \mathbb{R})$ *vom Grad* +1.

Beweis. Der erste Teil ist eine kleine Übung in multilinearer Algebra mit Grassmann-Algebren

$$\left(-\frac{1}{2}c_{rs}^t e^r \wedge e^s \wedge \mathrm{i}(e_t)\alpha\right)(\xi_0, \ldots, \xi_k)$$

$$= -\frac{1}{2}c_{rs}^t \sum_{j=0}^k (-1)^j e^r(\xi_j)(e^s \wedge \mathrm{i}(e_t)\alpha)(\xi_0, \ldots, \overset{j}{\wedge}, \ldots, \xi_k)$$

$$= -\frac{1}{2}c_{rs}^t \sum_{j=0}^k (-1)^j e^r(\xi_j)\left(\sum_{i=0}^{j-1}(-1)^i e^s(\xi_i)(\mathrm{i}(e_t)\alpha)(\xi_0, \ldots, \overset{i}{\wedge}, \ldots, \overset{j}{\wedge}, \ldots, \xi_k)\right.$$

$$\left. + \sum_{i=j+1}^k (-1)^{i-1} e^s(\xi_i)(\mathrm{i}(e_t)\alpha)(\xi_0, \ldots, \overset{j}{\wedge}, \ldots, \overset{i}{\wedge}, \ldots, \xi_k)\right)$$

$$= -\frac{1}{2}\sum_{i<j}(-1)^{i+j}c_{rs}^t e^r(\xi_j)e^s(\xi_i)(\mathrm{i}(e_t)\alpha)(\xi_0, \ldots, \overset{i}{\wedge}, \ldots, \overset{j}{\wedge}, \ldots, \xi_k)$$

$$- \frac{1}{2}\sum_{j<i}(-1)^{i+j-1}c_{rs}^t e^r(\xi_j)e^s(\xi_i)(\mathrm{i}(e_t)\alpha)(\xi_0, \ldots, \overset{j}{\wedge}, \ldots, \overset{i}{\wedge}, \ldots, \xi_k)$$

$$= -\frac{1}{2}\sum_{i<j}(-1)^{i+j}(\mathrm{i}([\xi_j, \xi_i])\alpha)(\xi_0, \ldots, \overset{i}{\wedge}, \ldots, \overset{j}{\wedge}, \ldots, \xi_k)$$

$$- \frac{1}{2}\sum_{i<j}(-1)^{i+j-1}(\mathrm{i}([\xi_i, \xi_j])\alpha)(\xi_0, \ldots, \overset{i}{\wedge}, \ldots, \overset{j}{\wedge}, \ldots, \xi_k)$$

$$= \sum_{i<j}(-1)^{i+j}\alpha([\xi_i, \xi_j], \xi_0, \ldots, \overset{i}{\wedge}, \ldots, \overset{j}{\wedge}, \ldots, \xi_k).$$

Daß δ_{CE} eine Superderivation vom Grad +1 ist, folgt unmittelbar aus der Formel (3.241). Ebenso gilt mit der Jacobi-Identität von $[\cdot, \cdot]$ die Gleichung

$$c_{rs}^t c_{tv}^u + c_{sv}^t c_{tr}^u + c_{vr}^t c_{ts}^u = 0.$$

Damit folgt auch sofort

$$\delta_{\mathrm{CE}}^2 = \frac{1}{4}c_{rs}^t e^r \wedge e^s \wedge \mathrm{i}(e_t)\left(c_{vw}^u e^v \wedge e^w \mathrm{i}(e_u)\right) = \frac{1}{2}c_{rs}^t c_{tv}^u e^r \wedge e^s \wedge e^v \wedge \mathrm{i}(e_u) = 0.$$

$\square$

Bemerkung 3.3.45. Man kann obige Proposition in vielerlei Richtungen verallgemeinern. Zunächst gilt die zweite Aussage des Satzes auch für nicht notwendigerweise endlichdimensionale Lie-Algebren über beliebigen Körpern (der Charakteristik ungleich 2). Im unendlichdimensionalen Fall gilt die Formel (3.241) dann natürlich nicht mehr in dieser Form. Ist weiter ϱ eine Darstellung von $\mathfrak{g}$ auf V, so kann man anstelle von $C^\bullet(\mathfrak{g}, \mathbb{R})$ entsprechend einen Komplex $C^\bullet(\mathfrak{g}, V) = \Lambda^\bullet \mathfrak{g}^* \otimes V$ mit „Koeffizienten in V" betrachten. Die richtige Definition des Chevalley-Eilenberg-Operators δ_{CE} in diesem Fall lautet dann

$$
\delta_{\mathrm{CE}}(\alpha \otimes v)(\xi_0, \ldots, \xi_k) = \sum_{i=0}^{k} (-1)^i \alpha(\xi_0, \ldots, \overset{i}{\wedge}, \ldots, \xi_k) \otimes \varrho(\xi_i) v
$$
$$
+ \sum_{i<j} (-1)^{i+j} \alpha([\xi_i, \xi_j], \xi_0, \ldots, \overset{i}{\wedge}, \ldots, \overset{j}{\wedge}, \ldots, \xi_k) \otimes v
$$

$$(3.243)$$

und es gilt nach wie vor $\delta_{\mathrm{CE}}^2 = 0$. Man vergleiche diese Formel mit Gleichung (2.184) für die äußere Ableitung.

Definition 3.3.46 (Lie-Algebrakohomologie). *Sei $\mathfrak{g}$ eine Lie-Algebra. Die δ_{CE}-Kohomologie*

$$
\mathrm{H}_{\mathrm{CE}}^\bullet(\mathfrak{g}, \mathbb{R}) = \frac{\ker \delta_{\mathrm{CE}}}{\operatorname{im} \delta_{\mathrm{CE}}} \tag{3.244}
$$

heißt skalare Lie-Algebrakohomologie von $\mathfrak{g}$.

Bemerkung 3.3.47. Wie schon die deRham-Kohomologie ist auch $\mathrm{H}_{\mathrm{CE}}^\bullet(\mathfrak{g}, \mathbb{R})$ eine assoziative, superkommutative Algebra mit 1. Die Lie-Algebrakohomologie ist eine der wichtigsten Kenngrößen einer Lie-Algebra. Eine analoge Definition für eine Lie-Algebradarstellung (V, ϱ) liefert die Lie-Algebrakohomologie $\mathrm{H}_{\mathrm{CE}}^\bullet(\mathfrak{g}, V)$ mit Werten in (V, ϱ).

Nach diesem kleinen Exkurs können wir nun die Obstruktion für (3.238) präzise formulieren:

Satz 3.3.48. *Sei $\Phi : G \times M \longrightarrow M$ eine symplektische G-Wirkung auf einer zusammenhängenden symplektischen Mannigfaltigkeit (M, ω) und sei $J : M \longrightarrow \mathfrak{g}^*$ eine Impulsabbildung für Φ.*

i.) Die Funktion

$$
c(\xi, \eta) = J([\xi, \eta]) - \{J(\xi), J(\eta)\} \tag{3.245}
$$

ist eine von $\xi, \eta \in \mathfrak{g}$ abhängige und auf M konstante Funktion.

ii.) Die Abbildung $c : \mathfrak{g} \times \mathfrak{g} \ni (\xi, \eta) \mapsto c(\xi, \eta) \in \mathbb{R}$ definiert einen 2-Kozyklus $c \in C^2(\mathfrak{g}, \mathbb{R})$, es gilt also

$$
\delta_{\mathrm{CE}} c = 0. \tag{3.246}
$$

iii.) Es gibt genau dann eine Impulsabbildung J' mit $J'([\xi, \eta]) = \{J'(\xi), J'(\eta)\}$ für alle $\xi, \eta \in \mathfrak{g}$, falls $[c] \in \mathrm{H}^2_{\mathrm{CE}}(\mathfrak{g}, \mathbb{R})$ trivial ist, also

$$c = \delta_{\mathrm{CE}} \mu \tag{3.247}$$

für ein $\mu \in C^1(\mathfrak{g}, \mathbb{R}) = \mathfrak{g}^*$.

Beweis. Für den ersten Teil rechnet man nach, daß

$$
\begin{aligned}
\mathrm{d}(J([\xi, \eta])) &= \mathrm{i}_{[\xi, \eta]_M} \omega \\
&= -\mathrm{i}_{[\xi_M, \eta_M]} \omega \\
&= -(\mathscr{L}_{\xi_M} \mathrm{i}_{\eta_M} - \mathrm{i}_{\eta_M} \mathscr{L}_{\xi_M}) \omega \\
&= -\mathscr{L}_{\xi_M} \mathrm{i}_{\eta_M} \omega \\
&= -\mathscr{L}_{\xi_M} \mathrm{d}(J(\eta)) \\
&= -\mathrm{d}(\mathscr{L}_{\xi_M} J(\eta)) \\
&= -\mathrm{d}(X_{J(\xi)} J(\eta)) \\
&= \mathrm{d}(\{J(\xi), J(\eta)\}),
\end{aligned}
$$

womit die Differenz (3.245) lokal konstant und damit überhaupt konstant ist, da M zusammenhängend ist. Offenbar hängt $c(\xi, \eta)$ bilinear von ξ und η ab, da J linear ist und sowohl $[\cdot, \cdot]$ als auch $\{\cdot, \cdot\}$ bilinear sind. Weiter gilt $c(\xi, \eta) = -c(\eta, \xi)$, so daß $c \in \Lambda^2 \mathfrak{g}^* = C^2(\mathfrak{g}, \mathbb{R})$ eine 2-Kokette ist. Wir berechnen nun $\delta_{\mathrm{CE}} c$

$$
\begin{aligned}
(\delta_{\mathrm{CE}} c)(\xi, \eta, \chi) &= -c([\xi, \eta], \chi) + c([\xi, \chi], \eta) - c([\eta, \chi], \xi) \\
&= -J([[\xi, \eta], \chi]) + J([[\xi, \chi], \eta]) - J([[\eta, \chi], \xi]) \\
&\quad + \{J([\xi, \eta]), J(\chi)\} - \{J([\xi, \chi]), J(\eta)\} + \{J([\eta, \chi]), J(\xi)\},
\end{aligned}
$$

ausgewertet auf $\xi, \eta, \chi \in \mathfrak{g}$. Mit der Linearität von J und der Jacobi-Identität für die Lie-Klammer $[\cdot, \cdot]$ verschwinden die ersten drei Terme. In den Poisson-Klammern können die Terme $J([\xi, \eta])$ etc. durch $\{J(\xi), J(\eta)\}$ etc. ersetzt werden, da der Fehler ja gerade die *Konstante* $c(\xi, \eta)$ ist, welche in Poisson-Klammern nichts beiträgt. Dann liefern auch die Terme mit den Poisson-Klammern 0, da hier wieder die Jacobi-Identität gilt. Dies zeigt $\delta_{\mathrm{CE}} c = 0$. Um den dritten Teil zu beweisen, verwendet man, daß die Differenz zwischen zwei Impulsabbildungen $-J + J' = \mu$ eine konstante Form $\mu \in \mathfrak{g}^*$ ist, siehe (3.233). Wir vergleichen nun c mit c', wobei $J = J' - \mu$. Es gilt

$$
\begin{aligned}
c(\xi, \eta) &= J([\xi, \eta]) - \{J(\xi), J(\eta)\} = J'([\xi, \eta]) - \mu([\xi, \eta]) - \{J'(\xi), J'(\eta)\} \\
&= c'(\xi, \eta) + (\delta_{\mathrm{CE}} \mu)(\xi, \eta),
\end{aligned}
$$

womit $c = c' + \delta_{\mathrm{CE}} \mu$. Daher kann man genau dann $c' = 0$ erreichen, wenn $c = \delta_{\mathrm{CE}} \mu$ *exakt* ist, also die triviale Kohomologieklasse in $\mathrm{H}^2_{\mathrm{CE}}(\mathfrak{g}, \mathbb{R})$ definiert. $\qquad \square$

Definition 3.3.49 (ad*-Äquivariante Impulsabbildung). *Eine Impuls-abbildung $J : M \longrightarrow \mathfrak{g}^*$, welche*

$$\{J(\xi), J(\eta)\} = J([\xi, \eta]), \quad \xi, \eta \in \mathfrak{g}, \tag{3.248}$$

erfüllt, heißt ad*-äquivariante Impulsabbildung.

Diese „Äquivarianz" bezieht sich auf folgende G-Wirkung beziehungsweise $\mathfrak{g}$-Wirkung. Sei

$$\mathrm{Conj} : G \times G \ni (g, h) \mapsto ghg^{-1} \in G \tag{3.249}$$

die G-Wirkung auf sich selbst durch *Konjugation*. Es ist unmittelbar klar, daß Conj eine glatte G-Wirkung ist und daß $\mathrm{Conj}_g : G \longrightarrow G$ für jedes $g \in G$ ein Gruppenautomorphismus ist. Insbesondere gilt $\mathrm{Conj}_g(e) = e$, womit

$$\mathrm{Ad}_g = T_e \mathrm{Conj}_g : T_e G \longrightarrow T_e G \tag{3.250}$$

ein linearer Automorphismus von $\mathfrak{g} = T_e G$ ist.

Proposition 3.3.50 (Adjungierte und Koadjungierte Darstellung). *Sei G eine Lie-Gruppe mit Lie-Algebra $\mathfrak{g}$.*

i.) Die Abbildung $g \mapsto \mathrm{Ad}_g \in \mathsf{End}(\mathfrak{g})$ definiert eine glatte Darstellung von G auf $\mathfrak{g}$, die adjungierte Darstellung von G.

ii.) Die fundamentalen Vektorfelder $\xi_\mathfrak{g}$ zur adjungierten Darstellung von G liefern die adjungierte Darstellung

$$\xi_\mathfrak{g}(\eta) = \mathrm{ad}_\xi(\eta) = [\xi, \eta] \tag{3.251}$$

von $\mathfrak{g}$ auf sich.

iii.) Die Definitionen

$$\mathrm{Ad}^* : G \ni g \mapsto \mathrm{Ad}^*_{g^{-1}} \in \mathsf{End}(\mathfrak{g}^*) \tag{3.252}$$

beziehungsweise

$$\mathrm{ad}^* : \mathfrak{g} \ni \xi \mapsto - \mathrm{ad}^*_\xi \in \mathsf{End}(\mathfrak{g}^*) \tag{3.253}$$

liefern die koadjungierte Darstellung von G beziehungsweise $\mathfrak{g}$ auf $\mathfrak{g}^*$. Die durch Ad^* induzierte $\mathfrak{g}$-Darstellung ist die koadjungierte Darstellung $\xi_{\mathfrak{g}^*} = -\mathrm{ad}^*_\xi$.

Beweis. Der Beweis wird in Aufgabe 3.23 besprochen. $\qquad\qquad\qquad\square$

Eine Impulsabbildung $J : M \longrightarrow \mathfrak{g}^*$ heißt nun Ad^*-*äquivariant*, falls

$$J \circ \Phi_g = \mathrm{Ad}^*_{g^{-1}} \circ J \tag{3.254}$$

und ad*-*äquivariant*, falls entsprechend

$$TJ \circ \xi_M = \xi_{\mathfrak{g}^*} \circ J. \tag{3.255}$$

Diese Begriffsbildung stimmt mit obiger Definition tatsächlich überein, wie folgende Proposition zeigt:

Proposition 3.3.51. *Sei* $J : M \longrightarrow \mathfrak{g}^*$ *eine Impulsabbildung.*

i.) Ist J Ad**-äquivariant, so ist* J *auch* ad**-äquivariant. Die Umkehrung gilt beispielsweise, wenn die Gruppe* G *zusammenhängend ist.*

ii.) Die Bedingungen (3.255) und (3.248) sind äquivalent.

Beweis. Den ersten Teil erhält man durch Ableitung von Gleichung (3.254) nach t bei $t = 0$ mit $g = \exp(t\xi)$ in einer Weise, wie wir das bereits mehrfach gesehen haben. Umgekehrt folgt (3.254) aus (3.255), indem man zeigt, daß die t-Ableitung von $\mathrm{Ad}^*_{\exp(-t\xi)}(J(\Phi_{\exp(-t\xi)}(p)))$ für alle $p \in M$ und $\xi \in \mathfrak{g}$ verschwindet. Damit folgt die Behauptung für „kleine" Gruppenelemente $\exp(t\xi)$ und somit für die ganze Zusammenhangskomponente der Eins von G. Den vielleicht einfachsten Beweis für den zweiten Teil erhält man durch eine Rechnung in linearen Koordinaten auf $\mathfrak{g}$ beziehungsweise $\mathfrak{g}^*$. Sei also $e_1, \ldots, e_N$ eine Basis von $\mathfrak{g}$ mit dualer Basis $e^1, \ldots, e^N$ von $\mathfrak{g}^*$ und Strukturkonstanten $c^k_{ij} = e^k([e_i, e_j])$. Auf der Basis ausgewertet lautet die Bedingung (3.248) mit $J(p) = J_i(p)e^i$ einfach

$$\{J_i, J_j\} = c^k_{ij} J_k.$$

Andererseits gilt

$$T_p J((e_i)_M) = T_p(J_j e^j)((e_i)_M) = e^j T_p J_j(X_{J_i}) = e^j \mathrm{d}J_j(X_{J_i})\big|_p = e^j \{J_j, J_i\}(p)$$

sowie

$$(e_i)_{\mathfrak{g}^*}(J(p)) = (e_i)_{\mathfrak{g}^*}(J_j(p)e^j) = -J_j(p)\,\mathrm{ad}^*_{e_i} e^j$$
$$= -J_j(p)e^j([e_i, \cdot]) = -J_j(p)c^j_{ik}e^k = e^j c^k_{ji} J_k(p)$$

womit die Äquivalenz der beiden Bedingungen folgt, da es offenbar genügt, dies auf einer Basis zu zeigen. $\qquad\square$

Bemerkung 3.3.52. Die ad*-Äquivarianz ist also gerade die Bedingung, welche es erlaubt, die „Vertauschungsrelationen", also die Poisson-Klammern der Komponenten der Impulsabbildung untereinander, mit rein Lie-algebraischen Techniken in $\mathfrak{g}$ zu bestimmen.

Definition 3.3.53. *Eine symplektische Gruppenwirkung* $\Phi : G \times M \longrightarrow M$ *auf* (M, ω) *heißt stark Hamiltonsch, falls es eine* Ad**-äquivariante Impulsabbildung* $J : M \longrightarrow \mathfrak{g}^*$ *für* Φ *gibt.*

Manche Autoren bezeichnen symplektische G-Wirkungen als Hamiltonsch, falls es eine Impulsabbildung gibt. Es sind aber auch die Bezeichnungen „Hamiltonsch" und „schwach Hamiltonsch" gebräuchlich.

3.3.3 Die Marsden-Weinstein-Reduktion

Wir betrachten folgende Situation: Sei $\Phi : G \times M \longrightarrow M$ eine stark Hamiltonsche G-Wirkung auf (M, ω) mit Ad^*-äquivarianter Impulsabbildung $J : M \longrightarrow \mathfrak{g}^*$. Wir wollen durch Festsetzen der Werte der Erhaltungsgrößen $J(\xi)$ einen neuen Phasenraum der verbleibenden Freiheitsgrade konstruieren. Sei also $\mu \in \mathfrak{g}^*$ ein Wert von J. Wir wollen, daß die *Impulsniveaufläche*

$$C = J^{-1}(\{\mu\}) \subseteq M \tag{3.256}$$

eine Untermannigfaltigkeit von M ist. Dies wird beispielsweise dadurch erreicht, daß wir einen *regulären Wert* $\mu \in \mathfrak{g}^*$ wählen, wie in Aufgabe 2.4 diskutiert. Dann bezeichnen wir mit $G_\mu \subseteq G$ die Isotropiegruppe von μ bezüglich der koadjungierten Darstellung, also

$$G_\mu = \{g \in G \mid \mathrm{Ad}_g^* \mu = \mu\}. \tag{3.257}$$

Nach Folgerung 3.3.14 ist G_μ wieder eine Lie-Gruppe und eine eingebettete Untermannigfaltigkeit von G. Wir benötigen nun einige technische Vorüberlegungen.

Lemma 3.3.54. *Sei $\mu \in \mathfrak{g}^*$ regulärer Wert von J und $C = J^{-1}(\{\mu\})$.*

i.) Die Untermannigfaltigkeit C wird unter $\Phi\big|_{G_\mu}$ in sich abgebildet.

ii.) Der Tangentialraum $T_pC \subseteq T_pM$ an C ist durch

$$T_pC = \ker T_pJ \subseteq T_pM \tag{3.258}$$

gegeben.

iii.) Für $p \in C$ gilt

$$T_p(G_\mu \cdot p) = T_p(G \cdot p) \cap T_pC. \tag{3.259}$$

iv.) Für $p \in C$ gilt

$$T_pC = (T_p(G \cdot p))^\perp, \tag{3.260}$$

wobei $\perp$ das ω-orthogonale Komplement bezeichnet, siehe auch Aufgabe 1.4.

Beweis. Der erste Teil ist gerade die Ad^*-Äquivarianz von J, denn für $g \in G_\mu$ gilt

$$J(\Phi_g(p)) = \mathrm{Ad}_{g^{-1}}^* J(p) = \mathrm{Ad}_{g^{-1}}^* \mu = \mu,$$

falls $p \in C$. Daher ist auch $\Phi_g(p) \in C$. Der zweite Teil gilt ganz allgemein für Untermannigfaltigkeiten, die als Urbild eines regulären Wertes geschrieben werden können: Sei $\phi : M \longrightarrow N$ eine glatte Abbildung und $c \in N$ ein regulärer Wert sowie $C = \phi^{-1}(\{c\})$. Dann gilt $\dim C = \dim M - \dim N$. Andererseits gilt für $t \mapsto \gamma(t) \in C$ offenbar $\phi \circ \gamma = c = \mathit{const}$, also folgt $\dot{\gamma}(0) \in \ker T_{\gamma(0)}\phi$ und damit $T_pC \subseteq \ker T_p\phi$ für alle $p \in C$. Da aber $\dim \ker T_{\gamma(0)}\phi = \dim M - \dim N = \dim C$ gilt, folgt die Gleichheit, wobei

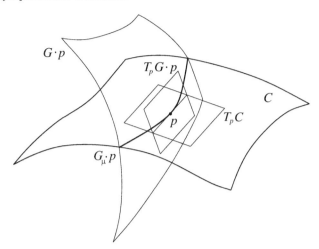

Abb. 3.9. Die Tangentialräume an die Bahn $G \cdot p$ und an die Impulsniveaufläche C sowie an die Bahn $G_\mu \cdot p$ bei $p \in C$

verwendet wurde, daß $T_{\gamma(0)}\phi$ surjektiv ist, da c regulärer Wert ist. Für den dritten Teil betrachtet man zunächst Abbildung 3.9. Wir wissen, daß $G \cdot p$ eine immersierte Untermannigfaltigkeit ist und daß $T_p(G \cdot p)$ durch die fundamentalen Vektorfelder bei p aufgespannt wird

$$T_p(G \cdot p) = \{\xi_M(p) \mid \xi \in \mathfrak{g}\},$$

siehe Bemerkung 3.3.26. Andererseits wissen wir, daß die Lie-Algebra $\mathfrak{g}_\mu$ zur Lie-Untergruppe $G_\mu \subseteq G$ als Lie-Unteralgebra von $\mathfrak{g}$ durch

$$\mathfrak{g}_\mu = \{\xi \in \mathfrak{g} \mid \exp(t\xi) \in G_\mu \text{ für alle } t \in \mathbb{R}\}$$

gegeben ist. Dies wurde im Beweis von Satz 3.3.12 gezeigt. Sei nun also $\xi \in \mathfrak{g}$ gegeben und entsprechend $\xi_M(p) \in T_p(G \cdot p)$. Es ist also zu zeigen, daß $\xi \in \mathfrak{g}_\mu$ genau dann gilt, wenn $\xi_M(p) \in \ker T_p J$. Nun gilt nach der ad*-Äquivarianz

$$T_p J(\xi_M(p)) = \xi_{\mathfrak{g}^*}(J(p)) = \xi_{\mathfrak{g}^*}(\mu),$$

und daher gilt $\xi_M(p) \in \ker T_p J$ genau dann, wenn $\xi_{\mathfrak{g}^*}(\mu) = 0$. Dies ist aber genau dann der Fall, wenn $\mathrm{Ad}^*_{\exp(-t\xi)}(\mu) = const = \mu$ für alle $t \in \mathbb{R}$, da ja $\mathrm{Ad}^*_{\exp(-t\xi)}$ der Fluß zu $\xi_{\mathfrak{g}^*}$ ist. Also gilt $\exp(t\xi) \in G_\mu$, womit die Gleichheit (3.259) folgt. Den letzten Teil zeigt man folgendermaßen: Sei $\xi \in \mathfrak{g}$ und damit $\xi_M(p) \in T_p(G \cdot p)$. Sei weiter $v_p \in T_p M$ beliebig. Dann gilt

$$\omega_p(\xi_M(p), v_p) = (\mathrm{d}J(\xi))\big|_p(v_p) = (T_p J(v_p))(\xi)$$

und daher $v_p \in \ker T_p J$ genau dann, wenn $v_p \in (T_p(G \cdot p))^\perp$. Mit dem zweiten Teil folgt dann auch (3.260).   □

Wir können nun den Satz von Marsden und Weinstein in seiner einfachsten Form formulieren. Für eine weiterführende Diskussion sei auf [1, Sect. 4.3] sowie auf [232, 259] verwiesen.

Satz 3.3.55 (Marsden-Weinstein-Reduktion). *Sei* $\Phi : G \times M \longrightarrow M$ *eine stark Hamiltonsche G-Wirkung auf* (M, ω) *mit* Ad**-äquivarianter Impulsabbildung* $J : M \longrightarrow \mathfrak{g}^*$. *Sei weiter* $\mu \in \mathfrak{g}^*$ *ein regulärer Wert. Falls die Isotropiegruppe* $G_\mu \subseteq G$ *von* μ *frei und eigentlich auf* $C = J^{-1}(\{\mu\})$ *wirkt, so gibt es eine eindeutig bestimmte symplektische Form* ω_{red} *auf dem Quotientenraum* $M_{\mathrm{red}} = C/G_\mu$, *so daß*

$$\iota^*\omega = \pi^*\omega_{\mathrm{red}}, \tag{3.261}$$

wobei $\iota : C \longrightarrow M$ *die Einbettung der Untermannigfaltigkeit* C *in* M *und* $\pi : C \longrightarrow M_{\mathrm{red}}$ *die Projektion auf den Quotienten* M_{red} *bezeichnet.*

Beweis. Wir wissen, daß unter den gemachten Annahmen C eine eingebettete und abgeschlossene Untermannigfaltigkeit von M ist und M_{red} eine eindeutig bestimmte differenzierbare Struktur besitzt, so daß π eine surjektive Submersion ist. Weiter gilt, daß $\iota^*\omega \in \Gamma^\infty(\Lambda^2 T^*C)$ eine geschlossene, aber eventuell ausgeartete Zweiform auf C ist. Nach (3.259) und (3.260) gilt, daß bei $p \in C$ der Ausartungsraum von $\iota^*\omega$ durch $T_p(G_\mu \cdot p)$ gegeben ist. Sei also $x \in M_{\mathrm{red}}$ vorgegeben und $p \in C$ mit $\pi(p) = x$. Jeder Tangentialvektor $v_x \in T_x M_{\mathrm{red}}$ ist von der Form $v_x = T_p\pi(v_p)$ mit $v_p \in T_pC$, da π eine Submersion ist. Die Bedingung (3.261) bedeutet dann, daß

$$\omega_{\mathrm{red}}\big|_{\pi(p)} (T_p\pi(v_p), T_p\pi(w_p)) = (\pi^*\omega_{\mathrm{red}})\big|_p (v_p, w_p)$$
$$= (\iota^*\omega)(v_p, w_p)$$
$$= \omega\big|_p (v_p, w_p), \tag{$*$}$$

wobei wir p mit $\iota(p)$ sowie v_p mit $T_p\iota(v_p)$ identifizieren. Falls es also überhaupt eine Zweiform ω_{red} mit (3.261) gibt, so ist ω_{red} eindeutig bestimmt, da $T_p\pi$ surjektiv ist. Um die Existenz zu zeigen, erheben wir ($*$) zur Definition von ω_{red}. Wir definieren also

$$\omega_{\mathrm{red}}\big|_x (v_x, w_x) = \omega_p(v_p, w_p),$$

wobei $p \in \pi^{-1}(\{x\})$ und $T_p\pi(v_p) = v_x$ ebenso wie $T_p\pi(w_p) = w_x$. Es ist zunächst zu zeigen, daß ω_{red} dadurch wohl-definiert ist. Sei also $p' \in \pi^{-1}(\{x\})$ und $v'_p, w'_p \in T_{p'}C$ eine andere Wahl der Repräsentanten. Dann gibt es ein $g \in G_\mu$ mit $\Phi_g(p) = p'$. Sei weiter $\tilde{v} = T_p\Phi_g(v_p)$ und $\tilde{w} = T_p\Phi_g(w_p)$. Nun gilt $\pi \circ \Phi_g = \pi$, womit nach der Kettenregel

$$T_{p'}\pi(\tilde{v}) = T_{p'}\pi \circ T_p\Phi_g(v_p) = T_p\pi(v_p) = v_x = T_{p'}\pi(v'_p)$$

und genauso für $\tilde{w}$. Daher ist $\tilde{v} - v'_p \in \ker T_{p'}\pi = T_{p'}(G_\mu \cdot p)$. Nach dem oben Gesagten ist dieser Differenzvektor im Ausartungsraum von $\iota^*\omega$, wonach folgt, daß ω_{red} wohl-definiert ist. Es bleibt zu zeigen, daß ω_{red} symplektisch ist. Zunächst gilt $\pi^* \mathrm{d}\omega_{\mathrm{red}} = \mathrm{d}\pi^*\omega_{\mathrm{red}} = \mathrm{d}\iota^*\omega = \iota^*\mathrm{d}\omega = 0$ und da π^* injektiv ist, was aus der Surjektivität von $T_p\pi$ für alle p folgt, ist ω_{red} geschlossen. Sei schließlich $v_x \in T_x M_{\mathrm{red}}$ mit $\omega_{\mathrm{red}}\big|_x(v_x, w_x) = 0$ für alle w_x. Nach Wahl von Repräsentanten gilt dann $\omega_p(v_p, w_p) = 0$ für alle $w_p \in T_pC$. Nach (3.259) und (3.260) folgt aber $v_p \in \ker T_p\pi$ und damit $v_x = 0$. Dies zeigt, daß ω_{red} nichtausgeartet ist. □

Definition 3.3.56 (Reduzierter Phasenraum). *Die symplektische Mannigfaltigkeit* $(M_{\mathrm{red}}, \omega_{\mathrm{red}})$ *heißt der reduzierte Phasenraum oder auch Marsden-Weinstein-Quotient zu* (M, ω, J, μ).

Will man die Abhängigkeit von der Wahl des Impulswertes μ betonen, ist auch die Bezeichnung (M_μ, ω_μ) gebräuchlich.

Bemerkung 3.3.57 (Phasenraumreduktion).

i.) Es gibt verschiedene Verallgemeinerungen, wo diverse Voraussetzungen fallen gelassen werden. Insbesondere kann man *schwach reguläre Werte* der Impulsabbildung betrachten, wo nur gefordert wird, daß $J^{-1}(\{\mu\})$ eine Untermannigfaltigkeit mit Tangentialraum $T_p(J^{-1}(\{\mu\})) = \ker T_pJ$ ist. Des weiteren können bestimmte Typen von Singularitäten in C und in M_{red} erlaubt werden, wie sie beispielsweise auftreten, wenn G_μ zwar eigentlich aber nicht mehr frei wirkt. Dies liefert Orbifolds anstelle von Mannigfaltigkeiten. Schließlich kann man auf die Gruppenwirkung verzichten und alles für Lie-Algebrenwirkungen formulieren. Ist nicht einmal mehr eine Lie-Algebrawirkung vorgegeben, sondern nur noch die Untermannigfaltigkeit $C \subseteq M$, so läßt sich eine Phasenraumreduktion bezüglich C formulieren, was entscheidende Anwendungen in der Physik von *constraints* findet. Weiteres findet man beispielsweise in [1, 167, 259, 292].

ii.) Umgekehrt kann man zeigen, daß im wesentlichen jede symplektische Mannigfaltigkeit (M, ω) als reduzierter Phasenraum zu einer geeignet gewählten G-Wirkung auf $(\mathbb{R}^{2n}, \omega_0)$ auftritt [143]. Dies rechtfertigt letztlich auch „für den Physiker" die Beschäftigung mit symplektischer Geometrie jenseits von Kotangentenbündeln, da man selbst im einfachsten Phasenraum $(\mathbb{R}^{2n}, \omega_0)$ mit Symmetrien rechnen muß, die beliebig komplizierte reduzierte Phasenräume liefern.

Die Phasenraumreduktion ist aber nicht nur mit der Kinematik verträglich, sondern auch mit einer G-invarianten Dynamik. Dies zeigt folgender Satz:

Satz 3.3.58. *Sei* $\Phi : G \times M \longrightarrow M$ *eine stark Hamiltonsche G-Wirkung auf* (M, ω) *mit* Ad^*-*äquivarianter Impulsabbildung* $J : M \longrightarrow \mathfrak{g}^*$ *und einem regulären Wert* $\mu \in \mathfrak{g}^*$. *Ist* $H \in C^\infty(M)^G$ *eine G-invariante Hamilton-Funktion, so ist das Hamiltonsche Vektorfeld* X_H *tangential an die Impulsniveaufläche* $C = J^{-1}(\{\mu\})$ *und der Hamiltonsche Fluß* $\Phi_t^{X_H}$ *bildet C in sich ab. Weiter* *gibt es eine eindeutig bestimmte Hamilton-Funktion* $H_{\mathrm{red}} \in C^\infty(M_{\mathrm{red}})$ *mit Hamiltonschem Fluß* $\Phi_t^{X_{H_{\mathrm{red}}}}$, *so daß*

$$\iota^* H = \pi^* H_{\mathrm{red}} \tag{3.262}$$

und

$$\pi \circ \Phi_t^{X_H} = \Phi_t^{X_{H_{\mathrm{red}}}} \circ \pi. \tag{3.263}$$

Beweis. Da H invariant unter G ist, folgt, daß $J(\xi)$ für alle $\xi \in \mathfrak{g}$ eine Erhaltungsgröße bezüglich H ist. Daher ist $J \circ \Phi_t^{X_H} = J$ und somit bildet $\Phi_t^{X_H}$ die Impulsniveaufläche C in sich ab. Für $p \in C$ ist daher $t \mapsto \Phi_t^{X_H}(p) \in C$ eine Kurve in C, so daß deren Tangentialvektor bei $t = 0$ in $T_p C$ liegt. Dieser ist aber gerade $X_H(p)$, so daß X_H tangential an C ist. Die G-Invarianz von H impliziert $\Phi_g^* X_H = X_H$ und somit $\Phi_g \circ \Phi_t^{X_H} = \Phi_t^{X_H} \circ \Phi_g$ für alle $g \in G$ nach Satz 2.1.32. Angewandt auf $g \in G_\mu$ und $p \in C$ finden wir, daß $\Phi_t^{X_H}(p)$ und $\Phi_t^{X_H}(\Phi_g(p))$ in der gleichen G_μ-Bahn liegen. Daher ist durch $\Psi_t(\pi(p)) = \pi(\Phi_t^{X_H}(p))$ eine glatte Einparametergruppe von Diffeomorphismen von M_{red} wohl-definiert. Für die Glattheit verwendet man, daß π submersiv ist, siehe Aufgabe 2.7. Es gilt nach Definition $\Psi_t \circ \pi = \pi \circ \Phi_t^{X_H}$. Weiter gilt

$$\pi^* \Psi_t^* \omega_{\mathrm{red}} = \left(\Phi_t^{X_H}\right)^* \pi^* \omega_{\mathrm{red}} = \left(\Phi_t^{X_H}\right)^* \iota^* \omega = \iota^* \left(\Phi_t^{X_H}\right)^* \omega = \iota^* \omega = \pi^* \omega_{\mathrm{red}},$$

da $\Phi_t^{X_H}$ die Untermannigfaltigkeit C in sich abbildet und auf M symplektisch ist. Da π^* injektiv ist, folgt, daß Ψ_t ebenfalls symplektisch ist. Das Vektorfeld

$$Y = \left.\frac{\mathrm{d}}{\mathrm{d}t} \Psi_t\right|_{t=0} \in \Gamma^\infty(T M_{\mathrm{red}})$$

ist also ein symplektisches Vektorfeld auf M_{red}. Wir müssen nun zeigen, daß Y Hamiltonsch ist. Zunächst ist H längs der G-Bahnen und damit erst recht längs der G_μ-Bahnen konstant. Damit wird durch $H_{\mathrm{red}}(x) = H(p)$ mit $\pi(p) = x$ eine glatte Abbildung $H_{\mathrm{red}} \in C^\infty(M_{\mathrm{red}})$ wohl-definiert, wobei die Glattheit wieder gilt, weil π submersiv ist. Damit gilt insbesondere (3.262) nach Konstruktion, und H_{red} ist offenbar die einzige Funktion mit dieser Eigenschaft. Sei nun $v_p \in T_p C$ mit $T_p \pi(v_p) = v_x$ und $\pi(p) = x$. Dann gilt

$$v_p(H) = v_p(\iota^* H) = v_p(\pi^* H_{\mathrm{red}}) = (T_p \pi(v_p)) H_{\mathrm{red}} = \mathrm{d} H_{\mathrm{red}}(v_x)$$
$$= \left.\omega_{\mathrm{red}}\right|_x \left(\left.X_{H_{\mathrm{red}}}\right|_x, v_x\right).$$

Andererseits gilt

$$v_p(H) = \mathrm{d} H(v_p)$$
$$= \left.\omega\right|_p \left(\left.X_H\right|_p, v_p\right)$$
$$= \left.(\iota^* \omega)\right|_p \left(\left.X_H\right|_p, v_p\right)$$
$$= \left.(\pi^* \omega_{\mathrm{red}})\right|_p \left(\left.X_H\right|_p, v_p\right)$$

$$= \omega_{\mathrm{red}}\big|_x \left(T_p\pi(X_H\big|_p), T_p\pi(v_p) \right)$$

$$= \omega_{\mathrm{red}}\big|_x \left(T_p\pi(X_H\big|_p), v_x \right),$$

womit $X_{H_{\mathrm{red}}}(\pi(p)) = T_p\pi(X_H\big|_p)$ für alle $p \in C$ folgt. Schließlich gilt für Y nach Ableiten von (3.263) bei $t = 0$, daß $Y(\pi(p)) = T_p\pi(X_H\big|_p)$, womit $Y = X_{H_{\mathrm{red}}}$ gezeigt ist.   □

Folgerung 3.3.59. *Sei (M, ω) eine symplektische Mannigfaltigkeit und $H \in C^\infty(M)$. Sei weiter $E \in \mathbb{R}$ ein regulärer Wert von H, so daß der Fluß Φ_t von H eine freie und eigentliche $\mathbb{R}$-Wirkung (oder bei periodischer Bewegung eine freie $\mathbb{S}^1$-Wirkung) auf $H^{-1}(\{E\}) \subseteq M$ definiert. Dann ist der* Raum der Lösungen zur Energie E

$$M_E = H^{-1}(\{E\})\big/\mathbb{R} \tag{3.264}$$

eine symplektische Mannigfaltigkeit und die durch Satz 3.3.58 induzierte Hamilton-Funktion H_{red} ist konstant gleich E.

Bemerkung 3.3.60 (Reduktion und Poisson-Klammern). Sind $F, G \in C^\infty(M)$ invariante Funktionen, so gilt für die gemäß Satz 3.3.58 definierten Funktionen $F_{\mathrm{red}}, G_{\mathrm{red}} \in C^\infty(M_{\mathrm{red}})$

$$\{F_{\mathrm{red}}, G_{\mathrm{red}}\}_{\mathrm{red}} = (\{F, G\})_{\mathrm{red}}. \tag{3.265}$$

Dies zeigt man analog zu Satz 3.3.58, siehe auch Aufgabe 3.30.

Beispiel 3.3.61 (Der harmonische Oszillator). Sei $H(q, p) = \frac{1}{2}(p^2 + q^2)$ der isotrope harmonische Oszillator in $(n + 1)$ Raumdimensionen. Dann ist jeder Energiewert $E > 0$ regulär und $H^{-1}(\{E\}) = \mathbb{S}^{2n+1}_{\sqrt{2E}} \subseteq \mathbb{R}^{2(n+1)}$ ist die $(2n+1)$-Sphäre mit Radius $\sqrt{2E}$. Der Raum der Lösungen zur Energie $E > 0$ ist dann als differenzierbare Mannigfaltigkeit

$$\mathbb{S}^{2n+1}\big/\mathbb{S}^1 \cong \mathbb{CP}^n \tag{3.266}$$

der *komplex-projektive Raum*, also die Menge der komplexen Strahlen in $\mathbb{C}^{n+1}$, womit $\mathbb{CP}^n$ eine symplektische Mannigfaltigkeit (sogar eine Kähler-Mannigfaltigkeit) wird, siehe auch Aufgabe 3.28 und 3.29. Man beachte, daß die Zeitentwicklung des isotropen harmonischen Oszillators periodisch ist, so daß die $\mathbb{R}$-Wirkung durch eine $\mathbb{S}^1$-Wirkung ersetzt werden kann, welche dann frei und eigentlich auf $H^{-1}(\{E\})$ wirkt. Die ursprüngliche $\mathbb{R}$-Wirkung ist weder eigentlich noch frei. Für $n = 1$ erhält man die berühmte *Hopf-Faserung*

$$\mathbb{S}^3\big/\mathbb{S}^1 \cong \mathbb{S}^2 \tag{3.267}$$

der 3-Sphäre durch Kreise, da der eindimensionale komplex-projektive Raum $\mathbb{CP}^1$ zur 2-Sphäre isomorph ist, siehe auch Aufgabe 2.2 für die komplexe Struktur der 2-Sphäre sowie Aufgabe 3.27.

3.4 Aufgaben

Aufgabe 3.1 (Poisson-Abbildungen I). Betrachten Sie zwei symplektische Mannigfaltigkeiten (M, ω) und (M', ω') sowie eine glatte Abbildung $\phi : M \longrightarrow M'$, welche nicht notwendigerweise ein Diffeomorphismus ist.

i.) Zeigen Sie, daß $\phi^* \omega' = \omega$ impliziert, daß ϕ eine Immersion ist.

ii.) Zeigen Sie, daß $\phi^* \{f, g\}_{M'} = \{\phi^* f, \phi^* g\}_M$ für alle $f, g \in C^\infty(M')$ impliziert, daß ϕ eine Submersion ist.

Eine Abbildung ϕ mit $\phi^* \{f, g\}_{M'} = \{\phi^* f, \phi^* g\}_M$ heißt *Poisson-Abbildung*.

Aufgabe 3.2 (Die musikalischen Isomorphismen). Sei (M, ω) eine symplektische Mannigfaltigkeit.

i.) Zeigen Sie, daß ein Diffeomorphismus $\phi : M \longrightarrow M$ genau dann symplektisch ist, wenn $\phi^*(Y^\flat) = (\phi^* Y)^\flat$ beziehungsweise $\phi^*(\alpha^\sharp) = (\phi^* \alpha)^\sharp$ für alle $Y \in \Gamma^\infty(TM)$ und $\alpha \in \Gamma^\infty(T^*M)$ gilt.

ii.) Zeigen Sie, daß ein Vektorfeld X genau dann symplektisch ist, wenn $\mathscr{L}_X(Y^\flat) = (\mathscr{L}_X Y)^\flat$ beziehungsweise $\mathscr{L}_X(\alpha^\sharp) = (\mathscr{L}_X \alpha)^\sharp$ für alle $Y \in \Gamma^\infty(TM)$ und $\alpha \in \Gamma^\infty(T^*M)$ gilt.

Aufgabe 3.3 (Antisymplektische Abbildungen). Betrachten Sie das Kotangentenbündel $\pi : T^*Q \longrightarrow Q$ eines Konfigurationsraumes Q und definieren Sie folgende Abbildung

$$\mathsf{T} : T^*Q \ni \alpha_q \mapsto -\alpha_q \in T^*Q. \tag{3.268}$$

i.) Zeigen Sie, daß $\mathsf{T}^2 = \mathrm{id}_{T^*Q}$ und daß T *antisymplektisch* ist, also

$$\mathsf{T}^* \omega_0 = -\omega_0. \tag{3.269}$$

ii.) Betrachten Sie die Hamiltonschen Bewegungsgleichungen zu einer gegebenen Hamilton-Funktion H auf T^*Q, welche die Bedingung $\mathsf{T}^* H = H$ erfüllen soll. Welche Bedeutung hat die Kurve $t \mapsto \mathsf{T} \circ \gamma(-t)$, wenn γ eine Integralkurve zu X_H ist? Interpretieren Sie so die physikalische Bedeutung einer antisymplektischen Abbildung.

Aufgabe 3.4 (Minimale Kopplung und magnetische Monopole). Sei $H \in C^\infty(T^*Q)$ eine Hamilton-Funktion eines geladenen Teilchens mit Ladung e, welches sich in einem Konfigurationsraum Q bewegt. Sei weiter $B \in \Gamma^\infty(\Lambda^2 T^*Q)$ ein Magnetfeld, also eine geschlossene Zweiform $\mathrm{d}B = 0$. Sei weiterhin ω_0 die kanonische symplektische Form auf T^*Q, X_f^0 das Hamiltonsche Vektorfeld zu $f \in C^\infty(T^*Q)$ und $\{f, g\}_0$ die Poisson-Klammer bezüglich ω_0. Die Hamiltonsche Mechanik bei eingeschaltetem Magnetfeld wird dann durch $\omega_B = \omega_0 - e\pi^* B$ beschrieben, mit Hamiltonschem Vektorfeld X_f^B und Poisson-Klammer $\{f, g\}_B$.

i.) Definieren Sie für $f \in C^\infty(T^*Q)$ das Vektorfeld $Y_f^B \in \Gamma^\infty(T(T^*Q))$ durch

$$Y_f^B = X_f^B - X_f^0 \tag{3.270}$$

und zeigen Sie, daß Y_f^B *vertikal* ist, also $T\pi Y_f^B = 0$ für alle f. Zeigen Sie dazu zunächst, daß ein vertikales Vektorfeld, eingesetzt in π^*B, immer verschwindet.

ii.) Zeigen Sie, daß in induzierten lokalen Koordinaten

$$Y_f^B = -e\pi^*(B_{ij})\frac{\partial f}{\partial p_i}\frac{\partial}{\partial p_j}, \tag{3.271}$$

wobei $B = \frac{1}{2}B_{ij}\mathrm{d}x^i \wedge \mathrm{d}x^j$ und $(q^1, \ldots, p_n)$ die aus den lokalen Koordinaten $(x^1, \ldots, x^n)$ von Q gewonnenen lokalen Darboux-Koordinaten von T^*Q sind.

iii.) Zeigen Sie

$$\{f, g\}_B = \{f, g\}_0 + e\pi^*B(X_f^0, X_g^0) \tag{3.272}$$

und finden Sie eine lokale Formel für $\{\cdot, \cdot\}_B$ bezüglich der Koordinaten $(q^1, \ldots, p_n)$. Berechnen Sie insbesondere $\{p_i, p_j\}_B$. Was fällt auf?

iv.) Stellen Sie die Hamiltonschen Bewegungsgleichungen für eingeschaltetes Magnetfeld in den lokalen Koordinaten $(q^1, \ldots, p_n)$ auf. Spezialisieren Sie sich auf den Fall $Q = \mathbb{R}^3$ und $H(\vec{q}, \vec{p}) = \frac{1}{2m}\|\vec{p}\|^2 + V(\vec{q})$, wobei $V \in C^\infty(Q)$ ein Potential sei. Zeigen Sie, daß X_H^B die richtige Lorentz-Kraft liefert, wenn die Zweiform B auf geeignete Weise mit dem Vektorfeld $\vec{B}$ identifiziert wird, siehe auch Aufgabe 2.10.

Bemerkung: Die obige Formulierung ist offenbar immer möglich, solange $\mathrm{d}B = 0$ gilt, also für geschlossenes B. Insbesondere braucht B nicht exakt zu sein, und die obige Formulierung der Bewegungsgleichungen eines geladenen Teilchens im Magnetfeld liefert also auch für einen magnetischen Monopol die richtige Lorentz-Kraft.

Aufgabe 3.5 (Lineare fast-komplexe Strukturen). Sei V ein reeller endlichdimensionaler Vektorraum. Eine lineare Abbildung $J : V \longrightarrow V$ heißt *lineare fast-komplexe Struktur*, falls

$$J^2 = -\,\mathsf{id}_V\,. \tag{3.273}$$

Ein reeller Vektorraum V mit fast-komplexer Struktur heißt fast-komplexer Vektorraum.

i.) Zeigen Sie, daß durch die Definition

$$z \cdot v = \mathsf{Re}(z)v + J(\mathsf{Im}(z)v) \quad z \in \mathbb{C}, v \in V \tag{3.274}$$

der reelle Vektorraum V zu einem komplexen Vektorraum wird.

ii.) Zeigen Sie, daß V als reeller Vektorraum gerade-dimensional ist und eine Basis $e_1, \ldots, e_n, f_1, \ldots, f_n$ besitzt, so daß

$$J(e_k) = f_k \quad \text{und} \quad J(f_k) = -e_k. \tag{3.275}$$

Bestimmen Sie so $\dim_{\mathbb{C}} V$, indem Sie eine Basis von V bezüglich der komplexen Vektorraumstruktur angeben.

Hinweis: Was ist $i \cdot e_k$?

iii.) Zeigen Sie, daß jeder $2n$-dimensionale reelle Vektorraum V eine fast-komplexe Struktur besitzt und daß je zwei fast-komplexe Strukturen auf V isomorph sind, es also eine lineare Bijektion $\phi : (V, J) \longrightarrow (V, J')$ mit $\phi \circ J = J' \circ \phi$ gibt.

Sei nun (V, ω) ein reeller symplektischer $2n$-dimensionaler Vektorraum. Eine fast-komplexe Struktur J heißt *kompatibel* mit ω, falls

$$g(x, y) = \omega(x, Jy) \tag{3.276}$$

ein positiv definites Skalarprodukt ist.

iv.) Zeigen Sie, daß es auf jedem symplektischen Vektorraum eine kompatible fast-komplexe Struktur gibt.

v.) Sei $L \subseteq V$ ein Lagrangescher Teilraum und J eine kompatible fast-komplexe Struktur. Zeigen Sie, daß $J(L)$ ebenfalls Lagrangesch ist und daß $L \oplus J(L) = V$ gilt. Bestimmen Sie dazu das orthogonale Komplement von L bezüglich g.

vi.) Sei g ein beliebiges positiv definites Skalarprodukt auf V. Zeigen Sie, daß durch $g(x, y) = \omega(x, Ay)$ ein eindeutig bestimmter, invertierbarer Endomorphismus $A : V \longrightarrow V$ definiert wird. Zeigen Sie umgekehrt, daß jeder lineare invertierbare Endomorphismus A mittels $g(x, y) = \omega(x, Ay)$ eine nichtausgeartete Bilinearform g auf V definiert.

vii.) Sei $A \in \mathrm{End}(V)$ invertierbar. Zeigen Sie, daß $g(x, y) = \omega(x, Ay)$ genau dann symmetrisch ist, wenn A schiefsymmetrisch bezüglich g ist, also $A^{\mathrm{T}} = -A$. Zeigen Sie weiter, daß dies genau dann der Fall ist, wenn A schiefsymmetrisch bezüglich ω ist. Sei nun $A^{\mathrm{T}} = -A$. Zeigen Sie, daß A genau dann eine fast-komplexe Struktur ist, wenn A eine Isometrie bezüglich g ist, was genau dann der Fall ist, wenn A symplektisch ist.

viii.) Sei nun g ein positiv definites Skalarprodukt und A wie oben definiert. Zeigen Sie mit Hilfe der Polarzerlegung von A in $A = J|A|$, wobei $|A| = \sqrt{A^{\mathrm{T}}A}$ die eindeutig bestimmte invertierbare positive Wurzel von A ist, daß J eine mit ω kompatible, fast-komplexe Struktur ist. Bestimmen Sie das nach (3.276) zu ω und J gehörende Skalarprodukt g^A.

Hinweis: Hier dürfen Sie verwenden, daß jede Matrix B, die mit $A^{\mathrm{T}}A$ vertauscht, auch mit $\sqrt{A^{\mathrm{T}}A}$ vertauscht (Spektralsatz). Zeigen Sie so zunächst, daß J mit A vertauscht und daß $J^{\mathrm{T}}J = \mathrm{id}$ folgt.

Bemerkung: Nach dem Spektralsatz für endlichdimensionale Vektorräume ist die Abbildung $A \mapsto \sqrt{A^{\mathrm{T}}A}$ für invertierbare Matrizen A *glatt*.

Aufgabe 3.6 (Komplexe Koordinaten für $\mathbb{R}^{2n}$). Betrachten Sie den Phasenraum $(\mathbb{R}^{2n}, \omega_0)$ mit den kanonischen Koordinaten $q^1, \ldots, q^n, p_1, \ldots, p_n$. Sei weiter ein harmonischer Oszillator mit Frequenz ω und Masse m gegeben, oder eben ein anderes physikalisches System, welches dimensionsbehaftete Parameter der Dimension [Masse] und [Frequenz] beinhaltet. Definieren Sie dann die komplexwertigen Funktionen

$$z^k = \sqrt{m\omega}\, q^k + \mathrm{i}\frac{1}{\sqrt{m\omega}}\, p_k, \quad k = 1, \ldots, n. \tag{3.277}$$

i.) Zeigen Sie, daß die Funktionen z^k auch physikalisch wohl-definiert sind, indem Sie eine Dimensionsanalyse durchführen und die physikalischen Dimensionen von z^k bestimmen. Darf man *ohne* weitere Struktur als Physiker zu komplexen Koordinaten z^k übergehen?

ii.) Berechnen Sie die kanonischen Poisson-Klammern

$$\{z^k, z^\ell\}, \quad \{z^k, \overline{z}^\ell\}, \quad \{\overline{z}^k, \overline{z}^\ell\}. \tag{3.278}$$

Ein komplexes Vektorfeld X auf einer Mannigfaltigkeit M ist als eine $\mathbb{C}$-lineare Derivation der komplexwertigen Funktionen definiert. Offenbar kann X als Schnitt des *komplexifizierten Tangentenbündels* $T^{\mathbb{C}}M = TM \otimes_{\mathbb{R}} \mathbb{C}$ aufgefaßt werden. Analog definiert man komplexe Einsformen und komplexe Tensorfelder höherer Stufe. Definieren Sie weiter für ein komplexes Vektorfeld X das komplex-konjugierte Vektorfeld $\overline{X}$ durch

$$\overline{X}(f) = \overline{X(\overline{f})}, \tag{3.279}$$

wobei f eine glatte komplexwertige Funktion auf M sei. Analog definiert man die komplex-konjugierte Einsform $\overline{\alpha}$ einer Einsform α durch

$$\overline{\alpha}(X) = \overline{\alpha(\overline{X})}. \tag{3.280}$$

Betrachten Sie nun folgende komplexe Vektorfelder und Einsformen auf $\mathbb{R}^{2n}$, den Sie im folgenden via (3.277) immer mit $\mathbb{C}^n$ identifizieren dürfen:

$$\frac{\partial}{\partial z^k} = \frac{1}{2}\left(\frac{\partial}{\partial x^k} - \mathrm{i}\frac{\partial}{\partial y^k}\right) \quad \text{und} \quad \frac{\partial}{\partial \overline{z}^k} = \frac{1}{2}\left(\frac{\partial}{\partial x^k} + \mathrm{i}\frac{\partial}{\partial y^k}\right) \tag{3.281}$$

$$\mathrm{d}z^k = \mathrm{d}x^k + \mathrm{i}\mathrm{d}y^k \quad \text{und} \quad \mathrm{d}\overline{z}^k = \mathrm{d}x^k - \mathrm{i}\mathrm{d}y^k. \tag{3.282}$$

Hier bezeichnen x^k und y^k die Real- und Imaginärteile von z^k.

iii.) Zeigen Sie, daß für komplexe Vektorfelder und Einsformen die komplexe Konjugation tatsächlich wohl-definiert ist, also wieder ein Vektorfeld beziehungsweise eine Einsform definieren und daß $\overline{\mathrm{d}f} = \mathrm{d}\overline{f}$ gilt. Zeigen Sie damit, daß

$$\overline{\frac{\partial}{\partial z^k}} = \frac{\partial}{\partial \overline{z}^k} \quad \text{und} \quad \overline{\mathrm{d}z^k} = \mathrm{d}\overline{z}^k. \tag{3.283}$$

iv.) Zeigen Sie, daß die $2n$ komplexen Vektorfelder $\frac{\partial}{\partial z^k}$ und $\frac{\partial}{\partial \bar{z}^k}$ an jedem Punkt in $\mathbb{C}^n$ eine komplexe Basis des *komplexifizierten* Tangentialraumes bilden. Welche Dimension hat $T_p^{\mathbb{C}}\mathbb{R}^{2n}$ als *komplexer* Vektorraum, welche als *reeller* Vektorraum?

v.) Zeigen Sie, daß an jedem Punkt die $2n$ Einsformen $\mathrm{d}z^k$ und $\mathrm{d}\bar{z}^k$ die zu $\frac{\partial}{\partial z^k}$ und $\frac{\partial}{\partial \bar{z}^k}$ duale komplexe Basis bilden.

vi.) Schreiben Sie die kanonische symplektische Form ω_0 und die kanonische Poisson-Klammer bezüglich der komplexen Basisvektorfelder $\mathrm{d}z^k$ und $\mathrm{d}\bar{z}^k$ beziehungsweise $\frac{\partial}{\partial z^k}$ und $\frac{\partial}{\partial \bar{z}^k}$.

Aufgabe 3.7 (Der Levi-Civita-Zusammenhang). Sei g eine Riemannsche (oder Pseudo-Riemannsche) Metrik auf M. Sei weiter ∇ eine kovariante Ableitung für TM, so daß mit den üblichen Regeln eine kovariante Ableitung für alle Tensorpotenzen von TM und T^*M induziert wird. Diese bezeichnen wir ebenfalls mit ∇. Dann heißt ∇ *metrisch*, falls

$$\nabla g = 0, \quad \text{also} \quad \nabla_X g = 0 \quad \text{für alle} \quad X \in \Gamma^\infty(TM), \tag{3.284}$$

d.h. der metrische Tensor g ist *kovariant konstant*.

i.) Zeigen Sie, daß ∇ genau dann metrisch ist, falls

$$X(g(Y, Z)) = g(\nabla_X Y, Z) + g(Y, \nabla_X Z) \tag{3.285}$$

für $X, Y, Z \in \Gamma^\infty(TM)$.

ii.) Zeigen Sie, daß es genau einen torsionsfreien und metrischen Zusammenhang für g gibt, den *Levi-Civita-Zusammenhang*.

Hinweis: Betrachten Sie die zyklische Summe von (3.285) für drei Vektorfelder X, Y, Z und drücken Sie an geeigneter Stelle $\nabla_Y X$ und $\nabla_Z X$ durch Lie-Klammern und kovariante Ableitungen in Richtung X aus, indem Sie die Torsionsfreiheit verwenden. Auf diese Weise erhalten Sie eine explizite Formel für $g(\nabla_X Y, Z)$, wodurch ∇ eindeutig festgelegt wird, da g nichtausgeartet ist. Verwenden Sie diese Formel, um ∇ zu *definieren*, und weisen Sie die Eigenschaften einer kovarianten Ableitung explizit nach.

iii.) Seien $x^1, \ldots, x^n$ lokale Koordinaten. Zeigen Sie, daß die *Christoffel-Symbole* des Levi-Civita-Zusammenhangs ∇

$$\nabla_{\frac{\partial}{\partial x^i}} \frac{\partial}{\partial x^j} = \Gamma_{ij}^k \frac{\partial}{\partial x^k} \tag{3.286}$$

mit den Christoffel-Symbolen aus Satz 3.2.40 übereinstimmen. Welche Eigenschaft der Christoffel-Symbole ist für die Torsionsfreiheit von ∇ verantwortlich?

Aufgabe 3.8 (Autoparallelen und Geodäten). Sei ∇ ein (torsionsfreier) Zusammenhang für TM, beispielsweise der Levi-Civita-Zusammenhang zu einer Riemannschen Metrik. Sei weiter $\gamma : I \longrightarrow M$ eine glatte Kurve in M. Dann kann man das zurückgezogene Bündel $\gamma^\# TM \longrightarrow I$ als Bündel über dem Intervall I betrachten, zusammen mit dem zurückgezogenen Zusammenhang $\nabla^\#$. Mit $\frac{\partial}{\partial t}$ werde das kanonische Vektorfeld auf I bezeichnet. Seien weiter in einer lokalen Karte Γ_{ij}^k die Christoffel-Symbole des Zusammenhangs ∇. Zeigen Sie, daß γ genau dann eine Geodäte bezüglich ∇ ist, wenn γ *autoparallel* ist, also

$$\nabla^\#_{\frac{\partial}{\partial t}} \dot{\gamma}(t) = 0 \tag{3.287}$$

für alle $t \in I$. Hier wird $\dot{\gamma}(t) \in \Gamma^\infty(\gamma^\# TM)$ als Schnitt des zurückgezogenen Bündels aufgefaßt (wie?). Interpretieren Sie diese Bedingung geometrisch.

Aufgabe 3.9 (Lagrange-Mechanik und Euler-Lagrange-Gleichung).
Sei $L \in C^\infty(TQ)$ eine hyperreguläre Lagrange-Funktion mit Faserableitung $\mathbb{F}L : TQ \longrightarrow T^*Q$. Sei weiter (U, x) mit $x = (x^1, \ldots, x^n)$ eine lokale Karte für Q und sei $(TU, (q, v))$ die entsprechende lokale Karte für TQ.

i.) Beweisen Sie Lemma 3.2.34: Zeigen Sie, daß $X \in \Gamma^\infty(T(TQ))$ genau dann eine Gleichung zweiter Ordnung definiert, wenn lokal

$$X\Big|_{TU}(q, v) = v^i \frac{\partial}{\partial q^i} + X_2^i(q, v) \frac{\partial}{\partial v^i} \tag{3.288}$$

gilt, wobei $X_2^i \in C^\infty(TU)$ lokale Funktionen sind.

ii.) Sei $E \in C^\infty(TQ)$ nun die Energie zur Lagrange-Funktion L und $\omega_L = (\mathbb{F}L)^*\omega_0$ die Lagrangesche Zweiform auf TQ. Bestimmen Sie das Lagrangesche Vektorfeld X_E in den lokalen Koordinaten explizit.

iii.) Zeigen Sie, daß die Bewegungsgleichung $\dot{c}(t) = X_E(c(t))$ lokal gerade den Euler-Lagrange-Gleichungen für die Fußpunktkurve $\gamma(t) = \pi_{TQ}(c(t))$ entspricht.

Aufgabe 3.10 (Der geodätische Fluß als Hamiltonsches System). Betrachten Sie den Fall, daß $L = T$ ein freies Teilchen in einer Riemannschen Mannigfaltigkeit (Q, g) mit Riemannscher Metrik g beschreibt, wobei $T(v_q) = \frac{1}{2}g_q(v_q, v_q)$ die übliche kinetische Energie ist. Seien weiter lokale Koordinaten $x = (x^1, \ldots, x^n)$ auf $U \subseteq Q$ gegeben.

i.) Bestimmen Sie für diesen Fall X_E explizit und stellen Sie die Euler-Lagrange-Gleichungen in lokalen Koordinaten auf.

ii.) Zeigen Sie, $\mathscr{L}_{\xi^{TQ}} L = 2L$ und $[\xi^{TQ}, X_E] = X_E$, wobei ξ^{TQ} das *Euler-Vektorfeld* auf TQ ist. Ein auf TQ erklärtes Vektorfeld X, welches zum einen eine Gleichung zweiter Ordnung definiert und zum anderen $[\xi^{TQ}, X] = X$ erfüllt, heißt *Spray* auf Q. Zeigen Sie allgemein, daß X genau dann ein Spray ist, wenn lokal in jeder Karte

$$X\Big|_{TU}(q, v) = v^k \frac{\partial}{\partial q^k} - v^i v^j \Gamma_{ij}^k(q) \frac{\partial}{\partial v^k} \tag{3.289}$$

mit lokalen Funktionen $\Gamma_{ij}^k \in C^\infty(U)$ gilt. Wie lauten die Funktionen Γ_{ij}^k für das Spray X_E?

iii.) Sei X ein Spray und Φ_t der zugehörige Fluß $\Phi : \mathcal{U} \subseteq \mathbb{R} \times TQ \longrightarrow TQ$, wobei $\mathcal{U}$ diejenige maximale offene Umgebung von $\{0\} \times TQ$ ist, auf der der Fluß definiert ist. Zeigen Sie

$$\Phi_t(\lambda v_q) = \lambda \Phi_{\lambda t}(v_q) \qquad (3.290)$$

für alle $\lambda \in \mathbb{R}$. Insbesondere gilt genau dann $(t, \lambda v_q) \in \mathcal{U}$ wenn $(\lambda t, v_q) \in \mathcal{U}$. Folgern Sie, daß 0_q für alle $q \in Q$ ein Fixpunkt von Φ ist.

iv.) Zeigen Sie, daß es eine offene Umgebung $\widetilde{\mathcal{U}} \subseteq TQ$ des Nullschnittes $\iota(Q) \subseteq TQ$ gibt, so daß Φ auf $\widetilde{\mathcal{U}}$ für alle $t \in [-1, 1]$ noch erklärt ist.
Hinweis: Betrachten Sie $0_q \in Q$ und zeigen Sie, daß es dann ein $\epsilon > 0$ und eine offene Umgebung $V \subseteq TQ$ von 0_q gibt, so daß Φ auf $[-\epsilon, \epsilon] \times V$ definiert ist. Betrachten Sie dann die immer noch offene Umgebung ϵV von 0_q.

v.) Die *Exponentialabbildung* exp des Sprays X ist die Abbildung

$$\exp : \widetilde{\mathcal{U}} \ni v_q \mapsto \pi_{TQ} \circ \Phi_1(v_q) \in Q, \qquad (3.291)$$

wobei Φ der Fluß des Sprays ist und $\widetilde{\mathcal{U}}$ wie oben, maximal gewählt. Zeigen Sie, daß $[-1, 1] \ni t \mapsto \exp(t v_q) \in Q$ die Fußpunktkurve zur Integralkurve $c(t)$ von X mit der Anfangsbedingung $c(0) = v_q$ ist.

vi.) Sei $\widetilde{\mathcal{U}}_q = T_q Q \cap \widetilde{\mathcal{U}}$ und $\exp_q = \exp\big|_{\widetilde{\mathcal{U}}_q}$ die Einschränkung der Exponentialabbildung auf einen Tangentialraum. Zeigen Sie, daß $\widetilde{\mathcal{U}}_q$ offen in $T_q Q$ ist und daß

$$T_{0_q} \exp_q = \mathrm{id}_{T_q Q}, \qquad (3.292)$$

wobei der Tangentialraum bei 0_q an $T_q Q$ in der üblichen Weise mit $T_q Q$ identifiziert sei. Folgern Sie so, daß $\exp_q$ auf einer kleinen Umgebung von $0_q \in T_q Q$ ein Diffeomorphismus auf eine kleine Umgebung von $q \in Q$ ist.

vii.) Betrachten Sie nun wieder das Vektorfeld X_E, welches ja ein Spray ist. Die Fußpunktkurven $t \mapsto \exp(t v_q)$ heißen dann *Geodäten* zur Riemannschen Metrik g, der Fluß Φ_t von X_E heißt auch *geodätischer Fluß*. Zeigen Sie, daß für alle $v_q \in \mathcal{U}$ und alle $t \in (-1, 1)$ die Gleichung

$$\frac{\mathrm{d}}{\mathrm{d}t}\left(g_{\exp_q(t v_q)}\left(\frac{\mathrm{d}}{\mathrm{d}t} \exp_q(t v_q), \frac{\mathrm{d}}{\mathrm{d}t} \exp_q(t v_q) \right) \right) = 0 \qquad (3.293)$$

gilt. In diesem Sinne sind Geodäten also Kurven, welche mit „konstanter Geschwindigkeit" durchlaufen werden.
Hinweis: Zeigen Sie (3.293) *nicht* durch eine Rechnung in lokalen Koordinaten, sondern argumentieren Sie Hamiltonsch.

Aufgabe 3.11 (Die Nijenhuis-Torsion). Sei $A \in \Gamma^\infty(\mathrm{End}(TM))$ ein Endomorphismenfeld des Tangentenbündels. Zeigen Sie, daß die Nijenhuis-Torsion N_A von A ein Tensorfeld $N_A \in \Gamma^\infty(\Lambda^2 T^*M \otimes TM)$ ist.

Aufgabe 3.12 (Die 2-Sphäre als symplektische Mannigfaltigkeit). Sei $\mathbb{S}^2 \subseteq \mathbb{R}^3$ die 2-Sphäre im $\mathbb{R}^3$ vom Radius 1.

i.) Zeigen Sie, daß $T_{\vec{x}}\mathbb{S}^2$ als Untervektorraum von $T_{\vec{x}}\mathbb{R}^3 = \mathbb{R}^3$ durch

$$T_{\vec{x}}\mathbb{S}^2 = \{\vec{v} \in \mathbb{R}^3 \mid \vec{v} \cdot \vec{x} = 0\} \tag{3.294}$$

beschrieben werden kann, wobei $\vec{v} \cdot \vec{x}$ das übliche Euklidische Skalarprodukt von $\mathbb{R}^3$ bezeichnet.

ii.) Zeigen Sie, daß die Definition

$$\omega_{\vec{x}}(\vec{v}, \vec{w}) = \vec{x} \cdot (\vec{v} \times \vec{w}) \quad \vec{x} \in \mathbb{S}^2, \vec{v}, \vec{w} \in T_{\vec{x}}\mathbb{S}^2 \tag{3.295}$$

eine symplektische Form ω auf $\mathbb{S}^2$ liefert, wobei $\times$ das übliche Kreuzprodukt von Vektoren im $\mathbb{R}^3$ bezeichnet. Damit ist S^2 also eine *kompakte* symplektische Mannigfaltigkeit, insbesondere also sicherlich *kein* Kotangentenbündel.

Aufgabe 3.13 (Charakterisierung von Kähler-Mannigfaltigkeiten). Betrachten Sie eine geradedimensionale Mannigfaltigkeit M mit einer Riemannschen Metrik g, Levi-Civita-Zusammenhang ∇ und einer nichtausgearteten Zweiform $\omega \in \Gamma^\infty(\Lambda^2 T^*M)$. Nehmen Sie an, daß der durch $g(X, Y) = \omega(X, JY)$ definierte Endomorphismus J eine fast-komplexe Struktur ist, wobei $X, Y \in \Gamma^\infty(TM)$. Zeigen Sie dann die Äquivalenz der folgenden drei Bedingungen:

i.) $\mathrm{d}\omega = 0$ und $N_J = 0$. Mit anderen Worten, (M, ω, g, J) ist eine Kähler-Mannigfaltigkeit.

ii.) $\nabla \omega = 0$.

iii.) $\nabla J = 0$.

Hinweis: Die Äquivalenz der zweiten und dritten Bedingung ebenso wie die Implikation von *ii.)* nach *i.)* ist einfach, siehe auch Aufgabe 2.14. Für die schwierige Richtung *i.)* nach *ii.)* oder *iii.)* beweisen Sie zunächst, daß die Rechenregeln aus Bemerkung 3.2.58 gelten. Die anschließende Rechnung ist zwar langwierig aber nicht weiter trickreich.

Aufgabe 3.14 (Eigenschaften des Kähler-Zusammenhangs). Betrachten Sie eine Kähler-Mannigfaltigkeit (M, ω, J, g) mit zugehörigem Kähler-Zusammenhang ∇. Sei weiter $R \in \Gamma^\infty(\mathsf{End}(TM) \otimes \Lambda^2 T^*M)$ der Krümmungstensor des Kähler-Zusammenhangs. Sei schließlich $X \in \Gamma^\infty(T_{\mathbb{C}}M)$ und $Y, Z \in \Gamma^\infty(T_{\mathbb{C}}M^{(1,0)})$ sowie $W, U \in \Gamma^\infty(T_{\mathbb{C}}M^{(0,1)})$.

i.) Zeigen Sie

$$\nabla_X Y \in \Gamma^\infty(T_{\mathbb{C}}M^{(1,0)}) \quad \text{und} \quad \nabla_X U \in \Gamma^\infty(T_{\mathbb{C}}M^{(0,1)}) \tag{3.296}$$

Hinweis: Benutzen Sie Aufgabe 3.13.

ii.) Zeigen Sie, daß der Krümmungstensor R bezüglich seines Zweiformenanteils vom Typ $(1,1)$ ist und daß

$$R(Y,U)Z \in \Gamma^\infty(T_\mathbb{C}M^{(1,0)}) \quad \text{und} \quad R(Y,U)W \in \Gamma^\infty(T_\mathbb{C}M^{(0,1)}). \quad (3.297)$$

Zeigen Sie weiter, daß der Krümmungstensor reell ist, also $R = \overline{R}$.

iii.) Betrachten Sie nun eine holomorphe Karte (U, z) von M. Bezüglich dieser Karte sind die komplexen Christoffel-Symbole $\Gamma^m_{k\ell}$, $\Gamma^{\overline{m}}_{k\ell}$, etc. dann durch

$$\nabla_{\frac{\partial}{\partial z^k}} \frac{\partial}{\partial z^\ell} = \Gamma^m_{k\ell} \frac{\partial}{\partial z^m} + \Gamma^{\overline{m}}_{k\ell} \frac{\partial}{\partial \overline{z}^m} \quad (3.298)$$

und analog für die übrigen Kombinationen der Basisfelder $\frac{\partial}{\partial z^k}$ und $\frac{\partial}{\partial \overline{z}^\ell}$ definiert. Zeigen Sie, daß die einzigen nicht verschwindenden Christoffel-Symbole durch $\Gamma^m_{k\ell}$ und $\Gamma^{\overline{m}}_{\overline{k}\,\overline{\ell}}$ gegeben sind und daß

$$\frac{\partial \omega_{k\overline{\ell}}}{\partial z^\ell} = \omega_{m\overline{\ell}}\Gamma^m_{\ell k} \quad (3.299)$$

sowie $\overline{\Gamma^m_{k\ell}} = \Gamma^{\overline{m}}_{\overline{k}\,\overline{\ell}}$.

iv.) Betrachten Sie nun den Krümmungstensor R und zeigen Sie, daß die einzigen nicht verschwindenden Komponenten durch

$$R\left(\frac{\partial}{\partial z^k}, \frac{\partial}{\partial \overline{z}^\ell}\right) \frac{\partial}{\partial z^m} = R^n_{mk\overline{\ell}} \frac{\partial}{\partial z^n} \quad \text{und} \quad R\left(\frac{\partial}{\partial z^k}, \frac{\partial}{\partial \overline{z}^\ell}\right) \frac{\partial}{\partial \overline{z}^m} = R^{\overline{n}}_{\overline{m}k\overline{\ell}} \frac{\partial}{\partial \overline{z}^n}$$

$$(3.300)$$

gegeben sind. Zeigen Sie weiter $\overline{R^n_{mk\overline{\ell}}} = -R^{\overline{n}}_{\overline{m}\ell\overline{k}}$.

v.) Bestimmen Sie die Komponenten $R^n_{mk\overline{\ell}}$ explizit in Termen der Christoffel-Symbole.

Aufgabe 3.15 (Die Ricci-Form und das kanonische Geradenbündel).
Sei (M, ω, J, g) eine Kähler-Mannigfaltigkeit der reellen Dimension $2n$ und R der Krümmungstensor des Kähler-Zusammenhangs. Definieren Sie nun die Ricci-Form lokal in einer holomorphen Karte (U, z) durch

$$\varrho = \frac{\mathrm{i}}{2} R^j_{jk\overline{\ell}} \mathrm{d}z^k \wedge \mathrm{d}\overline{z}^\ell \quad (3.301)$$

Betrachten Sie weiter das *kanonische Geradenbündel*

$$L = \Lambda^{(n,0)}_\mathbb{C} T^*_\mathbb{C} M \quad (3.302)$$

der holomorphen Volumenformen, welches also ein komplexes Vektorbündel der komplexen Faserdimension 1 über M ist.

i.) Zeigen Sie explizit, daß ϱ eine global definierte reelle Zweiform ist, also nicht von der gewählten holomorphen Karte (U, z) abhängt.

ii.) Zeigen Sie, daß ϱ geschlossen ist, indem Sie die Bianchi-Identitäten für R benutzen.

iii.) Zeigen Sie, daß der Kähler-Zusammenhang ∇ auf natürliche Weise einen Zusammenhang ∇^L auf dem kanonischen Geradenbündel induziert. Überlegen Sie sich hierzu, daß ∇ Zusammenhänge für die Unterbündel $T_{\mathbb{C}}M^{(1,0)}$ und $T_{\mathbb{C}}M^{(0,1)}$ liefert, indem Sie Aufgabe 3.14 verwenden. Verfahren Sie dann ganz allgemein wie in Abschnitt 2.2.4, um einen Zusammenhang auf $\Lambda_{\mathbb{C}}^{(n,0)}T_{\mathbb{C}}^*M$ zu erhalten.

iv.) Zeigen Sie, daß jeder Schnitt $s \in \Gamma^\infty(L)$ lokal als $s\big|_U = f\,\mathrm{d}z^1 \wedge \cdots \wedge \mathrm{d}z^n$ geschrieben werden kann, wobei $f \in C^\infty(U)$ eine eindeutig bestimmte Funktion ist. Zeigen Sie dann, daß lokal

$$\nabla_X^L s\big|_U = \left(X(f) - \mathrm{d}z^k(X)\Gamma_{\ell k}^\ell \right)\mathrm{d}z^1 \wedge \cdots \wedge \mathrm{d}z^n, \tag{3.303}$$

für $X \in \Gamma^\infty(T_{\mathbb{C}}M)$.

v.) Zeigen Sie durch eine lokale Berechnung, daß die Krümmung R^L von ∇^L durch

$$\frac{\mathrm{i}}{2}R^L = \varrho \tag{3.304}$$

gegeben ist. Dies liefert zum einen eine Interpretation der Ricci-Form als Krümmung des kanonischen Geradenbündels, zum anderen eine koordinatenfreie Definition.

Aufgabe 3.16 (Holomorphe Abbildungen). Sei $\phi : M \longrightarrow N$ eine glatte Abbildung zwischen komplexen Mannigfaltigkeiten. Zeigen Sie, daß ϕ genau dann holomorph ist, wenn $\phi^*\partial\alpha = \partial\phi^*\alpha$ für alle $\alpha \in \Gamma^\infty(\Lambda^\bullet T^*N)$. Zeigen Sie weiter, daß dies genau dann der Fall ist, wenn $\phi^*\overline{\partial}\alpha = \overline{\partial}\phi^*\alpha$.

Aufgabe 3.17 (Lie-Gruppen und ihre Lie-Algebren I). In dieser Aufgabe beginnen wir, die elementaren Bestandteile der Theorie der Lie-Gruppen zu diskutieren. Sei also G eine Lie-Gruppe. Dann sollen hier die Details zu Satz 3.3.2 nachgetragen werden.

i.) Zeigen Sie, daß für jedes $g \in G$ die Links- und Rechtsmultiplikationen ℓ_g und r_g Diffeomorphismen sind und bestimmen Sie die Umkehrabbildungen.

ii.) Zeigen Sie, daß die Menge aller linksinvarianten Vektorfelder $\Gamma^\infty(TG)^G$ auf G einen $(\dim G)$-dimensionalen Vektorraum bilden und daß

$$\Gamma^\infty(TG)^G \ni X \mapsto X(e) \in T_e G \tag{3.305}$$

ein Vektorraumisomorphismus ist.

iii.) Zeigen Sie, daß die Lie-Klammer zweier linksinvarianter Vektorfelder wieder linksinvariant ist. Damit wird $\mathfrak{g} = T_e G$ mittels (3.305) zu einer Lie-Algebra, *der* Lie-Algebra von G.

iv.) Sei $X^\xi \in \Gamma^\infty(TG)^G$ dasjenige linksinvariante Vektorfeld mit $X^\xi(e) = \xi \in \mathfrak{g}$. Zeigen Sie, daß der Fluß Φ^ξ von X^ξ vollständig ist.

Hinweis: Zeigen Sie zunächst: ist $t \mapsto \gamma(t)$ Integralkurve von X^ξ für $t \in (a,b)$ durch $\gamma(0)$, so ist $\ell_g(\gamma(t))$ Integralkurve von X^ξ für $t \in (a,b)$

durch $g\gamma(0)$. Nehmen Sie nun an, X^ξ hat keinen vollständigen Fluß und $\gamma : (a, b) \longrightarrow G$ sei die *maximale* Integralkurve durch $\gamma(0)$ mit $b < +\infty$. Betrachten Sie dann die Kurve $t \mapsto \gamma(b/2)\gamma(0)^{-1}\gamma(t)$ und zeigen Sie so, daß b nicht maximal war, was einen Widerspruch liefert. Analog behandelt man den Fall $a > -\infty$.

v.) Folgern Sie, daß für alle $t \in \mathbb{R}$, $g \in G$ und $\xi \in \mathfrak{g}$

$$\Phi_t^\xi \circ \ell_g = \ell_g \circ \Phi_t^\xi. \tag{3.306}$$

vi.) Definieren Sie die *Exponentialabbildung* durch

$$\exp : \mathfrak{g} \ni \xi \mapsto \exp(\xi) = \Phi_1^\xi(e) \in G, \tag{3.307}$$

und zeigen Sie, daß $t \mapsto \exp(t\xi)$ eine Einparameteruntergruppe in G ist, also

$$\exp((t + s)\xi) = \exp(t\xi)\exp(s\xi) \quad \text{und} \quad \exp(0) = e \tag{3.308}$$

für $t, s \in \mathbb{R}$. Zeigen Sie umgekehrt, daß für jede (glatte) Einparameteruntergruppe $\mathbb{R} \ni t \mapsto c(t) \in G$ (also einfach ein glatter Gruppenmorphismus von $(\mathbb{R}, +)$ nach G) die Gleichung

$$c(t) = \exp(t\xi) \quad \text{mit} \quad \xi = \dot{c}(0) \tag{3.309}$$

gilt.

Hinweis: Zeigen Sie, daß die Kurven $s \mapsto \exp((t + s)\xi)$ und $s \mapsto \exp(t\xi)\exp(s\xi)$ die selbe Differentialgleichung zur selben Anfangsbedingung erfüllen. Damit erhält man (3.308). Um (3.309) zu zeigen, zeigt man, daß $c(t)$ und $\exp(t\xi)$ Integralkurven zum linksinvarianten Vektorfeld X mit $X^\xi(e) = \xi$ sind, und die selbe Anfangsbedingung für $t = 0$ erfüllen.

vii.) Zeigen Sie weiter, daß

$$T_0 \exp = \mathrm{id}_\mathfrak{g}, \tag{3.310}$$

wobei $T_0\mathfrak{g}$ kanonisch mit $\mathfrak{g}$ identifiziert sei, da $\mathfrak{g}$ ja ein Vektorraum ist.

Hinweis: Betrachten Sie für (3.310) die Kurve $c : s \mapsto s\xi$ als glatte Kurve in $\mathfrak{g}$ und berechnen Sie $\dot{c}(0)$ sowie $(T_0 \exp)(\dot{c}(0))$ nach den Rechenregeln für die Tangentialabbildung.

viii.) Zeigen Sie, daß es eine offene Umgebung U von $0 \in \mathfrak{g}$ und eine offene Umgebung V von $e \in G$ gibt, so daß

$$\exp\big|_U : U \subseteq \mathfrak{g} \longrightarrow V \subseteq G \tag{3.311}$$

ein Diffeomorphismus ist.

Aufgabe 3.18 (Lie-Gruppen und ihre Lie-Algebren II). Das fundamentale Beispiel einer Lie-Gruppe sind die invertierbaren $n \times n$-Matrizen.

i.) Zeigen Sie, daß die invertierbaren $n \times n$-Matrizen $\mathrm{GL}_n(\mathbb{R})$ eine Lie-Gruppe bilden.

ii.) Bestimmen Sie die linksinvarianten Vektorfelder für $\mathrm{GL}_n(\mathbb{R})$, indem Sie ein Vektorfeld $X : \mathrm{GL}_n(\mathbb{R}) \longrightarrow T\mathrm{GL}_n(\mathbb{R}) = \mathrm{GL}_n(\mathbb{R}) \times M_n(\mathbb{R})$ in seine beiden Komponenten aufspalten. Wie lautet dann die Bedingung, daß X linksinvariant ist?

iii.) Bestimmen Sie die Lie-Klammer von zwei linksinvarianten Vektorfeldern X, Y auf $\mathrm{GL}_n(\mathbb{R})$, und zeigen Sie, daß die durch (3.305) induzierte Lie-Klammer für $\mathfrak{gl}_n(\mathbb{R}) = M_n(\mathbb{R})$ gerade der Kommutator der Matrizen $X(e) = \xi$ und $Y(e) = \eta$ ist.

Aufgabe 3.19 (Lie-Gruppen und Lie-Algebren III). Viele bekannte Untergruppen von $\mathrm{GL}_n(\mathbb{R})$ sind auf kanonische Weise Lie-Gruppen:

i.) Sei $\phi : M \longrightarrow N$ glatt und seien $M_0 \subseteq M$ und $N_0 \subseteq N$ Untermannigfaltigkeiten, so daß $\phi(M_0) \subseteq N_0$. Zeigen Sie, daß $\phi\big|_{M_0} : M_0 \longrightarrow N_0$ ebenfalls glatt ist.

ii.) Zeigen Sie, daß folgende Untermannigfaltigkeiten von $\mathbb{R}^N$, mit N hinreichend groß, bezüglich ihrer natürlichen Gruppenstruktur Lie-Gruppen sind:

    a) Die spezielle lineare Gruppe $\mathrm{SL}_n(\mathbb{R})$ und $\mathrm{SL}_n(\mathbb{C})$.

    b) Die spezielle pseudoorthogonale Gruppe $\mathrm{SO}(n, m)$.

    c) Die unitäre Gruppe $\mathrm{U}(n)$ und die spezielle unitäre Gruppe $\mathrm{SU}(n)$.

    d) Die symplektische Gruppe $\mathrm{Sp}_{2n}(\mathbb{R})$.

Aufgabe 3.20 (Lie-Gruppen und Lie-Algebren IV). Seien H und G Lie-Gruppen mit Lie-Algebren $\mathfrak{h}$ und $\mathfrak{g}$. Sei $\phi : H \longrightarrow G$ ein glatter Gruppenmorphismus, also eine glatte Abbildung mit $\phi(e_H) = e_G$ und $\phi(hh') = \phi(h)\phi(h')$ für alle $h, h' \in H$.

i.) Zeigen Sie, daß jede glatte Einparametergruppe in H mittels ϕ auf eine glatte Einparametergruppe in G abgebildet wird. Folgern Sie so mit Hilfe von Aufgabe 3.17, Teil *vi.*), daß

$$\phi \circ \exp_H = \exp_G \circ T_{e_H}\phi. \tag{3.312}$$

ii.) Zeigen Sie: Ist $\xi \in \mathfrak{h}$ und X_H^ξ das zu ξ gehörende linksinvariante Vektorfeld auf H sowie $X_G^{T_{e_H}\phi\xi}$ das zu $T_{e_H}\phi\xi$ gehörende linksinvariante Vektorfeld auf G, so gilt

$$X_H^\xi \sim_\phi X_G^{T_{e_H}\phi\xi}. \tag{3.313}$$

iii.) Zeigen Sie, daß

$$T_{e_H}\phi : \mathfrak{h} \longrightarrow \mathfrak{g} \tag{3.314}$$

ein Homomorphismus von Lie-Algebren ist. Folgern Sie, daß die Zuordnung $G \mapsto \mathfrak{g}$ und $(\phi : H \longrightarrow G) \mapsto (T_{e_H}\phi : \mathfrak{h} \longrightarrow \mathfrak{g})$ einen kovarianten Funktor von der Kategorie der Lie-Gruppen (mit glatten Gruppenmorphismen als Morphismen) in die Kategorie der reellen Lie-Algebren (mit Lie-Algebrahomomorphismen als Morphismen) liefert.

Aufgabe 3.21 (Lie-Gruppen und Lie-Algebren V). Betrachten Sie erneut die Lie-Gruppe $GL_n(\mathbb{R})$.

i.) Zeigen Sie, daß $GL_n(\mathbb{C})$ eine reelle Lie-Gruppe ist, indem Sie $GL_n(\mathbb{C})$ als geeignete Untergruppe und Untermannigfaltigkeit von $GL_{2n}(\mathbb{R})$ schreiben.

ii.) Bestimmen Sie explizit die Exponentialabbildung $\exp : \mathfrak{gl}_n(\mathbb{R}) \longrightarrow GL_n(\mathbb{R})$, und zeigen Sie so, daß exp mit der üblichen Exponentialfunktion von Matrizen übereinstimmt.

iii.) Bestimmen Sie die Lie-Algebren sowie die Exponentialabbildungen der Lie-Gruppen $SO(n, m)$, $SL_n(\mathbb{R})$, $GL_n(\mathbb{C})$, $U(n)$, $SU(n)$, $Sp_{2n}(\mathbb{R})$.

Hinweis: Betrachten Sie diese Lie-Gruppen als Untergruppen einer großen $GL_N(\mathbb{R})$ und beschreiben Sie die Tangentialräume an die Eins jeweils als geeigneten Untervektorraum vom Tangentialraum $T_e GL_N(\mathbb{R}) = \mathfrak{gl}_N(\mathbb{R}) = M_N(\mathbb{R})$. Benutzen Sie dann (3.314), um die Lie-Algebrastruktur und (3.312) um die Exponentialabbildung zu bestimmen.

Aufgabe 3.22 (Vorzeichenverwirrung). Betrachten Sie einen endlichdimensionalen reellen Vektorraum V mit einer Basis $e_1, \ldots, e_n$ sowie *lineare* Vektorfelder X, Y auf V. Die Vektorfelder X, Y können aufgrund ihrer Linearität mit Endomorphismen von V identifiziert werden, da ja $T_v V = V$ kanonisch identifiziert wird. Zeigen Sie, daß die Lie-Klammer $[\![X, Y]\!]$ zweier linearer Vektorfelder wieder eine lineares Vektorfeld ist, indem Sie $[\![X, Y]\!]$ in den kanonischen globalen Koordinaten $v = v^i e_i$ berechnen. Zeigen Sie weiter, daß $[\![X, Y]\!] = -[X, Y]$, wobei $[X, Y] = X \circ Y - Y \circ X$ den Kommutator der Endomorphismen bezeichnet. Wie können Sie diese „Überraschung" erklären?

Aufgabe 3.23 (Die adjungierte und koadjungierte Darstellung). Betrachten Sie eine Lie-Gruppe G mit Lie-Algebra $\mathfrak{g}$.

i.) Zeigen Sie, daß die Konjugation $\mathrm{Conj} : G \times G \longrightarrow G$ mit $\mathrm{Conj}(g, h) = \mathrm{Conj}_g(h)$ eine Gruppenwirkung von G auf sich ist und daß alle Conj_g Automorphismen von G sind. Ist Conj eine freie Wirkung?

ii.) Zeigen Sie, daß durch

$$\mathrm{Ad}_g = T_e \mathrm{Conj}_g : \mathfrak{g} = T_e G \longrightarrow \mathfrak{g} = T_e G \qquad (3.315)$$

eine glatte Darstellung von G auf $\mathfrak{g}$ definiert wird. Ad heißt *adjungierte Darstellung* von G auf $\mathfrak{g}$.

iii.) Berechnen Sie die Tangentialabbildung von Ad bei e, und finden Sie somit die zugehörige Lie-Algebrendarstellung $\mathrm{ad} : \mathfrak{g} \longrightarrow \mathsf{End}(\mathfrak{g})$, welche als *adjungierte Darstellung* von $\mathfrak{g}$ auf $\mathfrak{g}$ bezeichnet wird.

Anleitung: Sei $\xi, \eta \in \mathfrak{g}$, dann gilt es, $\mathrm{ad}_\xi \eta = \xi_{\mathfrak{g}}(\eta) = \frac{d}{dt} \mathrm{Ad}_{\exp(t\xi)} \eta \big|_{t=0}$ zu berechnen. Zeigen Sie dazu zunächst, daß der Fluß des linksinvarianten Vektorfelds $X^\xi \in \Gamma^\infty(TG)$ durch $r_{\exp(t\xi)}$ gegeben ist, wobei r_g die *Rechtsmultiplikation* mit $g \in G$ bezeichnet, indem Sie die bekannte Linksinvarianz des Flusses und die Assoziativität der Gruppenmultiplikation verwenden. Verwenden Sie dann die Definition der Lie-Klammer $[\xi, \eta]$ durch linksinvariante Vektorfelder, um zu zeigen, daß $[\xi, \eta] = \mathrm{ad}_\xi \eta$. Schreiben Sie dazu Conj_g als Produkt von Links- und Rechtsmultiplikationen.

iv.) Verifizieren Sie direkt, daß $\xi \mapsto \mathrm{ad}_\xi = [\xi, \cdot]$ eine Darstellung von $\mathfrak{g}$ auf sich selbst ist.

v.) Betrachten Sie nun $\mathrm{Ad}^* : g \mapsto \mathrm{Ad}^*_{g^{-1}}$, wobei $\mathrm{Ad}^*_g : \mathfrak{g}^* \longrightarrow \mathfrak{g}^*$ die zu Ad_g adjungierte (transponierte) Abbildung bezeichnet. Es gilt also $(\mathrm{Ad}^*_g(\alpha))(\eta) = \alpha(\mathrm{Ad}_g \eta)$ für $\eta \in \mathfrak{g}$ und $\alpha \in \mathfrak{g}^*$. Zeigen Sie, daß auch Ad^* eine glatte Darstellung von G liefert, die *koadjungierte Darstellung* von G auf $\mathfrak{g}^*$.

vi.) Berechnen Sie analog zu Teil *iii.)* auch die zu Ad^* gehörige *koadjungierte Darstellung* ad^* von $\mathfrak{g}$ auf $\mathfrak{g}^*$.

Hinweis: Hier können Sie die Linearität von α und Ad^*_g gewinnbringend einsetzen, um die Ableitung $\mathrm{ad}^*_\xi(\alpha) = \frac{\mathrm{d}}{\mathrm{d}t}\big|_{t=0} \mathrm{Ad}^*_{\exp(t\xi)}(\alpha)$ zu berechnen.

vii.) Verifizieren Sie direkt, daß ad^* eine Darstellung von $\mathfrak{g}$ auf $\mathfrak{g}^*$ ist.

Bemerkung: Die Bezeichnung Ad^* beziehungsweise ad^* für die koadjungierte Darstellung ist nicht ganz einheitlich in der Literatur. Aus dem Kontext sollte aber immer klar werden, ob eine Links- oder Rechtsdarstellung gemeint ist und ob entsprechend das „$^{-1}$" beziehungsweise das „$-$" in die Definition schon mit aufgenommen ist oder nicht, siehe auch [1, Sect. 4.1].

Aufgabe 3.24 (Gruppenwirkungen und fundamentale Vektorfelder). Betrachten Sie eine glatte G-Wirkung $\Phi : G \times M \longrightarrow M$ mit zugehörigen fundamentalen Vektorfeldern ξ_M für $\xi \in \mathfrak{g}$.

i.) Zeigen Sie mit Hilfe der Kettenregel und einer geeigneten Wahl einer repräsentierenden Kurve, daß

$$\xi_M(p) = T_{(e,p)}\Phi(\xi, 0_p), \tag{3.316}$$

wobei $(\xi, 0_p) \in T_{(e,p)}(G \times M) = T_e G \times T_p M$. Folgern Sie so, daß $\xi \mapsto \xi_M$ linear ist.

ii.) Zeigen Sie mit Hilfe der Kettenregel und der Gruppenwirkungseigenschaft von Φ, daß

$$\Phi^*_g \xi_M = \left(\mathrm{Ad}_{g^{-1}} \xi\right)_M. \tag{3.317}$$

Verwenden Sie dazu die Definition $(\Phi^*_g \xi_M)(p) = (T_p \Phi_g)^{-1} \xi_M(\Phi_g(p)) = (T_{\Phi_g(p)}\Phi^{-1}_g)(\xi_M(\Phi_g(p)))$ des pull-backs von Vektorfeldern bezüglich des Diffeomorphismus Φ_g.

iii.) Verwenden Sie (3.317) sowie Aufgabe 3.23, um zu zeigen, daß

$$[\xi_M, \eta_M] = -[\xi, \eta]_M \tag{3.318}$$

für alle $\xi, \eta \in \mathfrak{g}$, indem Sie geeignete Gruppenelemente $g \in G$ betrachten.

Aufgabe 3.25 (Translationen und Drehungen). Betrachten Sie den Konfigurationsraum $Q = \mathbb{R}^n$, sowie die Translationsgruppe $(\mathbb{R}^n, +)$ und die Drehgruppe $\mathrm{SO}(n)$, welche auf die übliche Weise auf Q wirken.

i.) Bestimmen Sie die fundamentalen Vektorfelder auf Q zu diesen Gruppen-wirkungen, indem Sie die fundamentalen Vektorfelder zunächst nur für eine geeignete Basis der jeweiligen Lie-Algebren konstruieren.

ii.) Bestimmen Sie die zugehörigen Punkttransformationen (also die Lifts auf das Kotangentenbündel $\mathbb{R}^{2n}$) explizit, und zeigen Sie explizit, daß die resultierenden Gruppenwirkungen exakt symplektisch sind.

iii.) Bestimmen Sie die zugehörigen Impulsabbildungen explizit, und berech-nen Sie die Poisson-Klammern der Komponenten (bezüglich einer Basis der Lie-Algebra) der Impulsabbildungen. Welche physikalischen Observa-blen erhalten Sie auf diese Weise?

Aufgabe 3.26 (Das Kotangentenbündel einer Lie-Gruppe). Ziel die-ser Aufgabe ist es, das Tangenten- und Kotangentenbündel einer Lie-Gruppe G zu studieren. Dies ist von großer physikalischer Bedeutung, wenn man bei-spielsweise den starren Körper beschreiben will, da hier der Konfigurations-raum (im Schwerpunktsystem) die Drehgruppe SO(3) ist und daher die Ha-miltonsche Mechanik auf $T^*\mathrm{SO}(3)$ stattfindet. Dieses Beispiel erklärt auch die folgenden Bezeichnungen, siehe auch [1, Sect. 4.4] sowie [231, Chap. 15].

Sei G eine Lie-Gruppe der Dimension n mit Lie-Algebra $\mathfrak{g}$. Sei weiter eine Basis $e_1, \ldots, e_n$ von $\mathfrak{g}$ gewählt mit dualer Basis $e^1, \ldots, e^n$ von $\mathfrak{g}^*$. Die entsprechenden globalen linearen Koordinaten sind $\xi = \xi^i e_i$ und $\alpha = \alpha_i e^i$ für $\xi \in \mathfrak{g}$ und $\alpha \in \mathfrak{g}^*$. Seien weiterhin $X_1, \ldots, X_n$ die linksinvarianten Vektorfelder mit $X_i(e) = e_i$ und entsprechend $\theta^1, \ldots, \theta^n$ die linksinvarianten Einsformen mit $\theta^i(e) = e^i$.

i.) Zeigen Sie, daß die *Linkstrivialisierung*

$$\lambda : TG \ni v_g \mapsto (g, T_g \ell_{g^{-1}}(v_g)) \in G \times \mathfrak{g} \qquad (3.319)$$

ebenso wie die *Rechtstrivialisierung*

$$\rho : TG \ni v_g \mapsto (g, T_g r_{g^{-1}}(v_g)) \in G \times \mathfrak{g} \qquad (3.320)$$

eine Trivialisierung des Tangentenbündels TG liefert, also einen Vek-torbündelisomorphismus. Die Koordinaten (eigentlich: die globale Bündel-karte) λ werden auch „*Körperkoordinaten*" genannt, wohingegen ρ „*Raum-koordinaten*" genannt werden.

ii.) Drücken Sie $v_g \in T_g G$ bezüglich den Basisvektorfeldern $X_1, \ldots, X_n$ aus und beschreiben Sie (3.319) bezüglich dieser Koordinaten.

iii.) Zeigen Sie, daß der „Koordinatenwechsel" von Körper- zu Raumkoordi-naten durch die adjungierte Darstellung gegeben ist:

$$\rho \circ \lambda^{-1}(g, \xi) = (g, \mathrm{Ad}_g(\xi)). \qquad (3.321)$$

iv.) Ebenso wie TG kann man auch T^*G auf zwei Arten trivialisieren, in-dem man die induzierten Vektorbündelisomorphismen, welche wir eben-falls (mit einigem Mißbrauch der Notation) mit λ und ρ bezeichnen. Ge-nauer definiert man

$$\lambda : T^*G \ni \alpha_g \mapsto (g, (T_e\ell_g)^*\alpha) = (g, \alpha \circ T_e\ell_g) \in G \times \mathfrak{g}^* \qquad (3.322)$$

und

$$\rho : T^*G \ni \alpha_g \mapsto (g, (T_e r_g)^*\alpha) = (g, \alpha \circ T_e r_g) \in G \times \mathfrak{g}^*. \qquad (3.323)$$

Zeigen Sie, daß dies ebenfalls Trivialisierungen von T^*G liefert und daß für $v_g \in T_gG$ und $\alpha_g \in T_g^*G$ gilt

$$\alpha_g(v_g) = (\lambda(\alpha_g))(\lambda(v_g)) = (\rho(\alpha_g))(\rho(v_g)). \qquad (3.324)$$

Bestimmen Sie damit den „Koordinatenwechsel" von Körper- zu Raumkoordinaten auch für T^*G analog zu (3.321).

v.) Zeigen Sie zunächst, daß jede polynomiale Funktion $f \in \mathrm{Pol}^k(T^*G)$ eindeutig als

$$f(\alpha_g) = \frac{1}{k!} f^{i_1 \cdots i_k}(g) \alpha_g(X_{i_1}(g)) \cdots \alpha_g(X_{i_k}(g)) \qquad (3.325)$$

mit $f^{i_1 \cdots i_k} \in C^\infty(G)$, total symmetrisch in $i_1, \ldots, i_k$, geschrieben werden kann. Dies legt nahe, die *globalen* Impulsfunktionen

$$P_i(\alpha_g) = \alpha_g(X_i(g)) = \mathfrak{J}(X_i)\big|_{\alpha_g} \qquad (3.326)$$

zu verwenden. Zeigen Sie, daß die Funktionen $P_1, \ldots, P_n$ zusammen mit $\pi^* C^\infty(G)$ die Polynomalgebra $\mathrm{Pol}^\bullet(T^*G)$ erzeugen. Zeigen Sie, daß für $\xi \in \mathfrak{g}$ und das linksinvariante Vektorfeld $X^\xi \in \Gamma^\infty(TG)$

$$\mathfrak{J}(X^\xi) = \xi^i P_i \qquad (3.327)$$

gilt.

vi.) Berechnen Sie die Poisson-Klammer von P_i und P_j für $i, j = 1, \ldots, n$ sowie die Poisson-Klammer von P_i mit einer Funktion π^*u mit $u \in C^\infty(G)$. Können die $P_1, \ldots, P_n$ die Impulskoordinaten von induzierten Koordinaten auf G sein?

vii.) Sei $f \in C^\infty(T^*G)$. Zeigen Sie, daß f genau dann G-invariant unter den gelifteten Linksmultiplikationen $T_*\ell_g$ ist, wenn $f \circ \lambda^{-1} \in C^\infty(G \times \mathfrak{g}^*)$ nicht vom ersten Faktor abhängt. Die G-invarianten Funktionen auf T^*G werden mit $C^\infty(T^*G)^G$ bezeichnet. Folgern Sie so, daß

$$C^\infty(T^*G)^G \cong C^\infty(\mathfrak{g}^*) \qquad (3.328)$$

als assoziative Algebren via λ. Zeigen Sie so, daß $C^\infty(\mathfrak{g}^*)$ eine Poisson-Algebra wird, da $C^\infty(T^*G)^G$ eine Poisson-Unteralgebra von $C^\infty(T^*G)$ ist. Kommt die Poisson-Klammer für $C^\infty(\mathfrak{g}^*)$ von einer symplektischen Struktur auf $\mathfrak{g}^*$?

Aufgabe 3.27 (Der komplex-projektive Raum $\mathbb{CP}^n$). Betrachten Sie den Vektorraum $\mathbb{C}^{n+1}$ mit der üblichen Darstellung der Lie-Gruppe $\mathbb{C}^\times = \mathbb{C} \setminus \{0\}$ der invertierbaren komplexen Zahlen durch Multiplikation.

i.) Zeigen Sie, daß diese Wirkung auf $\mathbb{C}^{n+1} \setminus \{0\}$ frei ist.

ii.) Zeigen Sie, daß die Wirkung auf $\mathbb{C}^{n+1} \setminus \{0\}$ eigentlich ist. Ist sie auch auf $\mathbb{C}^{n+1}$ eigentlich?

Nach Satz 3.3.18 ist daher der *komplex-projektive Raum*, also der Quotient

$$\pi : \mathbb{C}^{n+1} \setminus \{0\} \longrightarrow (\mathbb{C}^{n+1} \setminus \{0\})/\mathbb{C}^{\times} = \mathbb{CP}^n \qquad (3.329)$$

eine differenzierbare Mannigfaltigkeit und π eine surjektive Submersion. Sei nun $U_k = \{[z] \in \mathbb{CP}^n \mid z^k \neq 0\} \subseteq \mathbb{CP}^n$ für $k = 0, \ldots, n$ und $\tilde{U}_k = \pi^{-1}(U_k) \subseteq \mathbb{C}^{n+1} \setminus \{0\}$, wobei $z^0, \ldots, z^n$ die üblichen holomorphen Koordinaten auf $\mathbb{C}^{n+1}$ sind. Weiter definiert man $\varphi_k : U_k \longrightarrow \mathbb{C}^n$ durch

$$\varphi_k([z]) = \left(\frac{z^0}{z^k}, \ldots, \overset{k}{\wedge}, \ldots, \frac{z^n}{z^k} \right). \qquad (3.330)$$

iii.) Zeigen Sie, daß die Teilmengen U_k eine offene Überdeckung von $\mathbb{CP}^n$ bilden und daß die Funktionen φ_k Diffeomorphismen von U_k auf $\mathbb{C}^n$ sind. Damit bilden die (U_k, φ_k) also einen differenzierbaren Atlas von $\mathbb{CP}^n$.

iv.) Bestimmen Sie $U_k \cap U_\ell$ und berechnen Sie explizit die Kartenwechsel $\varphi_k \circ \varphi_\ell^{-1}$. Zeigen Sie so, daß alle Kartenwechsel holomorph sind. Damit wird $\mathbb{CP}^n$ eine komplexe Mannigfaltigkeit.

v.) Zeigen Sie, daß die Gruppe $\mathrm{GL}_{n+1}(\mathbb{C})$ durch $A : [z] \mapsto [Az]$ auf $\mathbb{CP}^n$ sogar auf holomorphe Weise wirkt.

vi.) Zeigen Sie, daß die Untergruppe $\mathrm{SU}(n+1)$ auf $\mathbb{CP}^n$ transitiv wirkt. Zeigen Sie weiter, daß die Isotropiegruppe eines Punktes $[z] \in \mathbb{CP}^n$ zu $\mathrm{U}(n)$ isomorph ist.

vii.) Zeigen Sie, daß $\mathbb{CP}^n$ diffeomorph zum homogenen Raum $\mathrm{SU}(n+1)/\mathrm{U}(n)$ ist, und folgern Sie, daß $\mathbb{CP}^n$ kompakt ist.

viii.) Zeigen Sie, daß $\mathbb{CP}^1$ diffeomorph zu $\mathbb{S}^2$ ist, und geben Sie einen möglichst expliziten Diffeomorphismus an.

Aufgabe 3.28 ($\mathbb{CP}^n$ als Kähler-Mannigfaltigkeit). Seien (U_k, φ_k) mit $k = 0, \ldots, n$ die inhomogenen Koordinaten auf $\mathbb{CP}^n$. Dann definiert man die lokalen Funktionen $Z_k : U_k \longrightarrow \mathbb{C}^{n+1} \setminus \{0\}$ durch $Z_k \circ \varphi_k^{-1}(v^1, \ldots, v^n) = (v^1, \ldots, 1, \ldots, v^n)$ mit der 1 an k-ter Stelle.

i.) Zeigen Sie, daß Z_k auf U_k holomorph ist und daß es auf $U_k \cap U_\ell$ eine holomorphe Funktion $f_{k\ell}$ mit $Z_k = f_{k\ell} Z_\ell$ gibt.

ii.) Zeigen Sie, daß $\partial \overline{\partial} \ln \|Z_k\|^2 = \partial \overline{\partial} \ln \|Z_\ell\|^2$ auf $U_k \cap U_\ell$, und folgern Sie, daß die Zweiform

$$\omega_{\mathrm{FS}} = \frac{\mathrm{i}}{2} \partial \overline{\partial} \ln \|Z_k\|^2 \qquad (3.331)$$

eine global erklärte, reelle, glatte und geschlossene Zweiform auf $\mathbb{CP}^n$ ist.

iii.) Zeigen Sie, daß die Zweiform ω_{FS} invariant unter der kanonischen Wirkung der Gruppe $\mathrm{U}(n+1)$ ist.

iv.) Bestimmen Sie ω_{FS} explizit in den inhomogenen Koordinaten (U_0, φ_0).

v.) Benutzen Sie die Darstellung von $\mathbb{C}\mathrm{P}^n$ als homogener Raum, um zu zeigen, daß ω_{FS} an jedem Punkt nichtausgeartet also symplektisch ist.

vi.) Zeigen Sie schließlich mit einem analogen Argument, daß ω_{FS} bezüglich der kanonischen komplexen Struktur von $\mathbb{C}\mathrm{P}^n$ eine Kähler-Form ist, und bestimmen Sie in den inhomogenen Koordinaten (U_0, φ_0) explizit die zugehörige Kähler-Metrik g_{FS}.

Die Kähler-Metrik g_{FS} heißt *Fubini-Study-Metrik* und entsprechend heißt ω_{FS} *Fubini-Study-Form*, siehe auch [201, Chap. IX.6]. Es sind jedoch verschiedene Normierungen üblich.

Aufgabe 3.29 ($\mathbb{C}\mathrm{P}^n$ als reduzierter Phasenraum). Sei $x(z) = 2H(z) = \overline{z}z$ das Euklidische Abstandsquadrat für $z \in \mathbb{C}^{n+1} \setminus \{0\}$ und sei ω_{FS} die Fubini-Study-Form auf $\mathbb{C}\mathrm{P}^n$ und $\omega_{\mathrm{can}} = \frac{\mathrm{i}}{2} \sum_k \mathrm{d}z^k \wedge \mathrm{d}\overline{z}^k$ die kanonische symplektische Zweiform auf $\mathbb{C}^{n+1} \setminus \{0\}$.

i.) Zeigen Sie, daß $\pi^* \omega_{\mathrm{FS}} = \frac{\mathrm{i}}{2} \partial \overline{\partial} \ln(x)$. Benutzen Sie hierzu Aufgabe 3.16 und die lokale Definition (3.331). Zeigen Sie zunächst, daß $\partial \overline{\partial} \ln(z^k \overline{z^k}) = 0$.

ii.) Zeigen Sie $\frac{\mathrm{i}}{2} \partial \overline{\partial} \ln(x) = \frac{\mathrm{i}}{2} \partial \frac{1}{x} \wedge \overline{\partial} x + \frac{1}{x} \omega_{\mathrm{can}}$. Zeigen Sie weiter, daß diese beiden Zweiformen invariant unter $\mathrm{U}(n+1)$ sind.

iii.) Sei nun $\iota_E : \mathbb{S}^{2n+1}_{\sqrt{2E}} \longrightarrow \mathbb{C}^{n+1} \setminus \{0\}$ die Einbettung der $(2n+1)$-Sphäre mit Radius $\sqrt{2E}$, wobei $E > 0$. Sei weiter $N = (\sqrt{2E}, 0, \ldots, 0)$ der Nordpol. Zeigen Sie nun, daß $\iota_E^* \partial \frac{1}{x} \wedge \overline{\partial} x$ bei N verschwindet. Überlegen Sie sich hierzu, welche der $2n+2$ Vektoren $\frac{\partial}{\partial z^k}$, $\frac{\partial}{\partial \overline{z}^\ell}$ Sie benötigen, um den Tangentialraum $T_N \mathbb{S}^{2n+1}_{\sqrt{2E}}$ aufzuspannen.

iv.) Benutzen Sie nun die $\mathrm{U}(n+1)$-Invarianz, um zu zeigen, daß $\iota_E^* \partial \frac{1}{x} \wedge \overline{\partial} x = 0$. Folgern Sie so $\iota_E^* \pi^* \omega_{\mathrm{FS}} = \frac{1}{2E} \iota_E^* \omega_{\mathrm{can}}$.

v.) Zeigen Sie, daß die durch die Marsden-Weinstein-Reduktion induzierte symplektische Form ω_E auf $\mathbb{C}\mathrm{P}^n \cong \mathbb{S}^{2n+1}/\mathbb{S}^1$ zum Energiewert E des isotropen harmonischen Oszillators H gerade durch $2E\omega_{\mathrm{FS}}$ gegeben ist.

Aufgabe 3.30 (Phasenraumreduktion und Poisson-Klammern). Betrachten Sie eine stark Hamiltonsche G-Wirkung $\Phi : G \times M \longrightarrow M$ auf (M, ω) mit Ad^*-äquivarianter Impulsabbildung J. Sei weiter $\mu \in \mathfrak{g}^*$ ein regulärer Wert und $(M_{\mathrm{red}}, \omega_{\mathrm{red}})$ der entsprechende reduzierte Phasenraum.

i.) Zeigen Sie, daß die G-invarianten Funktionen $C^\infty(M)^G$ eine Poisson-Unteralgebra von $C^\infty(M)$ bilden.

ii.) Benutzen Sie Satz 3.3.58 und zeigen Sie so, daß für $F, G \in C^\infty(M)^G$ die Poisson-Klammer der reduzierten Funktionen durch

$$\{F_{\mathrm{red}}, G_{\mathrm{red}}\}_{M_{\mathrm{red}}} = (\{F, G\}_M)_{\mathrm{red}} \qquad (3.332)$$

gegeben ist. Benutzen Sie, daß X_F und X_G tangential an $J^{-1}(\{\mu\})$ sind.

4

Poisson-Geometrie

Ausgehend vom einfachsten Phasenraum $(\mathbb{R}^{2n}, \omega_0)$ mit seiner kanonischen Poisson-Klammer für die Funktionenalgebra $C^\infty(\mathbb{R}^{2n})$ haben wir sowohl eine *geometrische* als auch eine *algebraische* Charakterisierung von klassischen mechanischen Systemen erhalten, siehe Tabelle 4.1.

Im Hinblick auf die angestrebte Quantisierung wird die algebraische Charakterisierung eine zunehmend wichtigere Rolle spielen, da ja die Quantentheorie in erster Linie eine *algebraische* Theorie ist (Vertauschungsrelationen). Es gilt also, die klassische Mechanik in dieser algebraischen Sichtweise weiter zu entwickeln und zu untersuchen. Insbesondere stellt sich die Frage, an welcher Stelle sich die Nichtausgeartetheit der symplektischen Form beziehungsweise ihrer Poisson-Klammer bemerkbar macht. Umgekehrt kann man versuchen, die obige, algebraische Charakterisierung als die wesentlichere anzusehen. Dann stellt sich die Frage, welche Verallgemeinerung der symplektischen Geometrie sich ergibt, wenn man nur noch eine Poisson-Algebrastruktur für $C^\infty(M)$ fordert, *ohne* vorauszusetzen, daß die Poisson-Klammer auch symplektisch ist. Dies wird im Rahmen der Poisson-Geometrie geschehen.

Der zentrale Begriff der Poisson-Mannigfaltigkeit spielt jedoch auch in weiteren Bereichen der mathematischen Physik eine zunehmend größere Rolle. Als Beispiel seien hier die *Poisson-Sigma-Modelle* genannt. Dies sind spezielle Feldtheorien, bei denen die „Raumzeit" $(1 + 1)$-dimensional ist und die „Felder" ihre Werte in einer Poisson-Mannigfaltigkeit annehmen [284]. Ebenso stellt die Poisson-Geometrie einen Ausgangspunkt für die Connessche *nichtkommutative Geometrie* dar [84], welche als möglicher Kandidat für einen erweiterten Geometriebegriff bei sehr kleinen Abständen (Planck-Skala) gehandelt wird, siehe beispielsweise [215, 226]. Schließlich verallgemeinern Poisson-Mannigfaltigkeiten in einem noch zu diskutierenden Sinne Lie-Algebren und damit Symmetriebegriffe an vielen Stellen in der Physik.

Es gilt also zunächst, die Grundlagen der Poisson-Geometrie zu diskutieren und ihre Beziehungen zur symplektischen Geometrie und klassischen Mechanik zu identifizieren. Als weiterführende Literatur seien hier vor allem

Tabelle 4.1. Charakterisierung klassischer mechanischer Systeme

	Geometrisch	**Algebraisch**
	Observablen:	
	Funktionen $C^\infty(M)$ auf einem Phasenraum (M, ω).	Poisson-$*$-Algebra $\mathcal{A}$ mit Eins.
	Zustände	
		Positive Funktionale $\omega : \mathcal{A} \longrightarrow \mathbb{C}$, $\omega(a^*a) \geq 0$, $\omega(\mathbb{1}) = 1$.
Rein:	Punkte des Phasenraums.	Nur auf triviale Weise konvex zerlegbare positive Funktionale.
Gemischt:	Positive Borel-Maße auf M.	Nichttrivial konvex zerlegbare positive Funktionale $\omega = \lambda_1 \omega_1 + \lambda_2 \omega_2$ mit $0 < \lambda_i < 1$, $\lambda_1 + \lambda_2 = 1$ und ω_1, ω_2 linear unabhängig.
	Zeitentwicklung	
Infinitesimal:	Hamiltonsches Vektorfeld X_H zur Hamilton-Funktion H.	Innere Poisson-Derivation $\{\cdot, H\}$.
Integriert:	Hamiltonscher Fluß Φ_t zu X_H, entspricht Einparametergruppe von Symplektomorphismen.	Einparametergruppe von Poisson-Automorphismen Φ_t^*.
	Symmetrien	
Infinitesimal:	Symplektische Lie-Algebrenwirkung $\varphi : \mathfrak{g} \longrightarrow \Gamma^\infty(TM)$.	Darstellung ϱ von $\mathfrak{g}$ auf $\mathcal{A}$ durch Poisson-Derivationen $\varrho(\xi) = -\xi_M$.
Integriert:	Symplektische Lie-Gruppenwirkung $\Phi : G \times M \longrightarrow M$.	Darstellung von G auf $\mathcal{A}$ durch Poisson-Automorphismen $\Phi_{g^{-1}}^*$.
Hamiltonsch:	Ad*- bzw. ad*-äquivariante Impulsabbildung $J : M \longrightarrow \mathfrak{g}^*$.	Darstellung durch innere Poisson-Derivationen $\varrho(\xi) = \{\cdot, J(\xi)\}$ mit $\{J(\xi), J(\eta)\} = J([\xi, \eta])$.

[73, 107, 194, 224, 231, 259, 306] sowie die Originalarbeiten [63, 212, 222, 318, 322] genannt.

4.1 Poisson-Mannigfaltigkeiten

In diesem Abschnitt werden wir die Grundlagen der Geometrie von Poisson-Mannigfaltigkeiten diskutieren.

4.1.1 Poisson-Klammern und Poisson-Tensoren

Wir betrachten eine Mannigfaltigkeit M zusammen mit einer antisymmetrischen bilinearen Abbildung

$$\{\cdot,\cdot\} : C^\infty(M) \times C^\infty(M) \longrightarrow C^\infty(M). \tag{4.1}$$

Ziel ist es nun, Bedingungen dafür zu finden, wann $\{\cdot,\cdot\}$ eine Poisson-Klammer definiert, und diese geometrisch zu deuten. Wir beginnen mit der Leibniz-Regel, welche wir nur für ein Argument fordern müssen, da $\{\cdot,\cdot\}$ als antisymmetrisch angenommen wird.

Proposition 4.1.1. *Sei $\{\cdot,\cdot\}$ eine antisymmetrische und bilineare Klammer für $C^\infty(M)$. Dann ist äquivalent:*

i.) $\{\cdot,\cdot\}$ erfüllt die Leibniz-Regel $\{f, gh\} = \{f, g\}h + g\{f, h\}$.
ii.) Es existiert ein Bivektorfeld $\pi \in \mathfrak{X}^2(M) = \Gamma^\infty(\Lambda^2 TM)$ mit

$$\{f, g\} = \pi(\mathrm{d}f \otimes \mathrm{d}g) = \mathrm{i}(\mathrm{d}g)\,\mathrm{i}(\mathrm{d}f)\pi = -\,[\![\,[\![f, \pi]\!], g]\!]. \tag{4.2}$$

iii.) $\{\cdot,\cdot\}$ ist lokal, also $\mathrm{supp}\{f, g\} \subseteq \mathrm{supp}\,f \cap \mathrm{supp}\,g$ und in lokalen Koordinaten (U, x) von M gilt

$$\{f, g\}\Big|_U = \pi^{ij} \frac{\partial f}{\partial x^i} \frac{\partial g}{\partial x^j} \tag{4.3}$$

mit lokalen Funktionen $\pi^{ij} \in C^\infty(U)$, definiert durch

$$\pi^{ij} = \{x^i, x^j\} = -\pi^{ji}. \tag{4.4}$$

Die lokalen Funktionen aus (4.4) sind gerade die Koeffizientenfunktionen des Bivektorfeld π aus (4.2), also

$$\pi\Big|_U = \frac{1}{2}\pi^{ij} \frac{\partial}{\partial x^i} \wedge \frac{\partial}{\partial x^j}. \tag{4.5}$$

Beweis. Der Teil *i.)* $\Rightarrow$ *ii.)* ist der schwierige Teil dieser Proposition: Die Existenz eines solchen (eindeutig bestimmten) Bivektorfeldes folgt aus der Leibniz-Regel in beiden Argumenten, siehe Beispiel A.5.7. Die verbleibenden Gleichungen in (4.2) folgen aus den Rechenregeln für die Schouten-Nijenhuis-Klammer nach Satz 2.3.33. Wertet man (4.2) in lokalen Koordinaten aus, erhält man unmittelbar (4.3) mit (4.4) und (4.5). Dies zeigt die Implikation *ii.)* $\Rightarrow$ *iii.)* Die verbleibende Implikation *iii.)* $\Rightarrow$ *i.)* ist klar, da die Leibniz-Regel ja lokal geprüft werden kann. $\qquad\square$

Sei nun also ein Bivektorfeld $\pi \in \mathfrak{X}^2(M)$ vorgegeben, so daß die zugehörige Klammer $\{\cdot,\cdot\}$ antisymmetrisch und bilinear ist sowie die Leibniz-Regel erfüllt. Dann definiert man den *Jacobiator* J_π von π durch

$$J_\pi(f, g, h) = \{f, \{g, h\}\} + \{g, \{h, f\}\} + \{h, \{f, g\}\}. \tag{4.6}$$

Der Jacobiator beschreibt also gerade den Defekt der Jacobi-Identität von $\{\cdot,\cdot\}$. Offenbar ist J_π total antisymmetrisch und erfüllt ebenfalls die Leibniz-Regel in jedem Argument. Dies rechnet man direkt nach. Daher gibt es ein Trivektorfeld $J \in \mathfrak{X}^3(M)$ mit

$$J_\pi(f, g, h) = J(\mathrm{d}f \otimes \mathrm{d}g \otimes \mathrm{d}h), \tag{4.7}$$

siehe Beispiel A.5.7. Es gilt also, J in Abhängigkeit von π zu bestimmen, um die Jacobi-Identität $J_\pi = 0$ zu testen. Wir formulieren dieses Problem etwas allgemeiner für eine beliebige Gerstenhaber-Algebra.

Proposition 4.1.2. *Sei $\mathfrak{G}^\bullet$ eine Gerstenhaber-Algebra mit der zusätzlichen Eigenschaft, daß $\mathfrak{G}^k = \{0\}$ für $k < 0$. Dann gilt:*

i.) *$\mathfrak{G}^0$ ist eine kommutative assoziative Algebra bezüglich der assoziativen Multiplikation von $\mathfrak{G}^\bullet$. Es gilt $[\![f, g]\!] = 0$ für $f, g \in \mathfrak{G}^0$.*

ii.) *Ist $\pi \in \mathfrak{G}^2$, so ist*

$$\{f, g\}_\pi = - [\![\,[\![f, \pi]\!]\,, g]\!] \tag{4.8}$$

eine bilineare antisymmetrische Klammer auf $\mathfrak{G}^0$, welche die Leibniz-Regel in beiden Argumenten erfüllt.

iii.) *Der Jacobiator J_π von $\{\cdot,\cdot\}_\pi$ ist total antisymmetrisch, erfüllt die Leibniz-Regel in jedem Argument, und es gilt*

$$J_\pi(f, g, h) = \frac{1}{2} [\![f, [\![g, [\![h, [\![\pi, \pi]\!]\,]\!]\,]\!]\,]\!]. \tag{4.9}$$

iv.) *Gilt $[\![\pi, \pi]\!] = 0$, so erfüllt $\{\cdot,\cdot\}_\pi$ die Jacobi-Identität, und $\mathfrak{G}^0$ wird zu einer Poisson-Algebra.*

v.) *Ist die Gerstenhaber-Klammer $[\![\cdot,\cdot]\!]$ von $\mathfrak{G}^\bullet$ nichtausgeartet in dem Sinne, daß für $b \in \mathfrak{G}^k$ mit $b \neq 0$ und $k > 0$ auch $a_1, \ldots, a_k \in \mathfrak{G}^0$ existieren, so daß $[\![a_1, \cdots, [\![a_k, b]\!]\cdots]\!] \neq 0$ gilt, so erfüllt $\{\cdot,\cdot\}_\pi$ genau dann die Jacobi-Identität, wenn $[\![\pi, \pi]\!] = 0$.*

Beweis. Der erste Teil ist klar, da $\mathfrak{G}^0$ immer abgeschlossen bezüglich der assoziativen Multiplikation von $\mathfrak{G}$ ist und allgemein $[\![f, g]\!] \in \mathfrak{G}^{-1}$. Der zweite Teil ist ebenfalls eine einfache Folgerung aus der Superantisymmetrie sowie der Super-Leibniz-Regel von $[\![\cdot,\cdot]\!]$. Daß der Jacobiator antisymmetrisch ist und die Leibniz-Regel erfüllt, folgt aus der Antisymmetrie und Leibniz-Regel für $\{\cdot,\cdot\}_\pi$. Es bleibt die Gleichung (4.9) zu zeigen. Sei also $f, g, h \in \mathfrak{G}^0$ gegeben. Dann definieren wir $X_f = [\![f, \pi]\!] \in \mathfrak{G}^1$. Dann gilt offenbar $[\![X_f, g]\!] = -\{f, g\}_\pi$, da $[\![f, g]\!] = 0$. Weiter gilt allgemein

$$[\![\,[\![f, \pi]\!]\,, \pi]\!] = \frac{1}{2} [\![f, [\![\pi, \pi]\!]\,]\!],$$

was man leicht aus der Super-Jacobi-Identität für $[\![\cdot,\cdot]\!]$ erhält. Damit folgt

$$[\![X_f, X_g]\!] = [\![X_f, [\![g, \pi]\!]\,]\!]$$

$$= [\![[\![X_f, g]\!] , \pi]\!] + [\![g, [\![X_f, \pi]\!]]\!]$$

$$= [\![-\{f, g\}_\pi, \pi]\!] + \frac{1}{2} [\![g, [\![f, [\![\pi, \pi]\!]]\!]]\!]$$

$$= -X_{\{f,g\}_\pi} + \frac{1}{2} [\![g, [\![f, [\![\pi, \pi]\!]]\!]]\!] .$$

Wir rechnen damit nach, daß

$$\{f, \{g, h\}_\pi\}_\pi = [\![X_f, [\![X_g, h]\!]]\!]$$

$$= [\![[\![X_f, X_g]\!] , h]\!] + [\![X_g, [\![X_f, h]\!]]\!]$$

$$= -[\![X_{\{f,g\}_\pi}, h]\!] + \frac{1}{2} [\![[\![g, [\![f, [\![\pi, \pi]\!]]\!]]\!] , h]\!] - [\![X_g, \{f, h\}_\pi]\!]$$

$$= \{\{f, g\}_\pi, h\}_\pi + \{g, \{f, h\}_\pi\}_\pi - \frac{1}{2} [\![h, [\![g, [\![f, [\![\pi, \pi]\!]]\!]]\!]]\!] ,$$

womit der dritte Teil gezeigt ist. Der vierte Teil ist klar, ebenso der fünfte. $\square$

Korollar 4.1.3. *Sei M eine Mannigfaltigkeit und $\pi \in \mathfrak{X}^2(M)$ ein Bivektorfeld.*

i.) Die Schouten-Nijenhuis-Klammer $[\![\cdot, \cdot]\!]$ ist nichtausgeartet.

ii.) In einer lokalen Karte (U, x) gilt mit $\pi^{ij} = \{x^i, x^j\}$

$$[\![\pi, \pi]\!] \Big|_U = \pi^{ij} \frac{\partial \pi^{k\ell}}{\partial x^i} \frac{\partial}{\partial x^j} \wedge \frac{\partial}{\partial x^k} \wedge \frac{\partial}{\partial x^\ell}. \tag{4.10}$$

iii.) Ein Bivektorfeld π definiert durch $\{f, g\} = \pi(\mathrm{d}f \otimes \mathrm{d}g)$ genau dann eine Poisson-Klammer, wenn

$$[\![\pi, \pi]\!] = 0. \tag{4.11}$$

Beweis. Die Nichtausgeartetheit im Sinne von Proposition 4.1.2 folgt leicht aus der Beobachtung, daß für ein k-Vektorfeld $X \in \mathfrak{X}^k(M)$

$$[\![f_1, \cdots, [\![f_k, X]\!] \cdots]\!] = \mathrm{i}(\mathrm{d}f_1) \cdots \mathrm{i}(\mathrm{d}f_k)X = X(\mathrm{d}f_k \otimes \cdots \otimes \mathrm{d}f_1).$$

Da die Differentiale von Funktionen lokal aber den ganzen Kotangentialraum aufspannen, folgt $X = 0$ genau dann, wenn $[\![f_1, \cdots, [\![f_k, X]\!] \cdots]\!] = 0$ für alle Funktionen $f_1, \ldots, f_k$. Der zweite Teil ist eine einfache Berechnung der Schouten-Nijenhuis-Klammer in lokalen Koordinaten, siehe auch Aufgabe 4.1. Der dritte Teil ist eine unmittelbare Folgerung aus Proposition 4.1.2. $\square$

Bemerkung 4.1.4 (Abgeleitete Klammern). Die Aussage von Proposition 4.1.2 läßt sich in einem viel größeren Rahmen der sogenannten *abgeleiteten Klammern* verstehen, siehe hierzu auch [208].

Folgerung 4.1.5. *Der Bivektor $\pi \in \mathfrak{X}^2(M)$ liefert also genau dann eine Poisson-Klammer $\{\cdot, \cdot\}$, falls lokal in jeder Karte (U, x) die Koeffizienten $\pi^{ij} = \{x^i, x^j\}$ die Differentialgleichung*

$$\pi^{ij}\frac{\partial \pi^{k\ell}}{\partial x^j} + \pi^{kj}\frac{\partial \pi^{\ell i}}{\partial x^j} + \pi^{\ell j}\frac{\partial \pi^{ik}}{\partial x^j} = 0 \qquad (4.12)$$

für alle i, k, ℓ *erfüllen.*

Dies folgt aus (4.10) und der Tatsache, daß der total antisymmetrische Teil von $\pi^{ij}\frac{\partial \pi^{k\ell}}{\partial x^j}$ gerade durch die linke Seite von (4.12) gegeben ist, siehe Aufgabe 4.1.

Bemerkung 4.1.6. Das Verschwinden des *Tensorfeldes* $[\![\pi,\pi]\!]$ läßt sich punktweise überprüfen, also insbesondere in einer Karte. Daher ist diese Charakterisierung sehr nützlich. Die Bedingung (4.12) ist bereits lokal nichttrivial: (4.12) ist ein gekoppeltes System von quadratischen partiellen Differentialgleichungen. Es ist also alles andere als offensichtlich, daß diese nichttriviale Lösungen $\pi \neq 0$ zulassen.

Wenn man aber ein $\pi \in \mathfrak{X}^2(M)$ mit $[\![\pi,\pi]\!] = 0$ gefunden hat, so wird $\{\cdot,\cdot\}$ in der Tat eine Poisson-Klammer für $C^\infty(M)$. Dies motiviert folgende Definition:

Definition 4.1.7 (Poisson-Tensor). *Ein Bivektorfeld* $\pi \in \mathfrak{X}^2(M)$ *heißt Poisson-Tensor (auch Poisson-Struktur), falls* $[\![\pi,\pi]\!] = 0$. *In diesem Fall heißt* (M,π) *Poisson-Mannigfaltigkeit.*

Eine äquivalente Definition ist nach Proposition 4.1.1 und Korollar 4.1.3, daß $C^\infty(M)$ die Struktur einer Poisson-Algebra trägt, wobei die Poisson-Klammer mit π über

$$\{f,g\} = \pi(\mathrm{d}f \otimes \mathrm{d}g) = -[\![f,[\![\pi,g]\!]]\!] \qquad (4.13)$$

verknüpft ist.

Als offensichtliche Beispiele kennen wir zum einen die symplektischen Mannigfaltigkeiten, da hier $C^\infty(M)$ ja die symplektische Poisson-Klammer trägt. Als zweites Beispiel sei die *triviale Poisson-Struktur* $\pi = 0$ genannt, welche $\{f,g\} = 0$ für alle $f, g \in C^\infty(M)$ liefert. Diese und weitere Beispiele werden in Abschnitt 4.1.3 im Detail vorgestellt. Zuvor diskutieren wir jedoch noch einige allgemeine Eigenschaften von Poisson-Mannigfaltigkeiten.

Analog zum symplektischen (oder auch Riemannschen) Fall können wir π dazu verwenden, „Indizes hochzuziehen". Wir definieren einen Vektorbündelhomomorphismus

$$\widetilde{\pi} = \sharp : T^*M \longrightarrow TM \qquad (4.14)$$

punktweise durch

$$\alpha_p^\sharp = \pi_p(\cdot, \alpha_p) = -\mathrm{i}(\alpha_p)\pi_p, \qquad (4.15)$$

wobei $\alpha_p \in T_p^*M$ eine Einsform bei $p \in M$ ist. In lokalen Koordinaten (U, x) gilt dann

$$\alpha^\sharp\big|_U = \pi^{ij}\alpha_j \frac{\partial}{\partial x^i}, \qquad (4.16)$$

wenn $\alpha\big|_U = \alpha_i \mathrm{d}x^i$. Wie bereits gewohnt, gibt es auch hier verschiedene Vorzeichenkonventionen. Anders als im symplektischen (oder Riemannschen)

Fall gibt es jedoch im allgemeinen *keine* Umkehrabbildung ♭, da der Vektorbündelhomomorphismus im allgemeinen *kein* Isomorphismus ist. Schlimmer noch: der Grad der Ausartung von ♯ hängt im allgemeinen vom Punkt ab, da der Rang der Matrix $(\pi^{ij}(p))$ im allgemeinen von $p \in M$ abhängig ist. Dies liefert letztlich die Fülle von neuen Phänomenen, welche deutlich über die symplektische Geometrie hinausführen werden.

4.1.2 Hamiltonsche und Poisson-Vektorfelder

Analog zum symplektischen Fall definiert man Hamiltonsche Vektorfelder, Poisson-Vektorfelder sowie die zugehörigen Zeitentwicklungen:

Definition 4.1.8 (Poisson-Vektorfelder). *Sei (M, π) eine Poisson-Mannigfaltigkeit.*

i.) Ein Vektorfeld $X \in \Gamma^\infty(TM)$ heißt Poisson-Vektorfeld, falls

$$\mathscr{L}_X \pi = 0. \tag{4.17}$$

Die Menge der Poisson-Vektorfelder wird mit $\Gamma^\infty_{\mathrm{Poisson}}(TM)$ bezeichnet.
ii.) Das Vektorfeld

$$X_H = (\mathrm{d}H)^\sharp = [\![H, \pi]\!] \tag{4.18}$$

heißt Hamiltonsches Vektorfeld zur Hamilton-Funktion $H \in C^\infty(M)$.
iii.) Ein Diffeomorphismus $\phi \in \mathrm{Diff}(M)$ heißt Poisson-Diffeomorphismus, falls

$$\phi^* \pi = \pi. \tag{4.19}$$

Die Beziehungen zwischen Poisson- und Hamiltonschen Vektorfelder sowie Poisson-Diffeomorphismen wird durch folgenden Satz geklärt, welcher uns von der symplektischen Situation her wohlbekannt ist.

Satz 4.1.9. *Sei (M, π) eine Poisson-Mannigfaltigkeit.*

i.) Jedes Hamiltonsche Vektorfeld ist ein Poisson-Vektorfeld.
ii.) Für die Poisson-Klammer gilt

$$\{f, g\} = X_g f \tag{4.20}$$

und

$$[X_f, X_g] = -X_{\{f,g\}}. \tag{4.21}$$

iii.) Ein Vektorfeld X ist genau dann ein Poisson-Vektorfeld, wenn sein Fluß Φ_t eine Einparametergruppe von Poisson-Diffeomorphismen ist. Die Poisson-Vektorfelder bilden eine Lie-Unteralgebra von $\Gamma^\infty(TM)$.
iv.) Ein Vektorfeld X ist genau dann ein Poisson-Vektorfeld, wenn

$$[X, X_H] = X_{\mathscr{L}_X H} \tag{4.22}$$

für alle $H \in C^\infty(M)$. Damit bilden die Hamiltonschen Vektorfelder ein Lie-Ideal innerhalb aller Poisson-Vektorfelder.

v.) Ein Vektorfeld X ist genau dann ein Poisson-Vektorfeld, wenn

$$\mathscr{L}_X\{f,g\} = \{\mathscr{L}_X f, g\} + \{f, \mathscr{L}_X g\} \tag{4.23}$$

für alle $f, g \in C^\infty(M)$.

vi.) Ein Diffeomorphismus ϕ ist genau dann ein Poisson-Diffeomorphismus, wenn

$$\phi^* X_H = X_{\phi^* H} \tag{4.24}$$

für alle $H \in C^\infty(M)$.

vii.) Ein Diffeomorphismus ϕ ist genau dann ein Poisson-Diffeomorphismus, wenn

$$\phi^*\{f,g\} = \{\phi^* f, \phi^* g\} \tag{4.25}$$

für alle $f, g \in C^\infty(M)$.

viii.) Ist Φ_t der Fluß zum Hamiltonschen Vektorfeld X_H, so gilt für alle $f \in C^\infty(M)$

$$\frac{\mathrm{d}}{\mathrm{d}t}\Phi_t^* f = \{\Phi_t^* f, H\} = \Phi_t^*\{f, H\} \tag{4.26}$$

und f ist genau dann eine Erhaltungsgröße bezüglich der Hamiltonschen Zeitentwicklung Φ_t, wenn

$$\{f, H\} = 0. \tag{4.27}$$

Insbesondere gilt die Energieerhaltung $\{H, H\} = 0$.

Beweis. Erstaunlicherweise sind die Beweise im wesentlichen sogar einfacher als im symplektischen Fall, da wir die Jacobi-Identität und Natürlichkeit der Schouten-Nijenhuis-Klammer verwenden können (was man im symplektischen Fall auch hätten tun können). Für die erste Aussage rechnet man nach, daß

$$\mathscr{L}_{X_H} \pi = [\![X_H, \pi]\!] = [\![[\![H, \pi]\!], \pi]\!] = [\![H, [\![\pi, \pi]\!]]\!] - [\![[\![H, \pi]\!], \pi]\!] = 0 - \mathscr{L}_{X_H} \pi = 0.$$

Gleichung (4.20) hatten wir implizit bereits im Beweis von Proposition 4.1.2 verwendet. Gleichung (4.21) folgt ebenfalls aus unseren Überlegungen im Beweis von Proposition 4.1.2. Der dritte Teil ist klar. Für den vierten Teil gilt zunächst

$$\begin{aligned}
[\![X, X_H]\!] &= [\![X, [\![H, \pi]\!]]\!] \\
&= [\![[\![X, H]\!], \pi]\!] + [\![H, [\![X, \pi]\!]]\!] \\
&= [\![\mathscr{L}_X H, \pi]\!] + [\![H, \mathscr{L}_X \pi]\!] \\
&= X_{\mathscr{L}_X H} - \mathrm{i}(\mathrm{d}H)\mathscr{L}_X \pi.
\end{aligned}$$

Da die Differentiale $\mathrm{d}H$ punktweise ganz $T_p^* M$ aufspannen, verschwindet der zweite Term genau dann, wenn $\mathscr{L}_X \pi = 0$ ist. Damit folgt die erste Behauptung. Offenbar impliziert (4.22) auch, daß die Hamiltonschen Vektorfelder ein Lie-Ideal bilden, womit der vierte Teil bewiesen ist. Für den fünften Teil betrachten wir für $X \in \Gamma^\infty(TM)$

$$\mathscr{L}_X\{f,g\} = -[\![X,[\![[f,\pi]\!],g]\!]\!]$$
$$= -[\![[\![X,[\![f,\pi]\!]]\!],g]\!] - [\![[\![f,\pi]\!],[\![X,g]\!]]\!]$$
$$= -[\![[\![[\![X,f]\!],\pi]\!],g]\!] - [\![[\![f,[\![X,\pi]\!]]\!],g]\!] + \{f,\mathscr{L}_X\,g\}$$
$$= \{\mathscr{L}_X\,f,g\} + (\mathscr{L}_X\,\pi)\,(\mathrm{d}f \otimes \mathrm{d}g) + \{f,\mathscr{L}_X\,g\}.$$

Da wieder die Differentiale $\mathrm{d}f$, $\mathrm{d}g$ punktweise die ganzen Kotangentialräume aufspannen, ist die Gleichung (4.23) äquivalent zu $\mathscr{L}_X\,\pi = 0$. Für den sechsten Teil benutzen wir die Natürlichkeit der Schouten-Nijenhuis-Klammer bezüglich Diffeomorphismen. Dies liefert

$$\phi^* X_H = \phi^*\,[\![H,\pi]\!] = [\![\phi^* H, \phi^* \pi]\!] = -\mathrm{i}(\mathrm{d}\phi^* H)\phi^* \pi.$$

Mit dem selben Argument wie oben folgt, daß $\phi^* \pi = \pi$ genau dann gilt, wenn $\phi^* X_H = X_{\phi^* H}$. Der siebte Teil folgt analog aus der Rechnung

$$\phi^*\{f,g\} = -\phi^*\,[\![[\![f,\pi]\!],g]\!] = -[\![[\![\phi^* f, \phi^* \pi]\!], \phi^* g]\!] = (\phi^* \pi)\,(\mathrm{d}\phi^* f \otimes \mathrm{d}\phi^* g).$$

Für den achten und letzten Teil berechnen wir schließlich

$$\frac{\mathrm{d}}{\mathrm{d}t}\Phi_t^* f = \mathscr{L}_{X_H}\,\Phi_t^* f = \{\Phi_t^* f, H\} = \Phi_t^*\,\mathscr{L}_{X_H}\,f = \Phi_t^*\{f,H\},$$

womit die verbleibenden Behauptungen wie im symplektischen Fall folgen, siehe auch Aufgabe 4.2.   □

Bemerkung 4.1.10. Die Aussagen von Satz 4.1.9 sind die Verallgemeinerungen der Aussagen von Proposition 3.1.5, Satz 3.1.12 und Satz 3.1.15 mit einer wichtigen Ausnahme: Im allgemeinen sind Poisson-Vektorfelder *nicht* lokal Hamiltonsch und die Lie-Klammer von zwei Poisson-Vektorfeldern ist im allgemeinen *nicht* Hamiltonsch.

Beispiel 4.1.11. Für die triviale Poisson-Struktur $\pi = 0$ gilt offenbar, daß jedes Vektorfeld ein Poisson-Vektorfeld ist, aber $X_H = 0$ für alle $H \in C^\infty(M)$.

Dieses Phänomen wird durch folgenden Quotienten „gemessen": Man definiert die *erste Poisson-Kohomologie* von (M,π) durch

$$\mathrm{H}_\pi^1(M) = \frac{\{\text{Poisson-Vektorfelder}\}}{\{\text{Hamiltonsche Vektorfelder}\}}. \tag{4.28}$$

Proposition 4.1.12. *Sei (M,π) eine Poisson-Mannigfaltigkeit. Dann ist die erste Poisson-Kohomologie $\mathrm{H}_\pi^1(M)$ eine Lie-Algebra bezüglich der induzierten Lie-Klammer der Vektorfelder $\Gamma^\infty(TM)$.*

Beweis. Zunächst ist $\mathrm{H}_\pi^1(M)$ ein reeller Vektorraum, da ja die Hamiltonschen Vektorfelder ein Untervektorraum aller Poisson-Vektorfelder sind. Weiter gilt, daß die Poisson-Vektorfelder eine Lie-Unteralgebra von $\Gamma^\infty(TM)$ bilden und die Hamiltonschen Vektorfelder ein Lie-Ideal darin sind. Damit ist der Quotient kanonisch eine Lie-Algebra.   □

Während im symplektischen Fall ein Hamiltonsches Vektorfeld X_H seine Hamilton-Funktion H bis auf eine Konstante festlegt, sofern M zusammenhängend ist, siehe Bemerkung 3.1.11, kann es im allgemeinen Poisson-Fall vorkommen, daß verschiedene Funktionen das selbe Hamiltonsche Vektorfeld besitzen, beispielsweise für die triviale Poisson-Struktur. Dies motiviert folgende Definition:

Definition 4.1.13 (Casimir-Funktionen). *Sei* (M, π) *eine Poisson-Mannigfaltigkeit. Eine Funktion* f *heißt Casimir-Funktion, falls* $X_f = 0$. *Die Menge aller Casimir-Funktionen wird als nullte Poisson-Kohomologie* $\mathrm{H}^0_\pi(M)$ *oder auch als Poisson-Zentrum bezeichnet.*

Bemerkung 4.1.14 (Casimir-Funktionen).

i.) Da $f \mapsto X_f = [\![f, \pi]\!]$ linear ist, folgt, daß die nullte Poisson-Kohomologie ein Untervektorraum von $C^\infty(M)$ ist. Da weiter $X_{fg} = f X_g + g X_f$ gilt, folgt, daß $\mathrm{H}^0_\pi(M)$ sogar eine Unteralgebra ist und damit insbesondere eine assoziative, kommutative Algebra ist.

ii.) Ist $f \in \mathrm{H}^0_\pi(M)$ eine Casimir-Funktion und $H \in C^\infty(M)$ beliebig, so gilt

$$\{f, H\} = 0. \tag{4.29}$$

Die Casimir-Funktionen sind also für *alle* Hamiltonschen Zeitentwicklungen Erhaltungsgrößen. Dies liefert eine Interpretation als klassische *Superauswahlregel*, denn startet eine beliebige Hamiltonsche Zeitentwicklung in einer Hyperfläche zu konstantem f, so wird diese Hyperfläche nicht mehr verlassen. Derartige Superauswahlregeln sind in der symplektischen Geometrie natürlich nicht vorhanden beziehungsweise trivialer Natur.

Bemerkung 4.1.15. Die Bezeichnung $\mathrm{H}^0_\pi(M)$ und $\mathrm{H}^1_\pi(M)$ legt nahe, daß es tatsächlich eine Kohomologietheorie für Poisson-Mannigfaltigkeiten gibt, welche die Casimir-Funktionen als nullte beziehungsweise $\mathrm{H}^1_\pi(M)$ als erste Kohomologiegruppe besitzt. Wir werden diese Kohomologie in Abschnitt 4.2.2 noch eingehend diskutieren.

4.1.3 Beispiele von Poisson-Mannigfaltigkeiten

Wir diskutieren nun einige fundamentale Beispiele von Poisson-Mannigfaltigkeiten.

Die triviale Poisson-Struktur $\pi = 0$

Auch wenn dieses Beispiel scheinbar zu trivial ist, um interessant zu sein, liefert es doch ein Beispiel und manchmal insbesondere ein brauchbares Gegenbeispiel. Es stellt gewissermaßen den einen Extremfall an Ausartungsgrad dar. Insbesondere gilt

$$\mathrm{H}^0_\pi(M) = C^\infty(M) \quad \text{und} \quad \mathrm{H}^1_\pi(M) = \Gamma^\infty(TM), \tag{4.30}$$

jeweils mit der üblichen Algebra- beziehungsweise Lie-Algebrastruktur.

Symplektische Mannigfaltigkeiten (M, ω)

Dies war der Ausgangspunkt unserer Verallgemeinerungen. Ist lokal $\omega = \frac{1}{2}\omega_{ij}\mathrm{d}x^i \wedge \mathrm{d}x^j$, so ist die Matrix $(\omega_{ij}(p))$ an jedem Punkt p invertierbar mit Inversem $\omega^{ij}\omega_{jk} = \delta^i_k$. Die Poisson-Klammer ist dann

$$\{f, g\} = -\omega^{ij}\frac{\partial f}{\partial x^i}\frac{\partial g}{\partial x^j}, \tag{4.31}$$

wie man mit (3.12) und Definition 3.1.14 unmittelbar sieht. Daher ist der Poisson-Tensor π einer symplektischen Mannigfaltigkeit lokal durch

$$\pi = \frac{1}{2}\pi^{ij}\frac{\partial}{\partial x^i} \wedge \frac{\partial}{\partial x^j} \quad \text{mit} \quad \pi^{ij} = -\omega^{ij} \tag{4.32}$$

gegeben. Es bleibt als eine kleine Übungsaufgabe nachzuprüfen, daß die in Kapitel 3 gemachten Definitionen für X_H, $\{\cdot, \cdot\}$, symplektische Vektorfelder und Symplektomorphismen sowie $\sharp$ mit den in diesem Kapitel gemachten Definitionen übereinstimmen. Insbesondere sind symplektische Vektorfelder und Symplektomorphismen gerade die Poisson-Vektorfelder und Poisson-Diffeomorphismen bezüglich π.

Die folgende Proposition charakterisiert diejenigen Poisson-Tensoren, welche von einer symplektischen Form kommen:

Proposition 4.1.16. *Ein Poisson-Tensor π für M ist genau dann von der Form (4.32) mit einer symplektischen Form ω, falls π punktweise nichtausgeartet ist. Dies ist genau dann der Fall, wenn $\sharp : T^*M \longrightarrow TM$ ein Vektorbündelisomorphismus ist. Die Bedingung $[\![\pi, \pi]\!] = 0$ entspricht genau der Bedingung $\mathrm{d}\omega = 0$.*

Beweis. Der Beweis ist eine leichte Übung.   □

Im symplektischen Fall kann man die nullte und erste Poisson-Kohomologie leicht berechnen und erhält die entsprechende deRham-Kohomologie

$$\mathrm{H}^0_\pi(M) \cong \mathrm{H}^0_{\mathrm{dR}}(M) \quad \text{und} \quad \mathrm{H}^1_\pi(M) \cong \mathrm{H}^1_{\mathrm{dR}}(M), \tag{4.33}$$

wobei der kanonische Isomorphismus $\Gamma^\infty(TM) \ni X \mapsto \mathrm{i}_X\omega \in \Gamma^\infty(T^*M)$ die zweite Isomorphie induziert. Wir werden dieses einfache Resultat später nochmals aufgreifen und auf die höheren Kohomologiegruppen verallgemeinern, siehe auch Aufgabe 4.3.

Konstante Poisson-Strukturen

Sei V ein N-dimensionaler Vektorraum und sei $\pi \in \Gamma^\infty(\Lambda^2 TV)$ ein *konstantes* Bivektorfeld auf V. Da V nach Wahl einer Basis $e_1, \ldots, e_N$ eine globale Karte $x^1, \ldots, x^N$ via

$$V \ni v = x^i e_i \mapsto x = (x^1, \dots, x^N) \in \mathbb{R}^N \tag{4.34}$$

besitzt, siehe Beispiel 2.1.6, ist es wohl-definiert, von einem bezüglich dieser Karte konstanten Tensorfeld zu sprechen. Offenbar hängt diese Charakterisierung nicht von der gewählten Vektorraumbasis ab, so daß man von *konstanten* Tensorfeldern auf Vektorräumen sprechen kann. Das Tensorfeld π ist also von der Form

$$\pi = \frac{1}{2} \pi^{ij} \frac{\partial}{\partial x^i} \wedge \frac{\partial}{\partial x^j} \quad \text{mit} \quad \pi^{ij} = -\pi^{ji} \in \mathbb{R}. \tag{4.35}$$

Daher kann man π mit einem Element in $\Lambda^2 V$ identifizieren. Es gilt nun folgende Proposition, welche das lineare Darboux-Theorem aus Aufgabe 1.4 geringfügig verallgemeinert:

Proposition 4.1.17. *Sei V ein N-dimensionaler reeller Vektorraum und $\pi \in \Gamma^\infty(\Lambda^2 TV)$ ein konstantes Bivektorfeld. Dann ist π ein Poisson-Tensor und es gibt eine Vektorraumbasis $e_1, \dots, e_n$, $f^1, \dots, f^n$, $z_1, \dots, z_k$ mit $2n + k = N$, so daß*

$$\pi = \sum_{i=1}^n e_i \wedge f^i. \tag{4.36}$$

Die Poisson-Klammer ist damit

$$\{g, h\}(q, p, c) = \sum_{i=1}^n \left(\frac{\partial g}{\partial q^i} \frac{\partial h}{\partial p_i} - \frac{\partial g}{\partial p_i} \frac{\partial h}{\partial q^i} \right)(q, p, c), \tag{4.37}$$

wobei $q^1, \dots, q^n$, $p_1, \dots, p_n$, $c^1, \dots, c^k$ die linearen Koordinaten bezüglich $e_1, \dots, e_n$, $f^1, \dots, f^n$, $z_1, \dots, z_k$ sind. Der Ausartungsgrad von π ist k und die Koordinatenfunktionen $c^1, \dots, c^k$ sind Casimir-Funktionen.

Beweis. Mit dem üblichen Induktionsbeweis nach dem Rang $2n$ der Matrix (π^{ij}) folgt die Existenz einer solchen „Darboux-Basis", wie dies in Aufgabe 1.4 besprochen wird. Die übrigen Behauptungen folgen sofort aus der Gestalt (4.37) der Poisson-Klammer. $\qquad \square$

Lineare Poisson-Strukturen

Wir betrachten erneut einen n-dimensionalen Vektorraum V mit Dualraum V^*. Sei $e_1, \dots, e_n$ eine Basis von V mit dualer Basis $e^1, \dots, e^n$ von V^* und induzierten linearen Koordinaten $\xi^1, \dots, \xi^n$ für V und $x_1, \dots, x_n$ für V^*.

Ein Bivektorfeld π auf V^* heißt *linear*, wenn es linear von den Koordinaten $x_1, \dots, x_n$ abhängt. Offenbar ist dies ebenfalls eine basisunabhängige Charakterisierung. Es gilt also

$$\pi(x) = \frac{1}{2} x_k c_{ij}^k e^i \wedge e^j \tag{4.38}$$

mit Konstanten $c_{ij}^k = -c_{ji}^k \in \mathbb{R}$, wobei wir e^i und $\frac{\partial}{\partial x_i}$ in der üblichen Weise identifizieren. Entsprechend gilt für die zu π gehörige Klammer

$$\{f, g\}(x) = x_k c_{ij}^k \frac{\partial f}{\partial x_i}(x) \, \frac{\partial g}{\partial x_j}(x). \tag{4.39}$$

Proposition 4.1.18. *Sei V ein n-dimensionaler reeller Vektorraum und $\pi \in \Gamma^\infty(\Lambda^2 TV^*)$ ein lineares Bivektorfeld auf V^*. Dann ist äquivalent:*

i.) π ist ein Poisson-Tensor.
ii.) Die Konstanten c_{ij}^k aus (4.38) erfüllen die Gleichung

$$c_{ij}^\ell c_{\ell k}^r + c_{jk}^\ell c_{\ell i}^r + c_{ki}^\ell c_{\ell j}^r = 0 \tag{4.40}$$

für alle $i, j, k, r = 1, \ldots, n$.
iii.) Es existiert eine eindeutig bestimmte Lie-Algebrastruktur $[\cdot, \cdot]$ auf V, so daß

$$\{f, g\}(x) = x\left(\left[df\big|_x, dg\big|_x\right]\right) \tag{4.41}$$

für $x \in V^*$. Hier identifiziert man $T_x^* V^* = V^{**} = V$, womit $df\big|_x, dg\big|_x \in V$.

Beweis. Die Äquivalenz der ersten und zweiten Bedingung folgt unmittelbar aus den allgemeinen Formeln (4.12) und der lokalen Gestalt (4.38). Wir betrachten nun den bekannten Isomorphismus gradierter Algebren $\mathcal{J} : \mathrm{S}^\bullet(V) \longrightarrow \mathrm{Pol}^\bullet(V^*)$, siehe Aufgabe 2.1, wobei insbesondere $\xi, \eta \in V$ als lineare Funktionen $\mathcal{J}(\xi), \mathcal{J}(\eta)$ auf V^* aufgefaßt werden. Da der Poisson-Tensor linear vom Punkt in V^* abhängt und in $\{f, g\}$ jede Funktion einmal differenziert wird, folgt, daß $\{\mathcal{J}(\xi), \mathcal{J}(\eta)\}$ wieder eine *lineare* Funktion auf V^* ist, also durch einen eindeutig bestimmten Vektor $[\xi, \eta] \in V$ gegeben ist:

$$\{\mathcal{J}(\xi), \mathcal{J}(\eta)\} = \mathcal{J}([\xi, \eta]).$$

Die so definierte Klammer $[\cdot, \cdot]$ macht V tatsächlich zu einer Lie-Algebra und $\mathcal{J}$ schränkt sich zu einem Lie-Algebraisomorphismus $\mathcal{J} : \mathrm{S}^1(V) = V \longrightarrow \mathrm{Pol}^1(V^*)$ ein. Wir berechnen nun $[\xi, \eta]$ explizit

$$
\begin{aligned}
x([\xi, \eta]) &= \{\mathcal{J}(\xi), \mathcal{J}(\eta)\}(x) \\
&= x_k c_{ij}^k \frac{\partial(\xi^\ell x_\ell)}{\partial x_i} \frac{\partial(\eta^r x_r)}{\partial x_j} \\
&= x_k c_{ij}^k \xi^i \eta^j \\
&= x\left(c_{ij}^k \xi^i \eta^j e_k\right).
\end{aligned}
$$

Somit sind die c_{ij}^k tatsächlich die Strukturkonstanten von $[\cdot, \cdot]$. Es bleibt (4.41) zu zeigen. Sei also $f \in C^\infty(V^*)$. Dann gilt

$$df\big|_x = \frac{\partial f}{\partial x_i}(x) e_i$$

und daher

$$[\mathrm{d}f|_x, \mathrm{d}g|_x] = \frac{\partial f}{\partial x_i}(x)\frac{\partial g}{\partial x_j}(x)c_{ij}^k e_k,$$

womit auch (4.41) folgt. Die Umkehrung erfolgt durch eine einfach Rechnung in linearen Koordinaten, indem man die obigen Schritte rückwärts durchläuft.

$\square$

Folgerung 4.1.19. *Sei $\mathfrak{g}$ eine reelle n-dimensionale Lie-Algebra.*

i.) Der Dualraum $\mathfrak{g}^*$ ist auf kanonische Weise eine Poisson-Mannigfaltigkeit mit linearer Poisson-Struktur.

ii.) Es gilt $\pi(0) = 0$, weshalb der Rang der Poisson-Struktur von $\mathfrak{g}^*$ nur dann konstant (und gleich Null) ist, wenn $\mathfrak{g}$ abelsch ist.

iii.) Die Polynome $\mathrm{Pol}^\bullet(\mathfrak{g}^*)$ auf $\mathfrak{g}^*$ sind eine gradierte Poisson-Unteralgebra von $C^\infty(\mathfrak{g}^*)$ mit

$$\left\{\mathrm{Pol}^k(\mathfrak{g}^*), \mathrm{Pol}^\ell(\mathfrak{g}^*)\right\} \subseteq \mathrm{Pol}^{k+\ell-1}(\mathfrak{g}^*). \tag{4.42}$$

iv.) Die symmetrische Algebra $\mathrm{S}^\bullet(\mathfrak{g})$ wird durch den kanonischen Algebraisomorphismus $\mathrm{S}^\bullet(\mathfrak{g}) \cong \mathrm{Pol}^\bullet(\mathfrak{g}^*)$ zu einer gradierten Poisson-Algebra mit

$$\left\{\mathrm{S}^k(\mathfrak{g}), \mathrm{S}^\ell(\mathfrak{g})\right\} \subseteq \mathrm{S}^{k+\ell-1}(\mathfrak{g}). \tag{4.43}$$

Die durch (4.43) auf $\mathrm{S}^1(\mathfrak{g}) = \mathfrak{g}$ induzierte Lie-Algebrastruktur stimmt mit der ursprünglichen überein. Entsprechend ist $\mathrm{Pol}^1(\mathfrak{g}^*)$ eine zu $\mathfrak{g}$ isomorphe Lie-Algebra.

Beweis. Der erste Teil ist klar nach Proposition 4.1.18. Da sicherlich $\pi(0) = 0$ gilt, muß π identisch verschwinden, damit π konstanten Rang haben kann. Dies ist aber genau dann der Fall, wenn alle Strukturkonstanten verschwinden, also wenn $\mathfrak{g}$ abelsch ist. Die Gradierungseigenschaften (4.42) und (4.43) sind offensichtlich. Der letzte Teil wurde im Beweis von Proposition 4.1.18 bereits gezeigt.

$\square$

In den Aufgaben 3.26 und 4.7 werden weitere Eigenschaften dieses wichtigen Beispiels einer Poisson-Mannigfaltigkeit diskutiert werden. Insbesondere erlaubt dieses Beispiel zum einen, geometrische Konzepte für das Studium von Lie-Algebren zu verwenden, zum anderen, Lie-algebraische Techniken für die Poisson-Geometrie zu verallgemeinern. Wir werden daher noch an verschiedenen Stellen auf dieses Beispiel zurückkommen.

Zweidimensionale Poisson-Mannigfaltigkeiten

Sei Σ eine zweidimensionale orientierbare Mannigfaltigkeit, siehe auch Abbildung 4.1. Es gebe also eine nirgends verschwindende Volumenform $\omega \in \Gamma^\infty(\Lambda^2 T^*\Sigma)$. In zwei Dimensionen ist ω daher sogar symplektisch, da ω nichtausgeartet ist und trivialerweise $\mathrm{d}\omega = 0$. Sei also $\pi_\omega \in \Gamma^\infty(\Lambda^2 T\Sigma)$ der zugehörige symplektische Poisson-Tensor. Da $\Lambda^2 T_p\Sigma$ eindimensional ist, folgt, daß jedes andere Bivektorfeld $\pi \in \Gamma^\infty(\Lambda^2 T\Sigma)$ ein $C^\infty(\Sigma)$-Vielfaches von π_ω ist. Es gibt also eine eindeutig bestimmte Funktion $f \in C^\infty(\Sigma)$ mit

$$\pi = f\pi_\omega. \tag{4.44}$$

Umgekehrt liefert jede Funktion durch (4.44) einen neuen Bivektor π, womit man also die Isomorphie $C^\infty(\Sigma) \cong \Gamma^\infty(\Lambda^2 T\Sigma)$ (sogar als $C^\infty(\Sigma)$-Moduln) gezeigt hat. Diese Isomorphie ist jedoch nicht kanonisch, sondern hängt von der Wahl von π_ω ab. Da Σ zweidimensional ist, ist jedes π ein Poisson-Tensor, da aus Dimensionsgründen trivialerweise $[\![\pi, \pi]\!] = 0$ gilt. Offenbar ist π genau dann symplektisch, wenn f *keine* Nullstellen hat. Mehr zu dieser Beispielklasse findet sich in [271].

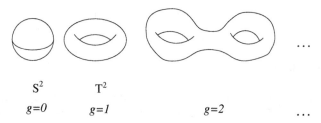

$$S^2 \qquad\qquad T^2$$
$$g{=}0 \qquad\qquad g{=}1 \qquad\qquad\qquad g{=}2 \qquad\quad \dots$$

Abb. 4.1. Die Liste der zweidimensionalen, orientierbaren, kompakten Mannigfaltigkeiten, klassifiziert durch ihr *Geschlecht* $g \in \mathbb{N}_0$

Nichttriviale Poisson-Strukturen mit kompaktem Träger

Auf jeder Mannigfaltigkeit gibt es nichttriviale Poisson-Strukturen in folgendem Sinne:

Proposition 4.1.20 (Existenz von Poisson-Strukturen). *Sei M eine n-dimensionale Mannigfaltigkeit und $p \in M$. Sei weiter $\pi_p \in \Lambda^2 T_p M$ vorgegeben. Dann gibt es eine Poisson-Struktur $\pi \in \Gamma^\infty(\Lambda^2 TM)$ mit*

$$\pi(p) = \pi_p. \tag{4.45}$$

Man kann sogar $\pi \in \Gamma_0^\infty(\Lambda^2 TM)$ wählen.

Beweis. Wir müssen offenbar nur ein $\pi \in \Gamma_0^\infty(\Lambda^2 T\mathbb{R}^n)$ konstruieren, welches seinen Träger in einer kleinen offenen Kugel hat. Dann kann man mittels einer Karte von M, deren Bild die Kugel umfaßt, π auf M zurückziehen. Die Vorgabe von π_p entspricht dann einer antisymmetrischen Matrix $(\pi_p^{ij}) \in M_n(\mathbb{R})$, wobei

$$\pi_p = \frac{1}{2} \pi_p^{ij} \frac{\partial}{\partial x^i}\bigg|_p \wedge \frac{\partial}{\partial x^j}\bigg|_p$$

und ohne Einschränkung $p = 0$ angenommen werden darf. Die Konstruktion von π basiert dann auf folgendem Lemma:

Lemma 4.1.21. *Sei $R > 0$. Dann gibt es n Vektorfelder $X_1, \ldots, X_n \in \Gamma^\infty(T\mathbb{R}^n)$ mit Träger in $B_R(0)$, welche bei 0 linear unabhängig sind und*

$$[X_i, X_j] = 0 \tag{4.46}$$

für alle $i, j = 1, \ldots, n$ erfüllen.

Der Beweis des Lemmas nach [45] wird in Aufgabe 4.5 und 4.6 besprochen. Insbesondere kann man annehmen, daß $X_i(0) = e_i$, womit die Definition

$$\pi = \frac{1}{2} \pi_p^{ij} X_i \wedge X_j$$

offenbar ein Bivektorfeld mit kompaktem Träger in $B_R(0)$ ist. Die Eigenschaft $[\![\pi, \pi]\!] = 0$ folgt nun unmittelbar aus (4.46), womit die Proposition bewiesen ist. □

Poisson-Quotienten

Sei (M, π) eine Poisson-Mannigfaltigkeit, auf der eine Lie-Gruppe G mit einer Wirkung $\Phi : G \times M \longrightarrow M$ von links wirkt. Die Wirkung heißt *Poisson-Wirkung*, falls für alle $g \in G$

$$\Phi_g^* \pi = \pi \tag{4.47}$$

gilt. Dies stellt die offensichtliche Verallgemeinerung einer symplektischen G-Wirkung dar. Insbesondere gilt

$$\Phi_g^* \{f, h\} = \{\Phi_g^* f, \Phi_g^* h\} \tag{4.48}$$

für alle $f, h \in C^\infty(M)$ und $g \in G$.

Proposition 4.1.22. *Sei (M, π) eine Poisson-Mannigfaltigkeit und $\Phi : G \times M \longrightarrow M$ eine Poisson-Wirkung einer Lie-Gruppe G auf M. Ist Φ eigentlich und frei, so ist der Quotient M/G eine Poisson-Mannigfaltigkeit mit einer durch*

$$\{\mathrm{pr}^* f, \mathrm{pr}^* g\}_M = \mathrm{pr}^* \{f, g\}_{M/G} \tag{4.49}$$

eindeutig bestimmten Poisson-Struktur $\pi_{M/G}$. Hier bezeichnet $\mathrm{pr} : M \longrightarrow M/G$ die Projektion.

Beweis. Der Beweis ist denkbar einfach. Man überlegt sich zunächst leicht, daß eine Funktion $F \in C^\infty(M)$ genau dann von der Form $F = \mathrm{pr}^* f$ mit $f \in C^\infty(M/G)$ ist, wenn F eine G-invariante Funktion ist: sicherlich ist $F = \mathrm{pr}^* f$ eine G-invariante Funktion. Ist umgekehrt F invariant unter G, so ist $f(\mathrm{pr}(p)) = F(p)$ eine wohl-definierte Funktion auf M/G. Die Glattheit von f folgt, da pr unter der Voraussetzung einer freien und eigentlichen Wirkung eine surjektive Submersion ist, siehe Satz 3.3.18, womit Aufgabe 2.7 zur Anwendung kommen kann. Damit ist also zunächst allgemein gezeigt, daß

$$C^\infty(M)^G = \mathrm{pr}^* C^\infty(M/G). \tag{4.50}$$

Hier bezeichnet $C^\infty(M)^G$ die G-invarianten Funktionen auf M. Aus (4.48) folgt aber sofort, daß die invarianten Funktionen eine Poisson-Unteralgebra sind, siehe auch Aufgabe 3.30. Somit wird auch $C^\infty(M/G)$ zu einer Poisson-Algebra, indem man pr^* zu einem Poisson-Algebraisomorphismus erklärt. Damit ist M/G aber eine Poisson-Mannigfaltigkeit und die so erhaltene Poisson-Struktur ist offenbar durch (4.49) eindeutig festgelegt. $\qquad\square$

Betrachtet man insbesondere eine symplektische Mannigfaltigkeit (M, ω) mit einer symplektischen G-Wirkung, so erhält man im allgemeinen *keine* symplektische Mannigfaltigkeit M/G. Dies wird in Aufgabe 3.26 und Aufgabe 4.9 am Beispiel des Kotangentenbündels T^*G und der kanonischen G-Wirkung durch Punkttransformationen gezeigt.

4.1.4 Symplektische Blätterung und das *Splitting*-Theorem

Dieser Abschnitt erläutert (im wesentlichen ohne Beweise), wie eine Poisson-Mannigfaltigkeit kanonisch in symplektische Untermannigfaltigkeiten verschiedener Dimension „zerblättert" wird. Die zentralen Begriffe hierzu sind die einer singulären Distribution und einer singulären Blätterung. Da die Beweise der folgenden Aussagen technisch und lang sind, sei auf die Literatur verwiesen, insbesondere auf [235, Sect. 3.18–3.25 und Thm. S3.5].

Mit $\mathfrak{X}_{\mathrm{loc}}(M)$ werden die auf offenen Teilmengen von M definierten glatten Vektorfelder bezeichnet. Ein Element $X \in \mathfrak{X}_{\mathrm{loc}}(M)$ definiert also zunächst einen Definitionsbereich $U \subseteq M$, so daß $X \in \Gamma^\infty(TU)$.

Definition 4.1.23 (Glatte Distribution). *Sei M eine Mannigfaltigkeit.*

i.) Eine Distribution E auf M ist eine Teilmenge $E \subseteq TM$ mit $\pi(E) = M$, so daß $E_p = \pi^{-1}(\{p\}) \subseteq T_pM$ für alle $p \in M$ ein Untervektorraum ist.

ii.) Eine Distribution $E \subseteq TM$ heißt glatt, falls es zu jedem Punkt $p \in M$ lokal um p definierte Vektorfelder $X_1, \ldots, X_k \in \mathfrak{X}_{\mathrm{loc}}(M)$ gibt, so daß $E_{p'}$ von $X_1(p'), \ldots, X_k(p')$ für alle p' in einer offenen Umgebung U von p aufgespannt wird. Mit $\mathfrak{X}_E \subseteq \mathfrak{X}_{\mathrm{loc}}(M)$ wird die Teilmenge aller lokal definierten Vektorfelder X bezeichnet, so daß $X(p) \in E_p$ für alle Punkte p im Definitionsbereich von X gilt.

iii.) Eine glatte Distribution E heißt regulär, falls $\dim E_p$ konstant ist. Anderenfalls heißt E singulär.

Bemerkung 4.1.24 (Reguläre und singuläre Distributionen).

i.) In der Definition einer glatten Distribution wird nicht verlangt, daß die lokalen Vektorfelder $X_1, \ldots, X_k$ auf U punktweise linear unabhängig sind. Dies läßt sich im für uns interessanten Fall einer singulären Distribution im allgemeinen auch nicht erreichen.

ii.) Wenn E glatt ist, so findet man auch global definierte Vektorfelder, welche E punktweise aufspannen: Seien $X_1, \ldots, X_k$ auf $U \subseteq M$ definierte glatte Vektorfelder mit der Eigenschaft, daß $E_p = \mathrm{span}\{X_1(p), \ldots, X_k(p) \mid p \in U\}$. Sei weiter χ eine Abschneidefunktion mit $\chi(p_0) = 1$ und $\mathrm{supp}\,\chi \subset U$, wobei $p_0 \in U$ ein fest gewählter Punkt ist. Dann spannen die global erklärten Vektorfelder $\chi X_1, \ldots, \chi X_k \in \Gamma^\infty(TM)$ die Distribution E auf einer im allgemeinen kleineren offenen Umgebung von p_0 auf. Da man aber solche Vektorfelder $X_1, \ldots, X_k$ und eine offene Umgebung U für jeden Punkt der Mannigfaltigkeit finden kann, folgt die Behauptung. Trotzdem ist es manchmal vorteilhaft, nur auf einer offenen Umgebung definierte Vektorfelder zu verwenden.

iii.) Eine reguläre Distribution E ist dasselbe wie ein Untervektorbündel von TM. Man erhält eine Untervektorbündelkarte auf folgende Weise: Sei $p_0 \in M$ vorgegeben und seien $X_1, \ldots, X_{k'}$ lokal um p_0 definierte Vektorfelder, welche E_p für $p \in U'$ aufspannen. Ist die Faserdimension der Distribution k, so kann man k Vektorfelder auswählen, welche bei p_0 linear unabhängig sind und E_{p_0} immer noch aufspannen. Da die lineare Unabhängigkeit eine stetige Bedingung ist, sind diese k Vektorfelder auch auf einer eventuell kleineren Umgebung U linear unabhängig. Da aber die Bilder in E_p liegen und E_p konstante Dimension k hat, spannen sie E_p nach wie vor auf, für alle $p \in U$. Wir können daher annehmen, daß $k = k'$ und $U = U'$ bereits „richtig" gewählt ist. Durch Hinzunahme von $n - k$ lokalen Vektorfeldern erhält man, wieder auf einer eventuell kleineren Umgebung, Basisvektorfelder $X_1, \ldots, X_k, X_{k+1}, \ldots, X_n$ von TU. Dann ist durch $\varphi : TU \longrightarrow U \times \mathbb{R}^n$ mit $v \mapsto (\pi(v), v^1, \ldots, v^k, v^{k+1}, \ldots, v^n)$, wobei $v = v^i X_i(\pi(v))$, eine glatte Untervektorbündelkarte von E definiert. Dies erreicht man nach Voraussetzung um jeden Punkt p_0.

Das für die Poisson-Geometrie entscheidende Beispiel ist durch das Bild eines Vektorbündelhomomorphismus gegeben. Allgemein hat man folgende Aussage, welche das Bildbündel aus Abschnitt 2.2.2 verallgemeinert:

Proposition 4.1.25. *Sei $F \longrightarrow M$ ein Vektorbündel und $\phi : F \longrightarrow TM$ ein Vektorbündelhomomorphismus (über der Identität $\mathrm{id} : M \longrightarrow M$). Dann ist*

$$E = \mathrm{im}\,\phi \subseteq TM \tag{4.51}$$

eine glatte Distribution, welche genau dann regulär ist, wenn ϕ konstanten Rang hat.

Beweis. Sei $p \in M$ und seien $e_1, \ldots, e_N$ lokale Basisschnitte von F, definiert auf einer offenen Umgebung $U \subseteq M$ von p. Dann sind die Abbildungen $\phi \circ e_1, \ldots, \phi \circ e_N$ glatte, auf U definierte Schnitte von TU, denn $\pi_{TM} \circ \phi = \pi_F$, da ϕ ein Vektorbündelhomomorphismus über der Identität ist. Weiter wird $E_{p'} = \phi(F_{p'})$ für alle $p' \in U$ von den Schnitten $\phi \circ e_1, \ldots, \phi \circ e_N$ aufgespannt, da $\phi\big|_{F_{p'}}$ linear ist und die Vektoren $e_1(p'), \ldots, e_N(p')$ eine Basis von $F_{p'}$ bilden.

Somit hat man die benötigten lokalen glatten Schnitte gefunden, die E zu einer glatten Distribution machen. Da $\dim E_p = \operatorname{rang} \phi|_{F_p}$ für alle $p \in M$, folgt auch die zweite Behauptung.   □

Das folgende Beispiel zeigt, wieso im allgemeinen singuläre Distributionen in der Poisson-Geometrie eine Rolle spielen:

Beispiel 4.1.26 (Singuläre Distribution einer Poisson-Mannigfaltigkeit). Für eine Poisson-Mannigfaltigkeit (M, π) ist $\operatorname{im} \sharp \subseteq TM$ eine glatte, im allgemeinen singuläre Distribution auf M, wobei $\sharp : T^*M \longrightarrow TM$ der durch π induzierte Vektorbündelhomomorphismus ist.

Definition 4.1.27 (Involutive und integrable Distributionen). *Sei E eine glatte Distribution auf M.*

i.) *Eine Integralmannigfaltigkeit (N, ι) von E ist eine zusammenhängende immersierte Untermannigfaltigkeit $\iota : N \hookrightarrow M$ von M, so daß*

$$T_p\iota(T_pN) = E_{\iota(p)} \tag{4.52}$$

für alle $p \in N$.

ii.) *E heißt integrabel, falls es durch jeden Punkt $p \in M$ eine Integralmannigfaltigkeit gibt.*

iii.) *E heißt involutiv, falls E von einer Teilmenge $\mathcal{V} \subseteq \mathfrak{X}_E$ aufgespannt wird, so daß für $X, Y \in \mathcal{V}$ auch $[X, Y] \in \mathcal{V}$ gilt, wobei die Lie-Klammer $[X, Y]$ entsprechend auf dem Durchschnitt der jeweiligen Definitionsbereiche von X und Y erklärt ist.*

Man kann nun zeigen, daß wenn $p \in M$ überhaupt in einer Integralmannigfaltigkeit liegt, dann auch in einer eindeutig bestimmten *maximalen* Integralmannigfaltigkeit, dem *Blatt* durch p. Weiter kann man zeigen, daß sich die Bedingung an eine Integralmannigfaltigkeit, immersiert zu sein, verschärfen läßt, indem man *initiale* Untermannigfaltigkeiten betrachtet, siehe [235, Def. 2.14 und Thm. 3.22]. Der folgende nichttriviale Satz von Stefan und Sussman zeigt, unter welchen Umständen eine Distribution integrabel ist:

Satz 4.1.28 (Stefan-Sussman-Theorem). *Sei E eine glatte Distribution, welche von einer involutiven Teilmenge $\mathcal{V} \subseteq \mathfrak{X}_E$ aufgespannt wird. Gilt dann, daß die Faserdimensionen von E längs der Flußlinien von Vektorfeldern in $\mathcal{V}$ konstant sind, so ist E integrabel.*

Einen Beweis einschließlich einer weiterführenden Diskussion findet man beispielsweise in [235, Thm. 3.25]. Man beachte, daß die Flußlinien von Vektorfeldern in $\mathfrak{X}_E$ immer *innerhalb* eines bestimmten Blattes verlaufen. Die Idee ist daher, das Blatt durch p auszuschöpfen, indem man allen möglichen Flußlinien von Vektorfeldern in $\mathfrak{X}_E$ folgt, die in p starten.

Ist insbesondere E regulär, so sind die Faserdimensionen überhaupt konstant. Daher ist die Involutivität bereits hinreichend für die Integrabilität. Dies ist der klassische Satz von Frobenius, siehe beispielsweise [235, Sect. 3.27] und [316, Thm. 1.60]:

Korollar 4.1.29 (Frobenius-Theorem). *Ist E eine reguläre Distribution, so ist E genau dann integrabel, wenn E involutiv ist.*

Das Frobenius-Theorem besagt darüberhinaus, daß man angepaßte Koordinatensysteme um jeden Punkt p finden kann, so daß $p \in U \subseteq M$ mit einer Karte $(U, (x, y))$, so daß *lokal* die Blätter durch $y = const$ beschrieben werden, siehe auch Abbildung 4.2. Global kann durchaus ein Blatt N zu verschiedenen Werten von y in die Karte „zurücklaufen".

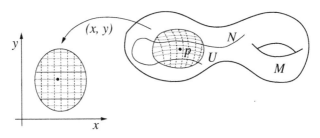

Abb. 4.2. Eine Blätterungskarte

Eine integrable Distribution E liefert also eine Zerlegung von M in immersierte Untermannigfaltigkeiten, die *Blätter*. Eine derartige Zerlegung heißt auch *Blätterung* von M. Im allgemeinen ist die Dimension der Untermannigfaltigkeiten nicht konstant, siehe Abbildung 4.3.

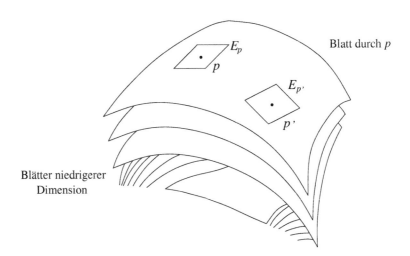

Abb. 4.3. Eine (singuläre) Blätterung

Beispiel 4.1.30. Sei $X \in \Gamma^{\infty}(TM)$ ein Vektorfeld mit Fluß Φ_t und E_p der von $X(p) \in T_pM$ erzeugte Untervektorraum. Das definiert offenbar eine glatte Distribution. Besitzt X Nullstellen, so ist E singulär. Im allgemeinen ist E involutiv, da trivialerweise $[X, X] = 0$ gilt und somit $\mathcal{V} = \{X\}$ gewählt werden kann. Weiter gilt allgemein $\Phi_t^* X = X$, so daß die Faserdimension von E längs der Flußlinien von X konstant ist, also entweder 0 bei den Nullstellen von X, die den Fixpunkten von Φ_t entsprechen, oder 1 an den Stellen mit $X(p) \neq 0$. Nach Satz 4.1.28 ist E daher integrabel. Dies sieht man selbstverständlich auch direkt, da die Integralmannigfaltigkeiten von E gerade die Flußlinien beziehungsweise Fixpunkte von Φ_t sind, siehe Abbildung 4.4. Am Beispiel des irrationalen Flusses auf dem Torus sieht man auch, daß Integralmannigfaltigkeiten im allgemeinen *nicht* eingebettete Untermannigfaltigkeiten sein können. Das Stefan-Sussman-Theorem impliziert in diesem Sinne insbesondere den Satz von Picard-Lindelöf.

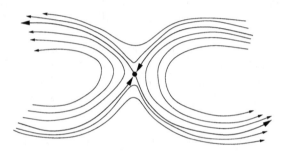

Abb. 4.4. Ein hyperbolischer Fixpunkt

Wir kommen nun zum Fall einer Poisson-Mannigfaltigkeit (M, π) zurück. Die glatte Distribution aus Beispiel 4.1.26 stellt sich dabei als integrabel heraus:

Satz 4.1.31 (Symplektische Blätterung). *Sei (M, π) eine Poisson-Mannigfaltigkeit. Dann gilt:*

i.) Die Hamiltonschen Vektorfelder spannen die glatte Distribution $\operatorname{im}\sharp \subseteq TM$ auf.

ii.) $\operatorname{im}\sharp$ ist involutiv und integrabel.

iii.) Jedes Blatt $L \subseteq M$ trägt eine kanonische symplektische Struktur ω_L, welche durch

$$\omega_L\big|_p (X_f(p), X_g(p)) = \{f, g\}(p) \tag{4.53}$$

wohl-definiert ist, wobei X_f, X_g die Hamiltonschen Vektorfelder bezüglich π zu Funktionen $f, g \in C^{\infty}(M)$ sind.

Beweis. Die Differentiale $\mathrm{d}f$ von Funktionen $f \in C^{\infty}(M)$ spannen lokal um jeden Punkt die Kotangentialräume auf. Nach Definition von $\operatorname{im}\sharp$ spannen daher die Vektorfelder $(\mathrm{d}f)^\sharp = X_f$ lokal um jeden Punkt die Distribution im $\sharp$ auf. Dies zeigt den ersten Teil. Da die Teilmenge aller Hamiltonschen Vektorfelder offenbar involutiv ist, nach $[X_f, X_g] = -X_{\{f,g\}}$, ist die Distribution involutiv. Um die Integrabilität zu zeigen, verwenden wir das Stefan-Sussman Kriterium. Wir müssen also zeigen, daß die Dimension von im $\sharp$ längs der Flußlinien von Hamiltonschen Flüssen konstant ist. Dies folgt aber direkt aus der Tatsache, daß Hamiltonsche Flüsse insbesondere Poisson-Diffeomorphismen sind. Zunächst ist klar, daß $\dim(T_p^* M)^\sharp = \mathrm{rang}\,\pi_p$ ist. Nun gilt für den Hamiltonschen Fluß Φ_t zur Hamilton-Funktion $f \in C^\infty(M)$ aber $\Phi_t^* \pi = \pi$. Daher gilt für alle t, für die der (eventuell unvollständige) Fluß definiert ist,

$$\pi_p(\alpha_p, \beta_p) = (\Phi_t^* \pi)_p(\alpha_p, \beta_p) = \pi_{\Phi_t(p)}\left(\alpha_p \circ T_{\Phi_t(p)}\Phi_t^{-1}, \beta_p \circ T_{\Phi_t(p)}\Phi_t^{-1}\right).$$

Da $T_{\Phi_t(p)}\Phi_t^{-1}$ ein linearer Isomorphismus ist, folgt $\mathrm{rang}\,\pi_p = \mathrm{rang}\,\pi_{\Phi_t(p)}$ für alle t. Damit kann Satz 4.1.28 angewandt werden und im $\sharp$ ist integrabel. Eine Poisson-Mannigfaltigkeit zerblättert also in immersierte Untermannigfaltigkeiten. Sei nun $\iota_L : L \hookrightarrow M$ ein solches Blatt dieser Blätterung und sei $p \in L$. Da nach Identifikation mittels $T_p\iota_L$ der Tangentialraum T_pL nach Definition eines Blattes gerade $(T_p^* M)^\sharp$ ist, gibt es also für jeden Tangentialvektor $v_p \in T_pL$ eine Darstellung als $X_f(p)$ mit einer Funktion f. Es ist also zu zeigen, daß (4.53) wohl-definiert ist und daß ω_L tatsächlich symplektisch ist. Sei also f, f' und $g, g' \in C^\infty(M)$ mit $X_f(p) = X_{f'}(p)$ sowie $X_g(p) = X_{g'}(p)$. Dann gilt

$$\{f, g\}(p) = \mathrm{d}f\big|_p(X_g(p)) = \mathrm{d}f\big|_p(X_{g'}(p)) = \{f, g'\}(p)$$
$$= -\mathrm{d}g'\big|_p(X_f(p)) = -\mathrm{d}g'\big|_p(X_{f'}(p)) = \{f', g'\}(p),$$

womit (4.53) wohl-definiert ist. Die Bilinearität von $\omega_L\big|_p$ ist klar. Sei ein Tangentialvektor $X_f(p)$ mit $\omega_L\big|_p(X_f(p), X_g(p)) = 0$ für alle $X_g(p)$ gegeben. Dann gilt $\{f, g\}(p) = 0$ für alle g und damit $\mathrm{d}g\big|_p(X_f(p)) = 0$ für alle g. Da aber die Differentiale $\mathrm{d}g\big|_p$ den Kotangentialraum $T_p^* M$ aufspannen, folgt $X_f(p) = 0$. Da $\iota_L : L \hookrightarrow M$ eine injektive Immersion ist, können wir mittels $T_p\iota_L$ den Tangentialraum T_pL als Untervektorraum von T_pM identifizieren, und daher verschwindet $X_f(p)$ auch als Tangentialvektor an L. Dies zeigt die Nichtausgeartetheit. Für die Geschlossenheit von ω_L verwenden wir die Vektorfelder X_f, X_g und X_h, welche alle tangential an L sind, also Vektorfelder auf L liefern. Dann gilt nach Definition

$$(\mathrm{d}\omega_L)(X_f, X_g, X_h)$$
$$= X_f(\omega_L(X_g, X_h)) + X_g(\omega_L(X_h, X_f)) + X_h(\omega_L(X_f, X_g))$$
$$\quad - \omega_L([X_f, X_g], X_h) - \omega_L([X_g, X_h], X_f) - \omega_L([X_h, X_f], X_g)$$
$$= \{f, \{g, h\}\} + \{g, \{h, f\}\} + \{h, \{f, h\}\}$$
$$\quad + \{\{f, g\}, h\} + \{\{g, h\}, f\} + \{\{h, f\}, g\} = 0.$$

Bei der Rechnung haben wir mit einigem Notationsmißbrauch Tangentialvektoren in TL mit ihren Bildern unter der Tangentialabbildung $T\iota_L$ in TM identifiziert. Da nun aber die Vektorfelder X_f, X_g, X_h an jedem Punkt den Tangentialraum an L aufspannen, folgt die Geschlossenheit. $\square$

Bemerkung 4.1.32. Sei (M, π) eine Poisson-Mannigfaltigkeit und $\iota_L : L \hookrightarrow M$ ein symplektisches Blatt.

i.) Ist $\{\cdot, \cdot\}_L$ die Poisson-Klammer zur symplektischen Form ω_L auf L, so gilt

$$\{\iota_L^* f, \iota_L^* g\}_L = \iota_L^* \{f, g\} \tag{4.54}$$

für alle $f, g \in C^\infty(M)$, siehe Aufgabe 4.8.

ii.) Ist $f \in \mathrm{H}_\pi^0(M)$ eine Casimir-Funktion auf M, so ist $\iota_L^* f$ konstant, denn zum einen spannen die $\mathrm{d}\iota_L^* g = \iota_L^* \mathrm{d}g$ jeden Kotangentialraum auf, da ja $T_p\iota : T_pL \hookrightarrow T_pM$ injektiv ist und damit $(T_p\iota_L)^* : T_p^*M \to T_p^*L$ surjektiv ist. Zum anderen gilt $0 = \iota_L^* \{f, g\} = \{\iota_L^* f, \iota_L^* g\} = -(\mathrm{d}\iota_L^* g)(X_{\iota_L^* f})$, womit das auf L gebildete Hamiltonsche Vektorfeld $X_{\iota_L^* f}$ verschwindet. Da L aber symplektisch und zusammenhängend ist, folgt $\iota_L^* f = const$. Zu jeder Casimir-Funktion liegen die symplektischen Blätter also immer in einer bestimmten Niveaufläche.

iii.) Wir können die Aussage von Bemerkung 4.1.14 insofern verschärfen, als daß wir nun die symplektischen Blätter als verallgemeinerte, klassische *Superauswahlregeln* ansehen, da nach Konstruktion der symplektischen Blätter ein Hamiltonscher Fluß nie aus einem solchen Blatt herausführen kann. Dies liefert offenbar eine im allgemeinen *feinere* Unterteilung des gesamten Phasenraums M als die Casimir-Funktionen durch ihre Urbildmengen zu bestimmten Werten.

Beispiel 4.1.33 (Symplektische Blätter in $\mathfrak{so}(3)^*$). Wir betrachten $\mathfrak{so}(3) = \mathbb{R}^3$, wobei die Lie-Algebrastruktur bezüglich der Standardbasis durch

$$[e_i, e_j] = \epsilon_{ij}^k e_k \tag{4.55}$$

beschrieben wird. Da das Euklidische Skalarprodukt rotationsinvariant ist, können wir mit seiner Hilfe die Lie-Algebra mit ihrem Dualraum identifizieren. Die resultierende lineare Poisson-Klammer auf $\mathbb{R}^3$ wie in Abschnitt 4.1.3 ist daher explizit durch

$$\{f, g\}(\vec{x}) = x_k \epsilon_{ij}^k \frac{\partial f}{\partial x_i}(\vec{x}) \frac{\partial g}{\partial x_j}(\vec{x}) \tag{4.56}$$

gegeben. Eine leichte Rechnung zeigt, daß $\|\vec{x}\|^2$ eine Casimir-Funktion ist. Daher liegen die symplektischen Blätter innerhalb der Niveauflächen von $\|\vec{x}\|^2$, also innerhalb des Ursprungs beziehungsweise der konzentrischen 2-Sphären um den Ursprung. Da $\pi(\vec{x})$ für $\vec{x} \neq \vec{0}$ nicht identisch verschwindet, müssen die symplektischen Blätter mindestens zweidimensional sein. Damit folgt aber insgesamt, daß die symplektischen Blätter mit den Sphären *übereinstimmen*, denn sie müssen offenbar offene Teilmengen der Sphären enthalten und die Rotationsinvarianz liefert, daß sie mit der jeweiligen ganzen Sphäre übereinstimmen müssen. Ausnahme bleibt der Ursprung $\vec{0}$, welcher ein nulldimensionales symplektisches Blatt darstellt. Die symplektische Form, die durch (4.53) auf den Sphären definiert wird, stimmt bis auf ein radiusabhängiges Vielfaches mit der symplektischen Struktur überein, welche in Aufgabe 3.12 diskutiert wird. In Aufgabe 4.7 wird dieses Beispiel in einen größeren Zusammenhang gestellt werden.

Wir schließen diesen Abschnitt mit Weinsteins *Splitting*-Theorem, welches lokal die Form einer Poisson-Mannigfaltigkeit beschreibt:

Satz 4.1.34 (*Splitting*-Theorem). *Sei (M, π) eine Poisson-Mannigfaltigkeit und $p \in M$. Dann existiert eine um p zentrierte Karte $(U, (q, p, y))$ mit $(q, p, y) = (q^1, \ldots, q^n, p_1, \ldots, p_n, y^1, \ldots, y^\ell)$, so daß*

$$\pi\Big|_U(q, p, y) = \sum_{i=1}^{n} \frac{\partial}{\partial q^i} \wedge \frac{\partial}{\partial p_i} + \frac{1}{2} \sum_{i,j=1}^{\ell} \varphi^{ij}(y) \frac{\partial}{\partial y^i} \wedge \frac{\partial}{\partial y^j} \tag{4.57}$$

mit $\varphi^{ij}(0) = 0$.

Für einen Beweis verweisen wir auf [73, Thm. 4.2] sowie auf [107] für eine detailliertere Diskussion verschiedener Normalformentheoreme in der Poisson-Geometrie.

Letztlich beinhaltet dieses Theorem die selbe Aussage wie Satz 4.1.31, da aus (4.57) das symplektische Blatt L durch p zumindest lokal durch die Bedingung $y^1 = \cdots = y^\ell = 0$ beschrieben wird. Die auf L induzierte symplektische Form ist in dieser Untermannigfaltigkeitskarte dann einfach die kanonische symplektische Form in den Koordinaten (q, p).

Lokal kann also eine Poisson-Mannigfaltigkeit als Kartesisches Produkt einer symplektischen Mannigfaltigkeit und einer Poisson-Mannigfaltigkeit mit einer an einem Punkt verschwindenden Poisson-Klammer geschrieben werden. In der Tat gilt lokal in den Koordinaten von Satz 4.1.34

$$\left[\!\!\left[\frac{1}{2} \sum_{i,j=1}^{\ell} \varphi^{ij} \frac{\partial}{\partial y^i} \wedge \frac{\partial}{\partial y^j}, \frac{1}{2} \sum_{r,s=1}^{\ell} \varphi^{rs} \frac{\partial}{\partial y^r} \wedge \frac{\partial}{\partial y^s} \right]\!\!\right] = 0, \tag{4.58}$$

da $[\![\pi, \pi]\!] = 0$, die Koordinatenvektorfelder alle $[\![\cdot, \cdot]\!]$-kommutieren und die Funktionen φ^{ij} nicht von den Koordinaten (q, p) abhängen.

Das *Splitting*-Theorem kann auch als eine nichtlineare Verallgemeinerung von Proposition 4.1.17 gesehen werden, wo wir die Normalform von konstanten Poisson-Strukturen diskutiert haben. Angewandt auf eine symplektische Mannigfaltigkeit liefert das *Splitting*-Theorem gerade wieder das Darboux-Theorem.

4.1.5 Poisson-Abbildungen

Da wir an der Funktionenalgebra $C^\infty(M)$ als der Poisson-Algebra der Observablen interessiert sind, ist es naheliegend, für verschiedene Poisson-Mannigfaltigkeiten (M_1, π_1) und (M_2, π_2) *Poisson-Algebrahomomorphismen*

$$\varphi : C^\infty(M_2) \longrightarrow C^\infty(M_1) \tag{4.59}$$

zu betrachten, also lineare Abbildungen φ mit den beiden Eigenschaften

$$\varphi(fg) = \varphi(f)\varphi(g) \tag{4.60}$$

$$\varphi(\{f, g\}_2) = \{\varphi(f), \varphi(g)\}_1 \tag{4.61}$$

für alle $f, g \in C^\infty(M_2)$. Im Falle komplexwertiger Funktionen verlangen wir zudem noch $\varphi(\overline{f}) = \overline{\varphi(f)}$. Auf diese Weise erhält man ganz allgemein unabhängig davon, ob die Poisson-Algebra eine Funktionenalgebra ist, die gute und naheliegende Definition eines Morphismus für Poisson-Algebren. Dies definiert die Kategorie der Poisson-Algebren Poisson beziehungsweise der Poisson-*-Algebren *Poisson. Es zeigt sich, daß für den Fall $C^\infty(M)$ die Linearität von φ zusammen mit (4.60) bereits impliziert, daß φ der pull-back mit einer glatten Abbildung $\Phi : M_1 \longrightarrow M_2$ ist (*Milnor's Exercise*, siehe Bemerkung 2.1.30). Dies motiviert folgende Definition, welche die Poisson-Diffeomorphismen verallgemeinert:

Definition 4.1.35 (Poisson-Abbildung). *Seien (M_1, π_1) und (M_2, π_2) zwei Poisson-Mannigfaltigkeiten und sei $\Phi : M_1 \longrightarrow M_2$ eine glatte Abbildung. Dann heißt Φ Poisson-Abbildung, falls*

$$\Phi^*\{f, g\}_2 = \{\Phi^* f, \Phi^* g\}_1 \tag{4.62}$$

für alle $f, g \in C^\infty(M_2)$.

Poisson-Abbildungen sind also die geometrische Version von Poisson-Algebrahomomorphismen.

Bevor wir uns den Beispielen zuwenden, geben wir zunächst einige äquivalente Umformulierungen. Zwei beliebige k-fach kontravariante Tensorfelder $X_1 \in \Gamma^\infty(T^k TM_1)$ und $X_2 \in \Gamma^\infty(T^k TM_2)$ heißen Φ-*verwandt*, falls

$$(T_p\Phi \otimes \cdots \otimes T_p\Phi)\left(X_1\big|_p\right) = X_2\big|_{\Phi(p)} \tag{4.63}$$

für alle $p \in M_1$ gilt. Dies verallgemeinert den Begriff von Φ-verwandten Vektorfeldern, wie er in Aufgabe 2.8 diskutiert wird. Für einen Diffeomorphismus Φ gilt, daß X_1 genau dann Φ-verwandt zu X_2 ist, falls $\Phi_* X_1 = X_2$ gilt, was unmittelbar aus der Definition folgt. Da im allgemeinen aber kein push-forward oder pull-back von kontravarianten Tensorfeldern definiert werden kann, stellt die obige Relation eine nichttriviale Erweiterung für glatte Abbildungen Φ dar, die keine Diffeomorphismen zu sein brauchen.

Satz 4.1.36 (Poisson-Abbildungen). *Sei* $\Phi : (M_1, \pi_1) \longrightarrow (M_2, \pi_2)$ *eine glatte Abbildung zwischen zwei Poisson-Mannigfaltigkeiten. Dann sind folgende Aussagen äquivalent:*

i.) Die Abbildung Φ ist eine Poisson-Abbildung.
ii.) Die Hamiltonschen Vektorfelder $X^1_{\Phi^* f}$ und X^2_f sind für alle $f \in C^\infty(M_2)$ Φ-verwandt.
iii.) Die Poisson-Tensoren π_1 und π_2 sind Φ-verwandt.
iv.) Es gilt $T_p\Phi \circ \sharp_1\big|_p \circ (T_p\Phi)^* = \sharp_2\big|_{\Phi(p)}$ für alle $p \in M_1$.

Beweis. Wir zeigen *i.)* $\Rightarrow$ *ii.)* $\Rightarrow$ *iii.)* $\Rightarrow$ *iv.)* $\Rightarrow$ *i.)* . Sei also zunächst $\{\Phi^* f, \Phi^* g\}_1 = \Phi^* \{f, g\}_2$. Dann gilt für alle $p \in M_1$

$$
\begin{aligned}
\mathrm{d}f\big|_{\Phi(p)} \left(X^2_g\big|_{\Phi(p)} \right) &= (\mathrm{d}f(X^2_g))\big|_{\Phi(p)} \\
&= \Phi^*(\mathrm{d}f(X^2_g))(p) \\
&= (\Phi^*\{f, g\}_2)(p) \\
&= \{\Phi^* f, \Phi^* g\}_1(p) \\
&= (\mathrm{d}\Phi^* f)\big|_p \left(X^1_{\Phi^* g}\big|_p \right) \\
&= (\Phi^* \mathrm{d}f)\big|_p \left(X^1_{\Phi^* g}\big|_p \right) \\
&= \mathrm{d}f\big|_{\Phi(p)} \left(T_p\Phi \left(X^1_{\Phi^* g}\big|_p \right) \right).
\end{aligned}
$$

Da die $\mathrm{d}f\big|_{\Phi(p)}$ den Kotangentialraum $T^*_{\Phi(p)}M_2$ aufspannen, folgt $X^2_g\big|_{\Phi(p)} = T_p\Phi \left(X^1_{\Phi^* g}\big|_p \right)$, also *ii.)*. Mit *ii.)* gilt

$$
\begin{aligned}
\pi_2\big|_{\Phi(p)} \left(-, \mathrm{d}f\big|_{\Phi(p)} \right) &= X^2_f\big|_{\Phi(p)} \\
&= T_p\Phi \left(X^1_{\Phi^* f}\big|_p \right) \\
&= T_p\Phi \left(\pi_1\big|_p \left(-, (\mathrm{d}\Phi^* f)\big|_p \right) \right) \\
&= T_p\Phi \left(\pi_1\big|_p \left(-, (\Phi^* \mathrm{d}f)\big|_p \right) \right) \\
&= T_p\Phi \left(\pi_1\big|_p \left(-, \mathrm{d}f\big|_{\Phi(p)} \circ T_p\Phi \right) \right) \\
&= \left((T_p\Phi \otimes T_p\Phi) \left(\pi_1\big|_p \right) \right) \left(-, \mathrm{d}f\big|_{\Phi(p)} \right),
\end{aligned}
$$

wobei die letzte Gleichung ganz allgemein für Tensorprodukte von Abbildungen gilt. Damit folgt *iii.)*. Wir nehmen nun *iii.)* an. Sei also $\alpha \in T^*_{\Phi(p)}M_2$. Dann gilt

$$
\begin{aligned}
T_p\Phi \circ \sharp_1\big|_p \circ (T_p\Phi)^* \alpha &= T_p\Phi \circ \sharp_1\big|_p (\alpha \circ T_p\Phi) \\
&= T_p\Phi \left(\pi_1\big|_p (-, \alpha \circ T_p\Phi) \right)
\end{aligned}
$$

$$= \left((T_p\Phi \otimes T_p\Phi)\left(\pi_1\big|_p\right) \right)(-,\alpha)$$

$$= \pi_2\big|_p\,(-,\alpha)$$

$$= \alpha^{\sharp_2},$$

womit *iv.)* folgt. Schließlich zeigt man unter der Annahme von *iv.)*, daß

$$\{\Phi^*f, \Phi^*g\}_1(p) = (\mathrm{d}\Phi^*f)\big|_p \left(X^1_{\Phi^*g}\big|_p\right)$$

$$= (\Phi^*\mathrm{d}f)\big|_p \left((\mathrm{d}\Phi^*g)^{\sharp_1}\big|_p\right)$$

$$= \mathrm{d}f\big|_{\Phi(p)} \left(T_p\Phi\left((\mathrm{d}\Phi^*g)^{\sharp_1}\big|_p\right)\right)$$

$$= \mathrm{d}f\big|_{\Phi(p)} \left(T_p\Phi\left((\mathrm{d}g \circ T_p\Phi)^{\sharp_1}\big|_p\right)\right)$$

$$= \mathrm{d}f\big|_{\Phi(p)} \left((\mathrm{d}g)^{\sharp_2}\big|_{\Phi(p)}\right)$$

$$= \mathrm{d}f\big|_{\Phi(p)} \left(X^2_g\big|_{\Phi(p)}\right)$$

$$= (\Phi^*\{f,g\})\,(p),$$

also *i.).*   □

Bemerkung 4.1.37 (Die Poisson-Kategorie). Da die Hintereinanderausführung von Poisson-Abbildungen wieder eine Poisson-Abbildung ist, was unmittelbar aus der Definition folgt, und die Identität $\mathrm{id}_M : (M,\pi) \longrightarrow (M,\pi)$ ebenfalls eine Poisson-Abbildung ist, folgt, daß die Poisson-Abbildungen die Morphismen einer Kategorie sind: Als Objekte nimmt man Poisson-Mannigfaltigkeiten und als Morphismen die Poisson-Abbildungen. Diese *Poisson-Kategorie* PoissonMf ist in vielerlei Hinsicht reichhaltiger als ihr symplektisches Analogon, da es nun nicht nur sehr viel mehr Objekte sondern auch mehr Morphismen zwischen den Objekten gibt. Offenbar ist es genau diese Kategorie, welche uns interessieren sollte, da sie gerade die klassischen Observablenalgebren mit ihren Poisson-Algebrahomomorphismen beschreibt. Die Zuordnung $(M,\pi) \mapsto (C^\infty(M), \{\cdot,\cdot\})$ und $(\Phi : (M_1,\pi_1) \longrightarrow (M_2,\pi_2)) \mapsto (\Phi^* : C^\infty(M_2) \longrightarrow C^\infty(M_1))$ liefert dann einen kontravarianten Funktor PoissonMf $\longrightarrow$ Poisson.

Wir kommen nun zu den Beispielen. Das wichtigste Beispiel sind ad*-äquivariante Impulsabbildungen:

Proposition 4.1.38. *Sei* $\Phi : G \times M \longrightarrow M$ *eine symplektische G-Wirkung auf* (M,ω) *und* $J : M \longrightarrow \mathfrak{g}^*$ *eine Impulsabbildung für* Φ. *Dann ist äquivalent:*

i.) J *ist* ad*-*äquivariant, also* $\{J(\xi), J(\eta)\} = J([\xi,\eta])$ *für alle* $\xi, \eta \in \mathfrak{g}$.

ii.) J *ist eine Poisson-Abbildung bezüglich der kanonischen linearen Poisson-Struktur auf* $\mathfrak{g}^*$, *also* $\{J^*f, J^*g\}_M = J^*\{f,g\}_{\mathfrak{g}^*}$

Beweis. Sei $p \in M$ und die Impulsabbildung sei ad*-äquivariant. Dann wollen wir zeigen, daß $(T_p J \otimes T_p J)(\pi_M|_p) = \pi_{\mathfrak{g}^*}|_{J(p)}$. Sei also $\xi, \eta \in T^*_{J(p)}\mathfrak{g}^* = \mathfrak{g}$ gegeben und $\mathfrak{J}(\xi), \mathfrak{J}(\eta) \in \mathrm{Pol}^1(\mathfrak{g}^*)$ die entsprechenden linearen Funktionen auf $\mathfrak{g}^*$. Dann gilt zunächst $J^*\mathfrak{J}(\xi) = J(\xi)$. Mit der üblichen Identifikation $\mathrm{d}\mathfrak{J}(\xi)|_\alpha = \xi$ folgt weiter

$$(T_p J \otimes T_p J)\left(\pi_M|_p\right)\left(\mathrm{d}\mathfrak{J}(\xi)|_{J(p)}, \mathrm{d}\mathfrak{J}(\eta)|_{J(p)}\right)$$

$$= \pi_M|_p \left((T_p J)^*\mathrm{d}\mathfrak{J}(\xi)|_{J(p)}, (T_p J)^*\mathrm{d}\mathfrak{J}(\eta)|_{J(p)}\right)$$

$$= \pi_M|_p \left((J^*\mathrm{d}\mathfrak{J}(\xi))|_p, (J^*\mathrm{d}\mathfrak{J}(\eta))|_p\right)$$

$$= \pi_M|_p \left(\mathrm{d}J^*\mathfrak{J}(\xi)|_p, \mathrm{d}J^*\mathfrak{J}(\eta)|_p\right)$$

$$= \{J^*\mathfrak{J}(\xi), J^*\mathfrak{J}(\eta)\}_M(p)$$

$$= J([\xi, \eta])(p)$$

$$= \{\mathfrak{J}(\xi), \mathfrak{J}(\eta)\}_{\mathfrak{g}^*}(J(p))$$

$$= \pi_{\mathfrak{g}^*}|_{J(p)} \left(\mathrm{d}\mathfrak{J}(\xi)|_{J(p)}, \mathrm{d}\mathfrak{J}(\eta)|_{J(p)}\right).$$

Da ξ, η beliebig sind, folgt nach Satz 4.1.36, daß J eine Poisson-Abbildung ist. Sei also umgekehrt J eine Poisson-Abbildung und $\xi, \eta \in \mathfrak{g}^*$. Dann liefert die Definition von $\mathfrak{J}(\xi)$ die Gleichung

$$J^*\left(\{\mathfrak{J}(\xi), \mathfrak{J}(\eta)\}_{\mathfrak{g}^*}\right)(p) = J^*\left(\mathfrak{J}([\xi, \eta])\right)(p) = J([\xi, \eta])(p).$$

Andererseits gilt $\{J^*\mathfrak{J}(\xi), J^*\mathfrak{J}(\eta)\}_M(p) = \{J(\xi), J(\eta)\}_M(p)$, womit J eine ad*-äquivariante Impulsabbildung ist. $\qquad\square$

Neben den Impulsabbildungen gibt es aber auch noch weitere wichtige Beispiele, die wir schon in anderen Zusammenhängen gesehen haben:

Beispiel 4.1.39 (Poisson-Abbildungen).

i.) Sei $\Phi : G \times M \longrightarrow M$ eine eigentliche und freie Poisson-Wirkung von G auf (M, π) und sei $(M/G, \pi_{M/G})$ der zugehörige Poisson-Quotient. Dann ist die Quotientenabbildung

$$\mathrm{pr} : (M, \pi) \longrightarrow (M/G, \pi_{M/G}) \tag{4.64}$$

eine Poisson-Abbildung, siehe Proposition 4.1.22, Gleichung (4.49). Die Poisson-Struktur $\pi_{M/G}$ für M/G war ja gerade durch diese Bedingung definiert.

ii.) Sei (M, π) eine Poisson-Mannigfaltigkeit und $\iota_L : L \hookrightarrow M$ ein symplektisches Blatt. Dann zeigt Bemerkung 4.1.32, Gleichung (4.54), daß die symplektische Struktur ω_L auf L gerade so beschaffen ist, daß ι_L eine Poisson-Abbildung ist.

iii.) Eine Poisson-Abbildung zwischen zwei symplektischen Mannigfaltigkeiten ist notwendigerweise eine Submersion, siehe Aufgabe 3.1. Für allgemeine Poisson-Mannigfaltigkeiten braucht dies nicht der Fall zu sein, wie die bisherigen Beispiele, insbesondere *ii.)*, demonstrieren. Hier gibt es also viel mehr „interessante" Morphismen.

Von besonderem Interesse sind Poisson-Abbildungen zwischen Poisson-Mannigfaltigkeiten, wo die eine Mannigfaltigkeit symplektisch ist. Die symplektischen Blätter ebenso wie die Impulsabbildungen sind Beispiele hierfür.

Definition 4.1.40 (Symplektische Realisierung). *Eine Poisson-Abbildung $\phi : (N, \omega) \longrightarrow (M, \pi)$ mit (N, ω) symplektisch heißt symplektische Realisierung von (M, π).*

Nichttriviale symplektische Realisierungen erhält man dann durch folgenden Satz von Weinstein und Karasev, siehe beispielsweise [73, Thm. 6.3]:

Satz 4.1.41 (Surjektive submersive symplektische Realisierungen). *Jede Poisson-Mannigfaltigkeit besitzt eine surjektive submersive symplektische Realisierung.*

Die Frage, ob es sogar eine *vollständige* surjektive submersive symplektische Realisierung gibt, siehe Aufgabe 4.11 für den Begriff einer vollständigen Poisson-Abbildung, konnte erst kürzlich umfassend beantwortet werden. Im allgemeinen gibt es Obstruktionen, welche in [86] detailliert charakterisiert werden.

Bemerkung 4.1.42. Ist $\phi : (N, \omega) \longrightarrow (M, \pi)$ eine surjektive submersive symplektische Realisierung von (M, π), so ist

$$\phi^* : C^\infty(M) \longrightarrow C^\infty(N) \tag{4.65}$$

ein *injektiver* Poisson-Algebrahomomorphismus. Man kann die Observablenalgebra $C^\infty(M)$ also als eine Unteralgebra von $C^\infty(N)$ auffassen, wobei letztere eben eine symplektische Poisson-Klammer ist. Dies liefert eine weitere Interpretation von Poisson-Mannigfaltigkeiten, nämlich als (bestimmte) Poisson-Unteralgebren von symplektischen Observablenalgebren. Es ist jedoch *nicht* jede Poisson-Unteralgebra von $C^\infty(N)$ für symplektisches (N, ω) von dieser Form. Die polynomialen Funktionen auf $\mathbb{R}^{2n}$ bilden ein Gegenbeispiel.

4.2 Lie-Algebroide und Poisson-Kohomologie

In diesem Abschnitt diskutieren wir die Grundlagen der Theorie der Lie-Algebroide mit einigen Beispielen, siehe beispielsweise [73, 216, 224, 238] für weiterführende Literatur, um als die für uns wichtigste Anwendung die Poisson-Kohomologie definieren zu können. Diese wird insbesondere in der formalen Deformationstheorie von Poisson-Strukturen und später auch in der

Deformationsquantisierung eine zentrale Rolle spielen. Die globale Theorie der Lie-Algebroide ist die Theorie der Lie-Gruppoide, auf welche hier nicht eingegangen werden kann. Wir verweisen stattdessen auf die ausführlichen Darstellungen in [73, 194, 224, 238] sowie die dort angegebene Literatur.

4.2.1 Lie-Algebroide

Lie-Algebroide verallgemeinern zum einen Lie-Algebren, indem man die Strukturkonstanten „punktabhängig" macht, zum anderen verallgemeinern sie das Tangentenbündel $TM \longrightarrow M$. Dazu betrachtet man ein beliebiges (reelles) Vektorbündel $E \longrightarrow M$ über einer Mannigfaltigkeit M. Man will nun aus den Schnitten $\Gamma^\infty(E)$ von E in sinnvoller Weise Tangentialvektorfelder, also Schnitte von TM konstruieren, so daß die wesentlichen Eigenschaften von $\Gamma^\infty(TM)$ für $\Gamma^\infty(E)$ nachgebildet werden. Dies motiviert folgende Definition:

Definition 4.2.1 (Lie-Algebroid). *Ein Lie-Algebroid über M ist ein Vektorbündel $E \longrightarrow M$ zusammen mit einer Lie-Klammer $[\cdot, \cdot]_E$ für $\Gamma^\infty(E)$ und einem Vektorbündelhomomorphismus $\varrho : E \longrightarrow TM$, der Ankerabbildung, so daß folgende Leibniz-Regel*

$$[s, ft]_E = f[s, t]_E + (\varrho(s)f)t \tag{4.66}$$

für $s, t \in \Gamma^\infty(E)$ und $f \in C^\infty(M)$ gilt. Hier und im folgenden bezeichnet $\varrho(s) \in \Gamma^\infty(TM)$ den Schnitt $\varrho \circ s$ von TM.

Die folgenden noch recht trivialen Beispiele illustrieren in gewisser Weise die „extremen" Fälle eines Lie-Algebroids. Etwas kompliziertere und interessantere Beispiele werden wir später noch sehen:

Beispiel 4.2.2 (Lie-Algebroide I).

i.) Das Tangentenbündel $TM \longrightarrow M$ ist selbst ein Lie-Algebroid mit Anker $\varrho = \mathsf{id}_{TM}$ und der üblichen Lie-Klammer für $\Gamma^\infty(TM)$. Dieser Fall sollte durch den Begriff des Lie-Algebroids ja insbesondere verallgemeinert werden. Wir werden das Tangentenbündel immer mit dieser kanonischen Lie-Algebroidstruktur versehen.

ii.) Ist die Ankerabbildung $\varrho = 0$, so ist die Lie-Klammer $[\cdot, \cdot]_E$ *funktionenlinear*, also nach Satz 2.2.24 ein Tensorfeld. In diesem Fall ist also jede Faser E_p von E eine Lie-Algebra mit einer durch $[\cdot, \cdot]_E$ induzierten Lie-Algebrastruktur. Diese Lie-Algebrastruktur hängt glatt vom Fußpunkt $p \in M$ ab, ist aber nicht notwendigerweise isomorph für verschiedene Fußpunkte. Man erhält so ein *Bündel von Lie-Algebren*.

iii.) Ist $M = \{\mathrm{pt}\}$ ein Punkt, so ist $E \longrightarrow \{\mathrm{pt}\}$ ein Vektorraum und eine Lie-Algebroidstruktur ist einfach eine Lie-Algebrastruktur auf E.

Folgende einfache Beobachtung zeigt, daß die Ankerabbildung automatisch ein Homomorphismus von Lie-Algebren ist:

Proposition 4.2.3. *Sei* $E \longrightarrow M$ *ein Lie-Algebroid. Dann gilt*

$$\varrho([s,t]_E) = [\varrho(s), \varrho(t)] \tag{4.67}$$

für $s, t \in \Gamma^\infty(E)$.

Beweis. Es gilt für $s, t, u \in \Gamma^\infty(E)$ und $f \in C^\infty(M)$

$$[[s,t]_E, fu]_E = f[[s,t]_E, u]_E + (\varrho([s,t]_E)f)u$$

und andererseits mit Hilfe der Jacobi-Identität und Leibniz-Regel für $[\cdot, \cdot]_E$

$$
\begin{aligned}
[[s,t]_E, fu]_E &= [s, [t, fu]_E]_E + [[s, fu]_E, t]_E \\
&= [s, f[t,u]_E + (\varrho(t)f)u]_E + [f[s,u]_E + (\varrho(s)f)u, t]_E \\
&= f[[s,t]_E, u]_E + ([\varrho(s), \varrho(t)]f)u.
\end{aligned}
$$

Daraus folgt also, da $\varrho(s)$ und $\varrho(t)$ Vektorfelder sind und der Kommutator von Lie-Ableitungen der Lie-Klammer von Vektorfeldern entspricht, daß $(\varrho([s,t]_E)f)u = ([\varrho(s), \varrho(t)]f)u$ für alle $u \in \Gamma^\infty(E)$. Da wir aber lokal $u \neq 0$ erreichen können, muß bereits $\varrho([s,t]_E)f = [\varrho(s), \varrho(t)]f$ gelten. Damit folgt die Behauptung. $\qquad\square$

Diese Beobachtung erlaubt es uns, ein weiteres Beispiel für Lie-Algebroide in die Liste mit aufzunehmen:

Beispiel 4.2.4 (Lie-Algebroide II).

iv.) Sei $E \longrightarrow M$ ein Lie-Algebroid mit *injektivem* Anker $\varrho : E \longrightarrow TM$. Dann kann man E als Untervektorbündel $E \subseteq TM$ betrachten und Proposition 4.2.3 zeigt, daß $\Gamma^\infty(E)$ unter der üblichen Lie-Klammer von Vektorfeldern abgeschlossen ist, also eine Lie-Unteralgebra von $\Gamma^\infty(TM)$ liefert. Damit ist $E \subseteq TM$ ein involutives Untervektorbündel und somit, da der Rang sowieso konstant ist, integrabel. Umgekehrt ist natürlich jede involutive reguläre Distribution genau von dieser Form, so daß involutive reguläre Distributionen besonderen Fällen von Lie-Algebroiden entsprechen, eben jenen mit injektivem Anker.

Allgemein erhält man immer eine singuläre aber involutive Distribution als Bild von ϱ gemäß Proposition 4.2.3.

Folgerung 4.2.5. *Sei* $E \longrightarrow M$ *ein Lie-Algebroid über* M *mit Anker* ϱ. *Dann ist* $\varrho(E) \subseteq TM$ *eine involutive, im allgemeinen singuläre Distribution.*

Es zeigt sich, siehe beispielsweise [73, Sect. 16.1], daß $\varrho(E)$ sogar *integrabel* ist, also eine im allgemeinen singuläre Blätterung von M in immersierte Untermannigfaltigkeiten liefert. Man nennt diese Blätter auch die *Bahnen* des Lie-Algebroids.

Da Lie-Algebroide in gewisser Hinsicht das Tangentenbündel ersetzen, kann man versuchen, die üblichen, kanonischen Strukturen für Multivektorfelder und Differentialformen auch für ein Lie-Algebroid nachzubauen. Da die

Konstruktion der äußeren Ableitung d und der Schouten-Nijenhuis-Klammer $[\![\cdot,\cdot]\!]$ rein algebraisch ist, ist dies tatsächlich möglich. Weiter hatten wir in Proposition 3.2.8 gesehen, daß die Lie-Klammer von Vektorfeldern vollständig in der kanonischen, symplektischen Poisson-Mannigfaltigkeit T^*Q kodiert ist, da $\{\mathcal{J}(X),\mathcal{J}(Y)\} = -\mathcal{J}([X,Y])$ und ebenso $\{\mathcal{J}(X),\pi^*f\} = -\pi^*\mathscr{L}_X f$ für alle $X,Y \in \Gamma^\infty(TQ)$ und $f \in C^\infty(Q)$ gilt. Dies legt nahe, daß auch für ein allgemeines Lie-Algebroid E auf dem dualen Vektorbündel $E^* \longrightarrow M$ eine Poisson-Struktur existiert, welche ihrerseits E als Lie-Algebroid charakterisiert. Der folgende Satz zeigt, daß dies in der Tat der Fall ist:

Satz 4.2.6. *Sei $\pi : E \longrightarrow M$ ein Vektorbündel über M. Dann sind folgende Aussagen beziehungsweise Strukturen äquivalent:*

i.) E ist ein Lie-Algebroid mit Lie-Klammer $[\cdot,\cdot]_E$ und Anker ϱ.

ii.) $\Gamma^\infty(\Lambda^\bullet E)$ ist eine Gerstenhaber-Algebra mit dem assoziativen Produkt $\wedge$ und einer Gerstenhaber-Klammer $[\![\cdot,\cdot]\!]_E$.

iii.) $\Gamma^\infty(\Lambda^\bullet E^*)$ ist eine differentielle gradierte Algebra mit einem Differential d_E bezüglich $\wedge$ vom Grad $+1$.

iv.) E^* ist eine Poisson-Mannigfaltigkeit mit einer Poisson-Klammer $\{\cdot,\cdot\}_E$, so daß

$$\left\{\mathrm{Pol}^k(E^*),\mathrm{Pol}^\ell(E^*)\right\}_E \subseteq \mathrm{Pol}^{k+\ell-1}(E^*), \tag{4.68}$$

für alle $k,\ell \in \mathbb{N}_0$.

Die Beziehungen zwischen den einzelnen Strukturen sind dabei folgende, jeweils ausgedrückt durch die Lie-Algebroidstrukturen $[\cdot,\cdot]_E$ und ϱ:

- *Die Gerstenhaber-Klammer $[\![\cdot,\cdot]\!]_E$ ist durch*

$$[\![f,s]\!]_E = -\varrho(s)f = -[\![s,f]\!]_E, \quad [\![f,g]\!]_E = 0 \quad und \quad [\![s,t]\!]_E = [s,t]_E, \tag{4.69}$$

sowie die kanonische Fortsetzung auf $\Gamma^\infty(\Lambda^\bullet E)$ mittels der Super-Leibniz-Regel festgelegt.

- *Das Differential d_E ist durch*

$$(\mathrm{d}_E\alpha)(s_0,\ldots,s_k) = \sum_{i=0}^{k}(-1)^i\varrho(s_i)\left(\alpha(s_0,\ldots,\overset{i}{\wedge},\ldots,s_k)\right)$$
$$+ \sum_{i<j}(-1)^{i+j}\alpha\left([s_i,s_j]_E,s_0,\ldots,\overset{i}{\wedge},\ldots,\overset{j}{\wedge},\ldots,s_k\right) \tag{4.70}$$

bestimmt, wobei $\alpha \in \Gamma^\infty(\Lambda^k E^*)$ und $s_0,\ldots,s_k \in \Gamma^\infty(E)$.

- *Die Poisson-Klammer ist durch*

$$\{\pi^*f,\pi^*g\}_E = 0, \quad \{\pi^*f,\mathcal{J}(s)\}_E = \pi^*(\varrho(s)f)$$
$$und \quad \{\mathcal{J}(s),\mathcal{J}(t)\}_E = -\mathcal{J}([s,t]_E) \tag{4.71}$$

zusammen mit der kanonischen Fortsetzung durch die Leibniz-Regel fest-gelegt. Hier ist $\mathfrak{J} : \mathcal{S}^\bullet(E) \longrightarrow \mathrm{Pol}^\bullet(E^*)$ *der kanonische gradierte Algebra-isomorphismus aus Satz 2.2.23 und* $s, t \in \Gamma^\infty(E)$ *und* $f, g \in C^\infty(M)$.

Mit der Definition $\mathscr{L}_s^E = [\mathrm{i}(s), \mathrm{d}_E]$ *gelten die Beziehungen von* i, d, $[\![\cdot,\cdot]\!]$ *und* $\mathscr{L}$ *aus Satz 2.3.35 auch für* i, d_E, $[\![\cdot,\cdot]\!]_E$ *und* $\mathscr{L}^E$.

Beweis. Der Beweis besteht im wesentlichen darin, zu sehen, daß die Aussagen über i, d, $[\![\cdot,\cdot]\!]$ und $\mathscr{L}$ für TM beziehungsweise T^*M nur von der Lie-Algebroidstruktur von TM Gebrauch machen und daher übernommen werden können. Auf die Gefahr hin zu langweilen, wiederholen und skizzieren wir dennoch die relevanten Argumente.

i.) $\Rightarrow$ *ii.)* Die E-Schouten-Nijenhuis-Klammer $[\![\cdot,\cdot]\!]_E$ wird durch Erzwingen der Super-Leibniz-Regel ausgehend von den Graden 0 und 1 (beziehungsweise -1 und 0 bezüglich $[\![\cdot,\cdot]\!]_E$) auf ganz $\Gamma^\infty(\Lambda^\bullet E)$ fortgesetzt. Daß die Super-Jacobi-Identität dann tatsächlich gilt, folgt wie im Fall TM aus der Jacobi-Identität für die (lokalen) Generatoren.

ii.) $\Rightarrow$ *i.)* Die Einschränkung der Gerstenhaber-Klammer $[\![\cdot,\cdot]\!]_E$ auf die Tensorgrade 0 und 1 liefert gerade ϱ und $[\cdot,\cdot]_E$ gemäß den Formeln (4.69). Die Jacobi- und Leibniz-Regel für $[\cdot,\cdot]$ und ϱ sind dann einfach die „Schatten" der entsprechenden Regeln für $[\![\cdot,\cdot]\!]_E$.

i.) $\Rightarrow$ *iii.)* Wir definieren d_E durch die gewünschte Formel (4.70) und rechnen zunächst mit Hilfe der Leibniz-Regel nach, daß $\mathrm{d}_E\alpha$ in jedem Argument $C^\infty(M)$-linear ist, womit $\mathrm{d}_E\alpha$ nach Satz 2.2.24 ein Tensorfeld ist. Die Antisymmetrie ist klar, und damit erhält man $\mathrm{d}_E : \Gamma^\infty(\Lambda^\bullet E^*) \longrightarrow \Gamma^\infty(\Lambda^{\bullet+1}E^*)$. Es bleibt zu zeigen, daß d_E ein Differential ist, also $\mathrm{d}_E^2 = 0$ und

$$\mathrm{d}_E(\alpha \wedge \beta) = \mathrm{d}_E\alpha \wedge \beta + (-1)^k \alpha \wedge \mathrm{d}_E\beta$$

für $\alpha \in \Gamma^\infty(\Lambda^k E^*)$, $\beta \in \Gamma^\infty(\Lambda^\bullet(E^*))$. Dies erfolgt aber durch direktes Nachrechnen analog zum Fall der äußeren Ableitung.

iii.) $\Rightarrow$ *i.)* Sei ein Differential d_E für $\Gamma^\infty(\Lambda^\bullet E^*)$ vorgegeben, dann definiert man zunächst

$$\varrho(s)f = (\mathrm{d}_E f)(s)$$

für $s \in \Gamma^\infty(E)$ und $f \in C^\infty(M)$. Da d_E die Leibniz-Regel bezüglich $\wedge$ erfüllt, folgt, daß $\varrho(s)$ eine Derivation bezüglich des punktweisen Produkts von Funktionen ist. Daher ist $\varrho(s)$ nach Satz 2.1.26 ein Vektorfeld in TM. Weiter folgt $\varrho(gs)f = (\mathrm{d}_E f)(gs) = g(\mathrm{d}_E f)(s) = g\varrho(s)f$, womit ϱ funktionenlinear ist. Damit ist ϱ aber ein Vektorbündelhomomorphismus $\varrho : E \longrightarrow TM$ nach Satz 2.2.24, und der Anker ist gefunden. Sei nun $\alpha \in \Gamma^\infty(E^*)$ und $s, t \in \Gamma^\infty(E)$. Dann betrachtet man die Funktion

$$[[\mathrm{i}(s), \mathrm{d}_E], \mathrm{i}(t)]\alpha = (\mathrm{d}_E(\alpha(t)))(s) - (\mathrm{d}_E\alpha)(s,t) - (\mathrm{d}_E(\alpha(s)))(t)$$

und rechnet mit Hilfe der Leibniz-Regel für d_E nach, daß dieser Ausdruck $C^\infty(M)$-linear in α ist. Daher gibt es nach Satz 2.2.24 ein Vektorfeld $[s,t]_E$ mit

$$(\mathrm{d}_E(\alpha(t)))(s) - (\mathrm{d}_E\alpha)(s,t) - (\mathrm{d}_E(\alpha(s)))(t) = \alpha([s,t]_E).$$

Dies definiert die Lie-Klammer $[s,t]_E$. Es bleibt zu zeigen, daß $[\cdot,\cdot]_E$ die Jacobi-Identität sowie die Leibniz-Regel bezüglich ϱ erfüllt. Dies geschieht durch einfaches Nachrechnen unter Verwendung der Leibniz-Regel für d_E sowie $\mathrm{d}_E^2 = 0$. Im wesentlichen ist diese Definition der Lie-Klammer (insbesondere auch im Fall TM) die Idee von Bemerkung 2.3.36, womit man auch die gesamte E-Schouten-Nijenhuis-Klammer $[\![\cdot,\cdot]\!]_E$ hätte erhalten können.

i.) $\Rightarrow$ iv.) Wir beginnen mit einigen lokalen Überlegungen in einer Karte (U,x) von M und einer lokalen Trivialisierung von E mittels auf U definierter Basisschnitte $e_1,\ldots,e_k$ von $E\big|_U$, siehe auch unsere Überlegungen in Abschnitt 2.2.3. Letztere induzieren Faserkoordinaten $v_p = v^\alpha e_\alpha(p)$ für $v_p \in E_p$, womit wir lokale Koordinaten $(x^1,\ldots,x^n,v^1,\ldots,v^k)$ für $\pi^{-1}(U) = E\big|_U$ erhalten. Ein Vektorfeld $s \in \Gamma^\infty(E)$ definiert lokale Funktionen $s^\alpha \in C^\infty(U)$ durch $s\big|_U = s^\alpha e_\alpha$ und die Funktion $\mathcal{J}(s)$ auf E^* erhält man als $\mathcal{J}(s)(x,p) = s^\alpha(x)p_\alpha$, wobei die Faserkoordinaten $p_1,\ldots,p_k$ die Koordinaten bezüglich der dualen Basisfelder $e^1,\ldots,e^k$ von $E^*\big|_U$ sind. Wir haben also Koordinaten $(x^1,\ldots,x^n,p_1,\ldots,p_k)$ für $E^*\big|_U$. In diesen Koordinaten können wir eine beliebige Poisson-Struktur π auf E^* lokal als

$$\{F,G\} = \pi^{ij}\frac{\partial F}{\partial x^i}\frac{\partial G}{\partial x^j} + \pi_\alpha^i\left(\frac{\partial F}{\partial x^i}\frac{\partial G}{\partial p_\alpha} - \frac{\partial F}{\partial p_\alpha}\frac{\partial G}{\partial x^i}\right) + \pi_{\alpha\beta}\frac{\partial F}{\partial p_\alpha}\frac{\partial G}{\partial p_\beta}$$

schreiben, wobei $\pi^{ij} = -\pi^{ji}$, π_α^i und $\pi_{\alpha\beta} = -\pi_{\beta\alpha}$ glatte Funktionen auf $E^*\big|_U$ sind. Die Bedingung (4.68) ist offenbar dazu äquivalent, daß die π^{ij} verschwinden, die π_α^i von den Koordinaten $p_1,\ldots,p_k$ unabhängig sind und die $\pi_{\alpha\beta}$ linear von den Koordinaten $p_1,\ldots,p_k$ abhängen. Sei nun E ein Lie-Algebroid, dann gibt es lokal auf U definierte glatte Funktionen $c_{\alpha\beta}^\gamma$ und ϱ_α^i, so daß

$$[e_\alpha,e_\beta]_E = c_{\alpha\beta}^\gamma e_\gamma \quad \text{und} \quad \varrho(e_\alpha) = \varrho_\alpha^i\frac{\partial}{\partial x^i}.$$

Umgekehrt legen diese Funktionen die Klammer und den Anker bereits eindeutig fest, da sowohl die $\frac{\partial}{\partial x^1},\ldots,\frac{\partial}{\partial x^n}$ als auch die $e_1,\ldots,e_k$ lokale Basisschnitte von TM beziehungsweise von E bilden. Die Bedingungen (4.71) für $\{\cdot,\cdot\}_E$ legen die Funktionen π^{ij}, π_α^i und $\pi_{\alpha\beta}$ daher eindeutig als

$$\pi^{ij} = 0, \quad \pi_\alpha^i = \pi^*\varrho_\alpha^i \quad \text{und} \quad \pi_{\alpha\beta} = -p_\gamma\pi^*c_{\alpha\beta}^\gamma$$

fest, womit es höchstens *eine* Poisson-Klammer auf E^* gibt, welche (4.71) erfüllt. Daher *definieren* wir $\{\cdot,\cdot\}_E$ lokal durch diese Bedingungen, womit wir eine lokal definierte Klammer $\{\cdot,\cdot\}_E$ erhalten. Die Definition ist von der Karte und den Basisschnitten unabhängig, also tatsächlich eine global erklärte Klammer, da die Bedingungen (4.71) unabhängig von diesen Wahlen sind. Da die Jacobi-Identität für $\{\cdot,\cdot\}_E$ gezeigt ist, wenn sie für Funktionen aus $\pi^*C^\infty(M) = \mathrm{Pol}^0(E^*)$ und $\mathrm{Pol}^1(E^*) \cong \Gamma^\infty(E)$ gezeigt ist, folgt die Jacobi-Identität für $\{\cdot,\cdot\}_E$ aus der Jacobi-Identität für $[\cdot,\cdot]_E$ sowie der Leibniz-Regel für $[\cdot,\cdot]_E$ bezüglich ϱ.

iv.) ⇒ *i.)* Ist umgekehrt eine Poisson-Klammer $\{\cdot,\cdot\}_E$ auf E^* vorgegeben, welche (4.68) erfüllt, so definiert man $\varrho(s)$ durch

$$\pi^*(\varrho(s)f) = \{\pi^*f, \mathcal{J}(s)\}_E,$$

was tatsächlich wohl-definiert ist, da $\{\pi^*f, \mathcal{J}(s)\}_E \in \mathrm{Pol}^0(E^*) = \pi^*C^\infty(M)$ nach Voraussetzung gilt. Aus der Leibniz-Regel für $\{\cdot,\cdot\}_E$ folgt unmittelbar, daß $f \mapsto \varrho(s)f$ eine Derivation ist und damit ein Vektorfeld $\varrho(s) \in \Gamma^\infty(TM)$ definiert. Zusammen mit $\{\pi^*f, \pi^*g\}_E = 0$ liefert die Leibniz-Regel ebenfalls, daß $s \mapsto \varrho(s)$ funktionenlinear ist, also einen Vektorbündelhomomorphismus $\varrho : E \longrightarrow TM$ liefert. Dies definiert den Anker. Da $\mathrm{Pol}^1(E^*)$ bezüglich $\{\cdot,\cdot\}_E$ eine Lie-Unteralgebra von $C^\infty(E^*)$ ist und $\mathrm{Pol}^1(E^*) \cong \Gamma^\infty(E)$ via $\mathcal{J}$ gilt, folgt, daß $\Gamma^\infty(E)$ zu einer Lie-Algebra wird, wenn man $\mathcal{J}([s,t]_E) = -\{\mathcal{J}(s), \mathcal{J}(t)\}_E$ fordert. Aus der Leibniz-Regel für $\{\cdot,\cdot\}_E$ folgt schließlich die gewünschte Leibniz-Regel für $[\cdot,\cdot]_E$ bezüglich ϱ.
Die verbleibende Aussage zu den Beziehungen von i, d_E, $[\![\cdot,\cdot]\!]_E$ und $\mathscr{L}^E$ ist nun klar, da alle Beweisschritte von Satz 2.3.35 wörtlich übernommen werden können.   □

Bemerkung 4.2.7 (Lie-Algebroide).

i.) Im Falle des Lie-Algebroids $TM \longrightarrow M$ reproduziert dieser Satz die üblichen Zusammenhänge zwischen Lie-Ableitung, äußerer Ableitung und Schouten-Nijenhuis-Klammer. Bemerkenswert ist, daß alle diese Strukturen untereinander gleichwertig und zudem gleichwertig zur kanonischen symplektischen Poisson-Struktur auf T^*M sind. Diese erhält man nämlich aus Satz 4.2.6, was anhand der Formeln (4.71) unmittelbar klar ist. Man hätte daher die gesamte Differentialgeometrie von Lie-Ableitung, äußerer Ableitung und Schouten-Nijenhuis-Klammer aus der kanonischen symplektischen Struktur von T^*M *ableiten* können und diese als das primäre Objekt auf einer Mannigfaltigkeit ansehen können.

ii.) Der zweite Spezialfall ist das Lie-Algebroid $\mathfrak{g} \longrightarrow \{\mathrm{pt}\}$, also eine Lie-Algebra. In diesem Fall liefert das Differential $d_\mathfrak{g}$ auf $\Gamma^\infty(\Lambda^\bullet\mathfrak{g}^*) = \Lambda^\bullet\mathfrak{g}^*$ gerade das Chevalley-Eilenberg-Differential δ_{CE}, was man direkt durch Vergleich der Formeln (4.70) und (3.240) sieht. Die Schouten-Nijenhuis-Klammer in diesem Fall ist die Fortsetzung der Lie-Klammer von $\mathfrak{g}$ auf $\Lambda^\bullet\mathfrak{g}$, so daß $\Lambda^\bullet\mathfrak{g}$ eine Gerstenhaber-Algebra wird. Explizit gilt für elementare Tensoren

$$[\![\xi_1 \wedge \cdots \wedge \xi_k, \eta_1 \wedge \cdots \wedge \eta_\ell]\!]$$
$$= \sum_{i,j}(-1)^{i+j}[\xi_i,\eta_j] \wedge \xi_1 \wedge \cdots \overset{i}{\wedge} \cdots \wedge \xi_k \wedge \eta_1 \wedge \cdots \overset{j}{\wedge} \cdots \wedge \eta_\ell \quad (4.72)$$

für $\xi_1, \ldots, \xi_k, \eta_1, \ldots, \eta_\ell \in \mathfrak{g}$. Da $C^\infty(\{\mathrm{pt}\}) = \mathbb{R}$, entfällt der Anteil in (2.208), der in „Mannigfaltigkeitsrichtung" ableitet. Natürlich kann man die Gerstenhaber-Algebra $(\Lambda^\bullet\mathfrak{g}, \wedge, [\![\cdot,\cdot]\!])$ auch direkt und unabhängig von differentialgeometrischen Überlegungen gewinnen, da die Formel für die Klammer (4.72) offenbar rein algebraisch ist. Die Poisson-Struktur auf $\mathfrak{g}^*$, die durch Satz 4.2.6 induziert wird, ist gerade die *negative* lineare Poisson-Struktur aus Folgerung 4.1.19. Das Vorzeichen ist in Satz 4.2.6 konventionsmäßig so gewählt, daß der Satz im Fall von Kotangentenbündeln die „richtige" Poisson-Klammer reproduziert.

Wie immer wollen wir nicht nur neue Objekte sondern auch deren Morphismen studieren. Im Falle von Lie-Algebroiden sind dies also strukturerhaltende Abbildungen zwischen Lie-Algebroiden. Der Einfachheit wegen beschränken wir uns auf den Fall von Lie-Algebroiden über derselben Basis M. Dann ist folgende Definition naheliegend:

Definition 4.2.8 (Lie-Algebroidhomomorphismus). *Seien* $E_1 \longrightarrow M$ *und* $E_2 \longrightarrow M$ *Lie-Algebroide über* M. *Ein Lie-Algebroidhomomorphismus* $\Phi : E_1 \longrightarrow E_2$ *ist ein Vektorbündelhomomorphismus (über der Identität* $M \longrightarrow M$*), so daß*

$$\varrho_2 \circ \Phi = \varrho_1 \tag{4.73}$$

und

$$\Phi([s,t]_{E_1}) = [\Phi(s), \Phi(t)]_{E_2} \tag{4.74}$$

für alle $s,t \in \Gamma^\infty(E_1)$.

Da Satz 4.2.6 vier äquivalente Formulierungen für ein Lie-Algebroid bereitstellt, können wir entsprechend vier äquivalente Formulierungen für einen Lie-Algebroidhomomorphismus finden.

Für einen gegebenen Vektorbündelhomomorphismus $\Phi : E_1 \longrightarrow E_2$ bezeichnen wir mit $\Phi : \Lambda^\bullet E_1 \longrightarrow \Lambda^\bullet E_2$ seine kanonische Fortsetzung auf die entsprechenden Grassmann-Bündel. Den transponierten Vektorbündelhomomorphismus bezeichnen wir mit $\Phi^* : E_2^* \longrightarrow E_1^*$ und setzen $\Phi^* : \Lambda^\bullet E_2^* \longrightarrow \Lambda^\bullet E_1^*$, nicht zu verwechseln mit dem pull-back. Dann sind die Fortsetzungen auf die Grassmann-Algebren Homomorphismen bezüglich der jeweiligen $\wedge$-Produkte.

Satz 4.2.9. *Seien* $E_1, E_2 \longrightarrow M$ *Lie-Algebroide über* M *und sei* $\Phi : E_1 \longrightarrow E_2$ *ein Vektorbündelhomomorphismus (über der Identität* $M \longrightarrow M$*). Dann ist äquivalent:*

i.) Φ *ist ein Homomorphismus von Lie-Algebroiden.*

ii.) $\Phi : \Gamma^\infty(\Lambda^\bullet E_1) \longrightarrow \Gamma^\infty(\Lambda^\bullet E_2)$ *ist ein Homomorphismus von Gerstenhaber-Algebren, also*

$$\Phi\left([\![s,t]\!]_{E_1}\right) = [\![\Phi(s), \Phi(t)]\!]_{E_2} \tag{4.75}$$

für alle $s,t \in \Gamma^\infty(\Lambda^\bullet E_1)$.

iii.) $\Phi^* : \Gamma^\infty(\Lambda^\bullet E_2^*) \longrightarrow \Gamma^\infty(\Lambda^\bullet E_1^*)$ *ist ein Homomorphismus von differentiell graduierten Algebren, also*

$$\Phi^* \circ \mathrm{d}_{E_2} = \mathrm{d}_{E_1} \circ \Phi^*. \tag{4.76}$$

iv.) $\Phi^* : E_2^* \longrightarrow E_1^*$ *ist eine Poisson-Abbildung.*

Beweis. Wir zeigen erneut, mit einiger Redundanz, die Beziehungen zur ersten Charakterisierung eines Lie-Algebroidhomomorphismus.

i.) $\Rightarrow$ *ii.)* Wir müssen zeigen, daß $\Phi([\![s,t]\!]_{E_1}) = [\![\Phi(s),\Phi(t)]\!]_{E_2}$ für alle $s,t \in \Gamma^\infty(\Lambda^\bullet E_1)$. Da Φ aber ein Homomorphismus des $\wedge$-Produkts ist und $[\![\cdot,\cdot]\!]_{E_1}$ sowie $[\![\cdot,\cdot]\!]_{E_2}$ die gleiche Super-Leibniz-Regel bezüglich $\wedge$ erfüllen, genügt es, die Gleichung auf den lokalen Generatoren nachzuprüfen. Dies ist aber nach Definition eines Homomorphismus von Lie-Algebroiden und der Definition der Klammern erfüllt.

ii.) $\Rightarrow$ *i.)* Dies folgt durch Spezialisierung auf die Grade 0 und 1.

i.) $\Rightarrow$ *iii.)* Gleichung (4.76) folgt direkt aus der Definition der Differentiale sowie der Definition von $\Phi^*\alpha$ für $\alpha \in \Gamma^\infty(\Lambda^\bullet E_2^*)$.

iii.) $\Rightarrow$ *i.)* Die Gleichung $\varrho_1(s)f = -(\mathrm{d}_{E_1}f)(s)$ legt ϱ_1 bereits eindeutig fest. Damit folgt mit $\Phi^*f = f$ für Funktionen $f \in C^\infty(M)$

$$-\varrho_1(s)f = (\mathrm{d}_{E_1}f)(s) = (\mathrm{d}_{E_1}\Phi^*f)(s) = (\Phi^*\mathrm{d}_{E_2}f)(s) = (\mathrm{d}_{E_2}f)(\Phi(s))$$
$$= -\varrho_2(\Phi(s))f,$$

womit wie gewünscht $\varrho_1 = \varrho_2 \circ \Phi$. Ebenso legt die Gleichung

$$\alpha([s,t]_{E_1}) = (\mathrm{d}_{E_1}(\alpha(t)))(s) - (\mathrm{d}_{E_1}\alpha)(s,t) - (\mathrm{d}_{E_1}(\alpha(s)))(t)$$

die Klammer $[\cdot,\cdot]_{E_1}$ eindeutig fest. Damit rechnet man nach, daß

$$
\begin{aligned}
\alpha(\Phi([s,t]_{E_1})) \\
&= (\Phi^*\alpha)([s,t]_{E_1}) \\
&= (\mathrm{d}_{E_1}((\Phi^*\alpha)(t)))(s) - (\mathrm{d}_{E_1}(\Phi^*\alpha))(s,t) - (\mathrm{d}_{E_1}((\Phi^*\alpha)(s)))(t) \\
&= (\mathrm{d}_{E_1}\Phi^*(\alpha(\Phi(t))))(s) - (\Phi^*\mathrm{d}_{E_2}\alpha)(s,t) - (\mathrm{d}_{E_1}\Phi^*(\alpha(\Phi(s))))(t) \\
&= (\Phi^*\mathrm{d}_{E_2}(\alpha(\Phi(t))))(s) - (\mathrm{d}_{E_2}\alpha)(\Phi(s),\Phi(t)) - (\Phi^*\mathrm{d}_{E_2}(\alpha(\Phi(s))))(t) \\
&= (\mathrm{d}_{E_2}(\alpha(\Phi(t))))(\Phi(s)) - (\mathrm{d}_{E_2}\alpha)(\Phi(s),\Phi(t)) - (\mathrm{d}_{E_2}(\alpha(\Phi(s))))(\Phi(t)) \\
&= \alpha([\Phi(s),\Phi(t)]_{E_2}),
\end{aligned}
$$

womit *i.)* folgt.

i.) $\Rightarrow$ *iv.)* Seien $F,G \in C^\infty(E_1^*)$ vorgegeben. Dann müssen wir

$$\{F \circ \Phi^*, G \circ \Phi^*\}_{E_2} = \{F,G\}_{E_1} \circ \Phi^*$$

zeigen. Da wieder beide Poisson-Klammern lokal durch ihre Werte auf den in Faserrichtung konstanten Funktionen $\pi^*C^\infty(M)$ und den linearen Funktionen $\mathrm{Pol}^1(E_1^*)$ beziehungsweise $\mathrm{Pol}^1(E_2^*)$ festgelegt sind, genügt es, die Gleichung für solche Funktionen zu zeigen. Zunächst ist klar, daß $(\pi_1^*f) \circ \Phi^* = f \circ \pi_1 \circ \Phi^* = f \circ \pi_2 = \pi_2^*f$. Entsprechend gilt

$$((\mathfrak{J}(s)) \circ \Phi^*)(\alpha) = \mathfrak{J}(s)(\Phi^*\alpha) = (\Phi^*\alpha)(s) = \alpha(\Phi(s)) = \mathfrak{J}(\Phi(s))(\alpha),$$

also $(\mathfrak{J}(s)) \circ \Phi^* = \mathfrak{J}(\Phi(s))$ für $s \in \Gamma^\infty(E_1)$. Damit folgt die Gleichung aber direkt aus (4.71) und der Definition eines Homomorphismus von Lie-Algebroiden.

iv.) $\Rightarrow$ *i.)* Die Rückrichtung folgt schließlich durch eine analoge Überlegung, da der Anker und die Lie-Klammer wieder durch die Poisson-Klammer von Funktionen der Gestalt $\pi^* f$ und $\mathfrak{J}(s)$ eindeutig bestimmt ist. $\qquad\square$

Bemerkung 4.2.10 (Lie-Algebroidmorphismen).

i.) Proposition 4.2.3 besagt also, daß der Anker $\varrho : E \longrightarrow TM$ eines Lie-Algebroids immer ein Homomorphismus von Lie-Algebroiden ist, da das kanonische Lie-Algebroid $TM \longrightarrow M$ die Identität als Anker hat.

ii.) Die Aussage des Satzes 4.2.9 läßt sich noch etwas umformulieren. Zunächst ist klar, daß mit der Definition 4.2.8 die Lie-Algebroide über M eine Kategorie bilden, wenn man als Morphismen die Lie-Algebroidmorphismen verwendet. Dann besagt der Satz, daß die Zuordnungen des Lie-Algebroids E zur Gerstenhaber-Algebra $\Gamma^\infty(\Lambda^\bullet E)$, zur differentiell gradierten Algebra $\Gamma^\infty(\Lambda^\bullet E^*)$ sowie zur Poisson-Mannigfaltigkeit E^* *funktoriell* ist. Eine *Äquivalenz* von Kategorien erhält man im allgemeinen aber nicht, da die drei letzteren Kategorien im allgemeinen *mehr* Morphismen besitzen, als nur diejenigen, die von Vektorbündelhomomorphismen induziert werden. Man kann dies aber als Ausgangspunkt einer Verallgemeinerung von Homomorphismen von Lie-Algebroiden verwenden, indem man erzwingt, daß obige Zuordnung eine Äquivalenz von Kategorien wird, siehe auch [224].

Da ein Lie-Algebroid $E \longrightarrow M$ insbesondere auch eine differentiell gradierte Algebra $\Gamma^\infty(\Lambda^\bullet E^*)$ liefert, kann man jedem Lie-Algebroid eine Kohomologie zuordnen, nämlich die von $(\Gamma^\infty(\Lambda^\bullet E^*), \mathrm{d}_E)$:

Definition 4.2.11 (Lie-Algebroidkohomologie). *Sei* $E \longrightarrow M$ *ein Lie-Algebroid über* M. *Dann ist die Lie-Algebroidkohomologie von* E *durch*

$$\mathrm{H}_E(M) = \frac{\ker \mathrm{d}_E}{\operatorname{im} \mathrm{d}_E} \tag{4.77}$$

definiert.

Proposition 4.2.12. *Sei* $E \longrightarrow M$ *ein Lie-Algebroid über* M.

i.) Die Lie-Algebroidkohomologie $\mathrm{H}_E^\bullet(M)$ *ist eine gradierte, assoziative, superkommutative Algebra mit Eins bezüglich der von* $\Gamma^\infty(\Lambda^\bullet E^*)$ *induzierten Gradierung und des* $\wedge$*-Produkts.*

ii.) Jeder Lie-Algebroidhomomorphismus $\Phi : E_1 \longrightarrow E_2$ *liefert einen induzierten Algebrahomomorphismus*

$$\Phi^* : \mathrm{H}_{E_2}^\bullet(M) \longrightarrow \mathrm{H}_{E_1}^\bullet(M). \tag{4.78}$$

Beweis. Die Wohl-Definiertheit des $\wedge$-Produkts und der Gradierung im Quotienten folgt unmittelbar aus der Superderivationseigenschaft von d_E, ganz analog zum Fall der äußeren Ableitung. Der zweite Teil folgt ebenso, da nach (4.76) die Abbildung Φ^* auch im Quotienten wohl-definiert ist und die algebraischen Eigenschaften auf Repräsentanten nachgeprüft werden können. $\square$

Beispiel 4.2.13 (Lie-Algebroidkohomologie).

i.) Die Lie-Algebroidkohomologie des kanonischen Lie-Algebroids $TM \longrightarrow M$ ist offenbar gerade die deRham-Kohomologie von M, da ja bereits der Komplex $(\Gamma^\infty(\Lambda^\bullet T^*M), d_{TM} = d)$ mit dem deRham-Komplex übereinstimmt, siehe Bemerkung 4.2.7.

ii.) Die Lie-Algebroidkohomologie von $\mathfrak{g} \longrightarrow \{\mathrm{pt}\}$ ist die skalare Lie-Algebrakohomologie, siehe ebenfalls Bemerkung 4.2.7. Damit verallgemeinert und vereinheitlicht der Begriff der Lie-Algebroidkohomologie sowohl die deRham-Kohomologie einer Mannigfaltigkeit als auch die Lie-Algebrenkohomologie.

iii.) Da die Anker-Abbildung $\varrho : E \longrightarrow TM$ eines jeden Lie-Algebroids $E \longrightarrow M$ ein Homomorphismus von Lie-Algebroiden ist, gibt es immer einen induzierten Algebrahomomorphismus

$$\varrho^* : \mathrm{H}^\bullet_{\mathrm{dR}}(M) \longrightarrow \mathrm{H}^\bullet_E(M). \tag{4.79}$$

Im allgemeinen ist ϱ^* weder injektiv noch surjektiv.

Es sollte abschließend zu dieser Einführung noch bemerkt werden, daß es einen gänzlich algebraischen Zugang zur Theorie der Lie-Algebroide gibt, welche auf Rinehart [274] zurückgeht, siehe beispielsweise die Arbeiten von Huebschmann [174, 175].

4.2.2 Poisson-Kohomologie

Wir betrachten nun eine Poisson-Mannigfaltigkeit (M, π) aus der wir ein Lie-Algebroid über M konstruieren wollen. Wie wir schon gesehen haben, spielt in der Poisson-Geometrie das Kotangentenbündel T^*M eher die Rolle des Tangentenbündels TM und umgekehrt. Das wird die nun folgende Konstruktion weiter untermauern. Da wir vier äquivalente Definitionen für ein Lie-Algebroid nach Satz 4.2.6 vorliegen haben, wollen wir die Konstruktion des zu (M, π) gehörenden Lie-Algebroids auch in allen vier Varianten vorstellen. Die einfachste ist dabei die Konstruktion eines Differentials d_π für $\Gamma^\infty(\Lambda^\bullet(T^*M)^*) = \Gamma^\infty(\Lambda^\bullet TM)$: Wir wollen $T^*M \longrightarrow M$ zu einem Lie-Algebroid machen, dazu müssen wir auf $\Gamma^\infty(\Lambda^\bullet TM) = \mathfrak{X}^\bullet(M)$ ein Differential d_π angeben. Dies leistet folgende Proposition:

Proposition 4.2.14. *Sei (M, π) eine Poisson-Mannigfaltigkeit. Dann ist die Abbildung*

$$d_\pi : \mathfrak{X}^\bullet(M) \longrightarrow \mathfrak{X}^{\bullet+1}(M), \tag{4.80}$$

definiert durch

$$d_\pi X = [\![\pi, X]\!] \tag{4.81}$$

für $X \in \mathfrak{X}^\bullet(M)$, eine Superderivation des $\wedge$-Produkts vom Grad $+1$ mit

$$d_\pi^2 = 0. \tag{4.82}$$

Beweis. Daß d_π eine Superderivation vom Grad $+1$ ist, folgt schon unmittelbar aus der Super-Leibniz-Regel für die Schouten-Nijenhuis-Klammer $[\![\cdot, \cdot]\!]$ bezüglich des $\wedge$-Produkts. Daß $d_\pi^2 = 0$ ist, folgt aus der Super-Jacobi-Identität für $[\![\cdot, \cdot]\!]$ und $[\![\pi, \pi]\!] = 0$, denn für $X \in \mathfrak{X}^\bullet(M)$ gilt

$$d_\pi d_\pi X = [\![\pi, [\![\pi, X]\!]]\!] = [\![[\![\pi, \pi]\!], X]\!] - [\![\pi, [\![\pi, X]\!]]\!] = -d_\pi d_\pi X.$$

In der Tat gilt $d_\pi^2 = 0$ genau dann, wenn $[\![\pi, \pi]\!] = 0$, was man unmittelbar durch Anwenden auf Funktionen $f \in \mathfrak{X}^0(M)$ sieht. $\square$

Man beachte, daß diese Proposition eine weitere Interpretation der Jacobi-Identität $[\![\pi, \pi]\!] = 0$ für ein Bivektorfeld π liefert: Ein Bivektorfeld π ist genau dann ein Poisson-Tensor, wenn $d_\pi^2 = 0$.

Nach Satz 4.2.6 definiert das Differential d_π also die Struktur eines Lie-Algebroids auf $T^*M \longrightarrow M$. Man beachte die vertauschten Rollen von TM und T^*M. Wir wollen nun dieses Lie-Algebroid explizit bestimmen, ebenso wie die zugehörige lineare Poisson-Struktur auf $(T^*M)^* = TM$. Die Gerstenhaber-Algebra auf $\Gamma^\infty(\Lambda^\bullet T^*M)$ ist dann wie immer durch die übliche Fortsetzung von Anker und Lie-Klammer von $\Gamma^\infty(T^*M)$ gegeben.

Satz 4.2.15. *Sei (M, π) eine Poisson-Mannigfaltigkeit. Die durch das Differential $d_\pi = [\![\pi, \cdot]\!]$ für $\mathfrak{X}^\bullet(M)$ festgelegte Struktur eines Lie-Algebroids für $T^*M \longrightarrow M$ ist explizit durch den Anker*

$$\varrho(\alpha) = -\alpha^\sharp \tag{4.83}$$

und die Lie-Klammer $[\cdot, \cdot]_\pi$

$$[\alpha, \beta]_\pi = -\mathscr{L}_{\alpha^\sharp} \beta + \mathscr{L}_{\beta^\sharp} \alpha - d(\pi(\alpha, \beta)) \tag{4.84}$$

für $\alpha, \beta \in \Gamma^\infty(T^*M)$ gegeben. Es gilt insbesondere

$$[df, dg]_\pi = d\{f, g\} \tag{4.85}$$

für exakte Einsformen $df, dg \in \Gamma^\infty(T^*M)$. Die induzierte lineare Poisson-Struktur auf TM ist durch

$$\begin{aligned} \{\pi_{TM}^* f, \pi_{TM}^* g\} = 0, \quad \{\pi_{TM}^* f, \mathfrak{J}(\alpha)\} = \pi_{TM}^*(\alpha(X_f)) \\ und \quad \{\mathfrak{J}(df), \mathfrak{J}(dg)\} = -\mathfrak{J}(d\{f, g\}) \end{aligned} \tag{4.86}$$

festgelegt, wobei wir zur Unterscheidung hier die Bündelprojektion mit π_{TM} : $TM \longrightarrow M$ bezeichnen.

Beweis. Wir rekonstruieren den Anker ϱ und die Lie-Klammer $[\cdot,\cdot]_\pi$ gemäß Satz 4.2.6 aus dem Differential d_π. Sei $f \in C^\infty(M)$, dann ist $\mathrm{d}_\pi f = [\![\pi,f]\!] = X_f = (\mathrm{d}f)^\sharp$ gerade das Hamiltonsche Vektorfeld von f, womit

$$\varrho(\alpha)f = \mathrm{d}_\pi f(\alpha) = \alpha(X_f) = \alpha(\pi(\cdot,\mathrm{d}f)) = \pi(\alpha,\mathrm{d}f) = -\alpha^\sharp(\mathrm{d}f),$$

also $\varrho(\alpha) = -\alpha^\sharp$. Weiter gilt für $X \in \Gamma^\infty(TM)$ und $\alpha,\beta \in \Gamma^\infty(T^*M)$ zunächst die Gleichung

$$\begin{aligned}
(\mathscr{L}_{\alpha^\sharp}\beta)(X) &= \alpha^\sharp(\beta(X)) - \beta(\mathscr{L}_{\alpha^\sharp}X) \\
&= \mathrm{d}(\beta(X))(\alpha^\sharp) + \beta(\mathscr{L}_X\alpha^\sharp) \\
&= \mathrm{d}(\beta(X))(\pi(\cdot,\alpha)) + \beta(\mathscr{L}_X\pi(\cdot,\alpha)) \\
&= \pi(\mathrm{d}(\beta(X)),\alpha) + \beta((\mathscr{L}_X\pi)(\cdot,\alpha) + \pi(\cdot,\mathscr{L}_X\alpha)) \\
&= -[\![\beta(X),\pi]\!](\alpha) + (\mathscr{L}_X\pi)(\beta,\alpha) + \pi(\beta,\mathscr{L}_X\alpha).
\end{aligned}$$

Damit gilt weiter

$$\begin{aligned}
(\mathscr{L}_{\alpha^\sharp}\beta &- \mathscr{L}_{\beta^\sharp}\alpha + \mathrm{d}(\pi(\alpha,\beta)))(X) \\
&= -[\![\beta(X),\pi]\!](\alpha) + (\mathscr{L}_X\pi)(\beta,\alpha) + \pi(\beta,\mathscr{L}_X\alpha) \\
&\quad + [\![\alpha(X),\pi]\!](\beta) - (\mathscr{L}_X\pi)(\alpha,\beta) - \pi(\alpha,\mathscr{L}_X\beta) + X(\pi(\alpha,\beta)) \\
&= -\alpha(\mathrm{d}_\pi(\beta(X))) + \beta(\mathrm{d}_\pi(\alpha(X))) - [\![X,\pi]\!](\alpha,\beta) \\
&= (\mathrm{d}_\pi(\alpha(X)))(\beta) - (\mathrm{d}_\pi(\beta(X)))(\alpha) - (\mathrm{d}_\pi X)(\beta,\alpha) \\
&= X([\beta,\alpha]_\pi),
\end{aligned}$$

womit (4.84) folgt. Anwenden auf $\alpha = \mathrm{d}f$ und $\beta = \mathrm{d}g$ liefert

$$\begin{aligned}
[\mathrm{d}f,\mathrm{d}g]_\pi &= -\mathscr{L}_{(\mathrm{d}f)^\sharp}\mathrm{d}g + \mathscr{L}_{(\mathrm{d}g)^\sharp}\mathrm{d}f - \mathrm{d}(\pi(\mathrm{d}f,\mathrm{d}g)) \\
&= -\mathrm{d}\mathscr{L}_{X_f}g + \mathrm{d}\mathscr{L}_{X_g}f - \mathrm{d}\{f,g\} \\
&= \mathrm{d}\{f,g\},
\end{aligned}$$

und damit (4.85). Da $[\cdot,\cdot]_\pi$ die Leibniz-Regel bezüglich $\wedge$ erfüllt, bestimmt (4.85) bereits (4.84). Für die induzierte Poisson-Klammer $\{\cdot,\cdot\}_{TM}$ auf TM wissen wir bereits allgemein, daß pull-backs $\pi^*_{TM}f$ von Funktionen $f \in C^\infty(M)$ Poisson-kommutieren. Für die zweite Gleichung in (4.86) berechnen wir

$$\varrho(\alpha)f = \alpha^\sharp f = \pi(\mathrm{d}f,\alpha) = -\alpha(X_f).$$

Schließlich erfüllt $\{\cdot,\cdot\}_{TM}$ ebenfalls die Leibniz-Regel. Da jede Einsform α lokal als Summe von Einsformen der Gestalt $f\mathrm{d}g$ geschrieben werden kann und $\mathfrak{J}(f\mathrm{d}g) = \pi^*_{TM}f\mathfrak{J}(\mathrm{d}g)$ gilt, ist $\{\cdot,\cdot\}_{TM}$ auch durch die Werte auf *exakten* Einsformen bestimmt. Wir müssen also die allgemeinere Definition $\{\mathfrak{J}(\alpha),\mathfrak{J}(\beta)\}_{TM} = -\mathfrak{J}([\alpha,\beta]_\pi)$ auf $\alpha = \mathrm{d}f$ und $\beta = \mathrm{d}g$ auswerten. Dies ist aber einfach und liefert

$$\{\mathfrak{J}(\mathrm{d}f),\mathfrak{J}(\mathrm{d}g)\}_{TM} = -\mathfrak{J}([\mathrm{d}f,\mathrm{d}g]_\pi) = -\mathfrak{J}(\mathrm{d}\{f,g\}).$$

$\square$

Folgerung 4.2.16. *Sei (M, π) eine Poisson-Mannigfaltigkeit und (U, x) eine lokale Karte von M mit induzierter Karte $(TU, (q, v))$ von TM. Dann gilt für die durch Satz 4.2.15 festgelegte lineare Poisson-Struktur Π auf TM lokal*

$$\Pi\big|_{TU} = -\pi_{TM}^* \left(\pi^{ij}\right) \frac{\partial}{\partial q^i} \wedge \frac{\partial}{\partial v^j} - \frac{1}{2}\pi_{TM}^* \left(\frac{\partial \pi^{ij}}{\partial x^k}\right) v^k \frac{\partial}{\partial v^i} \wedge \frac{\partial}{\partial v^j} \qquad (4.87)$$

und entsprechend

$$\{q^i, q^j\}_{TM} = 0 \qquad (4.88)$$

$$\{q^i, v^j\}_{TM} = -\pi_{TM}^* \left(\pi^{ij}\right) \qquad (4.89)$$

$$\{v^i, v^j\}_{TM} = -\pi_{TM}^* \left(\frac{\partial \pi^{ij}}{\partial x^k}\right) v^k, \qquad (4.90)$$

wobei $\pi\big|_U = \frac{1}{2}\pi^{ij} \frac{\partial}{\partial x^i} \wedge \frac{\partial}{\partial x^j}$.

Beweis. Da $q^i = \pi_{TM}^* x^i$ folgt (4.88) ganz allgemein. Für die lokale Eins-form $\mathrm{d}x^i$ gilt $\mathfrak{J}(\mathrm{d}x^i) = v^i$. Dies folgt unmittelbar aus der Definition, denn $\mathfrak{J}(\mathrm{d}x^i)(v_p) = (\mathrm{d}x^i)(v_p) = v^i(v_p)$. Damit berechnen wir

$$\{q^i, v^j\}_{TM} = \pi_{TM}^*(\varrho(\mathrm{d}x^j)x^i) = \pi_{TM}^* \left(-\pi(\mathrm{d}x^i, \mathrm{d}x^j)\right) = -\pi_{TM}^* \left(\pi^{ij}\right).$$

Analog gilt

$$\begin{aligned}
\{v^i, v^j\}_{TM} &= -\mathfrak{J}(\mathrm{d}\{x^i, x^j\}) \\
&= -\mathfrak{J}(\mathrm{d}\pi^{ij}) \\
&= -\mathfrak{J}\left(\frac{\partial \pi^{ij}}{\partial x^k}\mathrm{d}x^k\right) \\
&= -\pi_{TM}^* \left(\frac{\partial \pi^{ij}}{\partial x^k}\right) v^k,
\end{aligned}$$

womit die drei Gleichungen (4.88), (4.89) und (4.90) gezeigt sind. Da allgemein die Koeffizienten eines Poisson-Tensors durch die Poisson-Klammern der entsprechenden Koordinatenfunktionen gegeben sind, folgt daraus auch (4.87). $\qquad \square$

Folgerung 4.2.17. *Sei (M, π) eine Poisson-Mannigfaltigkeit. Die auf TM induzierte lineare Poisson-Struktur Π ist genau dann symplektisch, wenn (M, π) symplektisch ist.*

Beweis. Nach Folgerung 4.2.16 ist der Poisson-Tensor Π auf TM in lokalen Bündelkoordinaten durch (4.87) bestimmt. Damit ist Π offenbar genau dann nichtausgeartet, wenn π^{ij} nichtausgeartet ist. $\qquad \square$

Proposition 4.2.18. *Sei (M, ω_M) symplektisch. Die durch Satz 4.2.6 und Folgerung 4.2.17 auf TM induzierte symplektische Form ω_{TM} ist durch*

$$\omega_{TM} = \flat^* \omega_0 \qquad (4.91)$$

gegeben, wobei $\flat : TM \longrightarrow T^*M$ der durch ω_M induzierte musikalische Iso-morphismus und ω_0 die kanonische symplektische Form auf T^*M ist.

Beweis. Wir müssen zeigen, daß $\flat : (TM, \omega_{TM}) \longrightarrow (T^*M, \omega_0)$ ein Symplektomorphismus ist. Da $\flat$ bereits ein Diffeomorphismus ist, genügt es nach Satz 3.1.15 zu zeigen, daß $\flat$ eine Poisson-Abbildung ist. Um dies zu zeigen, genügt es, lokale Koordinatenfunktionen zu betrachten. Insbesondere können wir durch Darboux-Koordinaten von M induzierte Bündelkoordinaten wählen. Seien also (x^i, y_i) lokale Darboux-Koordinaten auf $U \subseteq M$, so daß $\omega_M|_U = \mathrm{d}x^i \wedge \mathrm{d}y_i$. Dann bezeichnen wir die induzierten Bündelkoordinaten von TM mit $(q_x^i, q_i^y, v_x^i, v_i^y)$ und die entsprechenden Bündelkoordinaten von T^*M mit $(q_x^i, q_i^y, p_i^x, p_y^i)$, jeweils mit $i = 1, \dots, n = \frac{1}{2} \dim M$. Ein Tangentialvektor $v_p \in T_p M$ schreibt sich also als

$$v_p = v_x^i \frac{\partial}{\partial x^i}\Big|_p + v_i^y \frac{\partial}{\partial y_i}\Big|_p$$

und eine Einsform α_p entsprechend als

$$\alpha_p = p_i^x \mathrm{d}x^i\Big|_p + p_y^i \mathrm{d}y_i\Big|_p.$$

Der musikalische Isomorphismus $\flat : TM \longrightarrow T^*M$ lautet in diesen Koordinaten einfach

$$\left(v_x^i \frac{\partial}{\partial x^i}\Big|_p + v_i^y \frac{\partial}{\partial y_i}\Big|_p\right)^\flat = -v_i^y \mathrm{d}x^i\Big|_p + v_x^i \mathrm{d}y_i\Big|_p,$$

da $\omega_M|_U = \mathrm{d}x^i \wedge \mathrm{d}y_i$. Damit gilt für die Koordinatenfunktionen

$$\flat^* p_i^x = -v_i^y \quad \text{und} \quad \flat^* q_x^i = q_x^i$$

sowie

$$\flat^* p_y^i = v_x^i \quad \text{und} \quad \flat^* q_i^y = q_i^y.$$

Wir zeigen nun $\flat^*\{f, g\}_{T^*M} = \{\flat^* f, \flat^* g\}_{TM}$ für alle $4n \times 4n$ Kombinationen der Koordinatenfunktionen $f, g \in \{q_x^i, q_i^y, p_i^x, p_i^y\}_{i=1,\dots,n}$. Da die Bündelkoordinaten von T^*M prinzipiell Darboux-Koordinaten bezüglich ω_0 sind, siehe Satz 3.2.4, liefern die q-Koordinaten sowie die p-Koordinaten untereinander nur verschwindende Poisson-Klammern. Da andererseits die q-Koordinaten untereinander auch bezüglich der Klammer $\{\cdot, \cdot\}_{TM}$ vertauschen, und die *Konstanz* der Koeffizienten π_ω^{ij} in einer Darboux-Karte bewirkt, daß auch die v-Koordinaten untereinander verschwindende Poisson-Klammern besitzen, siehe (4.90), müssen nur die gemischten Terme geprüft werden. Es gilt

$$\{q_x^i, p_y^j\} = 0 = \{q_i^y, p_j^x\} \quad \text{sowie} \quad \{q_x^i, p_j^x\} = \delta_j^i = \{q_j^y, p_y^i\}$$

und andererseits

$$\{q_x^i, v_x^j\}_{TM} = -\pi^*\{x^i, x^j\}_M = 0 = \{q_i^y, v_j^y\}_{TM} = -\pi^*\{y_i, y_j\}_M.$$

Schließlich gilt

$$\{q_x^i, v_j^y\} = -\pi^*\{x^i, y_j\}_M = -\delta_j^i \quad \text{und} \quad \{q_i^y, v_x^j\}_{TM} = -\pi^*\{y_i, x^j\}_M = \delta_i^j.$$

Damit folgt die Behauptung. $\qquad\qquad\qquad\qquad\qquad\qquad\qquad\qquad\square$

Insbesondere folgt aus dem Beweis auch, daß die durch Darboux-Koordinaten (x^i, y_i) induzierten Bündelkoordinaten $(q_x^i, q_i^y, v_x^i, x_i^y)$ auf TM ebenfalls Darboux-Koordinaten sind, sofern (konventionsbedingt) v_i^y durch $-v_i^y$ ersetzt wird.

Da eine Poisson-Mannigfaltigkeit ein Lie-Algebroid auf $T^*M \longrightarrow M$ definiert, kann man nach Definition 4.2.11 die zugehörige Kohomologie-Theorie betrachten. Wir haben in Proposition 4.2.14 die Lie-Algebroidstruktur ja gerade über die differentiell gradierte Algebra definiert. Dies liefert also die Definition der Poisson-Kohomologie:

Definition 4.2.19 (Poisson-Kohomologie). *Sei (M, π) eine Poisson-Mannigfaltigkeit. Dann ist die Poisson-Kohomologie $\mathrm{H}_\pi^\bullet(M)$ als die Lie-Algebroidkohomologie des durch (M, π) bestimmten Lie-Algebroids $T^*M \longrightarrow M$ definiert. Explizit ist der Komplex durch die differentiell gradierte Algebra $(\mathfrak{X}^\bullet(M), \wedge, \mathrm{d}_\pi)$ mit dem Differential $\mathrm{d}_\pi = [\![\pi, \cdot]\!]$ gegeben und demnach*

$$\mathrm{H}_\pi^k(M) = \frac{\ker \mathrm{d}_\pi \big|_{\mathfrak{X}^k(M)}}{\mathrm{im}\, \mathrm{d}_\pi \big|_{\mathfrak{X}^{k-1}(M)}} = \frac{\{X \in \mathfrak{X}^k(M) \mid [\![\pi, X]\!] = 0\}}{\{[\![\pi, Y]\!] \mid Y \in \mathfrak{X}^{k-1}(M)\}}. \tag{4.92}$$

Bemerkung 4.2.20. Für $k = 0, 1$ deckt sich diese Definition mit unserer zuvor gemachten: $\mathrm{H}_\pi^0(M)$ sind die Casimir-Funktionen und $\mathrm{H}_\pi^1(M)$ ist der Quotient von Poisson-Vektorfeldern modulo Hamiltonschen Vektorfeldern. Damit haben die beiden Kohomologiegruppen $\mathrm{H}_\pi^0(M)$ und $\mathrm{H}_\pi^1(M)$ eine konkrete Interpretation. Für $\mathrm{H}_\pi^2(M)$ und $\mathrm{H}_\pi^3(M)$ werden wir im Rahmen der formalen Deformationstheorie von Poisson-Tensoren ebenfalls eine konkrete Interpretation finden, die höheren Poisson-Kohomologiegruppen besitzen dagegen im allgemeinen keine einfache Deutung.

Anders als bei einem allgemeinen Lie-Algebroid besitzt die Poisson-Kohomologie $\mathrm{H}_\pi^\bullet(M)$ nicht nur die Struktur einer gradierten, assoziativen, superkommutativen Algebra mit Eins, sondern darauf aufbauend die Struktur einer Gerstenhaber-Algebra:

Proposition 4.2.21. *Sei (M, π) eine Poisson-Mannigfaltigkeit. Die Gerstenhaber-Algebra der Multivektorfelder $(\mathfrak{X}^\bullet(M), \wedge, [\![\cdot, \cdot]\!])$ induziert die Struktur eine Gerstenhaber-Algebra für die Poisson-Kohomologie $\mathrm{H}_\pi^\bullet(M)$.*

Beweis. Das $\wedge$-Produkt ist für jedes Lie-Algebroid auch in der Kohomologie wohl-definiert. Da jetzt das Differential d_π aber eine *innere Superderivation* $\mathrm{d}_\pi = [\![\pi, \cdot]\!]$ bezüglich der Super-Lie-Klammer $[\![\cdot, \cdot]\!]$ ist, ist auch $[\![\cdot, \cdot]\!]$ in der Kohomologie wohl-definiert. Dies zeigt man analog zur Wohl-Definiertheit von $\wedge$. Damit wird $\mathrm{H}_\pi^\bullet(M)$ tatsächlich eine Gerstenhaber-Algebra, da die entsprechenden Identitäten für $\wedge$ und $[\![\cdot, \cdot]\!]$ auf Repräsentanten nachgeprüft werden können und daher aus den jeweiligen Identitäten für $(\mathfrak{X}^\bullet(M), \wedge, [\![\cdot, \cdot]\!])$ folgen. $\qquad \square$

Bemerkung 4.2.22 (Lie-Bialgebroide). Was hier als „glücklicher Zufall" erscheint, findet seine konzeptionell klare Deutung im Rahmen der *Lie-Bialgebroide*, siehe beispielsweise [207,209,225]. Letztlich liegt diese Situation bereits in der algebraischen Situation von Proposition 4.1.2 vor und kann daher auch im Rahmen der abgeleiteten Klammern verstanden werden. Dieser Aspekt soll hier jedoch nicht weiter verfolgt werden.

Nach der allgemeinen Aussage von Beispiel 4.2.13, Teil *iii.)*, liefert die Ankerabbildung $\sharp : T^*M \longrightarrow TM$ einen Algebrenhomomorphismus

$$\sharp : \mathrm{H}_{\mathrm{dR}}^\bullet(M) \longrightarrow \mathrm{H}_\pi^\bullet(M). \tag{4.93}$$

Im allgemeinen ist $\sharp$ weder injektiv noch surjektiv, für eine symplektische Poisson-Struktur dagegen ist (4.93) ein Isomorphismus.

Proposition 4.2.23. *Sei (M, ω) eine symplektische Mannigfaltigkeit. Dann ist die Poisson-Kohomologie von (M, π_ω) kanonisch zur deRham-Kohomologie von M via*

$$\sharp : \mathrm{H}_{\mathrm{dR}}^\bullet(M) \overset{\cong}{\longrightarrow} \mathrm{H}_{\pi_\omega}^\bullet(M) \tag{4.94}$$

isomorph, wobei das Inverse durch $\flat$ induziert wird.

Beweis. Wir wissen, daß $\sharp : \Omega^\bullet(M) \longrightarrow \mathfrak{X}^\bullet(M)$ eine Kettenabbildung ist, also $\mathrm{d}_\pi(\alpha^\sharp) = (\mathrm{d}\alpha)^\sharp$ erfüllt. Da im symplektischen Fall $\sharp$ bijektiv mit Inversem $\flat$ ist, folgt zum einen, daß auch $\flat$ eine Kettenabbildung ist. Zum anderen induzieren $\sharp$ und $\flat$ in der Kohomologie zueinander inverse Abbildungen. Damit folgt die Behauptung, da die Verträglichkeit mit dem $\wedge$-Produkt offensichtlich nach Definition der Fall ist. $\qquad\square$

4.2.3 Die fundamentale und die modulare Klasse

Für jede Poisson-Mannigfaltigkeit besitzt die Poisson-Kohomologie zwei kanonisch definierte Klassen, die fundamentale Klasse und die modulare Klasse, welche wir nun diskutieren wollen, siehe auch [73,113,321].

Definition 4.2.24 (Fundamentale Klasse). *Sei (M, π) eine Poisson-Mannigfaltigkeit. Die durch $\pi \in \mathfrak{X}^2(M)$ definierte Klasse $[\pi] \in \mathrm{H}_\pi^2(M)$ heißt kanonische (oder fundamentale) Kohomologieklasse der Poisson-Mannigfaltigkeit. Ist $[\pi] = 0$, so heißt die Poisson-Struktur exakt.*

Zunächst ist klar, daß π wegen $\mathrm{d}_\pi\pi = [\![\pi, \pi]\!] = 0$ tatsächlich geschlossen ist, also eine Kohomologieklasse $[\pi] \in \mathrm{H}_\pi^2(M)$ definiert. Die Exaktheit $[\pi] = 0$ ist gleichbedeutend mit der Existenz eines Vektorfeldes $\xi \in \mathfrak{X}^1(M)$ mit $\pi = \mathrm{d}_\pi\xi = [\![\pi, \xi]\!] = -[\![\xi, \pi]\!] = -\mathscr{L}_\xi\pi$. Ein derartiges Vektorfeld ξ heißt auch *Liouville-Vektorfeld* für π, wie folgendes Beispiel motiviert:

Beispiel 4.2.25. Sei (M, ω) eine symplektische Mannigfaltigkeit. Dann gilt

$$[\omega]^\sharp = [\pi_\omega]. \tag{4.95}$$

Nach der Cartan-Formel ist π_ω genau dann exakt als Poisson-Struktur, wenn $\omega = \mathrm{d}\alpha$ exakt ist. Gleichung (4.95) gilt bereits für die Repräsentanten direkt, also $\omega^\sharp = \pi_\omega$, was man leicht in Koordinaten nachprüft. Gilt nun $\pi_\omega = \mathrm{d}_{\pi_\omega}\xi = -\mathscr{L}_\xi \pi_\omega$, so folgt nach Anwenden von $\flat$ die Gleichung $\omega = \pi_\omega^\flat = (\mathrm{d}_{\pi_\omega}\xi)^\flat = \mathrm{d}\xi^\flat$, da $\flat$ ebenfalls eine Kettenabbildung ist. Daher ist ω exakt mit einem Potential $\xi^\flat$ und es gilt

$$\mathrm{i}_\xi \omega = \xi^\flat. \tag{4.96}$$

Damit folgt $\mathscr{L}_\xi \omega = \mathrm{d}\xi^\flat = \omega$, wonach ξ ein konform-symplektisches Vektorfeld ist, also die offensichtliche Verallgemeinerung des Liouville-Vektorfeldes auf T^*Q.

Das Poincaré-Lemma garantiert nun insbesondere, daß die fundamentale Klasse im Falle einer symplektischen Poisson-Struktur zumindest *lokal* trivial ist, und daher nur die *globale* Struktur der Poisson-Mannigfaltigkeit beschreibt. Für eine allgemeine Poisson-Struktur muß dies nicht gelten: Hier kann die fundamentale Klasse auch auf jeder offenen Umgebung eines Punktes nichttrivial sein:

Beispiel 4.2.26 (Homogene Poisson-Strukturen). Wir betrachten $M = \mathbb{R}^n$ mit linearen Koordinaten $x^1, \ldots, x^n$. Wir betrachten nun eine Poisson-Struktur

$$\pi = \frac{1}{2}\pi^{ij} \frac{\partial}{\partial x^i} \wedge \frac{\partial}{\partial x^j} \tag{4.97}$$

mit polynomialen Koeffizientenfunktionen $\pi^{ij} \in \mathrm{Pol}^k(\mathbb{R}^n)$ vom homogenen Grade k. Beispiele dafür sind die konstante oder die lineare Poisson-Struktur, es gibt aber auch für $k \geq 2$ Beispiele. Für das Euler-Vektorfeld $\xi_0 = x^i \frac{\partial}{\partial x^i}$ auf $\mathbb{R}^n$ gilt dann

$$\mathscr{L}_{\xi_0} \pi = (k-2)\pi. \tag{4.98}$$

Damit ist für $k \neq 2$ die Poisson-Struktur exakt, da

$$\pi = -\mathscr{L}_\xi \pi \quad \text{mit} \quad \xi = -\frac{1}{k-2}\xi_0. \tag{4.99}$$

Insbesondere sind konstante oder lineare Poisson-Strukturen immer exakt. Der Fall $k = 2$ ist allerdings komplizierter: Hier kann man zeigen, daß beispielsweise die Poisson-Struktur

$$\pi_2(x, y) = \frac{1}{2}(x^2 + y^2)\frac{\partial}{\partial x} \wedge \frac{\partial}{\partial y} \tag{4.100}$$

auf $\mathbb{R}^2$ nicht exakt ist. Schlimmer noch, auf jeder offenen Umgebung $U \subseteq \mathbb{R}^2$ von 0 ist $\pi|_U$ nicht exakt, siehe die Diskussion in [306, Example 5.8].

Im symplektischen Fall werden die zumindest lokal existierenden Liouville-Vektorfelder von großer Bedeutung in der Deformationsquantisierung sein, siehe Abschnitt 6.3.5. Das obige Beispiel zeigt nun, daß mit diesen Techniken im allgemeinen Poisson-Fall nicht zu rechnen ist.

Die zweite kanonische Klasse in $\mathrm{H}_\pi^\bullet(M)$ ist die sogenannte *modulare Klasse* von (M, π). Wir betrachten der Einfachheit wegen eine orientierbare und orientierte Mannigfaltigkeit M. Der Beweis des folgenden Satzes ist dann geringfügig einfacher, als wenn man mit positiven Dichten argumentiert, was jedoch prinzipiell ebenfalls möglich ist.

Satz 4.2.27. *Sei (M, π) eine orientierte Poisson-Mannigfaltigkeit und $\Omega \in \Gamma^\infty(\Lambda^n T^*M)$ eine positiv orientierte Volumenform. Dann definiert die Abbildung*

$$\Delta_\Omega : C^\infty(M) \ni f \mapsto \Delta_\Omega f \in C^\infty(M) \quad mit \quad \mathscr{L}_{X_f} \Omega = (\Delta_\Omega f)\Omega \quad (4.101)$$

eine Derivation und damit ein Vektorfeld $\Delta_\Omega \in \mathfrak{X}^1(M)$. Das Vektorfeld Δ_Ω ist ein Poisson-Vektorfeld und es gilt

$$\Delta_{\mathrm{e}^g \Omega} = \Delta_\Omega - X_g \quad (4.102)$$

für alle $g = \overline{g} \in C^\infty(M)$.

Beweis. Hier ist $\Delta_\Omega f$ als das eindeutig bestimmte $C^\infty(M)$-Vielfache $\mathscr{L}_{X_f} \Omega = (\Delta_\Omega f)\Omega$ von Ω offenbar wohl-definiert. Es gilt

$$\begin{aligned}
\mathscr{L}_{X_f} \Omega &= \mathscr{L}_{[\![\pi, f]\!]} \Omega \\
&= [\mathscr{L}_\pi, \mathscr{L}_f]\Omega \\
&= \mathscr{L}_\pi(-\mathrm{d}f \wedge \Omega) + \mathscr{L}_f \mathscr{L}_\pi \Omega \\
&= -\mathrm{d}f \wedge ([\mathrm{i}_\pi, \mathrm{d}]\Omega) \\
&= -\mathrm{d}f \wedge (\mathrm{i}_\pi \mathrm{d}\Omega - \mathrm{d}\,\mathrm{i}_\pi \Omega) \\
&= \mathrm{d}f \wedge \mathrm{d}\,\mathrm{i}_\pi \Omega,
\end{aligned}$$

wobei wir den Kalkül aus Satz 2.3.35 verwenden sowie, daß jede $(n+1)$-Form verschwindet. Damit folgt die Leibniz-Regel

$$\mathscr{L}_{X_{fg}} \Omega = \mathrm{d}(fg) \wedge \mathrm{d}\,\mathrm{i}_\pi \Omega = g\mathrm{d}f \wedge \mathrm{d}\,\mathrm{i}_\pi \Omega + f\mathrm{d}g \wedge \mathrm{d}\,\mathrm{i}_\pi \Omega = g\mathscr{L}_{X_f} \Omega + f\mathscr{L}_{X_g} \Omega$$

und somit auch die Leibniz-Regel für Δ_Ω. Also ist Δ_Ω nach Satz 2.1.26 ein Vektorfeld. Wir zeigen nun, daß Δ_Ω ein Poisson-Vektorfeld ist. Es gilt

$$\begin{aligned}
(\Delta_\Omega\{f, g\})\Omega &= \mathscr{L}_{X_{\{f,g\}}} \Omega \\
&= -\mathscr{L}_{[X_f, X_g]} \Omega \\
&= -\mathscr{L}_{X_f} \mathscr{L}_{X_g} \Omega + \mathscr{L}_{X_g} \mathscr{L}_{X_f} \Omega \\
&= -\mathscr{L}_{X_f}((\Delta_\Omega g)\Omega) + \mathscr{L}_{X_g}((\Delta_\Omega f)\Omega)
\end{aligned}$$

$$= - \left(\mathscr{L}_{X_f}(\Delta_\Omega g) \right) \Omega + \left(\mathscr{L}_{X_g}(\Delta_\Omega f) \right) \Omega$$
$$= \{f, \Delta_\Omega g\} \Omega + \{\Delta_\Omega f, g\} \Omega.$$

Da Ω nirgends verschwindet, folgt die Derivationseigenschaft

$$\Delta_\Omega \{f, g\} = \{\Delta_\Omega f, g\} + \{f, \Delta_\Omega g\},$$

womit Δ_Ω eine Poisson-Derivation und damit ein Poisson-Vektorfeld ist. Sei nun $\Omega' = e^g \, \Omega$ eine beliebige andere positiv orientierte Volumenform. Dann gilt

$$\mathscr{L}_{X_f} \Omega' = \mathscr{L}_{X_f}(e^g \Omega) = (X_f e^g) \Omega + e^g \, \mathscr{L}_{X_f} \Omega = -\{f, g\} e^g \Omega + e^g (\Delta_\Omega f) \Omega$$
$$= (-X_g f + \Delta_\Omega f) \, \Omega',$$

womit auch die letzte Behauptung bewiesen ist. □

Das Poisson-Vektorfeld Δ_Ω heißt auch das *modulare Vektorfeld* bezüglich Ω. Der Satz besagt also, daß Δ_Ω zwar von der Wahl des Repräsentanten Ω abhängt, aber verschiedene Ω der gleichen Orientierung zu modularen Vektorfeldern führen, die sich nur um ein Hamiltonsches Vektorfeld unterscheiden. Daher ist die Kohomologieklasse $[\Delta_\Omega] \in H^1_\pi(M)$ von der Wahl von Ω unabhängig und hängt nur von der Orientierung ab.

Definition 4.2.28 (Modulare Klasse). *Sei* (M, π) *eine orientierte Poisson-Mannigfaltigkeit. Die Kohomologieklasse* $[\Delta_\Omega] \in H^1_\pi(M)$ *des modularen Vektorfeldes* Δ_Ω *heißt die modulare Klasse von* (M, π). *Ist* $[\Delta_\Omega] = 0$, *so heißt* (M, π) *unimodular.*

Bemerkung 4.2.29 (Die modulare Klasse).

i.) Die modulare Klasse $[\Delta_\Omega]$ verschwindet offenbar genau dann, wenn es eine positive Volumenform Ω gibt, welche unter allen Hamiltonschen Vektorfeldern X_f invariant ist, also $\mathscr{L}_{X_f} \Omega = 0$ erfüllt.

ii.) Ist (M, ω) symplektisch, so lassen nach dem Satz von Liouville alle Hamiltonschen Vektorfelder X_f die Liouville-Form $\Omega = \omega \wedge \cdots \wedge \omega$ invariant, $\mathscr{L}_{X_f} \Omega = 0$. Daher sind symplektische Mannigfaltigkeiten als Poisson-Mannigfaltigkeiten immer unimodular.

iii.) Mit Hilfe von positiven Dichten anstelle von n-Formen läßt sich die modulare Klasse analog auch für nicht-orientierbare Poisson-Mannigfaltigkeiten definieren.

Als erste Anwendung betrachten wir die Existenz einer *Poisson-Spur*, also eines linearen Funktionals auf $C^\infty_0(M)$, welches auf allen Poisson-Klammern verschwindet. Im allgemeinen ist es sehr schwer solche Poisson-Spuren zu klassifizieren. Unter der Annahme, daß es sich dabei aber um eine Integration bezüglich einer positiven Volumenform handelt, liefert folgender Satz eine einfache Charakterisierung:

Satz 4.2.30 (Poisson-Spur). *Sei* (M, π) *eine orientierbare und orientierte Poisson-Mannigfaltigkeit und* Ω *eine positive Volumenform. Das Funktional*

$$C_0^\infty(M) \ni f \mapsto \int_M f \, \Omega \qquad (4.103)$$

ist genau dann eine Poisson-Spur, wenn $\Delta_\Omega = 0$. *Insbesondere gibt es genau dann eine positive Volumenform* Ω, *so daß (4.103) eine Poisson-Spur ist, wenn die modulare Klasse von* (M, π) *trivial ist.*

Beweis. Es habe mindestens eine der beiden Funktionen kompakten Träger. Dann gilt $\{f, g\}\Omega = X_g(f)\Omega = \mathscr{L}_{X_g}(f\Omega) - f\mathscr{L}_{X_g}\Omega$. Integrieren liefert

$$\int \{f, g\} \, \Omega = \int f \mathscr{L}_{X_g} \Omega$$

nach (2.236) und der Definition des Integrals. Da das Integral nichtausgeartet ist und wir über alle Funktionen f verfügen können, folgt $\mathscr{L}_{X_g} \Omega = 0$ für alle g. Nach Bemerkung 4.2.29, Teil *i.)*, folgt dann die Behauptung. $\square$

Bemerkung 4.2.31. Der Satz zeigt insbesondere, daß im symplektischen Fall die Integration bezüglich der Liouville-Volumenform eine Poisson-Spur ist. In dieser Situation kann man sogar zeigen, daß dies bis auf Normierung die *einzige* Poisson-Spur ist, siehe Proposition 6.3.35 sowie Aufgabe 4.4.

Für eine weiterführende Diskussion der modularen Klasse verweisen wir auf Weinsteins Arbeit [321] sowie auf [113]. Namensgebend für die modulare Klasse ist dabei zum einen die Tomita-Takesaki-Theorie für von Neumann-Algebren, siehe beispielsweise [52, 53, 321], zum anderen folgendes Beispiel:

Beispiel 4.2.32 (Unimodulare Lie-Algebra). Wir betrachten wieder die lineare Poisson-Struktur auf $\mathfrak{g}^*$. Diese ist genau dann unimodular als Poisson-Struktur, falls die Strukturkonstanten der Lie-Algebra $\mathfrak{g}$ bezüglich einer und damit aller Basen die Eigenschaft $c_{rs}^r = 0$ für alle $s = 1, \ldots, n$ erfüllen. Dies ist äquivalent zu $\mathrm{tr} \, \mathrm{ad}_\xi = 0$ für alle $\xi \in \mathfrak{g}$. Lie-Algebren mit diese Eigenschaft heißen *unimodular*, siehe auch Aufgabe 4.13. In diesem Fall ist die Integration bezüglich der Volumenform $\mathrm{d}^n x$ die zugehörige Poisson-Spur.

4.2.4 Formale Poisson-Tensoren

Wir wollen nun untersuchen, wie Poisson-Tensoren auf „kleine Störungen" reagieren. Genauer sind wir an Einparameterfamilien π_t von Poisson-Tensoren interessiert, wobei $t \in \mathbb{R}$ ein Parameter ist. Eine solche Familie von Poisson-Tensoren nennen wir dann eine *Deformation* des Poisson-Tensors π_0. Die physikalische Motivation, derartige Deformationen zu betrachten, kann man als eine Frage nach der Stabilität der Theorie ansehen: Die Poisson-Struktur als wesentlicher Baustein der kinematischen Beschreibung eines klassischen mechanischen Systems muß in ihren Details aus dem Experiment entnommen werden und unterliegt daher unweigerlich Meßungenauigkeiten. Daher ist man daran interessiert, die Auswirkungen solcher kleiner Störungen zu verstehen. Wir werden diesen Gedanken in Abschnitt 6.2 in größerem Detail und einem wesentlich verallgemeinerten Rahmen nochmals aufgreifen.

Je nachdem welche Regularität im Parameter t verlangt werden soll, ergeben sich verschiedene Deformationstheorien:

i.) Reell-analytische Abhängigkeit von t.
ii.) Glatte oder C^k-Abhängigkeit von t.
iii.) Stetige Abhängigkeit von t.
iv.) Formale Abhängigkeit von t.

Wir werden uns vor allem mit der formalen Version beschäftigen, da diese einer kohomologischen Beschreibung zugänglich ist und deshalb in gewisser Hinsicht die einfachste ist. Zudem werden wir so auch Obstruktionen für eine glatte oder gar reell-analytische Deformation formulieren können. Im Hinblick auf die physikalische Motivation ist die formale Abhängigkeit jedoch sicherlich noch nicht die endgültig wünschenswerte, da hier gewissermaßen nur „infinitesimale" Störungen zugelassen werden.

Die glatte Deformationstheorie ist andererseits leichter zu definieren und liefert die Motivation für die Definition der formalen Deformationstheorie. Wir beginnen daher mit folgender Definition:

Definition 4.2.33 (Glatte Deformation von Poisson-Tensoren). *Sei (M, π_0) eine Poisson-Mannigfaltigkeit. Eine glatte Deformation π_t von π_0 ist eine glatte Abbildung*

$$\pi : I \times M \longrightarrow \Lambda^2 TM, \tag{4.104}$$

mit $\pi_t(p) = \pi(t, p) \in \Lambda^2 T_pM$ für alle $t \in I$ und $p \in M$, sowie

$$\pi(0, p) = \pi_0(p) \quad und \quad [\![\pi_t, \pi_t]\!] = 0, \tag{4.105}$$

für alle $t \in I$, wobei $I \subseteq \mathbb{R}$ ein offenes Intervall um 0 ist.

Es ist also zu jedem $t \in I$ eine Poisson-Struktur π_t gesucht, welche glatt von t abhängt und die für $t = 0$ die vorgegebene Poisson-Struktur ist.

Auf folgende Weise kann man sich viele „triviale" Deformationen von π_0 verschaffen:

Proposition 4.2.34. *Sei (M, π_0) eine Poisson-Mannigfaltigkeit und $\{\Phi_t\}_{t \in I}$ eine glatte Kurve von Diffeomorphismen von M mit $\Phi_0 = \mathrm{id}_M$. Dann ist $\pi_t = \Phi_t^* \pi_0$ eine glatte Deformation von π_0.*

Beweis. Mit der Natürlichkeit der Schouten-Nijenhuis-Klammer ist dies offensichtlich, es gilt

$$[\![\pi_t, \pi_t]\!] = [\![\Phi_t^* \pi_0, \Phi_t^* \pi_0]\!] = \Phi_t^* [\![\pi_0, \pi_0]\!] = 0,$$

und $\pi_t \in \Gamma^\infty(\Lambda^2 TM)$ hängt nach Konstruktion in der gewünschten Weise glatt von t ab. $\qquad\square$

Eine derartige glatte Deformation nennt man aus naheliegenden Gründen *trivial*. Entsprechend nennt man zwei Deformationen π_t und $\tilde{\pi}_t$ *äquivalent*, falls es eine glatte Kurve von Diffeomorphismen Φ_t mit $\Phi_0 = \mathrm{id}_M$ gibt, so daß $\pi_t = \Phi_t^* \tilde{\pi}_t$ für alle t.

Ein Ziel der glatten Deformationstheorie ist es, die glatten Deformationen modulo den trivialen Deformationen zu klassifizieren, was allerdings nur in wenigen, besonders einfachen Spezialfällen gelingt. Im allgemeinen ist dies nahezu hoffnungslos kompliziert. Etwas einfacher ist die folgende Situation für formale Deformationen:

Definition 4.2.35 (Formale Poisson-Struktur). *Eine formale Deformation π_t einer Poisson-Struktur π_0 auf M ist eine formale Potenzreihe*

$$\pi_t = \pi_0 + t\pi_1 + t^2\pi_2 + \cdots = \sum_{r=0}^{\infty} t^r \pi_r \in \Gamma^{\infty}(\Lambda^2 TM)[[t]], \qquad (4.106)$$

so daß

$$[\![\pi_t, \pi_t]\!] = 0 \qquad (4.107)$$

in jeder Ordnung von t gilt. Gilt (4.107) bis zur Ordnung k, so heißt π_t Deformation von π_0 bis zur Ordnung k. Ein $\pi_t \in \mathfrak{X}^2(M)[[t]]$ mit (4.107) heißt auch formale Poisson-Struktur.

Es sei nun kurz an die Sprache der formalen Potenzreihen erinnert. Wir werden im Rahmen der formalen Deformationsquantisierung in Abschnitt 6.2.1 noch ausführlich hierauf zurückkommen. Der Nachweis der folgenden einfachen Behauptungen sei als Übung gestellt, siehe beispielsweise auch [219, Chap. IV.§9] oder [198, Sect. XVI.1] sowie Aufgabe 6.1 und 7.1.

Bemerkung 4.2.36 (Formale Potenzreihen).

i.) Sei $\Bbbk$ ein Körper, dann ist $\Bbbk[[t]]$ der Raum aller Folgen $a = (a_0, a_1, a_2, \ldots)$ in $\Bbbk$, welche als formale Potenzreihe im formalen Parameter t geschrieben werden

$$a = \sum_{r=0}^{\infty} t^r a_r \quad \text{mit} \quad a_r \in \Bbbk. \qquad (4.108)$$

Formale Potenzreihen $a, b \in \Bbbk[[t]]$ werden gliedweise addiert. Durch die Definition eines Produkts ab von a, b als

$$ab = \left(\sum_{r=0}^{\infty} t^r a_r\right)\left(\sum_{s=0}^{\infty} t^s b_s\right) = \sum_{r=0}^{\infty} t^r \sum_{s=0}^{r} a_s b_{r-s} \qquad (4.109)$$

wird eine assoziative, kommutative Multiplikation für $\Bbbk[[t]]$ definiert. Dadurch wird $\Bbbk[[t]]$ ein assoziativer, kommutativer Ring mit Eins.

ii.) Ist V ein $\Bbbk$-Vektorraum, so bezeichnet $V[[t]]$ die formalen Potenzreihen mit Koeffizienten in V, also Folgen $v = (v_0, v_1, v_2, \ldots)$ mit $v_r \in V$, die wieder als Reihen

$$v = \sum_{r=0}^{\infty} t^r v_r \tag{4.110}$$

geschrieben werden. Elemente in $V[[t]]$ werden wieder gliedweise addiert und durch die Definition

$$av = \left(\sum_{r=0}^{\infty} t^r a_r \right) \left(\sum_{s=0}^{\infty} t^s v_s \right) = \sum_{r=0}^{\infty} t^r \sum_{s=0}^{r} a_s v_{r-s} \tag{4.111}$$

wird $V[[t]]$ zu einem $\Bbbk[[t]]$-Modul. Ist schließlich $\mathcal{A}$ eine $\Bbbk$-Algebra (beispielsweise assoziativ, kommutativ, mit Eins, oder (Super-)Lie), so wird $\mathcal{A}[[t]]$ durch analoge Formeln zu einer $\Bbbk[[t]]$-Algebra vom selben Typ, also wieder assoziativ, kommutativ, mit Eins, oder (Super-)Lie.

iii.) Ist schließlich $\phi_0, \phi_1, \ldots$ eine Folge von linearen Abbildungen $\phi_r : V \longrightarrow W$, so wird

$$\phi = \sum_{r=0}^{\infty} t^r \phi_r \in \mathsf{Hom}_{\Bbbk}(V, W)[[t]] \tag{4.112}$$

mittels der Definition

$$\phi(v) = \left(\sum_{r=0}^{\infty} t^r \phi_r \right) \left(\sum_{s=0}^{\infty} t^s v_s \right) = \sum_{r=0}^{\infty} t^r \sum_{s=0}^{r} \phi_s(v_{r-s}) \tag{4.113}$$

zu einer $\Bbbk[[t]]$-linearen Abbildung $\phi : V[[t]] \longrightarrow W[[t]]$. Genauso erweitert man $\Bbbk$-multilineare Abbildungen zu $\Bbbk[[t]]$-multilinearen Abbildungen.

Bemerkung 4.2.37. Die Schreibweise $\sum_{r=0}^{\infty} t^r a_r$ impliziert keineswegs irgendeine Art der Konvergenz. Das Konzept formaler Potenzreihen ist vielmehr *rein algebraisch*. Die Schreibweise motiviert lediglich die Definition der Multiplikation.

Fundamental für das Verständnis der Beziehung von glatten Funktionen und formalen Potenzreihen ist folgendes klassische Lemma von Borel:

Proposition 4.2.38 (Borel-Lemma, erste Version). *Sei $I \subseteq \mathbb{R}$ ein offenes Intervall um 0. Die Abbildung*

$$C^\infty(I) \ni f \mapsto \hat{f} = \sum_{r=0}^{\infty} \frac{t^r}{r!} f^{(r)}(0) \in \mathbb{R}[[t]] \tag{4.114}$$

ist ein $\mathbb{R}$-linearer surjektiver Algebrahomomorphismus. Eine analoge Aussage gilt für komplexwertige Funktionen.

Beweis. Der eigentlich schwierige Teil des Beweises ist die Surjektivität. Da wir später nochmals eine allgemeinere Version dieses Satzes diskutieren werden, siehe Satz 5.3.33, sei dieser Teil hier ausgelassen. Daß die Abbildung

(4.114), die einer Funktion ihre formale Taylor-Reihe bei 0 zuordnet, ein Algebrahomomorphismus ist, folgt letztlich einfach aus der Leibniz-Regel: Die Linearität von (4.114) ist klar und es gilt

$$(fg)^{(r)}(0) = \sum_{s=0}^{r} \binom{r}{s} f^{(s)}(0) g^{(r-s)}(0),$$

womit man $\widehat{fg} = \hat{f}\hat{g}$ leicht nachrechnet.   □

Analoge Aussagen gelten, wenn die Funktionen ihre Werte in einem Banach-Raum oder allgemeiner in einem Fréchet-Raum annehmen. Dies illustriert, daß wir die formalen Potenzreihen als die (formale) Taylor-Entwicklung einer glatten Funktion um $t = 0$ ansehen können. In diesem Sinne ist die Definition formaler Deformationen von π_0 als die Taylor-Entwicklung einer glatten Deformation zu verstehen. Dabei wird jedoch *nicht* verlangt oder erwartet, daß es eine zugehörige glatte Deformation überhaupt gibt, geschweige denn, daß diese eindeutig ist. Dies ist nicht zu erwarten, da bereits (4.114) alles andere als injektiv ist (warum?).

Nach diesem Exkurs wenden wir uns also erneut Definition 4.2.35 zu. Sei $\pi_t \in \Gamma^\infty(\Lambda^2 TM)[[t]]$. Dann lautet die Bedingung $[\![\pi_t, \pi_t]\!] = 0$ ausgeschrieben nach Ordnungen von t sortiert

$$[\![\pi_0, \pi_0]\!] = 0 \tag{4.115}$$

$$[\![\pi_0, \pi_1]\!] + [\![\pi_1, \pi_0]\!] = 0 \tag{4.116}$$

und allgemein in Ordnung k

$$[\![\pi_0, \pi_k]\!] = -\frac{1}{2} \sum_{\ell=1}^{k-1} [\![\pi_\ell, \pi_{k-\ell}]\!]. \tag{4.117}$$

Bemerkung 4.2.39. Im Gegensatz zur glatten Version (4.105), welche eine quadratische partielle Differentialgleichung für π_t ist, ist die formale Version (4.107) ein rekursives System von *linearen* partiellen Differentialgleichungen in den Koeffizienten $\pi_1, \pi_2, \dots$, da die einzige nichtlineare quadratische Gleichung $[\![\pi_0, \pi_0]\!] = 0$ nach Voraussetzung bereits erfüllt ist, da ja eine gegebene Poisson-Struktur π_0 deformiert werden soll. Aus diesem Grunde ist letztlich die formale Deformationstheorie einfacher.

Bevor wir uns der Lösungstheorie von $[\![\pi_t, \pi_t]\!] = 0$ zuwenden, wollen wir das formale Analogon der trivialen Deformationen finden. Zur Motivation betrachten wir erneut den glatten Fall mit einer speziellen trivialen Deformation $\pi_t = \Phi_t^* \pi_0$, wobei Φ_t sogar eine Einparametergruppe von Diffeomorphismen sein soll. Damit ist Φ_t also der Fluß eines Vektorfeldes $X \in \Gamma^\infty(TM)$. Wir finden die formale Version einer trivialen Deformation durch Taylor-Entwicklung der Gleichung $\pi_t = \Phi_t^* \pi_0$ um $t = 0$.

Wegen

$$\frac{\mathrm{d}}{\mathrm{d}t}\Phi_t^* = \mathscr{L}_X\,\Phi_t^* = \Phi_t^*\,\mathscr{L}_X$$

für alle t folgt durch Induktion, daß

$$\left.\frac{\mathrm{d}^n}{\mathrm{d}t^n}\right|_{t=0}\pi_t = \left.\frac{\mathrm{d}^n}{\mathrm{d}t^n}\right|_{t=0}\Phi_t^*\pi_0 = (\mathscr{L}_X)^n\,\pi_0. \tag{4.118}$$

Damit ist die formale Taylor-Reihe von π_t durch

$$\widehat{\pi}_t = \pi_0 + t\,\mathscr{L}_X\,\pi_0 + \frac{t^2}{2}\,(\mathscr{L}_X)^2\,\pi_0 + \cdots = \mathrm{e}^{t\,\mathscr{L}_X}\pi_0 \tag{4.119}$$

gegeben. Wir nennen den Operator $\mathrm{e}^{t\,\mathscr{L}_X}$ auch eine *formale Einparameter-gruppe von Diffeomorphismen*. Den allgemeinen Fall erhält man, wenn man ein t-abhängiges Vektorfeld zuläßt. Dies motiviert nun folgende Definition:

Definition 4.2.40 (Formaler Diffeomorphismus). *Ein formaler Diffeo-morphismus von M ist eine $\mathbb{R}[[t]]$-lineare Abbildung*

$$\Phi_t : \Gamma^\infty(\Lambda^\bullet TM)[[t]] \longrightarrow \Gamma^\infty(\Lambda^\bullet TM)[[t]] \tag{4.120}$$

der Form

$$\Phi_t = \mathrm{e}^{\mathscr{L}_{X_t}} \quad mit \quad X_t \in t\,\Gamma^\infty(TM)[[t]]. \tag{4.121}$$

Eine formale Deformation π_t eines Poisson-Tensors π_0 heißt trivial, wenn sie von der Form

$$\pi_t = \mathrm{e}^{\mathscr{L}_{X_t}}\pi_0 \tag{4.122}$$

mit einem formalen Diffeomorphismus $\mathrm{e}^{\mathscr{L}_{X_t}}$ ist. Zwei formale Deformationen π_t und $\tilde{\pi}_t$ von π_0 heißen äquivalent, falls es einen formalen Diffeomorphismus $\mathrm{e}^{\mathscr{L}_{X_t}}$ mit

$$\pi_t = \mathrm{e}^{\mathscr{L}_{X_t}}\tilde{\pi}_t \tag{4.123}$$

gibt.

Ausgeschrieben in den untersten Ordnungen bedeutet die Äquivalenz von π_t und $\tilde{\pi}_t$

$$\pi_0 = \tilde{\pi}_0, \tag{4.124}$$

$$\pi_1 = \tilde{\pi}_1 + \mathscr{L}_{X_1}\,\tilde{\pi}_0, \tag{4.125}$$

$$\pi_2 = \tilde{\pi}_2 + \mathscr{L}_{X_2}\,\tilde{\pi}_0 + \frac{1}{2}\,(\mathscr{L}_{X_1})^2\,\tilde{\pi}_0 + \mathscr{L}_{X_1}\,\tilde{\pi}_1, \tag{4.126}$$

und so weiter. Die Trivialität einer Deformation π_t ist dann die Äquivalenz zur konstanten Deformation π_0, also in diesen Fall

$$\pi_0 = \pi_0, \tag{4.127}$$

$$\pi_1 = \mathscr{L}_{X_1}\,\pi_0, \tag{4.128}$$

$$\pi_2 = \mathscr{L}_{X_2}\,\pi_0 + \frac{1}{2}\left(\mathscr{L}_{X_1}\right)^2 \pi_0, \tag{4.129}$$

und so weiter, wobei immer $X_t = tX_1 + t^2 X_2 + \cdots \in t\,\Gamma^\infty(TM)[[t]]$. Es zeigt sich, daß die Bedingung für Äquivalenz beziehungsweise für Trivialität ebenfalls ein rekursives System von *linearen* Gleichungen für $X_1, X_2, \ldots$ ist. Diese drastische Vereinfachung gegenüber der nichtlinearen Bedingung $\Phi_t^* \tilde{\pi}_t = \pi_t$ macht die formale Deformationstheorie kohomologischen Argumenten zugänglich.

Wir interessieren uns nun insbesondere für die beiden folgenden Fragestellungen, welche letztlich die beiden Grundprobleme einer jeden formalen Deformationstheorie sind:

A Sei eine Deformation $\pi_t^{(k)} = \pi_0 + t\pi_1 + \cdots t^k \pi_k$ von π_0 gegeben, so daß $\left[\!\left[\pi_t^{(k)}, \pi_t^{(k)}\right]\!\right] = 0$ bis zur Ordnung k gilt. Kann man dann ein π_{k+1} so finden, daß $\pi_t^{(k+1)} = \pi_t^{(k)} + t^{k+1}\pi_{k+1}$ die Gleichung $\left[\!\left[\pi_t^{(k+1)}, \pi_t^{(k+1)}\right]\!\right] = 0$ bis zur Ordnung $k+1$ erfüllt?

B Seien zwei Deformationen π_t und $\tilde{\pi}_t$ von π_0 gegeben, welche $\left[\!\left[\pi_t, \pi_t\right]\!\right] = 0 = \left[\!\left[\tilde{\pi}_t, \tilde{\pi}_t\right]\!\right]$ erfüllen und bis zur Ordnung t^k äquivalent sind, es gebe also ein $X^{(k)} = tX_1 + \cdots t^k X_k$, so daß $\pi_t = \mathrm{e}^{\mathscr{L}_{X^{(k)}}}\tilde{\pi}_t$ bis zur Ordnung k gilt. Kann man dann ein X_{k+1} finden, so daß für $X^{(k+1)} = X^{(k)} + t^{k+1}X_{k+1}$ die Gleichung $\pi_t = \mathrm{e}^{\mathscr{L}_{X^{(k+1)}}}\tilde{\pi}_t$ bis zur Ordnung $k+1$ gilt? Insbesondere interessiert uns der Fall $k = 1$, welcher die „Startwerte" von nichttrivialen Deformationen klassifiziert.

Wir beginnen mit der Existenz einer formalen Deformation:

Satz 4.2.41. *Sei (M, π_0) eine Poisson-Mannigfaltigkeit und sei $\pi^{(k)} = \pi_0 + \cdots + t^k \pi_k$ eine formale Deformation von π_0 bis zur Ordnung k. Dann ist*

$$R_{k+1} = -\frac{1}{2}\sum_{\ell=1}^{k}\left[\!\left[\pi_\ell, \pi_{k+1-\ell}\right]\!\right] \tag{4.130}$$

ein d_{π_0}-Kozyklus, $\mathrm{d}_{\pi_0}R_{k+1} = 0$. Die Deformation $\pi^{(k)}$ läßt sich genau dann zu einer Deformation $\pi^{(k+1)} = \pi^{(k)} + t^{k+1}\pi_{k+1}$ fortsetzen, wenn R_{k+1} exakt bezüglich d_{π_0} ist. In diesem Fall liefert jedes π_{k+1} mit

$$\mathrm{d}_{\pi_0}\pi_{k+1} = R_{k+1} \tag{4.131}$$

eine Fortsetzung.

Beweis. Es gilt nach Voraussetzung $\left[\!\left[\pi^{(k)}, \pi^{(k)}\right]\!\right] = 0 + \cdots + 0 + t^{k+1}(\cdots)$. Sei weiter $\pi_{k+1} \in \mathfrak{X}^2(M)$ beliebig und $\pi^{(k+1)} = \pi^{(k)} + t^{k+1}\pi_{k+1}$. Dann gilt

$$\left[\!\left[\pi^{(k+1)}, \pi^{(k+1)}\right]\!\right]$$
$$= \left[\!\left[\pi^{(k)} + t^{k+1}\pi_{k+1}, \pi^{(k)} + t^{k+1}\pi_{k+1}\right]\!\right]$$

$$= 0 + \cdots + 0 + t^{k+1} \left(2 \left[\!\left[\pi_0, \pi_{k+1} \right]\!\right] + \sum_{\ell=1}^{k} \left[\!\left[\pi_\ell, \pi_{k+1-\ell} \right]\!\right] \right) + t^{k+2}(\cdots)$$

$$= t^{k+1} \left(2\mathrm{d}_{\pi_0} \pi_{k+1} - 2R_{k+1} \right) + t^{k+2}(\cdots),$$

womit π_{k+1} genau dann eine Deformation $\pi^{(k+1)}$ bis zur Ordnung $k+1$ liefert, wenn

$$\mathrm{d}_{\pi_0} \pi_{k+1} = R_{k+1}.$$

Damit läßt sich $\pi^{(k)}$ genau dann zu einer Deformation $\pi^{(k+1)}$ bis zur Ordnung $k+1$ fortsetzen, wenn R_{k+1} *exakt* bezüglich des Differentials d_{π_0} ist. Eine *notwendige* Bedingung dafür ist, daß R_{k+1} *geschlossen* ist, da $\mathrm{d}_{\pi_0}^2 = 0$. Diese notwendige, aber im allgemeinen nicht hinreichende Bedingung ist aber immer erfüllt. Um dies zu sehen, betrachten wir zunächst ein beliebiges Bivektorfeld $\Pi_t \in \mathfrak{X}^2(M)[[t]]$. Dann gilt mit der Super-Jacobi-Identität der Schouten-Nijenhuis-Klammer

$$\left[\!\left[\Pi_t, \left[\!\left[\Pi_t, \Pi_t \right]\!\right] \right]\!\right] = 0.$$

Dies gilt sogar in jeder Super-Lie-Algebra für jedes ungerade Element. Angewandt auf $\pi^{(k+1)}$ liefert diese universell gültige Identität in Ordnung $k+1$

$$\begin{aligned}
0 &= \left[\!\left[\pi^{(k+1)}, \left[\!\left[\pi^{(k+1)}, \pi^{(k+1)} \right]\!\right] \right]\!\right] \\
&= \left[\!\left[\pi^{(k+1)}, t^{k+1} \left(2\mathrm{d}_{\pi_0} \pi_{k+1} - 2R_{k+1} \right) + \cdots \right]\!\right] \\
&= t^{k+1} \left(\left[\!\left[\pi_0, 2\mathrm{d}_{\pi_0} \pi_{k+1} - 2R_{k+1} \right]\!\right] \right) + \cdots \\
&= -2t^{k+1} \mathrm{d}_{\pi_0} R_{k+1} + \cdots,
\end{aligned}$$

da $\mathrm{d}_{\pi_0}^2 = 0$ und $\pi^{(k)}$ eine Deformation bis zur Ordnung k ist. Also ist das Verschwinden der $(k+1)$-ten Ordnung gleichbedeutend mit der Geschlossenheit von R_{k+1}. Damit ist der Satz gezeigt. $\square$

Damit ist die „Ordnung für Ordnung"-Konstruktion einer Deformation in jeder neuen Ordnung ein kohomologisches Problem: die Konstruktion kann genau dann fortgesetzt werden, wenn die Obstruktion $[R_{k+1}] \in \mathrm{H}^3_{\pi_0}(M)$ verschwindet. Da im allgemeinen die dritte Poisson-Kohomologie $\mathrm{H}^3_{\pi_0}(M)$ nichttrivial ist, muß das Verschwinden der Obstruktion mit zusätzlichen Argumenten sichergestellt werden. Im allgemeinen wird es sogar so sein, daß die Obstruktion tatsächlich auftritt und eine gegebene Deformation bis zur Ordnung t^k *nicht* fortgesetzt werden kann.

Während die rekursive Konstruktion auf ein kohomologisches Problem in der selben Kohomologie $\mathrm{H}^3_{\pi_0}(M)$ für alle Ordnungen t^k führt, ist die rekursive Frage nach der Äquivalenz etwas komplizierter. Um dies zu diskutieren, benötigen wir einige vorbereitende Überlegungen. Zunächst ist überhaupt zu zeigen, daß der Begriff von Äquivalenz tatsächlich eine Äquivalenzrelation darstellt. Im glatten Fall ist dies offensichtlich, da mit $\pi_t = \Phi_t^* \tilde{\pi}_t$ und $\tilde{\pi}_t = \Psi_t^* \hat{\pi}_t$

auch $\pi_t = (\Psi_t \circ \Phi_t)^* \hat{\pi}_t$ äquivalent sind, weil $t \mapsto \Psi_t \circ \Phi_t$ wieder eine glatte Kurve von Diffeomorphismen ist, welche für $t = 0$ durch id_M geht. Im formalen Fall ist insbesondere die Transitivität nicht mehr ganz selbstverständlich und bedarf eines unabhängigen Beweises. Dazu betrachten wir folgende Charakterisierung der formalen Diffeomorphismen, welche auch von unabhängigem Interesse ist:

Proposition 4.2.42. *Die Menge* $\mathrm{FDiff}(M)$ *der formalen Diffeomorphismen*

$$\mathrm{FDiff}(M) = \left\{ \Phi_t = \mathrm{e}^{\mathscr{L}_{X_t}} : \mathfrak{X}^\bullet(M)[[t]] \longrightarrow \mathfrak{X}^\bullet(M)[[t]] \;\middle|\; X_t \in t\,\mathfrak{X}^1(M)[[t]] \right\}$$
$$\tag{4.132}$$

stimmt mit der Gruppe der homogenen Automorphismen der Gerstenhaber-Algebra $\mathfrak{X}^\bullet(M)[[t]]$ *vom Grade 0 überein, welche mit* id *in nullter Ordnung beginnen.*

Beweis. Wir verwenden zunächst ein Resultat aus Abschnitt 6.2.1. Jeder solche Automorphismus Φ ist von der Form $\Phi = \mathrm{e}^{tD}$ mit einer *Derivation* D der Gerstenhaber-Algebra $\mathfrak{X}^\bullet(M)[[t]]$, welche homogen vom Grade 0 ist, dies folgt aus Proposition 6.2.7, angewandt auf *beide* Multiplikationen $\wedge$ und $[\![\cdot,\cdot]\!]$. Es gilt also die Derivationen von $\mathfrak{X}^\bullet(M)[[t]]$ zu bestimmen. Da D den Grad erhält und eine Derivation des $\wedge$-Produkts ist, ist D eingeschränkt auf $\mathfrak{X}^0(M)[[t]]$ die Lie-Ableitung bezüglich eines (formalen) Vektorfeldes $X \in \mathfrak{X}^1(M)[[t]]$. Dies folgt direkt aus Satz 2.1.26. Daher kann man $D - \mathscr{L}_X$ betrachten, was immer noch eine Derivation ist, welche nun auf $\mathfrak{X}^0(M)[[t]]$ verschwindet. Daher ist $D - \mathscr{L}_X$ *funktionenlinear*. Die Homogenität zeigt nun, daß $D - \mathscr{L}_X$, auf $\mathfrak{X}^1(M)[[t]]$ eingeschränkt, ein Schnitt des Endomorphismenbündels $A \in \Gamma^\infty(\mathsf{End}(TM))[[t]]$ sein muß, also $A(Y) = D(Y) - \mathscr{L}_X Y$ für $Y \in \mathfrak{X}^1(M)[[t]]$. Nun betrachtet man die Derivationseigenschaft bezüglich der Schouten-Nijenhuis-Klammer

$$0 = (D - \mathscr{L}_X)([\![Y,f]\!]) = [\![f, A(Y)]\!] + 0 = A(Y)f,$$

womit $A(Y)$ auf allen Funktionen verschwindet und daher $A(Y) = 0$ erfüllt. Also ist $A = 0$. Da die Funktionen und Vektorfelder die Gerstenhaber-Algebra bezüglich des $\wedge$-Produkts aber (zumindest lokal) erzeugen, ist die Derivation D durch ihre Werte auf Funktionen und Vektorfeldern bereits festgelegt und stimmt somit mit der Lie-Ableitung $\mathscr{L}_X$ überein. $\square$

Insbesondere ist $\mathrm{FDiff}(M)$ eine Gruppe. Da sie aus Automorphismen der gesamten Gerstenhaber-Algebra besteht, überführt die Anwendung von Elementen in $\mathrm{FDiff}(M)$ Lösungen der Gleichung $[\![\pi_t, \pi_t]\!] = 0$ wieder in Lösungen dieser Gleichung. Daher erhält man folgende Umformulierung der Definition 4.2.40:

Korollar 4.2.43. *Die Gruppe* $\mathrm{FDiff}(M)$ *wirkt kanonisch auf der Menge aller formalen Poisson-Strukturen*

$$\underline{\mathrm{FPoisson}}(M) = \left\{ \pi_t \in \mathfrak{X}^2(M)[[t]] \mid [\![\pi_t, \pi_t]\!] = 0 \right\} \qquad (4.133)$$

auf M und die Äquivalenzklassen von formalen Poisson-Strukturen entsprechen den $\mathrm{FDiff}(M)$-Bahnen in $\underline{\mathrm{FPoisson}}(M)$ bezüglich dieser Wirkung. Der Quotientenraum

$$\mathrm{FPoisson}(M) = \underline{\mathrm{FPoisson}}(M)/\mathrm{FDiff}(M) \qquad (4.134)$$

ist in Bijektion zu den Äquivalenzklassen von formalen Poisson-Strukturen.

Man bezeichnet mit $\mathrm{FPoisson}(M, \pi_0)$ diejenigen Äquivalenzklassen von formalen Poisson-Strukturen, welche $\pi_0 \in \mathfrak{X}^2(M)$ in nullter Ordnung deformieren. Offenbar erhält die Gruppenwirkung immer die nullte Ordnung, da alle Gruppenelemente in $\mathrm{FDiff}(M)$ in nullter Ordnung mit id beginnen. Insbesondere folgt nun auch, daß es sich beim Äquivalenzbegriff aus Definition 4.2.40 tatsächlich um eine Äquivalenzrelation handelt.

Korollar 4.2.44. *Die Äquivalenz von formalen Deformationen einer Poisson-Struktur $\pi_0 \in \mathfrak{X}^2(M)$ ist eine Äquivalenzrelation.*

Wir wenden uns nun dem Problem der rekursiven Klassifikation von äquivalenten Deformationen zu. Im Hinblick auf unsere Überlegungen zu Gruppenwirkungen, Bahnen und Isotropiegruppen in Abschnitt 3.3.1 ist folgende Umformulierung des Klassifikationsproblems offensichtlich:

Proposition 4.2.45. *Sei $\pi_t \in \underline{\mathrm{FPoisson}}(M, \pi_0)$ eine formale Deformation von π_0 und sei*

$$\mathrm{FDiff}(M)_{\pi_t} = \left\{ \Phi_t \in \mathrm{FDiff}(M) \mid \Phi_t \pi_t = \pi_t \right\} \qquad (4.135)$$

die Untergruppe von formalen π_t-Poisson-Diffeomorphismen. Dann sind die zur Deformation π_t äquivalenten Deformationen von π_0 in Bijektion zum homogenen Raum $\mathrm{FDiff}(M)/\mathrm{FDiff}(M)_{\pi_t}$.

Der „homogene Raum" ist eben in Bijektion zur Bahn, dies gilt ganz allgemein für Gruppenwirkungen. Natürlich besitzt $\mathrm{FDiff}(M)/\mathrm{FDiff}(M)_{\pi_t}$ keinerlei geometrische Struktur wie die homogenen Räume G/H aus Abschnitt 3.3.1. Die Bijektion ist rein algebraischer Natur und besitzt keinerlei Stetigkeitseigenschaften. Die Aussage der Proposition 4.2.45 ist zudem nicht von großem praktischem Nutzen, da die Bestimmung der Isotropiegruppe $\mathrm{FDiff}(M)_{\pi_t}$ sowie des Quotienten $\mathrm{FDiff}(M)/\mathrm{FDiff}(M)_{\pi_t}$ im allgemeinen gleichermaßen schwierig (unmöglich) ist, wie die Klassifikation direkt. Wir nähern uns dem Problem der Klassifikation daher ebenfalls mit dem rekursiven Ansatz. Dabei ist folgendes Lemma nützlich:

Lemma 4.2.46. *Ist π_t bis zur Ordnung k äquivalent zu $\tilde{\pi}_t$, so gibt es eine zu $\tilde{\pi}_t$ äquivalente Deformation π'_t mit*

$$\pi'_\ell = \pi_\ell \qquad (4.136)$$

für $\ell = 1, \ldots, k$.

Beweis. Sei $\Phi_t = \mathrm{e}^{\mathscr{L}_{X_t}}$ mit $X_t = tX_1 + \cdots + t^k X_k + \cdots$ eine Äquivalenz zwischen π_t und $\tilde{\pi}_t$ bis zur Ordnung k. Es gilt also

$$\mathrm{e}^{\mathscr{L}_{X_t}} \tilde{\pi}_t = \pi_t + t^{k+1}(\cdots),$$

womit $\pi'_t = \mathrm{e}^{\mathscr{L}_{X_t}} \tilde{\pi}_t$ die gesuchte formale Deformation ist. $\qquad\square$

Wir können damit bei der Frage, ob eine Äquivalenz von π_t und $\tilde{\pi}_t$ der Ordnung k bis zur Ordnung $k+1$ fortgesetzt werden kann, ohne Einschränkung annehmen, daß π_t und $\tilde{\pi}_t$ bereits bis zur Ordnung k *übereinstimmen*. In diesem Fall hat man folgendes Resultat:

Proposition 4.2.47. *Seien π_t und $\tilde{\pi}_t$ formale Deformationen von π_0, welche bis zur Ordnung k übereinstimmen. Dann ist $\pi_{k+1} - \tilde{\pi}_{k+1}$ ein d_{π_0}-Kozyklus*

$$\mathrm{d}_{\pi_0}(\pi_{k+1} - \tilde{\pi}_{k+1}) = 0. \tag{4.137}$$

Eine Äquivalenz bis zur Ordnung $k+1$ der Form $\mathrm{e}^{t^{k+1}\mathscr{L}_{X_{k+1}}}$ gibt es genau dann, falls $\pi_{k+1} - \tilde{\pi}_{k+1}$ exakt ist. In diesem Fall liefert jedes X_{k+1} mit

$$\mathrm{d}_{\pi_0} X_{k+1} = \pi_{k+1} - \tilde{\pi}_{k+1} \tag{4.138}$$

eine solche Äquivalenz.

Beweis. Da $[\![\pi_t, \pi_t]\!] = 0 = [\![\tilde{\pi}_t, \tilde{\pi}_t]\!]$ folgt

$$[\![\pi_t - \tilde{\pi}_t, \pi_t - \tilde{\pi}_t]\!] = -2[\![\pi_t, \tilde{\pi}_t]\!].$$

Die linke Seite ist nach Annahme von der Ordnung $2k+2$, da π_t und $\tilde{\pi}_t$ bis zur Ordnung k übereinstimmen. Also verschwindet die $(k+1)$-te Ordnung von $[\![\pi_t, \tilde{\pi}_t]\!] = [\![\pi_t - \tilde{\pi}_t, \pi_t]\!]$. Diese ist aber durch $t^{k+1}[\![\pi_0, \pi_{k+1} - \tilde{\pi}_{k+1}]\!] = t^{k+1}\mathrm{d}_{\pi_0}(\pi_{k+1} - \tilde{\pi}_{k+1})$ gegeben, womit (4.137) folgt. Für eine Äquivalenz bis zur Ordnung $k+1$ werden keine Beiträge von X_t in höheren Ordnungen als $k+1$ benötigt. Daher ist die allgemeinste Äquivalenz bis zur Ordnung $k+1$ ohne Einschränkung von der Form $\mathrm{e}^{\mathscr{L}_{tX_1 + \cdots + t^{k+1}X_{k+1}}}$. Wünscht man sogar die Form $\mathrm{e}^{\mathscr{L}_{t^{k+1}X_{k+1}}}$, so ist dies genau dann eine Äquivalenz bis zur Ordnung $k+1$, wenn $\mathrm{e}^{\mathscr{L}_{t^{k+1}X_{k+1}}}\pi_t = \tilde{\pi}_t + t^{k+2}(\cdots)$ oder ausgeschrieben

$$\left(\mathrm{id} + t^{k+1}\mathscr{L}_{X_{k+1}} + \cdots\right)\left(\pi_0 + t\pi_1 + \cdots + t^k\pi_k + t^{k+1}\pi_{k+1} + \cdots\right)$$
$$= \pi_0 + t\pi_1 + \cdots + t^k\pi_k + t^{k+1}\tilde{\pi}_{k+1} + \cdots,$$

da π_t und $\tilde{\pi}_t$ nach Voraussetzung bis zur Ordnung k übereinstimmen. Dies ist gleichbedeutend mit der Bedingung

$$\mathscr{L}_{X_{k+1}}\pi_0 = -[\![\pi_0, X_{k+1}]\!] = -\mathrm{d}_{\pi_0}X_{k+1} = \tilde{\pi}_{k+1} - \pi_{k+1},$$

so daß (4.138) folgt. $\qquad\square$

Bemerkung 4.2.48. Das Problem der vorangehenden Proposition ist, daß sie zwar ein hinreichendes Kriterium für die Äquivalenz von Deformationen liefert, im allgemeinen jedoch keineswegs ein notwendiges: Es kann sehr wohl Äquivalenzen geben, welche von der Form $e^{\mathscr{L}_{X_t}}$ mit $X_t = tX_1 + \cdots + t^{k+1}X_{k+1}$ sind.

Für den Fall $k = 0$ liefert die Proposition jedoch ein hinreichendes *und* notwendiges Kriterium. Wir fassen diesen wichtigen Ausgangspunkt der Deformationstheorie zusammen:

Satz 4.2.49. *Sei* (M, π_0) *eine Poisson-Mannigfaltigkeit und* $\pi_1 \in \mathfrak{X}^2(M)$. *Dann ist* $\pi^{(1)} = \pi_0 + t\pi_1$ *genau dann eine Deformation bis zur Ordnung* 1, *wenn* $\mathrm{d}_{\pi_0}\pi_1 = 0$, *also wenn* π_1 *geschlossen bezüglich* d_{π_0} *ist. Zwei Deformationen* $\pi^{(1)}$ *und* $\tilde{\pi}^{(1)}$ *bis zur Ordnung* 1 *sind genau dann äquivalent bis zur Ordnung* 1, *wenn* $\pi_1 - \tilde{\pi}_1 = \mathrm{d}_{\pi_0}X_1$ *exakt ist.*

Beweis. Wir können Satz 4.2.41 für $k = 0$ anwenden. Die Bedingung $\mathrm{d}_{\pi_0}\pi_1 = R_1$ lautet hier einfach $\mathrm{d}_{\pi_0}\pi_1 = 0$, da R_1 offenbar verschwindet. Dies zeigt den ersten Teil. Sind nun π_1 und $\tilde{\pi}_1$ vorgegeben, so können wir uns für die Frage nach der Äquivalenz bis zur Ordnung 1 auf formale Diffeomorphismen der Form $e^{\mathscr{L}_{X_t}}$ mit $X_t = tX_1$ beschränken, da höhere Ordnungen in X_t noch keinen Beitrag liefern können. Dann zeigt Proposition 4.2.47 die verbleibende Aussage des Satzes. □

Bemerkung 4.2.50. Während nach Satz 4.2.41 die *dritte* Poisson-Kohomologie $\mathrm{H}^3_{\pi_0}(M)$ als Quelle der möglichen Obstruktionen bei der rekursiven Konstruktion einer Deformation identifiziert ist, liefert Satz 4.2.49 die Interpretation der *zweiten* Poisson-Kohomologie $\mathrm{H}^2_{\pi_0}(M)$ als mögliche Kandidaten für nichttriviale Deformationen von π_0 in erster Ordnung. Damit klassifiziert $\mathrm{H}^2_{\pi_0}(M)$ die infinitesimalen Deformationen von π_0, also die Deformationen bis zur Ordnung 1, bis auf Äquivalenz. Ist insbesondere $\mathrm{H}^2_{\pi_0}(M) = \{0\}$, so sind alle Deformationen trivial.

Leider läßt sich für ein gegebenes π_1 mit der notwendigen Eigenschaft $\mathrm{d}_{\pi_0}\pi_1 = 0$ nicht ohne weiteres entscheiden, ob es zu einer Deformation höherer Ordnung fortgesetzt werden kann. Das folgende triviale Beispiel illustriert dieses Phänomen auf drastische Weise:

Beispiel 4.2.51 (Deformationen der trivialen Poisson-Struktur). Wir betrachten die triviale Poisson-Struktur $\pi_0 = 0$. Dann ist *jedes* Bivektorfeld $\pi_1 \in \mathfrak{X}^2(M)$ geschlossen, $\mathrm{d}_{\pi_0}\pi_1 = 0$, womit $\pi^{(1)} = \pi_0 + t\pi_1 = t\pi_1$ immer eine Deformation bis zur Ordnung 1 ist. Da in diesem Fall sogar $\mathfrak{X}^2(M) = \mathrm{H}^2_{\pi_0}(M)$ gilt, folgt, daß verschiedene Wahlen von π_1 immer *inäquivalente* Deformationen bis zur Ordnung 1 liefern. Im allgemeinen läßt sich $\pi^{(1)}$ aber nicht fortsetzen, die Obstruktion (4.130) ist nämlich

$$R_2 = -\frac{1}{2}\left[\!\left[\pi_1, \pi_1\right]\!\right], \tag{4.139}$$

und R_2 ist genau dann d_{π_0}-exakt, wenn $R_2 = 0$ gilt. Damit können wir nur diejenigen infinitesimalen Deformationen π_1 fortsetzen, die selbst Poisson-Strukturen sind. Dies läßt sich selbstverständlich auch elementarer verstehen.

Wir beenden diesen Abschnitt mit einer Diskussion des Falls eines *symplektischen* Poisson-Tensors.

Lemma 4.2.52. *Sei* (M, ω_0) *eine symplektische Mannigfaltigkeit mit zugehörigem symplektischen Poisson-Tensor* π_0*. Ist* $\pi_t = \pi_0 + t\pi_1 + \cdots \in \mathfrak{X}^2(M)$*, so ist die induzierte* $\mathbb{R}[[t]]$*-lineare Abbildung*

$$\sharp_t = \sharp_0 + t\sharp_1 + \cdots : \Gamma^\infty(T^*M)[[t]] \longrightarrow \Gamma^\infty(TM)[[t]] \tag{4.140}$$

ein $C^\infty(M)[[t]]$*-linearer Isomorphismus. Es existiert eine eindeutig bestimmte, formale Zweiform* $\omega_t = \omega_0 + t\omega_1 + \cdots \in \Gamma^\infty(\Lambda^2 T^*M)[[t]]$ *mit*

$$\omega_t^{\sharp_t} = \pi_t, \tag{4.141}$$

wobei $\sharp_t$ *auf* $\Omega^\bullet(M)[[t]]$ *als* $\wedge$*-Produkthomomorphismus fortgesetzt ist. Das Inverse von* $\sharp_t$ *ist durch*

$$\flat_t = \flat_0 + t\flat_1 + \cdots : \Gamma^\infty(TM)[[t]] \ni X \mapsto X^{\flat_t} = i_X \omega_t \in \Gamma^\infty(T^*M)[[t]] \tag{4.142}$$

gegeben.

Beweis. Der einzig nichttriviale Teil des Lemmas ist die Bijektivität von $\sharp_t$. Da aber $\sharp_0$ invertierbar ist, folgt, daß auch $\sharp_t$ invertierbar ist, egal welche höheren Ordnungen $\sharp_r$ man zu $\sharp_0$ dazuaddiert, da wir das Inverse als geometrische Reihe definieren können, welche eine wohl-definierte formale Potenzreihe darstellt. □

Suchen wir also nach Deformationen von π_0, so erhalten wir gleichermaßen eine formale Reihe von Zweiformen. Die Umkehrung gilt natürlich auch: ist ω_0 symplektisch, so ist $\flat_t = \flat_0 + t\flat_1 + \cdots : X \mapsto i_X \omega_t$ für jedes $\omega_t = \omega_0 + t\omega_1 + \cdots \in \Gamma^\infty(\Lambda^2 T^*M)$ ein Isomorphismus mit Inversem $\sharp_t$ und $\omega_t^{\sharp_t} = \pi_t$ ist eine formale Reihe von Bivektorfeldern, welche in nullter Ordnung mit π_0 übereinstimmen. Das nächste Lemma klärt, wann das so erhaltene formale Bivektorfeld π_t wieder eine formale Poisson-Struktur ist.

Lemma 4.2.53. *Sei* (M, ω_0) *eine symplektische Mannigfaltigkeit und* $\pi_t = \pi_0 + t\pi_1 + \cdots \in \mathfrak{X}^2(M)[[t]]$ *mit zugehöriger Zweiform* $\omega_t \in \Omega^2(M)[[t]]$*. Dann gilt* $[\![\pi_t, \pi_t]\!] = 0$ *genau dann, wenn* $d\omega_t = 0$*.*

Beweis. Der Beweis ist wörtlich der selbe wie für den Fall ohne formale Potenzreihen. □

Als letzten Schritt benötigen wir eine Übersetzung der Äquivalenz von formalen Poisson-Strukturen in die Sprache der formalen geschlossenen Zweiformen. Dies leistet folgendes Lemma:

Lemma 4.2.54. *Sei* (M, ω_0) *eine symplektische Mannigfaltigkeit. Seien weiter* $\pi_t = \pi_0 + t\pi_1 + \cdots$ *und* $\tilde{\pi}_t = \pi_0 + t\tilde{\pi}_1 + \cdots \in \mathfrak{X}^2(M)[[t]]$ *mit zugehörigen Zweiformen* $\omega_t, \tilde{\omega}_t \in \Omega^2(M)[[t]]$. *Dann gibt es ein formales Vektorfeld* $X_t = tX_1 + t^2 X_2 + \cdots \in t\mathfrak{X}^1(M)[[t]]$ *mit* $\mathrm{e}^{\mathscr{L}_{X_t}} \tilde{\pi}_t = \pi_t$ *genau dann, wenn* $\mathrm{e}^{\mathscr{L}_{X_t}} \tilde{\omega}_t = \omega_t$.

Beweis. Hier ist die Wirkung des formalen Diffeomorphismus $\mathrm{e}^{\mathscr{L}_{X_t}}$ auf formale Zweiformen wie immer Ordnung für Ordnung zu verstehen. Zunächst zeigt man, daß $\mathrm{e}^{\mathscr{L}_{X_t}} \tilde{\pi}_t = \pi_t$ genau dann gilt, wenn die beiden zugehörigen Isomorphismen $\tilde{\sharp}_t$ und $\sharp_t$ ineinander übersetzt werden. Damit folgt dann die entsprechende Äquivalenz für die Zweiformen. Die Umkehrung ist analog. $\square$

Faßt man diese einzelnen Resultate zusammen, so erhält man folgendes Bild für die Deformation einer symplektischen Poisson-Struktur:

Satz 4.2.55. *Sei* (M, ω_0) *eine symplektische Mannigfaltigkeit. Dann erhält man jede formale Deformation* $\pi_t = \pi_0 + t\pi_1 + \cdots \in \mathfrak{X}^2(M)[[t]]$ *als Poisson-Tensor aus einer formalen Deformation der symplektischen Form*

$$\omega_t = \omega_0 + t\omega_1 + \cdots \in \Omega^2(M)[[t]], \quad \mathrm{d}\omega_t = 0, \tag{4.143}$$

und zwei Deformationen π_t *und* $\tilde{\pi}_t$ *sind genau dann äquivalent, wenn die Zweiform* $\omega_t - \tilde{\omega}_t$ *exakt ist. Jede Deformation der Ordnung* k *kann zu einer Deformation der Ordnung* $k + 1$ *fortgesetzt werden.*

Beweis. Die Aussage zur Fortsetzbarkeit ist trivial, da man immer geschlossene Zweiformen hinzuaddieren kann. Es bleibt also die Aussage zur Äquivalenz zu zeigen. Sei also $\pi_t = \mathrm{e}^{\mathscr{L}_{X_t}} \tilde{\pi}_t$ oder entsprechend

$$\begin{aligned}
\omega_t &= \mathrm{e}^{\mathscr{L}_{X_t}} \tilde{\omega}_t \\
&= \tilde{\omega}_t + \mathscr{L}_{X_t} \tilde{\omega}_t + \frac{1}{2} \left(\mathscr{L}_{X_t}\right)^2 \tilde{\omega}_t + \cdots \\
&= \tilde{\omega}_t + (\mathrm{i}_{X_t} \mathrm{d} + \mathrm{d}\,\mathrm{i}_{X_t}) \tilde{\omega}_t + \frac{1}{2} (\mathrm{i}_{X_t} \mathrm{d} + \mathrm{d}\,\mathrm{i}_{X_t})^2 \tilde{\omega}_t + \cdots \\
&= \tilde{\omega}_t + \mathrm{d}\,\mathrm{i}_{X_t} \tilde{\omega}_t + \frac{1}{2} \mathrm{d}\,\mathrm{i}_{X_t}\,\mathrm{d}\,\mathrm{i}_{X_t}\, \tilde{\omega}_t + \cdots \\
&= \tilde{\omega}_t + \mathrm{d}\alpha_t.
\end{aligned}$$

Gilt andererseits $\omega_t = \tilde{\omega}_t + \mathrm{d}\alpha_t$, so läßt sich das gesuchte X_t mit $\mathrm{e}^{\mathscr{L}_{X_t}} \tilde{\omega}_t = \omega_t$ rekursiv aus α_t bestimmen. $\square$

Korollar 4.2.56. *Sei* (M, ω_0) *symplektisch. Die formalen Deformationen der Poisson-Struktur* π_0 *werden kanonisch durch die zweite deRham-Kohomologie* $\mathrm{H}^2_{\mathrm{dR}}(M)[[t]]$ *klassifiziert.*

Diese Aussage wird ihre wirklich Bedeutung im Rahmen der formale Deformationsquantisierung erhalten, wo wir sehen werden, daß die Klassifikation der „klassischen" Deformationen von symplektischen Formen auf kanonische Weise mit der Klassifikation der Quantisierungen übereinstimmt. Dies gilt auch für den allgemeinen Poisson-Fall, ist aber in dieser Allgemeinheit sehr viel schwieriger zu zeigen.

4.3 Aufgaben

Aufgabe 4.1 (Die Jacobi-Identität). Betrachten Sie ein Bivektorfeld $\pi \in \Gamma^\infty(\Lambda^2 TM)$ auf einer n-dimensionalen Mannigfaltigkeit M. Sei weiter eine Karte (U, x) von M gegeben, so daß lokal

$$\pi\Big|_U = \frac{1}{2}\pi^{ij} \frac{\partial}{\partial x^i} \wedge \frac{\partial}{\partial x^j} \tag{4.144}$$

mit Koeffizientenfunktionen $\pi^{ij} \in C^\infty(U)$. Sei weiter $\{f, g\}$ die durch π induzierte Klammer.

i.) Berechnen Sie die Schouten-Nijenhuis-Klammer $[\![\pi, \pi]\!]$ in den lokalen Koordinaten (U, x) auf U und zeigen Sie so, daß $\{\cdot, \cdot\}$ genau dann die Jacobi-Identität erfüllt, wenn

$$\pi^{ij} \frac{\partial \pi^{k\ell}}{\partial x^j} + \pi^{kj} \frac{\partial \pi^{\ell i}}{\partial x^j} + \pi^{\ell j} \frac{\partial \pi^{ik}}{\partial x^j} = 0 \tag{4.145}$$

für alle $i, k, \ell = 1, \ldots, n$ gilt.

ii.) Zeigen Sie somit, daß $\{\cdot, \cdot\}$ genau dann die Jacobi-Identität auf U erfüllt, wenn die Jacobi-Identität für die lokalen Koordinatenfunktionen $x^1, \ldots, x^n$ erfüllt ist. Geben Sie für diese Tatsache einen weiteren unabhängigen Beweis unter Verwendung des Satzes von Stone-Weierstraß.

iii.) Zeigen Sie, daß ein lineares Bivektorfeld π auf einem Vektorraum V genau dann die Jacobi-Identität erfüllt, wenn die Konstanten c_k^{ij} mit $\pi^{ij} = x^k c_k^{ij}$ die Strukturkonstanten einer Lie-Algebra bilden.

Aufgabe 4.2 (Poisson-Strukturen und Gerstenhaber-Algebren). Betrachten Sie eine Gerstenhaber-Algebra $\mathfrak{G}^\bullet$ mit der Eigenschaft $\mathfrak{G}^k = \{0\}$ für $k < 0$. Weiter sei $\mathfrak{G}^\bullet$ nichtausgeartet im Sinne von Proposition 4.1.2. Setzen Sie $\mathcal{A} = \mathfrak{G}^0$. Schließlich sei $\pi \in \mathfrak{G}^2$ mit $[\![\pi, \pi]\!] = 0$ gegeben, und sei $\{\cdot, \cdot\}_\pi$ die induzierte Poisson-Klammer für $\mathcal{A}$ gemäß Proposition 4.1.2. Formulieren Sie dann Satz 4.1.9 für diese rein algebraische Situation, indem Sie solche Derivationen und Automorphismen der Algebra $\mathcal{A}$ betrachten, welche von Derivationen und Automorphismen von $\mathfrak{G}^\bullet$ kommen.

Aufgabe 4.3 (Die erste Poisson-Kohomologie). Betrachten Sie eine Poisson-Mannigfaltigkeit (M, π) mit zugehörigem Vektorbündelhomomorphismus $\sharp : T^*M \longrightarrow TM$.

i.) Zeigen Sie, daß $\sharp$ eine lineare Abbildung

$$\sharp : \mathrm{H}^1_{\mathrm{dR}}(M) \longrightarrow \mathrm{H}^1_\pi(M) \tag{4.146}$$

induziert. Zeigen Sie dazu zunächst, daß eine exakte Einsform unter $\sharp$ auf ein Hamiltonsches Vektorfeld und eine geschlossene Einsform auf ein Poisson-Vektorfeld abgebildet wird. Folgern Sie dann, daß (4.146) wohldefiniert ist.

ii.) Geben Sie einfache Beispiele dafür, daß $\sharp$ im allgemeinen weder injektiv noch surjektiv ist.

iii.) Zeigen Sie, daß für einen symplektischen Poisson-Tensor π die Abbildung (4.146) ein Isomorphismus ist, indem Sie von der dann existierenden Abbildung $\flat$ explizit zeigen, daß auch $\flat$ eine wohl-definierte Abbildung der Kohomologien liefert.

Aufgabe 4.4 (Klassische Spur-Funktionale). Sei (M, π) eine Poisson-Mannigfaltigkeit. Ein lineares Funktional

$$\mu : C_0^\infty(M) \longrightarrow \mathbb{R} \tag{4.147}$$

heißt *Poisson-Spur*, falls $\mu(\{f, g\}) = 0$ für alle $f, g \in C_0^\infty(M)$. Zeigen Sie dann folgenden Satz:

Satz. Sei $M = \mathbb{R}^{2n}$ versehen mit der Standardsymplektik ω_0. Ein lineares Funktional $\mu : C_0^\infty(\mathbb{R}^{2n}) \longrightarrow \mathbb{R}$ ist genau dann eine Poisson-Spur, falls μ ein Vielfaches der Integration ist

$$\mu(f) = c \int_{\mathbb{R}^{2n}} f(x) \mathrm{d}^{2n}x \tag{4.148}$$

mit $c \in \mathbb{R}$. Insbesondere ist μ eine Distribution.

Dieser Satz ist nach wie vor richtig, wenn man $\mathbb{R}^{2n}$ durch eine beliebige *zusammenhängende* symplektische Mannigfaltigkeit M ersetzt und die Integration bezüglich der Liouville-Volumenform Ω verwendet.

Anleitung (nach [46, 155]):

i.) Zeigen Sie, daß die Integration tatsächlich eine Poisson-Spur ist.

ii.) Zeigen Sie zunächst folgendes Lemma:

> **Lemma.** *Eine glatte Funktion $f \in C_0^\infty(\mathbb{R}^N)$ mit kompaktem Träger ist genau dann eine Linearkombination von partiellen Ableitungen $f = \sum_i \frac{\partial g_i}{\partial x^i}$ von glatten Funktionen g_i mit ebenfalls kompaktem Träger, wenn $\int_{\mathbb{R}^N} f(x) \mathrm{d}x^N = 0$.*
>
> Die eine Richtung ist trivial. Betrachten Sie zunächst den Fall $N = 1$ und verwenden Sie den Hauptsatz der Differential- und Integralrechnung. Hier ist die Aussage des Lemmas trivial (warum?). Beweisen Sie das Lemma dann durch Induktion nach N. Sei also f eine Funktion mit $\int_{\mathbb{R}^N} f(x) \mathrm{d}x^N = 0$ und definieren Sie $g \in C^\infty(\mathbb{R}^{N-1})$ durch
>
> $$g(x^1, \ldots, x^{N-1}) = \int_{-\infty}^{+\infty} f(x^1, \ldots, x^{N-1}, t) \mathrm{d}t. \tag{4.149}$$
>
> Zeigen Sie, daß g kompakten Träger und verschwindendes Integral hat, so daß nach Induktionsvoraussetzung g die Summe der i-ten partiellen

Ableitungen von Funktionen $h_i \in C_0^\infty(\mathbb{R}^{N-1})$ mit $i = 1, \ldots, N-1$ ist. Sei nun $\chi \in C_0^\infty(\mathbb{R})$ eine Abschneidefunktion mit $\int_{-\infty}^\infty \chi(t)\mathrm{d}t = 1$, solche Funktionen gibt es ja. Betrachten Sie dann die Funktion

$$f(x^1, \ldots, x^N) - \sum_{i=1}^{N-1} \frac{\partial(h_i(x^1, \ldots, x^{N-1})\chi(x^N))}{\partial x^i} \tag{4.150}$$

und zeigen Sie, daß sie kompakten Träger in allen Variablen hat. Berechnen Sie nun das Integral über die Variable x^N und verwenden Sie nochmals den bereits bewiesenen Fall $N = 1$, um (4.150) umzuschreiben.

iii.) Zeigen Sie nun, daß die Integration $\tau : C_0^\infty(\mathbb{R}^N) \longrightarrow \mathbb{R}$ bis auf Vielfache das einzige lineare Funktional ist, welches auf allen partiellen Ableitungen $\frac{\partial}{\partial x^i}f$ verschwindet. Sei hierzu μ ein anderes solches Funktional und $f \in C_0^\infty(\mathbb{R}^N)$ eine Funktion mit $\tau(f) = 1$. Betrachten Sie für beliebiges $g \in C_0^\infty(\mathbb{R}^N)$ dann die (eindeutige) Zerlegung $g = \tau(g)f + h$ mit $h \in C_0^\infty(\mathbb{R}^N)$, und zeigen Sie so, daß $h \in \ker\tau$ und damit nach dem Lemma auch $h \in \ker\mu$. Betrachten Sie dann $\mu(g)$.

iv.) Betrachten Sie nun $\mu(\{f, g\}) = 0$ und zeigen Sie, daß Sie für f auch die Koordinatenfunktionen $q^1, \ldots, p_n$ verwenden dürfen, obwohl diese natürlich *keinen* kompakten Träger haben. Beweisen Sie dann den Satz.

Aufgabe 4.5 (Kommutierende Vektorfelder I). Betrachten Sie Vektorfelder $X_1, \ldots, X_N \in \Gamma^\infty(TM)$ auf einer Mannigfaltigkeit M mit der Eigenschaft, daß

$$[X_i, X_j] = 0 \tag{4.151}$$

für alle $i, j = 1, \ldots, N$.

i.) Sei $(\pi^{ij}) \in M_N(\mathbb{R})$ eine *antisymmetrische* Matrix. Zeigen Sie, daß

$$\pi = \frac{1}{2}\pi^{ij}X_i \wedge X_j \tag{4.152}$$

eine Poisson-Struktur definiert. Diese ist „konstant" bezüglich der paarweise kommutierenden Vektorfelder $X_1, \ldots, X_N$. Diese Vektorfelder sind im allgemeinen natürlich *nicht* die Koordinatenvektorfelder zu einem (lokalen) Koordinatensystem. Auf diese Weise erhält man also einfache Poisson-Strukturen.

ii.) Zeigen Sie folgendes Lemma:

Lemma. *Sei $R > 0$. Dann gibt es n Vektorfelder $X_1, \ldots, X_n \in \Gamma^\infty(T\mathbb{R}^n)$ mit Träger in $B_R(0)$, welche bei 0 linear unabhängig sind und paarweise miteinander kommutieren.*

Anleitung (nach [45]): Zunächst kann man $R = n$ annehmen und nachträglich alles zurechtskalieren. Man wählt zwei Funktionen $\phi, \psi \in C_0^\infty(\mathbb{R})$ mit den Eigenschaften $\phi(0) = 1$ und $\operatorname{supp}\phi \subseteq [-\frac{1}{2}, \frac{1}{2}]$, sowie

$\psi(t) = 1$ für $t \in [-\frac{1}{2}, \frac{1}{2}]$ und supp $\psi \subseteq [-1, 1]$. Veranschaulichen Sie sich diese Wahlen durch ein Bild. Betrachten Sie dann

$$X_i(x^1, \ldots, x^n) = \psi(x^1) \cdots \phi(x^i) \cdots \psi(x^n) e_i. \tag{4.153}$$

iii.) Folgern Sie nun die Existenz von Poisson-Strukturen mit vorgegebenem Wert in $\Lambda^2 T_p M$ an einem Punkt $p \in M$ und kompaktem Träger.

Aufgabe 4.6 (Kommutierende Vektorfelder II). Wir wollen nun eine alternative Konstruktion von kommutierenden Vektorfeldern mit kompaktem Träger diskutieren [323].

i.) Betrachten Sie die Abbildung $\phi : [0, 1) \longrightarrow [0, +\infty)$ mit

$$\phi(t) = t\chi(t) + (1 - \chi(t)) e^{\frac{1}{1-t}}, \tag{4.154}$$

wobei χ eine glatte Abschneidefunktion mit $\chi(t) = 1$ für $t \in [0, \frac{1}{2})$ und $\chi(t) = 0$ für $t \in [\frac{3}{4}, 1)$ ist. Überlegen Sie sich, daß Sie χ derart wählen können, daß ϕ ein glatter Diffeomorphismus wird. Skizzieren Sie den Verlauf von ϕ.

ii.) Sei $n \geq 1$. Betrachten Sie nun die Abbildung $\Phi : B_1(0) \subseteq \mathbb{R}^n \longrightarrow \mathbb{R}^n$

$$\Phi(y) = \frac{y}{\|y\|} \phi(\|y\|), \tag{4.155}$$

wobei $\|y\|$ die Euklidische Norm von y bezeichnet. Zeigen Sie, daß Φ ein Diffeomorphismus ist und bestimmen Sie die Umkehrabbildung.

iii.) Für $i = 1, \ldots, n$ sei $X_i = \Phi^* \frac{\partial}{\partial x^i}$, wobei $\frac{\partial}{\partial x^i}$ die üblichen Koordinatenvektorfelder auf $\mathbb{R}^n$ sind. Schreiben Sie $X_i = X_i^j \frac{\partial}{\partial y^j}$ und zeigen Sie, daß sich die Koeffizientenfunktionen X_i^j zu *glatten* Funktionen auf $\mathbb{R}^n$ fortsetzen lassen.
Hinweis: Hier benötigen Sie nur das Verhalten von ϕ für t nahe 1.

iv.) Zeigen Sie, daß Sie auf diese Weise n glatte kommutierende Vektorfelder auf $\mathbb{R}^n$ erhalten, welche in $B_{\frac{1}{2}}(0)$ mit den Koordinatenvektorfelder übereinstimmen und Träger in $B_1(0)$ besitzen.

v.) Zeigen Sie, daß Φ sogar $O(n)$-äquivariant ist.

Aufgabe 4.7 (Die Poisson-Struktur von $\mathfrak{g}^*$). Sei G eine n-dimensionale zusammenhängende Lie-Gruppe mit Lie-Algebra $\mathfrak{g}$ und Dualraum $\mathfrak{g}^*$, welcher mit der kanonischen linearen Poisson-Struktur

$$\pi\big|_\mu \left(df\big|_\mu, dg\big|_\mu \right) = \mu \left(\left[df\big|_\mu, dg\big|_\mu \right] \right) \tag{4.156}$$

versehen sei. Hier ist $\mu \in \mathfrak{g}^*$ und $df\big|_\mu \in T_\mu^* \mathfrak{g}^* = \mathfrak{g}^{**} = \mathfrak{g}$. Betrachten Sie weiter die koadjungierte Darstellung Ad^* von G auf $\mathfrak{g}^*$. Diese Gruppenwirkung definiert die *koadjungierte Bahn* $\mathcal{O}_\mu \subseteq \mathfrak{g}^*$ durch μ sowie die Stabilisatorgruppe

$G_\mu \subseteq G$ für $\mu \in \mathfrak{g}^*$. Nach Proposition 3.3.24 wissen wir, daß $\mathcal{O}_\mu$ eine zu G/G_μ diffeomorphe immersierte Untermannigfaltigkeit von $\mathfrak{g}^*$ mit Tangentialraum

$$T_{\mu'}\mathcal{O}_\mu = \{\xi_{\mathfrak{g}^*}(\mu') \mid \xi \in \mathfrak{g}\} \tag{4.157}$$

ist. Ist die Gruppe sogar kompakt, so sind die koadjungierten Bahnen abgeschlossene Untermannigfaltigkeiten (warum?). Ziel dieser Aufgabe ist es nun, die koadjungierten Bahnen als die symplektischen Blätter der Poisson-Mannigfaltigkeit $\mathfrak{g}^*$ zu identifizieren.

i.) Zeigen Sie, daß die koadjungierte Darstellung Ad^* von G auf $\mathfrak{g}^*$ eine Poisson-Wirkung ist.

ii.) Zeigen Sie, daß die fundamentalen Vektorfelder $\xi_{\mathfrak{g}^*} = X_{\mathfrak{J}(\xi)}$ Hamiltonsch sind, wobei die Hamilton-Funktion gerade die *lineare Funktion* $\mathfrak{J}(\xi) : \mu \mapsto \mu(\xi)$ ist.

iii.) Zeigen Sie explizit, daß die Hamiltonschen Vektorfelder $X_{\mathfrak{J}(\xi)}$ zu den linearen Funktionen $\mathfrak{J}(\xi)$ mit $\xi \in \mathfrak{g}$ eine involutive Teilmenge von Vektorfeldern auf $\mathfrak{g}^*$ bilden, welche die Distribution im $\sharp$ punktweise aufspannt.

iv.) Zeigen Sie, daß die koadjungierten Bahnen gerade die symplektischen Blätter der Poisson-Mannigfaltigkeit $\mathfrak{g}^*$ sind. Wie können Sie zeigen, daß die Bahnen *maximale* Integralmannigfaltigkeiten sind?

v.) Betrachten Sie die induzierte symplektische Form $\omega_{\mathcal{O}_\mu}$ auf $\mathcal{O}_\mu$ und zeigen Sie explizit, daß $\omega_{\mathcal{O}_\mu}$ symplektisch ist. Hierzu betrachten Sie die definierende Formel

$$\omega_{\mathcal{O}_\mu}\Big|_{\mu'}\left(X_{\mathfrak{J}(\xi)}\Big|_{\mu'}, X_{\mathfrak{J}(\eta)}\Big|_{\mu'}\right) = \mu'\left([\xi, \eta]\right) \tag{4.158}$$

mit $\mu' \in \mathcal{O}_\mu$, $\xi, \eta \in \mathfrak{g}$, und zeigen Sie explizit, daß $\omega_{\mathcal{O}_\mu}$ wohl-definiert, nichtausgeartet und symplektisch ist. Überlegen Sie sich zunächst, daß es genügt, Vektorfelder der angegebenen Form zu betrachten. Was ist $\mathrm{d}\mathfrak{J}(\xi)\big|_\mu$?

vi.) Folgern Sie, daß die koadjungierte Bahn $\mathcal{O}_\mu$ eine symplektische Mannigfaltigkeit mit einer transitiven symplektischen G-Wirkung ist, welche eine kanonische Ad^*-äquivariante Impulsabbildung besitzt. Wie lautet diese?

Aufgabe 4.8 (Poisson-Abbildungen II). Betrachten Sie eine Poisson-Mannigfaltigkeit (M, π) und ein symplektisches Blatt $\iota : L \longrightarrow M$, wobei die Inklusionsabbildung ι eine injektive Immersion ist. Sei weiter ω_L die symplektische Form auf L, definiert durch

$$\omega_L\big|_p\left((T_p\iota)^{-1}\left(X_f^M\big|_{\iota(p)}\right), (T_p\iota)^{-1}\left(X_g^M\big|_{\iota(p)}\right)\right) = \{f, g\}(\iota(p)), \tag{4.159}$$

wobei X_f^M und X_g^M Hamiltonsche Vektorfelder auf M bezüglich π zu $f, g \in C^\infty(M)$ sind und $p \in L$. Machen Sie sich zunächst klar, daß (4.159) tatsächlich wohl-definiert ist.

i.) Betrachten Sie nun das Hamiltonsche Vektorfeld $X^L_{\iota^*f}$ auf L bezüglich ω_L der Funktion $\iota^*f \in C^\infty(L)$. Zeigen Sie, daß $X^L_{\iota^*f}$ und X^M_f ι-verwandt sind.

ii.) Zeigen Sie so, daß ι eine Poisson-Abbildung ist, also

$$\iota^*\{f,g\}_M = \{\iota^*f, \iota^*g\}_L \tag{4.160}$$

für alle $f, g \in C^\infty(M)$.

Aufgabe 4.9 (Poisson-Quotienten). Betrachten Sie eine Lie-Gruppe G und deren Kotangentenbündel T^*G, welches mittels der Linkstrivialisierung λ als $G \times \mathfrak{g}^*$ geschrieben werden kann, siehe Aufgabe 3.26. Die Lie-Gruppe wirke auf sich durch Linksmultiplikationen ℓ und auf T^*G durch $T_*\ell$.

i.) Bestimmen Sie die Gruppenwirkung $T_*\ell$ in der Trivialisierung $G \times \mathfrak{g}^*$ und bestimmen Sie die fundamentalen Vektorfelder.

ii.) Zeigen Sie, daß der Poisson-Quotient T^*G/G unter Verwendung der Linkstrivialisierung λ kanonisch zu $\mathfrak{g}^*$ isomorph ist, wobei auf $\mathfrak{g}^*$ der induzierte Poisson-Tensor das *Negative* des üblichen linearen Poisson-Tensors ist.

Hinweis: Argumentieren Sie, warum es hinreichend ist, G-invariante lineare Funktionen in den Impulsen zu betrachten, um die Poisson-Struktur auf $\mathfrak{g}^*$ zu identifizieren.

Aufgabe 4.10 (Poisson-Abbildungen III). Betrachten Sie eine Untermannigfaltigkeit $\iota : C \longrightarrow M$ einer Poisson-Mannigfaltigkeit (M, π), sowie das *Verschwindungsideal*

$$\mathcal{I}(C) = \{f \in C^\infty(M) \mid \iota^*f = 0\}, \tag{4.161}$$

der Funktionen auf M, welche auf C verschwinden. Betrachten Sie weiter das *Annihilatorbündel* $TC^{\mathrm{ann}} \longrightarrow C$, wobei die Faser über $c \in C$ der Annihilatorraum $T_cC^{\mathrm{ann}} \subseteq T^*_cM$ von $T_cC \subseteq T_cM$ ist, also

$$T_cC^{\mathrm{ann}} = \{\alpha \in T^*_cM \mid \alpha(v) = 0 \text{ für alle } v \in T_cC\} \tag{4.162}$$

Die Untermannigfaltigkeit C heißt *koisotrop*, falls $\mathcal{I}(C)$ eine Poisson-Unteralgebra von $C^\infty(M)$ ist.

i.) Zeigen Sie, daß $\mathcal{I}(C)$ für beliebige Untermannigfaltigkeiten ein Ideal von $C^\infty(M)$ ist.

ii.) Bestimmen Sie die Dimension von T_cC^{ann} in Abhängigkeit von $\dim C$ und $\dim M$. Zeigen Sie, daß $v \in T_cM$ genau dann ein Tangentialvektor an T_cC ist, falls $\alpha(v) = 0$ für alle $\alpha \in T_cC^{\mathrm{ann}}$.

iii.) Zeigen Sie, daß

$$T_cC^{\mathrm{ann}} = \left\{ \left. \mathrm{d}f \right|_c \;\middle|\; f \in \mathcal{I}(C) \right\}. \tag{4.163}$$

Sie können hierzu eine geeignete Untermannigfaltigkeitskarte verwenden.

iv.) Zeigen Sie, daß C genau dann koisotrop ist, wenn $X_g(c) \in T_c C$ für alle $g \in \mathfrak{I}(C)$ und $c \in C$.

v.) Zeigen Sie, daß C genau dann koisotrop ist, wenn $(TC^{\mathrm{ann}})^\sharp \subseteq TC$ gilt.

Betrachten Sie nun eine glatte Abbildung $\phi : (M_1, \pi_1) \longrightarrow (M_2, \pi_2)$ zwischen zwei Poisson-Mannigfaltigkeiten und definieren Sie ihren *Graph* durch

$$C = \mathrm{graph}(\phi) = \{(p, \phi(p)) \in M_1 \times M_2 \mid p \in M_1\}, \tag{4.164}$$

welcher offenbar eine zu M_1 diffeomorphe Untermannigfaltigkeit von $M_1 \times M_2$ ist. Die Projektion $\mathrm{pr}_1 : M_1 \times M_2 \longrightarrow M_1$ induziert einen solchen Diffeomorphismus. Versehen Sie nun $M = M_1 \times M_2$ mit dem Poisson-Tensor $\pi = \pi_1 \ominus \pi_2$.

vi.) Zeigen Sie, daß $F = \mathrm{pr}_2^* f - \mathrm{pr}_1^* \phi^* f \in \mathfrak{I}(C)$ für alle $f \in C^\infty(M_2)$. Zeigen Sie weiter, daß für derartige F die Differentiale $dF\big|_c \in T_c C^{\mathrm{ann}}$ den ganzen Annihilatorraum $T_c C^{\mathrm{ann}}$ für $c = (p, \phi(p))$ aufspannen.

vii.) Folgern Sie, daß C koisotrop ist, falls ϕ eine Poisson-Abbildung ist. **Hinweis:** Sind die Projektionen pr_1, pr_2 (Anti-) Poisson-Abbildungen?

viii.) Zeigen Sie, daß ϕ eine Poisson-Abbildung ist, falls C koisotrop ist. Damit haben Sie also eine äquivalente Formulierung für eine Poisson-Abbildung gefunden: ϕ ist genau dann eine Poisson-Abbildung, wenn der Graph von ϕ koisotrop ist.

Aufgabe 4.11 (Vollständige Poisson-Abbildungen). Eine Poisson-Abbildung $\phi : (M_1, \pi_1) \longrightarrow (M_2, \pi_2)$ heißt *vollständig*, wenn zu jedem vollständigen Hamiltonschen Vektorfeld $X_f \in \Gamma^\infty(TM_2)$ auch das Hamiltonsche Vektorfeld $X_{\phi^* f} \in \Gamma^\infty(TM_1)$ vollständig ist. Im Hinblick auf die Zeitentwicklung ist diese Eigenschaft aus physikalischen Gründen sehr wünschenswert.

Betrachten Sie $\mathbb{R}$ mit der trivialen Poisson-Struktur und eine Poisson-Abbildung $\phi : M \longrightarrow \mathbb{R}$. Da ϕ Werte in $\mathbb{R}$ annimmt, kann ϕ auch als Element von $C^\infty(M)$ angesehen werden. Zeigen Sie, daß ϕ genau dann als Poisson-Abbildung vollständig ist, wenn das Hamiltonsche Vektorfeld X_ϕ vollständig ist [73, Prop. 6.3].

Hinweis: Verwenden Sie die Energieerhaltung und das kanonische Vektorfeld $\frac{\partial}{\partial t}$ auf $\mathbb{R}$.

Aufgabe 4.12 (Das Wirkungs-Lie-Algebroid). Betrachten Sie eine Lie-Algebra $\mathfrak{g}$, welche auf einer Mannigfaltigkeit M mit einer Wirkung $\varphi : \mathfrak{g} \longrightarrow \Gamma^\infty(TM)$ wirkt. Betrachten Sie dann das triviale Vektorbündel $E = M \times \mathfrak{g}$. Die Faser über $p \in M$ ist dann gerade die Lie-Algebra $\mathfrak{g}$.

i.) Zeigen Sie, daß die Schnitte $\Gamma^\infty(E)$ mit den $\mathfrak{g}$-wertigen Funktionen auf M identifiziert werden können. Wählen Sie dazu eine Basis $e_1, \ldots, e_n$ von $\mathfrak{g}$ und zeigen Sie, daß sich jeder Schnitt $\Xi \in \Gamma^\infty(E)$ eindeutig als $\Xi^i e_i$ mit $\Xi^i \in C^\infty(M)$ schreiben läßt.

So können Sie die Lie-Ableitung eines Schnittes $\Xi \in \Gamma^\infty(E)$ in Richtung eines Vektorfeldes $X \in \Gamma^\infty(TM)$ definieren, indem Sie $\mathscr{L}_X \Xi$ „komponentenweise"

$$\mathscr{L}_X \Xi = (\mathscr{L}_X \Xi^i) e_i \tag{4.165}$$

definieren. Zeigen Sie, daß diese Definition nicht von der Wahl der Basis in $\mathfrak{g}$ abhängt.

Bemerkung: Dies ist letztlich für jedes triviale und trivialisierte Vektorbündel möglich und definiert in diesem Fall eine Lie-Ableitung von Schnitten. Für ein nichttriviales Vektorbündel läßt sich im allgemeinen *keine* Lie-Ableitung von Schnitten konsistent definieren. Die Ausnahmen bilden hier die Tensorbündel und Dichtenbündel über dem Tangentenbündel.

ii.) Definieren Sie nun die Abbildung $\varrho : E \longrightarrow TM$ durch

$$\varrho(p, \xi) = \varphi(\xi)\big|_p \tag{4.166}$$

sowie die Klammer $[\cdot, \cdot] : \Gamma^\infty(E) \times \Gamma^\infty(E) \longrightarrow \Gamma^\infty(E)$

$$[\Xi, \Psi](p) = [\Xi(p), \Psi(p)]_{\mathfrak{g}} + \big(\mathscr{L}_{\varphi(\Xi(p))} \Psi\big)(p) - \big(\mathscr{L}_{\varphi(\Psi(p))} \Xi\big)(p), \tag{4.167}$$

wobei $[\cdot, \cdot]_{\mathfrak{g}}$ die Lie-Klammer von $\mathfrak{g}$ bezeichnet. Die Lie-Ableitung des Schnittes Ψ beziehungsweise Ξ ist im obigen Sinne zu verstehen. Zeigen Sie, daß ϱ und $[\cdot, \cdot]$ das Vektorbündel E zu einem Lie-Algebroid machen.

Dieses Lie-Algebroid heißt *Wirkungs-Lie-Algebroid* oder *Transformations-Lie-Algebroid*, siehe etwa [73, Sect. 16.2].

Aufgabe 4.13 (Divergenzen und unimodulare Poisson-Strukturen). Betrachten Sie eine zusammenhängende n-dimensionale Mannigfaltigkeit M mit einer nirgends verschwindenden Volumenform $\Omega \in \Gamma^\infty(\Lambda^n T^*M)$. Mit anderen Worten, M sei *orientierbar* und *orientiert*.

i.) Zeigen Sie, jede andere nirgends verschwindende Volumenform $\Omega' \in \Gamma^\infty(\Lambda^n T^*M)$ ist ein Funktionenvielfaches $\Omega' = f\Omega$ mit einer invertierbaren Funktion $f \in C^\infty(M)$, welche entweder positiv oder negativ ist.

ii.) Sei $X \in \Gamma^\infty(TM)$ ein Vektorfeld. Dann ist die Ω-Divergenz von X durch $\mathscr{L}_X \Omega = (\mathrm{div}_\Omega X)\Omega$ definiert. Zeigen Sie,

$$\mathrm{div}_\Omega : \Gamma^\infty(TM) \longrightarrow C^\infty(M) \tag{4.168}$$

ist linear und erfüllt eine Leibniz-Regel. Bestimmen Sie diese Leibniz-Regel explizit, indem Sie $\mathrm{div}_\Omega(fX)$ berechnen.

iii.) Berechnen Sie $\mathrm{div}_\Omega X$ in lokalen Koordinaten $x^1, \ldots, x^n$ für $\Omega = \mathrm{d}x^1 \wedge \cdots \wedge \mathrm{d}x^n$ und $X = X^i \frac{\partial}{\partial x^i}$.

iv.) Betrachten Sie nun den Dualraum $\mathfrak{g}^*$ einer Lie-Algebra $\mathfrak{g}$ mit seiner linearen Poisson-Struktur. Wählen Sie eine Basis $e_1, \ldots, e_n$ von $\mathfrak{g}$ mit zugehöriger dualer Basis $e^1, \ldots, e^n$ und induzierten linearen Koordinaten $x_1, \ldots, x_n$ auf $\mathfrak{g}^*$. Die Strukturkonstanten bezüglich dieser Basis seien mit c_{ij}^k bezeichnet. Betrachten Sie dann die *konstante* Volumenform $\Omega = \mathrm{d}x_1 \wedge \cdots \wedge \mathrm{d}x_n$ auf $\mathfrak{g}^*$. Berechnen Sie für $f \in C^\infty(\mathfrak{g}^*)$ das Hamiltonsche Vektorfeld X_f sowie das modulare Vektorfeld Δ_Ω in den obigen (globalen) Koordinaten.

v.) Zeigen Sie, daß die Poisson-Mannigfaltigkeit $\mathfrak{g}^*$ genau dann unimodular ist, wenn die Lie-Algebra $\mathfrak{g}$ unimodular ist, also $\operatorname{tr}\operatorname{ad}_\xi = 0$ für alle $\xi \in \mathfrak{g}$. Hier ist $\operatorname{ad}_\xi \in \mathsf{End}(\mathfrak{g})$ als Endomorphismus aufzufassen, womit die Spur von ad_ξ definiert ist. Formulieren Sie dazu beide Bedingungen mit Hilfe der Strukturkonstanten.

Aufgabe 4.14 (Jenseits von klassischer Mechanik). Bevor Sie mit Kapitel 5 beginnen: Schreiben Sie ein kleines Essay über die Ihrer Meinung nach wichtigen Strukturmerkmale der klassischen Mechanik. Diskutieren Sie dabei insbesondere die Begriffe Observable, Zustand, Meßwert, Erwartungswert, Zeitentwicklung, Symmetrien jeweils im Hinblick auf ihre physikalische Bedeutung und ihre mathematische Modellierung in der geometrischen Mechanik. Formulieren Sie dann, ausgehend von diesen Begriffen und ihren entsprechenden Analoga in der Quantenmechanik, eine „Wunschliste" dafür, was eine „Quantisierung" der klassischen Mechanik sein und leisten soll.

5

Quantisierung: Erste Schritte

Der Übergang von klassischer Physik zur Quantenphysik wird allgemein und meist recht vage als *Quantisierung* bezeichnet. Ziel dieses Kapitels ist es, die eigentliche Problemstellung so präzise wie möglich zu formulieren, um festzustellen, daß es sich beim Quantisieren um ein recht schlecht gestelltes Problem handelt: es gibt keine „kanonische" Weise, dies zu bewerkstelligen. Der Begriff „kanonische Quantisierung" ist daher irreführend und bedarf einer Präzisierung. Als eine recht allgemeine Antwort auf das Quantisierungsproblem wird sich die Wahl einer *Ordnungsvorschrift* erweisen, die bestimmten klassischen Observablen quantenmechanische Observablen auf systematische Weise zuordnet. Die wichtigsten Beispiele hierfür werden wir für den einfachsten Phasenraum $(\mathbb{R}^{2n}, \omega_0)$ im Detail diskutieren und so die ersten Beispiele für *Sternprodukte* finden. Die Ordnungsvorschriften und Sternprodukte treten in zwei Varianten auf: für polynomiale Funktionen gibt es algebraische Formeln, welche mittels Integralformeln eine Ausdehnung auf bestimmte Funktionenklassen, die „Symbole", besitzen. Diese Zusammenhänge werden wir im Hinblick auf den *Symbolkalkül* für *Pseudodifferentialoperatoren* eingehend diskutieren. Zum Abschluß dieses Kapitels werden wir den flachen Phasenraum hinter uns lassen und als nächst wichtige Beispielklasse die Kotangentenbündel (T^*Q, ω_0) und deren Quantisierung betrachten.

5.1 Die Problemstellung

Nimmt man Plancks Arbeiten zur Schwarzkörperstrahlung als Geburtsstunde der Quantentheorie, so stellt sich die berechtigte Frage, warum man sich gut 100 Jahre später immer noch mit dem Problem der Quantisierung befassen sollte, zumal die Quantenmechanik zu Recht als eine der experimentell bestbestätigten Theorien der Physik gilt.

Tatsächlich zeigt es sich, daß das Problem der Quantisierung noch lange nicht umfassend verstanden ist und letztlich als eines der fundamentalen

Probleme der gegenwärtigen theoretischen und mathematischen Physik gelten kann. Gleichermaßen spielt es aber auch in den praktischen Anwendungen aufgrund zunehmend verfeinerter Meßtechniken eine immer größere Rolle, das Verhältnis von klassischer Physik und Quantenphysik besser zu verstehen. Wir wollen diese Sichtweise anhand einiger Bemerkungen und Beispiele rechtfertigen:

Die enormen experimentellen Fortschritte auf dem Gebiet der Atomspektroskopie insbesondere mittels Lasertechniken ermöglichen es nun, viele der fundamentalen Gedankenexperimente der Quantenmechanik tatsächlich im Labor durchzuführen. Damit werden bestimmte, oft als seltsam empfundene Vorhersagen der Quantentheorie wie die Existenz *verschränkter Zustände* bei zusammengesetzten Systemen (EPR-Zustände) unmittelbar im Experiment verifizierbar. Hier sind insbesondere quantenoptische Experimente, also Experimente mit einzelnen Photonen, hervorzuheben, siehe beispielsweise [218, 276]. Die alten und letztlich ungelösten Fragen der Interpretation der Quantentheorie und ihrer Beziehung zur klassischen Welt, siehe etwa [217, 237], gewinnen hierdurch eine erneute Aktualität, wobei das Verständnis des „klassischen Limes", also das Erscheinen der klassischen Physik aus der fundamentaleren Quantenphysik eine zentrale Rolle spielt. Bemerkenswerterweise ist der hierfür relevante klassische Phasenraum der einfachste, nämlich $(\mathbb{R}^{2n}, \omega_0)$, und die Quantentheorie ist die aus Lehrbüchern wohlbekannte Quantenmechanik endlich vieler nichtrelativistischer Teilchen.

Schwieriger wird das Verständnis der Quantentheorie unendlich vieler Freiheitsgrade, also *thermodynamischer Systeme* oder *Feldtheorien*. Hier ist die Quantisierung alles andere als trivial, was schon die Tatsache zeigt, daß die üblichen wechselwirkenden Quantenfeldtheorien wie beispielsweise die QED oder das Standardmodell der Teilchenphysik nur in einer *störungstheoretischen Weise* überhaupt *definiert* werden können. Die auftretenden Schwierigkeiten sind hierbei sowohl technischer als auch konzeptioneller Natur, wobei selten eine einfache Trennung dieser beiden Aspekte möglich ist.

Eines der konzeptionellen Probleme ist dabei, wie man bei der Quantisierung mit den *Eichfreiheitsgraden* der klassischen Feldtheorien verfahren soll: alle derzeit bekannten fundamentalen Feldtheorien werden auf klassischer Seite mit Hilfe von „unphysikalischen", also unbeobachtbaren, Freiheitsgraden formuliert, wie beispielsweise die Elektrodynamik mit Hilfe der unbeobachtbaren Potentiale $\vec{A}$ und ϕ formuliert wird, obwohl die physikalisch relevanten Felder $\vec{E} = -\vec{\nabla}\phi - \frac{\partial}{\partial t}\vec{A}$ und $\vec{B} = \vec{\nabla} \times \vec{A}$ sind. Im weitesten Sinne handelt es sich dabei um eine *Phasenraumreduktion* $M \rightsquigarrow M_{\mathrm{red}}$, wobei die physikalisch relevanten Freiheitsgrade durch den reduzierten Phasenraum M_{red} beschrieben werden. Wie wir bereits in den einfachsten endlichdimensionalen Fällen gesehen haben, ist selbst bei trivialem Phasenraum M das Resultat einer Phasenraumreduktion M_{red} im allgemeinen geometrisch sehr kompliziert, siehe insbesondere Bemerkung 3.3.57. Somit stellt sich die Frage, ob beim Übergang zur Quantentheorie M, M_{red} oder gar die ganze Phasenraumreduktion $M \rightsquigarrow M_{\mathrm{red}}$ ein quantentheoretisches Analogon erhalten soll und wenn ja, wie.

Die Bedeutung endlichdimensionaler Modelle ist dabei, daß mit ihnen zumindest die nichttriviale Phasenraumgeometrie von M_{red} beschrieben werden kann. Die zusätzlich auftretenden funktionalanalytischen Schwierigkeiten, die aus der unendlichen Zahl von Freiheitsgraden in Feldtheorien erwachsen, lassen sich in den endlichdimensionalen „Spielzeugmodellen" selbstverständlich nur erahnen.

Es ist jedoch klar, daß ein tieferes Verständnis der Quantisierung auch und insbesondere von geometrisch nichttrivialen Phasenräumen notwendig ist. Im folgenden werden wir vornehmlich endlichdimensionale Beispiele betrachten, um die geometrischen von den funktionalanalytischen Problemen zu isolieren. Eine Hoffnung ist dabei, bestimmte generische Phänomene, wie sie dann auch bei Feldtheorien zu erwarten sind, bereits in diesem technisch sehr viel einfacheren Fall zu verstehen.

5.1.1 Klassische Mechanik und Quantenmechanik im Vergleich

Um eine hinreichend allgemeine und physikalisch vernünftige „Definition" des Begriffs Quantisierung geben zu können, bedarf es zunächst einer eingehenden strukturellen Analyse der Gemeinsamkeiten und Unterschiede von klassischer Physik und Quantenphysik. Die für unsere Zwecke geeignetste Charakterisierung basiert auf der strukturellen Ähnlichkeit der Observablen, wohingegen die Zustände als ein daraus abgeleitetes Konzept erhalten werden. Wir beginnen mit folgender wohlbekannter Gegenüberstellung, deren Aussagen wir zum Teil bereits verschiedentlich und in wachsender Allgemeinheit diskutiert haben.

Die *klassischen Observablen* $\mathcal{A}_{\mathrm{klass}}$ bilden eine Poisson-*-Algebra, mathematisch gegeben durch die glatten, komplexwertigen Funktionen $C^{\infty}(M)$ auf einer Poisson-Mannigfaltigkeit (M, π), versehen mit der durch π bestimmten Poisson-Klammer und der punktweisen komplexen Konjugation als *-Involution. Observabel im eigentlichen Sinne sind die Hermiteschen Elemente, $f = \overline{f}$, also die reellwertigen Funktionen. Die Wahl $C^{\infty}(M)$ stellt eine physikalisch *nicht* leicht zu rechtfertigende Idealisierung dar, bietet aber die größtmögliche Funktionenalgebra auf der die Poisson-Klammer uneingeschränkt definiert ist. Physikalisch relevant sind hingegen typischerweise echte Poisson-*-Unteralgebren von $C^{\infty}(M)$, wie beispielsweise $\mathrm{Pol}^{\bullet}(T^*Q)$ im Falle von Kotangentenbündeln $M = T^*Q$. Jedoch hängt diese Auswahl meist stark vom betrachteten Beispiel und den damit verbundenen *zusätzlichen Strukturen*, wie beispielsweise Symmetrien, ab. Die physikalische Interpretation der Observablen $f \in C^{\infty}(M)$ kann aus der Anschauung als bekannt angenommen werden.

Die *reinen Zustände* sind die Punkte des Phasenraumes, allgemeiner werden *gemischte Zustände* durch Wahrscheinlichkeitsverteilungen auf M realisiert. Mathematisch entspricht dies positiven Borel-Maßen auf M, wobei wieder nicht alle solchen Maße physikalisch relevant sind, siehe die Diskussion in Bemerkung 1.3.7.

Der *Erwartungswert* einer Observablen $f = \overline{f} \in C^{\infty}(M)$ im reinen Zustand $p \in M$ ist $\mathrm{E}_p(f) = f(p)$. Entsprechend ist der Erwartungswert in einem gemischten Zustand μ durch $\mathrm{E}_\mu(f) = \int_M f(x)\mathrm{d}\mu(x)$ gegeben.

Die *möglichen Meßwerte*, also das *Spektrum*, einer Observablen $f \in C^{\infty}(M)$ sind die Funktionswerte $f(M) \subseteq \mathbb{R}$. Die *Wahrscheinlichkeitsverteilung der Meßwerte* in einem Zustand p beziehungsweise μ ist das auf $f(M)$ induzierte Bildmaß. Insbesondere ist in einem reinen Zustand $p \in M$ das Bildmaß das Punktmaß bei $f(p) = \mathrm{E}_p(f)$, so daß bei wiederholter Messung von f im Zustand p immer der Erwartungswert gemessen wird und die Varianz $\mathrm{Var}_p(f) = \mathrm{E}_p((f - \mathrm{E}_p(f))^2) = 0$ ist. Somit wird der oben definierte Erwartungswert tatsächlich der maßtheoretische Erwartungswert bezüglich der Wahrscheinlichkeitsverteilung der Meßwerte im Zustand p beziehungsweise μ.

Die *Dynamik* wird durch ein Hamiltonsches Vektorfeld X_H einer *Hamilton-Funktion* $H \in C^{\infty}(M)$ und dessen Hamiltonschen Fluß Φ_t beschrieben. Auf algebraischer Seite beziehungsweise für die Observablen entspricht dies einer inneren Poisson-Derivation $f \mapsto \{f, H\}$ mit einer Einparametergruppe von Poisson-Automorphismen $f \mapsto \Phi_t^* f$ als integrierter Version.

Symmetrien werden schließlich infinitesimal durch Poissonsche Lie-Algebrawirkungen beziehungsweise integriert durch Poissonsche Lie-Gruppenwirkungen beschrieben.

Die Standardformulierung der Quantenmechanik startet mit einem *Hilbert-Raum* $\mathfrak{H}$. Die *Observablen* bilden dann eine *-Unteralgebra $\mathcal{A}_{\mathrm{QM}}$ der beschränkten Operatoren $\mathfrak{B}(\mathfrak{H})$ auf $\mathfrak{H}$, oder allgemeiner, eine *-Algebra von nicht notwendigerweise beschränkten Operatoren, welche auf einem gemeinsamen dichten Unterraum $\mathfrak{D} \subseteq \mathfrak{H}$ definiert sind und diesen in sich überführen. Die *-Involution ist hier die Adjunktion von (dicht definierten) Operatoren und im eigentlichen Sinne observabel sind diejenigen Operatoren A auf $\mathfrak{D}$, welche eine (eindeutige) selbstadjungierte Fortsetzung $(A, \mathfrak{D}_A) = (A^*, \mathfrak{D}_{A^*})$ besitzen. Die Algebra $\mathcal{A}_{\mathrm{QM}}$ ist in allen nichttrivialen Beispielen *nichtkommutativ*. Eine mathematisch präzise Formulierung der funktionalanalytischen Erfordernisse im unbeschränkten Fall erhält man beispielsweise mit dem Begriff einer O^*-*Algebra*, siehe etwa [272, 288]. Typischerweise kann man, mit einigem funktionalanalytischen Aufwand, immer wieder zu beschränkten Operatoren zurückkehren, indem man beschränkte Funktionen der selbstadjungierten Operatoren benutzt. Geeignete Wahlen enthalten letztlich dieselbe Information. Auf diese Weise kommt man zu Unteralgebren von $\mathfrak{B}(\mathfrak{H})$ zurück.

Die *reinen Zustände* werden nun durch Äquivalenzklassen von nichtverschwindenden Vektoren $\psi \in \mathfrak{D}$ beschrieben, wobei ψ zu ψ' äquivalent ist, falls $\psi = z\psi'$ mit $z \in \mathbb{C} \setminus \{0\}$. Damit sind die reinen Zustände also eine Teilmenge des *projektiven Hilbert-Raumes* $\mathbb{P}\mathfrak{H}$. Man beachte, daß im allgemeinen nicht ganz $\mathbb{P}\mathfrak{H}$ physikalisch realisierbare Zustände beschreibt, da die Vektoren $\psi \in \mathfrak{H}$, welche den komplexen Strahl $[\psi] \in \mathbb{P}\mathfrak{H}$ repräsentieren, im Definitionsbereich $\mathfrak{D}$ aller physikalisch relevanten Observablen liegen müssen, um beispielsweise endliche Energieerwartungswerte, Impulserwartungswerte etc. zu besitzen. Die Vervollständigung $\mathfrak{H}$ des Prä-Hilbert-Raumes $\mathfrak{D}$ stellt daher eine mathematische Idealisierung dar. *Gemischte Zustände* werden durch Dichtematrizen ϱ beschrieben, also positive Spurklasseoperatoren mit tr $\varrho = 1$. Die reinen Zustände erscheinen damit als Spezialfall der gemischten, wobei $[\psi] \in \mathbb{P}\mathfrak{D}$ mit dem Orthogonalprojektor $\varrho_{[\psi]} = \frac{|\psi\rangle\langle\psi|}{\langle\psi,\psi\rangle}$ identifiziert wird. Physikalisch realisierbar sind wieder nicht alle Dichtematrizen.

Der *Erwartungswert* $\mathrm{E}_\varrho(A)$ einer Observablen A im (reinen oder gemischten) Zustand ϱ ist durch $\mathrm{E}_\varrho(A) = \mathrm{tr}(\varrho A)$ definiert. Für eine allgemeine Dichtematrix liefert die Bedingung, daß ϱA für alle Observablen $A \in \mathcal{A}_{\mathrm{QM}}$ als Spurklasseoperator definiert ist, gerade die Bedingung dafür, daß ϱ einen physikalisch realisierbaren Zustand beschreibt. Für einen reinen Zustand $[\psi]$ gilt offenbar $\mathrm{E}_{[\psi]}(A) = \frac{\langle\psi,A\psi\rangle}{\langle\psi,\psi\rangle}$.

Die *möglichen Meßwerte* einer Observablen A, also deren physikalisches Spektrum, ist das mathematische Spektrum $\mathrm{spec}(A)$ von A, aufgefaßt als selbstadjungierter Operator $(A, \mathfrak{D}_A)$. Hierzu wird die Vervollständigung von $\mathfrak{D}$ zu $\mathfrak{H}$ wichtig, um den Spektralkalkül selbstadjungierter Operatoren zur Verfügung zu haben. Insbesondere werden verschiedene physikalische Observablen A und B trotz gemeinsamen Definitionsbereichs $\mathfrak{D}$ im allgemeinen selbstadjungierte Fortsetzungen mit $\mathfrak{D}_A \neq \mathfrak{D}_B$ besitzen. Zudem erlaubt ein Prä-Hilbert-Raum $\mathfrak{D}$ allein noch keinen vernünftigen Spektralkalkül, weshalb die Vervollständigung notwendig ist. Die *Wahrscheinlichkeitsverteilung der Meßwerte* in einem reinen Zustand $[\psi]$ ist das durch $[\psi]$ definierte Spektralmaß $\mathrm{d}\langle\psi, E_\lambda\psi\rangle$ auf $\mathrm{spec}(A)$, wobei $\{E_\lambda\}_{\lambda\in\mathbb{R}}$ das projektorwertige Spektralmaß von A ist. In einem gemischten Zustand ist das Maß entsprechend $\mathrm{d}\,\mathrm{tr}(\varrho E_\lambda)$. Somit stimmt der Erwartungswert $\mathrm{E}_\varrho(A)$ mit dem maßtheoretischen Erwartungswert bezüglich dieser Wahrscheinlichkeitsverteilung der Meßwerte im Zustand ϱ, wie auch schon klassisch, überein.

Der fundamentale Unterschied zur klassischen Theorie ist jetzt jedoch, daß im allgemeinen in einem reinen Zustand $[\psi]$ die Verteilung $\mathrm{d}\langle\psi, E_\lambda\psi\rangle$ *kein* Punktmaß ist, es sei denn, ψ ist ein Eigenvektor von A. Insbesondere ist im allgemeinen die Varianz von Null verschieden, was physikalisch den *Unschärferelationen* entspricht und seinen mathematischen Grund in der *Nichtkommutativität* der Observablenalgebra findet. Da die „Größe" der Unschärfe in den Unschärferelationen durch die Plancksche Konstante $\hbar$ kontrolliert wird, deutet dies darauf hin, daß die Nichtkommutativität der quantenmechanischen Observablenalgebra ihrerseits ebenfalls durch $\hbar$ kontrolliert werden sollte.

In der Quantentheorie wird die *Dynamik* ebenfalls von einer speziellen Observablen H, dem selbstadjungierten *Hamilton-Operator*, erzeugt und infinitesimal als innere Derivation $A \mapsto \frac{i}{\hbar}[H, A]$ beschrieben. Integriert liefert dies eine Einparametergruppe U_t von unitären Abbildungen, welche aufgrund der im allgemeinen gegebenen Unbeschränktheit von H nach dem Stone-von

Neumann-Theorem stark-stetig von t abhängt. Die Konjugation mit U_t liefert entsprechend eine Einparametergruppe von *-Automorphismen von $\mathcal{A}_{\mathrm{QM}}$.

Die quantenmechanischen *Symmetrien* werden durch (anti-) Hermitesche Lie-Algebradarstellungen auf $\mathfrak{H}$ beziehungsweise unitäre Lie-Gruppendarstellungen beschrieben, welche ihrerseits entsprechende Darstellungen durch Derivationen beziehungsweise Automorphismen auf der Observablenalgebra liefern.

Die nichttrivialen funktionalanalytischen Details zur obigen Formulierung der Quantenmechanik finden sich beispielsweise in [216, 272, 280, 288, 304, 308]. Im folgenden werden wir diese Aspekte jedoch nicht weiter verfolgen.

Wir fassen die bisherigen Resultate in der Tabelle 5.1 analog zu den Überlegungen in Tabelle 4.1 zusammen. Diese Tabelle legt nun folgenden Ver-

Tabelle 5.1. Vergleich von klassischer Mechanik und Quantenmechanik

	Klassisch	**Quantenmechanisch**
Observablen:	Poisson-*-Algebra $\mathcal{A}_{\mathrm{klass}} \subseteq C^\infty(M)$, mit Poisson-Mannigfaltigkeit (M, π).	*-Algebra $\mathcal{A}_{\mathrm{QM}}$ von Operatoren auf $\mathfrak{D} \subseteq \mathfrak{H}$ mit Hilbert-Raum $\mathfrak{H}$.
Reine Zustände:	Punkte des Phasenraums M.	Strahlen in $\mathfrak{D}$.
Gemischte Zustände:	Positive Borel-Maße μ auf M.	Dichtematrizen ϱ.
Erwartungswerte:	$\mathrm{E}_\mu(f) = \int_M f(x)\mathrm{d}\mu(x)$.	$\mathrm{E}_\varrho(A) = \mathrm{tr}(\varrho A)$.
Mögliche Meßwerte:	$\mathrm{spec}(f) = f(M) \subseteq \mathbb{R}$.	$\mathrm{spec}(A) \subseteq \mathbb{R}$.
Wahrscheinlichkeitsverteilung der Meßwerte:	Bildmaß von μ unter f.	Spektralmaß $\mathrm{d}\,\mathrm{tr}(\varrho E_\lambda)$.
Zeitentwicklung	Hamilton-Funktion H.	Hamilton-Operator H.
Infinitesimal:	$\frac{\mathrm{d}}{\mathrm{d}t} f(t) = \{f(t), H\}$.	$\frac{\mathrm{d}}{\mathrm{d}t} A(t) = \frac{1}{\mathrm{i}\hbar}[A(t), H]$.
Integriert:	Einparametergruppe von Poisson-*-Automorphismen $f(0) \mapsto f(t)$.	Einparametergruppe von *-Automorphismen $A(0) \mapsto A(t)$.
Symmetrien	$\mathfrak{g}$-Wirkung oder G-Wirkung.	$\mathfrak{g}$-Darstellung oder G-Darstellung.

gleich nahe, der die strukturellen Ähnlichkeiten und Unterschiede von klassischer und quantenphysikalischer Beschreibung illustriert. In beiden Fällen bilden die Observablen eine *-*Algebra* $\mathcal{A}$ mit Eins und die Zustände sind die *normierten, positiven linearen Funktionale* $\omega : \mathcal{A} \longrightarrow \mathbb{C}$, also $\omega(a^*a) \geq 0$ und $\omega(\mathbb{1}) = 1$. Dies haben wir für den klassischen Fall bereits zu Beginn von Kapitel 4 gesehen und auch für den quantenmechanischen Fall ist dies offensichtlich, da $A \mapsto \mathrm{tr}(\varrho A)$ für eine Dichtematrix ϱ sicherlich ein positives Funktional im obigen Sinne ist. Die Erwartungswerte werden daher mit den positive Funktionalen identifiziert. Ebenfalls lassen sich in beiden Fällen reine und gemischte Zustände anhand ihrer (Nicht-)Zerlegbarkeit in konvexe Kombinationen anderer positiver Funktionale unterscheiden. Die Dynamik ebenso wie die Symmetrien lassen sich auf einheitliche Weise mittels strukturerhaltender Derivationen und Automorphismen beschreiben. Etwas technischer ist die Beschreibung der möglichen Meßwerte und der Wahrscheinlichkeitsverteilung derselben. Hier wird in beiden Fällen ein sinnvoller „Spektralkalkül" benötigt. In beiden Fällen läßt sich der Spektralkalkül, technische Details ignorierend, aus der *assoziativen* Struktur der Observablenalgebra ableiten: $\lambda \in \mathbb{C}$ ist im Spektrum von $a \in \mathcal{A}$ falls $a - \lambda$ in $\mathcal{A}$ nicht invertierbar ist.

Worin besteht also nun der Unterschied klassischer und quantenmechanischer Physik? Klassisch ist die Observablenalgebra *kommutativ*, aber dafür mit einer zusätzlichen Struktur, der Poisson-Klammer, versehen, welche eine mit der kommutativen und assoziativen Multiplikation verträgliche Lie-Klammer darstellt. Die quantenmechanische Observablenalgebra ist dagegen *nichtkommutativ* und besitzt daher eine kanonische, mit der assoziativen Multiplikation verträgliche Lie-Klammer: den *Kommutator*. Dies wird sich als Ausgangspunkt für die angestrebte Quantisierung erweisen.

Die obige Formulierung stellt also die Observablenalgebra eines physikalischen Systems in den Vordergrund, um eine größtmögliche strukturelle Ähnlichkeit zwischen klassischer und quantenmechanischer Beschreibung zu ermöglichen. Insbesondere erscheinen die Zustände als ein daraus *abgeleitetes* Konzept. Dies ist selbstverständlich nicht zwingend und in vielen anderen Zugängen sowohl zur klassischen Mechanik als auch zur Quantenmechanik verfährt man gerade anders herum: zuerst der Phasenraum, dann die Funktionen darauf und zuerst der Hilbert-Raum und dann die Operatoren.

Auf klassischer Seite haben wir insbesondere in Abschnitt 4.1 gesehen, wie man von der algebraischeren Sichtweise zur geometrischeren Sichtweise und zurück wechseln kann. Es stellt sich also die berechtigte Frage, ob ein ähnlicher Wechsel auch auf quantenmechanischer Seite möglich oder überhaupt nötig ist. Konkret bedeutet dies, ob man bei vorliegender Observablenalgebra $\mathcal{A}_{\mathrm{QM}}$ den Hilbert-Raum, auf dem $\mathcal{A}_{\mathrm{QM}}$ durch (dicht definierte) Operatoren wirken soll, rekonstruieren kann, beziehungsweise ob man dies überhaupt tun sollte, da die Zustände als positive Funktionale auf $\mathcal{A}_{\mathrm{QM}}$ ja zunächst keinerlei Bezug darauf nehmen.

Es ist vielleicht die merkwürdigste Vorhersage der Quantenmechanik, die dies tatsächlich notwendig macht, nämlich das *Superpositionsprinzip* für die Zustände: Für zwei Hilbert-Raumvektoren $\psi_1, \psi_2 \in \mathfrak{H}$, welche physikalisch realisierbare Zustände $[\psi_1]$ und $[\psi_2]$ repräsentieren, ist auch $\psi = z_1\psi_1 + z_2\psi_2 \in \mathfrak{H}$ für alle $z_1, z_2 \in \mathbb{C}$ wieder ein gültiger Zustand des Systems, und es sind genau die Interferenzterme $\langle \psi_1, \psi_2 \rangle$, welche eine nichttriviale Superposition kennzeichnen. Vom Standpunkt der positiven Funktionale $\omega_i(A) = \frac{\langle \psi_i, A\psi_i \rangle}{\langle \psi_i, \psi_i \rangle}$ besteht keine offensichtliche Möglichkeit, diese Superposition zu beschreiben. Eine *konvexe Kombination* der Art $\omega = c_1\omega_1 + c_2\omega_2$ mit $c_1, c_2 \geq 0$ und

$c_1 + c_2 = 1$ liefert zwar wieder einen Zustand, jedoch einen gemischten und nicht einen reinen, ganz im Gegensatz zu ψ. Die nichttriviale Phaseninformation ist in ω verloren gegangen. Man benötigt also tatsächlich die lineare Struktur des umgebenden Hilbert-Raums. Diese Beobachtung klärt die Frage nach dem „ob überhaupt". Die Frage, *wie* man aus einer abstrakt gegebenen Observablenalgebra einen Hilbert-Raum konstruieren kann, werden wir mit Hilfe der GNS-Konstruktion in Abschnitt 7.2.2 diskutieren. Hier stellt sich heraus, daß es zu jedem positiven Funktional eine kanonische Konstruktion einer solchen Darstellung auf einem Prä-Hilbert-Raum gibt. Klar ist jedoch bereits jetzt schon, daß zu einer vollständigen quantenmechanischen Beschreibung eine solche Darstellung gehören wird.

5.1.2 Quantisierung und klassischer Limes

Um es nochmals zu betonen: das Problem der Quantisierung ist *kein* physikalisches Phänomen, da die Natur, nach allem was wir heutzutage wissen, durch die Quantentheorie bestens beschrieben wird und da die Quantentheorie die fundamentalere Beschreibung, verglichen mit der klassischen Physik, ist. In diesem Sinne ist die Natur bereits „quantisiert".

Das eigentliche und zum Teil nach wie vor schlecht verstandene physikalische Phänomen ist der *klassische Limes*. Wie die klassische Physik als Grenzfall der Quantenphysik erscheint und unter welchen physikalischen Bedingungen dies der Fall ist, stellt eine tatsächliche physikalische Fragestellung dar, die sich zudem als außerordentlich komplex erweist.

Was soll also nun mit Quantisierung gemeint sein? Unsere Schwierigkeit beim Auffinden quantenphysikalischer Naturbeschreibungen besteht darin, daß dies nur in den allerwenigsten Fällen *a priori* und *ohne* Zuhilfenahme einer klassischen Theorie gelingt. Eine bemerkenswerte Ausnahme bildet dabei der axiomatische Zugang zur Quantenfeldtheorie, siehe beispielsweise [158]. Abgesehen davon besitzen wir viele gut verstandene a priori Argumente, um eine klassische Theorie zu formulieren. Die klassische Physik scheint unserer *Denkweise* erheblich näher zu liegen als die Quantenphysik. Darüberhinaus scheint eine physikalische Interpretation des mathematischen Formalismus der Quantenmechanik ohne Zuhilfenahme der klassischen Theorie wenn nicht unmöglich so doch sehr schwierig.

Daher ist „Quantisierung" der bescheidene Versuch, aus einer uns wohlbekannten klassischen Theorie die eigentlich relevante Quantentheorie eines physikalischen Systems zu konstruieren, wobei dieses Konstruieren oftmals nahe an einem „Raten" sein wird. Wir wollen uns im folgenden nicht so sehr in metaphysikalischen Spekulationen verlieren, ob dies prinzipiell so zu geschehen hat und was der tiefere Grund für unser Unvermögen ist, a priori Quantentheorien aufzustellen. Vielmehr nehmen wir einen pragmatischen Standpunkt ein und betrachten die Problemstellung, aus einer bekannten, klassischen Theorie eine Quantentheorie zu konstruieren, welche physikalisch vernünftige Vorhersagen liefern soll. Es sollen nun also Bedingungen und Richtlinien formuliert werden, die dieses Programm näher eingrenzen.

Die vergleichende Tabelle 5.1 legt nahe, daß den jeweiligen Observablenalgebren eine *Schlüsselrolle* zukommt. Die Zustände können in beiden Fällen als ein abgeleitetes Konzept verstanden werden, wenn die Observablen erst einmal bekannt sind. Auch scheint es, insbesondere im Hinblick auf die noch zu diskutierenden Beispiele, schwieriger, eine direkte Konstruktion der quantenmechanischen Zustände aus den klassischen heraus anzugeben. Im folgenden soll „Quantisierung" daher für eine Konstruktion der quantenmechanischen Observablenalgebra $\mathcal{A}_{QM}$ aus der bekannten klassischen Observablenalgebra $\mathcal{A}_{klass}$ stehen. Die folgenden *Richtlinien* sollen dabei weniger als Axiome denn als Ideen und Motivationen dienen:

A Die quantenmechanische Observablenalgebra $\mathcal{A}_{QM}$ soll *genauso groß* wie die klassische sein. Da die klassischen Observablen als klassischer Limes von Quantenobservablen auftreten und die Quantentheorie die fundamentalere Naturbeschreibung ist, kann es nicht „mehr" klassische Observablen als Quantenobservablen geben. Gäbe es umgekehrt echt mehr Quantenobservablen als klassische, so wäre Quantisierung ein hoffnungsloses Unterfangen, da die klassische Theorie als Grenzfall kein Indiz für diese zusätzlichen Observablen geben könnte. Ein Ausweg wäre in diesem Fall, auch zusätzliche klassische „Observablen" hinzuzunehmen, um bereits klassisch alle relevanten Observablen zu sehen.

Bemerkenswerterweise kann man tatsächlich so verfahren, wenn man beispielsweise quantenmechanische *Spinfreiheitsgrade* beschreiben will. Da es zunächst keine klassischen Freiheitsgrade gibt, welche dem quantenmechanischen Spin entsprechen, ist die Quantentheorie eines Elektrons ein Beispiel für die obige „hoffnungslose" Situation. Allerdings kann man im Rahmen einer „Supermechanik" bereits auf klassischer Seite mit Hilfe von superkommutierenden Observablen Spin beschreiben und das Problem dadurch umgehen, siehe beispielsweise [25] sowie [109].

Da jedoch in beiden Theorien idealisierte Beschreibungen bevorzugt werden, die einfachere mathematische Strukturen erlauben, ist dieses „genauso groß" nicht unbedingt als eine Bijektion im mathematischen Sinne zu werten. Es können beispielsweise Vervollständigungen in bestimmten, naheliegenden Topologien durchgeführt werden, welche klassisch und quantenmechanisch in „verschiedene Richtungen" verlaufen. Man denke beispielsweise an die Vervollständigung der Polynome zu glatten Funktionen auf klassischer Seite sowie der Vervollständigung von bestimmten Operatoralgebren zu allen beschränkten Operatoren auf einem Hilbert-Raum auf quantenmechanischer Seite. Diese Idealisierungen der Observablen sind von der mathematischen Seite her sehr bequem, verhindern aber im allgemeinen eine bijektive Entsprechung von klassischen und quantenmechanischen Observablen. Eine physikalisch sehr nichttriviale Frage ist daher, welche Observablen wirklich noch operationell begründet werden können.

Eine von diesen Schwierigkeiten gänzlich unberührte Komplikation stellt die Frage dar, was man überhaupt als *sinnvolle Observable* in der klassischen Theorie zu betrachten hat, wenn das physikalische System mit *Eichfreiheitsgraden* beschrieben wird. Sollen dann nur die Funktionen auf dem reduzierten Phasenraum als observabel gelten oder auch bestimmte Funktionen auf dem großen Phasenraum? Diese Fragestellung ist alles andere als trivial, auch wenn auf mathematischer Seite die Phasenraumreduktion, wie wir sie in ihrer einfachsten Form in Abschnitt 3.3.3 diskutiert haben, gut verstanden ist. Diese Fragestellungen sind der Ausgangspunkt einer jeden Theorie der Quantisierung von Phasenraumreduktionen, welche wir hier aber nicht weiter verfolgen wollen. Hierzu gibt es eine Fülle an Literatur, wir verweisen exemplarisch auf [216] und dortige Referenzen.

B Die *Korrespondenz* zwischen klassischen und Quantenobservablen, also zwischen $\mathcal{A}_{\mathrm{klass}}$ und $\mathcal{A}_{\mathrm{QM}}$ sollte hinreichend explizit sein, da die *physikalische Bedeutung* der Quantenobservablen durch ihre klassischen Analoga festgelegt werden soll. Es gilt also eine Konsistenz mit der klassischen Theorie zu erreichen. Es ist klar, daß eine Aussage wie „$\mathcal{A}_{\mathrm{QM}}$ ist die Algebra $\mathfrak{B}(\mathfrak{H})$" physikalisch leer ist, solange nicht gesagt wird, welcher Operator dem Hamilton-Operator, den Impulsoperatoren etc. entspricht. Die physikalische Interpretation der *klassischen* Observablen, also der Algebraelemente in $\mathcal{A}_{\mathrm{klass}}$ kann hingegen als trivial angesehen werden, da es sich bei $\mathcal{A}_{\mathrm{klass}}$ um bestimmte Funktionen auf dem klassischen Phasenraum handelt, der unserer Anschauung unmittelbar zugänglich sein sollte. Dieses *Korrespondenzprinzip* schließt natürlich solche Quantentheorien aus, welche keinen (vernünftigen) klassischen Limes besitzen.

C Die angestrebte Korrespondenz sollte mit dem klassischen Limes verträglich sein. Insbesondere sollten die algebraischen Strukturen von $\mathcal{A}_{\mathrm{klass}}$ und $\mathcal{A}_{\mathrm{QM}}$ nicht völlig verschieden sein: die Existenz des klassischen Limes zeigt ja, daß die klassische Beschreibung nicht einfach falsch ist, sondern vielmehr in weiten Bereichen eine *hervorragende Näherung* darstellt. Konkret erwartet man, daß im klassischen Limes die Korrespondenz von $\mathcal{A}_{\mathrm{klass}} \ni a \rightsquigarrow \hat{a} \in \mathcal{A}_{\mathrm{QM}}$ mit den algebraischen Strukturen verträglich ist, also

$$za + wb \rightsquigarrow z\hat{a} + w\hat{b} \tag{5.1}$$

$$a^* \rightsquigarrow \hat{a}^* \tag{5.2}$$

$$ab \rightsquigarrow \hat{a}\hat{b} \tag{5.3}$$

$$\{a, b\} \rightsquigarrow \frac{1}{i\hbar}[\hat{a}, \hat{b}]. \tag{5.4}$$

Während die strukturelle Ähnlichkeit von $\mathcal{A}_{\mathrm{klass}}$ und $\mathcal{A}_{\mathrm{QM}}$ (beide sind *-Algebren) die ersten drei Anforderungen noch gut motiviert, ist die letzte schwieriger einzusehen. Zunächst sei bemerkt, daß die klassische Poisson-

Klammer tatsächlich die physikalische Dimension [Wirkung]$^{-1}$ besitzt, womit (5.4) zumindest bezüglich der Dimensionen konsistent ist. Die Realität der Poisson-Klammer erzwingt ebenfalls ein i vor dem Kommutator. Somit wäre die Korrespondenz (5.4) zumindest frei von offensichtlichen Widersprüchen. Ihre tatsächliche Rechtfertigung erfährt sie unter Berücksichtigung der *Zeitentwicklung*. Die klassische Zeitentwicklung soll der klassische Limes der quantenmechanischen Zeitentwicklung sein, davon ist (5.4) gerade die infinitesimale Version, wenn eine der beiden Observablen die Hamilton-Funktion beziehungsweise der Hamilton-Operator ist. Man beachte jedoch die Nichttrivialität der Kombination von (5.3) und (5.4). Eine Möglichkeit, „⟿" genauer zu fassen, wird in der *Deformationstheorie* algebraischer Strukturen bestehen, was zudem eine weitere, unabhängige Rechtfertigung von (5.4) ergeben wird.

D Die Verträglichkeit des Korrespondenzprinzips mit der *assoziativen Struktur* sollte nicht unterbewertet werden, da in beiden Fällen die assoziative Struktur für die Definition eines Spektrums entscheidend ist und die Spektren von Observablen diejenigen Größen sind, deren klassischen Limes man experimentell prüfen kann. Wir betonen dies bereits an dieser Stelle, da bestimmte Quantisierungstheorien, wie beispielsweise die geometrische Quantisierung [328], genau diesen Aspekt (5.3) zugunsten von (5.4) zunächst völlig außer Acht lassen und erst später mit viel Mühen und konzeptionell nicht sehr klar wieder implementieren müssen, um Spektren auch nur in den einfachsten Fällen korrekt zu erhalten, siehe auch Bemerkung 5.2.5. Es ist klar, daß sich eine Quantisierungsmethode daran messen lassen muß, ob sie für physikalische Systeme, deren Quantentheorie bekannt und verstanden ist, die korrekten Spektren vorhersagen kann.

E Die *Nichtkommutativität* von $\mathcal{A}_{QM}$ ist die mathematische Implementation der physikalischen *Unschärferelationen*, deren „Größe" durch die Plancksche Konstante $\hbar$ bestimmt wird. Der klassische Limes liefert eine kommutative Algebra $\mathcal{A}_{klass}$, so daß, beziehungsweise weil, die Unschärfen im klassischen Limes vernachlässigbar werden. Daher schreibt man gemeinhin „$\hbar \longrightarrow 0$" für den klassischen Limes. Dies ist aber sehr mißverständlich, da $\hbar$ *dimensionsbehaftet* ist, und deshalb die numerische Größe von $\hbar$ einheitenabhängig ist. Der klassische Limes besteht also vielmehr darin, daß $\hbar$ *im Verhältnis* zu anderen, das System auch im klassischen Limes charakterisierenden, dimensionsbehafteten Größen der Dimension [Wirkung] klein ist. Die Konstruktion von $\mathcal{A}_{QM}$ hat dieser Konsistenz Rechnung zu tragen. Es ist zu erwarten, daß es im allgemeinen keinen „universellen" dimensionslosen Parameter gibt, der den klassischen Limes kontrolliert. Vielmehr werden diese Parameter stark vom *Beispiel* abhängen, was die Konstruktion einer vernünftigen Quantisierung natürlich erschwert.

F Da nicht zu erwarten ist, daß es eine „kanonische" Art der Quantisierung gibt (wir werden dies noch in bestimmten Fällen präzisieren und als *no-go*-Theorem beweisen), werden bestimmte Wahlen bei der Konstruktion von $\mathcal{A}_{QM}$ aus $\mathcal{A}_{klass}$ zu treffen sein. Mathematisch gesehen wird es mehr oder weniger viele verschiedene Quantisierungen von einer vorgegebenen klassischen Observablenalgebra $\mathcal{A}_{\text{klass}}$ geben. Da andererseits die Quantentheorie die fundamentalere Beschreibung der Natur ist, kann *nur eine* dieser Möglichkeiten die *physikalisch relevante* sein. Daher müssen die Wahlen bei der Konstruktion physikalisch a priori zu rechtfertigen sein. Falls dies nicht auf offensichtliche Weise geschehen kann, müssen die Auswirkungen von Entscheidungen rückverfolgt werden können, um eventuell a posteriori bestimmte Konstruktionen auszuschließen beziehungsweise zu favorisieren.

Diese Punkte deuten bereits an, daß es keinen Königsweg zur Quantisierung geben wird, da man die sich zum Teil gegenseitig im Wege stehenden Anforderungen unterschiedlich favorisieren kann. Es sollte daher an dieser Stelle betont werden, daß es mannigfaltige Weisen, Ansätze und Techniken gibt, das Quantisierungsproblem genauer zu formulieren und auch zu lösen. Einen guten und vergleichenden Überblick findet man beispielsweise in [7], siehe aber auch [216, 328]. Ungeachtet dessen stellen sich gerade auch im Hinblick auf den letzten Punkt folgende beiden Fragen:

(a) Welche Aspekte der Quantisierung sind „robust" in dem Sinne, daß sie nicht allzusehr vom betrachteten Beispiel und der Konstruktion von $\mathcal{A}_{\text{QM}}$ aus $\mathcal{A}_{\text{klass}}$ abhängen?
(b) Welche beispielabhängigen Eigenschaften der Quantisierung treten auf und wie läßt sich die Beispielabhängigkeit verstehen?

Überraschenderweise gibt es tatsächlich etliche „robuste" aber trotzdem nichttriviale Aspekte, welche generische Aussagen über Quantisierung „an sich" erlauben. Die Deformationsquantisierung wird insbesondere für diese Fragestellungen interessante Techniken und Lösungen bereitstellen, weshalb man die Deformationsquantisierung auch mit einiger Berechtigung als eine „Metaquantisierung" oder Theorie der Quantisierung verstehen kann und nicht so sehr als eine konkrete Quantisierungsmethode.

5.2 Kanonische Quantisierung für polynomiale Funktionen

Auch wenn der Name mehr als irreführend ist, stellt die „kanonische" Quantisierung für den einfachsten Phasenraum $(\mathbb{R}^{2n}, \omega_0)$ das wichtigste und bestverstandene Beispiel dar, welches bereits viele der in allgemeineren Situationen zu erwartenden Phänomene und Schwierigkeiten aufzeigt.

Konkret bedeutet kanonische Quantisierung, daß man für $k, \ell = 1, \ldots, n$ den Funktionen q^k und p_ℓ auf $\mathbb{R}^{2n}$ die Orts- und Impulsoperatoren

$$Q^k : \psi \mapsto \big(q \mapsto (Q^k \psi)(q) = q^k \psi(q)\big) \tag{5.5}$$

und

$$P_\ell : \psi \mapsto \left(q \mapsto (P_\ell \psi)(q) = \frac{\hbar}{\mathrm{i}} \frac{\partial \psi}{\partial q^\ell}(q) \right) \tag{5.6}$$

zuordnet, wobei ψ eine Wellenfunktion der Ortsvariablen $q^1, \dots, q^n$ ist. Die offensichtlichen Vertauschungsregeln

$$[Q^k, P_\ell] = \mathrm{i}\hbar\delta_\ell^k \tag{5.7}$$

entsprechen, bis auf den Faktor $\mathrm{i}\hbar$, gerade den kanonischen Vertauschungsregeln $\{q^k, p_\ell\} = \delta_\ell^k$, womit man der Korrespondenz (5.4) genüge getan hat. Hierbei sind natürlich einige funktionalanalytische Details zu beachten: Man muß klären, welche Definitionsbereiche die Operatoren Q^k und P_ℓ haben sollen und ob dann auf diesen Bereichen Gleichung (5.7) tatsächlich gilt. Da diese technischen Fragen bekanntermaßen lösbar und wohlverstanden sind, siehe beispielsweise [32, 272, 303], wollen wir uns hier auf die *algebraischen* Aspekte konzentrieren. Deshalb wählen wir als Definitionsbereich $C_0^\infty(\mathbb{R}^n)$, worauf sowohl Q^k als auch P_ℓ wohl-definiert sind. Weiter bilden sie $C_0^\infty(\mathbb{R}^n)$ in sich ab, erfüllen (5.7) und sind bezüglich des Skalarprodukts

$$\langle \phi, \psi \rangle = \int_{\mathbb{R}^n} \overline{\phi(q)} \psi(q) \mathrm{d}^n q \tag{5.8}$$

symmetrische Operatoren. Es gilt

$$\langle \phi, Q^k \psi \rangle = \langle Q^k \phi, \psi \rangle \quad \text{und} \quad \langle \phi, P_\ell \psi \rangle = \langle P_\ell \phi, \psi \rangle \tag{5.9}$$

für alle $\phi, \psi \in C_0^\infty(\mathbb{R}^n)$ und $k, \ell = 1, \dots, n$.

Der Frage, der wir uns nun zuwenden wollen, ist, wie den *anderen* klassischen Observablen Operatoren zuzuordnen sind, so daß man eine Quantisierung im (immer noch sehr vagen) Sinne von Abschnitt 5.1.2 erhält. Da die kleinste Poisson-Algebra, welche die Observablen q^k und p_ℓ mit $k, \ell = 1, \dots, n$ erhält, die Polynomalgebra $\mathrm{Pol}(\mathbb{R}^{2n})$ ist, sollte die angestrebte Quantisierung mindestens eine Quantisierung für diese klassischen Observablen umfassen, da wir ja die algebraische Struktur der Observablen in den Vordergrund stellen wollen.

Somit steht man vor dem Problem, den Monomen $q^{k_1} \cdots q^{k_r} p_{\ell_1} \cdots p_{\ell_s}$ Operatoren zuzuordnen. Wir wollen eine derartige Zuordnung *linear* wählen, so daß unsere Anforderung (5.1) *exakt* erfüllt ist. Auch wenn dies prinzipiell zu hinterfragen ist, scheint diese Annahme vernünftig zu sein. Deshalb müssen wir tatsächlich nur den Monomen Operatoren zuordnen.

Um der Anforderung (5.3) Rechnung zu tragen, liegt es nahe, die Quantisierung von Monomen $q^{k_1} \cdots q^{k_r} p_{\ell_1} \cdots p_{\ell_s}$ mit Hilfe von Produkten der Operatoren Q^k und P_ℓ zu konstruieren, welche die entsprechenden Faktoren enthalten. Da die Operatoren aber nicht kommutieren, stellt sich ein *Ordnungsproblem*: soll beispielsweise qp durch QP, PQ oder eine Linearkombination beider Möglichkeiten quantisiert werden? Wir werden später noch konkrete Beispiele für Ordnungsvorschriften diskutieren, siehe beispielsweise auch [2–4] sowie die exotischeren Beispiele aus [252, Abschnitt 3.3].

5.2.1 Das Groenewold-van Hove-Theorem

Das Ziel diese Abschnittes ist es, zu zeigen, daß die Forderung (5.4) nach Korrespondenz von Poisson-Klammern und Kommutatoren *nicht exakt* realisiert werden kann, sofern man darauf besteht, gleichviele klassische wie quantenmechanische Observablen zu haben. Dies wird eine Konsequenz des Theorems von Groenewold und van Hove sein [148,307], welches wir zunächst formulieren werden.

Die Darstellung, welcher wir hier folgen, basiert auf einer Diskussion mit Martin Bordemann [36], siehe aber auch [1, Sect. 5.4] und [7]. Wir beginnen dazu mit folgender Definition:

Definition 5.2.1 (Groenewold-van Hove-Eigenschaft). *Sei* $\mathfrak{h} \subseteq \mathfrak{g}$ *eine Lie-Unteralgebra einer Lie-Algebra* $\mathfrak{g}$ *über* $\mathbb{k}$. *Dann hat das Paar* $(\mathfrak{g}, \mathfrak{h})$ *die Groenewold-van Hove-Eigenschaft, falls keine treue irreduzible Darstellung von* $\mathfrak{h}$ *eine Fortsetzung zu einer Darstellung von* $\mathfrak{g}$ *erlaubt.*

Hier ist *Irreduzibilität* in dem Sinne gemeint, daß die *Kommutante* der Darstellung ϱ von $\mathfrak{h}$ trivial ist, also $[\varrho(\xi), A] = 0$ für alle $\xi \in \mathfrak{h}$ impliziert, daß A ein Vielfaches der Identität ist, siehe auch Bemerkung 5.2.4.

Beispiel 5.2.2. Man betrachte die Lie-Algebra $\mathfrak{g} = \mathfrak{so}(3)$ mit der üblichen Drehimpulsbasis L_1, L_2, L_3, so daß

$$[L_i, L_j] = \epsilon_{ij}^k L_k \tag{5.10}$$

gilt. Weiter sei $\mathfrak{h} = \mathbb{R}L_3$ die eindimensionale abelsche Lie-Unteralgebra, die vom Drehimpuls in 3-Richtung aufgespannt wird. Da $\mathfrak{h}$ abelsch ist, ist jede irreduzible Darstellung von $\mathfrak{h}$ notwendigerweise eindimensional. Die einzige eindimensionale Darstellung von $\mathfrak{g} = \mathfrak{so}(3)$ ist aber die triviale Darstellung, womit eine nichttriviale irreduzible Darstellung von $\mathfrak{h}$ nie zu einer Darstellung von $\mathfrak{g}$ ausgedehnt werden kann. Da es solche nichttrivialen Darstellungen von $\mathfrak{h}$ aber gibt, hat das Paar $(\mathfrak{g}, \mathfrak{h})$ die Groenewold-van Hove-Eigenschaft.

Für die Quantisierung ist folgender Satz von entscheidender Bedeutung. Wir betrachten die Lie-Algebra $\mathfrak{g} = \mathrm{Pol}(\mathbb{R}^{2n})$ mit der Poisson-Klammer als Lie-Klammer, sowie die von $1, q^1, \ldots, q^n$, $p_1, \ldots, p_n$ aufgespannte Lie-Unteralgebra, welche wir mit $\mathfrak{h}$ bezeichnen.

Satz 5.2.3 (Groenewold-van Hove-Theorem). *Sei* $\mathfrak{g} = \mathrm{Pol}(\mathbb{R}^{2n})$ *und sei* $\mathfrak{h}$ *die von* $\{1, q^1, \ldots, q^n$, $p_1, \ldots, p_n\}$ *aufgespannte reelle Lie-Unteralgebra, jeweils mit der kanonischen Poisson-Klammer als Lie-Klammer. Dann besitzt das Paar* $(\mathfrak{g}, \mathfrak{h})$ *die Groenewold-van Hove-Eigenschaft.*

Beweis. Den Beweis erbringt man mittels einer elementaren Rechnung durch einen Widerspruch. Wir beschränken uns auf den Fall $n = 1$, der Beweis für $n \geq 2$ verläuft analog. Wir betrachten nun Darstellungen von $\mathfrak{h}$

und $\mathfrak{g}$ auf einem Vektorraum V. Zunächst wollen wir den Begriff der Lie-Algebrendarstellung etwas besser an unsere physikalischen Bedürfnisse anpassen. Anstelle von $[\varrho(f), \varrho(g)] = \varrho(\{f, g\})$ fordern wir die Gleichung

$$[\varrho(f), \varrho(g)] = i\hbar\varrho(\{f, g\})$$

für $f, g \in \mathfrak{g}$ als Darstellungsbedingung, was einer einfachen Reskalierung der Lie-Klammer von $\mathsf{End}(V)$ entspricht.

Sei also eine irreduzible und treue Darstellung ϱ von $\mathfrak{h}$ auf V gegeben. Daher ist $\varrho(1)$ notwendigerweise ein Vielfaches der Identität, da 1 in $\mathfrak{h}$ wie auch in $\mathfrak{g}$ ein zentrales Element ist. Es gilt also

$$\varrho(1) = \alpha$$

mit $\alpha \in \mathbb{C}$. Da ϱ außerdem treu ist, gilt $\alpha \neq 0$. Wir betrachten nun die Operatoren

$$Q = \frac{1}{\sqrt{\alpha}}\varrho(q) \quad \text{und} \quad P = \frac{1}{\sqrt{\alpha}}\varrho(p).$$

Aus der Darstellungseigenschaft folgt unmittelbar die kanonische Vertauschungsrelation $[Q, P] = i\hbar$. Man beachte, daß man α nicht ohne weiteres „wegskalieren" kann, da die Darstellungen von $\mathfrak{h}$ für verschiedene α alle inäquivalent sind.

Wir suchen nun eine Ausdehnung von ϱ zu einer Darstellung der großen Lie-Algebra $\mathfrak{g}$, welche wir ebenfalls mit ϱ bezeichnen. Angenommen eine solche Darstellung existiert, dann folgt

$$\left[\varrho(q^2), P\right] = \frac{i\hbar}{\sqrt{\alpha}}\varrho(\{q^2, p\}) = \frac{i\hbar}{\sqrt{\alpha}}\varrho(2q) = 2i\hbar Q$$

und analog

$$\left[\varrho(p^2), Q\right] = -2i\hbar P.$$

Andererseits gilt auch

$$[Q^2, P] = 2i\hbar Q \quad \text{und} \quad [P^2, Q] = -2i\hbar P,$$

womit folgt, daß $\varrho(q^2) - Q^2$ ebenso wie $\varrho(p^2) - P^2$ in der Kommutante der Darstellung von $\mathfrak{h}$ liegen, da offenbar $[\varrho(q^2), \varrho(q)] = i\hbar\varrho(\{q^2, q\}) = 0$ etc. Nach der Annahme der Irreduzibilität folgt daher

$$\varrho(q^2) = Q^2 + c_1 \quad \text{und} \quad \varrho(p^2) = P^2 + c_2$$

mit gewissen *Konstanten* $c_1, c_2 \in \mathbb{C}$. Weiter betrachten wir die klassische Relation $4qp = \{q^2, p^2\}$, so daß in der Darstellung entsprechend

$$4\varrho(qp) = \frac{1}{i\hbar}\left[\varrho(q^2), \varrho(p^2)\right] = \frac{1}{i\hbar}\left[Q^2 + c_1, P^2 + c_2\right] = \frac{1}{i\hbar}\left[Q^2, P^2\right]$$
$$= 2(QP + PQ)$$

gilt. Klassisch gilt weiter $\{qp, p^2\} = 2p^2$, womit

$$2(P^2 + c_2) = 2\varrho(p^2) = \frac{1}{i\hbar} \left[\varrho(qp), \varrho(p^2)\right]$$

$$= \frac{1}{i\hbar} \left[\frac{1}{2}(QP + PQ), P^2 + c_2\right] = \frac{1}{2i\hbar} \left[QP + PQ, P^2\right] = 2P^2.$$

Also folgt $c_2 = 0$ und analog $c_1 = 0$. Für die quadratischen Monome in q und p gelten deshalb zwingend die Relationen

$$\varrho(q^2) = Q^2, \quad \varrho(p^2) = P^2 \quad \text{und} \quad \varrho(qp) = \frac{1}{2}(QP + PQ).$$

Wir betrachten als nächstes kubische Monome in q und p und versuchen genauso, die Darstellung ϱ zu konstruieren, was dann zum Widerspruch führen wird. Zunächst gilt

$$\left[\varrho(q^3), P\right] = \frac{i\hbar}{\sqrt{\alpha}} \varrho(\{q^3, p\}) = \frac{i\hbar}{\sqrt{\alpha}} \varrho(3q^2) = \frac{3i\hbar}{\sqrt{\alpha}} Q^2$$

und genauso

$$\left[\varrho(p^3), Q\right] = -\frac{3i\hbar}{\sqrt{\alpha}} P^2.$$

Andererseits gilt auch $[Q^3, P] = 3i\hbar Q^2$ ebenso wie $[P^3, Q] = -3i\hbar P^2$, womit nach dem gleichen Irreduzibilitätsargument

$$\sqrt{\alpha}\varrho(q^3) - Q^3 = c_3 \quad \text{und} \quad \sqrt{\alpha}\varrho(p^3) - P^3 = c_4$$

mit *Konstanten* $c_3, c_4 \in \mathbb{C}$. Wir betrachten die klassische Relation $\{q^3, qp\} = 3q^3$, wonach

$$\frac{3}{\sqrt{\alpha}}(Q^3 + c_3) = 3\varrho(q^3) = \frac{1}{i\hbar} \left[\varrho(q^3), \varrho(qp)\right] = \frac{1}{i\hbar\sqrt{\alpha}} \left[Q^3 + c_3, \frac{1}{2}(QP + PQ)\right]$$

$$= \frac{3}{\sqrt{\alpha}} Q^3.$$

Damit folgt $c_3 = 0$, und analog zeigt man $c_4 = 0$. Also gilt

$$\varrho(q^3) = \frac{1}{\sqrt{\alpha}} Q^3 \quad \text{und} \quad \varrho(p^3) = \frac{1}{\sqrt{\alpha}} P^3.$$

Als nächstes betrachten wir die klassische Relation $\{q^3, p^2\} = 6q^2p$. Die Darstellungseigenschaft von ϱ liefert dann die Gleichung

$$6\varrho(q^2p) = \frac{1}{i\hbar} \left[\varrho(q^3), \varrho(p^2)\right] = \frac{1}{i\hbar\sqrt{\alpha}} \left[Q^3, P^2\right] = \frac{3}{\sqrt{\alpha}} \left(Q^2P + PQ^2\right).$$

Mit einer analogen Argumentation für qp^2 finden wir dann insgesamt

$$\varrho(q^2 p) = \frac{1}{2\sqrt{\alpha}} \left(Q^2 P + P Q^2 \right) \quad \text{und} \quad \varrho(q p^2) = \frac{1}{2\sqrt{\alpha}} \left(Q P^2 + P^2 Q \right).$$

Den gewünschten Widerspruch erreicht man nun, indem man $\varrho(q^2 p^2)$ auf zwei Weisen berechnet. Zum einen gilt $9 q^2 p^2 = \{q^3, p^3\}$, zum anderen $3 q^2 p^2 = \{q^2 p, q p^2\}$. Anwenden von ϱ liefert daher zum einen

$$9\varrho(q^2 p^2) = \frac{1}{i\hbar} \left[\varrho(q^3), \varrho(p^3) \right] = \frac{1}{i\hbar\alpha} \left[Q^3, P^3 \right]$$

und zum anderen

$$3\varrho(q^2 p^2) = \frac{1}{i\hbar} \left[\varrho(q^2 p), \varrho(q p^2) \right] = \frac{1}{i\hbar\alpha} \left[\frac{1}{2}(Q^2 P + P Q^2), \frac{1}{2}(Q P^2 + P^2 Q) \right].$$

Dies ist aber inkonsistent, denn der Operator

$$A = \left[Q^3, P^3 \right] - \frac{3}{4} \left[Q^2 P + P Q^2, Q P^2 + P^2 Q \right]$$

ist *ungleich* Null. Es gilt vielmehr unter Ausnutzung der kanonischen Vertauschungsrelationen für Q und P die Gleichung

$$[Q, [Q, [P, [P, A]]]] = 24\hbar^4 \neq 0.$$

Demnach ist auch $A \neq 0$ und der Widerspruch ist erreicht.   □

Bemerkung 5.2.4. Da die kanonische Quantisierung von q^k und p_ℓ wie in (5.5) und (5.6) zu einer irreduziblen Lie-Algebradarstellung der Lie-Unteralgebra $\mathfrak{h}$ führt, zeigt das Groenewold-van Hove-Theorem, daß die kanonische Quantisierung *nicht* als eine Lie-Algebradarstellung auf alle Observablen in $\mathfrak{g} = \mathrm{Pol}(\mathbb{R}^{2n})$ fortgesetzt werden kann. Im endlichdimensionalen Fall ist der oben genannte Irreduzibilitätsbegriff Dank des Schurschen Lemmas gleichbedeutend damit, daß es keine echten invarianten Teilräume gibt, siehe beispielsweise [176, Sect. 6.1]. Für eine weiterführende Diskussion, welche insbesondere die funktionalanalytischen Details des Begriffes „Irreduzibilität" für unendlichdimensionale Darstellungen diskutiert, verweisen wir auf [1, Sect. 5.4].

Bemerkung 5.2.5 (Geometrische Quantisierung). Eine mögliche Antwort auf das Groenewold-van Hove-Theorem besteht nun darin, zunächst eine sehr reduzible Darstellung aller Observablen, hier also $\mathrm{Pol}(T^*\mathbb{R}^n)$ oder $C^\infty(\mathbb{R}^{2n})$ zu konstruieren und in einem zweiten Schritt die Frage nach Irreduzibilität erneut aufzugreifen und eine entsprechende Unteralgebra auszuzeichnen. Dies ist im wesentlichen die Idee der *geometrischen Quantisierung* nach Kirillov [200], Kostant [210] und Souriau [293], siehe auch [328] für eine ausführliche Darstellung. Der konzeptionell einfachere Teil besteht in der *Präquantisierung*, also der geometrischen Konstruktion einer treuen Lie-Algebradarstellung von $C^\infty(M)$, welche jedoch in hohem Maße reduzibel ist. In einem zweiten Schritt, der *Polarisierung*, versucht man dann ebenfalls auf geometrisch motivierte

Weise die Darstellung zu verkleinern. Die große Bedeutung der geometrischen
Quantisierung liegt vor allem in der Darstellungstheorie von Lie-Gruppen. In
den Aufgaben 5.1 und 5.2 werden weitere Details hierzu diskutiert; in unserer
weiteren Diskussion wird die geometrische Quantisierung jedoch keine große
Rolle mehr spielen.

Es stellt sich nun die Frage, wie man die „kanonische Quantisierung" fortsetzen soll. Die naheliegende „kanonische" Weise ist durch das Groenewold-
van Hove-Theorem ja ausgeschlossen. Bevor wir uns dieser Frage zuwenden,
wollen wir aber noch eine weitere Formulierung des Groenewold-van Hove-
Theorems geben, welche nicht ganz äquivalent aber von der Beweisidee sehr
ähnlich ist.

Proposition 5.2.6. *Es gibt keine assoziative Algebra $\mathcal{A}$ mit Eins zusammen
mit einem Lie-Algebraisomorphismus*

$$\Phi : \big(\mathrm{Pol}(\mathbb{R}^{2n}), \{\cdot, \cdot\}\big) \overset{\cong}{\longrightarrow} \mathcal{A}, \tag{5.11}$$

wobei $\mathcal{A}$ mit $\frac{1}{\mathrm{i}\hbar}[\cdot, \cdot]$ als Lie-Klammer versehen ist.

Beweis. Wir betrachten wieder nur den Fall $n = 1$. Angenommen es gäbe eine
solche Algebra $\mathcal{A}$ und einen solchen Isomorphismus Φ von Lie-Algebren

$$\mathrm{i}\hbar\Phi(\{f, g\}) = [\Phi(f), \Phi(g)].$$

Dann wäre das Zentrum von $\mathcal{A}$ trivial, $\mathscr{Z}(\mathcal{A}) = \mathbb{C}\mathbb{1}$, da das Poisson-Zentrum
der Poisson-Algebra $\mathrm{Pol}(\mathbb{R}^{2n})$ trivial ist. Insbesondere folgt $\Phi(1) = \alpha\mathbb{1}$ für ein
$\alpha \in \mathbb{C} \setminus \{0\}$. Demnach gilt die Vertauschungsregel

$$[\Phi(q), \Phi(p)] = \mathrm{i}\hbar\alpha.$$

Andererseits gilt aufgrund der Darstellungseigenschaft ganz allgemein

$$\mathrm{ad}(\Phi(q))\Phi(f) = [\Phi(q), \Phi(f)] = \mathrm{i}\hbar\Phi(\{q, f\}) = \mathrm{i}\hbar\Phi\left(\frac{\partial f}{\partial p}\right)$$

und analog

$$\mathrm{ad}(\Phi(p))\Phi(f) = -\mathrm{i}\hbar\Phi\left(\frac{\partial f}{\partial q}\right).$$

Damit folgt aber auch, daß ein Element $z \in \mathcal{A}$ bereits zentral und damit ein
Vielfaches von $\mathbb{1}$ ist, wenn

$$[\Phi(q), z] = 0 = [\Phi(p), z] \tag{$*$}$$

gilt, denn es gilt $z = \Phi(f)$ für ein eindeutiges $f \in \mathrm{Pol}(\mathbb{R}^{2n})$. Dann bedeutet
$(*)$ aber gerade $f = const$. Von hier an kann man der Argumentationskette
vom Beweis des Groenewold-van Hove-Theorems wörtlich folgen und somit
den gleichen Widerspruch erreichen. $\square$

Bemerkung 5.2.7. Diese Version des „no-go-Theorems" besagt, daß wir, ganz *unabhängig von der Darstellbarkeit* durch Operatoren, keine als Vektorraum zur klassischen Observablenalgebra $\mathrm{Pol}(\mathbb{R}^{2n})$ isomorphe Quantenobservablen-algebra finden können, so daß die Entsprechung (5.4) von Kommutatoren und Poisson-Klammern für alle Observablen *exakt* erfüllt ist.

Aus diesem Grunde werden wir uns nun dem Ordnungsproblem stellen müssen. Erwartungsgemäß wird es keine eindeutige Lösung geben, und man wird *a posteriori* entscheiden müssen, welche Ordnung physikalisch brauchbare Ergebnisse liefert. Glücklicherweise wird sich die Wahl einer Ordnung nicht für alle Observablen gleichermaßen auswirken. Insbesondere für die physikalisch besonders wichtigen Observablen wie die Symmetriegeneratoren und die Hamilton-Funktion wird man in konkreten Situationen schnell brauchbare Antworten finden. Von einem etwas abstrakteren Standpunkt aus bleibt diese Mehrdeutigkeit in der Wahl der Ordnungsvorschrift jedoch bestehen und stellt einen eher unbefriedigenden Aspekt der Quantisierung dar. Wir werden daher zunächst recht naiv mit dieser Problematik umgehen und zuerst einige bekannte Ordnungsvorschriften exemplarisch vorstellen, ohne deren physikalische Relevanz eingehender zu diskutieren. Dies wird im Rahmen der Deformationsquantisierung dann in einen weiteren Kontext gestellt werden.

5.2.2 Ordnungsvorschriften: Standard- und Weyl-Ordnung

Die einfachste Möglichkeit, allen Polynomen $\mathrm{Pol}(\mathbb{R}^{2n})$ eine quantenmechanische Observable zuzuordnen, ist die Standardordnung: man schreibt zunächst alle Impulse nach rechts und ersetzt dann gemäß (5.5) und (5.6) die klassischen Orts- und Impulskoordinaten durch die entsprechenden Orts- und Impulsoperatoren. Explizit heißt dies

$$\varrho_{\mathrm{Std}}\left(q^{i_1}\cdots q^{i_r}p_{j_1}\cdots p_{j_s}\right) = \left(\frac{\hbar}{\mathrm{i}}\right)^s q^{i_1}\cdots q^{i_r}\frac{\partial^s}{\partial q^{j_1}\cdots\partial q^{j_s}}, \tag{5.12}$$

wobei es auf die Reihenfolge der Ortsoperatoren beziehungsweise der Impulsoperatoren untereinander nicht ankommt. Auf diese Weise erhält man eine $\mathbb{C}$-lineare Abbildung

$$\varrho_{\mathrm{Std}} : \mathrm{Pol}(\mathbb{R}^{2n}) \longrightarrow \mathrm{DiffOp}(\mathbb{R}^n), \tag{5.13}$$

wobei wir noch $\varrho_{\mathrm{Std}}(1) = \mathbb{1}$ verabreden. Hier bezeichnet $\mathrm{DiffOp}(\mathbb{R}^n)$ die *Algebra der Differentialoperatoren* mit *glatten* Koeffizientenfunktionen. Etwas kompakter geschrieben gilt

$$\varrho_{\mathrm{Std}}(f) = \sum_{r=0}^{\infty}\frac{1}{r!}\left(\frac{\hbar}{\mathrm{i}}\right)^r \sum_{i_1,\ldots,i_r}\frac{\partial^r f}{\partial p_{i_1}\cdots\partial p_{i_r}}\bigg|_{p=0}\frac{\partial^r}{\partial q^{i_1}\cdots\partial q^{i_r}}, \tag{5.14}$$

wobei die vermeintlich unendliche Reihe nach endlich vielen Termen abbricht, da f ein Polynom ist.

Gleichung (5.14) legt auch nahe, wie man mehr klassische Observable als die Polynome $\mathrm{Pol}(\mathbb{R}^{2n})$ quantisieren kann. Solange f polynomial in den Impulsen ist, ist (5.14) wohl-definiert; die Ortsabhängigkeit ist dafür offenbar irrelevant. Damit hat man eine Fortsetzung von ϱ_{Std} auf alle glatten, in den Impulsen polynomialen Funktionen gefunden. Wenn wir den Phasenraum $\mathbb{R}^{2n}$ als Kotangentenbündel $T^*\mathbb{R}^n$ des Konfigurationsraums $\mathbb{R}^n$ interpretieren, so sind diese Funktionen gerade diejenigen aus Definition 2.2.20. Da diese in typischen Hamiltonschen Systemen die physikalisch relevanten Observablen sind, wollen wir die Standardordnung auf $\mathrm{Pol}(T^*\mathbb{R}^n)$ ausdehnen. Wir erhalten somit eine Bijektion auf alle Differentialoperatoren mit glatten Koeffizienten:

Proposition 5.2.8 (Standardordnung). *Die Standardordnung*

$$\varrho_{\mathrm{Std}} : \mathrm{Pol}(T^*\mathbb{R}^n) \longrightarrow \mathrm{DiffOp}(\mathbb{R}^n) \tag{5.15}$$

ist eine lineare Bijektion. Das Inverse ist die standardgeordnete Symbolabbildung

$$\sigma_{\mathrm{Std}} : \mathrm{DiffOp}(\mathbb{R}^n) \longrightarrow \mathrm{Pol}(T^*\mathbb{R}^n), \tag{5.16}$$

welche explizit durch

$$\sigma_{\mathrm{Std}}(D) = \mathrm{e}^{-\frac{\mathrm{i}}{\hbar}p \cdot q} D\left(\mathrm{e}^{\frac{\mathrm{i}}{\hbar}p \cdot q}\right) \tag{5.17}$$

gegeben ist.

Beweis. Die Bijektivität von ϱ_{Std} ist anhand der Formel (5.14) offensichtlich. Um zu zeigen, daß σ_{Std} das Inverse von ϱ_{Std} ist, genügt es daher, eine Richtung, also beispielsweise $\sigma_{\mathrm{Std}} \circ \varrho_{\mathrm{Std}} = \mathrm{id}$, zu prüfen. Weiter genügt es aufgrund der Linearität, diese Gleichung für $f(q,p) = \chi(q)p_{i_1} \cdots p_{i_r}$ zu zeigen. Dann gilt

$$(\sigma_{\mathrm{Std}} \circ \varrho_{\mathrm{Std}}(f))(q,p) = \mathrm{e}^{-\frac{\mathrm{i}}{\hbar}p \cdot q} \chi(q) \left(\frac{\hbar}{\mathrm{i}}\right)^r \frac{\partial^r}{\partial q^{i_1} \cdots q^{i_r}} \left(\mathrm{e}^{\frac{\mathrm{i}}{\hbar}p \cdot q}\right)$$

$$= \chi(q)p_{i_1} \cdots p_{i_r} = f(q,p).$$

$\square$

Die Standardordnung hat einen wesentlichen Nachteil: Sie bildet observable Elemente $f = \overline{f} \in \mathrm{Pol}(T^*\mathbb{R}^n)$ auf im allgemeinen nicht observable Elemente ab. So ist beispielsweise $\varrho_{\mathrm{Std}}(qp)$ *kein* symmetrischer Operator bezüglich der üblichen Prä-Hilbert-Raumstruktur auf $C_0^\infty(\mathbb{R}^n)$, geschweige denn (wesentlich) selbstadjungiert. Diesen Defekt will man nun kurieren, wozu folgendes Lemma nützlich ist:

Lemma 5.2.9. *Sei $f \in \mathrm{Pol}(T^*\mathbb{R}^n)$ und $\phi, \psi \in C_0^\infty(\mathbb{R}^n)$. Dann gilt*

$$\langle \phi, \varrho_{\mathrm{Std}}(f)\psi \rangle = \langle \varrho_{\mathrm{Std}}(N^2\overline{f})\phi, \psi \rangle, \tag{5.18}$$

wobei

$$N = \mathrm{e}^{\frac{\hbar}{2\mathrm{i}}\Delta} \quad mit \quad \Delta = \sum_r \frac{\partial^2}{\partial q^r \partial p_r}. \tag{5.19}$$

Beweis. Der Beweis besteht in einer einfachen partiellen Integration, wobei es genügt, Funktionen f der Form $f(q, p) = \chi(q)p^{i_1} \cdots p^{i_r}$ mit $\chi \in C^\infty(\mathbb{R}^n)$ zu betrachten. Da die Orts- und Impulsoperatoren zu verschiedenen Koordinaten miteinander vertauschen, genügt es auch, $n = 1$ zu betrachten. Die verbleibende Rechnung ist eine leichte Übung, siehe Aufgabe 5.4. $\square$

Bemerkung 5.2.10. Der Operator N ist offenbar eine wohl-definierte bijektive lineare Abbildung $N : \mathrm{Pol}(T^*\mathbb{R}^n) \longrightarrow \mathrm{Pol}(T^*\mathbb{R}^n)$ und das Inverse ist entsprechend $N^{-1} = \mathrm{e}^{-\frac{\hbar}{2\mathrm{i}}\Delta}$. Für $\varrho_{\mathrm{Std}}(f)$ gilt also

$$\varrho_{\mathrm{Std}}(f)^\dagger = \varrho_{\mathrm{Std}}(N^2\overline{f}), \tag{5.20}$$

was im allgemeinen von $\varrho_{\mathrm{Std}}(\overline{f})$ verschieden ist.

Dieses Problem läßt sich mit Hilfe des Operators N einfach beheben. Man definiert die *Weyl-Ordnung* (auch: *Weyl-Darstellung* oder *Schrödinger-Darstellung in Weyl-Ordnung*) durch

$$\varrho_{\mathrm{Weyl}}(f) = \varrho_{\mathrm{Std}}(Nf) = \sum_{r=0}^{\infty} \frac{1}{r!} \left(\frac{\hbar}{\mathrm{i}}\right)^r \sum_{i_1,\ldots,i_r} \left.\frac{\partial^r(Nf)}{\partial p_{i_1}\cdots\partial p_{i_r}}\right|_{p=0} \frac{\partial^r}{\partial q^{i_1}\cdots\partial q^{i_r}} \tag{5.21}$$

für $f \in \mathrm{Pol}(T^*\mathbb{R}^n)$ und erhält gleichermaßen eine lineare Bijektion

$$\varrho_{\mathrm{Weyl}} : \mathrm{Pol}(T^*\mathbb{R}^n) \longrightarrow \mathrm{DiffOp}(\mathbb{R}^n), \tag{5.22}$$

da N invertierbar ist. Mit (5.20) und $\overline{Nf} = N^{-1}\overline{f}$ liefert dies unmittelbar die Gleichung

$$\varrho_{\mathrm{Weyl}}(f)^\dagger = \varrho_{\mathrm{Weyl}}(\overline{f}). \tag{5.23}$$

Somit hat man mit ϱ_{Weyl} die gewünschte Verträglichkeit der beiden *-Involutionen erreicht.

Bemerkung 5.2.11 (Weylsche Symmetrisierung). Die Quantisierungsabbildung ϱ_{Weyl} entspricht, eingeschränkt auf Polynome $\mathrm{Pol}(\mathbb{R}^{2n})$ in Impulsen *und* Orten, genau der *Weylschen Symmetrisierungsvorschrift*. Einem klassischen Monom in q und p wird das entsprechende, in Q und P vollständig symmetrisierte Polynom zugeordnet, also beispielsweise

$$\varrho_{\mathrm{Weyl}}(q^2p) = \frac{1}{3}\left(Q^2P + QPQ + PQ^2\right) = -\mathrm{i}\hbar q^2 \frac{\partial}{\partial q} - \mathrm{i}\hbar q. \tag{5.24}$$

Für die richtige Kombinatorik beim Übergang von Standardordnung zur Weyl-Ordnung ist gerade der Operator N verantwortlich, siehe Aufgabe 5.6. Wir werden diese Tatsache jedoch nicht weiter benötigen.

Mit Hilfe des Operators N können wir sogar auf eine „analytische" Weise zwischen Standardordnung und Weyl-Ordnung interpolieren. Für $\kappa \in \mathbb{R}$ definiert man den Operator

$$N_\kappa = \mathrm{e}^{-\mathrm{i}\kappa\hbar\Delta}, \tag{5.25}$$

so daß also $N_0 = \mathrm{id}$ und $N_{\frac{1}{2}} = N$ gilt. Offenbar ist der Operator N_κ für alle κ eine lineare bijektive Abbildung

$$N_\kappa : \mathrm{Pol}(T^*\mathbb{R}^n) \longrightarrow \mathrm{Pol}(T^*\mathbb{R}^n) \tag{5.26}$$

mit Inversem

$$N_\kappa^{-1} = N_{-\kappa} \tag{5.27}$$

sowie

$$N_\kappa N_{\kappa'} = N_{\kappa+\kappa'} \quad \text{und} \quad \overline{N_\kappa f} = N_{-\kappa}\overline{f}. \tag{5.28}$$

Die κ-geordnete Darstellung einer klassischen Observablen $f \in \mathrm{Pol}(T^*\mathbb{R}^n)$, oder kurz die κ-Ordnung, ist dann durch

$$\varrho_\kappa(f) = \varrho_{\mathrm{Std}}(N_\kappa f) \tag{5.29}$$

definiert, so daß also $\varrho_{\frac{1}{2}} = \varrho_{\mathrm{Weyl}}$ und $\varrho_0 = \varrho_{\mathrm{Std}}$. Es gilt

$$\varrho_\kappa(f)^\dagger = \varrho_{1-\kappa}(\overline{f}), \tag{5.30}$$

was man ebenfalls mit Hilfe von (5.20) und (5.28) unmittelbar sieht. Dies hebt abermals die Besonderheit der Weyl-Ordnung $\kappa = \frac{1}{2}$ hervor, da diese unter allen κ-Ordnungen die einzige mit der Eigenschaft (5.23) ist.

Der Fall $\kappa = 1$ ist ebenfalls ausgezeichnet und liefert die *Antistandard-ordnung* $\varrho_{\overline{\mathrm{Std}}} = \varrho_{\kappa=1}$, welche wir auch als *antistandardgeordnete Darstellung* bezeichnen. Explizit gilt

$$\varrho_{\overline{\mathrm{Std}}}(f) = \sum_{r=0}^\infty \frac{1}{r!} \left(\frac{\hbar}{\mathrm{i}}\right)^r \sum_{i_1,\dots,i_r} \frac{\partial^r}{\partial q^{i_1}\cdots\partial q^{i_r}} \left.\frac{\partial^r f}{\partial p_{i_1}\cdots\partial p_{i_r}}\right|_{p=0}, \tag{5.31}$$

denn für alle $\phi, \psi \in C_0^\infty(\mathbb{R}^n)$ gilt mit (5.30) zum einen

$$\langle \phi, \varrho_{\overline{\mathrm{Std}}}(f)\psi \rangle = \langle \varrho_{\mathrm{Std}}(\overline{f})\phi, \psi \rangle. \tag{5.32}$$

Andererseits ist der adjungierte Operator zur rechten Seite gleichermaßen durch

$$\langle \varrho_{\mathrm{Std}}(\overline{f})\phi, \psi \rangle = \left\langle \phi, \sum_{r=0}^\infty \frac{1}{r!} \left(\frac{\hbar}{\mathrm{i}}\right)^r \sum_{i_1,\dots,i_r} \frac{\partial^r}{\partial q^{i_1}\cdots\partial q^{i_r}} \left.\frac{\partial^r f}{\partial p_{i_1}\cdots\partial p_{i_r}}\right|_{p=0} \psi \right\rangle \tag{5.33}$$

gegeben. Da das Skalarprodukt nichtausgeartet ist, folgt also die Gleichheit (5.31). Man kann dies jedoch auch explizit aus der Definition $\varrho_{\overline{\mathrm{Std}}}(f) = \varrho_{\mathrm{Std}}(N^2 f)$ durch sukzessives Anwenden der Leibniz-Regel leicht nachrechnen, siehe Aufgabe 5.4.

5.2.3 Wick-, Anti-Wick- und $\tilde{\kappa}$-Ordnung

Die *Wick-Ordnung*, auch *Normalordnung* genannt, spielt vor allem in der Quantenfeldtheorie eine herausragende Rolle. Wir diskutieren hier gewissermaßen das endlichdimensionale Analogon. Dazu betrachten wir zunächst komplexe Koordinaten

$$z^k = q^k + \mathrm{i}p_k \quad \text{und} \quad \bar{z}^k = q^k - \mathrm{i}p_k \tag{5.34}$$

auf $\mathbb{R}^{2n}$. Wie in Aufgabe 3.6 diskutiert, müssen zusätzliche Parameter wie beispielsweise eine Massenskala und eine Frequenzskala dazu verwendet werden, die Orte und Impulse zunächst auf eine gemeinsame physikalische Dimension [Wirkung]$^{\frac{1}{2}}$ zu skalieren, was mathematisch der *Wahl* einer kompatiblen komplexen Struktur und damit einer Kähler-Struktur entspricht. Dies wollen wir hier jedoch in unserer Notation unterdrücken und als bereits geschehen ansehen. Es gilt dann für die klassischen Poisson-Klammern

$$\{z^k, \bar{z}^\ell\} = \frac{2}{\mathrm{i}} \delta^{k\bar{\ell}} \quad \text{sowie} \quad \{z^k, z^\ell\} = 0 = \{\bar{z}^k, \bar{z}^\ell\} \tag{5.35}$$

für $k, \ell = 1, \ldots, n$, siehe Beispiel 3.2.64. Die entsprechenden kanonischen Vertauschungsrelationen sind gerade die der Erzeugungs- und Vernichtungsoperatoren. Die Wick-Ordnung besteht nun darin, alle Vernichtungsoperatoren nach rechts und alle Erzeugungsoperatoren nach links zu schreiben. Konkret läßt sich diese Quantisierung folgendermaßen realisieren. Man betrachtet den Hilbert-Raum aller quadratintegrablen Funktionen $L^2(\mathbb{C}^n, \mathrm{d}\mu)$ bezüglich des *Gaußschen Maßes*

$$\mathrm{d}\mu(z, \bar{z}) = \frac{1}{(2\pi\hbar)^n} \mathrm{e}^{-\frac{\bar{z}z}{2\hbar}} \mathrm{d}z\mathrm{d}\bar{z} \tag{5.36}$$

mit dem zugehörigen L^2-Skalarprodukt

$$\langle \phi, \psi \rangle = \frac{1}{(2\pi\hbar)^n} \int \overline{\phi(z, \bar{z})} \psi(z, \bar{z}) \mathrm{e}^{-\frac{\bar{z}z}{2\hbar}} \mathrm{d}z\mathrm{d}\bar{z}. \tag{5.37}$$

Dieser Hilbert-Raum besitzt nun einen bemerkenswerten Unterraum:

Satz 5.2.12 (Bargmann-Fock-Raum). *Der Untervektorraum $\mathfrak{H}$ der quadratintegrablen antiholomorphen Funktionen*

$$\mathfrak{H}_{\mathrm{BF}} = \left\{ \phi \in \overline{\mathcal{O}}(\mathbb{C}^n) \;\middle|\; \frac{1}{(2\pi\hbar)^n} \int \overline{\phi(\bar{z})} \phi(\bar{z}) \mathrm{e}^{-\frac{\bar{z}z}{2\hbar}} \mathrm{d}z\mathrm{d}\bar{z} < \infty \right\} \tag{5.38}$$

ist ein abgeschlossener Untervektorraum von $L^2(\mathbb{C}^n, \mathrm{d}\mu)$ und damit selbst ein Hilbert-Raum. Die Vektoren

$$\mathrm{e}_{k_1 \ldots k_n}(\bar{z}) = \frac{1}{\sqrt{(2\hbar)^{k_1 + \cdots + k_n} k_1! \cdots k_n!}} (\bar{z}^1)^{k_1} \cdots (\bar{z}^n)^{k_n} \tag{5.39}$$

bilden ein vollständiges Orthonormalsystem in $\mathfrak{H}_{\mathrm{BF}}$, *also eine Hilbert-Basis. Das Skalarprodukt ist für* $\phi, \psi \in \mathfrak{H}_{\mathrm{BF}}$ *explizit durch*

$$\langle \phi, \psi \rangle_{\mathrm{BF}} = \sum_{r=0}^{\infty} \frac{(2\hbar)^r}{r!} \sum_{k_1,\ldots,k_r} \overline{\left. \frac{\partial^r \phi}{\partial \overline{z}^{k_1} \cdots \partial \overline{z}^{k_r}} \right|_{z=0}} \left. \frac{\partial^r \psi}{\partial \overline{z}^{k_1} \cdots \partial \overline{z}^{k_r}} \right|_{z=0} \tag{5.40}$$

gegeben.

Beweis. Der Beweis findet sich beispielsweise in der Originalarbeit von Bargmann [12]: Im wesentlichen muß gezeigt werden, daß bei der Berechnung des Skalarprodukts (5.40) tatsächlich die Integration mit der Summation der Taylor-Entwicklung um 0 vertauscht werden kann, siehe Aufgabe 5.3 für eine detaillierte Diskussion.   □

Bemerkung 5.2.13 (Bargmann-Fock-Raum). Dieser *Bargmann-Fock-Raum* genannte Hilbert-Raum besitzt einige weitere bemerkenswerte Eigenschaften. So ist beispielsweise das δ-Funktional ein *stetiges* Funktional $\delta : \mathfrak{H}_{\mathrm{BF}} \longrightarrow \mathbb{C}$ und damit nach dem Satz von Riesz durch das Skalarprodukt mit einem eindeutig bestimmten Vektor in $\mathfrak{H}_{\mathrm{BF}}$ gegeben. Es gilt offenbar explizit

$$\delta(\phi) = \phi(0) = \langle e_{0\ldots 0}, \phi \rangle_{\mathrm{BF}} . \tag{5.41}$$

Man beachte, daß das δ-Funktional auf $L^2(\mathbb{C}^n, d\mu)$ nicht einmal wohl-definiert geschweige denn stetig ist. Die δ-Funktionale an anderen Punkten $\delta_w : \phi \mapsto \phi(\overline{w})$ lassen sich ebenso darstellen. Weitere Details und Eigenschaften des Bargmann-Fock-Raumes finden sich etwa in [12, 13, 216].

Wir wollen nun eine Quantisierung für die Polynome $\mathrm{Pol}(\mathbb{R}^{2n})$ durch Operatoren auf $\mathfrak{H}_{\mathrm{BF}}$ angeben. Man definiert die Erzeuger und Vernichter durch

$$a_k^{\dagger} = \overline{z}^k \quad \text{und} \quad a_\ell = 2\hbar \frac{\partial}{\partial \overline{z}^\ell} \tag{5.42}$$

für $k, \ell = 1, \ldots, n$. Als unkritischer dichter Definitionsbereich eignet sich beispielsweise der Untervektorraum der antiholomorphen Polynome $\mathbb{C}[\overline{z}^1, \ldots, \overline{z}^n]$ in $\mathfrak{H}_{\mathrm{BF}}$, also gerade die $\mathbb{C}$-lineare Hülle der Hilbert-Basis $\{e_{k_1 \ldots k_n}\}_{k_1,\ldots,k_n \in \mathbb{N}_0}$. Durch eine elementare partielle Integration rechnet man nun nach, daß auf diesem gemeinsamen Definitionsbereich

$$\langle \phi, a_k \psi \rangle_{\mathrm{BF}} = \left\langle a_k^{\dagger} \phi, \psi \right\rangle_{\mathrm{BF}} \tag{5.43}$$

gilt, was die Bezeichnungen in (5.42) rechtfertigt. Man kann tatsächlich zeigen, daß bei geeigneter Vergrößerung der Definitionsbereiche die Operatoren a_k und $a_k^{\dagger}$ zueinander adjungiert sind. Ferner gilt die Vertauschungsregel

$$\left[a_k, a_\ell^{\dagger} \right] = 2\hbar \delta_{k\overline{\ell}}, \tag{5.44}$$

womit die Operatoren a_k und $a_\ell^\dagger$ die kanonischen Vertauschungsrelationen analog zu (5.35) erfüllen.

Wir definieren nun die *Wick-Ordnung* (auch *Wick-Darstellung* oder *Barg-mann-Fock-Darstellung*) auf Monomen, indem wir alle Vernichtungsoperatoren nach rechts schreiben, also

$$\varrho_{\text{Wick}}\left(z^{k_1}\cdots z^{k_r}\overline{z}^{\ell_1}\cdots\overline{z}^{\ell_s}\right) = (2\hbar)^r \overline{z}^{\ell_1}\cdots\overline{z}^{\ell_s}\frac{\partial^r}{\partial z^{k_1}\cdots\partial z^{k_r}}. \tag{5.45}$$

Entsprechend definiert man die *Anti-Wick-Ordnung* (auch *Anti-Wick-Dar-stellung*), indem man die Erzeugungsoperatoren nach rechts schreibt, also

$$\varrho_{\overline{\text{Wick}}}\left(z^{k_1}\cdots z^{k_r}\overline{z}^{\ell_1}\cdots\overline{z}^{\ell_s}\right) = (2\hbar)^r \frac{\partial^r}{\partial z^{k_1}\cdots\partial z^{k_r}}\overline{z}^{\ell_1}\cdots\overline{z}^{\ell_s}. \tag{5.46}$$

Anschließend setzt man beide zu linearen Abbildungen auf $\text{Pol}(\mathbb{R}^{2n})$ fort. Explizit gilt für $f \in \text{Pol}(\mathbb{R}^{2n})$

$$\varrho_{\text{Wick}}(f)$$
$$= \sum_{r,s=0}^{\infty} \frac{(2\hbar)^r}{r!s!} \sum_{\substack{k_1,\ldots,k_r,\\ \ell_1,\ldots,\ell_s}} \frac{\partial^{r+s}f}{\partial z^{k_1}\cdots\partial z^{k_r}\partial\overline{z}^{\ell_1}\cdots\partial\overline{z}^{\ell_s}}(0)\,\overline{z}^{\ell_1}\cdots\overline{z}^{\ell_s}\frac{\partial^r}{\partial z^{k_1}\cdots\partial z^{k_r}}$$
$$\tag{5.47}$$

sowie

$$\varrho_{\overline{\text{Wick}}}(f)$$
$$= \sum_{r,s=0}^{\infty} \frac{(2\hbar)^r}{r!s!} \sum_{\substack{k_1,\ldots,k_r,\\ \ell_1,\ldots,\ell_s}} \frac{\partial^{r+s}f}{\partial z^{k_1}\cdots\partial z^{k_r}\partial\overline{z}^{\ell_1}\cdots\partial\overline{z}^{\ell_s}}(0)\,\frac{\partial^r}{\partial z^{k_1}\cdots\partial z^{k_r}}\overline{z}^{\ell_1}\cdots\overline{z}^{\ell_s},$$
$$\tag{5.48}$$

wobei die Summation nur endlich viele von Null verschiedene Summanden hat, da f ein Polynom in z und $\overline{z}$ ist.

Als nächstes wollen wir zwischen ϱ_{Wick} und $\varrho_{\overline{\text{Wick}}}$ eine Beziehung analog zu (5.21) herleiten. Wir betrachten dazu den Operator

$$S = e^{\hbar\tilde{\Delta}} \quad \text{mit} \quad \tilde{\Delta} = \sum_k \frac{\partial^2}{\partial z^k\partial\overline{z}^k}, \tag{5.49}$$

welcher auf den Polynomen in z und $\overline{z}$ offenbar wohl-definiert ist und eine bijektive lineare Abbildung liefert. Der Operator $\tilde{\Delta}$ ist (bis auf einen Faktor) gerade der übliche Euklidische Laplace-Operator bezüglich der kanonischen positiv-definiten Metrik g_0 auf $\mathbb{R}^{2n} \cong \mathbb{C}^n$.

Lemma 5.2.14. *Sei $f \in \text{Pol}(\mathbb{R}^{2n})$. Dann gilt*

$$\varrho_{\overline{\text{Wick}}}(f) = \varrho_{\text{Wick}}(S^2 f). \tag{5.50}$$

Beweis. Der Beweis erfolgt durch elementares Nachrechnen in Aufgabe 5.4.

□

Diese Beziehung legt nahe, den Operator S ebenso wie den Operator N dazu zu verwenden, auf kontinuierliche Weise zwischen Wick-Ordnung und Anti-Wick-Ordnung zu interpolieren. Man definiert daher die $\tilde{\kappa}$-*Ordnung* (auch $\tilde{\kappa}$-Darstellung)

$$\varrho_{\tilde{\kappa}}(f) = \varrho_{\text{Wick}}(S^{1-\tilde{\kappa}}f) \tag{5.51}$$

für $\tilde{\kappa} \in \mathbb{R}$, so daß $\tilde{\kappa} = 1$ die Wick-Ordnung und $\tilde{\kappa} = -1$ die Anti-Wick-Ordnung liefert. Der Fall $\tilde{\kappa} = 0$ entspricht wieder einer totalen Symmetrisierung, also einer Weyl-Ordnung, jetzt jedoch in den Erzeugern und Vernichtern.

Als letzte Bemerkung stellen wir noch fest, daß für alle $\tilde{\kappa} \in \mathbb{R}$ die Operatoren $\varrho_{\tilde{\kappa}}(f)$ für $f = \overline{f}$ symmetrisch sind, allgemein gilt

$$\varrho_{\tilde{\kappa}}(f)^{\dagger} = \varrho_{\tilde{\kappa}}(\overline{f}). \tag{5.52}$$

Für ϱ_{Wick} prüft man dies direkt mit Hilfe der definierenden Gleichung (5.45) nach. Für $\tilde{\kappa} \neq 1$ folgt es aus der Definition (5.51) sowie der Eigenschaft

$$\overline{S^{\tilde{\kappa}}f} = S^{\tilde{\kappa}}\overline{f}, \tag{5.53}$$

was man leicht aus der expliziten Gestalt von $S^{\tilde{\kappa}} = \mathrm{e}^{\hbar\tilde{\kappa}\tilde{\Delta}}$ gewinnt.

5.2.4 Die ersten Sternprodukte

Nachdem wir nun über eine gewisse Fülle an Beispielen von „Quantisierungen" verfügen, welche die kanonische Quantisierung konkretisieren, gilt es nun, die von uns gewünschten Eigenschaften aus Abschnitt 5.1.2 näher zu untersuchen und gegebenenfalls zu verifizieren. Insbesondere soll das Korrespondenzprinzip, welches in (5.1), (5.2), (5.3) und (5.4) ja noch recht vage formuliert ist, anhand dieser Beispiele genauer betrachtet werden.

Somit stellt sich also die Frage, wie der klassische Limes $\hbar \longrightarrow 0$ zu verstehen ist, da ja offenbar die Operatoren $P_\ell = \varrho_\kappa(p_\ell) = -\mathrm{i}\hbar\frac{\partial}{\partial q^\ell}$ ebenso wie die Operatoren $a_k = \varrho_{\tilde{\kappa}}(z^k) = 2\hbar\frac{\partial}{\partial \overline{z}^k}$ im „klassischen Limes" $\hbar \longrightarrow 0$ verschwinden. So naiv ist der klassische Limes also sicherlich nicht zu verstehen. Um die klassischen Observablen nun besser mit den quantenmechanischen vergleichen zu können, verfolgt man eine andere Strategie: Da die Abbildungen ϱ_κ lineare Bijektionen zwischen der klassischen Observablenalgebra $\mathrm{Pol}(T^*\mathbb{R}^n)$ und der quantenmechanischen Observablenalgebra $\mathrm{DiffOp}(\mathbb{R}^n)$ darstellen, können wir das nichtkommutative Produkt von $\mathrm{DiffOp}(\mathbb{R}^n)$ mittels ϱ_κ zu einem *neuen Produkt* $\star_\kappa$ für $\mathrm{Pol}(T^*\mathbb{R}^n)$ zurückziehen. Dann können wir auf dem *selben zugrundeliegenden Vektorraum* der klassischen Observablen zwei verschiedene Produktstrukturen miteinander vergleichen.

Definition 5.2.15 (κ-Geordnete Sternprodukte). *Das durch*

$$\varrho_\kappa(f \star_\kappa g) = \varrho_\kappa(f)\,\varrho_\kappa(g) \tag{5.54}$$

definierte Produkt $\star_\kappa$ für $\mathrm{Pol}(T^*\mathbb{R}^n)$ heißt κ-geordnetes Sternprodukt. Die Spezialfälle $\kappa = 0$, $\kappa = \frac{1}{2}$ und $\kappa = 1$ heißen standardgeordnetes Sternprodukt $\star_{\mathrm{Std}}$, Weyl-geordnetes Sternprodukt (auch Weyl-Moyal-Sternprodukt) $\star_{\mathrm{Weyl}}$ und antistandardgeordnetes Sternprodukt $\star_{\overline{\mathrm{Std}}}$.

Bemerkung 5.2.16. Da ϱ_κ bijektiv ist, ist $\star_\kappa$ durch (5.54) tatsächlich wohldefiniert. Die Sternprodukte $\star_\kappa$ sind ihrer Konstruktion nach *assoziativ*, da das Operatorprodukt von $\mathrm{DiffOp}(\mathbb{R}^n)$ assoziativ ist. Weiter gilt, daß die so erhaltenen Algebren $(\mathrm{Pol}(T^*\mathbb{R}^n), \star_\kappa)$ alle zu $\mathrm{DiffOp}(\mathbb{R}^n)$ isomorph sind: nach Konstruktion ist die κ-geordnete Darstellung

$$\varrho_\kappa : (\mathrm{Pol}(T^*\mathbb{R}^n), \star_\kappa) \overset{\cong}{\longrightarrow} \mathrm{DiffOp}(\mathbb{R}^n) \tag{5.55}$$

ein Isomorphismus von assoziativen Algebren. Demnach sind auch alle Produkte untereinander isomorph und zwar mittels der Isomorphismen $\varrho_{\kappa_1}^{-1} \circ \varrho_{\kappa_2}$.

Wir wollen nun diese Produkte etwas näher untersuchen, weshalb einige explizite Formeln hilfreich sein werden.

Proposition 5.2.17. *Das standardgeordnete Sternprodukt $\star_{\mathrm{Std}}$ ist durch*

$$f \star_{\mathrm{Std}} g = \sum_{r=0}^{\infty} \frac{1}{r!} \left(\frac{\hbar}{\mathrm{i}}\right)^r \sum_{i_1,\ldots,i_r} \frac{\partial^r f}{\partial p_{i_1} \cdots \partial p_{i_r}} \frac{\partial^r g}{\partial q^{i_1} \cdots \partial q^{i_r}} \tag{5.56}$$

für $f, g \in \mathrm{Pol}(T^*\mathbb{R}^n)$ gegeben. Weiter gilt für alle $\kappa \in \mathbb{R}$

$$f \star_\kappa g = N_\kappa^{-1}\left(N_\kappa f \star_{\mathrm{Std}} N_\kappa g\right) \tag{5.57}$$

mit $N_\kappa = \mathrm{e}^{-\mathrm{i}\kappa\hbar\Delta}$ wie in (5.25).

Beweis. Wir können ohne Einschränkung wieder $n = 1$ annehmen, da die Ableitungen und Multiplikationen zu verschiedenen kanonisch konjugierten Koordinatenpaaren vertauschen. Weiter genügt es aufgrund der Bilinearität, Funktionen der Form $f(q,p) = u(q)p^k$ und $g(q,p) = v(q)p^\ell$ zu betrachten, wobei $u, v \in C^\infty(\mathbb{R})$. Dann gilt

$$\varrho_{\mathrm{Std}}(f)\,\varrho_{\mathrm{Std}}(g) = \left(\frac{\hbar}{\mathrm{i}}\right)^{k+\ell} u \frac{\partial^k}{\partial q^k} v \frac{\partial^\ell}{\partial q^\ell}$$

$$= \left(\frac{\hbar}{\mathrm{i}}\right)^{k+\ell} u \sum_{r=0}^{k} \binom{k}{r} \frac{\partial^r v}{\partial q^r} \frac{\partial^{\ell+k-r}}{\partial q^{\ell+k-r}}$$

$$= \varrho_{\mathrm{Std}} \left(\sum_{r=0}^{k} \binom{k}{r} \left(\frac{\hbar}{\mathrm{i}}\right)^r u p^{k-r} \frac{\partial^r v}{\partial q^r} p^\ell\right)$$

$$= \varrho_{\mathrm{Std}} \left(\sum_{r=0}^{k} \frac{1}{r!} \left(\frac{\hbar}{\mathrm{i}} \right)^r u \frac{\partial^r p^k}{\partial p^r} \frac{\partial^r v}{\partial q^r} p^\ell \right)$$

$$= \varrho_{\mathrm{Std}} \left(\sum_{r=0}^{k} \frac{1}{r!} \left(\frac{\hbar}{\mathrm{i}} \right)^r \frac{\partial^r f}{\partial p^r} \frac{\partial^r g}{\partial q^r} \right),$$

und wir können in der ersten Summe k durch ∞ ersetzen, da die höheren p-Ableitungen von f bereits alle verschwinden. Die Injektivität von ϱ_{Std} impliziert dann (5.56). Man beachte, daß die Summe in (5.56) immer nur endlich viele Terme ungleich Null enthält, da die p-Ableitungen von f identisch verschwinden, sobald der Polynomgrad von f überschritten ist. Da $\varrho_\kappa = \varrho_{\mathrm{Std}} \circ N_\kappa$ und N_k bijektiv ist, folgt schließlich

$$\begin{aligned}
f \star_\kappa g &= \varrho_\kappa^{-1} \left(\varrho_\kappa(f) \, \varrho_\kappa(g) \right) \\
&= \left(\varrho_{\mathrm{Std}} \circ N_\kappa \right)^{-1} \left((\varrho_{\mathrm{Std}} \circ N_\kappa)(f)(\varrho_{\mathrm{Std}} \circ N_\kappa)(g) \right) \\
&= N_\kappa^{-1} \, \varrho_{\mathrm{Std}}^{-1} \left(\varrho_{\mathrm{Std}}(N_\kappa f) \, \varrho_{\mathrm{Std}}(N_\kappa g) \right) \\
&= N_\kappa^{-1} \left(N_\kappa f \star_{\mathrm{Std}} N_\kappa g \right).
\end{aligned}$$

$\square$

Um auch explizitere Formeln für $\star_\kappa$ und insbesondere $\star_{\mathrm{Weyl}}$ zu gewinnen, schreiben wir $\star_{\mathrm{Std}}$ nochmals auf etwas andere Weise. Gemäß Aufgabe 1.8 bezeichnen wir mit

$$\mu : \mathrm{Pol}(T^*\mathbb{R}^n) \otimes \mathrm{Pol}(T^*\mathbb{R}^n) \longrightarrow \mathrm{Pol}(T^*\mathbb{R}^n) \tag{5.58}$$

die kommutative, punktweise Multiplikation von Funktionen, also $\mu(f \otimes g) = fg$. Weiter betrachten wir die beiden linearen Abbildungen

$$P, P^* : \mathrm{Pol}(T^*\mathbb{R}^n) \otimes \mathrm{Pol}(T^*\mathbb{R}^n) \longrightarrow \mathrm{Pol}(T^*\mathbb{R}^n) \otimes \mathrm{Pol}(T^*\mathbb{R}^n), \tag{5.59}$$

definiert durch

$$P = \sum_k \frac{\partial}{\partial q^k} \otimes \frac{\partial}{\partial p_k} \quad \text{und} \quad P^* = \sum_k \frac{\partial}{\partial p_k} \otimes \frac{\partial}{\partial q^k}. \tag{5.60}$$

Dann gilt für alle $f, g \in \mathrm{Pol}(T^*\mathbb{R}^n)$ die Gleichung

$$f \star_{\mathrm{Std}} g = \mu \circ \mathrm{e}^{\frac{\hbar}{\mathrm{i}} P^*} (f \otimes g), \tag{5.61}$$

wobei die Exponentialreihe wieder nur endlich viele nichtverschwindende Terme liefert, da $(P^*)^k(f \otimes g) = 0$ sobald k größer als der Polynomgrad von f in den Impulsen wird. Die Gleichung (5.61) ist offenbar nur eine kompaktere Schreibweise für (5.56).

Für den Operator Δ aus (5.19) gilt nun folgende Gleichung

$$\Delta \circ \mu = \mu \circ (\Delta \otimes \mathrm{id} + P + P^* + \mathrm{id} \otimes \Delta), \tag{5.62}$$

was aus der allgemeinen Rechenregel

$$D \circ \mu = \mu \circ (D \otimes \mathrm{id} + \mathrm{id} \otimes D) \tag{5.63}$$

für eine beliebige *Derivation* des Produkts μ folgt, siehe Aufgabe 1.8. Durch sukzessives Anwenden von (5.62) auf die einzelnen Terme der Exponentialreihe $N_\kappa = \mathrm{e}^{-\mathrm{i}\kappa\hbar\Delta}$ findet man so

$$N_\kappa \circ \mu = \mu \circ \mathrm{e}^{-\mathrm{i}\kappa\hbar(\Delta\otimes\mathrm{id} + P + P^* + \mathrm{id}\otimes\Delta)}. \tag{5.64}$$

Mit diesen Formulierungen erhalten wir folgendes Resultat:

Proposition 5.2.18. *Sei $f, g \in \mathrm{Pol}(T^*\mathbb{R}^n)$. Dann gilt für das κ-geordnete Sternprodukt $\star_\kappa$ die Gleichung*

$$f \star_\kappa g = \mu \circ \mathrm{e}^{\mathrm{i}\kappa\hbar P - \mathrm{i}(1-\kappa)\hbar P^*}(f \otimes g). \tag{5.65}$$

Insbesondere gilt

$$f \star_{\mathrm{Weyl}} g = \mu \circ \mathrm{e}^{\frac{\mathrm{i}\hbar}{2}(P - P^*)}(f \otimes g) \tag{5.66}$$

und

$$f \star_{\overline{\mathrm{Std}}} g = \mu \circ \mathrm{e}^{\mathrm{i}\hbar P}(f \otimes g). \tag{5.67}$$

Mit Hilfe der Projektion $\pi : T^*\mathbb{R}^n \longrightarrow \mathbb{R}^n$ auf den Konfigurationsraum und der Einbettung $\iota : \mathbb{R}^n \longrightarrow T^*\mathbb{R}^n$ als Nullschnitt läßt sich die κ-geordnete Darstellung als

$$\varrho_\kappa(f)\psi = \iota^*(N_k f \star_{\mathrm{Std}} \pi^*\psi) \tag{5.68}$$

schreiben, wobei $\psi \in C^\infty(\mathbb{R}^n)$.

Beweis. Da partielle Ableitungen kommutieren, folgt, daß die Operatoren $\Delta \otimes \mathrm{id}$, P, P^* und $\mathrm{id} \otimes \Delta$ alle paarweise kommutieren. Somit können wir die Exponentialfunktionen von $\Delta \otimes \mathrm{id}$, P, P^* und $\mathrm{id} \otimes \Delta$ nach Belieben zusammenfassen oder faktorisieren. Damit rechnet man mit (5.64) sowie (5.61) nach, daß

$$
\begin{aligned}
f \star_\kappa g &= N_\kappa^{-1}(N_\kappa f \star_{\mathrm{Std}} N_\kappa g) \\
&= \mathrm{e}^{\mathrm{i}\kappa\hbar\Delta} \circ \mu \circ \mathrm{e}^{-\mathrm{i}\hbar P^*}(N_\kappa f \otimes N_\kappa g) \\
&= \mu \circ \mathrm{e}^{-\mathrm{i}\kappa\hbar(\Delta\otimes\mathrm{id} + P + P^* + \mathrm{id}\otimes\Delta)} \circ \mathrm{e}^{-\mathrm{i}\hbar P^*}(N_\kappa f \otimes N_\kappa g) \\
&= \mu \circ \mathrm{e}^{\mathrm{i}\kappa\hbar P - \mathrm{i}(1-\kappa)\hbar P^*} \circ \mathrm{e}^{\mathrm{i}\kappa\hbar\Delta\otimes\mathrm{id}} \circ \mathrm{e}^{\mathrm{i}\kappa\hbar\,\mathrm{id}\otimes\Delta}(N_\kappa f \otimes N_\kappa g) \\
&= \mu \circ \mathrm{e}^{\mathrm{i}\kappa\hbar P - \mathrm{i}(1-\kappa)\hbar P^*} \circ (N_{-\kappa} \otimes \mathrm{id}) \circ (\mathrm{id} \otimes N_{-\kappa})(N_\kappa f \otimes N_\kappa g) \\
&= \mu \circ \mathrm{e}^{\mathrm{i}\kappa\hbar P - \mathrm{i}(1-\kappa)\hbar P^*}(f \otimes g).
\end{aligned}
$$

Damit ist (5.65) gezeigt. Die Spezialfälle (5.66) und (5.67) sind damit offensichtlich. Der letzte Teil ist anhand der expliziten Formeln für $\star_{\mathrm{Std}}$ und $\varrho_\kappa = \varrho_{\mathrm{Std}} \circ N_\kappa$ ebenfalls klar. $\qquad\square$

Aus den Formeln (5.65) beziehungsweise (5.66) und (5.67) erhält man nun leicht explizite Formeln analog zu (5.56). Insbesondere gilt

$$f \star_{\overline{\mathrm{Std}}} g = \sum_{r=0}^{\infty} \frac{(\mathrm{i}\hbar)^r}{r!} \sum_{i_1,\ldots,i_r} \frac{\partial^r f}{\partial q^{i_1} \cdots \partial q^{i_r}} \frac{\partial^r g}{\partial p_{i_1} \cdots \partial p_{i_r}} \tag{5.69}$$

und

$$f \star_{\mathrm{Weyl}} g = \sum_{r=0}^{\infty} \frac{1}{r!} \left(\frac{\mathrm{i}\hbar}{2}\right)^r \sum_{s=0}^{r} \binom{r}{s} (-1)^{r-s}$$
$$\sum_{i_1,\ldots,i_r} \frac{\partial^r f}{\partial q^{i_1} \cdots \partial q^{i_s} \partial p_{i_{s+1}} \cdots \partial p_{i_r}} \frac{\partial^r g}{\partial p_{i_1} \cdots \partial p_{i_s} \partial q^{i_{s+1}} \cdots \partial q^{i_r}}, \tag{5.70}$$

was man durch Ausschreiben der Exponentialreihen (5.66) beziehungsweise (5.67) unmittelbar nachprüft.

Die (Nicht-) Verträglichkeit der κ-Ordnung mit der klassischen *-Involution wie in (5.30) schlägt sich in folgender Aussage nieder:

Proposition 5.2.19. *Für alle $\kappa \in \mathbb{R}$ und $f, g \in \mathrm{Pol}(T^*\mathbb{R}^n)$ gilt*

$$\overline{f \star_{\kappa} g} = \overline{g} \star_{1-\kappa} \overline{f}. \tag{5.71}$$

Insbesondere ist die komplexe Konjugation eine *-Involution für das Weyl-geordnete Sternprodukt

$$\overline{f \star_{\mathrm{Weyl}} g} = \overline{g} \star_{\mathrm{Weyl}} \overline{f}. \tag{5.72}$$

Beweis. Dies folgt direkt aus (5.30) und der Definition von $\star_{\kappa}$. Wir geben jedoch noch einen alternativen Beweis, der ohne die Verwendung von ϱ_{κ} auskommt, also „intrinsischer" ist. Für die komplexe Konjugation $C : f \mapsto \overline{f}$ gilt offenbar $C \circ \mu = \mu \circ (C \otimes C)$. Mit Hilfe des kanonischen Flips

$$\tau : \mathrm{Pol}(T^*\mathbb{R}) \otimes \mathrm{Pol}(T^*\mathbb{R}) \ni f \otimes g \mapsto g \otimes f \in \mathrm{Pol}(T^*\mathbb{R}) \otimes \mathrm{Pol}(T^*\mathbb{R}) \tag{5.73}$$

aus Aufgabe 1.8 sieht man, daß

$$P = \tau \circ P^* \circ \tau \quad \text{und} \quad P^* = \tau \circ P \circ \tau,$$

da $\tau^2 = \mathrm{id}$. Weiter gilt $\mu \circ \tau = \mu$, da μ kommutativ ist. Schließlich sind die Operatoren P und P^* reell in dem Sinne, daß

$$(C \otimes C) \circ P = P \circ (C \otimes C) \quad \text{und} \quad (C \otimes C) \circ P^* = P^* \circ (C \otimes C).$$

Damit rechnen wir nach, daß

$$\overline{f \star_{\kappa} g} = C \circ \mu \circ \mathrm{e}^{\mathrm{i}\kappa\hbar P - \mathrm{i}(1-\kappa)\hbar P^*}(f \otimes g)$$
$$= \mu \circ \tau \circ (C \otimes C) \circ \mathrm{e}^{\mathrm{i}\kappa\hbar P - \mathrm{i}(1-\kappa)\hbar P^*}(f \otimes g)$$

$$= \mu \circ \tau \circ e^{-i\kappa\hbar P + i(1-\kappa)\hbar P^*} \circ (C \otimes C)(f \otimes g)$$

$$= \mu \circ e^{-i\kappa\hbar P^* + i(1-\kappa)\hbar P} \circ \tau(\overline{f} \otimes \overline{g})$$

$$= \mu \circ e^{-i\kappa\hbar P^* + i(1-\kappa)\hbar P}(\overline{g} \otimes \overline{f})$$

$$= \overline{g} \star_{1-\kappa} \overline{f}.$$

Damit ist die Proposition bewiesen, da $\star_{\mathrm{Weyl}} = \star_{\frac{1}{2}}$. $\qquad\square$

Insbesondere ist $\star_{\mathrm{Weyl}}$ also das einzige κ-geordnete Sternprodukt, für welches die komplexe Konjugation eine *-Involution ist.

Als nächstes führen wir die gleiche Analyse für die $\tilde{\kappa}$-geordneten Darstellungen $\varrho_{\tilde{\kappa}}$ durch, um dort ebenfalls Sternprodukte zu erhalten. Die $\tilde{\kappa}$-geordneten Darstellungen sind jedoch nicht mehr auf ganz $\mathrm{Pol}(T^*\mathbb{R}^n)$ definiert, sondern zunächst nur auf den Polynomen in p und q, beziehungsweise den Polynomen in z und $\overline{z}$. Trotzdem ist das Bild von $\varrho_{\tilde{\kappa}}$ abgeschlossen unter der Operatormultiplikation und $\varrho_{\tilde{\kappa}}$ ist sicherlich injektiv. Daher können wir zumindest für die Polynome $\mathrm{Pol}(\mathbb{R}^{2n})$ neue Produkte $\star_{\tilde{\kappa}}$ analog zu $\star_{\kappa}$ definieren.

Definition 5.2.20 ($\tilde{\kappa}$-Geordnetes Sternprodukt). *Das durch*

$$f \star_{\tilde{\kappa}} g = \varrho_{\tilde{\kappa}}^{-1}\left(\varrho_{\tilde{\kappa}}(f)\,\varrho_{\tilde{\kappa}}(g)\right) \tag{5.74}$$

definierte Produkt für $\mathrm{Pol}(\mathbb{R}^{2n})$ *heißt $\tilde{\kappa}$-geordnetes Sternprodukt. Insbesondere heißt* $\star_{\tilde{\kappa}=0} = \star_{\mathrm{Wick}}$ *das Wick-geordnete Sternprodukt oder auch Wick-Sternprodukt und* $\star_{\tilde{\kappa}=1} = \star_{\overline{\mathrm{Wick}}}$ *das anti-Wick-geordnete Sternprodukt oder auch Anti-Wick-Sternprodukt.*

Daß $\star_{\tilde{\kappa}}$ tatsächlich wohl-definiert ist, haben wir oben bereits diskutiert. Es liefert wieder ein *assoziatives* Produkt für $\mathrm{Pol}(\mathbb{R}^{2n})$. Um eine analoge Diskussion wie für $\star_{\kappa}$ durchführen zu können, betrachten wir die linearen Abbildungen

$$Q, \overline{Q} : \mathrm{Pol}(\mathbb{R}^{2n}) \otimes \mathrm{Pol}(\mathbb{R}^{2n}) \longrightarrow \mathrm{Pol}(\mathbb{R}^{2n}) \otimes \mathrm{Pol}(\mathbb{R}^{2n}), \tag{5.75}$$

welche wir durch

$$Q = \sum_k \frac{\partial}{\partial z^k} \otimes \frac{\partial}{\partial \overline{z}^k} \quad \mathrm{und} \quad \overline{Q} = \sum_k \frac{\partial}{\partial \overline{z}^k} \otimes \frac{\partial}{\partial z^k} \tag{5.76}$$

definieren. Damit erhält man analog zu den Propositionen 5.2.17, 5.2.18 sowie 5.2.19 folgende Resultate:

Proposition 5.2.21. *Für das Wick-geordnete Sternprodukt $\star_{\mathrm{Wick}}$ gilt explizit*

$$f \star_{\mathrm{Wick}} g = \sum_{r=0}^{\infty} \frac{(2\hbar)^r}{r!} \sum_{k_1,\ldots,k_r} \frac{\partial^r f}{\partial z^{k_1} \ldots \partial z^{k_r}} \frac{\partial^r g}{\partial \overline{z}^{k_1} \ldots \partial \overline{z}^{k_r}}, \tag{5.77}$$

und für $\star_{\tilde{\kappa}}$ gilt

$$f \star_{\tilde{\kappa}} g = S^{\tilde{\kappa}-1}\left(S^{1-\tilde{\kappa}}f \star_{\mathrm{Wick}} S^{1-\tilde{\kappa}}g\right) \tag{5.78}$$

mit $S = \exp(\hbar\tilde{\Delta})$ *wie in* (5.49). *Explizit gilt*

$$f \star_{\tilde{\kappa}} g = \mu \circ \mathrm{e}^{(\tilde{\kappa}+1)\hbar Q + (\tilde{\kappa}-1)\hbar\overline{Q}}(f \otimes g). \tag{5.79}$$

Es gilt

$$\overline{f \star_{\tilde{\kappa}} g} = \overline{g} \star_{\tilde{\kappa}} \overline{f} \tag{5.80}$$

und

$$P - P^* = \frac{2}{\mathrm{i}}(Q - \overline{Q}), \tag{5.81}$$

womit $\star_{\tilde{\kappa}=0} = \star_{\mathrm{Weyl}}$ *mit dem Weyl-geordneten Sternprodukt übereinstimmt.*

Beweis. Die Rechnungen verlaufen völlig analog zum κ-geordneten Fall. Wir zeigen zunächst (5.77), wobei wir wieder $n = 1$ annehmen dürfen und die Gleichung für Monome zeigen. Sei also $f(z,\overline{z}) = z^k \overline{z}^\ell$ und $g(z,\overline{z}) = z^r \overline{z}^s$. Es gilt

$$\begin{aligned}
\varrho_{\mathrm{Wick}}(f)\,\varrho_{\mathrm{Wick}}(g) &= (2\hbar)^{k+r}\overline{z}^\ell \frac{\partial^k}{\partial\overline{z}^k}\overline{z}^s\frac{\partial^r}{\partial\overline{z}^r} \\
&= (2\hbar)^{k+r}\sum_{t=0}^{k}\binom{k}{t}\overline{z}^\ell \frac{\partial^t \overline{z}^s}{\partial\overline{z}^t}\frac{\partial^{k+r-t}}{\partial\overline{z}^{k+r-t}} \\
&= (2\hbar)^{k+r}\sum_{t=0}^{\min(k,s)}\binom{k}{t}\frac{s!}{(s-t)!}\overline{z}^{\ell+s-t}\frac{\partial^{k+r-t}}{\partial\overline{z}^{k+r-t}} \\
&= \varrho_{\mathrm{Wick}}\left(\sum_{t=0}^{\min(k,s)}\frac{(2\hbar)^t}{t!}\overline{z}^\ell\frac{\partial^t z^k}{\partial z^t}z^r\frac{\partial^t \overline{z}^s}{\partial\overline{z}^t}\right) \\
&= \varrho_{\mathrm{Wick}}\left(\sum_{t=0}^{\infty}\frac{(2\hbar)^t}{t!}\frac{\partial^t f}{\partial z^t}\frac{\partial^t g}{\partial\overline{z}^t}\right).
\end{aligned}$$

Da ϱ_{Wick} injektiv ist, folgt somit (5.77). Man beachte, daß die vermeintlich unendliche Reihe abbricht, da f und g polynomial sind. Nach Definition gilt $\varrho_{\tilde{\kappa}}(f) = \varrho_{\mathrm{Wick}}(S^{1-\tilde{\kappa}}f)$, womit (5.78) unmittelbar klar ist. Für $\tilde{\Delta}$ rechnet man nach, daß

$$\tilde{\Delta}\circ\mu = \mu\circ\left(\tilde{\Delta}\otimes\mathsf{id} + Q + \overline{Q} + \mathsf{id}\otimes\tilde{\Delta}\right),$$

analog zu (5.62). Entsprechend gilt

$$S^{\tilde{\kappa}}\circ\mu = \mu\circ\mathrm{e}^{\tilde{\kappa}\hbar(\tilde{\Delta}\otimes\mathsf{id} + Q + \overline{Q} + \mathsf{id}\otimes\tilde{\Delta})}$$

für alle $\tilde{\kappa}\in\mathbb{R}$. Weiter gilt für $\star_{\mathrm{Wick}}$ nach (5.77) gerade

$$f\star_{\mathrm{Wick}} g = \mu\circ\mathrm{e}^{2\hbar Q}(f\otimes g),$$

und somit folgt (5.79) durch eine analoge Rechnung wie für $\star_\kappa$, da wieder alle beteiligten Operatoren $\tilde{\Delta} \otimes \mathrm{id}$, Q, $\overline{Q}$ und $\mathrm{id} \otimes \tilde{\Delta}$ vertauschen. Schließlich folgt für die komplexe Konjugation C

$$(C \otimes C) \circ Q = \overline{Q} \circ (C \otimes C)$$

und

$$\tau \circ Q = \overline{Q} \circ \tau.$$

Damit zeigt man (5.80) durch eine analoge Rechnung wie für $\star_\kappa$. Die Gleichheit von $P - P^*$ und $\frac{2}{\mathrm{i}}(Q - \overline{Q})$ ist mit Hilfe der Definition (3.146) von $\frac{\partial}{\partial z^k}$ und $\frac{\partial}{\partial \overline{z}^k}$ elementar nachzuprüfen. Damit ist aber mit der expliziten Formel (5.79) offensichtlich, daß $\star_{\tilde{\kappa}}$ für $\tilde{\kappa} = 0$ das Weyl-geordnete Produkt $\star_{\mathrm{Weyl}}$ ist. $\square$

Bemerkung 5.2.22. Die Gleichung (5.81) kann man nun noch auf andere Weise interpretieren. Die kanonische Poisson-Klammer auf $\mathbb{R}^{2n}$ kann man als

$$\{f, g\} = \mu \circ (P - P^*)(f \otimes g) = \frac{2}{\mathrm{i}}\mu \circ (Q - \overline{Q})(f \otimes g) \qquad (5.82)$$

schreiben. Ausgeschrieben bedeutet dies gerade die Form (1.36) beziehungsweise (3.175). Das Weyl-geordnete Sternprodukt $\star_{\mathrm{Weyl}}$ erhält man also durch „Exponenzieren" der Poisson-Klammer.

Bemerkung 5.2.23. Ausgehend vom Weyl-geordneten Sternprodukt $\star_{\mathrm{Weyl}}$, also $\tilde{\kappa} = 0$, liest sich die Beziehung (5.78) folgendermaßen

$$f \star_{\tilde{\kappa}} g = S^{\tilde{\kappa}} \left(S^{-\tilde{\kappa}} f \star_{\mathrm{Weyl}} S^{-\tilde{\kappa}} g \right), \qquad (5.83)$$

womit insbesondere

$$f \star_{\mathrm{Wick}} g = S(S^{-1} f \star_{\mathrm{Weyl}} S^{-1} g). \qquad (5.84)$$

Abschließend wollen wir nun die Gemeinsamkeiten der Produkte $\star_\kappa$ und $\star_{\tilde{\kappa}}$ aufzählen. Dies wird später die allgemeine Definition für ein Sternprodukt motivieren. Es gilt folgender Satz:

Satz 5.2.24. *Die Sternprodukte $\star_\kappa$ beziehungsweise $\star_{\tilde{\kappa}}$ haben, jeweils auf $\mathrm{Pol}(T^*\mathbb{R}^n)$ beziehungsweise $\mathrm{Pol}(\mathbb{R}^{2n})$, folgende Eigenschaften: Es gilt*

$$f \star g = \sum_{r=0}^{\infty} \hbar^r C_r(f, g) \qquad (5.85)$$

mit bilinearen Abbildungen C_r, so daß:

i.) $\star$ ist ein assoziatives Produkt.
ii.) $C_0(f, g) = fg$.
iii.) $C_1(f, g) - C_1(g, f) = \mathrm{i}\{f, g\}$.
iv.) $1 \star f = f = f \star 1$.

v.) C_r ist ein Bidifferentialoperator der Ordnung r in jedem Argument.

Für die $\tilde{\kappa}$-geordneten Sternprodukte gilt zudem

vi.) $\overline{f \star_{\tilde{\kappa}} g} = \overline{g} \star_{\tilde{\kappa}} \overline{f}$.

Beweis. Die Assoziativität der Sternprodukte ist nach Konstruktion trivialerweise gegeben, da sie als isomorph zum assoziativen Operatorprodukt bestimmter (Differential-) Operatoralgebren definiert wurden. Wir werden jedoch in Abschnitt 6.2.4 einen von der Darstellung unabhängigen, „intrinsischen" Beweis führen. Man kann (und sollte als Übung) die Assoziativität auch anhand der expliziten Formeln (5.56), (5.69), (5.70) und (5.77) durch eine elementare aber längere Rechnung nachprüfen. Die übrigen Behauptungen sind mit Hilfe der expliziten Formeln leicht zu sehen.   □

Bemerkung 5.2.25 (Assoziativitätsbedingung). Die *Assoziativität* gilt Ordnung für Ordnung in $\hbar$. Man kann somit direkt zeigen, daß $(f\star g)\star h = f\star(g\star h)$ äquivalent zu den Bedingungen

$$\sum_{r=0}^{k} C_r(C_{k-r}(f,g),h) = \sum_{r=0}^{k} C_r(f,C_{k-r}(g,h)) \qquad (5.86)$$

ist, wobei $k \in \mathbb{N}_0$. Der Fall $k = 0$ liefert gerade die Assoziativität des punktweisen Produkts. Die Sternprodukte sind offenbar *nicht* kommutativ.

Bemerkung 5.2.26 (Klassischer Limes und Korrespondenzprinzip). Der klassische Limes $\hbar = 0$ liefert offenbar die gewünschte klassische Produktstruktur. Somit findet unser gewünschtes Korrespondenzprinzip in *ii.)* und *iii.)* seine Umsetzung. Man beachte, daß im Kommutator $f \star g - g \star f$ die höheren Ordnungen als die erste in $\hbar$ im allgemeinen von Null verschieden sind. Nach Proposition 5.2.6 ist dies auch nicht anders möglich. Den klassischen Limes „$\hbar \longrightarrow 0$" sollte man jedoch nach wie vor mit Vorsicht genießen, da die „Entwicklung" nach Potenzen von $\hbar$ in (5.85) ja nicht die Entwicklung nach einem dimensionslosen Parameter ist, von welchem es sinnvoll wäre zu sagen, er sei „klein". Vielmehr ist (5.85) eine „Entwicklung" nach den (dimensionsbehafteten!) Ableitungsordnungen der Bidifferentialoperatoren C_r. Das Sternprodukt $\star$ ist insgesamt dimensionslos, wie man aus *v.)* ersieht. Wir werden diesen Gedanken in Abschnitt 5.3.3 nochmals aufgreifen.

5.3 Symbolkalkül für Pseudodifferentialoperatoren

In diesem Abschnitt wollen wir uns der Frage zuwenden, ob und gegebenfalls wie die κ-geordnete Darstellung und das κ-geordnete Sternprodukt $\star_\kappa$ auf eine größere Funktionenklasse als $\mathrm{Pol}(T^*\mathbb{R}^n)$ ausgedehnt werden kann. Der naive Versuch, dies mittels der Gleichungen (5.14) und (5.29) beziehungsweise (5.65) zu tun, involviert die alles andere als triviale Frage nach geeigneten

Konvergenzbedingungen der Reihen in $\hbar$, da diese ja nur für den Fall von in den Impulsen polynomialen Funktionen trivialerweise konvergieren. Wir werden daher einen anderen Zugang mittels Integralformeln für die Darstellungen und die Produkte wählen und zeigen, wie diese mit den bisherigen Formeln zusammenhängen.

5.3.1 Integralformeln und Pseudodifferentialoperatoren

Im folgenden werden wir uns der in der Theorie der Distributionen üblichen Notation anpassen und daher die folgende Multiindexschreibweise verwenden:

Bemerkung 5.3.1 (Multiindexschreibweise). Sei $n \in \mathbb{N}$ fest. Dann bezeichnen wir mit $K = (k_1, \ldots, k_n) \in \mathbb{N}_0^n$ einen Multiindex der Länge n und definieren

$$|K| = k_1 + \cdots + k_n \quad \text{sowie} \quad K! = k_1! \cdots k_n!. \tag{5.87}$$

Wir schreiben $L \leq K$, falls $\ell_i \leq k_i$ für alle $i = 1, \ldots, n$. Ist $L \leq K$, so definieren wir

$$\binom{K}{L} = \frac{K!}{L!(K-L)!} = \binom{k_1}{\ell_1} \cdots \binom{k_n}{\ell_n}. \tag{5.88}$$

Weiter verwenden wir gelegentlich die Abkürzung

$$x^K = (x^1)^{k_1} \cdots (x^n)^{k_n} \tag{5.89}$$

für $x \in \mathbb{R}^n$ und setzen

$$D^K = \frac{\partial^{|K|}}{\partial(x^1)^{k_1} \cdots \partial(x^n)^{k_n}} = \frac{\partial^{|K|}}{\partial x^K}. \tag{5.90}$$

In dieser Schreibweise schreibt sich beispielsweise die Leibniz-Regel für mehrfache Ableitungen als

$$D^K(fg) = \sum_{0 \leq L \leq K} \binom{K}{L} D^L f D^{K-L} g. \tag{5.91}$$

Wir erinnern nun an einige elementare Resultate der Distributionentheorie und der Fourier-Theorie:

Definition 5.3.2 (Schwartz-Funktionen und Schwartz-Raum). *Der Raum $\mathscr{S}(\mathbb{R}^n)$ der Schwartz-Funktionen (schnell abfallende Testfunktionen) ist durch*

$$\mathscr{S}(\mathbb{R}^n) = \{f \in C^\infty(\mathbb{R}^n) \mid r_{m,\ell}(f) < \infty \text{ für } m, \ell \in \mathbb{N}_0\} \tag{5.92}$$

definiert, wobei

$$r_{m,\ell}(f) = \sup_{x \in \mathbb{R}^n, |L| \leq \ell} (1 + \|x\|^2)^{m/2} \left|(D^L f)(x)\right|, \tag{5.93}$$

und die Norm $\|\cdot\|$ die Euklidische Norm auf $\mathbb{R}^n$ ist.

Der Raum der Schwartz-Funktionen wird, versehen mit den *Halbnormen* $r_{m,\ell}$ für $m, \ell \in \mathbb{N}_0$, zu einem der wichtigsten Testfunktionenräume der Distributionentheorie und insbesondere der Theorie der Fourier-Transformation.

Satz 5.3.3 (Schwartz-Funktionen und Fourier-Transformation).

i.) Die Schwartz-Funktionen $\mathscr{S}(\mathbb{R}^n)$ bilden bezüglich des Halbnormensystem $\{r_{m,\ell}\}_{m,\ell \in \mathbb{N}_0}$ einen Fréchet-Raum und $C_0^\infty(\mathbb{R}^n)$ ist ein dichter Teilraum von $\mathscr{S}(\mathbb{R}^n)$.

ii.) Die Orts- und Impulsoperatoren Q^k, P_ℓ bilden $\mathscr{S}(\mathbb{R}^n)$ stetig in sich ab.

iii.) Die Fourier-Transformation $\mathfrak{F} : f \mapsto \hat{f}$ mit

$$\hat{f}(\xi) = \int_{\mathbb{R}^n} \mathrm{e}^{-\mathrm{i}\xi \cdot x} f(x) \mathrm{d}^n x \tag{5.94}$$

ist eine stetige bijektive Abbildung

$$\mathfrak{F} : \mathscr{S}(\mathbb{R}^n) \longrightarrow \mathscr{S}(\mathbb{R}^n) \tag{5.95}$$

mit stetigem Inversen

$$f(x) = \frac{1}{(2\pi)^n} \int_{\mathbb{R}^n} \mathrm{e}^{\mathrm{i}\xi \cdot x} \hat{f}(\xi) \mathrm{d}^n \xi. \tag{5.96}$$

Es gilt

$$\widehat{x^k f}(\xi) = \mathrm{i}\frac{\partial \hat{f}}{\partial \xi_k}(\xi) \quad und \quad \widehat{\frac{\partial f}{\partial x^\ell}}(\xi) = \mathrm{i}\xi_\ell \hat{f}(\xi). \tag{5.97}$$

iv.) Ist $a \in C^\infty(\mathbb{R}^n)$ eine glatte Funktion mit polynomial beschränkten Ableitungen, existiert also für alle $\ell \in \mathbb{N}_0$ ein $m \in \mathbb{N}_0$, so daß

$$\sup_{x \in \mathbb{R}^n, |K| \leq \ell} \frac{1}{(1 + \|x\|^2)^{m/2}} \left| (D^K a)(x) \right| < \infty, \tag{5.98}$$

so ist die lineare Abbildung

$$\mathscr{S}(\mathbb{R}^n) \ni f \mapsto af \in \mathscr{S}(\mathbb{R}^n) \tag{5.99}$$

stetig.

v.) Das algebraische Tensorprodukt $\mathscr{S}(\mathbb{R}^n) \otimes \mathscr{S}(\mathbb{R}^m)$ läßt sich kanonisch als Teilraum des Schwartz-Raums $\mathscr{S}(\mathbb{R}^{n+m})$ auffassen, indem man

$$(f \otimes g)(x, y) = f(x)g(y) \quad mit \quad (x, y) \in \mathbb{R}^{n+m} \tag{5.100}$$

für $f \in \mathscr{S}(\mathbb{R}^n)$ und $g \in \mathscr{S}(\mathbb{R}^m)$ setzt. Die bilineare Abbildung

$$\otimes : \mathscr{S}(\mathbb{R}^n) \times \mathscr{S}(\mathbb{R}^m) \longrightarrow \mathscr{S}(\mathbb{R}^{n+m}) \tag{5.101}$$

ist stetig und das Bild liegt dicht in $\mathscr{S}(\mathbb{R}^{n+m})$.

vi.) Die kanonische Wirkung von $\mathrm{GL}_n(\mathbb{R}) \ltimes \mathbb{R}^n$ *auf* $\mathbb{R}^n$ *durch affine Transformationen liefert eine stetige Darstellung durch pull-backs*

$$(\mathrm{GL}_n(\mathbb{R}) \ltimes \mathbb{R}^n) \times \mathscr{S}(\mathbb{R}^n) \longrightarrow \mathscr{S}(\mathbb{R}^n). \tag{5.102}$$

Insbesondere ist die Definition von $\mathscr{S}(\mathbb{R}^n)$ *vom gewählten Ursprung, dem Skalarprodukt und der gewählten Basis unabhängig, hängt also nur von der affinen Struktur von* $\mathbb{R}^n$ *ab.*

vii.) Ist $\iota : \mathbb{R}^n \longrightarrow \mathbb{R}^m$ *ein affiner Unterraum, so ist der pull-back*

$$\iota^* : \mathscr{S}(\mathbb{R}^m) \longrightarrow \mathscr{S}(\mathbb{R}^n) \tag{5.103}$$

stetig und surjektiv. Zusammen mit v.) folgt, daß die Multiplikation

$$\mathscr{S}(\mathbb{R}^n) \times \mathscr{S}(\mathbb{R}^n) \ni (f, g) \mapsto fg \in \mathscr{S}(\mathbb{R}^n) \tag{5.104}$$

stetig ist. Weiter ist die komplexe Konjugation

$$\mathscr{S}(\mathbb{R}^n) \ni f \mapsto \overline{f} \in \mathscr{S}(\mathbb{R}^n) \tag{5.105}$$

eine stetige Involution, womit $\mathscr{S}(\mathbb{R}^n)$ *zu einer Fréchet-*-Algebra wird.*

viii.) Die kanonische Poisson-Klammer auf $\mathbb{R}^{2n}$ *ist eine stetige Abbildung*

$$\{\cdot, \cdot\} : \mathscr{S}(\mathbb{R}^{2n}) \times \mathscr{S}(\mathbb{R}^{2n}) \longrightarrow \mathscr{S}(\mathbb{R}^{2n}), \tag{5.106}$$

womit $\mathscr{S}(\mathbb{R}^{2n})$ *eine Fréchet-Poisson-Algebra wird.*

Beweise zu diesen Behauptungen sowie eine weiterführende Diskussion finden sich beispielsweise in [32, 173, 280].

Bemerkung 5.3.4. Auch wenn wir diesen Satz hier nicht beweisen werden, so sollen doch einige Anmerkungen gemacht werden.

i.) Für die *Fourier-Transformation* gibt es unterschiedliche Konventionen, was die Vorfaktoren und Skalierungen betrifft. Gebräuchlich ist beispielsweise auch die „physikalischere" Konvention

$$\left(\mathcal{F}_\hbar f\right)(p) = \frac{1}{(2\pi\hbar)^{n/2}} \int_{\mathbb{R}^n} \mathrm{e}^{-\frac{i}{\hbar} p \cdot x} f(x) \mathrm{d}^n x \tag{5.107}$$

$$\left(\mathcal{F}_\hbar^{-1} f\right)(x) = \frac{1}{(2\pi\hbar)^{n/2}} \int_{\mathbb{R}^n} \mathrm{e}^{\frac{i}{\hbar} p \cdot x} f(p) \mathrm{d}^n p. \tag{5.108}$$

Die Aussagen des Satzes gelten dann sinngemäß weiter.

ii.) Durch Kombination der Teile *ii.)* und *iv.)* von Satz 5.3.3 folgt, daß auch Differentialoperatoren mit Koeffizientenfunktionen, deren Ableitungen polynomial beschränkt sind, den Schwartz-Raum stetig in sich abbilden.

iii.) Die Stetigkeit der komplexen Konjugation ist offensichtlich, da $r_{m,\ell}(\overline{f}) = r_{m,\ell}(f)$. Die Stetigkeit der Multiplikation folgt aus Teil *v.)* und *vii.)* des Satzes 5.3.3, da

$$fg = \Delta^*(f \otimes g), \tag{5.109}$$

wobei $\Delta : \mathbb{R}^n \longrightarrow \mathbb{R}^{2n}$ die Einbettung als Diagonale ist und damit die Multiplikation als Verkettung stetiger Abbildungen geschrieben werden kann. Alternativ kann man dies auch direkt mit den Halbnormen $r_{m,\ell}$ verifizieren. Eine *Fréchet-Algebra* ist entsprechend eine assoziative Algebra $\mathcal{A}$, so daß der zugrundeliegende Vektorraum ein Fréchet-Raum und die Multiplikation stetig ist. Die Stetigkeit der Poisson-Klammer folgt aus der Stetigkeit von Differentialoperatoren mit konstanten Koeffizienten sowie aus der Stetigkeit des Produkts.

iv.) Zwar ist der Schwartz-Raum nach Teil *vi.)* intrinsisch auf jedem endlichdimensionalen reellen affinen Raum definiert, jedoch ist die Definition *nicht* invariant unter beliebigen Diffeomorphismen. Aus diesem Grunde steht uns ein Analogon von $\mathscr{S}(\mathbb{R}^n)$ nicht mehr zur Verfügung, sobald wir allgemeinere Mannigfaltigkeiten als Phasenräume betrachten wollen.

Die einfachste Integralformel für ϱ_{Std} sowie für die κ-geordnete Darstellung ϱ_κ erhält man, indem man anstelle des Definitionsbereichs $C_0^\infty(\mathbb{R}^n)$ die Schwartz-Funktionen $\mathscr{S}(\mathbb{R}^n) \subseteq L^2(\mathbb{R}^n, \mathrm{d}^n x)$ verwendet und nur klassische Observablen $f \in \mathscr{S}(\mathbb{R}^{2n})$ betrachtet. Während die erste Modifikation eine willkommene Vergrößerung des Definitionsbereichs der Operatoren darstellt, ist die Wahl der Poisson-Algebra $\mathscr{S}(\mathbb{R}^{2n})$ anstelle von $\mathrm{Pol}(T^*\mathbb{R}^n)$ physikalisch schwerer zu rechtfertigen. Alle physikalisch relevanten Observablen zeigen ja typischerweise ein unbeschränktes Verhalten und sind daher sicherlich nicht in $\mathscr{S}(\mathbb{R}^{2n})$. Diese Beschränkung gilt es also in einem zweiten Schritt wieder aufzuheben, was sich auch als möglich erweisen wird. Trotzdem ist es zunächst bequem, mit $\mathscr{S}(\mathbb{R}^{2n})$ zu arbeiten.

Proposition 5.3.5. *Sei $f \in \mathscr{S}(\mathbb{R}^{2n})$ und $\psi \in \mathscr{S}(\mathbb{R}^n)$. Dann definiert*

$$(\mathrm{Op}_{\mathrm{Std}}(f)\psi)(q) = \frac{1}{(2\pi\hbar)^n} \iint \mathrm{e}^{-\frac{\mathrm{i}}{\hbar}p\cdot v} f(q,p)\psi(q+v)\mathrm{d}^n v\,\mathrm{d}^n p \tag{5.110}$$

eine Funktion $\mathrm{Op}_{\mathrm{Std}}(f)\psi \in \mathscr{S}(\mathbb{R}^n)$. Die Abbildung

$$\mathscr{S}(\mathbb{R}^{2n}) \times \mathscr{S}(\mathbb{R}^n) \ni (f,\psi) \mapsto \mathrm{Op}_{\mathrm{Std}}(f)\psi \in \mathscr{S}(\mathbb{R}^n) \tag{5.111}$$

ist stetig.

Beweis. Die Abbildung (5.111) besteht aus einer Kombination von Multiplikationen, pull-backs mit Translationen und Fourier-Transformationen. Daher folgt die Stetigkeit aus Satz 5.3.3. Es ist aber auch nicht schwer, die entsprechenden Abschätzungen von $r_{m\ell}(\mathrm{Op}_{\mathrm{Std}}(f)\psi)$ durch geeignete Halbnormen $r_{m',\ell'}(f)$ und $r_{m'',\ell''}(\psi)$ anzugeben. $\qquad\square$

Wir können wieder eine κ-Ordnung definieren, indem wir eine Integralformel für den Operator $\mathcal{N}_\kappa$ angeben. Für $f \in \mathscr{S}(\mathbb{R}^{2n})$ und $\kappa \in \mathbb{R}$ definieren wir

$$(\mathcal{N}_\kappa f)(q,p) = \frac{1}{(2\pi\hbar)^n} \iint e^{-\frac{i}{\hbar}p'\cdot v} f(q + \kappa v, p + p') \mathrm{d}^n p' \mathrm{d}^n v \qquad (5.112)$$

und entsprechend

$$\mathrm{Op}_\kappa(f) = \mathrm{Op}_{\mathrm{Std}}(\mathcal{N}_\kappa f). \qquad (5.113)$$

Es zeigt sich, daß der Operator $\mathcal{N}_\kappa$ und somit Op_κ auf $\mathscr{S}(\mathbb{R}^{2n})$ wohl-definiert ist:

Proposition 5.3.6. *Für alle $\kappa \in \mathbb{R}$ ist $\mathcal{N}_\kappa : \mathscr{S}(\mathbb{R}^{2n}) \longrightarrow \mathscr{S}(\mathbb{R}^{2n})$ eine bijektive stetige lineare Abbildung, und es gilt*

$$\mathcal{N}_0 = \mathrm{id}_{\mathscr{S}(\mathbb{R}^{2n})} \quad sowie \quad \mathcal{N}_\kappa \circ \mathcal{N}_{\kappa'} = \mathcal{N}_{\kappa+\kappa'}. \qquad (5.114)$$

Entsprechend ist Op_κ wohl-definiert und besitzt die selben Stetigkeitseigenschaften wie $\mathrm{Op}_{\mathrm{Std}} = \mathrm{Op}_0$. Explizit gilt

$$(\mathrm{Op}_\kappa(f)\psi)(q) = \frac{1}{(2\pi\hbar)^n} \iint e^{-\frac{i}{\hbar}p\cdot v} f(q + \kappa v, p)\psi(q + v) \mathrm{d}^n v \mathrm{d}^n p \qquad (5.115)$$

für $f \in \mathscr{S}(\mathbb{R}^{2n})$ und $\psi \in \mathscr{S}(\mathbb{R}^n)$.

Beweis. Daß $\mathcal{N}_\kappa f \in \mathscr{S}(\mathbb{R}^{2n})$ und daß $\mathcal{N}_\kappa$ stetig ist, folgt wieder aus Satz 5.3.3, indem man $\mathcal{N}_\kappa$ als geeignete Hintereinanderausführung von Multiplikationen mit Phasen und Fourier-Transformationen schreibt: Es gilt nämlich folgende Formel für $\kappa \neq 0$

$$(\mathcal{N}_\kappa f)(q,p) = \frac{1}{(2\pi\hbar|\kappa|)^n} \iint e^{-\frac{i}{\kappa\hbar}(p'-p)\cdot(q'-q)} f(q',p') \mathrm{d}^n q' \mathrm{d}^n p', \qquad (5.116)$$

welche man unmittelbar durch die Substitution $q' = q + \kappa v$ und $p'' = p + p'$ und anschließende Umbenennung $p'' \rightsquigarrow p'$ erhält. Damit ist $\mathcal{N}_\kappa$ eine skalierte Fourier-Transformation mit anschließender Multiplikation mit einer Phase. Für $\kappa = 0$ gilt dagegen

$$(\mathcal{N}_0 f)(q,p) = \frac{1}{(2\pi\hbar)^n} \iint e^{-\frac{i}{\hbar}p'\cdot v} f(q, p + p') \mathrm{d}^n p' \mathrm{d}^n v = f(q,p)$$

nach den Inversionsformeln für die Fourier-Transformation in den Variablen p und v. Dies zeigt die Stetigkeitseigenschaften. Für den zweiten Teil rechnen wir nach, daß

$$(\mathcal{N}_\kappa \mathcal{N}_{\kappa'} f)(q,p) = \frac{1}{(2\pi\hbar)^{2n}} \int \cdots \int e^{-\frac{i}{\hbar}(p'\cdot v + p''\cdot v')}$$
$$\times f(q + \kappa v + \kappa' v', p + p' + p'') \mathrm{d}^n p'' \mathrm{d}^n v' \mathrm{d}^n p' \mathrm{d}^n v$$

$$= \frac{1}{(2\pi\hbar)^{2n}} \int \cdots \int e^{-\frac{1}{2\hbar}\left((\tilde{p}+\hat{p})\cdot v + (\tilde{p}-\hat{p})\cdot v'\right)}$$

$$\times f(q + \kappa v + \kappa' v', p + \tilde{p}) \frac{1}{2^n} d^n\tilde{p} d^n\hat{p} d^n v d^n v'$$

$$= \frac{1}{(2\pi\hbar)^n} \iint e^{-\frac{1}{2\hbar}2\tilde{p}\cdot v} f(q + (\kappa+\kappa')v, p+\tilde{p}) d^n\tilde{p} d^n v$$

$$= (\mathcal{N}_{\kappa+\kappa'} f)(q,p),$$

wobei wir die Variablensubstitution $\tilde{p} = p' + p''$ und $\hat{p} = p' - p''$ verwendet haben, um dann die Fourier-Inversionsformeln für das Variablenpaar $\hat{p}$ und v'' anzuwenden. Damit folgt (5.114). Schließlich zeigen wir (5.115) durch Nachrechnen, denn mit der gleichen Argumentation folgt

$$(\mathrm{Op}_\kappa(f)\psi)(q) = \frac{1}{(2\pi\hbar)^{2n}} \int \cdots \int e^{-\frac{1}{\hbar}(p\cdot v - p'\cdot v')} f(q + \kappa v', p + p')$$

$$\times \psi(q+v) d^n p' d^n v' d^n p d^n v$$

$$= \frac{1}{(2\pi\hbar)^{2n}} \int \cdots \int e^{-\frac{1}{2\hbar}\left((\tilde{p}+\hat{p})\cdot v + (\tilde{p}-\hat{p})\cdot v'\right)} f(q + \kappa v', \tilde{p})$$

$$\times \psi(q+v) \frac{1}{2^n} d^n\tilde{p} d^n\hat{p} d^n v d^n v'$$

$$= \frac{1}{(2\pi\hbar)^n} \iint e^{-\frac{1}{2\hbar}2\tilde{p}\cdot v} f(q + \kappa v, \tilde{p}) \psi(q+v) d^n\tilde{p} d^n v,$$

womit auch (5.115) gezeigt ist.   □

Den Fall $\kappa = \frac{1}{2}$ bezeichnen wir wieder als *Weyl-Ordnung*

$$(\mathrm{Op}_{\mathrm{Weyl}}(f)\psi)(q) = \frac{1}{(2\pi\hbar)^n} \iint e^{-\frac{1}{\hbar}p\cdot v} f\left(q + \frac{1}{2}v, p\right) \psi(q+v) d^n v d^n p. \quad (5.117)$$

Bemerkung 5.3.7. In der Literatur sind verschiedene Integralformeln für die Weyl-Ordnung gebräuchlich, welche sich jedoch nur durch Variablensubstitutionen von (5.117) unterscheiden. Die hier gezeigte ist für die geometrische Verallgemeinerung auf beliebige Kotangentenbündeln die geeignetste, siehe [42]. Wir werden diesen Aspekt hier jedoch nicht weiter verfolgen.

Wir wollen nun die Formeln für $\mathrm{Op}_{\mathrm{Std}}$, $\mathrm{Op}_{\mathrm{Weyl}}$ und allgemein für Op_κ für klassische Observablen f nutzen, welche nicht notwendigerweise in $\mathscr{S}(\mathbb{R}^{2n})$ liegen. Insbesondere sollte die neue Funktionenklasse eine Poisson-Algebra sein und $\mathrm{Pol}(T^*\mathbb{R}^n)$ umfassen, so daß wir damit auch in der Lage sind, die Integralformeln mit den bereits diskutierten Formeln für ϱ_{Std}, ϱ_{Weyl} und ϱ_κ zu vergleichen. Die folgende Definition von Hörmander-Symbolen, welche wir in zwei Varianten aussprechen wollen, leistet genau das Gewünschte. Wir verweisen für weitere Details auf [147, 172, 296].

Definition 5.3.8 (Hörmander-Symbole). *Sei* $m \in \mathbb{R}$.

i.) *Eine Funktion* $f \in C^\infty(\mathbb{R}^{2n})$ *heißt (globales) Symbol der Ordnung* m, *falls es für alle Multiindizes* L, M *Konstanten* $C_{L,M}$ *gibt, so daß*

$$\left| (D_q^L D_p^M f)(q,p) \right| \leq C_{L,M}(1 + \|p\|)^{m-|M|}, \qquad (5.118)$$

für alle $(q,p) \in \mathbb{R}^{2n}$. *Die Menge der globalen Symbole der Ordnung* m *wird mit* $\mathcal{S}^m(\mathbb{R}^n \times \mathbb{R}^n)$ *bezeichnet, und man setzt* $\mathcal{S}^{-\infty} = \bigcap_{m \in \mathbb{R}} \mathcal{S}^m$ *sowie* $\mathcal{S}^{+\infty} = \bigcup_{m \in \mathbb{R}} \mathcal{S}^m$.

ii.) *Sei nun* $U \subseteq \mathbb{R}^n$ *offen. Dann heißt* $f \in C^\infty(U \times \mathbb{R}^n)$ *(lokales) Symbol der Ordnung* m, *falls für alle* $\chi \in C_0^\infty(U)$ *die Funktion* $(q,p) \mapsto \chi(q)f(q,p)$ *ein globales Symbol der Ordnung* m *ist. Die Menge der lokalen Symbole der Ordnung* m *wird mit* $\mathcal{S}_{\mathrm{loc}}^m(U \times \mathbb{R}^n)$ *oder einfach mit* $\mathcal{S}^m(U \times \mathbb{R}^n)$ *bezeichnet. Man setzt wieder* $\mathcal{S}_{\mathrm{loc}}^{-\infty} = \bigcap_{m \in \mathbb{R}} \mathcal{S}_{\mathrm{loc}}^m$ *sowie* $\mathcal{S}_{\mathrm{loc}}^{+\infty} = \bigcup_{m \in \mathbb{R}} \mathcal{S}_{\mathrm{loc}}^m$.

Bemerkung 5.3.9 (Hörmander-Symbole).

i.) Die Bedingung (5.118) versucht das Verhalten von polynomialen Funktionen in p bezüglich Ableitungen und des Verhaltens für $p \longrightarrow \infty$ nachzubilden. Man beachte, daß $f \in \mathcal{S}^m(\mathbb{R}^n)$ in den Ortsraumvariablen q beschränkt ist, für $f \in \mathcal{S}_{\mathrm{loc}}^m(U \times \mathbb{R}^n)$ gilt dies hingegen nicht notwendigerweise.

ii.) Die Wahl der „besten" (also kleinsten) Konstanten $C_{L,M}$ in (5.118) definiert ein System von Halbnormen, welches $\mathcal{S}^m(\mathbb{R}^n \times \mathbb{R}^n)$ zu einem Fréchet-Raum macht. Insbesondere ist $\mathcal{S}^m$ ein Vektorraum für alle m.

iii.) Die Bedingung $f \in \mathcal{S}_{\mathrm{loc}}^m(U \times \mathbb{R}^n)$ läßt sich äquivalent so formulieren, daß es für jedes Kompaktum $K \subseteq U$ und alle Multiindizes M, L Konstanten $C_{K,L,M}$ gibt, so daß

$$\left| (D_q^L D_p^M f)(q,p) \right| \leq C_{K,L,M}(1 + \|p\|)^{m-|M|} \qquad (5.119)$$

für alle $(q,p) \in K \times \mathbb{R}^n$. Die Wahl der besten Konstanten $C_{K,L,M}$ macht $\mathcal{S}_{\mathrm{loc}}^m(U \times \mathbb{R}^n)$ ebenfalls zu einem Fréchet-Raum, da insbesondere abzählbar viele Kompakta K_n genügen, um U auszuschöpfen.

iv.) Die Bedingungen an die Impulse (5.118) beziehungsweise (5.119) hängt insofern nicht von der verwendeten Norm $\|\cdot\|$ ab, als sich zwar die numerischen Werte der Konstanten $C_{L,M}$ beziehungsweise $C_{K,L,M}$ ändern, die resultierende Fréchet-Topologie jedoch von dieser Wahl unabhängig ist.

v.) Es ist klar, daß $\mathcal{S}^m(\mathbb{R}^n \times \mathbb{R}^n) \subseteq \mathcal{S}^{m'}(\mathbb{R}^n \times \mathbb{R}^n)$ ebenso wie $\mathcal{S}_{\mathrm{loc}}^m(U \times \mathbb{R}^n) \subseteq \mathcal{S}_{\mathrm{loc}}^{m'}(U \times \mathbb{R}^n)$ für $m \leq m'$.

Daß wir mit den Symbolen die richtigen Kandidaten gefunden haben, die in den Impulsen polynomialen Funktionen zu verallgemeinern, zeigt folgende einfache Proposition:

Proposition 5.3.10. *Die Symbole haben folgende Eigenschaften:*

i.) *Für* $f \in \mathcal{S}^m(\mathbb{R}^n \times \mathbb{R}^n)$ *und* $g \in \mathcal{S}^{m'}(\mathbb{R}^n \times \mathbb{R}^n)$ *gilt* $fg \in \mathcal{S}^{m+m'}(\mathbb{R}^n \times \mathbb{R}^n)$ *sowie* $D_q^L D_p^M f \in \mathcal{S}^{m-|M|}(\mathbb{R}^n \times \mathbb{R}^n)$.

ii.) Für $m \leq 0$ ist $\mathcal{S}^m(\mathbb{R}^n \times \mathbb{R}^n)$ eine Fréchet-Poisson-Algebra bezüglich der kanonischen Poisson-Klammer auf $\mathbb{R}^{2n}$.

iii.) Die analogen Aussagen gelten auch für $\mathrm{S}^m_{\mathrm{loc}}(U \times \mathbb{R}^n)$, und es gilt zudem für $m \in \mathbb{N}_0$

$$\mathrm{Pol}^m(T^*U) \subseteq \mathrm{S}^m_{\mathrm{loc}}(U \times \mathbb{R}^n) \quad sowie \quad \mathrm{Pol}(T^*U) \subseteq \mathrm{S}^{+\infty}_{\mathrm{loc}}(U \times \mathbb{R}^n). \quad (5.120)$$

Beweis. Die nötigen Abschätzungen für den ersten Teil erhält man aus der Leibniz-Regel für mehrfache Ableitungen. Damit ist der zweite Teil ebenfalls klar. Die Aussagen lassen sich unmittelbar auf die lokalen Symbole übertragen, indem man die entsprechenden Abschätzungen auf $K \subseteq U$ anwendet. Die Inklusionen in (5.120) sind offensichtlich. $\qquad\square$

Die beiden folgenden Sätze zeigen nun, daß wir die Quantisierungsvorschriften Op_κ tatsächlich auf $\mathcal{S}^m$ beziehungsweise S^m ausdehnen können. Für Beweise verweisen wir auf [172, Chap. 18].

Satz 5.3.11. *Sei $f \in \mathcal{S}^m(\mathbb{R}^n \times \mathbb{R}^n)$ und $\psi \in \mathscr{S}(\mathbb{R}^n)$. Dann definiert*

$$\left(\mathrm{Op}_\kappa(f)\psi\right)(q) = \frac{1}{(2\pi\hbar)^n} \iint \mathrm{e}^{-\frac{\mathrm{i}}{\hbar}p \cdot v} f(q + \kappa v, p)\psi(q + v)\mathrm{d}^n v \mathrm{d}^n p \quad (5.121)$$

eine Funktion $\mathrm{Op}_\kappa(f)\psi \in \mathscr{S}(\mathbb{R}^n)$ und die Abbildung

$$\mathcal{S}^m(\mathbb{R}^n \times \mathbb{R}^n) \times \mathscr{S}(\mathbb{R}^n) \ni (f, \psi) \mapsto \mathrm{Op}_\kappa(f)\psi \in \mathscr{S}(\mathbb{R}^n) \quad (5.122)$$

ist stetig.

Satz 5.3.12. *Sei $f \in \mathrm{S}^m_{\mathrm{loc}}(\mathbb{R}^n \times \mathbb{R}^n)$ sowie $\psi \in C_0^\infty(\mathbb{R}^n)$. Dann ist durch*

$$\left(\mathrm{Op}_\kappa(f)\psi\right)(q) = \frac{1}{(2\pi\hbar)^n} \iint \mathrm{e}^{-\frac{\mathrm{i}}{\hbar}p \cdot v} f(q + \kappa v, p)\psi(q + v)\mathrm{d}^n v \mathrm{d}^n p \quad (5.123)$$

eine Funktion $\mathrm{Op}_\kappa(f)\psi \in C^\infty(\mathbb{R}^n)$ definiert und die Abbildung $\mathrm{Op}_\kappa(f) : C_0^\infty(\mathbb{R}^n) \longrightarrow C^\infty(\mathbb{R}^n)$ ist stetig bezüglich der kanonischen lokal konvexen Topologien.

Definition 5.3.13 (Pseudodifferentialoperator). *Der Operator $\mathrm{Op}_\kappa(f)$ heißt κ-geordneter Pseudodifferentialoperator der Ordnung m zum Symbol f.*

Üblicherweise werden stetige Operatoren $A : C_0^\infty(\mathbb{R}^n) \longrightarrow C^\infty(\mathbb{R}^n)$ als Pseudodifferentialoperatoren der Ordnung m bezeichnet, wenn es ein Symbol $a \in \mathrm{S}^m_{\mathrm{loc}}(\mathbb{R}^n \times \mathbb{R}^n)$ gibt, so daß

$$(A\psi)(q) = \frac{1}{(2\pi\hbar)^n} \iint \mathrm{e}^{-\frac{\mathrm{i}}{\hbar}p \cdot v} a(q, p)\psi(q + v)\mathrm{d}^n v \mathrm{d}^n p \quad (5.124)$$

für alle $\psi \in C_0^\infty(\mathbb{R}^n)$. Dies entspricht dem Fall $\kappa = 0$. Man kann nun durch eine einfache Variablensubstitution zeigen, daß auch die κ-geordneten Pseudodifferentialoperatoren Pseudodifferentialoperatoren in diesem Sinne sind. Man bezeichnet die Abbildung Op_κ auch als κ-geordneten Symbolkalkül für die Pseudodifferentialoperatoren. Die Bezeichnung „Pseudodifferentialoperator" wird durch folgende einfache Rechnung gerechtfertigt:

Proposition 5.3.14. *Sei* $f \in \mathrm{Pol}^m(T^*\mathbb{R}^n) \subseteq \mathrm{S}^m_{\mathrm{loc}}(\mathbb{R}^n \times \mathbb{R}^n)$. *Dann gilt für alle* $\psi \in C_0^\infty(\mathbb{R}^n)$

$$\mathrm{Op}_\kappa(f)\psi = \varrho_\kappa(f)\psi, \tag{5.125}$$

womit in diesem Fall der Pseudodifferentialoperator $\mathrm{Op}_\kappa(f)$ *ein Differentialoperator ist.*

Beweis. Es genügt, $f(q,p) = \chi(q)p^k$ und $n = 1$ zu betrachten. Der allgemeine Fall $n \geq 2$ folgt analog. Die Funktion $v \mapsto \chi(q + \kappa v)\psi(q + v)$ hat kompakten Träger, ist also ein Element des Schwartz-Raums $\mathscr{S}(\mathbb{R})$. Daher können wir Satz 5.3.3 anwenden und die p-Potenzen als Ableitungen vor die Fourier-Transformation schreiben. Explizit gilt mit den Inversionsformeln für die Fourier-Transformation

$$
\begin{aligned}
&(\mathrm{Op}_\kappa(f)\psi)\,(q) \\
&= \frac{1}{2\pi\hbar} \iint e^{-\frac{i}{\hbar}p\cdot v} p^k \chi(q + \kappa v)\psi(q + v)\mathrm{d}v\mathrm{d}p \\
&= \frac{1}{2\pi\hbar} \iint e^{-\frac{i}{\hbar}p\cdot v} \left(\frac{\hbar}{i}\right)^k \frac{\partial^k}{\partial v^k}\left(\chi(q + \kappa v)\psi(q + v)\right)\mathrm{d}v\mathrm{d}p \\
&= \frac{1}{2\pi\hbar} \iint e^{-\frac{i}{\hbar}p\cdot v} \left(\frac{\hbar}{i}\right)^k \sum_{\ell=0}^{k}\binom{k}{\ell}\kappa^\ell \frac{\partial^\ell \chi}{\partial q^\ell}(q + \kappa v)\frac{\partial^{k-\ell}\psi}{\partial q^{k-\ell}}(q + v)\mathrm{d}v\mathrm{d}p \\
&= \left(\frac{\hbar}{i}\right)^k \sum_{\ell=0}^{k}\binom{k}{\ell}\kappa^\ell \frac{\partial^\ell \chi}{\partial q^\ell}(q)\frac{\partial^{k-\ell}\psi}{\partial q^{k-\ell}}(q) \\
&= \left(\varrho_{\mathrm{Std}}\left(\sum_{\ell=0}^{k}\frac{(-i\hbar\kappa)^\ell}{\ell!}\frac{\partial^\ell \chi}{\partial q^\ell}\frac{\partial^\ell(p^k)}{\partial p^\ell}\right)\psi\right)(q) \\
&= (\varrho_{\mathrm{Std}}(N_\kappa(f))\psi)(q).
\end{aligned}
$$

$\square$

Diese Proposition rechtfertigt zum einen die Bezeichnung κ-geordneter Pseudodifferentialoperator, zum anderen liefert sie die gesuchte Erweiterung der κ-Ordnungsvorschrift ϱ_κ auf eine größere Funktionenklasse als $\mathrm{Pol}(T^*\mathbb{R}^n)$, nämlich auf $\mathrm{S}^\infty_{\mathrm{loc}}(\mathbb{R}^n \times \mathbb{R}^n)$.

Gerade im Hinblick auf die Anwendungen in der Quantenmechanik schließen wir die Diskussion der Pseudodifferentialoperatoren mit einigen Bemerkungen zu ihrem Verhalten bezüglich des L^2-Skalarprodukts. Wir betrachten dazu Symbole in $\mathrm{S}^m(\mathbb{R}^n \times \mathbb{R}^n)$, da wir das Wachstumsverhalten in Ortsrichtung ebenfalls kontrollieren müssen.

Lemma 5.3.15. *Sei* $f \in \mathrm{S}^m(\mathbb{R}^n \times \mathbb{R}^n)$ *und* $\psi, \phi \in \mathscr{S}(\mathbb{R}^n)$. *Dann gilt*

$$\langle \phi, \mathrm{Op}_\kappa(f)\psi \rangle = \langle \mathrm{Op}_{1-\kappa}(\overline{f})\phi, \psi \rangle. \tag{5.126}$$

Beweis. Da $\mathrm{Op}_\kappa(f)\psi, \mathrm{Op}_\kappa(f)\phi \in \mathscr{S}(\mathbb{R}^n)$ gilt, ist in beiden Fällen das L^2-Skalarprodukt mit ϕ beziehungsweise ψ wohl-definiert. Wir rechnen nach, daß

$$
\begin{aligned}
&\langle \phi, \mathrm{Op}_\kappa(f)\psi \rangle \\
&= \frac{1}{(2\pi\hbar)^n} \int \overline{\phi(q)} \iint e^{-\frac{i}{\hbar}p\cdot v} f(q+\kappa v, p)\psi(q+v)\mathrm{d}^n v \mathrm{d}^n p \mathrm{d}^n q \\
&= \frac{1}{(2\pi\hbar)^n} \iiint e^{-\frac{i}{\hbar}p\cdot v}\overline{\phi(q'-v)} f(q'-v+\kappa v, p)\psi(q')\mathrm{d}^n v \mathrm{d}^n p \mathrm{d}^n q' \\
&= \frac{1}{(2\pi\hbar)^n} \iiint e^{+\frac{i}{\hbar}p\cdot v}\overline{\phi(q+v)} f(q+v-\kappa v, p)\psi(q)\mathrm{d}^n v \mathrm{d}^n p \mathrm{d}^n q \\
&= \langle \mathrm{Op}_{1\text{-}\kappa}(\overline{f})\phi, \psi \rangle,
\end{aligned}
$$

wobei wir eine einfache Variablensubstitution $q' = q + v$ für festes v vorgenommen haben und anschließend v durch $-v$ ersetzt haben. $\square$

Da $\mathscr{S}(\mathbb{R}^n) \subseteq L^2(\mathbb{R}^n, \mathrm{d}^n q)$ ein dichter Teilraum des Hilbert-Raumes der quadratintegrablen Funktionen ist, stellt sich die Frage, welche der Operatoren $\mathrm{Op}_\kappa(f)$ sich zu *beschränkten Operatoren* auf $L^2(\mathbb{R}^n, \mathrm{d}^n q)$ ausdehnen lassen. Hier gibt es folgendes nichttriviale Resultat:

Satz 5.3.16. *Sei $f \in \mathcal{S}^0(\mathbb{R}^n \times \mathbb{R}^n)$. Dann ist $\mathrm{Op}_\kappa(f) : \mathscr{S}(\mathbb{R}^n) \longrightarrow \mathscr{S}(\mathbb{R}^n)$ im L^2-Sinne beschränkt und besitzt daher eine eindeutige Fortsetzung als stetiger Operator auf $L^2(\mathbb{R}^n, \mathrm{d}^n q)$.*

Einen Beweis findet man (für $\kappa = 0$) in [172, Thm. 18.1.11]. Der Fall $\kappa \neq 0$ verläuft analog. Wir bezeichnen die Fortsetzung von $\mathrm{Op}_\kappa(f)$ auf $L^2(\mathbb{R}^n, \mathrm{d}^n q)$ ebenfalls mit $\mathrm{Op}_\kappa(f)$.

Ist das Symbol f sogar eine Schwartz-Funktion, so läßt sich der Operator $\mathrm{Op}_\kappa(f)$ weiter charakterisieren:

Satz 5.3.17. *Sei $f \in \mathscr{S}(\mathbb{R}^{2n})$. Dann ist $\mathrm{Op}_\kappa(f)$ ein Spurklasseoperator und es gilt*

$$
\mathrm{tr}(\mathrm{Op}_\kappa(f)) = \frac{1}{(2\pi\hbar)^n} \iint f(q,p)\mathrm{d}^n q \mathrm{d}^n p. \tag{5.127}
$$

Der Satz gilt auch noch für Symbole $f \in \mathcal{S}^m(\mathbb{R}^n \times \mathbb{R}^n)$ mit $m < -n$, für welche auch die Ortsabhängigkeit schneller abfallend als $|q|^n$ ist, so daß das Integral (5.127) existiert. Dies bedeutet gerade die Integrabilität von f bezüglich des *Liouville-Maßes* auf dem Phasenraum. Für einen Beweis verweisen wir erneut auf [172].

5.3.2 Integralformeln für die Sternprodukte

Die Beziehung von ϱ_κ und Op_κ nach Proposition 5.3.14 legt nahe, für die Sternprodukte $\star_\kappa$ analog zu verfahren und das Operatorprodukt mittels Op_κ zurückzuziehen, um ein neues Sternprodukt für $\mathcal{S}^\infty_{\mathrm{loc}}(\mathbb{R}^n \times \mathbb{R}^n)$ zu erhalten. Dies ist jedoch nicht mehr so leicht möglich, da $\mathrm{Op}_\kappa(f)$ für $f \in S^m_{\mathrm{loc}}(\mathbb{R}^n \times \mathbb{R}^n)$ im allgemeinen nur auf $C^\infty_0(\mathbb{R}^n)$ definiert ist und ein Resultat in $C^\infty(\mathbb{R}^n)$ liefert. In der Definition von $S^m_{\mathrm{loc}}(\mathbb{R}^n \times \mathbb{R}^n)$ gab es ja keine Kontrolle des Wachstums in Ortsrichtung. Daher ist die Hintereinanderausführung $\mathrm{Op}_\kappa(f)\,\mathrm{Op}_\kappa(g)$ im allgemeinen *nicht* wohl-definiert. Wir werden uns hier also wieder auf eine kleinere Funktionenklasse als S^∞_{loc} einschränken müssen. Da wir insbesondere auch den Operator $\mathcal{N}_\kappa$ verwenden wollen, um zwischen den verschiedenen Ordnungsvorschriften zu wechseln, sollte die Funktionenklasse eine Poisson-Algebra sein, welche unter Anwendung von $\mathcal{N}_\kappa$ stabil ist. Um die Details so einfach wie möglich zu gestalten, wählen wir erneut den Schwartz-Raum $\mathscr{S}(\mathbb{R}^{2n})$, da hier sowohl $\mathcal{N}_\kappa$ als auch Op_κ unzweifelhaft wohl-definiert sind. Die Frage nach der Ausdehnbarkeit der Integralformeln wurde in den letzten Jahren intensiv diskutiert, geht aber in ihrer endgültigen Antwort über den Rahmen dieser Darstellung hinaus, siehe beispielsweise [106,164,183,227] für eine Interpretation im Rahmen von lokal-konvexen Algebren. Bei Rieffel findet sich eine sehr viel allgemeinere Konstruktion in einem C^*-algebraischen Rahmen [216,273].

Weiter wollen wir die Rolle der neuen Produkte in den Vordergrund stellen, so daß wir diese direkt definieren und anschließend zeigen, daß Op_κ die Darstellungseigenschaft besitzt. Wir beginnen mit dem technisch einfachsten Fall der Standardordnung $\kappa = 0$.

Definition 5.3.18 (κ-geordnetes Sternprodukt, Integralformel). *Seien $f, g \in \mathscr{S}(\mathbb{R}^{2n})$. Dann ist das standardgeordnete Sternprodukt $f \circ_{\mathrm{Std}} g$ durch*

$$(f \circ_{\mathrm{Std}} g)(q,p) = \frac{1}{(2\pi\hbar)^n} \iint \mathrm{e}^{-\frac{\mathrm{i}}{\hbar}(q-q')\cdot(p-p')} f(q,p')g(q',p)\,\mathrm{d}^n q'\,\mathrm{d}^n p' \quad (5.128)$$

definiert. Entsprechend definiert man das κ-geordnete Sternprodukt $f \circ_\kappa g$ durch

$$f \circ_\kappa g = \mathcal{N}_{-\kappa}\left((\mathcal{N}_\kappa)f \circ_{\mathrm{Std}} (\mathcal{N}_\kappa g)\right), \quad (5.129)$$

wobei der Fall $\kappa = \frac{1}{2}$ als Weyl-geordnetes Sternprodukt $\circ_{\mathrm{Weyl}}$ und der Fall $\kappa = 1$ als antistandardgeordnetes Sternprodukt $\circ_{\overline{\mathrm{Std}}}$ bezeichnet wird.

Die punktweise Existenz der Integrale in (5.128) ist offensichtlich, da $f, g \in \mathscr{S}(\mathbb{R}^{2n})$. Daß $\circ_\kappa$ tatsächlich wohl-definiert ist, gilt es noch zu zeigen: Zwar sind $\mathcal{N}_\kappa f$ und $\mathcal{N}_\kappa g$ wieder in $\mathscr{S}(\mathbb{R}^{2n})$, von deren standardgeordnetem Sternprodukt $\mathcal{N}_\kappa f \circ_{\mathrm{Std}} \mathcal{N}_\kappa g$ ist es aber zunächst noch zu zeigen. Dies leistet folgende Proposition:

Proposition 5.3.19. *Für $f, g \in \mathscr{S}(\mathbb{R}^{2n})$ gilt $f \circ_{\mathrm{Std}} g \in \mathscr{S}(\mathbb{R}^{2n})$ und*

$$\circ_{\mathrm{Std}} : \mathscr{S}(\mathbb{R}^{2n}) \times \mathscr{S}(\mathbb{R}^{2n}) \longrightarrow \mathscr{S}(\mathbb{R}^{2n}) \quad (5.130)$$

ist eine assoziative und stetige Multiplikation bezüglich der Fréchet-Topologie von $\mathscr{S}(\mathbb{R}^{2n})$.

Beweis. Wir schreiben $f \circ_{\mathrm{Std}} g$ wieder als geeignete Hintereinanderausführung von stetigen Operationen aus Satz 5.3.3. Zunächst ist die Abbildung $(f, g) \mapsto (f \otimes g)(q, p', q', p) = f(q, p')g(q, p)$ das stetige Tensorprodukt, so daß die anschließende Multiplikation mit der Phase eine stetige Abbildung

$$(f, g) \mapsto \left((q_1, p_1, q_2, p_2) \mapsto \mathrm{e}^{-\frac{\mathrm{i}}{\hbar} q_2 \cdot p_1} f(q_1, p_1) g(q_2, p_2) \right)$$

liefert. Die Fourier-Transformation in den Variablen $q_2 \rightsquigarrow \tilde{p}$ und $p_1 \rightsquigarrow \tilde{q}$ liefert ebenfalls eine stetige Abbildung, so daß die anschließende Auswertung auf der Diagonale $q_1 = \tilde{q}$ und $p_2 = \tilde{p}$ und Multiplikation mit der Phase $\mathrm{e}^{-\frac{\mathrm{i}}{\hbar} q \cdot p}$ insgesamt eine stetige Abbildung liefert. Damit ist die Stetigkeit von (5.130) und insbesondere $f \circ_{\mathrm{Std}} g \in \mathscr{S}(\mathbb{R}^{2n})$ gezeigt. Es bleibt die Assoziativität zu zeigen. Seien also $f, g, h \in \mathscr{S}(\mathbb{R}^{2n})$ gegeben, dann gilt

$$((f \circ_{\mathrm{Std}} g) \circ_{\mathrm{Std}} h))(q, p) = \frac{1}{(2\pi\hbar)^{2n}} \int \cdots \int \mathrm{e}^{-\frac{\mathrm{i}}{\hbar}(q-q') \cdot (p-p')} \mathrm{e}^{-\frac{\mathrm{i}}{\hbar}(q-q'') \cdot (p'-p'')}$$
$$\times f(q, p') g(q'', p') h(q', p) \mathrm{d}^n q' \mathrm{d}^n p' \mathrm{d}^n q'' \mathrm{d}^n p''$$

und andererseits

$$(f \circ_{\mathrm{Std}} (g \circ_{\mathrm{Std}} h))(q, p) = \frac{1}{(2\pi\hbar)^{2n}} \int \cdots \int \mathrm{e}^{-\frac{\mathrm{i}}{\hbar}(q-q') \cdot (p-p')} \mathrm{e}^{-\frac{\mathrm{i}}{\hbar}(q'-q'') \cdot (p-p'')}$$
$$\times f(q, p') g(q', p'') h(q'', p) \mathrm{d}^n q' \mathrm{d}^n p' \mathrm{d}^n q'' \mathrm{d}^n p''.$$

Ausmultiplizieren der Phasen und eine Umbenennung $q' \leftrightarrow q''$ und $p' \leftrightarrow p''$ liefert die Assoziativität. $\qquad \square$

Da $\mathcal{N}_\kappa$ für alle κ eine stetige Abbildung von $\mathscr{S}(\mathbb{R}^{2n})$ in sich mit stetigem Inversen $\mathcal{N}_{-\kappa}$ ist, erhält man unmittelbar folgendes Korollar:

Korollar 5.3.20. *Für alle $\kappa \in \mathbb{R}$ ist $(\mathscr{S}(\mathbb{R}^{2n}), \circ_\kappa)$ eine Fréchet-Algebra, welche zur Fréchet-Algebra $(\mathscr{S}(\mathbb{R}^{2n}), \circ_{\mathrm{Std}})$ via $\mathcal{N}_\kappa$ isomorph ist.*

In einem zweiten Schritt zeigen wir nun, daß Op_κ eine Darstellung von $\mathscr{S}(\mathbb{R}^{2n})$ ist.

Proposition 5.3.21 (κ-Geordnete Darstellung). *Für $f, g \in \mathscr{S}(\mathbb{R}^{2n})$ und $\psi \in \mathscr{S}(\mathbb{R}^n)$ gilt*

$$\mathrm{Op}_\kappa(f) \, \mathrm{Op}_\kappa(g) \psi = \mathrm{Op}_\kappa(f \circ_\kappa g) \psi. \qquad (5.131)$$

Beweis. Wir müssen Dank (5.129) und (5.113) nur den Fall $\kappa = 0$ zeigen. Es gilt

$$(\mathrm{Op}_{\mathrm{Std}}(f) \, \mathrm{Op}_{\mathrm{Std}}(g) \psi)(q) = \frac{1}{(2\pi\hbar)^{2n}} \int \cdots \int \mathrm{e}^{-\frac{\mathrm{i}}{\hbar} p \cdot v} \mathrm{e}^{-\frac{\mathrm{i}}{\hbar} p' \cdot v'}$$
$$\times f(q, p) g(q+v, p') \psi(q+v+v') \mathrm{d}^n p \mathrm{d}^n v \mathrm{d}^n p' \mathrm{d}^n v'$$
$$= \frac{1}{(2\pi\hbar)^{2n}} \int \cdots \int \mathrm{e}^{-\frac{\mathrm{i}}{\hbar}\left(p \cdot (q'-q) + p' \cdot (q-q'+v) \right)}$$

$$\times f(q,p)g(q',p')\psi(q+v)\mathrm{d}^npd^nv\mathrm{d}^np'\mathrm{d}^nq'$$
$$= \left(\mathrm{Op}_{\mathrm{Std}}(f \circ_{\mathrm{Std}} g)\psi\right)(q),$$

nach der Substitution $q' = q + v$ und anschließend bei festem q' die Substitution $q' + v' = q + v$ sowie die Umbenennung $p \leftrightarrow p'$. $\square$

Abschließend wollen wir noch eine explizite Formel für $\circ_\kappa$ für allgemeines $\kappa \in \mathbb{R}$ herleiten. Die Rechnung beruht auf beharrlichem Auswerten der definierenden Gleichung (5.129).

Satz 5.3.22 (Integralformel für $\circ_\kappa$). *Sei $\kappa \neq 0, 1$. Dann gilt für das κ-geordnete Sternprodukt $f \circ_\kappa g$ für $f, g \in \mathscr{S}(\mathbb{R}^{2n})$ die explizite Formel*

$$(f \circ_\kappa g)(q,p) = \frac{1}{(2\pi\hbar)^{2n}|\kappa(1-\kappa)|^n} \int \cdots \int e^{-\frac{i}{\hbar}\Phi_\kappa(q,p,q',p',q'',p'')}$$
$$\times f(q',p')g(q'',p'')\mathrm{d}^nq'\mathrm{d}^np'\mathrm{d}^nq''\mathrm{d}^np'' \tag{5.132}$$

mit der expliziten Phasenfunktion

$$\Phi_\kappa(q,p,q',p',q'',p'') = \frac{1}{\kappa(1-\kappa)}$$
$$\times \left((2\kappa-1)q\cdot p + \kappa\left(q''\cdot p' - q\cdot p' - q''\cdot p\right) + (1-\kappa)\left(q'\cdot p - q'\cdot p'' + q\cdot p''\right)\right). \tag{5.133}$$

Beweis. Der Beweis verwendet die Formel (5.116) für $\mathcal{N}_\kappa$ sowie die explizite Formel für $\circ_{\mathrm{Std}}$. Die anschließende Auswertung von (5.129) ist technisch, benutzt aber letztlich nur zweimal die Fourier-Inversionsformel (5.96) und sei daher als Übung gestellt. $\square$

Bemerkung 5.3.23. Die *Antistandardordnung* $\kappa = 1$ erhält man analog, nur kann man ein weiteres Integrationspaar $\mathrm{d}^nq\mathrm{d}^np$ unter Verwendung von (5.96) auswerten. Das Resultat ist

$$\left(f \circ_{\overline{\mathrm{Std}}} g\right)(q,p) = \frac{1}{(2\pi\hbar)^n} \iint e^{\frac{i}{\hbar}(q-q')\cdot(p-p')} f(q',p)g(q,p')\mathrm{d}^nq'\mathrm{d}^np'. \tag{5.134}$$

Dieses Resultat und ebenso den bereits bekannten Fall $\kappa = 0$ erhält man ebenso aus Satz 5.3.22, indem man die Integrationsvariablen zunächst geeignet mit κ beziehungsweise $1 - \kappa$ reskaliert und dann $\kappa = 0$ beziehungsweise $\kappa = 1$ setzt. So erweisen sich die Singularitäten in (5.132) für $\kappa = 0, 1$ als scheinbare.

Korollar 5.3.24. *Für $\kappa \in \mathbb{R}$ und $f, g \in \mathscr{S}(\mathbb{R}^{2n})$ gilt*

$$\overline{f \circ_\kappa g} = \overline{g} \circ_{1-\kappa} \overline{f}, \tag{5.135}$$

womit $(\mathscr{S}(\mathbb{R}^{2n}), \circ_{\mathrm{Weyl}}, \overline{})$ eine Fréchet--Algebra ist.*

Beweis. Anhand der Formel für Φ_κ sieht man leicht, daß Φ_κ reell ist und

$$\Phi_\kappa(q, p, q', p', q'', p'') = -\Phi_{1-\kappa}(q, p, q'', p'', q', p') \tag{5.136}$$

erfüllt. Damit folgt (5.135) für $\kappa \neq 1, 0$ unmittelbar. Der Fall $\kappa = 0, 1$ ist nach (5.128) und (5.134) ebenfalls offensichtlich. $\qquad \square$

Bemerkung 5.3.25 (Weyl-geordnetes Sternprodukt). Für $\kappa = \frac{1}{2}$ erhält man die explizite Formel

$$
\begin{aligned}
(f \circ_{\text{Weyl}} g)(q, p) = \frac{1}{(\pi\hbar)^{2n}} \int \cdots \int & \mathrm{e}^{-\frac{2\mathrm{i}}{\hbar}\left(q'' \cdot p' - q \cdot p' - q'' \cdot p + q' \cdot p - q' \cdot p'' + qp''\right)} \\
& \times f(q', p') g(q'', p'') \mathrm{d}^n q' \mathrm{d}^n p' \mathrm{d}^n q'' \mathrm{d}^n p''.
\end{aligned} \tag{5.137}
$$

Verwendet man die kanonische symplektische Form $\omega_0(x, x') = q \cdot p' - q' \cdot p$ für $x = (q, p)$ und $x' = (q', p')$, so läßt sich die Phase auch als

$$
\begin{aligned}
(f \circ_{\text{Weyl}} g)(x) = \frac{1}{(\pi\hbar)^{2n}} \iint & \mathrm{e}^{+\frac{2\mathrm{i}}{\hbar}\left(\omega_0(x, x') + \omega_0(x', x'') + \omega_0(x'', x)\right)} \\
& \times f(x') g(x'') \mathrm{d}^{2n} x' \mathrm{d}^{2n} x''.
\end{aligned} \tag{5.138}
$$

schreiben. Geometrisch interpretiert ist die Phase gerade der vierfache *symplektische Flächeninhalt* des Dreiecks (x, x', x''), siehe Abbildung 5.1 sowie [28, 193, 319] für eine weiterführende Diskussion dieser „symplektischen Dreiecke".

Bemerkung 5.3.26. Wir haben hier die einfachste Funktionenklasse, nämlich den Schwartz-Raum $\mathscr{S}(\mathbb{R}^{2n})$, gewählt, welche durch die explizite Integralformel (5.137) zu einer assoziativen Algebra wird. Man kann nun, ausgehend von $\mathscr{S}(\mathbb{R}^{2n})$, die Funktionenklasse erweitern, um eine möglichst große Klasse von Funktionen (Distributionen) zu finden, für welche (5.137) noch sinnvoll interpretiert werden kann und welche unter der Multiplikation abgeschlossen ist. Hierzu sei auf die Literatur verwiesen, insbesondere auf die Arbeiten von Rieffel für einen C^*-algebraischen Kontext [273], siehe auch Landsmans Monographie [216], sowie auf Dubois-Violette et al. für einen Fréchet-algebraischen Zugang [106], siehe auch die früheren Arbeiten [164, 183, 227].

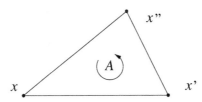

Abb. 5.1. Der orientierte symplektische Flächeninhalt des Dreiecks $\Delta(x, x', x'')$

Wir wollen nun eine etwas knappere Schreibweise für Op_κ gewinnen, indem wir ein Analogon zur Darstellung (5.68) aus Proposition 5.2.18 verwenden. Da für $\psi \in \mathscr{S}(\mathbb{R}^n)$ die Funktion $\pi^*\psi \in C^\infty(T^*\mathbb{R}^n)$ in Impulsrichtung konstant ist, können wir nicht direkt π^* verwenden, um aus ψ eine Schwartz-Funktion auf dem Phasenraum $T^*\mathbb{R}^n$ zu machen. Statt dessen verwenden wir ein geeignetes Tensorprodukt:

Proposition 5.3.27. *Sei* $f \in \mathscr{S}(\mathbb{R}^{2n})$ *und* $\psi \in \mathscr{S}(\mathbb{R}^n)$. *Sei weiter* $\chi \in \mathscr{S}(\mathbb{R}^n)$ *fest gewählt mit* $\chi(0) = 1$ *und sei* $\kappa \in \mathbb{R}^n$. *Dann gilt*

$$\mathrm{Op}_\kappa(f)\psi = \iota^* \left((\mathcal{N}_\kappa f) \circ_{\mathrm{Std}} (\psi \otimes \chi) \right), \tag{5.139}$$

wobei $(\psi \otimes \chi)(q, p) = \psi(q)\chi(p)$ *wie in Satz 5.3.3.*

Beweis. Zunächst ist klar, daß die rechte Seite tatsächlich wohl-definiert ist, da nach Satz 5.3.3 $\psi \otimes \chi \in \mathscr{S}(\mathbb{R}^{2n})$. Es gilt

$$\iota^* \left((\mathcal{N}_\kappa f) \circ_{\mathrm{Std}} (\psi \otimes \chi) \right)(q)$$
$$= \frac{1}{(2\pi\hbar)^n} \iint e^{-\frac{i}{\hbar}(q-q')\cdot(p-p')} (\mathcal{N}_\kappa f)(q, p')\psi(q')\chi(p)\mathrm{d}^n q'\mathrm{d}^n p' \Big|_{p=0}$$
$$= \frac{1}{(2\pi\hbar)^n} \iint e^{\frac{i}{\hbar}(q-q')\cdot p'} (\mathcal{N}_\kappa f)(q, p')\psi(q')\mathrm{d}^n q'\mathrm{d}^n p'$$
$$= \frac{1}{(2\pi\hbar)^n} \iint e^{\frac{i}{\hbar}p\cdot v} (\mathcal{N}_\kappa f)(q, p)\psi(q + v)\mathrm{d}^n v\mathrm{d}^n p$$
$$= \left(\mathrm{Op}_{\mathrm{Std}}(\mathcal{N}_\kappa f)\psi \right)(q)$$
$$= \left(\mathrm{Op}_\kappa(f)\psi \right)(q),$$

wobei wir $\chi(0) = 1$ sowie die Substitution $q' = q + v$ benutzt haben. $\square$

Bemerkung 5.3.28. Diese Proposition erlaubt einen alternativen Beweis von Proposition 5.3.21: Zunächst ist klar, daß für $g \in \mathscr{S}(\mathbb{R}^{2n})$ und $\psi \in \mathscr{S}(\mathbb{R}^n)$ mit χ wie in Proposition 5.3.27 die Gleichung

$$\iota^*(f \circ_{\mathrm{Std}} g) = \iota^*(f \circ_{\mathrm{Std}} (\iota^* g) \otimes \chi) \tag{5.140}$$

gilt, was man unmittelbar aus den definierenden Integralformeln ersieht. Damit folgt aber mit Proposition 5.3.27 und der Assoziativität von $\circ_{\mathrm{Std}}$

$$\mathrm{Op}_{\mathrm{Std}}(f)\,\mathrm{Op}_{\mathrm{Std}}(g)\psi = \iota^* \left(f \circ_{\mathrm{Std}} (\iota^*(g \circ_{\mathrm{Std}} (\psi \otimes \chi))) \otimes \chi \right)$$
$$= \iota^* \left(f \circ_{\mathrm{Std}} (g \circ_{\mathrm{Std}} (\psi \otimes \chi)) \right)$$
$$= \iota^* \left((f \circ_{\mathrm{Std}} g) \circ_{\mathrm{Std}} (\psi \otimes \chi) \right)$$
$$= \mathrm{Op}_{\mathrm{Std}}(f \circ_{\mathrm{Std}} g)\psi.$$

Der κ-geordnete Fall folgt wieder direkt aus der Definition von Op_κ.

Abschließend wollen wir einen intrinsischen Zugang zu Satz 5.3.17 geben, wobei wir zeigen wollen, daß die Integration bezüglich des Liouville-Maßes sich wie die Operatorspur verhält: das Funktional verschwindet auf Kommutatoren.

Proposition 5.3.29. *Sei* $\kappa \in \mathbb{R}$ *und* $f, g \in \mathscr{S}(\mathbb{R}^{2n})$. *Dann ist das Funktional*

$$\operatorname{tr}(f) = \frac{1}{(2\pi\hbar)^n} \int f(x) \mathrm{d}^{2n} x \tag{5.141}$$

ein Spurfunktional in dem Sinne, daß

$$\operatorname{tr}(f \circ_\kappa g) = \operatorname{tr}(g \circ_\kappa f). \tag{5.142}$$

Weiter gilt sogar

$$\operatorname{tr}(f \circ_{\mathrm{Weyl}} g) = \operatorname{tr}(fg) \tag{5.143}$$

und

$$\operatorname{tr}(\mathcal{N}_\kappa f) = \operatorname{tr}(f). \tag{5.144}$$

Beweis. Wir zeigen zunächst (5.143) unter Verwendung von (5.138) für das Weyl-Produkt. Es gilt

$$\int (f \circ_{\mathrm{Weyl}} g)(x) \mathrm{d}^{2n} x$$

$$= \frac{1}{(\pi\hbar)^{2n}} \iiint \mathrm{e}^{\frac{2\mathrm{i}}{\hbar}\left(\omega_0(x,x') + \omega_0(x',x'') + \omega_0(x'',x)\right)} f(x') g(x'') \mathrm{d}^{2n} x \mathrm{d}^{2n} x' \mathrm{d}^{2n} x''$$

$$= \frac{1}{(\pi\hbar)^{2n}} \iiint \mathrm{e}^{\frac{2\mathrm{i}}{\hbar} x \cdot \Omega_0 (x' - x'')} \mathrm{e}^{\frac{2\mathrm{i}}{\hbar} \omega_0(x',x'')} f(x') g(x'') \mathrm{d}^{2n} x \mathrm{d}^{2n} x' \mathrm{d}^{2n} x''$$

$$= \int f(x) g(x) \mathrm{d}^{2n} x,$$

wobei Ω_0 die übliche symplektische Matrix mit $\det \Omega_0 = 1$ wie in (1.14) ist, so daß wir $y' = \Omega_0 x'$ und $y'' = \Omega_0 x''$ substituieren können. Im letzten Schritt verwenden wir die Fourier-Inversionsformeln aus Satz 5.3.3 sowie die Antisymmetrie von $\omega_0(x', x'')$, weshalb die Phase bei Auswertung auf der Diagonalen $x' = x''$ verschwindet. Dies zeigt (5.143). Weiter gilt für alle $\kappa \neq 0$

$$\int (\mathcal{N}_\kappa f)(q,p) \mathrm{d}^n q \mathrm{d}^n p$$

$$= \frac{1}{(2\pi\hbar|\kappa|)^n} \int \cdots \int \mathrm{e}^{-\frac{1}{\kappa\hbar}(q-q') \cdot (p-p')} f(q',p') \mathrm{d}^n q \mathrm{d}^n p \mathrm{d}^n q' \mathrm{d}^n p'$$

$$= \int f(q,p) \mathrm{d}^n q \mathrm{d}^n p$$

nach den Fourier-Inversionsformeln aus Satz 5.3.3. Damit ist auch (5.144) gezeigt, da der Fall $\kappa = 0$ trivial ist. Die Spureigenschaft von tr folgt nun leicht durch

$$\mathrm{tr}(f \circ_\kappa g) = \mathrm{tr}\left(\mathcal{N}_{\kappa - \frac{1}{2}}^{-1} \left(\left(\mathcal{N}_{\kappa - \frac{1}{2}} f \right) \circ_{\mathrm{Weyl}} \left(\mathcal{N}_{\kappa - \frac{1}{2}} g \right) \right) \right)$$

$$= \mathrm{tr}\left(\left(\mathcal{N}_{\kappa - \frac{1}{2}} f \right) \circ_{\mathrm{Weyl}} \left(\mathcal{N}_{\kappa - \frac{1}{2}} g \right) \right)$$

$$= \mathrm{tr}\left(\left(\mathcal{N}_{\kappa - \frac{1}{2}} f \right) \left(\mathcal{N}_{\kappa - \frac{1}{2}} g \right) \right),$$

womit auch (5.142) gezeigt ist.   □

5.3.3 Asymptotische Entwicklungen und ihre Konvergenz

In Proposition 5.3.14 haben wir gesehen, daß die κ-geordneten Pseudodifferentialoperatoren für ein Symbol $f \in \mathrm{Pol}(T^*\mathbb{R}^n)$ wohl-definiert sind und mit unserer vorherigen Definition $\varrho_\kappa(f)$ übereinstimmen. Andererseits ist die Ausdehnung der Integralformeln für das Produkt $\circ_\kappa$ sowie für den Operator $\mathcal{N}_\kappa$ auf $\mathrm{Pol}(T^*\mathbb{R}^n)$ ohne Wachstumsbeschränkung in Ortsrichtung sicherlich nicht möglich, selbst wenn man das polynomiale Anwachsen in Impulsrichtungen durch eine oszillatorische Interpretation der Integrale noch verarbeiten kann. Es stellt sich also die berechtigte Frage, wie $\circ_\kappa$ und $\mathcal{N}_\kappa$ mit $\star_\kappa$ und N_κ zusammenhängen. Es zeigt sich, daß die Integralformeln für Op_κ, $\circ_\kappa$ und $\mathcal{N}_\kappa$ alle eine *asymptotische Entwicklung* für $\hbar \longrightarrow 0$ besitzen, welche durch die entsprechenden Formeln für ϱ_κ, $\star_\kappa$ und N_κ gegeben ist. Dies wollen wir nun präzisieren, wobei wir nicht die allgemeinst mögliche Formulierung mit den schärfsten Resultaten anstreben werden.

Definition 5.3.30 (Asymptotische Potenzreihenentwicklung). *Sei V ein topologischer Vektorraum mit Hausdorffscher Topologie. Sei weiter eine Abbildung $f : (-\epsilon, \epsilon) \longrightarrow V$ gegeben. Dann heißt*

$$v = \sum_{r=0}^{\infty} \lambda^r v_r \in V[[\lambda]] \tag{5.145}$$

asymptotische Potenzreihenentwicklung von f um $t = 0$, falls für alle N

$$\lim_{t \to 0} \frac{1}{t^N} \left(f(t) - \sum_{r=0}^{N} t^r v_r \right) = 0 \tag{5.146}$$

gilt. In diesem Fall schreiben wir $f \sim v$ für $t \longrightarrow 0$.

Bemerkung 5.3.31. Offenbar bedeutet dies, daß f bei $t = 0$ unendlich oft differenzierbar ist und

$$v_r = \frac{1}{r!} \frac{\mathrm{d}^r f}{\mathrm{d}t^r}(0) \in V \tag{5.147}$$

gerade die Taylor-Koeffizienten bei 0 sind. Die asymptotische Entwicklung von f ist eindeutig, sofern sie überhaupt existiert, da V als Hausdorffsch vorausgesetzt ist.

Bemerkung 5.3.32. Während die asymptotische Potenzreihenentwicklung zunächst noch keinen wirklich neuen Begriff gegenüber unendlicher Differenzierbarkeit liefert, gibt es im Stile von (5.146) jedoch weitgehende Verallgemeinerungen. Zum einen kann man die asymptotische Entwicklung nur von einer Seite aus betrachten, also $t \longrightarrow 0^+$ oder $t \longrightarrow 0^-$ in (5.146), wobei die Abbildung f entsprechend nur auf einem Intervall $(0, \epsilon)$ beziehungsweise $(-\epsilon, 0)$ definiert sein muß. Dies entspricht dann links- beziehungsweise rechtsseitiger Differenzierbarkeit. Interessanter ist dagegen, andere Funktionen als die Potenzen t^r für $r \in \mathbb{N}_0$ als Vergleich zuzulassen. Hier sind insbesondere *asymptotische Laurent-Reihenentwicklungen*, wo man t^r mit $r \in \mathbb{Z}$ verwendet, und *asymptotische Newton-Puiseux-Reihenentwicklungen*, wo man $t^{\frac{r}{N}}$ mit $r \in \mathbb{Z}$ und $N \in \mathbb{N}$ verwendet, zu nennen, siehe beispielsweise [268, 281] für eine weiterführende Diskussion sowie [310, App. A.3.4].

Wir wollen nun das Borel-Lemma aus Proposition 4.2.38 nochmals aufgreifen und in einem etwas verallgemeinerten Rahmen formulieren:

Satz 5.3.33 (Borel-Lemma, zweite Version). *Sei V ein Fréchet-Raum, und sei $I \subseteq \mathbb{R}$ ein offenes Intervall um 0 und $v \in V[[\lambda]]$. Dann existiert eine glatte Funktion $f \in C_0^\infty(I, V)$ mit $f \sim v$.*

Beweis (nach [29]). Es genügt, ein $f \in C^\infty(\mathbb{R}, V)$ mit der Eigenschaft $f \sim v$ zu konstruieren, da wir anschließend f mit Hilfe einer geeigneten Abschneidefunktion um die 0 lokalisieren können. Sei also $v = \sum_{r=0}^\infty \lambda^r v_r$ vorgegeben. Da V ein Fréchet-Raum ist, können wir eine aufsteigende Folge $p_0 \leq p_1 \leq p_2 \leq \cdots$ von Halbnormen wählen, welche die Topologie von V bestimmen: Ausgehend von einer beliebigen abzählbaren Menge $\{q_n\}_{n \in \mathbb{N}_0}$ kann man nämlich $p_n = \max(q_1, \ldots, q_n)$ wählen. Weiter wählen wir eine glatte Abschneidefunktion $\varphi \in C_0^\infty(\mathbb{R})$ mit $0 \leq \varphi \leq 1$ sowie $\mathrm{supp}\, \varphi \subseteq [-1, 1]$ und $\varphi(t) = 1$ für $t \in [-\frac{1}{2}, \frac{1}{2}]$, siehe Abbildung 5.2. Dann betrachten wir folgende glatte Funktionen $f_n \in C^\infty(\mathbb{R}, V)$, definiert durch

$$f_n(t) = v_n \frac{t^n}{n!} \varphi(\lambda_n t),$$

wobei die Konstanten $\lambda_n > 0$ noch festzulegen sind. Offenbar ist f_n glatt, und es gilt

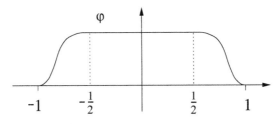

Abb. 5.2. Die Abschneidefunktion φ.

$$\operatorname{supp} f_n \subseteq \left[-\frac{1}{\lambda_n}, \frac{1}{\lambda_n} \right]. \tag{$*$}$$

Da φ kompakten Träger besitzt, ist

$$M_n = \sum_{k=0}^{n} \sup_{t \in \mathbb{R}} |\varphi^{(k)}(t)| < \infty. \tag{$**$}$$

Weiter definiert man $K_n = p_{n-1}(v_n)$. Sei nun $0 \leq k \leq n-1$. Dann gilt

$$p_{n-1}\left(f_n^{(k)}(t) \right) = p_{n-1}\left(\sum_{\ell=0}^{k} \binom{k}{\ell} v_n \frac{\partial^\ell}{\partial t^\ell}\left(\frac{t^n}{n!} \right) \frac{\partial^{k-\ell}}{\partial t^{k-\ell}} \varphi(\lambda_n t) \right)$$

$$\leq \sum_{\ell=0}^{k} \binom{k}{\ell} K_n \frac{1}{(n-\ell)!} |t|^{n-\ell} \lambda_n^{k-\ell} \left| \frac{\partial^{k-\ell}\varphi}{\partial t^{k-\ell}}(\lambda_n t) \right|$$

$$\overset{(*)}{\leq} \sum_{\ell=0}^{k} \binom{k}{\ell} K_n \frac{1}{(n-\ell)!} \frac{1}{\lambda_n^{n-\ell}} \lambda_n^{k-\ell} \left| \frac{\partial^{k-\ell}\varphi}{\partial t^{k-\ell}}(\lambda_n t) \right|$$

$$\overset{(**)}{\leq} \sum_{\ell=0}^{k} \binom{k}{\ell} K_n \frac{1}{(n-\ell)!} \frac{1}{\lambda_n^{n-k}} M_n.$$

Wählen wir nun $\lambda_n \geq 1$, so gilt weiter $\lambda_n^{n-\ell} \geq \lambda_n$, da $\ell \leq n-1$, also

$$p_{n-1}\left(f_n^{(k)}(t) \right) \leq \frac{K_n M_n}{\lambda_n} \sum_{\ell=0}^{k} \binom{k}{\ell} \frac{1}{(n-\ell)!}$$

für alle $t \in \mathbb{R}$. Wählen wir *zudem* $\lambda_n \geq 2^n K_n M_n \sum_{\ell=0}^{k} \binom{k}{\ell} \frac{1}{(n-\ell)!}$ für alle $k = 0, \ldots, n-1$, so gilt für alle $0 \leq k \leq n-1$ und alle $t \in \mathbb{R}$ die Ungleichung

$$p_{n-1}\left(f_n^{(k)}(t) \right) \leq \frac{1}{2^n}. \tag{$\star$}$$

Wir wählen daher λ_n so, daß

$$\lambda_n \geq \max_{k=0,\ldots,n-1} \left\{ 1, 2^n K_n M_n \sum_{\ell=0}^{k} \binom{k}{\ell} \frac{1}{(n-\ell)!} \right\}. \tag{$\star\star$}$$

In diesem Fall behaupten wir, daß die Reihe $f = \sum_{n=0}^{\infty} f_n$ im Sinne der Topologie von $C^\infty(\mathbb{R}, V)$ sogar absolut konvergiert. Die Konvergenz in $C^\infty(\mathbb{R}, V)$ ist dabei analog zu Bemerkung 2.1.9 durch das Halbnormensystem

$$p_{K,k,m}(f) = \sup_{t \in K, \ell \leq k} p_m\left(f^{(\ell)}(t) \right)$$

festgelegt, wobei $K \subseteq \mathbb{R}$ alle Kompakta durchläuft und $k, m \in \mathbb{N}_0$. Damit wird $C^\infty(\mathbb{R}, V)$ wieder ein Fréchet-Raum, da offenbar abzählbar viele Kompakta wie etwa $[-n, n]$ mit $n \in \mathbb{N}$ genügen. Da mit λ_n wie in $(\star\star)$ offenbar für alle n der Träger von f_n in $[-1, 1]$ enthalten ist, genügt es, hier sogar nur das eine Kompaktum $[-1, 1]$ zu betrachten, da größere Kompakta keine neuen Beiträge zu den Halbnormen $p_{K,k,m}$ liefern. Wir zeigen nun die absolute Konvergenz: Sei also $[-1, 1] \subseteq K$ und $s \geq k, m$. Dann gilt

$$
\sum_{n=0}^{\infty} p_{K,k,m}(f_n) = \sum_{n=0}^{\infty} \sup_{t \in K, \ell \leq k} p_m \left(f_n^{(\ell)}(t) \right)
$$

$$
= \sum_{n=0}^{s} \sup_{t \in K, \ell \leq k} p_m \left(f_n^{(\ell)}(t) \right) + \sum_{n=s+1}^{\infty} \sup_{t \in K, \ell \leq k} p_m \left(f_n^{(\ell)}(t) \right).
$$

Für den zweiten und entscheidenden Teil der Summe gilt $m \leq s \leq n-1$ und daher $p_m \leq p_{n-1}$ sowie $k \leq s \leq n - 1$. Damit gilt

$$
\sup_{t \in K, \ell \leq k} p_m \left(f^{(\ell)}(t) \right) \leq \sup_{t \in K, \ell \leq n-1} p_{n-1} \left(f^{(\ell)}(t) \right) \overset{(\star)}{\leq} \frac{1}{2^n},
$$

womit die Konvergenz folgt. Da weiter die Ableitung $\frac{\mathrm{d}}{\mathrm{d}t} : C^{\infty}(\mathbb{R}, V) \longrightarrow C^{\infty}(\mathbb{R}, V)$ stetig bezüglich der Fréchet-Topologie von $C^{\infty}(\mathbb{R}, V)$ ist, dürfen Ableitung und Summation vertauscht werden, womit

$$
f^{(k)}(t) = \sum_{n=0}^{\infty} f_n^{(k)}(t)
$$

und

$$
f_n^{(k)}(t) = \sum_{\ell=0}^{k} \binom{k}{\ell} v_n \frac{\partial^{\ell}}{\partial t^{\ell}} \left(\frac{t^n}{n!} \right) \frac{\partial^{k-\ell}}{\partial t^{k-\ell}} \varphi(\lambda_n t).
$$

Bei $t = 0$ liefert nur $\ell = k$ einen Beitrag, da φ lokal konstant um 0 ist. Weiter liefert dies nur einen Beitrag, wenn $k = \ell = n$ gilt. Daher ist $f_n^{(k)}(0) = v_n \delta_{nk}$, womit der Satz bewiesen ist. $\qquad \square$

Bemerkung 5.3.34. Mit einer analogen Konstruktion erhält man das Borel-Lemma auch für glatte Funktionen mehrerer Variablen $t_1, \ldots, t_n$.

Mit dieser Begriffsbildung gerüstet, ist es nun das Ziel, zu zeigen, daß die Integralformeln für Op_{κ}, $\circ_{\kappa}$ und $\mathcal{N}_{\kappa}$ zumindest *asymptotisch für* $\hbar \longrightarrow 0^+$ die entsprechenden Ausdrücke für ϱ_{κ}, $\star_{\kappa}$ und $\mathcal{N}_{\kappa}$ liefern. Hierbei ist natürlich zu klären, in welchem Sinne, also bezüglich welcher Topologie, diese Asymptotik verstanden werden soll. Der einfachste Fall ist die punktweise Asymptotik für festes $(q, p) \in \mathbb{R}^{2n}$.

Satz 5.3.35. *Sei $\kappa \in \mathbb{R}$ fest gewählt und $f, g \in \mathscr{S}(\mathbb{R}^{2n})$ sowie $\psi \in \mathscr{S}(\mathbb{R}^n)$. Dann gilt für festes $(q, p) \in \mathbb{R}^{2n}$ beziehungsweise $q \in \mathbb{R}^n$*

$$
(f \circ_{\kappa} g)(q, p) \sim (f \star_{\kappa} g)(q, p) \quad \text{für} \quad \hbar \longrightarrow 0^+ \tag{5.148}
$$

$$(\mathcal{N}_\kappa f)(q,p) \sim (\mathcal{N}_\kappa f)(q,p) \quad \text{für} \quad \hbar \longrightarrow 0^+ \tag{5.149}$$

$$(\mathrm{Op}_\kappa(f)\psi)(q) \sim (\varrho_\kappa(f)\psi)(q) \quad \text{für} \quad \hbar \longrightarrow 0^+, \tag{5.150}$$

wobei die jeweils rechte Seite als formale Potenzreihe in $\hbar$ aufzufassen ist.

Beweis. Wir betrachten exemplarisch den standardgeordneten Fall. Sei $F(\hbar)$ durch

$$F(\hbar) = \frac{1}{(2\pi\hbar)^n} \iint e^{-\frac{i}{\hbar}(q-q')\cdot(p-p')} f(q,p')g(q',p)\mathrm{d}^n q' \mathrm{d}^n p'$$

für $\hbar \neq 0$ definiert. Dann ist die Behauptung, daß F eine Fortsetzung für $\hbar = 0$ besitzt, so daß F bei $\hbar = 0$ unendlich oft differenzierbar wird und die formale Taylor-Reihe von $F(\hbar)$ durch $(f \star_{\mathrm{Std}} g)(q,p)$ gegeben ist. Wir bezeichnen mit $\tilde{f} \in \mathscr{S}(\mathbb{R}^n_q \times \mathbb{R}^n_v)$ die partielle Fourier-Transformierte von f bezüglich der Impulsvariablen. Dann gilt nach einer einfachen Reskalierung der Integrationsvariablen

$$F(\hbar) = \frac{1}{(2\pi)^n} \int e^{ip\cdot v} \tilde{f}(q,v)g(q + \hbar v, p)\mathrm{d}^n v,$$

wobei v nun die physikalische Dimension [Impuls]$^{-1}$ besitzt. Da $g \in \mathscr{S}(\mathbb{R}^{2n})$, gibt es Konstanten $C_{i_1\cdots i_r} \geq 0$ mit

$$C_{i_1\cdots i_r} = \sup_{q\in\mathbb{R}^n} \left| \frac{\partial^r g}{\partial q^{i_1}\cdots\partial q^{i_r}}(q,p) \right| < \infty,$$

so daß

$$\left| e^{ip\cdot v}\tilde{f}(q,v)\frac{\partial^r}{\partial\hbar^r}g(q + \hbar v, p) \right| = \left| e^{ip\cdot v}\tilde{f}(q,v)v^{i_1}\cdots v^{i_r}\frac{\partial^r g}{\partial q^{i_1}\cdots\partial q^{i_r}}(q + \hbar v, p) \right|$$

$$\leq C_{i_1\cdots i_r}\left| \tilde{f}(q,v)v^{i_1}\cdots v^{i_r} \right| \in L^1(\mathbb{R}^n_v, \mathrm{d}^n v).$$

Die Integrabilität folgt, da mit $\tilde{f} \in \mathscr{S}(\mathbb{R}^{2n})$ auch das Produkt mit einem Polynom in den v-Variablen noch in $\mathscr{S}(\mathbb{R}^{2n})$ liegt und daher integrabel ist. Daher können wir nach dem Satz von der majorisierenden Konvergenz die Grenzübergänge von Ableitung und Integration vertauschen und erhalten unter Verwendung von Satz 5.3.3

$$F^{(r)}(0) = \frac{1}{(2\pi)^n} \int e^{ip\cdot v}\tilde{f}(q,v)v^{i_1}\cdots v^{i_r}\frac{\partial^r g}{\partial q^{i_1}\cdots\partial q^{i_r}}(q,p)\mathrm{d}^n v$$

$$= (-\mathrm{i})^r \frac{\partial^r f}{\partial p_{i_1}\cdots\partial p_{i_r}}(q,p)\frac{\partial^r g}{\partial q^{i_1}\cdots\partial q^{i_r}}(q,p).$$

Dies zeigt aber, daß die formale $\hbar$-Taylor-Reihe von F durch

$$F \sim \sum_{r=0}^{\infty} \frac{1}{r!}\left(\frac{\hbar}{i}\right)^r \frac{\partial^r f}{\partial p_{i_1}\cdots\partial p_{i_r}}(q,p)\frac{\partial^r g}{\partial q^{i_1}\cdots\partial q^{i_r}}(q,p) \quad \text{für} \quad \hbar \longrightarrow 0^+$$

gegeben ist. Eine analoge Diskussion liefert den κ-geordneten Fall ebenso wie die asymptotischen Entwicklungen von Op_κ und $\mathcal{N}_\kappa$. $\qquad\square$

Bemerkung 5.3.36. Die asymptotischen Entwicklungen in Satz 5.3.35 sind wirklich *nur formale Potenzreihenentwicklungen*. Man kann mit Hilfe des Borel-Lemmas sofort Funktionen in $\mathscr{S}(\mathbb{R}^{2n})$ beziehungsweise $\mathscr{S}(\mathbb{R}^n)$ konstruieren, so daß $f \star_\kappa g$, $N_\kappa f$ und $\varrho_\kappa(f)\psi$ für einen gegebenen Punkt (q, p) beziehungsweise q den Konvergenzradius 0 in $\hbar$ besitzen. Die $\hbar$-Abhängigkeit von $f \circ_\kappa g$, $N_\kappa f$ und $\mathrm{Op}_\kappa(f)\psi$ ist daher zwar *glatt* aber nicht *analytisch*.

Bemerkung 5.3.37. Durch eine etwas verfeinerte Analyse der Punktabhängigkeit von $(q, p) \in \mathbb{R}^{2n}$ beziehungsweise $q \in \mathbb{R}^n$ kann man die asymptotischen Entwicklungen in Satz 5.3.35 auch in stärkeren Topologien zeigen, insbesondere in der Fréchet-Topologie der Schwartz-Funktionen, siehe etwa [19, Abschnitt 3.3.2]. Weiter läßt sich Satz 5.3.35 auch auf die allgemeineren Symbolklassen übertragen, hierfür sei auf die Diskussion in [172, Sect. 18.1] verwiesen. Einen weiteren Zugang zur Asymptotik erhält man aus den Arbeiten von Rieffel [273].

5.3.4 Asymptotische Entwicklung und klassischer Limes

Auch wenn der Satz 5.3.35 die mathematische Seite der Asymptotik klar formuliert, ist die physikalische Interpretation der asymptotischen Entwicklungen für $\hbar \longrightarrow 0^+$ hingegen nicht so offensichtlich, da, wie bereits mehrfach betont, $\hbar$ nicht dimensionslos ist und daher die „Größe" von $\hbar$ immer nur relativ zu anderen Parametern der physikalischen Dimension [Wirkung] zu verstehen ist. Eine sich anbietende Interpretation, warum die Asymptotik in Satz 5.3.35 einen „semiklassischen Limes" darstellt, ist die, daß die Entwicklung nicht als eine Entwicklung in Potenzen von $\hbar$ sondern als eine Entwicklung in *Ableitungsordnungen* von f, g und ψ zu sehen ist. Dies kann man so interpretieren, daß das Verhalten umso klassischer wird, je kleiner die Ableitungen der (klassischen) Observablen sind, also je weniger stark sich ihre klassischen Werte über den Phasenraum hinweg ändern. Dies ist insofern plausibel, da die quantenmechanischen Unschärferelationen es verbieten, zu starke, lokalisierte Änderungen der klassischen Observablen im klassischen Phasenraum zu beobachten. Weiter ist dies sicherlich eine recht generische Aussage über das Verhältnis von klassischer Physik und Quantenphysik. Man beachte aber, daß diese Argumentation bedeutet, daß die (formale) Potenzreihenentwicklung für $\star_\kappa$ und ebenso für N_κ und ϱ_κ nicht zuläßt, nur bis zu einer bestimmten Ordnung von $\hbar$ zu rechnen, um eine Approximation der klassischen Physik an die Quantenphysik zu erhalten: Es ist nicht die „Größe" von $\hbar$ für die Güte der Entwicklung entscheidend sondern die Größe der Ableitungen der Observablen relativ zu $\hbar$. Insbesondere wird es keine feste Potenz von $\hbar$ geben, nach der man die Reihe für $\star_\kappa$ abbrechen kann, um eine gewisse Güte der Näherung zu erhalten, da diese von den betrachteten Observablen abhängt und letztere eine klassische Poisson-Algebra bilden müssen, um physikalisch interpretierbar zu sein. Somit werden, selbst wenn für zwei feste Observablen f, g die Reihe $f \star_\kappa g$ nur relevante Beiträge für $\hbar^r$ mit $r \leq N$ liefert, die höheren Produkte und Poisson-Klammern von f, g im allgemeinen nur dann eine vergleichbare Güte der Approximation liefern, wenn man auch höhere Potenzen von $\hbar$ als nur $\hbar^N$ berücksichtigt. Dies ist mit der Leibniz-Regel für höhere Ableitungen offensichtlich und läßt sich am Beispiel von Polynomen leicht exemplifizieren.

Wir kommen daher zum Schluß, daß die Reihen für $\star_\kappa$ und ebenso für N_κ und ϱ_κ nur als Ganzes physikalisch interpretierbar sind, was insbesondere wieder ihre wahre *algebraische Struktur* betont: es sind die Multiplikationsvorschriften der Quantenobservablen und da diese eine assoziative Algebra bilden sollen, können die Produkte nicht für alle Observablen gleichermaßen bei einer festen $\hbar$-Potenz abgebrochen werden, da dann beispielsweise die Verletzung der Assoziativität je nach Observable immer größere Ausmaße annimmt.

Für die Integralformeln selbst ist die Interpretation leichter, da hier nicht nach Potenzen von $\hbar$ „sortiert" werden kann. Man erhält mit $\circ_\kappa$ direkt die exakte Multiplikationsvorschrift für die Quantenobservablen. Bemerkenswerterweise ist die im allgemeinen nicht konvergente asymptotische Entwicklung $\star_\kappa$ von $\circ_\kappa$ trotzdem für bestimmte Observablen wie insbesondere die physikalisch wichtigsten Observablen $\mathrm{Pol}(T^*\mathbb{R}^n)$ *exakt*.

Es wird sich zeigen, daß in einem allgemeinen geometrischen Kontext die Reihenentwicklungen der Form $\star$ nach wie vor existieren, während die Integralformeln im allgemeinen schwierig zu erlangen sind. Der Grund ist der, daß für Integralformeln analog zu denen für $\circ_\kappa$ bestimmte Funktionenklassen innerhalb von $C^\infty(M)$ ausgezeichnet werden müssen, während Formeln der Gestalt $\star$ zumindest als *formale* Potenzreihen in $\hbar$ nach wie vor für *alle* glatten Funktionen sinnvoll sind.

5.4 Erste geometrische Verallgemeinerungen: Kotangentenbündel

Mit dem Ziel, möglichst allgemeine Phasenräume quantisieren zu wollen, kommt den Kotangentenbündeln mit ihrer kanonischen symplektischen Struktur eine besondere Rolle zu. Einerseits kann hier die Geometrie des Konfigurationsraumes Q im Rahmen differenzierbarer Mannigfaltigkeiten bereits die allgemeinste geometrische Komplexität erreichen, andererseits erlauben die geometrisch trivialen Impulsrichtungen T_q^*Q eine geometrische Definition von glatten Funktionen, die in Impulsrichtung polynomial sind. Diese Poisson-Unteralgebra $\mathrm{Pol}(T^*Q) \subseteq C^\infty(T^*Q)$ wird erwartungsgemäß eine zentrale Rolle spielen, wie dies schon für $Q = \mathbb{R}^n$ der Fall ist. Darüberhinaus sind die Kotangentenbündel sicherlich die physikalisch wichtigsten Phasenräume, weshalb eine gut verstandene Quantisierungstheorie gerade hier besonders wünschenswert ist. In der Tat gibt es auch eine Fülle an Literatur, die sich diesem Problem stellt, siehe beispielsweise die Monographien [194, 216, 328] und dortige Referenzen.

Die Vorgehensweise soll nun in größtmöglicher Analogie zum Fall $Q = \mathbb{R}^n$ gestaltet werden. Für die in den Impulsen polynomialen Funktionen sollen Differentialoperatoren gefunden werden, welche auf den Wellenfunktionen $C_0^\infty(Q)$ operieren. Dies wird geometrisch mit Hilfe einer kovarianten Ableitung geschehen, wodurch der Begriff des Differentialoperators vom flachen Fall $\mathbb{R}^n$ auf Mannigfaltigkeiten verallgemeinert wird. Darüberhinaus sollen die Wellenfunktionen $C_0^\infty(Q)$ wieder mit einem Skalarprodukt versehen werden, so daß $C_0^\infty(Q)$ zumindest ein Prä-Hilbert-Raum wird, was wir durch die Wahl einer positiven Dichte erreichen. Die Sternprodukte erhält man dann wie im flachen Fall durch Zurückziehen des Operatorprodukts der Differentialoperatoren. Wir folgen bei unserer Darstellung im wesentlichen [42–44, 252], nicht zuletzt im Hinblick auf die Deformationsquantisierung.

5.4.1 Standardgeordnete Quantisierung auf T^*Q

Wir betrachten den Phasenraum T^*Q mit kanonischer Poisson-Klammer, so daß $\mathrm{Pol}(T^*Q)$ eine gradierte Poisson-Unteralgebra von $C^\infty(T^*Q)$ ist. Intrinsisch läßt sich leider *keine* Abbildung von $\mathrm{Pol}(T^*Q)$ in die Differentialoperatoren auf den Wellenfunktionen $C_0^\infty(Q)$ finden, welche die Standardordnung auf $\mathbb{R}^{2n}$ verallgemeinert. Vielmehr benötigt man eine zusätzliche Struktur, wie etwa eine kovariante Ableitung ∇ auf Q. In konkreten physikalischen Situationen ist diese meistens bereits durch die klassischen Daten vorgegeben: sobald eine kinetische Energie festgelegt ist, ist eine Riemannsche Metrik vorgegeben und somit auch eine kovariante Ableitung, der Levi-Civita-Zusammenhang der Metrik. Aus diesem Grunde scheint es vernünftig, einen torsionsfreien Zusammenhang ∇ zu verwenden.

Wir wollen uns jedoch nicht von Beginn an darauf festlegen, daß ∇ tatsächlich metrisch bezüglich irgendeiner (Pseudo-) Riemannschen Metrik ist, auch wenn dies in konkreten Anwendungen sicherlich der Fall sein wird. Der eingehend studierte Fall $T^*\mathbb{R}^n$ läßt sich in diesem Lichte dann so verstehen, daß wir implizit den kanonischen *flachen* Zusammenhang auf $\mathbb{R}^n$ verwendet haben und die partiellen Ableitungen besser als kovariante Ableitungen hätten geschrieben werden sollen. Wir werden dies noch im Detail sehen.

Man steht für einen allgemeinen Konfigurationsraum Q jedoch vor dem Problem, daß es keinen flachen Zusammenhang mehr geben wird: lokal ist das zwar immer möglich, global gibt es aber topologische Eigenschaften von Q, welche dies verbieten können. Deshalb werden kovariante Ableitungen in verschiedene Richtungen im allgemeinen nicht mehr miteinander vertauschen, wobei das Nichtvertauschen gerade durch den Krümmungstensor von ∇ beschrieben wird. Aus diesem Grunde wird folgender Operator der symmetrisierten kovarianten Ableitung von großem Nutzen sein:

Definition 5.4.1 (Symmetrisierte kovariante Ableitung). *Sei ∇ ein torsionsfreier Zusammenhang auf Q und $\gamma \in \Gamma^\infty(\mathrm{S}^k T^*Q)$ eine symmetrische k-Form. Dann ist die symmetrisierte kovariante Ableitung $\mathsf{D}\gamma$ von γ durch*

$$(\mathsf{D}\gamma)(X_1,\ldots,X_{k+1}) = \sum_{\ell=1}^{k+1} (\nabla_{X_\ell}\gamma)(X_1,\ldots,\overset{\ell}{\wedge},\ldots,X_{k+1}) \qquad (5.151)$$

für $X_1, \ldots, X_{k+1} \in \Gamma^\infty(TQ)$ *definiert.*

Proposition 5.4.2. *Sei* ∇ *ein torsionsfreier Zusammenhang.*

i.) Für $\gamma \in \Gamma^\infty(\mathrm{S}^k T^*Q)$ *gilt* $\mathsf{D}\gamma \in \Gamma^\infty(\mathrm{S}^{k+1}T^*Q)$.
ii.) Ist (U, x) *eine lokale Karte von* Q, *so gilt*

$$\mathsf{D}\gamma = \mathrm{d}x^i \vee \nabla_{\frac{\partial}{\partial x^i}} \gamma. \tag{5.152}$$

iii.) Der Operator D *ist eine Derivation vom Grad* $+1$ *der symmetrischen Algebra* $\mathrm{S}^\bullet(T^*Q) = \bigoplus_{k=0}^\infty \Gamma^\infty(\mathrm{S}^k T^*Q)$.
iv.) Für $f \in C^\infty(Q) = \Gamma^\infty(\mathrm{S}^0 T^*Q)$ *gilt*

$$\mathsf{D}f = \mathrm{d}f. \tag{5.153}$$

Beweis. Offenbar ist $\mathsf{D}\gamma$ in den Argumenten $X_1, \ldots, X_{k+1}$ symmetrisch. Nach Satz 2.2.24 bleibt nur die Funktionenlinearität zu prüfen. Diese folgt aber unmittelbar aus den definierenden Eigenschaften einer kovarianten Ableitung, womit der erste Teil gezeigt ist. Für den zweiten Teil betrachten wir eine lokale Karte (U, x). Dann rechnet man nach, daß

$$
\begin{aligned}
(\mathsf{D}\gamma)(X_1, \ldots, X_{k+1}) &= \sum_{\ell=1}^{k+1} (\nabla_{X_\ell}\gamma)(X_1, \ldots, \overset{\ell}{\wedge}, \ldots, X_{k+1}) \\
&= \sum_{\ell=1}^{k+1} \mathrm{d}x^i(X_\ell) \left(\nabla_{\frac{\partial}{\partial x^i}}\gamma\right)(X_1, \ldots, \overset{\ell}{\wedge}, \ldots, X_{k+1}) \\
&= \left(\mathrm{d}x^i \vee \left(\nabla_{\frac{\partial}{\partial x^i}}\gamma\right)\right)(X_1, \ldots, X_{k+1}),
\end{aligned}
$$

was den zweiten Teil zeigt. Damit folgt der dritte aber direkt, da ∇_X für alle $X \in \Gamma^\infty(TQ)$ eine Derivation von $\vee$ ist und entsprechend $\alpha \vee \nabla_X$ für alle $\alpha \in \Gamma^\infty(T^*Q)$ ebenso, da $\mathrm{S}^\bullet(T^*Q)$ kommutativ ist. Der vierte Teil ist offensichtlich, da konventionsgemäß $\nabla_X f = X(f)$ für $f \in C^\infty(Q)$. $\qquad\square$

Wir wollen nun charakterisieren, was Differentialoperatoren auf einer Mannigfaltigkeit sind, um dann mit Hilfe des Operators D eine standardgeordnete Quantisierung ϱ_{Std} definieren zu können. Die folgende Definition ist zwar konzeptionell *nicht* die klarste, besticht aber durch ihre Einfachheit. Wir werden später eine Alternative kennenlernen.

Definition 5.4.3 (Differentialoperator). *Sei* $D : C^\infty(Q) \longrightarrow C^\infty(Q)$ *eine lineare Abbildung. Dann heißt* D *Differentialoperator der Ordnung* $k \in \mathbb{N}_0$, *falls sich* D *auf alle offenen Teilmengen* $U \subseteq Q$ *einschränken läßt und somit lineare Abbildungen* $D\big|_U : C^\infty(U) \longrightarrow C^\infty(U)$ *mit*

$$D\big|_U f\big|_U = Df\big|_U \tag{5.154}$$

induziert, und falls lokal in jeder Karte (U, x) *von* Q

$$Df\big|_U = \sum_{r=0}^{k} \frac{1}{r!} D_U^{i_1 \cdots i_r} \frac{\partial^r f}{\partial x^{i_1} \cdots \partial x^{i_r}} \tag{5.155}$$

mit glatten, in den Indizes symmetrischen Funktionen $D_U^{i_1 \cdots i_r} \in C^\infty(U)$ gilt. Die Menge der Differentialoperatoren der Ordnung k bezeichnen wir mit $\mathrm{DiffOp}^k(Q)$, *die Menge aller Differentialoperatoren mit* $\mathrm{DiffOp}(Q)$.

Das Transformationsverhalten der Koeffizientenfunktionen $D_U^{i_1 \cdots i_r}$ bei Kartenwechsel ist sehr kompliziert. Die Ausnahme bilden die führenden, also die höchsten Ableitungsterme:

Lemma 5.4.4. *Sei $D : C^\infty(Q) \longrightarrow C^\infty(Q)$ ein Differentialoperator der Ordnung k und sei (U, x) eine lokale Karte von Q, so daß $D\big|_U$ wie in (5.155) gegeben ist. Dann ist durch*

$$\sigma_k(D)\big|_U = \frac{1}{k!} D_U^{i_1 \cdots i_k} \frac{\partial}{\partial x^{i_1}} \vee \cdots \vee \frac{\partial}{\partial x^{i_k}} \tag{5.156}$$

ein global definiertes Tensorfeld $\sigma_k(D) \in \Gamma^\infty(S^k TQ)$, das führende Symbol von D, gegeben.

Beweis. Sei also eine andere lokale Karte $(\tilde{U}, \tilde{x})$ von Q gegeben, wobei $U \cap \tilde{U} \neq \emptyset$. Dann gilt auf $U \cap \tilde{U}$ nach der Kettenregel

$$\frac{\partial}{\partial x^i} f = \frac{\partial \tilde{x}^j}{\partial x^i} \frac{\partial f}{\partial \tilde{x}^j}.$$

Daraus resultiert das Transformationsverhalten für höhere Ableitungen. Per Induktion zeigt man, daß

$$\frac{\partial^k f}{\partial x^{i_1} \cdots \partial x^{i_k}} = \frac{\partial^k f}{\partial \tilde{x}^{j_1} \cdots \partial \tilde{x}^{j_k}} \frac{\partial \tilde{x}^{j_1}}{\partial x^{i_1}} \cdots \frac{\partial \tilde{x}^{j_k}}{\partial x^{i_k}} + \cdots, \tag{$*$}$$

wobei die verbleibenden Terme eine niedrigere Differentiationsordnung von f als k besitzen. Deren explizite Form kann im Prinzip mit der Leibniz-Regel berechnet werden, ist aber unerheblich. Da wir für $\sigma_k(D)$ nur die höchsten Ableitungsordnungen benötigen, folgt aus $(*)$ bereits das korrekte Transformationsverhalten eines (offensichtlich symmetrischen) kontravarianten Tensorfeldes. $\qquad\square$

Bemerkung 5.4.5 (Ordnung von Differentialoperatoren).

i.) Die Ordnung eines Differentialoperators auf Q ist immer nur als die höchste auftretenden Differentiationsordnung in den partielle Ableitungen in (5.155) zu verstehen. Ob noch partielle Ableitungen niedrigerer Ordnung auftreten, hängt im allgemeinen von der Wahl der Karte ab und liefert keine invariante geometrische Charakterisierung.

ii.) Die Hintereinanderausführung von Differentialoperatoren der Ordnung k und ℓ liefert offenbar wieder einen Differentialoperator der Ordnung $k + \ell$. Damit bilden die Differentialoperatoren auf Q eine assoziative Algebra mit Eins, welche bezüglich der Ordnung *filtriert* aber eben nicht gradiert ist. Es gilt

$$\mathrm{DiffOp}^k(Q)\,\mathrm{DiffOp}^\ell(Q) \subseteq \mathrm{DiffOp}^{k+\ell}(Q) \tag{5.157}$$

und $\mathrm{DiffOp}^k(Q) \subseteq \mathrm{DiffOp}^\ell(Q)$ für alle $k \le \ell$.

iii.) Die Algebra der Differentialoperatoren ist nichtkommutativ, aber es gilt für $D_1 \in \mathrm{DiffOp}^k(Q)$ und $D_2 \in \mathrm{DiffOp}^\ell(Q)$ die Beziehung

$$[D_1, D_2] \in \mathrm{DiffOp}^{k+\ell-1}(Q). \tag{5.158}$$

Dies sieht man leicht mit der lokalen Beschreibung und einer expliziten Rechnung. Genauer läßt sich anhand der lokalen Formeln zeigen, daß

$$\mathfrak{J}\left(\sigma([D_1, D_2])\right) = \{\mathfrak{J}(\sigma(D_1)), \mathfrak{J}(\sigma(D_2))\}, \tag{5.159}$$

wenn wir die Tensorfelder $\sigma(D_1)$, $\sigma(D_2)$ wie gewohnt als polynomiale Funktionen $\mathfrak{J}(\sigma(D_1))$, $\mathfrak{J}(\sigma(D_2)) \in \mathrm{Pol}^\bullet(T^*Q)$ auf dem Kotangentenbündel auffassen und dort die kanonische Poisson-Klammer verwenden.

iv.) Die kommutative Unteralgebra $\mathrm{DiffOp}^0(Q)$ ist offenbar gerade $C^\infty(Q)$, wobei die Wirkung auf $C^\infty(Q)$ durch Linksmultiplikationen gegeben ist.

Bemerkung 5.4.6 (Peetre-Theorem). Folgendes Theorem von Peetre gibt eine alternative Charakterisierung von Differentialoperatoren: ein linearer Operator $D : C^\infty(Q) \longrightarrow C^\infty(Q)$ heißt *lokal*, falls

$$\mathrm{supp}\, Df \subseteq \mathrm{supp}\, f \tag{5.160}$$

für alle $f \in C^\infty(Q)$. Dann gilt, daß ein lokaler Operator *lokal* ein Differentialoperator ist, in dem Sinne, daß es um jeden Punkt $p \in Q$ eine offene Umgebung $U \subseteq Q$ gibt, so daß D auf U ein Differentialoperator ist, siehe [262, 263] sowie [202, Sect. 19]. Ist die Ordnung der so erhaltenen lokalen Differentialoperatoren beschränkt, so ist D insgesamt ein Differentialoperator. Dies ist insbesondere für kompaktes Q immer der Fall. Ein Beispiel für einen lokalen Operator, der global kein Differentialoperator ist, erhält man für $Q = \mathbb{R}$ folgendermaßen: sei $\chi \subseteq C_0^\infty(\mathbb{R})$ eine Funktion mit $\chi \ne 0$ und $\mathrm{supp}\,\chi \subseteq [0,1]$. Dann ist

$$(Df)(x) = \sum_{k=0}^{\infty} \chi(x-k)\frac{\partial^k f}{\partial x^k}(x) \tag{5.161}$$

ein lokaler Operator, der offensichtlich zwar lokal ein Differentialoperator aber global *kein* Differentialoperator ist.

Bemerkung 5.4.7 (Algebraische Differentialoperatoren). Differentialoperatoren lassen sich auf konzeptionell besonders elegante Weise rein algebraisch definieren: Sei $\mathcal{A}$ eine assoziative kommutative Algebra über $\Bbbk$. Dann definieren wir die Linksmultiplikationen wie üblich als $\mathsf{L}_a : \mathcal{A} \ni b \mapsto ab \in \mathcal{A}$ für alle $a \in \mathcal{A}$. Differentialoperatoren $\mathrm{DiffOp}^k(\mathcal{A})$ der Ordnung $k \in \mathbb{Z}$ werden nun induktiv als $\mathrm{DiffOp}^k(\mathcal{A}) = \{0\}$ für $k < 0$ und

$$\mathrm{DiffOp}^k(\mathcal{A}) = \Big\{ D \in \mathsf{End}_\Bbbk(\mathcal{A}) \;\Big|\; \forall a \in \mathcal{A} : [D, \mathsf{L}_a] \in \mathrm{DiffOp}^{k-1}(\mathcal{A}) \Big\} \quad (5.162)$$

für $k \geq 0$ definiert. Der Vorteil dieser algebraischen Definition ist, das sie sehr viel größere Allgemeinheit besitzt und auf einfache Weise für Multidifferentialoperatoren, Differentialoperatoren auf $\mathcal{A}$-Moduln, Superdifferentialoperatoren etc. verallgemeinert werden kann. In Anhang A diskutieren wir diesen Zugang im Detail.

Mit Hilfe einer kovarianten Ableitung ∇ und des zugehörigen Operators D der symmetrisierten kovarianten Ableitung können wir nun einen Vektorraumisomorphismus zwischen $\mathsf{S}^\bullet(TQ) \cong \mathrm{Pol}(T^*Q)$ und $\mathrm{DiffOp}(C^\infty(Q))$ konstruieren. Entscheidend dafür ist folgendes technische Lemma:

Lemma 5.4.8. *Sei ∇ eine torsionsfreie kovariante Ableitung auf Q und $\psi \in C^\infty(Q)$. Ist (U, x) eine lokale Karte von Q, so gilt für $k \in \mathbb{N}$*

$$\mathsf{D}^k \psi \big|_U = \left(\frac{\partial^k \psi}{\partial x^{i_1} \cdots \partial x^{i_k}} + \Gamma_{i_1 \cdots i_k}(\psi) \right) \mathrm{d}x^{i_1} \vee \cdots \vee \mathrm{d}x^{i_k}, \quad (5.163)$$

wobei $\Gamma_{i_1 \cdots i_k}(\psi)$ linear von ψ und seinen partiellen Ableitungen bis maximal zur Ordnung $k - 1$ sowie polynomial von den Christoffel-Symbolen Γ^i_{jk} von ∇ und deren Ableitungen bis maximal zur Ordnung $k - 2$ abhängt.

Beweis. Wir beweisen (5.163) durch eine einfache Induktion nach k, wobei wir die lokale Form $\mathsf{D} = \mathrm{d}x^i \vee \nabla_{\frac{\partial}{\partial x^i}}$ verwenden. Für $k = 1$ ist (5.163) offenbar richtig, hier gilt sogar $\Gamma_i(\psi) = 0$. Den Fall $k = 0$ können wir definitionsgemäß mit $\mathsf{D}^0 \psi = \psi$ ebenfalls als korrekt ansehen. Eine einfache Rechnung zeigt nun, daß, unter Annahme von (5.163) für k,

$$\mathsf{D}\mathsf{D}^k \psi = \mathrm{d}x^i \vee \nabla_{\frac{\partial}{\partial x^i}} \left(\left(\frac{\partial^k \psi}{\partial x^{i_1} \cdots \partial x^{i_k}} + \Gamma_{i_1 \cdots i_k}(\psi) \right) \mathrm{d}x^{i_1} \vee \cdots \vee \mathrm{d}x^{i_k} \right)$$

$$= \left(\frac{\partial^{k+1} \psi}{\partial x^i \partial x^{i_1} \cdots \partial x^{i_k}} + \frac{\partial \Gamma_{i_1 \cdots i_k}(\psi)}{\partial x^i} \right) \mathrm{d}x^i \vee \mathrm{d}x^{i_1} \vee \cdots \vee \mathrm{d}x^{i_k}$$

$$- \left(\frac{\partial^k \psi}{\partial x^{i_1} \cdots \partial x^{i_k}} + \Gamma_{i_1 \cdots i_k}(\psi) \right) \sum_{\ell=1}^k \mathrm{d}x^{i_1} \vee \cdots \Gamma^{i_\ell}_{ij} \vee \mathrm{d}x^j \vee \cdots \vee \mathrm{d}x^{i_k}.$$

Ein einfaches Abzählen der neu hinzugekommenen Differentiationen zeigt dann die Behauptung. Auf diese Weise kann man auch die Koeffizienten $\Gamma_{i_1 \cdots i_k}$ rekursiv bestimmen. $\square$

Bemerkung 5.4.9 (Normalkoordinaten). Man kann sogar zeigen, daß zumindest an einem festen Punkt $p \in Q$ durch geeignete Wahl der Koordinaten x um p die zusätzlichen Terme $\Gamma_{i_1 \cdots i_k}(\psi)$ in (5.163) alle wegtransformiert werden können. Sind nämlich $(x^1, \ldots, x^n)$ *Normalkoordinaten* um p, also von der Exponentialabbildung der kovarianten Ableitung ∇ kommende Koordinaten, siehe Aufgabe 3.10, so gilt sogar

$$\mathsf{D}^k \psi \big|_p = \frac{\partial^k \psi}{\partial x^{i_1} \cdots \partial x^{i_k}}(p) \mathrm{d}x^{i_1}\big|_p \vee \cdots \vee \mathrm{d}x^{i_k}\big|_p. \tag{5.164}$$

Der Beweis wird in Aufgabe 5.17 besprochen.

Wir kommen nun zum zentralen Satz dieses Abschnitts:

Satz 5.4.10 (Standardordnung). *Sei ∇ eine torsionsfreie kovariante Ableitung auf Q. Für $f \in \mathrm{Pol}(T^*Q)$ und $\psi \in C^\infty(Q)$ definiert*

$$\varrho_{\mathrm{Std}}(f)\psi = \sum_{r=0}^\infty \frac{1}{r!}\left(\frac{\hbar}{\mathrm{i}}\right)^r \frac{\partial^r f}{\partial p_{i_1} \cdots \partial p_{i_r}}\bigg|_{p=0} \mathrm{i}_{\mathrm{s}}\left(\frac{\partial}{\partial x^{i_1}}\right) \cdots \mathrm{i}_{\mathrm{s}}\left(\frac{\partial}{\partial x^{i_r}}\right) \frac{1}{r!}\mathsf{D}^r \psi \tag{5.165}$$

kartenunabhängig einen Differentialoperator $\varrho_{\mathrm{Std}}(f)$, so daß $\varrho_{\mathrm{Std}}(f)$ von der Ordnung k ist, falls der polynomiale Grad von f kleiner gleich k ist. Weiter liefert die Abbildung

$$\varrho_{\mathrm{Std}} : \mathrm{Pol}(T^*Q) \xrightarrow{\cong} \mathrm{DiffOp}(Q) \tag{5.166}$$

einen Isomorphismus von Vektorräumen. Für $u \in C^\infty(Q)$ gilt

$$\varrho_{\mathrm{Std}}(\pi^* u) = u, \tag{5.167}$$

und für $X \in \Gamma^\infty(TQ)$ gilt

$$\varrho_{\mathrm{Std}}(\mathfrak{J}(X)) = -\mathrm{i}\hbar \mathscr{L}_X. \tag{5.168}$$

Beweis. Zunächst müssen wir die Unabhängigkeit von (5.165) von den gewählten Bündelkoordinaten $(T^*U, (q,p))$, welche durch Koordinaten (U, x) auf Q induziert werden, zeigen. Ist also $(\tilde{U}, \tilde{x})$ eine andere lokale Karte von Q mit $U \cap \tilde{U} \neq \emptyset$, so gilt auf dem Überlapp mit $\frac{\partial}{\partial x^i} = \frac{\partial \tilde{x}^j}{\partial x^i}\frac{\partial}{\partial \tilde{x}^j}$ und $p_i(\alpha_q) = \alpha_q\left(\frac{\partial}{\partial x^i}\big|_q\right)$

$$p_i = \pi^*\left(\frac{\partial \tilde{x}^j}{\partial x^i}\right)\tilde{p}_j.$$

Wir berechnen explizit die Jacobi-Matrix des Kartenwechsels $(q,p) \leftrightarrow (\tilde{q}, \tilde{p})$. Es gilt

$$\frac{\partial}{\partial q^j} = \pi^*\left(\frac{\partial \tilde{x}^i}{\partial x^j}\right)\frac{\partial}{\partial \tilde{q}^j} + p_k \pi^*\left(\frac{\partial}{\partial x^j}\frac{\partial x^k}{\partial \tilde{x}^i}\right)\frac{\partial}{\partial \tilde{p}_i} \tag{5.169}$$

und

$$\frac{\partial}{\partial p_i} = \pi^* \left(\frac{\partial x^j}{\partial \tilde{x}^i} \right) \frac{\partial}{\partial \tilde{p}_j}. \tag{5.170}$$

Somit transformieren sich die partiellen Ableitungen nach den Impulsen „gutartig", womit man auch für mehrfache partielle Ableitungen das einfache Transformationsverhalten

$$\frac{\partial^r}{\partial p_{i_1} \cdots \partial p_{i_r}} = \pi^* \left(\frac{\partial x^{i_1}}{\partial \tilde{x}^{j_1}} \cdots \frac{\partial x^{i_r}}{\partial \tilde{x}^{j_r}} \right) \frac{\partial^r}{\partial \tilde{p}_{j_1} \cdots \partial \tilde{p}_{j_r}}$$

findet, da die mittels π hochgezogenen Jacobi-Matrizen ja nicht von den Impulsen abhängen. Andererseits ist das Transformationsverhalten der Tangentialvektoren $\frac{\partial}{\partial x^i}$ gerade entgegengesetzt, und $i_s(\cdot)$ ist funktionenlinear. Daher folgt

$$i_s \left(\frac{\partial}{\partial x^{i_1}} \right) \cdots i_s \left(\frac{\partial}{\partial x^{i_r}} \right) = \frac{\partial \tilde{x}^{j_1}}{\partial x^{i_1}} \cdots \frac{\partial \tilde{x}^{j_1}}{\partial x^{i_1}} i_s \left(\frac{\partial}{\partial \tilde{x}^{j_1}} \right) \cdots i_s \left(\frac{\partial}{\partial \tilde{x}^{j_r}} \right).$$

Auswerten bei $p = 0$ sowie die Regel für die Ableitung der Umkehrfunktion liefern dann die Kartenunabhängigkeit von (5.165). Mit Hilfe von Lemma 5.4.8 können wir (5.165) weiter auswerten. Es gilt mit den Bezeichnungen von (5.163)

$$i_s \left(\frac{\partial}{\partial x^{i_1}} \right) \cdots i_s \left(\frac{\partial}{\partial x^{i_r}} \right) \frac{1}{r!} D^r \psi = \frac{\partial^r \psi}{\partial x^{i_1} \cdots \partial x^{i_r}} + \Gamma_{i_1 \cdots i_r}(\psi),$$

da $i_s \left(\frac{\partial}{\partial x^i} \right) dx^j = \delta_i^j$ und da $i_s(\cdot)$ eine Derivation von $\vee$ ist. Damit ist aber klar, daß $\varrho_{\mathrm{Std}}(f)$ ein Differentialoperator ist. Ebenfalls ist klar, daß die Ordnung von $\varrho_{\mathrm{Std}}(f)$ für $f \in \mathrm{Pol}^k(T^*Q)$ gerade k ist. Die Injektivität von ϱ_{Std} folgt auch aus der lokalen Darstellung, da die komplette p-Taylor-Reihe von f um $p = 0$ zum Tragen kommt und die q-Abhängigkeit sowieso erhalten bleibt. Für eine in den Impulsen polynomiale Funktion ist darin aber die gesamte Information enthalten. Die Surjektivität ist geringfügig schwieriger: Sei D ein Differentialoperator der Ordnung k, der lokal durch

$$D\psi = \sum_{r=0}^{k} \frac{1}{r!} D^{i_1 \cdots i_r} \frac{\partial^r \psi}{\partial x^{i_1} \cdots \partial x^{i_r}}$$

gegeben ist. Ist dann $\sigma_k(D) \in \Gamma^\infty(S^k TQ)$ das führende Symbol von D, so können wir die zugehörige polynomiale Funktion $f = \mathfrak{J}(\sigma_k(D)) \in \mathrm{Pol}^k(T^*Q)$ betrachten, wobei lokal

$$f = \frac{1}{k!} \pi^* \left(D^{i_1 \cdots i_k} \right) p_{i_1} \cdots p_{i_k}$$

gilt. Dann liefert die Standardordnung $\varrho_{\mathrm{Std}}(f)$ einen Differentialoperator, welcher lokal durch

$$\varrho_{\mathrm{Std}}(f)\psi = \frac{1}{k!}\left(\frac{\hbar}{\mathrm{i}}\right)^{k} D^{i_1\cdots i_k}\left(\frac{\partial^k \psi}{\partial x^{i_1}\cdots \partial x^{i_k}} + \Gamma_{i_1\cdots i_k}(\psi),\right)$$

gegeben ist. Somit ist der Differentialoperator $D - \left(\frac{\mathrm{i}}{\hbar}\right)^{k}\varrho_{\mathrm{Std}}(f)$ nur noch von der Ordnung $k-1$. Eine einfache Induktion nach k zeigt, daß man so tatsächlich alle Differentialoperatoren erhält, da offenbar die Differentialoperatoren nullter Ordnung Multiplikationsoperatoren mit Funktionen $u \in C^\infty(Q)$ sind, welche man alle als $\varrho_{\mathrm{Std}}(\pi^* u)$ schreiben kann. Dies ist gerade die Aussage von (5.167). Die verbleibende Gleichung (5.168) ist anhand der lokalen Formeln ebenfalls leicht zu verifizieren. $\qquad\square$

Die Standardordnung ϱ_{Std} ist also das direkte geometrische Analogon der Standardordnung im $\mathbb{R}^{2n}$. Ist nämlich die kovariante Ableitung sogar *flach*, so findet man lokale Koordinaten $x^1, \ldots, x^n$, so daß alle Christoffel-Symbole Γ^k_{ij} in diesen Koordinaten verschwinden. Dann gilt, daß ϱ_{Std} aus (5.165) mit ϱ_{Std} aus (5.14) übereinstimmt. Unsere bisherige Standardordnung auf $T^*\mathbb{R}^n$ erscheint somit als Spezialfall für eine flache kovariante Ableitung.

Bemerkung 5.4.11 (Homogenität der Standardordnung). Sind die Funktionen f und ψ unabhängig von $\hbar$, so erhalten wir folgende Homogenitätseigenschaft der Standardordnung

$$\hbar\frac{\partial}{\partial \hbar}\left(\varrho_{\mathrm{Std}}(f)\psi\right) = \varrho_{\mathrm{Std}}(\mathscr{L}_\xi f)\psi, \tag{5.171}$$

wobei ξ wieder das Liouville-Vektorfeld bezeichnet. Physikalisch interpretiert ist dies nichts anderes als die Dimensionslosigkeit der Quantisierungsvorschrift ϱ_{Std}.

Bevor wir nach einem Analogon zur Weyl-Ordnung suchen, wollen wir zunächst eine etwas kompaktere und vor allem koordinatenfreie Schreibweise für ϱ_{Std} etablieren, welche einen nützlichen Kalkül liefern wird. Dazu konstruieren wir aus symmetrischen kovarianten Tensorfeldern $\gamma \in \Gamma^\infty(S^k T^* Q)$ auf Q spezielle Differentialoperatoren auf T^*Q.

Definition 5.4.12. *Seien* $\gamma_1, \ldots, \gamma_k \in \Gamma^\infty(T^*Q)$ *Einsformen auf* Q *und* $f \in C^\infty(T^*Q)$. *Dann definiert man*

$$(\mathsf{F}(\gamma_1 \vee \cdots \vee \gamma_k)f)(\alpha_q) = \frac{\partial^k}{\partial t_1 \cdots \partial t_k} f\left(\alpha_q + t_1\gamma_1(q) + \cdots + t_k\gamma_k(q)\right)\Big|_{t_1 = \cdots = t_k = 0} \tag{5.172}$$

sowie

$$\mathsf{F}(\phi)f = (\pi^*\phi)f \tag{5.173}$$

für $\phi \in C^\infty(Q)$ *und erweitert* F *zu einer linearen Abbildung von* $\mathsf{S}^\bullet(T^*Q)$ *in die Differentialoperatoren auf* T^*Q.

Proposition 5.4.13. *Für eine Einsform $\gamma \in \Gamma^\infty(T^*Q)$ gilt $\mathsf{F}(\gamma) = \gamma^\vee$. Die lineare Abbildung*

$$\mathsf{F} : \mathsf{S}^\bullet(T^*Q) = \bigoplus_{k=0}^\infty \Gamma^\infty(\mathsf{S}^k T^*Q) \longrightarrow \mathrm{DiffOp}(T^*Q) \qquad (5.174)$$

ist ein injektiver filtrierter Algebrahomomorphismus. Weiter gilt für das Liouville-Vektorfeld

$$[\mathscr{L}_\xi, \mathsf{F}(\gamma)] = -k\mathsf{F}(\gamma) \qquad (5.175)$$

für $\gamma \in \Gamma^\infty(\mathsf{S}^k T^*Q)$. Ist in einer lokalen Karte (U, x) von Q

$$\gamma\big|_U = \frac{1}{k!} \gamma_{i_1 \cdots i_k} \mathrm{d}x^{i_1} \vee \cdots \vee \mathrm{d}x^{i_k} \qquad (5.176)$$

so gilt in der induzierten Karte $(T^*U, (q, p))$

$$\mathsf{F}(\gamma)\big|_{T^*U} = \frac{1}{k!} \pi^* \left(\gamma_{i_1 \cdots i_k}\right) \frac{\partial^k}{\partial p_{i_1} \cdots \partial p_{i_k}}. \qquad (5.177)$$

Ist insbesondere $S \in C^\infty(Q)$, so gilt für das Hamiltonsche Vektorfeld $X_{\pi^* S}$ von $\pi^* S \in C^\infty(T^*Q)$

$$X_{\pi^* S} = -\mathsf{F}(\mathrm{d}S). \qquad (5.178)$$

Beweis. Zunächst ist zu bemerken, daß F tatsächlich auf dem $\vee$-Produkt wohldefiniert ist. Die Symmetrie unter Vertauschen der γ_i ist unmittelbar klar, etwas schwieriger ist die Wohl-Definiertheit bezüglich der $C^\infty(Q)$-Linearität von $\vee$. Da aber für $(\mathsf{F}(\gamma_1 \vee \cdots \vee \gamma_k)f)(\alpha_q)$ nur die Werte von $\gamma_1, \ldots, \gamma_k$ bei $q = \pi(\alpha_q)$ eine Rolle spielen, folgt dies ebenfalls, da in (5.172) nur Ableitungen in vertikale Richtungen berechnet werden. Daß $\mathsf{F}(\gamma)\mathsf{F}(\gamma') = \mathsf{F}(\gamma \vee \gamma')$ gilt, folgt unmittelbar aus der Definition. Insbesondere ist $\mathsf{F}(\gamma)$ ein Differentialoperator der Ordnung k, sofern $\gamma \in \Gamma^\infty(\mathsf{S}^k T^*Q)$, womit F mit der Filtrierung verträglich ist. Die Injektivität ist ebenfalls klar, insbesondere anhand der lokalen Formel (5.177). Diese beweist man leicht mit Hilfe der Kettenregel. Für Einsformen folgt sie auch unmittelbar aus Satz 3.2.16, Teil *iv.)*. Für k-Formen benutzt man die Homomorphismuseigenschaft von F. Gleichung (5.175) ist mit der lokalen Gestalt $\xi = p_i \frac{\partial}{\partial p_i}$ ebenfalls klar und (5.178) haben wir in (3.86) bereits gesehen. $\qquad \square$

Die Definition von F ist also in gewisser Hinsicht die kanonische Fortsetzung des vertikalen Lifts von Einsformen.

Da wir aus einer Funktion $\psi \in C^\infty(Q)$ durch wiederholtes Anwenden der symmetrisierten kovarianten Ableitung D symmetrische kovariante Tensorfelder $\mathsf{D}^k \psi \in \Gamma^\infty(\mathsf{S}^k T^*Q)$ erhalten, läßt sich die Standardordnung ϱ_{Std} nun auch folgendermaßen schreiben:

Satz 5.4.14. *Sei $f \in \mathrm{Pol}^\bullet(T^*Q)$ und $\psi \in C^\infty(Q)$. Dann gilt*

$$\varrho_{\mathrm{Std}}(f)\psi = \iota^* \left(\mathsf{F} \left(e^{-i\hbar \mathsf{D}} \psi \right) f \right),\tag{5.179}$$

wobei nur endlich viele Terme der Exponentialreihe beitragen, da f polynomial in den Impulsen ist und F *in Impulsrichtung ableitet.*

Beweis. Schreibt man lokal

$$\mathsf{D}^r \psi = \frac{1}{r!} (\mathsf{D}^r \psi)_{j_1 \cdots j_r} \, \mathrm{d}x^{j_1} \vee \cdots \mathrm{d}x^{j_r},$$

so gilt

$$i_{\mathrm{s}} \left(\frac{\partial}{\partial x^{i_1}} \right) \cdots i_{\mathrm{s}} \left(\frac{\partial}{\partial x^{i_r}} \right) \mathsf{D}^r \psi = (\mathsf{D}^r \psi)_{i_1 \cdots i_r}$$

und damit nach (5.177)

$$\frac{\partial^r f}{\partial p_{i_1} \cdots \partial p_{i_r}} \pi^* \left(i_{\mathrm{s}} \left(\frac{\partial}{\partial x^{i_1}} \right) \cdots i_{\mathrm{s}} \left(\frac{\partial}{\partial x^{i_r}} \right) \frac{1}{r!} \mathsf{D}^r \psi \right)$$

$$= \frac{\partial^r f}{\partial p_{i_1} \cdots \partial p_{i_r}} \frac{1}{r!} \pi^* (\mathsf{D}^r \psi)_{i_1 \cdots i_r}$$

$$= \mathsf{F}(\mathsf{D}^r \psi) f.$$

Damit folgt die Behauptung aber sofort. □

Mit der Schreibweise (5.179) hat man offenbar eine koordinatenfreie Form der Standardordnung gefunden, welche als einziges eine kovariante Ableitung auf Q zu ihrer Definition benötigt.

5.4.2 κ-Ordnung und Sternprodukte auf T^*Q

Ausgehend von der Standardordnung wollen wir nun analog zum Fall des flachen Konfigurationsraumes $T^*\mathbb{R}^n$ eine Weyl-Ordnung konstruieren. Dazu müssen wir zunächst festlegen, welchen Prä-Hilbert-Raum wir verwenden wollen. Anders als im flachen Fall gibt es auf Q zunächst kein ausgezeichnetes Integrationsmaß. Hier bieten sich (mindestens) zwei Möglichkeiten an:

Zum einen kann man den intrinsischen Prä-Hilbert-Raum der Halbdichten $\Gamma_0^\infty(|\Lambda^n|^{\frac{1}{2}} T^*Q)$ auf Q mit seinem kanonischen inneren Produkt (2.220) verwenden, wie dies in verschiedenen Zugängen auch durchgeführt wird [1, 194–197, 305, 328]. Dazu muß zunächst die Standardordnung ϱ_{Std}, welche ja Differentialoperatoren auf Funktionen liefert, umgeschrieben werden, um Differentialoperatoren auf Halbdichten zu erhalten. Dies kann man unter Verwendung der kovarianten Ableitung ∇ tatsächlich auf einfache Weise tun, da ∇ nach Proposition 2.2.43 ja ebenfalls eine kovariante Ableitung für die Halbdichten induziert. Eine detaillierte Diskussion findet man beispielsweise in [42] sowie in [310, Absch. 5.3.3].

Wir werden jedoch einen anderen Weg beschreiten und eine weitere nicht-kanonische Wahl treffen, um $C_0^\infty(Q)$ direkt zu einem Prä-Hilbert-Raum zu machen. Wir wählen daher eine positive Dichte $\mu \in \Gamma^\infty(|\Lambda^n|T^*Q)$ auf Q. In typischen Situationen ist diese Wahl gut motiviert, wenn ∇ beispielsweise der Levi-Civita-Zusammenhang einer (Pseudo-) Riemannschen Metrik g auf Q ist, so können wir die (Pseudo-) Riemannsche Volumendichte $\mu = \mu_g$ verwenden:

Lemma 5.4.15. *Sei $\alpha \in \mathbb{C}$ und (Q, g) eine Pseudo-Riemannsche Mannigfaltigkeit. Dann ist durch*

$$\mu_g(v_1, \ldots, v_n) = 1 \tag{5.180}$$

für alle $v_1, \ldots, v_n \in T_pQ$ mit $|g_p(v_i, v_j)| = \delta_{ij}$ eine positive Dichte $\mu_g \in \Gamma^\infty(|\Lambda^n|T^*Q)$ festgelegt und entsprechend legt $\mu_g^\alpha(v_1, \ldots, v_n) = 1$ eine α-Dichte $\mu_g^\alpha \in \Gamma^\infty(|\Lambda^n|^\alpha T^*Q)$ fest.

Beweis. Die Bedingung $|g_p(v_i, v_j)| = \delta_{ij}$ bedeutet, daß die $v_1, \ldots, v_n$ eine orthonormierte Basis von T_pM bilden. Seien nun zwei orthonormale Basen $v_1, \ldots, v_n$ und $w_1, \ldots, w_n$ gegeben und sei (k, ℓ) mit $k + \ell = n$ die Signatur der Metrik. Dann können wir die Basen so anordnen, daß die ersten k Vektoren ein positives Skalarprodukt und die folgenden ℓ ein negatives Skalarprodukt besitzen. Es gibt daher einen Basiswechsel $Av_i = w_i$, welcher $A \in \mathrm{O}(k, \ell)$ erfüllt, also $A^\mathsf{T} g A = g$. Damit folgt aber $|\det(A)| = 1$, womit (5.180) punktweise wohl-definiert ist. Die Positivität von μ_g ist offensichtlich und die Glattheit folgt, da es lokal immer glatte orthonormale Basisvektorfelder $e_1, \ldots, e_n$ gibt. $\qquad\square$

Definition 5.4.16 (Riemannsche Volumendichte). *Die Dichte μ_g auf einer (Pseudo-) Riemannschen Mannigfaltigkeit (Q, g) heißt kanonische (Pseudo-) Riemannsche Volumendichte zur Metrik g.*

Weitere Details zur Riemannschen Volumendichte finden sich in Aufgabe 5.10.

Zunächst ist es jedoch vorteilhaft, die Wahl einer Dichte nicht weiter zu spezifizieren. Nach Wahl von $\mu > 0$ wird $C_0^\infty(Q)$ gemäß Bemerkung 2.3.41 mittels des Skalarprodukts

$$\langle \phi, \psi \rangle = \int_Q \overline{\phi} \psi \mu \tag{5.181}$$

zu einem Prä-Hilbert-Raum. Um nun das Adjungierte von $\varrho_{\mathrm{Std}}(f)$ bezüglich (5.181) berechnen zu können, benötigen wir zunächst folgendes Lemma:

Lemma 5.4.17. *Sei ∇ eine torsionsfreie kovariante Ableitung auf Q und $\mu \in \Gamma^\infty(|\Lambda^n|T^*Q)$ eine positive Dichte. Dann definiert*

$$\alpha(X) = \frac{\nabla_X \mu}{\mu} \tag{5.182}$$

eine Einsform $\alpha \in \Gamma^\infty(T^*Q)$ und es gilt

$$\mathsf{tr}\, R = -\mathrm{d}\alpha, \tag{5.183}$$

wobei $(\mathsf{tr}\, R)(X, Y) = \mathsf{tr}(Z \mapsto R(X, Y)Z)$ die Spur des Krümmungstensors R von ∇ ist.

Beweis. Zunächst ist klar, daß für jedes $X \in \Gamma^\infty(TQ)$ durch (5.182) eine glatte Funktion $\alpha(X)$ definiert wird, da μ eine positive Dichte ist und somit μ^{-1} eine positive (-1)-Dichte ist. Weiter ist $\alpha(X)$ im Argument X sogar $C^\infty(Q)$-linear, da die kovariante Ableitung diese Eigenschaft besitzt. Es folgt, daß α eine Einsform ist. Für (5.183) rechnet man nach, daß

$$
\begin{aligned}
R^1&(X,Y)\mu \\
&= \nabla_X \nabla_Y \mu - \nabla_Y \nabla_X \mu - \nabla_{[X,Y]}\mu \\
&= \nabla_X(\alpha(Y)\mu) - \nabla_Y(\alpha(X)\mu) - \alpha([X,Y])\mu \\
&= X(\alpha(Y))\mu + \alpha(Y)\alpha(X)\mu - Y(\alpha(X))\mu - \alpha(X)\alpha(Y)\mu - \alpha([X,Y])\mu \\
&= (\mathrm{d}\alpha)(X,Y)\mu,
\end{aligned}
$$

wobei R^1 wie in Proposition 2.2.43 der Krümmungstensor des induzierten Zusammenhangs auf 1-Dichten ist. Andererseits gilt nach dieser Proposition allgemein $R^1(X,Y) = -(\mathrm{tr}\, R)(X,Y)$, womit (5.183) gezeigt ist.   □

Definition 5.4.18. *Ein torsionsfreier Zusammenhang heißt unimodular, falls* $\mathrm{tr}\, R = 0$.

Proposition 5.4.19 (Unimodulare Zusammenhänge).

i.) Der Levi-Civita-Zusammenhang ∇ einer (Pseudo-) Riemannschen Metrik g ist unimodular. Für die Riemannsche Volumendichte gilt sogar

$$
\nabla \mu_g = 0. \tag{5.184}
$$

ii.) Gibt es bezüglich einer torsionsfreien kovarianten Ableitung ∇ eine kovariant konstante positive Dichte, so ist ∇ unimodular.

iii.) Ist ∇ unimodular, so gibt es genau dann eine kovariant konstante positive Dichte μ^∇, wenn für eine positive Dichte μ die Einsform α exakt ist. In diesem Fall ist α für jedes μ exakt und für zusammenhängendes Q gibt es bis auf konstante Vielfache genau eine kovariant konstante positive Dichte μ^∇.

Beweis. Der erste Teil wird in Aufgabe 5.10 gezeigt. Der zweite Teil ist klar nach Lemma 5.4.17. Für den dritten Teil wählt man eine positive Dichte μ. Dann ist jede andere positive Dichte von der Form $\mathrm{e}^g \mu$ mit einer reellwertigen Funktion $g \in C^\infty(Q)$. Gilt nun $\nabla_X \mu = \alpha(X)\mu$, so folgt

$$
\nabla_X(\mathrm{e}^g \mu) = \mathrm{e}^g \mathrm{d}g(X)\mu + \mathrm{e}^g \alpha(X)\mu = (\mathrm{d}g + \alpha)(X)\mu.
$$

Damit ist $\mathrm{e}^g \mu$ genau dann kovariant konstant, wenn $\mathrm{d}g = -\alpha$ gilt. Dies ist genau dann möglich, wenn α exakt ist. Ist dies für ein μ der Fall, so auch für alle anderen positiven Dichten, da sich α gerade um einen exakten Term ändert, wenn man zu einer anderen positiven Dichte übergeht. Sei nun sowohl μ als auch $\mathrm{e}^g \mu$ kovariant konstant, dann gilt $X(g) = 0$, womit g und somit auch e^g lokal konstant sind.   □

Im unimodularen Fall läßt sich also insbesondere dann eine kanonische Wahl für μ treffen, wenn $\mathrm{H}^1_{\mathrm{dR}}(Q) = \{0\}$ ist, da dann ja jede geschlossene Einsform exakt ist und somit eine (im wesentlichen) eindeutige, kovariant konstante positive Dichte existiert.

Im allgemeinen ist $\alpha \neq 0$, was sich beim partiellen Integrieren von Ableitungen bezüglich des Skalarprodukts $\langle \cdot, \cdot \rangle$ aus (5.181) bemerkbar machen wird.

Um nun den adjungierten Operator von $\varrho_{\mathrm{Std}}(f)$ bezüglich des Skalarprodukts (5.181) berechnen zu können, benötigen wir noch das Analogon des Operators Δ aus (5.19).

Lemma 5.4.20. *Sei ∇ eine torsionsfreie kovariante Ableitung auf Q mit Christoffel-Symbolen Γ^k_{ij} bezüglich einer lokalen Karte (U, x) von Q. Seien weiter $(T^*U, (q, p))$ die induzierten lokalen Bündelkoordinaten von T^*Q. Dann ist der Operator*

$$\Delta \big|_{T^*U} = \frac{\partial^2}{\partial q^i \partial p_i} + p_k \pi^* \left(\Gamma^k_{ij} \right) \frac{\partial^2}{\partial p_i \partial p_j} + \pi^* \left(\Gamma^i_{ij} \right) \frac{\partial}{\partial p_j} \tag{5.185}$$

unabhängig von der Karte (U, x) und somit ein global definierter Differential-operator zweiter Ordnung

$$\Delta : C^\infty(T^*Q) \longrightarrow C^\infty(T^*Q), \tag{5.186}$$

welcher

$$[\mathscr{L}_\xi, \Delta] = -\Delta \tag{5.187}$$

erfüllt.

Beweis. Die Koordinatenunabhängigkeit von Δ ist eine längere aber einfache Rechnung, welche wir hier nicht explizit vorführen wollen, siehe Aufgabe 5.18. Gleichung (5.187) ist nach der lokalen Formel (5.185) aber offensichtlich. $\square$

Die Aussage von Gleichung (5.187) liefert insbesondere, daß Δ die polynomialen Funktionen in den Impulsen $\mathrm{Pol}(T^*Q)$ wieder auf solche abbildet, wobei

$$\Delta : \mathrm{Pol}^\bullet(T^*Q) \longrightarrow \mathrm{Pol}^{\bullet-1}(T^*Q). \tag{5.188}$$

Bemerkung 5.4.21. Die Koordinatenunabhängigkeit von Δ läßt sich auch so verstehen, daß Δ bis auf einen Faktor der Laplace-Operator zur Pseudo-Riemannschen Metrik g^∇ auf T^*Q ist, welche man aus der natürlichen Paarung der Vertikalräume $T^*_q Q \cong \mathrm{Ver}_{\alpha_q}(T^*Q) = \ker T_{\alpha_q}\pi \subseteq T_{\alpha_q}(T^*Q)$ und der Horizontalräume $T_q Q \cong \mathrm{Hor}^\nabla_{\alpha_q}(T^*Q) \subseteq T_{\alpha_q}(T^*Q)$ bezüglich des Zusammenhangs ∇ erhält. Dieser Aspekt wird jedoch im folgenden keine Rolle spielen, so daß wir für die genauen Definitionen und die entsprechenden Beweise auf die Literatur [42–44, 252, 310, 330] sowie auf Aufgabe 5.15 und 5.18 verweisen.

Wir kommen nun zum entscheidenden Satz von Neumaier, welcher es gestattet den adjungierten Operator zu $\varrho_{\mathrm{Std}}(f)$ in voller Allgemeinheit zu berechnen:

Satz 5.4.22 (Neumaier). *Sei* ∇ *eine torsionsfreie kovariante Ableitung auf* Q *mit zugehöriger standardgeordneter Quantisierung* ϱ_{Std}, *und sei* $\mu \in \Gamma^{\infty}(|\Lambda^n|T^*Q)$ *eine positive Dichte,* $\mu > 0$, *mit zugehörigem Skalarprodukt für* $C_0^{\infty}(Q)$. *Dann gilt für* $f \in \mathrm{Pol}(T^*Q)$ *und* $\phi, \psi \in C_0^{\infty}(Q)$ *die Gleichung*

$$\langle \phi, \varrho_{\mathrm{Std}}(f)\psi \rangle = \left\langle \varrho_{\mathrm{Std}}(N^2\overline{f})\phi, \psi \right\rangle \tag{5.189}$$

mit dem Neumaier-Operator

$$N = \mathrm{e}^{\frac{\hbar}{2\mathrm{i}}(\Delta + \mathsf{F}(\alpha))} \tag{5.190}$$

mit Δ *wie in* (5.185) *und* α *wie in* (5.182).

Beweis. Zunächst ist zu bemerken, daß $N : \mathrm{Pol}(T^*Q) \longrightarrow \mathrm{Pol}(T^*Q)$ tatsächlich ein wohl-definierter linearer Isomorphismus ist, da Δ und auch $\mathsf{F}(\alpha)$ den Impulsgrad um eins verringern und somit nur endlich viele Terme der Exponentialreihe beitragen. Für den Beweis von (5.189) genügt es offenbar, nur solche ϕ, ψ zu betrachten, deren Träger in einem Kartenbereich liegt. Den allgemeinen Fall erhält man dann durch eine entsprechende Zerlegung der Eins. Lokal besteht (5.189) in einer technisch aufwendigen partiellen Integration im Stile der aus Lemma 5.2.9, wobei nun jedoch Ableitungen von μ sowie Krümmungsterme berücksichtigt werden müssen. Für diese technischen Details sei auf [42–44, 252] verwiesen. □

Das Bemerkenswerte, insbesondere in Hinblick auf die nichttriviale partielle Integration, welche zu (5.189) führt, ist, daß sich der adjungierte Differentialoperator $\varrho_{\mathrm{Std}}(f)^{\dagger}$ so *einfach* aus $\varrho_{\mathrm{Std}}(f)$ beziehungsweise f berechnen läßt, und dies zudem in völliger Analogie zum flachen Fall.

Bemerkung 5.4.23. Ist μ sogar kovariant konstant, also beispielsweise für den Levi-Civita-Zusammenhang ∇ und das Riemannsche Volumen μ_g einer (Pseudo-) Riemannschen Metrik g, so gilt

$$N = \mathrm{e}^{\frac{\hbar}{2\mathrm{i}}\Delta}, \tag{5.191}$$

wie bereits im flachen Fall $T^*\mathbb{R}^n$ in Abschnitt 5.2.2. Im allgemeinen vertauschen Δ und $\mathsf{F}(\alpha)$ jedoch nicht, womit sich die Exponentialfunktion nicht auf einfache Weise faktorisieren läßt, siehe jedoch Aufgabe 5.13.

Da $\varrho_{\mathrm{Std}}(f)^{\dagger}$ diese einfache Form besitzt, liegt es nahe, die Weyl-Ordnung und allgemeiner die κ-Ordnung aus Abschnitt 5.2.2 auch auf diesen Fall zu verallgemeinern:

Definition 5.4.24 (κ-Ordnung). *Seien ∇ und μ wie zuvor. Dann definiert man die κ-Ordnung für $\kappa \in \mathbb{R}$*

$$\varrho_\kappa : \mathrm{Pol}^\bullet(T^*Q) \longrightarrow \mathrm{DiffOp}(Q) \tag{5.192}$$

durch

$$\varrho_\kappa(f) = \varrho_{\mathrm{Std}}(N_\kappa f) \tag{5.193}$$

mit

$$N_\kappa = \mathrm{e}^{-\mathrm{i}\kappa\hbar(\Delta + \mathsf{F}(\alpha))}. \tag{5.194}$$

Der Fall $\kappa = \frac{1}{2}$ wird als Weyl-Ordnung ϱ_{Weyl} (auch Weyl-Darstellung oder Schrödinger-Darstellung in Weyl-Ordnung) und $\kappa = 1$ als Antistandardordnung $\varrho_{\overline{\mathrm{Std}}}$ bezeichnet.

Da weiter ϱ_{Std} und damit auch alle κ-Ordnungen ϱ_κ lineare *Isomorphismen* zwischen den klassischen Observablen $\mathrm{Pol}(T^*Q)$ und den Differentialoperatoren $\mathrm{DiffOp}(Q)$ sind, können wir erneut das Produkt von $\mathrm{DiffOp}(Q)$ zurückziehen und erhalten somit Sternprodukte $\star_\kappa$ für $\mathrm{Pol}(T^*Q)$.

Definition 5.4.25 (κ-geordnetes Sternprodukt). *Seien ∇ und μ wie zuvor. Dann definiert man das κ-geordnete Sternprodukt $\star_\kappa$ für Funktionen $f, g \in \mathrm{Pol}(T^*Q)$ durch*

$$f \star_\kappa g = \varrho_\kappa^{-1}\left(\varrho_\kappa(f)\,\varrho_\kappa(g)\right). \tag{5.195}$$

Der Fall $\kappa = 0$ wird als standardgeordnetes Sternprodukt $\star_{\mathrm{Std}}$, der Fall $\kappa = \frac{1}{2}$ als Weyl-geordnetes Sternprodukt $\star_{\mathrm{Weyl}}$ und der Fall $\kappa = 1$ als antistandardgeordnetes Sternprodukt $\star_{\overline{\mathrm{Std}}}$ bezeichnet.

Die Beziehungen zwischen $\star_\kappa$, ϱ_κ und N_κ sind nun völlig analog zu denen im flachen Fall $T^*\mathbb{R}^n$. Wir stellen sie trotzdem nochmal zusammen:

Satz 5.4.26 (κ-Geordnetes Sternprodukt auf T^*Q, I). *Seien ∇ und μ wie zuvor. Dann gilt:*

i.) Das κ-geordnete Sternprodukt $\star_\kappa$ ist ein assoziatives Produkt für den Vektorraum $\mathrm{Pol}(T^*Q)$, welches für alle κ zum standardgeordneten Sternprodukt $\star_{\mathrm{Std}}$ isomorph ist, wobei

$$f \star_\kappa g = N_\kappa^{-1}\left(N_\kappa f \star_{\mathrm{Std}} N_\kappa g\right) \tag{5.196}$$

ein Isomorphismus ist.

ii.) Die κ-geordnete Quantisierung ϱ_κ ist eine Darstellung von $(\mathrm{Pol}(T^*Q), \star_\kappa)$, es gilt

$$\varrho_\kappa(f \star_\kappa g) = \varrho_\kappa(f)\,\varrho_\kappa(g). \tag{5.197}$$

iii.) Für die komplexe Konjugation gilt

$$\overline{f \star_\kappa g} = \overline{g} \star_{1-\kappa} \overline{f} \tag{5.198}$$

sowie

$$\varrho_\kappa(f)^\dagger = \varrho_{1-k}(\overline{f}), \tag{5.199}$$

*womit $f \mapsto \overline{f}$ eine *-Involution für $\star_{\mathrm{Weyl}}$ und ϱ_{Weyl} eine *-Darstellung ist.*

Der Beweis ist klar und erfolgt ausschließlich unter Benutzung der algebraischen Identitäten für $\star_\kappa$, ϱ_κ und N_κ wie bereits im flachen Fall.

Die Verträglichkeit der κ-Ordnung mit den physikalischen Impulsdimensionen beschreibt man am besten mit Hilfe des Homogenitätsoperators

$$\mathsf{H} = \hbar \frac{\partial}{\partial \hbar} + \mathscr{L}_\xi \,. \tag{5.200}$$

Proposition 5.4.27 (Homogenität). *Der Operator* N_κ, *die* κ-*geordnete Darstellung sowie das* κ-*geordnete Sternprodukt sind homogen im Sinne, daß*

$$[\mathsf{H}, N_\kappa] = 0, \tag{5.201}$$

$$\hbar \frac{\partial}{\partial \hbar} \left(\varrho_\kappa(f)\psi \right) = \varrho_\kappa(\mathsf{H}f)\psi + \varrho_\kappa(f)\hbar \frac{\partial \psi}{\partial \hbar} \tag{5.202}$$

und

$$\mathsf{H}(f \star_\kappa g) = \mathsf{H}f \star_\kappa g + f \star_\kappa \mathsf{H}g. \tag{5.203}$$

Beweis. Der Beweis folgt zunächst für ϱ_{Std} aus Bemerkung 5.4.11. Daß N_κ mit H vertauscht, ist klar, da der Exponent $\frac{\hbar}{2\mathrm{i}}(\Delta + \mathsf{F}(\alpha))$ offenbar mit H vertauscht. Damit folgt aber sofort auch (5.202). Mit Hilfe der Injektivität von ϱ_κ und der Darstellungseigenschaft erhält man dann auch (5.203). $\square$

Wir bestimmen nun die κ-Darstellung einiger für die Physik besonders wichtiger Observablen:

Bemerkung 5.4.28. Sei $V \in C^\infty(Q)$ eine Funktion der Ortsvariablen und sei $X \in \Gamma^\infty(TQ)$ ein Vektorfeld mit zugehörigem linearen Impuls $\mathfrak{J}(X) \in \mathrm{Pol}^1(T^*Q)$. Dann gilt

$$\varrho_\kappa(\pi^* V) = V \tag{5.204}$$

$$\varrho_\kappa(\mathfrak{J}(X)) = -\mathrm{i}\hbar \mathscr{L}_X - \mathrm{i}\hbar\kappa \operatorname{div}_\mu(X). \tag{5.205}$$

Die erste Gleichung ist offensichtlich. Die zweite läßt sich leicht mit Hilfe der lokalen Formeln für Δ, ϱ_{Std} und div_μ zeigen.

Bemerkung 5.4.29. Ist g eine (Pseudo-) Riemannsche Metrik und wählt man den Levi-Civita-Zusammenhang ∇ sowie das Riemannsche Volumen μ_g zur Konstruktion von $\star_\kappa$ und ϱ_κ, so gilt für die κ-geordnete Quantisierung der kinetischen Energie $T(\alpha_q) = \frac{1}{2}g_q^{-1}(\alpha_q, \alpha_q)$ aus Abschnitt 3.2.2 die Gleichung

$$\varrho_\kappa(T) = -\frac{\hbar^2}{2}\Delta_g, \tag{5.206}$$

wobei Δ_g der zur Metrik g gehörende *Laplace-Operator* ist, siehe Aufgabe 5.12. Insgesamt gilt also für die Quantisierung einer typischen Hamilton-Funktion $H = T + U$ mit kinetischer Energie T und potentieller Energie $U = \pi^* V$ in diesem Fall

$$\varrho_\kappa(H) = -\frac{\hbar^2}{2}\,\Delta_g + V, \tag{5.207}$$

was offenbar den üblichen Hamilton-Operator in der Quantenmechanik auf geometrische Weise verallgemeinert. Man beachte jedoch, daß verschiedene andere Quantisierungsvorschriften hier geringfügig andere Ergebnisse liefern, wobei typischerweise noch Beiträge des Krümmungsskalars auftreten, siehe etwa [195–197, 305].

Als letzten Schritt wollen wir die Sternprodukte $\star_\kappa$ wieder als Potenzreihen in $\hbar$ schreiben und die Eigenschaften der entsprechenden bilinearen Operatoren C_r diskutieren, wie wir das bereits in Satz 5.2.24 für den flachen Fall getan haben. Es gilt folgender Satz:

Satz 5.4.30 (κ-Geordnete Sternprodukte auf T^*Q, II). *Für alle $\kappa \in \mathbb{R}$ ist das κ-geordnete Sternprodukt $\star_\kappa$ von der Form*

$$f \star_\kappa g = \sum_{r=0}^{\infty} \hbar^r C_r(f, g), \tag{5.208}$$

wobei die bilinearen Abbildungen

$$C_r : \mathrm{Pol}(T^*Q) \times \mathrm{Pol}(T^*Q) \longrightarrow \mathrm{Pol}(T^*Q) \tag{5.209}$$

folgende Eigenschaften besitzen:

i.) Es gilt die Assoziativitätsbedingung

$$\sum_{r=0}^{k} C_r(C_{k-r}(f, g), h) = \sum_{r=0}^{k} C_r(f, C_{k-r}(g, h)) \tag{5.210}$$

für alle k und $f, g, h \in \mathrm{Pol}(T^*Q)$.
ii.) $C_0(f, g) = fg$.
iii.) $C_1(f, g) - C_1(g, f) = \mathrm{i}\{f, g\}$.
iv.) $1 \star_\kappa f = f = f \star_\kappa 1$.
v.) C_r ist ein Bidifferentialoperator der Ordnung r in jedem Argument.

Während die ersten Eigenschaften leicht nachzurechnen sind, ist es die letzte Eigenschaft *v.)*, welche sich als schwierig erweist: das Problem ist, daß die C_r nur auf den in den Impulsen polynomialen Funktionen definiert sind und deshalb a priori durchaus unendlich viele Impulsableitungsordnungen in einem C_r auftreten könnten, da dies auf Polynomen ja wohl-definierte Abbildungen liefert. Für einen detaillierten Beweis sowie eine weiterführende Diskussion dieser Sternprodukte und ihrer Darstellungen verweisen wir auf [42–44, 252, 310] sowie auf die Aufgaben 6.2, 6.3 und 6.9.

Bemerkung 5.4.31 (Hörmander-Symbole auf Kotangentenbündeln). Der Vollständigkeit wegen sei auch erwähnt, daß es für Kotangentenbündel ebenfalls den Begriff der Hörmander-Symbole gibt, da die Impulsrichtungen nach wie vor Vektorräume sind. Ebenso gibt es eine wohlformulierte Theorie der Pseudodifferentialoperatoren auf den Wellenfunktionen $C_0^\infty(Q)$, welche man durch geeignetes Zusammenkleben der lokalen Theorie erhält. Details hierzu sind etwa in [172] sowie in den dort angeführten Literaturangaben zu finden.

Es gibt aber auch einen globalen Symbolkalkül für Pseudodifferentialoperatoren, der auf die Wahlen eines torsionsfreien Zusammenhangs ∇, einer positiven Dichte $\mu > 0$ sowie einer technisch notwendigen Abschneidefunktion χ zurückgreift. Damit läßt sich zeigen, daß die Formeln für N_κ und ϱ_κ ebenso wie im flachen Fall asymptotische Entwicklungen für $\hbar \longrightarrow 0$ der zugehörigen Integralformeln sind. Wir bemerken aber, daß für Polynome $\mathrm{Pol}(T^*Q)$ diese asymptotischen Formeln bereits exakt sind. Für Details sei auf $[42, 194, 264, 265, 267, 282, 326, 327]$ verwiesen.

5.5 Aufgaben

Aufgabe 5.1 (Geometrische Quantisierung: Präquantisierung). Sei (M, ω) eine symplektische Mannigfaltigkeit.

i.) Zeigen Sie, daß die Abbildung $f \mapsto Q^{(1)}(f) = -\mathrm{i}\hbar X_f$ eine Lie-Algebradarstellung von $C^\infty(M)$ auf $C_0^\infty(M)$ bezüglich der Lie-Klammer $\mathrm{i}\hbar\{\cdot,\cdot\}$ ist. Hier ist also die Korrespondenz (5.4) exakt erfüllt.

ii.) Zeigen Sie $Q^{(1)}(const) = 0$. Argumentieren Sie mit Hilfe der Unschärferelationen zwischen Orten und Impulsen, wieso diese Eigenschaft zu einer physikalisch unbrauchbaren Quantisierung führt. Daher ist $Q^{(1)}$ also zu verwerfen.

iii.) Betrachten Sie als zweiten Versuch die Abbildung $f \mapsto Q^{(2)}(f) = -\mathrm{i}\hbar X_f + f$, wobei f als Multiplikationsoperator auf $C_0^\infty(M)$ wirke. Zeigen Sie, daß zwar $Q^{(2)}(1) = \mathrm{id}$ gilt, daß aber $Q^{(2)}$ keine Lie-Algebradarstellung ist. Daher ist auch $Q^{(2)}$ keine Lösung.

iv.) Sei nun eine Einsform $\theta \in \Gamma^\infty(T^*M)$. Betrachten Sie dann

$$Q^\theta(f) = -\mathrm{i}\hbar X_f + \theta(X_f) + f. \tag{5.211}$$

Zeigen Sie, daß Q^θ genau dann eine Lie-Algebradarstellung wird, wenn $\mathrm{d}\theta = \omega$ gilt.
Hinweis: Aufgabe 2.5 und Satz 3.1.15.

Nicht auf jeder symplektischen Mannigfaltigkeit ist ω eine *exakte* Zweiform, auf einer kompakten ist dies beispielsweise nie der Fall. Da man trotzdem an einer Quantisierung interessiert ist, gilt es, Q geeignet zu modifizieren.

v.) Sei $\pi : L \longrightarrow M$ ein komplexes Geradenbündel über M und ∇ eine kovariante Ableitung für L. Definieren Sie dann

$$Q^\nabla(f) = -\mathrm{i}\hbar\nabla_{X_f} + f \tag{5.212}$$

als Operator auf $\Gamma_0^\infty(L)$. Sei R die Krümmungszweiform von ∇. Finden Sie dann eine Beziehung zwischen R und ω, so daß Q^∇ eine Lie-Algebradarstellung wird. Ist Q^∇ treu?

vi.) Sei nun ∇' ein weiterer Zusammenhang auf L und $\theta(X) = \nabla_X - \nabla'_X$. Berechnen Sie die Differenz $R - R'$. Können Sie, falls ∇ die Krümmungsbedingung für Q^∇ nicht erfüllt, ∇' so wählen, daß $Q^{\nabla'}$ die Bedingung aus Teil *v.)* doch erfüllt. Interpretieren Sie Ihr Ergebnis kohomologisch.

vii.) Diskutieren Sie die Verträglichkeit der Quantisierung mit der assoziativen Struktur der klassischen Observablen $C^\infty(M)$. Vergleichen Sie hierzu insbesondere $Q^\nabla(fg)$ mit $Q^\nabla(f)Q^\nabla(g)$.

Bemerkung: Die Existenz eines Geradenbündels L mit einem Zusammenhang ∇, welcher der Bedingung aus Teil *v.)* genügt, ist eine topologische Bedingung an $[\omega] \in \mathrm{H}^2_{\mathrm{dR}}(M, \mathbb{R})$, welche geringfügig schwächer als die Exaktheit $[\omega] = 0$ ist. Diese *Präquantenbedingung* ist das Analogon der Integralitätsbedingung für das Vektorpotential beim Aharonov-Bohm-Effekt für Zweiformen anstelle von Einsformen, siehe Bemerkung 6.3.26.

Aufgabe 5.2 (Geometrische Quantisierung: Polarisierung). Sei (M, ω) eine symplektische Mannigfaltigkeit und $\pi : L \longrightarrow M$ ein Geradenbündel mit Zusammenhang ∇, so daß die Präquantenbedingung aus Aufgabe 5.1 erfüllt ist. Das Problem bei der Interpretation von $\Gamma_0^\infty(L)$ als Prä-Hilbert-Raum der Quantenmechanik ist, daß die „Wellenfunktionen" noch von zu vielen Variablen abhängen: in einer Darboux-Karte hängt ein Schnitt $\psi \in \Gamma_0^\infty(L)$ eben sowohl von den q's als auch von den p's ab. Daher versucht man eine geeignete Auswahl zu treffen. Eine *reelle Polarisierung* ist eine involutive glatte Distribution $\mathcal{L} \subseteq TM$ derart, daß an jedem Punkt $\mathcal{L}_p \subseteq T_pM$ ein Lagrangescher Unterraum ist.

i.) Zeigen Sie, daß eine reelle Polarisierung immer regulär und integrabel ist, also ein Unterbündel von TM definiert. Zeigen Sie weiter, daß die Blätter von $\mathcal{L}$ (im allgemeinen nur immersierte) Lagrangesche Untermannigfaltigkeiten sind. Hier heißt eine Untermannigfaltigkeit L *Lagrangesch*, falls $T_pL \subseteq T_pM$ für jeden Punkt $p \in L$ ein Lagrangescher Untervektorraum ist.

ii.) Sei $X, Y \in \Gamma^\infty(\mathcal{L}) \subseteq \Gamma^\infty(TM)$. Zeigen Sie, daß $R(X, Y) = 0$ für die Krümmung des Zusammenhangs ∇.

Sei nun $\psi \in \Gamma^\infty(L)$. Dann heißt ψ *polarisiert* bezüglich $\mathcal{L}$, wenn $\nabla_X\psi = 0$ für alle $X \in \Gamma^\infty(\mathcal{L})$. Dies bedeutet anschaulich, daß ψ „konstant" längs der Lagrangeschen Blätter von $\mathcal{L}$ ist. Eine Funktion $f \in C^\infty(M)$ heißt *quantisierbar*, wenn $Q(f)\psi$ polarisiert ist, für alle lokal definierten Schnitte ψ, welche polarisiert sind.

iii.) Zeigen Sie, daß die quantisierbaren Observablen eine Lie-Unteralgebra von $C^\infty(M)$ bilden.

iv.) Zeigen Sie, daß es lokal immer nichttriviale polarisierte Schnitte von L gibt.

Hinweis: Wählen Sie eine geeignete Trivialisierung von L und zerblättern Sie M in die Lagrangeschen Blätter gemäß des Frobenius-Theorems Korollar 4.1.29. Definieren Sie dann ψ lokal konstant längs der Blätter unter Benutzung einer Blätterungskarte.

v.) Zeigen Sie, daß f quantisierbar ist, falls $\nabla_{[X,X_f]}\psi = 0$ für alle lokal definierten $X \in \Gamma^\infty(\mathcal{L})$ und alle lokalen polarisierten Schnitte ψ.

Hinweis: Hier benötigen Sie die Präquantenbedingung.

vi.) Zeigen Sie, daß f genau dann quantisierbar ist, wenn für alle $X \in \Gamma^\infty(\mathcal{L})$ auch $\mathscr{L}_{X_f} X \in \Gamma^\infty(\mathcal{L})$ gilt, also X_f die Polarisierung erhält.

vii.) Betrachten Sie den Fall $M = T^*Q$. Zeigen Sie, daß die vertikale Polarisierung $\mathcal{L} = \mathrm{Ver}(T^*Q) = \ker T\pi \subseteq T(T^*Q)$ tatsächlich eine reelle Polarisierung ist und bestimmen Sie die Lagrangeschen Blätter.

viii.) Zeigen Sie in diesem Fall, daß die einzigen quantisierbaren Funktionen auf T^*Q von der Form $f = \pi^*u + \mathcal{J}(X)$ mit $u \in C^\infty(Q)$ und $X \in \Gamma^\infty(TQ)$ sind.

Bemerkung: Mit der Wahl einer Polarisierung beginnen die Probleme in der geometrischen Quantisierung: die Existenz hinreichend vieler quantisierbarer Funktionen ist alles andere als gesichert, im Gegenteil, es müssen meist erhebliche Anstrengungen und ad-hoc Überlegungen angestellt werden, um die relevanten Observablen zu quantisieren. Nach diesem ersten Einblick in die geometrische Quantisierung sei für ein weiteres Studium auf die Literatur verwiesen [328].

Aufgabe 5.3 (Der Bargmann-Fock-Raum). Betrachten Sie den Bargmann-Fock-Raum $\mathfrak{H}_{\mathrm{BF}}$ der quadratintegrablen anti-holomorphen Funktionen auf $\mathbb{C}$ bezüglich des Gaußschen Maßes $\mathrm{d}\mu = \frac{1}{2\pi\hbar}\mathrm{e}^{-\frac{\overline{z}z}{2\hbar}}\mathrm{d}z\mathrm{d}\overline{z}$, wobei $\mathrm{d}z\mathrm{d}\overline{z}$ das übliche Lebesgue-Maß auf $\mathbb{C}$ bezeichnet

i.) Zeigen Sie, daß die Vektoren $\mathsf{e}_k(\overline{z}) = \frac{1}{\sqrt{(2\hbar)^k k!}}\overline{z}^k$ mit $k \in \mathbb{N}_0$ ein Orthonormalsystem in $\mathfrak{H}_{\mathrm{BF}}$ bilden, indem Sie zur Integration Polarkoordinaten verwenden.

ii.) Definieren Sie für $k \in \mathbb{N}_0$ und $R \geq 0$ die Funktion

$$c_k(R) = \frac{1}{\hbar}\int_0^R r^{2k+1}\mathrm{e}^{-\frac{r^2}{2\hbar}}\,\mathrm{d}r \qquad (5.213)$$

und zeigen Sie, daß c_k streng monoton wachsend ist. Bestimmen Sie $\lim_{R\to\infty} c_k(R)$.

iii.) Sei nun $\phi \in \mathfrak{H}_{\mathrm{BF}}$. Zeigen Sie unter Verwendung des Satzes von der monotonen Konvergenz und der gleichmäßigen Konvergenz der Taylor-Reihe auf jedem Kompaktum die Gleichung

$$\langle\phi,\phi\rangle_{\mathrm{BF}} = \lim_{R\to\infty}\sum_{k=0}^\infty \left|\frac{1}{k!}\frac{\partial^k\phi}{\partial\overline{z}^k}(0)\right|^2 c_k(R). \qquad (5.214)$$

iv.) Benutzen Sie nun die Eigenschaften von $c_k(R)$, um abermals mittels des Satzes von der monotonen Konvergenz auch die verbleibende Summation in (5.214) mit dem Grenzübergang $R \longrightarrow \infty$ zu vertauschen. Zeigen Sie damit für $\phi \in \mathfrak{H}_{\mathrm{BF}}$

$$\langle \phi, \phi \rangle_{\mathrm{BF}} = \sum_{k=0}^{\infty} \frac{(2\hbar)^k}{k!} \left| \frac{\partial^k \phi}{\partial \bar{z}^k}(0) \right|^2. \tag{5.215}$$

v.) Zeigen Sie für $\phi \in \mathfrak{H}_{\mathrm{BF}}$

$$|\phi(\bar{z})| \leq \mathrm{e}^{\frac{|z|^2}{4\hbar}} \|\phi\|_{\mathrm{BF}}, \tag{5.216}$$

und folgern Sie somit die Stetigkeit aller δ-Funktionale auf $\mathfrak{H}_{\mathrm{BF}}$.
Hinweis: Schreiben Sie $\phi(\bar{z})$ als konvergente Taylor-Reihe und verwenden Sie zur Abschätzung die Cauchy-Schwartz-Ungleichung.

vi.) Betrachten Sie nun eine Cauchy-Folge $\phi_n \in \mathfrak{H}_{\mathrm{BF}}$ bezüglich $\|\cdot\|_{\mathrm{BF}}$. Zeigen Sie, daß ϕ_n auf jedem Kompaktum gleichmäßig konvergiert und daher gegen eine anti-holomorphe Funktion ϕ strebt. Zeigen Sie nun $\phi \in \mathfrak{H}_{\mathrm{BF}}$ und folgern Sie so die Abgeschlossenheit von $\mathfrak{H}_{\mathrm{BF}}$ in $L^2(\mathbb{C}, \mathrm{d}\mu)$.
Hinweis: Benutzen Sie, daß ϕ_n bezüglich $\|\cdot\|_{\mathrm{BF}}$ gegen eine quadratintegrable Funktion ψ konvergiert. Weiter können Sie benutzen, daß damit eine Teilfolge existiert, welche fast überall punktweise gegen ψ konvergiert. Folgern Sie dann $\psi = \phi$ fast überall.

vii.) Zeigen Sie nun mit Verwendung des Satzes von der majorisierten Konvergenz und der gleichmäßigen Konvergenz der Taylor-Reihe auf Kompakta, daß

$$\langle \mathsf{e}_k, \phi \rangle_{\mathrm{BF}} = \sqrt{\frac{(2\hbar)^k}{k!}} \frac{\partial^k \phi}{\partial \bar{z}^k}(0). \tag{5.217}$$

Folgern Sie damit und aus Teil *iv.)*, daß $\{\mathsf{e}_k\}_{k \in \mathbb{N}_0}$ eine Hilbert-Basis ist. Berechnen Sie dann das Skalarprodukt $\langle \phi, \psi \rangle_{\mathrm{BF}}$ explizit, und zeigen Sie so die Gleichung (5.40).

Aufgabe 5.4 (Ordnungsvorschriften). Wir betrachten die polynomialen Funktionen $\mathrm{Pol}(\mathbb{R}^{2n})$ beziehungsweise die in den Impulsen polynomialen Funktionen $\mathrm{Pol}(T^*\mathbb{R}^n)$ sowie deren κ-geordnete und $\tilde{\kappa}$-geordnete Quantisierungen.

i.) Sei $\phi, \psi \in C_0^\infty(\mathbb{R}^n)$ und $f \in \mathrm{Pol}(T^*\mathbb{R}^n)$. Zeigen Sie durch eine explizite partielle Integration $\langle \phi, \varrho_{\mathrm{Std}}(f)\psi \rangle = \langle \varrho_{\mathrm{Std}}(N^2\overline{f})\phi, \psi \rangle$, indem Sie zunächst Funktionen der Form $f(q, p) = \chi(q)p^{i_1} \cdots p^{i_r}$ mit $\chi \in C^\infty(\mathbb{R}^n)$ betrachten. Hier ist $N = \exp\left(\frac{\hbar}{2\mathrm{i}}\Delta\right)$ wie in (5.19).

ii.) Zeigen Sie durch explizite Berechnung mit Hilfe der Leibniz-Regel die Gleichheit $\varrho_{\overline{\mathrm{Std}}}(f) = \varrho_{\mathrm{Std}}(N^2 f)$ für die antistandardgeordnete Quantisierung.

iii.) Zeigen Sie analog die Gleichung $\varrho_{\overline{\mathrm{Wick}}}(f) = \varrho_{\mathrm{Wick}}(S^2 f)$ für $f \in \mathrm{Pol}(\mathbb{R}^{2n})$ mit $S = \exp(\hbar\tilde{\Delta})$ wie in (5.49).

iv.) Finden Sie eine explizite Formel für $\star_{\overline{\text{Wick}}}$ analog zu (5.77), indem Sie zum einen die Äquivalenztransformation S und zum anderen die Darstellung $\varrho_{\overline{\text{Wick}}}$ benutzen.

Aufgabe 5.5 (Sternprodukte von Exponentialfunktionen I). Betrachten Sie das κ-geordnete Sternprodukt $\star_\kappa$ auf $\mathbb{R}^{2n}$ sowie die Funktionen

$$e_{\alpha\beta}(q,p) = e^{\alpha q + \beta p}. \tag{5.218}$$

Hier bezeichnen $q \in \mathbb{R}^n$ die Ortskoordinaten und $p \in (\mathbb{R}^n)^*$ die Impulskoordinaten. Entsprechend gilt $\alpha \in (\mathbb{R}^n)^*$ und $\beta \in \mathbb{R}^n$.

i.) Bestimmen Sie die physikalischen Dimensionen von α und β, so daß $e_{\alpha\beta}$ wohl-definiert ist.

ii.) Berechnen Sie $e_{\alpha\beta} \star_{\text{Std}} e_{\gamma\delta}$.

iii.) Berechnen Sie $N_\kappa e_{\alpha\beta}$.

iv.) Berechnen Sie $e_{\alpha\beta} \star_\kappa e_{\gamma\delta}$.

Die so erhaltenen Relationen heißen auch *Weyl-Relationen*.

Aufgabe 5.6 (Vollständige Symmetrisierung). Definieren Sie für Polynome $\mathbb{C}[q,p]$ in q und p die Quantisierung durch vollständige Symmetrisierung

$$W(q^n p^m) = \frac{1}{(n+m)!} \sum_{\sigma \in S_{n+m}} A_{\sigma(1)} \cdots A_{\sigma(n+m)}, \tag{5.219}$$

wobei $A_1 = \cdots = A_n = Q$ und $A_{n+1} = \cdots = A_{n+m} = P$ die Orts- und Impulsoperatoren sind. Definieren Sie weiter für Buchstaben A, B die Summe $w_{n,m}(A,B)$ über alle möglichen Worte mit n Kopien von A und m Kopien von B, also etwa $w_{1,2}(A,B) = ABB + BAB + BBA$.

i.) Zeigen Sie $W(q^n p^m) = \frac{n!m!}{(n+m)!} w_{n,m}(Q,P)$.

ii.) Zeigen Sie die Rekursionsformel

$$w_{n+1,m}(A,B) = Aw_{n,m}(A,B) + Bw_{n+1,m-1}(A,B). \tag{5.220}$$

iii.) Zeigen Sie nun durch Induktion nach k die Gleichung

$$(A+B)^k = \sum_{\ell=0}^{k} w_{\ell,k-\ell}(A,B). \tag{5.221}$$

iv.) Sei $\alpha, \beta \in \mathbb{C}$. Folgern Sie aus (5.221) die Identität

$$W\left((\alpha q + \beta p)^k\right) = (\alpha Q + \beta P)^k. \tag{5.222}$$

v.) Folgern Sie damit, im Sinne von formalen Reihen in α und β, $W(e^{\alpha q + \beta p}) = e^{\alpha Q + \beta P}$.

vi.) Zeigen Sie $W = \varrho_{\text{Weyl}}$. Benutzen Sie hierzu Aufgabe 5.5.

Literatur: [50, Thm. 6]

Aufgabe 5.7 (A-Geordnete Sternprodukte). Sei (V, ω) ein symplektischer Vektorraum und $e_1, \ldots, e_{2n}$ eine Basis. Die Koeffizienten der symplektischen Form seien $\omega_{ij} = \omega(e_i, e_j)$ und die inverse Matrix werde wie üblich mit ω^{ij} bezeichnet mit der Konvention $\omega^{ij}\omega_{jk} = \delta^i_k$. Definieren Sie weiter den Operator

$$\Lambda = \omega^{ji}\frac{\partial}{\partial x^i} \otimes \frac{\partial}{\partial x^j} : \mathrm{Pol}^\bullet(V) \otimes \mathrm{Pol}^\bullet(V) \longrightarrow \mathrm{Pol}^\bullet(V) \otimes \mathrm{Pol}^\bullet(V) \quad (5.223)$$

wobei $x^1, \ldots, x^{2n}$ die durch die Vektorraumbasis $e_1, \ldots, e_{2n}$ induzierten linearen Koordinaten auf V sind.

i.) Zeigen Sie, daß Λ von der gewählten Basis unabhängig ist. Ist $e_1, \ldots, e_{2n}$ sogar eine Darboux-Basis, so gilt $\Lambda = P - P^*$, wobei P und P^* die Operatoren aus (5.60) sind.

ii.) Zeigen Sie, daß

$$f \star_{\mathrm{Weyl}} g = \mu \circ \mathrm{e}^{\frac{\mathrm{i}\hbar}{2}\Lambda} f \otimes g \quad (5.224)$$

ein Sternprodukt für $\mathrm{Pol}^\bullet(V)$ liefert, welches nach Wahl einer Darboux-Basis mit dem Weyl-Moyal-Sternprodukt (5.66) übereinstimmt. Auf diese Weise folgt, daß $\star_{\mathrm{Weyl}}$ nicht von der gewählten Darboux-Basis abhängt, sondern intrinsisch auf (V, ω) definiert ist, ganz im Gegensatz zu $\star_\kappa$ für $\kappa \neq \frac{1}{2}$.

Betrachten Sie nun eine symmetrische $\mathbb{C}$-wertige Bilinearform A auf V^*, welche in Koordinaten die Koeffizienten $A^{ij} = A(e^i, e^j)$ habe. Die Bilinearform A kann durchaus ausgeartet sein. Man definiert den Operator

$$\Delta_A = A^{ij}\frac{\partial^2}{\partial x^i \partial x^j} : \mathrm{Pol}^\bullet(V) \longrightarrow \mathrm{Pol}^\bullet(V) \quad (5.225)$$

sowie

$$P_A = A^{ij}\frac{\partial}{\partial x^i} \otimes \frac{\partial}{\partial x^j} : \mathrm{Pol}^\bullet(V) \otimes \mathrm{Pol}^\bullet(V) \longrightarrow \mathrm{Pol}^\bullet(V) \otimes \mathrm{Pol}^\bullet(V) \quad (5.226)$$

iii.) Zeigen Sie, daß die Definition von Δ_A und P_A nicht von der Wahl der Basis abhängen.

iv.) Zeigen Sie die Identität

$$\Delta_A \circ \mu = \mu \circ (\Delta_A \otimes \mathrm{id} + 2P_A + \mathrm{id} \otimes \Delta_A). \quad (5.227)$$

v.) Sei $N_A = \exp(\hbar\,\Delta_A)$. Zeigen Sie, daß

$$f \star_A g = N_A\left(N_A^{-1}f \star_{\mathrm{Weyl}} N_A^{-1}g\right) \quad (5.228)$$

ein Sternprodukt definiert, welches die kanonische Poisson-Klammer quantisiert. Geben Sie eine explizite Formel analog zu (5.65) an.

vi.) Zeigen Sie, daß alle Sternprodukte $\star_\kappa$ und $\star_{\tilde\kappa}$ von dieser Form sind und bestimmen Sie die zugehörige Bilinearformen A_κ und $A_{\tilde\kappa}$.

Aufgabe 5.8 (Sternprodukte von Exponentialfunktionen II). Analog zu Aufgabe 5.5 betrachten wir nun die $\tilde\kappa$-geordneten Sternprodukte auf $\mathbb{C}^n$ und die Exponentialfunktionen

$$e_{\alpha\beta}(z,\overline{z}) = e^{\alpha z + \beta\overline{z}} \tag{5.229}$$

für $\alpha, \beta \in \mathbb{C}^n$ und $\alpha z = \alpha_k z^k$ etc.

i.) Berechnen Sie $e_{\alpha\beta} \star_{\text{Wick}} e_{\gamma\delta}$.
ii.) Berechnen Sie $S^{\tilde\kappa} e_{\alpha\beta}$.
iii.) Berechnen Sie $e_{\alpha\beta} \star_{\tilde\kappa} e_{\gamma\delta}$.

Aufgabe 5.9 (Sternprodukte von Exponentialfunktionen III). Betrachten Sie wie in Aufgabe 5.7 einen symplektischen Vektorraum (V, ω) mit dem kanonischen Weyl-Moyal-Sternprodukt und einer $\mathbb{C}$-wertigen symmetrischen Bilinearform A auf V^*. Seien weiter Δ_A, P_A und N_A die Operatoren wie in Aufgabe 5.7 und $\star_A$ das entsprechende A-geordnete Sternprodukt. Dann betrachten wir die Exponentialfunktionen

$$e_\alpha(x) = e^{\alpha(x)}, \tag{5.230}$$

wobei $\alpha \in V^*$ natürlich mit $x \in V$ gepaart wird.

i.) Berechnen Sie $e_\alpha \star_{\text{Weyl}} e_\beta$.
ii.) Berechnen Sie $\Delta_A e_\alpha$ sowie $N_A e_\alpha$.
iii.) Berechnen Sie $e_\alpha \star_A e_\beta$.

Aufgabe 5.10 (Die Riemannsche Volumendichte). Betrachten Sie eine n-dimensionale Riemannsche Mannigfaltigkeit (M, g) mit der zugehörigen Riemannschen Volumendichte $\mu_g \in \Gamma^\infty(|\Lambda^n|T^*M)$. Der Levi-Civita-Zusammenhang ∇ induziert nach Abschnitt 2.2.5 einen Zusammenhang für das Dichtenbündel $|\Lambda^n|T^*M$, welcher auch mit ∇ bezeichnet sei.

i.) Sei $A \in \mathrm{GL}_n(\mathbb{C})$ eine invertierbare Matrix. Zeigen Sie folgende Gleichung

$$\frac{\partial}{\partial a_{ij}} \det(A) = \det(A) a^{ji}, \tag{5.231}$$

wobei a^{ij} die Matrixeinträge der zu A inversen Matrix seien.
Hinweis: Es gibt (mindestens) zwei Strategien: einmal kann man den Laplaceschen Entwicklungssatz für die Determinante bemühen. Zum anderen kann man von der Gleichung $\det(e^B) = e^{\mathrm{tr}\, B}$ Gebrauch machen, und verwenden, daß alle invertierbaren Matrizen endliche Produkte von Matrizen der Form e^B sind.

ii.) Zeigen Sie, daß μ_g in einer Karte (U, x) lokal als

$$\mu_g = \sqrt{\det(g)}|\mathrm{d}x^1 \wedge \cdots \wedge \mathrm{d}x^n| \tag{5.232}$$

geschrieben werden kann, wobei $g = (g_{ij})$ die Matrix der Koeffizienten der Riemannschen Metrik bezüglich der Koordinaten x und $|\mathrm{d}x^1 \wedge \cdots \wedge \mathrm{d}x^n|$ diejenige lokal definierte Dichte ist, welche auf den Basisvektorfelder $\frac{\partial}{\partial x^1}$, $\ldots$, $\frac{\partial}{\partial x^n}$ an jedem Punkt in U den Wert 1 annimmt.

iii.) Zeigen Sie, daß die Riemannsche Volumendichte μ_g bezüglich des Levi-Civita-Zusammenhangs kovariant konstant ist, also

$$\nabla_X \mu_g = 0 \tag{5.233}$$

für alle $X \in \Gamma^\infty(TM)$. Am einfachsten ist vermutlich eine Rechnung in lokalen Koordinaten.

iv.) Nehmen Sie nun weiter an, daß M orientierbar und orientiert ist. Dann ist die *Riemannsche Volumenform* definiert als diejenige positive Volumenform $\Omega_g \in \Gamma^\infty(\Lambda^n T^*M)$ mit $|\Omega_g| = \mu_g$. Zeigen Sie, daß auch diese kovariant konstant ist, indem Sie zuerst einen lokalen Ausdruck für Ω_g finden.

Aufgabe 5.11 (Zweidimensionale Kähler-Mannigfaltigkeiten). Betrachten Sie eine *zweidimensionale* symplektische Mannigfaltigkeit (M, ω).

i.) Zeigen Sie, daß es eine Riemannsche Metrik g auf M gibt, für welche die Riemannsche Volumenform Ω_g durch ω gegeben ist.
Hinweis: Betrachten Sie zunächst eine beliebige Riemannsche Metrik $\tilde{g}$ mit zugehöriger Volumenform $\tilde{\Omega}_g$. Da M zweidimensional ist, gilt $\tilde{\Omega}_g = \varrho\omega$ mit einer eindeutig bestimmten positiven Funktion ϱ. Reskalieren Sie nun $\tilde{g}$ geeignet.

ii.) Definieren Sie für diese Riemannsche Metrik g einen Endomorphismus $J \in \Gamma^\infty(\mathsf{End}(TM))$ durch $g(X, Y) = \omega(X, JY)$. Zeigen Sie durch eine explizite Rechnung in lokalen Koordinaten, siehe auch Aufgabe 5.10, daß J eine fast-komplexe Struktur ist.

iii.) Zeigen Sie, daß (M, ω, J, g) eine Kähler-Mannigfaltigkeit ist.
Hinweis: Aufgabe 3.13 und 5.10.

Aufgabe 5.12 (Der Laplace-Operator). Sei ∇ ein torsionsfreier Zusammenhang auf Q. Sei weiter (U, x) eine lokale Karte und Γ_{ij}^k die Christoffel-Symbole von ∇.

i.) Bestimmen Sie die zweite und dritte kovariante Ableitung $\mathsf{D}^2 f$ und $\mathsf{D}^3 f$ einer Funktion explizit in den lokalen Koordinaten (U, x) von Q.

Sei nun g eine Pseudo-Riemannsche Metrik und ∇ der Levi-Civita-Zusammenhang von g. Dann ist der Laplace-Operator Δ_g definiert durch

$$\Delta_g = -\frac{2}{\hbar^2} \varrho_{\mathrm{Std}}(T), \tag{5.234}$$

wobei ϱ_{Std} die standardgeordnete Darstellung bezüglich des Zusammenhangs ∇ und $T(\alpha_q) = \frac{1}{2}g^{-1}(\alpha_q, \alpha_q)$ die kinetische Energie ist.

ii.) Berechnen Sie $\Delta_g f$ in lokalen Koordinaten und vergleichen Sie Ihr Ergebnis mit der gewohnten Definition des Laplace-Operators im Euklidischen Raum $\mathbb{R}^n$.

iii.) Für ein Vektorfeld $X \in \Gamma^\infty(TQ)$ definiert man die Riemannsche Divergenz durch $\mathrm{div}(X) = \mathrm{div}_{\mu_g}(X)$, wobei μ_g die Riemannsche Volumendichte ist. Bestimmen Sie $\mathrm{div}(X)$ in lokalen Koordinaten unter Benutzung von (5.232).

iv.) Für eine Funktion $f \in C^\infty(Q)$ definiert man den *Gradient* durch $\mathrm{grad}\, f = (\mathrm{d}f)^{\sharp_g} \in \Gamma^\infty(TQ)$, wobei $\sharp_g$ der durch g induzierte musikalische Isomorphismus ist. Bestimmen Sie $\mathrm{grad}\, f$ in lokalen Koordinaten und zeigen Sie

$$\Delta_g f = \mathrm{div}(\mathrm{grad}\, f). \tag{5.235}$$

Diese Gleichung stellt die in der Riemannschen Geometrie übliche Definition von Δ_g dar.

v.) Benutzen Sie nun die Riemannsche Volumendichte, um die κ-Ordnung zu definieren. Zeigen Sie dann, daß für alle κ

$$\varrho_\kappa(T) = \varrho_{\mathrm{Std}}(T) = -\frac{\hbar^2}{2}\Delta_g, \tag{5.236}$$

indem Sie benutzen, daß ∇ der Levi-Civita-Zusammenhang zu g ist. Berechnen Sie dazu ΔT unter Verwendung von (3.119), wobei Δ der Operator (5.185) ist.

Aufgabe 5.13 (Eine Faktorisierung des Neumaier-Operators). Der Neumaier-Operator $N_\kappa = \exp(-\mathrm{i}\kappa\hbar(\Delta + \mathsf{F}(\alpha)))$ aus (5.194) hängt sowohl von der Wahl des Zusammenhangs als auch von der Wahl der Dichte ab. Es soll nun eine geeignete Faktorisierung gefunden werden, um diese beiden Einflüsse getrennt diskutieren zu können, siehe [42, Lem. 3.6].

i.) Zeigen Sie für $\gamma \in \mathcal{S}^\bullet(T^*Q)$ die Gleichung

$$[\Delta, \mathsf{F}(\gamma)] = \mathsf{F}(\mathsf{D}\gamma). \tag{5.237}$$

Hinweis: Zeigen Sie (5.237) durch eine elementare Rechnung in Koordinaten zunächst für Funktionen und Einsformen. Benutzen Sie dann die Tatsache, daß $\mathrm{ad}(\Delta) = [\Delta, \cdot]$ eine Derivation in der Algebra aller Differentialoperatoren, F ein Algebrahomomorphismus und D eine Derivation der Algebra $\mathcal{S}^\bullet(T^*Q)$ ist, um (5.237) für allgemeines γ zu zeigen.

ii.) Sei $\mathcal{A}$ eine assoziative Algebra mit Einselement über $\mathbb{R}$ und $A, B \in \mathcal{A}[[\lambda]]$. Zeigen Sie

$$\exp(\lambda A)B\exp(-\lambda A) = \exp(\lambda\,\mathrm{ad}(A))(B). \tag{5.238}$$

iii.) Zeigen Sie folgendes algebraisches Lemma:

Lemma. *Sei $\mathcal{A}$ eine assoziative Algebra mit Einselement über $\mathbb{R}$ und sei $\mathcal{B} \subseteq \mathcal{A}$ eine kommutative Unteralgebra. Erfüllt $\Delta \in \mathcal{A}[[\lambda]]$ die Bedingung $\mathrm{ad}(\Delta)\mathcal{B}[[\lambda]] \subseteq \mathcal{B}[[\lambda]]$, so gilt für alle $B \in \mathcal{B}[[\lambda]]$ und $t \in \mathbb{R}$ die Gleichung*

$$\exp\left(\lambda(\Delta + tB)\right) = \exp\left(t\frac{e^{\lambda\,\mathrm{ad}(\Delta)} - \mathsf{id}}{\mathrm{ad}(\Delta)}(B)\right)\exp\left(\lambda\Delta\right). \tag{5.239}$$

Hinweis: Zeigen Sie zunächst allgemein die Differentialgleichung

$$\frac{\mathrm{d}}{\mathrm{d}t}e^{\lambda(\Delta + tB)} = e^{\lambda\,\mathsf{L}_{\Delta + tB}}\frac{\mathsf{id} - e^{-\lambda\,\mathrm{ad}(\Delta + tB)}}{\mathrm{ad}(\Delta + tB)}(B), \tag{5.240}$$

welche im Sinne formaler Potenzreihen in λ wohl-definiert ist. Hier bezeichnet L_A die Linksmultiplikation in $\mathcal{A}$ mit A. Zeigen Sie weiter $\mathrm{ad}(\Delta + tB)^k B = \mathrm{ad}(\Delta)^k B$ und vereinfachen Sie (5.240) entsprechend. Zeigen Sie nun, daß (5.239) die eindeutige Lösung von (5.240) mit der korrekten Anfangsbedingung ist.

iv.) Zeigen Sie nun die Faktorisierung des (formalen) Neumaier-Operators

$$\exp\left(-\mathrm{i}\kappa\lambda(\Delta + \mathsf{F}(\alpha))\right) = \exp\left(\mathsf{F}\left(\frac{\exp(-\mathrm{i}\kappa\lambda\mathsf{D}) - \mathsf{id}}{\mathsf{D}}\alpha\right)\right)\exp\left(-\mathrm{i}\kappa\lambda\,\Delta\right). \tag{5.241}$$

Aufgabe 5.14 (Zusammenhangsabbildung und der horizontale Lift).
Betrachten Sie ein Vektorbündel $\pi : E \longrightarrow M$ mit einer kovarianten Ableitung ∇. Sei weiter I ein offenes Intervall um 0 und $s : I \longrightarrow E$ eine glatte Kurve. Mit $c = \pi \circ s$ bezeichnen wir dann die zugehörige Fußpunktkurve. Schließlich seien (U, x) lokale Koordinaten auf M um $c(0)$ und $e_1, \ldots, e_k \in \Gamma^\infty(E|_U)$ lokale Basisschnitte von E. Die lokalen Zusammenhangseinsformen seien dann mit A_β^α bezeichnet.

i.) Betrachten Sie das zurückgezogene Vektorbündel $c^\# E \longrightarrow I$ mit dem entsprechenden zurückgezogenen Zusammenhang $\nabla^\#$. Fassen Sie $t \mapsto s(t)$ als ein Vektorfeld $s \in \Gamma^\infty(c^\# E)$ auf und zeigen Sie

$$\nabla^\#_{\frac{\partial}{\partial t}} s(t) = \dot{s}^\alpha(t)e_\alpha(c(t)) + A_\beta^\alpha(\dot{c}(t))s^\beta(t)e_\alpha(c(t)). \tag{5.242}$$

ii.) Folgern Sie nun, daß die *Zusammenhangsabbildung* (auch: *Konnektor*)

$$K : TE \ni \dot{s}(0) \mapsto \nabla^\#_{\frac{\partial}{\partial t}} s(t)\big|_{t=0} \in E \tag{5.243}$$

wohl-definiert ist, wobei $s(t)$ eine beliebige Kurve ist, welche den Tangentialvektor $\dot{s}(0)$ repräsentiert. Zeigen Sie weiter, daß K die Faser $T_s E$ linear auf die Faser $E_{\pi(s)}$ abbildet.

iii.) Betrachten Sie nun auf $\pi^{-1}(U)$ die lokalen Koordinaten $q^1 = x^1 \circ \pi, \ldots, q^n = x^n \circ \pi$ und $s^1, \ldots, s^k$. Zeigen Sie

$$K\left(\frac{\partial}{\partial q^i}\Big|_s\right) = A^\alpha_\beta\left(\frac{\partial}{\partial x^i}\Big|_{\pi(s)}\right)s^\beta(s)e_\alpha(\pi(s)) \qquad (5.244)$$

und

$$K\left(\frac{\partial}{\partial s^\alpha}\Big|_s\right) = e_\alpha(\pi(s)), \qquad (5.245)$$

und folgern Sie, daß K faserweise surjektiv ist.

iv.) Betrachten Sie nun auch die Tangentialabbildung $T\pi : TE \longrightarrow TM$ der Bündelprojektion und zeigen Sie, daß $T\pi(\dot{s}(0))$ und $K(\dot{s}(0))$ den selben Fußpunkt in M besitzen. Daher können Sie die Produktabbildung $K \times T\pi$ auch als Abbildung

$$K \oplus T\pi : TE \longrightarrow E \oplus TM \qquad (5.246)$$

auffassen. Berechnen Sie explizit

$$(K \oplus T\pi)\left(\frac{\partial}{\partial q^i}\Big|_s\right) \quad \text{und} \quad (K \oplus T\pi)\left(\frac{\partial}{\partial s^\alpha}\Big|_s\right), \qquad (5.247)$$

und zeigen Sie so, daß $K \oplus T\pi$ faserweise ein linearer Isomorphismus ist. Ist $K \oplus T\pi$ ein Diffeomorphismus?

Die Zusammenhangsabbildung erlaubt nun folgende Definition: Man definiert den *Horizontalraum* $\mathrm{Hor}_s(E) \subseteq T_sE$ bei $s \in E$ als das Urbild von $T_{\pi(s)}M$ unter dem linearen Isomorphismus $K \oplus T\pi : T_sE \longrightarrow E_{\pi(s)} \oplus T_{\pi(s)}M$. Entsprechend definiert man den *horizontalen Lift* $v^{\mathsf{h}}_p\big|_s$ von $v_p \in T_pM$ an den Punkt $s \in E_p$ als das Urbild von v_p unter $K \oplus T\pi$. Ist schließlich $X \in \Gamma^\infty(TM)$ ein Vektorfeld, so definiert man den horizontalen Lift $X^{\mathsf{h}} \in \Gamma^\infty(TE)$ punktweise durch $X^{\mathsf{h}}(s) = X(\pi(s))^{\mathsf{h}}\big|_s$.

v.) Bestimmen Sie explizit die lokale Gestalt des horizontalen Lifts $v^{\mathsf{h}}_p\big|_s$ für $v_p = v^i_p\frac{\partial}{\partial x^i} \in T_pM$. Zeigen Sie mit Hilfe dieses lokalen Ausdrucks, daß der horizontale Lift X^{h} eines glatten Vektorfeldes $X \in \Gamma^\infty(TM)$ selbst wieder glatt ist.

vi.) Sei $X \in \Gamma^\infty(TM)$ und $f \in C^\infty(M)$. Zeigen Sie

$$T\pi(X^{\mathsf{h}}) = X \circ \pi \quad \text{und} \quad (fX)^{\mathsf{h}} = \pi^*f X^{\mathsf{h}}. \qquad (5.248)$$

Aufgabe 5.15 (Horizontal- und Vertikalbündel). Sei $\pi : E \longrightarrow M$ ein Vektorbündel und ∇ ein Zusammenhang.

i.) Zeigen Sie, daß das *Horizontalbündel*

$$\mathrm{Hor}(E) = \bigcup_{s \in E} \mathrm{Hor}_s(E) \subseteq TE \qquad (5.249)$$

ein glattes Unterbündel von TE ist, wobei die Horizontalräume wie in Aufgabe 5.14 definiert sind. Was ist die Faserdimension von $\mathrm{Hor}(E)$?

ii.) Definieren Sie das *Vertikalbündel* durch $\mathrm{Ver}(E) = \ker T\pi$ und zeigen Sie, daß

$$TE \cong \mathrm{Hor}(E) \oplus \mathrm{Ver}(E). \tag{5.250}$$

Sei $s \in \Gamma^\infty(E)$ ein Schnitt, dann definiert man den *vertikalen Lift* $s^\mathsf{v} \in \Gamma^\infty(TE)$ punktweise durch

$$s^\mathsf{v}\big|_{v_p} = \frac{\mathrm{d}}{\mathrm{d}t}\,(v_p + ts(p))\,\Big|_{t=0} \tag{5.251}$$

für $v_p \in E_p$. Dies verallgemeinert offenbar unsere Definition 3.2.14.

iii.) Zeigen Sie, daß die horizontalen Lifts X^h von Vektorfeldern $X \in \Gamma^\infty(TM)$ zusammen mit den vertikalen Lifts s^v von Vektorfeldern $s \in \Gamma^\infty(E)$ faserweise ganz TE aufspannen.

iv.) Zeigen Sie folgende Identitäten für die Lie-Klammern von horizontalen und vertikalen Lifts

$$[X^\mathsf{h}, Y^\mathsf{h}] = [X, Y]^\mathsf{h} - (\mathcal{J}(R(X, Y) \cdot))^\mathsf{v}, \tag{5.252}$$

$$[X^\mathsf{h}, s^\mathsf{v}] = (\nabla_X s)^\mathsf{v} \tag{5.253}$$

und

$$[s^\mathsf{v}, \tilde{s}^\mathsf{v}] = 0, \tag{5.254}$$

wobei $(\mathcal{J}(R(X, Y) \cdot))^\mathsf{v}$ folgendermaßen zu interpretieren ist: Der Krümmungstensor R von ∇ ist nach Einsetzen von X und Y ein Schnitt des Endomorphismenbündels $R(X, Y) \in \Gamma^\infty(\mathsf{End}(E))$. Unter Verwendung von $\mathsf{End}(E) \cong E^* \otimes E$ können wir den E^*-Anteil mittels der kanonischen Abbildung $\mathcal{J}$ zu einer in den Fasern linearen Funktion auf E erklären. Der verbleibende E-Anteil wird dann vertikal geliftet. Am einfachsten ist vermutlich eine Rechnung in lokalen Koordinaten.

v.) Zeigen Sie $\mathscr{L}_\xi X^\mathsf{h} = 0$ und $\mathscr{L}_\xi s^\mathsf{v} = -s^\mathsf{v}$ für alle $X \in \Gamma^\infty(TM)$ und $s \in \Gamma^\infty(E)$, wobei $\xi \in \Gamma^\infty(TE)$ das Euler-Vektorfeld auf E sei.

Bemerkung: Die Krümmung von ∇ erweist sich nach (5.252) als Obstruktion dafür, daß der horizontale Lift ein Morphismus von Lie-Algebren ist.

Aufgabe 5.16 (Lift von Zusammenhängen). Betrachten Sie erneut ein Vektorbündel $\pi : E \longrightarrow M$ über M mit Zusammenhang ∇^E mit Krümmungstensor R^E sowie einen torsionsfreien Zusammenhang ∇^M auf M, also für das Tangentenbündel, mit Krümmungstensor R^M. Es soll nun aus diesen Daten ein torsionsfreier Zusammenhang ∇^{Lift} auf E, also für das Tangentenbündel von E konstruiert werden. Seien $X, Y \in \Gamma^\infty(TM)$, $s, \tilde{s} \in \Gamma^\infty(E)$, dann definiert man

$$\nabla^{\mathrm{Lift}}_{X^\mathsf{h}} Y^\mathsf{h} = \left(\nabla^M_X Y\right)^\mathsf{h} - \frac{1}{2}\left(\mathcal{J}(R^E(X, Y) \cdot)\right)^\mathsf{v}, \tag{5.255}$$

$$\nabla^{\mathrm{Lift}}_{X^\mathsf{h}} s^\mathsf{v} = \left(\nabla^E_X s\right)^\mathsf{v} \tag{5.256}$$

und

$$\nabla^{\mathrm{Lift}}_{s^\mathsf{v}} \tilde{s}^\mathsf{v} = 0 = \nabla^{\mathrm{Lift}}_{s^\mathsf{v}} X^\mathsf{h}. \tag{5.257}$$

i.) Zeigen Sie unter Verwendung von Aufgabe 5.15, daß ∇^{Lift} einen torsions-freien Zusammenhang auf E definiert. Überlegen Sie sich zunächst, daß ∇^{Lift} überhaupt einen Zusammenhang definiert und zeigen Sie anschließend die Torsionsfreiheit.

ii.) Sei nun ξ das Euler-Vektorfeld auf E. Zeigen Sie dann die *Homogenität* des Zusammenhangs ∇^{Lift}

$$\mathscr{L}_\xi \left(\nabla^{\mathrm{Lift}}_V W \right) = \nabla^{\mathrm{Lift}}_{\mathscr{L}_\xi V} W + \nabla^{\mathrm{Lift}}_V \left(\mathscr{L}_\xi W \right) \tag{5.258}$$

für beliebige Vektorfelder $V, W \in \Gamma^\infty(TE)$ auf E.

Hinweis: Warum genügt es, (5.258) für horizontale und vertikale Lifts zu zeigen?

iii.) Seien Γ^k_{ij} die Christoffel-Symbole von ∇^M und $A^\alpha_\beta = A^\alpha_{\beta i} dx^i$ die Zusammenhangseinsformen von ∇^E bezüglich lokaler Koordinaten (U, x) auf M und lokaler Basisschnitte $e_1, \ldots, e_k \in \Gamma^\infty(E|_U)$. Bestimmen Sie dann die Christoffel-Symbole von ∇^{Lift} in Abhängigkeit der Γ^k_{ij} und $A^\alpha_{\beta i}$ bezüglich der lokalen Koordinaten auf $\pi^{-1}(U)$, welche durch die Koordinaten x und die linearen Koordinaten $s^1, \ldots, s^k$ bestimmt sind. Wie äußert sich die Homogenität (5.258) von ∇^{Lift}?

Hinweis: Zeigen Sie zunächst

$$\frac{\partial}{\partial q^i} = \left(\frac{\partial}{\partial x^i} \right)^{\mathsf{h}} + \pi^*(A^\alpha_{\beta i}) s^\beta \frac{\partial}{\partial s^\alpha}. \tag{5.259}$$

Bezeichnen Sie die Christoffel-Symbole von ∇^{Lift} dann mit $\Gamma^{q^k}_{q^i q^j}$, $\Gamma^{s^\alpha}_{q^i q^j}$, etc. Benutzen Sie nun (5.255), (5.256) und (5.257).

Aufgabe 5.17 (Taylor-Entwicklung in Normalkoordinaten). Sei ∇ eine torsionsfreie kovariante Ableitung auf M und $p \in M$. Seien weiter lineare Koordinaten $v^1, \ldots, v^n$ auf T_pM gewählt und $V \subseteq T_pM$ eine offene Umgebung von 0_p, so daß die Exponentialabbildung $\exp_p$ auf U ein Diffeomorphismus auf das Bild $U = \exp_p(V)$ ist, siehe auch Aufgabe 3.10. Die lokalen Koordinaten $x^i = v^i \circ \exp_p^{-1}$, $i = 1, \ldots, n$, auf U heißen *Normalkoordinaten* um p bezüglich ∇. Mit Γ^k_{ij} bezeichnen wir die Christoffel-Symbole bezüglich der Normalkoordinaten (U, x).

i.) Sei nun $v \in T_pM$ und $\gamma(t) = \exp_p(tv)$ die zugehörige Geodäte durch p. Zeigen Sie, daß die Geodätengleichung in diesen Koordinaten

$$\Gamma^k_{ij}(\gamma(t)) v^i v^j = 0 \tag{5.260}$$

lautet.

ii.) Folgern Sie $\Gamma^k_{ij}(p) = 0$. Warum gilt trotzdem im allgemeinen $\Gamma^k_{ij}(q) \neq 0$ für $p \neq q \in U$?

iii.) Folgern Sie weiter durch sukzessives Ableiten der Geodätengleichung nach t, daß am Punkt p

$$\frac{\partial^k \Gamma^\ell_{i_{k+1} i_{k+2}}}{\partial x^{i_1} \cdots \partial x^{i_k}}\Big|_p \, \mathrm{d}x^{i_1}\big|_p \vee \cdots \vee \mathrm{d}x^{i_{k+2}}\big|_p = 0 \tag{5.261}$$

für alle $k \geq 0$.

iv.) Zeigen Sie nun mit der Rekursionsformel aus dem Beweis von Lemma 5.4.8, daß für $\psi \in C^\infty(M)$ in den Normalkoordinaten (U, x) um p

$$\mathsf{D}^k \psi\big|_p = \frac{\partial^k \psi}{\partial x^{i_1} \cdots \partial x^{i_k}}\Big|_p \mathrm{d}x^{i_1}\big|_p \vee \cdots \vee \mathrm{d}x^{i_k}\big|_p. \tag{5.262}$$

Folgern Sie so, daß die (formale) Taylor-Entwicklung $e^{\mathsf{D}}\psi$ bezüglich ∇ von ψ am Punkte p in Normalkoordinaten um p mit der (formalen) Taylor-Entwicklung von ψ in diesen Koordinaten übereinstimmt.

Aufgabe 5.18 (Indefinite Metrik auf T^*Q). Betrachten Sie ein Kotangentenbündel $\pi : T^*Q \longrightarrow Q$ über einem Konfigurationsraum Q mit torsionsfreiem Zusammenhang ∇. Wie üblich, induziert ∇ auch Zusammenhänge für alle Tensorbündel über Q, insbesondere für T^*Q.

i.) Sei $\alpha_q \in T_q^*Q$. Zeigen Sie, daß der Vertikalraum $\mathrm{Ver}_{\alpha_q}(T^*Q)$ auf natürliche Weise zum Horizontalraum $\mathrm{Hor}_{\alpha_q}(T^*Q)$ dual ist, wobei horizontale Lifts immer bezüglich ∇ zu verstehen sind.

ii.) Nutzen Sie diese natürliche Dualität, um auf T^*Q eine Pseudo-Riemannsche Metrik g^∇ zu definieren: setzen Sie

$$g^\nabla(X^{\mathsf{h}}, Y^{\mathsf{h}}) = 0 = g^\nabla(\beta^{\mathsf{v}}, \gamma^{\mathsf{v}}) \quad \text{und} \quad g^\nabla(X^{\mathsf{h}}, \beta^{\mathsf{v}}) = \pi^*(\beta(X)) \tag{5.263}$$

für $X, Y \in \Gamma^\infty(TQ)$ und $\beta, \gamma \in \Gamma^\infty(T^*Q)$, und zeigen Sie, daß g^∇ eine Pseudo-Riemannsche Metrik der Signatur (n, n) ist, wenn $\dim(Q) = n$.

iii.) Sei (U, x) eine lokale Karte für Q und $(T^*U, (q, p))$ die induzierte Bündelkarte. Berechnen Sie die Koeffizienten $g_{q^i q^j}$, $g_{q^i p_j}$ und $g_{p_i p_j}$ von g^∇ in diesen Koordinaten explizit unter Verwendung der Christoffel-Symbole von ∇.

iv.) Zeigen Sie, daß für $X, Y \in \Gamma^\infty(TQ)$ und $\beta, \gamma \in \Gamma^\infty(T^*Q)$ durch

$$S(X^{\mathsf{h}}, Y^{\mathsf{h}})\big|_{\alpha_q} = \left(\alpha_q \left(R(\,\cdot\,, X)Y + R(\,\cdot\,, Y)X\right)\right)^{\mathsf{v}}\big|_{\alpha_q} \tag{5.264}$$

und

$$S(X^{\mathsf{h}}, \beta^{\mathsf{v}}) = S(\beta^{\mathsf{v}}, X^{\mathsf{h}}) = S(\beta^{\mathsf{v}}, \gamma^{\mathsf{v}}) = 0 \tag{5.265}$$

ein Tensorfeld $S \in \Gamma^\infty(S^2 T^*(T^*Q) \otimes T(T^*Q))$ definiert wird.

v.) Sei ∇^g der Levi-Civita-Zusammenhang zur Metrik g^∇ und ∇^{Lift} der geliftete Zusammenhang gemäß Aufgabe 5.16, wobei wir für T^*Q immer den durch ∇ induzierten Zusammenhang verwenden. Zeigen Sie

$$\nabla^g_V W = \nabla^{\mathrm{Lift}}_V W + \frac{1}{2}S(V, W) \tag{5.266}$$

für alle $V, W \in \Gamma^\infty(T(T^*Q))$.

Hinweis: Hier ist vermutlich wieder einmal eine konkrete Rechnung in Koordinaten die schnellste Möglichkeit.

vi.) Bestimmen Sie $\mathscr{L}_\xi S$ und zeigen Sie so, daß im Sinne von (5.258) auch ∇^g ein homogener Zusammenhang auf T^*Q ist.

vii.) Bestimmen Sie den Laplace-Operator auf T^*Q bezüglich der Metrik g_0 und vergleichen Sie mit (5.185).

Aufgabe 5.19 (Symplektischer Zusammenhang auf T^*Q). Betrachten Sie erneut ein Kotangentenbündel $\pi : T^*Q \longrightarrow Q$ über einem Konfigurationsraum Q mit torsionsfreiem Zusammenhang ∇. Den gelifteten Zusammenhang auf T^*Q bezeichnen wir wie schon in Aufgabe 5.16 und 5.18 mit ∇^{Lift}.

i.) Bestimmen Sie $\theta_0(X^{\mathrm{h}})$, $\theta_0(\beta^{\mathrm{v}})$, $\omega_0(X^{\mathrm{h}}, Y^{\mathrm{h}})$, $\omega_0(X^{\mathrm{h}}, \beta^{\mathrm{v}})$ und $\omega_0(\beta^{\mathrm{v}}, \gamma^{\mathrm{v}})$ für $X, Y \in \Gamma^\infty(TQ)$ und $\beta, \gamma \in \Gamma^\infty(T^*Q)$.

ii.) Berechnen Sie $\nabla^{\mathrm{Lift}}\omega_0$.
   Hinweis: Verwenden Sie wieder horizontale und vertikale Lifts und zeigen Sie, daß der einzige nichtverschwindende Term $(\nabla^{\mathrm{Lift}}_{X^{\mathrm{h}}}\omega_0)(Y^{\mathrm{h}}, Z^{\mathrm{h}})$ ist.

iii.) Verwenden Sie das Tensorfeld S aus Aufgabe 5.18, und addieren Sie ein geeignetes Vielfaches von S zu ∇^{Lift}, um einen torsionsfreien Zusammenhang ∇^ω zu erhalten, für welchen $\nabla^\omega\omega = 0$. Vergleichen Sie ∇^ω mit ∇^g.

iv.) Zeigen Sie, daß auch ∇^ω ein homogener Zusammenhang im Sinne von (5.258) ist.

Aufgabe 5.20 (Vertikale Lifts von Tensorfeldern). Sei $\pi : E \longrightarrow M$ ein reelles Vektorbündel der Faserdimension N.

i.) Zeigen Sie, daß der vertikale Lift von Schnitten $s \in \Gamma^\infty(E)$ zu Schnitten $s^{\mathrm{v}} \in \Gamma^\infty(TE)$ sich zu einem injektiven Algebramorphismus

$$^{\mathrm{v}} : \Gamma^\infty(T^\bullet(E)) \longrightarrow \Gamma^\infty(T^\bullet(\mathrm{Ver}(E))) \subseteq \Gamma^\infty(T^\bullet(TE)) \qquad (5.267)$$

bezüglich des $\otimes$-Produkts fortsetzt, wobei man $f^{\mathrm{v}} = \pi^* f$ für $f \in C^\infty(M) = \Gamma^\infty(T^0(E))$ setzt.

ii.) Ist der vertikale Lift surjektiv auf $\Gamma^\infty(T^\bullet(\mathrm{Ver}(E)))$?

iii.) Sei $\xi \in \Gamma^\infty(TE)$ das Euler-Vektorfeld auf E. Zeigen Sie, daß ein vertikales kontravariantes Tensorfeld $X \in \Gamma^\infty(T^k(\mathrm{Ver}(E)))$ auf E genau dann ein vertikaler Lift ist, wenn $\mathscr{L}_\xi X = -kX$ gilt.

iv.) Seien nun $e_1, \ldots, e_N \in \Gamma^\infty(E|_U)$ lokale Basisschnitte auf einer offenen Teilmenge $U \subseteq M$. Zeigen Sie, daß $X \in \Gamma^\infty(T^k(\mathrm{Ver}(E)))$ auf $\pi^{-1}(U)$ als

$$X\big|_{\pi^{-1}(U)} = X^{\alpha_1 \cdots \alpha_k} e^{\mathrm{v}}_{\alpha_1} \otimes \cdots \otimes e^{\mathrm{v}}_{\alpha_k} \qquad (5.268)$$

geschrieben werden kann. Charakterisieren Sie einen vertikalen Lift anhand der lokalen Funktionen $X^{\alpha_1 \cdots \alpha_k}$.

v.) Allgemein nennt man ein vertikales kontravariantes Tensorfeld $X \in \Gamma^\infty(T^k(\mathrm{Ver}(E)))$ *polynomial in Faserrichtung vom Grad ℓ*, falls $\mathscr{L}_\xi X = (\ell - k)X$ gilt. Rechtfertigen Sie diese Bezeichnung durch eine alternative Charakterisierung in der lokalen Darstellung (5.268).

vi.) Sei nun $\widetilde{X} \in \Gamma^\infty(S^\ell E^* \otimes T^k(E))$. Definieren Sie nun ein vertikales kontravariantes Tensorfeld $X \in \Gamma^\infty(T^k(\mathrm{Ver}(E)))$ durch

$$X(v) = \left(\widetilde{X}\big|_{\pi(v)}(v, \ldots, v) \right)^{\vee}, \tag{5.269}$$

indem Sie $v \in E_{\pi(v)}$ in den symmetrischen E^*-Anteil von $\widetilde{X}$ einsetzen und den verbleibenden E-Anteil vertikal liften. Zeigen Sie, daß dies eine Bijektion zwischen $\Gamma^\infty(S^\ell E^* \otimes T^k(E))$ und den vertikalen kontravarianten Tensorfeldern auf E liefert, die polynomial in Faserrichtung vom Grad ℓ sind.

6

Formale Deformationsquantisierung

Ausgehend von den Eigenschaften der Sternprodukte $\star_{\mathrm{Std}}$, $\star_{\mathrm{Weyl}}$ und $\star_{\mathrm{Wick}}$ aus den Abschnitten 5.2.4 und 5.4.2 wollen wir eine allgemeine Definition eines Sternprodukts auf einer beliebigen Poisson-Mannigfaltigkeit geben. Da es jetzt im allgemeinen keine ausgezeichnete Poisson-Unteralgebra von $C^\infty(M)$ geben wird, muß man entweder weitere Informationen und Strukturen, wie beispielsweise Symmetrien hinzunehmen, um eine Unteralgebra auszuzeichnen, oder aber mit der Poisson-Algebra $C^\infty(M)$ vorlieb nehmen. Letztere Möglichkeit stellt physikalisch eine nicht unerhebliche Idealisierung der relevanten Observablen dar, ist aber letztlich die einzige Möglichkeit, generische, beispielunabhängige Aussagen treffen zu können. Verwendet man also $C^\infty(M)$, so zeigen die expliziten Formeln in Abschnitt 5.2.4, daß die Sternprodukte nur noch als formale Potenzreihen in $\hbar$ definiert werden können. Dies ist der Ausgangspunkt der formalen Deformationsquantisierung, da in diesem Rahmen die Eigenschaften von $\star_{\mathrm{Std}}$, $\star_{\mathrm{Weyl}}$ und $\star_{\mathrm{Wick}}$ leicht verallgemeinert werden können. Die anschließenden Fragen nach Existenz und Klassifikation sind mittlerweile im allgemeinsten Fall gut verstanden und beantwortet. Die mathematische Theorie, die hinter der Deformationsquantisierung auf Poisson-Mannigfaltigkeiten steht, ist die Theorie formaler assoziativer Deformationen von Gerstenhaber, welche wir mit einigen Details diskutieren wollen. Anschließend widmet sich dieses Kapitel dem Kalkül mit Sternprodukten, wobei wir insbesondere die Hamiltonsche Zeitentwicklung diskutieren werden. Einen besonders schönen und geometrischen Beweis für die Existenz von Sternprodukten liefert die Konstruktion von Fedosov. Zusammen mit Kontsevichs Formalitätstheorem ist dieser Beweis nun Grundlage für Sternprodukte auf allgemeinen Poisson-Mannigfaltigkeiten, auch wenn Fedosovs ursprüngliche Idee nur für den symplektischen Fall anwendbar ist. Da mit seiner Methode auch die Klassifikation von Sternprodukten verstanden wird, werden wir diese Konstruktion detailliert vorstellen. Insgesamt erhält man so ein recht klares und gut verstandenes Bild der quantenmechanischen Observablenalgebra in der Deformationsquantisierung.

6.1 Sternprodukte auf Poisson-Mannigfaltigkeiten

In diesem Abschnitt werden wir die Grundlagen der Deformationsquantisierung diskutieren, wobei wir im wesentlichen auf die zum Teil sehr aufwendigen und technischen Beweise verzichten wollen. Einige werden wir jedoch im Laufe der folgenden Abschnitte noch besprechen. In diesem Abschnitt sei vielmehr der Schwerpunkt auf die physikalische Interpretation und auf eine Übersicht über die Resultate gelegt. Für weiterführende historische Anmerkungen zur Entwicklung der Deformationsquantisierung sowie eine Fülle an Referenzen seien hier die Übersichtsartikel [98, 153, 320] erwähnt.

6.1.1 Ziele und Erwartungen

Will man die Eigenschaften der Sternprodukte aus Satz 5.2.24 beziehungsweise Satz 5.4.30 axiomatisch fordern, so stellt sich unmittelbar folgendes Problem. Auf einer allgemeinen Poisson-Mannigfaltigkeit (M, π) gibt es keine ausgezeichnete Poisson-Unteralgebra $\mathcal{A}$ von Funktionen, die zumindest in „bestimmte Richtungen" polynomiales Verhalten besitzen. Polynome sind eben kein invariantes Konzept unter beliebigen Kartenwechseln, und in den bisher betrachteten Fällen wie den Kotangentenbündeln T^*Q war eine zusätzliche Struktur, nämlich $M = T^*Q$, dafür verantwortlich, daß man geometrisch eine Unteralgebra von „polynomialen" Funktionen auszeichnen und charakterisieren konnte. Kann man dies also im allgemeinen nicht, so sind die zu erwartenden Sternprodukte aber nicht länger wohl-definiert, da die Reihen in $\hbar$ aus Bidifferentialoperatoren C_r bestehen, deren Differentiationsordnung mit r anwächst. In den von uns betrachteten Fällen war die Differentiationsordnung gerade exakt gleich der Potenz von $\hbar$. Nach dem Borel-Lemma können wir daher aber immer zwei Funktionen $f, g \in C^\infty(M)$ finden, so daß an einem vorher festgelegten Punkt $p \in M$ die Reihe $\sum_{r=0}^\infty \hbar^r C_r(f, g)$ in $\hbar$ nur Konvergenzradius 0 besitzt. Damit können solche Produkte nie auf allen glatten Funktionen $C^\infty(M)$ als konvergente Reihe definiert sein. Eine ähnliche Einschränkung erhalten wir auch für die Integralformeln aus Abschnitt 5.3.2. Bereits im Fall $M = \mathbb{R}^{2n}$ sind diese Formeln nur für spezielle Funktionenklassen definiert, welche ein bestimmtes Wachstumsverhalten im Unendlichen besitzen müssen. Auch bei dieser Charakterisierung handelt es sich offenbar um kein geometrisches Konzept, so daß auch hier eine Verallgemeinerung auf beliebige Mannigfaltigkeiten nicht ohne weiteres erreichbar scheint.

Ein Ausweg ist daher, die Sternprodukte $\star$ als *formale Potenzreihen in* $\hbar$ anzusehen. Dadurch werden im Fall $M = \mathbb{R}^{2n}$ die Sternprodukte aus Abschnitt 5.2.4 zu wohl-definierten Multiplikationen für $C^\infty(\mathbb{R}^{2n})[[\hbar]]$, deren Eigenschaften aus Satz 5.2.24 abgelesen werden können. Während mathematisch dieser „Trick" keinerlei Probleme verursacht, ist er physikalisch jedoch höchst nichttrivial: die Plancksche Konstante $\hbar$ ist eben *kein* formaler Parameter sondern eine Naturkonstante mit einem festen Wert ungleich Null. Das Konvergenzproblem ist dadurch also keineswegs gelöst, sondern nur auf später verschoben. Selbst wenn es gelingt, solche formalen Sternprodukte $\star$ zu finden, und es stellt sich heraus, daß zumindest dies der Fall sein wird, so muß anschließend immer noch eine „konvergente Unteralgebra" gefunden werden. Es scheint also, daß das Problem, eine spezielle Funktionenklasse innerhalb von $C^\infty(M)$ auszuzeichnen, um quantisieren zu können, innerhalb der Deformationsquantisierung nicht gelöst wird. Physikalisch kann man dies mit der zu großen Idealisierung der klassischen Observablen als $C^\infty(M)$ interpretieren.

Damit stellt sich nun um so mehr die Frage, wie solche formalen Sternprodukte nun zu bewerten sind. Zum einen haben wir gesehen, daß die formalen Reihen schon im Fall $M = \mathbb{R}^{2n}$ in natürlicher Weise auftreten, wenn wir die Integralformeln asymptotisch für $\hbar \longrightarrow 0$ entwickeln. Man kann also hoffen, daß es tatsächlich eine konvergente Version auf einer entsprechenden Unteralgebra gibt, deren asymptotische Entwicklung die formalen Produkte liefert. Andererseits können wir direkt nach Konvergenzkriterien suchen, *nachdem* wir die formale Version der quantenmechanischen Observablenmultiplikation gefunden haben. Im Fall $M = \mathbb{R}^{2n}$ führt dies recht zwanglos zu den Funktionen $\mathrm{Pol}(\mathbb{R}^{2n})$ oder gar zu $\mathrm{Pol}(T^*\mathbb{R}^n)$, für welche das Konvergenzproblem trivial gelöst werden kann. Insbesondere liefert hier die formale Multiplikation nach Ersetzung des formalen Parameters durch den tatsächlichen Wert von $\hbar$ bereits die *exakte* Produktstruktur der quantenmechanischen Observablen und nicht nur eine asymptotische Version. Die angestrebte Strategie wird daher sein, ein formales Sternprodukt für alle glatten Funktionen $C^\infty(M)$ zu finden und *anschließend* durch die *Forderung nach Konvergenz* eine Unteralgebra auszuzeichnen. Wie das Beispiel in [21] zeigt, ist dies zumindest nicht ganz hoffnungslos. Auf diese Weise kann man hoffen, daß man auf jeden Fall alle interessanten Vorschläge für eine Quantenobservablenalgebra berücksichtigt, denn wenn eine bestimmte Konstruktion nicht einmal im formalen Rahmen möglich ist, so ist schwer vorstellbar, daß sie sich in einem sehr viel restriktiveren, konvergenten Rahmen besser verhält.

Ein weiterer Vorteil dieser Herangehensweise wird sein, daß man den Zeitpunkt, zu dem man Konvergenz in $\hbar$ fordert, dem Problem und der Fragestellung anpassen kann. Letztlich müssen aus physikalischer Sicht ja nur die tatsächlich beobachtbaren Größen wie die Erwartungswerte und Spektralwerte konvergent in $\hbar$ sein. Dieser sehr minimalistische Ansatz ist sicherlich nicht von besonderer Ästhetik durchdrungen, bietet aber zunächst eine größtmögliche Flexibilität.

Abschließend können wir zusammenfassen, daß der Gebrauch von formalen Potenzreihen in $\hbar$ unausweichlich scheint, wenn man sich nicht bereits auf klassischer Seite auf eine geeignetere Poisson-Unteralgebra von $C^\infty(M)$ festlegen kann oder will. Dann bleibt die anschließende Frage nach Konvergenz der formalen Sternprodukte allerdings bestehen und kann selbst als Auswahlverfahren für spezielle Funktionenklassen in $C^\infty(M)$ herangezogen werden. Unsere bisherigen Beispiele zeigen, daß dies unter Benutzung zusätzlicher Strukturen auf dem klassischen Phasenraum möglich ist und die physikalisch vernünftigen Quantisierungen liefert. Nebenbei sei bemerkt, daß auch in anderen Zugängen zur Quantenmechanik und vor allem zur Quantenfeldtheorie mit dem Auftreten von formalen Reihen entweder in $\hbar$ oder in einer Kopplungskonstanten gerechnet werden muß. Darüberhinaus ist typischerweise nicht klar, geschweige denn einfach zu entscheiden, ob die Reihen tatsächlich konvergieren.

Um die formalen Potenzreihen von tatsächlich konvergenten Ausdrücken zu unterscheiden, verwenden wir für den formalen Parameter ein anderes Symbol, λ, anstelle von $\hbar$, und reservieren $\hbar$ für den von Null verschiedenen Wert der Planckschen Konstanten. Die Konvention ist dabei, den formalen Parameter ohne weitere Vorfaktoren durch $\hbar$ zu ersetzen, sobald die Konvergenz gesichert ist

$$\lambda \longleftrightarrow \hbar. \tag{6.1}$$

In der Literatur sind auch andere Konventionen für den formalen Parameter üblich, wie beispielsweise $\nu = \mathrm{i}\lambda$ oder $\nu = \frac{\mathrm{i}\lambda}{2}$.

6.1.2 Die Definition von Sternprodukten

Nach unserer vorangegangenen Diskussion ist folgende Definition eines formalen Sternprodukts nach Bayen, Flato, Frønsdal, Lichnerowicz und Sternheimer [17] nun gut motiviert:

Definition 6.1.1 (Formales Sternprodukt). *Sei (M, π) eine Poisson-Mannigfaltigkeit. Ein formales Sternprodukt $\star$ für (M, π) ist eine $\mathbb{C}[[\lambda]]$-bilineare Multiplikation*

$$\star : C^\infty(M)[[\lambda]] \times C^\infty(M)[[\lambda]] \longrightarrow C^\infty(M)[[\lambda]] \tag{6.2}$$

der Form

$$f \star g = \sum_{r=0}^{\infty} \lambda^r C_r(f, g) \tag{6.3}$$

mit $\mathbb{C}$-bilinearen Abbildungen $C_r : C^\infty(M) \times C^\infty(M) \longrightarrow C^\infty(M)$, welche auf die übliche Weise $\mathbb{C}[[\lambda]]$-bilinear fortgesetzt werden, so daß $\star$ folgende Eigenschaften besitzt:

i.) $\star$ ist assoziativ.
ii.) $C_0(f, g) = fg$.
iii.) $C_1(f, g) - C_1(g, f) = \mathrm{i}\{f, g\}$.
iv.) $1 \star f = f = f \star 1$.

Bemerkung 6.1.2 (Sternprodukte).

i.) Man kann leicht zeigen, daß für zwei $\Bbbk$-Vektorräume V und W eine $\Bbbk[[\lambda]]$-lineare Abbildung $\Phi : V[[\lambda]] \longrightarrow W[[\lambda]]$ notwendigerweise von der Form

$$\Phi = \sum_{r=0}^{\infty} \lambda^r \Phi_r \tag{6.4}$$

mit $\Bbbk$-linearen Abbildungen $\Phi_r : V \longrightarrow W$ ist. Es gilt also kanonisch

$$\mathsf{Hom}_{\Bbbk[[\lambda]]}(V[[\lambda]], W[[\lambda]]) \cong \mathsf{Hom}_{\Bbbk}(V, W)[[\lambda]]. \tag{6.5}$$

Ein analoges Resultat gilt auch für multilineare Abbildungen. Daher ist die Form (6.3) eines Sternprodukts bereits eine Konsequenz der $\mathbb{C}[[\lambda]]$-Bilinearität, siehe etwa [92, Prop. 2.1] sowie Aufgabe 6.1.

ii.) Die Assoziativität $f \star (g \star h) = (f \star g) \star h$ ist Ordnung für Ordnung in λ zu erfüllen. Aufgrund der $\mathbb{C}[[\lambda]]$-Multilinearität genügt es, die Assoziativität nur für Funktionen $f \in C^\infty(M) \subseteq C^\infty(M)[[\lambda]]$ zu zeigen. Damit wird die Assoziativitätsbedingung äquivalent zur Bedingung

$$\sum_{r=0}^{k} C_r(f, C_{k-r}(g, h)) = \sum_{r=0}^{k} C_r(C_{k-r}(f, g), h) \tag{6.6}$$

für alle $k \in \mathbb{N}_0$ und $f, g, h \in C^\infty(M)$. Die Assoziativitätsbedingung ist die entscheidende nichttriviale Bedingung, da es sich um eine *quadratische Gleichung* in den Operatoren C_r handelt. Wir werden diese Gleichung noch eingehend studieren.

iii.) Die beiden Bedingungen *ii.)* und *iii.)* in Definition 6.1.1 liefern wieder die naive Version des Korrespondenzprinzips aus (5.3) und (5.4).

iv.) Die Bedingung *iv.)* bedeutet offenbar, daß $C_r(1, \cdot) = 0 = C_r(\cdot, 1)$ für alle $r \geq 1$. Die konstante Funktion 1 ist daher nicht nur klassisch sondern auch quantenmechanisch das Einselement der Observablenalgebra. Es zeigt sich, daß diese Forderung nicht wesentlich sondern leicht zu erfüllen ist. Somit sei sie hier getrost in die Definition mit aufgenommen.

Offenbar erfüllen die Sternprodukte $\star_{\mathrm{Std}}$, $\star_{\mathrm{Weyl}}$, $\star_{\mathrm{Wick}}$ etc. für $M = \mathbb{R}^{2n}$ die Erfordernisse der Definition, wenn man in den konkreten Formeln wie beispielsweise (5.65) die Plancksche Konstante $\hbar$ durch den formalen Parameter λ ersetzt. Da diese konkreten Beispiele aber darüberhinaus weitere Eigenschaften besitzen, können wir diese verwenden, um die Definition 6.1.1 weiter zu spezialisieren:

Definition 6.1.3 (Spezielle Sternprodukte). *Sei $\star$ ein formales Sternprodukt für (M, π).*

i.) $\star$ *heißt lokal, falls die Abbildungen C_r lokal sind, also*

$$\operatorname{supp} C_r(f, g) \subseteq \operatorname{supp} f \cap \operatorname{supp} g. \tag{6.7}$$

ii.) $\star$ *heißt differentiell, falls die Abbildungen C_r Bidifferentialoperatoren sind.*

iii.) $\star$ *heißt natürlich [156] (oder auch: vom Vey-Typ), falls für alle r die Abbildung C_r ein Bidifferentialoperator der Ordnung r in jedem Argument ist.*

*iv.) ⋆ heißt Hermitesch (beziehungsweise auch: symmetrisch [18]), falls die komplexe Konjugation eine *-Involution von ⋆ ist, also*

$$\overline{f \star g} = \overline{g} \star \overline{f}, \tag{6.8}$$

wobei konventionsgemäß im Hinblick auf (6.1)

$$\overline{\lambda} = \lambda \tag{6.9}$$

gesetzt wird.

v.) ⋆ heißt vom Weyl-Typ, falls ⋆ Hermitesch ist und

$$C_r(f,g) = (-1)^r C_r(g,f). \tag{6.10}$$

Nach dem Peetre-Theorem, siehe Bemerkung 5.4.6, sind lokale Sternprodukte lokal differentiell und natürliche Sternprodukte immer differentiell und damit lokal. Nach den Überlegungen in Anhang A können wir solche Sternprodukte daher immer auf offene Teilmengen $U \subseteq M$ einschränken und erhalten Produkte $\star_U$ für $C^\infty(U)[[\lambda]]$, welche die entsprechenden Eigenschaften von $\star = \star_M$ erben. Wir werden diese Einschränkungen im folgenden jedoch einfach mit $\star$ bezeichnen, um die Notation zu entlasten.

Ein Sternprodukt $\star$ vom Weyl-Typ läßt sich auch so charakterisieren: Schreibt man

$$f \star g = \sum_{r=0}^{\infty} \left(\frac{i\lambda}{2}\right)^r M_r(f,g), \tag{6.11}$$

also $C_r = \left(\frac{i}{2}\right)^r M_r$, so ist $\star$ genau dann vom Weyl-Typ, wenn die Operatoren M_r reell sind

$$\overline{M_r(f,g)} = M_r(\overline{f},\overline{g}) \tag{6.12}$$

und

$$M_r(f,g) = (-1)^r M_r(g,f) \tag{6.13}$$

erfüllen. Dies ist eine offensichtliche Umformulierung. Manche Autoren fügen der Definition eines Sternprodukts vom Weyl- oder auch Vey-Typ noch die Bedingung hinzu, daß das führende Symbol des Bidifferentialoperators M_r gemäß Satz A.5.2 durch die r-te Potenz des Poisson-Tensors gegeben ist. Wir schließen uns dieser zusätzlichen Bedingung jedoch nicht an.

Beispiel 6.1.4 (Sternprodukte). Von den bisher gefundenen Sternprodukten $\star_\kappa$ und $\star_{\bar{\kappa}}$ auf $M = \mathbb{R}^{2n}$ sind alle *natürlich*, aber nur $\star_{\mathrm{Weyl}}$ und die $\star_{\bar{\kappa}}$ sind auch *Hermitesch*. Vom *Weyl-Typ* ist allein das Weyl-Moyal-Sternprodukt $\star_{\mathrm{Weyl}}$, was man leicht an der expliziten Form (5.66) sieht.

Die weiteren Eigenschaften von $\star_{\mathrm{Std}}$, $\star_{\overline{\mathrm{Std}}}$ sowie $\star_{\mathrm{Wick}}$ und $\star_{\overline{\mathrm{Wick}}}$ lassen sich auf folgende Weise verallgemeinern, indem man zusätzliche Strukturen der Poisson-Mannigfaltigkeit berücksichtigt:

Definition 6.1.5 (Standardgeordnetes Sternprodukt [43, 265]). *Sei* $\pi : T^*Q \longrightarrow Q$ *ein Kotangentenbündel mit der kanonischen Poisson-Struktur. Ein Sternprodukt $\star$ für T^*Q heißt vom standardgeordneten Typ, falls*

$$\pi^*\psi \star f = \pi^*\psi f \tag{6.14}$$

für alle $\psi \in C^\infty(Q)$ und $f \in C^\infty(T^*Q)$. Analog definiert man Sternprodukte vom antistandardgeordneten Typ.

Definition 6.1.6 (Sternprodukt vom Wick-Typ [48]). *Sei (M, ω, J) eine Kähler-Mannigfaltigkeit. Ein Sternprodukt $\star$ für (M, ω, J) heißt vom Wick-Typ, falls für jede offene Teilmenge $U \subseteq M$ und jede lokale holomorphe Funktion $f \in \mathcal{O}(U)$, jede lokale antiholomorphe Funktion $g \in \overline{\mathcal{O}}(U)$ und jede glatte Funktion $h \in C^\infty(U)$*

$$h \star f = hf \quad und \quad g \star h = gh \tag{6.15}$$

gilt. Entsprechend definiert man Sternprodukte vom Anti-Wick-Typ.

Sternprodukte vom Wick-Typ und Anti-Wick-Typ nennt man auch Sternprodukte mit *Trennung der Variablen* [184]. Dies ist dadurch motiviert, daß unter der zusätzlichen Annahme, daß $\star$ differentiell ist, $\star$ genau dann vom Wick-Typ ist, wenn in jeder lokalen holomorphen Karte (U, z) von M die Bidifferentialoperatoren C_r von der Form

$$C_r(f, g)\Big|_U = \sum_{k,\ell} C_r^{i_1 \cdots i_k j_1 \cdots j_\ell} \frac{\partial^k f}{\partial z^{i_1} \cdots \partial z^{i_k}} \frac{\partial^\ell g}{\partial \overline{z}^{j_1} \cdots \partial \overline{z}^{j_\ell}} \tag{6.16}$$

sind, wobei $C_r^{i_1 \cdots i_k j_1 \cdots j_\ell} \in C^\infty(U)$. Man überzeuge sich davon, daß diese „Trennung der Variablen" auf einer Kähler-Mannigfaltigkeit tatsächlich ein wohl-definiertes Konzept ist, also in jeder lokalen holomorphen Karte richtig ist, sobald die C_r in einem holomorphen Atlas von der Form (6.16) sind. Den Anti-Wick-Typ erhält man dann durch Ableitung in die „$\overline{z}$-Richtungen" im ersten Argument und entsprechend in „z-Richtungen" im zweiten Argument. Man beachte, daß man die Äquivalenz der beiden Charakterisierungen von Sternprodukten vom Wick-Typ nur unter Verwendung der *Assoziativität* erhält, siehe [48, Thm. 4.7]. Zu Sternprodukten auf Kähler-Mannigfaltigkeiten gibt es eine Vielzahl von weiterführenden Arbeiten und Beispielen [68–71, 103, 104, 141, 153, 187, 190–192, 253, 255, 285–287].

Eine ähnliche Trennung der Variablen besitzen die Sternprodukte vom (anti-)standardgeordneten Typ. Sind sie zudem differentiell, so schreibt sich C_r lokal in einer Bündelkarte $(T^*U, (q, p))$ von T^*Q als

$$C_r(f, g)\Big|_{T^*U} = \sum_{k,k',\ell} C_r^{\, j_1 \cdots j_\ell}_{\, i_1 \cdots i_k i'_1 \cdots i'_{k'}} \frac{\partial^k f}{\partial p_{i_1} \cdots \partial p_{i_k}} \frac{\partial^{k'+\ell} g}{\partial p_{i'_1} \cdots \partial p_{i'_{k'}} \partial q^{j_1} \cdots q^{j_\ell}} \tag{6.17}$$

mit lokalen Funktionen $C_r{}^{j_1\cdots j_\ell}_{i_1\cdots i_k i'_1\cdots i'_{k'}} \in C^\infty(T^*U)$. Wieder gilt, daß unter Wechsel der Bündelkarte $(T^*U, (q, p))$ die Form des Bidifferentialoperators erhalten bleibt. Beim antistandardgeordneten Typ wird entsprechend die zweite Funktion nur in Impulsrichtung differenziert. Man beachte jedoch, daß es geometrisch nicht wohl-definiert ist, zu sagen, daß die zweite Funktion g in (6.17) *nur* in Ortsrichtung differenziert wird. Dies ersieht man leicht aus dem Transformationsverhalten der partiellen Ableitungen $\frac{\partial}{\partial q^i}$ gemäß (5.169) unter Kartenwechseln.

Unnötig zu betonen, daß $\star_{\mathrm{Std}}$ aus Abschnitt 5.4.2 vom standardgeordneten Typ, $\star_{\overline{\mathrm{Std}}}$ entsprechend vom antistandardgeordneten Typ und $\star_{\mathrm{Wick}}$ vom Wick-Typ und $\star_{\overline{\mathrm{Wick}}}$ vom Anti-Wick-Typ sind.

Die κ-geordneten Sternprodukte auf T^*Q, welche wir in Abschnitt 5.4.2 diskutiert haben, stehen Dank Proposition 5.4.27 nun Pate für folgende Definition eines homogenen Sternprodukts:

Definition 6.1.7 (Homogenes Sternprodukt [91]). *Sei* $\pi : T^*Q \longrightarrow Q$ *ein Kotangentenbündel mit kanonischer Poisson-Struktur und sei* ξ *das Liouville-Vektorfeld. Ein Sternprodukt* $\star$ *heißt homogen, falls* $\mathsf{H} = \lambda\frac{\partial}{\partial\lambda} + \mathscr{L}_\xi$ *eine Derivation von* $\star$ *ist.*

Einige allgemeine Eigenschaften homogener Sternprodukte werden in den Aufgaben 6.2, 6.3 sowie 6.9 diskutiert.

Da wir bereits für den Fall $M = \mathbb{R}^{2n}$ verschiedene Sternprodukte gefunden haben, kann man nicht erwarten, daß die Definition 6.1.1 ein eindeutiges Sternprodukt $\star$ für eine gegebene Poisson-Mannigfaltigkeit festlegt. Auch die zusätzlichen Eigenschaften aus Definition 6.1.3 sind dafür noch lange nicht restriktiv genug. Daher benötigt man eine vernünftige Vergleichsmöglichkeit für Sternprodukte, welche durch folgende Beobachtung nahegelegt wird:

Proposition 6.1.8. *Sei* $\star$ *ein Sternprodukt für* (M, π). *Weiter seien lineare Abbildungen* $S_r : C^\infty(M) \longrightarrow C^\infty(M)$ *mit* $S_r 1 = 0$ *für* $r \geq 1$ *gegeben. Dann gilt für*

$$S = \mathrm{id} + \sum_{r=1}^\infty \lambda^r S_r : C^\infty(M)[[\lambda]] \longrightarrow C^\infty(M)[[\lambda]], \qquad (6.18)$$

daß die Definition

$$f \star' g = S^{-1}(Sf \star Sg) \qquad (6.19)$$

ebenfalls ein Sternprodukt $\star'$ *für* (M, π) *liefert. Ist* $\star$ *lokal (differentiell) und alle* S_r *ebenfalls, so ist* $\star'$ *auch lokal (differentiell). Ist* $\star$ *Hermitesch und* $\overline{S_r f} = S_r \overline{f}$, *so ist auch* $\star'$ *Hermitesch.*

Beweis. Zunächst ist klar, daß S als formale Potenzreihe tatsächlich invertierbar ist, da die nullte Ordnung in λ invertierbar ist. Daher definiert $\star'$ ein $\mathbb{C}[[\lambda]]$-bilineares assoziatives Produkt, welches eine zu $\star$ isomorphe Algebrastruktur für $C^\infty(M)[[\lambda]]$ liefert, da S per definitionem ein Isomorphismus ist. Sei nun $\star = \sum_{r=0}^\infty \lambda^r C_r$. Dann gilt

$$f \star' g = S^{-1}(Sf \star Sg)$$

$$= (\mathrm{id} + \lambda S_1 + \cdots)^{-1} \left(\sum_{r=0}^{\infty} \lambda^r C_r \left((\mathrm{id} + \lambda S_1 + \cdots) f, (\mathrm{id} + \lambda S_1 + \cdots) g \right) \right)$$

$$= fg - \lambda S_1(fg) + \lambda C_1(f,g) + \lambda S_1(f)g + \lambda f S_1(g) + \cdots,$$

womit $C_0' = C_0$ und

$$C_1'(f,g) = C_1(f,g) - S_1(fg) + S_1(f)g + f S_1(g). \tag{6.20}$$

Da die Multiplikation von Funktionen kommutativ ist, sieht man, daß der antisymmetrische Teil von C_1' mit dem von C_1 übereinstimmt, also gilt auch $C_1'(f,g) - C_1'(g,f) = \mathrm{i}\{f,g\}$. Schließlich gilt nach Voraussetzung $S1 = 1$ und somit $f \star' 1 = f = 1 \star' f$. Damit ist $\star'$ ein Sternprodukt.

Sind nun alle C_r lokale (oder differentielle) Operatoren und ebenso alle S_r, so sind auch die C_r' lokal (oder differentiell), da sie durch Linearkombinationen von Hintereinanderausführungen der C_r und S_r gewonnen werden. Die genaue (und nichttriviale) Kombinatorik ist dabei unerheblich. Ist schließlich $\star$ Hermitesch und S reell, so folgt sofort, daß $\star'$ auch Hermitesch ist. In diesem Fall ist S ein *-Isomorphismus. $\qquad \square$

Bemerkung 6.1.9 (Eindeutigkeit von Sternprodukten).

i.) Diese Proposition zeigt insbesondere, daß es unendlich viele Sternprodukte gibt, sobald man auch nur ein Sternprodukt gefunden hat. Auch die Einschränkung auf differentielle und Hermitesche Sternprodukte liefert immer noch unendlich viele Möglichkeiten.

ii.) Startet man mit einem natürlichen Sternprodukt $\star$, so muß man die Differentiationsordnung von S_r nur geeignet beschränken, um wieder ein natürliches Sternprodukt zu erhalten. Explizit können wir jedes S immer als $S = \mathrm{e}^{\lambda T}$ mit $T = T_0 + \lambda T_1 + \cdots$ und $T_r : C^\infty(M) \longrightarrow C^\infty(M)$ schreiben, da S nach Voraussetzung in nullter Ordnung mit id beginnt. In der Tat lassen sich die Abbildungen T_r aus $S_1, \ldots, S_{r-1}$ durch geeignete algebraische Kombinationen gewinnen und umgekehrt. Es gilt beispielsweise $S_1 = T_0$. Es läßt sich nun zeigen, daß für ein natürliches Sternprodukt $\star$ das Sternprodukt $\star'$ ebenfalls natürlich ist, falls die Differentiationsordnung von T_r höchstens $r + 1$ ist, siehe [156]. Somit kann man aus einem natürlichen Sternprodukt ebenfalls gleich unendlich viele weitere natürliche Sternprodukte konstruieren.

iii.) Im Fall $M = \mathbb{R}^{2n}$ haben wir bereits gesehen, daß alle Sternprodukte $\star_\kappa$ und $\star_{\tilde\kappa}$ durch derartige Operatoren verknüpft waren, nämlich durch N_κ und $S^{\tilde\kappa}$, siehe Abschnitt 5.2.4. Da sich diese Sternprodukte aufgrund der verschiedenen Wahlen der Ordnungsvorschrift unterschieden, kann man Proposition 6.1.8 als eine *abstrakte Wahl einer anderen Ordnungsvorschrift* deuten, ohne daß wir eine „Operatordarstellung" wählen mußten. Insbesondere führt uns diese Proposition sehr drastisch vor Augen, wie *nicht-eindeutig* die Wahl einer Ordnungsvorschrift tatsächlich ist.

Da es bereits im $\mathbb{R}^{2n}$ sehr schwer ist, gute physikalische Argumente für die Wahl einer speziellen Ordnungsvorschrift und damit eines Sternprodukts zu finden, liefert folgende Definition eine sehr grobe Unterteilung der Sternprodukte „bis auf die Wahl einer Ordnungsvorschrift":

Definition 6.1.10 (Äquivalenz von Sternprodukten). *Zwei Sternprodukte $\star$ und $\star'$ für (M, π) heißen äquivalent, falls es eine formale Reihe $S = \mathrm{id} + \sum_{r=1}^{\infty} \lambda^r S_r$ mit linearen Abbildungen $S_r : C^{\infty}(M) \longrightarrow C^{\infty}(M)$ gibt, so daß*

$$f \star' g = S^{-1}(Sf \star Sg) \quad und \quad S1 = 1 \tag{6.21}$$

*für alle $f, g \in C^{\infty}(M)[[\lambda]]$ gilt. Eine derartige Abbildung heißt auch Äquivalenztransformation. Für lokale (differentielle, natürliche, Hermitesche) Sternprodukte definiert man entsprechend lokale (differentielle, natürliche, *-) Äquivalenz, wenn die Äquivalenztransformation zusätzlich lokal (differentiell, natürlich im Sinne von Bemerkung 6.1.9, ii.), reell) ist. Die Menge der Äquivalenzklassen wird dann mit $\mathrm{Def}(M, \pi)$ beziehungsweise mit $\mathrm{Def}_{\mathrm{loc}}(M, \pi)$, $\mathrm{Def}_{\mathrm{diff}}(M, \pi)$ und $\mathrm{Def}^*(M, \pi)$ bezeichnet.*

Insbesondere wird es interessant sein, zu sehen, ob und unter welchen Umständen es Quantisierungen gibt, welche sich um „mehr" als nur die Wahl einer Ordnungsvorschrift unterscheiden, also im Sinne von Definition 6.1.10 *inäquivalente* Sternprodukte liefern. Es ist einer der großen Vorzüge der Deformationsquantisierung, diese Frage überhaupt in einem wohl-definierten Rahmen stellen zu können. Darüberhinaus ist, wie wir noch sehen werden, eine vollständige Klassifikation von Sternprodukten möglich.

Bemerkung 6.1.11. Da es sich zeigen wird, daß alle bekannten Konstruktionen von Sternprodukten differentielle Sternprodukte liefern, meistens sogar natürliche, werden wir von nun an nur differentielle Sternprodukte betrachten und entsprechend auch differentielle Äquivalenztransformationen, ohne dies jedes mal explizit zu erwähnen. Dies scheint im Hinblick auf die Diskussion in Abschnitt 5.3.3 ebenfalls aus physikalischer Sicht vernünftig zu sein.

6.1.3 Existenz und Klassifikation von Sternprodukten

Die Frage nach der Existenz von (differentiellen) Sternprodukten auf beliebigen Poisson-Mannigfaltigkeiten erweist sich aufgrund der Assoziativitätsbedingung (6.6) als ein überaus nichttriviales Problem, dessen umfassende Lösung erst 1997 durch Kontsevich gegeben wurde.

Zuvor betrachtete man den sehr viel einfacheren symplektischen Fall (M, ω). Hier ist die Existenz, anders als im Poisson-Fall, zumindest *lokal* immer gesichert. Man kann eine Darboux-Karte wählen und in diesen lokalen Koordinaten beispielsweise das Weyl-Moyal-Sternprodukt verwenden. Um aber der globalen Geometrie eines nichttrivialen Phasenraums gerecht zu werden, genügt eine derartige lokale Quantisierung selbstverständlich nicht.

Daher steht man in diesem Zugang vor dem Problem, die verschiedenen, lokal in Darboux-Karten definierten Sternprodukte zu einem global definierten Sternprodukt zusammenzukleben. Da aber keines der lokalen Sternprodukte invariant unter der gesamten Gruppe von Symplektomorphismen ist, was letztlich eine „integrierte" Version des Groenewold-van Hove-Theorems darstellt, ist es keineswegs klar, daß dieses Zusammenkleben tatsächlich gelingt.

Eine detaillierte kohomologische Analyse von Neroslavski und Vlassov zeigt, daß die Obstruktionen verschwinden, falls die dritte deRham-Kohomologie $H_{dR}^3(M)$ trivial ist [249]. Cahen und Gutt zeigten später, daß allgemein auf Kotangentenbündeln parallelisierbarer Konfigurationsräume, wo also TQ und damit T^*Q triviale Vektorbündel über Q sind, immer Sternprodukte existieren [65]. Dies wurde von DeWilde und Lecomte auf beliebige Kotangentenbündel ausgedehnt [91] und noch im selben Jahr gelang diesen Autoren der erste allgemeine Existenzbeweis für Sternprodukte auf symplektischen Mannigfaltigkeiten [90], siehe auch [92]. Der Beweis basiert auf eingehenden kohomologischen Überlegungen, die später noch erheblich vereinfacht werden konnten, siehe auch [154].

Einen unabhängigen und sehr viel geometrischeren Beweis gab Fedosov [115–117], der allerdings lange unbeachtet geblieben ist und erst mit seiner Arbeit [119] allgemein bekannt wurde. Wir werden diese Konstruktion in Abschnitt 6.4 noch eingehend studieren. Einen dritten Beweis für den symplektischen Fall gaben Omori, Maeda und Yoshioka [257]. Es zeigt sich, daß die Fedosov-Konstruktion automatisch natürliche Sternprodukte vom Weyl-Typ liefert, also insbesondere auch Hermitesche Sternprodukte [48], siehe auch [253]. Wir fassen daher diese Resultate zusammen:

Satz 6.1.12 (Existenz von Sternprodukten, symplektischer Fall).
Auf jeder symplektischen Mannigfaltigkeit existieren (natürliche, Hermitesche) Sternprodukte.

Im Fall von Kotangentenbündeln konnte Pflaum zeigen, daß es immer Sternprodukte vom standardgeordneten Typ gibt [265, 267]. Unabhängig davon konstruierten Bordemann, Neumaier und Waldmann mittels einer leicht modifizierten Fedosov-Konstruktion ebenfalls standardgeordnete Sternprodukte für Kotangentenbündel [43, 44]. Es zeigt sich, daß das in Abschnitt 5.4.2 konstruierte Sternprodukt $\star_{\mathrm{Std}}$ mit jenem standardgeordneten Sternprodukt aus [43, 44] übereinstimmt. Auf die gleiche Weise erhält man auch antistandardgeordnete Sternprodukte auf Kotangentenbündeln. Alle so konstruierten Sternprodukte sind homogen, wobei bereits die in [91] konstruierten Sternprodukte ebenfalls homogen und vom Weyl-Typ sind.

Für Kähler-Mannigfaltigkeiten gibt es eine Fülle von Beispielen und Konstruktionen unterschiedlichster Art, welche zu Sternprodukten führen, die sich dann als solche vom Wick- oder Anti-Wick-Typ erweisen. Hier sei vor allem auf die grundlegenden Arbeiten von Berezin [22–24] verwiesen. Spezielle Beispiele finden sich in den Arbeiten von Cahen und Gutt [64], Moreno und Ortega-Navarro [239–243], Bordemann et. al. [38, 39] sowie bei

Karabegov [185, 186, 189]. Durch asymptotische Entwicklung der Berezin-Toeplitz-Quantisierung erhielten Cahen, Gutt und Rawnsley Sternprodukte für eine große Klasse von Kähler-Mannigfaltigkeiten inklusive detaillierter Konvergenzeigenschaften [64, 68–71, 153]. Für allgemeine kompakte Kähler-Mannigfaltigkeiten, die einer bestimmten topologischen Bedingung genügen (die symplektische Form ist quantisierbar im Sinne der geometrischen Quantisierung, siehe auch Aufgabe 5.1) konnten Bordemann, Meinrenken und Schlichenmaier in [41] die Asymptotik der Berezin-Toeplitz-Quantisierung genau bestimmen und so Sternprodukte konstruieren, siehe auch die Folgearbeiten [285–287].

Schließlich konnte Karabegov ohne Verwendung asymptotischer Methoden durch Zusammenkleben von lokal in holomorphen Karten definierten Sternprodukten vom Wick-Typ zeigen, daß es immer Sternprodukte mit Trennung der Variablen gibt [184]. Einen weiteren Beweis dafür lieferten Bordemann und Waldmann [48, 309], ebenfalls mit einer an die Kähler-Geometrie angepaßten Fedosov-Konstruktion. Für einen Vergleich beider Konstruktionen sei auf Karabegovs Arbeit [190] verwiesen. Eine weitere ausführliche Darstellung der Sternprodukte vom Wick-Typ und Anti-Wick-Typ findet sich bei Neumaier [253, 255], wo es sich zeigt, daß die Sternprodukte vom Wick-Typ oder Anti-Wick-Typ notwendigerweise natürlich sind. Die Beziehung zu den asymptotischen Methoden wurde von Karabegov und Schlichenmaier in [192] geklärt. Wir können also auch für diese spezielleren Situationen eine allgemeine Existenzaussage formulieren:

Satz 6.1.13. *Auf jedem Kotangentenbündel existieren (natürliche, homogene) Sternprodukte vom (anti-) standardgeordneten Typ und auf jeder Kähler-Mannigfaltigkeit existieren natürliche Sternprodukte vom (Anti-)Wick-Typ.*

Im Gegensatz zu den Sternprodukten vom (anti-) standardgeordneten Typ gibt es Hermitesche Sternprodukte vom (Anti-) Wick-Typ. Eine weitere Verallgemeinerung des Konzepts der Trennung der Variablen findet sich in Donins Arbeit [105].

Neben diesen allgemeinen Existenzaussagen gibt es auch eine große Anzahl von expliziten Beispielen und Konstruktionen von Sternprodukten in verschiedenen speziellen Situationen. Es führte hier sicher zu weit, eine notwendigerweise unvollständige Liste aufzustellen. Abgesehen von der recht expliziten Konstruktion der κ-geordneten Sternprodukt auf T^*Q in Abschnitt 5.4 sei daher auf die Aufgaben 6.4, 6.6, 6.7 und 6.8 verwiesen, in denen zumindest einige der expliziten Konstruktionen jenseits von Kotangentenbündeln vorgestellt werden.

Nachdem der symplektische Fall also gut verstanden und die Existenz von Sternprodukten gesichert ist, stellt sich die Frage nach dem allgemeinen Fall von Poisson-Mannigfaltigkeiten. Dabei handelt es sich keineswegs um eine rein mathematische Fragestellung, vielmehr haben wir in Kapitel 4 zahlreiche Beispiele und Gründe kennengelernt, weshalb Poisson-Geometrie nicht nur in klassischen mechanischen Systemen sondern auch darüberhinaus eine wichtige

Rolle in der mathematischen Physik spielt. Deshalb ist eine Ausdehnung der Resultate zur Deformationsquantisierung auf diesen allgemeinen Fall physikalisch durchaus von Interesse.

Die Schwierigkeit, Sternprodukte für allgemeine Poisson-Strukturen zu finden, besteht nun, ganz anders als im symplektischen Fall, bereits darin, das Problem *lokal* zu lösen. Es gibt eben keine lokale „Normalform", wie das Darboux-Theorem eine für den symplektischen Fall bereitstellt. Die lokale Charakterisierung aus dem *Splitting*-Theorem 4.1.34 gilt ja insbesondere nur *punktweise*. So war es lange unklar, ob es bereits im $\mathbb{R}^n$ für jede Poisson-Struktur ein Sternprodukt gibt, von den Schwierigkeiten des anschließenden Globalisierens durch Zusammenkleben ganz abgesehen.

Das erste nichttriviale Beispiel für ein Sternprodukt wurde von Gutt [151] erbracht und zeigt, daß lineare Poisson-Strukturen im $\mathbb{R}^n$, also die Poisson-Mannigfaltigkeit $\mathfrak{g}^*$ mit einer Lie-Algebra $\mathfrak{g}$ und der dazugehörigen linearen Poisson-Struktur auf $\mathfrak{g}^*$, tatsächlich im Sinne der Deformationsquantisierung immer quantisiert werden können. Unabhängig davon und in einem völlig anderen Kontext wurde dieses Beispiel auch von Drinfel'd in der Theorie der Quantengruppen diskutiert, siehe beispielsweise [81, 198, 228]. Dieses Beispiel ist insofern von besonderer Wichtigkeit, als wir gesehen haben, daß eine Impulsabbildung J zu einer gegebenen Hamiltonschen Symmetrie gerade eine Poisson-Abbildung $J : M \longrightarrow \mathfrak{g}^*$ ist, womit die Quantisierbarkeit von $\mathfrak{g}^*$ unmittelbar mit der Quantisierbarkeit klassischer Symmetrien verknüpft ist.

Abgesehen von einigen durchaus interessanten speziellen Beispielen blieb es aber unklar, ob sich allgemeine Poisson-Strukturen auf $\mathbb{R}^n$ immer quantisieren lassen, bis Kontsevich 1997 seine nun berühmte Formalitätsvermutung aus [204] bewiesen hat [203, 206], welche insbesondere die Existenz von Sternprodukten zu beliebigen Poisson-Strukturen auf beliebigen Mannigfaltigkeiten impliziert. Die so erhaltenen Sternprodukte sind ebenfalls natürlich und können Hermitesch gewählt werden, weshalb wir also folgenden Satz formulieren können:

Satz 6.1.14 (Existenz von Sternprodukten, Poisson-Fall). *Auf jeder Poisson-Mannigfaltigkeit existieren (natürliche, Hermitesche) Sternprodukte.*

Kontsevichs ursprünglicher Beweis im $\mathbb{R}^n$ basiert auf einer graphentheoretischen Beschreibung aller in Frage kommenden Bidifferentialoperatoren, wobei jedem Graph eines bestimmten Typs ein spezieller Bidifferentialoperator zugeordnet wird. Dieser Schritt ist noch sehr einfach zu verstehen und hilft letztlich nur, die Bidifferentialoperatoren in geeigneter Weise durchzunumerieren. Der eigentlich nichttriviale Schritt besteht dann darin, jedem Graphen ebenfalls ein „Gewicht", also eine reelle Konstante zuzuordnen, so daß die Bidifferentialoperatoren gemäß ihrer Gewichte aufsummiert ein assoziatives Produkt ergeben. Die Interpretation der Graphen als Feynman-Graphen eines speziellen quantenfeldtheoretischen Modells, des Poisson-Sigma-Modells von Schaller und Strobl [284], liefert die Definition der Gewichte gemäß der Feynman-Regeln für dieses Modell. Dieser Zusammenhang wurde später von

Cattaneo und Felder im Detail diskutiert [74]. Die Definition der Gewichte mit all ihren Vorzeichen wurde ausführlich von Arnal, Manchon und Masmoudi diskutiert [10]. Die Ausdehnung von $\mathbb{R}^n$ auf eine beliebige Mannigfaltigkeit erweist sich anschließend als vergleichsweise einfach. Eine sehr schöne, auf Kontsevichs Formalitätstheorem im $\mathbb{R}^n$ aufbauende Konstruktion der Globalisierung des Sternprodukts, welche an die Fedosov-Konstruktion angelehnt ist, wurde von Cattaneo, Felder und Tomassini gegeben [79], siehe auch Dolgushevs Arbeit [101]. Einen weiteren und konzeptionell gänzlich verschiedenen Beweis der Formalitätsvermutung gab Tamarkin unter Benutzung operadischer Techniken, siehe [205, 299].

Nachdem die Frage nach der Existenz von Sternprodukten und daher die Frage nach der Konstruierbarkeit der quantenmechanischen Observablenalgebra im Rahmen der formalen Deformationsquantisierung in voller Allgemeinheit positiv beantwortet ist, greifen wir nun die Klassifikationsfrage auf. Da nach Proposition 6.1.8 mit einem Sternprodukt auch gleich unendlich viele konstruiert werden können, ist zunächst die Klassifikation bis auf Äquivalenz im Sinne von Definition 6.1.10 zu diskutieren.

Hier wurde ebenfalls zuerst der symplektische Fall betrachtet. Bereits vor dem ersten Existenzbeweis war klar, daß die zweite deRham-Kohomologie als Quelle möglicher Obstruktionen für die Äquivalenz auftritt.

Proposition 6.1.15. *Ist (M, ω) eine symplektische Mannigfaltigkeit, und gilt $H^2_{\mathrm{dR}}(M) = \{0\}$, so sind je zwei Sternprodukte auf M äquivalent.*

Dieser durch rein kohomologische Überlegungen von Lichnerowicz [223] und Gutt [150] gefundene Satz hat bereits eine weitreichende physikale Konsequenz. Da nach dem Poincaré-Lemma, siehe Satz 2.3.25, die zweite deRham-Kohomologie von $\mathbb{R}^{2n}$ trivial ist, folgt, daß im $\mathbb{R}^{2n}$ alle Sternprodukte zueinander äquivalent sind. Mit anderen Worten, Deformationsquantisierungen auf dem $\mathbb{R}^{2n}$ unterscheiden sich *nur durch die Wahl einer Ordnungsvorschrift*. Es gibt in diesem Fall also keine „exotischen" Quantisierungen.

Korollar 6.1.16. *Bis auf die Wahl einer (verallgemeinerten) Ordnungsvorschrift ist die Quantisierung auf $\mathbb{R}^{2n}$ eindeutig.*

Weiter sind auf einer beliebigen symplektischen Mannigfaltigkeit Sternprodukte zumindest immer *lokal* äquivalent, womit sich die mögliche Nichtäquivalenz als ein *globaler* Effekt erweist.

Die Frage nach einer tatsächlichen Klassifikation im Falle nichttrivialer zweiter deRham-Kohomologie $H^2_{\mathrm{dR}}(M) \neq \{0\}$ blieb lange unbeantwortet, bis schließlich mit der Fedosov-Konstruktion eine Methode gefunden wurde, die Äquivalenzklassen von Sternprodukten zu parametrisieren. Insbesondere zeigen so Nest und Tsygan [250, 251], Deligne [89], Bertelson, Cahen und Gutt [27] und Weinstein und Xu [324] folgenden Satz:

Satz 6.1.17 (Klassifikation von symplektischen Sternprodukten).
Auf einer symplektischen Mannigfaltigkeit (M, ω) sind die Äquivalenzklassen von Sternprodukten in Bijektion zu den formalen Potenzreihen $H^2_{\mathrm{dR}}(M, \mathbb{C})[[\lambda]]$.

Man kann diese Aussage noch weiter verschärfen, indem man zeigt, daß jedes Sternprodukt $\star$ auf kanonische Weise eine *charakteristische Klasse* $c(\star)$ als Element

$$c(\star) \in \frac{[\omega]}{\mathrm{i}\lambda} + \mathrm{H}^2_{\mathrm{dR}}(M, \mathbb{C})[[\lambda]] \qquad (6.22)$$

definiert, so daß $\star$ genau dann zu $\star'$ äquivalent ist, wenn $c(\star) = c(\star')$ gilt. Hier betrachtet man $\frac{[\omega]}{\mathrm{i}\lambda} + \mathrm{H}^2_{\mathrm{dR}}(M, \mathbb{C})[[\lambda]]$ als affinen Raum mit Ursprung $\frac{[\omega]}{\mathrm{i}\lambda}$ über dem Vektorraum $\mathrm{H}^2_{\mathrm{dR}}(M, \mathbb{C})[[\lambda]]$. Die Wahl der Normierung der charakteristischen Klasse $c(\star)$ ist dabei Konvention und unterscheidet sich durchaus je nach Autor in der Literatur. Wir verweisen hier insbesondere auf die schöne Arbeit von Gutt und Rawnsley [154] sowie die Arbeiten von Neumaier [253, 254]. Im Zusammenhang mit der Fedosov-Konstruktion werden wir auf die charakteristische Klasse $c(\star)$ wieder zurückkommen und Satz 6.1.17 beweisen.

Bemerkung 6.1.18 (Klassifikation und magnetische Monopole). Im Fall $M = T^*Q$ erlaubt die charakteristische Klasse $c(\star)$ eine einfache physikalische Deutung. Zunächst gilt allgemein, daß der pull-back mit π beziehungsweise mit dem Nullschnitt $\iota : Q \longrightarrow T^*Q$ zueinander inverse Isomorphismen

$$\mathrm{H}^\bullet_{\mathrm{dR}}(T^*Q) \mathrel{\substack{\iota^* \\ \rightleftharpoons \\ \pi^*}} \mathrm{H}^\bullet_{\mathrm{dR}}(Q) \qquad (6.23)$$

in der deRham-Kohomologie definieren. Dies folgt letztlich analog zum Beweis des Poincaré-Lemmas. Somit ist die zweite deRham-Kohomologie von T^*Q kanonisch durch die von Q gegeben. Für Repräsentanten von Klassen in der zweiten deRham-Kohomologie von Q, also für geschlossene Zweiformen auf Q, haben wir in Bemerkung 3.2.19 eine einfache physikalische Interpretation gefunden: Eine solche Zweiform $B \in \Gamma^\infty(\Lambda^2 T^*Q)$ entspricht einem äußeren Magnetfeld, in dem sich ein geladenes Teilchen, dessen Kinematik durch T^*Q beschrieben wird, bewegt. Ist insbesondere $[B] \neq 0$, so liegt ein magnetischer Monopol vor. Dies führt auf die physikalische Interpretation der charakteristischen Klasse als den magnetischen Monopolgehalt eines äußeren Magnetfeldes, in dessen Gegenwart quantisiert wird. Satz 6.1.17 besagt in dieser Interpretation, daß zwei Quantisierungen genau dann bis auf die Wahl einer verallgemeinerten Ordnungsvorschrift übereinstimmen, wenn der magnetische Monopolgehalt des äußeren Magnetfeldes übereinstimmt. Eine genaue Ausführung der Argumente führt hier zu weit, weshalb auf die Originalarbeiten von Bordemann et. al. [42] verwiesen sei. Man beachte jedoch, daß für die Konstruktion der Observablenalgebra zu nichttrivialem Monopolgehalt keinerlei Diskretisierung der Monopolladung, wie dies im Diracschen Zugang [94] vorhergesagt wird, von Nöten ist. Diese Diskretisierung („Quantisierung der Monopolladung") wird erst durch die Darstellung beziehungsweise durch die Darstellbarkeit der Observablenalgebra erzwungen, siehe [42, 58, 315]. Die charakteristische Klasse $c(\star)$ stellt somit insbesondere eine erste der besagten „robusten" Eigenschaften der Quantisierung im Sinne unserer Diskussion in Abschnitt 5.1.2 dar.

Im allgemeinen Fall von Poisson-Mannigfaltigkeiten folgt aus dem Formalitätstheorem nicht nur die Existenz sondern gleichermaßen auch die Klassifikation von Sternprodukten bis auf Äquivalenz. Ohne auf die weiteren Details einzugehen, hierfür sei auf die Originalarbeiten von Kontsevich verwiesen, können wir folgenden Satz formulieren:

Satz 6.1.19 (Klassifikation im Poisson-Fall). *Die Äquivalenzklassen von Sternprodukten auf einer Poisson-Mannigfaltigkeit (M, π_0) sind in Bijektion zu den Äquivalenzklassen von formalen Deformationen $\pi = \pi_0 + \lambda\pi_1 + \cdots \in \Gamma^\infty(\Lambda^2 TM)[[\lambda]]$ des Poisson-Tensors π_0 modulo formalen Diffeomorphismen, im Sinne von Definition 4.2.40.*

Bemerkung 6.1.20. Das letztliche Problem bei dieser Aussage ist, daß die klassische Seite, also die formalen Poisson-Tensoren modulo formalen Diffeomorphismen im allgemeinen eine extrem unzugängliche und kompliziert zu charakterisierende Menge darstellen. Dies haben wir in Abschnitt 4.2.4 erahnen können. Insbesondere ist dies im allgemeinen *kein* affiner Raum wie im symplektischen Fall.

Im Fall, daß π_0 jedoch *symplektisch* ist, haben wir in Satz 4.2.55 gesehen, daß die formalen Deformationen von π_0 gerade den formalen Deformationen der zugehörigen symplektischen Form ω_0 durch geschlossene Zweiformen modulo exakter Zweiformen entsprechen. Damit erhalten wir aus Satz 6.1.19 im Spezialfall einer symplektischen Mannigfaltigkeit tatsächlich Satz 6.1.17, wie dies natürlich aus Konsistenzgründen auch zu erwarten ist.

6.2 Algebraische Deformationstheorie nach Gerstenhaber

Um die Resultate, Schwierigkeiten und Techniken in der Deformationsquantisierung besser verstehen zu können, wollen wir nun die zugrundeliegende mathematische Theorie der formalen Deformationen von assoziativen Algebren nach Gerstenhaber diskutieren [134–139]. Dies wird insbesondere eine weitere Interpretation des Quantisierungsproblems liefern.

Die Problemstellung ist dabei folgende: Sei $\mathcal{A}$ eine assoziative Algebra über einem Körper oder einem kommutativen Ring $\Bbbk$ mit Multiplikation

$$\mu_0 : \mathcal{A} \otimes \mathcal{A} \ni a \otimes b \mapsto \mu_0(a \otimes b) = ab \in \mathcal{A}. \tag{6.24}$$

Für unsere Zwecke ist meistens $\Bbbk = \mathbb{R}$ oder $\mathbb{C}$. Es wird im folgenden zweckmäßig sein, zumindest $\mathbb{Q} \subseteq \Bbbk$ anzunehmen. Auf jeden Fall wollen wir, daß $\Bbbk$ ein Einselement $1 \neq 0$ besitzt und daß $2 \neq 0$ in $\Bbbk$ gilt, da sonst im folgenden viele der interessanten Vorzeichen trivial werden.

Gesucht ist dann eine neue assoziative Multiplikation μ, welche von einem Parameter λ abhängen und für $\lambda \longrightarrow 0$ die Multiplikation μ_0 liefern soll. In diesem rein algebraischen Rahmen ist es offenbar nur sinnvoll, eine formale Abhängigkeit von λ zu betrachten. Man sucht also

$$\mu = \mu_0 + \lambda\mu_1 + \lambda^2\mu_2 + \cdots \tag{6.25}$$

mit $\mu_r \in \mathsf{Hom}_{\Bbbk}(\mathcal{A} \otimes \mathcal{A}, \mathcal{A})$, so daß Ordnung für Ordnung in λ die Gleichung

$$\mu(\mu(a \otimes b) \otimes c) = \mu(a \otimes \mu(b \otimes c)) \tag{6.26}$$

für alle $a, b, c \in \mathcal{A}[[\lambda]]$ gilt, wobei wir uns wie immer die Abbildungen μ_r auf $\Bbbk[[\lambda]]$-lineare Weise fortgesetzt denken. Nach Bemerkung 6.1.2 ist jede $\Bbbk[[\lambda]]$-bilineare Multiplikation auf $\mathcal{A}[[\lambda]]$ von dieser Form. Für das neue Produkt μ schreiben wir auch

$$a \star b = \mu(a \otimes b). \tag{6.27}$$

Die zentrale Definition von Gerstenhabers Deformationstheorie ist also folgende:

Definition 6.2.1 (Formale assoziative Deformationen). *Sei $\mathcal{A}$ eine assoziative Algebra über $\Bbbk$ mit assoziativer Multiplikation $\mu_0 : \mathcal{A} \otimes \mathcal{A} \longrightarrow \mathcal{A}$.*

i.) Eine $\Bbbk[[\lambda]]$-bilineare assoziative Multiplikation μ für $\mathcal{A}[[\lambda]]$ heißt formale assoziative Deformation von μ_0, wenn μ in nullter Ordnung von λ mit μ_0 übereinstimmt.

ii.) Zwei formale assoziative Deformationen μ und $\tilde{\mu}$ von μ_0 heißen äquivalent, falls es einen $\Bbbk[[\lambda]]$-linearen Isomorphismus $\Phi : (\mathcal{A}[[\lambda]], \mu) \longrightarrow (\mathcal{A}[[\lambda]], \tilde{\mu})$ gibt, der in nullter Ordnung von λ die Identität auf $\mathcal{A}$ ist.

iii.) Entsprechend definiert man assoziative Deformationen bis zur Ordnung k und deren Äquivalenz bis zur Ordnung k.

Offenbar liefert jede $\Bbbk[[\lambda]]$-lineare Abbildung $\Phi = \mathsf{id} + \sum_{r=1}^{\infty} \lambda^r \Phi_r$ eine zu μ äquivalente formale assoziative Deformation, indem man Φ zu einem Isomorphismus erklärt. Dies haben wir für Sternprodukte bereits in Proposition 6.1.8 gesehen. Eine formale assoziative Deformation μ, welche zu μ_0 äquivalent ist, heißt auch *trivial*.

Diese Definition führt nun auf eine sehr allgemeine physikalische Fragestellung, siehe insbesondere [17, 18, 98]: Ist in einer physikalischen Theorie eine bestimmte algebraische Struktur von zentraler Bedeutung, so muß diese Struktur in ihren Details aus experimentellen Daten bestimmt werden. Diese sind aber mit unvermeidlichen Meßfehlern behaftet, womit sich die Frage stellt, ob geringfügig andere gemessene Parameter zu einer im wesentlichen gleichen (isomorphen) Struktur führen, die Theorie also „stabil" (auch „rigide" oder „starr") gegenüber kleinen Änderungen der fundamentalen „Strukturkonstanten" ist, oder ob diese Stabilität nicht gegeben ist. Im letzteren Fall ist die Theorie aus physikalischer Sicht eher unbrauchbar und man sollte entweder gute strukturelle Gründe anführen können, warum die gemessenen Werte der „Strukturkonstanten" tatsächlich diese nichtgenerischen, speziellen Werte besitzen sollen, oder man sollte die Deformierbarkeit ernst nehmen und zu einer entsprechend stabileren Theorie wechseln.

Diese recht allgemeine Überlegung zum Wesen einer stabilen physikalischen Theorie sei nun am Beispiel der Galilei-Gruppe illustriert. Das Transformationsgesetz beim Wechsel der inertialen Bezugssysteme muß letztlich experimentell bestimmt werden, was einer „Messung" der Strukturkonstanten der zur Transformationsgruppe gehörenden Lie-Algebra gleichkommt. Hier nimmt man also an, daß die Wechsel des Bezugssystems durch 6 Parameter für Drehungen und Boosts in glatter Weise beschrieben werden, so daß eine Lie-Gruppe vorliegt. Man erhält so zunächst die Lie-Algebra der Galilei-Gruppe. Diese erweist sich aber innerhalb der 6-dimensionalen Lie-Algebren als „nicht stabil" und kann insbesondere in die Lie-Algebra der Lorentz-Gruppe deformiert werden, in diesem Falle sogar auf glatte Weise, wobei der Deformationsparameter die Rolle von $\frac{1}{c}$ spielt. Die anderen möglichen Deformationen lassen sich aus physikalischen Gründen mehr oder weniger plausibel ausschließen. Somit steht man vor der Frage, ob man seinen nichtrelativistischen Messungen vertraut und den „instabilen" Fall der Galilei-Gruppe beibehält, oder aber zum physikalisch plausibleren weil stabilen Fall der Lorentz-Gruppe wechseln will.

Das Experiment bevorzugt letztlich und bekanntermaßen die spezielle Relativitätstheorie. Man beachte, daß diese Stabilitätsanalyse offenbar zumindest ein Indiz für die spezielle Relativitätstheorie liefert, welches logisch unabhängig von den üblichen „Herleitungen" der speziellen Relativitätstheorie ist, siehe beispielsweise [278, 291].

Eine ähnliche Diskussion haben wir auch für die Poisson-Strukturen in Abschnitt 4.2.4 geführt, wo wir, physikalisch interpretiert, die Stabilität der *kinematischen* Beschreibung eines Teilchens untersuchten. Die Untersuchung der *dynamischen* Stabilität eines Systems ist ein großer Zweig der Theorie der dynamischen Systeme. Hier wird untersucht, wie sich die Dynamik qualitativ und quantitativ verändert, wenn die Hamilton-Funktion oder allgemeiner das die Zeitentwicklung erzeugende Vektorfeld „gestört" wird. Im symplektischen Fall erhält man weitreichende Aussagen aus dem KAM-Theorem, siehe beispielsweise die Diskussion (Hamiltonscher) dynamischer Systeme in [1,11,275].

Beispiel 6.2.2 (Stabilität der Observablenalgebra). Die Poisson-Algebra der glatten Funktionen $C^\infty(\mathbb{R}^{2n})$ mit der kanonischen symplektischen Poisson-Klammer besitzt nach Satz 4.2.55 eine *stabile Poisson-Struktur*, da diese symplektisch ist und $\mathrm{H}^2_{\mathrm{dR}}(\mathbb{R}^{2n}) = \{0\}$. Als *assoziative Algebra* hingegen ist $C^\infty(\mathbb{R}^{2n})$ *nicht stabil*, da $C^\infty(\mathbb{R}^{2n})$ sehr wohl nichttriviale assoziative Deformationen wie beispielsweise das Weyl-Moyal-Sternprodukt besitzt. Es kommt also sehr darauf an, in welchem Rahmen man die Frage nach Stabilität stellt.

Als Fazit läßt sich sagen, daß eine physikalische Theorie immer in einem vorher festgelegten strukturellen Rahmen auf ihre Stabilität hin untersucht werden sollte. Offenbar ist es dabei von entscheidender Bedeutung, den Rahmen, innerhalb dessen man auf Stabilität untersucht, genau festzulegen. Hierfür muß es letztlich übergeordnete physikalische Argumente geben, denn faßt man den Rahmen weiter, können vormals stabile Theorien zu instabilen werden und nichttriviale Deformationen zulassen. Faßt man ihn umgekehrt zu eng, so erscheinen Theorien als stabil, und man kann neue physikalische Effekte deshalb übersehen. Letztlich kann man die Physikgeschichte mit einiger Berechtigung so interpretieren, daß vermeintlich stabile Theorien irgendwann zu Widersprüchen mit dem Experiment geführt haben und in einem größeren Rahmen als deformierbar befunden wurden und deshalb durch weiter gefaßte Theorien ersetzt wurden. Wir wollen diesen Gesichtspunkt jedoch nicht seiner selbst wegen vertiefen, sondern wenden uns im folgenden konkret der Deformationstheorie assoziativer Algebren zu.

Das erklärte Ziel der Deformationstheorie assoziativer Algebren ist es nun, Techniken dafür bereitzustellen, welche es ermöglichen, die Existenz und Klassifikation von assoziativen Deformationen zu untersuchen. In gewisser Hinsicht sind die dabei auftretenden Probleme universell genug, um auch die Deformationstheorie anderer algebraischer Strukturen, wie beispielsweise die von Lie-Algebren, zu begründen und zu formulieren.

6.2.1 λ-Adische Topologie und der Banachsche Fixpunktsatz

Wir wollen nun zunächst ein weiteres Hilfsmittel diskutieren, welches später erlauben wird, die Frage nach rekursiver Lösbarkeit von Gleichungen Ordnung für Ordnung in einem formalen Parameter leichter zu entscheiden.

Wir betrachten wieder einen Modul V über einem kommutativen Ring $\Bbbk$.

Definition 6.2.3 (Ordnung, λ-adische Bewertung und Metrik). *Sei V ein $\Bbbk$-Modul. Die Ordnung $o(v)$ von $v \in V[[\lambda]]$ ist als*

$$o(v) = \min_{k \in \mathbb{N}_0} \left\{ k \mathrel{\Big|} v_k \neq 0 \quad \text{wobei} \quad v = \sum_{r=0}^{\infty} \lambda^r v_r \right\} \tag{6.28}$$

definiert, beziehungsweise $o(0) = +\infty$. Die λ-adische Bewertung $\varphi : V[[\lambda]] \longrightarrow \mathbb{Q}$ ist dann durch

$$\varphi(v) = 2^{-o(v)} \tag{6.29}$$

definiert, wobei $\varphi(0) = 2^{-\infty} = 0$ gesetzt wird. Die λ-adische Metrik ist schließlich als

$$d(v, w) = \varphi(v - w) = 2^{-o(v-w)} \tag{6.30}$$

definiert.

Die Bezeichnung „Bewertung" hat ihren Ursprung in der Theorie der bewerteten Körper, siehe beispielsweise [219, Chap. XII], kann aber leicht auf unsere Situation übertragen werden. Die entscheidenden Eigenschaften der λ-adischen Bewertung und Metrik faßt folgende Proposition zusammen:

Proposition 6.2.4 (λ-Adische Topologie). *Sei V ein Modul über $\Bbbk$.*

i.) Die Ordnung $o(\cdot)$ besitzt die Eigenschaften

$$o(v) = o(-v), \ o(v) = +\infty \Longleftrightarrow v = 0, \ und \ o(v+w) \geq \min(o(v), o(w)) \tag{6.31}$$

für alle $v, w \in V[[\lambda]]$.

ii.) Die λ-adische Metrik d ist eine Ultrametrik, es gilt

$$d(v, w) = 0 \Longleftrightarrow v = w \tag{6.32}$$

$$d(v, w) = d(w, v) \geq 0 \tag{6.33}$$

$$d(v, w) \leq \max\left(d(v, u), d(u, w)\right) \tag{6.34}$$

für alle $v, w, u \in V[[\lambda]]$.

iii.) $V[[\lambda]]$ ist ein vollständiger metrischer Raum und die Polynome $V[\lambda]$ in λ mit Koeffizienten in V sind dicht in $V[[\lambda]]$.

iv.) Versieht man $\Bbbk[[\lambda]]$ ebenfalls mit der λ-adischen metrischen Topologie, so wird $V[[\lambda]]$ ein topologischer $\Bbbk[[\lambda]]$-Modul. Die auf $V \subseteq V[[\lambda]]$ induzierte Topologie ist diskret.

v.) Eine $\Bbbk[[\lambda]]$-multilineare Abbildung

$$\Phi : V_1[[\lambda]] \times \cdots \times V_n[[\lambda]] \longrightarrow W[[\lambda]] \tag{6.35}$$

ist stetig in der λ-adischen Topologie.

vi.) Ist $v_0, v_1, \ldots \in V$ eine Folge, so konvergiert die Reihe

$$\lim_{n \to \infty} \sum_{r=0}^{n} \lambda^r v_r = \sum_{r=0}^{\infty} \lambda^r v_r \tag{6.36}$$

im Sinne der λ-adischen Topologie.

Beweis. Die Eigenschaften der Ordnung prüft man elementar nach, womit auch unmittelbar folgt, daß d eine Ultrametrik ist. Für den dritten Teil betrachten wir eine Folge $(v^{(n)}) \in V[[\lambda]]$ mit

$$v^{(n)} = \sum_{r=0}^{\infty} \lambda^r v_r^{(n)}.$$

Ist die Folge eine Cauchy-Folge, so gibt es für jedes $k \in \mathbb{N}_0$ eine Zahl $N_k \in \mathbb{N}_0$ mit der Eigenschaft

$$d\left(v^{(n)}, v^{(m)}\right) < 2^{-k} \tag{$*$}$$

für alle $v^{(n)}$ und $v^{(m)}$ mit $n, m \geq N_k$. Ohne Einschränkung können wir $N_k \geq N_{k'}$ für $k \geq k'$ annehmen. Wir definieren nun $w_k = v_k^{(N_k)}$ und behaupten, daß $w = \sum_{r=0}^{\infty} \lambda^r w_r$ ein und damit der Grenzwert der Folge ist. Dies ist aber klar: sei $\varepsilon > 0$ vorgegeben und $k \in \mathbb{N}_0$ so groß gewählt, daß $2^{-k} < \varepsilon$. Dann gilt für $n \geq N_k$, daß die ersten k Ordnungen $v_r^{(n)}$ mit $0 \leq r \leq k$ für alle solchen n die selben sein müssen. Dies besagt gerade die Eigenschaft $(*)$. Also gelten für alle $n \geq N_k$ die Gleichungen $v_r^{(n)} = v_r^{(N_k)} = w_k$ für $0 \leq r \leq k$. Damit folgt aber $d(v^{(n)}, w) \leq 2^{-k} < \varepsilon$ und somit die Vollständigkeit. Die Stetigkeit der Addition und Multiplikation mit Skalaren in $\Bbbk[[\lambda]]$ folgt nun aus einem einfachen Abzählen der Ordnungen. So zeigt man auch allgemein den fünften Teil. Der letzte Teil ist nach Definition der Metrik ebenfalls klar. $\square$

Die λ-adische Topologie, welche durch die Metrik d induziert wird, eignet sich wenig für eine „λ-adische Analysis", da die Topologie *sehr fein* ist. Die auf V induzierte Topologie ist nach Teil *iv.)* die diskrete Topologie, womit also jede vormals eventuell vorhandene Topologie auf V ignoriert wird. Es handelt sich bei der λ-adischen Topologie daher um ein algebraisches Konzept, denn letztlich werden nur in geschickter Weise die Ordnungen von λ gezählt. Trotzdem ist die topologische Sichtweise sehr nützlich, wie wir dies nun in den folgenden Anwendungen illustrieren wollen.

Wir erinnern zunächst an den Banachschen Fixpunktsatz. Sei dazu (M, d) ein metrischer Raum und $\phi : M \longrightarrow M$ eine Abbildung. Dann heißt ϕ *kontrahierend*, falls es ein $0 \leq q < 1$ gibt, so daß

$$d(\phi(x), \phi(y)) \leq q d(x, y) \tag{6.37}$$

für alle $x, y \in M$. Die Abbildung ϕ ist daher Lipschitz-stetig mit einer Lipschitz-Konstante $q < 1$. Ist M zudem *vollständig*, so gilt der wohlbekannte Banachsche Fixpunktsatz:

Proposition 6.2.5 (Banachscher Fixpunktsatz). *Sei $\phi : M \longrightarrow M$ eine kontrahierende Abbildung eines vollständigen metrischen Raums in sich. Dann besitzt ϕ genau einen Fixpunkt $x_\infty = \phi(x_\infty)$, welcher durch Iteration $x_\infty = \lim_{n \to \infty} \phi^n(x)$ bei beliebigem Startwert $x \in M$ gewonnen werden kann.*

Die Nützlichkeit der λ-adischen Topologie besteht nun unter anderem darin, daß kontrahierende Abbildungen auf einfachste Weise charakterisiert werden können:

Lemma 6.2.6. *Sei V ein $\Bbbk$-Modul. Eine Abbildung $\phi : V[[\lambda]] \longrightarrow V[[\lambda]]$ ist genau dann kontrahierend bezüglich der λ-adischen Metrik d, falls es ein $0 < k \in \mathbb{N} \cup \{+\infty\}$ gibt, so daß*

$$o(\phi(v) - \phi(w)) \geq k + o(v - w) \tag{6.38}$$

für alle $v, w \in V[[\lambda]]$. In diesem Fall ist $q = 2^{-k}$ eine Lipschitz-Konstante für ϕ.

Der Beweis ist elementar, trotzdem ist das Lemma sehr nützlich, da die Bedingung (6.38) oftmals unmittelbar einsichtig ist. Eine Anwendung des Banachschen Fixpunktsatzes besteht dann meist darin, eine Gleichung Ordnung für Ordnung in λ lösen zu wollen. Wir geben ein Beispiel aus der formalen Deformationstheorie, welches für Sternprodukte Anwendung finden wird:

Proposition 6.2.7. *Sei $\mathcal{A}$ eine assoziative $\Bbbk$-Algebra mit $\mathbb{Q} \subseteq \Bbbk$ und sei $(\mathcal{A}[[\lambda]], \star)$ eine assoziative Deformation von $\mathcal{A}$. Sei $T = \mathrm{id} + \sum_{r=1}^{\infty} \lambda^r T_r :$ $\mathcal{A}[[\lambda]] \longrightarrow \mathcal{A}[[\lambda]]$ eine $\Bbbk[[\lambda]]$-lineare Abbildung, welche wir immer als $T = \exp(\lambda D)$ mit einer eindeutig bestimmten $\Bbbk[[\lambda]]$-linearen Abbildung $D = D_0 + \lambda D_1 + \cdots : \mathcal{A}[[\lambda]] \longrightarrow \mathcal{A}[[\lambda]]$ schreiben können. Die Abbildung T ist genau dann ein $\star$-Automorphismus, wenn D eine $\star$-Derivation ist.*

Beweis (nach [58, Lem. 5]). Zunächst ist klar, daß D eine wohl-definierte $\Bbbk[[\lambda]]$-lineare Abbildung liefert, da T in nullter Ordnung von λ die Identität ist und daher die Logarithmusreihe

$$\lambda D = \log T = \log \left(\mathrm{id} + \sum_{r=1}^{\infty} \lambda^r T_r \right) = \sum_{s=0}^{\infty} \frac{(-1)^{s+1}}{s} \left(\sum_{r=1}^{\infty} \lambda^r T_r \right)^s \quad (*)$$

eine wohl-definierte formale Potenzreihe darstellt. Dies läßt sich insbesondere schön mit Hilfe der λ-adischen Topologie zeigen, indem man die Konvergenz der Reihe $(*)$ im Sinne der λ-adischen Topologie prüft. Die Koeffizienten von D lassen sich aus denen von T bestimmen und es gilt beispielsweise $D_0 = T_1$. Ein direkter Beweis der Derivationseigenschaft von D Ordnung für Ordnung ist möglich, aber unnötig kompliziert, da sowohl von der Reihe $(*)$ als auch vom deformierten Produkt viele höhere Ordnungen zusammenkommen müssen, um die Derivationseigenschaft in einer gegebenen Ordnung zeigen zu können. Wir wählen daher einen anderen Weg: Wir definieren eine $\Bbbk[[\lambda]]$-bilineare Abbildung E durch

$$E(a, b) = D(a \star b) - D(a) \star b - a \star D(b),$$

so daß E also gerade den Defekt der Derivationseigenschaft beschreibt. Durch eine einfache Induktion nach k findet man die Gleichung

$$D^k(a \star b) = \sum_{\ell=0}^{k} \binom{k}{\ell} D^\ell a \star D^{k-\ell} b + \sum_{r,s,t=0}^{k-1} c_{rst}^{(k)} D^r (E(D^s a, D^t b)),$$

wobei die Konstanten $c_{rst}^{(k)} \in \mathbb{Q}$ keine λ-Potenzen enthalten und prinzipiell rekursiv bestimmt werden können. Die genaue Form ist jedoch unerheblich. Wir berechnen nun $T(a \star b)$ und erhalten

$$T(a \star b) = \sum_{k=0}^{\infty} \frac{\lambda^k}{k!} D^k(a \star b)$$

$$= \sum_{k=0}^{\infty} \frac{\lambda^k}{k!} \sum_{\ell=0}^{k} \binom{k}{\ell} D^\ell a \star D^{k-\ell} b + \sum_{k=0}^{\infty} \frac{\lambda^k}{k!} \sum_{r,s,t=0}^{k-1} c_{rst}^{(k)} D^r (E(D^s a, D^t b))$$

$$= T(a) \star T(b) + \sum_{k=0}^{\infty} \frac{\lambda^k}{k!} \sum_{r,s,t=0}^{k-1} c_{rst}^{(k)} D^r (E(D^s a, D^t b)),$$

womit T genau dann ein $\star$-Automorphismus ist, wenn die zweite Reihe verschwindet. Der Term $k = 0$ trägt dabei noch nichts bei, der Term $k = 1$ liefert gerade λE. Also gilt, daß T genau dann ein $\star$-Automorphismus ist, wenn

$$E(a, b) = -\sum_{k=2}^{\infty} \frac{\lambda^{k-1}}{k!} \sum_{r,s,t=0}^{k-1} c_{rst}^{(k)} D^r(E(D^s a, D^t b)) \qquad (\ast\ast)$$

gilt. Diese Gleichung können wir nun als eine Fixpunktgleichung $E = \phi(E)$ für

$$E \in \mathsf{Hom}_{\Bbbk[[\lambda]]}(\mathcal{A}[[\lambda]] \times \mathcal{A}[[\lambda]], \mathcal{A}[[\lambda]]) = \mathsf{Hom}_{\Bbbk}(\mathcal{A} \times \mathcal{A}, \mathcal{A})[[\lambda]]$$

interpretieren, wobei der Operator ϕ durch die rechte Seite von $(\ast\ast)$ definiert wird. Offenbar erhöht ϕ die Ordnung um mindestens 1, so daß mit der Linearität von ϕ folgt, daß ϕ kontrahierend ist. Andererseits ist, da ϕ linear ist, 0 ein Fixpunkt und somit der einzige Fixpunkt. Dies zeigt, daß T genau dann ein $\star$-Automorphismus ist, falls $E = 0$, also D eine $\star$-Derivation ist. $\qquad\square$

Man beachte, daß im Beweis an keiner Stelle verwendet wurde, daß $\star$ eine assoziative Multiplikation ist. Folglich ist die Aussage nach wie vor richtig, wenn $\star$ beispielsweise eine Lie-Klammer ist.

Korollar 6.2.8. *Zwei Hermitesche Sternprodukte $\star$ und $\star'$ sind genau dann $*$-äquivalent, wenn sie äquivalent sind.*

Beweis. Der Beweis wird in Aufgabe 7.6 gezeigt.

6.2.2 Die Gerstenhaber-Klammer und der Hochschild-Komplex

Um die Bedingung (6.6) beziehungsweise (6.26) der Assoziativität einer formalen Deformation einer assoziativen Algebra $(\mathcal{A}, \mu_0)$ besser verstehen zu können, benötigen wir den Hochschild-Komplex von $\mathcal{A}$. Wir folgen in diesem Abschnitt im wesentlichen Gerstenhabers Darstellung in [134]. Es gibt mittlerweile durchaus leistungsfähigere Techniken, den Hochschild-Komplex mit seinen Strukturen zu beschreiben, wie etwa die Formulierung mit Hilfe von Koalgebren, siehe [40, App. A] für eine Übersicht. Wir wählen trotzdem den elementaren Zugang von [134] nicht zuletzt deshalb, um die dort erbrachte Leistung zu würdigen.

Sei also $\mathcal{A}$ zunächst nur ein $\Bbbk$-Modul, wobei $\Bbbk$ ein kommutativer Ring sei und der Einfachheit wegen $\mathbb{Q} \subseteq \Bbbk$ gelte. Dann betrachtet man die $\Bbbk$-multilinearen Abbildungen mit Werten in $\mathcal{A}$

$$C^n(\mathcal{A}, \mathcal{A}) = \begin{cases} \{0\} & n < 0, \\ \mathcal{A} & n = 0, \\ \mathsf{Hom}_{\Bbbk}\big(\underbrace{\mathcal{A} \otimes \cdots \otimes \mathcal{A}}_{n-\mathrm{mal}}, \mathcal{A}\big) & n > 0, \end{cases} \qquad (6.39)$$

wobei wir wie immer $\Bbbk$-lineare Abbildungen $\mathcal{A} \otimes \cdots \otimes \mathcal{A} \longrightarrow \mathcal{A}$ mit den entsprechenden $\Bbbk$-multilinearen Abbildungen identifizieren, siehe auch Aufgabe 1.6. Weiter betrachten wir die direkte Summe

$$C^\bullet(\mathcal{A}, \mathcal{A}) = \bigoplus_{n \in \mathbb{Z}} C^n(\mathcal{A}, \mathcal{A}). \tag{6.40}$$

Die Bezeichnung $C^\bullet(\mathcal{A}, \mathcal{A})$ legt bereits nahe, daß man anstelle von $\mathcal{A}$ auch einen anderen $\Bbbk$-Modul $\mathcal{M}$ als Wertebereich der multilinearen Abbildungen verwenden kann. Auf diese Weise erhält man dann $C^\bullet(\mathcal{A}, \mathcal{M})$. Da wir im folgenden jedoch immer nur $\mathcal{A}$ benutzen werden, schreiben wir auch einfach $C^\bullet(\mathcal{A}) = C^\bullet(\mathcal{A}, \mathcal{A})$, um die Notation etwas zu entlasten, siehe auch Aufgabe 6.5.

Es wird sich als zweckmäßig erweisen, einen um eins nach unten verschobenen Grad anstelle des Tensorgrades n in (6.40) zu verwenden. Wir definieren daher für $\phi \in C^\bullet(\mathcal{A})$

$$\deg \phi = n \iff \phi \in C^{n+1}(\mathcal{A}). \tag{6.41}$$

Insbesondere haben Algebraelemente $a \in \mathcal{A} = C^0(\mathcal{A})$ den Grad -1 und lineare Abbildungen $\mathcal{A} \longrightarrow \mathcal{A}$ den Grad 0. Die bilinearen Abbildungen, welche wir später als Kandidaten für Multiplikationen verwenden wollen, haben den Grad $+1$.

Seien nun $\phi \in C^{n+1}(\mathcal{A})$ und $\psi \in C^{m+1}(\mathcal{A})$ gegeben. Dann definiert man die *Einsetzung* von ψ in ϕ *nach der i-ten Stelle* als

$$(\phi \circ_i \psi)(a_0, \ldots, a_{n+m}) = \phi(a_0, \ldots, a_{i-1}, \psi(a_i, \ldots, a_{i+m}), a_{i+m+1}, \ldots, a_{n+m}), \tag{6.42}$$

wobei $i = 0, \ldots, n = \deg \phi$ und $a_0, \ldots, a_{n+m} \in \mathcal{A}$. Somit erhält man ein Element $\phi \circ_i \psi \in C^{n+m+1}(\mathcal{A})$. Dies zeigt insbesondere, daß $\circ_i$ homogen bezüglich des deg-Grades ist, also

$$\deg(\phi \circ_i \psi) = \deg \phi + \deg \psi \tag{6.43}$$

für alle $i = 0, \ldots, \deg \phi$. Man setzt $\circ_i$ bilinear auf ganz $C^\bullet(\mathcal{A})$ fort, indem man $\phi \circ_i \psi = 0$ setzt, sobald $i > \deg \phi$. Die Einsetzung von $\psi \in C^0(\mathcal{A}) = \mathcal{A}$ in ϕ ist einfach die Einsetzung des Algebraelements ψ an die entsprechende Stelle von ϕ. Die Einsetzung von $\psi \in C^1(\mathcal{A}) = \mathsf{End}_{\Bbbk}(\mathcal{A})$ in $\phi \in C^1(\mathcal{A})$ ist die Hintereinanderausführung der Endomorphismen $\phi \circ_0 \psi = \phi \circ \psi$.

Mit den richtigen Vorzeichen verziert definieren wir nun eine Linearkombination aller möglichen Einsetzungen von ψ in ϕ als

$$\phi \circ \psi = \sum_{i=0}^{\deg \phi} (-1)^{i \deg \psi} \phi \circ_i \psi, \tag{6.44}$$

wobei wir (6.44) für homogene Elemente vom Grad $\deg \phi$ beziehungsweise $\deg \psi$ verwenden und anschließend bilinear auf alle Elemente von $C^\bullet(\mathcal{A})$

fortsetzen. Insbesondere verallgemeinert (6.44) die übliche Hintereinander-
ausführung von Endomorphismen $\phi, \psi \in C^1(\mathcal{A}) = \mathrm{End}_{\Bbbk}(\mathcal{A})$. Dann ist $\circ$ ebenso
wie die einzelnen $\circ_i$ gradiert bezüglich des deg-Grades

$$\deg(\phi \circ \psi) = \deg \phi + \deg \psi. \tag{6.45}$$

Das Produkt $\circ$ ist weder assoziativ noch kommutativ, es gilt vielmehr folgende
Identität, welche jedoch immer noch hinreichend dafür ist, daß der gradierte
$\circ$-Kommutator eine Super-Lie-Klammer ist:

Satz 6.2.9 (Gerstenhaber-Klammer). *Sei $\mathcal{A}$ ein $\Bbbk$-Modul und seien ϕ, ψ,*
$\chi \in C^\bullet(\mathcal{A})$ homogene Elemente.

i.) Es gilt

$$(\phi \circ_i \psi) \circ_j \chi = \begin{cases} (\phi \circ_j \chi) \circ_{i+\deg \chi} \psi & j < i \\ \phi \circ_i (\psi \circ_{j-i} \chi) & i \le j \le i + \deg \psi \\ (\phi \circ_{j-\deg \psi} \chi) \circ_i \psi & j > i + \deg \psi. \end{cases} \tag{6.46}$$

ii.) Es gilt

$$(\phi \circ \psi) \circ \chi - \phi \circ (\psi \circ \chi) = (-1)^{\deg \psi \deg \chi} ((\phi \circ \chi) \circ \psi - \phi \circ (\chi \circ \psi)). \tag{6.47}$$

iii.) Der Superkommutator

$$[\phi, \psi] = \phi \circ \psi - (-1)^{\deg \phi \deg \psi} \psi \circ \phi \tag{6.48}$$

ist superantisymmetrisch und erfüllt die Super-Jacobi-Identität bezüglich
des deg-Grades, womit $(C^\bullet(\mathcal{A}), \deg, [\cdot, \cdot])$ eine Super-Lie-Algebra wird.

Beweis. Seien ϕ, ψ und χ als homogene Elemente der Grade n, m, und k
gegeben. Dann gilt für $a_0, \ldots, a_{n+m+k} \in \mathcal{A}$

$((\phi \circ_i \psi) \circ_j \chi)(a_0, \ldots, a_{n+m+k})$
$= (\phi \circ_i \psi)(a_0, \ldots, a_{j-1}, \chi(a_j, \ldots, a_{j+k}), a_{j+k+1}, \ldots, a_{n+m+k})$
$$= \begin{cases} \phi(a_0, ..., a_{i-1}, \psi(a_i, ..., a_{i+m}), ..., a_{j-1}, \chi(a_j, ..., a_{j+k}), ..., a_{n+m+k}) \\ \phi(a_0, ..., a_{i-1}, \psi(a_i, ..., a_{j-1}, \chi(a_j, ..., a_{j+k}), ..., a_{i+m+k}), ..., a_{n+m+k}) \\ \phi(a_0, ..., a_{j-1}, \chi(a_j, ..., a_{j+k}), ..., a_{i+k-1}, \psi(a_{i+k}, ..., a_{i+k+m}), ..., a_{n+m+k}) \end{cases}$$
$$= \begin{cases} ((\phi \circ_{j-m} \chi) \circ_i \psi)(a_0, \ldots, a_{n+m+k}) & j > i + m, \\ (\phi \circ_i (\psi \circ_{j-i} \chi))(a_0, \ldots, a_{n+m+k}) & i \le j \le i + m, \\ ((\phi \circ_j \chi) \circ_{i+k} \psi)(a_0, \ldots, a_{n+m+k}) & j < i. \end{cases}$$

Somit ist der erste Teil gezeigt. Man beachte, daß diese Rechenregeln unter
nochmaliger Anwendung und der Vertauschung der Rollen von ψ und χ konsistent sind. Für den zweiten Teil berechnen wir unter Verwendung des ersten
Teils für die Terme mit $i \le j \le i + m$

$$(\phi \circ \psi) \circ \chi - \phi \circ (\psi \circ \chi)$$

$$= \sum_{j=0}^{n+m} (-1)^{jk} (\phi \circ \psi) \circ_j \chi - \sum_{i=0}^{n} (-1)^{i(m+k)} \phi \circ_i (\psi \circ \chi)$$

$$= \sum_{j=0}^{n+m} \sum_{i=0}^{n} (-1)^{jk+im} (\phi \circ_i \psi) \circ_j \chi - \sum_{i=0}^{n} \sum_{j=0}^{m} (-1)^{im+ik+jk} \phi \circ_i (\psi \circ_j \chi)$$

$$= \sum_{i=0}^{n} \sum_{j=0}^{i-1} (-1)^{im+jk} (\phi \circ_i \psi) \circ_j \chi + \sum_{i=0}^{n} \sum_{j=i+m+1}^{n+m} (-1)^{im+jk} (\phi \circ_i \psi) \circ_j \chi$$

$$+ \sum_{i=0}^{n} \sum_{j=i}^{i+m} (-1)^{im+jk} \phi \circ_i (\psi \circ_{j-i} \chi) - \sum_{i=0}^{n} \sum_{j=0}^{m} (-1)^{im+ik+jk} \phi \circ_i (\psi \circ_j \chi)$$

$$= \sum_{i=0}^{n} \sum_{j=0}^{i-1} (-1)^{im+jk} (\phi \circ_i \psi) \circ_j \chi + \sum_{i=0}^{n} \sum_{j=i+m+1}^{n+m} (-1)^{im+jk} (\phi \circ_i \psi) \circ_j \chi$$

$$+ \sum_{i=0}^{n} \sum_{j=0}^{m} \big(\underbrace{(-1)^{im+jk-ik} - (-1)^{im+ik+jk}}_{=0} \big) (\phi \circ_i \psi) \circ_j \chi,$$

womit wir die wichtige Identität

$$(\phi \circ \psi) \circ \chi - \phi \circ (\psi \circ \chi) = \sum_{i=0}^{n} \sum_{\substack{0 \le j < i \\ i+m < j \le n+m}} (-1)^{im+jk} (\phi \circ_i \psi) \circ_j \chi \qquad (6.49)$$

gezeigt haben. Nun wenden wir erneut (6.46) für die verbleibenden zwei Typen von Termen mit $j < i$ und $j > i + m$ an und erhalten

$$(\phi \circ \psi) \circ \chi - \phi \circ (\psi \circ \chi)$$

$$= \sum_{i=0}^{n} \sum_{j=0}^{i-1} (-1)^{im+jk} (\phi \circ_j \chi) \circ_{i+k} \psi + \sum_{i=0}^{n} \sum_{j=i+m+1}^{n+m} (-1)^{im+jk} (\phi \circ_{j-m} \chi) \circ_i \psi$$

$$= \sum_{i=k}^{n+k} \sum_{j=0}^{i-k-1} (-1)^{im+mk+jk} (\phi \circ_j \chi) \circ_i \psi + \sum_{i=0}^{n} \sum_{j=i+1}^{n} (-1)^{im+mk+jk} (\phi \circ_j \chi) \circ_i \psi$$

$$= \sum_{j=k}^{n+k} \sum_{i=0}^{j-k-1} (-1)^{jm+mk+ik} (\phi \circ_i \chi) \circ_j \psi + \sum_{j=0}^{n} \sum_{i=j+1}^{n} (-1)^{jm+mk+ik} (\phi \circ_i \chi) \circ_j \psi$$

$$= \sum_{i=0}^{n} \sum_{j=i+k+1}^{n+k} (-1)^{jm+ik+mk} (\phi \circ_i \chi) \circ_j \psi + \sum_{i=0}^{n} \sum_{j=0}^{i-1} (-1)^{jm+ik+mk} (\phi \circ_i \chi) \circ_j \psi$$

$$= (-1)^{mk} \big((\phi \circ \chi) \circ \psi - \phi \circ (\chi \circ \psi) \big). \qquad (*)$$

Im letzten Schritt haben wir Gleichung (6.49) für ψ und χ in vertauschten Rollen verwandt. Die Umsummation im vorangehenden Schritt macht man

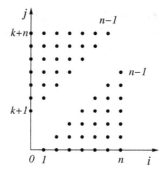

Abb. 6.1. Die beiden (i,j)-Dreiecke der Summationen in $(*)$

sich am besten anhand einer graphischen Darstellung in der (i,j)-Ebene klar, siehe Abbildung 6.1. Der dritte Teil ist nun einfach. Die Superantisymmetrie ist offensichtlich, es bleibt also nur die Super-Jacobi-Identität zu prüfen. Diese zeigt man aber unter mehrfacher Verwendung von (6.47) durch eine einfache Rechnung. $\qquad\square$

Definition 6.2.10 (Gerstenhaber-Klammer). *Sei $\mathcal{A}$ ein $\Bbbk$-Modul. Das durch (6.44) erklärte nichtassoziative Produkt auf $C^\bullet(\mathcal{A})$ heißt Gerstenhaber-Produkt und die durch (6.48) erklärte Super-Lie-Klammer heißt Gerstenhaber-Klammer.*

Man beachte, daß sowohl $\circ$ als auch $[\cdot,\cdot]$ kanonisch für jeden $\Bbbk$-Modul $\mathcal{A}$ erklärt sind und keine weitere Struktur auf $\mathcal{A}$ voraussetzen. Die Gerstenhaber-Klammer und somit die Super-Lie-Algebra $(C^\bullet(\mathcal{A}),[\cdot,\cdot],\deg)$ spielen in der Deformationstheorie die zentrale Rolle. Um dies zu sehen, betrachten wir folgendes triviales Lemma:

Lemma 6.2.11 (Assoziativität). *Sei $\mathcal{A}$ ein $\Bbbk$-Modul und $\mu \in C^2(\mathcal{A})$ eine bilineare Abbildung $\mu : \mathcal{A} \times \mathcal{A} \longrightarrow \mathcal{A}$. Dann definiert μ genau dann eine assoziative Multiplikation, wenn*

$$[\mu,\mu] = 0. \tag{6.50}$$

Beweis. Ein Element $\mu \in C^2(\mathcal{A})$ hat deg-Grad $+1$ und ist damit ein ungerades Element bezüglich der Gerstenhaber-Klammer. Es gilt $[\mu,\mu] = \mu\circ\mu + \mu\circ\mu = 2\mu\circ\mu$. Weiter gilt

$$(\mu\circ\mu)(a,b,c) = \sum_{i=0}^{1}(-1)^i(\mu\circ_i\mu)(a,b,c) = \mu(\mu(a,b),c) - \mu(a,\mu(b,c)),$$

womit das Lemma bewiesen ist, da wir $\frac{1}{2} \in \Bbbk$ angenommen haben. $\qquad\square$

Mit einer völlig analogen Argumentation wie schon bei der Poisson-Kohomologie in Abschnitt 4.2.2 können wir aus einem solchen μ ein Differential konstruieren:

Definition 6.2.12 (Hochschild-Kohomologie). *Sei $(\mathcal{A}, \mu)$ eine assoziative Algebra über* $\Bbbk$. *Dann heißt* $\delta : C^\bullet(\mathcal{A}) \longrightarrow C^{\bullet+1}(\mathcal{A})$ *mit*

$$\delta\phi = (-1)^{\deg\phi}[\mu, \phi] = -[\phi, \mu] \tag{6.51}$$

das Hochschild-Differential und $(C^\bullet(\mathcal{A}), \delta)$ *heißt der Hochschild-Komplex von* $\mathcal{A}$. *Die Kohomologie*

$$\mathrm{HH}^\bullet(\mathcal{A}) = \frac{\ker\delta}{\operatorname{im}\delta} \tag{6.52}$$

heißt Hochschild-Kohomologie von $(\mathcal{A}, \mu)$.

Bemerkung 6.2.13. Zunächst ist klar, daß $\delta^2 = 0$ gilt. Dies folgt wie auch schon für die Poisson-Kohomologie direkt aus der Super-Jacobi-Identität der Gerstenhaber-Klammer, denn

$$\delta^2\phi = [[\phi, \mu], \mu] = [\phi, [\mu, \mu]] - [[\phi, \mu], \mu] = -\delta^2\phi.$$

Das Vorzeichen in der Definition von δ ist historisch bedingt: einfacher könnte man auch $\delta = [\mu, \cdot]$ verwenden, dann bekäme aber die explizite Formel (6.53) zusätzliche Vorzeichen. Weiter ist δ homogen vom Grad $+1$, so daß die Hochschild-Kohomologie $\mathrm{HH}^\bullet(\mathcal{A})$ die Gradierung von $C^\bullet(\mathcal{A})$ erbt.

Proposition 6.2.14. *Die Gerstenhaber-Klammer von* $C^\bullet(\mathcal{A})$ *induziert eine Super-Lie-Klammer auf* $\mathrm{HH}^\bullet(\mathcal{A})$ *bezüglich des um eins verschobenen Tensorgrads, also bezüglich* deg. *Weiter gilt explizit*

$$(\delta\phi)(a_0, \ldots, a_{n+1}) = a_0\phi(a_1, \ldots, a_{n+1})$$
$$+ \sum_{i=0}^{n} (-1)^{i+1}\phi(a_0, \ldots, a_ia_{i+1}, \ldots, a_{n+1}) + (-1)^n\phi(a_0, \ldots, a_n)a_{n+1} \tag{6.53}$$

für $\phi \in C^{n+1}(\mathcal{A})$.

Beweis. Der erste Teil ist wieder eine Folge der Super-Jacobi-Identität, denn

$$\delta[\phi, \psi] = -[[\phi, \psi], \mu] = -[\phi, [\psi, \mu]] - (-1)^{\deg\psi}[[\phi, \mu], \psi]$$
$$= [\phi, \delta\psi] + (-1)^{\deg\psi}[\delta\phi, \psi],$$

womit δ eine Super-Leibniz-Regel bezüglich der Gerstenhaber-Klammer erfüllt. Damit folgt aber auf die übliche Weise, daß $[\cdot, \cdot]$ auch für Kohomologieklassen wohl-definiert ist. Für die zweite Aussage rechnet man $\delta\phi$ explizit mit Hilfe der Definition (6.48) der Gerstenhaber-Klammer aus. Zum einen gilt

$$(\mu \circ \phi)(a_0, \ldots, a_{n+1}) = \mu(\phi(a_0, \ldots, a_n), a_{n+1}) + (-1)^n\mu(a_0, \phi(a_1, \ldots, a_{n+1}))$$
$$= \phi(a_0, \ldots, a_n)a_{n+1} + (-1)^n a_0\phi(a_1, \ldots, a_{n+1}),$$

und zum anderen gilt

$$(\phi \circ \mu)(a_0, \ldots, a_{n+1}) = \sum_{i=0}^{n} (-1)^i \phi(a_0, \ldots, \mu(a_i, a_{i+1}), \ldots, a_{n+1})$$

$$= \sum_{i=0}^{n} (-1)^i \phi(a_0, \ldots, a_i a_{i+1}, \ldots, a_{n+1}).$$

Damit folgt aber aus der Definition $-[\phi, \mu] = -\phi \circ \mu + (-1)^n \mu \circ \phi$ sofort die Gleichung (6.53). □

Die Super-Lie-Algebra $\mathrm{HH}^\bullet(\mathcal{A})$ stellt eine der wichtigsten Kenngrößen der Algebra $\mathcal{A}$ dar. Wir werden nun die ersten Hochschild-Kohomologiegruppen interpretieren: Sei zunächst $a \in \mathcal{A} \in C^0(\mathcal{A})$ gegeben. Dann gilt $\delta a = 0$ genau dann, wenn

$$(\delta a)(b) = ba + (-1)^{-1} ab = [b, a] = -\operatorname{ad}(a)b \tag{6.54}$$

für alle $b \in \mathcal{A}$ verschwindet, also wenn a *zentral* ist. Da es keine exakten Elemente vom deg-Grad -1 geben kann, folgt also, daß die nullte Hochschild-Kohomologie $\mathrm{HH}^0(\mathcal{A})$ gerade das *Zentrum* der Algebra ist

$$\mathrm{HH}^0(\mathcal{A}) = \mathscr{Z}(\mathcal{A}). \tag{6.55}$$

Sei nun $D \in \mathsf{End}_{\Bbbk}(\mathcal{A}) = C^1(\mathcal{A})$. Dann gilt

$$(\delta D)(a, b) = aD(b) - D(ab) + D(a)b, \tag{6.56}$$

womit $\delta D = 0$ genau dann gilt, wenn D eine *Derivation* ist. Da nach (6.54) die exakten Elemente $\delta a \in C^1(\mathcal{A})$ gerade die *inneren Derivationen* sind, folgt, daß die erste Hochschild-Kohomologie von $\mathcal{A}$

$$\mathrm{HH}^1(\mathcal{A}) = \frac{\mathsf{Der}(\mathcal{A})}{\mathsf{InnDer}(\mathcal{A})} = \mathsf{OutDer}(\mathcal{A}) \tag{6.57}$$

der Raum der *äußeren Derivationen* von $\mathcal{A}$ ist. Da $\mathrm{HH}^\bullet(\mathcal{A})$ eine Super-Lie-Algebra bezüglich des deg-Grades ist, folgt, daß $\mathrm{HH}^1(\mathcal{A})$ eine Lie-Unteralgebra ist. Die Gerstenhaber-Klammer für $\phi, \psi \in \mathsf{End}_{\Bbbk}(\mathcal{A}) = C^1(\mathcal{A})$ ist in diesem Falle einfach der *Kommutator* der Endomorphismen. Demnach ist die induzierte Lie-Klammer in $\mathrm{HH}^1(\mathcal{A}) = \mathsf{OutDer}(\mathcal{A})$ der Kommutator von äußeren Derivationen, siehe auch Aufgabe 1.8. Dies liefert eine Interpretation der nullten und ersten Hochschild-Kohomologie einer assoziativen Algebra.

Man beachte die Ähnlichkeit der Interpretation der nullten und ersten Hochschild-Kohomologie mit der entsprechenden Poisson-Kohomologie. Auch dort wird das Poisson-Zentrum sowie die äußeren Poisson-Vektorfelder durch die nullte und erste Poisson-Kohomologie beschrieben. Wir werden diese Analogie auch für die zweite und dritte Kohomologiegruppe weiterführen.

Zusätzlich zur Gerstenhaber-Klammer und dem Hochschild-Differential δ gibt es noch eine weitere algebraische Struktur auf dem Hochschild-Komplex $C^\bullet(\mathcal{A})$ einer assoziativen Algebra, das *cup*-Produkt:

Definition 6.2.15 (*cup*-Produkt). *Sei $(\mathcal{A}, \mu)$ eine assoziative Algebra über* $\Bbbk$ *und* $\phi \in C^n(\mathcal{A})$, $\psi \in C^m(\mathcal{A})$. *Dann ist das cup-Produkt* $\phi \cup \psi \in C^{n+m}(\mathcal{A})$ *von* ϕ *und* ψ *durch*

$$(\phi \cup \psi)(a_1, \ldots, a_{n+m}) = \phi(a_1, \ldots, a_n)\psi(a_{n+1}, \ldots, a_{n+m}) \tag{6.58}$$

definiert, wobei $a_1, \ldots, a_{n+m} \in \mathcal{A}$.

Die Beziehungen der Gerstenhaber-Klammer, des Hochschild-Differentials und des *cup*-Produkts erklärt nun folgender Satz:

Satz 6.2.16. *Sei $(\mathcal{A}, \mu)$ eine assoziative Algebra über $\Bbbk$.*

i.) Das cup-Produkt $\cup$ macht $C^\bullet(\mathcal{A})$ zu einer graduierten, assoziativen Algebra bezüglich des Tensorgrads.

ii.) Das Hochschild-Differential δ ist eine Superderivation von $\cup$ vom Grad $+1$, es gilt

$$\delta(\phi \cup \psi) = \delta\phi \cup \psi + (-1)^n \phi \cup \delta\psi \tag{6.59}$$

für $\phi \in C^n(\mathcal{A})$ und $\psi \in C^\bullet(\mathcal{A})$.

iii.) Für $\phi \in C^n(\mathcal{A})$ und $\psi \in C^m(\mathcal{A})$ gilt

$$\phi \circ \delta\psi - \delta(\phi \circ \psi) + (-1)^{m-1}\delta\phi \circ \psi = (-1)^{m-1}\big(\psi \cup \phi - (-1)^{nm}\phi \cup \psi\big). \tag{6.60}$$

Beweis. Der erste Teil ist klar, man beachte lediglich, daß die Gradierung bezüglich des *cup*-Produkts nun tatsächlich der Tensorgrad und nicht der um eins verschobene deg-Grad ist. Für den zweiten Teil rechnet man elementar mit (6.53) nach, daß

$$\begin{aligned}
&(\delta(\phi \cup \psi))(a_0, \ldots, a_{n+m}) \\
&= a_0(\phi \cup \psi)(a_1, \ldots, a_{n+m}) \\
&\quad + \sum_{i=0}^{n+m-1} (-1)^{i+1}(\phi \cup \psi)(a_0, \ldots, a_i a_{i+1}, \ldots, a_{n+m}) \\
&\quad + (-1)^{n+m-1}(\phi \cup \psi)(a_0, \ldots, a_{n+m-1})a_{n+m} \\
&= a_0\phi(a_1, \ldots, a_n)\psi(a_{n+1}, \ldots, a_{n+m}) \\
&\quad + \sum_{i=0}^{n-1}(-1)^{i+1}\phi(a_0, \ldots, a_i a_{i+1}, \ldots, a_n)\psi(a_{n+1}, \ldots, a_{n+m}) \\
&\quad + \sum_{i=n}^{n+m-1}(-1)^{i+1}\phi(a_0, \ldots, a_{n-1})\psi(a_n, \ldots, a_i a_{i+1}, \ldots, a_{n+m}) \\
&\quad + (-1)^{n+m-1}\phi(a_0, \ldots, a_{n-1})\psi(a_n, \ldots, a_{n+m-1})a_{n+m} \\
&= (\delta\phi \cup \psi)(a_0, \ldots, a_{n+m}) + (-1)^n(\phi \cup \delta\psi)(a_0, \ldots, a_{n+m}),
\end{aligned}$$

womit (6.59) gezeigt ist. Den dritten Teil rechnen wir ebenso mit Hilfe der Definition von δ und der Gerstenhaber-Klammer nach: Zunächst gilt für $\phi \in C^n(\mathcal{A})$ und $\psi \in C^m(\mathcal{A})$, daß

$$\left((\mu \circ_0 \phi) \circ_n \psi\right)(a_1, \ldots, a_{n+m}) = (\mu \circ_0 \phi)(a_1, \ldots, a_n, \psi(a_{n+1}, \ldots, a_{n+m}))$$
$$= \mu(\phi(a_1, \ldots, a_n), \psi(a_{n+1}, \ldots, a_{n+m}))$$
$$= (\phi \cup \psi)(a_1, \ldots, a_{n+m}),$$

womit wir die wichtige Gleichung

$$\phi \cup \psi = (\mu \circ_0 \phi) \circ_n \psi \qquad (6.61)$$

gezeigt haben. Weiter folgt damit unter Verwendung der Identität (6.47)

$$\phi \circ \delta\psi - \delta(\phi \circ \psi) + (-1)^{m-1}\delta\phi \circ \psi$$
$$= -\phi \circ [\psi, \mu] + [\phi \circ \psi, \mu] - (-1)^{m-1}[\phi, \mu] \circ \psi$$
$$= -\phi \circ (\psi \circ \mu) - (-1)^m \phi \circ (\mu \circ \psi) + (\phi \circ \psi) \circ \mu$$
$$\quad - (-1)^{n+m-2}\mu \circ (\phi \circ \psi) + (-1)^m(\phi \circ \mu) \circ \psi + (-1)^{n+m}(\mu \circ \phi) \circ \psi$$
$$= -(\phi \circ \psi) \circ \mu + (-1)^{m-1}(\phi \circ \mu) \circ \psi + (\phi \circ \psi) \circ \mu$$
$$\quad - (-1)^{n+m}\mu \circ (\phi \circ \psi) + (-1)^m(\phi \circ \mu) \circ \psi + (-1)^{n+m}(\mu \circ \phi) \circ \psi$$
$$= -(-1)^{n+m}\left(\mu \circ (\phi \circ \psi) - (\mu \circ \phi) \circ \psi\right).$$

Unter Verwendung von (6.49) folgt schließlich mit (6.61) und (6.46)

$$\mu \circ (\phi \circ \psi) - (\mu \circ \phi) \circ \psi = \sum_{i=0}^{1} \sum_{\substack{0 \leq j < i, \\ i+n-1 < j \leq n}} (-1)^{i(n-1)+j(m-1)}(\mu \circ_i \phi) \circ_j \psi$$
$$= (-1)^{n(m-1)}(\mu \circ_0 \phi) \circ_n \psi + (-1)^{n-1}(\mu \circ_1 \phi) \circ_0 \psi$$
$$= (-1)^{n(m-1)}\phi \cup \psi + (-1)^{n-1}(\mu \circ_0 \psi) \circ_m \phi$$
$$= (-1)^n \left((-1)^{nm}\phi \cup \psi - \psi \cup \phi\right).$$

Daraus ergibt sich dann Gleichung (6.60). ∎

Bemerkung 6.2.17. Mit Satz 6.2.16 folgt insbesondere, daß das *cup*-Produkt auch für Kohomologieklassen in der Hochschild-Kohomologie $\mathrm{HH}^\bullet(\mathcal{A})$ wohldefiniert ist und dann eine assoziative und *superkommutative* Multiplikation induziert.

Der folgende, abschließende Satz zeigt, daß die Gerstenhaber-Klammer sowie das *cup*-Produkt auf Kohomologieklassen sogar eine Leibniz-Regel erfüllen, womit $\mathrm{HH}^\bullet(\mathcal{A})$ eine *Gerstenhaber-Algebra* im Sinne von Definition 2.3.29 wird. Für Koketten in $C^\bullet(\mathcal{A})$ ist diese Identität im allgemeinen nicht erfüllt, aber der Defekt läßt sich explizit berechnen und ist für δ-Kozyklen ein δ-Korand. Für die eher technischen Details verweisen wir auf [134].

Satz 6.2.18 (Gerstenhaber). *Sei $\mathcal{A}$ eine assoziative Algebra über $\Bbbk$. Dann trägt die Hochschild-Kohomologie $\mathrm{HH}^\bullet(\mathcal{A})$ kanonisch die Struktur einer Gerstenhaber-Algebra, wobei das assoziative, superkommutative Produkt das cup-Produkt und die Super-Lie-Klammer die Gerstenhaber-Klammer ist. Besitzt $\mathcal{A}$ ein Einselement $\mathbb{1} \in \mathcal{A}$, so ist $[\mathbb{1}] \in \mathrm{HH}^0(\mathcal{A})$ ein Einselement bezüglich des cup-Produkts.*

6.2.3 Formale Deformationen assoziativer Algebren

Das Deformationsproblem aus Definition 6.2.1 können wir nun wie folgt umformulieren. Sei eine assoziative Algebra $(\mathcal{A}, \mu_0)$ über $\Bbbk$ gegeben. Dann suchen wir eine assoziative Algebrastruktur μ für $\mathcal{A}[[\lambda]]$ als $\Bbbk[[\lambda]]$-Algebra, wobei

$$\mu = \mu_0 + \lambda\mu_1 + \lambda^2\mu_2 + \cdots \in C^2(\mathcal{A}[[\lambda]]) = C^2(\mathcal{A})[[\lambda]]. \tag{6.62}$$

Nach Lemma 6.2.11 ist μ genau dann assoziativ, wenn $[\mu, \mu] = 0$, also Ordnung für Ordnung von λ sortiert

$$[\mu_0, \mu_0] = 0 \tag{6.63}$$

$$[\mu_0, \mu_1] + [\mu_1, \mu_0] = 0 \tag{6.64}$$

und

$$\sum_{\ell=0}^{k} [\mu_\ell, \mu_{k-\ell}] = 0 \tag{6.65}$$

für alle k gilt. Schreibt man die Gerstenhaber-Klammern in (6.65) aus und wertet dies auf drei Elementen $a, b, c \in \mathcal{A}$ aus, so erhält man genau das rekursive Gleichungssystem (6.6) für die Assoziativitätsbedingung, wie wir dies für den Spezialfall von Sternprodukten bereits gesehen haben.

Die formale Analogie zur Deformationstheorie von Poisson-Strukturen ist bestechend und läßt sich in der Tat weiterführen, wie wir sehen werden. Da die Gerstenhaber-Klammer mit μ_0 bis auf ein Vorzeichen gerade das Hochschild-Differential δ ist, läßt sich die Gleichung (6.65) folgendermaßen umschreiben

$$\delta\mu_k = \frac{1}{2} \sum_{\ell=1}^{k-1} [\mu_\ell, \mu_{k-\ell}], \tag{6.66}$$

da $\deg \mu_k = 1$ für alle k, also $[\mu_0, \mu_k] = -\delta\mu_k$.

Satz 6.2.19. *Sei $(\mathcal{A}, \mu_0)$ eine assoziative Algebra über $\Bbbk$. Sei weiter $\mu^{(k)} = \mu_0 + \ldots + \lambda^k\mu_k$ eine assoziative Deformation von μ_0 bis zur Ordnung k. Dann ist*

$$R_{k+1} = \frac{1}{2} \sum_{\ell=1}^{k} [\mu_\ell, \mu_{k+1-\ell}] \tag{6.67}$$

ein Hochschild-Kozyklus, $\delta R_{k+1} = 0$. Die Deformation $\mu^{(k)}$ läßt sich genau dann bis zur Ordnung $k + 1$ fortsetzen, falls $R_{k+1} = \delta\mu_{k+1}$. In diesem Fall liefert jedes solche μ_{k+1} eine Fortsetzung $\mu^{(k+1)} = \mu^{(k)} + \lambda^{k+1}\mu_{k+1}$.

Beweis. Der Beweis verläuft völlig analog zum entsprechenden Satz 4.2.41 über die Obstruktionen zur Deformierbarkeit formaler Poisson-Strukturen. $\qquad\square$

Die Äquivalenz von formalen assoziativen Deformationen erhält man ebenfalls auf gänzlich analoge Weise. Zunächst zeigen wir, daß der Äquivalenzbegriff von formalen Deformationen sich wieder mit Hilfe der Gerstenhaber-Klammer schreiben läßt.

Proposition 6.2.20. *Sei* $S = \mathrm{id} + \sum_{r=1}^{\infty} \lambda^r S_r = \mathrm{e}^{\lambda T} \in C^1(\mathcal{A})[[\lambda]]$ *mit* $\lambda T = \log S \in \lambda C^1(\mathcal{A})[[\lambda]]$, *wobei die* exp-*Funktion bezüglich der Hintereinanderausführung* $\circ$ *definiert ist. Dann gilt für* $\mu, \tilde{\mu} \in C^2(\mathcal{A})[[\lambda]]$ *genau dann die Beziehung*

$$S(\mu(a,b)) = \tilde{\mu}(Sa, Sb), \tag{6.68}$$

falls

$$\mathrm{e}^{\lambda[T,\,\cdot\,]}(\mu) = \tilde{\mu}. \tag{6.69}$$

Beweis. Sei $S = \mathrm{e}^{\lambda T}$ mit dem entsprechenden T vorgegeben. Wir betrachten dann

$$S(\mu(S^{-1}a, S^{-1}b)) = \mathrm{e}^{\lambda T}\left(\mu\left(\mathrm{e}^{-\lambda T}a, \mathrm{e}^{-\lambda T}b\right)\right)$$

$$= \sum_{k,\ell,m=0}^{\infty} \frac{\lambda^{k+\ell+m}}{k!\ell!m!}(-1)^{\ell+m}T^k\left(\mu(T^\ell a, T^m b)\right). \tag{$*$}$$

Für die Gerstenhaber-Klammer gilt nun $[T, \mu] = T \circ \mu - \mu \circ_0 T - \mu \circ_1 T$, also

$$[T, \mu](a,b) = T(\mu(a,b)) - \mu(Ta, b) - \mu(a, Tb).$$

Durch Induktion nach r findet man daher

$$\underbrace{[T, \cdots, [T, \mu]\cdots]}_{r\text{-mal}}(a,b) = \sum_{k+\ell+m=r} \frac{r!}{k!\ell!m!}(-1)^{\ell+m}T^k(\mu(T^\ell a, T^m b)),$$

womit aus $(*)$ die Behauptung folgt. $\qquad\square$

Die Elemente $S = \mathrm{id} + \sum_{r=1}^{\infty} \lambda^r S_r$ bilden bezüglich der Hintereinanderausführung $\circ$ eine Gruppe, welche das Analogon der formalen Diffeomorphismen in der Deformationstheorie formaler Poisson-Strukturen spielt. Entsprechend haben wir das folgende Resultat:

Korollar 6.2.21. *Die Menge aller Äquivalenztransformationen, also der Abbildungen* $\{S = \mathrm{id} + \sum_{r=1}^{\infty} \lambda^r S_r \mid S_r \in C^1(\mathcal{A})\}$, *bildet bezüglich Hintereinanderausführung eine Gruppe, welche natürlich auf der Menge aller assoziativen Multiplikationen* $\{\mu \in C^2(\mathcal{A})[[\lambda]] \mid [\mu, \mu] = 0\}$ *wirkt. Die Wirkung läßt die nullte Ordnung* μ_0 *invariant und die Bahnen sind in Bijektion zu den Äquivalenzklassen von assoziativen Deformationen von* μ_0.

Mit $\mathrm{Def}(\mathcal{A}, \mu_0)$ bezeichnet man die Menge der Äquivalenzklassen von assoziativen Deformationen der Multiplikation μ_0.

Entsprechend erhalten wir analog zu Proposition 4.2.45 eine Charakterisierung der zu μ äquivalenten Deformationen $\tilde{\mu}$ als homogener Raum der

Gruppe aller Äquivalenztransformationen modulo derjenigen, welche Algebraautomorphismen von μ sind, also unter der Gruppenwirkung die Multiplikation μ stabilisieren. Die Frage nach Äquivalenz läßt sich auch wieder Ordnung für Ordnung formulieren und liefert folgendes Resultat, ganz analog zu den Resultaten in Abschnitt 4.2.4.

Satz 6.2.22. *Sei* $(\mathcal{A}, \mu_0)$ *eine assoziative Algebra über* $\Bbbk$.

i.) *Sind zwei assoziative Deformationen* μ *und* $\tilde{\mu}$ *äquivalent bis zur Ordnung* k, *so gibt es eine assoziative Deformation* μ', *welche zu* $\tilde{\mu}$ *äquivalent ist und*

$$\mu_\ell = \mu'_\ell \tag{6.70}$$

für $\ell = 0, \ldots, k$ *erfüllt.*

ii.) *Sind* μ *und* $\tilde{\mu}$ *zwei assoziative Deformationen von* μ_0, *welche bis zur Ordnung* k *übereinstimmen, so ist* $\mu_{k+1} - \tilde{\mu}_{k+1}$ *ein Hochschild-Kozyklus*

$$\delta(\mu_{k+1} - \tilde{\mu}_{k+1}) = 0, \tag{6.71}$$

und es gibt genau dann eine Äquivalenztransformation bis zur Ordnung $k+1$ *der Form* $S = \mathrm{e}^{\lambda^{k+1} T_{k+1}}$ *zwischen* μ *und* $\tilde{\mu}$, *wenn*

$$\mu_{k+1} - \tilde{\mu}_{k+1} = \delta T_{k+1} \tag{6.72}$$

exakt ist.

iii.) *Insbesondere ist* $\mu^{(1)} = \mu_0 + \lambda\mu_1$ *genau dann eine Deformation bis zur Ordnung* 1, *wenn* μ_1 *geschlossen ist*

$$\delta\mu_1 = 0, \tag{6.73}$$

und zwei Deformationen $\mu^{(1)}$ *und* $\tilde{\mu}^{(1)}$ *sind genau dann äquivalent bis zur Ordnung* 1, *wenn* $\mu_1 - \tilde{\mu}_1 = \delta T_1$ *exakt ist.*

Beweis. Der Beweis folgt wörtlich den Beweisen von Lemma 4.2.46 und Proposition 4.2.47 sowie von Satz 4.2.49. Man vergleiche dies insbesondere mit (6.20). □

Bemerkung 6.2.23 (Zweite und dritte Hochschild-Kohomologie). Insbesondere ist die dritte Hochschild-Kohomologie $\mathrm{HH}^3(\mathcal{A})$ in jeder Ordnung die Quelle von Obstruktionen für die Fortsetzbarkeit von formalen Deformationen, während die zweite Hochschild-Kohomologie $\mathrm{HH}^2(\mathcal{A})$ die Äquivalenzklassen von infinitesimalen Deformationen, also solchen bis zur Ordnung 1 klassifiziert. Die tatsächlichen Äquivalenzklassen erhält man so im allgemeinen allerdings nicht. Hier kann man beispielsweise, erneut in Analogie zum Fall formaler Poisson-Strukturen, die assoziativen Deformationen der 0-Multiplikation $\mu_0 = 0$ betrachten, siehe Beispiel 4.2.51.

Da für uns die Deformationen *kommutativer* Algebren $(\mathcal{A}, \mu_0)$ in der Deformationsquantisierung die entscheidende Rolle spielen, ist dies ein Spezialfall, der unsere besondere Aufmerksamkeit verdient. Hier kann man die möglichen Kandidaten für den Hochschild-Kozyklus μ_1 noch weiter eingrenzen und charakterisieren:

Proposition 6.2.24. *Sei* $(\mathcal{A}, \mu_0)$ *eine kommutative assoziative Algebra und* $\star = \mu_0 + \lambda\mu_1 + \cdots$ *eine assoziative aber nicht notwendigerweise kommutative Deformation von* $\mathcal{A}$. *Dann definiert*

$$\{a, b\} = \mu_1(a, b) - \mu_1(b, a) \tag{6.74}$$

eine Poisson-Klammer für $\mathcal{A}$. *Ist* $\{\cdot, \cdot\} \neq 0$, *so ist* μ_1 *ein nichttrivialer Hochschild-Kozyklus, die Deformation ist daher nichttrivial.*

Beweis. Wir betrachten den Kommutator

$$[a, b]_\star = a \star b - b \star a = \lambda\{a, b\} + \cdots,$$

wobei wir verwenden, daß die nullte Ordnung verschwindet, da μ_0 kommutativ ist. Da $\star$ nach Voraussetzung assoziativ ist, gilt die Leibniz-Regel

$$[a, b \star c]_\star = [a, b]_\star \star c + b \star [a, c]_\star$$

sowie die Jacobi-Identität

$$[a, [b, c]_\star]_\star = [[a, b]_\star, c]_\star + [b, [a, c]_\star]_\star.$$

Auswerten dieser beiden Identitäten in Ordnung λ beziehungsweise λ^2 liefert unter Verwendung der Kommutativität der nullten Ordnung dann die Leibniz- und Jacobi-Identität für $\{\cdot, \cdot\}$. Die Nichttrivialität ist klar, da $\star$ als nichtkommutative Multiplikation nicht zur kommutativen undeformierten Multiplikation äquivalent sein kann. $\square$

Bemerkung 6.2.25 (Herkunft der klassischen Poisson-Klammer). Diese sehr einfache Aussage besitzt im Hinblick auf die physikalische Interpretation der Anforderungen an eine „Quantisierung" eine sehr drastische Konsequenz: Sobald man aus Korrespondenzgründen die Bedingungen $\hat{a}\hat{b} \longleftrightarrow \widehat{ab}$ verlangt, wird im Rahmen der formalen Deformationstheorie die Korrespondenz von $[\hat{a}, \hat{b}]$ mit *einer* Poisson-Klammer *keine* unabhängige Forderung, sondern eine notwendige Konsequenz. Die assoziative Deformation beziehungsweise die assoziative Deformierbarkeit der klassischen Observablenalgebra erzwingt daher das Vorhandensein einer Poisson-Klammer. Die verbleibende Fragestellung ist daher vielmehr nur, *welche* Poisson-Klammer dem Kommutator im klassischen Limes entsprechen soll. Wir werten diese Sichtweise als ein weiteres Indiz für die zentrale Rolle der *assoziativen Struktur* der Observablenalgebra beim Quantisierungsproblem. Man vergleiche dies erneut beispielsweise mit der Sichtweise der geometrischen Quantisierung.

Zum Abschluß dieses Abschnitts sei noch kurz ein allgemeiner Rahmen für die in verschiedenen Deformationsproblemen auftretenden algebraischen Strukturen gegeben.

Definition 6.2.26 (Differentiell gradierte Lie-Algebra). *Eine differentiell gradierte Lie-Algebra (DGLA) $\mathfrak{g}^\bullet$ über $\Bbbk$ ist ein gradierter $\Bbbk$-Modul $\mathfrak{g}^\bullet = \oplus_{k\in\mathbb{Z}}\mathfrak{g}^k$, mit einer Super-Lie-Klammer*

$$[\cdot,\cdot] : \mathfrak{g}^k \times \mathfrak{g}^\ell \longrightarrow \mathfrak{g}^{k+\ell} \tag{6.75}$$

und einem Differential $\mathrm{d} : \mathfrak{g}^\bullet \longrightarrow \mathfrak{g}^{\bullet+1}$, *so daß also*

$$\mathrm{d}^2 = 0 \quad und \quad \mathrm{d}[\xi,\eta] = [\mathrm{d}\xi,\eta] + (-1)^k[\xi,\mathrm{d}\eta] \tag{6.76}$$

für $\xi \in \mathfrak{g}^k$, $\eta \in \mathfrak{g}$. Ein Morphismus von differentiell gradierten Lie-Algebren $\mathfrak{g}$ und $\mathfrak{h}$ vom Grad $+k$ ist eine homogene lineare Abbildung

$$\phi : \mathfrak{g}^\bullet \longrightarrow \mathfrak{h}^{\bullet+k} \tag{6.77}$$

vom Grad $+k$, so daß

$$\mathrm{d}_{\mathfrak{h}} \circ \phi = \phi \circ \mathrm{d}_{\mathfrak{g}} \quad und \quad \phi([\xi,\eta]_{\mathfrak{g}}) = [\phi(\xi),\phi(\eta)]_{\mathfrak{h}}. \tag{6.78}$$

Dies definiert die Kategorie der differentiell gradierten Lie-Algebren über $\Bbbk$.

Wir verwenden den Begriff „gradierte" Lie-Algebra und Super-Lie-Algebra synonym. Die Lie-Klammer einer gradierten Lie-Algebra erfüllt also immer eine gradierte Antisymmetrie und die Super-Jacobi-Identität. Analog zur Leibniz-Regel (6.76) kann man auch eine Leibniz-Regel von „rechts" betrachten. Aus diesen Grunde sollte man $\mathfrak{g}^\bullet$ wie in der Definition besser eine differentiell gradierte Lie-Algebra „von links" nennen. Es ist aber klar, das man leicht zwischen beiden Sichtweise durch eine geeignete Redefinition von d wechseln kann, so daß wir auf diese Schwierigkeit nicht weiter eingehen werden.

Bemerkung 6.2.27 (Kohomologie einer DGLA). Ist $\mathfrak{g}^\bullet$ eine differentielle gradierte Lie-Algebra, so ist die Kohomologie

$$\mathrm{H}^\bullet(\mathfrak{g}) = \frac{\ker \mathrm{d}}{\mathrm{im}\,\mathrm{d}} \tag{6.79}$$

bezüglich d eine gradierte Lie-Algebra bezüglich der induzierten Super-Lie-Klammer von $\mathfrak{g}^\bullet$. Die Wohl-Definiertheit der Gradierung von $\mathrm{H}^\bullet(\mathfrak{g})$ und die der Klammer folgt dabei unmittelbar aus den Eigenschaften von d.

Bemerkung 6.2.28. Ist $\mathfrak{g}^0$ eine Lie-Algebra, so können wir $\mathfrak{g}^0$ immer zu einer gradierten Lie-Algebra erweitern, indem wir $\mathfrak{g}^k = \{0\}$ für $k \neq 0$ setzen. Ebenso können wir jede gradierte Lie-Algebra (also eine Super-Lie-Algebra) zu einer differentiellen gradierten Lie-Algebra machen, indem wir das triviale Differential d = 0 verwenden. In diesem Fall gilt offenbar $\mathfrak{g}^\bullet = \mathrm{H}^\bullet(\mathfrak{g})$. Insbesondere können wir $\mathrm{H}^\bullet(\mathfrak{g})$ immer auch als differentielle gradierte Lie-Algebra mit d = 0 ansehen.

Beispiel 6.2.29 (Differentiell gradierte Lie-Algebren).

i.) Die Multivektorfelder $\mathfrak{X}(M)$ sind bezüglich des um eins nach unten verschobenen Grades eine Super-Lie-Algebra bezüglich der Schouten-Nijenhuis-Klammer. Mit d = 0 werden sie so zu einer differentiell gradierten Lie-Algebra und die Kohomologie von $(\mathfrak{X}^\bullet(M), \mathrm{d} = 0)$ stimmt mit $\mathfrak{X}^\bullet(M)$ überein. Hier ist das Differential aus trivialen Gründen ein *inneres Differential.*

ii.) Der Hochschild-Komplex $(C^\bullet(\mathcal{A}), [\cdot, \cdot], \delta)$ einer assoziativen Algebra $\mathcal{A}$ ist eine differentiell gradierte Lie-Algebra bezüglich des deg-Grades, der Gerstenhaber-Klammer als Super-Lie-Klammer und des Hochschild-Differentials der assoziativen Multiplikation. Die entsprechende Kohomologie ist dann die Hochschild-Kohomologie $\mathrm{HH}^\bullet(\mathcal{A})$ von $\mathcal{A}$. In diesem Fall erfüllt das Hochschild-Differential eine Leibniz-Regel von rechts und ist ein *inneres Differential*, da ja $\delta = -[\cdot, \mu]$. Mit einer anderen Vorzeichenkonvention für das Hochschild-Differential könnte man auch $\hat{\delta} = [\mu, \cdot]$ verwenden und erreichte dadurch die Leibniz-Regel wie in (6.76).

Sei $\mathfrak{g}^\bullet$ eine gradierte Lie-Algebra. Dann ist $\mathfrak{g}^0$ eine Lie-Algebra, welche auf $\mathfrak{g}^\bullet$ durch die adjungierte Darstellung

$$\mathrm{ad}(\xi) = [\xi, \cdot] \tag{6.80}$$

dargestellt ist. Jedes $\mathrm{ad}(\xi) : \mathfrak{g}^\bullet \longrightarrow \mathfrak{g}^\bullet$ ist für $\xi \in \mathfrak{g}^0$ eine homogene Derivation der Super-Lie-Klammer vom Grad 0. Formales Exponenzieren liefert daher einen Automorphismus von $\mathfrak{g}^\bullet$ und es zeigt sich, daß die Hintereinanderausführung solcher Automorphismen wieder von dieser Form ist:

Proposition 6.2.30. *Sei $\mathfrak{g}^\bullet$ eine differentiell gradierte Lie-Algebra über $\Bbbk$ und $\mathfrak{g}^\bullet[[\lambda]]$ die entsprechende differentiell gradierte Lie-Algebra über $\Bbbk[[\lambda]]$, wobei d und $[\cdot, \cdot]$ auf $\Bbbk[[\lambda]]$-(bi)lineare Weise fortgesetzt seien und immer $\mathbb{Q} \subseteq \Bbbk$ gelte. Dann ist*

$$\mathsf{G}^0 = \left\{ \varPhi : \mathfrak{g}^\bullet[[\lambda]] \longrightarrow \mathfrak{g}^\bullet[[\lambda]] \ \middle| \ \varPhi = \mathrm{e}^{\lambda\,\mathrm{ad}(\xi)} \quad mit \quad \xi \in \mathfrak{g}^0[[\lambda]] \right\} \tag{6.81}$$

eine Untergruppe aller $\Bbbk[[\lambda]]$-linearen Automorphismen von $\mathfrak{g}^\bullet[[\lambda]]$ vom Grad 0, welche in nullter Ordnung von λ mit id *beginnen.*

Beweis. Zunächst ist nach Proposition 6.2.7 klar, daß die Elemente von G^0 Automorphismen von $\mathfrak{g}^\bullet[[\lambda]]$ mit den behaupteten Eigenschaften sind. Es bleibt also nur zu zeigen, daß es sich dabei tatsächlich um eine Untergruppe handelt. Für gegebenes $\xi, \eta \in \mathfrak{g}^0[[\lambda]]$ müssen wir daher ein $\zeta \in \mathfrak{g}^0[[\lambda]]$ finden, so daß

$$\mathrm{e}^{\lambda\,\mathrm{ad}(\xi)} \circ \mathrm{e}^{\lambda\,\mathrm{ad}(\eta)} = \mathrm{e}^{\lambda\,\mathrm{ad}(\zeta)} \tag{$*$}$$

gilt. Es ist aber gerade die bekannte Aussage des Baker-Campbell-Hausdorff-Theorems, siehe beispielsweise [51, Chap. II, §6], daß

$$\lambda \zeta = \mathrm{BCH}(\lambda \xi, \lambda \eta) = \lambda \xi + \lambda \eta + \frac{1}{2}[\lambda \xi, \lambda \eta] + \cdots$$

die eindeutige Lösung von $(*)$ ist, wobei $\mathrm{BCH}(\cdot, \cdot)$ die formale Baker-Campbell-Hausdorff-Reihe ist, welche in dieser Situation, da $\lambda \xi$ und $\lambda \eta$ von der Ordnung 1 in λ sind, als formale Potenzreihe in λ wohl-definiert ist. □

In den Beispielen 6.2.29 ist G^0 die Gruppe der formalen Diffeomorphismen wie in Definition 4.2.40 beziehungsweise die Gruppe der Äquivalenztransformationen wie in Korollar 6.2.21.

Die Deformationsprobleme aus unseren bisherigen Beispielen lassen sich nun alle auf folgendes Problem zurückführen:

Definition 6.2.31 (Maurer-Cartan-Element). *Sei $\mathfrak{g}^\bullet$ eine differentiell gradierte Lie-Algebra über $\Bbbk$, wobei $\mathbb{Q} \subseteq \Bbbk$. Dann heißt $m \in \lambda \mathfrak{g}^1[[\lambda]]$ (formales) Maurer-Cartan-Element, falls m der Maurer-Cartan-Gleichung*

$$\mathrm{d}m + \frac{1}{2}[m, m] = 0 \tag{6.82}$$

genügt. Die Menge der (formalen) Maurer-Cartan-Elemente wird mit

$$\underline{\mathrm{MC}}(\mathfrak{g}) = \left\{ m \in \lambda \mathfrak{g}^1[[\lambda]] \;\middle|\; \mathrm{d}m + \frac{1}{2}[m, m] = 0 \right\} \tag{6.83}$$

bezeichnet.

Die folgenden Beispiele illustrieren, daß bei den bisherigen Deformationsproblemen letztlich immer die Rede von Maurer-Cartan-Elementen war:

Beispiel 6.2.32 (Maurer-Cartan-Elemente).

i.) Sei $\mathfrak{g}^\bullet = (\mathfrak{X}^\bullet(M), [\![\cdot, \cdot]\!], \mathrm{d} = 0)$ die differentiell gradierte Lie-Algebra der Multivektorfelder mit um eins verschobenem Grad und mit trivialem Differential. Dann ist $\pi \in \lambda \mathfrak{X}^2(M)[[\lambda]]$ ein Maurer-Cartan-Element, falls

$$[\![\pi, \pi]\!] = 0. \tag{6.84}$$

Damit ist π eine formale Poisson-Struktur, welche $\pi_0 = 0$ deformiert.

ii.) Sei $(\mathcal{A}, \mu_0)$ eine assoziative Algebra und $\mathfrak{g}^\bullet = (C^\bullet(\mathcal{A}), \deg, [\cdot, \cdot], \delta)$ der Hochschild-Komplex von $\mathcal{A}$ als differentiell gradierte Lie-Algebra bezüglich des um eins verschobenen Grades. Dann ist $m \in \lambda C^2(\mathcal{A})[[\lambda]]$ ein Maurer-Cartan-Element, falls

$$0 = \delta m + \frac{1}{2}[m, m] = -[m, \mu_0] + \frac{1}{2}[m, m] = \frac{1}{2}[\mu_0 - m, \mu_0 - m], \tag{6.85}$$

also genau dann, wenn $\mu_0 - m$ eine formale assoziative Deformation von μ_0 ist. Das Vorzeichen ist dabei Konvention, da hier δ eine Rechtsderivation ist. Alternativ kann man die Maurer-Cartan-Gleichung in diesem Fall auch mit einem zusätzlichen „$-$" versehen.

Bemerkung 6.2.33. Satz 4.2.41 und Satz 6.2.19 lassen sich nun so verstehen, daß man versucht, eine Lösung $m = \lambda m_1 + \lambda^2 m_2 + \cdots$ der Maurer-Cartan-Gleichung (6.82) rekursiv Ordnung für Ordnung in λ zu konstruieren. Die auftretende Obstruktion ist dabei in jeder Ordnung ein Element in der zweiten Kohomologie $H^2(\mathfrak{g})$, wie man sich auf analoge Weise überlegt. Die Verschiebung im Grad kommt daher, daß wir in unseren bisherigen Beispielen eine Gradierung verwendet haben, welche um eins gegenüber der Gradierung der Super-Lie-Klammer verschoben war.

Für die Frage nach äquivalenten Maurer-Cartan-Elementen betrachtet man nun folgende Wirkung der Gruppe G^0 auf $\underline{MC}(\mathfrak{g})$. Für $m \in \lambda \mathfrak{g}^1[[\lambda]]$ und $\xi \in \mathfrak{g}^0[[\lambda]]$ definiert man

$$e^{\lambda \operatorname{ad}(\xi)} \cdot m = e^{\lambda \operatorname{ad}(\xi)}(m) - \lambda \sum_{n=0}^{\infty} \frac{(\lambda \operatorname{ad}(\xi))^n}{(n+1)!}(\mathrm{d}\xi), \tag{6.86}$$

womit $m \mapsto e^{\lambda \operatorname{ad}(\xi)} \cdot m \in \lambda \mathfrak{g}^1[[\lambda]]$ eine lineare Abbildung definiert.

Proposition 6.2.34. *Durch* (6.86) *wird eine Wirkung der Gruppe* G^0 *auf* $\underline{MC}(\mathfrak{g})$ *definiert.*

Beweis. Für $\xi = 0$ liefert (6.86) offenbar die Identität und $e^{\lambda \operatorname{ad}(\xi)} \cdot m \in \lambda \mathfrak{g}^1[[\lambda]]$ ist eine wohl-definierte formale Potenzreihe. Es gilt daher die Gruppenwirkungseigenschaft nachzuprüfen. Wir beschränken uns hier auf den Fall, daß das Differential d eine innere Derivation ist, der allgemeine Fall erfordert weitere Eigenschaften der Baker-Campbell-Hausdorff-Reihe und stellt auch keine wesentliche Komplikation dar. Sei also $\mathrm{d} = [m_0, \cdot]$, was auch für unsere Beispiele der relevante Fall ist. Darüberhinaus erklärt dieser Fall besser, woher die Definition (6.86) kommt.

Es gilt, daß die Maurer-Cartan-Gleichung für $m \in \lambda \mathfrak{g}^1[[\lambda]]$ gerade die Bedingung dafür ist, daß $[m_0 + m, m_0 + m] = 0$ gilt. Da G^0 nach Proposition 6.2.30 durch *Automorphismen* auf $\mathfrak{g}^0[[\lambda]]$ wirkt, welche in nullter Ordnung mit der Identität beginnen, gilt mit $m \in \mathrm{MC}(\mathfrak{g})$, daß auch $\tilde{m} = e^{\lambda \operatorname{ad}(\xi)}(m_0 + m) - m_0 \in \underline{MC}(\mathfrak{g})$ ein Maurer-Cartan-Element ist. Dies folgt unmittelbar aus $[m_0 + m, m_0 + m] = 0$. Nun gilt

$$\tilde{m} = e^{\lambda \operatorname{ad}(\xi)}(m_0) + e^{\lambda \operatorname{ad}(\xi)}(m) - m_0$$

$$= e^{\lambda \operatorname{ad}(\xi)}(m) + \sum_{n=1}^{\infty} \frac{(\lambda \operatorname{ad}(\xi))^n}{n!}(m_0)$$

$$= e^{\lambda \operatorname{ad}(\xi)}(m) + \lambda \sum_{n=0}^{\infty} \frac{(\lambda \operatorname{ad}(\xi))^n}{(n+1)!}([\xi, m_0])$$

$$= e^{\lambda \operatorname{ad}(\xi)}(m) - \lambda \sum_{n=0}^{\infty} \frac{(\lambda \operatorname{ad}(\xi))^n}{(n+1)!}(\mathrm{d}\xi)$$

$$= e^{\lambda \operatorname{ad}(\xi)} \cdot m,$$

womit zum einen $e^{\lambda \operatorname{ad}(\xi)} \cdot m \in \underline{\mathrm{MC}}(\mathfrak{g})$ folgt, sobald $m \in \underline{\mathrm{MC}}(\mathfrak{g})$. Zum anderen ist klar, daß $m \mapsto \tilde{m}$ eine G^0-Wirkung definiert, da sie von der G^0-Wirkung als Automorphismen auf $\mathfrak{g}$ kommt. □

Wie der Beweis zeigt, ist die Wirkung von G^0 auf $\underline{\mathrm{MC}}(\mathfrak{g})$ in unseren Beispielen genau diejenige Wirkung, welche den Äquivalenzbegriff der Deformationen vermittelt. Dies motiviert folgende Definition:

Definition 6.2.35 (Äquivalenz von Maurer-Cartan-Elementen). *In einer differentiell gradierten Lie-Algebra* $\mathfrak{g}$ *heißen zwei Maurer-Cartan-Elemente* $m, \tilde{m} \in \underline{\mathrm{MC}}(\mathfrak{g})$ *äquivalent, falls sie in der selben* G^0-*Bahn bezüglich der* G^0-*Wirkung* (6.86) *liegen. Die Menge der Äquivalenzklassen wird als*

$$\mathrm{MC}(\mathfrak{g}) = \underline{\mathrm{MC}}(\mathfrak{g}) / \mathsf{G}^0 \qquad (6.87)$$

bezeichnet.

Damit können wir unsere bisherigen Deformationsprobleme so umformulieren, daß man eine geeignete differentiell gradierte Lie-Algebra $\mathfrak{g}^\bullet$ finden muß, so daß die gesuchten Deformationen gerade die Maurer-Cartan-Elemente in $\mathfrak{g}^\bullet$ sind und Äquivalenz von Deformationen der Äquivalenz von Maurer-Cartan-Elementen entspricht. Man ist daher am Raum $\mathrm{MC}(\mathfrak{g}) = \underline{\mathrm{MC}}(\mathfrak{g}) / \mathsf{G}^0$ interessiert, und ein Verständnis dieser Menge gibt einem alle Information über das ursprüngliche Deformationsproblem in die Hand. In der Tat lassen sich sehr viele Deformationsprobleme genau so formulieren, wenn es jedoch auch Ausnahmen gibt.

6.2.4 Eine formale assoziative Deformation

Wir wollen nun eine konkrete Formel für einen speziellen Typ von assoziativer Deformation diskutieren, wobei insbesondere alle unsere Sternprodukte auf $\mathbb{R}^{2n}$ aus Abschnitt 5.2.4 von diesem Typ sein werden.

Sei $(\mathcal{A}, \mu_0)$ eine assoziative Algebra über $\Bbbk$, wobei wir nun $\mathbb{Q} \subseteq \Bbbk$ annehmen müssen. Seien weiter $D_i, E_i : \mathcal{A} \longrightarrow \mathcal{A}$ mit $i = 1, \ldots, n$ paarweise kommutierende Derivationen

$$[D_i, D_j] = [D_i, E_j] = [E_i, E_j] = 0. \qquad (6.88)$$

Damit definieren wir den Operator

$$P = \sum_{i=1}^{n} D_i \otimes E_i : \mathcal{A} \otimes \mathcal{A} \longrightarrow \mathcal{A} \otimes \mathcal{A}, \qquad (6.89)$$

sowie die Operatoren $P_{12}, P_{13}, P_{23} : \mathcal{A} \otimes \mathcal{A} \otimes \mathcal{A} \longrightarrow \mathcal{A} \otimes \mathcal{A} \otimes \mathcal{A}$ durch

$$P_{12} = P \otimes \mathsf{id}, \quad P_{13} = \sum_{i=1}^{n} D_i \otimes \mathsf{id} \otimes E_i \quad \text{und} \quad P_{23} = \mathsf{id} \otimes P. \qquad (6.90)$$

Die Notation P_{ij} soll andeuten, an welcher Stelle im dreifachen Tensorprodukt die Komponenten des Operators P stehen und an welcher Stelle mit der
Identität „aufgefüllt" wird.

Lemma 6.2.36. *Der Operator P ist in jedem Argument derivativ und die
Operatoren P_{12}, P_{13} und P_{23} vertauschen paarweise*

$$[P_{12}, P_{13}] = [P_{12}, P_{23}] = [P_{13}, P_{23}] = 0. \tag{6.91}$$

Der Beweis wird unter Verwendung von (6.88) durch schlichtes Nachrechnen
erbracht. Die Relevanz des Operators P und seiner Abkömmlinge besteht nun
in folgender Aussage [137, Thm. 8]:

Satz 6.2.37. *Sei $(\mathcal{A}, \mu_0)$ eine assoziative Algebra, und seien D_i, E_i paarweise
kommutierende Derivationen für $i = 1, \ldots, n$. Dann ist*

$$a \star b = \mu_0 \circ e^{\lambda P}(a \otimes b) \tag{6.92}$$

*eine formale assoziative Deformation von $\mathcal{A}$, wobei P wie in (6.89) definiert
ist.*

Beweis. Wir rechnen die Assoziativität direkt nach. Sei $a, b, c \in \mathcal{A}$ gegeben,
dann gilt

$$
\begin{aligned}
a \star (b \star c) &= \mu_0 \circ e^{\lambda P} \left(a \otimes \left(\mu_0 \circ e^{\lambda P}(b \otimes c) \right) \right) \\
&= \mu_0 \circ e^{\lambda P} \circ (\text{id} \otimes \mu_0) \circ \text{id} \otimes e^{\lambda P}(a \otimes b \otimes c) \\
&= \mu_0 \circ e^{\lambda P} \circ (\text{id} \otimes \mu_0) \circ e^{\lambda P_{23}}(a \otimes b \otimes c)
\end{aligned}
$$

Nun gilt unter Verwendung der Derivationseigenschaft von E_i, siehe auch
Aufgabe 1.8,

$$
\begin{aligned}
P \circ (\text{id} \otimes \mu_0) &= \sum_{i=1}^{n} (D_i \otimes E_i) \circ (\text{id} \otimes \mu_0) \\
&= \sum_{i=1}^{n} D_i \otimes (E_i \circ \mu_0) \\
&= \sum_{i=1}^{n} D_i \otimes (\mu_0 \circ (E_i \otimes \text{id} + \text{id} \otimes E_i)) \\
&= (\text{id} \otimes \mu_0) \circ \sum_{i=1}^{n} (D_i \otimes E_i \otimes \text{id} + D_i \otimes \text{id} \otimes E_i) \\
&= (\text{id} \otimes \mu_0) \circ (P_{12} + P_{13}),
\end{aligned}
$$

und damit $P^k \circ (\text{id} \otimes \mu_0) = (\text{id} \otimes \mu_0) \circ (P_{12} + P_{13})^k$ für alle $k \in \mathbb{N}$. Also folgt

$$e^{\lambda P} \circ (\text{id} \otimes \mu_0) = (\text{id} \otimes \mu_0) \circ e^{\lambda(P_{12} + P_{13})},$$

und eine analoge Rechnung liefert

$$\mathrm{e}^{\lambda P} \circ (\mu_0 \otimes \mathsf{id}) = (\mu_0 \otimes \mathsf{id}) \circ \mathrm{e}^{\lambda(P_{13}+P_{23})}.$$

Es gilt daher

$$a \star (b \star c) = \mu_0 \circ (\mathsf{id} \otimes \mu_0) \circ \mathrm{e}^{\lambda(P_{12}+P_{13})} \circ \mathrm{e}^{\lambda P_{23}}(a \otimes b \otimes c)$$
$$= \mu_0 \circ (\mathsf{id} \otimes \mu_0) \circ \mathrm{e}^{\lambda(P_{12}+P_{13}+P_{23})}(a \otimes b \otimes c),$$

da die Abbildungen P_{12}, P_{13} und P_{23} nach Lemma 6.2.36 alle paarweise vertauschen. Eine analoge Rechnung zeigt

$$(a \star b) \star c = \mu_0 \circ (\mu_0 \otimes \mathsf{id}) \circ \mathrm{e}^{\lambda(P_{12}+P_{13}+P_{23})}(a \otimes b \otimes c),$$

so daß mit der Assoziativität $\mu_0 \circ (\mathsf{id} \otimes \mu_0) = \mu_0 \circ (\mu_0 \otimes \mathsf{id})$ von μ_0 die Assoziativität von $\star$ folgt. $\square$

Bemerkung 6.2.38. Die Sternprodukte $\star_\kappa$ und $\star_{\tilde{\kappa}}$ für $M = \mathbb{R}^{2n}$ aus Abschnitt 5.2.4 sind genau von dieser Form, da die partiellen Ableitungen nach den kanonischen globalen Koordinaten auf $\mathbb{R}^{2n}$ alle miteinander vertauschen. Dies liefert einen unabhängigen und direkten Beweis für die Assoziativität der Sternprodukte $\star_\kappa$ und $\star_{\tilde{\kappa}}$. Selbstverständlich kann man dies im konkreten Fall von $\star_\kappa$ und $\star_{\tilde{\kappa}}$ auch direkt nachprüfen, ohne jedoch das sehr einheitliche und allgemeine Prinzip der „vertauschenden Derivationen" zu sehen.

Beispiel 6.2.39. Ist M eine Mannigfaltigkeit und sind $X_1, \ldots, X_n$ paarweise kommutierende Vektorfelder, so ist für jede Wahl einer antisymmetrischen Matrix $(\pi^{k\ell}) \in M_n(\mathbb{R})$ das Bivektorfeld

$$\pi = \frac{1}{2} \sum_{k,\ell} \pi^{k\ell} X_k \wedge X_\ell \tag{6.93}$$

ein Poisson-Tensor, siehe den Beweis von Proposition 4.1.20 und Aufgabe 4.5. Nach Satz 6.2.37 ist

$$f \star g = \mu_0 \circ \mathrm{e}^{\frac{\mathrm{i}\lambda}{2} \sum_{k,\ell} \pi^{k\ell} \mathscr{L}_{X_k} \otimes \mathscr{L}_{X_\ell}}(f \otimes g) \tag{6.94}$$

ein Sternprodukt für (M, π). Diese Konstruktion ist insbesondere für die Poisson-Strukturen, welche in den Aufgaben 4.5, 4.6 sowie 6.4 konstruiert werden, möglich. Man beachte jedoch, daß es durchaus Poisson-Strukturen gibt, welche nicht einmal lokal von der obigen Form sind.

Bemerkung 6.2.40. Ganz allgemein gilt für eine kommutative assoziative Algebra $\mathcal{A}$ über $\Bbbk$, daß für kommutierende Derivationen D_i, E_i mit $i = 1, \ldots, n$ die Definition

$$\{a, b\} = \mu_0 \circ (P - \overline{P})(a \otimes b) \tag{6.95}$$

mit $\overline{P} = \sum_{i=1}^{n} E_i \otimes D_i$ eine Poisson-Klammer definiert, welche durch $\star$ aus Satz 6.2.37 quantisiert wird. Man vergleiche dies mit den Gleichungen für die kanonische Poisson-Struktur (5.82) aus Abschnitt 5.2.4.

6.2.5 Das Hochschild-Kostant-Rosenberg-Theorem

Da die Hochschild-Kohomologie $HH^\bullet(\mathcal{A})$ einer assoziativen Algebra ihre Deformationstheorie kontrolliert, ist es für die Deformationsquantisierung von
entscheidender Bedeutung, die Hochschild-Kohomologie von $C^\infty(M)$ zu kennen. Das Hochschild-Kostant-Rosenberg-Theorem gestattet es nun, diese Kohomologie explizit zu berechnen. Ursprünglich erzielten Hochschild, Kostant
und Rosenberg das Resultat für die Polynomalgebra $\mathrm{Pol}(\mathbb{R}^n)$ in einem rein
algebraischen Kontext [170]. Für die glatten Funktionen $C^\infty(\mathbb{R}^n)$ beziehungsweise $C^\infty(M)$ muß man zusätzliche Annahmen über die Gestalt und Regularität der Koketten $C^\bullet(\mathcal{A})$ machen. Es sind eben nicht *alle* multilinearen Abbildungen $C^\bullet(C^\infty(M))$ von Interesse, sondern letztlich nur solche,
welche die zusätzliche, für $C^\infty(M)$ natürlich vorgegebene Fréchet-Topologie
berücksichtigen. Wir betrachten daher folgende Typen von Koketten, siehe
auch Satz A.4.8 für einen algebraischeren Zugang.

Definition 6.2.41 (Spezielle Hochschild-Koketten). *Sei M eine differenzierbare Mannigfaltigkeit. Dann bezeichnet man mit $C^\bullet_{\mathrm{cont}}(C^\infty(M))$ die
bezüglich der Fréchet-Topologie von $C^\infty(M)$ stetigen Hochschild-Koketten,
mit $C^\bullet_{\mathrm{loc}}(C^\infty(M))$ die lokalen Hochschild-Koketten, mit $C^\bullet_{\mathrm{diff}}(C^\infty(M))$ die differentiellen Hochschild-Koketten und mit $C^\bullet_{\mathrm{n.c.\text{-}diff}}(C^\infty(M))$ die differentiellen
Hochschild-Koketten, welche auf konstanten Funktionen verschwinden.*

Für Sternprodukte, welche wir immer als differentiell annehmen wollen,
ist daher $C^\bullet_{\mathrm{diff}}(C^\infty(M))$ beziehungsweise sogar $C^\bullet_{\mathrm{n.c.\text{-}diff}}(C^\infty(M))$ relevant, da
wir zudem $f \star 1 = f = 1 \star f$ verlangen, womit die höheren Terme eines
Sternprodukts Hochschild-Koketten in $C^2_{\mathrm{n.c.\text{-}diff}}(C^\infty(M))$ sind.

Lemma 6.2.42. *Die Untervektorräume*

$$C^\bullet_{\mathrm{n.c.\text{-}diff}}(C^\infty(M)) \subseteq C^\bullet_{\mathrm{diff}}(C^\infty(M)) \subseteq C^\bullet_{\mathrm{loc}}(C^\infty(M)) \subseteq C^\bullet_{\mathrm{cont}}(C^\infty(M)) \quad (6.96)$$

*von $C^\bullet(C^\infty(M))$ sind Unterkomplexe, welche bezüglich des cup-Produkts und
der Gerstenhaber-Klammer abgeschlossen sind. Die Inklusionen sind im allgemeinen echt.*

Beweis. Zunächst einmal ist klar, das die obigen Untervektorräume tatsächlich
auf die angegebene Weise ineinander enthalten sind. Bei den ersten drei ist
dies offensichtlich, bei der Inklusion der lokalen in den stetigen muß man
jedoch das Peetre-Theorem bemühen, welches insbesondere impliziert, daß
lokale multilineare Abbildungen auch stetig sind, siehe Bemerkung 5.4.6. Es
bleiben daher die algebraischen Eigenschaften zu prüfen.

Sind ϕ und ψ Koketten mit einer der speziellen Eigenschaften, so ist
klar, daß auch $\phi \circ_i \psi$ die jeweilige spezielle Eigenschaft hat. Demnach sind
alle Teilräume abgeschlossen bezüglich des Gerstenhaber-Produkts und somit auch bezüglich der Gerstenhaber-Klammer. Da die Multiplikation μ von
$C^\infty(M)$ selbst in $C^2_{\mathrm{diff}}(C^\infty(M))$ enthalten ist, folgt, daß alle bis auf den

ersten Teilraum in (6.96) bezüglich des cup-Produkts und des Hochschild-Differentials abgeschlossen sind, da $\cup$ und δ aus $\circ_i$-Produkten mit μ erhalten werden. Für den ersten kann man dies aber auch leicht explizit sehen, da die zusätzliche Eigenschaft, auf Konstanten zu verschwinden, sowohl unter $\cup$ als auch δ erhalten bleibt. $\square$

Da die Untervektorräume der speziellen Koketten sogar Unterkomplexe bilden, können wir deren Kohomologien betrachten. Dies führt auf die folgende Definition:

Definition 6.2.43. *Die stetige Hochschild-Kohomologie* $\mathrm{HH}^\bullet_{\mathrm{cont}}(C^\infty(M))$ *von* $C^\infty(M)$ *ist die Kohomologie des Komplexes* $(C^\bullet_{\mathrm{cont}}(C^\infty(M)), \delta)$, *versehen mit der durch das cup-Produkt und die Gerstenhaber-Klammer induzierten Struktur einer Gerstenhaber-Algebra. Entsprechend definiert man die lokale Hochschild-Kohomologie* $\mathrm{HH}^\bullet_{\mathrm{loc}}(C^\infty(M))$, *die differentielle Hochschild-Kohomologie* $\mathrm{HH}^\bullet_{\mathrm{diff}}(C^\infty(M))$ *und die n.c.-differentielle Hochschild-Kohomologie* $\mathrm{HH}^\bullet_{\mathrm{n.c.-diff}}(C^\infty(M))$.

Für Sternprodukte sind wir also insbesondere an $\mathrm{HH}^\bullet_{\mathrm{diff}}(C^\infty(M))$ beziehungsweise an $\mathrm{HH}^\bullet_{\mathrm{n.c.-diff}}(C^\infty(M))$ interessiert. Um diese Kohomologien zu bestimmen, benötigen wir noch folgende allgemeine Aussage über die Antisymmetrisierung von Hochschild-Koketten für eine kommutative Algebra:

Lemma 6.2.44. *Sei* $\mathcal{A}$ *eine kommutative assoziative Algebra und sei für* $\phi \in C^k(\mathcal{A})$ *die total antisymmetrisierte Kokette* $\mathcal{A}lt\,\phi \in C^k(\mathcal{A})$ *durch*

$$(\mathcal{A}lt\,\phi)(a_1, \ldots, a_k) = \frac{1}{k!} \sum_{\sigma \in S_k} \mathrm{sign}(\sigma)\phi(a_{\sigma(1)}, \ldots, a_{\sigma(k)}) \tag{6.97}$$

für $k \geq 1$ *und* $\mathcal{A}lt\,\phi = \phi$ *für* $k = 0$ *definiert. Dann gilt*

$$\mathcal{A}lt \circ \delta = 0, \tag{6.98}$$

womit ein total antisymmetrischer Hochschild-Kozyklus ϕ *nur dann ein Hochschild-Korand sein kann, wenn* $\phi = 0$ *gilt.*

Beweis. Zunächst ist klar, daß $\mathcal{A}lt \circ \mathcal{A}lt = \mathcal{A}lt$ ein Projektor ist und demnach ϕ genau dann total antisymmetrisch in seinen Argumenten ist, wenn $\phi = \mathcal{A}lt\,\phi$ gilt. Sei nun $\phi \in C^k(\mathcal{A})$ vorgegeben. Dann ist $\delta\phi$ durch (6.53) gegeben. Bildet man in (6.53) nun die totale Antisymmetrisierung, so fallen aufgrund der Kommutativität von $\mathcal{A}$ offenbar alle Terme in der mittleren Summe heraus. Für den ersten und letzten Term betrachtet man die Permutation $\sigma : 0 \mapsto k,\ 1 \mapsto 0,\ \ldots,\ k \mapsto k - 1$, welche aus k Transpositionen besteht und daher $\mathrm{sign}(\sigma) = (-1)^k$ erfüllt. Wieder aufgrund der Kommutativität von $\mathcal{A}$ überführt diese Permutation den ersten in den letzten Term, zusammen mit dem zusätzlichen Vorzeichen $(-1)^k$. Daher heben sich auch diese Terme paarweise heraus, und (6.98) ist gezeigt. Gilt also $\delta\phi = 0$ und $\mathcal{A}lt\,\phi = \phi$, so kann $\phi = \delta\psi$ nicht gelten, es sei denn $\phi = 0$. $\square$

Die folgende Abbildung liefert unter Verwendung des letzten Lemmas Hochschild-Kozyklen für $C^\infty(M)$, welche keine Hochschild-Koränder sein können:

Definition 6.2.45 (Hochschild-Kostant-Rosenberg-Abbildung). *Die Hochschild-Kostant-Rosenberg-Abbildung (HKR-Abbildung)*

$$\mathcal{U}^{(1)} : \Gamma^\infty(\Lambda^\bullet TM) \longrightarrow C^\bullet_{\mathrm{n.c.\text{-}diff}}(C^\infty(M)) \tag{6.99}$$

ist durch

$$(\mathcal{U}^{(1)}X)(f_1,\ldots,f_k) = \frac{1}{k!}\, \mathrm{i}_{\mathrm{d}f_k} \cdots \mathrm{i}_{\mathrm{d}f_1} X \tag{6.100}$$

definiert.

Ausgeschrieben bedeutet (6.100) für ein faktorisierendes Multivektorfeld $X = X_1 \wedge \cdots \wedge X_k$ gerade

$$\left(\mathcal{U}^{(1)}(X_1 \wedge \cdots \wedge X_k)\right)(f_1,\ldots,f_k) = \frac{1}{k!} \sum_{\sigma \in S_k} \mathrm{sign}(\sigma) X_{\sigma(1)}(f_1) \cdots X_{\sigma(k)}(f_k). \tag{6.101}$$

Die Abbildung $\mathcal{U}^{(1)}$ ist injektiv.

Lemma 6.2.46. *Die Hochschild-Kostant-Rosenberg-Abbildung $\mathcal{U}^{(1)}$ liefert immer einen Kozyklus*

$$\delta \circ \mathcal{U}^{(1)}X = 0, \tag{6.102}$$

welcher nur für $X = 0$ exakt ist.

Beweis. Wir müssen zeigen, daß $\mathcal{U}^{(1)}X$ bezüglich des Hochschild-Differentials δ geschlossen ist. Zunächst gilt

$$(\mathcal{U}^{(1)}X)(f_0,\ldots,f_if_{i+1},\ldots,f_k) = (\mathcal{U}^{(1)}X)(f_0,\ldots,f_i,f_{i+2},\ldots,f_k)f_{i+1}$$
$$+ (\mathcal{U}^{(1)}X)(f_0,\ldots,f_{i-1},f_{i+1},\ldots,f_k)f_i$$

für alle $i = 0,\ldots,k-1$, da $\mathcal{U}^{(1)}X$ in jedem Argument derivativ ist. Damit folgt

$$(\delta\mathcal{U}^{(1)}X)(f_0,\ldots,f_k) = f_0(\mathcal{U}^{(1)}X)(f_1,\ldots,f_k)$$
$$+ \sum_{i=0}^{k-1}(-1)^{i+1}(\mathcal{U}^{(1)}X)(f_0,\ldots,f_{i-1},f_{i+1},\ldots,f_k)f_i$$
$$+ \sum_{i=0}^{k-1}(-1)^{i+1}(\mathcal{U}^{(1)}X)(f_0,\ldots,f_i,f_{i+2},\ldots,f_k)f_{i+1}$$
$$+ (-1)^{k+1}(\mathcal{U}^{(1)}X)(f_0,\ldots,f_{k-1})f_k = 0.$$

Daher ist $\mathcal{U}^{(1)}X$ immer ein Hochschild-Kozyklus, welcher zudem total antisymmetrisch ist. Also kann er nach Lemma 6.2.44 kein Hochschild-Korand sein, es sei denn $\mathcal{U}^{(1)}X = 0$, was aber mit $X = 0$ gleichbedeutend ist. $\square$

Korollar 6.2.47. *Die Hochschild-Kostant-Rosenberg-Abbildung induziert eine injektive Abbildung*

$$\mathcal{U}^{(1)} : \mathfrak{X}^\bullet(M) \longrightarrow \mathrm{HH}^\bullet(C^\infty(M)). \tag{6.103}$$

Damit ist also schon ein großer Teil der Hochschild-Kohomologie gefunden. Verlangt man nun von den Koketten zudem, daß sie stetig, lokal, differentiell oder n.c.-differentiell sind, so erweist sich $\mathcal{U}^{(1)}$ als surjektiv. Dies zeigt folgende Proposition, die wir für den lokalen Fall formulieren, siehe [67]:

Proposition 6.2.48. *Sei $\phi \in C^k_{\mathrm{loc}}(C^\infty(M))$ ein k-Kozyklus. Dann gibt es ein eindeutig bestimmtes k-Vektorfeld $X \in \mathfrak{X}^k(M)$ und eine $(k-1)$-Kokette $\psi \in C^{k-1}_{\mathrm{loc}}(C^\infty(M))$, so daß*

$$\phi = \mathcal{U}^{(1)} X + \delta\psi. \tag{6.104}$$

Beweis (nach [67]). Zunächst gilt allgemein für das Hochschild-Differential δ, daß für alle $a \in \mathcal{A}$ und $\phi \in C^\bullet(\mathcal{A})$ die Gleichung

$$\delta(a\phi) = a\delta\phi$$

gilt, sofern $\mathcal{A}$ kommutativ ist oder allgemeiner $a \in \mathscr{Z}(\mathcal{A})$ im Zentrum von $\mathcal{A}$ liegt. Dies sieht man unmittelbar an der konkreten Formel (6.53). Daher können wir mit einer quadratischen Zerlegung der Eins $\sum_\alpha \chi_\alpha^2 = 1$ anstelle von ϕ die *Kozyklen* $\chi_\alpha\phi$ betrachten. Da ϕ zudem als lokal vorausgesetzt ist, läßt sich $\chi_\alpha\phi$ als Kozyklus in $C^k_{\mathrm{loc}}(C^\infty(U_\alpha))$ auffassen, wobei U_α eine offene Teilmenge von M ist, die den Träger von χ_α umfaßt. Durch geeignete Wahl der U_α und χ_α hat man daher das Problem auf den Fall $M = \mathbb{R}^n$ zurückgeführt, da zum einen $\delta\chi_\alpha\phi = \chi_\alpha\delta\phi = 0$ gilt und falls $\chi_\alpha\phi = \mathcal{U}^{(1)}X_\alpha + \delta\psi_\alpha$ gilt, so lassen sich die lokalen k-Vektorfelder und lokal definierten lokalen Koränder mittels der Zerlegung der Eins zusammenkleben und liefern

$$\phi = \sum_\alpha \chi_\alpha^2 \phi = \mathcal{U}^{(1)} \sum_\alpha \chi_\alpha X_\alpha + \delta \sum_\alpha \chi_\alpha\psi_\alpha,$$

wobei $\chi_\alpha X_\alpha$ ebenso wie $\chi_\alpha\psi_\alpha$ global definiert sind. Es genügt daher $M = \mathbb{R}^n$ zu betrachten. Da nach dem Peetre-Theorem, siehe Bemerkung 5.4.6, eine lokale multilineare Abbildung sogar lokal multidifferentiell ist, können wir nach eventuell nochmaliger Einschränkung auf eine offene Teilmenge annehmen, daß ϕ sogar multidifferentiell ist. Es gilt daher

$$\phi(f_1, \ldots, f_k) = \sum_{|I_1|=0}^{\ell_1} \cdots \sum_{|I_k|=0}^{\ell_k} \phi^{I_1 \cdots I_k} \frac{\partial^{|I_1|} f_1}{\partial x^{I_1}} \cdots \frac{\partial^{|I_k|} f_k}{\partial x^{I_k}}$$

mit gewissen Koeffizientenfunktionen $\phi^{I_1 \cdots I_k} \in C^\infty(\mathbb{R}^n)$. Die Eigenschaft $\delta\phi = 0$ übersetzt sich nun in ein lineares Gleichungssystem für die $\phi^{I_1 \cdots I_k}$, welches punktweise in $M = \mathbb{R}^n$ geprüft werden kann, da δ ja keinerlei Ableitungen in Mannigfaltigkeitsrichtung beinhaltet. Nun gibt es ein rekursives und explizites Verfahren, Koränder aus den Funktionen $\phi^{I_1 \cdots I_k}$ zu konstruieren, um so sukzessive durch Subtraktion dieser Koränder zu erreichen, daß die Differentiationsordnung in jedem Argument nur noch 1 beträgt und der verbleibende Kozyklus total antisymmetrisch ist. Auf diese Weise konstruiert man explizit X. Die Details für diesen Algorithmus findet man beispielsweise in [67] und eine MAPLE-Implementation in [256]. $\qquad\Box$

Mit den offensichtlichen Modifikationen ist der Beweis auch für den Fall von differentiellen und n.c.-differentiellen Koketten anwendbar. Die Proposition ist immer noch richtig, wenn man stetige Koketten betrachtet, nur muß man in diesem Fall eine andere Beweistechnik wählen, siehe beispielsweise [84, 152, 247, 266] sowie [40] für einen vereinheitlichenden Beweis für $M = \mathbb{R}^n$. Aus dieser Proposition erhält man die gewünschte Surjektivität der Hochschild-Kostant-Rosenberg-Abbildung (6.99) sofort. Zudem ist der total antisymmetrische Teil eines Kozyklus $\phi \in C^\bullet_{\mathrm{loc}}(C^\infty(M))$ durch

$$\mathcal{A}\ell t\, \phi = \mathcal{U}^{(1)} X \tag{6.105}$$

gegeben, womit $\mathcal{A}\ell t$ auf Kohomologieklassen die Umkehrabbildung zu $\mathcal{U}^{(1)}$ induziert. Die Abbildung $\mathcal{U}^{(1)}$ erweist sich nicht nur als Bijektion sondern auch als Isomorphismus von Gerstenhaber-Algebren:

Satz 6.2.49 (Hochschild-Kostant-Rosenberg-Theorem). *Sei M eine Mannigfaltigkeit. Dann ist*

$$\mathcal{U}^{(1)} : \mathfrak{X}^\bullet(M) \longrightarrow \mathrm{HH}^\bullet_{\mathrm{diff}}(C^\infty(M)) \tag{6.106}$$

ein Isomorphismus von Gerstenhaber-Algebren. Anstelle von „diff" kann man auch „cont", „loc" oder „n.c.-diff" schreiben.

Beweis. Die Surjektivität folgt unmittelbar aus Proposition 6.2.48. Es muß also nur gezeigt werden, daß $\mathcal{U}^{(1)}$ das $\wedge$-Produkt in das $\cup$-Produkt und die Schouten-Nijenhuis-Klammer in die Gerstenhaber-Klammer übersetzt. Für Vektorfelder $X_1, \ldots, X_k$ gilt nach Definition von $\mathcal{U}^{(1)}$ und $\cup$ offenbar

$$\mathcal{U}^{(1)}(X_1 \wedge \cdots \wedge X_k) = \mathcal{A}\ell t \left(\mathcal{U}^{(1)}(X_1) \cup \cdots \cup \mathcal{U}^{(1)}(X_k) \right).$$

Da das $\cup$-Produkt in der Kohomologie aber superkommutativ wird, folgt sofort, daß $\mathcal{U}^{(1)}$ einen Algebramorphismus bezüglich $\wedge$ und $\cup$ in der Kohomologie liefert. Weiter erzeugen Funktionen und Vektorfelder bezüglich des $\wedge$-Produkts lokal alle Multivektorfelder. Da $[\![\cdot, \cdot]\!]$ ebenso wie die Gerstenhaber-Klammer $[\cdot, \cdot]$ in der Kohomologie die selbe Leibniz-Regel erfüllen, nämlich die einer Gerstenhaber-Algebra, siehe (2.199), genügt es nun zu zeigen, daß $\mathcal{U}^{(1)}$ auf den Generatoren die Schouten-Nijenhuis-Klammer in die Gerstenhaber-Klammer übersetzt. Dies ist aber unmittelbar klar und gilt bereits für die

Koketten selbst. Man beachte jedoch, daß $\mathcal{U}^{(1)}$ auf dem Niveau von beliebigen Koketten im allgemeinen *kein* Morphismus der Klammern liefert, sondern eben nur für Funktionen und Vektorfelder.   □

Bemerkung 6.2.50. Dieser Satz stellt die Gerstenhaber-Algebra $(\mathfrak{X}^\bullet, \wedge, [\![\cdot, \cdot]\!])$ in einen weiteren Zusammenhang: Das $\wedge$-Produkt ebenso wie die Schouten-Nijenhuis-Klammer könnten durch die Strukturen der Gerstenhaber-Algebra $\mathrm{HH}^\bullet_{\mathrm{cont}}(C^\infty(M))$ *definiert* werden. Da aus $\wedge$ und $[\![\cdot, \cdot]\!]$ die gesamte Differentialgeometrie von M rekonstruiert werden kann, liefert dies einen weiteren, unabhängigen Zugang zur Differentialgeometrie, der nun ganz auf die algebraische Struktur von $C^\infty(M)$ gestützt ist. In der Tat ist $\mathrm{HH}^\bullet(\mathcal{A})$ für eine beliebige, auch nichtkommutative Algebra $\mathcal{A}$ eine Gerstenhaber-Algebra, weshalb dieses Theorem als ein möglicher Ausgangspunkt für Connes nichtkommutative Geometrie [84] gelten kann. Tatsächlich wird dort nicht die Hochschild-Kohomologie sondern die zyklische Kohomologie betrachtet.

Bemerkung 6.2.51 (Exkurs: Kontsevichs Formalitätstheorem). Die Bezeichnung $\mathcal{U}^{(1)}$ legt bereits nahe, daß die HKR-Abbildung nur die erste von vielen Abbildungen $\mathcal{U}^{(r)}$ ist. Dies ist in der Tat der Fall und gerade die Aussage von Kontsevichs Formalitätstheorem. Wir wollen kurz die wesentliche Idee skizzieren, ohne auf irgendwelche Details eingehen zu können, da dies den Rahmen bei weitem sprengte. Hierzu sei auf die weiterführende Literatur verwiesen, insbesondere auf die Originalarbeiten [10, 74, 78, 79, 101, 102, 203–206], sowie auf [75] für eine Einführung. Die Idee ist, daß die HKR-Abbildung $\mathcal{U}^{(1)}$ zwar kein Lie-Algebramorphismus von der Super-Lie-Algebra $\Gamma^\infty(\Lambda^\bullet TM)$ in die Super-Lie-Algebra $C^\bullet_{\mathrm{diff}}(C^\infty(M))$ ist, aber auf Kohomologieniveau sehr wohl sogar einen Isomorphismus von Super-Lie-Algebren liefert. Für die Konstruktion eines Sternprodukts $\star$ aus einer Poisson-Struktur π wäre es jedoch genug, wenn man zwar keinen Lie-Algebramorphismus fände, wohl aber eine Abbildung, welche Maurer-Cartan-Elemente auf Maurer-Cartan-Elemente abbildet. Es gibt nun tatsächlich eine etwas schwächere Definition eines *Lie-Algebramorphismus bis auf Homotopie* oder eben einen L_∞-*Morphismus*, der genau dies leistet. Zudem werden äquivalente Maurer-Cartan-Elemente auf äquivalente abgebildet, womit man letztlich nicht nur die Existenz sondern auch gleichzeitig die Klassifikation erhält. Die genaue Definition eines L_∞-Morphismus ist technisch und erfordert für einen konzeptionell klaren Zugang die Sprache der Koalgebren, welche wir hier nicht vertiefen wollen. Es sei nur gesagt, daß ein L_∞-Morphismus $\mathcal{U}$ aus r-linearen Komponenten $\mathcal{U}^{(r)}$ besteht, welche r Multivektorfelder $X_1, \ldots, X_r$ als Argumente besitzen und als Wert einen Multidifferentialoperator liefern. Die geforderten algebraischen Relationen zwischen den Multidifferentialoperatoren $\mathcal{U}^{(r)}(X_1, \ldots, X_r)$ und $\mathcal{U}^{(s)}(Y_1, \ldots, Y_s)$, welche einen L_∞-Morphismus kennzeichnen, sind kompliziert, garantieren aber unter anderem, daß für eine Poisson-Struktur π die Definition

$$f \star_\pi g = fg + \sum_{r=1}^\infty \left(\frac{\mathrm{i}\lambda}{2}\right)^r \mathcal{U}^{(r)}(\pi, \ldots, \pi)(f, g) \tag{6.107}$$

ein assoziatives Sternprodukt liefert. Kontsevichs Konstruktion der Abbildungen $\mathcal{U}^{(r)}$ basiert zunächst auf einer lokalen Überlegung für $M = \mathbb{R}^n$. Hier werden, wie bereits angedeutet, die verschiedenen Beiträge zu $\mathcal{U}^{(r)}(X_1, \ldots, X_r)$ durch Graphen kodiert, die angeben, welches Multivektorfeld wie oft differenziert wird und welche Ableitungen zum Schluß auf die Argumente des Multidifferentialoperators $\mathcal{U}^{(r)}(X_1, \ldots, X_r)$ wirken. Der eigentlich schwierige Teil besteht nun darin, diesen einzelnen Beiträgen Gewichte zuzuordnen, so daß die entsprechende Summe ein L_∞-Morphismus wird. In einem zweiten Schritt wird von der lokalen Situation dann auf die globale geschlossen.

6.3 Kalkül mit Sternprodukten

In diesem Abschnitt wollen wir nun einige elementare Konstruktionen für und mit Sternprodukten vorstellen, wobei wir uns stellenweise auf den symplektischen Fall beschränken werden. Im folgenden sei (M, π) eine Poisson-Mannigfaltigkeit und $\star$ ein Sternprodukt für (M, π).

6.3.1 Inverse, Exponential- und Logarithmusfunktion

Nicht nur im Hinblick auf eine mögliche Definition des Spektrums von Observablen $f \in C^\infty(M)[[\lambda]]$ bezüglich eines Sternprodukts $\star$ auf M ist es interessant, die $\star$-Invertierbarkeit von f zu verstehen:

Proposition 6.3.1. *Sei $\star$ ein Sternprodukt auf M. Dann ist $f \in C^\infty(M)[[\lambda]]$ genau dann invertierbar bezüglich $\star$, falls die nullte Ordnung f_0 von f überall von Null verschieden ist.*

Beweis. Dies gilt ganz allgemein: Ist $\mathcal{A}$ eine assoziative Algebra mit $\mathbb{1}$ und $\star$ eine formale assoziative Deformation, so ist $a = a_0 + \lambda a_1 + \cdots \in \mathcal{A}[[\lambda]]$ genau dann bezüglich $\star$ invertierbar, wenn $a_0 \in \mathcal{A}$ bezüglich der undeformierten Multiplikation invertierbar ist. Ist nämlich $a^{-1} = a_0^{-1} + \lambda a_1^{-1} + \cdots \in \mathcal{A}[[\lambda]]$ das $\star$-Inverse von a, so folgt aus $a^{-1} \star a = \mathbb{1} = a \star a^{-1}$ in nullter Ordnung $a_0^{-1} a_0 = \mathbb{1} = a_0 a_0^{-1}$, womit a_0^{-1} das Inverse von a_0 bezüglich der undeformierten Multiplikation ist. Ist umgekehrt a_0 invertierbar mit Inversem a_0^{-1}, so gilt $a \star a_0^{-1} = \mathbb{1} + \lambda b$ mit $b \in \mathcal{A}[[\lambda]]$. Da aber die geometrische Reihe

$$(\mathbb{1} + \lambda b)^{-1} = \sum_{r=0}^{\infty} \underbrace{(-\lambda b) \star \cdots \star (-\lambda b)}_{r\text{-mal}}$$

eine wohl-definierte formale Potenzreihe und damit das $\star$-Inverse zu $\mathbb{1} + \lambda b$ ist, folgt, daß $a^{-1} = a_0^{-1} \star (\mathbb{1} + \lambda b)^{-1}$ ein Rechtsinverses zu a bezüglich $\star$ ist. Analog zeigt man, daß a ein Linksinverses besitzt und damit invertierbar ist. $\qquad\square$

Bemerkung 6.3.2 (Spektrum). Diese einfache Proposition zeigt insbesondere, daß die naheliegende Definition eines Spektrums von $f \in C^\infty(M)[[\lambda]]$ durch „$\alpha \in \mathrm{spec}(f) \subseteq \mathbb{C}[[\lambda]]$ genau dann, wenn $f - \alpha$ nicht $\star$-invertierbar" keine physikalisch interessante Information liefert, da nur die klassische Invertierbarkeit von $f_0 - \alpha_0$ über die Invertierbarkeit von $f - \alpha$ entscheidet. Insbesondere kann man so noch keine Diskretisierung der Spektralwerte erwarten. Auch die Verwendung formaler Laurent-Reihen $\mathbb{C}((\lambda))$ und $C^\infty(M)((\lambda))$ anstelle von formalen Potenzreihen löst dieses Problem nicht. Tatsächlich zeigt sich bei eingehenderer Analyse, daß ein physikalisch vernünftiger Spektralbegriff im Rahmen formaler Reihen in $\hbar$ eher nicht zu erwarten ist, vielmehr wird an dieser Stelle tatsächlich Konvergenz in $\lambda = \hbar$ erforderlich. Einen gewissen Ausweg bietet Fedosovs Zugang mit Hilfe des Indextheorems. Hier lassen sich auf mathematisch sehr elegante Weise Spektren definieren. Der Nachteil ist jedoch, daß die Voraussetzungen (noch) zu speziell sind, um einen allgemeinen Spektrumsbegriff zu liefern, siehe beispielsweise [114].

Wir wollen als nächstes untersuchen, wie sich gewisse holomorphe Funktionen im Sternproduktsinne definieren lassen. Ein holomorpher Kalkül im Sinne von Banach-Algebren, siehe etwa [280, Chap. 10], scheint jedoch im allgemeinen nicht ohne weiteres möglich, so daß wir uns hier auf Beispiele beschränken.

Ist $H = \lambda H_1 + \lambda^2 H_2 + \cdots \in \lambda C^\infty(M)[[\lambda]]$, so stellt die Exponentialreihe

$$\mathrm{Exp}(H) = \sum_{n=0}^{\infty} \frac{1}{n!} \underbrace{H \star \cdots \star H}_{n\text{-mal}} \tag{6.108}$$

eine wohl-definierte formale Potenzreihe dar, welche wir daher als $\star$-Exponential von H bezeichnen können. Diese naive Definition ist jedoch nicht länger möglich, wenn H auch eine nichttriviale unterste Ordnung H_0 besitzt: dann treten in jeder Ordnung von λ in (6.108) bereits unendlich viele Terme auf, über deren Konvergenz zunächst nichts bekannt ist: den algebraischen Rahmen von formalen Potenzreihen hat man damit auf jeden Fall verlassen, selbst wenn es gelingt, die Konvergenz in jeder Ordnung von λ zu zeigen, was mit einigen Mühen tatsächlich gelingt, siehe etwa [229]. Wir werden einen anderen Weg beschreiten, um $\mathrm{Exp}(H)$ zu definieren, wobei wir im wesentlichen der Vorgehensweise in [46, 58, 310] folgen werden.

Wir betrachten für eine Abbildung $\mathbb{R} \ni t \mapsto f(t) \in C^\infty(M)[[\lambda]]$ die Differentialgleichung

$$\frac{\mathrm{d}}{\mathrm{d}t} f(t) = H \star f(t) \tag{6.109}$$

und wollen zeigen, daß diese zur Anfangsbedingung $f(0) = 1$ eine eindeutige Lösung besitzt. Die Vorgehensweise erinnert dabei an das „Wechselwirkungsbild" in der Störungstheorie, da wir (6.109) zunächst klassisch lösen:

Lemma 6.3.3. *Sei $H \in C^\infty(M)[[\lambda]]$ gegeben. Dann besitzt (6.109) zur Anfangsbedingung $f(0) = 1$ eine eindeutige Lösung $f(t)$ für alle $t \in \mathbb{R}$. Die Funktion $\mathbb{R} \times M \ni (t, p) \mapsto f(t)(p)$ ist in jeder Ordnung glatt.*

Beweis. Wir separieren zunächst die klassische Lösung e^{tH_0} ab und betrachten entsprechend $g(t) = e^{-tH_0} f(t)$. Dann erfüllt $f(t)$ die Gleichung (6.109) offenbar genau dann, wenn

$$\frac{\mathrm{d}}{\mathrm{d}t} g(t) = -H_0 g(t) + e^{-tH_0} \left(H \star \left(e^{tH_0} g(t) \right) \right) \tag{$*$}$$

gilt, jeweils mit der Anfangsbedingung $f(0) = 1 = g(0)$. Hier ist auf die Klammerung zu achten. Wir definieren nun den t-abhängigen Operator

$$\mathcal{H}_t : C^\infty(M)[[\lambda]] \ni f \mapsto -H_0 f + e^{-tH_0} \left(H \star \left(e^{tH_0} f \right) \right) \in C^\infty(M)[[\lambda]],$$

womit ($*$) unter Berücksichtigung der Anfangsbedingung $g(0) = 1$ zur Integralgleichung

$$g(t) = 1 + \int_0^t \mathcal{H}_\tau g(\tau) \mathrm{d}\tau \tag{$**$}$$

äquivalent wird. Damit können wir $g(t)$ aber als Fixpunkt des durch die rechte Seite von ($**$) definierten Operators ansehen. Dieser erhöht aber den λ-Grad, womit er kontrahierend ist und nach dem Banachschen Fixpunktsatz in Form von Lemma 6.2.6 einen eindeutigen Fixpunkt besitzt. Dies liefert dann die Lösung $f(t) = e^{tH_0} g(t)$. Da $g(t)$ einfach durch Iteration Ordnung für Ordnung gewonnen wird, ist die Glattheit von $g(t)$ und damit von $f(t)$ klar. $\square$

Die eindeutige Lösung bezeichnen wir aus naheliegenden Gründen als $\star$-Exponential $\mathrm{Exp}(tH) = f(t)$. Aus der Eindeutigkeit der Lösung lassen sich nun sofort folgende wichtige Eigenschaften der $\star$-Exponentialfunktion ablesen, siehe [46, 58, 310]:

Satz 6.3.4 ($\star$-Exponentialfunktion). *Sei $f, g, H \in C^\infty(M)[[\lambda]]$. Die $\star$-Exponentialfunktion $\mathrm{Exp}(\cdot)$ besitzt folgende Eigenschaften:*

i.) $\mathrm{Exp}(tH) = \sum_{r=0}^\infty \lambda^r \mathrm{Exp}(tH)_r$ mit $\mathrm{Exp}(tH)_0 = e^{tH_0}$ und $\mathrm{Exp}(tH)_{r+1} = t e^{tH_0} H_{r+1} + E_r$, wobei E_r nur von $H_0, \ldots, H_r$ abhängt.

ii.) Es gilt $H \star \mathrm{Exp}(tH) = \mathrm{Exp}(tH) \star H$ sowie $\mathrm{Exp}((t+s)H) = \mathrm{Exp}(tH) \star \mathrm{Exp}(sH)$ für alle $s, t \in \mathbb{R}$.

iii.) Es gilt $\overline{\mathrm{Exp}(tH)} = \mathrm{Exp}(t\overline{H})$ für ein Hermitesches Sternprodukt.

iv.) Gilt $H_0 = 0$, so stimmt $\mathrm{Exp}(H)$ mit (6.108) überein.

v.) Es gilt $\mathrm{Exp}(tH) \star f \star \mathrm{Exp}(-tH) = e^{t \, \mathrm{ad}(H)}(f)$ für alle $t \in \mathbb{R}$.

vi.) Es gilt genau dann $[f, g]_\star = 0$, wenn $[\mathrm{Exp}(f), g]_\star = 0$, was genau dann gilt, wenn $[\mathrm{Exp}(f), \mathrm{Exp}(g)]_\star = 0$. In diesem Fall gilt $\mathrm{Exp}(f) \star \mathrm{Exp}(g) = \mathrm{Exp}(f + g)$.

vii.) Ist M zusammenhängend, so gilt genau dann $\mathrm{Exp}(H) = 1$, wenn $H = 2\pi \mathrm{i} k$ mit $k \in \mathbb{Z}$.

Beweis. Der erste Teil folgt unmittelbar aus der rekursiven Konstruktion von $g(t) = e^{-tH_0} \mathrm{Exp}(tH)$ gemäß Lemma 6.3.3. Für den zweiten Teil betrachtet man zunächst

$$\frac{\mathrm{d}}{\mathrm{d}t} \operatorname{Exp}(tH) \star \operatorname{Exp}(sH) = H \star \operatorname{Exp}(tH) \star \operatorname{Exp}(sH) \tag{$*$}$$

sowie

$$\frac{\mathrm{d}}{\mathrm{d}t} \operatorname{Exp}((t+s)H) = \frac{\mathrm{d}}{\mathrm{d}(t+s)} \operatorname{Exp}((t+s)H) = H \star \operatorname{Exp}((t+s)H),$$

womit aufgrund der Eindeutigkeit der Lösung von (6.109) sofort $\operatorname{Exp}(tH) \star \operatorname{Exp}(sH) = \operatorname{Exp}((t+s)H)$ folgt. Damit vertauscht $\operatorname{Exp}(tH)$ mit $\operatorname{Exp}(sH)$, womit durch Auswerten von $(*)$ bei $t = 0$ die Beziehung $H \star \operatorname{Exp}(sH) = \operatorname{Exp}(sH) \star H$ folgt. Der dritte Teil folgt aus

$$\frac{\mathrm{d}}{\mathrm{d}t} \overline{\operatorname{Exp}(t\overline{H})} = \overline{\overline{H} \star \operatorname{Exp}(t\overline{H})} = \overline{\operatorname{Exp}(t\overline{H})} \star H$$

und der Eindeutigkeit der Lösung der Differentialgleichung $\frac{\mathrm{d}}{\mathrm{d}t} \operatorname{Exp}(tH) = \operatorname{Exp}(tH) \star H$. Genauso zeigt man den vierten Teil, da für $H_0 = 0$ die Exponentialreihe (6.108) offenbar (6.109) löst. Für den fünften Teil bemerken wir zunächst, daß die rechte Seite eine wohl-definierte Reihe von Abbildungen ist, da $\operatorname{ad}(H)$ in erster Ordnung von λ beginnt. Ableiten nach t beider Seiten zeigt unter Verwendung des zweiten Teils, daß beide Seiten die selbe Differentialgleichung zur selben Anfangsbedingung erfüllen. Für den sechsten Teil betrachten wir zunächst $[f, g]_\star = 0$. Dann sind die Funktionen $f \star \operatorname{Exp}(tg)$ und $\operatorname{Exp}(tg) \star f$ beide Lösungen der Differentialgleichung

$$\frac{\mathrm{d}}{\mathrm{d}t} h(t) = g \star h(t)$$

zur Anfangsbedingung $h(0) = f$. Daher gilt $f \star \operatorname{Exp}(tg) = h(t) = \operatorname{Exp}(tg) \star f$. Erneutes Anwenden dieses Arguments liefert auch, daß $[\operatorname{Exp}(f), g]_\star = 0$ das Vertauschen $[\operatorname{Exp}(f), \operatorname{Exp}(g)]_\star = 0$ impliziert. Sei nun $[\operatorname{Exp}(f), \operatorname{Exp}(g)]_\star = 0$, dann folgt $\operatorname{Exp}(f) = \mathrm{e}^{\operatorname{ad}(g)}(\operatorname{Exp}(f))$ nach dem fünften Teil, also

$$\operatorname{ad}(g)(\operatorname{Exp}(f)) = -\sum_{r=2}^{\infty} \frac{1}{r!} \operatorname{ad}(g)^{r-1} \operatorname{ad}(g)(\operatorname{Exp}(f)). \tag{$**$}$$

Dies ist aber erneut eine Fixpunktgleichung für $\operatorname{ad}(g)(\operatorname{Exp}(f))$ des durch die rechte Seite definierten *linearen* Operators. Dieser erhöht offenbar Dank $r \geq 2$ den λ-Grad, womit der einzige Fixpunkt 0 ist, also $[\operatorname{Exp}(f), g]_\star = 0$. Erneutes Anwenden liefert die verbleibende Implikation. Schließlich zeigt man durch Ableiten von $\operatorname{Exp}(tf + sg)$ und $\operatorname{Exp}(tf) \star \operatorname{Exp}(sg)$ die letzte Aussage des sechsten Teils. Sei nun M zusammenhängend, so impliziert $\operatorname{Exp}(H) = 1$ in nullter Ordnung offenbar, daß $H_0 = 2\pi\mathrm{i}k$ mit $k \in \mathbb{Z}$. Daher ist H_0 zentral und es gilt nach dem sechsten Teil $\operatorname{Exp}(H - H_0) = \operatorname{Exp}(H_0) \star \operatorname{Exp}(H - H_0) = \operatorname{Exp}(H) = 1$, also $\operatorname{Exp}(H - H_0) = 1$. Mit dem vierten Teil folgt dann aber sofort $H - H_0 = 0$. $\qquad\square$

Den ersten Teil des Satzes können wir als Surjektivitätsaussage werten, womit wir den $\star$-Logarithmus Ln als Umkehrabbildung von Exp definieren können: Da Exp aber nicht injektiv ist, ist Ln nicht eindeutig bestimmt, vielmehr gilt folgendes Lemma:

Lemma 6.3.5. *Sei $O \subseteq M$ offen und zusammenziehbar und $f \in C^\infty(O)[[\lambda]]$ invertierbar. Dann existiert eine Funktion $H \in C^\infty(O)[[\lambda]]$ mit $\mathrm{Exp}(H) = f$, welche bis auf die Addition einer Konstanten $2\pi\mathrm{i}k$ mit $k \in \mathbb{Z}$ eindeutig bestimmt ist.*

Beweis. Da $f_0(O) \subseteq \mathbb{C} \setminus \{0\}$ ebenfalls zusammenziehbar ist, existiert ein klassischer glatter Logarithmus $H_0 = \ln(f_0) \in C^\infty(O)$, welcher eindeutig bis auf die Addition von $2\pi\mathrm{i}k$ mit $k \in \mathbb{Z}$ ist. Mit dem ersten Teil von Satz 6.3.4 lassen sich aber dann rekursiv eindeutige Funktionen $H_1, H_2, \ldots \in C^\infty(O)$ bestimmen, so daß $\mathrm{Exp}(H) = f$ für $H = H_0 + \lambda H_1 + \cdots$. $\qquad\square$

Nach Wahl eines klassischen Logarithmus $H_0 = \ln(f_0)$ erhält man also einen eindeutigen $\star$-*Logarithmus* $H = \mathrm{Ln}(f) = \ln(f_0) + \cdots$. Ist insbesondere $f_0 > 0$, so liefert die Bedingung $\ln(f_0) > 0$ eine ausgezeichnete Wahl.

Bemerkung 6.3.6 (Globaler $\star$-Logarithmus). Findet man für eine invertierbare Funktion $f \in C^\infty(M)[[\lambda]]$ sogar einen *globalen* klassischen Logarithmus $H_0 = \ln(f_0) \in C^\infty(M)$, so liefert Satz 6.3.4 auch einen globalen $\star$-Logarithmus $H = \mathrm{Ln}(f) = \ln(f_0) + \cdots$. Umgekehrt ist der klassische Limes eines globalen $\star$-Logarithmus $\mathrm{Ln}(f)$ von f immer ein klassischer Logarithmus des klassischen Limes f_0. Damit unterliegt die Existenz eines globalen $\star$-Logarithmus einer invertierbaren Funktion $f \in C^\infty(M)[[\lambda]]$ also den selben topologischen Einschränkungen wie bereits der klassische Logarithmus. Als Beispiel sei an die Nichtexistenz eines klassischen glatten Logarithmus der invertierbaren Funktion $\mathrm{id} : \mathbb{C} \setminus \{0\} \ni z \mapsto z \in \mathbb{C}$ erinnert.

Bemerkung 6.3.7 ($\star$-Potenzen). Ist $f \in C^\infty(M)[[\lambda]]$ invertierbar und besitzt einen globalen $\star$-Logarithmus $\mathrm{Ln}(f)$, so lassen sich auch $\star$-Potenzen

$$f^{\star z} = \mathrm{Exp}(z\,\mathrm{Ln}(f)) \tag{6.110}$$

mit $z \in \mathbb{C}[[\lambda]]$ definieren, für die sich dann die üblichen Rechenregeln aus denen für Exp und Ln ableiten lassen. Die Mehrdeutigkeit der $\star$-Potenzen ergibt sich in üblicher Weise aus der des $\star$-Logarithmus.

6.3.2 Derivationen von Sternprodukten

Um die algebraische Struktur der Observablen besser verstehen zu können, wollen wir in einem nächsten Schritt die Derivationen als infinitesimale Version der Automorphismen der Algebra $(C^\infty(M)[[\lambda]], \star)$ betrachten. Die Lie-Algebra der Derivationen wird dabei mit $\mathsf{Der}(\star)$ bezeichnet, das Lie-Ideal der inneren Derivationen mit $\mathsf{InnDer}(\star) \subseteq \mathsf{Der}(\star)$. Offenbar sind beide $\mathbb{C}[[\lambda]]$-Moduln. Ist $\star$ zudem Hermitesch, bezeichnet $\mathsf{Der}^*(\star)$ die *-Derivationen, also diejenigen $D \in \mathsf{Der}(\star)$, für welche $D(\overline{f}) = \overline{D(f)}$ gilt.

Innere Derivationen $\mathrm{ad}(H) = [H, \cdot]_\star = \mathrm{i}\lambda\{H, \cdot\} + \cdots$ beginnen für jedes Sternprodukt in Ordnung λ oder höher, da die nullte Ordnung von $\star$ das kommutative Produkt ist. Daher ist $\frac{1}{\lambda}\mathrm{ad}(H) = -\{H, \cdot\} + \cdots$ ebenfalls eine wohl-definierte, im allgemeinen aber *äußere* Derivation, da „$\frac{\mathrm{i}}{\lambda}H$" im allgemeinen *kein* Element von $C^\infty(M)[[\lambda]]$ darstellt, solange wir über den formalen Potenzreihen arbeiten. Dies motiviert folgende Definition:

Definition 6.3.8 (Quasiinnere Derivationen). *Sei $\star$ ein Sternprodukt auf M. Dann heißt eine $\star$-Derivation von $C^\infty(M)[[\lambda]]$ der Form $\frac{\mathrm{i}}{\lambda}\mathrm{ad}(H)$ mit $H \in C^\infty(M)[[\lambda]]$ quasiinnere Derivation. Die Menge der quasiinneren Derivationen wird mit $\frac{\mathrm{i}}{\lambda}\mathsf{InnDer}(\star)$ bezeichnet.*

Bemerkung 6.3.9 (Quasiinnere Derivationen).

i.) Die quasiinneren Derivationen sind offenbar ein $\mathbb{C}[[\lambda]]$-Untermodul aller Derivationen $\mathsf{Der}(\star)$ von $\star$. Weiter gilt für eine beliebige Derivation $D \in \mathsf{Der}(\star)$ und $\frac{\mathrm{i}}{\lambda}\mathrm{ad}(H) \in \frac{\mathrm{i}}{\lambda}\mathsf{InnDer}(\star)$ offenbar

$$\left[D, \frac{\mathrm{i}}{\lambda}\mathrm{ad}(H)\right] = \frac{\mathrm{i}}{\lambda}\mathrm{ad}(DH) \in \frac{\mathrm{i}}{\lambda}\mathsf{InnDer}(\star), \qquad (6.111)$$

womit die quasiinneren Derivationen sogar ein Lie-Ideal in $\mathsf{Der}(\star)$ bilden.

ii.) Der Faktor i ist reine Konvention und bewirkt, daß die unterste Ordnung von $\frac{1}{\lambda}\mathrm{ad}(H)$ durch das Hamiltonsche Vektorfeld $\mathscr{L}_{X_{H_0}}$ zur nullten Ordnung H_0 von H gegeben ist.

iii.) Benutzten wir formale Laurent-Reihen anstelle von formalen Potenzreihen, so wäre $\frac{\mathrm{i}}{\lambda}\mathrm{ad}(H) = \mathrm{ad}(\frac{\mathrm{i}}{\lambda}H)$ tatsächlich eine innere Derivation, womit die Bezeichnung „quasiinnere Derivation" erklärt ist.

Da wir $(C^\infty(M)[[\lambda]], \star)$ immer als $\mathbb{C}[[\lambda]]$-Algebra verstehen wollen, betrachten wir nur solche Derivationen, welche auch $\mathbb{C}[[\lambda]]$-linear sind. Ist daher D eine Derivation, so gilt

$$D = \sum_{r=0}^\infty \lambda^r D_r \qquad (6.112)$$

mit linearen Abbildungen $D_r : C^\infty(M) \longrightarrow C^\infty(M)$, die wir auf die übliche Weise auf $C^\infty(M)[[\lambda]]$ fortsetzen. Die Lokalität des Sternprodukts impliziert nun die Lokalität seiner Derivationen:

Lemma 6.3.10. *Ist $\star$ ein differentielles Sternprodukt auf M und $D \in \mathsf{Der}(\star)$, so ist jede Abbildung D_r lokal. Die Derivation D schränkt sich auf offene Teilmengen $O \subseteq M$ zu $D_O \in \mathsf{Der}(\star|_O)$ ein.*

Beweis. Sei $p \in M \setminus \mathrm{supp}\, f$ für $f \in C^\infty(M)$. Sei weiter $O \subseteq M$ eine offene Umgebung von p mit $O^{\mathrm{cl}} \cap \mathrm{supp}\, f = \emptyset$ und $\chi \in C^\infty(M)$ eine Funktion mit $\chi\big|_{O^{\mathrm{cl}}} = 0$ sowie $\chi\big|_{\mathrm{supp}\, f} = 1$, die wir nach dem C^∞-Urysohn-Lemma, siehe Korollar A.1.5, immer finden können. Zunächst folgt $f \star \chi = f$, da die Bidifferentialoperatoren C_r des Sternprodukts $\star$ für $r \geq 1$ mindestens einmal differenzieren. Damit gilt aber $D(f) = D(f \star \chi) = D(f) \star \chi + f \star D(\chi)$. Die Lokalität von $\star$ impliziert nun, daß in O zum einen $D(f) \star \chi$ verschwindet, da $\chi\big|_O = 0$, und zum anderen, daß $f \star D(\chi)$ in O ebenfalls verschwindet, da $f\big|_O = 0$. Dies zeigt $D(f)\big|_O = 0$, womit $\mathrm{supp}\, D(f) \subseteq \mathrm{supp}\, f$ gezeigt ist. Die Lokalität impliziert dann mit Proposition A.3.3 die Einschränkbarkeit, die Derivationseigenschaft von D_O ist klar. $\qquad\square$

Dieses Lemma erlaubt nun folgende Definition von Derivationen, welche zumindest lokal innere Derivationen sind [59, Sect. 5.2]:

Definition 6.3.11 (Lokal innere Derivationen). *Sei $\star$ ein Sternprodukt auf M und D eine Derivation. Dann heißt D lokal innere Derivation, falls es zu jedem Punkt $p \in M$ eine offene Umgebung $O \subseteq M$ gibt, so daß $D_O \in \mathsf{InnDer}(\star\big|_O)$ gilt. Die Menge der lokal inneren Derivationen wird mit $\mathsf{LocInnDer}(\star)$ bezeichnet. Entsprechend definiert man die lokal quasiinneren Derivationen $\frac{\mathrm{i}}{\lambda} \mathsf{LocInnDer}(\star)$.*

Ist also $D \in \mathsf{LocInnDer}(\star)$ mit $D_{O_i} = \mathrm{ad}(H_{O_i})$ für $i = 1, 2$ mit geeigneten offenen Teilmengen $O_1, O_2 \subseteq M$ und entsprechenden Funktionen $H_{O_i} \in C^\infty(O_i)[[\lambda]]$, so ist $(H_{O_1} - H_{O_2})\big|_{O_1 \cap O_2}$ ein *zentrales Element* in $C^\infty(O_1 \cap O_2)[[\lambda]]$ bezüglich $\star\big|_{O_1 \cap O_2}$. Weiter ist klar, daß innere Derivationen erst recht lokal innere Derivationen sind. Die Obstruktion für eine lokal innere Derivation, innere Derivation zu sein, besteht ja gerade darin, daß sich die lokalen Funktionen H_O, eventuell nach geeigneter Addition zentraler Funktionen, zu einer global definierten Funktion zusammenfügen lassen.

Lemma 6.3.12. *Die lokal inneren Derivationen $\mathsf{LocInnDer}(\star)$ ebenso wie $\frac{\mathrm{i}}{\lambda} \mathsf{LocInnDer}(\star)$ bilden einen $\mathbb{C}[[\lambda]]$-Untermodul und ein Lie-Ideal von $\mathsf{Der}(\star)$.*

Beweis. Daß $\mathsf{LocInnDer}(\star)$ ebenso wie $\frac{\mathrm{i}}{\lambda} \mathsf{LocInnDer}(\star)$ Untermoduln von $\mathsf{Der}(\star)$ über $\mathbb{C}[[\lambda]]$ sind, ist klar. Ist $D \in \mathsf{LocInnDer}(\star)$, $\tilde{D} \in \mathsf{Der}(\star)$ und O eine geeignete offene Teilmenge von M mit $D_O = \mathrm{ad}(H_O)$, so gilt offenbar $[\tilde{D}, D]_O = [\tilde{D}_O, D_O] = \mathrm{ad}(\tilde{D}_O H_O)$, womit $[\tilde{D}, D] \in \mathsf{LocInnDer}(\star)$ folgt. Eine analoge Argumentation gilt auch für $\frac{\mathrm{i}}{\lambda} \mathsf{LocInnDer}(\star)$. $\qquad\square$

Die folgende Konstruktion zeigt, wie wir lokal innere Derivationen erhalten können, welche nicht notwendigerweise innere sind. Ist $A \in \Gamma^\infty(T^*M)[[\lambda]]$ eine formale Reihe von geschlossenen Einsformen, $\mathrm{d}A = 0$, so gilt beispielsweise auf zusammenziehbaren offenen Teilmengen $O \subseteq M$ nach dem Poincaré-Lemma, siehe Satz 2.3.25,

$$A\big|_O = \mathrm{d}H_O \tag{6.113}$$

mit $H_O \in C^\infty(O)[[\lambda]]$. Weiter ist $(H_O - H_{O'})\big|_{O \cap O'}$ *konstant* auf jeder Zusammenhangskomponente von $O \cap O'$, also insbesondere zentral. Daher gilt $\mathrm{ad}(H_O)\big|_{C^\infty(O \cap O')[[\lambda]]} = \mathrm{ad}(H_{O'})\big|_{C^\infty(O \cap O')[[\lambda]]}$, womit $\mathrm{ad}(H_O)$ nur von A aber nicht von der Wahl des lokalen Potentials H_O abhängt. Daher liefert dies eine global wohl-definierte Derivation, welche wir mit δ_A bezeichnen wollen. Offenbar gilt $\delta_A \in \mathsf{LocInnDer}(\star)$.

Proposition 6.3.13. *Für die* $\mathbb{C}[[\lambda]]$*-lineare Abbildung*

$$\delta : Z^1(M)[[\lambda]] \longrightarrow \mathsf{LocInnDer}(\star) \tag{6.114}$$

gilt:

i.) $\delta_{\mathrm{d}H} = \mathrm{ad}(H)$ *für alle* $H \in C^\infty(M)[[\lambda]]$.
ii.) δ *induziert eine* $\mathbb{C}[[\lambda]]$*-lineare Abbildung*

$$\delta_* : \mathrm{H}^1_{\mathrm{dR}}(M)[[\lambda]] \longrightarrow \frac{\mathsf{LocInnDer}(\star)}{\mathsf{InnDer}(\star)}. \tag{6.115}$$

iii.) *Ist* $D \in \mathsf{Der}(\star)$, *so gilt* $[D, \delta_A] \in \mathsf{InnDer}(\star)$.
iv.) *Das Bild* $\mathrm{im}\,\delta \subseteq \mathsf{Der}(\star)$ *von* δ *ist ein Lie-Ideal.*
v.) $\mathrm{im}\,\delta / \mathsf{InnDer}(\star)$ *ist eine abelsche Lie-Algebra.*
vi.) *Besteht das Zentrum von* $(C^\infty(M)[[\lambda]], \star)$ *nur aus den lokal konstanten Funktionen, so ist* (6.114) *ebenso wie* (6.115) *eine Bijektion.*

Beweis. Die $\mathbb{C}[[\lambda]]$-Linearität ebenso wie der erste Teil ist klar. Da δ die exakten Einsformen in $\mathsf{InnDer}(\star)$ abbildet, ist (6.115) wohl-definiert. Sei nun $A \in Z^1(M)[[\lambda]]$ und $D \in \mathsf{Der}(\star)$. Lokal gilt $A\big|_O = \mathrm{d}H_O$ und daher $[D, \delta_A]_O = [D_O, \delta_{\mathrm{d}H_O}] = \mathrm{ad}(D_O H_O)$. Da aber jede Derivation auf den lokal konstanten Funktionen verschwindet, gilt $D_O H_O\big|_{O \cap O'} = D_{O'} H_{O'}\big|_{O \cap O'}$ auf Überlappgebieten $O \cap O'$. Damit ist $D_O H_O$ aber die Einschränkung $D_O H_O = \tilde{H}\big|_O$ einer global definierten Funktion $\tilde{H} \in C^\infty(M)[[\lambda]]$, und es folgt $[D, \delta_A] = \mathrm{ad}(\tilde{H})$. Dies zeigt den dritten Teil. Der vierte ist dann eine einfache Konsequenz, da nach dem ersten Teil $\mathsf{InnDer}(\star) \subseteq \mathrm{im}\,\delta$. Ebenso folgt aus dem dritten Teil $[\delta_A, \delta_{A'}] \in \mathsf{InnDer}(\star)$, was unmittelbar den fünften Teil liefert. Ist das Zentrum trivial, so ist δ offenbar injektiv. Sei in diesem Fall $D \in \mathsf{LocInnDer}(\star)$ mit $D_{O_\alpha} = \mathrm{ad}(H_\alpha)$ für eine geeignete offene Überdeckung $\{O_\alpha\}_{\alpha \in I}$ von M. Da auf $O_\alpha \cap O_\beta$ die Funktion $H_\alpha - H_\beta$ zentral ist, ist sie nach Annahme sogar lokal konstant. Damit gilt aber $\mathrm{d}H_\alpha\big|_{O_\alpha \cap O_\beta} = \mathrm{d}H_\beta\big|_{O_\alpha \cap O_\beta}$, womit $A\big|_{O_\alpha} = \mathrm{d}H_\alpha$ eine global wohl-definierte geschlossene Einsform $A \in Z^1(M)[[\lambda]]$ mit $\delta_A = D$ liefert. Also ist (6.114) surjektiv und insgesamt bijektiv. Die Bijektivität von δ_* folgt dann sofort aus dem ersten Teil. $\qquad\square$

Das folgende triviale Beispiel zeigt nun, daß die Lie-Algebren $\mathsf{Der}(\star) / \mathrm{im}\,\delta$ und $\mathsf{Der}(\star) / \mathsf{InnDer}(\star)$ im allgemeinen *nicht* abelsch sind:

Beispiel 6.3.14. Sei $\star$ das triviale Sternprodukt $f \star g = fg$ für die triviale Poisson-Struktur. Dann gilt nach Satz 2.1.26

$$\mathsf{Der}(\star) = \Gamma^\infty(TM)[[\lambda]] \qquad (6.116)$$

als Lie-Algebra und

$$\mathsf{InnDer}(\star) = \operatorname{im}\delta = \mathsf{LocInnDer}(\star) = \{0\}. \qquad (6.117)$$

Der symplektische Fall dagegen besitzt ein triviales Zentrum, womit wir ein Beispiel für die Situation des letzten Teils von Proposition 6.3.13 finden:

Beispiel 6.3.15 (Zentrum eines symplektischen Sternprodukts). Sei $\star$ ein Sternprodukt auf einer symplektischen Mannigfaltigkeit (M, ω). Dann besteht das Zentrum von $C^\infty(M)[[\lambda]]$ bezüglich $\star$ aus den lokal konstanten Funktionen. Ist nämlich $f = \sum_{r=0}^\infty \lambda^r f_r$ zentral, so folgt aus $[f, g]_\star = 0$ in erster Ordnung von λ, daß $\{f_0, g\} = 0$ für alle $g \in C^\infty(M)$. Da die symplektische Poisson-Klammer aber nichtausgeartet ist, muß f_0 lokal konstant sein. Damit ist auch $f - f_0$ zentral und eine Induktion nach der Ordnung von f liefert das Resultat.

Nach diesen speziellen Derivationen eines Sternprodukts wollen wir uns nun dem allgemeinen Fall zuwenden.

Lemma 6.3.16. *Ist $\star$ ein Sternprodukt für (M, π) und $D \in \mathsf{Der}(\star)$, so gilt*

$$D = \mathscr{L}_X + \sum_{r=1}^\infty \lambda^r D_r \qquad (6.118)$$

mit einem Poisson-Vektorfeld $X \in \Gamma^\infty_{\mathrm{Poisson}}(TM)$.

Beweis. Auswerten der Leibniz-Regel für D in nullter Ordnung von λ liefert, daß D_0 eine Derivation des punktweisen Produkts ist. Also gilt $D_0 = \mathscr{L}_X$ mit einem Vektorfeld $X \in \Gamma^\infty(TM)$ nach Satz 2.1.26. Auswerten der Identität $D[f, g]_\star = [Df, g]_\star + [f, Dg]_\star$ in erster Ordnung von λ liefert sofort, daß $\mathscr{L}_X$ eine Poisson-Derivation ist, womit X nach Satz 4.1.9 ein Poisson-Vektorfeld ist. $\qquad\square$

Es stellt sich also insbesondere die Frage, ob alle Poisson-Vektorfelder als nullte Ordnung einer Derivation von $\star$ auftreten. Im allgemeinen ist dies nicht zu erwarten, die triviale Poisson-Struktur liefert schnell geeignete Gegenbeispiele, wenn man Sternprodukte zu $\pi = 0$ betrachtet, welche in Ordnung λ^2 eine nichttriviale Poisson-Klammer deformieren. Treten dagegen alle Poisson-Vektorfelder als nullte Ordnung auf, erhält man folgendes Resultat [59]:

Lemma 6.3.17. *Sei $\star$ ein Sternprodukt für (M, π). Sei weiter*

$$\varrho : \Gamma^\infty_{\mathrm{Poisson}}(TM) \longrightarrow \mathsf{Der}(\star) \qquad (6.119)$$

eine lineare Abbildung mit den Eigenschaften, daß

$$\varrho(X) = \mathscr{L}_X + \cdots \qquad (6.120)$$

und

$$\varrho(X_H) = \frac{\mathrm{i}}{\lambda}\,\mathrm{ad}(H) \qquad (6.121)$$

für alle Poisson-Vektorfelder $X \in \Gamma^{\infty}_{\mathrm{Poisson}}(TM)$ *und* $H \in C^{\infty}(M)$. *Dann gilt:*

i.) $\varrho : \Gamma^{\infty}_{\mathrm{Poisson}}(TM)[[\lambda]] \longrightarrow \mathsf{Der}(\star)$ *ist eine* $\mathbb{C}[[\lambda]]$-*lineare Bijektion.*
ii.) ϱ *induziert eine* $\mathbb{C}[[\lambda]]$-*lineare Bijektion*

$$\varrho_* : \mathrm{H}^1_{\pi}(M)[[\lambda]] \longrightarrow \frac{\mathsf{Der}(\star)}{\frac{\mathrm{i}}{\lambda}\,\mathsf{InnDer}(\star)}. \qquad (6.122)$$

Beweis. Ist $D \in \mathsf{Der}(\star)$ mit $D = \mathscr{L}_X + \cdots$, so ist $D - \varrho(X) \in \mathsf{Der}(\star)$ eine Derivation mit verschwindender nullter Ordnung. Eine Induktion nach der Ordnung zeigt dann den ersten Teil. Mit der Eigenschaft (6.121) folgt sofort, daß ϱ eine Bijektion zwischen den formalen Reihen von Hamiltonschen Vektorfeldern und den quasiinneren Derivationen darstellt. Dies liefert dann den zweiten Teil. □

Auch wenn im allgemeinen Poisson-Fall eine solche Abbildung nicht existiert, gibt es im Falle symplektischer Sternprodukte sogar eine kanonische Wahl: Für ein symplektisches Vektorfeld $X \in \Gamma^{\infty}(TM)$ ist $\mathrm{i}_X\,\omega$ geschlossen, so daß

$$\varrho(X) = \frac{\mathrm{i}}{\lambda}\delta_{\mathrm{i}_X\,\omega} \in \mathsf{LocInnDer}(\star) \qquad (6.123)$$

die Anforderungen (6.120) und (6.121) erfüllt. Dies liefert sofort folgenden Satz, siehe auch [27, Thm. 4.2]:

Satz 6.3.18. *Sei* $\star$ *ein Sternprodukt für die symplektische Mannigfaltigkeit* (M, ω). *Dann gilt*

$$\mathsf{Der}(\star) = \frac{\mathrm{i}}{\lambda}\,\mathsf{LocInnDer}(\star) = \frac{\mathrm{i}}{\lambda}\,\mathrm{im}\,\delta \qquad (6.124)$$

sowie

$$\frac{\mathsf{Der}(\star)}{\frac{\mathrm{i}}{\lambda}\,\mathsf{InnDer}(\star)} \cong \mathrm{H}^1_{\mathrm{dR}}(M)[[\lambda]] \qquad (6.125)$$

via δ_* *als abelsche Lie-Algebra.*

Beweis. Der Beweis folgt nun sofort aus Lemma 6.3.17 sowie Proposition 6.3.13, Beispiel 6.3.15 und Proposition 4.2.23. □

6.3.3 Automorphismen von Sternprodukten

Nachdem wir uns nun einen Überblick über die Derivationen eines Sternprodukts verschafft haben, gilt es nun die integrierte Version der Derivationen, also die Automorphismen zu verstehen.

Wir bezeichnen die Gruppe der Automorphismen einer Sternproduktalgebra $(C^\infty(M)[[\lambda]], \star)$ kurz mit $\mathsf{Aut}(\star)$, wenn der Bezug auf die Poisson-Mannigfaltigkeit (M, π) klar ist. Entsprechend wird die normale Untergruppe der inneren Automorphismen mit $\mathsf{InnAut}(\star)$ und die Quotientengruppe der äußeren Automorphismen mit $\mathsf{OutAut}(\star) = \mathsf{Aut}(\star)/\mathsf{InnAut}(\star)$ bezeichnet. Ist $\star$ zusätzlich ein Hermitesches Sternprodukt, so bezeichnen wir mit $\mathsf{Aut}^*(\star) \subseteq \mathsf{Aut}(\star)$ die *-Automorphismen von $\star$.

Lemma 6.3.19. *Sei* $T = \sum_{r=0}^\infty \lambda^r T_r \in \mathsf{Aut}(\star)$ *ein Automorphismus von* $\star$. *Dann ist* $T_0 = \phi^*$ *der pull-back mit einem Poisson-Diffeomorphismus* ϕ *von* (M, π).

Beweis. Die nullte Ordnung der Gleichung $T(f \star g) = Tf \star Tg$ zeigt $T_0(fg) = T_0 f T_0 g$, womit T_0 einen Homomorphismus der Algebra $C^\infty(M)$ liefert. Da T invertierbar ist, ist auch T_0 invertierbar, womit T_0 ein Automorphismus von $C^\infty(M)$ und damit der pull-back mit einem Diffeomorphismus $\phi \in \mathsf{Diffeo}(M)$ ist. Die Gleichung $T([f, g]_\star) = [Tf, Tg]_\star$ liefert dann in unterster nichtverschwindender Ordnung $T_0(\{f, g\}) = \{T_0 f, T_0 g\}$, womit ϕ nach Satz 4.1.9 ein Poisson-Diffeomorphismus ist. $\qquad\square$

Bemerkung 6.3.20 (Quantisierung als Funktor). Dieses einfache Lemma legt die Frage nahe, ob *jeder* Poisson-Diffeomorphismus ϕ eine „Quantisierung" $T_\phi = \phi^* + \cdots$ zu einem Automorphismus $T_\phi \in \mathsf{Aut}(\star)$ zuläßt und die Korrekturen eventuell sogar eindeutig sind. Im allgemeinen ist diese Frage schwierig zu entscheiden, wir werden jedoch später zumindest teilweise Antworten geben können. Weiter kann man sich fragen, ob man T_ϕ sogar so einrichten kann, daß für je zwei Poisson-Diffeomorphismen ϕ, ψ auch $T_\phi \circ T_\psi = T_{\psi \circ \phi}$ gilt. In diesem Falle wäre die Quantisierung von (M, π) durch $\star$ sogar „funktoriell". Mit Hilfe des Groenewold-van Hove-Theorems 5.2.3 kann man sich jedoch recht leicht überlegen, daß dies im allgemeinen für alle Poisson-Diffeomorphismen *nicht* möglich ist. Es stellt sich also die Frage, ob man die Eigenschaft $T_\phi \circ T_\psi = T_{\psi \circ \phi}$ zumindest für eine gegebene Untergruppe G aller Poisson-Diffeomorphismen erreichen kann. Damit gelangt man zum schwierigen Problemkreis der Quantisierbarkeit von klassischen Symmetrien, den wir an dieser Stelle nicht weiter vertiefen wollen. Mehr hierzu findet man beispielsweise in [9, 26, 118, 122–124, 153, 246, 329].

Die Frage, ob man einen Poisson-Diffeomorphismus ϕ quantisieren kann, führt ebenfalls auf die Frage, welche Freiheiten man dabei hat. Sind $T, \tilde{T} \in \mathsf{Aut}(\star)$ mit $T_0 = \tilde{T}_0$ gegeben, so ist $T\tilde{T}^{-1} = \mathsf{id} + \cdots$ ein Automorphismus, welcher mit der Identität in nullter Ordnung beginnt. Nach Proposition 6.2.7 gibt es daher eine eindeutig bestimmte Derivation $D \in \mathsf{Der}(\star)$ mit $T\tilde{T}^{-1} =$

$\exp(\lambda D)$. Insbesondere ist $\exp(\lambda D)$ nun eine formale Potenzreihe von *lokalen* Operatoren, da ja D nach Lemma 6.3.10 lokal ist. Innere Automorphismen sind nun immer von dieser Form:

Lemma 6.3.21. *Ist $T = \mathrm{Ad}(U) \in \mathsf{InnAut}(\star)$ mit $U \in C^\infty(M)[[\lambda]]$ ein innerer Automorphismus, so gilt $T = \mathrm{id} + \cdots$.*

Beweis. Sei das $\star$-Inverse von $U = \sum_{r=0}^\infty \lambda^r U_r$ durch $V = \sum_{r=0}^\infty \lambda^r V_r$ gegeben. Dann gilt insbesondere $U_0 V_0 = 1$. Dies liefert aber sofort $\mathrm{Ad}(U)f = U \star f \star V = U_0 f V_0 + \cdots = f + \cdots$, da die undeformierte Multiplikation kommutativ ist. $\square$

Eine Interpretation von Satz 6.3.4, Teil *v.)* ist nun, daß für eine quasiinnere Derivation $D = \frac{\mathrm{i}}{\lambda}\mathrm{ad}(H)$ der Automorphismus $\exp(\lambda D) = \exp(\mathrm{i}\,\mathrm{ad}(H))$ ein innerer Automorphismus wird. Es gilt nämlich

$$\exp(\mathrm{i}\,\mathrm{ad}(H)) = \mathrm{Ad}\left(\mathrm{Exp}(\mathrm{i}H)\right). \tag{6.126}$$

Der folgende Satz zeigt nun, daß dies im wesentlichen auch alle inneren Automorphismen sind: die einzige verbleibende Freiheit ist, ein invertierbares U zu suchen, welches keinen globalen $\star$-Logarithmus $\mathrm{i}H = \mathrm{Ln}\,U$ besitzt. Um dies genauer fassen zu können, benötigen wir folgende Definition:

Definition 6.3.22 (Integrale Einsform). *Eine Einsform $A \in \Gamma^\infty(T^*M)$ heißt integral, falls es eine offene Überdeckung $\{O_\alpha\}_{\alpha \in I}$ von M und lokale Funktionen $H_\alpha \in C^\infty(O_\alpha)$ gibt, so daß*

$$A\big|_{O_\alpha} = \mathrm{d}H_\alpha \quad und \quad (H_\alpha - H_\beta)\big|_{O_\alpha \cap O_\beta} \in \mathbb{Z} \tag{6.127}$$

für alle Zusammenhangskomponenten von $O_\alpha \cap O_\beta \neq \emptyset$.

Integrale Einsformen sind offenbar geschlossen und exakte Einsformen sind immer auch integral (warum?). Dies motiviert folgende Definition:

Definition 6.3.23 (Erste integrale deRham-Kohomologie). *Der Quotient der integralen Einsformen modulo der exakten Einsformen heißt erste integrale deRham-Kohomologie von M und wird mit $\mathrm{H}^1_{\mathrm{dR}}(M, \mathbb{Z})$ bezeichnet.*

Bemerkung 6.3.24. Die obige Definition der ersten integralen deRham-Kohomologie ist konzeptuell nicht die eleganteste, reicht aber für unsere Zwecke völlig aus. Eine weiterführende Diskussion der höheren integralen deRham-Kohomologien findet sich beispielsweise in [325, Chap. II & III]. Man kann sich leicht überlegen, indem man zu gemeinsamen Verfeinerungen von Überdeckungen übergeht, daß die integralen Einsformen unter Addition abgeschlossen sind und daher einen $\mathbb{Z}$-Untermodul aller geschlossenen Einsformen bilden. Damit ist

$$\mathrm{H}^1_{\mathrm{dR}}(M, \mathbb{Z}) \subseteq \mathrm{H}^1_{\mathrm{dR}}(M) \tag{6.128}$$

ein $\mathbb{Z}$-Untermodul aber *kein* reeller (oder komplexer) Unterraum.

Das fundamentale Beispiel für eine integrale aber nicht exakte Einsform ist folgendes:

Beispiel 6.3.25. Sei $M = \mathbb{C}\setminus\{0\}$. Dann ist das Differential $\mathrm{d}\ln(z) = z^{-1}\mathrm{d}z$ der (nicht global definierten) Logarithmusfunktion $z = \mathrm{e}^{\ln(z)}$ eine global definierte Einsform $\mathrm{d}\ln(z) \in \Gamma^{\infty}(T^{*}(\mathbb{C}\setminus\{0\}))$, und

$$\frac{1}{2\pi\mathrm{i}}\,\mathrm{d}\ln(z) = \frac{1}{2\pi\mathrm{i}}\,\frac{\mathrm{d}z}{z} \tag{6.129}$$

ist eine integrale Einsform. Den Nachweis der Integralität führt man beispielsweise durch eine explizite Konstruktion lokaler Funktionen H_i für $i = 1,\ldots,4$ auf den vier offenen Halbebenen mit $\mathsf{Re}(z) > 0$, $\mathsf{Re}(z) < 0$, $\mathsf{Im}(z) > 0$ und $\mathsf{Im}(z) < 0$.

Bemerkung 6.3.26 (Aharonov-Bohm-Effekt und integrale Einsformen). Eine geschlossene aber nicht exakte Einsform A läßt sich physikalisch auch als nichttriviales Vektorpotential zu trivialem Magnetfeld $B = \mathrm{d}A = 0$ auffassen. Man betrachtet nun $M = \mathbb{R}^3 \setminus z$-Achse als (idealisierten) Konfigurationsraum eines Elektrons, welches in eine dünne Spule längs der z-Achse nicht eindringen kann. Das Magnetfeld der Spule verläuft also entlang der z-Achse und ist außerhalb, also in M gleich Null. Trotzdem ist das Vektorpotential A für dieses Magnetfeld auch in M nichttrivial. Der Aharonov-Bohm-Effekt, siehe [5] sowie [80] für eine experimentelle Überprüfung, besteht nun darin, daß eine Streuung des Elektrons an dieser Anordnung ein charakteristisches Interferenzmuster erzeugt, welches von B abhängt, obwohl das Elektron nie im Einflußbereich des Magnetfeldes war, sondern nur im Einfluß von A steht, siehe auch Abbildung 6.2. Das Interferenzmuster ist genau dann nicht vom feldfreien Fall $B = 0$ zu unterscheiden, wenn A integral ist.

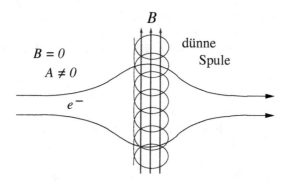

Abb. 6.2. Der Aharonov-Bohm-Effekt

Nach diesen Vorüberlegungen kommen wir nun zur Bestimmung der inneren Automorphismen von Sternprodukten. Zunächst definieren wir folgende Derivationen von $\star$

$$\mathsf{LogInnAut}(\star) = \big\{ D \in \lambda \, \mathsf{Der}(\star) \,\big|\, \exp(D) \in \mathsf{InnAut}(\star) \big\}. \tag{6.130}$$

Nach Proposition 6.2.7 ist $\mathsf{InnAut}(\star)$ über exp in Bijektion zu $\mathsf{LogInnAut}(\star)$. Der folgende Satz klärt nun die Struktur von $\mathsf{LogInnAut}(\star)$ vollständig [59, Thm. 5.7]:

Satz 6.3.27. *Sei $\star$ ein Sternprodukt auf M.*

i.) Es gilt genau dann $D \in \mathsf{LogInnAut}(\star)$, wenn $D = \delta_A$ mit einer formalen Reihe von Einsformen $A = \sum_{r=0}^{\infty} \lambda^r A_r \in \Gamma^\infty(T^*M)[[\lambda]]$, wobei $\frac{1}{2\pi\mathrm{i}} A_0$ integral und A_r für $r \geq 1$ exakt ist.

ii.) $\mathsf{LogInnAut}(\star)$ ist eine Lie-Algebra über $\mathbb{Z}$ und

$$\mathsf{InnDer}(\star) \subseteq \mathsf{LogInnAut}(\star) \subseteq \operatorname{im} \delta. \tag{6.131}$$

iii.) Die Abbildung δ_* aus (6.115) induziert eine Surjektion

$$\delta_* : 2\pi\mathrm{i} \mathrm{H}^1_{\mathrm{dR}}(M, \mathbb{Z}) \longrightarrow \frac{\mathsf{LogInnAut}(\star)}{\mathsf{InnDer}(\star)} \tag{6.132}$$

von abelschen Lie-Algebren über $\mathbb{Z}$. Besteht das Zentrum von $\star$ nur aus den lokal konstanten Funktionen, so ist δ_* ein Isomorphismus.

Beweis. Sei zunächst $D = \lambda D_1 + \cdots \in \mathsf{LogInnAut}(\star)$ und entsprechend $\exp(D) = \mathrm{Ad}(U)$ ein innerer Automorphismus. Dann wählen wir eine offene Überdeckung $\{O_\alpha\}_{\alpha \in I}$ von M durch zusammenziehbare $O_\alpha \subseteq M$, womit nach Lemma 6.3.5 Funktionen $H_\alpha \in C^\infty(O_\alpha)[[\lambda]]$ mit $\mathrm{Exp}(H_\alpha) = U\big|_{O_\alpha}$ existieren. Nach Satz 6.3.4, Teil *v.)* folgt damit aber $D_{O_\alpha} = \mathrm{ad}(H_\alpha)$, womit $D \in \mathsf{LocInnDer}(\star)$ gezeigt ist. Weiter gilt mit Lemma 6.3.5, daß auf den Zusammenhangskomponenten von $O_\alpha \cap O_\beta$ die Funktion $H_\alpha - H_\beta$ konstant ist und Werte in $2\pi\mathrm{i}\mathbb{Z}$ annimmt. Damit ist aber $A = \mathrm{d}H_\alpha$ eine global definierte Einsform $A \in \Gamma^\infty(T^*M)[[\lambda]]$, so daß $\frac{1}{2\pi\mathrm{i}} A_0$ integral und A_r für $r \geq 1$ exakt ist, da die höheren Ordnungen von H_α unabhängig von α sind und daher global definierte Potentiale zu A_r definieren. Dies zeigt $D = \delta_A$. Durchläuft man für ein derartiges A nun die obige Konstruktion rückwärts, so sieht man, daß die zunächst lokal definierten Funktionen $\mathrm{Exp}(H_\alpha)$ sich zu einer global definierten Funktion U zusammenfügen, da $H_\alpha - H_\beta \in 2\pi\mathrm{i}\mathbb{Z}$ nach Satz 6.3.4, Teil *vii.)* nicht beiträgt. Dies zeigt den ersten Teil. Offenbar ist $\mathsf{LogInnAut}(\star)$ ein $\mathbb{Z}$-Untermodul von $\operatorname{im} \delta$, welcher $\mathsf{InnDer}(\star)$ umfaßt. Da $[\operatorname{im} \delta, \operatorname{im} \delta] \subseteq \mathsf{InnDer}(\star)$ nach Proposition 6.3.13, folgt auch, daß $\mathsf{LogInnAut}(\star)$ unter Kommutatoren abgeschlossen ist, was den zweiten Teil zeigt. Die Surjektivität von (6.132) folgt sofort aus dem ersten Teil. Ist das Zentrum trivial, so folgt die Injektivität aus Proposition 6.3.13, Teil *vi.)*. $\square$

Bemerkung 6.3.28 (Integrale Einsformen). Aus dem Beweis kann man insbesondere entnehmen, daß die integralen Einsformen $A \in \Gamma^\infty(T^*M)$ genau diejenigen Einsformen der Form $A = \frac{1}{2\pi\mathrm{i}} \frac{\mathrm{d}f}{f}$ mit einer invertierbaren Funktion $f \in C^\infty(M)$ sind.

6.3.4 Zeitentwicklung und die Heisenberg-Gleichung

Nachdem wir nun die Derivationen und Automorphismen eines Sternprodukts diskutiert haben, wollen wir die physikalische Zeitentwicklung in der Deformationsquantisierung näher betrachten. Da $(C^\infty(M)[[\lambda]], \star)$ als Observablenalgebra interpretiert wird, versuchen wir gemäß unserer Diskussion in Abschnitt 5.1.1 die Zeitentwicklung in Form der Heisenberg-Gleichung zu formulieren. Sei also $H = \sum_{r=0}^\infty \lambda^r H_r \in C^\infty(M)[[\lambda]]$ eine Hamilton-Funktion, wobei der Fall $H = H_0$ von besonderem Interesse ist. Die zugehörige Heisenbergsche Bewegungsgleichung lautet dann

$$\frac{\mathrm{d}}{\mathrm{d}t} f(t) = \frac{\mathrm{i}}{\lambda} [H, f(t)]_\star = \frac{\mathrm{i}}{\lambda} \operatorname{ad}(H) f(t), \tag{6.133}$$

wobei $t \mapsto f(t) \in C^\infty(M)[[\lambda]]$ eine Kurve von Observablen sein soll und der Anfangswert der Zeitentwicklung durch die Wahl $f(0) = f \in C^\infty(M)[[\lambda]]$ einer Funktion f festgelegt ist.

Man beachte, daß in (6.133) *keine* negativen Potenzen in λ auftreten, vielmehr gilt für die quasiinnere Derivation $\frac{\mathrm{i}}{\lambda} \operatorname{ad}(H)$ ja in unterster Ordnung

$$\frac{\mathrm{i}}{\lambda} \operatorname{ad}(H) f = \mathscr{L}_{X_{H_0}} f + \cdots . \tag{6.134}$$

Daher erweist sich (6.133) als Deformation der Hamiltonschen Bewegungsgleichungen

$$\frac{\mathrm{d}}{\mathrm{d}t} f(t) = \mathscr{L}_{X_{H_0}} f(t) = -\{H_0, f(t)\} \tag{6.135}$$

bezüglich der klassischen Hamilton-Funktion H_0, siehe auch Satz 4.1.9.

Bemerkung 6.3.29 (Zeitentwicklung und klassischer Limes). An der Beziehung von Heisenberg- und Hamilton-Gleichung sieht man sehr schön, daß der klassische Limes $\hbar \longrightarrow 0$ für Observablen sehr gut mit der Zeitentwicklung harmoniert. Ganz anders präsentiert sich hier die Schrödinger-Gleichung als Zeitentwicklungsgleichung der quantenmechanischen Zustände: Hier ist ein naiver klassischer Limes $\hbar \longrightarrow 0$ offenbar nicht möglich, die Lösungen der Schrödinger-Gleichung tendieren vielmehr dazu, wesentliche Singularitäten in $\hbar$ für $\hbar \longrightarrow 0$ zu entwickeln. Dieses heuristische Argument legt erneut nahe, sich beim Quantisieren und Bilden des klassischen Limes zunächst auf die Observablen zu konzentrieren, um erst in einem zweiten Schritt die viel komplizierteren Zustände zu berücksichtigen.

Wir wollen uns nun der Lösungstheorie der Heisenberg-Gleichung zuwenden. In leichter Verallgemeinerung zu (6.133) betrachten wir eine beliebige Derivation $D \in \mathsf{Der}(\star)$ und die zugehörige Bewegungsgleichung

$$\frac{\mathrm{d}}{\mathrm{d}t} f(t) = D f(t) \tag{6.136}$$

für eine Kurve $t \mapsto f(t) \in C^\infty(M)[[\lambda]]$ zu einer gewissen Anfangsbedingung $f(0) = f \in C^\infty(M)[[\lambda]]$. Der folgende Satz klärt nun die Struktur der Lösungen, siehe etwa [121, Sect. 5.4], [50, Prop. 4] und [44, App. B]:

Satz 6.3.30 (Zeitentwicklung). *Sei $D = \sum_{r=0}^\infty \lambda^r D_r \in \mathsf{Der}(\star)$ eine Derivation, so daß das Poisson-Vektorfeld X_0 mit $D_0 = \mathscr{L}_{X_0}$ reell ist und einen vollständigen Fluß Φ_t besitzt. Dann besitzt die Heisenberg-Gleichung (6.136) für alle Anfangsbedingungen $f(0) = f \in C^\infty(M)[[\lambda]]$ und zu allen Zeiten $t \in \mathbb{R}$ eine eindeutige Lösung $f(t) = \mathcal{A}_t f$, wobei der Zeitentwicklungsoperator $\mathcal{A}_t : f \mapsto f(t)$ folgende Eigenschaften besitzt:*

i.) $\mathcal{A}_t = \Phi_t^* \circ T_t$ *mit einer formalen Reihe* $T_t = \mathsf{id} + \sum_{r=1}^\infty \lambda^r T_t^{(r)}$ *von lokalen Operatoren.*

ii.) $\mathcal{A}_t$ *ist eine Einparametergruppe von Automorphismen $\mathcal{A}_t \in \mathsf{Aut}(\star)$, also*

$$\mathcal{A}_0 = \mathsf{id} \quad und \quad \mathcal{A}_t \circ \mathcal{A}_s = \mathcal{A}_{t+s} \tag{6.137}$$

für alle $t, s \in \mathbb{R}$.

iii.) $\mathcal{A}_t \circ D = D \circ \mathcal{A}_t$ *für alle $t \in \mathbb{R}$.*

iv.) Ist $\star$ Hermitesch und $D \in \mathsf{Der}^*(\star)$, so gilt $\mathcal{A}_t \in \mathsf{Aut}^*(\star)$.

v.) Ist $D_0 = 0$, so gilt $\mathcal{A}_t = \exp(tD)$.

Beweis. Wir betrachten zunächst $g(t) = \Phi_{-t}^* f(t)$. Dann löst $f(t)$ die Gleichung (6.136) genau dann, wenn

$$\frac{\mathrm{d}}{\mathrm{d}t} g(t) = \Phi_{-t}^* D^+ \Phi_t^* g(t) \tag{$*$}$$

und $g(0) = f = f(0)$ gilt, wobei

$$D^+ = D - D_0 = \sum_{r=1}^\infty \lambda^r D_r.$$

Dies ist eine elementare Verifikation unter Benutzung von Proposition 2.1.31. Unter Berücksichtigung der gewünschten Anfangsbedingung ist $(*)$ zur Integralgleichung

$$g(t) = f + \int_0^t \Phi_{-\tau}^* D^+ \Phi_\tau^* g(\tau) \mathrm{d}\tau \tag{$**$}$$

äquivalent, deren rechte Seite einen bezüglich der λ-adischen Topologie kontrahierenden Operator definiert, da D^+ in Ordnung λ beginnt. Nach dem Banachschen Fixpunktsatz in Form von Lemma 6.2.6 besitzt $(**)$ und damit auch $(*)$ eine eindeutige Lösung. Dies zeigt gleichermaßen die Existenz und die Eindeutigkeit der Lösung von (6.136). Für den ersten Teil beachtet man, daß der Operator T_t gerade durch die Iteration der rechten Seite von $(**)$ gewonnen wird. Da D^+ nach Lemma 6.3.10 in jeder Ordnung von λ lokal ist und $\Phi_{-\tau}^* D^+ \Phi_\tau^*$ ebenso, folgt auch, daß T_t eine formale Reihe von lokalen Operatoren ist. Dies zeigt den ersten Teil. Die Einparametergruppeneigenschaft folgt aus der Eindeutigkeit sofort. Die Automorphismeneigenschaft erhält man aus der Derivationseigenschaft von D durch Ableiten

$$\frac{\mathrm{d}}{\mathrm{d}t}\left(\mathcal{A}_t f \star \mathcal{A}_t g\right) = (D\mathcal{A}_t f) \star \mathcal{A}_t g + \mathcal{A}_t f \star (D\mathcal{A}_t g) = D\left(\mathcal{A}_t f \star \mathcal{A}_t g\right),$$

womit $t \mapsto \mathcal{A}_t f \star \mathcal{A}_t g$ die Differentialgleichung (6.136) zur Anfangsbedingung $f \star g$ löst. Aus der Eindeutigkeit der Lösung folgt dann sofort $\mathcal{A}_t(f \star g) = \mathcal{A}_t f \star \mathcal{A}_t g$. Der dritte Teil folgt ebenfalls durch Ableiten, da

$$D\mathcal{A}_t f = \frac{\mathrm{d}}{\mathrm{d}t}\mathcal{A}_t f = \frac{\mathrm{d}}{\mathrm{d}s}\Big|_{s=0}\mathcal{A}_{t+s}f = \frac{\mathrm{d}}{\mathrm{d}s}\Big|_{s=0}\mathcal{A}_t\mathcal{A}_s f = \mathcal{A}_t Df,$$

wobei wir die Ableitung nach s mit $\mathcal{A}_t$ vertauschen dürfen. Sei nun $\star$ Hermitesch und $D \in \mathsf{Der}^*(\star)$. Dann gilt

$$\frac{\mathrm{d}}{\mathrm{d}t}\overline{\mathcal{A}_t f} = \overline{D\mathcal{A}_t f} = D\overline{\mathcal{A}_t f},$$

womit $\overline{\mathcal{A}_t f}$ die Bewegungsgleichung (6.136) zur Anfangsbedingung $\overline{f}$ erfüllt. Also folgt aus der Eindeutigkeit der Lösung $\mathcal{A}_t \overline{f} = \overline{\mathcal{A}_t f}$, womit $\mathcal{A}_t \in \mathsf{Aut}^*(\star)$ gezeigt ist. Der letzte Teil ist klar. $\square$

Bemerkung 6.3.31 (Zeitentwicklung). Sei $\mathcal{A}_t$ der Zeitentwicklungsoperator zu $D \in \mathsf{Der}(\star)$.

i.) Sind die Differentiationsordnungen von D_r in $D = \sum_{r=0}^{\infty} \lambda^r D_r$ bekannt, so lassen sich induktiv leicht die Differentiationsordnungen der Operatoren $T_t^{(r)}$ bestimmen, siehe etwa [44, App. B].

ii.) Der erste Teil von Satz 6.3.30 zeigt insbesondere, daß die quantenmechanische Zeitentwicklung der Observablen tatsächlich eine Deformation der klassischen ist. Nach unseren Überlegungen zum Verhältnis der Heisenberg-Gleichung zur Hamiltonschen Bewegungsgleichung war dies zu erwarten. Man beachte jedoch, daß dieses Resultat massiv vom formalen Charakter unserer Sternprodukte Gebrauch macht. Es ist daher nicht zu erwarten, daß die Aufspaltung $\mathcal{A}_t = \Phi_t^* \circ T_t$ auch in einem konvergenten Rahmen bestehen bleibt.

iii.) Dieser Satz liefert weiter die Möglichkeit, diejenigen Poisson-Diffeomorphismen zu Sternproduktautomorphismen im Sinne von Bemerkung 6.3.20 zu quantisieren, welche sich durch eine Einparametergruppe erreichen lassen, sofern das Sternprodukt die Voraussetzungen von Lemma 6.3.17 erfüllt. Insbesondere ist letzteres für symplektische Sternprodukte immer der Fall.

iv.) Eine geringfügige Verallgemeinerung erhält man, wenn man die zeitabhängige Version der Heisenberg-Gleichung betrachtet, also mit einer zeitabhängigen Derivation $D_t \in \mathsf{Der}(\star)$. Dann erhält man, ganz analog zum klassischen Fall zeitabhängiger Vektorfelder wie in Abschnitt 3.1.3, eine

Zeitentwicklung durch Automorphismen, welche jedoch keine Einparametergruppe mehr bilden. Vielmehr gilt nur noch eine Zeitentwicklungsgleichung analog zu (3.36), siehe auch [121, Sect. 5.4] für eine detaillierte Diskussion im Rahmen symplektischer Sternprodukte.

v.) Sofern die nullte Ordnung von D und damit auch die klassische Zeitentwicklung nichttrivial ist, ist auch die nullte Ordnung von $\mathcal{A}_t$ nichttrivial. Daher ist $\mathcal{A}_t$ in diesem Fall *kein* innerer Automorphismus.

Gerade bezüglich des letzten Punktes verhält sich die Zeitentwicklung in der formalen Deformationsquantisierung anders als in der üblichen operatortheoretisch formulierten Quantenmechanik: Hier kommt die Zeitentwicklung üblicherweise von einer Lösung der Schrödinger-Gleichung und liefert daher einen *inneren* Automorphismus mit einem unitären Operator U_t. Ganz allgemein tendieren hinreichend nichtkommutative C^*-Algebren beziehungsweise von Neumann-Algebren dazu, nur innere Derivationen und Automorphismen zu besitzen, siehe etwa die ausführliche Diskussion in [283].

Diese Diskrepanz wurde in [18] in Beispielen nun dadurch überwunden, indem Konvergenz von $\star$ erzwungen und dann U_t zumindest in einem Distributionensinne als $\star$-Exponential konstruiert wurde. In den Beispielen, wo dies gelingt, kann man die Fourier-Transformation von U_t bezüglich der Zeitvariablen t dazu verwenden, das Spektrum der zugehörigen Hamilton-Funktion H bezüglich $\star$ zu definieren und zu berechnen, siehe auch [8, 66, 164]. Dieser Zugang zur Definition und Berechnung von Spektren scheint jedoch jenseits des Weyl-Moyal-Produkts auf $\mathbb{R}^{2n}$ und auch dort für allgemeine Hamilton-Funktionen schnell an seine Grenzen zu stoßen: Zum einen ist die notwendige Konvergenz des Sternprodukts nur schwer zu kontrollieren, zum anderen sind allgemeine Aussagen über die zu erwartenden Spektren nichttrivial. Weiter ist die ursprünglich in [18] gegebene Definition des Spektrums über das $\star$-Exponential U_t und seiner Fourier-Transformation scheinbar nicht geeignet, auch auf topologisch nichttrivialen Phasenräumen die physikalisch korrekten Spektren zu liefern, siehe etwa das einfach Beispiel der freien Bewegung auf $\mathbb{S}^1$ als Konfigurationsraum [300].

So bleibt die Frage nach einem geeigneten guten Spektrumsbegriff, welcher *intrinsisch* in der Deformationsquantisierung ohne Rückgriff auf operatoralgebraische Techniken formuliert werden kann, trotz dieses in Beispielen erfolgreichen Ansatzes im allgemeinen noch offen. Da es scheint, daß dies im Rahmen formaler Sternprodukte auch nicht zu erreichen ist, wollen wir die Frage nach einem intrinsischen Spektralkalkül hier nicht weiter verfolgen. Es ist jedoch klar, daß damit die formale Deformationsquantisierung noch nicht als eine endgültige Antwort auf das Quantisierungsproblem gesehen werden kann, da ja die verläßliche Vorhersage von Spektren ein entscheidendes Kriterium ist.

6.3.5 Spurfunktionale

Die Spurklasseoperatoren stellen für die operatortheoretisch formulierte Quantenmechanik eine besonders wichtige Klasse von Operatoren auf dem Hilbert-Raum dar. Insbesondere werden die physikalisch relevanten Zustände durch Dichtematrizen ϱ, also positive Spurklasseoperatoren mit $\text{tr}\,\varrho = 1$, und die zugehörigen Erwartungswertfunktionale durch $E_\varrho(A) = \text{tr}(\varrho A)$ beschrieben. Es stellt sich daher auch für die Deformationsquantisierung die Frage, ob es ein Analogon zur Operatorspur gibt.

Da die wesentliche Eigenschaft der Spur die ist, auf Kommutatoren zu verschwinden, bietet sich folgende allgemeine Definition an:

Definition 6.3.32 (Spurfunktional). *Sei $\mathcal{A}$ eine assoziative Algebra über einem Ring $\Bbbk$ und $\mathcal{B} \subseteq \mathcal{A}$ ein zweiseitiges Ideal. Ein lineares Funktional* tr : $\mathcal{B} \longrightarrow \Bbbk$ *heißt Spur, falls*

$$\text{tr}(ab) = \text{tr}(ba) \tag{6.138}$$

für alle $a \in \mathcal{A}$ und $b \in \mathcal{B}$.

Da $\mathcal{B}$ ein zweiseitiges Ideal ist, ist $ab, ba \in \mathcal{B}$, so daß die Bedingung wohldefiniert ist. Offenbar bilden die auf $\mathcal{B}$ definierten Spuren einen $\Bbbk$-Modul. Daß die Spurfunktionale tatsächlich nicht auf ganz $\mathcal{A}$ definiert zu sein brauchen, scheint eine sinnvolle Definition, wenn man folgende Beispiele betrachtet:

Beispiel 6.3.33 (Spurfunktionale).

- *i.)* Ist $\mathfrak{H}$ ein Hilbert-Raum und entsprechend $\mathfrak{B}(\mathfrak{H})$ die Algebra der beschränkten Operatoren sowie $\mathfrak{L}^1(\mathfrak{H}) \subseteq \mathfrak{B}(\mathfrak{H})$ das Ideal der Spurklasseoperatoren, dann ist die Operatorspur $\text{tr} : \mathfrak{L}^1(\mathfrak{H}) \longrightarrow \mathfrak{B}(\mathfrak{H})$ ein Spurfunktional. Ist $\mathfrak{H}$ unendlichdimensional, so läßt sich tr nicht unter Beibehaltung der Spureigenschaft auf alle Operatoren $\mathfrak{B}(\mathfrak{H})$ ausdehnen.
- *ii.)* Für den Schwartz-Raum $\mathcal{S}(\mathbb{R}^{2n})$ mit der Multiplikation $\circ_\kappa$ wie in Abschnitt 5.3 ist das Integral über den Phasenraum $\mathbb{R}^{2n}$ bezüglich der Liouville-Volumenform ein Spurfunktional, siehe Proposition 5.3.29. Hier ist das Spurfunktional auf der ganzen Algebra definiert.
- *iii.)* Für das Weyl-Moyal-Produkt $\star_{\text{Weyl}}$ auf $\mathbb{R}^{2n}$ ist tr : $C_0^\infty(\mathbb{R}^{2n})[[\lambda]] \longrightarrow \mathbb{C}[[\lambda]]$ mit

$$\text{tr}(f) = \int f \, \mathrm{d}^{2n} x \tag{6.139}$$

ein $\mathbb{C}[[\lambda]]$-lineares Funktional mit der Eigenschaft

$$\text{tr}(f \star_{\text{Weyl}} g) = \text{tr}(fg), \tag{6.140}$$

für $f \in C^\infty(\mathbb{R}^{2n})[[\lambda]]$ und $g \in C_0^\infty(\mathbb{R}^{2n})[[\lambda]]$, was man durch eine elementare partielle Integration sieht. Da $C_0^\infty(\mathbb{R}^{2n})[[\lambda]]$ für das *differentielle* Sternprodukt $\star_{\text{Weyl}}$ ein Ideal ist, ist tr ein Spurfunktional für das Weyl-Moyal-Sternprodukt. Offenbar besitzt tr auch keine Ausdehnung auf beliebige Funktionen in $C^\infty(\mathbb{R}^{2n})[[\lambda]]$.

In der Deformationsquantisierung interessiert man sich vor allem für Spur-funktionale, welche (mindestens) auf dem Ideal $C_0^\infty(M)[[\lambda]]$ definiert sind, ob-wohl auch andere Definitionsbereiche denkbar sind, siehe etwa die Beispiele in [30].

Das folgende Lemma erhält man durch eine triviale Auswertung der Spur-bedingung (6.138) in erster Ordnung:

Lemma 6.3.34. *Sei $\star$ ein Sternprodukt für (M, π). Ist $\mu = \sum_{r=0}^\infty \lambda^r \mu_r :$ $C_0^\infty(M)[[\lambda]] \longrightarrow \mathbb{C}[[\lambda]]$ ein Spurfunktional bezüglich $\star$, so gilt*

$$\mu_0\left(\{f, g\}\right) = 0 \tag{6.141}$$

für alle $f \in C_0^\infty(M)$ und $g \in C^\infty(M)$.

Mit anderen Worten, der klassische Limes eines Spurfunktionals ist eine *Poisson-Spur* der zugrundeliegenden Poisson-Mannigfaltigkeit, siehe auch Aufgabe 4.4.

Im symplektischen Fall liefert Aufgabe 4.4 sofort die Existenz und Ein-deutigkeit einer Poisson-Spur:

Proposition 6.3.35. *Sei (M, ω) zusammenhängend und symplektisch, und sei $\mu : C_0^\infty(M) \longrightarrow \mathbb{C}$ ein lineares Funktional. Das Funktional μ ist genau dann eine Poisson-Spur, wenn*

$$\mu(f) = c \int_M f \, \Omega \tag{6.142}$$

mit einer Konstanten $c \in \mathbb{C}$, wobei Ω die Liouville-Volumenform ist.

Beweis (nach [46]). Sei $\{(O_\alpha, x_\alpha)\}_{\alpha \in I}$ ein Atlas von zusammenziehbaren Darboux-Karten von M. Ist nun $g \in C^\infty(O_\alpha)$ und $f \in C_0^\infty(O_\alpha)$, so gibt es eine Abschneidefunktion $\chi \in C_0^\infty(O_\alpha)$ mit $\chi\big|_{\mathrm{supp}\, f} = 1$. Damit folgt aber $\{f, \chi g\} = \{f, \chi\} g + \{f, g\} \chi = \{f, g\}$. Dies impliziert, daß das Funktional $\mu_\alpha = \mu\big|_{C_0^\infty(O_\alpha)}$ immer noch eine Poisson-Spur bezüglich der eingeschränkten Poisson-Klammer ist. Nach Aufgabe 4.4 folgt dann aber

$$\mu_\alpha(f) = c_\alpha \int_{x_\alpha(O_\alpha)} f \circ x_\alpha^{-1} \, \mathrm{d}^{2n} x_\alpha = c_\alpha \int_{O_\alpha} f \, \Omega = c_\alpha \int_M f \, \Omega,$$

da die x_α Darboux-Koordinaten sind. Ist nun $f \in C_0^\infty(M)$ beliebig, so folgt mit Hilfe einer untergeordneten Zerlegung der Eins $\{\chi_\alpha\}$

$$\mu(f) = \sum_\alpha \mu(\chi_\alpha f) = \sum_\alpha c_\alpha \int_M \chi_\alpha f \, \Omega.$$

Betrachtet man nun eine Funktion $f \in C_0^\infty(O_\alpha \cap O_\beta)$ für $O_\alpha \cap O_\beta \neq \emptyset$, so folgt aus $\mu(f) = \mu_\alpha(f) = \mu_\beta(f)$ sofort $c_\alpha = c_\beta = c$, womit insgesamt (6.142) folgt, da M zusammenhängend ist. $\qquad\square$

Bemerkung 6.3.36. Sei (M, ω) eine symplektische Mannigfaltigkeit.

i.) Sucht man nach einer Poisson-Spur der Form $\int_M f\mu$ mit einer Dichte $\mu \in \Gamma^\infty(|\Lambda^n|T^*M)$, so ist es eine triviale Rechnung, daß nur die Vielfachen des Liouville-Maßes $\mu = |\Omega|$ die Spureigenschaft garantieren, siehe auch Satz 4.2.30. Der bemerkenswerte Aspekt an Proposition 6.3.35 ist vielmehr, daß keinerlei Annahmen über die Natur des Funktionals μ gemacht werden müssen: es gibt im ganzen *algebraischen* Dualraum von $C_0^\infty(M)$ nur die Spuren der Form (6.142).

ii.) Ist M nicht zusammenhängend, so können wir auf jeder Zusammenhangskomponente von M die Konstante c in (6.142) anders wählen, was dann aber auch alle Freiheiten ausschöpft. Der Vektorraum der Spuren ist daher im allgemeinen zu $\mathrm{H}^0_{\mathrm{dR}}(M)$ isomorph. Im folgenden können wir uns daher auf den zusammenhängenden Fall beschränken.

Eine leichte Folgerung aus diesem Resultat ist die Eindeutigkeit von Spurfunktionalen für symplektische Sternprodukte:

Korollar 6.3.37. *Sei $\star$ ein Sternprodukt für eine zusammenhängende symplektische Mannigfaltigkeit (M, ω). Sind $\mu, \tilde{\mu} : C_0^\infty(M)[[\lambda]] \longrightarrow \mathbb{C}[[\lambda]]$ zwei Spurfunktionale, so sind sie $\mathbb{C}[[\lambda]]$-Vielfache.*

Beweis (nach [46]). Wir nehmen ohne Einschränkung an, daß $\mu = \sum_{r=0}^\infty \lambda^r \mu_r$ mit $\mu_0 = \int_M f \, \Omega$ gilt. Dann gilt $\tilde{\mu}_0(f) = \tilde{c}_0 \int_M f \, \Omega$ mit $\tilde{c}_0 \in \mathbb{C}$ nach Proposition 6.3.35. Das Funktional $\tilde{\mu} - \tilde{c}_0\mu$ ist nach wie vor ein Spurfunktional, welches nun in Ordnung λ beginnt. Eine einfache Induktion nach der Ordnung zeigt nun $\tilde{\mu} = \tilde{c}\mu$ mit einem eindeutig bestimmten $\tilde{c} \in \mathbb{C}[[\lambda]]$. $\square$

Die Existenz von Spurfunktionalen im symplektischen Fall ist um einiges schwieriger zu zeigen: ursprünglich wurde dies von Nest und Tsygan in [250] gezeigt, siehe auch die Arbeiten von Karabegov und Fedosov [120, 121, 125, 188]. Wir folgen hier dem Beweis von Gutt und Rawnsley [155], welcher es uns erlaubt, gleichzeitig eine weitere wichtige Konstruktion vorzustellen: die λ-*Euler-Derivationen* oder auch *Homogenitätsoperatoren*.

Definition 6.3.38 (λ-Euler-Derivation). *Sei $\star$ ein Sternprodukt auf einer Poisson-Mannigfaltigkeit (M, π) und $\sum_{r=0}^\infty \lambda^r E_r$ eine formale Reihe von Differentialoperatoren. Dann heißt die Abbildung*

$$E = \lambda\frac{\partial}{\partial\lambda} + \sum_{r=0}^\infty \lambda^r E_r : C^\infty(M)[[\lambda]] \longrightarrow C^\infty(M)[[\lambda]] \tag{6.143}$$

λ-*Euler-Derivation von $\star$, falls*

$$E(f \star g) = E(f) \star g + f \star E(g) \tag{6.144}$$

für alle $f, g \in C^\infty(M)[[\lambda]]$. Entsprechend definiert man lokale λ-Euler-Derivationen auf offenen Teilmengen $O \subseteq M$.

Man beachte, daß E *nicht* $\mathbb{C}[[\lambda]]$-linear sondern nur $\mathbb{C}$-linear ist, womit unsere Ergebnisse zu Derivationen aus Abschnitt 6.3.2 hier keine (unmittelbare) Anwendung finden.

Beispiel 6.3.39 (λ-Euler-Derivation). Für die κ-geordneten Sternprodukte $\star_\kappa$ auf T^*Q wie in Abschnitt 5.4.2 ist der Operator

$$\mathsf{H} = \lambda \frac{\partial}{\partial \lambda} + \mathscr{L}_\xi \qquad (6.145)$$

mit dem Liouville-Vektorfeld ξ eine λ-Euler-Derivation. Die physikalische Interpretation ist einfach die, daß λ und die Impulskoordinaten p_i die selbe physikalische Impulsdimension besitzen, womit (6.144) gerade besagt, daß $\star_\kappa$ bezüglich der Impulsdimensionen dimensionslos ist. Der Nachweis, daß $\star_\kappa$ und H die Relation (6.144) erfüllen, wurde in Proposition 5.4.27 gezeigt.

Eine erste Obstruktion für die Existenz *globaler* λ-Euler-Derivationen erhält man aus der nullten Ordnung:

Lemma 6.3.40. *Sei $\star$ ein Sternprodukt für (M, π) und $E = \lambda \frac{\partial}{\partial \lambda} + \sum_{r=0}^{\infty} \lambda^r E_r$ eine λ-Euler-Derivation für $\star$. Dann ist $E_0 = \mathscr{L}_\xi$ mit einem konformen Poisson-Vektorfeld $\xi \in \Gamma^\infty(TM)$, also*

$$\mathscr{L}_\xi \pi = [\![\xi, \pi]\!] = -\pi. \qquad (6.146)$$

Insbesondere ist die fundamentale Klasse $[\pi] \in \mathrm{H}_\pi^2(M)$ trivial und π eine exakte Poisson-Struktur.

Beweis. Die nullte Ordnung von (6.144) liefert, daß E_0 eine Derivation des undeformierten Produkts von $C^\infty(M)$ ist, also von der Form $E_0 = \mathscr{L}_\xi$ mit einem Vektorfeld $\xi \in \Gamma^\infty(TM)$. Die erste Ordnung in

$$E([f, g]_\star) = [E(f), g]_\star + [f, E(g)]_\star$$

liefert nun die Gleichung

$$\{f, g\} + \mathscr{L}_\xi\{f, g\} = \{\mathscr{L}_\xi f, g\} + \{f, \mathscr{L}_\xi g\}$$

womit sofort $\mathscr{L}_\xi \pi = -\pi$ folgt, siehe den Beweis zu Satz 4.1.9, Teil *v.*). $\square$

Da im allgemeinen nicht nur die fundamentale Klasse $[\pi]$ nichttrivial ist, sondern auch die lokalisierten fundamentalen Klassen $[\pi|_O]$ von $(O, \pi|_O)$ für offene Teilmengen $O \subseteq M$ nichttrivial sind, muß man nicht nur Obstruktionen für die Existenz einer globalen λ-Euler-Derivation erwarten, sondern vielmehr sogar Obstruktionen für die lokale Existenz. Bei hinreichend komplizierten Poisson-Strukturen wie etwa in Beispiel 4.2.26 gibt es daher nicht einmal *lokale* λ-Euler-Derivationen, welches Sternprodukt man auch immer zur Quantisierung verwendet.

Im symplektischen Fall hingegen ist zwar die globale Obstruktion im allgemeinen ebenfalls nichttrivial, lokal dagegen gibt es immer konform symplektische Vektorfelder, siehe Beispiel 4.2.25, da ω nach dem Poincaré-Lemma lokal exakt ist. Daß es sogar immer lokale λ-Euler-Derivationen gibt, zeigt nun folgende Proposition:

Proposition 6.3.41 (Lokale λ-Euler-Derivationen). *Sei (M, ω) symplektisch mit Sternprodukt $\star$. Zu jedem Darboux-Atlas $\{(O_\alpha, x_\alpha)\}_{\alpha \in I}$ von M mit zusammenziehbaren Kartenbereichen O_α gibt es lokale λ-Euler-Derivationen E_α bezüglich $\star\big|_{O_\alpha}$.*

Beweis. Die Konstruktion ist einfach: auf $x_\alpha(O_\alpha) \subseteq \mathbb{R}^{2n}$ betrachten wir das Weyl-Moyal-Sternprodukt $\star_{\mathrm{Weyl}}$, welches via $x_\alpha : O_\alpha \longrightarrow x_\alpha(O_\alpha)$ ein lokal definiertes Sternprodukt $\star_\alpha$ auf O_α liefert. Dieses besitzt nach Beispiel 6.3.39 eine lokal definierte λ-Euler-Derivation von der Form $\mathsf{H}_\alpha = \lambda \frac{\partial}{\partial \lambda} + \mathscr{L}_{\xi_\alpha}$, wobei ξ_α der pull-back des kanonischen Euler-Vektorfeldes ξ auf O_α via x_α ist. Da nun $\star\big|_{O_\alpha}$ und $\star$ nach Proposition 6.1.15 äquivalent sind mit einer lokal definierten Äquivalenztransformation T_α, liefert $E_\alpha = T_\alpha \mathsf{H}_\alpha T_\alpha^{-1}$ eine lokale λ-Euler-Derivation für $\star$ auf O_α. $\qquad\square$

Die Existenz lokaler λ-Euler-Derivationen spielt an vielen Stellen in der Deformationsquantisierung symplektischer Mannigfaltigkeiten eine wichtige Rolle, so etwa bei der Klassifikation von Sternprodukten. Wir werden sie hier zur Konstruktion der Spur heranziehen [120, 121, 125, 155, 188, 250]:

Satz 6.3.42 (Existenz und Normierung der Spur). *Sei (M, ω) eine zusammenhängende symplektische Mannigfaltigkeit mit Sternprodukt $\star$. Dann existiert ein eindeutiges Spurfunktional*

$$\mathsf{tr} : C_0^\infty(M)[[\lambda]] \longrightarrow \mathbb{C}[[\lambda]], \qquad\qquad (6.147)$$

wobei die Normierung durch folgende Bedingung festgelegt ist: Ist (O, x) eine zusammenziehbare lokale Darboux-Karte von M und $T_O = \mathsf{id} + \sum_{r=1}^\infty \lambda^r T_O^{(r)}$ eine lokale Äquivalenztransformation

$$T_O(f \star\big|_O g) = T_O f \star_{\mathrm{Weyl}} T_O g \qquad\qquad (6.148)$$

für $f, g \in C^\infty(O)[[\lambda]]$ zum auf O definierten Weyl-Moyal-Sternprodukt $\star_{\mathrm{Weyl}}$, so gilt für $f \in C_0^\infty(O)[[\lambda]]$

$$\mathsf{tr}(f) = \int_O T_O(f) \mathrm{d}^{2n} x. \qquad\qquad (6.149)$$

Beweis (nach [155]). Ist (O, x) eine solche Darboux-Karte, so gibt es nach Proposition 6.1.15 eine lokale Äquivalenztransformation T_O mit (6.148). Das Funktional

$$\tau_{O, T_O}(f) = \int_O T_O(f) \mathrm{d}^{2n} x \qquad\qquad (*)$$

ist für $f \in C_0^\infty(O)[[\lambda]]$ offenbar ein Spurfunktional bezüglich $\star|_O$. Wir zeigen nun, daß die Funktionale τ_{O,T_O} nicht von der Wahl der (nicht eindeutigen) Äquivalenztransformation T_O abhängen. Ist $\tilde{T}_O$ eine andere Äquivalenztransformation, dann ist $\tilde{T}_O T_O^{-1}$ ein Automorphismus von $\star_{\mathrm{Weyl}}$, welcher mit id in nullter Ordnung beginnt. Da O zusammenziehbar ist, also insbesondere $\mathrm{H}_{\mathrm{dR}}^1(O) = \{0\}$ gilt, folgt nach Proposition 6.2.7 und Satz 6.3.18, daß $\tilde{T}_O T_O^{-1} = \exp(\lambda D)$ mit einer quasiinneren Derivation D. Damit ist $\tilde{T}_O T_O^{-1}$ aber nach Satz 6.3.4, Teil $v.)$ sogar ein innerer Automorphismus $\mathrm{Ad}(U)$ mit einem invertierbaren $U \in C^\infty(O)[[\lambda]]$. Aus der Spureigenschaft der Integration bezüglich $\star_{\mathrm{Weyl}}$ folgt nun sofort $\tau_{O,T_O} = \tau_O = \tau_{O,\tilde{T}_O}$, womit $(*)$ nicht von der Wahl der Äquivalenztransformation abhängt. Sei nun $\mathsf{H} = \lambda \frac{\partial}{\partial \lambda} + \mathscr{L}_\xi$ die λ-Euler-Derivation von $\star_{\mathrm{Weyl}}$ zum Liouville-Vektorfeld ξ auf $\mathbb{R}^{2n}$ und sei $E_O = T_O^{-1} \mathsf{H} T_O$ die entsprechende λ-Euler-Derivation von $\star|_O$. Dann gilt mit $\mathscr{L}_\xi \, \mathrm{d}^{2n}x = n\mathrm{d}^{2n}x$ für τ_O

$$\tau_O(E_O f) = \int \left(\left(\lambda \frac{\partial}{\partial \lambda} + \mathscr{L}_\xi \right) T_O(f) \right) \mathrm{d}^{2n}x = \lambda \frac{\partial}{\partial \lambda} \tau_O(f) + n\tau_O(f). \quad (**)$$

Ist nun $(\tilde{O}, \tilde{x})$ eine andere zusammenziehbare Darboux-Karte mit $O \cap \tilde{O} \neq \emptyset$, so gilt zum einen aufgrund der Eindeutigkeit der Spur nach Korollar 6.3.37

$$\tau_O(f) = c_{O\tilde{O}} \tau_{\tilde{O}}(f) \quad (***)$$

für alle $f \in C_0^\infty(O \cap \tilde{O})[[\lambda]]$ mit einer gewissen Konstanten $c_{O\tilde{O}} = 1 + \cdots \in \mathbb{C}[[\lambda]]$. Zum anderen ist auf $O \cap \tilde{O}$ die Derivation $E_O - E_{\tilde{O}}$ nicht nur $\mathbb{C}$-linear sondern sogar $\mathbb{C}[[\lambda]]$-linear. Daher gilt $E_O - E_{\tilde{O}} = \frac{\mathrm{i}}{\lambda} \delta_A$ mit $A \in \Gamma^\infty(T^*(O \cap \tilde{O}))[[\lambda]]$ nach Satz 6.3.18. Nun läßt sich mit der Spureigenschaft von τ_O leicht zeigen, daß $\tau_O \circ \delta_A = 0$ für alle A, indem man lokal $A = \mathrm{d}H$ schreibt. Damit gilt nun insgesamt für $f \in C_0^\infty(O \cap \tilde{O})[[\lambda]]$

$$
\begin{aligned}
0 &= \tau_O \left((E_O - E_{\tilde{O}}) f \right) \\
&\overset{(***)}{=} \tau_O(E_O f) - c_{O\tilde{O}} \tau_{\tilde{O}}(E_{\tilde{O}} f) \\
&\overset{(**)}{=} \lambda \frac{\partial}{\partial \lambda} (\tau_O(f)) - c_{O\tilde{O}} \lambda \frac{\partial}{\partial \lambda} (\tau_{\tilde{O}}(f)) \\
&\overset{(***)}{=} \left(\lambda \frac{\partial}{\partial \lambda} c_{O\tilde{O}} \right) \tau_{\tilde{O}}(f),
\end{aligned}
$$

womit $c_{O\tilde{O}} = 1$ folgt. Damit stimmen die lokal definierten Spuren τ_O und $\tau_{\tilde{O}}$ auf dem Überlappgebiet überein und fügen sich zu einer global definierten Spur tr zusammen, welche offenbar nach Konstruktion die angegebene Normierungsbedingung erfüllt. Durch diese Normierung ist aber die Spur auch eindeutig bestimmt. $\square$

Bemerkung 6.3.43 (Die kanonische Spur).

i.) Die oben konstruierte Spur ist in nullter Ordnung gerade die Integration bezüglich der Liouville-Volumenform Ω. Im allgemeinen gibt es jedoch tatsächlich höhere nichttriviale Ordnungen. Diese sind von der Form $\int_M T_r(f)\Omega$ mit gewissen Differentialoperatoren T_r.

ii.) Die obige Normierung ist noch nicht die gebräuchliche: Hierzu weicht man typischerweise auf die formalen Laurent-Reihen aus und verwendet den zusätzlichen Vorfaktor $\frac{1}{(2\pi\lambda)^n}$, ganz in Analogie zu Satz 5.3.17. Dies ist dann die kanonische Normierung, welche tr auch physikalisch zu einem dimensionslosen Funktional macht, da Ω ja die physikalische Dimension [Wirkung]^n besitzt.

iii.) Mit Hilfe der Spur lassen sich nun die Indextheoreme der Deformationsquantisierung formulieren und beweisen. Diese Sätze verallgemeinern insbesondere den berühmten Indexsatz von Atiyah und Singer, siehe [121, 250, 251] für eine detaillierte Diskussion.

iv.) Die kanonische Spur ist nichtausgeartet in dem Sinne, daß für $f \in C_0^\infty(M)[[\lambda]]$ mit $\mathrm{tr}(f \star g) = 0$ für alle $g \in C^\infty(M)[[\lambda]]$ notwendigerweise $f = 0$ folgt. Dies sieht man anhand der nichtausgearteten klassischen Integration in nullter Ordnung und einem einfachen Induktionsbeweis nach der Ordnung von f.

Im allgemeinen ist es schwierig zu entscheiden, ob bereits die klassische Poisson-Spur (6.142) das gesuchte Spurfunktional tr aus Satz 6.3.42 ist. Sternprodukte mit dieser Eigenschaft verdienen daher besondere Aufmerksamkeit [85]:

Definition 6.3.44 (Stark geschlossene Sternprodukte). *Ein Sternprodukt auf einer symplektischen Mannigfaltigkeit heißt stark geschlossen, falls das Integral bezüglich der Liouville-Volumenform das Spurfunktional ist.*

Aus der obigen Konstruktion erhält man unter Verwendung der Differentialoperatoren T_r aus Bemerkung 6.3.43 sofort folgendes Resultat [258]:

Korollar 6.3.45 (Existenz stark geschlossener Sternprodukte). *Auf jeder symplektischen Mannigfaltigkeit ist jedes Sternprodukt zu einem stark geschlossenen Sternprodukt äquivalent.*

Beispiel 6.3.46. Nach Aufgabe 6.3 ist jedes homogene Sternprodukt auf einem Kotangentenbündel stark geschlossen.

Wir schließen diesen Abschnitt mit einigen Bemerkungen zur allgemeinen Situation auf Poisson-Mannigfaltigkeiten. Wie wir bereits in Lemma 6.3.34 gesehen haben, ist die unterste Ordnung eines Spurfunktionals immer eine Poisson-Spur. Daher stellt sich die Frage, ob eventuell *jede* Poisson-Spur zu einem Spurfunktional quantisiert werden kann. Mit gewissen technischen Einschränkungen an die Äquivalenzklasse von $\star$ ist dies tatsächlich möglich und folgt aus den Arbeiten von Felder und Shoikhet [126], Tsygan und Tamarkin [298] sowie Dolgushev [102]. Zum Beweis benötigt man Kontsevichs Formalitätstheorem mit einigen nichttrivialen Erweiterungen.

Einen einfachen Spezialfall, nämlich die lineare Poisson-Struktur auf $\mathfrak{g}^*$, findet man in [30] diskutiert. Hier stellt sich heraus, daß für ein kanonisch gegebenes Sternprodukt [151] alle klassischen Poisson-Spuren bereits Spurfunktionale sind, *ohne* daß Quantenkorrekturen angebracht werden müssen.

Sucht man nun nicht die Quantisierung einer beliebigen Poisson-Spur auf (M, π) sondern betrachtet Funktionale der Form

$$f \mapsto \int_M f\mu \tag{6.150}$$

mit einer (positiven) Dichte $\mu \in \Gamma^\infty(|\Lambda^n|T^*M)$, so erhält man aus Satz 4.2.30 die notwendige Bedingung, daß die Poisson-Mannigfaltigkeit (M, π) *unimodular* ist, da nur dann ein μ existiert, für welches (6.150) eine Poisson-Spur ist.

6.4 Die Fedosov-Konstruktion

Die Konstruktion eines Sternprodukts auf einer symplektischen Mannigfaltigkeit nach Fedosov [115–117, 119, 121] ist aus mehrerlei Gründen fundamental für die Deformationsquantisierung. Zum einen liefert diese Konstruktion einen sehr einfachen und geometrischen Existenzbeweis, welcher ohne die kohomologisch nichttrivialen Überlegungen des ursprünglichen Existenzbeweises von Lecomte und DeWilde [90, 92] auskommt und statt dessen lediglich „konventionelle" Techniken wie kovariante Ableitungen und den Tensorkalkül benötigt. Zum anderen ist dieser Beweis auch der Ausgangspunkt der Klassifikation von Sternprodukten auf symplektischen Mannigfaltigkeiten [27, 89, 154, 250, 251, 254, 324]. Obwohl die ursprüngliche Konstruktion nur für den symplektischen Fall möglich ist, bietet Fedosovs Zugang doch auch eine Möglichkeit, den Poisson-Fall von der lokalen Existenz aus zu globalisieren, wie dies von Cattaneo, Felder und Tomassini [78, 79] sowie Dolgushev [101, 102] gezeigt wurde. Darüberhinaus erlaubt die Fedosov-Konstruktion im Falle spezieller symplektischer Mannigfaltigkeiten wie beispielsweise im Falle von Kotangentenbündeln, Kähler-Mannigfaltigkeiten oder symplektischen Mannigfaltigkeiten mit Symmetrien eine daran angepaßte Konstruktion von Sternprodukten. So wurden insbesondere die Sternprodukte vom standardgeordneten Typ sowie vom Wick-Typ, siehe Satz 6.1.13, mittels einer modifizierten Fedosov-Konstruktion gefunden. Des weiteren können invariante Sternprodukte im Rahmen der Fedosov-Konstruktion besonders durchsichtig diskutiert werden, siehe beispielsweise [26, 122, 246].

Die grundlegende Motivation und Idee ist dabei sehr einfach [33], siehe auch [111]. Man betrachtet erneut $M = \mathbb{R}^{2n}$ mit der üblichen Poisson-Klammer. Funktionen $f, g \in C^\infty(\mathbb{R}^{2n})$ lassen sich auch als Funktionen auf

$TM = \mathbb{R}^{2n} \times \mathbb{R}^{2n}$ auffassen, indem man

$$\tau(f)(x,v) = f(x+v) \tag{6.151}$$

schreibt, wobei $x \in \mathbb{R}^{2n}$ und $v \in T_x\mathbb{R}^{2n}$. Dies definiert eine injektive lineare Abbildung $\tau : C^\infty(\mathbb{R}^{2n}) \longrightarrow C^\infty(T\mathbb{R}^{2n})$. Bezüglich der kanonischen Darboux-Koordinaten sind die Koeffizienten $\pi^{rs} = \{x^r, x^s\}$ konstant, und das übliche Weyl-Moyal-Sternprodukt ist durch

$$f \star_{\text{Weyl}} g = \mu \circ e^{\frac{i\lambda}{2}\pi^{rs}\frac{\partial}{\partial x^r} \otimes \frac{\partial}{\partial x^s}}(f \otimes g) \tag{6.152}$$

gegeben. Dann kann man $\star_{\text{Weyl}}$ auf Funktionen $F, G \in C^\infty(T\mathbb{R}^{2n})$ erweitern, indem wir die Funktionen bezüglich der *Faservariablen* mit $\star_{\text{Weyl}}$ multiplizieren. Wir definieren daher

$$F \circ_{\text{Weyl}} G = \mu \circ e^{\frac{i\lambda}{2}\pi^{rs}\frac{\partial}{\partial v^r} \otimes \frac{\partial}{\partial v^s}}(F \otimes G), \tag{6.153}$$

so daß für $f, g \in C^\infty(\mathbb{R}^{2n})$ die Gleichung

$$\begin{aligned}
(f \star_{\text{Weyl}} g)(x) &= \mu \circ e^{\frac{i\lambda}{2}\pi^{rs}\frac{\partial}{\partial v^r} \otimes \frac{\partial}{\partial v^s}}\left(f(x+v) \otimes g(x+v)\right)\Big|_{v=0} \\
&= \tau(f) \circ_{\text{Weyl}} \tau(g)\Big|_{v=0}(x)
\end{aligned} \tag{6.154}$$

folgt. Damit kann man also die Sternproduktalgebra $(C^\infty(\mathbb{R}^{2n})[[\lambda]], \star_{\text{Weyl}})$ mittels τ und $\big|_{v=0}$ als Unteralgebra von $(C^\infty(T\mathbb{R}^{2n})[[\lambda]], \circ_{\text{Weyl}})$ realisieren. Man kann nun das Bild von τ in $C^\infty(T\mathbb{R}^{2n})$ dadurch charakterisieren, daß $F = \tau(f)$ genau dann gilt, wenn für alle $i = 1, \ldots, 2n$

$$\left(\frac{\partial}{\partial v^i} - \frac{\partial}{\partial x^i}\right)F = 0 \quad \text{mit} \quad F\big|_{v=0} = f. \tag{6.155}$$

Mittels $\mathcal{D} : C^\infty(T\mathbb{R}^{2n}) \otimes \Lambda^\bullet(\mathbb{R}^{2n})^* \longrightarrow C^\infty(T\mathbb{R}^{2n}) \otimes \Lambda^{\bullet+1}(\mathbb{R}^{2n})^*$

$$\mathcal{D} = dx^i \wedge \left(\frac{\partial}{\partial v^i} - \frac{\partial}{\partial x^i}\right). \tag{6.156}$$

kann man (6.155) auch als

$$F \in C^\infty(T\mathbb{R}^{2n}) \otimes \Lambda^0(\mathbb{R}^{2n})^* \quad \text{und} \quad F \in \ker \mathcal{D} \iff F = \tau\left(F\big|_{v=0}\right) \tag{6.157}$$

formulieren. Die Idee der Fedosov-Konstruktion ist es nun, alle diese Schritte auf eine allgemeine symplektische Mannigfaltigkeit zu übertragen, siehe auch Aufgabe 6.4 für eine geometrischere Formulierung der obigen Motivation. Für $\circ_{\text{Weyl}}$ wird dies ohne Probleme möglich sein, die Abbildung τ wird jedoch nur noch als eine formale Potenzreihe in den Koordinaten v zusammen mit gewissen „Quantenkorrekturen" existieren. Der entscheidende Operator $\mathcal{D}$ wird mit Hilfe einer symplektischen kovarianten Ableitung konstruiert. Dabei wird sich die *Krümmung* zunächst als Hindernis für die nichttriviale Lösbarkeit der Gleichung $\mathcal{D}F = 0$ erweisen, da die entscheidende Eigenschaft von $\mathcal{D}$ aus (6.156) die ist, daß

$$\mathcal{D}^2 = 0 \tag{6.158}$$

gilt. Um dies auch im gekrümmten Fall zu erreichen, muß die Krümmung in „höheren Ordnungen" von λ durch „Quantenkorrekturen" absorbiert werden. Daß dies tatsächlich alles möglich ist, soll nun diskutiert werden.

6.4.1 Das formale Weyl-Algebrabündel

Sei (M, ω) eine symplektische Mannigfaltigkeit. Wir werden lokale Koordinaten $x^1, \ldots, x^n$ verwenden, so daß auf dem Definitionsbereich U der Koordinaten

$$\omega\big|_U = \frac{1}{2}\omega_{ij}\mathrm{d}x^i \wedge \mathrm{d}x^j \quad \text{und} \quad \pi_\omega\big|_U = \frac{1}{2}\pi^{ij}\frac{\partial}{\partial x^i} \wedge \frac{\partial}{\partial x^j} \tag{6.159}$$

mit $\pi^{ij} = -\omega^{ij}$ und $\omega^{ij}\omega_{jk} = \delta_k^i$ gilt. Sei weiter $p \in M$ ein Punkt, dann definieren wir den $\mathbb{C}[[\lambda]]$-Modul

$$\mathrm{W}_p = \left(\prod_{k=0}^{\infty} \mathrm{S}^k T_p^* M\right)[[\lambda]] = \prod_{k=0}^{\infty} \mathrm{W}_p^k \quad \text{mit} \quad \mathrm{W}_p^k = \mathrm{S}^k T_p^* M[[\lambda]]. \tag{6.160}$$

Weiter definieren wir

$$(\mathrm{W} \otimes \Lambda^\bullet)_p = \left(\prod_{k=0}^{\infty} \mathrm{S}^k T_p^* M \otimes \Lambda^\bullet T_p^* M\right)[[\lambda]]. \tag{6.161}$$

Elemente in W_p sind also formale Potenzreihen in λ und formale Reihen im symmetrischen Grad von symmetrischen Tensoren über $T_p^* M$. Entsprechend kommen bei $(\mathrm{W} \otimes \Lambda^\bullet)_p$ noch Tensorprodukte mit antisymmetrischen Tensoren über $T_p^* M$ hinzu. Das Kartesische Produkt W_p aller symmetrischer Grade kann man als Vervollständigung der symmetrischen Algebra $(\mathrm{S}^\bullet T_p^* M)[[\lambda]]$ bezüglich der durch die Gradierung induzierten Topologie verstehen.

Einsformen $\alpha \in T_p^* M$ können wir in $(\mathrm{W} \otimes \Lambda^\bullet)_p$ nun sowohl als symmetrisch als auch als antisymmetrisch ansehen. Um dies zu unterscheiden, werden wir manchmal $\alpha \otimes 1$ beziehungsweise $1 \otimes \alpha$ schreiben.

Das symmetrische Tensorprodukt $\vee$ von $\mathrm{S}^\bullet T_p^* M$ setzt sich auf W_p fort, indem man es Ordnung für Ordnung in sowohl λ als auch dem symmetrischen Grad definiert. Zusammen mit dem antisymmetrischen Tensorprodukt $\wedge$ für $\Lambda^\bullet T_p^* M$ erhält man folgendes assoziatives und superkommutatives Produkt μ für $(\mathrm{W} \otimes \Lambda)_p$: Für faktorisierende Tensoren der Form $a = f \otimes \alpha$, $b = g \otimes \beta \in (\mathrm{W} \otimes \Lambda^\bullet)_p$ definiert man

$$\mu(a \otimes b) = ab = (f \vee g) \otimes (\alpha \wedge \beta), \tag{6.162}$$

und erweitert dies auf die kanonische Weise auf ganz $(\mathrm{W} \otimes \Lambda^\bullet)_p$. Dann gilt offenbar für $\alpha \in \Lambda^k T_p^* M$ und $\beta \in \Lambda^\ell T_p^* M$ die Superkommutativität

$$ab = (f \otimes \alpha)(g \otimes \beta) = (-1)^{k\ell}(g \otimes \beta)(f \otimes \alpha) = (-1)^{k\ell}ba. \tag{6.163}$$

Im folgenden wird sich „super" immer auf den antisymmetrischen Grad beziehen. Um das Zählen und Rechnen mit den verschiedenen Gradierungen in $(W \otimes \Lambda^\bullet)_p$ zu erleichtern, definieren wir folgende *Gradabbildungen*

$$\deg_s, \deg_a, \deg_\lambda : (W \otimes \Lambda^\bullet)_p \longrightarrow (W \otimes \Lambda^\bullet)_p \tag{6.164}$$

durch

$$\deg_s(f \otimes \alpha) = kf \otimes \alpha \quad \text{falls} \quad f \in W_p^k, \tag{6.165}$$

sowie

$$\deg_a(f \otimes \alpha) = \ell f \otimes \alpha \quad \text{falls} \quad \alpha \in \Lambda^\ell T_p^* M \tag{6.166}$$

und

$$\deg_\lambda(f \otimes \alpha) = \lambda \frac{\partial}{\partial \lambda}(f \otimes \alpha), \tag{6.167}$$

mit den entsprechenden $\mathbb{C}[[\lambda]]$-linearen beziehungsweise $\mathbb{C}$-linearen Erweiterungen auf ganz $(W \otimes \Lambda^\bullet)_p$. Eine zentrale Rolle wird der *totale Grad*

$$\mathrm{Deg} = \deg_s + 2\deg_\lambda \tag{6.168}$$

spielen. Da das Produkt μ mit den Gradierungen verträglich ist, haben wir folgende Derivationseigenschaften für $\deg_s$, $\deg_a$, $\deg_\lambda$ und Deg:

Lemma 6.4.1. *Die Abbildungen* $\deg_s$, $\deg_a$, $\deg_\lambda$ *und* Deg *sind Derivationen von* μ. *Lokal gilt*

$$\deg_s(f \otimes \alpha) = dx^i \vee i_s\left(\frac{\partial}{\partial x^i}\right) f \otimes \alpha \tag{6.169}$$

$$\deg_a(f \otimes \alpha) = f \otimes dx^i \wedge i_a\left(\frac{\partial}{\partial x^i}\right) \alpha. \tag{6.170}$$

Beweis. Es genügt aufgrund der Linearität, die Behauptungen auf Tensoren in $S^\bullet T_p^* M \otimes \Lambda^\bullet T_p^* M[[\lambda]]$ nachzuprüfen. Die Derivationseigenschaften von $\deg_s$ und $\deg_a$ werden in Aufgabe 2.1 gezeigt, die von $\deg_\lambda$ ist offensichtlich. Damit folgt auch die Derivationseigenschaft von Deg. Die lokale Form ist ebenfalls eine kleine Übung im Tensorkalkül. $\qquad\square$

Bemerkung 6.4.2. Da die symmetrische Algebra $S^\bullet(T_p^* M)$ als Algebra kanonisch zu den polynomialen Funktionen $\mathrm{Pol}^\bullet(T_p M)$ auf $T_p M$ isomorph ist, kann man W_p als formale Potenzreihen auf $T_p M$ (und zusätzlich als formale Reihen in λ) auffassen. In diesem Sinne entspricht $\deg_s$ gerade dem Euler-Vektorfeld $\xi = v^i \frac{\partial}{\partial v^i}$ auf dem Vektorraum $T_p M$, womit die Derivationseigenschaft offensichtlich ist, siehe auch Aufgabe 2.1. Die Derivation $\deg_a$ ist das entsprechende Analogon des Euler-Vektorfeldes im superkommutativen Fall der Grassmann-Algebra. Nach Aufgabe 2.11 können wir $S^\bullet(T_p^* M) \otimes \Lambda^\bullet(T_p^* M)$ als die Algebra der *polynomialen Differentialformen* $\Omega_{\mathrm{pol}}(T_p M)$ auf $T_p M$ auffassen, womit $(W \otimes \Lambda^\bullet)_p$ die Differentialformen auf $T_p M$ mit formalen Potenzreihen auf T_pM und formalen Potenzreihen in λ als Koeffizienten sind. Nach dem Borel-Lemma liefert dies die Interpretation von $(W \otimes \Lambda^\bullet)_p$ als die formalen Taylor-Entwicklungen von glatten Differentialformen auf T_pM um den Entwicklungspunkt 0_p. Diese Interpretation werden wir im folgenden zwar nicht explizit benötigen, sie bietet aber trotzdem eine gute Motivation für das weitere Vorgehen, siehe auch Aufgabe 6.4.

Weiter im Sinne von Aufgabe 2.11 können wir das deRham-Differential d auf T_pM dazu verwenden, ein Differential δ auf $(W \otimes \Lambda)_p$ zu definieren. Wir setzen

$$\delta = \mathrm{d}x^i \wedge \mathrm{i_s}\left(\frac{\partial}{\partial x^i}\right) \tag{6.171}$$

und

$$\delta^* = \mathrm{d}x^i \vee \mathrm{i_a}\left(\frac{\partial}{\partial x^i}\right), \tag{6.172}$$

wobei diese Definition als Kurzschreibweise für $\delta(f \otimes \alpha) = \mathrm{i_s}\left(\frac{\partial}{\partial x^i}\right) f \otimes \mathrm{d}x^i \wedge \alpha$ und analog für δ^* gemeint ist. Dann verringert δ den symmetrischen Grad um eins und erhöht den antisymmetrischen entsprechend um eins, wohingegen δ^* den symmetrischen Grad um eins erhöht und den antisymmetrischen um eins verringert. Dies läßt sich formal auch als

$$[\deg_\mathrm{s}, \delta] = -\delta \quad \text{und} \quad [\deg_\mathrm{a}, \delta] = +\delta \tag{6.173}$$

sowie

$$[\deg_\mathrm{s}, \delta^*] = +\delta^* \quad \text{und} \quad [\deg_\mathrm{a}, \delta^*] = -\delta^* \tag{6.174}$$

schreiben und unter Verwendung der lokalen Ausdrücke für $\deg_\mathrm{s}$ und $\deg_\mathrm{a}$ leicht nachrechnen. Auch wenn δ und δ^* zunächst unter Verwendung von lokalen Koordinaten definiert werden, ist es leicht zu sehen, daß die beiden Operatoren tatsächlich unabhängig von der verwendeten Karte sind und somit global definierte Objekte darstellen.

Wir definieren nun zwei weitere Operatoren: zuerst setzen wir für homogene Elemente $a \in (W^k \otimes \Lambda^\ell)_p$

$$\delta^{-1}a = \begin{cases} 0 & k + \ell = 0 \\ \frac{1}{k+\ell}\,\delta^* a & k + \ell \neq 0, \end{cases} \tag{6.175}$$

und setzen dies linear auf alle Elemente von $(W \otimes \Lambda)_p$ fort. Die Schreibweise δ^{-1} ist selbstverständlich nur symbolisch und impliziert *nicht*, daß δ^{-1} das Inverse von δ sein soll, da δ ja alles andere als invertierbar ist. Weiter definieren wir

$$\sigma : (W \otimes \Lambda^\bullet)_p \longrightarrow \mathbb{C}[[\lambda]] \tag{6.176}$$

als die Projektion auf den symmetrischen und antisymmetrischen Grad 0. Dann gilt folgendes Lemma für die Beziehungen der Operatoren δ, δ^{-1} und σ:

Lemma 6.4.3. *Es gilt* $\delta^2 = (\delta^*)^2 = (\delta^{-1})^2 = 0$ *und*

$$\delta\delta^{-1} + \delta^{-1}\delta + \sigma = \mathrm{id}\,. \tag{6.177}$$

Beweis. Alle Aussagen rechnet man elementar mit der lokalen Gestalt der Operatoren nach, insbesondere gilt

$$\delta\delta^* + \delta^*\delta = \deg_{\mathrm{s}} + \deg_{\mathrm{a}}\,.$$

Gleichung (6.177) ist dann letztlich gerade das Poincaré-Lemma für polynomiale Differentialformen auf T_pM, siehe auch Aufgabe 2.11. □

Kohomologisch interpretiert bedeutet dies, daß δ ein Differential der assoziativen superkommutativen Algebra $(\mathrm{W} \otimes \Lambda^\bullet)_p$ ist und die Kohomologie von δ im antisymmetrischen Grad 0 eindimensional und sonst 0 ist,

$$\mathrm{H}^0\left((\mathrm{W} \otimes \Lambda^\bullet)_p, \delta\right) = \mathbb{C}[[\lambda]] \quad \text{und} \quad \mathrm{H}^{k \geq 1}\left((\mathrm{W} \otimes \Lambda^\bullet)_p, \delta\right) = \{0\}, \tag{6.178}$$

da der Operator δ^{-1} als Homotopie fungiert. Diese Feststellung wird sich als zentral für die Fedosov-Konstruktion erweisen.

In einem nächsten Schritt werden wir unter Verwendung des symplektischen Poisson-Tensors π_ω das superkommutative Produkt μ deformieren, indem wir für die W_p-Komponenten ein Weyl-Moyal-Sternprodukt definieren:

Definition 6.4.4. *Das faserweise Weyl-Moyal-Sternprodukt* $\circ_{\mathrm{Weyl}}$ *ist für* $a, b \in (\mathrm{W} \otimes \Lambda^\bullet)_p$ *durch*

$$a \circ_{\mathrm{Weyl}} b = \mu \circ \mathrm{e}^{\frac{\mathrm{i}\lambda}{2}\pi_p^{k\ell}\, \mathrm{i}_{\mathrm{s}}\left(\frac{\partial}{\partial x^k}\right) \otimes \mathrm{i}_{\mathrm{s}}\left(\frac{\partial}{\partial x^\ell}\right)}(a \otimes b) \tag{6.179}$$

definiert.

Zunächst ist aufgrund des korrekten Transformationsverhaltens der Koeffizienten $\pi_p^{k\ell}$ des symplektischen Poisson-Tensors bei p und der Einsetzderivationen $\mathrm{i}_{\mathrm{s}}\left(\frac{\partial}{\partial x^k}\right)$ unter Koordinatenwechsel klar, daß $\circ_{\mathrm{Weyl}}$ nicht vom verwendeten Koordinatensystem abhängt sondern global erklärt ist. Weiter folgt, da alle symmetrischen Einsetzderivationen $\mathrm{i}_{\mathrm{s}}(\cdot)$ *vertauschen*, daß nach Satz 6.2.37 das faserweise Weyl-Moyal-Sternprodukt eine assoziative Deformation von $((\mathrm{W} \otimes \Lambda^\bullet)_p, \mu)$ ist. Wir nennen W_p auch die formale Weyl-Algebra bei p. Der antisymmetrische Teil wird durch $\circ_{\mathrm{Weyl}}$ nicht berührt, so daß $\circ_{\mathrm{Weyl}}$ immer noch bezüglich des antisymmetrischen Grades gradiert ist. Mit anderen Worten, $\deg_{\mathrm{a}}$ ist eine Derivation von $\circ_{\mathrm{Weyl}}$. Für den symmetrischen Teil ist dies selbstverständlich nicht mehr richtig, da in (6.179) die symmetrischen Grade in jeder Ordnung von λ insgesamt um 2 verringert werden. Daher ist weder $\deg_{\mathrm{s}}$ noch $\deg_\lambda$ eine Derivation von $\circ_{\mathrm{Weyl}}$, wohl aber die Kombination $\mathrm{Deg} = \deg_{\mathrm{s}} + 2\deg_\lambda$. Dies erklärt die Relevanz des totalen Grades Deg. Schließlich ist δ nach wie vor eine Superderivation von $\circ_{\mathrm{Weyl}}$, da das Multiplizieren mit den Koordinateneinsformen im *antisymmetrischen* Teil von $\circ_{\mathrm{Weyl}}$

unberührt bleibt und die Einsetzderivationen im *symmetrischen* Teil alle vertauschen und somit Derivationen von $\circ_{\mathrm{Weyl}}$ sind. Für δ^* ist dies nicht mehr der Fall, da hier die Multiplikation mit den Einsformen im symmetrischen Fall nicht mehr als $\circ_{\mathrm{Weyl}}$-Multiplikation geschrieben werden kann. Wir fassen diese einfachen Resultate zusammen:

Lemma 6.4.5. *Die Abbildungen* δ, $\deg_{\mathrm{a}}$ *und* Deg *sind (Super-)Derivationen von* $\circ_{\mathrm{Weyl}}$ *vom antisymmetrischen Grad* $+1$ *für* δ *beziehungsweise* 0 *für* $\deg_{\mathrm{a}}$ *und* Deg*. Weiter gilt*

$$[\mathrm{Deg}, \delta] = -\delta. \tag{6.180}$$

Da weder der $\deg_{\mathrm{s}}$-Grad noch der $\deg_{\lambda}$-Grad eine „gute" Gradierung bezüglich $\circ_{\mathrm{Weyl}}$ darstellen, ist es zweckmäßig, die durch den totalen Grad induzierte Gradierung von W_p und $(\mathrm{W} \otimes \Lambda^{\bullet})_p$ näher zu betrachten. Wir definieren daher die homogenen Elemente bezüglich Deg als

$$\mathrm{W}_p^{(k)} = \left\{ a \in \mathrm{W}_p \mid \mathrm{Deg}\, a = ka \right\} \tag{6.181}$$

und entsprechend $(\mathrm{W}^{(k)} \otimes \Lambda^{\bullet})_p$. Dann gilt, daß jedes Element $a \in \mathrm{W}_p$ eindeutig als formale Reihe

$$a = \sum_{k=0}^{\infty} a^{(k)} \tag{6.182}$$

in homogenen Elementen $a^{(k)} \in \mathrm{W}_p^{(k)}$ geschrieben werden kann. Entsprechend gilt

$$\mathrm{W}_p = \prod_{k=0}^{\infty} \mathrm{W}_p^{(k)} \tag{6.183}$$

und analog für $(\mathrm{W} \otimes \Lambda^{\bullet})_p$. Dabei ist offenbar jedes homogene Element $a^{(k)} \in \mathrm{W}_p^{(k)}$ von der Form

$$a^{(k)} = \begin{cases} \displaystyle\sum_{r=0}^{k/2} \lambda^r a_{k-2r}^{(k)} & k \text{ gerade} \\ \displaystyle\sum_{r=0}^{(k-1)/2} \lambda^r a_{k-2r}^{(k)} & k \text{ ungerade} \end{cases} \tag{6.184}$$

mit $a_{\ell}^{(k)} \in \mathrm{S}^{\ell} T_p^* M$. Man beachte jedoch, daß streng genommen W_p *nicht* bezüglich des Deg-Grades gradiert ist, da W_p nicht die *direkte Summe* aller Deg-homogenen Elemente ist sondern das Kartesische Produkt. Man kann daher W_p auch *formal* Deg-*gradiert* nennen [48]. Die Elemente mit totalem Grad $\geq k$ bezeichnen wir auch als

$$(\mathrm{W}_k \otimes \Lambda^{\bullet})_p = \bigcup_{\ell=k}^{\infty} (\mathrm{W}^{(\ell)} \otimes \Lambda^{\bullet})_p. \tag{6.185}$$

Die $\deg_{\mathrm{a}}$-Gradierung verwenden wir, um auch bezüglich des deformierten Produkts $\circ_{\mathrm{Weyl}}$ Superkommutatoren zu definieren. Wir schreiben

$$\mathrm{ad}(a)b = [a, b] = a \circ_{\mathrm{Weyl}} b - (-1)^{k\ell} b \circ_{\mathrm{Weyl}} a \tag{6.186}$$

für $a \in (\mathrm{W} \otimes \Lambda^k)_p$ und $b \in (\mathrm{W} \otimes \Lambda^\ell)_p$. Anders als die superkommutative Multiplikation μ ist $\circ_{\mathrm{Weyl}}$ nun nicht mehr superkommutativ. Nur die unterste Ordnung von $[a, b]$ verschwindet, die höheren Ordnungen sind im allgemeinen nichttrivial. Vielmehr ist das Zentrum nun „trivial":

Lemma 6.4.6. *Ein Element $a \in (\mathrm{W} \otimes \Lambda^\bullet)_p$ ist genau dann zentral, also $\mathrm{ad}(a) = 0$, falls $\deg_{\mathrm{s}} a = 0$.*

Beweis. Hier geht entscheidend ein, daß $\pi_p^{k\ell}$ nichtausgeartet also symplektisch ist. Ist $\deg_{\mathrm{s}} a = 0$, dann ist a sicherlich zentral, da alle höheren Terme in $\circ_{\mathrm{Weyl}}$ verschwinden. Sei also a zentral. Dann betrachten wir $b = \mathrm{d}x^i \otimes 1 \in (\mathrm{W} \otimes \Lambda^0)_p$ und berechnen $\mathrm{ad}(a)b$ explizit

$$\mathrm{ad}(a)(\mathrm{d}x^i \otimes 1) = 2\frac{\mathrm{i}\lambda}{2} \pi_p^{ri} \, \mathrm{i}_{\mathrm{s}} \left(\frac{\partial}{\partial x^r} \right) a,$$

was nur dann für alle i verschwinden kann, wenn a keine symmetrischen Tensorpotenzen enthält, also $\deg_{\mathrm{s}} a = 0$, da die Matrix π_p^{ri} nicht ausgeartet ist. $\square$

Die symplektische Form ω bei $p \in M$ läßt sich als Element vom antisymmetrischen Grad 2 und symmetrischen Grad 0 in $(\mathrm{W} \otimes \Lambda^\bullet)_p$ auffassen

$$\omega_p \in (\mathrm{W}^0 \otimes \Lambda^2)_p, \tag{6.187}$$

womit ω *zentral* ist. Wir können ω aber auch als ein Element mit symmetrischem Grad 1 und antisymmetrischem Grad 1 betrachten, indem wir

$$\widetilde{\omega}_p = \omega_{ij}\big|_p \mathrm{d}x^i \otimes \mathrm{d}x^j \in (\mathrm{W}^1 \otimes \Lambda^1)_p \tag{6.188}$$

setzen. Dies ist offenbar wieder eine koordinatenunabhängige Definition des Algebraelements $\widetilde{\omega}_p$. Das so erhaltene $\widetilde{\omega}_p$ besitzt dann folgende Eigenschaften, welche erneut zeigen, daß δ eine Superderivation von $\circ_{\mathrm{Weyl}}$ ist:

Lemma 6.4.7. *Für $\widetilde{\omega}_p$ gilt*

$$\deg_{\mathrm{s}} \widetilde{\omega}_p = \widetilde{\omega}_p, \quad \deg_{\mathrm{a}} \widetilde{\omega}_p = \widetilde{\omega}_p \quad und \quad \mathrm{Deg}\, \widetilde{\omega}_p = \widetilde{\omega}_p \tag{6.189}$$

sowie

$$\delta \widetilde{\omega}_p = 2\omega_p \quad und \quad \delta^* \widetilde{\omega}_p = 0 \tag{6.190}$$

und

$$\delta = -\frac{\mathrm{i}}{\lambda} \mathrm{ad}(\widetilde{\omega}_p). \tag{6.191}$$

Beweis. Die Aussage über die Grade von $\widetilde{\omega}_p$ ist trivial. Weiter rechnen wir nach, daß

$$\delta\widetilde{\omega}_p = \mathrm{d}x^i \wedge \mathrm{i}_\mathrm{s}\left(\frac{\partial}{\partial x^i}\right)\omega_{k\ell}\big|_p \mathrm{d}x^k \otimes \mathrm{d}x^\ell = \omega_{k\ell}\big|_p 1 \otimes \mathrm{d}x^k \wedge \mathrm{d}x^\ell = 2\omega_p.$$

Die Gleichung $\delta^*\widetilde{\omega}_p = 0$ folgt, da die Matrix $\omega_{k\ell}\big|_p$ *antisymmetrisch* ist. In $\mathrm{ad}(\widetilde{\omega}_p)$ tritt nur die erste Ordnung in λ auf, da die nullte generell verschwindet und höhere Ordnungen nicht beitragen, da $\deg_\mathrm{s}\widetilde{\omega}_p = \widetilde{\omega}_p$. Dann gilt für $a \in (\mathrm{W} \otimes \Lambda^\ell)_p$

$$-\frac{\mathrm{i}}{\lambda}\mathrm{ad}(\widetilde{\omega}_p)a$$
$$= -\frac{\mathrm{i}}{\lambda}\frac{\mathrm{i}\lambda}{2}\pi^{rs}\big|_p\left(\mathrm{i}_\mathrm{s}\left(\frac{\partial}{\partial x^r}\right)\widetilde{\omega}_p\, \mathrm{i}_\mathrm{s}\left(\frac{\partial}{\partial x^s}\right)a - (-1)^\ell\, \mathrm{i}_\mathrm{s}\left(\frac{\partial}{\partial x^r}\right)a\, \mathrm{i}_\mathrm{s}\left(\frac{\partial}{\partial x^s}\right)\widetilde{\omega}_p\right)$$
$$= \frac{1}{2}\pi^{rs}\left(\omega_{rk}\big|_p 1 \otimes \mathrm{d}x^k\, \mathrm{i}_\mathrm{s}\left(\frac{\partial}{\partial x^s}\right)a - (-1)^\ell\, \mathrm{i}_\mathrm{s}\left(\frac{\partial}{\partial x^r}\right)a\omega_{sk}\big|_p 1 \otimes \mathrm{d}x^k\right)$$
$$= \frac{1}{2}\left(\mathrm{d}x^k \wedge \mathrm{i}_\mathrm{s}\left(\frac{\partial}{\partial x^k}\right)a + \mathrm{d}x^k \wedge \mathrm{i}_\mathrm{s}\left(\frac{\partial}{\partial x^k}\right)a\right)$$
$$= \delta a.$$

$\square$

Hier und im folgenden werden wir Superderivationen von $\circ_{\mathrm{Weyl}}$ der Form $\frac{\mathrm{i}}{\lambda}\mathrm{ad}(a)$ verwenden, was eine wohl-definierte *äußere* Derivation liefert, da $\mathrm{ad}(a)$ in nullter Ordnung von λ verschwindet. Da „$\frac{\mathrm{i}}{\lambda}a$" im allgemeinen *kein* Element der Algebra $(\mathrm{W} \otimes \Lambda)_p$ ist, handelt es sich bei $\frac{\mathrm{i}}{\lambda}\mathrm{ad}(a)$ nicht um eine innere Derivation, sondern um eine quasiinnere Derivation, siehe Definition 6.3.8.

Nachdem wir nun die punktweisen Strukturen für die formale Weyl-Algebra W_p beziehungsweise $(\mathrm{W} \otimes \Lambda)_p$ erklärt haben, können wir das Bündel aller formalen Weyl-Algebren für $p \in M$ betrachten. Wir definieren daher

$$\mathrm{W} = \bigcup_{p\in M} \mathrm{W}_p \tag{6.192}$$

und

$$\mathrm{W} \otimes \Lambda^\bullet = \bigcup_{p\in M}(\mathrm{W} \otimes \Lambda^\bullet)_p, \tag{6.193}$$

was Vektorbündel über M liefert, deren Fasern unendlichdimensional sind. Da wir in Abschnitt 2.2.1 nur für Vektorbündel mit endlichdimensionaler Faser Begriffe wie Glattheit und glatte Schnitte gegeben haben, müssen wir streng genommen dies für W und $\mathrm{W} \otimes \Lambda^\bullet$ nachholen. Da jedoch W die vervollständigte direkte Summe (also das Kartesische Produkt) der *endlichdimensionalen* Vektorbündel $\mathrm{S}^k T^*M$ mit zusätzlichen formalen Potenzreihen in λ ist, können wir glatte Schnitte von W und entsprechend von $\mathrm{W} \otimes \Lambda^\bullet$

auf folgenden Weise direkt *definieren*, ohne eine glatte Struktur von W und $W \otimes \Lambda^\bullet$ erklären zu müssen. Wir betrachten

$$\mathcal{W} = „\Gamma^\infty(W)" = \left(\prod_{k=0}^\infty \Gamma^\infty(S^k T^* M) \right) [[\lambda]] \tag{6.194}$$

sowie

$$\mathcal{W} \otimes \Lambda^\bullet = „\Gamma^\infty(W \otimes \Lambda^\bullet)" = \left(\prod_{k=0}^\infty \Gamma^\infty(S^k T^* M \otimes \Lambda^\bullet T^* M) \right) [[\lambda]]. \tag{6.195}$$

Man kann tatsächlich eine glatte Struktur für W und $W \otimes \Lambda^\bullet$ angeben, so daß (6.194) und (6.195) die glatten Schnitte sind. Da wir jedoch nur $\mathcal{W}$ und $\mathcal{W} \otimes \Lambda^\bullet$ benötigen und zu deren Definition nur die bekannten glatten Schnitte von $S^k T^* M \otimes \Lambda^\bullet T^* M$ benutzt werden, können wir auf die Beschreibung dieser glatten Struktur verzichten und direkt mit $\mathcal{W}$ und $\mathcal{W} \otimes \Lambda^\bullet$ arbeiten.

Im folgenden werden wir daher $\mathcal{W}$ und $\mathcal{W} \otimes \Lambda^\bullet$ betrachten, wobei wir alle algebraischen und punktweise definierten Operationen und Abbildungen wie $\deg_s$, $\deg_a$, $\deg_\lambda$, Deg, μ, $\circ_{\mathrm{Weyl}}$, δ, δ^*, δ^{-1} und σ auf die übliche Weise auf die Schnitte $\mathcal{W}$ und $\mathcal{W} \otimes \Lambda^\bullet$ fortsetzen, indem wir die Operationen auf Schnitten punktweise definieren. Somit wird $\mathcal{W}$ bezüglich $\circ_{\mathrm{Weyl}}$ eine assoziative Algebra über $\mathbb{C}[[\lambda]]$ mit „trivialem" Zentrum $C^\infty(M)[[\lambda]]$ und Deg ist eine Derivation von $(\mathcal{W}, \circ_{\mathrm{Weyl}})$. Weiter ist $\mathcal{W} \otimes \Lambda^\bullet$ bezüglich $\circ_{\mathrm{Weyl}}$ eine assoziative $\deg_a$-gradierte Algebra über $\mathbb{C}[[\lambda]]$ mit Zentrum $\Gamma^\infty(\Lambda^\bullet T^* M)[[\lambda]]$. Die Abbildungen δ und Deg sind Superderivationen und es gilt die wichtige Gleichung

$$\delta \delta^{-1} + \delta^{-1} \delta + \sigma = \mathrm{id}, \tag{6.196}$$

wobei nun

$$\sigma : \mathcal{W} \otimes \Lambda^\bullet \longrightarrow C^\infty(M)[[\lambda]]. \tag{6.197}$$

Das erklärte Ziel der Fedosov-Konstruktion ist es nun, eine Unteralgebra von $\mathcal{W}$ zu finden, welche über σ in Bijektion zu $C^\infty(M)[[\lambda]]$ ist. Dann läßt sich das faserweise $\circ_{\mathrm{Weyl}}$-Produkt über σ auf $C^\infty(M)[[\lambda]]$ zurückziehen und liefert ein assoziatives $\mathbb{C}[[\lambda]]$-bilineares Produkt. Wird nun die Unteralgebra geeignet nichttrivial gewählt, so soll auf diese Weise ein Sternprodukt $\star$ induziert werden. Die Unteralgebra selbst erhält man nun als Kern einer Superderivation $\mathcal{D} : \mathcal{W} \longrightarrow \mathcal{W} \otimes \Lambda^1$, der *Fedosov-Derivation*. Da der Kern einer Superderivation immer eine Unteralgebra ist, gilt es also, eine geeignete Superderivation zu finden.

6.4.2 Die Fedosov-Derivation

Zentraler Bestandteil bei der Konstruktion der Fedosov-Derivation ist eine torsionsfreie kovariante Ableitung, bezüglich der die symplektische Form kovariant konstant ist.

Definition 6.4.8 (Symplektischer Zusammenhang). *Eine torsionsfreie kovariante Ableitung ∇ heißt symplektisch, falls*

$$\nabla \omega = 0. \tag{6.198}$$

Ausgeschrieben bedeutet dies

$$X(\omega(Y,Z)) = \omega(\nabla_X Y, Z) + \omega(Y, \nabla_X Z) \tag{6.199}$$

für alle Vektorfelder $X, Y, Z \in \Gamma^\infty(TM)$, wobei wir wie üblich die kovariante Ableitung auf alle Tensorfelder gemäß den Konventionen aus Abschnitt 2.2.4 erweitern, ohne dies in unserer Notation gesondert hervorzuheben. Es gibt nun immer solche symplektische Zusammenhänge, siehe beispielsweise [168]. Hier muß man wesentlich verwenden, daß man eine *symplektische Mannigfaltigkeit* und nicht eine allgemeine Poisson-Mannigfaltigkeit betrachtet. Im allgemeinen Poisson-Fall gibt es *keine* kovariante Ableitung, bezüglich der der Poisson-Tensor kovariant konstant ist.

Proposition 6.4.9 (Heß-Trick). *Sei (M, ω) eine symplektische Mannigfaltigkeit und $\tilde{\nabla}$ eine torsionsfreie kovariante Ableitung. Dann wird durch*

$$\omega(\nabla_X Y, Z) = \omega(\tilde{\nabla}_X Y, Z) + \frac{1}{3}\left(\tilde{\nabla}_X \omega\right)(Y, Z) + \frac{1}{3}\left(\tilde{\nabla}_Y \omega\right)(X, Z) \tag{6.200}$$

mit $X, Y, Z \in \Gamma^\infty(TM)$ eine symplektische kovariante Ableitung definiert.

Beweis. Der Beweis ist Gegenstand von Aufgabe 6.10. $\qquad\square$

Ist ∇ eine symplektische kovariante Ableitung und bezeichnet $\hat{R}$ den Krümmungstensor

$$\hat{R}(X,Y)Z = \nabla_X \nabla_Y Z - \nabla_Y \nabla_X Z - \nabla_{[X,Y]}Z \tag{6.201}$$

von ∇, so können wir ein vierfach kovariantes Tensorfeld durch Herunterziehen eines Index mit ω definieren. Sei also R durch

$$R(Z, U, X, Y) = \omega(Z, \hat{R}(X,Y)U) \tag{6.202}$$

definiert, wobei $X, Y, Z, U \in \Gamma^\infty(TM)$. Da $\nabla \omega = 0$ gilt, folgt durch eine elementare Rechnung, daß R in den beiden ersten Argumenten *symmetrisch* ist. Es gilt daher

$$R \in \Gamma^\infty(S^2 T^* M \otimes \Lambda^2 T^* M), \tag{6.203}$$

da $R(Z, U, X, Y)$ offenbar nach wie vor in X und Y antisymmetrisch ist, siehe auch Aufgabe 6.10, Teil *iii.*). Insbesondere können wir R als Element in $\mathcal{W} \otimes \Lambda$ auffassen, wobei

$$\deg_{\mathrm{s}} R = 2R, \quad \deg_{\mathrm{a}} R = 2R \quad \text{und} \quad \deg_\lambda R = 0. \tag{6.204}$$

Wir verwenden ∇ nun dazu, folgendes *kovariante äußere Ableitung*

$$D : \mathcal{W} \otimes \Lambda^\bullet \longrightarrow \mathcal{W} \otimes \Lambda^{\bullet+1} \tag{6.205}$$

zu definieren. Sei $f \otimes \alpha \in \mathcal{W} \otimes \Lambda$ ein faktorisierendes Tensorfeld. Dann definieren wir lokal

$$D(f \otimes \alpha) = \mathrm{d}x^i \wedge \nabla_{\frac{\partial}{\partial x^i}} (f \otimes \alpha). \tag{6.206}$$

Ausgeschrieben bedeutet dies

$$D(f \otimes \alpha) = \nabla_{\frac{\partial}{\partial x^i}} f \otimes \mathrm{d}x^i \wedge \alpha + f \otimes \mathrm{d}x^i \wedge \nabla_{\frac{\partial}{\partial x^i}} \alpha = \nabla_{\frac{\partial}{\partial x^i}} f \otimes \mathrm{d}x^i \wedge \alpha + f \otimes \mathrm{d}\alpha, \tag{6.207}$$

da für einen torsionsfreien Zusammenhang immer

$$\mathrm{d}x^i \wedge \nabla_{\frac{\partial}{\partial x^i}} \alpha = \mathrm{d}\alpha \tag{6.208}$$

für alle k-Formen $\alpha \in \Gamma^\infty(\Lambda^k T^*M)$ gilt, siehe auch Aufgabe 2.14. Wie zu erwarten, ist D tatsächlich global und kartenunabhängig definiert, da eine kovariante Ableitung im Vektorfeldargument funktionenlinear ist. Die Verträglichkeit von D mit den bisherigen Strukturen klärt folgende Proposition:

Proposition 6.4.10. *Die Abbildung* $D : \mathcal{W} \otimes \Lambda^\bullet \longrightarrow \mathcal{W} \otimes \Lambda^{\bullet+1}$ *erfüllt*

$$[\deg_\mathrm{s}, D] = 0, \quad [\deg_\mathrm{a}, D] = D, \quad [\deg_\lambda, D] = 0 \quad \textit{und} \quad [\mathrm{Deg}, D] = 0 \tag{6.209}$$

und ist eine Superderivation des undeformierten Produkts μ. *Weiter ist* D *auch eine Superderivation des faserweisen Weyl-Moyal-Sternprodukts*

$$D(a \circ_\mathrm{Weyl} b) = Da \circ_\mathrm{Weyl} b + (-1)^k a \circ_\mathrm{Weyl} Db, \tag{6.210}$$

wobei $a \in \mathcal{W} \otimes \Lambda^k$ *und* $b \in \mathcal{W} \otimes \Lambda^\bullet$. *Weiter gilt*

$$D\tilde{\omega} = 0, \quad \delta R = 0 \quad \textit{und} \quad DR = 0 \tag{6.211}$$

sowie

$$[\delta, D] = \delta D + D\delta = 0 \quad \textit{und} \quad D^2 = \frac{1}{2}[D, D] = \frac{\mathrm{i}}{\lambda} \mathrm{ad}(R). \tag{6.212}$$

Beweis. Die Behauptung (6.209) ergibt sich unmittelbar aus dem Abzählen der beteiligten Grade. Daß D eine Superderivation von μ ist, folgt aus der allgemeinen Eigenschaft, daß eine kovariante Ableitung ∇_X eine Derivation für das Tensorprodukt $\otimes$ sowie für dessen symmetrisierte und antisymmetrisierte Version $\vee$ und $\wedge$ ist. Die anschließende Multiplikation mit einer Einsform im antisymmetrischen Teil von $\mathcal{W} \otimes \Lambda$ bewirkt die Superderivationseigenschaft von D. Es gilt also

$$\nabla_{\frac{\partial}{\partial x^i}} \circ \mu = \mu \circ \left(\nabla_{\frac{\partial}{\partial x^i}} \otimes \mathsf{id} + \mathsf{id} \otimes \nabla_{\frac{\partial}{\partial x^i}} \right). \tag{$*$}$$

Wir betrachten nun den faserweise definierten Operator

$$\mathcal{P} : (\mathcal{W} \otimes \Lambda) \otimes_{C^\infty(M)} (\mathcal{W} \otimes \Lambda) \longrightarrow (\mathcal{W} \otimes \Lambda) \otimes_{C^\infty(M)} (\mathcal{W} \otimes \Lambda),$$

welcher durch

$$\mathcal{P}(a \otimes b) = \pi^{k\ell} \, \mathrm{i_s}\left(\frac{\partial}{\partial x^k}\right) a \otimes_{C^\infty(M)} \mathrm{i_s}\left(\frac{\partial}{\partial x^\ell}\right) b$$

definiert ist. Man beachte, daß $\mathcal{P}$ auch auf dem Tensorprodukt über $C^\infty(M)$ wohl-definiert ist, wovon wir im folgenden Gebrauch machen werden. Dann gilt für $a \otimes b \in (\mathcal{W} \otimes \Lambda) \otimes_{C^\infty(M)} (\mathcal{W} \otimes \Lambda)$ die Vertauschungsregel

$$\left[\nabla_{\frac{\partial}{\partial x^i}} \otimes \mathrm{id} + \mathrm{id} \otimes \nabla_{\frac{\partial}{\partial x^i}}, \mathcal{P}\right](a \otimes b)$$

$$= \nabla_{\frac{\partial}{\partial x^i}}\left(\pi^{k\ell} \, \mathrm{i_s}\left(\frac{\partial}{\partial x^k}\right) a\right) \otimes \mathrm{i_s}\left(\frac{\partial}{\partial x^\ell}\right) b + \pi^{k\ell} \, \mathrm{i_s}\left(\frac{\partial}{\partial x^k}\right) a \otimes \nabla_{\frac{\partial}{\partial x^i}} \mathrm{i_s}\left(\frac{\partial}{\partial x^\ell}\right) b$$

$$- \pi^{k\ell} \, \mathrm{i_s}\left(\frac{\partial}{\partial x^k}\right) \nabla_{\frac{\partial}{\partial x^i}} a \otimes \mathrm{i_s}\left(\frac{\partial}{\partial x^\ell}\right) b - \pi^{k\ell} \, \mathrm{i_s}\left(\frac{\partial}{\partial x^k}\right) a \otimes \mathrm{i_s}\left(\frac{\partial}{\partial x^\ell}\right) \nabla_{\frac{\partial}{\partial x^i}} b$$

$$= \frac{\partial \pi^{k\ell}}{\partial x^i} \, \mathrm{i_s}\left(\frac{\partial}{\partial x^k}\right) a \otimes \mathrm{i_s}\left(\frac{\partial}{\partial x^\ell}\right) b$$

$$+ \pi^{k\ell} \, \mathrm{i_s}\left(\nabla_{\frac{\partial}{\partial x^i}} \frac{\partial}{\partial x^k}\right) a \otimes \mathrm{i_s}\left(\frac{\partial}{\partial x^\ell}\right) b + \pi^{k\ell} \, \mathrm{i_s}\left(\frac{\partial}{\partial x^k}\right) a \otimes \mathrm{i_s}\left(\nabla_{\frac{\partial}{\partial x^i}} \frac{\partial}{\partial x^\ell}\right) b$$

$$= \left(\frac{\partial \pi^{k\ell}}{\partial x^i} + \pi^{r\ell} \Gamma^k_{ir} + \pi^{kr} \Gamma^\ell_{ir}\right) \mathrm{i_s}\left(\frac{\partial}{\partial x^k}\right) a \otimes \mathrm{i_s}\left(\frac{\partial}{\partial x^\ell}\right) b, \qquad (**)$$

wobei wir die Funktionenlinearität von $\otimes_{C^\infty(M)}$ verwenden sowie, daß ganz allgemein die Vertauschungsregel

$$[\nabla_X, \mathrm{i_s}(Y)] = \mathrm{i_s}(\nabla_X Y)$$

gilt. Dies rechnet man, wie nun schon öfters gesehen, für Funktionen und Einsformen nach und verwendet die Derivationseigenschaft beider Seiten, um auf beliebige symmetrische k-Formen zu schließen. Nun gilt aber $\nabla \omega = 0$ und damit auch $\nabla \pi_\omega = 0$, was in Koordinaten unter Verwendung der Christoffel-Symbole von ∇ gerade

$$\frac{\partial \pi^{k\ell}}{\partial x^i} + \pi^{r\ell} \Gamma^k_{ir} + \pi^{kr} \Gamma^\ell_{ir} = 0$$

bedeutet. Damit folgt aus $(**)$, daß die beiden Operatoren $\mathcal{P}$ und $\nabla_{\frac{\partial}{\partial x^i}} \otimes \mathrm{id} + \mathrm{id} \otimes \nabla_{\frac{\partial}{\partial x^i}}$ vertauschen. Man beachte, daß auch $\nabla_{\frac{\partial}{\partial x^i}} \otimes \mathrm{id} + \mathrm{id} \otimes \nabla_{\frac{\partial}{\partial x^i}}$ auf $\otimes_{C^\infty(M)}$ wohl-definiert ist, obwohl die einzelnen Summanden dies nicht sind. Zusammen mit $(*)$ impliziert dies

$$\nabla_{\frac{\partial}{\partial x^i}} (a \circ_{\mathrm{Weyl}} b) = \mu \circ \left(\nabla_{\frac{\partial}{\partial x^i}} \otimes \mathrm{id} + \mathrm{id} \otimes \nabla_{\frac{\partial}{\partial x^i}}\right) \circ \mathrm{e}^{\frac{\mathrm{i}\lambda}{2}\mathcal{P}}(a \otimes b)$$

$$= \mu \circ \mathrm{e}^{\frac{\mathrm{i}\lambda}{2}\mathcal{P}} \circ \left(\nabla_{\frac{\partial}{\partial x^i}} \otimes \mathrm{id} + \mathrm{id} \otimes \nabla_{\frac{\partial}{\partial x^i}}\right)(a \otimes b)$$

$$= \nabla_{\frac{\partial}{\partial x^i}} a \circ_{\mathrm{Weyl}} b + a \circ_{\mathrm{Weyl}} \nabla_{\frac{\partial}{\partial x^i}} b.$$

Durch das anschließende Multiplizieren mit $\mathrm{d}x^i$ im antisymmetrischen Tensor-faktor von $\mathcal{W} \otimes \Lambda$, auf dem μ und $\circ_{\mathrm{Weyl}}$ sich ja nicht unterscheiden, erhält man, daß D eine Superderivation vom Grad $+1$ von $\circ_{\mathrm{Weyl}}$ ist. Aus der kovarianten Konstanz von ω folgt unmittelbar $D\widetilde{\omega} = 0$. Somit gilt auch

$$[\delta, D] = [D, \delta] = \left[D, -\frac{\mathrm{i}}{\lambda} \operatorname{ad}(\widetilde{\omega})\right] = -\frac{\mathrm{i}}{\lambda} \operatorname{ad}(D\widetilde{\omega}) = 0,$$

da ganz allgemein für eine Superderivation D und eine innere Superderivation $\operatorname{ad}(a)$ die Beziehung $[D, \operatorname{ad}(a)] = \operatorname{ad}(Da)$ gilt. Wir betrachten nun zuerst D^2. Es gilt

$$D^2(f \otimes \alpha)$$
$$= D\left(\nabla_{\frac{\partial}{\partial x^j}} f \otimes \mathrm{d}x^j \wedge \alpha + f \otimes \mathrm{d}\alpha\right)$$
$$= \nabla_{\frac{\partial}{\partial x^i}} \nabla_{\frac{\partial}{\partial x^j}} f \otimes \mathrm{d}x^i \wedge \mathrm{d}x^j \wedge \alpha + \nabla_{\frac{\partial}{\partial x^i}} f \otimes \mathrm{d}x^i \wedge \mathrm{d}\alpha + \nabla_{\frac{\partial}{\partial x^j}} f \otimes \mathrm{d}(\mathrm{d}x^j \wedge \alpha)$$
$$= \frac{1}{2}\left(\nabla_{\frac{\partial}{\partial x^i}} \nabla_{\frac{\partial}{\partial x^j}} - \nabla_{\frac{\partial}{\partial x^j}} \nabla_{\frac{\partial}{\partial x^i}}\right) f \otimes \mathrm{d}x^i \wedge \mathrm{d}x^j \wedge \alpha,$$

da $\mathrm{d}^2 = 0$ und $\mathrm{d}(\mathrm{d}x^i \wedge \alpha) = -\mathrm{d}x^i \wedge \mathrm{d}\alpha$ gilt. Da ∇_X eine Derivation von $\vee$ ist, ist auch $\left[\nabla_{\frac{\partial}{\partial x^i}}, \nabla_{\frac{\partial}{\partial x^j}}\right]$ eine Derivation von $\vee$, womit diese durch ihre Werte auf Funktionen und symmetrischen Einsformen eindeutig bestimmt ist. Auf Funktionen ist der Kommutator der kovarianten Ableitungen aber Null und für Einsformen $f \in \Gamma^\infty(S^1 T^* M)$ gilt für $X \in \Gamma^\infty(TM)$

$$\left(\left(\nabla_{\frac{\partial}{\partial x^i}} \nabla_{\frac{\partial}{\partial x^j}} - \nabla_{\frac{\partial}{\partial x^j}} \nabla_{\frac{\partial}{\partial x^i}}\right) f\right)(X)$$
$$= \underbrace{\left[\nabla_{\frac{\partial}{\partial x^i}}, \nabla_{\frac{\partial}{\partial x^j}}\right](f(X))}_{=0} - f\left(\left[\nabla_{\frac{\partial}{\partial x^i}}, \nabla_{\frac{\partial}{\partial x^j}}\right] X\right)$$
$$= -f\left(\hat{R}\left(\frac{\partial}{\partial x^i}, \frac{\partial}{\partial x^j}\right) X\right)$$
$$= -\left(\mathrm{d}x^k \vee \mathrm{i}_s\left(\hat{R}\left(\frac{\partial}{\partial x^i}, \frac{\partial}{\partial x^j}\right)\frac{\partial}{\partial x^k}\right) f\right)(X)$$
$$= -\left(R^\ell_{kij} \mathrm{d}x^k \vee \mathrm{i}_s\left(\frac{\partial}{\partial x^\ell}\right) f\right)(X),$$

wobei R^ℓ_{kij} die Koeffizienten des Krümmungstensors $\hat{R}$ sind. Damit erhält man also insgesamt folgenden lokalen Ausdruck für D^2

$$D^2(f \otimes \alpha) = -\frac{1}{2} R^\ell_{kij} \mathrm{d}x^k \otimes \mathrm{d}x^i \wedge \mathrm{d}x^j \, \mathrm{i}_s\left(\frac{\partial}{\partial x^\ell}\right)(f \otimes \alpha). \qquad (***)$$

Dies gilt es also mit $\mathrm{ad}(R)$ zu vergleichen. In $\mathrm{ad}(R)$ treten höchstens Terme bis zur Ordnung λ^2 auf, da R symmetrischen Grad 2 hat, womit nach mehr als zweimaligem symmetrischen Einsetzen in $\circ_{\mathrm{Weyl}}$ alle Terme verschwinden. Die nullte Ordnung in $\mathrm{ad}(R)$ ist null, da das undeformierte Produkt superkommutativ ist. Die quadratische Ordnung in $\mathrm{ad}(R)$ verschwindet ebenfalls, da $\circ_{\mathrm{Weyl}}$ „vom Weyl-Typ" ist: Es gilt generell, daß in $\mathrm{ad}(a)$ nur ungerade Potenzen von λ auftreten, was man anhand der expliziten Formel (6.179) leicht sieht, sofern a keine λ-Potenzen trägt. Also bleibt nur noch die erste Ordnung in λ zu berechnen. Zunächst gilt lokal

$$
R = \frac{1}{4}\omega_{kr}R^r_{\ell i j}\mathrm{d}x^k \vee \mathrm{d}x^\ell \otimes \mathrm{d}x^i \wedge \mathrm{d}x^j,
$$

was unmittelbar aus der Definition (6.202) von R folgt. Mit dieser Formel ist die Berechnung von $\mathrm{ad}(R)(f \otimes \alpha)$ leicht und liefert mit den entsprechenden Vorfaktoren gerade $(***)$, womit auch die zweite Gleichung in (6.212) gezeigt ist. Die verbleibenden Identitäten für R rechnet man entweder direkt in lokalen Koordinaten nach, wobei $\delta R = 0$ der ersten und $DR = 0$ der zweiten Bianchi-Identität für den Krümmungstensor einer torsionsfreien kovarianten Ableitung entspricht. Unter Benutzung der bisherigen Ergebnisse können wir dies aber leichter einsehen: Zunächst gilt $0 = [D, [D, D]]$ für jede Superderivation vom Grad $+1$. Also folgt

$$
0 = \left[D, \frac{2\mathrm{i}}{\lambda}\,\mathrm{ad}(R) \right] = \frac{2\mathrm{i}}{\lambda}\,\mathrm{ad}(DR),
$$

womit DR zentral ist. Da aber $\deg_{\mathrm{s}}(DR) = 2DR$ und nach Lemma 6.4.6 das Zentrum aus den Elementen mit symmetrischem Grad 0 besteht, muß $DR = 0$ gelten. Genauso argumentiert man für δR. Es gilt

$$
[\delta, [D, D]] = [[\delta, D], D] - [D, [\delta, D]] = 0,
$$

da $[\delta, D] = 0$. Dies liefert die Gleichung $\mathrm{ad}(\delta R) = 0$, was nur der Fall sein kann, wenn $\deg_{\mathrm{s}} \delta R = 0$. Andererseits gilt aber $\deg_{\mathrm{s}} \delta R = \delta R$, da δ den symmetrischen Grad nur um eins verringert. Also folgt $\delta R = 0$.   □

Die Idee der Fedosov-Konstruktion, eine geeignete Superderivation $\mathcal{D}$ zu finden, so daß der Kern von $\mathcal{D}$ mittels σ in Bijektion zu $C^\infty(M)[[\lambda]]$ ist, liefert im Hinblick auf das Poincaré-Lemma (6.196) einen naheliegenden Kandidaten, nämlich die Superderivation $\mathcal{D}_{\mathrm{naiv}} = \delta$. In der Tat ist der Kern von δ im antisymmetrischen Grad 0 durch

$$
\ker \delta \cap \ker \deg_{\mathrm{a}} = C^\infty(M)[[\lambda]] \tag{6.213}
$$

gegeben. Somit ist $C^\infty(M)[[\lambda]]$ bereits *direkt* eine Unteralgebra von $\mathcal{W}$ bezüglich $\circ_{\mathrm{Weyl}}$, da sowohl δ als auch $\deg_{\mathrm{a}}$ Superderivationen sind. Dies sieht man selbstverständlich auch an der expliziten Formel (6.179), aber das so geerbte

Produkt ist nur das punktweise Produkt von Funktionen. Daher ist diese Wahl zu naiv, was auch zu erwarten ist, da durch die rein tensoriellen Operationen δ und $\circ_{\mathrm{Weyl}}$ allein sicher kein Sternprodukt für $C^\infty(M)[[\lambda]]$ konstruiert werden kann, für welches ja in Mannigfaltigkeitsrichtung differenziert werden müßte.

Aus diesem Grunde bringt man nun die symplektische kovariante Ableitung ins Spiel und betrachtet

$$\mathcal{D}_{\text{auch naiv}} = -\delta + D : \mathcal{W} \otimes \Lambda^\bullet \longrightarrow \mathcal{W} \otimes \Lambda^{\bullet+1}, \tag{6.214}$$

was nach Proposition 6.4.10 immer noch eine Superderivation von $\circ_{\mathrm{Weyl}}$ vom antisymmetrischen Grad $+1$ ist. Also ist $\ker(-\delta + D) \cap \ker \deg_\mathrm{a}$ immer noch eine Unteralgebra bezüglich $\circ_{\mathrm{Weyl}}$. Das Problem ist jedoch nun, daß der Kern von $-\delta + D$ im allgemeinen viel zu klein sein wird und typischerweise sogar nur aus den konstanten Funktionen besteht. Dies sieht man folgendermaßen: sei $f \in \mathcal{W}$ gegeben, so daß $(-\delta + D)f = 0$. Dann gilt auch

$$0 = (-\delta + D)(-\delta + D)f = D^2 f = \frac{\mathrm{i}}{\lambda} \mathrm{ad}(R)f, \tag{6.215}$$

nach Proposition 6.4.10. Ist also die Krümmung hinreichend nichttrivial, so impliziert $\mathrm{ad}(R)f = 0$ anhand der lokalen Gleichung im Beweis von Proposition 6.4.10 sogar $\deg_\mathrm{s} f = 0$. Dann gibt es aber nur noch die Konstanten als Lösungen, denn dann gilt $\delta f = 0$, womit $Df = 1 \otimes \mathrm{d}f$ die (lokale) Konstanz von $f \in C^\infty(M)[[\lambda]]$ erzwingt.

Das Ziel ist es nun, den Ansatz $-\delta + D$ zu verbessern, indem man „Quantenkorrekturen" zuläßt, welche den Krümmungsterm in (6.215) aushebeln. Um nach wie vor sicherzustellen, daß die Korrekturen eine Superderivation liefern, verwendet man *quasiinnere Superderivationen*.

Der Ansatz von Fedosov besteht also darin, Superderivationen vom antisymmetrischen Grad $+1$ der Form

$$\mathcal{D} = -\delta + D + \frac{\mathrm{i}}{\lambda} \mathrm{ad}(r) \tag{6.216}$$

zu betrachten, wobei $r \in \mathcal{W} \otimes \Lambda^1$ antisymmetrischen Grad 1 haben soll, damit

$$\mathcal{D} : \mathcal{W} \otimes \Lambda^\bullet \longrightarrow \mathcal{W} \otimes \Lambda^{\bullet+1} \tag{6.217}$$

sichergestellt ist. Da $-\delta$ den totalen Grad um eins verringert und D den totalen Grad gleich läßt, wollen wir (6.216) als eine Entwicklung nach dem totalen Grad Deg interpretieren. Die Korrekturen $\frac{\mathrm{i}}{\lambda} \mathrm{ad}(r)$ sollen Deg-Grade größer gleich 0 besitzen, weshalb r mindestens Deg-Grad $+2$ haben soll, da das Teilen durch λ den Deg-Grad um zwei verringert. Es sei also

$$r = \sum_{k=2}^\infty r^{(k)} \in \mathcal{W}_2 \otimes \Lambda^1 \tag{6.218}$$

mit entsprechenden homogenen Anteilen $r^{(k)} \in \mathcal{W}^{(k)} \otimes \Lambda^1$.

Da wir die Krümmung von ∇ als Obstruktion für einen hinreichend großen Kern von $\mathcal{D}$ erkannt haben, benötigen wir eine explizite Formel für $\mathcal{D}^2$:

Lemma 6.4.11. *Sei $r \in \mathcal{W}_2 \otimes \Lambda^1$ beliebig und $\mathcal{D} = -\delta + D + \frac{i}{\lambda} \mathrm{ad}(r)$. Dann gilt*

$$\mathcal{D}^2 = \frac{i}{\lambda} \mathrm{ad}\left(-\omega - \delta r + R + Dr + \frac{i}{\lambda} r \circ_{\mathrm{Weyl}} r\right) \tag{6.219}$$

und

$$\mathcal{D}\left(-\omega - \delta r + R + Dr + \frac{i}{\lambda} r \circ_{\mathrm{Weyl}} r\right) = 0. \tag{6.220}$$

Beweis. Dies ist nun eine einfache Rechnung. Zunächst gilt $\mathcal{D}^2 = \frac{1}{2}[\mathcal{D}, \mathcal{D}]$, da $\mathcal{D}$ eine Superderivation vom Grad $+1$ ist. Daher können wir $\mathcal{D}^2$ unter Verwendung von Proposition 6.4.10 berechnen. Es gilt

$$\mathcal{D}^2 = \frac{1}{2}\left[-\delta + D + \frac{i}{\lambda}\mathrm{ad}(r), -\delta + D + \frac{i}{\lambda}\mathrm{ad}(r)\right]$$

$$= \frac{1}{2}\left(\left[-\delta, \frac{i}{\lambda}\mathrm{ad}(\widetilde{\omega})\right] - [\delta, D] - \left[\delta, \frac{i}{\lambda}\mathrm{ad}(r)\right] - [D, \delta] + \left[D, \frac{i}{\lambda}\mathrm{ad}(r)\right]\right.$$

$$\left. + [D, D] - \left[\frac{i}{\lambda}\mathrm{ad}(r), \delta\right] + \left[\frac{i}{\lambda}\mathrm{ad}(r), D\right] + \left[\frac{i}{\lambda}\mathrm{ad}(r), \frac{i}{\lambda}\mathrm{ad}(r)\right]\right)$$

$$= \frac{1}{2}\frac{i}{\lambda}\left(-\mathrm{ad}(\delta\widetilde{\omega}) - \mathrm{ad}(2\delta r) + \mathrm{ad}(2R) + \mathrm{ad}(2Dr) + \mathrm{ad}\left(\frac{i}{\lambda}[r, r]\right)\right)$$

$$= \frac{1}{2}\frac{i}{\lambda}\mathrm{ad}\left(-2\omega - 2\delta r + 2R + 2Dr + \frac{2i}{\lambda} r \circ_{\mathrm{Weyl}} r\right),$$

da $[r, r] = 2r \circ_{\mathrm{Weyl}} r$ und $\delta\widetilde{\omega} = 2\omega$ nach (6.190). Somit ist (6.219) gezeigt. Für (6.220) berechnen wir zunächst $\mathrm{ad}(r)(r \circ_{\mathrm{Weyl}} r) = 0$ aus Symmetrie- und Gradierungsgründen. Damit gilt

$$\mathcal{D}\left(-\omega - \delta r + R + Dr + \frac{i}{\lambda} r \circ_{\mathrm{Weyl}} r\right)$$

$$= \delta\omega + \delta^2 r - \delta R - \delta Dr - \frac{i}{\lambda}\delta(r \circ_{\mathrm{Weyl}} r) - D\omega - D\delta r$$

$$+ DR + D^2 r + \frac{i}{\lambda}D(r \circ_{\mathrm{Weyl}} r) - \frac{i}{\lambda}\mathrm{ad}(r)\omega - \frac{i}{\lambda}\mathrm{ad}(r)\delta r$$

$$+ \frac{i}{\lambda}\mathrm{ad}(r)R + \frac{i}{\lambda}\mathrm{ad}(r)Dr + \left(\frac{i}{\lambda}\right)\mathrm{ad}(r)(r \circ_{\mathrm{Weyl}} r)$$

$$= 0,$$

wobei wir $\deg_s \omega = 0$ und $D\omega = d\omega = 0$ sowie die Resultate aus Proposition 6.4.10 verwenden. $\qquad\square$

Die symplektische Form $\omega \in \mathcal{W}^0 \otimes \Lambda^2$ in (6.219) hätte man ebenso gut ganz weglassen können, da ω zentral ist. Wir schreiben diesen Term trotzdem an dieser Stelle mit auf, da er eine spätere Interpretation erleichtert.

Wir können nun versuchen $r \in \mathcal{W}_2 \otimes \Lambda^1$ so zu konstruieren, daß $\mathcal{D}^2 = 0$ gilt. Dies ist offenbar genau dann der Fall, wenn das Algebraelement $-\omega - \delta r + R + Dr + \frac{i}{\lambda} r \circ_{\text{Weyl}} r$ in (6.219) zentral ist, also

$$\deg_{\text{s}} \left(-\omega - \delta r + R + Dr + \frac{i}{\lambda} r \circ_{\text{Weyl}} r \right) = 0 \qquad (6.221)$$

gilt. Dies ist genau dann der Fall, wenn es eine Zweiform $\Omega \in \mathcal{W}^0 \otimes \Lambda^2$ gibt, so daß

$$\Omega = \delta r - R - Dr - \frac{i}{\lambda} r \circ_{\text{Weyl}} r \qquad (6.222)$$

gilt, da ω ja bereits zentral ist. Da $r \in \mathcal{W}_2 \otimes \Lambda^1$ totalen Grad ≥ 2 hat und δ den symmetrischen und so auch den totalen Grad um eins verringert, $R \in \mathcal{W}^2 \otimes \Lambda^2$ totalen Grad 2 besitzt und die übrigen Terme in (6.222) totalen Grad ≥ 2 haben, folgt, daß Ω den totalen Grad ≥ 1 besitzen muß. Nun ist Ω aber zentral, also $\deg_{\text{s}} \Omega = 0$, womit der totale Grad von Ω mit dem doppelten λ-Grad übereinstimmt, also insbesondere *gerade* sein muß. Daher ist der totale Grad sogar ≥ 2, womit

$$\Omega = \sum_{k=1}^{\infty} \lambda^k \Omega_k \quad \text{mit} \quad \Omega_k \in \Gamma^\infty(\Lambda^2 T^* M) \quad \text{und daher} \quad \Omega^{(2k)} = \Omega_k. \quad (6.223)$$

Haben wir nun ein r und Ω mit diesen Eigenschaften gefunden, so daß $\mathcal{D}^2 = 0$ gilt, so muß r und entsprechend Ω notwendigerweise die Bedingung (6.220) aus Lemma 6.4.11 erfüllen. Um dies auszuwerten, betrachten wir allgemein folgende Situation:

Lemma 6.4.12. *Sei* $r \in \mathcal{W}_2 \otimes \Lambda^1$ *beliebig und* $\mathcal{D} = -\delta + D + \frac{i}{\lambda} \mathrm{ad}(r)$. *Ist dann* $\alpha \in \mathcal{W}^0 \otimes \Lambda^k$ *eine* k-*Form mit* $\deg_{\text{s}} \alpha = 0$, *so gilt*

$$\mathcal{D}\alpha = \mathrm{d}\alpha. \qquad (6.224)$$

Beweis. Zunächst sind δ und $\frac{i}{\lambda} \mathrm{ad}(r)$ quasiinnere Derivationen, womit diese nicht beitragen, da $\deg_{\text{s}} \alpha = 0$. Es gilt also $\mathcal{D}\alpha = D\alpha$. Mit (6.207) folgt dann $\mathcal{D}\alpha = \mathrm{d}\alpha$. $\qquad \square$

Korollar 6.4.13. *Sei* $r \in \mathcal{W}_2 \otimes \Lambda^1$ *so gewählt, daß* $\Omega = \delta r - R - Dr - \frac{i}{\lambda} r \circ_{\text{Weyl}} r$ *zentral ist. Dann gilt*

$$\mathrm{d}\Omega = 0. \qquad (6.225)$$

Beweis. Dies folgt unmittelbar aus $\mathrm{d}\omega = 0$ und Lemma 6.4.12 sowie Lemma 6.4.11. $\qquad \square$

Wir können nun den Ansatz für $\mathcal{D}$ präzisieren: wir suchen zu einer gegebenen formalen Reihe $\Omega = \sum_{k=1}^{\infty} \lambda^k \Omega_k$ von geschlossenen Zweiformen Ω_k ein Element $r \in \mathcal{W}_2 \otimes \Lambda^1$ mit der Eigenschaft (6.222). In diesem Fall gilt nämlich für $\mathcal{D} = -\delta + D + \frac{i}{\lambda} \mathrm{ad}(r)$ die gewünschte Gleichung $\mathcal{D}^2 = 0$. Das folgende Theorem von Fedosov zeigt nun, daß wir tatsächlich zu jedem solchen Ω ein r finden können. Wir spezifizieren r *eindeutig* dadurch, daß wir δr mittels (6.222) sowie $\delta^{-1}r$ und $\sigma(r)$ vorgeben, denn dann ist r durch das „Poincaré-Lemma" (6.196) eindeutig festgelegt. Mit $\deg_a r = r$ folgt zunächst notwendigerweise $\sigma(r) = 0$. Für die verbleibende Freiheit $\delta^{-1}r$ folgt aus Gradierungsgründen notwendigerweise $\delta^{-1}r \in \mathcal{W}_3 \otimes \Lambda^0$ und da δ^{-1} den symmetrischen Grad erhöht, gilt $\sigma(\delta^{-1}r) = 0$. Es zeigt sich, daß es keine weiteren Einschränkungen an r gibt:

Satz 6.4.14 (Fedosov-Derivation). *Sei eine formale Reihe von geschlossenen Zweiformen* $\Omega = \sum_{k=1}^{\infty} \lambda^k \Omega_k \in \lambda\Gamma^{\infty}(\Lambda^2 T^*M)[[\lambda]]$ *und* $s \in \mathcal{W}_3 \otimes \Lambda^0$ *mit* $\sigma(s) = 0$ *vorgegeben. Dann gibt es ein eindeutiges Element* $r \in \mathcal{W}_2 \otimes \Lambda^1$ *mit*

$$\delta r = R + Dr + \frac{i}{\lambda} r \circ_{\mathrm{Weyl}} r + \Omega \tag{6.226}$$

und

$$\delta^{-1}r = s. \tag{6.227}$$

In diesem Fall erfüllt die Fedosov-Derivation

$$\mathcal{D} = -\delta + D + \frac{i}{\lambda} \mathrm{ad}(r) \tag{6.228}$$

die Gleichung $\mathcal{D}^2 = 0$.

Beweis. Wir zeigen zunächst, daß die nichtlineare Gleichung (6.226) unter der „Normierungsbedingung" (6.227) rekursiv gelöst werden kann. Anwendung von δ^{-1} auf (6.226) liefert die notwendige Gleichung

$$\delta^{-1}\delta r = \delta^{-1}\left(R + Dr + \frac{i}{\lambda} r \circ_{\mathrm{Weyl}} r + \Omega \right)$$

und mit (6.196) und $\delta^{-1}r = s$ folgt

$$r = \delta^{-1}\left(R + Dr + \frac{i}{\lambda} r \circ_{\mathrm{Weyl}} r + \Omega \right) + \delta s \tag{6.229}$$

als *notwendige* Gleichung für r. Wir definieren nun den Operator $L : \mathcal{W} \otimes \Lambda^1 \longrightarrow \mathcal{W} \otimes \Lambda^1$ durch

$$La = \delta^{-1}\left(R + Da + \frac{i}{\lambda} a \circ_{\mathrm{Weyl}} a + \Omega \right) + \delta s$$

und behaupten, daß $L\left(\mathcal{W}_2 \otimes \Lambda^1\right) \subseteq \mathcal{W}_2 \otimes \Lambda^1$ sowie daß L kontrahierend bezüglich des totalen Grades ist. Sei also $a \in \mathcal{W}_2 \otimes \Lambda^1$. Dann gilt $Da \in \mathcal{W}_2 \otimes \Lambda^2$, also $\delta^{-1}Da \in \mathcal{W}_3 \otimes \Lambda^1$. Weiter ist $\delta^{-1}R, \delta^{-1}\Omega \in \mathcal{W}_3 \otimes \Lambda^1$ und $\delta s \in \mathcal{W}_2 \otimes \Lambda^1$. Schließlich ist $\frac{i}{\lambda}a \circ_{\mathrm{Weyl}} a$ wohl-definiert, da $a \circ_{\mathrm{Weyl}} a = \frac{1}{2}[a, a]$ und da der Superkommutator in nullter Ordnung in λ verschwindet. Demnach ist

$\frac{i}{\lambda} a \circ_{\text{Weyl}} a \in \mathcal{W}_2 \otimes \Lambda^2$, also $\delta^{-1} \frac{i}{\lambda} a \circ_{\text{Weyl}} a \in \mathcal{W}_3 \otimes \Lambda^1$ und insgesamt $La \in \mathcal{W}_2 \otimes \Lambda^1$ wie behauptet. Seien nun $a, a' \in \mathcal{W}_2 \otimes \Lambda^1$ mit $a - a' \in \mathcal{W}_k \otimes \Lambda^1$ gegeben. Wir müssen nun zeigen, daß $La - La' \in \mathcal{W}_{k+1} \otimes \Lambda^1$. Es gilt

$$La - La' = \delta^{-1} D(a - a') + \frac{i}{\lambda} \delta^{-1} \left((a \circ_{\text{Weyl}} a) - (a' \circ_{\text{Weyl}} a') \right).$$

Da δ^{-1} den symmetrischen Grad um eins erhöht und D ihn unverändert läßt, gilt $\delta^{-1} D(a - a') \in \mathcal{W}_{k+1} \otimes \Lambda^1$ wie gewünscht. Für den zweiten Beitrag gilt

$$a \circ_{\text{Weyl}} a - a' \circ_{\text{Weyl}} a' = (a - a') \circ_{\text{Weyl}} a' + a \circ_{\text{Weyl}} (a - a') \in \mathcal{W}_{k+2} \otimes \Lambda^2$$

und somit $\frac{i}{\lambda} \delta^{-1} \left((a \circ_{\text{Weyl}} a) - (a' \circ_{\text{Weyl}} a') \right) \in \mathcal{W}_{k+1} \otimes \Lambda^1$, womit insgesamt $La - La'$ totalen Grad $\geq k+1$ besitzt und demnach L kontrahierend bezüglich des totalen Grades ist. Hier verwendet man analog zur λ-adischen Topologie eine „Deg-adische" ultrametrische Topologie, bezüglich welcher $\mathcal{W}_2 \otimes \Lambda^1$ offenbar ein vollständiger metrischer Raum ist.

Nach dem Banachschen Fixpunktsatz 6.2.5 besitzt L einen eindeutigen Fixpunkt $r = Lr$, was insbesondere die *Eindeutigkeit* der Lösung r der Gleichungen (6.226) und (6.227) nach sich zieht. Für dieses r gilt nun $\sigma(r) = 0$ und $\delta^{-1} r = \delta^{-1} \delta s = s$, da $\sigma(s) = 0 = \delta^{-1} s$ nach Voraussetzung. Es bleibt also zu zeigen, daß r nicht nur die notwendige Gleichung (6.229) erfüllt, sondern auch (6.226). Sei also

$$A = \delta r - R - Dr - \frac{i}{\lambda} r \circ_{\text{Weyl}} r - \Omega,$$

dann gilt unter Verwendung der Rechenregeln aus Proposition 6.4.10 und mit $D\Omega = d\Omega = 0$

$$
\begin{aligned}
\delta A &= 0 - 0 - \delta Dr - \frac{i}{\lambda} \left(\delta r \circ_{\text{Weyl}} r - r \circ_{\text{Weyl}} \delta r \right) - \delta \Omega \\
&= D\delta r + \frac{i}{\lambda} \operatorname{ad}(r) \delta r \\
&= D \left(A + R + Dr + \frac{i}{\lambda} r \circ_{\text{Weyl}} r + \Omega \right) \\
&\quad + \frac{i}{\lambda} \operatorname{ad}(r) \left(A + R + Dr + \frac{i}{\lambda} r \circ_{\text{Weyl}} r + \Omega \right) \\
&= DA + \frac{i}{\lambda} \operatorname{ad}(r) A.
\end{aligned}
$$

Andererseits gilt mit (6.229) und der bereits gezeigten Gleichung (6.227)

$$\delta^{-1} A = \delta^{-1} \left(\delta r - R - Dr - \frac{i}{\lambda} r \circ_{\text{Weyl}} r - \Omega \right) = \delta^{-1} \delta r - r + \delta s = -\delta s + \delta s = 0.$$

Schließlich ist $\sigma(A) = 0$, da $\deg_a A = 2A$. Also gilt insgesamt

$$A = \delta^{-1}\delta A = \delta^{-1}\left(DA + \frac{i}{\lambda}\operatorname{ad}(r)A\right),$$

womit A ein Fixpunkt des *linearen* Operators

$$Ka = \delta^{-1}\left(Da + \frac{i}{\lambda}\operatorname{ad}(r)a\right)$$

ist. Dieser ist aber bezüglich des totalen Grades kontrahierend, da δ^{-1} den totalen Grad um eins erhöht und die übrigen Terme ihn nicht verringern. Daher ist der Fixpunkt von K eindeutig und durch $A = 0$ gegeben. Somit erfüllt r auch Gleichung (6.226). Nach Lemma 6.4.11 ist damit aber auch $\mathcal{D}^2 = 0$ gezeigt und der Satz bewiesen.   □

Bemerkung 6.4.15. Als Eingangsdaten können wir für die Fedosov-Derivation also den symplektischen Zusammenhang ∇, die Reihe Ω von geschlossenen Zweiformen sowie das Element $s \in \mathcal{W}_3 \otimes \varLambda^0$ mit $\sigma(s) = 0$ wählen. Insbesondere können wir $\Omega = 0$ und $s = 0$ betrachten und erhalten somit eine nur noch von ∇ abhängige Konstruktion. Weiter kann man zeigen, daß eine andere Wahl ∇' des symplektischen Zusammenhangs gerade dem Term s_3 in $s^{(3)}$ entspricht und auf diese Weise kompensiert werden kann [253, 254]. Fedosov betrachtete ursprünglich nur den Fall $s = 0$.

Bemerkung 6.4.16. Das Element r läßt sich rekursiv durch die Lösung der Gleichung (6.229) bestimmen. Für den Fall $\Omega = 0$ und $s = 0$ lautet die Rekursion explizit $r^{(2)} = 0$, $r^{(3)} = \delta^{-1}R$ und

$$r^{(k+3)} = \delta^{-1}\left(Dr^{(k+2)} + \frac{i}{\lambda}\sum_{\ell=1}^{k-1} r^{(\ell+2)} \circ_{\text{Weyl}} r^{(k+2-\ell)}\right) \qquad (6.230)$$

für $k \geq 1$. Die Gültigkeit der Rekursionsformeln prüft man leicht, indem man (6.229) nach Ordnungen des totalen Grades sortiert. Insbesondere zeigen diese Überlegungen, daß r für $\Omega = 0$ und $s = 0$ aus algebraischen Kombinationen des Krümmungstensors und seinen kovarianten Ableitungen besteht. Gilt insbesondere $R = 0$, ist ∇ also *flach*, so folgt unmittelbar

$$r_{\text{flach}} = 0 \quad \text{und} \quad \mathcal{D}_{\text{flach}} = -\delta + D. \qquad (6.231)$$

Im allgemeinen Fall kommen noch algebraische Ausdrücke in Ω und s sowie deren kovarianten Ableitungen dazu, siehe auch Aufgabe 6.12.

6.4.3 Die Fedosov-Taylor-Reihe und das Fedosov-Sternprodukt

Wir können nun den Kern von $\mathcal{D}$ im antisymmetrischen Grad 0 bestimmen. Da $\mathcal{D}^2 = 0$ gilt, werden wir $\mathcal{D}$ als eine Deformation des Differentials δ durch höhere Ordnungen im totalen Grad auffassen, da $-\delta$ in $\mathcal{D} = -\delta + D + \frac{i}{\lambda}\operatorname{ad}(r)$

der einzige Term mit totalem Grad -1 ist. Daher ist es naheliegend, nach einer „deformierten" Version des Poincaré-Lemmas (6.196) zu suchen, mit dessen Hilfe der Kern und sogar die gesamte Kohomologie von $\mathcal{D}$ zu berechnen ist. Letztlich ist dies eine Standardtechnik in der homologischen Algebra und dort wohlbekannt. Wir beginnen mit folgender Proposition:

Proposition 6.4.17 (Homotopie zur Fedosov-Derivation). *Sei* $\mathcal{D} = -\delta + D + \frac{i}{\lambda}\operatorname{ad}(r)$ *mit r wie in Satz 6.4.14. Dann ist*

$$\mathcal{D}^{-1} = -\delta^{-1}\frac{1}{\operatorname{id} - \left[\delta^{-1}, D + \frac{i}{\lambda}\operatorname{ad}(r)\right]} \tag{6.232}$$

ein wohl-definierter Endomorphismus von $\mathcal{W}\otimes\Lambda$ vom antisymmetrischen Grad -1. Für alle $a \in \mathcal{W} \otimes \Lambda$ gilt

$$a = \mathcal{D}\mathcal{D}^{-1}a + \mathcal{D}^{-1}\mathcal{D}a + \frac{1}{\operatorname{id} - \left[\delta^{-1}, D + \frac{i}{\lambda}\operatorname{ad}(r)\right]}\sigma(a). \tag{6.233}$$

Beweis. Die Abbildung $D + \frac{i}{\lambda}\operatorname{ad}(r)$ verringert den totalen Grad nicht und δ^{-1} erhöht den symmetrischen und damit den totalen Grad um eins. Daher erhöht $A = [\delta^{-1}, D + \frac{i}{\lambda}\operatorname{ad}(r)]$ den totalen Grad um mindestens eins, so daß $(\operatorname{id} - A)^{-1}$ als geometrische Reihe im totalen Grad wohl-definiert ist. Damit ist auch $\mathcal{D}^{-1}$ wohl-definiert. Wir betrachten nun

$$- \mathcal{D}\delta^{-1}a - \delta^{-1}\mathcal{D}a + \sigma(a)$$

$$= \delta\delta^{-1}a - \left(D + \frac{i}{\lambda}\operatorname{ad}(r)\right)\delta^{-1}a + \delta^{-1}\delta a - \delta^{-1}\left(D + \frac{i}{\lambda}\operatorname{ad}(r)\right)a + \sigma(a)$$

$$= a - \left[\delta^{-1}, D + \frac{i}{\lambda}\operatorname{ad}(r)\right]a$$

$$= (\operatorname{id} - A)a, \tag{$*$}$$

wobei der Operator $(\operatorname{id} - A)$ invertierbar ist. Wir multiplizieren die Gleichung $(*)$ nun einmal von links und einmal von rechts mit δ^{-1}. Dann erhalten wir zum einen die Gleichung

$$-\delta^{-1}\mathcal{D}\delta^{-1}a = \delta^{-1}a - \delta^{-1}Aa,$$

zum anderen

$$-\delta^{-1}\mathcal{D}\delta^{-1}a = \delta^{-1}a - A\delta^{-1}a,$$

wobei wir $\delta^{-1} \circ \delta^{-1} = 0$ und $\delta^{-1} \circ \sigma = 0 = \sigma \circ \delta^{-1}$ verwenden. Also vertauschen A und δ^{-1}. Somit vertauscht auch die geometrische Reihe in A mit δ^{-1} und wir können in der Definition von $\mathcal{D}^{-1}$ den Operator δ^{-1} auch ganz nach rechts schreiben. Wir wenden nun $\mathcal{D}$ von links und von rechts auf Gleichung $(*)$ an und erhalten mit $\mathcal{D}^2 = 0$ zum einen

$$-\mathcal{D}\delta^{-1}\mathcal{D}a + \mathcal{D}\sigma(a) = \mathcal{D}a - \mathcal{D}Aa$$

und zum anderen
$$-\mathcal{D}\delta^{-1}\mathcal{D}a = \mathcal{D}a - A\mathcal{D}a.$$
Damit folgt $\mathcal{D}(\mathrm{id} - A)a = \mathcal{D}\sigma(a) + (\mathrm{id} - A)\mathcal{D}a$ und so auch
$$\mathcal{D}(\mathrm{id} - A)\delta^{-1}a = (\mathrm{id} - A)\mathcal{D}\delta^{-1}a,$$
wieder mit $\sigma \circ \delta^{-1} = 0$. Damit folgt aber $\frac{1}{\mathrm{id} - A}\mathcal{D}\delta^{-1}a = \mathcal{D}\frac{1}{\mathrm{id} - A}\delta^{-1}a$ und somit aus $(*)$

$$
\begin{aligned}
a &= \frac{1}{\mathrm{id} - A}\left(-\mathcal{D}\delta^{-1}a - \delta^{-1}\mathcal{D}a + \sigma(a)\right) \\
&= -\mathcal{D}\frac{1}{\mathrm{id} - A}\delta^{-1}a - \frac{1}{\mathrm{id} - A}\delta^{-1}\mathcal{D}a + \frac{1}{\mathrm{id} - A}\sigma(a) \\
&= \mathcal{D}\mathcal{D}^{-1}a + \mathcal{D}^{-1}\mathcal{D}a + \frac{1}{\mathrm{id} - A}\sigma(a).
\end{aligned}
$$

$\square$

Diese Proposition stellt die deformierte Version des Poincaré-Lemmas (6.196) dar, weshalb sie uns in gleicher Weise gestattet, die $\mathcal{D}$-Kohomologie zu berechnen:

Korollar 6.4.18. *Die $\mathcal{D}$-Kohomologie ist in antisymmetrischen Graden ≥ 1 trivial: ist $a \in \mathcal{W} \otimes \Lambda^k$ mit $k \geq 1$ geschlossen bezüglich $\mathcal{D}$, also $\mathcal{D}a = 0$, so gilt*

$$a = \mathcal{D}\mathcal{D}^{-1}a. \tag{6.234}$$

Korollar 6.4.19. *Sei $a \in \mathcal{W} = \mathcal{W} \otimes \Lambda^0$. Dann gilt $\mathcal{D}a = 0$ genau dann, wenn*

$$a = \frac{1}{\mathrm{id} - \left[\delta^{-1}, D + \frac{\mathrm{i}}{\lambda}\mathrm{ad}(r)\right]}\sigma(a), \tag{6.235}$$

womit a vollständig durch $\sigma(a)$ bestimmt ist.

Das letzte Korollar erlaubt es uns, den Kern von $\mathcal{D}$ im antisymmetrischen Grad 0 explizit durch $C^\infty(M)[[\lambda]]$ zu parametrisieren.

Definition 6.4.20 (Fedosov-Taylor-Reihe). *Für die Fedosov-Derivation $\mathcal{D} = -\delta + D + \frac{\mathrm{i}}{\lambda}\mathrm{ad}(r)$ ist die Fedosov-Taylor-Reihe von $f \in C^\infty(M)[[\lambda]]$ durch*

$$\tau(f) = \frac{1}{\mathrm{id} - \left[\delta^{-1}, D + \frac{\mathrm{i}}{\lambda}\mathrm{ad}(r)\right]}f \in \mathcal{W} \tag{6.236}$$

definiert.

Lemma 6.4.21. *Sei $f \in C^\infty(M)[[\lambda]]$, dann gilt für die Fedosov-Taylor-Reihe $\tau(f)$*

$$\sigma(\tau(f)) = f \tag{6.237}$$

und

$$\tau(f) = \sum_{r=0}^{\infty}\left[\delta^{-1}, D + \frac{\mathrm{i}}{\lambda}\mathrm{ad}(r)\right]^r f = f + \mathrm{d}f \otimes 1 + \cdots. \tag{6.238}$$

Beweis. Der erste Teil ist klar, da $\sigma \circ [\delta^{-1}, D + \frac{i}{\lambda} \operatorname{ad}(r)] = 0$. Da $[\delta^{-1}, \frac{i}{\lambda} \operatorname{ad}(r)]$ den totalen Grad um mindestens eins erhöht, ist die nullte und erste Ordnung im totalen Grad durch (6.238) gegeben. $\qquad\square$

Im flachen Fall $R = 0$ mit der Wahl $\Omega = 0$ läßt sich leicht zeigen, daß die Fedosov-Taylor-Reihe tatsächlich der formalen Taylor-Reihe bezüglich des Zusammenhangs ∇ entspricht, womit wir bei unserer ursprünglichen Motivation (6.151) sind. Emmrich und Weinstein zeigen in [111], wie sich auch im gekrümmten Fall der klassische Anteil von τ als eine Taylor-Entwicklung interpretieren läßt, siehe auch Aufgabe 6.11.

Die Fedosov-Taylor-Reihe ist nun genau die Bijektion von $C^\infty(M)[[\lambda]]$ und $\ker \mathcal{D} \cap \mathcal{W}$, welche wir zur Konstruktion des *Fedosov-Sternprodukts* benötigen.

Satz 6.4.22 (Fedosov-Sternprodukt). *Sei $a \in \mathcal{W}$. Dann gilt $\mathcal{D}a = 0$ genau dann, falls $a = \tau(\sigma(a))$, womit*

$$\tau : C^\infty(M)[[\lambda]] \longrightarrow \ker \mathcal{D} \cap \mathcal{W} \tag{6.239}$$

eine $\mathbb{C}[[\lambda]]$-lineare Bijektion mit Inversem σ ist. Das Produkt

$$f \star g = \sigma(\tau(f) \circ_{\mathrm{Weyl}} \tau(g)) \tag{6.240}$$

ist ein differentielles Sternprodukt mit

$$f \star g = fg + \frac{i\lambda}{2}\{f, g\} + \cdots . \tag{6.241}$$

Beweis. Nach Definition von τ und Korollar 6.4.19 ist die Charakterisierung von $\ker \mathcal{D} \cap \mathcal{W}$ offensichtlich. Entsprechend ist (6.240) ein $\mathbb{C}[[\lambda]]$-bilineares assoziatives Produkt. Da $\circ_{\mathrm{Weyl}}$ nur aus tensoriellen Einsetzderivationen besteht und τ eine formale Reihe von Differentialoperatoren mit Werten in $\mathcal{W}$ ist, folgt, daß $\star$ differentiell ist. Weiter gilt $\tau(1) = 1$, womit $f \star 1 = f = 1 \star f$ folgt. Um zu sehen, daß $\star$ tatsächlich ein Sternprodukt ist, müssen wir die erste Ordnung in λ explizit berechnen. Dies ist anhand der expliziten Formeln für τ und $\circ_{\mathrm{Weyl}}$ aber schnell getan und liefert (6.241). Somit ist auch $f \star g - g \star f = i\lambda\{f, g\} + \cdots$ gezeigt. $\qquad\square$

Um die Abhängigkeit von den Eingangsdaten ∇, Ω und s zu betonen, bezeichnen wir das Sternprodukt (6.240) auch mit $\star_{\nabla, \Omega, s}$.

Bemerkung 6.4.23. Eine eingehendere Betrachtung zeigt, daß die Differentiationsordnungen in τ und so auch in $\star$ genauer bestimmt werden können. Das resultierende Fedosov-Sternprodukt ist immer ein *natürliches* Sternprodukt. Den Beweis erbringt man durch ein einfaches aber konsequentes Abzählen der Differentiationsordnungen, wobei man verwendet, daß nur der Operator D wirklich differenziert und alle anderen Operationen tensoriell sind, siehe auch die Diskussionen in [48, 253].

Es läßt sich ebenfalls leicht entscheiden, wann das Fedosov-Sternprodukt Hermitesch ist:

Proposition 6.4.24. *Sei $\Omega = \overline{\Omega}$ reell gewählt und sei auch $s = \overline{s}$ reell. Dann gilt*

$$r = \overline{r} \tag{6.242}$$

und somit

$$\overline{\mathcal{D}a} = \mathcal{D}\overline{a} \quad und \quad \overline{\mathcal{D}^{-1}a} = \mathcal{D}^{-1}\overline{a}. \tag{6.243}$$

Entsprechend gilt

$$\overline{\tau(f)} = \tau(\overline{f}) \tag{6.244}$$

und

$$\overline{f \star g} = \overline{g} \star \overline{f}. \tag{6.245}$$

Beweis. Zunächst ist anhand der expliziten Formel (6.179) klar, daß allgemein

$$\overline{a \circ_{\mathrm{Weyl}} b} = (-1)^{k\ell} \, \overline{b} \circ_{\mathrm{Weyl}} \overline{a} \tag{6.246}$$

für $a \in \mathcal{W} \otimes \Lambda^k$ und $b \in \mathcal{W} \otimes \Lambda^\ell$ gilt. Dies zeigt man wie auch schon für das Weyl-Moyal-Sternprodukt in Abschnitt 5.2.4 im $\mathbb{R}^{2n}$. Damit folgt unmittelbar

$$\overline{\frac{\mathrm{i}}{\lambda} \, \mathrm{ad}(a)b} = \frac{\mathrm{i}}{\lambda} \, \mathrm{ad}(\overline{a})\overline{b}.$$

Schließlich ist leicht zu sehen, daß alle Operatoren δ, δ^{-1}, D und σ mit der komplexen Konjugation vertauschen und daß für die Krümmung $\overline{R} = R$ gilt. Also erfüllt $\overline{r}$ die Gleichung

$$\delta\overline{r} = \overline{\delta r} = \overline{R + Dr + \frac{\mathrm{i}}{\lambda}r \circ_{\mathrm{Weyl}} r + \Omega} = R + D\overline{r} + \frac{\mathrm{i}}{\lambda}\overline{r} \circ_{\mathrm{Weyl}} \overline{r} + \Omega,$$

da $\deg_{\mathrm{a}} \overline{r} = \overline{r}$ und $\Omega = \overline{\Omega}$ nach Voraussetzung. Weiter gilt $\delta^{-1}\overline{r} = \overline{\delta^{-1}r} = \overline{s} = s$, womit auch $\overline{r}$ die beiden Gleichungen (6.226) und (6.227) erfüllt. Diese charakterisieren r aber eindeutig, weshalb $\overline{r} = r$ gilt. Dann ist aber

$$\overline{\mathcal{D}a} = -\delta\overline{a} + D\overline{a} + \frac{\mathrm{i}}{\lambda} \, \mathrm{ad}(r)\overline{a} = \mathcal{D}\overline{a}$$

und analog für $\mathcal{D}^{-1}$. Damit folgt auch unmittelbar $\overline{\tau(f)} = \tau(\overline{f})$ und somit unter Verwendung von (6.246) auch (6.245). $\qquad\square$

Also erreicht man durch geeignete Wahlen der Parameter immer, daß das Fedosov-Sternprodukt auch Hermitesch ist. Wir haben damit insbesondere Satz 6.1.12 gezeigt.

Bemerkung 6.4.25 (Modifikationen der Fedosov-Konstruktion). Für speziellere symplektische Mannigfaltigkeiten läßt sich die Fedosov-Konstruktion anpassen, um die resultierenden Sternprodukte mit zusätzlichen Eigenschaften auszustatten. Wir skizzieren dies anhand zweier Beispiele:

i.) Sei $M = T^*Q$ ein Kotangentenbündel und ∇^Q eine torsionsfreie kovariante Ableitung auf Q. Diese induziert auf kanonische Weise eine torsionsfreie, symplektische kovariante Ableitung auf T^*Q. Weiter gestattet ∇^Q, Tangentialvektoren $v_q \in T_qQ$ horizontal zu Tangentialvektoren $v_q^{\mathrm{h}} \in T_{\alpha_q}(T^*Q)$ an $\alpha_q \in T_q^*Q$ zu liften: Es gilt dann $T_{\alpha_q}\pi v_q^{\mathrm{h}} = v_q$, siehe auch Aufgabe 5.14 und 5.15. Dann kann man für das formale Weyl-Algebrabündel $\mathcal{W} \otimes \Lambda^\bullet$ über T^*Q anstelle von $\circ_{\mathrm{Weyl}}$ auch eine standardgeordnete Version verwenden, welche explizit durch

$$a \circ_{\mathrm{Std}} b = \mu \circ \mathrm{e}^{\frac{\lambda}{\mathrm{i}}\, \mathrm{i_s}\left((\mathrm{d}x^k)^{\mathrm{v}}\right)\otimes \mathrm{i_s}\left(\left(\frac{\partial}{\partial x^k}\right)^{\mathrm{h}}\right)} a \otimes b \tag{6.247}$$

definiert ist, wobei ^{v} den vertikalen Lift aus Definition 3.2.14 bezeichnet und $x^1, \ldots, x^n$ lokale Koordinaten auf $U \subseteq Q$ sind. Die Verwendung des horizontalen Lifts bewirkt nun, daß (6.247) unabhängig von der lokalen Karte (U, x) und somit global erklärt ist. Eine andere äquivalente Weise, (6.247) zu schreiben, erhält man unter Verwendung von Normalkoordinaten, also geodätischen Koordinaten um einen Punkt $q \in Q$, welche mit Hilfe der Exponentialabbildung exp des Zusammenhangs ∇^Q gewonnen werden, siehe auch Aufgabe 3.10 und 5.17. Sind also $x^1, \ldots, x^n$ Normalkoordinaten um $q \in Q$, so gilt mit den dadurch induzierten Bündelkoordinaten $(q^1, \ldots, q^n, p_1, \ldots, p_n)$ die Beziehung

$$a \circ_{\mathrm{Std}} b \Big|_{\alpha_q} = \mu \circ \mathrm{e}^{\frac{\lambda}{\mathrm{i}}\, \mathrm{i_s}\left(\frac{\partial}{\partial p_k}\big|_{\alpha_q}\right)\otimes \mathrm{i_s}\left(\frac{\partial}{\partial q^k}\big|_{\alpha_q}\right)} a \otimes b, \tag{6.248}$$

womit die Bezeichnung „standardgeordnet" gerechtfertigt ist. Die Assoziativität von $\circ_{\mathrm{Std}}$ folgt wieder trivial aus Satz 6.2.37. Dann kann man die gesamte Fedosov-Konstruktion für $\Omega = 0$ und $s = 0$ im wesentlichen mit $\circ_{\mathrm{Std}}$ anstelle von $\circ_{\mathrm{Weyl}}$ wiederholen und erhält am Ende ein standardgeordnetes Sternprodukt $\star_{\mathrm{Std}}$ auf T^*Q. Es zeigt sich, daß dieses mit dem Sternprodukt $\star_{\mathrm{Std}}$ aus Abschnitt 5.4.2 *übereinstimmt*. Ein κ-geordnetes Analogon läßt sich selbstverständlich ebenfalls auf diese Weise gewinnen, siehe auch [42–44, 252, 310] für weitere Details.

ii.) Sei (M, ω, J, g) eine Kähler-Mannigfaltigkeit mit dem durch die Kähler-Metrik g eindeutig bestimmten Levi-Civita-Zusammenhang ∇. Dieser ist symplektisch und liefert daher in diesem Fall eine *kanonische* Wahl bei der Fedosov-Konstruktion für $\Omega = 0$ und $s = 0$. Man hat hier also ein kanonisches Sternprodukt, anders als im allgemeinen Fall. Weiter kann man hier auch ein faserweises Wick-Produkt verwenden, welches in einer holomorphen Karte (U, z) durch

$$a \circ_{\mathrm{Wick}} b = \mu \circ \mathrm{e}^{2\lambda \omega^{k\overline{\ell}}\, \mathrm{i_s}\left(\frac{\partial}{\partial z^k}\right)\otimes \mathrm{i_s}\left(\frac{\partial}{\partial \overline{z}^\ell}\right)} a \otimes b \tag{6.249}$$

definiert ist. Wieder hängt $\circ_{\mathrm{Wick}}$ nicht von der holomorphen Karte ab und ist global erklärt. Führt man nun die Fedosov-Konstruktion mit $\circ_{\mathrm{Wick}}$

durch, so erhält man Sternprodukte vom Wick-Typ auf jeder Kähler-Mannigfaltigkeit im Sinne von Definition 6.1.6. Auf diese Weise beweist man Satz 6.1.13, siehe auch [48, 190, 253, 255, 309] für weitere Details zu dieser Konstruktion.

6.4.4 Die Fedosov-Klasse

Da wir in der Fedosov-Konstruktion die Wahl von ∇, Ω und s zu treffen hatten, stellt sich die Frage, wann $\star_{\nabla,\Omega,s}$ und $\star_{\nabla',\Omega',s'}$ äquivalente Sternprodukte liefern. Weiter will man verstehen, welche Äquivalenzklassen von Sternprodukten durch die Fedosov-Konstruktion erreicht werden. Auf beide Fragen gibt es einfache Antworten:

Satz 6.4.26 (Äquivalenz von Fedosov-Sternprodukten). *Zwei Fedosov-Sternprodukte $\star_{\nabla,\Omega,s}$ und $\star_{\nabla',\Omega',s'}$ sind genau dann äquivalent, wenn*

$$[\Omega] = [\Omega'] \in \lambda \mathrm{H}^2_{\mathrm{dR}}(M, \mathbb{C})[[\lambda]]. \tag{6.250}$$

Für einen Beweis verweisen wir auf Fedosovs Originalarbeit [119], wo der Fall $s = 0$ diskutiert wird. Den allgemeinen Fall betrachtet Neumaier in [253, 254]. Inbesondere läßt sich die Abhängigkeit von ∇ mit einer Redefinition des Terms s_3 in $s^{(3)}$ erklären.

Damit hängt also die Äquivalenzklasse des Fedosov-Sternprodukts $\star_{\nabla,\Omega,s}$ nur von der deRham-Kohomologieklasse $[\Omega]$ von Ω ab und ist somit von der Wahl von ∇ und s unabhängig. Das Sternprodukt selbst hängt jedoch sehr wohl von ∇, Ω und s ab.

Der nächste Satz zeigt, daß überhaupt *jedes* Sternprodukt zu einem Fedosov-Sternprodukt äquivalent ist. Die Konstruktion von Fedosov schöpft also alle Äquivalenzklassen aus:

Satz 6.4.27. *Sei $\star$ ein differentielles (oder lokales) Sternprodukt auf einer symplektischen Mannigfaltigkeit (M, ω). Dann gibt es eine formale Reihe $\Omega \in \lambda \Gamma^\infty(\Lambda^2 T^*M)[[\lambda]]$ von geschlossenen Zweiformen, $\mathrm{d}\Omega = 0$, so daß das aus Ω konstruierte Fedosov-Sternprodukt äquivalent zu $\star$ ist.*

Der Beweis von Satz 6.4.27 erfolgt in zwei Schritten, welche wir nun vorbereiten wollen. Das folgende Resultat aus der Frühzeit der Deformationsquantisierung gilt allgemein für beliebige (lokale) Sternprodukte auf symplektischen Mannigfaltigkeiten und ist eine direkte Konsequenz des Hochschild-Kostant-Rosenberg-Theorems, siehe beispielsweise [150, 223].

Lemma 6.4.28. *Seien $\star$ und $\star'$ zwei lokale Sternprodukte auf (M, ω), welche bis zur Ordnung k übereinstimmen. Dann gilt für die Ordnung $k + 1$*

$$C_{k+1}(f, g) - C'_{k+1}(f, g) = (\delta S_{k+1})(f, g) + \beta_{k+1}(X_f, X_g), \tag{6.251}$$

wobei $S_{k+1} \in C^1_{\mathrm{loc}}(C^\infty(M))$ und $\beta_{k+1} \in \Gamma^\infty(\Lambda^2 T^*M)$ eine geschlossene Zweiform ist

$$\mathrm{d}\beta_{k+1} = 0. \tag{6.252}$$

Beweis. Zunächst ist $C_{k+1} - C'_{k+1}$ unter diesen Voraussetzungen geschlossen bezüglich des Hochschild-Differentials, siehe Satz 6.2.22, Gleichung (6.71). Nach Proposition 6.2.48 gibt es daher einen Hochschild-Korand δS_{k+1} mit $S_{k+1} \in C^1_{\text{loc}}(C^\infty(M))$ sowie ein Bivektorfeld $X \in \Gamma^\infty(\Lambda^2 TM)$, so daß

$$C_{k+1} - C'_{k+1} = \delta S_{k+1} + \mathcal{U}^{(1)} X.$$

Da $(\mathcal{U}^{(1)} X)(f,g) = \frac{1}{2} X(\mathrm{d}f, \mathrm{d}g)$ können wir dies auch mit Hilfe der Hamiltonschen Vektorfelder als $\beta_{k+1}(X_f, X_g)$ schreiben, da ω nichtausgeartet ist. So wird eine Zweiform β_{k+1} definiert. Es bleibt also die Geschlossenheit von β_{k+1} zu zeigen. Dazu betrachten wir den Kommutator

$$[f,g]_\star = f \star g - g \star f = \sum_{r=0}^\infty \lambda^r D_r(f,g)$$

und ebenso für $\star'$. Es gilt zum einen $D_0 = 0 = D'_0$, da das undeformierte Produkt kommutativ ist. Weiter sind beide Kommutatoren Lie-Klammern, erfüllen also die Jacobi-Identität, da $\star$ und $\star'$ assoziativ sind. Schließlich gilt $D_r = D'_r$ für alle $r = 0, \ldots, k$, da dort ja auch die C_r mit den C'_r nach Voraussetzung übereinstimmen. Wir betrachten nun die Jacobi-Identität

$$0 = [f, [g,h]_\star]_\star - [f, [g,h]_{\star'}]_{\star'} + \text{zycl}(f,g,h)$$

und werten diese Gleichung in Ordnung $k+2$ aus. Die einzigen Beiträge sind

$$\begin{aligned}
0 &= D_1(f, D_{k+1}(g,h)) - D'_1(f, D'_{k+1}(g,h)) \\
&\quad + D_{k+1}(f, D_1(g,h)) - D'_{k+1}(f, D'_1(g,h)) + \text{zycl}(f,g,h).
\end{aligned}$$

Nun ist aber $D_1(f,g) = \mathrm{i}\{f,g\} = D'_1(f,g)$ die Poisson-Klammer und $(D_{k+1} - D'_{k+1})(f,g) = 2\beta_{k+1}(X_f X_g)$, da der Korand δS_{k+1} *symmetrisch* ist. Also folgt

$$\begin{aligned}
0 &= \{f, D_{k+1}(g,h) - D'_{k+1}(g,h)\} + (D_{k+1} - D'_{k+1})(f, \{g,h\}) + \text{zycl}(f,g,h) \\
&= -X_f(2\beta_{k+1}(X_g, X_h)) + 2\beta_{k+1}(X_f, X_{\{g,h\}}) + \text{zycl}(f,g,h) \\
&= -2\left(X_f(\beta_{k+1}(X_g, X_h)) + \beta_{k+1}(X_f, [X_g, X_h])\right) + \text{zycl}(f,g,h) \\
&= -2(\mathrm{d}\beta_{k+1})(X_f, X_g, X_h).
\end{aligned}$$

Da die Hamiltonschen Vektorfelder im symplektischen Fall aber punktweise jeden Tangentialraum aufspannen, folgt $\mathrm{d}\beta_{k+1} = 0$. $\qquad\square$

Im folgenden Lemma betrachten wir der Einfachheit wegen den Fall $s = 0$:

Lemma 6.4.29. *Sei $\Omega \in \lambda\Gamma^\infty(\Lambda^2 T^*M)[[\lambda]]$ geschlossen und ∇ eine torsionsfreie symplektische kovariante Ableitung auf einer symplektischen Mannigfaltigkeit (M, ω). Sei weiter r das in Satz 6.4.14 daraus konstruierte Element in $\mathcal{W}_3 \otimes \Lambda^1$ für $s = 0$ und $\star$ das aus $\mathcal{D} = -\delta + D + \frac{\mathrm{i}}{\lambda}\mathrm{ad}(r)$ konstruierte Fedosov-Sternprodukt. Dann gilt:*

i.) Der kleinste Deg-Grad, in dem Ω_k in r auftritt, ist $2k+1$ und es gilt

$$r^{(2k+1)} = \lambda^k \delta^{-1} \Omega_k + \text{Terme, die } \Omega_k \text{ nicht enthalten.} \qquad (6.253)$$

ii.) Der kleinste Deg-Grad, in dem Ω_k in $\tau(f)$ für $f \in C^\infty(M)$ auftritt, ist $2k+1$ und es gilt

$$\tau^{(2k+1)}(f) = -\frac{\lambda^k}{2} \delta^{-1} \, \mathrm{i_a}(X_f) \Omega_k + \text{Terme, die } \Omega_k \text{ nicht enthalten.}$$
$$(6.254)$$

iii.) Die kleinste λ-Ordnung, in der Ω_k in $f \star g$ für $f, g \in C^\infty(M)$ auftritt, ist $k+1$ und es gilt

$$C_{k+1}(f,g) = -\frac{\mathrm{i}}{2} \Omega_k(X_f, X_g) + \text{Terme, die } \Omega_k \text{ nicht enthalten.} \qquad (6.255)$$

Beweis. Anhand der Rekursionsformel (6.229) sieht man direkt, daß Ω_k das erste Mal als $\lambda^k \delta^{-1} \Omega_k$ in Ordnung $r^{(2k+1)}$ auftritt, was den ersten Teil zeigt. Für den zweiten Teil betrachten wir die explizite Formel (6.238) für $\tau(f)$

$$\tau(f) = f + \mathrm{d}f + \delta^{-1} \left(D + \frac{\mathrm{i}}{\lambda} \mathrm{ad}(r) \right) \mathrm{d}f + \cdots,$$

wobei wir $\delta^{-1} \circ \delta^{-1} = 0$ und $\delta^{-1} f = 0 = \frac{\mathrm{i}}{\lambda} \mathrm{ad}(r) f$ verwenden. Damit ist die niedrigste Ordnung, in der Ω_k auftritt, im Term $\delta^{-1} \left(D + \frac{\mathrm{i}}{\lambda} \mathrm{ad}(r) \right) \mathrm{d}f$ zu suchen, alle weiteren Terme enthalten Ω_k entweder nicht, oder sind bereits höherer Ordnung im totalen Grad Deg. Mit (6.253) folgt, daß wir den Term $\delta^{-1} \frac{\mathrm{i}}{\lambda} \mathrm{ad}(\lambda^k \delta^{-1} \Omega_k) \mathrm{d}f$ auswerten müssen. Es gilt nun explizit

$$\mathrm{ad}(\delta^{-1} \Omega_k) \mathrm{d}f = \frac{\mathrm{i}\lambda}{2} \, \mathrm{i_a}(X_f) \Omega_k,$$

was man direkt in lokalen Koordinaten nachprüft. Damit folgt aber (6.254) sofort. Schließlich müssen wir $\sigma(\tau(f) \circ_{\mathrm{Weyl}} \tau(g))$ berechnen. Da σ den totalen Grad nicht verändert (es werden ja lediglich Terme weggelassen), müssen wir also die Terme des totalen Grades $2k+1$ in $\tau(f)$ und $\tau(g)$ betrachten. Die resultierenden niedrigsten Ordnungen in $f \star g$ erhält man für den totalen Grad $2k+1$ für $\tau(f)$ und den totalen Grad 1 in $\tau(g)$ und umgekehrt. Hier gilt aber mit einer elementaren Rechnung

$$(\tau(f) \circ_{\mathrm{Weyl}} \tau(g))^{(2k+2)} = -\frac{\mathrm{i}\lambda^{k+1}}{2} \Omega_k(X_f, X_g) + \text{Terme, die } \Omega_k \text{ nicht enthalten,}$$

was man mit (6.254) leicht nachrechnet. Dies zeigt (6.255). Weitere Details zu diesem Beweis werden in Aufgabe 6.12 besprochen. $\qquad\square$

Beweis (von Satz 6.4.27). Wir können nun den Beweis von Satz 6.4.27 führen: Sei $\star$ ein Sternprodukt, welches bis Ordnung k zu einem Fedosov-Sternprodukt

$\star^F$ äquivalent ist. Dann können wir nach Satz 6.2.22 ohne Einschränkung annehmen, daß $\star$ mit $\star^F$ bis zur Ordnung k bereits *übereinstimmt*. Sei dann

$$C_{k+1} - C_{k+1}^F = \delta S_{k+1} + \beta_{k+1}$$

wie in Lemma 6.4.28 mit einer geschlossenen Zweiform β_{k+1}. Durch eine geeignete Redefinition von Ω_k können wir C_{k+1}^F derart abändern, ohne die vorangehenden Terme C_r^F mit $r = 0, \ldots, k$ zu verändern, daß die Zweiform β_{k+1} direkt in C_{k+1}^F absorbiert wird. Dadurch erreicht man, daß die Differenz der beiden Sternprodukte in Ordnung $k + 1$ der Hochschild-Korand δS_{k+1} ist. Nach Satz 6.2.22 sind die Sternprodukte dann aber sogar bis zur Ordnung $k + 1$ äquivalent. Eine Induktion nach k zeigt nun den Satz 6.4.27.   □

Damit können wir nun die Fedosov-Klasse von Sternprodukten allgemein definieren und insbesondere den in Abschnitt 6.1.3 zitierten Satz zur Klassifikation beweisen.

Definition 6.4.30 (Fedosov-Klasse). *Sei $\star$ ein Sternprodukt auf (M, ω). Dann ist die Fedosov-Klasse von $\star$ durch*

$$\mathrm{F}(\star) = [\omega] + [\Omega] \in [\omega] + \lambda \mathrm{H}^2_{\mathrm{dR}}(M, \mathbb{C})[[\lambda]] \tag{6.256}$$

definiert, wobei $\Omega \in \lambda \Gamma^\infty(\Lambda^2 T^* M)[[\lambda]]$ eine formale Reihe von Zweiformen ist, so daß das aus Ω konstruierte Fedosov-Sternprodukt äquivalent zu $\star$ ist.

Daß $\mathrm{F}(\star)$ tatsächlich wohl-definiert ist, besagen gerade die beiden Sätze 6.4.26 und 6.4.27. Weiter gilt offenbar, daß die Abbildung $\mathrm{F} : \star \mapsto \mathrm{F}(\star) \in [\omega] + \lambda \mathrm{H}^2_{\mathrm{dR}}(M, \mathbb{C})[[\lambda]]$ surjektiv ist, da wir in der Fedosov-Konstruktion ja *jede* Reihe von geschlossenen Zweiformen Ω verwenden können und $\mathrm{F}(\star_{\nabla,\Omega,s}) = [\omega] + [\Omega]$ nach Definition gilt. Schließlich sind zwei Sternprodukte $\star$ und $\star'$ nach Satz 6.4.26 und 6.4.27 genau dann äquivalent, wenn ihre Fedosov-Klassen übereinstimmen $\mathrm{F}(\star) = \mathrm{F}(\star')$. Damit ist Satz 6.1.17 nun bewiesen.

Die Wahl des Ursprungs $[\omega]$ für den affinen Raum in $[\omega] + \lambda \mathrm{H}^2_{\mathrm{dR}}(M, \mathbb{C})[[\lambda]]$ ist eine zweckmäßige Konvention. Zum einen erlaubt es diese Definition, Ω als formale Deformation der symplektischen Form ω aufzufassen und die Klasse $[\omega] + [\Omega]$ kodiert dann nach Satz 4.2.55 die Nichttrivialität dieser Deformation. Zum anderen läßt sich nun der Zusammenhang mit der charakteristischen Klasse von symplektischen Sternprodukten leicht formulieren:

Bemerkung 6.4.31. Die in Abschnitt 6.1.3 erwähnte charakteristische Klasse $c(\star)$ von symplektischen Sternprodukten, welche *intrinsisch* definiert werden kann, ist durch

$$c(\star) = \frac{\mathrm{F}(\star)}{i\lambda} \in \frac{[\omega]}{i\lambda} + \mathrm{H}^2_{\mathrm{dR}}(M, \mathbb{C})[[\lambda]] \tag{6.257}$$

mit der Fedosov-Klasse verknüpft, womit die Fedosov-Klasse also die selbe Information trägt wie die charakteristische Klasse, siehe [254] für einen detaillierten Vergleich.

6.5 Aufgaben

Aufgabe 6.1 (Formale Potenzreihen von Abbildungen). Sei $\Bbbk$ ein assoziativer, kommutativer Ring, und seien $V_1, \ldots, V_n$ und W Moduln über $\Bbbk$.

i.) Sind $\phi_0, \phi_1, \ldots \in \mathsf{Hom}_{\Bbbk}(V_1, \ldots, V_n; W)$ multilineare Abbildungen über $\Bbbk$ mit Werten in W, so verallgemeinert man die Definition (4.113) von $\phi = \sum_{r=0}^{\infty} \lambda^r \phi_r : V_1[[\lambda]] \times \cdots \times V_n[[\lambda]] \longrightarrow W[[\lambda]]$ durch

$$
\phi \left(\sum_{r_1=0}^{\infty} \lambda^{r_1} v_{r_1}^{(1)}, \ldots, \sum_{r_n=0}^{\infty} \lambda^{r_n} v_{r_n}^{(n)} \right) = \sum_{s=0}^{\infty} \lambda^s \sum_{\substack{r+r_1+\cdots+r_n \\ =s}} \phi_r \left(v_{r_1}^{(1)}, \ldots, v_{r_n}^{(n)} \right).
$$

(6.258)

Zeigen Sie, daß ϕ eine wohl-definierte $\Bbbk[[\lambda]]$-multilineare Abbildung ist.

ii.) Zeigen Sie umgekehrt, daß jede $\Bbbk[[\lambda]]$-multilineare Abbildung $\phi : V_1[[\lambda]] \times \cdots \times V_n[[\lambda]] \longrightarrow W[[\lambda]]$ von der Form (6.258) mit eindeutig bestimmten ϕ_r ist.

Hinweis: Betrachten Sie zunächst $v_1 \in V_1$, ..., $v_n \in V_n$. Dann gilt $\phi(v_1, \ldots, v_n) = \sum_{r=0}^{\infty} \lambda^r \phi_r(v_1, \ldots, v_n) \in W[[\lambda]]$ mit $\Bbbk$-multilinearen Abbildungen ϕ_r. Zeigen Sie nun induktiv nach der Ordnung in λ, daß diese ϕ_r bereits (6.258) erfüllen.

Aufgabe 6.2 (Homogene Sternprodukte I). Betrachten Sie ein Kotangentenbündel $\pi : T^*Q \longrightarrow Q$ und ein Sternprodukt $\star$ auf T^*Q, welches *homogen* sei, also

$$
\mathsf{H}(f \star g) = \mathsf{H}f \star g + f \star \mathsf{H}g
$$

(6.259)

für alle $f, g \in C^{\infty}(T^*Q)[[\lambda]]$ mit $\mathsf{H} = \lambda \frac{\partial}{\partial \lambda} + \mathscr{L}_{\xi}$.

i.) Zeigen Sie, daß für zwei Funktionen $f, g \in \mathrm{Pol}^{\bullet}(T^*Q)$ das Sternprodukt $f \star g$ ein *Polynom* im formalen Parameter λ ist. Bestimmen Sie für $f \in \mathrm{Pol}^k(T^*Q)$ und $g \in \mathrm{Pol}^{\ell}(T^*Q)$ den Polynomgrad von $f \star g$ in λ und zeigen Sie, daß $\mathrm{Pol}^{\bullet}(T^*Q)[\lambda]$ eine *Unteralgebra* (über dem Unterring $\mathbb{C}[\lambda]$) von $C^{\infty}(T^*Q)[[\lambda]]$ bezüglich $\star$ wird. Damit ist also eine große Unteralgebra gefunden, für welche das Sternprodukt trivialerweise konvergiert.

ii.) Berechnen Sie $\pi^*u \star \pi^*v$ für $u, v \in C^{\infty}(Q)$. Was fällt auf?

iii.) Zeigen Sie, daß $\mathrm{Pol}^0(T^*Q)$ und $\mathrm{Pol}^1(T^*Q)$ die Unteralgebra $\mathrm{Pol}^{\bullet}(T^*Q)[\lambda]$ lokal erzeugen.

Hinweis: Betrachten Sie $f = \pi^*u p_{i_1} \cdots p_{i_k}$ mit $u \in C^{\infty}(Q)$ und vergleichen Sie mit $\pi^*u \star p_{i_1} \star \cdots \star p_{i_k}$. Führen Sie nun eine geeignete Induktion nach der Ordnung in λ und den Impulsen.

Aufgabe 6.3 (Homogene Sternprodukte II). Betrachten Sie erneut ein homogenes Sternprodukt $\star = \sum_{r=0}^{\infty} \lambda^r C_r$ auf einem Kotangentenbündel $\pi : T^*Q \longrightarrow Q$.

i.) Sei $D : C^\infty(T^*Q) \longrightarrow C^\infty(T^*Q)$ ein homogener Differentialoperator vom Homogenitätsgrad $-r$ mit $r \geq 1$, also $[\mathscr{L}_\xi, D] = -rD$. Zeigen Sie, daß für alle $f \in C_0^\infty(T^*Q)$

$$\int_{T^*Q} D(f)\, \Omega = 0. \tag{6.260}$$

Hinweis: Betrachten Sie zunächst eine Funktion f mit Träger im Bereich einer Bündelkarte $(q^1, \ldots, q^n, p_1, \ldots, p_n)$. Schreiben Sie dann den Differentialoperator D lokal in diesen Koordinaten und überlegen Sie sich, wieviele Impulsableitungen *mindestens* auftreten und welche Impulsgrade die zugehörigen Koeffizientenfunktionen von D besitzen. Zeigen Sie dann, daß Sie mindestens eine Impulsableitung *vor* die Koeffizientenfunktionen ausklammern können und so das Integral tatsächlich verschwindet. Den allgemeinen Fall erhalten Sie dann über eine Zerlegung der Eins.

ii.) Sei nun $f \in \mathrm{Pol}^k(T^*Q)$ und $g \in C_0^\infty(T^*Q)$. Zeigen Sie, daß $g \mapsto C_r(f, g)$ ebenso wie $g \mapsto C_r(g, f)$ ein homogener Differentialoperator der Ordnung $k - r$ ist.

iii.) Zeigen Sie

$$\int_{T^*Q} f \star g\, \Omega = \sum_{r=0}^{k} \lambda^r \int_{T^*Q} C_r(f, g)\, \Omega \tag{6.261}$$

und analog für $g \star f$.

iv.) Zeigen Sie, daß für $f \in \mathrm{Pol}^k(T^*Q)$ mit $k = 0, 1$ und $g \in C_0^\infty(T^*Q)$

$$\int_{T^*Q} (f \star g - g \star f)\, \Omega = 0. \tag{6.262}$$

v.) Benutzen Sie Aufgabe 6.2, Teil *iii.)*, um (6.262) für beliebigen Grad k zu zeigen.

vi.) Sei nun $D : C^\infty(T^*Q) \longrightarrow C^\infty(T^*Q)$ ein Differentialoperator mit kompaktem Träger mit der Eigenschaft

$$\int_{T^*Q} D(f)\, \Omega = 0 \tag{6.263}$$

für alle $f \in \mathrm{Pol}^k(T^*Q)$. Zeigen Sie, daß dann (6.263) für alle Funktionen $f \in C^\infty(T^*Q)$ gilt.

Hinweis: Zunächst können Sie mittels eine Zerlegung der Eins wieder annehmen, daß der Träger von D im Definitionsbereich einer Bündelkarte liegt. Führen Sie dann einen Induktionsbeweis nach der Ordnung k von D und benutzen Sie den Satz von Stone-Weierstraß für $k = 0$. Integrieren Sie für $k > 0$ einmal partiell bezüglich der lokalen Koordinaten.

vii.) Folgern Sie nun, daß ein homogenes Sternprodukt auf T^*Q stark geschlossen ist, siehe auch [44, Sect. 8].

Aufgabe 6.4 (Sternprodukte für vertikale Poisson-Strukturen). Sei $\pi : E \longrightarrow M$ ein reelles Vektorbündel der Faserdimension N.

i.) Zeigen Sie, daß die vertikalen Multivektorfelder $\Gamma^\infty(\Lambda^\bullet \operatorname{Ver}(E))$ eine Gerstenhaber-Unteralgebra aller Multivektorfelder $\Gamma^\infty(\Lambda^\bullet TE)$ auf E bilden. **Hinweis:** Benutzen Sie die lokale Form von vertikalen Multivektorfeldern gemäß Aufgabe 5.20.

ii.) Zeigen Sie, daß auch die in Faserrichtung polynomialen vertikalen Multivektorfelder eine Gerstenhaber-Unteralgebra von $\Gamma^\infty(\Lambda^\bullet TE)$ bilden. Bestimmen Sie den Polynomgrad von $[\![X, Y]\!]$, wenn $X, Y \in \Gamma^\infty(\Lambda^\bullet \operatorname{Ver}(E))$ polynomial vom Grad ℓ_1 und ℓ_2 sind.

iii.) Zeigen Sie $[\![X^{\mathsf{v}}, Y^{\mathsf{v}}]\!] = 0$ für $X, Y \in \Gamma^\infty(\Lambda^\bullet E)$. Folgern Sie, daß für $\theta \in \Gamma^\infty(\Lambda^2 E)$ der vertikale Lift $\theta^{\mathsf{v}} \in \Gamma^\infty(\Lambda^2 \operatorname{Ver}(E))$ eine *vertikale Poisson-Struktur* auf E ist.

iv.) Seien $e_1, \ldots, e_N \in \Gamma^\infty(E\big|_U)$ lokal auf einer offenen Teilmenge $U \subseteq M$ definierte Basisschnitte, so daß $\theta\big|_U = \frac{1}{2}\theta^{\alpha\beta} e_\alpha \wedge e_\beta$ mit lokal definierten Funktionen $\theta^{\alpha\beta} \in C^\infty(M)$. Definieren Sie dann lokal auf $\pi^{-1}(U)$ das formale Sternprodukt

$$f \star g = \mu \circ \mathrm{e}^{\frac{\mathrm{i}\lambda}{2}\pi^* \theta^{\alpha\beta} \mathscr{L}_{e_\alpha^{\mathsf{v}}} \otimes \mathscr{L}_{e_\beta^{\mathsf{v}}}}(f \otimes g) \qquad (6.264)$$

für $f, g \in C^\infty(\pi^{-1}(U))[[\lambda]]$. Zeigen Sie, daß $\star$ eine wohl-definierte assoziative Deformation von θ^{v} liefert. Zeigen Sie weiter, daß $\star$ *nicht* von der Wahl der Basisschnitte abhängt und daher ein kanonisch gegebenes global auf E erklärtes Sternprodukt für die Poisson-Struktur θ^{v} ist.

Aufgabe 6.5 (Bimoduln und Hochschild-Kohomologie). Seien $\mathcal{A}$ und $\mathcal{B}$ assoziative Algebren über einem Ring $\Bbbk$ und $\mathcal{M}$ ein $\Bbbk$-Modul. Dann heißt $\mathcal{M}$ ein $(\mathcal{B}, \mathcal{A})$-*Bimodul*, wenn es zwei $\Bbbk$-bilineare Multiplikationsvorschriften

$$\mathcal{B} \times \mathcal{M} \longrightarrow \mathcal{M} \quad \text{und} \quad \mathcal{M} \times \mathcal{A} \longrightarrow \mathcal{M} \qquad (6.265)$$

gibt, welche $\mathcal{M}$ zu einem $\mathcal{B}$-Linksmodul, also $b \cdot (b' \cdot m) = (bb') \cdot m$, und einem $\mathcal{A}$-Rechtsmodul, also $(m \cdot a) \cdot a' = m \cdot (aa')$ machen, so daß zudem $(b \cdot m) \cdot a = b \cdot (m \cdot a)$ für alle $b \in \mathcal{B}$, $a \in \mathcal{A}$ und $m \in \mathcal{M}$ gilt. Ist sogar $\mathcal{B} = \mathcal{A}$, so spricht man einfach von einem $\mathcal{A}$-Bimodul. Ist $\mathcal{A}$ weiterhin sogar kommutativ, so heißt ein $\mathcal{A}$-Bimodul $\mathcal{M}$ *symmetrisch*, falls $a \cdot m = m \cdot a$ gilt.

i.) Zeigen Sie, daß für ein Vektorbündel $\pi : E \longrightarrow M$ die Schnitte $\Gamma^\infty(E)$ zu einem $(\Gamma^\infty(\operatorname{End}(E)), C^\infty(M))$-Bimodul werden. Sei weiter $E = L$ ein Geradenbündel. Zeigen Sie, daß die Identifikation $\Gamma^\infty(\operatorname{End}(L)) = C^\infty(M)$ die Schnitte $\Gamma^\infty(L)$ zu einem symmetrischen $C^\infty(M)$-Bimodul macht.

ii.) Sei nun $\phi : M \longrightarrow M$ eine glatte Abbildung. Definieren Sie dann für die Schnitte $s \in \Gamma^\infty(L)$ eines Geradenbündel L die getwistete Linksmultiplikation mit Funktionen f durch $f \cdot s = \phi^*(f)s$. Zeigen Sie, daß auch damit $\Gamma^\infty(L)$ zu einem $C^\infty(M)$-Bimodul wird. Ist dieser noch symmetrisch?

iii.) Für einen Differentialoperator $D \in \operatorname{DiffOp}(M)$ und $f, g \in C^\infty(M)$ definieren Sie einen neuen Operator $f \cdot D \cdot g : C^\infty(M) \longrightarrow C^\infty(M)$ durch

$$(f \cdot D \cdot g)(h) = f D(gh). \qquad (6.266)$$

Zeigen Sie durch eine explizite Betrachtung in lokalen Koordinaten, daß $f \cdot D \cdot g$ wieder ein Differentialoperator ist und bestimmen Sie seine Ordnung. Zeigen Sie weiter, daß DiffOp(M) so zu einem $C^\infty(M)$-Bimodul wird. Ist dieser Bimodul symmetrisch?

Hinweis: Ein allgemeines Argument wird in Anhang A.4 diskutiert.

Betrachten Sie nun die n-linearen Abbildungen $C^n(\mathcal{A}, \mathcal{M})$ mit Werten in einem $\mathcal{A}$-Bimodul $\mathcal{M}$, analog zu (6.39) und setzen Sie

$$C^\bullet(\mathcal{A}, \mathcal{M}) = \bigoplus_{n=0}^{\infty} C^n(\mathcal{A}, \mathcal{M}), \tag{6.267}$$

wobei $C^0(\mathcal{A}, \mathcal{M}) = \mathcal{M}$ gesetzt wird. Dies verallgemeinert $C^\bullet(\mathcal{A}, \mathcal{A})$ auf die offensichtliche Weise.

iv.) Machen Sie sich zunächst klar, daß es keine einfachen Analoga des Gerstenhaber-Produkts $\circ$ und der Gerstenhaber-Klammer $[\cdot, \cdot]$ gibt. Zeigen Sie, daß jedoch das Hochschild-Differential δ explizit durch (6.53) definiert werden kann, wenn man die Bimodulmultiplikationen geeignet verwendet.

v.) Zeigen Sie dann explizit, daß $\delta^2 = 0$ gilt. Hier benötigen Sie alle Eigenschaften der Bimodulmultiplikationen. Damit können Sie also die Hochschild-Kohomologie $\mathrm{HH}^\bullet(\mathcal{A}, \mathcal{M})$ von $\mathcal{A}$ mit Werten im $\mathcal{A}$-Bimodul $\mathcal{M}$ definieren.

vi.) Interpretieren Sie die Bedeutung der nullten und ersten Hochschild-Kohomologie von $\mathcal{A}$ mit Werten in einem $\mathcal{A}$-Bimodul $\mathcal{M}$.

Aufgabe 6.6 (Eine assoziative kommutative Deformation). Betrachten Sie die Funktionen $\mathcal{A} = C^\infty(\mathbb{R})$ oder auch auf einem Teilintervall $I \subseteq \mathbb{R}$. Analog kann man auch die ganz algebraische Situation der Algebra $\mathbb{C}[x]$ der Polynome in einer Unbekannten x betrachten. Sei weiter $\mathrm{e}_\alpha(x) = \mathrm{e}^{\alpha x}$ mit $\alpha \in \mathbb{C}$.

i.) Sei D ein k-Differentialoperator für $\mathcal{A}$. Zeigen Sie, daß D durch die Werte $D(\mathrm{e}_{\alpha_1}, \ldots, \mathrm{e}_{\alpha_k})$ mit $\alpha_1, \ldots, \alpha_k \in \mathbb{R}$ bereits eindeutig bestimmt ist.
Hinweis: Überlegen Sie sich zunächst, daß D durch seine Werte auf allen Monomen in x bestimmt ist. Wie können Sie dann diese aus den Werten $D(\mathrm{e}_{\alpha_1}, \ldots, \mathrm{e}_{\alpha_k})$ einfach rekonstruieren?

Betrachten Sie für $f, g \in C^\infty(\mathbb{R})[[\lambda]]$ folgendes, offenbar kommutatives Produkt

$$f \star g = \sum_{r=0}^{\infty} \frac{\lambda^r}{r!} x^r \frac{\partial^r f}{\partial x^r} \frac{\partial^r g}{\partial x^r}. \tag{6.268}$$

ii.) Zeigen Sie, daß $\mathbb{C}[x][\lambda]$ eine Unteralgebra (über $\mathbb{C}[\lambda]$) bezüglich $\star$ ist. Damit läßt sich $\star$ auch in der rein algebraischen Situation diskutieren.

iii.) Berechnen Sie $\mathrm{e}_\alpha \star \mathrm{e}_\beta$ und benutzen Sie dieses Ergebnis, um die Assoziativität von $\star$ zu zeigen.

iv.) Argumentieren Sie mit dem Hochschild-Kostant-Rosenberg-Theorem, daß $\star$ zur undeformierten Multiplikation äquivalent ist.

Es soll nun explizit eine Äquivalenztransformation S zum undeformierten Produkt gefunden werden, also $S(f \star g) = SfSg$. Die Äquivalenztransformation S soll eine formale Reihe von Differentialoperatoren sein, welche mit id beginnt.

v.) Zeigen Sie, daß S durch $\hat{S}(\alpha) = \mathrm{e}_{-\alpha} S \mathrm{e}_{\alpha}$ eindeutig bestimmt. Zeigen Sie, daß $\hat{S}$ in jeder Ordnung von λ eine glatte Funktion von x und ein Polynom in α ist.

vi.) Werten Sie die Bedingung an S auf $f = \mathrm{e}_{\alpha}$ und $g = \mathrm{e}_{\beta}$ aus, und zeigen Sie so, daß $\hat{S}$ die Funktionalgleichung

$$\hat{S}(\lambda\alpha\beta + \alpha + \beta)\mathrm{e}_{\lambda\alpha\beta} = \hat{S}(\alpha)\hat{S}(\beta) \tag{6.269}$$

für alle α, β erfüllt. Warum ist $T(\alpha) = \frac{1}{\lambda} \ln \hat{S}(\alpha)$ eine wohl-definierte formale Potenzreihe in λ? Bestimmen Sie die zu (6.269) äquivalente Funktionalgleichung für T.

vii.) Leiten Sie die Funktionalgleichung für T nach α und nach β ab, um eine gewöhnliche Differentialgleichung zweiter Ordnung für T bezüglich der Variablen $\gamma = \alpha + \beta + \lambda\alpha\beta$ zu erhalten, wobei x und λ die Rolle von Parametern spielen.

viii.) Zeigen Sie, daß die allgemeinste Lösung dieser Differentialgleichung in der Variablen γ von der Form

$$T(\gamma) = \frac{x}{\lambda^2} \mathrm{e}^{\lambda C} \ln(1 + \gamma\lambda) - \frac{x\gamma}{\lambda} + \frac{xB}{\lambda} \tag{6.270}$$

ist, wobei C und B von x und λ abhängige Integrationskonstanten sind. Zeigen Sie, daß (6.270) nur dann eine wohl-definierte formale Potenzreihe in λ liefert, so daß $\hat{S} = \mathrm{e}^{\lambda T}$ die Funktionalgleichung (6.269) erfüllt, falls $B = 0$ gewählt wird.

Damit ist also das Symbol $\hat{S}$ explizit gefunden. Wir setzen $D = \mathrm{e}^{\lambda C}$. Insbesondere liefert $C = 0$ also $D = 1$ eine Lösung.

ix.) Zeigen Sie $Sx = Dx$, indem Sie eine geeignete Ableitung von $\hat{S}$ bestimmen.

x.) Zeigen Sie $x \star x^r = x^{r+1} + r\lambda x^r$ und folgern Sie durch Induktion

$$Sx^r = \prod_{k=0}^{r-1} (Dx - k\lambda) \quad \text{und} \quad Sx^{-r} = \prod_{k=1}^{r} \left(Dx + \frac{k\lambda}{Dx} \right)^{-1}. \tag{6.271}$$

xi.) Folgern Sie, daß (beispielsweise) für $D = 1$ die Äquivalenztransformation S auch die Unteralgebra $(\mathbb{C}[x])[\lambda]$ in sich überführt.

Literatur: [38]

Aufgabe 6.7 (Ein Sternprodukt auf $\mathbb{CP}^n$). Betrachten Sie die Phasen-raumreduktion von $\mathbb{C}^{n+1} \setminus \{0\}$ zu $\mathbb{CP}^n$ bezüglich des isotropen harmoni-schen Oszillators $H(z) = \frac{1}{2}\overline{z}z = \frac{1}{2}x(z)$. Eine Funktion $F \in C^\infty(\mathbb{C}^{n+1} \setminus \{0\})$ heißt *homogen* von Grad (k, ℓ), falls $F(\lambda z) = \lambda^k \overline{\lambda}^\ell F(z)$ für alle $\lambda \in \mathbb{C}^\times$ und $z \in \mathbb{C}^{n+1} \setminus \{0\}$. Weiter heißt F *radial*, wenn es eine glatte Funktion $\varrho \in C^\infty(\mathbb{R}^+)$ mit $F = \varrho \circ x$ gibt.

i.) Zeigen Sie, daß F genau dann homogen vom Grad $(0,0)$ ist, wenn es eine Funktion $f \in C^\infty(\mathbb{CP}^n)$ mit $F = \pi^* f$ gibt.

ii.) Zeigen Sie, daß eine radiale Funktion $U(1)$-invariant ist bezüglich der durch den Hamiltonschen Fluß von H gegebene $U(1)$-Wirkung. Zeigen Sie, daß jede homogene Funktion vom Grad (k, k) ebenfalls $U(1)$-invariant ist.

iii.) Sei $E = \sum_k z^k \frac{\partial}{\partial z^k}$ das „holomorphe" Euler-Vektorfeld. Zeigen Sie, daß F homogen vom Grad (k, ℓ) ist, wenn $EF = kF$ und $\overline{E}F = \ell F$ gilt. Zeigen Sie weiter $X_H = \frac{1}{i}(E - \overline{E})$. In welchem Sinne gilt $x\frac{\partial}{\partial x} = \frac{1}{2}(E + \overline{E})$?

iv.) Seien nun $R = \varrho \circ x$ eine radiale Funktion und F $U(1)$-invariant. Zeigen Sie

$$R \star_{\text{Wick}} F = \sum_{r=0}^\infty \frac{(2\lambda)^r}{r!} x^r \frac{\partial^r \varrho}{\partial x^r} \circ x \, \frac{\partial^r F}{\partial x^r} = F \star_{\text{Wick}} R. \qquad (6.272)$$

Hinweis: Zeigen Sie zunächst induktiv

$$\overline{z}^{k_1} \cdots \overline{z}^{k_r} \frac{\partial^r}{\partial \overline{z}^{k_1} \cdots \partial \overline{z}^{k_r}} = \prod_{k=0}^{r-1}(\overline{E} - k)$$

und verwenden Sie dann die $U(1)$-Invarianz von F, indem Sie $\overline{E}$ durch $x\frac{\partial}{\partial x}$ und X_H ausdrücken.

v.) Folgern Sie daß für zwei radiale Funktionen $R_1 \star_{\text{Wick}} R_2 = R_2 \star_{\text{Wick}} R_1$ wieder radial ist und $R \star_{\text{Wick}} F = RF = F \star_{\text{Wick}} R$ für eine radiale Funktion R und eine homogene Funktion F vom Grad $(0,0)$.

Definieren Sie nun für Funktionen $F, G \in C^\infty(\mathbb{C}^{n+1} \setminus \{0\})$ die Bidifferential-operatoren

$$M_r(F, G) = x^r \frac{\partial^r F}{\partial z^{k_1} \cdots \partial z^{k_r}} \frac{\partial^r G}{\partial \overline{z}^{k_1} \cdots \partial \overline{z}^{k_r}}. \qquad (6.273)$$

vi.) Zeigen Sie, daß für homogene Funktionen $F = \pi^* f$ und $G = \pi^* g$ vom Grad $(0,0)$ auch $M_r(F, G)$ wieder homogen ist. Zeigen Sie so, daß dies durch

$$\pi^* \mathcal{M}_r(f, g) = M_r(\pi^* f, \pi^* g) \qquad (6.274)$$

einen Bidifferentialoperator $\mathcal{M}_r$ auf $\mathbb{CP}^n$ definiert.

vii.) Argumentieren Sie, warum die Definition $(f \star_E g)([z]) = (\pi^* f \star_{\text{Wick}} \pi^* g)(z)$ für $z \in \mathbb{S}^{2n+1}_{\sqrt{2E}}$ zwar eine gute Idee wäre, ein Sternprodukt $\star_E$ auf $\mathbb{CP}^n$ zu definieren, aber leider keines liefert.

Hinweis: Das Wick-Sternprodukt von $U(1)$-invarianten Funktionen mit radialen Funktionen x^r ist zwar kommutativ, aber nicht das punktweise Produkt. Liefert die obige Definition ein assoziatives Produkt?

viii.) Dieser Defekt des Wick-Sternprodukts läßt sich nun mit Hilfe der Äquivalenztransformation S auf Aufgabe 6.6 kurieren: Zeigen Sie, daß S bei geeigneter Interpretation von $\frac{\partial}{\partial x}$ und geeignetem Reskalieren von λ auf $C^\infty(\mathbb{C}^{n+1} \setminus \{0\})[[\lambda]]$ wohl-definiert ist und somit durch

$$F \,\tilde{\star}\, G = S(S^{-1}F \star_{\text{Wick}} S^{-1}) \qquad (6.275)$$

ein neues Sternprodukt $\tilde{\star}$ definiert wird.

ix.) Bestimmen Sie explizit die $\tilde{\star}$-Produkte von radialen Funktionen und homogenen Funktionen vom Grad $(0, 0)$. Was fällt auf?

x.) Zeigen Sie

$$\pi^* f \,\tilde{\star}\, \pi^* g = \sum_{r=0}^\infty \frac{1}{r!} \left(\frac{2\lambda}{x}\right)^r \prod_{k=1}^r \left(1 + k\frac{2\lambda}{x}\right)^{-1} M_r(\pi^* f, \pi^* g) \qquad (6.276)$$

für $f, g \in C^\infty(\mathbb{CP}^n)[[\lambda]]$. Zeigen Sie, daß durch Sortieren nach Potenzen von λ Bidifferentialoperatoren K_r auf $\mathbb{C}^{n+1} \setminus \{0\}$ definiert werden, so daß

$$\pi^* f \,\tilde{\star}\, \pi^* g = \sum_{r=0}^\infty \left(\frac{2\lambda}{x}\right)^r K_r(\pi^* f, \pi^* g). \qquad (6.277)$$

Zeigen Sie weiter, daß diese Bidifferentialoperatoren auf $\mathbb{CP}^n$ projizieren, also Bidifferentialoperatoren $\mathcal{K}_r$ mit $\pi^* \mathcal{K}_r(f, g) = K_r(\pi^* f, \pi^* g)$ definieren.

xi.) Zeigen Sie nun, daß diese Bidifferentialoperatoren K_r die Assoziativitätsbedingung erfüllen und demnach ein Sternprodukt auf $\mathbb{CP}^n$ definieren, indem Sie verwenden, daß das Sternprodukt von U(1)-invarianten Funktionen mit radialen Funktionen immer das punktweise Produkt ist. In diesem Sinne dürfen Sie also die Formel (6.276) direkt auf $\mathbb{CP}^n$ projizieren, indem Sie x durch $\sqrt{2E}$ ersetzen.

Bemerkung: Dieses Sternprodukt ist von verschiedenen Autoren immer wieder „entdeckt" worden, siehe etwa [239, 240, 242, 243]. Die hier diskutierte Version einer Phasenraumreduktion stammt aus [38, 39, 309].

Aufgabe 6.8 (Ein Sternprodukt auf $\mathfrak{a}^*$). Die folgende Aufgabe basiert auf [37, Sect. 6.4] und [34]: Sei $\mathfrak{a}$ eine reelle assoziative Algebra mit Eins der Dimension $\dim \mathfrak{a} = n < \infty$ und $\mathfrak{a}^*$ ihr Dualraum. Wie immer faßt man $a \in \mathfrak{a}$ als lineare Funktion auf $\mathfrak{a}^*$ auf. Weiter definiert man $\mathrm{e}_a \in C^\infty(\mathfrak{a}^*)$ durch $\mathrm{e}_a(x) = \mathrm{e}^{a(x)}$. Schließlich sei $e_1, \ldots, e_n$ eine Basis von $\mathfrak{a}$ mit dualer Basis $e^1, \ldots, e^n$. Die Multiplikation schreibt sich dann $a \cdot b = \mu^i_{k\ell} a^k b^\ell e_i$ mit Strukturkonstanten $\mu^i_{k\ell} \in \mathbb{R}$.

i.) Zeigen Sie, daß die formale Deformation

$$f \star g = \sum_{r=0}^\infty \frac{\lambda^r}{r!} \mu^{i_1}_{k_1 \ell_1} \cdots \mu^{i_r}_{k_r \ell_r} x_{i_1} \cdots x_{i_r} \frac{\partial^r f}{\partial x^{k_1} \cdots \partial x^{k_r}} \frac{\partial^r g}{\partial x^{\ell_1} \cdots \partial x^{\ell_r}} \qquad (6.278)$$

von $C^\infty(\mathfrak{a}^*)[[\lambda]]$ assoziativ ist.

Hinweis: Zeigen Sie zunächst $e_a \star e_b = e_{a+b+\lambda a \cdot b}$ und folgern Sie daraus die Assoziativität.

ii.) Berechnen Sie die erste Ordnung von $\star$ und somit die Poisson-Klammer auf $\mathfrak{a}^*$, welche durch $\star$ quantisiert wird. Unter welchen Umständen ist $\star$ kommutativ?

Betrachten Sie nun eine formale Reihe $S = \mathrm{id} + \sum_{r=1}^{\infty} \lambda^r S_r$ von Differential-operatoren auf $\mathfrak{a}^*$ und definieren Sie das standardgeordnete Symbol $\hat{S}$ von S wie immer durch $\hat{S}(a) = e_{-a} S e_a$, wobei $a \in \mathfrak{a}$ und $\hat{S}$ parametrisch von x und λ abhängt.

iii.) Sei $T_r : \mathfrak{a} \longrightarrow \mathfrak{a}$ eine polynomiale Abbildung bezüglich der Algebramul-tiplikation und $T(a) = a + \sum_{k=1}^{\infty} \lambda^r T_r(a) \in \mathfrak{a}[[\lambda]]$. Sei weiter $\hat{S}(a, x) = e^{(T(a))(x) - a(x)}$. Zeigen Sie, daß die zugehörige formale Reihe von Differen-tialoperatoren S invertierbar ist, und das Symbol des Inversen durch

$$\widehat{S^{-1}}(a, x) = e^{(T^{-1}(a))(x) - a(x)} \tag{6.279}$$

gegeben ist.

iv.) Zeigen Sie induktiv, daß für alle $k \in \mathbb{N}$

$$\widehat{S^k}(a, x) = e^{(T(\cdots T(a) \cdots))(x) - a(x)}, \tag{6.280}$$

wobei die Abbildung T im Exponenten k-mal auf a anzuwenden ist.

v.) Betrachten Sie nun speziell $T(a) = \frac{1}{\lambda} \ln(\mathbb{1} + \lambda a)$. Zeigen Sie, daß T wohl-definiert ist (wie?) und den obigen Anforderungen genügt. Bestimmen Sie $T^{-1}(a)$ explizit.

vi.) Berechnen Sie zu diesem T das Symbol von S und S^{-1} explizit.

vii.) Benutzen Sie nun S als Äquivalenztransformation um ein neues Sternpro-dukt $\tilde{\star}$ durch

$$f \,\tilde{\star}\, g = S \left(S^{-1} f \star S^{-1} g \right) \tag{6.281}$$

zu definieren. Zeigen Sie durch eine explizite Rechnung, daß

$$e_a \,\tilde{\star}\, e_b = e_{\frac{1}{\lambda} H(\lambda a, \lambda b)}, \tag{6.282}$$

wobei $H(\lambda a, \lambda b) = \ln\left(\exp(\lambda a) \exp(\lambda b)\right) = \lambda a + \lambda b + \frac{\lambda^2}{2}[a, b] + \cdots$ die (formale) Baker-Campbell-Hausdorff-Reihe von $\mathfrak{a}$ ist.

viii.) Zeigen Sie, daß $\tilde{\star}$ das undeformierte punktweise Produkt ist, falls $\mathfrak{a}$ kom-mutativ ist.

ix.) Interpretieren Sie Ihre Resultate aus Aufgabe 6.6 in diesem Zusammen-hang.

Aufgabe 6.9 (Sternexponential und homogene Sternprodukte). Sei $\star$ ein homogenes Sternprodukt auf einem Kotangentenbündel $\pi : T^*Q \longrightarrow Q$. Zeigen Sie, daß für $u \in C^\infty(Q)$ das Sternexponential $\mathrm{Exp}(\pi^* u)$ bezüglich $\star$ mit der gewöhnlichen Exponentialfunktion $e^{\pi^* u}$ übereinstimmt, indem Sie die definierende Differentialgleichung (6.109) explizit lösen.

Aufgabe 6.10 (Der Heß-Trick und symplektische Zusammenhänge).
Sei (M, ω) eine symplektische Mannigfaltigkeit und $\widetilde{\nabla}$ ein beliebiger torsionsfreier Zusammenhang für TM, beispielsweise der Levi-Civita-Zusammenhang
zu einer Riemannschen Metrik.

i.) Zeigen Sie, daß die Formel

$$\omega(\nabla_X Y, Z) = \omega(\widetilde{\nabla}_X Y, Z) + \frac{1}{3}(\widetilde{\nabla}_X \omega)(Y, Z) + \frac{1}{3}(\widetilde{\nabla}_Y \omega)(X, Z) \quad (6.283)$$

einen *symplektischen* Zusammenhang ∇ liefert, also $\nabla \omega = 0$. Zeigen Sie
weiter, daß ∇ ebenfalls torsionsfrei ist.

ii.) Zeigen Sie, daß symplektische torsionsfreie Zusammenhänge einen affinen
Raum bilden, welcher über $\Gamma^\infty(S^3 T^* M)$ modelliert wird.

Hinweis: Seien ∇ und $\widetilde{\nabla}$ zwei torsionsfreie und symplektische Zusammenhänge. Definieren Sie

$$\hat{S}(X, Y) = \nabla_X Y - \widetilde{\nabla}_X Y \quad (6.284)$$

und zeigen Sie, daß $\hat{S} \in \Gamma^\infty(S^2 T^* M \otimes TM)$ ein *Tensorfeld* ist. Zeigen Sie
weiter, daß $S(X, Y, Z) = \omega(\hat{S}(X, Y), Z)$ ein total symmetrisches Tensorfeld $S \in \Gamma^\infty(S^3 T^* M)$ ist. Folgern Sie umgekehrt, daß für jedes gegebene
solche S die Gleichung (6.284) zu einem gegebenen symplektischen und
torsionsfreien Zusammenhang $\widetilde{\nabla}$ einen neuen symplektischen torsionsfrei-
en Zusammenhang ∇ definiert.

iii.) Sei nun ∇ ein symplektischer Zusammenhang. Definieren Sie die *symplektische Krümmung* durch $R(Z, U, X, Y) = \omega(Z, \hat{R}(X, Y)U)$, wobei $\hat{R}$ den
üblichen Krümmungstensor von ∇ bezeichnet. Zeigen Sie, daß R in den
ersten beiden Argumenten symmetrisch ist.

Bemerkung: Symplektische Zusammenhänge sind Gegenstand aktueller For-
schung, einen Überblick liefert beispielsweise [31].

Aufgabe 6.11 (Der klassische Limes der Fedosov-Konstruktion). Be-
trachten Sie erneut die Operatoren δ^* und D auf $\mathcal{W} \otimes \Lambda^\bullet$.

i.) Zeigen Sie, daß der Superkommutator $[\delta^*, D]$ eine Derivation des undeformierten Produkts von $\mathcal{W} \otimes \Lambda^\bullet$ vom symmetrischen Grad $+1$ und antisymmetrischen Grad 0 ist.

ii.) Zeigen Sie, daß die Einschränkung von $[\delta^*, D]$ auf $\mathcal{W}$ mit der symmetrisierten kovarianten Ableitung D bezüglich des Zusammenhangs ∇
übereinstimmt. In diesem Sinne schreiben wir also $\mathsf{D} = [\delta^*, D]$ auch auf
ganz $\mathcal{W} \otimes \Lambda^\bullet$.

Sei nun $\mathcal{D} = -\delta + D + \frac{i}{\lambda} \operatorname{ad}(r)$ die Fedosov-Derivation, wobei wir ohne Einschränkung $s = 0$ und $\Omega = 0$ wählen. Da $\mathcal{D}$ insbesondere $\mathbb{C}[[\lambda]]$-linear ist,
können wir den klassischen Limes $\mathcal{D}_{\mathrm{cl}} = \mathcal{D}_0$ von $\mathcal{D} = \sum_{r=0}^\infty \lambda^r \mathcal{D}_r$ betrachten.

iii.) Zeigen Sie, daß es eine formale Reihe von Tensorfeldern $\varrho = \sum_{r=0}^{\infty} \varrho_r$ im symmetrischen Grad mit $\varrho_r \in \Gamma^{\infty}(\mathrm{S}^r T^* M \otimes \Lambda^1 T^* M \otimes TM)$ gibt, so daß

$$\mathcal{D}_{\mathrm{cl}} = -\delta + D + \mathrm{i}_{\mathrm{s}}(\varrho), \qquad (6.285)$$

wobei $\mathrm{i}_{\mathrm{s}}(\varrho)$ so zu verstehen ist, daß der Vektorfeldanteil symmetrisch eingesetzt wird und anschließend der Formenanteil mit dem undeformierten Produkt dazumultipliziert wird.

iv.) Zeigen Sie, daß $\mathcal{D}_{\mathrm{cl}}$ eine Superderivation des undeformierten Produkts vom antisymmetrischen Grad $+1$ mit $\mathcal{D}_{\mathrm{cl}}^2 = 0$ ist.

v.) Betrachten Sie nun analog den klassischen Limes $\mathcal{D}_{\mathrm{cl}}^{-1}$ der Homotopie $\mathcal{D}^{-1}$, und zeigen Sie

$$a = \mathcal{D}_{\mathrm{cl}} \mathcal{D}_{\mathrm{cl}}^{-1} a + \mathcal{D}_{\mathrm{cl}}^{-1} \mathcal{D}_{\mathrm{cl}} a + \frac{1}{\mathrm{id} - [\delta^{-1}, D + \mathrm{i}_{\mathrm{s}}(\varrho)]} \sigma(a) \qquad (6.286)$$

für alle $a \in \mathcal{W} \otimes \Lambda$.

Hinweis: Hierzu können Sie entweder den klassischen Limes der Homotopiegleichung (6.233) bestimmen, oder den Beweis von Proposition 6.4.17 wiederholen, indem Sie nun den symmetrischen Grad anstelle des totalen Grads verwenden.

vi.) Zeigen Sie, daß $a \in \mathcal{W} \otimes \Lambda^0$ genau dann im Kern von $\mathcal{D}_{\mathrm{cl}}$ liegt, wenn

$$a = \frac{1}{\mathrm{id} - [\delta^{-1}, D + \mathrm{i}_{\mathrm{s}}(\varrho)]} \sigma(a) \qquad (6.287)$$

gilt.

vii.) Definieren Sie nun die klassische Fedosov-Taylor-Reihe $\tau_{\mathrm{cl}}(f)$ durch

$$\tau_{\mathrm{cl}}(f) = \frac{1}{\mathrm{id} - [\delta^{-1}, D + \mathrm{i}_{\mathrm{s}}(\varrho)]} f. \qquad (6.288)$$

Zeigen Sie, daß τ_{cl} eine lineare Bijektion von $C^{\infty}(M)[[\lambda]]$ zum Kern von $\mathcal{D}_{\mathrm{cl}}$ im antisymmetrischen Grad 0 liefert und σ die zugehörige Umkehrabbildung ist.

viii.) Zeigen Sie, daß $\tau_{\mathrm{cl}}(f)$ die formale Taylor-Reihe zum Zusammenhang ∇ ist

$$\tau_{\mathrm{cl}}(f) = \mathrm{e}^D f. \qquad (6.289)$$

Hinweis: Überlegen Sie sich zuerst, warum aus Gradierungsgründen der Term $\mathrm{i}_{\mathrm{s}}(\varrho)$ in (6.288) nicht beiträgt. Benutzen Sie dann Teil *ii.)*, indem Sie δ^{-1} durch δ^* ausdrücken.

Bemerkung: Wir haben in dieser Aufgabe den klassischen Limes der Fedosov-Derivation $\mathcal{D}$ benutzt. Es läßt sich aber leicht zeigen, daß die gesamte obige Konstruktion unabhängig davon auf einer beliebigen Mannigfaltigkeit mit Zusammenhang ∇ durchführbar ist. Hierzu muß man sich nur davon überzeugen, daß es immer ein ϱ gibt, so daß $\mathcal{D}_{\mathrm{cl}}^2 = 0$ gilt. Dies zeigt man analog zum (schwierigeren) Fall der quantisierten Version. Diese Aufgabe erklärt nun also endgültig den Begriff Fedosov-Taylor-Reihe, siehe [111, Thm. 3 und Thm. 6] sowie [43, Thm. 4]

Aufgabe 6.12 (Die Rekursionsformel für r und τ). Betrachten Sie die Gleichung (6.229)

$$r = \delta^{-1}\left(R + Dr + \frac{\mathrm{i}}{\lambda}r \circ_{\mathrm{Weyl}} r + \Omega\right) + \delta s \qquad (6.290)$$

für r in der Fedosov-Konstruktion, wobei die formale Reihe $\Omega = \sum_{r=1}^{\infty} \lambda^r \Omega_r$ von geschlossenen Zweiformen und ebenso $s \in \mathcal{W}_3 \otimes \Lambda^0$ mit $\sigma(s) = 0$ vorgegeben sei.

i.) Schreiben Sie r, Ω und s als formale Reihen im totalen Grad Deg. Sortieren Sie dann Gleichung (6.290) nach den totalen Graden. Da in Ω nur gerade totale Grade auftreten, ist es ratsam, gerade und ungerade totale Grade von r zu unterscheiden. Zeigen Sie so, daß (6.290) eine *rekursive* Bestimmung von r erlaubt, und berechnen Sie explizit $r^{(2)}$, $r^{(3)}$ und $r^{(4)}$.

ii.) Bestimmen Sie nun explizit denjenigen totalen Grad ℓ, wo in $r^{(\ell)}$ die Zweiform Ω_k das erste mal auftritt. Bestimmen Sie den entsprechenden Beitrag zu $r^{(\ell)}$ explizit.

iii.) Betrachten Sie nun die Fedosov-Taylor-Reihe τ zu r wie in Definition 6.4.20 für eine Funktion $f \in C^{\infty}(M)$ ohne höhere λ-Potenzen. Schreiben Sie dann $\tau(f) = \sum_{r=0}^{\infty} \tau^{(r)}(f)$ als formale Reihe im totalen Grad. Zerlegen Sie entsprechen die definierende Gleichung für $\tau(f)$ nach den einzelnen Beiträgen des totalen Grades und zeigen Sie somit, daß man $\tau(f)$ ebenfalls rekursiv bestimmen kann.

iv.) Bestimmen Sie $\tau^{(0)}(f)$, $\tau^{(1)}(f)$ und $\tau^{(2)}(f)$ explizit.

7

Zustände und Darstellungen

Bislang lag das Hauptaugenmerk in der Deformationsquantisierung auf der Konstruktion der Observablenalgebra mittels formaler Sternprodukte. Für eine vollständige Quantentheorie ist es aber unerläßlich, ebenso einen Begriff für die Zustände zu haben. Ist die Observablenalgebra eines quantenmechanischen Systems als komplexe *-Algebra $\mathcal{A}$ gegeben, so gibt es, wie wir dies bereits in Abschnitt 5.1 angedeutet haben, eine kanonische Weise, Zustände von $\mathcal{A}$ zu definieren, indem man die Zustände mit den Erwartungswertfunktionalen identifiziert. Somit sind positive normierte lineare Funktionale auf $\mathcal{A}$ als Zustände anzusehen. Dieser Zustandsbegriff ist daher aus der algebraischen Struktur der Observablenalgebra *abgeleitet*.

In diesem Kapitel wollen wir diesen Zugang speziell für die Deformationsquantisierung formulieren und im Detail diskutieren. Dazu müssen wir zunächst *definieren*, was ein positives lineares Funktional im Rahmen formaler Potenzreihen sein soll. Dies führt uns zum Begriff des geordneten Rings und darauf aufbauenden Positivitätsbegriffen. Beispiele aus der Deformationsquantisierung werden das δ-Funktional und das Schrödinger-Funktional sein, welche eine unmittelbare geometrische Interpretation besitzen. Desweiteren werden wir positive Spurfunktionale und die daraus abgeleiteten KMS-Funktionale studieren, welche physikalisch thermodynamische Zustände beschreiben. Es zeigt sich, daß jedes positive Funktional für ein Hermitesches Sternprodukt als Deformation eines klassischen positiven Funktionals auftritt und umgekehrt jedes klassisch positive Funktional auch tatsächlich deformiert werden kann. Auf diese Weise erhält man einen ersten Zugang zum Verständnis des klassischen Limes von Zuständen.

Da das Superpositionsprinzip der komplexen Linearkombinationen von Zuständen nicht mit Hilfe von positiven Funktionalen allein formuliert werden kann, müssen die positiven Funktionale als Erwartungswerte bezüglich Vektorzuständen in einer Darstellung der Observablenalgebra auf einem (Prä-) Hilbert-Raum realisiert werden. Dies führt uns in die Darstellungstheorie der *-Algebren und insbesondere zur GNS-Konstruktion von Darstellungen aus einem positiven Funktional. Hier werden wir die Schrödinger-Darstellung ebenso wie die Bargmann-Fock-Darstellung als spezielle GNS-Darstellungen wiederfinden. Die KMS-Funktionale liefern über die GNS-Konstruktion Darstellungen, welche sich fundamental von der Schrödinger-Darstellung und der Bargmann-Fock-Darstellung unterscheiden. Für diese Funktionale wird die Kommutante der GNS-Darstellung sehr groß sein: sie ist (anti-) isomorph zur dargestellten Algebra selbst.

In diesem Kapitel folgen wir im wesentlichen den Arbeiten [49, 50, 55, 57, 60–62, 310, 311, 313], siehe auch [315] für einen Übersichtsartikel zur weiteren Entwicklung der Theorie der Zustände und Darstellungen in der Deformationsquantisierung. Viele der hier präsentierten Techniken haben ihre wohlbekannten Entsprechungen in der Theorie der (unbeschränkten) Operatoralgebren und C^*-Algebren, welche wir durchweg als Motivation verwenden, siehe beispielsweise [52, 53, 88, 99, 181, 182, 214, 283, 288].

7.1 Zustände als positive Funktionale

Die Gedanken aus Abschnitt 5.1 wieder aufgreifend wollen wir Zustände eines physikalischen Systems als positive Funktionale auf der Observablenalgebra $\mathcal{A}$ auffassen, die dazu eine komplexe *-Algebra sein sollte, siehe Definition 1.3.2. Für den klassischen Fall $\mathcal{A} = C^\infty(M)$ besagt der Rieszsche Darstellungssatz, in leichter Verallgemeinerung von Satz 1.3.6, daß jedes positive lineare Funktional von $C^\infty(M)$ durch die Integration bezüglich eines positiven Borel-Maßes mit kompaktem Träger gegeben ist. Betrachtet man $C_0^\infty(M)$ anstelle von $C^\infty(M)$, so kann der Träger des Maßes beliebig sein, wobei jedoch kompakte Teilmengen endliches Maß besitzen. Für den quantenmechanischen Fall, daß die Observablenalgebra eine *-Unteralgebra von $\mathfrak{B}(\mathfrak{H})$ ist, bilden die Erwartungswertfunktionale $A \mapsto \mathrm{tr}(\varrho A)$ mit Dichtematrizen ϱ Beispiele von positiven Funktionalen, welche insbesondere den Fall der eindimensionalen Projektoren $\varrho = \frac{|\psi\rangle\langle\psi|}{\langle\psi|\psi\rangle}$ und damit von Vektorzuständen abdecken. Man beachte jedoch, daß $\mathfrak{B}(\mathfrak{H})$ durchaus mehr positive Funktionale als nur die von der Form $\omega(A) = \mathrm{tr}(\varrho A)$ besitzt, sofern $\mathfrak{H}$ unendlichdimensional ist, siehe beispielsweise [182, S. 755ff].

Will man nun dieses Zustandskonzept für die Deformationsquantisierung nutzbar machen, stellt sich zunächst die Frage, welche linearen Funktionale man betrachten will. Zum einen könnte man $\mathbb{C}$-lineare Funktionale $\omega : C^\infty(M)[[\lambda]] \longrightarrow \mathbb{C}$ betrachten, zum anderen $\mathbb{C}[[\lambda]]$-lineare Funktionale

$$\omega : C^\infty(M)[[\lambda]] \longrightarrow \mathbb{C}[[\lambda]]. \tag{7.1}$$

Die erste Alternative scheint wenig attraktiv: entweder wird man schnell mit Konvergenzfragen der formalen Reihen in λ konfrontiert, oder aber höhere Ordnungen in λ müssen ignoriert werden. Es ist schlichtweg die falsche Kategorie, wenn man ein $\mathbb{C}[[\lambda]]$-bilineares Produkt $\star$ betrachtet. Die zweite Möglichkeit (7.1) ist jedoch auch nicht unproblematisch, da es nun unklar ist, was $\omega(\overline{f} \star f) \geq 0$ bedeuten soll. Man muß zunächst *definieren*, welche formalen Potenzreihen in $\mathbb{C}[[\lambda]]$ man als *positiv* ansehen will. Dies läßt sich jedoch auf folgende Weise bewerkstelligen:

Definition 7.1.1 (Positive formale Potenzreihen). *Sei $a \in \mathbb{R}[[\lambda]]$ eine reelle formale Potenzreihe. Dann heißt a positiv, falls*

$$a = \sum_{r=r_0}^{\infty} \lambda^r a_r \quad mit \quad a_{r_0} > 0. \tag{7.2}$$

Entsprechend definiert man negative Elemente in $\mathbb{R}[[\lambda]]$.

Es zeigt sich, daß diese Definition einen physikalisch tragfähigen Zustandsbegriff für die formale Deformationsquantisierung liefert. Eine mögliche Motivation für die Definition 7.1.1 liefert folgendes triviale Lemma:

Lemma 7.1.2 (Asymptotische Positivität). *Sei $f \in C^{\infty}(I)$ mit $I = (0, \epsilon) \subset \mathbb{R}$ eine glatte reellwertige Funktion, welche eine asymptotische Entwicklung $f(t) \sim \hat{f} \in \mathbb{R}[[\lambda]]$ für $t \longrightarrow 0^+$ besitzt, so daß $\hat{f} \neq 0$. Dann gilt $\hat{f} > 0$ genau dann, wenn es ein $0 < \delta \leq \epsilon$ mit $f\big|_{(0,\delta)} > 0$ gibt.*

Der Beweis ist offensichtlich und folgt direkt aus der Definition einer asymptotischen Entwicklung. Man beachte jedoch, daß aus der Positivität von $\hat{f}$ im Sinne von (7.2) nicht $f > 0$ auf ganz $(0, \epsilon)$ geschlossen werden kann. Man kann Dank Lemma 7.1.2 also nur von einer *asymptotischen Positivität* für $t \longrightarrow 0^+$ sprechen, welche den Positivitätsbegriff von $\mathbb{R}[[\lambda]]$ induziert.

Interpretiert man formale Potenzreihen in λ nun als asymptotische Entwicklungen von Funktionen von $\hbar$ für $\hbar \longrightarrow 0^+$, wie wir dies in der Deformationsquantisierung tun wollen, so liefert die Positivität im Sinne von Definition 7.1.1 sicherlich ein notwendiges Kriterium für die Positivität im konvergenten Fall. Hinreichend wird es jedoch im allgemeinen nicht sein.

Es stellt sich also nun die berechtigte Frage, ob diese zwar wohl-motivierte jedoch trotzdem rein mathematische Definition von Positivität für das Quantisierungsproblem im Rahmen der Deformationsquantisierung physikalisch von Interesse ist. Zu zeigen, daß dies tatsächlich der Fall ist, wird nun Gegenstand dieses Abschnitts sein.

7.1.1 Geordnete Ringe, Prä-Hilbert-Räume und *-Algebren

Wir werden nun die Definition 7.1.1 in einen etwas weiteren algebraischen Kontext stellen, der es uns erlauben wird, die konvergenten wie auch die formalen Versionen von Sternprodukten gleichermaßen und mit gleichen Techniken zu behandeln. Insbesondere sind die folgenden Aussagen auch für den Körper der reellen Zahlen $\mathbb{R}$ anwendbar. Die zentrale Definition ist dabei die eines geordneten Ringes, in leichter Verallgemeinerung eines geordneten Körpers [219, Chap. XI §1]:

Definition 7.1.3 (Geordneter Ring). *Ein geordneter Ring* (R, P) *ist ein assoziativer, kommutativer Ring mit Eins (ungleich 0) zusammen mit einer Teilmenge* $\mathsf{P} \subset \mathsf{R}$, *derart, daß*

$$\mathsf{R} = -\mathsf{P} \,\dot\cup\, \{0\} \,\dot\cup\, \mathsf{P} \quad \text{(disjunkte Vereinigung)} \tag{7.3}$$

und

$$\mathsf{P} + \mathsf{P} \subseteq \mathsf{P} \quad \text{sowie} \quad \mathsf{P} \cdot \mathsf{P} \subseteq \mathsf{P}. \tag{7.4}$$

Die Elemente in P *heißen positiv.*

Ein Element $a \in \mathsf{R}$ ist also entweder positiv, gleich 0, oder *negativ*, also $a \in -\mathsf{P}$. Wir können die disjunkte Vereinigung (7.3) nun dazu verwenden, eine Ordnungsrelation $<$ auf R zu definieren, indem man $a < b$ für $b - a \in \mathsf{P}$ schreibt. Entsprechend verwendet man die Symbole $>$, $\leq$ und $\geq$. Schließlich definiert man $|a| = a$, falls $a \geq 0$ und $|a| = -a$, falls $a < 0$ und erhält so eine *Betragsfunktion*.

Bemerkung 7.1.4 (Geordnete Ringe).

i.) In einem geordneten Ring R gilt $a^2 \geq 0$. Es gilt genau dann $a^2 = 0$, wenn $a = 0$. Dies erhält man aus der einfachen Fallunterscheidung $a \in \mathsf{P}$ oder $a \in -\mathsf{P}$, da $a = 0$ offenbar trivialerweise $a^2 \geq 0$ erfüllt.

ii.) In einem geordneten Ring R gilt $1 = 1^2 > 0$ und damit auch $n = 1 + \cdots + 1 > 0$. Also besitzt R Charakteristik Null. Gleichbedeutend gilt, daß $\mathbb{Z}$ als geordneter Unterring in jedem geordneten Ring enthalten ist.

iii.) Ein geordneter Ring R besitzt keine Nullteiler, denn aus $ab = 0$ folgt $a = 0$ oder $b = 0$, was man durch eine leichte Fallunterscheidung sieht. Daher können wir immer zum *Quotientenkörper* $\hat{\mathsf{R}}$ von R übergehen, wobei $\hat{\mathsf{R}}$ als Menge der Äquivalenzklassen formaler Brüche $\frac{a}{b}$ mit $a, b \in \mathsf{R}$ und $b \neq 0$ definiert ist, wobei $\frac{a}{b} \sim \frac{a'}{b'}$ gilt, falls es $c, c' \in \mathsf{R} \setminus \{0\}$ mit $ca = c'a'$ und $cb = c'b'$ gibt. Durch die übliche Definition von Summe und Produkt von Brüchen wird $\hat{\mathsf{R}}$ ein Körper, welcher selbst wieder geordnet ist, indem man $\hat{\mathsf{P}} \subset \hat{\mathsf{R}}$ durch $\frac{a}{b} \in \hat{\mathsf{P}}$ definiert, falls es Repräsentanten mit $a, b \in \mathsf{P}$ gibt. Die natürliche Ringinklusion $\mathsf{R} \hookrightarrow \hat{\mathsf{R}}$ via $a \mapsto \frac{a}{1}$ ist dann ordnungserhaltend.

iv.) Die Betragsfunktion erfüllt die üblichen Eigenschaften, insbesondere die *Dreiecksungleichung*. Dies beweist man wie auch schon für die reellen Zahlen.

Definition 7.1.5 (Archimedische Ordnung). *Ein geordneter Ring* R *heißt Archimedisch geordnet, falls für* $a, b > 0$ *ein* $n \in \mathbb{N}$ *existiert, so daß* $na > b$.

Wir kommen nun zu den Beispielen:

Beispiel 7.1.6 (Geordnete Ringe).

i.) $\mathbb{Z}$ ist der kleinste geordnete Ring und in jedem anderen enthalten. Der Quotientenkörper von $\mathbb{Z}$ ist $\mathbb{Q}$.

ii.) $\mathbb{Q}$ und $\mathbb{R}$ sind Archimedisch geordnete Ringe (sogar Körper).

iii.) $\mathbb{R}[[\lambda]]$ ist ein geordneter Ring vermöge der Definition 7.1.1. Offenbar ist $\mathbb{R}[[\lambda]]$ nicht Archimedisch geordnet, da $\lambda > 0$ aber $n\lambda < 1$ für alle $n \in \mathbb{N}$. Der Quotientenkörper ist in diesem Fall der *Körper der formalen Laurent-Reihen*

$$\mathbb{R}((\lambda)) = \left\{ a = \sum_{r=N}^{\infty} \lambda^r a_r \ \middle|\ N \in \mathbb{Z}, a_r \in \mathbb{R} \right\}, \tag{7.5}$$

wobei Addition und Multiplikation in $\mathbb{R}((\lambda))$ analog zur Addition und Multiplikation von formalen Potenzreihen definiert sind. Man beachte, daß $a \in \mathbb{R}((\lambda))$ zwar unendlich viele, von Null verschiedene positive Ordnungen von λ aber nur endlich viele negative Ordnungen besitzen darf. Man überzeugt sich leicht davon, daß anderenfalls die Multiplikation nicht länger wohl-definiert wäre. Daß $\mathbb{R}((\lambda))$ tatsächlich der Quotientenkörper von $\mathbb{R}[[\lambda]]$ ist, wird in Aufgabe 7.1 gezeigt.

iv.) Allgemein gilt, daß für einen geordneten Ring R auch R$[[\lambda]]$ mit der analogen Definition wie für $\mathbb{R}[[\lambda]]$ wieder geordnet ist. Aus diesem Grunde paßt das Konzept des geordneten Rings sehr gut zur formalen Deformationstheorie, da man beim Übergang zu formalen Potenzreihen nicht die Kategorie wechseln muß.

Bemerkung 7.1.7 (Topologie eines geordnetes Rings). Ist R ein geordneter Ring, so lassen sich wie für die reellen Zahlen auch ϵ-Umgebungen definieren: Für $\epsilon, a \in$ R mit $\epsilon > 0$ definiert man die offene ϵ-Kugel $B_\epsilon(a) = \{b \in$ R $\mid |a - b| < \epsilon\}$. Diese offenen ϵ-Kugeln liefern dann die Basis einer Topologie für die Menge R. Bezüglich dieser ist R dann ein topologischer Ring, die Addition und Multiplikation sind stetige Abbildungen. Für den Fall R$[[\lambda]]$ ist diese Topologie gerade die λ-adische Topologie.

Nachdem wir mit dem Begriff des geordneten Rings einen übergeordneten Rahmen zur Beschreibung der Positivitätsbegriffe in $\mathbb{R}$ und $\mathbb{R}[[\lambda]]$ gefunden haben, benötigen wir auch noch einen Ersatz für die komplexen Zahlen. Dies ist nun einfach: zu einem geordneten Ring R betrachten wir die *Ringerweiterung*

$$\mathsf{C} = \mathsf{R}(\mathrm{i}) \quad \text{mit} \quad \mathrm{i}^2 = -1, \tag{7.6}$$

also $\mathsf{C} = \mathsf{R} \times \mathsf{R}$ als Menge mit $\mathrm{i} = (0,1)$ und der üblichen komponentenweisen Addition und Multiplikation unter Verwendung der Relation $\mathrm{i}^2 = -1$. Dann ist C wieder ein assoziativer und kommutativer Ring mit Eins, welcher R mittels der kanonischen Ringeinbettung $\mathsf{R} \hookrightarrow \mathsf{C}$ durch $a \mapsto (a,0)$ umfaßt. Für $z = (a,b) \in \mathsf{C}$ schreiben wir wie üblich $z = a + \mathrm{i}b$ und nennen a den Realteil und b den Imaginärteil von z. Die komplexe Konjugation

$$z = a + \mathrm{i}b \mapsto \overline{z} = a - \mathrm{i}b \tag{7.7}$$

ist dann ein involutiver R-linearer Ringautomorphismus von C und $z \in \mathsf{C}$ ist genau dann reell, wenn $z = \overline{z}$. Weiter gilt $\overline{z}z \in$ R und

$$\overline{z}z = a^2 + b^2 \geq 0. \tag{7.8}$$

Es gilt genau dann $\overline{z}z = 0$, wenn $z = 0$. Insgesamt folgt, daß auch C nullteilerfrei ist und Charakteristik Null besitzt. Somit können wir auch zu C den Quotientenkörper $\hat{\mathsf{C}}$ bilden und es gilt dann $\hat{\mathsf{C}} \cong \hat{\mathsf{R}}(\mathrm{i})$ auf kanonische Weise. Im Fall von formalen Potenzreihen $\mathsf{R} = \mathbb{R}[[\lambda]]$ gilt offenbar $\mathsf{C} = \mathbb{C}[[\lambda]]$.

Im folgenden werden wir also einen geordneten Ring R mit zugehöriger Ringerweiterung C als fest gewählt voraussetzen. Für die Deformationsquantisierung sind $\mathsf{R} = \mathbb{R}$ oder $\mathbb{R}[[\lambda]]$ und somit $\mathsf{C} = \mathbb{C}$ oder $\mathbb{C}[[\lambda]]$ von Interesse. Es können jedoch auch etwas allgemeinere formale Reihen als nur formale Potenzreihen zum Einsatz kommen, wie beispielsweise $\mathbb{R}((\lambda))$, siehe auch die Diskussion in [50, 281].

Wir können nun beginnen, die bekannte Theorie der Hilbert-Räume über $\mathbb{C}$ auch für die allgemeinere Situation $\mathsf{C} = \mathsf{R}(\mathrm{i})$ mit einem geordneten Ring R zu entwickeln, indem wir versuchen, alle Definitionen und Resultate auch in diesem rein algebraischen Rahmen wiederzufinden. Dies kann sicherlich nicht für alle Ergebnisse möglich sein, da in unserem Fall keine analytischen Techniken zur Verfügung stehen, also nur algebraische Konzepte übernommen werden können. Wir beginnen mit folgender Definition:

Definition 7.1.8 (Prä-Hilbert-Raum). *Sei $\mathcal{H}$ ein C-Modul und $\langle \cdot, \cdot \rangle : \mathcal{H} \times \mathcal{H} \longrightarrow \mathsf{C}$ eine Abbildung. Dann heißt $\langle \cdot, \cdot \rangle$ inneres Produkt, falls*

i.) $\langle \phi, z\psi + w\chi \rangle = z \langle \phi, \psi \rangle + w \langle \phi, \chi \rangle$,
ii.) $\langle \phi, \psi \rangle = \overline{\langle \psi, \phi \rangle}$

für alle $\phi, \psi, \chi \in \mathcal{H}$ und $z, w \in \mathsf{C}$ gilt. Ein inneres Produkt heißt nichtausgeartet, falls $\langle \phi, \psi \rangle = 0$ für alle $\psi \in \mathcal{H}$ impliziert, daß $\phi = 0$ gilt. Ein inneres Produkt heißt positiv semi-definit, falls $\langle \phi, \phi \rangle \geq 0$ und positiv definit, falls $\langle \phi, \phi \rangle > 0$ für $\phi \neq 0$. Ein C-Modul mit einem positiv definiten inneren Produkt heißt Prä-Hilbert-Raum über C.

Den *Ausartungsraum* von $\langle \cdot, \cdot \rangle$ bezeichnen wir mit

$$\mathcal{H}^\perp = \{\phi \in \mathcal{H} \mid \langle \psi, \phi \rangle = 0 \text{ für alle } \psi \in \mathcal{H}\}. \tag{7.9}$$

Ein positiv definites inneres Produkt ist offenbar nichtausgeartet. Für ein positiv semi-definites inneres Produkt gilt auch die Umkehrung, was man anhand der Cauchy-Schwarz-Ungleichung sieht: Zunächst benötigen wir folgendes Lemma, das für $\mathsf{C} = \mathbb{C}$ wohlbekannt ist.

Lemma 7.1.9. *Sei $a, b, b', c \in \mathsf{C}$ und sei*

$$p(z, w) = a\overline{z}z + bz\overline{w} + b'\overline{z}w + c\overline{w}w \geq 0 \tag{7.10}$$

für alle $z, w \in \mathsf{C}$. Dann gilt

$$a \geq 0, \quad c \geq 0, \quad \overline{b} = b' \tag{7.11}$$

sowie

$$b\overline{b} \leq ac. \tag{7.12}$$

Beweis. Mit $z = 0$ beziehungsweise $w = 0$ folgt sofort $a \geq 0$ und $c \geq 0$. Durch Auswerten von $p(1,1) \geq 0$ und $p(\mathrm{i},1) \geq 0$ folgt $\bar{b} = b'$. Um die Ungleichung (7.12) zu zeigen, betrachtet man zunächst den Fall $a = 0 = c$. Dann folgt mit $w = b$ die Ungleichung $b\bar{b}(z + \bar{z}) \geq 0$ für alle z, was nur für $b = 0$ möglich ist, womit (7.12) folgt. Sei also beispielsweise $a > 0$. Dann gilt mit $w = a$ und $z = -\bar{b}$ die Ungleichung $-b\bar{b}a + ca^2 \geq 0$ und damit ebenfalls (7.12). $\square$

Korollar 7.1.10 (Cauchy-Schwarz-Ungleichung). *Sei $\mathcal{H}$ ein C-Modul mit positiv semi-definitem inneren Produkt $\langle \cdot, \cdot \rangle$. Dann gilt für alle $\phi, \psi \in \mathcal{H}$ die Cauchy-Schwarz-Ungleichung*

$$\langle \phi, \psi \rangle \langle \psi, \phi \rangle \leq \langle \phi, \phi \rangle \langle \psi, \psi \rangle \tag{7.13}$$

und damit

$$\mathcal{H}^{\perp} = \{ \phi \in \mathcal{H} \mid \langle \phi, \phi \rangle = 0 \}. \tag{7.14}$$

Es folgt, daß durch $\langle [\phi], [\psi] \rangle = \langle \phi, \psi \rangle$ für $[\phi], [\psi] \in \mathcal{H}/\mathcal{H}^{\perp}$ ein positiv definites inneres Produkt wohl-definiert wird und somit $\mathcal{H}/\mathcal{H}^{\perp}$ zu einem Prä-Hilbert-Raum wird.

Beweis. Zum Beweis von (7.13) betrachtet man $\langle z\phi + w\psi, z\phi + w\psi \rangle \geq 0$ für $z, w \in \mathsf{C}$ und verwendet Lemma 7.1.9. Damit folgt aber, daß $\mathcal{H}^{\perp}$ gerade durch (7.14) gegeben ist. Somit wird $\mathcal{H}/\mathcal{H}^{\perp}$ tatsächlich zum Prä-Hilbert-Raum über C. $\square$

Da C im allgemeinen kein Körper zu sein braucht, kann es durchaus sein, daß es für einen C-Modul $\mathcal{M}$ ein Element $\phi \in \mathcal{M}$ und ein $z \in \mathsf{C}$ gibt, so daß $z\phi = 0$ gilt, aber weder ϕ noch z selbst Null sind. Diesen Effekt nennt man *Torsion*. Für einen Prä-Hilbert-Raum $\mathcal{H}$ über C kann dies jedoch nicht sein, da $\langle z\phi, z\phi \rangle = \bar{z}z \langle \phi, \phi \rangle$ gilt und C nullteilerfrei ist. Daher sind Prä-Hilbert-Räume immer *torsionsfrei*.

Eine wichtige Konstruktion mit Prä-Hilbert-Räumen ist die orthogonale direkte Summe:

Lemma 7.1.11 (Direkte Summe von Prä-Hilbert-Räumen). *Sei Λ eine Indexmenge und seien $\{\mathcal{H}_\lambda\}_{\lambda \in \Lambda}$ Prä-Hilbert-Räume über C. Dann ist*

$$\mathcal{H} = \bigoplus_{\lambda \in \Lambda} \mathcal{H}_\lambda \tag{7.15}$$

mit

$$\langle (\phi_\lambda)_{\lambda \in \Lambda}, (\psi_{\lambda'})_{\lambda' \in \Lambda} \rangle = \sum_{\lambda \in \Lambda} \langle \phi_\lambda, \psi_\lambda \rangle_\lambda \tag{7.16}$$

ein Prä-Hilbert-Raum über C, die orthogonale direkte Summe der $\mathcal{H}_\lambda$.

Beweis. Da $\mathcal{H}$ die direkte Summe der $\mathcal{H}_\lambda$ ist, besitzt die Summe in (7.16) immer nur endlich viele von Null verschiedene Summanden. Somit ist das innere Produkt wohl-definiert. Die verbleibenden Eigenschaften prüft man nun leicht nach. $\square$

Beispiel 7.1.12 (Prä-Hilbert-Räume).

i.) Der Ring C wird mit $\langle z, w \rangle = \overline{z}w$ zu einem Prä-Hilbert-Raum. Entsprechend wird C^n und allgemein $C^{(\Lambda)} = \bigoplus_{\lambda \in \Lambda} C_\lambda$ mit $C_\lambda = C$ nach Lemma 7.1.11 zu einem Prä-Hilbert-Raum. Für $(z_\lambda)_{\lambda \in \Lambda}, (w_{\lambda'})_{\lambda' \in \Lambda} \in C^{(\Lambda)}$ gilt

$$\langle (z_\lambda)_{\lambda \in \Lambda}, (w_{\lambda'})_{\lambda' \in \Lambda} \rangle = \sum_{\lambda \in \Lambda} \overline{z}_\lambda w_\lambda. \tag{7.17}$$

ii.) Die formalen Reihen von glatten Funktionen mit kompaktem Träger $C_0^\infty(Q)[[\lambda]]$ werden bezüglich

$$\langle f, g \rangle = \int_Q \overline{f} g \, \mu \tag{7.18}$$

ein Prä-Hilbert-Raum über $\mathbb{C}[[\lambda]]$, wobei $\mu > 0$ eine positive Dichte ist. Dies verallgemeinert unser Beispiel (2.222) aus Bemerkung 2.3.41.

iii.) Ganz allgemein gilt für einen Prä-Hilbert-Raum $\mathcal{H}$ über C, daß $\mathcal{H}[[\lambda]]$ ein Prä-Hilbert-Raum über $C[[\lambda]]$ wird, sofern man das innere Produkt $C[[\lambda]]$-sesquilinear fortsetzt.

Wir kommen nun zu einer der wichtigsten Klassen von Abbildungen zwischen Prä-Hilbert-Räumen. Für den Fall komplexer Hilbert-Räume hat man die stetigen linearen Abbildungen, welche mit den beschränkten linearen Abbildungen übereinstimmen. Diese topologische Charakterisierung ist zwar im Prinzip auch für Prä-Hilbert-Räume möglich, liefert in den von uns anvisierten Beispielen aber keine „interessanten" Abbildungen. Vielmehr ist folgende Klasse von Bedeutung, welche rein algebraisch definiert werden kann:

Definition 7.1.13 (Adjungierbare Abbildungen). *Seien $\mathcal{H}_1$, $\mathcal{H}_2$ Prä-Hilbert-Räume über C und $A : \mathcal{H}_1 \longrightarrow \mathcal{H}_2$ eine Abbildung. Dann heißt A adjungierbar, falls es eine Abbildung $A^* : \mathcal{H}_2 \longrightarrow \mathcal{H}_1$ gibt, so daß*

$$\langle A\phi, \psi \rangle_2 = \langle \phi, A^*\psi \rangle_1 \tag{7.19}$$

für alle $\phi \in \mathcal{H}_1$ und $\psi \in \mathcal{H}_2$. In diesem Fall heißt A^* adjungierte Abbildung zu A und die Menge der adjungierbaren Abbildungen von $\mathcal{H}_1$ nach $\mathcal{H}_2$ wird mit $\mathfrak{B}(\mathcal{H}_1, \mathcal{H}_2)$ bezeichnet. Wir setzen $\mathfrak{B}(\mathcal{H}) = \mathfrak{B}(\mathcal{H}, \mathcal{H})$.

Das folgende Lemma ist nun leicht zu beweisen und verallgemeinert die wohlbekannte Situation von Hilbert-Räumen:

Lemma 7.1.14. *Seien $\mathcal{H}_1$, $\mathcal{H}_2$, $\mathcal{H}_3$ Prä-Hilbert-Räume über C und $A, B : \mathcal{H}_1 \longrightarrow \mathcal{H}_2$ sowie $C : \mathcal{H}_2 \longrightarrow \mathcal{H}_3$ adjungierbare Abbildungen. Dann sind A, B, C lineare Abbildungen, und die adjungierten Abbildungen A^*, B^*, C^* sind eindeutig bestimmt und ebenfalls linear. Für $z, w \in C$ ist $zA + wB$, CA, und A^* adjungierbar, und es gilt*

$$(zA + wB)^* = \overline{z}A^* + \overline{w}B^*, \quad (CA)^* = A^*C^* \quad sowie \quad (A^*)^* = A. \tag{7.20}$$

Es gilt $\mathrm{id} \in \mathfrak{B}(\mathcal{H})$ mit $\mathrm{id}^* = \mathrm{id}$.

Beweis. Die Linearität von A sowie die Eindeutigkeit von A^* erhält man unter Verwendung der Nichtausgeartetheit der Skalarprodukte. Die übrigen Aussagen verifiziert man durch elementares Nachrechnen. $\square$

Die Bezeichnung $\mathfrak{B}(\mathcal{H}_1, \mathcal{H}_2)$ ist nicht zufällig: im Falle komplexer Hilbert-Räume gilt nämlich der (nichttriviale) Satz, daß adjungierbare Operatoren gerade die beschränkten Operatoren sind:

Satz 7.1.15 (Hellinger-Toeplitz-Theorem). *Seien $\mathfrak{H}_1$, $\mathfrak{H}_2$ Hilbert-Räume über $\mathbb{C}$. Dann ist $A : \mathfrak{H}_1 \longrightarrow \mathfrak{H}_2$ genau dann adjungierbar, falls A ein linearer und stetiger Operator ist.*

Beweis. Die Vollständigkeit ist hier wesentlich. Für einen Beweis sei beispielsweise auf [280, p. 117] verwiesen. $\square$

Das Lemma 7.1.14 läßt sich nun auf folgende Weise interpretieren: Da die Verknüpfung von Abbildungen immer assoziativ ist und id $\in \mathfrak{B}(\mathcal{H})$, können wir $\mathfrak{B}(\mathcal{H}_1, \mathcal{H}_2)$ als die Morphismen zwischen den Prä-Hilbert-Räumen $\mathcal{H}_1$ und $\mathcal{H}_2$ ansehen und so die *Kategorie der Prä-Hilbert-Räume über* C definieren. Diese bezeichnen wir als $\mathsf{PreHilbert(C)}$.

Es gibt aber noch eine zweite Klasse von wichtigen Operatoren auf Prä-Hilbert-Räumen:

Definition 7.1.16. *Seien $\mathcal{H}_1$, $\mathcal{H}_2$ Prä-Hilbert-Räume und $\phi \in \mathcal{H}_2$, $\psi \in \mathcal{H}_1$. Dann definiert man die lineare Abbildung $\Theta_{\phi,\psi} : \mathcal{H}_1 \longrightarrow \mathcal{H}_2$ durch*

$$\Theta_{\phi,\psi}\chi = \phi \left\langle \psi, \chi \right\rangle_1 \tag{7.21}$$

für $\chi \in \mathcal{H}_1$ und nennt $\Theta_{\phi,\psi}$ einen Operator vom Rang eins. Linearkombinationen von Operatoren vom Rang eins heißen Operatoren mit endlichem Rang, deren Gesamtheit wir mit $\mathfrak{F}(\mathcal{H}_1, \mathcal{H}_2)$ bezeichnen. Weiter setzen wir $\mathfrak{F}(\mathcal{H}) = \mathfrak{F}(\mathcal{H}, \mathcal{H})$.

Wir können nun an die Definition 1.3.2 einer $*$-Algebra über $\mathbb{C}$ erinnern und dies auch für Algebren über C verallgemeinern:

Definition 7.1.17 ($*$-Algebra). *Eine $*$-Algebra $\mathcal{A}$ über C ist eine assoziative Algebra über C mit einer $*$-Involution $* : \mathcal{A} \longrightarrow \mathcal{A}$, also einem involutiven C-antilinearen Antiautomorphismus. Ein Morphismus von $*$-Algebren ist ein Algebrahomomorphismus $\phi : \mathcal{A} \longrightarrow \mathcal{B}$ mit $\phi(a^*) = \phi(a)^*$. Ein $*$-Ideal $\mathcal{J} \subseteq \mathcal{A}$ ist ein unter der $*$-Involution abgeschlossenes Ideal.*

Auf diese Weise erhält man die *Kategorie der* $*$-*Algebren über* C, welche wir mit $^*\mathsf{alg}$ bezeichnen wollen. Die Unterkategorie derjenigen $*$-Algebren, die zudem ein Einselement besitzen, wird mit $^*\mathsf{Alg}$ bezeichnet, wobei wir nun auch fordern, daß die Morphismen $\Phi(\mathbb{1}_\mathcal{A}) = \mathbb{1}_\mathcal{B}$ erfüllen.

Die Eigenschaften von $\mathfrak{B}(\mathcal{H})$ und $\mathfrak{F}(\mathcal{H})$ lassen sich nun folgendermaßen zusammenfassen:

Proposition 7.1.18. *Seien $\mathcal{H}_1$, $\mathcal{H}_2$ und $\mathcal{H}_3$ Prä-Hilbert-Räume über $\mathbb{C}$. Dann gilt*

$$\mathfrak{F}(\mathcal{H}_1, \mathcal{H}_2) \subseteq \mathfrak{B}(\mathcal{H}_1, \mathcal{H}_2). \tag{7.22}$$

Die Operatoradjunktion $* : \mathfrak{B}(\mathcal{H}_1, \mathcal{H}_2) \longrightarrow \mathfrak{B}(\mathcal{H}_2, \mathcal{H}_1)$ ist eine $\mathbb{C}$-antilineare Bijektion mit

$$\mathfrak{F}(\mathcal{H}_1, \mathcal{H}_2)^* = \mathfrak{F}(\mathcal{H}_2, \mathcal{H}_1). \tag{7.23}$$

Weiter gilt

$$\mathfrak{B}(\mathcal{H}_2, \mathcal{H}_3) \cdot \mathfrak{F}(\mathcal{H}_1, \mathcal{H}_2), \ \mathfrak{F}(\mathcal{H}_2, \mathcal{H}_3) \cdot \mathfrak{B}(\mathcal{H}_1, \mathcal{H}_2) \subseteq \mathfrak{F}(\mathcal{H}_1, \mathcal{H}_3). \tag{7.24}$$

Insbesondere ist $\mathfrak{B}(\mathcal{H})$ eine $*$-Algebra mit Eins, und $\mathfrak{F}(\mathcal{H}) \subseteq \mathfrak{B}(\mathcal{H})$ ist ein $*$-Ideal.

Beweis. Sei $\phi \in \mathcal{H}_2$ und $\psi \in \mathcal{H}_1$. Dann gilt offenbar, daß $\Theta_{\phi,\psi}^* = \Theta_{\psi,\phi}$ adjungierbar ist, womit (7.22) folgt. Daß $*$ eine antilineare Bijektion liefert, ist nach (7.20) klar, ebenso folgt (7.23). Für (7.24) rechnen wir nach, daß

$$A\Theta_{\phi,\psi}\chi = A(\phi \langle \psi, \chi \rangle_1) = A\phi \langle \psi, \chi \rangle_1 = \Theta_{A\phi,\psi}\chi$$

für alle $A \in \mathfrak{B}(\mathcal{H}_2, \mathcal{H}_3)$. Die andere Reihenfolge zeigt man analog. Mit der Linearität von A folgt dann (7.24). Daß $\mathfrak{B}(\mathcal{H})$ eine $*$-Algebra mit Eins ist, folgt unmittelbar aus Lemma 7.1.14. Die $*$-Idealeigenschaft von $\mathfrak{F}(\mathcal{H})$ folgt aus (7.23) und (7.24). $\square$

Im allgemeinen ist $\mathfrak{F}(\mathcal{H})$ ein echtes $*$-Ideal, da beispielsweise $\mathrm{id} \notin \mathfrak{F}(\mathbb{C}^{(\Lambda)})$, sobald Λ unendlich ist. Die Proposition zeigt insbesondere, daß $\mathfrak{B}(\mathcal{H}_1, \mathcal{H}_2)$ sehr viele Operatoren umfaßt.

Die für komplexe Hilbert-Räume üblichen Begriffe von unitären, isometrischen und Hermiteschen Operatoren sowie von Orthogonalprojektoren übertragen sich nun wörtlich auf $\mathfrak{B}(\mathcal{H})$ und allgemein auf Algebraelemente einer $*$-Algebra $\mathcal{A}$: Ein Algebraelement $u \in \mathcal{A}$ einer $*$-Algebra mit Eins heißt *isometrisch*, falls $u^*u = \mathbb{1}$ und *unitär* falls $u^*u = \mathbb{1} = uu^*$. Weiter heißt $a \in \mathcal{A}$ *Hermitesch*, falls $a^* = a$ und *normal*, falls $a^*a = aa^*$. Ein *Orthogonalprojektor* $p \in \mathcal{A}$ ist ein Element mit $p^2 = p = p^*$.

Wir kommen nun zu einigen Beispielen, welche wir im folgenden immer wieder aufgreifen werden:

Beispiel 7.1.19 ($*$-Algebren).

i.) Unsere ursprüngliche Motivation waren die Sternproduktalgebren: Für ein Hermitesches Sternprodukt $\star$ ist $(C^\infty(M)[[\lambda]], \star, \bar{\ })$ eine $*$-Algebra über $\mathbb{C}[[\lambda]]$.

ii.) Wie wir in Abschnitt 5.4.2 gesehen haben, sind die Differentialoperatoren $\mathrm{DiffOp}(Q)$ mit glatten Koeffizienten auf einer Mannigfaltigkeit Q eine $*$-Algebra, sobald man eine positive glatte Dichte $\mu > 0$ wählt, um die Operatoradjunktion durch „partielle Integration" zu definieren. Nach

Wahl einer torsionsfreien kovarianten Ableitung ist $\mathrm{DiffOp}(Q)$ *-isomorph zur „konvergenten Unteralgebra" $(\mathrm{Pol}(T^*Q)[\hbar], \star_{\mathrm{Weyl}}, \bar{})$ der Sternprodukt-algebra $(C^\infty(T^*Q)[[\lambda]], \star_{\mathrm{Weyl}}, \bar{})$, wobei der *-Isomorphismus gerade durch die Schrödinger-Darstellung in Weyl-Ordnung ϱ_{Weyl} gegeben ist.

iii.) Für $n \in \mathbb{N}$ ist $M_n(\mathbb{C})$ durch die übliche Definition der Matrixmultiplika-tion und $(z_{ij})^* = (\overline{z_{ji}})$ für die *-Involution eine *-Algebra über $\mathbb{C}$. Es gilt $M_n(\mathbb{C}) \cong \mathfrak{B}(\mathbb{C}^n) = \mathfrak{F}(\mathbb{C}^n)$.

iv.) Allgemein wird $M_n(\mathcal{A})$ für jede *-Algebra $\mathcal{A}$ zu einer *-Algebra, indem man das Produkt durch

$$(a_{ij})(b_{kl}) = \left(\sum_j a_{ij} b_{jk} \right) \tag{7.25}$$

und die *-Involution durch

$$(a_{ij})^* = (a_{ji}^*) \tag{7.26}$$

definiert.

v.) Sind $\mathcal{A}$ und $\mathcal{B}$ *-Algebren über $\mathbb{C}$, so ist ihr Tensorprodukt $\mathcal{A} \otimes_\mathbb{C} \mathcal{B}$ vermöge der Definitionen

$$(a \otimes b)(a' \otimes b') = aa' \otimes bb' \quad \text{und} \quad (a \otimes b)^* = a^* \otimes b^* \tag{7.27}$$

und deren (anti-) linearen Erweiterungen auf beliebige Tensoren eine *-Algebra. In diesem Sinn ist $M_n(\mathcal{A}) \cong M_n(\mathbb{C}) \otimes \mathcal{A}$.

7.1.2 Positivitätsbegriffe

Wir können nun positive Funktionale für *-Algebren über $\mathbb{C}$ definieren, um für den Fall von Sternproduktalgebren ein physikalisches Zustandskonzept zu eta-blieren. Folgende Definition ist nach unseren vorangegangenen Überlegungen gut motiviert:

Definition 7.1.20 (Zustand). *Sei $\mathcal{A}$ eine *-Algebra über $\mathbb{C}$. Ein lineares Funktional $\omega : \mathcal{A} \longrightarrow \mathbb{C}$ heißt positiv, falls*

$$\omega(a^*a) \geq 0 \tag{7.28}$$

für alle $a \in \mathcal{A}$. Besitzt $\mathcal{A}$ zudem ein Einselement $\mathbb{1}$, so heißt ω Zustand, falls zusätzlich $\omega(\mathbb{1}) = 1$ gilt.

Die folgende Cauchy-Schwarz-Ungleichung ist fundamental für das weitere Vorgehen sowie für die physikalische Interpretation.

Lemma 7.1.21 (Cauchy-Schwarz-Ungleichung). *Sei $\mathcal{A}$ eine *-Algebra und $\omega : \mathcal{A} \longrightarrow \mathbb{C}$ ein positives lineares Funktional. Dann gilt*

$$\omega(a^*b) = \overline{\omega(b^*a)} \tag{7.29}$$

sowie die Cauchy-Schwarz-Ungleichung

$$\omega(a^*b)\overline{\omega(a^*b)} \leq \omega(a^*a)\omega(b^*b) \tag{7.30}$$

für alle $a, b \in \mathcal{A}$. *Besitzt* $\mathcal{A}$ *zudem ein Einselement, so gilt insbesondere*

$$\omega(a^*) = \overline{\omega(a)}, \tag{7.31}$$

und $\omega(\mathbb{1}) = 0$ *impliziert* $\omega = 0$.

Beweis. Zum Beweis betrachtet man $p(z, w) = \omega((za + wb)^*(za + wb)) \geq 0$ für $z, w \in \mathbb{C}$ und verwendet Lemma 7.1.9. Setzt man $b = \mathbb{1} = b^*$ in (7.29), so folgt (7.31), und aus (7.30) folgt mit $\omega(\mathbb{1}) = 0$ auch $\omega(a) = 0$ für alle a. $\square$

Bemerkung 7.1.22. Dieses Lemma erlaubt es, die Zahl $\omega(a)$ als *Erwartungs-wert* der Observablen a im „Zustand" ω zu interpretieren, da $a \mapsto \omega(a)$ nun alle gewünschten Eigenschaften eines Erwartungswerts aufweist. Der Erwartungswert eines „Quadrats" a^*a ist positiv, der eines „observablen Elements" $a = a^*$ ist reell. Schließlich ist die *Varianz*

$$\mathrm{Var}_\omega(a) = \omega(a^*a) - \overline{\omega(a)}\omega(a) = \omega\left((a - \omega(a)\mathbb{1})^*(a - \omega(a)\mathbb{1})\right) \geq 0 \tag{7.32}$$

Dank der Normierung $\omega(\mathbb{1}) = 1$ immer größer gleich 0. Allgemein besitzt die *Kovarianzmatrix*

$$\mathrm{Cov}_\omega(a_i, a_j) = \omega\left((a_i - \omega(a_i)\mathbb{1})^*(a_j - \omega(a_j)\mathbb{1})\right) \tag{7.33}$$

für $a_1, \ldots, a_n \in \mathcal{A}$ eine Positivitätseigenschaft, welche (7.32) verallgemeinert. Dies werden wir in Folgerung 7.1.28 sehen.

Bemerkung 7.1.23. Ist $\mathcal{A}$ eine *-Algebra mit Einselement $\mathbb{1}$ und $\mathsf{R} = \hat{\mathsf{R}}$ sogar ein geordneter Körper, so können wir ein (nichttriviales) positives Funktional ω immer normieren, um einen Zustand zu erhalten. Da wir immer zum Quotientenkörper übergehen können, ist es also keine wesentliche Einschränkung, Zustände anstelle von positiven Funktionalen zu betrachten. Andererseits gibt es durchaus *-Algebren ohne Eins, welche „interessante" positive Funktionale besitzen, die, wenn man $\mathcal{A}$ in eine größere *-Algebra $\tilde{\mathcal{A}}$ mit Eins $\mathbb{1}$ einbettet, *keine* Fortsetzung zu einem positiven Funktional auf $\tilde{\mathcal{A}}$ erlauben. Solche positive Funktionale können also nicht zu Zuständen normiert werden.

Beispiel 7.1.24 (Positive Funktionale).

i.) Sei $p \in M$. Dann ist das δ-Funktional δ_p bei p ein positives lineares Funktional

$$\delta_p : C^\infty(M) \ni f \longmapsto f(p) \in \mathbb{C}, \tag{7.34}$$

und damit ein Beispiel für ein positives Borel-Maß mit kompaktem Träger. Offenbar ist δ_p sogar ein Zustand. Besitzt M die physikalische Interpretation eines Phasenraumes in der klassischen Mechanik, so entspricht der (mathematische) Zustand δ_p dem (physikalischen) Zustand, daß das System die durch $p \in M$ festgelegten verallgemeinerten Orte und Impulse besitzt.

ii.) Sei $\mu \in \Gamma^\infty(|\Lambda^n|T^*Q)$ eine positive Dichte auf Q. Dann ist

$$f \longmapsto \int_Q f\mu \qquad (7.35)$$

ein positives lineares Funktional auf der *-Algebra $C_0^\infty(Q)$, welches im allgemeinen keine Fortsetzung auf $C^\infty(Q)$ erlaubt, falls Q nicht kompakt ist.

iii.) Sei $\mathcal{H}$ ein Prä-Hilbert-Raum und $\psi \in \mathcal{H}$. Dann ist $A \mapsto \langle \psi, A\psi \rangle$ ein positives lineares Funktional auf $\mathfrak{B}(\mathcal{H})$, welches ein Zustand ist, sofern $\langle \psi, \psi \rangle = 1$ gilt.

iv.) Ist $\omega : \mathcal{A} \longrightarrow \mathbb{C}$ ein positives lineares Funktional und $b \in \mathcal{A}$, so ist auch

$$\omega_b : \mathcal{A} \ni a \longmapsto \omega_b(a) = \omega(b^*ab) \in \mathbb{C} \qquad (7.36)$$

ein positives lineares Funktional von $\mathcal{A}$.

v.) Sind ω_1, $\omega_2 : \mathcal{A} \longrightarrow \mathbb{C}$ positive lineare Funktionale und $c_1, c_2 > 0$, so ist die *konvexe Kombination*

$$\omega = c_1\omega_1 + c_2\omega_2 \qquad (7.37)$$

ebenfalls ein positives lineares Funktional. Sind insbesondere ω_1, ω_2 sogar Zustände, so ist ω wieder ein Zustand, falls $c_1 + c_2 = 1$. Die positiven linearen Funktionale bilden daher einen *konvexen Kegel* im Dualraum $\mathcal{A}^*$, welcher zudem unter den Operationen (7.36) abgeschlossen ist.

Wir können nun die positiven linearen Funktionale dazu verwenden, auch positive Algebraelemente in $\mathcal{A}$ zu definieren: Die Motivation für die folgende Definition ist dabei sehr einfach, da eine Observable a als positiv gelten soll, wenn sie nur positive Erwartungswerte $\omega(a)$ besitzt, ihre Positivität kann also „nachgemessen" werden.

Definition 7.1.25 (Positive Algebraelemente). *Sei $\mathcal{A}$ eine *-Algebra über $\mathbb{C}$. Dann heißt $a \in \mathcal{A}$ positiv, falls für alle positiven linearen Funktionale $\omega : \mathcal{A} \longrightarrow \mathbb{C}$*

$$\omega(a) \geq 0 \qquad (7.38)$$

gilt. Ein Element der Form

$$a = \sum_{i=1}^{n} \alpha_i a_i^* a_i \in \mathcal{A} \qquad (7.39)$$

mit $0 < \alpha_i \in \mathbb{R}$ und $a_i \in \mathcal{A}$ heißt algebraisch positiv. Die positiven Elemente von $\mathcal{A}$ werden mit $\mathcal{A}^+$, die algebraisch positiven Elemente mit $\mathcal{A}^{++}$ bezeichnet.

Bemerkung 7.1.26 (Positive Algebraelemente).

i.) Zunächst gilt offenbar $\mathcal{A}^{++} \subseteq \mathcal{A}^+$, wobei die Inklusion im allgemeinen *echt* ist. Es gibt bemerkenswerte Ausnahmen: Ist $\mathcal{A}$ eine C^*-Algebra über $\mathbb{C}$, so zeigt man mit Hilfe des Spektralkalküls, daß $a \in \mathcal{A}^+$ genau dann gilt, wenn es ein $b = b^*$ mit $a = b^2$ gibt. Jedes positive Element besitzt darüberhinaus sogar eine *eindeutige* positive Quadratwurzel $\sqrt{a} \in \mathcal{A}^+$ mit $a = \sqrt{a}^2$, siehe beispielsweise [216, Chap. I, Thm. 1.3.3].

ii.) Die gesamte Terminologie lehnt sich stark an die Begriffsbildungen in der Theorie der C^*-Algebren, oder etwas allgemeiner, der Operatoralgebren an. Hierfür sei auf die übliche Literatur wie beispielsweise [52, 53, 181, 182, 216, 283, 288] verwiesen.

iii.) Die positiven und algebraisch positiven Elemente bilden konvexe Kegel in $\mathcal{A}$, welche zudem unter den Operationen

$$a \longmapsto b^*ab \tag{7.40}$$

für alle $b \in \mathcal{A}$ abgeschlossen sind, also

$$b^*\mathcal{A}^{++}b \subseteq \mathcal{A}^{++} \quad \text{und} \quad b^*\mathcal{A}^+b \subseteq \mathcal{A}^+. \tag{7.41}$$

Dies folgt unmittelbar aus der Definition und (7.36). Es gibt nun auch verallgemeinerte Begriffe von Positivität, welche man auf die Auswahl derartiger Kegel basieren läßt, siehe beispielsweise die Diskussion in [288] und [314] für einen weiterführenden Vergleich.

iv.) Ein lineares Funktional $\omega : \mathcal{A} \longrightarrow \mathbb{C}$ ist nun genau dann positiv, wenn $\omega(a) \geq 0$ für alle $a \in \mathcal{A}^+$.

Beispiel 7.1.27 (Positive Matrizen). Betrachten wir $\mathcal{A} = \mathbb{C}$, so ist klar, daß die positiven Elemente von $\mathbb{C}$ gerade

$$\mathbb{C}^+ = \{z \in \mathbb{C} \mid z = \bar{z} \geq 0\} \tag{7.42}$$

sind. Für die Matrizen $M_n(\mathbb{C})$ erhält man folgendes Bild: Die positiven Funktionale $\omega : M_n(\mathbb{C}) \longrightarrow \mathbb{C}$ lassen sich alle als

$$\omega(A) = \mathsf{tr}(\varrho A) \tag{7.43}$$

mit $\varrho = \varrho^* \in M_n(\mathbb{C})$ schreiben, wobei ϱ die Eigenschaft

$$\langle z, \varrho z \rangle \geq 0 \tag{7.44}$$

für alle $z \in \mathbb{C}^n$ besitzt. Mit anderen Worten, ϱ ist eine *Dichtematrix*. Als nächstes zeigt man, daß $A \in M_n(\mathbb{C})$ genau dann positiv ist, also $\mathsf{tr}(\varrho A) \geq 0$ für alle Dichtematrizen ϱ erfüllt, wenn A selbst eine Dichtematrix ist, also $\langle z, Az \rangle \geq 0$ und damit insbesondere $A = A^*$ erfüllt. Man beachte, daß dies eine nichttriviale Aussage ist, siehe beispielsweise [57, App. A]. Damit erhält man also die gewünschte Charakterisierung von positiven Matrizen $A \in M_n(\mathbb{C})^+$

durch die Bedingung (7.44). Insbesondere folgt, daß $\mathrm{tr}(AB) \geq 0$ für $A, B \in M_n(\mathsf{C})^+$. Man beachte jedoch, daß im allgemeinen $M_n(\mathsf{C})^+ \neq M_n(\mathsf{C})^{++}$ gilt, sofern C nur ein Ring ist. Ist $\mathsf{C} = \hat{\mathsf{C}}$ ein Körper, so gilt die Gleichheit, siehe auch Aufgabe 7.4.

Wir können nun die bereits angekündigte Positivität der Kovarianzmatrix formulieren:

Folgerung 7.1.28 (Positivität der Kovarianzmatrix). *Sei $\omega : \mathcal{A} \longrightarrow \mathsf{C}$ ein Zustand einer $*$-Algebra $\mathcal{A}$ mit Eins. Sei weiter $C = (c_{ij}) \in M_n(\mathsf{C})$ mit $c_{ij} = \mathrm{Cov}_\omega(a_i, a_j)$ die Kovarianzmatrix bezüglich $a_1, \ldots, a_n \in \mathcal{A}$. Dann gilt $C \in M_n(\mathsf{C})^+$.*

Beweis. Sei $z \in \mathsf{C}^n$. Dann gilt

$$
\begin{aligned}
\langle z, Cz \rangle &= \sum\nolimits_{i,j} \overline{z}_i \, \mathrm{Cov}_\omega(a_i, a_j) z_j \\
&= \sum\nolimits_{i,j} \omega\left((z_i(a_i - \omega(a_i)\mathbb{1}))^* \, (z_j(a_j - \omega(a_j)\mathbb{1})) \right) \\
&= \omega\left(\left(\sum\nolimits_i z_i(a_i - \omega(a_i)\mathbb{1}) \right)^* \left(\sum\nolimits_j z_j(a_j - \omega(a_j)\mathbb{1}) \right)^* \right) \geq 0,
\end{aligned}
$$

da ω positiv ist. Nach dem Kriterium aus Beispiel 7.1.27 folgt die Positivität der Kovarianzmatrix C. □

Bemerkung 7.1.29 (Unschärferelationen). Ganz allgemein lassen sich die Unschärferelationen auf die bekannte Weise aus der Positivität eines Zustands herleiten. Sei $\omega : \mathcal{A} \longrightarrow \mathsf{C}$ ein Zustand. Dann gilt für die Varianz zweier Observablen $a = a^*, b = b^* \in \mathcal{A}$ die Unschärferelation

$$
4 \, \mathrm{Var}_\omega(a) \, \mathrm{Var}_\omega(b) \geq \omega\left([a,b]\right) \overline{\omega\left([a,b]\right)}, \tag{7.45}
$$

was man unmittelbar aus der Positivität von ω folgert, siehe Aufgabe 7.3. Damit liefert ganz allgemein die Nichtkommutativität der Observablenalgebra $\mathcal{A}$ untere Schranken für die Varianz der Meßwerte bei einer Messung einer Observablen $a \in \mathcal{A}$ in einem Zustand ω.

Da die Positivität von Funktionalen und Algebraelementen eine zentrale Rolle in der gesamten Theorie der $*$-Algebren und somit insbesondere in der Quantenphysik spielt, stellt sich die Frage nach strukturerhaltenden Abbildungen, welche nicht notwendigerweise $*$-Homomorphismen sind, sondern nur die Positivitätsstrukturen berücksichtigen.

Definition 7.1.30 (Positive Abbildungen). *Seien $\mathcal{A}$, $\mathcal{B}$ $*$-Algebren über C und $\phi : \mathcal{A} \longrightarrow \mathcal{B}$ eine lineare Abbildung. Dann heißt ϕ positiv, falls*

$$
\phi(\mathcal{A}^+) \subseteq \mathcal{B}^+. \tag{7.46}
$$

Weiter heißt ϕ vollständig positiv, falls die Abbildungen $\phi^{(n)} : M_n(\mathcal{A}) \longrightarrow M_n(\mathcal{B})$ mit

$$
\phi^{(n)} : (a_{ij}) \mapsto (\phi(a_{ij})) \tag{7.47}
$$

für alle n positiv sind.

Proposition 7.1.31. *Sei* $\phi : \mathcal{A} \longrightarrow \mathcal{B}$ *eine lineare Abbildung zwischen zwei* *-Algebren. Dann sind folgende Aussagen äquivalent:*

i.) ϕ *ist positiv.*

ii.) $\phi^* \omega = \omega \circ \phi : \mathcal{A} \longrightarrow \mathbb{C}$ *ist ein positives lineares Funktional für alle positiven linearen Funktionale* $\omega : \mathcal{B} \longrightarrow \mathbb{C}$.

iii.) $\phi(\mathcal{A}^{++}) \subseteq \mathcal{B}^+$.

Weiter gelten folgende Aussagen:

*i.) Jeder *-Homomorphismus* $\phi : \mathcal{A} \longrightarrow \mathcal{B}$ *ist vollständig positiv.*

ii.) Jedes positive Funktional $\omega : \mathcal{A} \longrightarrow \mathbb{C}$ *ist vollständig positiv.*

iii.) Die Hintereinanderausführung von (vollständig) positiven Abbildungen ist wieder (vollständig) positiv.

iv.) Sind $0 < \beta_i \in \mathbb{R}$ *und* $a_i \in \mathcal{A}$, $b_i \in \mathcal{B}$ *mit* $i = 1, \ldots, n$, *und sind* $\phi_i : \mathcal{A} \longrightarrow \mathcal{B}$ *(vollständig) positive Abbildungen, so definiert*

$$\phi(a) = \sum_{i=1}^{n} \beta_i b_i^* \phi_i(a_i^* a a_i) b_i \tag{7.48}$$

eine (vollständig) positive Abbildung ϕ. *Damit bilden die (vollständig) positiven Abbildungen einen konvexen Kegel in* $\mathsf{Hom}_{\mathbb{C}}(\mathcal{A}, \mathcal{B})$.

Beweis. Für den ersten Teil zeigen wir *iii.)* $\Rightarrow$ *ii.)* $\Rightarrow$ *i.)* $\Rightarrow$ *iii.)*. Sei also $\phi(\mathcal{A}^{++}) \subseteq \mathcal{B}^+$ und sei $\omega : \mathcal{B} \longrightarrow \mathbb{C}$ ein positives lineares Funktional. Dann gilt für $a \in \mathcal{A}$

$$(\phi^* \omega)(a^* a) = \omega(\phi(a^* a)) \geq 0,$$

da $\phi(a^* a) \in \mathcal{B}^+$. Also ist $\phi^* \omega$ positiv. Sei nun $\phi^* \omega$ ein positives lineares Funktional von $\mathcal{A}$ für alle positiven linearen Funktionale $\omega : \mathcal{B} \longrightarrow \mathbb{C}$. Sei weiter $a \in \mathcal{A}^+$. Dann gilt $0 \leq (\phi^* \omega)(a) = \omega(\phi(a))$ für alle positiven ω und daher $\phi(a) \in \mathcal{B}^+$, womit ϕ positiv ist. Sei schließlich ϕ positiv, also $\phi(\mathcal{A}^+) \subseteq \mathcal{B}^+$. Da $\mathcal{A}^{++} \subseteq \mathcal{A}^+$, folgt trivialerweise $\phi(\mathcal{A}^{++}) \subseteq \mathcal{B}^+$. Dies zeigt den ersten Teil der Proposition.

Jeder *-Homomorphismus ϕ bildet $\mathcal{A}^{++}$ in $\mathcal{B}^{++}$ ab, ist also positiv. Da die Definition $\phi^{(n)} : M_n(\mathcal{A}) \longrightarrow M_n(\mathcal{B})$ ebenfalls wieder einen *-Homomorphismus liefert, ist ϕ auch vollständig positiv. Ist nun ω ein positives Funktional, so gilt für $A \in M_n(\mathcal{A})$

$$\omega^{(n)}(A^* A) = (\omega((A^* A)_{ij})) = \sum_k (\omega(a_{ki}^* a_{kj}))$$

und daher nach der Charakterisierung positiver Matrizen gemäß Beispiel 7.1.27

$$\left\langle z, \omega^{(n)}(A^* A) z \right\rangle = \sum_{k,i,j} \overline{z}_i \omega(a_{ki}^* a_{kj}) z_j$$

$$= \sum_{k,i,j} \omega((z_i a_{ki})^* (z_j a_{kj}))$$

$$= \sum_k \omega\left(\left(\sum_i z_i a_{ki}\right)^* \left(\sum_j z_j a_{kj}\right)\right) \geq 0$$

für alle $z \in \mathbb{C}^n$, womit ω vollständig positiv ist. Die Hintereinanderausführung von (vollständig) positiven Abbildungen ist offensichtlich wieder (vollständig) positiv. Der letzte Teil ist nach (7.41) ebenfalls klar. $\qquad\square$

Wir geben noch zwei Beispiele von vollständig positiven Abbildungen, welche keine *-Homomorphismen sind:

Beispiel 7.1.32 (Positive Abbildungen). Sei $\mathcal{A}$ eine *-Algebra über $\mathbb{C}$.

i.) Die Spur $\mathsf{tr} : M_n(\mathcal{A}) \longrightarrow \mathcal{A}$

$$\mathsf{tr}(A) = \sum_{i=1}^{n} a_{ii}, \quad \text{wobei} \quad A = (a_{ij}), \tag{7.49}$$

ist eine vollständig positive Abbildung, aber im allgemeinen kein *-Homomorphismus, siehe Aufgabe 7.5.

ii.) Die Abbildung $\tau : M_n(\mathcal{A}) \longrightarrow \mathcal{A}$ mit

$$\tau(A) = \sum_{i,j=1}^{n} a_{ij} \tag{7.50}$$

ist ebenfalls vollständig positiv, siehe auch Aufgabe 7.5.

Es gibt jedoch bereits für $\mathcal{A} = M_2(\mathbb{C})$ einfache Beispiele für positive Abbildungen, welche nicht vollständig positiv sind, siehe beispielsweise [182, Ex. 11.5.15]

Bemerkung 7.1.33. Das Studium vollständig positiver Abbildungen ist von großer Aktualität Dank der Anwendungen in der Quantenoptik, der Quanteninformationstheorie und vor allem der Quantenkryptographie. Wir verweisen hierfür beispielsweise auf [276] und dortige Referenzen.

7.1.3 Positive Funktionale in der Deformationsquantisierung

Nachdem wir die allgemeine Begriffsbildung vorerst abgeschlossen haben, können wir uns den positiven Funktionalen in der Deformationsquantisierung zuwenden. Hier sind vor allem folgende Beispiele von Interesse:

Positivität des δ-Funktionals

Wir betrachten $M = \mathbb{R}^{2n}$ mit dem Weyl-Moyal-Sternprodukt $\star_{\text{Weyl}}$ sowie das δ-Funktional bei 0. Ist nun $H(q,p) = \frac{1}{2}(q^2 + p^2)$ die Hamilton-Funktion des isotropen harmonischen Oszillators, so rechnet man leicht nach, daß

$$H \star_{\text{Weyl}} H = H^2 - \frac{\lambda^2}{4}. \tag{7.51}$$

Damit gilt mit $H = \overline{H}$

$$\delta_0(\overline{H} \star_{\mathrm{Weyl}} H) = -\frac{\lambda^2}{4} < 0 \qquad (7.52)$$

bezüglich der Ordnung in $\mathbb{R}[[\lambda]]$. Daher kann das δ-Funktional bei 0 *kein* positives Funktional sein. Durch einfache Translation erhält man, daß auch kein anderes δ-Funktional positiv sein kann. Die klassischen Zustände δ_p für $p \in \mathbb{R}^{2n}$ sind also nicht länger Zustände für die quantenmechanische Observablenalgebra $(C^\infty(\mathbb{R}^{2n})[[\lambda]], \star_{\mathrm{Weyl}})$. Diese Beobachtung sollte nicht weiter verwundern, da ja quantenmechanisch die Orte und Impulse nicht gleichermaßen scharf im Phasenraum lokalisiert werden können.

Es stellt sich nun also die Frage, ob und wenn ja, wieviele positive Funktionale die quantenmechanische Observablenalgebra $(C^\infty(\mathbb{R}^{2n})[[\lambda]], \star_{\mathrm{Weyl}})$ nun tatsächlich besitzt. Für einen physikalisch vernünftigen Zustandsbegriff sollte es „viele" Zustände geben. Wir werden diese Frage später nochmals aufgreifen und umfassend beantworten.

Viel erstaunlicher als die Situation für das Weyl-Moyal-Sternprodukt ist dagegen die *Positivität* des δ-Funktionals für das Wick-Sternprodukt $\star_{\mathrm{Wick}}$. Hier gilt

$$\overline{f} \star_{\mathrm{Wick}} f = \sum_{r=0}^{\infty} \frac{(2\lambda)^r}{r!} \frac{\partial^r \overline{f}}{\partial z^{i_1} \cdots \partial z^{i_r}} \frac{\partial^r f}{\partial \overline{z}^{i_1} \cdots \partial \overline{z}^{i_r}}, \qquad (7.53)$$

womit an jedem Punkt $p \in \mathbb{C}^n$

$$\delta_p(\overline{f} \star_{\mathrm{Wick}} f) = \sum_{r=0}^{\infty} \frac{(2\lambda)^r}{r!} \overline{\frac{\partial^r f}{\partial z^{i_1} \cdots \partial z^{i_r}}(p)} \frac{\partial^r f}{\partial \overline{z}^{i_1} \cdots \partial \overline{z}^{i_r}}(p) \geq 0 \qquad (7.54)$$

eine Reihe von positiven Termen ist. Daher ist δ_p ein positives Funktional bezüglich $\star_{\mathrm{Wick}}$. Es gilt sogar folgende Aussage:

Proposition 7.1.34. *Sei $\mu : C^\infty(\mathbb{C}^n) \longrightarrow \mathbb{C}$ ein klassisch positives lineares Funktional, also ein positives Borel-Maß. Dann gilt*

$$\mu(\overline{f} \star_{\mathrm{Wick}} f) \geq 0 \qquad (7.55)$$

für alle $f \in C^\infty(\mathbb{C}^n)[[\lambda]]$, womit jedes klassisch positive Funktional auch positiv bezüglich $\star_{\mathrm{Wick}}$ ist.

Beweis. Offenbar ist $\overline{f} \star_{\mathrm{Wick}} f$ sogar eine Summe von Quadraten. Daher folgt (7.55) trivialerweise. $\qquad \square$

Was hier eher als eine Kuriosität erscheint, wird sich noch als eine fundamentale Beobachtung herausstellen, siehe Abschnitt 7.1.5. In dieser Hinsicht besitzt das Wick-Sternprodukt also „schönere" Eigenschaften als das Weyl-Moyal-Sternprodukt. Letztlich ist es diese Positivitätseigenschaft, die das Wick-Sternprodukt in unendlichen Phasenraumdimensionen, also für (Quanten-) Feldtheorien, so interessant macht und an die Stelle des

Weyl-Moyal-Sternprodukts treten läßt, siehe auch [216] für einen operatoralgebraischen Zugang. Die Interpretation des δ-Funktionals für das Wick-Sternprodukt ist nun die eines *kohärenten Zustands*, siehe beispielsweise [68, 216] sowie die Diskussion in [7, 315]. Es sei schließlich noch angemerkt, daß diese Positivitätseigenschaft des Wick-Produkts als Ausgangspunkt einer Konvergenzbetrachtung genutzt werden kann. Dies wird in [20, 21] im Detail diskutiert.

Das Schrödinger-Funktional

Wir betrachten erneut das *Weyl-geordnete Sternprodukt* $\star_{\mathrm{Weyl}}$ auf T^*Q aus Abschnitt 5.4.2 und verwenden die Bezeichnungen π und ι wie gehabt für die Bündelprojektion und den Nullschnitt des Kotangentenbündels T^*Q des Konfigurationsraumes Q. Seien nun N, $\star_{\mathrm{Std}}$ und $\star_{\mathrm{Weyl}}$ wie in Abschnitt 5.4.2 aus einem torsionsfreien Zusammenhang ∇ auf Q und einer positiven Dichte $\mu \in \Gamma^\infty(|\Lambda^n|T^*Q)$ konstruiert. Dann definiert man das Funktional

$$\omega(f) = \int_Q \iota^* f \, \mu, \tag{7.56}$$

wobei der Definitionsbereich von ω nun nicht mehr ganz $C^\infty(T^*Q)[[\lambda]]$ sondern nur $C_0^\infty(T^*Q)[[\lambda]]$ ist, um eine sorglose Integration zu ermöglichen. Hier haben wir im Gegensatz zu Abschnitt 5.4 das Plancksche Wirkungsquantum $\hbar$ wieder stillschweigend durch den formalen Parameter λ ersetzt. Selbstverständlich sind die nachfolgenden Argumente auch richtig, wenn man sich auf polynomiale Funktionen in den Impulsen einschränkt und dafür die konvergente Version des Weyl-geordneten Sternprodukts verwendet.

Proposition 7.1.35. *Für $f, g \in C_0^\infty(T^*Q)[[\lambda]]$ gilt*

$$\omega(Nf) = \omega(f) \tag{7.57}$$

und

$$\omega\left(\overline{f} \star_{\mathrm{Weyl}} g\right) = \int_Q (\overline{\iota^* Nf})(\iota^* Ng)\mu, \tag{7.58}$$

womit

$$\omega\left(\overline{f} \star_{\mathrm{Weyl}} f\right) = \int_Q (\overline{\iota^* Nf})(\iota^* Nf)\mu \geq 0. \tag{7.59}$$

Beweis. Es genügt, die Gleichung (7.58) für $f, g \in C_0^\infty(Q)$ zu zeigen, da beide Seiten $\mathbb{C}[[\lambda]]$-sesquilinear sind. Sei $U \subseteq T^*Q$ eine offene Umgebung von $\mathrm{supp}\, f \cup \mathrm{supp}\, g$, derart, daß der Abschluß U^{cl} immer noch kompakt ist. Dann wählen wir uns eine Abschneidefunktion $\chi \in C_0^\infty(Q)$ mit der Eigenschaft $\pi^*\chi|_{U^{\mathrm{cl}}} = 1$, siehe Abbildung 7.1. Es gilt zunächst

$$\omega(Nf) = \int_Q \iota^*(Nf)\mu = \int_Q \overline{\chi}\iota^*(Nf)\chi\mu = \int_Q \overline{\chi}\, \varrho_{\mathrm{Std}}(Nf)\chi\mu$$

$$= \int_Q \overline{\varrho_{\mathrm{Std}}(N^2\overline{Nf})\chi}\chi\mu = \int_Q \overline{\iota^*(N\overline{f})\chi}\chi\mu = \int_Q \iota^*(N^{-1}f)\mu = \omega(N^{-1}f),$$

und damit $\omega(N^2 f) = \omega(f)$. Damit folgt aber $\omega((N-\mathrm{id})(N+\mathrm{id})f) = 0$ und da $N + \mathrm{id}$ ebenfalls invertierbar ist, was direkt aus der expliziten Gestalt (5.190) von N folgt, gilt (7.57). Man sieht dies für den Fall $Q = \mathbb{R}^n$ auch mit einer

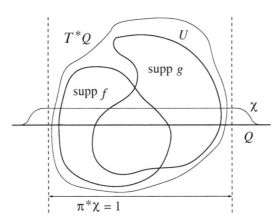

Abb. 7.1. Die Abschneidefunktion χ.

elementaren partiellen Integration. Nun gilt

$$\omega(\overline{f} \star_{\mathrm{Weyl}} g) = \omega(N^{-1}(N\overline{f} \star_{\mathrm{Std}} Ng)) = \omega(N\overline{f} \star_{\mathrm{Std}} Ng) = \int_Q \iota^* \left(N\overline{f} \star_{\mathrm{Std}} Ng\right)\mu$$

$$= \int_Q \overline{\chi}\iota^* \left(N\overline{f} \star_{\mathrm{Std}} Ng\right)\chi\mu = \int_Q \overline{\chi}\,\varrho_{\mathrm{Std}} \left(N\overline{f} \star_{\mathrm{Std}} Ng\right)\chi\mu$$

$$= \int_Q \overline{\varrho_{\mathrm{Std}} \left(N^2\overline{Nf}\right)\chi}\,\varrho_{\mathrm{Std}}(Ng)\,\chi\mu = \int_Q \overline{\varrho_{\mathrm{Std}}(Nf)\chi}\,\varrho_{\mathrm{Std}}(Ng)\chi\mu$$

$$= \int_Q \overline{\iota^*(Nf)}\iota^*(Ng)\mu,$$

da mit $\pi^*\chi\big|_U = 1$ auch $\varrho_{\mathrm{Std}}(Nf)\chi = \iota^*(Nf\star_{\mathrm{Std}}\pi^*\chi) = \iota^*(Nf)$ gilt und ebenso für g. Die Ungleichung (7.59) folgt damit unmittelbar. $\square$

Definition 7.1.36 (Schrödinger-Funktional). *Sei $\mu \in \Gamma^\infty(|\Lambda^n|T^*Q)$ eine positive Dichte. Dann heißt das Funktional*

$$\omega(f) = \int_Q \iota^* f\mu \qquad (7.60)$$

das Schrödinger-Funktional, wobei $f \in C_0^\infty(T^*Q)[[\lambda]]$.

Die Beziehung des Schrödinger-Funktionals zur Schrödinger-Darstellung ϱ_{Weyl} aus Abschnitt 5.4.2 werden wir noch im Detail diskutieren.

Positive Spurfunktionale und deren Verallgemeinerungen

Sei wieder $\star_{\text{Weyl}}$ das Weyl-Moyal-Sternprodukt auf $\mathbb{R}^{2n}$. Dann gilt für das kanonische Spurfunktional

$$\mathsf{tr}(f) = \int_{\mathbb{R}^{2n}} f \, \mathrm{d}^{2n}x, \tag{7.61}$$

definiert für $f \in C_0^\infty(\mathbb{R}^{2n})[[\lambda]]$, die Gleichung

$$\mathsf{tr}(f \star_{\text{Weyl}} g) = \int_{\mathbb{R}^{2n}} fg \, \mathrm{d}^{2n}x, \tag{7.62}$$

womit unmittelbar die Positivität

$$\mathsf{tr}(\overline{f} \star_{\text{Weyl}} f) = \int_{\mathbb{R}^{2n}} \overline{f}f \, \mathrm{d}^{2n}x \geq 0 \tag{7.63}$$

folgt, siehe Beispiel 6.3.33. Es gilt offenbar sogar die Eigenschaft

$$\mathsf{tr}(\overline{f} \star_{\text{Weyl}} f) = 0 \quad \text{genau dann, wenn} \quad f = 0, \tag{7.64}$$

was man anhand von (7.63) sofort sieht. Für die δ-Funktionale und das Schrödinger-Funktional ist dies nicht erfüllt. Positive lineare Funktionale mit der Eigenschaft (7.64) nennt man auch *treu*.

Allgemein kann man folgende Typen von linearen Funktionalen betrachten, welche sich als positiv herausstellen:

Proposition 7.1.37. *Sei $\mu \in \Gamma_0^0(|\Lambda^n|T^*M)$ eine nichtnegative stetige Dichte mit kompaktem Träger. Dann ist das lineare Funktional*

$$\mu(f) = \int_M f \, \mu \tag{7.65}$$

für jedes lokale Hermitesche Sternprodukt $\star$ positiv und es gilt

$$\mu(\overline{f} \star f) = 0 \quad \text{genau dann, wenn} \quad f\mu = 0. \tag{7.66}$$

Beweis. Sei $f \in C^\infty(M)[[\lambda]]$ gegeben, wobei $f = f_0 + \lambda f_1 + \cdots$, dann gilt

$$\mu(\overline{f} \star f) = \int_M \overline{f_0}f_0 \, \mu + \cdots.$$

Ist nun $f_0\mu \neq 0$, so ist $\overline{f_0}f_0\mu \neq 0$ und es gibt aufgrund der Stetigkeit von $\overline{f_0}f_0\mu$ eine nichtleere, offene Teilmenge von M, auf der $\overline{f_0}f_0\mu > 0$ gilt. Daher ist bereits die nullte Ordnung von $\mu(\overline{f} \star f)$ echt positiv, und $\mu(\overline{f} \star f) > 0$ folgt. Sei also $f_0\mu = 0$. Wir argumentieren nun in einer lokalen Karte, was nach der Lokalität des Sternprodukts zulässig ist. Angenommen, es gäbe einen Punkt p in dieser Karte, so daß es eine partielle Ableitung von f_0 mit

$$\frac{\partial^r f_0}{\partial x^{i_1} \cdots \partial x^{i_r}}(p)\mu(p) \neq 0$$

gäbe. Dann wäre dies auch aufgrund der Stetigkeit von μ und f_0 auf einer offenen Umgebung U von p der Fall und daher wäre diese partielle Ableitung auf einer offenen Teilmenge ungleich Null. Daher kann f_0 aber auf dieser offenen Teilmenge nicht identisch verschwinden, womit es eine (eventuell kleinere) offene Teilmenge $V \subseteq U$ gibt, so daß $f_0(p') \neq 0$ *und* $\mu(p') \neq 0$ für $p' \in V$. Daher folgt $f_0\mu \neq 0$ auf dieser offenen Teilmenge, womit ein Widerspruch zur Annahme $f_0\mu = 0$ erreicht ist. Also gilt auch für alle partiellen Ableitungen in lokalen Koordinaten

$$\frac{\partial^r f_0}{\partial x^{i_1} \cdots \partial x^{i_r}}\mu = 0$$

und entsprechend auch für $\overline{f_0}$. Daher folgt aber auch, daß $C_r(\overline{f_0}, g)\mu = 0 = C_r(g, f_0)\mu$ für alle g und alle r, da $\star$ lokal ist. Somit trägt f_0 in $\mu(\overline{f} \star f)$ nicht bei und die Positivität wird allein von $f - f_0 = \lambda f_1 + \cdots$ entschieden. Eine leichte Induktion nach der Ordnung von f zeigt dann die Behauptung. $\square$

Bemerkung 7.1.38. Während die Proposition die Existenz von sehr vielen positiven Funktionalen für allgemeine Hermitesche Sternprodukte zeigt, ist jedoch Vorsicht geboten, wenn die Dichte μ nicht länger stetig ist. Insbesondere läßt sich der Beweis nicht länger aufrecht erhalten, wenn μ „distributionsartig" ist, wie dies für das δ-Funktional und das Schrödinger-Funktional der Fall ist. Wie wir in (7.52) gesehen haben, ist die Integration bezüglich einer solchen distributionsartigen Dichte, nämlich δ_p, im allgemeinen nicht positiv.

Wir kommen nun zu der kanonischen Spur eines Sternprodukts $\star$ auf einer zusammenhängenden symplektischen Mannigfaltigkeit (M, ω). Hier haben wir folgendes Resultat, welches die Positivität der Spur (7.61) des Weyl-Moyal-Produkts verallgemeinert:

Satz 7.1.39 (Positivität der kanonischen Spur). *Sei (M, ω) symplektisch und zusammenhängend, und sei $\star$ ein Hermitesches Sternprodukt auf (M, ω). Dann ist die kanonische Spur tr bezüglich $\star$ ein treues positives Funktional.*

Beweis. Da $\star$ Hermitesch ist, gibt es zu einer zusammenziehbaren Darboux-Karte (O, x) immer sogar eine lokale *-Äquivalenztransformation T_O von $\star|_O$ zum lokalen Weyl-Moyal-Produkt $\star_{\mathrm{Weyl}}$ auf O, siehe Korollar 6.2.8. Damit folgt aber sofort, daß tr ein reelles Funktional ist, also $\overline{\mathrm{tr}(f)} = \mathrm{tr}(\overline{f})$ für alle $f \in C_0^\infty(M)[[\lambda]]$. Da die unterste Ordnung durch die Integration $f \mapsto \int_M f\, \Omega$ bezüglich der Liouville-Volumenform gegeben ist, folgt die Positivität ebenso wie die Treue von tr sofort aus Proposition 7.1.37. $\square$

Bemerkung 7.1.40 (Positivität von Spurfunktionalen). Sei (M, π) eine Poisson-Mannigfaltigkeit mit Hermiteschem Sternprodukt $\star$. Aufgrund der Fülle der Spurfunktionale ist die Situation hier erheblich komplizierter:

i.) Ist $\tau_0 \;:\; C_0^\infty(M) \;\longrightarrow\; \mathbb{C}$ eine reelle Poisson-Spur, welche sich zu einem Spurfunktional $\tau = \sum_{r=0}^{\infty} \lambda^r \tau_r$ deformieren läßt, so gibt es auch eine reelle Deformation: Das Funktional $f \mapsto \overline{\tau}(f) = \overline{\tau(\overline{f})}$ ist nämlich immer noch ein $\mathbb{C}[[\lambda]]$-lineares Spurfunktional, da $\star$ Hermitesch ist, welches τ_0 quantisiert. Daher ist $\frac{1}{2}(\tau + \overline{\tau})$ ein Spurfunktional, welches nun reell ist und τ_0 quantisiert.

ii.) Im allgemeinen scheint es sehr schwierig zu sein, die Positivität eines reellen Spurfunktionals τ garantieren zu können, da die Poisson-Spur τ_0 typischerweise nun auch Integrationen über Untermannigfaltigkeiten beinhaltet, womit die Schwierigkeiten aus Bemerkung 7.1.38 zum Tragen kommen. Wie wir in Satz 7.1.57 noch sehen werden, können wir zwar eine Deformation $\tilde{\tau}$ eines klassisch positiven Funktionals τ_0 finden, welche bezüglich $\star$ positiv ist, aber es ist im allgemeinen keineswegs klar, ob dies mit der Spureigenschaft verträglich ist. Für einige positive Resultate im Falle $M = \mathfrak{g}^*$ sei auf [30, Sect. 5] sowie [315, Cor. 5.9] verwiesen.

7.1.4 Die KMS-Bedingung und thermodynamische Zustände

Thermodynamische Zustände werden im kanonischen Zugang durch das Gibbs-Funktional beschrieben, siehe etwa [277, Kap. 10]. Ist $\hat{H}$ ein selbstadjungierter Hamilton-Operator in einem Hilbert-Raum, so daß $\mathrm{e}^{-\beta \hat{H}}$ für ein gewisses $\beta > 0$ ein Spurklasseoperator ist, dann wird der zur Zeitentwicklung bezüglich $\hat{H}$ und zur inversen Temperatur $\beta = \frac{1}{kT}$ gehörende thermodynamische Zustand durch das Gibbs-Funktional

$$\mathrm{E}_{\hat{H},\beta}(A) = \frac{1}{Z}\,\mathrm{tr}\left(\mathrm{e}^{-\beta \hat{H}} A\right) = \mathrm{tr}\left(\varrho_{\hat{H},\beta} A\right) \tag{7.67}$$

beschrieben, wobei $\varrho_{\hat{H},\beta} = \frac{1}{Z}\mathrm{e}^{-\beta \hat{H}}$ die entsprechende Dichtematrix und $Z = \mathrm{tr}\,\mathrm{e}^{-\beta \hat{H}}$ die kanonische Zustandssumme ist. Das klassische Analogon wurde in Bemerkung 1.3.7, Teil *i.)* bereits vorgestellt.

Im allgemeineren C^*-algebraischen Zugang zur Quantentheorie, wie beispielsweise zur Quantenfeldtheorie oder Vielteilchentheorie [52, 53, 158, 303, 304], ist die Zeitentwicklung aber nicht länger durch eine Schrödinger-Gleichung und einen Hamilton-Operator $\hat{H}$ gegeben, sondern vielmehr direkt als eine stark stetige Einparametergruppe von *-Automorphismen α_t der Observablenalgebra $\mathcal{A}$ realisiert. Daher wird eine alternative Charakterisierung thermodynamischer Zustände zu gegebenem β gesucht. Dies wird nun durch folgende *KMS-Bedingung*, nach Kubo [213] und Martin und Schwinger [233], erreicht, siehe insbesondere Haag, Hugenholtz und Winnink [159] für diese Formulierung sowie [52, 53, 158, 303, 304]: Ein Zustand μ einer C^*-Algebra $\mathcal{A}$ heißt *KMS-Zustand* zur Zeitentwicklung α_t und inversen Temperatur $\beta > 0$, falls es zu $a, b \in \mathcal{A}$ eine stetige Funktion $F_{ab} : S_\beta = \{z \in \mathbb{C} \mid 0 \leq \mathsf{Im}(z) \leq \hbar\beta\} \longrightarrow \mathbb{C}$ gibt, welche innerhalb des Streifens S_β holomorph ist und für alle $t \in \mathbb{R}$ die KMS-Bedingung

$$F_{ab}(t) = \mu(\alpha_t(a)b) \quad \text{sowie} \quad F_{ab}(t + \mathrm{i}\hbar\beta) = \mu(b\alpha_t(a)) \tag{7.68}$$

erfüllt. Diese Bedingung ersetzt die naivere Vorstellung, daß

$$\mu(\alpha_t(a)b) = \mu(b\alpha_{t+\mathrm{i}\hbar\beta}(a)) \tag{7.69}$$

gelten soll, was so sicherlich nicht wohl-definiert ist, da eine „Komplexifizierung" der Zeitentwicklung α_t zunächst alles andere als evident ist.

Neben verschiedenen anderen Motivationen dieser zunächst wenig anschaulichen Bedingung wie beispielsweise Stabilität [160, 161] und Passivität [269] der Zustände, siehe auch [52, 53, 158, 304], kann man mit Hilfe des Funktionalkalküls für selbstadjungierte Operatoren leicht zeigen, daß das Gibbs-Funktional (7.67) tatsächlich diese Bedingung erfüllt.

Bemerkung 7.1.41. Eine Interpretation von (7.68) beziehungsweise (7.69) ist die, daß ein KMS-Zustand „fast" ein Spurfunktional ist und die inverse Temperatur gerade den Defekt der Spureigenschaft beschreibt. Für $\beta = 0$, also unendlich hohe Temperatur T ist (7.68) beziehungsweise (7.69) gerade die Spurbedingung.

Um nun die KMS-Bedingung in der Deformationsquantisierung formulieren zu können, beachtet man zunächst, daß das Plancksche Wirkungsquantum $\hbar$ in (7.68) beziehungsweise (7.69) explizit auftritt. Da die Verwendung funktionentheoretischer Methoden nach Ersetzung $\hbar \to \lambda$ nicht länger angemessen erscheint, suchen wir einen direkten Weg, (7.69) zu interpretieren: Hier hilft es nun tatsächlich, daß die Kombination $\mathrm{i}\lambda\beta$ und nicht etwa $\mathrm{i}\beta$ auftritt. Eine Komplexifizierung der Zeitentwicklung soll also nur für „infinitesimalen" Imaginärteil geschehen. Dies ist nach Satz 6.3.30 durchaus möglich.

Sei im folgenden $D \in \mathsf{Der}(\star)$ gewählt, wobei das Poisson-Vektorfeld X_0 in $D_0 = \mathscr{L}_{X_0}$ reell sei und einen vollständigen Fluß Φ_t habe, so daß die Zeitentwicklung $\mathcal{A}_t$ gemäß Satz 6.3.30 definiert ist. Dann *definieren* wir die komplexifizierte Zeitentwicklung durch

$$\mathcal{A}_{t+\mathrm{i}\lambda\beta} = \mathcal{A}_t \circ \mathrm{e}^{\mathrm{i}\lambda\beta D}. \tag{7.70}$$

Dies erscheint deshalb sinnvoll, da mit Satz 6.3.30 sofort

$$\mathcal{A}_{t+\mathrm{i}\lambda\beta} \circ \mathcal{A}_{t'+\mathrm{i}\lambda\beta'} = \mathcal{A}_{t+t'+\mathrm{i}\lambda(\beta+\beta')} \tag{7.71}$$

für alle $t, t', \beta, \beta' \in \mathbb{R}$ folgt. Wir können daher folgende Definition geben [14, 15, 46, 47]:

Definition 7.1.42 (Formale KMS-Bedingung). *Sei $\star$ ein Sternprodukt auf einer Poisson-Mannigfaltigkeit (M, π) und $D \in \mathsf{Der}(\star)$. Sei weiter $\mu :$ $C_0^\infty(M)[[\lambda]] \longrightarrow \mathbb{C}[[\lambda]]$ ein $\mathbb{C}[[\lambda]]$-lineares Funktional und $\beta \in \mathbb{R}$.*

i.) Dann erfüllt μ die statische formale KMS-Bedingung zur Zeitentwicklung D und inversen Temperatur β, falls für alle $f \in C_0^\infty(M)[[\lambda]]$ und $g \in C^\infty(M)[[\lambda]]$

$$\mu(f \star g) = \mu\left(g \star \mathrm{e}^{\mathrm{i}\lambda\beta D}(f)\right). \tag{7.72}$$

ii.) Besitzt X_0 zudem einen vollständigen Fluß, so erfüllt μ die dynamische formale KMS-Bedingung zur Zeitentwicklung D und inversen Temperatur β, falls für alle $f \in C_0^\infty(M)[[\lambda]]$ und $g \in C^\infty(M)[[\lambda]]$ und alle $t \in \mathbb{R}$

$$\mu\left(\mathcal{A}_t(f) \star g\right) = \mu\left(g \star \mathcal{A}_{t+\mathrm{i}\lambda\beta}(f)\right). \tag{7.73}$$

iii.) Ist μ zudem ein positives Funktional, so heißt μ statischer beziehungsweise dynamischer formaler KMS-Zustand.

Bemerkung 7.1.43 (KMS-Bedingung). Ohne Positivitätsforderung ist die Menge der $\mathbb{C}[[\lambda]]$-linearen Funktionale, welche die formale (statische oder dynamische) KMS-Bedingung erfüllen, ein $\mathbb{C}[[\lambda]]$-Modul. Betrachtet man dagegen die KMS-Zustände, so bilden diese einen konvexen Kegel.

Interessant ist wie immer der klassische Limes der KMS-Bedingungen. Hier erhält man in unterster nichttrivialer Ordnung folgendes Resultat:

Lemma 7.1.44. *Sei $\star$ ein Sternprodukt für (M, π). Sei weiter ein $\mathbb{C}[[\lambda]]$-lineares Funktional $\mu = \sum_{r=0}^\infty \lambda^r \mu_r : C_0^\infty(M)[[\lambda]] \longrightarrow \mathbb{C}[[\lambda]]$ sowie eine Derivation $D = \mathscr{L}_{X_0} + \sum_{r=1}^\infty \lambda^r D_r \in \mathsf{Der}(\star)$ und $\beta \in \mathbb{R}$ gegeben.*

i.) Erfüllt μ die statische formale KMS-Bedingung, so gilt

$$\mu_0\left(\{f, g\} - \beta g \, \mathscr{L}_{X_0} f\right) = 0 \tag{7.74}$$

für alle $f \in C_0^\infty(M)$ und $g \in C^\infty(M)$.
ii.) Besitzt X_0 einen vollständigen Fluß Φ_t und erfüllt μ die dynamische formale KMS-Bedingung, so gilt

$$\mu_0\left(\{\Phi_t^* f, g\} - \beta g \, \mathscr{L}_{X_0} \Phi_t^* f\right) = 0 \tag{7.75}$$

für alle $f \in C_0^\infty(M)$, $g \in C^\infty(M)$ und $t \in \mathbb{R}$.

Beweis. Der Beweis besteht in einem einfachen Auswerten der untersten nichttrivialen Ordnungen von (7.72) beziehungsweise (7.73). $\qquad\square$

Lineare Funktionale $\mu_0 : C_0^\infty(M) \longrightarrow \mathbb{C}$, welche die Bedingung (7.74) beziehungsweise (7.75) erfüllen, heißen entsprechend statische beziehungsweise dynamische klassische KMS-Funktionale zur Zeitentwicklung bezüglich X_0 und zur inversen Temperatur β. Diese Bedingungen wurden im Rahmen klassischer thermodynamischer Modelle [6,131,132] sowie im Rahmen der Poisson-Geometrie [14,15,321] studiert.

Das folgende Lemma vereinfacht die Situation insofern, als es uns gestattet, nur noch die statische KMS-Bedingung zu diskutieren, siehe auch [46]:

Lemma 7.1.45. *Besitzt das Poisson-Vektorfeld X_0 einen vollständigen Fluß, so ist sowohl die formale als auch die klassische dynamische KMS-Bedingung zur entsprechenden statischen KMS-Bedingung äquivalent.*

Beweis. Die dynamische KMS-Bedingung impliziert die statische, indem man $t = 0$ setzt. Nach unserer Definition von $\mathcal{A}_{t+\mathrm{i}\lambda\beta}$ liefert die statische KMS-Bedingung auch die dynamische.   □

Im folgenden betrachten wir daher nur die statische KMS-Bedingung und sprechen einfach von *der* KMS-Bedingung.

Für eine Hamiltonsche Zeitentwicklung klärt der folgende Satz die Struktur der KMS-Funktionale sowohl klassisch als auch für Sternprodukte, siehe [46, Thm. 4.1]:

Satz 7.1.46 (KMS-Funktionale). *Sei $H = \sum_{r=0}^{\infty} \lambda^r H_r \in C^\infty(M)[[\lambda]]$ und $\star$ ein Sternprodukt für (M, π).*

i.) Ein $\mathbb{C}[[\lambda]]$-lineares Funktional $\mu : C_0^\infty(M)[[\lambda]] \longrightarrow \mathbb{C}[[\lambda]]$ erfüllt genau dann die statische formale KMS-Bedingung zur inversen Temperatur β und der Zeitentwicklung bezüglich H, falls $\tilde{\mu}(f) = \mu(\mathrm{Exp}(\beta H) \star f)$ ein Spurfunktional definiert.

ii.) Ein $\mathbb{C}$-lineares Funktional $\mu_0 : C_0^\infty(M) \longrightarrow \mathbb{C}$ erfüllt genau dann die statische klassische KMS-Bedingung zur inversen Temperatur β und der Zeitentwicklung bezüglich H_0, falls $\tilde{\mu}_0(f) = \mu_0(\mathrm{e}^{\beta H_0} f)$ eine Poisson-Spur definiert.

iii.) Ist $\star$ zudem Hermitesch und $H = \overline{H}$ reell, so ist μ beziehungsweise μ_0 genau dann positiv, wenn $\tilde{\mu}$ beziehungsweise $\tilde{\mu}_0$ positiv ist.

Beweis. Sei $f \in C_0^\infty(M)[[\lambda]]$ und $g \in C^\infty(M)[[\lambda]]$ gegeben, dann gilt mit (7.72) und Satz 6.3.4, Teil *v.)*

$$
\begin{aligned}
\tilde{\mu}(f \star g) &= \mu\left(\mathrm{Exp}(\beta H) \star f \star g\right) \\
&= \mu\left(g \star \mathrm{e}^{\mathrm{i}\beta\lambda\frac{1}{\lambda}\,\mathrm{ad}(H)}\left(\mathrm{Exp}(\beta H) \star f\right)\right) \\
&= \mu\left(g \star f \star \mathrm{Exp}(\beta H)\right) \\
&\overset{(*)}{=} \mu\left(\mathrm{Exp}(\beta H) \star g \star f \star \mathrm{Exp}(\beta H) \star \mathrm{Exp}(-\beta H)\right) \\
&= \tilde{\mu}(g \star f),
\end{aligned}
$$

wobei wir in $(*)$ benutzen, daß $\mu(f) = \mu\left(\mathrm{e}^{\beta\,\mathrm{ad}(H)}f\right)$ gilt, was mit $g = 1$ direkt aus (7.72) folgt. Also ist $\tilde{\mu}$ ein Spurfunktional. Ist umgekehrt $\tilde{\mu}$ eine Spur, so rechnet man sofort nach, daß $f \mapsto \mu(f) = \tilde{\mu}(\mathrm{Exp}(-\beta H) \star f)$ die statische KMS-Bedingung erfüllt. Dies zeigt den ersten Teil. Der zweite folgt analog. Der dritte Teil folgt nun ebenfalls leicht, da $\mathrm{Exp}(\beta H) = \mathrm{Exp}\left(\frac{\beta}{2}H\right) \star \mathrm{Exp}\left(\frac{\beta}{2}H\right)$, womit

$$
\mu(f) = \tilde{\mu}\left(\overline{\mathrm{Exp}\left(\frac{\beta}{2}H\right)} \star f \star \mathrm{Exp}\left(\frac{\beta}{2}H\right)\right)
$$

nach Beispiel 7.1.24, Gleichung (7.36) positiv ist, falls $\tilde{\mu}$ positiv ist. Da $\mathrm{Exp}\left(\frac{\beta}{2}H\right)$ invertierbar ist, folgt auch die Umkehrung. Den klassischen Fall zeigt man genauso.   □

Damit ist die Existenz und Klassifikation von KMS-Funktionalen äquivalent zur Existenz und Klassifikation von Spurfunktionalen, sofern die Zeitentwicklung *Hamiltonsch* ist. Für den symplektischen Fall ergibt dies zusammen mit Satz 6.3.42 und der Nichtausgeartetheit der Spur nach Bemerkung 6.3.43 sofort folgendes Resultat [46]:

Korollar 7.1.47 (Existenz und Eindeutigkeit des KMS-Funktionals).
Sei $\star$ ein Sternprodukt auf einer zusammenhängenden symplektischen Mannigfaltigkeit und $H \in C^\infty(M)[[\lambda]]$. Dann gibt es zu $\beta \in \mathbb{R}$ bis auf Normierung genau ein formales KMS-Funktional, nämlich

$$\mu(f) = \mathrm{tr}\left(\mathrm{Exp}(-\beta H) \star f\right), \tag{7.76}$$

wobei tr *das kanonische Spurfunktional aus Satz 6.3.42 ist. Ist $\star$ Hermitesch und $H = \overline{H}$, so ist μ positiv und treu.*

Bemerkung 7.1.48 (Phasenübergänge). Die Existenz verschiedener KMS-Zustände zur selben Temperatur wird physikalisch als Koexistenz verschiedener thermodynamischer Phasen gedeutet [158]. Das Korollar besagt daher, daß es in dieser Situation nur *eine* thermodynamische Phase und damit keine Phasenübergänge gibt. Physikalisch ist dies nicht weiter verwunderlich, da eine endlichdimensionale symplektische Mannigfaltigkeit eben nur endlich viele Freiheitsgrade beschreibt, Phasenübergänge aber nur im thermodynamischen Limes für unendlich viele Freiheitsgrade erwartet werden.

Der folgende Satz zeigt nun, daß im symplektischen Fall zu einer symplektischen aber nicht Hamiltonschen Zeitentwicklung keine nichttrivialen KMS-Funktionale existieren [46, Thm. 4.2]:

Satz 7.1.49. *Sei (M, ω) eine zusammenhängende symplektische Mannigfaltigkeit mit Sternprodukt $\star$. Sei weiter $X = \sum_{r=0}^\infty \lambda^r X_r \in \Gamma^\infty(TM)[[\lambda]]$ ein symplektisches Vektorfeld mit $X_0 = \overline{X_0}$. Sei weiter μ ein formales KMS-Funktional zur inversen Temperatur $\beta \neq 0$ und Zeitentwicklung bezüglich $D = \frac{\mathrm{i}}{\lambda}\delta_{\mathrm{i}_X \omega}$. Gilt dann $\mu \neq 0$, so ist X sogar Hamiltonsch.*

Beweis. Sei $\mu \neq 0$. Die Derivation $D = \frac{\mathrm{i}}{\lambda}\delta_{\mathrm{i}_X \omega}$ ist nach Satz 6.3.18 lokal quasiinner. Wir wählen daher eine offene Überdeckung $\{O_\alpha\}_{\alpha \in I}$ durch zusammenhängende O_α sowie lokale Funktionen $H_\alpha \in \sum_{r=0}^\infty \lambda^r H_\alpha^{(r)} \in C^\infty(O_\alpha)[[\lambda]]$ mit $H_\alpha^{(0)} = \overline{H_\alpha^{(0)}}$ und $D_{O_\alpha} = \frac{\mathrm{i}}{\lambda}\mathrm{ad}(H_\alpha)$. Dann ist $\mu_\alpha = \mu\big|_{C_0^\infty(O_\alpha)[[\lambda]]}$ ein formales KMS-Funktional zur inversen Temperatur β und Zeitentwicklung bezüglich D_{O_α}. Nach Korollar 7.1.47 folgt also

$$\mu(f) = \mu_\alpha(f) = c_\alpha\, \mathrm{tr}\left(\mathrm{Exp}(-\beta H_\alpha) \star f\right) \tag{$*$}$$

für $f \in C_0^\infty(O_\alpha)[[\lambda]]$. Für $O_\alpha \cap O_{\alpha'} \neq \emptyset$ folgt daher

$$c_\alpha \operatorname{Exp}(-\beta H_\alpha)\big|_{O_\alpha \cap O_{\alpha'}} = c_\beta \operatorname{Exp}(-\beta H_{\alpha'})\big|_{O_\alpha \cap O_{\alpha'}}, \qquad (**)$$

da die kanonische Spur nichtausgeartet ist, siehe Bemerkung 6.3.43. Ist nun für ein O_α die Konstante c_α von der Ordnung λ^k, so auch für alle anderen O_β, da die $\star$-Exponentiale invertierbar sind und M zusammenhängend ist. Daher können wir annehmen, daß $c_\alpha = c_\alpha^{(0)} + \cdots \in \mathbb{C}[[\lambda]]$ für alle α in nullter Ordnung bereits nichttrivial ist, da $\mu \neq 0$. Da weiter in nullter Ordnung die $\star$-Exponentialfunktionen $\operatorname{Exp}(-\beta H_\alpha)$ reell und positiv sind, können wir ohne Einschränkung annehmen, daß alle $c_\alpha^{(0)} > 0$ positiv sind. Damit folgt aus $(*)$ und der Realität der H_α in nullter Ordnung nach Satz 6.3.4, Teil *vii.)*

$$H_\alpha\big|_{O_\alpha \cap O_{\alpha'}} + \frac{1}{\beta} \ln c_\alpha = H_{\alpha'}\big|_{O_\alpha \cap O_{\alpha'}} + \frac{1}{\beta} \ln c_{\alpha'}.$$

Damit definiert $H\big|_{O_\alpha} = H_\alpha + \frac{1}{\beta} \ln c_\alpha$ eine globale Funktion $H \in C^\infty(M)[[\lambda]]$ mit $\frac{\mathrm{i}}{\lambda} \operatorname{ad}(H) = D$. Es folgt, daß $X = X_H$ Hamiltonsch ist. $\qquad \square$

Bemerkung 7.1.50. Eine analoge Aussage für allgemeine Poisson-Mannigfaltigkeiten ist typischerweise nicht möglich: Ist $\pi = 0$ die triviale Poisson-Struktur und $\star$ das punktweise Produkt, so ist zu einem Vektorfeld $X_0 \in \Gamma^\infty(TM)$ und $\beta \neq 0$ ein lineares Funktional $\mu_0 : C_0^\infty(M) \longrightarrow \mathbb{C}$ ein klassisches (und damit formales) KMS-Funktional, falls $\mu_0(g \mathscr{L}_{X_0} f) = 0$ für alle $g \in C^\infty(M)$ und $f \in C_0^\infty(M)$. Man kann sich nun leicht nichttriviale Beispiele für X_0 und μ_0 überlegen. Die Quantenversion erscheint im allgemeinen erheblich komplizierter, so daß es eine interessante aber offene Frage ist, welche klassischen KMS-Funktionale quantisiert werden können.

7.1.5 Positive Deformationen

Das Phänomen, daß nicht alle positiven Funktionale der klassischen Observablenalgebra $C^\infty(M)$ automatisch positive Funktionale für die quantenmechanische Observablenalgebra $(C^\infty(M)[[\lambda]], \star)$ sind, soll nun näher untersucht werden. Wir beginnen dabei mit folgender allgemeinen Situation: Sei $\mathcal{A}$ eine *-Algebra über $\mathbb{C}$ und $\star$ eine formale $\mathbb{C}[[\lambda]]$-bilineare assoziative Multiplikation für $\mathcal{A}[[\lambda]]$, so daß

$$(a \star b)^* = b^* \star a^* \qquad (7.77)$$

für alle $a, b \in \mathcal{A}[[\lambda]]$. Analog zu dem spezielleren Fall von Sternprodukten nennen wir eine solche Deformation einer *-Algebra *Hermitesch*. Im Prinzip kann man auch zulassen, daß die *-Involution von $\mathcal{A}$ zu einer *-Involution bezüglich $\star$ *deformiert* wird, wir werden diese geringfügig allgemeinere Situation aber nicht weiter verfolgen, siehe auch [57, Sect. 8 & 9].

Die folgende technische Proposition erleichtert nun das Überprüfen der Positivität von $\mathbb{C}[[\lambda]]$-linearen Funktionalen $\omega : \mathcal{A}[[\lambda]] \longrightarrow \mathbb{C}[[\lambda]]$, da die Positivität nur auf Elementen in $\mathcal{A} \subseteq \mathcal{A}[[\lambda]]$ geprüft werden muß [44, Lem. A.5]:

Proposition 7.1.51. *Sei $\star$ eine Hermitesche Deformation einer $*$-Algebra $\mathcal{A}$ über $\mathbb{C}$ und sei $\omega : \mathcal{A}[[\lambda]] \longrightarrow \mathbb{C}[[\lambda]]$ ein $\mathbb{C}[[\lambda]]$-lineares Funktional. Dann ist ω genau dann positiv bezüglich $\star$, wenn*

$$\omega(a_0^* \star a_0) \geq 0 \tag{7.78}$$

für alle $a_0 \in \mathcal{A}$.

Beweis. Offenbar impliziert die Positivität von ω insbesondere $\omega(a_0^* \star a_0) \geq 0$ für $a_0 \in \mathcal{A}$. Sei also $a = \sum_{r=0}^{\infty} \lambda^r a_r \in \mathcal{A}[[\lambda]]$ ein beliebiges Element. Gilt dann $\omega(a_0^* \star a_0) = 0$, so liefert nach der Cauchy-Schwarz-Ungleichung (7.30) weder $\omega(a_0^* \star a_k)$ noch $\omega(a_k^* \star a_0)$ einen Beitrag in $\omega(a^* \star a)$, siehe auch Lemma 7.2.12. Daher können wir ohne Einschränkung $\omega(a_0^* \star a_0) > 0$ annehmen. Wir betrachten nun $\alpha = \omega(a_0^* \star a_0)$, $\beta = \omega(a_0^* \star a_1)$, $\beta' = \omega(a_1^* \star a_0)$ und $\gamma = \omega(a_1^* \star a_1)$. Dann liefert die eingeschränkte Positivität (7.78) die Ungleichung

$$0 \leq \omega\left((z_0 a_0 + w_0 a_1)^* \star (z_0 a_0 + w_0 a_1)\right) = \overline{z}_0 z_0 \alpha + \overline{z}_0 w_0 \beta + z_0 \overline{w}_0 \beta' + \overline{w}_0 w_0 \gamma \tag{$*$}$$

für alle $z_0, w_0 \in \mathbb{C}$. Wie im Beweis von Lemma 7.1.9 folgt durch geeignete Wahl von z_0 und w_0 sofort $\beta' = \overline{\beta}$ sowie $\alpha, \gamma \geq 0$. Seien nun $o(\alpha)$, $o(\beta)$ und $o(\gamma)$ die jeweiligen Ordnungen von α, β und γ, sowie $r = \min(o(\alpha), o(\beta), o(\gamma))$. Dann liefert $(*)$ die Ungleichung

$$\alpha_r \gamma_r \geq \beta_r \overline{\beta}_r \tag{$**$}$$

nach Definition der Ringordnung von $\mathbb{R}[[\lambda]]$, indem man $w_0 = \alpha_{o(\alpha)} \in \mathbb{C}$ und $z_0 = -\overline{\beta}_{o(\beta)} \in \mathbb{C}$ in $(*)$ einsetzt und die unterste Ordnung von

$$0 \leq \overline{\beta}_{o(\beta)} \beta_{o(\beta)} \alpha - \alpha_{o(\alpha)} \overline{\beta}_{o(\beta)} \beta - \alpha_{o(\alpha)} \beta_{o(\beta)} \overline{\beta} + \overline{\beta}_{o(\beta)} \beta_{o(\beta)} \gamma$$

betrachtet. Die Ungleichung $(**)$ bedeutet aber gerade $\alpha\gamma \geq \overline{\beta}\beta$ in $\mathbb{C}[[\lambda]]$ und daher insbesondere $o(\alpha), o(\gamma) \leq o(\beta)$. Mit $\alpha\gamma \geq \overline{\beta}\beta$ folgt nun aber für beliebiges $z, w \in \mathbb{C}[[\lambda]]$ die Ungleichung

$$\omega((za_0 + wa_1)^*(za_0 + wa_1)) \geq 0,$$

also insbesondere auch für $z = 1$ und $w = \lambda$. Induktiv erhält man, daß für alle Polynome in λ

$$\omega\left(\left(\sum_{r=0}^{N} \lambda^r a_r\right)^* \left(\sum_{r=0}^{N} \lambda^r a_r\right)\right) \geq 0 \tag{$***$}$$

gilt. Da nun ein $\mathbb{C}[[\lambda]]$-lineares Funktional in der λ-adischen Topologie stetig ist, siehe Proposition 6.2.4, Teil *v.*), und die Ordnungsrelation $\geq$ in $\mathbb{R}[[\lambda]]$ mit der λ-adischen Topologie verträglich ist, siehe Bemerkung 7.1.7, folgt die Positivität $\omega(a^* \star a) \geq 0$ aus $(***)$ durch den Grenzübergang $N \longrightarrow \infty$. $\square$

Bemerkung 7.1.52. Diese Proposition kann man insbesondere heranziehen, um die Positivität der Funktionale in Abschnitt 7.1.3 schnell zu beweisen, da hierzu nur noch die Betrachtung von Funktionen $f \in C^\infty(M)$ *ohne* höhere Potenzen von λ nötig ist.

Wir wollen nun die Positivität im Sinne der Ringordnung von $\mathbb{R}[[\lambda]]$ genauer betrachten. Sei also $\omega : \mathcal{A}[[\lambda]] \longrightarrow \mathbb{C}[[\lambda]]$ ein $\mathbb{C}[[\lambda]]$-lineares Funktional, welches positiv bezüglich der Hermiteschen Deformation $\star$ ist. Da ω notwendigerweise von der Form

$$\omega = \sum_{r=0}^{\infty} \lambda^r \omega_r \quad \text{mit} \quad \omega_r : \mathcal{A} \longrightarrow \mathbb{C} \tag{7.79}$$

ist, können wir die Bedingung $\omega(a^* \star a) \geq 0$ Ordnung für Ordnung in λ auswerten. Es gilt also

$$0 \leq \omega(a^* \star a) = \omega_0(a^*a) + \lambda \left(\omega_0(C_1(a^*, a)) + \omega_1(a^*a)\right) + \cdots, \tag{7.80}$$

wobei wir zunächst $a \in \mathcal{A}$ betrachten. Aus naheliegenden Gründen nennen wir das $\mathbb{C}$-lineare Funktional $\omega_0 : \mathcal{A} \longrightarrow \mathbb{C}$ den *klassischen Limes* von ω und bezeichnen ihn auch als

$$\omega_0 = \mathrm{cl}(\omega) = \omega\big|_{\lambda=0}. \tag{7.81}$$

Wir werden diese Abbildung cl auch in anderen Situationen verwenden, wie beispielsweise für Observablen $a = \sum_{r=0}^{\infty} \lambda^r a_r \in \mathcal{A}[[\lambda]]$, wo $\mathrm{cl}(a) = a_0 \in \mathcal{A}$ gilt.

Aus der konkreten Form (7.80) ersehen wir folgende Eigenschaft des klassischen Limes von positiven Funktionalen:

Lemma 7.1.53. *Sei* $\omega : \mathcal{A}[[\lambda]] \longrightarrow \mathbb{C}[[\lambda]]$ *ein positives* $\mathbb{C}[[\lambda]]$-*lineares Funktional einer Hermiteschen Deformation einer* *-*Algebra* $\mathcal{A}$ *über* $\mathbb{C}$. *Dann ist der klassische Limes* $\mathrm{cl}(\omega) : \mathcal{A} \longrightarrow \mathbb{C}$ *ein positives* $\mathbb{C}$-*lineares Funktional der undeformierten Algebra* $\mathcal{A}$.

Beweis. Wäre $\mathrm{cl}(\omega)$ nicht positiv, so gäbe es ein $a \in \mathcal{A}$ mit $\mathrm{cl}(\omega)(a^*a) < 0$. Damit kann $\omega(a^* \star a)$ aber nicht mehr positiv sein. $\square$

Bemerkung 7.1.54. Eine Umkehrung der obigen Aussage ist offensichtlich nicht so einfach möglich: die Positivität des klassischen Limes $\omega_0 = \mathrm{cl}(\omega)$ garantiert im allgemeinen *nicht* die Positivität von ω. Das δ-Funktional mit $\star = \star_{\mathrm{Weyl}}$ ist ein Gegenbeispiel. Der Grund ist leicht zu sehen. Ist nämlich $a \in \mathcal{A}$ derart, daß $\omega_0(a^*a) = 0$, so wird die Positivität von $\omega(a^* \star a)$ in der nächst höheren Ordnung entschieden. Hier steht aber $\omega_0(C_1(a^*, a)) + \omega_1(a^*a)$. Im allgemeinen kann über die Positivitätseigenschaften von $C_1(a^*, a)$ wenig gesagt werden. Für Sternprodukte ist C_1 ein Bidifferentialoperator, womit in $C_1(a^*, a)$ Ableitungen von a auftreten, über deren Vorzeichen nichts bekannt ist. Daher muß ω_1 die eventuelle Nichtpositivität von $\omega_0(C_1(a^*, a))$ kompensieren, so daß insgesamt die erste Ordnung in $\omega(a^* \star a)$ zumindest nicht negativ ist. Ist die erste Ordnung ebenfalls Null, so wiederholt sich das Problem in den höheren Ordnungen.

Aus dieser Beobachtung läßt sich nun leicht folgende Fragestellung ableiten: Ist $(\mathcal{A}[[\lambda]], \star)$ eine Hermitesche Deformation von $\mathcal{A}$ und ist $\omega_0 : \mathcal{A} \longrightarrow \mathbb{C}$ ein positives Funktional, gibt es dann „Quantenkorrekturen" $\omega_1, \omega_2, \ldots$, so daß $\omega = \omega_0 + \lambda\omega_1 + \lambda^2\omega_2 + \cdots$ ein positives $\mathbb{C}[[\lambda]]$-lineares Funktional von $(\mathcal{A}[[\lambda]], \star)$ wird? Eine einfache Antwort scheint nicht möglich, insbesondere hat man es bei der Bedingung $\omega(a^* \star a) \geq 0$ mit einem rekursiven System von *Ungleichungen* zu tun, was vermutlich eine kohomologische Herangehensweise analog zu den Techniken aus Abschnitt 6.2 ausschließt. Die Wichtigkeit dieser Fragestellung rechtfertigt daher folgende Definition [55, 61]:

Definition 7.1.55 (Positive Deformation). *Sei $(\mathcal{A}[[\lambda]], \star)$ eine Hermitesche Deformation einer *-Algebra $\mathcal{A}$ über $\mathbb{C}$. Dann heißt $(\mathcal{A}[[\lambda]], \star)$ eine positive Deformation von $\mathcal{A}$, wenn sich jedes positive $\mathbb{C}$-lineare Funktional $\omega_0 : \mathcal{A} \longrightarrow \mathbb{C}$ von $\mathcal{A}$ in ein positives $\mathbb{C}[[\lambda]]$-lineares Funktional $\omega : \mathcal{A}[[\lambda]] \longrightarrow \mathbb{C}[[\lambda]]$ deformieren läßt, also mit $\mathrm{cl}(\omega) = \omega_0$. Weiter heißt die Deformation vollständig positiv, falls auch $M_n(\mathcal{A}[[\lambda]], \star)$ für alle n eine positive Deformation von $M_n(\mathcal{A})$ ist.*

Das folgende (triviale) Beispiel zeigt, daß nicht jede Hermitesche Deformation positiv ist:

Beispiel 7.1.56 (Nichtpositive Deformation). Sei $(\mathcal{A}, \mu, ^*)$ eine *-Algebra über $\mathbb{C}$, so daß es ein positives Funktional $\omega_0 \neq 0$ gibt. Dann ist $(\mathcal{A}[[\lambda]], \lambda\mu, ^*)$ eine Hermitesche Deformation der *-Algebra $(\mathcal{A}, \mu_0 = 0, ^*)$. Für $(\mathcal{A}, \mu_0 = 0, ^*)$ ist offenbar *jedes* $\mathbb{C}$-lineare Funktional ϕ positiv, da mit der Nullmultiplikation immer $\phi(\mu_0(a^*, a)) = 0$ gilt. Andererseits ist $\lambda\mu$ keine positive Deformation, da $-\omega_0$ nicht positiv bezüglich $\lambda\mu$ ist.

Glücklicherweise sind Hermitesche Sternprodukte immer positiv, ja sogar vollständig positive Deformationen. Daß im allgemeinen die Quantenkorrekturen $\omega_1, \omega_2, \ldots$ notwendig sind, um die Positivität von $\omega = \omega_0 + \lambda\omega_1 + \cdots$ zu garantieren, zeigt bereits das δ-Funktional bezüglich des Weyl-Moyal-Sternprodukts. Daher handelt es sich bei folgendem Satz um eine nichttriviale Aussage:

Satz 7.1.57 (Vollständige Positivität von Sternprodukten). *Auf jeder Poisson-Mannigfaltigkeit ist jedes Hermitesche Sternprodukt eine vollständig positive Deformation.*

Beweis. Wir werden den Beweis nur für den sehr viel einfacheren symplektischen Fall führen. Der allgemeine Fall einer Poisson-Mannigfaltigkeit erfordert zusätzliche Anstrengungen, siehe [61, 315].

Zunächst benutzen wir das Wick-Sternprodukt $\star_{\mathrm{Wick}}$ auf $\mathbb{R}^{2n} \cong \mathbb{C}^n$, welches offenbar eine positive Deformation ist, da hierfür sogar der klassische Limes direkt, *ohne Quantenkorrekturen*, positiv bezüglich $\star_{\mathrm{Wick}}$ ist. Dies ist gerade die Aussage von Proposition 7.1.34. Weiter sieht man analog, daß $\star_{\mathrm{Wick}}$ auch vollständig positiv ist. Sei nun $\star$ ein beliebiges Hermitesches Sternprodukt auf $\mathbb{R}^{2n}$, dann existiert nach Proposition 6.1.15 und Korollar 6.2.8 eine *-Äquivalenztransformation $S = \mathrm{id} + \sum_{r=1}^{\infty} \lambda^r S_r$ zum Wick-Sternprodukt, also

$$S(f \star g) = Sf \star_{\mathrm{Wick}} Sg \quad \text{und} \quad S(\overline{f}) = \overline{S(f)} \tag{$*$}$$

für $f, g \in C^{\infty}(\mathbb{R}^{2n})[[\lambda]]$. Entsprechend gilt $(*)$ auch für Funktionen $f \in C^{\infty}(\mathbb{R}^{2n}, M_k(\mathbb{C}))[[\lambda]] = M_k(C^{\infty}(\mathbb{R}^{2n}))[[\lambda]]$ mit Werten in den $k \times k$-Matrizen, wobei die kanonische Fortsetzung von S auf Matrizen nun $S(f^*) = S(f)^*$ erfüllt. Damit sind $\star$ und $\star_{\mathrm{Wick}}$ also *-isomorph. Ist nun $\omega_0 : C^{\infty}(\mathbb{R}^{2n}) \longrightarrow \mathbb{C}$ ein positives lineares Funktional bezüglich der klassischen Algebrastruktur, so ist nach Proposition 7.1.34 auch $\omega_0 : (C^{\infty}(\mathbb{R}^{2n})[[\lambda]], \star_{\mathrm{Wick}}) \longrightarrow \mathbb{C}[[\lambda]]$ positiv. Damit ist aber auch $\omega = \omega_0 \circ S : (C^{\infty}(\mathbb{R}^{2n})[[\lambda]], \star) \longrightarrow \mathbb{C}[[\lambda]]$ positiv und es gilt

$$\omega = \omega_0 + \lambda \omega_0 \circ S_1 + \cdots,$$

womit $\mathrm{cl}(\omega) = \omega_0$. Analog verfährt man für matrixwertige Funktionen, womit Satz 7.1.57 für symplektische Sternprodukte auf $\mathbb{R}^{2n}$ gezeigt ist.

Den Fall einer allgemeinen symplektischen Mannigfaltigkeit erhält man nun durch „Zusammenkleben". Wir wählen einen lokal endlichen Darboux-Atlas $\{U_{\alpha}\}_{\alpha \in I}$ mit einer untergeordneten quadratischen Zerlegung der Eins $\chi_{\alpha} \in C^{\infty}(M)$ der Form

$$\sum_{\alpha} \chi_{\alpha}^2 = 1, \quad \text{und} \quad \chi_{\alpha} = \overline{\chi}_{\alpha}, \tag{$**$}$$

sowie $\mathrm{supp}\,\chi_{\alpha} \subseteq U_{\alpha}$, siehe Anhang A.1. Sei weiter S_{α} eine auf $C^{\infty}(U_{\alpha})[[\lambda]]$ definierte *-Äquivalenztransformation zu einem auf U_{α} lokal definierten Wick-Sternprodukt $\star_{\alpha}$. Sei schließlich $\omega_0 : C^{\infty}(M) \longrightarrow \mathbb{C}$ positiv. Dann ist

$$f \mapsto \omega_0(S_{\alpha}(\overline{\chi}_{\alpha} \star f \star \chi_{\alpha})) = \omega_{\alpha}(f)$$

wohl-definiert, da $\mathrm{supp}(\overline{\chi}_{\alpha} \star f \star \chi_{\alpha}) \subseteq U_{\alpha}$, da $\star$ lokal ist und somit die Anwendung von S_{α} wohl-definiert ist. Weiter ist ω_{α} positiv, denn

$$\omega_{\alpha}(\overline{f} \star f) = \omega_0\left(S_{\alpha}\left(\overline{\chi}_{\alpha} \star \overline{f} \star f \star \chi_{\alpha}\right)\right) = \omega_0\left(\overline{S_{\alpha}(f \star \chi_{\alpha})} \star_{\alpha} S_{\alpha}(f \star \chi_{\alpha})\right) \geq 0,$$

da bezüglich des lokalen Wick-Sternprodukts $\star_{\alpha}$ das Funktional ω_0 positiv ist. Man beachte, daß $\mathrm{supp}(f \star \chi_{\alpha}) \subseteq U_{\alpha}$. Nun betrachtet man

$$\omega(f) = \sum_{\alpha} \omega_{\alpha}(f) = \sum_{\alpha} \omega_0\left(S_{\alpha}(\overline{\chi}_{\alpha} \star f \star \chi_{\alpha})\right).$$

Zunächst ist $\omega(f)$ auch bei unendlicher Summe $\sum_{\alpha}$ wohl-definiert, da die Summe lokal endlich ist und daher $\sum_{\alpha} S_{\alpha}(\overline{\chi}_{\alpha} \star f \star \chi_{\alpha})$ eine wohl-definierte globale Funktion in $C^{\infty}(M)[[\lambda]]$ darstellt. Als konvexe Kombination der positiven ω_{α} ist auch ω positiv bezüglich $\star$. Schließlich ist der klassische Limes von ω durch $\mathrm{cl}(\omega) = \omega_0$ gegeben, wobei man $S_\alpha = \mathsf{id} + \cdots$ und $(**)$ verwendet. Der matrixwertige Fall bereitet keine weiteren Schwierigkeiten, womit der Satz für symplektische Mannigfaltigkeiten bewiesen ist.

Da die Globalisierung offenbar nicht länger davon abhängt, daß $\star$ von einer symplektischen Poisson-Klammer kommt, ist dieser Schritt auch im allgemeinen Poisson-Fall durchführbar. Hier muß lediglich noch der lokale Fall für $M = \mathbb{R}^n$ gezeigt werden, der jetzt allerdings erheblich schwieriger ist, da nun kein „Wick-Sternprodukt" mehr zur Verfügung steht. Der Beweis beruht darauf, daß man $(C^\infty(\mathbb{R}^n)[[\lambda]], \star)$ für den allgemeinen Poisson-Fall als $*$-Unteralgebra einer Wick-Sternproduktalgebra „$(C^\infty(\mathbb{R}^{2n})[[\lambda]], \star_{\mathrm{Wick}})$" realisiert, wobei die Verdopplung der Freiheitsgrade nur zum Preis von formalen Impulsvariablen möglich ist. Für Details sei auf [61, 315] verwiesen. $\Box$

Bemerkung 7.1.58 (Positivität des Wick-Sternprodukts). Man beachte, daß $\star_{\mathrm{Wick}}$ als entscheidendes Hilfsmittel in den Beweis eingeht. Eine direkte Konstruktion der Quantenkorrekturen ω_1, ω_2, ... scheint nicht einfach, da diese einer erheblichen Willkür und Vieldeutigkeit unterliegen: Ist beispielsweise ein beliebiger $*$-Automorphismus von $(C^\infty(M)[[\lambda]], \star)$ der Form $\Phi = \mathsf{id} + \sum_{r=1}^\infty \lambda^r \Phi_r$ gegeben, und ist ω eine Deformation von ω_0, so ist auch $\Phi^* \omega = \omega \circ \Phi$ eine Deformation von ω_0. Weiter können zu einer gegebenen Deformation ω von ω_0 in höheren Ordnungen von λ zusätzlich positive $\mathbb{C}[[\lambda]]$-lineare Funktionale ω' addiert werden, ohne die Positivität oder den klassischen Limes zu stören. Somit unterstreicht dieser Satz also die Bedeutung des Wick-Sternprodukts und insbesondere die Relevanz der Proposition 7.1.34.

Bemerkung 7.1.59 (Klassischer Limes und Zustände). Der Satz 7.1.57 besitzt eine einfache, wenn auch wichtige physikalische Interpretation: *Jeder klassische Zustand ist klassischer Limes eines Quantenzustandes.* Da wir die Quantentheorie als die fundamentalere Theorie ansehen, ist diese Aussage aus physikalischen Gründen nicht nur plausibel sondern schlichtweg notwendig, um diese These der „fundamentaleren Theorie" aufrecht zu erhalten: Gäbe es Zustände eines klassischen Systems, die nicht der klassische Limes von Quantenzuständen wären, so könnte die Quantentheorie schlecht die umfassendere Beschreibung sein, da sie nicht alle klassischen Phänomene als Grenzwert liefern könnte. Man beachte jedoch, daß es keineswegs klar ist, wie man allgemein den klassischen Limes von Quantenzuständen zu definieren hat. Die Deformationsquantisierung bietet hier zumindest den Vorteil, einen klaren konzeptuellen Rahmen zu geben, innerhalb dessen sich die Aussage, daß jeder klassische Zustand der klassische Limes eines Quantenzustandes ist, beweisen läßt. Inwieweit sich diese Definition als physikalisch sinnvolle Version eines klassischen Limes von Zuständen erweist, bleibt weiteren Untersuchungen vorbehalten.

7.2 Darstellungen und GNS-Konstruktion

Wie bereits in Abschnitt 5.1 dargelegt, ist für eine auf einer abstrakten Observablenalgebra $\mathcal{A}$ basierende Quantentheorie neben der Identifikation von

Zuständen mit (bestimmten) normierten positiven linearen Funktionalen eine
weitere Struktur nötig, um das Superpositionsprinzip realisieren zu können.
Die Zustände müssen mit Vektorzuständen in einem Darstellungsraum $\mathcal{H}$ der
Observablenalgebra $\mathcal{A}$ identifiziert werden, wobei die Observablen als Operatoren auf $\mathcal{H}$ dargestellt werden. Um die positiven Funktionale dann als Erwartungswerte in Vektorzuständen schreiben zu können, benötigt man ein posi-
tiv definites inneres Produkt auf $\mathcal{H}$, womit $\mathcal{H}$ ein Prä-Hilbert-Raum wird. Die
Vollständigkeit von $\mathcal{H}$ ist hierfür noch nicht erforderlich, sondern wird letztlich
nur für den noch ausstehenden Spektralkalkül benötigt. Da dieser aber sowieso
(noch) nicht für den rein algebraischen Rahmen von formalen Sternprodukten
zur Verfügung steht, müssen und werden wir uns in der formalen Deformationsquantisierung mit einem Prä-Hilbert-Raum begnügen. Man kann dies
jedoch auch als einen Vorteil ansehen, da bereits Prä-Hilbert-Räume über $\mathbb{C}$
mehr Struktur tragen können, welche beim Vervollständigen „verwischt" wird.
Auf jeden Fall ist die Theorie der Operatoralgebren für uns Motivation und
Richtschnur.

7.2.1 Elementare Darstellungstheorie einer *-Algebra

Da wir mit einem geordneten Ring R über den Begriff positiv definiter innerer Produkte auf C-Moduln und damit über Prä-Hilbert-Räume verfügen
und da die adjungierbaren Operatoren $\mathfrak{B}(\mathcal{H})$ auf einem Prä-Hilbert-Raum
$\mathcal{H}$ eine *-Algebra über C bilden, liegt es nahe, eine abstrakt gegebene *-
Algebra $\mathcal{A}$ mit den konkreten *-Algebren $\mathfrak{B}(\mathcal{H})$ zu vergleichen, indem man
*-Homomorphismen $\mathcal{A} \longrightarrow \mathfrak{B}(\mathcal{H})$ studiert. Dies motiviert unabhängig von
unseren vorangegangenen physikalischen Überlegungen zum Superpositions-
prinzip folgende Definition:

Definition 7.2.1 (*-Darstellung). *Sei $\mathcal{A}$ eine *-Algebra über C. Eine *-
Darstellung π von $\mathcal{A}$ auf einem Prä-Hilbert-Raum $\mathcal{H}$ ist ein *-Homomorphis-
mus*

$$\pi : \mathcal{A} \longrightarrow \mathfrak{B}(\mathcal{H}). \tag{7.82}$$

Ist nun π eine *-Darstellung von $\mathcal{A}$ auf $\mathcal{H}$, so ist für jedes $\psi \in \mathcal{H}$ das
lineare Funktional

$$\omega_\psi(a) = \langle \psi, \pi(a)\psi \rangle \tag{7.83}$$

positiv, denn $\omega_\psi(a^*a) = \langle \psi, \pi(a^*a)\psi \rangle = \langle \pi(a)\psi, \pi(a)\psi \rangle \geq 0$ für alle $a \in \mathcal{A}$. Da
nun komplexe Superpositionen von Vektoren in $\mathcal{H}$ gebildet werden können,
hat man das angestrebte Ziel erreicht, sofern man aus physikalischen Gründen
eine *-Darstellung als die relevante auszeichnen kann. Kriterien hierfür zu finden und mathematisch zu formulieren ist alles andere als einfach. Aus diesem Grund werden wir nun einige elementare Begriffe der Darstellungstheorie vorstellen, die es erlauben, eine grobe Übersicht über die zu erwartenden
Phänomene zu erlangen.

Definition 7.2.2 (Darstellungstheorie). *Seien* $(\mathcal{H}_1, \pi_1)$ *und* $(\mathcal{H}_2, \pi_2)$ *zwei* **-Darstellungen von* $\mathcal{A}$.

i.) Ein Intertwiner (Verschränkungsoperator) T von $(\mathcal{H}_1, \pi_1)$ *nach* $(\mathcal{H}_2, \pi_2)$ *ist eine Abbildung* $T \in \mathfrak{B}(\mathcal{H}_1, \mathcal{H}_2)$ *mit*

$$T\pi_1(a) = \pi_2(a)T \quad \text{für alle} \quad a \in \mathcal{A}. \tag{7.84}$$

ii.) Die *-Darstellungen $(\mathcal{H}_1, \pi_1)$ *und* $(\mathcal{H}_2, \pi_2)$ *heißen unitär äquivalent, falls es einen unitären Intertwiner T :* $(\mathcal{H}_1, \pi_1) \longrightarrow (\mathcal{H}_2, \pi_2)$ *gibt.*

iii.) Die Kategorie *-rep$(\mathcal{A})$ aller *-Darstellungen von $\mathcal{A}$ auf Prä-Hilbert-Räumen über $\mathbb{C}$ mit Intertwinern als Morphismen heißt Darstellungstheorie von $\mathcal{A}$.

Diese Gesamtheit aller *-Darstellungen wird auch als Theorie der *Superauswahlregeln* bezeichnet.

Bemerkung 7.2.3 (Intertwiner).

i.) Ist T ein Intertwiner, so ist $T^* \in \mathfrak{B}(\mathcal{H}_2, \mathcal{H}_1)$ ebenfalls ein Intertwiner, denn $T^*\pi_2(a) = (\pi_2(a)^*T)^* = (\pi_2(a^*)T)^* = (T\pi_1(a^*))^* = \pi_1(a^*)^*T^* = \pi_1(a)T^*$. Weiter bilden Linearkombinationen von Intertwinern wieder Intertwiner, da (7.84) eine in T lineare Bedingung ist.

ii.) Die Intertwiner bilden tatsächlich die Morphismen einer Kategorie, da offenbar die Hintereinanderausführung von Intertwinern wieder einen Intertwiner liefert.

iii.) Die unitäre Äquivalenz von *-Darstellungen ist eine Äquivalenzrelation. Ist umgekehrt $(\mathcal{H}_1, \pi_1)$ eine *-Darstellung und $\mathcal{H}_2$ ein Prä-Hilbert-Raum, so daß es eine unitäre Abbildung $U : \mathcal{H}_1 \longrightarrow \mathcal{H}_2$ gibt, so ist

$$\pi_2(a) = U\pi_1(a)U^{-1} \tag{7.85}$$

eine zu π_1 unitär äquivalente *-Darstellung von $\mathcal{A}$. Daher ist es vernünftig, *-Darstellungen von $\mathcal{A}$ nur bis auf unitäre Äquivalenz zu betrachten.

Die folgenden Begriffe charakterisieren, wie nichttrivial eine *-Darstellung ist:

Definition 7.2.4. *Sei* $(\mathcal{H}, \pi)$ *eine *-Darstellung von* $\mathcal{A}$.

i.) $(\mathcal{H}, \pi)$ heißt treu, falls $\pi : \mathcal{A} \longrightarrow \mathfrak{B}(\mathcal{H})$ injektiv ist.

ii.) $(\mathcal{H}, \pi)$ heißt nichtausgeartet, falls $\pi(a)\psi = 0$ für alle $a \in \mathcal{A}$ impliziert, daß $\psi = 0$ gilt.

iii.) $(\mathcal{H}, \pi)$ heißt stark nichtausgeartet, falls $\pi(\mathcal{A})\mathcal{H} = \mathcal{H}$ gilt, also für jedes $\psi \in \mathcal{H}$ Vektoren $\phi_i \in \mathcal{H}$ und Observablen $a_i \in \mathcal{A}$ gefunden werden können, so daß $\psi = \pi(a_1)\phi_1 + \cdots + \pi(a_n)\phi_n$.

iv.) $(\mathcal{H}, \pi)$ heißt zyklisch mit zyklischem Vektor $\Omega \in \mathcal{H}$, falls $\pi(\mathcal{A})\Omega = \mathcal{H}$, also jedes $\psi \in \mathcal{H}$ von der Form $\psi = \pi(a)\Omega$ mit einem $a \in \mathcal{A}$ ist.

Es gelten nun folgende Beziehungen zwischen diesen Begriffen:

Lemma 7.2.5. *Sei* $(\mathcal{H}, \pi)$ *eine* *-*Darstellung von* $\mathcal{A}$.

i.) Ist $(\mathcal{H}, \pi)$ *stark nichtausgeartet, so ist* $(\mathcal{H}, \pi)$ *auch nichtausgeartet.*

ii.) Ist $(\mathcal{H}, \pi)$ *zyklisch, so ist* $(\mathcal{H}, \pi)$ *stark nichtausgeartet.*

iii.) Besitzt $\mathcal{A}$ *ein Einselement* $\mathbb{1} \in \mathcal{A}$, *so ist* $P = \pi(\mathbb{1}) \in \mathfrak{B}(\mathcal{H})$ *ein Projektor* $P = P^* = P^2$ *und es gilt*

$$\mathcal{H} = P\mathcal{H} \oplus (\mathrm{id} - P)\mathcal{H}. \tag{7.86}$$

Bezüglich dieser orthogonalen Summe ist $\pi(a)$ *für jedes* $a \in \mathcal{A}$ *blockdiagonal und es gilt* $\pi(a)\big|_{(\mathrm{id} - P)\mathcal{H}} = 0$.

iv.) Besitzt $\mathcal{A}$ *ein Einselement* $\mathbb{1} \in \mathcal{A}$, *so ist* $\pi\big|_{\pi(\mathbb{1})\mathcal{H}}$ *eine stark nichtausgeartete* *-*Darstellung von* $\mathcal{A}$ *auf* $\pi(\mathbb{1})\mathcal{H}$ *und*

$$\ker \pi = \ker \left(\pi\big|_{\pi(\mathbb{1})\mathcal{H}} \right). \tag{7.87}$$

v.) Besitzt $\mathcal{A}$ *ein Einselement* $\mathbb{1} \in \mathcal{A}$, *so ist jede nichtausgeartete* *-*Darstellung auch stark nichtausgeartet. Dies ist genau dann der Fall, wenn* $\pi(\mathbb{1}) = \mathrm{id}$ *gilt.*

Beweis. Sei $(\mathcal{H}, \pi)$ stark nichtausgeartet und sei $\pi(a)\psi = 0$ für alle $a \in \mathcal{A}$, dann können wir $\psi = \sum_{i=1}^{n} \pi(a_i)\phi_i$ schreiben, so daß

$$\langle \psi, \psi \rangle = \left\langle \sum_i \pi(a_i)\phi_i, \psi \right\rangle = \sum_i \langle \phi_i, \pi(a_i^*)\psi \rangle = 0,$$

womit $\psi = 0$ folgt. Also ist $(\mathcal{H}, \pi)$ nichtausgeartet. Der zweite Teil ist trivial. Die Algebra $\mathcal{A}$ habe nun ein Einselement. Dann gilt für $P = \pi(\mathbb{1})$ offenbar $P^2 = \pi(\mathbb{1})^2 = \pi(\mathbb{1}^2) = \pi(\mathbb{1}) = P$ und $P^* = \pi(\mathbb{1})^* = \pi(\mathbb{1}^*) = \pi(\mathbb{1}) = P$, womit P ein Projektor ist und daher $\mathcal{H}$ in die orthogonale direkte Summe (7.86) zerfällt. Weiter gilt $\pi(a) = \pi(\mathbb{1}a\mathbb{1}) = \pi(\mathbb{1})\pi(a)\pi(\mathbb{1}) = P\pi(a)P$, womit von den möglichen vier Komponenten von $\pi(a)$ bezüglich der Zerlegung (7.86) nur die erste von Null verschieden ist. Damit ist der dritte Teil gezeigt. Der vierte Teil ist klar. Ist schließlich $(\mathcal{H}, \pi)$ eine *-Darstellung von $\mathcal{A}$ mit Einselement, welche nichtausgeartet ist, so folgt unmittelbar $\pi(\mathbb{1})\phi = \phi$, also $\pi(\mathbb{1}) = \mathrm{id}$. Damit ist aber $(\mathcal{H}, \pi)$ stark nichtausgeartet. $\square$

Dieses Lemma zeigt also, daß im Falle einer *-Algebra mit Einselement jede *-Darstellung auf kanonische Weise in eine stark nichtausgeartete und eine Nulldarstellung zerfällt. Da letztere nicht sonderlich interessant ist, betrachtet man von Anfang an stark nichtausgeartete *-Darstellungen. Auch wenn im allgemeinen Fall einer *-Algebra ohne Einselement eine nichtausgeartete *-Darstellung im allgemeinen keineswegs stark nichtausgeartet zu sein braucht, interessiert man sich hier vor allem für die stark nichtausgearteten. Dies motiviert folgende Definition:

Definition 7.2.6. *Die Unterkategorie von* *-$\mathsf{rep}(\mathcal{A})$ *der stark nichtausgearteten* *-*Darstellungen von* $\mathcal{A}$ *auf Prä-Hilbert-Räumen wird mit* *-$\mathsf{Rep}(\mathcal{A})$ *bezeichnet.*

Die Zerlegung (7.86) des Darstellungsraumes in zwei Unterräume, welche jeweils unter der Darstellung stabil sind, besitzt nun folgende Verallgemeinerung:

Lemma 7.2.7. *Ist Λ eine beliebige Indexmenge und sind $\{(\mathcal{H}_\lambda, \pi_\lambda)\}_{\lambda \in \Lambda}$ $*$-Darstellungen von $\mathcal{A}$, so ist auf der orthogonalen direkten Summe $\mathcal{H} = \bigoplus_{\lambda \in \Lambda} \mathcal{H}_\lambda$ eine $*$-Darstellung π durch*

$$\pi(a) = \bigoplus_{\lambda \in \Lambda} \pi_\lambda(a) \tag{7.88}$$

gegeben, wobei also $\pi(a)\big|_{\mathcal{H}_\lambda} = \pi_\lambda(a)$ für alle $\lambda \in \Lambda$ gelte.

Der Beweis ist offensichtlich. Die so erhaltene $*$-Darstellung $(\mathcal{H}, \pi)$ heißt *orthogonale direkte Summe* der $*$-Darstellungen $\{(\mathcal{H}_\lambda, \pi_\lambda)\}_{\lambda \in \Lambda}$. Ist $(\mathcal{H}, \pi) = \bigoplus_{\lambda \in \Lambda} (\mathcal{H}_\lambda, \pi_\lambda)$ eine orthogonale direkte Summe von $*$-Darstellungen, so vertauscht der Orthogonalprojektor P_λ auf $\mathcal{H}_\lambda$ mit allen Darstellern

$$P_\lambda \pi(a) = \pi(a) P_\lambda \tag{7.89}$$

für alle $a \in \mathcal{A}$. Gilt umgekehrt, daß es einen Orthogonalprojektor $P \in \mathfrak{B}(\mathcal{H})$ gibt, so daß $P\pi(a) = \pi(a)P$ für alle $a \in \mathcal{A}$ gilt, so folgt, daß die Darstellung $(\mathcal{H}, \pi)$ zur direkten orthogonalen Summe der $*$-Darstellungen $(P\mathcal{H}, \pi\big|_{P\mathcal{H}})$ und $((\mathrm{id} - P)\mathcal{H}, \pi\big|_{(\mathrm{id} - P)\mathcal{H}})$ unitär äquivalent ist. Es gilt also folgendes einfache Lemma:

Lemma 7.2.8. *Eine $*$-Darstellung $(\mathcal{H}, \pi)$ ist genau dann zu einer (nichttrivialen) direkten orthogonalen Summe von $*$-Darstellungen unitär äquivalent, wenn es (nichttriviale) Orthogonalprojektoren in $\mathfrak{B}(\mathcal{H})$ gibt, die mit allen $\pi(a)$ für $a \in \mathcal{A}$ vertauschen.*

Aus diesem Grunde ist man daran interessiert, etwas über die Größe der Kommutante einer Darstellung zu erfahren:

Definition 7.2.9 (Kommutante). *Die Kommutante $\pi(\mathcal{A})'$ einer $*$-Darstellung $(\mathcal{H}, \pi)$ von $\mathcal{A}$ ist durch*

$$\pi(\mathcal{A})' = \{T \in \mathfrak{B}(\mathcal{H}) \mid T\pi(a) = \pi(a)T \text{ für alle } a \in \mathcal{A}\} \subseteq \mathfrak{B}(\mathcal{H}) \tag{7.90}$$

definiert.

Damit stimmt die Kommutante also gerade mit dem Raum der „Selbstintertwiner" überein. Man beachte, daß wir hier $T \in \mathfrak{B}(\mathcal{H})$ und nicht etwa $T \in \mathsf{End}_{\mathsf{C}}(\mathcal{H})$ fordern.

Folgerung 7.2.10 (Kommutante).

i.) Die Kommutante $\pi(\mathcal{A})'$ einer $*$-Darstellung von $\mathcal{A}$ auf $\mathcal{H}$ ist eine $*$-Unteralgebra mit Einselement $\mathrm{id}_{\mathcal{H}}$ von $\mathfrak{B}(\mathcal{H})$.

*ii.) Ist die Kommutante $\pi(A)'$ von $(\mathcal{H}, \pi)$ trivial, so ist $(\mathcal{H}, \pi)$ nicht zu einer nichttrivialen direkten orthogonalen Summe von *-Darstellungen unitär äquivalent.*

Bemerkung 7.2.11. Im allgemeinen kann es jedoch sehr wohl passieren, daß die Kommutante zwar nichttrivial ist, also mehr Elemente als $\mathsf{C}\,\mathrm{id}$ aber keine nichttrivialen Orthogonalprojektoren enthält. Daher ist die Umkehrung im allgemeinen falsch, da für die Zerlegbarkeit einer *-Darstellung die Existenz von Orthogonalprojektoren in $\pi(A)'$ relevant ist. In bestimmten Situationen ist für $\mathsf{C} = \mathbb{C}$ eine Umkehrung möglich, wobei hierfür typischerweise einige Elemente des Spektralkalküls herangezogen werden müssen, siehe beispielsweise [52, 181, 182, 288] für eine weiterführende Diskussion.

7.2.2 Die allgemeine GNS-Konstruktion

Wir wollen nun die Gel'fand-Naimark-Segal-Konstruktion einer *-Darstellung aus einem positiven linearen Funktional vorstellen. Ursprünglich wurde diese Konstruktion als Verallgemeinerung der Fock-Raum-Konstruktion im Rahmen der Darstellungstheorie der C^*-Algebren eingeführt und dann schnell auf beliebige *-Algebren über $\mathbb{C}$ übertragen, siehe beispielsweise [52, 181, 182, 288]. Die Konstruktion erweist sich als völlig algebraisch, so daß sie auch in unserem Fall von *-Algebren über $\mathsf{C} = \mathsf{R}(\mathrm{i})$ mit einem beliebigen geordneten Ring R möglich ist. Dies erlaubt eine anschließende Anwendung in der Deformationsquantisierung.

Wir betrachten im folgenden eine *-Algebra A über C und ein positives lineares Funktional $\omega : A \longrightarrow \mathsf{C}$.

Lemma 7.2.12. *Sei $\omega : A \longrightarrow \mathsf{C}$ ein positives lineares Funktional. Dann ist*

$$\mathcal{J}_\omega = \{a \in A \mid \omega(a^*a) = 0\} \tag{7.91}$$

ein Linksideal von A und es gilt genau dann $a \in \mathcal{J}_\omega$, falls $\omega(a^*b) = 0$ für alle $b \in A$.

Beweis. Dies ist eine einfache Konsequenz der Cauchy-Schwarz-Ungleichung (7.30). Wir zeigen zunächst, daß die quadratische Bedingung $\omega(a^*a) = 0$ zur linearen Bedingung $\omega(a^*b) = 0$ für alle $b \in A$ äquivalent ist. Mit (7.30) impliziert $\omega(a^*a) = 0$ aber sofort $\omega(a^*b) = 0$ für alle b. Die Umkehrung ist trivial. Weiter gilt mit $\omega(a^*b) = \overline{\omega(b^*a)}$, daß $\omega(a^*a) = 0$ genau dann gilt, wenn $\omega(b^*a) = 0$ für alle b. Dies ist eine C-lineare Bedingung an a, womit $\mathcal{J}_\omega$ ein C-Untermodul von A ist. Sei schließlich $a \in \mathcal{J}_\omega$ und $b \in A$ beliebig. Dann gilt für alle $c \in A$ die Gleichung $\omega(c^*ba) = 0$, womit $ba \in \mathcal{J}_\omega$. Somit ist $\mathcal{J}_\omega$ ein Linksideal. $\square$

Definition 7.2.13 (Gel'fand-Ideal). *Sei $\omega : A \longrightarrow \mathsf{C}$ ein positives lineares Funktional. Dann heißt das Linksideal $\mathcal{J}_\omega$ das Gel'fand-Ideal von ω.*

Mit dieser Definition sehen wir, daß ein positives Funktional genau dann *treu* ist, wenn $\mathcal{J}_\omega = \{0\}$ gilt, siehe (7.64).

Wir können nun den Quotienten

$$\mathcal{H}_\omega = \mathcal{A}/\mathcal{J}_\omega \qquad (7.92)$$

als C-Modul betrachten. Da $\mathcal{J}_\omega$ ein Linksideal von $\mathcal{A}$ ist, wird $\mathcal{H}_\omega$ auf kanonische Weise zu einem $\mathcal{A}$-Linksmodul vermöge der Multiplikationsvorschrift

$$\pi_\omega(a)\psi_b = \psi_{ab}, \qquad (7.93)$$

wobei $a, b \in \mathcal{A}$ und $\psi_b \in \mathcal{H}_\omega$ die Äquivalenzklasse von b in $\mathcal{H}_\omega$ bezeichnet. Desweiteren besitzt $\mathcal{H}_\omega$ ein wohl-definiertes inneres Produkt

$$\langle \psi_a, \psi_b \rangle_\omega = \omega(a^*b). \qquad (7.94)$$

Daß $\langle \cdot, \cdot \rangle_\omega$ wohl-definiert ist, folgt abermals aus der Cauchy-Schwarz-Ungleichung in Form von Lemma 7.2.12. Die erforderliche C-Sesquilinearität ist offensichtlich. Weiter ist $\langle \cdot, \cdot \rangle_\omega$ sogar positiv definit, denn

$$\langle \psi_a, \psi_a \rangle_\omega = \omega(a^*a) \geq 0 \qquad (7.95)$$

und $\langle \psi_a, \psi_a \rangle_\omega = \omega(a^*a) = 0$ genau dann, wenn $a \in \mathcal{J}_\omega$ und daher $\psi_a = 0$. Damit wird $\mathcal{H}_\omega$ zu einem Prä-Hilbert-Raum. Schließlich ist die Linksmodulstruktur $\pi_\omega : \mathcal{A} \longrightarrow \mathsf{End}_\mathbb{C}(\mathcal{H}_\omega)$ sogar eine *-Darstellung, denn es gilt

$$\langle \psi_b, \pi_\omega(a)\psi_c \rangle_\omega = \omega(b^*ac) = \omega((a^*b)^*c) = \langle \pi_\omega(a^*)\psi_b, \psi_c \rangle_\omega. \qquad (7.96)$$

Somit können wir auf einfache Weise eine *-Darstellung $(\mathcal{H}_\omega, \pi_\omega)$ aus jedem positiven linearen Funktional $\omega : \mathcal{A} \longrightarrow \mathbb{C}$ konstruieren.

Hat die Algebra $\mathcal{A}$ sogar ein Einselement $\mathbb{1}$, so gibt es einen ausgezeichneten Vektor $\psi_{\mathbb{1}} \in \mathcal{H}_\omega$. Diesen bezeichnet man auch mit $\Omega_\omega = \psi_{\mathbb{1}}$. Nun gilt, daß

$$\psi_a = \psi_{a\mathbb{1}} = \pi_\omega(a)\psi_{\mathbb{1}} = \pi_\omega(a)\Omega_\omega, \qquad (7.97)$$

so daß die *-Darstellung $(\mathcal{H}_\omega, \pi_\omega)$ zyklisch und Ω_ω ein zyklischer Vektor ist. Schließlich gilt

$$\langle \Omega_\omega, \pi_\omega(a)\Omega_\omega \rangle_\omega = \omega(a), \qquad (7.98)$$

womit wir das positive lineare Funktional als Erwartungswertfunktional bezüglich des Vektorzustandes $\Omega_\omega \in \mathcal{H}_\omega$ in der *-Darstellung $(\mathcal{H}_\omega, \pi_\omega)$ identifiziert haben. Damit schließt sich also der Kreis und der Anschluß an die übliche Formulierung der Quantenmechanik ist erreicht: Zustände im Sinne von positiven Funktionalen *sind* Erwartungswertfunktionale bezüglich Vektorzuständen in einer *-Darstellung.

Definition 7.2.14 (GNS-Darstellung). *Sei $\omega : \mathcal{A} \longrightarrow \mathbb{C}$ ein positives lineares Funktional. Dann heißt die *-Darstellung $(\mathcal{H}_\omega, \pi_\omega)$ die GNS-Darstellung von ω. Besitzt $\mathcal{A}$ ein Einselement, so wird der kanonische zyklische Vektor $\Omega_\omega \in \mathcal{H}_\omega$ Vakuumsvektor genannt.*

Bemerkung 7.2.15. Die Bezeichnung „Vakuumsvektor" für Ω_ω und entsprechend „Vakuumserwartungswert" für $\omega(a) = \langle \Omega_\omega, \pi_\omega(a)\Omega_\omega \rangle_\omega$ ist durch die ursprüngliche Anwendung der GNS-Konstruktion in der Quantenfeldtheorie motiviert, wo Ω_ω tatsächlich die Rolle des Vakuums spielt. Entsprechend kann man die Zyklizität der GNS-Darstellung so interpretieren, daß durch Anwenden aller Observablen $a \in \mathcal{A}$ jeder Zustand erreicht werden kann, womit die $\pi_\omega(a)$ die Interpretation von „Erzeugungsoperatoren" erhalten, falls $\pi_\omega(a)\Omega_\omega \neq 0$.

Bemerkenswerterweise charakterisiert die Eigenschaft (7.98) für eine $*$-Algebra mit Einselement die GNS-Darstellung bis auf unitäre Äquivalenz:

Satz 7.2.16 (Eindeutigkeit der GNS-Darstellung). *Sei* $\omega : \mathcal{A} \longrightarrow \mathbb{C}$ *ein positives lineares Funktional und* $\mathcal{A}$ *besitze ein Einselement. Sei weiter* $(\mathcal{H}, \pi, \Omega)$ *eine zyklische* $*$-*Darstellung von* $\mathcal{A}$ *mit der Eigenschaft*

$$\omega(a) = \langle \Omega, \pi(a)\Omega \rangle . \tag{7.99}$$

Dann ist durch $U : \mathcal{H}_\omega \longrightarrow \mathcal{H}$ *mit*

$$U\psi_a = \pi(a)\Omega \tag{7.100}$$

ein unitärer Intertwiner von $(\mathcal{H}_\omega, \pi_\omega, \Omega_\omega)$ *nach* $(\mathcal{H}, \pi, \Omega)$ *gegeben.*

Beweis. Wir zeigen zunächst, daß U wohl-definiert ist. Gilt nämlich $c \in \mathcal{J}_\omega$, so folgt $U\psi_{a+c} = \pi(a)\Omega + \pi(c)\Omega$ und $\langle \pi(c)\Omega, \pi(c)\Omega \rangle = \omega(c^*c) = 0$ nach Voraussetzung (7.99). Also gilt $\pi(c)\Omega = 0$, womit U wohl-definiert und offenbar linear ist. Weiter gilt

$$\langle U\psi_a, U\psi_b \rangle = \langle \pi(a)\Omega, \pi(b)\Omega \rangle = \langle \Omega, \pi(a^*b)\Omega \rangle = \omega(a^*b) = \langle \psi_a, \psi_b \rangle_\omega ,$$

was zeigt, daß U isometrisch und daher injektiv ist. Die Surjektivität von U folgt, da Ω nach Voraussetzung zyklisch ist. Also ist U unitär, $U^{-1} = U^*$, und insbesondere $U \in \mathfrak{B}(\mathcal{H}_\omega, \mathcal{H})$. Schließlich gilt

$$U\pi_\omega(a)\psi_b = U\psi_{ab} = \pi(ab)\Omega = \pi(a)\pi(b)\Omega = \pi(a)U\psi_b,$$

so daß U ein Intertwiner ist. $\qquad\square$

Bemerkung 7.2.17 (GNS-Konstruktion). Die GNS-Konstruktion besitzt viele Verallgemeinerungen und auch Spezialisierungen. Ist $\mathcal{A}$ beispielsweise eine C^*-Algebra (über $\mathbb{C}$), so folgt allgemein, daß $\pi_\omega(a)$ sogar beschränkt ist und daher auf kanonische Weise auf die Vervollständigung $\widehat{\mathcal{H}}_\omega$ von $\mathcal{H}_\omega$ fortgesetzt werden kann. Damit erhält man die „eigentliche" GNS-Konstruktion einer $*$-Darstellung auf einem *Hilbert-Raum* einer C^*-Algebra durch *beschränkte* Operatoren, siehe beispielsweise [52,88]. Für $*$-Algebren über $\mathbb{C}$ läßt sich ebenfalls mehr als nur die obigen algebraischen Resultate sagen, wobei hier die Frage nach der (wesentlichen) Selbstadjungiertheit der einzelnen $\pi_\omega(a)$ für $a = a^*$ besonderes Interesse verdient, ebenso wie die Frage, wie sich die jeweiligen Definitionsbereiche der selbstadjungierten Erweiterungen der $\pi_\omega(a)$ zueinander verhalten, siehe beispielsweise [288].

Folgendes einfache Lemma betrachtet den Fall, daß das Funktional ω nicht auf ganz $\mathcal{A}$ definiert ist, sondern nur auf einem *-Ideal $\mathcal{B} \subseteq \mathcal{A}$.

Lemma 7.2.18. *Sei $\mathcal{B} \subseteq \mathcal{A}$ ein *-Ideal und $\omega : \mathcal{B} \longrightarrow \mathbb{C}$ ein positives lineares Funktional mit GNS-Darstellung $(\mathcal{H}_\omega = \mathcal{B}/\mathcal{J}_\omega, \pi_\omega)$. Dann ist $\mathcal{J}_\omega \subseteq \mathcal{B} \subseteq \mathcal{A}$ auch in $\mathcal{A}$ ein Linksideal, womit die GNS-Darstellung π_ω eine kanonische Fortsetzung zu einer *-Darstellung $\pi_\omega : \mathcal{A} \longrightarrow \mathfrak{B}(\mathcal{H}_\omega)$ auf $\mathcal{H}_\omega$ besitzt.*

Beweis. Es genügt zu zeigen, daß $\mathcal{J}_\omega$ auch in $\mathcal{A}$ ein Linksideal ist. Sei also $b \in \mathcal{J}_\omega$ und $a \in \mathcal{A}$. Dann ist $ab \in \mathcal{B}$, da $\mathcal{B}$ ein Ideal ist. Deshalb gilt $\omega((ab)^*(ab)) = \omega(b^*a^*ab)$ und

$$\omega(b^*a^*ab)\overline{\omega(b^*a^*ab)} \leq \omega(b^*b)\omega((a^*ab)^*(a^*ab)) = 0,$$

wobei die Verwendung der Cauchy-Schwarz-Ungleichung legitim ist, da auch $a^*ab \in \mathcal{B}$, also $ab \in \mathcal{J}_\omega$. $\qquad\square$

Beispiel 7.2.19. Wir betrachten einen Prä-Hilbert-Raum $\mathcal{H}$ über $\mathbb{C}$ und einen Einheitsvektor $\psi \in \mathcal{H}$, also $\langle \psi, \psi \rangle = 1$. Dann ist nach Beispiel 7.1.24, *iii.)* durch $\omega_\psi(A) = \langle \psi, A\psi \rangle$ ein positives Funktional von $\mathfrak{B}(\mathcal{H})$ gegeben. Das Gel'fand-Ideal ist $\mathcal{J}_\psi = \{ A \in \mathfrak{B}(\mathcal{H}) \mid A\psi = 0 \}$. Nun zeigt man leicht, daß die GNS-Darstellung π_ψ von $\mathfrak{B}(\mathcal{H})$ auf $\mathcal{H}_\psi = \mathfrak{B}(\mathcal{H})/\mathcal{J}_\psi$ bezüglich ω_ψ zur definierenden Darstellung unitär äquivalent ist: Durch $U : \mathcal{H}_\psi \ni \psi_A \mapsto A\psi \in \mathcal{H}$ wird ein unitärer Intertwiner gegeben. Hier ist einzig die Surjektivität etwas schwieriger; man benutzt aber, daß man jeden Vektor $\phi \in \mathcal{H}$ als $\phi = \Theta_{\phi,\psi}\psi$ schreiben kann.

7.2.3 GNS-Darstellungen in der Deformationsquantisierung

Die GNS-Darstellungen zu den positiven Funktionalen aus Abschnitt 7.1.3 lassen sich explizit bestimmen und führen auf bekannte Darstellungen.

Die GNS-Darstellung zum δ-Funktional

Wir beginnen mit dem Wick-Sternprodukt $\star_{\mathrm{Wick}}$ auf $\mathbb{C}^n$, für welches das δ-Funktional δ_p bei $p \in \mathbb{C}^n$ positiv ist. Aus (7.54) folgt unmittelbar, daß das Gel'fand-Ideal von δ_p durch

$$\mathcal{J}_p = \left\{ f \in C^\infty(\mathbb{C}^n)[[\lambda]] \,\middle|\, \forall r \in \mathbb{N}_0, \forall i_1, \ldots, i_r : \frac{\partial^r f}{\partial \overline{z}^{i_1} \cdots \partial \overline{z}^{i_r}}(p) = 0 \right\} \quad (7.101)$$

gegeben ist. Um die GNS-Darstellung expliziter bestimmen zu können, ist es zweckmäßig, eine Multiindexschreibweise analog zu der von Bemerkung 5.3.1 zu verwenden. Für $K = (k_1, \ldots, k_n), L = (\ell_1, \ldots, \ell_n) \in \mathbb{N}_0^n$ schreiben wir kurz

$$\frac{\partial^{|K+L|}}{\partial z^K \partial \overline{z}^L} = \frac{\partial^{|K+L|}}{\partial(z^1)^{k_1} \cdots \partial(z^n)^{k_n} \partial(\overline{z}^1)^{\ell_1} \cdots \partial(\overline{z}^n)^{\ell_n}}. \quad (7.102)$$

Entsprechend verwenden wir $z^K \overline{z}^L$.

Lemma 7.2.20. *Das Wick-Sternprodukt $\star_{\mathrm{Wick}}$ auf $\mathbb{C}^n$ läßt sich als*

$$f \star_{\mathrm{Wick}} g = \sum_{K=0}^{\infty} \frac{(2\lambda)^{|K|}}{K!} \frac{\partial^{|K|} f}{\partial z^K} \frac{\partial^{|K|} g}{\partial \overline{z}^K} \tag{7.103}$$

schreiben.

Beweis. Sei $r \geq 0$. Eine einfache kombinatorische Überlegung zeigt dann

$$\sum_{|K|=r} \frac{r!}{K!} \frac{\partial^r f}{\partial z^K} \frac{\partial^r g}{\partial \overline{z}^K} = \sum_{i_1,\ldots,i_r=1}^{n} \frac{\partial^r f}{\partial z^{i_1} \cdots \partial z^{i_r}} \frac{\partial^r g}{\partial \overline{z}^{i_1} \cdots \partial \overline{z}^{i_r}},$$

womit Gleichung (7.103) aus (5.77) folgt. $\qquad\square$

Wir betrachten nun folgenden formalen Bargmann-Fock-Raum, wobei wir anstelle antiholomorpher Funktionen formale Potenzreihen in den antiholomorphen Koordinaten verwenden:

Definition 7.2.21 (Formaler Bargmann-Fock-Raum). *Der $\mathbb{C}[[\lambda]]$-Modul*

$$\mathcal{H}_{\mathrm{BF}} = \mathbb{C}[[\overline{y}^1, \ldots, \overline{y}^n]][[\lambda]] \tag{7.104}$$

mit dem $\mathbb{C}[[\lambda]]$-wertigen Skalarprodukt

$$\langle \phi, \psi \rangle_{\mathrm{BF}} = \sum_{r=0}^{\infty} \frac{(2\lambda)^r}{r!} \sum_{k_1,\ldots,k_r} \overline{\frac{\partial^r \phi}{\partial \overline{y}^{k_1} \cdots \partial \overline{y}^{k_r}}(0)} \frac{\partial^r \psi}{\partial \overline{y}^{k_1} \cdots \partial \overline{y}^{k_r}}(0) \tag{7.105}$$

heißt formaler Bargmann-Fock-Raum.

Im Hinblick auf Satz 5.2.12 stellt dies offenbar eine gute Analogie zum „echten" Bargmann-Fock-Raum $\mathfrak{H}_{\mathrm{BF}}$ dar. Man beachte, daß das Skalarprodukt eine wohl-definierte formale Potenzreihe in $\mathbb{C}[[\lambda]]$ liefert und $\mathcal{H}_{\mathrm{BF}}$ zu einem Prä-Hilbert-Raum über $\mathbb{C}[[\lambda]]$ macht. Offenbar können wir $\langle \cdot, \cdot \rangle_{\mathrm{BF}}$ auch als

$$\langle \phi, \psi \rangle_{\mathrm{BF}} = \sum_{K=0}^{\infty} \frac{(2\lambda)^{|K|}}{K!} \overline{\frac{\partial^{|K|} \phi}{\partial \overline{y}^K}(0)} \frac{\partial^{|K|} \psi}{\partial \overline{y}^K}(0) \tag{7.106}$$

schreiben. Wir bezeichnen den GNS Prä-Hilbert-Raum zu δ_p mit $\mathcal{H}_p$ und die entsprechende GNS-Darstellung von $(C^{\infty}(\mathbb{C}^n)[[\lambda]], \star_{\mathrm{Wick}})$ auf $\mathcal{H}_p$ mit π_p. Dann klärt der folgende Satz die Struktur der GNS-Darstellung zum δ-Funktional vollständig auf [50, Prop. 5]:

Satz 7.2.22 (Formale Bargmann-Fock-Darstellung). *Sei $p \in \mathbb{C}^n$.*

i.) Die formale $\overline{z}$-Taylor-Entwicklung um p

$$\overline{\tau}_p(f) = \sum_{K=0}^{\infty} \frac{1}{K!} \frac{\partial^{|K|} f}{\partial \overline{z}^K}(p) \overline{y}^K \tag{7.107}$$

induziert eine wohl-definierte unitäre Abbildung

$$\overline{\tau}_p : \mathcal{H}_p \ni \psi_f \mapsto \overline{\tau}_p(f) \in \mathcal{H}_{\mathrm{BF}}. \tag{7.108}$$

ii.) Es gilt für $f \in C^\infty(\mathbb{C}^n)[[\lambda]]$

$$\varrho_p(f) = \overline{\tau}_p \pi_p(f) \overline{\tau}_p^{-1}$$

$$= \sum_{r,s=0}^{\infty} \frac{(2\lambda)^r}{r!s!} \frac{\partial^{r+s} f}{\partial z^{k_1} \cdots \partial z^{k_r} \partial \overline{z}^{\ell_1} \cdots \partial \overline{z}^{\ell_s}}(p)\, \overline{y}^{\ell_1} \cdots \overline{y}^{\ell_s} \frac{\partial^r}{\partial \overline{y}^{k_1} \cdots \partial \overline{y}^{k_r}}.$$

$$(7.109)$$

Beweis. Es gilt offenbar genau dann $f \in \mathfrak{J}_p$, wenn $\overline{\tau}_p(f) = 0$. Damit ist $\overline{\tau}_p$ auch auf dem Quotienten $\mathcal{H}_p$ wohl-definiert und injektiv. Mit Hilfe des Borel-Lemmas für Funktionen mehrerer Variablen, siehe Bemerkung 5.3.34, folgt die Surjektivität. Seien nun $f, g \in C^\infty(\mathbb{C}^n)[[\lambda]]$ gegeben, dann gilt

$$\langle \psi_f, \psi_g \rangle_p = \delta_p \left(\overline{f} \star_{\text{Wick}} g \right)$$

$$= \sum_{K=0}^{\infty} \frac{(2\lambda)^{|K|}}{K!} \overline{\frac{\partial^{|K|} f}{\partial z^K}}(p) \frac{\partial^{|K|} g}{\partial \overline{z}^K}(p)$$

$$= \langle \overline{\tau}_p(\psi_f), \overline{\tau}_p(\psi_g) \rangle_{\text{BF}},$$

womit $\overline{\tau}_p$ isometrisch und insgesamt unitär ist. Um $\varrho_p(f)$ explizit zu bestimmen, zeigen wir zunächst folgende Homomorphismuseigenschaft der formalen $\overline{z}$-Taylor-Entwicklung. Es gilt

$$\overline{\tau}_p(fg) = \sum_{K=0}^{\infty} \frac{1}{K!} \frac{\partial^{|K|}}{\partial \overline{z}^K}(fg)\Big|_p \overline{y}^K$$

$$= \sum_{K=0}^{\infty} \frac{1}{K!} \sum_{L=0}^{K} \binom{K}{L} \frac{\partial^{|L|} f}{\partial \overline{z}^L}(p) \overline{y}^L \frac{\partial^{|K-L|} g}{\partial \overline{z}^{K-L}}(p) \overline{y}^{K-L}$$

$$= \left(\sum_{K=0}^{\infty} \frac{1}{K!} \frac{\partial^{|K|} f}{\partial \overline{z}^K}(p) \overline{y}^K \right) \left(\sum_{L=0}^{\infty} \frac{1}{L!} \frac{\partial^{|L|} g}{\partial \overline{z}^L}(p) \overline{y}^L \right)$$

$$= \overline{\tau}_p(f) \overline{\tau}_p(g),$$

wobei wir die kanonische Produktstruktur von $\mathbb{C}[[\overline{y}^1, \ldots, \overline{y}^n]][[\lambda]]$ als Potenzreihenring verwenden, um das Produkt der Taylor-Reihen zu definieren. Für eine Variable hatten wir dies bereits in Proposition 4.2.38 gesehen. Damit gilt nun

$$\overline{\tau}_p \left(\pi_p(f) \psi_g \right) = \overline{\tau}_p \left(\psi_{f \star_{\text{Wick}} g} \right)$$

$$= \sum_{K=0}^{\infty} \frac{(2\lambda)^{|K|}}{K!} \overline{\tau}_p \left(\psi_{\frac{\partial^{|K|} f}{\partial z^K} \frac{\partial^{|K|} g}{\partial \overline{z}^K}} \right)$$

$$= \sum_{K=0}^{\infty} \frac{(2\lambda)^{|K|}}{K!} \overline{\tau}_p \left(\frac{\partial^{|K|} f}{\partial z^K} \right) \overline{\tau}_p \left(\psi_{\frac{\partial^{|K|} g}{\partial \overline{z}^K}} \right)$$

$$= \sum_{K=0}^{\infty} \frac{(2\lambda)^{|K|}}{K!} \left(\sum_{L=0}^{\infty} \frac{1}{L!} \frac{\partial^{|K+L|} f}{\partial z^K \partial \overline{z}^L}(p) \overline{y}^L \right) \frac{\partial^{|K|}}{\partial \overline{y}^K} \overline{\tau}_p(\psi_g),$$

wobei wir zudem verwenden, daß

$$\overline{\tau}_p\left(\psi_{\frac{\partial|K|}{\partial\overline{z}^K}}\bigg|_g\right) = \frac{\partial^{|K|}}{\partial\overline{y}^K}\overline{\tau}_p\left(\psi_g\right)$$

gilt. Das zeigt schließlich (7.109), da wir analog zu Lemma 7.2.20 die Multiindexschreibweise wieder durch die in (7.109) ersetzen können.   □

Insbesondere erhalten wir für $p = 0$ das formale Analogon der Bargmann-Fock-Darstellung in Wick-Ordnung ϱ_{Wick} aus Abschnitt 5.2.3. Da in Abschnitt 5.2.3 diese ursprünglich dazu genutzt wurde, $\star_{\mathrm{Wick}}$ zu konstruieren, schließt sich nun der Kreis: Alternativ zur Konstruktion von $\star_{\mathrm{Wick}}$ aus ϱ_{Wick} kann man auch mit $\star_{\mathrm{Wick}}$ beginnen und auf systematische Weise mittels der GNS-Konstruktion ϱ_{Wick} konstruieren.

Bemerkung 7.2.23 (Kohärente Zustände). Das Resultat von Satz 7.2.22 legt nahe, die Translationsinvarianz von $\star_{\mathrm{Wick}}$ dazu zu verwenden, die GNS-Darstellungen an verschiedenen Punkten $p \in \mathbb{C}^n$ zu identifizieren. Eine genauere Analyse zeigt jedoch, daß es im Rahmen der formalen Deformationsquantisierung keinen unitären Intertwiner zwischen $(\mathcal{H}_p, \pi_p)$ und $(\mathcal{H}_q, \pi_q)$ für $p \neq q$ gibt. In einem geeigneten konvergenten Rahmen dagegen ist dies möglich und liefert die physikalische Interpretation der δ-Funktionale als *kohärente Zustände*, siehe [20, 21].

Bemerkung 7.2.24. Wie bereits in Satz 6.1.13 beziehungsweise in Bemerkung 6.4.25 erwähnt, gibt es auf jeder Kähler-Mannigfaltigkeit ebenfalls Sternprodukte vom Wick-Typ, welche durch eine modifizierte Fedosov-Konstruktion gewonnen werden können. Es zeigt sich auch hier, daß die δ-Funktionale positiv sind, ohne daß Quantenkorrekturen nötig sind. Die entsprechende GNS-Darstellung erweist sich dann in lokalen holomorphen Koordinaten um diesen Punkt als ein Analogon der Bargmann-Fock-Darstellung mit dem einzigen Unterschied, daß anstelle der formalen $(z, \overline{z})$-Taylor-Entwicklung der darzustellenden Observable wie in (7.109) die Fedosov-Taylor-Reihe zum Einsatz kommt. Details hierzu findet man in [50, Sect. 7].

Die GNS-Darstellung zum Schrödinger-Funktional

Als nächstes Beispiel betrachten wir das Schrödinger-Funktional ω aus Definition 7.1.36. Sei also $\pi : T^*Q \longrightarrow Q$ das Kotangentenbündel eines Konfigurationsraums Q, ∇ eine torsionsfreie kovariante Ableitung auf Q und μ eine positive Dichte. Diese Daten bestimmen nach Satz 5.4.30 die κ-geordneten Sternprodukte $\star_\kappa$ und insbesondere das Hermitesche Weyl-geordnete Sternprodukt $\star_{\mathrm{Weyl}}$. Hier folgen wir der Konvention aus Abschnitt 7.1.3 und fassen die Sternprodukte als *formale* Sternprodukte auf allen glatten Funktionen $C^\infty(T^*Q)[[\lambda]]$ auf.

Das folgende Lemma liefert eine weitere Beziehung für die zu $\star_\kappa$ gehörende κ-geordnete Darstellung, welche wir ebenfalls im Sinne formaler Potenzreihen auffassen, siehe auch (5.68) für den flachen Fall.

Lemma 7.2.25. *Sei $\phi \in C^\infty(Q)[[\lambda]]$ und $f \in C^\infty(T^*Q)[[\lambda]]$. Dann gilt*

$$\varrho_\kappa(f)\phi = \iota^*\left(N_\kappa f \star_{\mathrm{Std}} \pi^*\phi\right), \tag{7.110}$$

wobei $N_\kappa = \exp(-\mathrm{i}\kappa\lambda(\Delta + \mathsf{F}(\alpha)))$ der formale Neumaier-Operator gemäß Definition 5.4.24 ist.

Beweis. Es gilt zum einen $\varrho_{\mathrm{Std}}(f)1 = \iota^* f$, was anhand der Definition (5.165) offensichtlich ist. Damit folgt mit $\iota^*\pi^*\phi = \phi$

$$\varrho_{\mathrm{Std}}(f)\phi = \varrho_{\mathrm{Std}}(f)\,\varrho_{\mathrm{Std}}(\pi^*\phi)1 = \varrho_{\mathrm{Std}}(f \star_{\mathrm{Std}} \pi^*\phi)1 = \iota^*\left(f \star_{\mathrm{Std}} \pi^*\phi\right),$$

da ϱ_{Std} eine Darstellung ist. Mit der Definition $\varrho_\kappa(f) = \varrho_{\mathrm{Std}}(N_\kappa f)$ folgt (7.110) für alle κ. □

Nach dieser Vorüberlegung können wir das Gel'fand-Ideal und die GNS-Darstellung zu ω bezüglich $\star_{\mathrm{Weyl}}$ leicht bestimmen. Mit Proposition 7.1.35, Gleichung (7.59), sieht man sofort, daß

$$\mathfrak{J}_\omega = \left\{f \in C_0^\infty(T^*Q)[[\lambda]] \;\middle|\; \iota^* N f = 0\right\} \tag{7.111}$$

gilt. Dies liefert unmittelbar folgende Charakterisierung der GNS-Darstellung $(\mathcal{H}_\omega, \pi_\omega)$ von ω. Wir wählen zunächst eine Abschneidefunktion $\chi \in C^\infty(T^*Q)$ derart, daß χ in einer kleinen offenen Umgebung des Nullschnitts $\iota(Q)$ konstant 1 ist und für jedes kompakte $K \subseteq Q$

$$\operatorname{supp}\chi \cap \pi^{-1}(K) \subseteq T^*Q \tag{7.112}$$

ebenfalls kompakt ist. Solche Abschneidefunktionen gibt es sicherlich, da wir beispielsweise eine Riemannsche Metrik g auf Q wählen können und die beiden abgeschlossenen Teilmengen

$$\begin{aligned}
A_1 &= \{\alpha_q \in T^*Q \mid g_q^{-1}(\alpha_q, \alpha_q) \le 1\} \quad \text{und} \\
A_2 &= \{\alpha_q \in T^*Q \mid g_q^{-1}(\alpha_q, \alpha_q) \ge 2\}
\end{aligned} \tag{7.113}$$

gemäß des C^∞-Urysohn-Lemmas, siehe Korollar A.1.5, trennen können, siehe auch Abbildung 7.2. Für die GNS-Darstellung zu ω können wir erstmals Lemma 7.2.18 zum Einsatz bringen: Da das Funktional ω auf dem (echten) *-Ideal $C_0^\infty(T^*Q)[[\lambda]]$ definiert ist, setzt sich die GNS-Darstellung von $(C_0^\infty(T^*Q)[[\lambda]], \star_{\mathrm{Weyl}})$ auf $\mathcal{H}_\omega$ kanonisch zu einer *-Darstellung der Algebra $(C^\infty(T^*Q)[[\lambda]], \star_{\mathrm{Weyl}})$ auf $\mathcal{H}_\omega$ fort. Diese können wir nun explizit bestimmen, siehe [44, Thm. 4.3] und [50, Thm. 6]:

Satz 7.2.26 (Formale Schrödinger-Darstellung). *Sei ω das Schrödinger-Funktional zu μ und sei χ eine Abschneidefunktion wie oben.*

i.) Die Abbildung

$$U: \mathcal{H}_\omega \ni \psi_f \mapsto \iota^* N f \in C_0^\infty(Q)[[\lambda]] \tag{7.114}$$

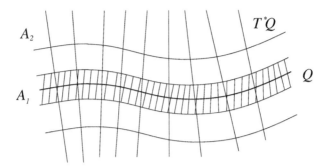

Abb. 7.2. Die Abschneidefunktion χ.

ist wohl-definiert und unitär, wobei $C_0^\infty(Q)[[\lambda]]$ mit dem durch μ definierten Skalarprodukt versehen sei. Die inverse Abbildung U^{-1} ist

$$U^{-1} : C_0^\infty(Q)[[\lambda]] \ni \phi \;\mapsto\; \psi_{\chi\pi^*\phi} \in \mathcal{H}_\omega. \tag{7.115}$$

ii.) Für die GNS-Darstellung π_ω gilt

$$U\pi_\omega(f)U^{-1} = \varrho_{\mathrm{Weyl}}(f). \tag{7.116}$$

Beweis. Aus (7.111) folgt sofort, daß U wohl-definiert und injektiv ist. Ist weiter $\phi \in C_0^\infty(Q)[[\lambda]]$, so ist $\chi\pi^*\phi \in C_0^\infty(T^*Q)[[\lambda]]$ und $\iota^* N(\chi\pi^*\phi) = \phi$, da nur die Ableitungen am Nullschnitt eine Rolle spielen und χ dort in einer offenen Umgebung konstant 1 ist. Damit ist aber U^{-1} die zu U inverse Abbildung und von der Wahl der Abschneidefunktion χ unabhängig. Sei schließlich $\phi, \phi' \in C_0^\infty(Q)[[\lambda]]$, dann gilt mit Proposition 7.1.35

$$\begin{aligned}
\left\langle U^{-1}\phi, U^{-1}\phi' \right\rangle_\omega &= \omega\left(\overline{(\chi\pi^*\phi)} \star_{\mathrm{Weyl}} (\chi\pi^*\phi') \right)\\
&= \int_Q \overline{\iota^* N(\chi\pi^*\phi)}\, \iota^* N(\chi\pi^*\phi')\, \mu\\
&= \int_Q \overline{\phi}\phi'\, \mu\\
&= \langle \phi, \phi' \rangle_\mu,
\end{aligned}$$

womit U^{-1} und so auch U isometrisch sind. Sei schließlich $f \in C^\infty(T^*Q)[[\lambda]]$ beliebig und $\phi \in C_0^\infty(Q)[[\lambda]]$, dann gilt mit Lemma 7.2.25

$$\begin{aligned}
U\pi_\omega(f)U^{-1}\phi &= U\pi_\omega(f)\psi_{\chi\pi^*\phi}\\
&= U\psi_{f\star_{\mathrm{Weyl}}(\chi\pi^*\phi)}\\
&= \iota^* N\left(f \star_{\mathrm{Weyl}} (\chi\pi^*\phi) \right)\\
&= \iota^* \left(Nf \star_{\mathrm{Std}} N(\chi\pi^*\phi) \right)\\
&= \iota^* \left(Nf \star_{\mathrm{Std}} N\pi^*\phi \right)
\end{aligned}$$

$$= \iota^* \left(Nf \star_{\mathrm{Std}} \pi^* \phi \right)$$
$$= \varrho_{\mathrm{Weyl}}(f)\phi,$$

wobei wir benutzen, daß Dank ι^* die Funktion χ nicht beiträgt und $N\pi^* = \pi^*$ gilt, da die nichttrivialen Ordnungen in N mindestens einmal in Impulsrichtung differenzieren. □

Bis auf die kanonische Identifikation mittels U ist die GNS-Darstellung zum Schrödinger-Funktional ω gerade die formale Schrödinger-Darstellung. Da diese ursprünglich in Abschnitt 5.4.2 dazu verwendet wurde, um $\star_{\mathrm{Weyl}}$ zu konstruieren, liegt hier also die gleiche Situation wie beim Wick-Sternprodukt vor: wir können auch vom Sternprodukt ausgehen und in *systematischer* Weise die Darstellung konstruieren.

Bemerkung 7.2.27. Die obige GNS-Konstruktion läßt nun einige Verallgemeinerungen zu, welche es gestatten, auch physikalisch kompliziertere Umstände korrekt zu beschreiben. So können beispielsweise durch minimale Kopplung auch geladene Teilchen in äußeren Magnetfeldern beschrieben werden. Dabei hängen die relevanten Sternprodukte nur vom Magnetfeld, also einer exakten Zweiform B ab, während die Darstellung expliziten Gebrauch vom Vektorpotential A mit $\mathrm{d}A = B$ macht. Die Frage nach der unitären Äquivalenz der Darstellungen zu verschiedenen Vektorpotentialen bei gleichem Magnetfeld führt dann auf den Aharonov-Bohm-Effekt. Schließlich lassen sich auch Sternprodukte zu nicht-exaktem, sondern nur noch geschlossenem Magnetfeld B betrachten, welche physikalisch gesehen zu magnetischen Monopolen gehören. Eine Darstellung analog zur Schrödinger-Darstellung gibt es im allgemeinen aber nicht, es sei denn, das Magnetfeld erfüllt die Diracsche Quantisierungsbedingung für die magnetischen Ladungen. Für die weiteren Details hierzu sei auf [42] verwiesen.

Bemerkung 7.2.28 (WKB-Entwicklung). Indem man die Integration über Q geringfügig in das Kotangentenbündel verschiebt und beispielsweise über das Bild eines Differentials $\mathrm{d}S : Q \longrightarrow T^*Q$ einer Funktion $S \in C^\infty(Q)$ integriert, läßt sich die bekannte WKB-Entwicklung ebenfalls in der Deformationsquantisierung wiederfinden, siehe hierzu [42, 44, 49] sowie [16, 110, 112] für eine Diskussion der WKB-Entwicklung in einem geometrischen Rahmen.

Die GNS-Darstellung zu einem KMS-Funktional

Als letztes Beispiel aus der Deformationsquantisierung betrachten wir das KMS-Funktional zu einer Hamilton-Funktion $H = \overline{H} \in C^\infty(M)[[\lambda]]$ und inversen Temperatur $\beta \in \mathbb{R}$, also die Funktionale

$$\mu_{\mathrm{KMS}}(f) = \mathrm{tr}\left(\mathrm{Exp}(-\beta H) \star f \right) \qquad (7.117)$$

für $f \in C_0^\infty(M)[[\lambda]]$. Wir beschränken uns hier auf den symplektischen Fall, so daß tr immer die kanonische und positive Spur ist, womit (7.117) das bis auf

Normierung eindeutige KMS-Funktional zu H und β darstellt. Die Resultate dieses Abschnitts sind in [46, 47, 310, 311] zu finden.

Wir wissen aus Korollar 7.1.47, daß μ_{KMS} sogar *treu* ist. Damit ist das Gel'fand-Ideal $\mathfrak{I}_{\mathrm{KMS}} = \{0\}$, und der GNS-Darstellungsraum ist

$$\mathcal{H}_{\mathrm{KMS}} = C_0^\infty(M)[[\lambda]] \quad \text{mit} \quad \langle f, g \rangle_{\mathrm{KMS}} = \mathrm{tr}\left(\mathrm{Exp}(-\beta H) \star \overline{f} \star g\right). \quad (7.118)$$

Schließlich ist die GNS-Darstellung von $C^\infty(M)[[\lambda]]$ gerade durch die *Links-multiplikationen* gegeben, also

$$\pi_{\mathrm{KMS}}(f)g = \mathsf{L}_f(g) = f \star g, \quad (7.119)$$

wobei wir wie auch schon bei der Schrödinger-Darstellung Lemma 7.2.18 zum Einsatz bringen, um die GNS-Darstellung vom *-Ideal $C_0^\infty(M)[[\lambda]]$ auf die ganze Algebra $C^\infty(M)[[\lambda]]$ auszudehnen. Wir nennen die GNS-Darstellung zum KMS-Funktional μ_{KMS} kurz die *KMS-Darstellung*.

Anders als die formale Schrödinger-Darstellung ϱ_{Weyl} besitzt die KMS-Darstellung π_{KMS} eine große nichttriviale Kommutante. Wir bezeichnen mit

$$\mathsf{R}_f(g) = g \star f \quad (7.120)$$

die *Rechtsmultiplikation* von $g \in \mathcal{H}_{\mathrm{KMS}}$ mit f und setzen

$$\mathcal{A}_{\mathsf{L}} = \mathsf{L}\left(C^\infty(M)[[\lambda]]\right) \subseteq \mathfrak{B}(\mathcal{H}_{\mathrm{KMS}}) \quad (7.121)$$

sowie

$$\mathcal{A}_{\mathsf{R}} = \mathsf{R}\left(C^\infty(M)[[\lambda]]\right) \subseteq \mathsf{End}_{\mathbb{C}[[\lambda]]}(\mathcal{H}_{\mathrm{KMS}}). \quad (7.122)$$

Dann gilt folgende Aussage:

Proposition 7.2.29. *Sei* $f \in C^\infty(M)[[\lambda]]$. *Dann gilt:*

i.) $\mathsf{R}_f \in \mathfrak{B}(\mathcal{H}_{\mathrm{KMS}})$ *mit*

$$\mathsf{R}_f^* = \mathsf{R}_{\mathrm{Exp}(-\beta H) \star \overline{f} \star \mathrm{Exp}(\beta H)}. \quad (7.123)$$

ii.) *Für die Kommutanten gilt* $\mathcal{A}_{\mathsf{L}}' = \mathcal{A}_{\mathsf{R}}$ *und* $\mathcal{A}_{\mathsf{R}}' = \mathcal{A}_{\mathsf{L}}$.

Beweis. Wir zeigen zunächst, daß R_f^* gemäß (7.123) tatsächlich der zu R_f adjungierte Operator ist. Seien also $g, h \in \mathcal{H}_{\mathrm{KMS}}$ gegeben, dann gilt

$$\begin{aligned}
\langle g, \mathsf{R}_f(h) \rangle_{\mathrm{KMS}} &= \mathrm{tr}\left(\mathrm{Exp}(-\beta H) \star \overline{g} \star h \star f\right) \\
&= \mathrm{tr}\left(\mathrm{Exp}(-\beta H) \star \mathrm{Exp}(\beta H) \star f \star \mathrm{Exp}(-\beta H) \star \overline{g} \star h\right) \\
&= \mathrm{tr}\left(\mathrm{Exp}(-\beta H) \star \overline{g \star \mathrm{Exp}(-\beta H) \star \overline{f} \star \mathrm{Exp}(\beta H)} \star h\right) \\
&= \left\langle \mathsf{R}_{\mathrm{Exp}(-\beta H) \star \overline{f} \star \mathrm{Exp}(\beta H)}(g), h \right\rangle_{\mathrm{KMS}},
\end{aligned}$$

womit der erste Teil gezeigt ist. Für den zweiten Teil bemerken wir zunächst, daß $\mathcal{A}_{\mathsf{R}} \subseteq \mathcal{A}_{\mathsf{L}}'$ und $\mathcal{A}_{\mathsf{L}} \subseteq \mathcal{A}_{\mathsf{R}}'$ gilt, da Links- und Rechtsmultiplikationen in einer assoziativen Algebra vertauschen. Um die Gleichheit zu zeigen, benötigen wir lokale Einselemente wie in Anhang A.1. Sei also $\cdots \subseteq K_n \subseteq \mathring{K}_{n+1} \subseteq K_{n+1} \subseteq \cdots$ eine Folge ausschöpfender Kompakta von M, und seien $\chi_n \in C_0^\infty(M)$ mit $\chi_n\big|_{K_n} = 1$ sowie supp $\chi_n \subseteq K_{n+1}$ gegeben. Sei nun $A : \mathcal{H}_{\mathrm{KMS}} \longrightarrow \mathcal{H}_{\mathrm{KMS}}$ eine $\mathbb{C}[[\lambda]]$-lineare Abbildung, welche mit allen Linksmultiplikationen vertauscht. Ist dann $g \in C_0^\infty(M)$, so gilt für n groß genug $g \star \chi_n = g = \chi_n \star g$ und somit

$$A(g) = A(g \star \chi_n) = g \star A(\chi_n).$$

Ist nun $k \geq 1$ so gilt $\chi_n \star \chi_{n+k} = \chi_n$, da supp $\chi_n \subseteq K_{n+1} \subseteq K_{n+k}$ und χ_{n+k} auf K_{n+k} konstant 1 ist. Also folgt

$$A(\chi_n) = A(\chi_n \star \chi_{n+k}) = \chi_n \star A(\chi_{n+k})$$

Mit $\chi_n\big|_{K_n} = 1$ folgt daher $A(\chi_n)\big|_{K_n} = A(\chi_{n+k})\big|_{K_n}$, so daß die Definition

$$f\big|_{K_n} = A(\chi_n)\big|_{K_n}$$

eine globale und wohl-definierte Funktion $f \in C^\infty(M)[[\lambda]]$ liefert. Nun ist leicht zu sehen, daß $A = \mathsf{R}_f$, was $\mathcal{A}_{\mathsf{L}}' = \mathcal{A}_{\mathsf{R}}$ zeigt. Die Gleichheit $\mathcal{A}_{\mathsf{R}}' = \mathcal{A}_{\mathsf{L}}$ folgt analog. $\square$

Ist M *kompakt*, so gilt $1 \in C_0^\infty(M)[[\lambda]]$ und das Argument für den zweiten Teil wird trivial, da wir sofort $A = \mathsf{R}_{A(1)}$ erhalten.

In einem nächsten Schritt wollen wir die Beziehung von $\mathcal{A}_{\mathsf{L}}$ und $\mathcal{A}_{\mathsf{R}}$ näher betrachten, wobei wir uns an der operatoralgebraischen Tomita-Takesaki-Theorie orientieren, siehe etwa [52, 182] und [158, Sect. V.2] sowie [304, Sect. II.3.2] für eine Diskussion der Anwendungen in der algebraischen Quantenfeldtheorie und Thermodynamik. Wir verwenden die dort üblichen Bezeichnungen.

Zunächst definieren wir einen *antilinearen* Operator

$$S : \mathcal{H}_{\mathrm{KMS}} \ni f \mapsto \overline{f} \in \mathcal{H}_{\mathrm{KMS}}. \tag{7.124}$$

Man beachte, daß in einem allgemeinen GNS-Darstellungsraum die Abbildung $\psi_a \mapsto \psi_{a^*}$ *keineswegs* wohl-definiert ist, dazu müßte das Gel'fand-Ideal unter der *-Involution invariant sein, wäre damit also ein *-Ideal. Es stellt sich heraus, daß S bezüglich $\langle \cdot, \cdot \rangle_{\mathrm{KMS}}$ einen adjungierten Operator F besitzt, wobei wir nun das Adjungieren im Sinne *antilinearer* Operatoren verstehen müssen. Eine leichte Rechnung zeigt

$$\langle f, Sg \rangle_{\mathrm{KMS}} = \mathsf{tr}\left(\overline{\mathrm{Exp}(-\beta H) \star \overline{\mathrm{Exp}(-\beta H)} \star \overline{f} \star \mathrm{Exp}(\beta H)} \star g \right), \tag{7.125}$$

womit der zu S adjungierte Operator F durch

$$Ff = \mathrm{Exp}(-\beta H) \star \overline{f} \star \mathrm{Exp}(\beta H) \tag{7.126}$$

gegeben ist. Es gilt also

$$\langle f, Sg \rangle_{\mathrm{KMS}} = \overline{\langle Ff, g \rangle_{\mathrm{KMS}}}. \tag{7.127}$$

Damit können wir den sogenannten *modularen Operator* Δ auf $\mathcal{H}_{\mathrm{KMS}}$ definieren,

$$\Delta f = FSf = \mathrm{Exp}(-\beta H) \star f \star \mathrm{Exp}(\beta H) = \mathsf{L}_{\mathrm{Exp}(-\beta H)} \, \mathsf{R}_{\mathrm{Exp}(\beta H)}(f). \tag{7.128}$$

Da sowohl S als auch F antilinear sind, ist Δ wieder ein linearer Operator.

Lemma 7.2.30. *Für den modularen Operator Δ gilt:*

i.) $\Delta = \Delta^* \in \mathfrak{B}(\mathcal{H}_{\mathrm{KMS}})$.
ii.) *Für alle* $z \in \mathbb{C}[[\lambda]]$ *können wir* Δ^z *durch*

$$\Delta^z = \mathsf{L}_{\mathrm{Exp}(-\beta z H)} \, \mathsf{R}_{\mathrm{Exp}(\beta z H)} \tag{7.129}$$

definieren, so daß

$$\Delta^0 = \mathsf{id}, \quad \Delta^z \Delta^w = \Delta^{z+w} \quad und \quad (\Delta^z)^* = \Delta^{\overline{z}}. \tag{7.130}$$

iii.) $\Delta \in \mathfrak{B}(\mathcal{H}_{\mathrm{KMS}})^{++}$.

Beweis. Der erste Teil folgt einfach aus der Definition von Δ sowie (7.127), denn

$$\langle f, \Delta g \rangle_{\mathrm{KMS}} = \langle f, FSg \rangle_{\mathrm{KMS}} = \overline{\langle Sf, Sg \rangle_{\mathrm{KMS}}} = \langle FSf, g \rangle_{\mathrm{KMS}} = \langle \Delta f, g \rangle_{\mathrm{KMS}}.$$

Der zweite Teil folgt sofort aus den Eigenschaften der Exponentialfunktion Exp sowie der Tatsache, daß Links- und Rechtsmultiplikationen vertauschen. Damit ist auch der dritte Teil klar, da $\Delta = \Delta^{1/2} \Delta^{1/2}$. $\qquad\square$

Mit Hilfe des modularen Operators Δ können wir nun folgenden antilinearen Operator

$$Jf = S\Delta^{-1/2}f = \mathsf{L}_{\mathrm{Exp}(-\frac{\beta}{2}H)} \, \mathsf{R}_{\mathrm{Exp}(\frac{\beta}{2}H)} \, \overline{f} \tag{7.131}$$

definieren. Man nennt J die *modulare Konjugation*.

Lemma 7.2.31. *Für die Operatoren S, F, Δ und J gelten folgende Relationen:*

$$S^2 = F^2 = J^2 = \mathsf{id}, \tag{7.132}$$

$$S = J\Delta^{1/2}, \tag{7.133}$$

$$J\Delta^{1/2}J = \Delta^{-1/2}, \tag{7.134}$$

$$J = J^* = J^{-1}. \tag{7.135}$$

Beweis. Der Nachweis ist bei allen Identitäten eine einfache Rechnung mittels der expliziten Formeln. Man beachte, daß in (7.135) der adjungierte Operator von J wieder im Sinne von antilinearen Operatoren zu verstehen ist. $\qquad\square$

Die Gleichung (7.133) läßt sich auch als *Polarzerlegung* des antilinearen Operators S in einen antiunitären Operator J und einen positiven Operator $\Delta^{1/2}$ verstehen.

In der operatoralgebraischen Tomita-Takesaki-Theorie benutzt man nun den positiven Operator Δ, um die *modulare Gruppe*, also eine unitäre Einparametergruppe, mit Hilfe des Spektralkalküls für selbstadjungierte Operatoren durch $\mathfrak{U}_t = \Delta^{\frac{it}{\hbar\beta}}$ zu definieren. In unserem Zugang ist dies problematischer, da das Plancksche Wirkungsquantum aus Dimensionsgründen im Nenner des Exponenten steht, womit eine einfache Ersetzung $\hbar \leftrightarrow \lambda$ im Rahmen formaler Potenzreihen zunächst unmöglich ist. Um nun $\mathfrak{U}_t$ dennoch interpretieren zu können, beachtet man, daß der Logarithmus $\ln \Delta = -\beta \operatorname{ad}(H)$ von Δ ein wohl-definierter Endomorphismus von $\mathcal{H}_{\mathrm{KMS}}$ ist. Dies erlaubt es, $\mathfrak{U}_t$ als die Lösung der Differentialgleichung

$$\frac{\mathrm{d}}{\mathrm{d}t}\mathfrak{U}_t f = \frac{\mathrm{i}}{\lambda\beta}\ln \Delta \mathfrak{U}_t f = -\frac{\mathrm{i}}{\lambda}\operatorname{ad}(H)\mathfrak{U}_t f \tag{7.136}$$

zu suchen. Als Differentialgleichung ist (7.136) nun aber im Rahmen formaler Potenzreihen wohl-definiert, da $\frac{\mathrm{i}}{\lambda}\operatorname{ad}(H)$ die übliche quasiinnere Derivation und (7.136) bis auf das Vorzeichen gerade die Heisenbergsche Bewegungsgleichung aus Abschnitt 6.3.4 ist.

Besitzt nun H_0 einen vollständigen Fluß, ist also das KMS-Funktional μ_{KMS} sogar ein *dynamisches* KMS-Funktional, so hat (7.136) nach Satz 6.3.30 eine eindeutige Lösung, nämlich $\mathfrak{U}_t = \mathcal{A}_{-t}$, wobei $\mathcal{A}_t$ die Zeitentwicklung zu H ist. In diesem Fall nennen wir $\mathfrak{U}_t$ entsprechend die modulare Gruppe. Das Vorzeichen erklärt sich daraus, daß wir die Elemente in $\mathcal{H}_{\mathrm{KMS}} = C_0^\infty(M)[[\lambda]]$ nun als Zustände und nicht länger als Observablen interpretieren.

Lemma 7.2.32. *Ist μ_{KMS} sogar ein dynamisches KMS-Funktional und $\mathfrak{U}_t$ die modulare Gruppe, so gilt:*

i.) $\mathfrak{U}_t$ ist unitär für alle $t \in \mathbb{R}$.
ii.) $\mathfrak{U}_0 = \operatorname{id}$ und $\mathfrak{U}_t\mathfrak{U}_{t'} = \mathfrak{U}_{t+t'}$ für alle $t, t' \in \mathbb{R}$.
iii.) $\mathfrak{U}_t\Delta^z = \Delta^z\mathfrak{U}_t$ für alle $t \in \mathbb{R}$ und $z \in \mathbb{C}[[\lambda]]$.

Beweis. Der zweite Teil ist eine unmittelbare Konsequenz aus Satz 6.3.30. Der dritte Teil folgt damit auch, da $\Delta = \mathrm{e}^{-\beta\operatorname{ad}(H)}$ mit der Zeitentwicklung zu $\frac{\mathrm{i}}{\lambda}\operatorname{ad}(H)$ vertauscht, siehe auch (7.71). Wir müssen also nur zeigen, daß $\mathfrak{U}_t$ bezüglich $\langle \cdot, \cdot \rangle_{\mathrm{KMS}}$ unitär ist. Dies ist aber auch klar, denn

$$\begin{aligned}
\langle \mathfrak{U}_t f, \mathfrak{U}_t g \rangle_{\mathrm{KMS}} &= \operatorname{tr}\left(\operatorname{Exp}(-\beta H) \star \overline{\mathfrak{U}_t f} \star \mathfrak{U}_t g\right) \\
&= \operatorname{tr}\left(\mathfrak{U}_t\left(\operatorname{Exp}(-\beta H) \star \overline{f} \star g\right)\right) \\
&= \operatorname{tr}\left(\operatorname{Exp}(-\beta H) \star \overline{f} \star g\right) \\
&= \langle f, g \rangle_{\mathrm{KMS}},
\end{aligned}$$

da zum einen H invariant unter der Zeitentwicklung $\mathfrak{U}_t$ ist und zum anderen die Spur invariant unter allen Zeitentwicklungen ist. $\square$

Wir können nun das Analogon des Tomita-Takesaki-Theorems, siehe etwa [52, Sect. 2.5], für symplektische Sternproduktalgebren formulieren:

Satz 7.2.33 (Tomita-Takesaki-Theorem). *Sei* $(M, \star)$ *eine symplektische Mannigfaltigkeit mit Hermiteschem Sternprodukt. Sei weiter* $H = \overline{H} \in C^\infty(M)[[\lambda]]$ *und* $\beta \in \mathbb{R}$ *sowie* μ_{KMS} *das zugehörige KMS-Funktional. Dann gilt:*

i.) Die modulare Konjugation J *induziert einen bijektiven antilinearen* $*$-*Algebraisomorphismus*

$$\mathcal{A}_{\mathsf{L}} \ni \mathsf{L}_f \;\mapsto\; J\,\mathsf{L}_f\, J = \mathsf{R}_{\mathrm{Exp}(-\frac{\beta}{2}H)\star\overline{f}\star\mathrm{Exp}(\frac{\beta}{2}H)} \in \mathcal{A}_{\mathsf{R}} = \mathcal{A}_{\mathsf{L}}', \qquad (7.137)$$

womit $\mathcal{A}_{\mathsf{L}}$ *antilinear* $*$-*isomorph zur Kommutante* $\mathcal{A}_{\mathsf{L}}'$ *wird.*

ii.) Für alle $z \in \mathbb{C}[[\lambda]]$ *liefert der modulare Operator* Δ *einen Automorphismus*

$$\mathcal{A}_{\mathsf{L}} \ni \mathsf{L}_f \;\mapsto\; \Delta^z\, \mathsf{L}_f\, \Delta^{-z} \in \mathcal{A}_{\mathsf{L}}. \qquad (7.138)$$

iii.) Ist μ_{KMS} *sogar ein dynamisches KMS-Funktional, so liefert die modulare Gruppe* $\mathcal{U}_t$ *für alle* t *einen* $*$-*Automorphismus*

$$\mathcal{A}_{\mathsf{L}} \ni \mathsf{L}_f \;\mapsto\; \mathcal{U}_t\, \mathsf{L}_f\, \mathcal{U}_{-t} \in \mathcal{A}_{\mathsf{L}}. \qquad (7.139)$$

Beweis. Zunächst gilt $J\,\mathsf{L}_f\, J J\, \mathsf{L}_g\, J = J\, \mathsf{L}_f\, \mathsf{L}_g\, J = J\, \mathsf{L}_{f\star g}\, J$, sowie

$$\langle g, J\,\mathsf{L}_f\, Jh \rangle_{\mathrm{KMS}} = \overline{\langle J^*g, \mathsf{L}_f\, Jh \rangle}_{\mathrm{KMS}} = \overline{\left\langle \mathsf{L}_{\overline{f}}\, Jg, Jh \right\rangle}_{\mathrm{KMS}} = \left\langle J^*\, \mathsf{L}_{\overline{f}}\, Jg, h \right\rangle_{\mathrm{KMS}}$$

$$= \left\langle J\, \mathsf{L}_{\overline{f}}\, Jg, h \right\rangle_{\mathrm{KMS}},$$

womit (7.137) ein antilinearer Algebrahomomorphismus ist, welcher mit der $*$-Involution verträglich ist. Die Gleichung $J\, \mathsf{L}_f\, J = \mathsf{R}_{\mathrm{Exp}(-\frac{\beta}{2}H)\star\overline{f}\star\mathrm{Exp}(\frac{\beta}{2}H)}$ ist schließlich eine einfache Rechnung mit Hilfe der expliziten Formeln für J. Damit ist $J\, \mathsf{L}_f\, J \in \mathcal{A}_{\mathsf{R}}$ und (7.137) ist ein Isomorphismus. Für den zweiten Teil benutzen wir die Eigenschaften der Exponentialfunktion

$$\Delta^z\, \mathsf{L}_f\, \Delta^{-z} = \mathsf{L}_{\mathrm{Exp}(-z\beta H)}\, \mathsf{R}_{\mathrm{Exp}(z\beta H)}\, \mathsf{L}_f\, \mathsf{L}_{\mathrm{Exp}(z\beta H)}\, \mathsf{R}_{\mathrm{Exp}(-z\beta H)}$$

$$= \mathsf{L}_{\mathrm{Exp}(-z\beta H)}\, \mathsf{L}_f\, \mathsf{L}_{\mathrm{Exp}(z\beta H)} \in \mathcal{A}_{\mathsf{L}},$$

sowie die Tatsache, daß Rechts- und Linksmultiplikationen vertauschen. Insbesondere ist die Konjugation mit Δ^z sogar ein *innerer Automorphismus* von $\mathcal{A}_{\mathsf{L}}$. Für den dritten Teil bemerken wir, daß mit der Automorphismuseigenschaft von $\mathcal{U}_t$ bezüglich $\star$ sogar die Gleichung $\mathcal{U}_t\, \mathsf{L}_f\, \mathcal{U}_{-t} = \mathsf{L}_{\mathcal{U}_t f} \in \mathcal{A}_{\mathsf{L}}$ gilt. $\square$

Bemerkung 7.2.34 (Tomita-Takesaki-Theorie). Was für unsere Situation wie eine einfache algebraische Spielerei erscheint, ist in der operatoralgebraischen Situation ein höchst nichttriviales Theorem: dies beginnt damit, daß die Operatoren S, F und Δ im allgemeinen unbeschränkt sind, womit der Spektralkalkül zur Definition von Δ^z und J herangezogen werden muß. Desweiteren ist in den interessanten Situationen die Konjugation mit Δ^z ein *äußerer* Automorphismus, welcher dann eine wichtige Kenngröße von $\mathcal{A}_L$ darstellt. Wir sehen hiervon tatsächlich nur eine sehr einfache Version, siehe auch [311] sowie [52, 53, 84, 158, 304] für die Anwendungen der „echten" Tomita-Takesaki-Theorie.

Wir schließen unsere Betrachtungen mit einem Resultat, welches von der üblichen Situation [297] in (nichttrivialen) Quantentheorien im thermodynamischen Limes erheblich abweicht, siehe [311, Prop. 5.2]:

Satz 7.2.35. *Seien $H, H' \in C^\infty(M)[[\lambda]]$ reellwertig und $\beta, \beta' \in \mathbb{R}$. Dann sind die GNS-Darstellungen zu den KMS-Funktionalen μ_{KMS} und μ'_{KMS} bezüglich (H, β) und (H', β') unitär äquivalent, wobei für $f \in C_0^\infty(M)[[\lambda]]$*

$$Uf = \mathsf{R}_{\mathrm{Exp}(-\frac{\beta}{2}H) \star \mathrm{Exp}(-\frac{\beta'}{2}H')}\, f \tag{7.140}$$

ein unitärer Intertwiner von $(\mathcal{H}_{\mathrm{KMS}}, \pi_{\mathrm{KMS}})$ zu $(\mathcal{H}'_{\mathrm{KMS}}, \pi'_{\mathrm{KMS}})$ ist.

Beweis. Als $\mathbb{C}[[\lambda]]$-Modul gilt bereits $\mathcal{H}_{\mathrm{KMS}} = C_0^\infty(M)[[\lambda]] = \mathcal{H}'_{\mathrm{KMS}}$ und die Darstellungen sind in beiden Fällen $\pi_{\mathrm{KMS}}(f) = \mathsf{L}_f = \pi'_{\mathrm{KMS}}(f)$. Daher ist U ein bijektiver Intertwiner, da U als Rechtsmultiplikation mit allen Linksmultiplikationen vertauscht. Es bleibt also nur zu zeigen, daß U isometrisch und damit adjungierbar mit $U^* = U^{-1}$ ist. Dies rechnet man aber leicht nach, denn es gilt

$$\begin{aligned}
\langle Uf, Ug \rangle'_{\mathrm{KMS}} &= \mathsf{tr}\left(\mathrm{Exp}(-\beta'H') \star \overline{Uf} \star Ug \right) \\
&= \mathsf{tr}\left(\mathrm{Exp}(-\beta'H') \star \mathrm{Exp}\left(\frac{\beta'}{2}H' \right) \star \mathrm{Exp}\left(-\frac{\beta}{2}H \right) \right. \\
&\qquad \left. \star\, \overline{f} \star g \star \mathrm{Exp}\left(-\frac{\beta}{2}H \right) \star \mathrm{Exp}\left(\frac{\beta'}{2}H' \right) \right) \\
&= \mathsf{tr}\left(\mathrm{Exp}(-\beta H) \star \overline{f} \star g \right) \\
&= \langle f, g \rangle_{\mathrm{KMS}}
\end{aligned}$$

aufgrund der Spureigenschaften sowie der Rechenregeln für Exp. $\qquad\square$

7.2.4 Deformation und klassischer Limes von *-Darstellungen

Für eine *-Algebra $\mathcal{A}$ über $\mathsf{C} = \mathsf{R}(\mathrm{i})$ ist es ohne weitere Detailinformation nahezu unmöglich, etwas nichttriviales über ihre Darstellungstheorie *-Rep$(\mathcal{A})$ zu sagen: die Situation ist schlicht zu allgemein. Interessanter wird es, wenn wir zu einer *-Algebra $\mathcal{A}$ eine Hermitesche Deformation $\boldsymbol{\mathcal{A}} = (\mathcal{A}[[\lambda]], \star)$ betrachten, welche wir nun als *-Algebra über $\mathsf{C}[[\lambda]] = \mathsf{R}[[\lambda]](\mathrm{i})$ auffassen. Über die *einzelnen* Darstellungstheorien *-Rep$(\mathcal{A})$ beziehungsweise *-Rep$(\boldsymbol{\mathcal{A}})$ läßt sich typischerweise nach wie vor wenig sagen, wohl aber über die *Beziehung* von *-Rep$(\mathcal{A})$ und *-Rep$(\boldsymbol{\mathcal{A}})$. Dies wollen wir nun diskutieren, wobei wir im wesentlichen [57, 312] folgen.

Zunächst betrachten wir einen beliebigen Ring $\Bbbk$ und einen $\Bbbk$-Modul $\mathcal{M}$. Dann ist $\mathcal{M}[[\lambda]]$ in gewohnter Weise ein $\Bbbk[[\lambda]]$-Modul, und wir können einen *klassischen Limes* als Abbildung

$$\mathrm{cl} : \mathcal{M}[[\lambda]] \longrightarrow \mathcal{M} \tag{7.141}$$

durch

$$\mathrm{cl}\left(\sum_{r=0}^{\infty} \lambda^r m_r\right) = m_0 \tag{7.142}$$

definieren, wobei wie immer $m_r \in \mathcal{M}$. Sei nun allgemeiner $\mathbf{M}$ ein beliebiger Modul über $\Bbbk[[\lambda]]$, der nicht notwendigerweise von der Form $\mathcal{M}[[\lambda]]$ ist. Dann ist $\lambda\mathbf{M} \subset \mathbf{M}$ ein $\Bbbk[[\lambda]]$-Untermodul, womit der Quotientenmodul $\mathbf{M}/\lambda\mathbf{M}$ ebenfalls ein $\Bbbk[[\lambda]]$-Modul wird. Es gilt offenbar für alle $\boldsymbol{m} \in \mathbf{M}$ und $z = \sum_{r=0}^{\infty} \lambda^r z_r \in \Bbbk[[\lambda]]$

$$z[\boldsymbol{m}] = [z\boldsymbol{m}] = z_0[\boldsymbol{m}]. \tag{7.143}$$

Insbesondere wirken die positiven λ-Potenzen alle trivial auf $\mathbf{M}/\lambda\mathbf{M}$, womit der Quotientenmodul Torsion besitzt. In diesem Lichte betrachtet liefert die speziellere Situation $\mathbf{M} = \mathcal{M}[[\lambda]]$ gerade

$$\mathbf{M}/\lambda\mathbf{M} \cong \mathcal{M}, \tag{7.144}$$

wobei der kanonische Isomorphismus durch

$$\left[\sum_{r=0}^{\infty} \lambda^r m_r\right] = [\boldsymbol{m}] \mapsto \mathrm{cl}(\boldsymbol{m}) = m_0 \tag{7.145}$$

gegeben ist. Daraus ersehen wir zwei Dinge: zum einen ist auch $\mathcal{M}$ ein $\Bbbk[[\lambda]]$-Modul, bei dem alle positiven λ-Potenzen trivial wirken, zum anderen ist der Kern von cl gerade $\lambda\mathcal{M}[[\lambda]]$. Aufgrund der trivialen Identifikation (7.145) werden wir auch in der allgemeinen Situation die Quotientenabbildung $\mathbf{M} \longrightarrow \mathbf{M}/\lambda\mathbf{M}$ als *klassischen Limes* bezeichnen. Gleichung (7.143) liest sich dann als

$$\mathrm{cl}(z\boldsymbol{m}) = \mathrm{cl}(z)\mathrm{cl}(\boldsymbol{m}), \tag{7.146}$$

was erneut zum Ausdruck bringt, daß cl ein Homomorphismus von $\Bbbk[[\lambda]]$-Moduln ist.

Sei nun $\mathcal{A}$ eine *-Algebra über $\mathsf{C} = \mathsf{R}(\mathrm{i})$ und $\boldsymbol{\mathcal{A}} = (\mathcal{A}[[\lambda]], \star)$ eine Hermitesche Deformation von $\mathcal{A}$. Als Beispiel denken wir natürlich an $\mathcal{A} = C^{\infty}(M)$ und ein Hermitesches Sternprodukt $\star$. In diesem Fall liefert der klassische Limes einen *-Homomorphismus:

Lemma 7.2.36. *Sei $\boldsymbol{\mathcal{A}} = (\mathcal{A}[[\lambda]], \star)$ eine Hermitesche Deformation einer *-Algebra $\mathcal{A}$ über $\mathsf{C} = \mathsf{R}(\mathrm{i})$. Dann ist der klassische Limes*

$$\mathrm{cl} : \boldsymbol{\mathcal{A}} \longrightarrow \mathcal{A} \tag{7.147}$$

ein *-Homomorphismus.

Beweis. Die $\mathsf{C}[[\lambda]]$-Linearität ist klar nach (7.146). Seien also $a = \sum_{r=0}^{\infty} \lambda^r a_r$, $b = \sum_{r=0}^{\infty} \lambda^r b_r \in \mathcal{A}$ gegeben. Dann gilt

$$\mathrm{cl}(a \star b) = \mathrm{cl}(a_0 b_0 + \cdots) = a_0 b_0 = \mathrm{cl}(a)\mathrm{cl}(b)$$

und sowieso $\mathrm{cl}(a^*) = \mathrm{cl}(a_0^*) = a_0^* = \mathrm{cl}(a)^*$. $\qquad\square$

Wir können im Rahmen einer formalen Deformationsquantisierung also immer vom klassischen Limes einer Quantenobservablen sprechen. Die Aussage des Lemmas ist dann eine Umformulierung der Ideen in (5.1), (5.2) und (5.3) aus Abschnitt 5.1.2.

Wir wollen nun auch von anderen Größen den klassischen Limes bilden: für positive Funktionale haben wir dies ja bereits in Abschnitt 7.1.5 diskutiert. Um nun eine Beziehung zwischen *-Rep$(\mathcal{A})$ und *-Rep$(\mathcal{A})$ herzustellen, wollen wir den klassischen Limes einer *-Darstellung definieren. Es zeigt sich, daß der naive klassische Limes einer *-Darstellung $(\mathcal{H}, \pi)$ von $\mathcal{A}$ im allgemeinen *keine* *-Darstellung von $\mathcal{A}$ liefert: Zwar ist $\mathcal{H}/\lambda\mathcal{H}$ ein $\mathcal{A}$-Modul, was man leicht sehen kann, aber auf $\mathcal{H}/\lambda\mathcal{H}$ gibt es im allgemeinen kein *nichtausgeartetes* C-wertiges Skalarprodukt. Deshalb müssen wir unsere klassische Limesabbildung für Prä-Hilbert-Räume leicht modifizieren [57, Lemma 8.2]:

Definition 7.2.37. *Sei $\mathcal{H}$ ein Prä-Hilbert-Raum über $\mathsf{C}[[\lambda]]$. Dann definiert man*

$$\mathcal{H}_0 = \{\phi \in \mathcal{H} \mid \mathrm{cl}(\langle\phi, \phi\rangle) = 0\}. \tag{7.148}$$

Lemma 7.2.38. *Sei $\mathcal{H}$ ein Prä-Hilbert-Raum über $\mathsf{C}[[\lambda]]$. Dann gilt:*

i.) $\mathcal{H}_0 = \{\phi \in \mathcal{H} \mid \forall \psi \in \mathcal{H} : \mathrm{cl}(\langle\psi, \phi\rangle) = 0\}$ ist ein $\mathsf{C}[[\lambda]]$-Untermodul von $\mathcal{H}$.

ii.) Es gilt $\lambda\mathcal{H} \subseteq \mathcal{H}_0$.

iii.) Der Quotientenmodul $\mathrm{cl}(\mathcal{H}) = \mathcal{H}/\mathcal{H}_0$ wird durch

$$\langle\mathrm{cl}(\phi), \mathrm{cl}(\psi)\rangle = \mathrm{cl}(\langle\phi, \psi\rangle) \tag{7.149}$$

zu einem Prä-Hilbert-Raum über C, wobei $\mathrm{cl}(\phi) \in \mathrm{cl}(\mathcal{H})$ die Äquivalenzklasse von $\phi \in \mathcal{H}$ bezeichnet.

Beweis. Für den ersten Teil müssen wir offenbar nur noch die Inklusion $\subseteq$ zeigen. Sei also $\phi \in \mathcal{H}_0$ und $\psi \in \mathcal{H}$ gegeben und

$$a = \sum_{r=0}^{\infty} \lambda^r a_r = \langle\phi, \phi\rangle, \quad b = \sum_{r=0}^{\infty} \lambda^r b_r = \langle\phi, \psi\rangle \quad \text{und} \quad c = \sum_{r=0}^{\infty} \lambda^r c_r = \langle\psi, \psi\rangle.$$

Aus der Cauchy-Schwarz-Ungleichung $\langle\phi, \psi\rangle\langle\psi, \phi\rangle \leq \langle\phi, \phi\rangle\langle\psi, \psi\rangle$ in $\mathsf{C}[[\lambda]]$ folgt dann sofort $b_0\overline{b}_0 \leq a_0 c_0$. Da aber $a_0 = 0$ nach Voraussetzung, folgt $b_0 = 0$, was den ersten Teil zeigt. Der zweite Teil ist klar. Für den dritten Teil müssen wir zunächst zeigen, daß (7.149) wohl-definiert ist. Dies ist mit dem ersten Teil aber klar. Weiter erfüllt (7.149) die nötige C-Sesquilinearität und es gilt $\langle\mathrm{cl}(\phi), \mathrm{cl}(\phi)\rangle = \mathrm{cl}(\langle\phi, \phi\rangle) \geq 0$. Schließlich ist (7.149) definitionsgemäß nichtausgeartet. $\qquad\square$

Im allgemeinen ist $\mathcal{H}_0$ tatsächlich echt größer als $\lambda\mathcal{H}$, so daß der klassische Limes für Prä-Hilbert-Räume gemäß Lemma 7.2.38 sich vom naiven klassischen Limes unterscheidet. Die Konstruktion des klassischen Limes $\mathrm{cl}(\mathcal{H})$ erweist sich als kompatibel mit adjungierbaren Abbildungen [57, Lemm 8.3]:

Lemma 7.2.39. *Seien $\mathcal{H}_i$, $i = 1, 2, 3$, Prä-Hilbert-Räume über $\mathsf{C}[[\lambda]]$ und $A \in \mathfrak{B}(\mathcal{H}_1, \mathcal{H}_2)$ sowie $B \in \mathfrak{B}(\mathcal{H}_2, \mathcal{H}_3)$. Dann gilt:*

i.) $A\left((\mathcal{H}_1)_0\right) \subseteq (\mathcal{H}_2)_0$, womit

$$\mathrm{cl}(A) : \mathrm{cl}(\mathcal{H}_1) \longrightarrow \mathrm{cl}(\mathcal{H}_2) \tag{7.150}$$

durch $\mathrm{cl}(A)\mathrm{cl}(\phi) = \mathrm{cl}(A\phi)$ eine wohl-definierte C-lineare Abbildung ist.
ii.) $\mathrm{cl}(A) \in \mathfrak{B}(\mathrm{cl}(\mathcal{H}_1), \mathrm{cl}(\mathcal{H}_2))$, und $A \mapsto \mathrm{cl}(A)$ ist C-linear.
iii.) $\mathrm{cl}(A^*) = \mathrm{cl}(A)^*$ und $\mathrm{cl}(BA) = \mathrm{cl}(B)\mathrm{cl}(A)$.

Beweis. Für den ersten Teil betrachten wir $\phi \in (\mathcal{H}_1)_0$ und $\psi \in \mathcal{H}_2$. Dann gilt nach Lemma 7.2.38, Teil *i.)*

$$\mathrm{cl}(\langle \psi, A\phi \rangle_2) = \mathrm{cl}(\langle A^*\psi, \phi \rangle_1) = 0,$$

also $A\phi \in (\mathcal{H}_2)_0$. Damit ist die Wohl-Definiertheit von $\mathrm{cl}(A)$ sowie die Linearität von $A \mapsto \mathrm{cl}(A)$ ebenfalls klar. Den dritten Teil rechnet man nun leicht auf Repräsentanten nach. $\qquad\square$

Bemerkung 7.2.40 (Klassischer Limesfunktor). Die Resultate der beiden Lemmas lassen sich nun auch so interpretieren, daß der klassische Limes einen Funktor

$$\mathrm{cl} : \mathsf{PreHilbert}(\mathsf{C}[[\lambda]]) \longrightarrow \mathsf{PreHilbert}(\mathsf{C}) \tag{7.151}$$

liefert.

Beispiel 7.2.41 (Klassischer Limes von Prä-Hilbert-Räumen).

i.) Sei $\mathcal{H}$ ein Prä-Hilbert-Raum über C. Dann können wir das Skalarprodukt $\mathsf{C}[[\lambda]]$-sesquilinear auf $\mathcal{H} = \mathcal{H}[[\lambda]]$ fortsetzen, wie wir dies schon in Beispiel 7.1.12 gesehen haben, womit $\mathcal{H}$ zu einem Prä-Hilbert-Raum über $\mathsf{C}[[\lambda]]$ wird. Dann gilt offenbar

$$\mathcal{H}_0 = \lambda\mathcal{H} = \lambda\mathcal{H}[[\lambda]] \quad \text{und} \quad \mathrm{cl}(\mathcal{H}) \cong \mathcal{H} \tag{7.152}$$

auf kanonische Weise. Für die adjungierbaren Operatoren $A \in \mathfrak{B}(\mathcal{H}_1, \mathcal{H}_2)$ mit $\mathcal{H}_1 = \mathcal{H}_1[[\lambda]]$ und $\mathcal{H}_2 = \mathcal{H}_2[[\lambda]]$ erhalten wir aufgrund ihrer $\mathsf{C}[[\lambda]]$-Linearität zunächst $A = \sum_{r=0}^{\infty} \lambda^r A_r$ mit gewissen C-linearen Abbildungen $A_r \in \mathsf{Hom}_\mathsf{C}(\mathcal{H}_1, \mathcal{H}_2)$. Man sieht nun sofort $\mathrm{cl}(A) = A_0$, womit $A_0 \in \mathfrak{B}(\mathcal{H}_1, \mathcal{H}_2)$. Da die Skalarprodukte von $\mathcal{H}_1$ und $\mathcal{H}_2$ in diesem Fall aber nur die trivialen Fortsetzungen sind, folgt auch $A_0 \in \mathfrak{B}(\mathcal{H}_1, \mathcal{H}_2)$ und somit induktiv auch $A_r \in \mathfrak{B}(\mathcal{H}_1, \mathcal{H}_2)$. Insgesamt gilt daher auf kanonische Weise

$$\mathfrak{B}(\mathcal{H}_1, \mathcal{H}_2) \cong \mathfrak{B}(\mathcal{H}_1, \mathcal{H}_2)[[\lambda]]. \tag{7.153}$$

ii.) Wir betrachten erneut den formalen Bargmann-Fock-Raum $\mathcal{H}_{BF}$, siehe Definition 7.2.21. Ist nun $\phi \in \mathcal{H}_{BF}$, so gilt

$$\mathrm{cl}\left(\langle \phi, \phi \rangle\right) = \mathrm{cl}\left(\sum_{K=0}^{\infty} \frac{(2\lambda)^{|K|}}{K!} \overline{\frac{\partial^{|K|}\phi}{\partial \overline{y}^K}(0)} \frac{\partial^{|K|}\phi}{\partial \overline{y}^K}(0) \right) = \mathrm{cl}(\overline{\phi}(0)\phi(0)),$$

(7.154)

womit sofort folgt, daß $\mathrm{cl}(\mathcal{H}_{BF})$ via

$$\mathrm{cl}(\mathcal{H}_{BF}) \ni \mathrm{cl}(\phi) \mapsto \phi\big|_{\lambda=0, \overline{y}=0} \in \mathbb{C} \qquad (7.155)$$

kanonisch zu $\mathbb{C}$ isomorph ist. Dieses Beispiel zeigt, daß es sehr wohl Prä-Hilbert-Räume $\mathcal{H}$ gibt, für die der Untermodul $\mathcal{H}_0$ echt größer ist als $\lambda \mathcal{H}$.

Wir können nun auch von *-Darstellungen den klassischen Limes bilden, wobei wir nicht einfach den Funktor „modulo λ" benutzen, sondern die etwas verfeinerte Version für Prä-Hilbert-Räume [57, Prop. 8.5]:

Satz 7.2.42 (Klassischer Limes von *-Darstellungen). *Sei $\mathcal{A}$ eine *-Algebra über $\mathsf{C} = \mathsf{R}(\mathrm{i})$ mit einer Hermiteschen Deformation $\boldsymbol{\mathcal{A}} = (\mathcal{A}[[\lambda]], \star)$, und seien $(\mathcal{H}, \boldsymbol{\pi})$, $(\mathcal{H}_1, \boldsymbol{\pi}_1)$ und $(\mathcal{H}_2, \boldsymbol{\pi}_2)$ *-Darstellungen von $\boldsymbol{\mathcal{A}}$. Dann gilt:*

i.) Sei $a \in \boldsymbol{\mathcal{A}}$. Dann wird durch

$$\mathrm{cl}(\boldsymbol{\pi})(a) = \mathrm{cl}(\boldsymbol{\pi}(a)) \qquad (7.156)$$

*eine *-Darstellung $\mathrm{cl}(\boldsymbol{\pi})$ von $\mathcal{A}$ auf $\mathrm{cl}(\mathcal{H})$ definiert.*

ii.) Ist $\boldsymbol{T} \in \mathfrak{B}(\mathcal{H}_1, \mathcal{H}_2)$ ein Intertwiner von $(\mathcal{H}_1, \boldsymbol{\pi}_1)$ nach $(\mathcal{H}_2, \boldsymbol{\pi}_2)$, so ist $\mathrm{cl}(\boldsymbol{T})$ ein Intertwiner von $(\mathrm{cl}(\mathcal{H}_1), \mathrm{cl}(\boldsymbol{\pi}_1))$ nach $(\mathrm{cl}(\mathcal{H}_2), \mathrm{cl}(\boldsymbol{\pi}_2))$.

iii.) Ist $(\mathcal{H}, \boldsymbol{\pi})$ stark nichtausgeartet, so ist auch $(\mathrm{cl}(\mathcal{H}), \mathrm{cl}(\boldsymbol{\pi}))$ stark nichtausgeartet.

iv.) Der klassische Limes ist funktoriell

$$\mathrm{cl}: \text{*-rep}(\boldsymbol{\mathcal{A}}) \longrightarrow \text{*-rep}(\mathcal{A}) \qquad (7.157)$$

und liefert einen Funktor

$$\mathrm{cl}: \text{*-Rep}(\boldsymbol{\mathcal{A}}) \longrightarrow \text{*-Rep}(\mathcal{A}) \qquad (7.158)$$

Beweis. Zunächst wissen wir $\mathrm{cl}(\boldsymbol{\pi})(a) \in \mathfrak{B}(\mathrm{cl}(\mathcal{H}))$ nach Lemma 7.2.39, Teil *ii.)*. Nach Lemma 7.2.39, Teil *iii.)* ist $a \mapsto \mathrm{cl}(\boldsymbol{\pi})(a)$ ein *-Homomorphismus, da ja $\boldsymbol{\pi}$ eine *-Darstellung von $\boldsymbol{\mathcal{A}}$ ist und $\mathrm{cl}(a \star b) = ab$. Dies zeigt den ersten Teil. Da $\boldsymbol{T}$ ein Intertwiner ist, gilt zunächst $\mathrm{cl}(\boldsymbol{T}) \in \mathfrak{B}(\mathrm{cl}(\mathcal{H}_1), \mathrm{cl}(\mathcal{H}_2))$ und

$$\mathrm{cl}(\boldsymbol{T})\mathrm{cl}(\boldsymbol{\pi})(a) = \mathrm{cl}(\boldsymbol{T})\mathrm{cl}(\boldsymbol{\pi}(a)) = \mathrm{cl}(\boldsymbol{T}\boldsymbol{\pi}(a)) = \mathrm{cl}(\boldsymbol{\pi}(a)\boldsymbol{T}) = \mathrm{cl}(\boldsymbol{\pi}(a))\mathrm{cl}(\boldsymbol{T})$$
$$= \mathrm{cl}(\boldsymbol{\pi})(a)\mathrm{cl}(\boldsymbol{T}),$$

womit $\mathrm{cl}(\boldsymbol{T})$ tatsächlich ein Intertwiner ist. Für den dritten Teil betrachten wir $\boldsymbol{\phi} \in \mathcal{H}$. Dann gibt es $\boldsymbol{a}_1, \ldots, \boldsymbol{a}_n \in \mathcal{A}$ und $\boldsymbol{\psi}_1, \ldots, \boldsymbol{\psi}_n \in \mathcal{H}$ mit $\boldsymbol{\phi} = \boldsymbol{\pi}(\boldsymbol{a}_1)\boldsymbol{\psi}_1 + \cdots + \boldsymbol{\pi}(\boldsymbol{a}_n)\boldsymbol{\psi}_n$, da $\boldsymbol{\pi}$ stark nichtausgeartet ist. Das Bilden des klassischen Limes hiervon liefert den dritten Teil. Der vierte Teil ist klar. $\square$

Bemerkung 7.2.43 (Deformation von *-Darstellungen). Da wir von einer *-Darstellung von $\mathcal{A}$ immer einen klassischen Limes bilden können, stellt sich also die Frage, ob auch umgekehrt *jede* *-Darstellung von $\mathcal{A}$ so erhalten werden kann. Wir wollen also zu einer gegebenen *-Darstellung $(\mathcal{H}, \pi) \in$ *-Rep$(\mathcal{A})$ von $\mathcal{A}$ eine *Deformation* $(\boldsymbol{\mathcal{H}}, \boldsymbol{\pi}) \in$ *-Rep$(\boldsymbol{\mathcal{A}})$ finden, so daß deren klassischer Limes zu $(\mathcal{H}, \pi)$ unitär äquivalent ist. Man kann das Problem sogar noch weiter verschärfen, indem man fordert, daß sogar $\boldsymbol{\mathcal{H}} = \mathcal{H}[[\lambda]]$ gelten soll. Hier kann man jedoch leicht Gegenbeispiele angeben, wo diese restriktivere Forderung nicht zu erfüllen ist, sich das Deformationsproblem aber sehr wohl mit einem anderen Prä-Hilbert-Raum $\boldsymbol{\mathcal{H}}$ lösen läßt, siehe etwa [312, Lemma 1]. Die Frage nach der Deformierbarkeit allgemeinerer Moduln (ohne Skalarprodukte) für Sternproduktalgebren wurde von Bordemann im Zusammenhang mit einer Quantisierung der Phasenraumreduktion im Detail diskutiert, siehe [35] sowie die Arbeiten von Cattaneo und Felder [76, 77].

Wir schließen unsere allgemeine Diskussion nun mit einer Betrachtung von spezielleren *-Darstellungen, den GNS-Darstellungen [312, Thm. 1]:

Satz 7.2.44 (Klassischer Limes einer GNS-Darstellung). *Sei* $\boldsymbol{\mathcal{A}} = (\mathcal{A}[[\lambda]], \star)$ *eine Hermitesche Deformation einer* *-*Algebra* $\mathcal{A}$ *über* $\mathsf{C} = \mathsf{R}(\mathrm{i})$ *und* $\boldsymbol{\omega} : \boldsymbol{\mathcal{A}} \longrightarrow \mathsf{C}[[\lambda]]$ *ein positives Funktional mit klassischem Limes* $\omega_0 = \mathrm{cl}(\boldsymbol{\omega})$. *Dann ist der klassische Limes* $(\mathrm{cl}(\boldsymbol{\mathcal{H}}_{\boldsymbol{\omega}}), \mathrm{cl}(\boldsymbol{\pi}_{\boldsymbol{\omega}}))$ *der GNS-Darstellung von* $\boldsymbol{\mathcal{A}}$ *zu* $\boldsymbol{\omega}$ *auf kanonische Weise zur GNS-Darstellung* $(\mathcal{H}_{\omega_0}, \pi_{\omega_0})$ *von* $\mathcal{A}$ *zu* ω_0 *mittels des Intertwiners*

$$U : \mathrm{cl}(\boldsymbol{\mathcal{H}}_{\boldsymbol{\omega}}) \ni \mathrm{cl}(\boldsymbol{\psi}_{\boldsymbol{a}}) \mapsto \psi_{\mathrm{cl}(\boldsymbol{a})} \in \mathcal{H}_{\omega_0} \tag{7.159}$$

unitär äquivalent, wobei $\boldsymbol{a} \in \boldsymbol{\mathcal{A}}$.

Beweis. Wir müssen zunächst zeigen, daß U wohl-definiert ist. Sei also $\boldsymbol{b} \in \boldsymbol{J}_{\boldsymbol{\omega}}$ im Gel'fand-Ideal. Dann gilt mit $\boldsymbol{\omega}(\boldsymbol{b}^* \star \boldsymbol{b}) = 0$ entsprechend auch $\omega_0(b_0^* b_0) = 0$. Damit folgt aber $\psi_{\mathrm{cl}(\boldsymbol{b})} = 0$ und U ist wohl-definiert. Die Linearität von U ist klar, ebenso die Surjektivität, da $\mathrm{cl} : \boldsymbol{\mathcal{A}} \longrightarrow \mathcal{A}$ surjektiv ist. Weiter gilt

$$\left\langle \psi_{\mathrm{cl}(\boldsymbol{a})}, \psi_{\mathrm{cl}(\boldsymbol{b})} \right\rangle_{\omega_0} = \omega_0(\mathrm{cl}(\boldsymbol{a})^* \mathrm{cl}(\boldsymbol{b})) = \mathrm{cl}\left(\boldsymbol{\omega}(\boldsymbol{a}^* \star \boldsymbol{b})\right) = \mathrm{cl}\left(\langle \boldsymbol{\psi}_{\boldsymbol{a}}, \boldsymbol{\psi}_{\boldsymbol{b}} \rangle_{\boldsymbol{\omega}}\right)$$
$$= \langle \mathrm{cl}\left(\boldsymbol{\psi}_{\boldsymbol{a}}\right), \mathrm{cl}\left(\boldsymbol{\psi}_{\boldsymbol{b}}\right) \rangle_{\mathrm{cl}(\boldsymbol{\mathcal{H}}_{\boldsymbol{\omega}})}.$$

Also ist U isometrisch und damit insgesamt unitär. Schließlich ist U ein Intertwiner, denn

$$U\mathrm{cl}(\boldsymbol{\pi}_{\boldsymbol{\omega}})(\boldsymbol{a})\mathrm{cl}(\boldsymbol{\psi}_{\boldsymbol{b}}) = U\mathrm{cl}\left(\boldsymbol{\pi}_{\boldsymbol{\omega}}(\boldsymbol{a})\boldsymbol{\psi}_{\boldsymbol{b}}\right) = U\mathrm{cl}\left(\boldsymbol{\psi}_{\boldsymbol{a} \star \boldsymbol{b}}\right) = \psi_{\mathrm{cl}(\boldsymbol{a} \star \boldsymbol{b})}$$
$$= \psi_{\boldsymbol{a}\,\mathrm{cl}(\boldsymbol{b})} = \pi_{\omega_0}(\boldsymbol{a})\psi_{\mathrm{cl}(\boldsymbol{b})} = \pi_{\omega_0}(\boldsymbol{a})U\mathrm{cl}\left(\boldsymbol{\psi}_{\boldsymbol{b}}\right).$$

$\square$

Bemerkung 7.2.45. Zur Vorsicht sei gesagt, daß die Beziehung der beiden Gel'fand Ideale $\mathfrak{J}_\omega$ und $\mathfrak{J}_{\omega_0}$ im allgemeinen sehr kompliziert ist. Es gilt im allgemeinen *keineswegs* $\mathfrak{J}_\omega \cong \mathfrak{J}_{\omega_0}[[\lambda]]$. Typischerweise ist $\mathfrak{J}_\omega$ echt kleiner, da die Bedingung $\omega(a^* \star a) = 0$ in höheren Ordnungen zusätzliche Bedingungen zu $\omega_0(a_0^* a_0) = 0$ liefern kann.

Der Satz läßt sich nun dazu benutzen, das in Bemerkung 7.2.43 angesprochene Deformationsproblem zumindest in gewissen Fällen zu lösen [312, Prop. 1]:

Proposition 7.2.46. *Sei* $\mathcal{A} = (\mathcal{A}[[\lambda]], \star)$ *eine positive Deformation einer* *-*Algebra* $\mathcal{A}$ *mit Einselement über* $\mathsf{C} = \mathsf{R}(\mathrm{i})$. *Dann besitzt jede* *-Darstellung* $(\mathcal{H}, \pi)$ *von* $\mathcal{A}$, *welche als direkte Summe von zyklischen* *-Darstellungen geschrieben werden kann, eine Deformation* $(\mathcal{\tilde{H}}, \boldsymbol{\pi})$ *in eine* *-Darstellung von* $\mathcal{A}$.

Beweis. Da der Funktor cl offenbar mit direkten Summen von *-Darstellungen verträglich ist, genügt es, eine zyklische *-Darstellung zu betrachten. Diese ist nach Satz 7.2.16 aber unitär äquivalent zu einer GNS-Darstellung bezüglich eines positiven Funktionals ω_0 von $\mathcal{A}$. Nach Voraussetzung existiert nun eine Deformation ω von ω_0, und die GNS-Darstellung von $\mathcal{A}$ zu ω liefert die gewünschte *-Darstellung.   □

Zum Abschluß kommen wir nun zu den bekannten drei Beispielen aus der Deformationsquantisierung. Hier ist vor allem die formale Bargmann-Fock-Darstellung interessant [312]:

Beispiel 7.2.47 (Klassischer Limes der Bargmann-Fock-Darstellung). Wie bereits in Beispiel 7.2.41, Teil *ii.)* gezeigt, gilt $\mathrm{cl}(\mathcal{H}_{\mathrm{BF}}) \cong \mathbb{C}$, versehen mit dem kanonischen Skalarprodukt $\langle z, w \rangle = \bar{z}w$. Der klassische Limes der Darstellung ϱ_{Wick} ist dann für $f \in C^\infty(\mathbb{C}^n)$ einfach durch

$$\mathrm{cl}(\varrho_{\mathrm{Wick}})(f) = f(0)\,\mathsf{id}_\mathbb{C} \tag{7.160}$$

gegeben. Hier sieht man sehr gut, daß der klassische Limes im allgemeinen sehr viel Information verliert. Man sieht so auch, daß das Gel'fand-Ideal des δ-Funktionals im deformierten Kontext echt kleiner sein kann als das klassische Gel'fand-Ideal.

Beispiel 7.2.48 (Klassischer Limes der Schrödinger-Darstellung ϱ_{Weyl}). Für das Schrödinger-Funktional $\omega = \omega_0$ erhalten wir klassisch

$$\mathfrak{J}_{\omega_0} = \{f \in C_0^\infty(Q) \mid \iota^* f = 0\}, \tag{7.161}$$

und die klassische GNS-Darstellung ist einfach die Multiplikation mit $\iota^* f$ auf $C_0^\infty(Q)$, versehen mit der Prä-Hilbert-Raumstruktur (2.222). Hier gilt nun tatsächlich $\mathfrak{J}_\omega \cong \mathfrak{J}_{\omega_0}[[\lambda]]$ als Untermoduln von $C_0^\infty(Q)[[\lambda]]$, da der Neumaier-Operator N gerade einen solchen Isomorphismus liefert.

Beispiel 7.2.49 (Klassischer Limes einer KMS-Darstellung). Für ein KMS-Funktional μ_{KMS} wie in Abschnitt 7.1.4 gilt schließlich klassisch wie auch in der Deformationsquantisierung, daß $\mathrm{cl}(\mu_{\mathrm{KMS}})$ und μ_{KMS} *treue* Funktionale sind. Daher sind beide GNS-Darstellungen durch Linksmultiplikationen gegeben. Man beachte jedoch, daß der Prä-Hilbert-Raum $\mathfrak{H}_{\mathrm{KMS}} = C_0^\infty(M)[[\lambda]]$ zwar als $\mathbb{C}[[\lambda]]$-Modul zu $\mathrm{cl}(\mathfrak{H}_{\mathrm{KMS}})[[\lambda]]$ isomorph ist, das Skalarprodukt aber im allgemeinen nichttrivial von λ abhängt.

7.3 Aufgaben

Aufgabe 7.1 (Formale Laurent-Reihen). Betrachten Sie einen Körper $\Bbbk$ sowie die formalen Potenzreihen $\Bbbk[[\lambda]]$.

i.) Zeigen Sie mit Hilfe der geometrischen Reihe, daß $a = \sum_{k=0}^\infty \lambda^r a_r \in \Bbbk[[\lambda]]$ genau dann invertierbar ist, wenn $a_0 \ne 0$.

ii.) Zeigen Sie, daß die formalen Laurent-Reihen $\Bbbk((\lambda))$ einen Körper bilden.
   Hinweis: Schwierig ist allein zu zeigen, daß jedes Element $a \in \Bbbk((\lambda)) \setminus \{0\}$ invertierbar ist. Schreiben Sie hierzu a als ein Produkt $a = \lambda^k b$ mit geeignetem $k \in \mathbb{Z}$ und diskutieren Sie die Invertierbarkeit von b.

iii.) Zeigen Sie zunächst, daß die formalen Potenzreihen $\Bbbk[[\lambda]]$ nullteilerfrei sind. Damit existiert also der Quotientenkörper von $\Bbbk[[\lambda]]$. Zeigen Sie nun, daß $\Bbbk((\lambda))$ auf kanonische Weise zum Quotientenkörper von $\Bbbk[[\lambda]]$ isomorph ist.

iv.) Sei nun $\Bbbk$ sogar ein geordneter Körper. Zeigen Sie, daß dann auch $\Bbbk((\lambda))$ auf kanonische Weise geordnet ist (wie?) und die Inklusion $\Bbbk \subseteq \Bbbk((\lambda))$ ordnungserhaltend ist.

v.) Ist $\Bbbk((\lambda))$ Archimedisch geordnet?

Aufgabe 7.2 (Hochschild-Kohomologie einer *-Algebra). Sei $(\mathcal{A}, \mu)$ eine *-Algebra über $\mathsf{C} = \mathsf{R}(\mathrm{i})$ mit einem geordneten Ring R. Für $\phi \in C^n(\mathcal{A})$ und $a_1, \ldots, a_n \in \mathcal{A}$ definiert man

$$\phi^*(a_1, \ldots, a_n) = (\phi(a_n^*, \ldots, a_1^*))^*. \tag{7.162}$$

Eine Hochschild-Kokette ϕ heißt *Hermitesch*, falls $\phi^* = \phi$, und entsprechend *Anti-Hermitesch*, falls $\phi^* = -\phi$, siehe auch [55].

i.) Interpretieren Sie die (Anti-) Hermitizität von $\phi \in C^n(\mathcal{A})$ für $n = 0, 1$.

ii.) Zeigen Sie $\phi^* \in C^n(\mathcal{A})$. Zeigen Sie weiter, daß $\phi \mapsto \phi^*$ involutiv und C-antilinear ist.

iii.) Zeigen Sie für $\phi, \psi \in C^\bullet(\mathcal{A})$ durch eine explizite Rechnung

$$(\phi \circ \psi)^* = (-1)^{\deg \psi \deg \phi} \phi^* \circ \psi^*. \tag{7.163}$$

iv.) Zeigen Sie $\mu^* = \mu$, und berechnen Sie so $(\delta\phi)^*$.

v.) Zeigen Sie, daß $\delta\phi$ für Hermitesches beziehungsweise Anti-Hermitesches $\phi \in C^n(\mathcal{A})$ wieder Hermitesch beziehungsweise Anti-Hermitesch ist, je nach dem ob n ungerade oder gerade ist. Definieren Sie damit die n-te *Hermitesche Hochschild-Kohomologie* $\mathrm{HH}^n_{\mathrm{herm}}(\mathcal{A})$ als die Hermiteschen Hochschild-Kozykeln in $C^n(\mathcal{A})$ modulo der Koränder der Form $\delta\psi$ mit $\psi = \psi^*$, falls n gerade, beziehungsweise $\psi = -\psi^*$, falls n ungerade ist.

vi.) Nehmen Sie nun an, daß $\frac{1}{2} \in \mathsf{R}$. Zeigen Sie dann, daß sich $\phi \in C^n(\mathcal{A})$ eindeutig in einen Hermiteschen und einen Anti-Hermiteschen Teil zerlegen läßt und daß diese Zerlegung einen kanonischen R-linearen Isomorphismus

$$\mathrm{HH}^\bullet(\mathcal{A}) \cong \mathrm{HH}^\bullet_{\mathrm{herm}}(\mathcal{A}) \oplus \mathrm{i}\mathrm{HH}^\bullet_{\mathrm{herm}}(\mathcal{A}) \tag{7.164}$$

liefert.

vii.) Formulieren und beweisen Sie das Analogon zu Satz 6.2.19 für die Situation einer Hermiteschen Deformation.

Aufgabe 7.3 (Unschärferelationen). Sei $\mathcal{A}$ eine *-Algebra mit Eins über $\mathsf{C} = \mathsf{R}(\mathrm{i})$ mit einem geordneten Ring R und $\omega : \mathcal{A} \longrightarrow \mathsf{C}$ ein Zustand, also ein normiertes positives lineares Funktional auf $\mathcal{A}$. Zeigen Sie die Unschärferelation

$$4\,\mathrm{Var}_\omega(a)\,\mathrm{Var}_\omega(b) \geq \omega([a,b])\overline{\omega([a,b])}, \tag{7.165}$$

für alle Hermiteschen $a, b \in \mathcal{A}$.

Aufgabe 7.4 (Positive Matrizen). Sei R ein geordneter Ring und $\mathsf{C} = \mathsf{R}(\mathrm{i})$ mit $\mathrm{i}^2 = -1$. Die Matrizen $M_n(\mathsf{C})$ seien mit der üblichen *-Algebrastruktur versehen. Weiter bezeichne $e_1, \ldots, e_n$ die kanonische Basis von C^n und $\langle \cdot, \cdot \rangle$ das kanonische Skalarprodukt auf C^n. Wir können also $M_n(\mathsf{C})$ mit $\mathfrak{B}(\mathsf{C})$ identifizieren.

i.) Zeigen Sie, daß jedes lineare Funktional $\omega : M_n(\mathsf{C}) \longrightarrow \mathsf{C}$ als $\omega(A) = \mathrm{tr}(\varrho A)$ mit einer eindeutig bestimmten Matrix $\varrho \in M_n(\mathsf{C})$ geschrieben werden kann. Zeigen Sie, daß ω genau dann reell ist, wenn $\varrho = \varrho^*$. Zeigen Sie weiter, daß ω genau dann positiv ist, wenn $\langle v, \varrho v \rangle \geq 0$ für alle $v \in \mathsf{C}^n$. Matrizen mit dieser Eigenschaft nennt man *Dichtematrizen*.

ii.) Sei $\hat{\mathsf{C}}$ der Quotientenkörper von C. Zeigen Sie, daß $\varrho \in M_n(\mathsf{C})$ genau dann eine Dichtematrix ist, wenn $\varrho \in M_n(\hat{\mathsf{C}})$ eine Dichtematrix ist.
   Hinweis: Benutzen Sie die ordnungserhaltende Einbettung $\mathsf{R} \subseteq \hat{\mathsf{R}}$.

iii.) Zeigen Sie, daß eine Hermitesche Matrix $A \in M_n(\mathsf{C})$ genau dann positiv ist, wenn A eine Dichtematrix ist.
   Hinweis: Benutzen Sie folgendes Ergebnis [178, Thm. 6.19]: $\varrho \in M_n(\hat{\mathsf{C}})$ ist genau dann eine Dichtematrix, wenn es $p_i \in \hat{\mathsf{R}}$ mit $p_i \geq 0$ und eine Basis $v_1, \ldots, v_n$ von $\hat{\mathsf{C}}^n$ mit $\langle v_i, \varrho v_j \rangle = p_i \delta_{ij}$ gibt. Hierfür ist entscheidend, daß $\hat{\mathsf{C}}$ ein *Körper* ist. Zeigen Sie damit, daß $\varrho \in M_n(\hat{\mathsf{C}})^{++}$ für eine Dichtematrix $\varrho \in M_n(\mathsf{C})$. Benutzen Sie nun die Spureigenschaft.

iv.) Folgern Sie, daß $\mathrm{tr}(AB) \geq 0$ für $A, B \in M_n(\mathsf{C})^+$.

v.) Zeigen Sie weiter, daß für $A \in M_n(\mathsf{C})^+$ sogar $A \in M_n(\hat{\mathsf{C}})^{++}$ gilt.

Literatur: [57, App. A]

Aufgabe 7.5 (Vollständig positive Abbildungen). Betrachten Sie eine *-Algebra $\mathcal{A}$ über $\mathsf{C} = \mathsf{R}(\mathrm{i})$ mit einem geordneten Ring R.

i.) Zeigen Sie, daß auch die $\mathcal{A}$-wertigen Matrizen $M_n(\mathcal{A})$ eine *-Algebra über C bilden, indem man die übliche Multiplikation von Matrizen benutzt und $(a_{ij})^* = (a_{ji}^*)$ setzt.

ii.) Sei $\mathcal{B}$ eine weitere *-Algebra über C. Zeigen Sie, daß dann deren Tensorprodukt $\mathcal{A} \otimes_\mathsf{C} \mathcal{B}$ ebenfalls eine *-Algebra ist. Zeigen Sie weiter, daß auf kanonische Weise $\mathcal{A} \otimes_\mathsf{C} M_n(\mathsf{C}) \cong M_n(\mathcal{A})$ gilt.

iii.) Betrachten Sie nun die Spur $\mathrm{tr} : M_n(\mathcal{A}) \longrightarrow \mathcal{A}$ und zeigen Sie, daß tr vollständig positiv ist.
Hinweis: Zeigen Sie zunächst $\mathrm{tr}(A^*A) \in \mathcal{A}^{++}$ für alle $A \in M_n(\mathcal{A})$. Wie können Sie dann auf die vollständige Positivität schließen?

iv.) Zeigen Sie analog, daß auch die Abbildung $\tau : M_n(\mathcal{A}) \longrightarrow \mathcal{A}$ mit $\tau(A) = \sum_{i,j} a_{ij}$ vollständig positiv ist.

Aufgabe 7.6 (Äquivalenz und *-Äquivalenz). Betrachten Sie eine *-Algebra $\mathcal{A}$ über $\mathsf{C} = \mathsf{R}(\mathrm{i})$, wobei $\mathbb{Q} \subseteq \mathsf{R}$ gelte. Seien weiter $\star$ und $\star'$ zwei Hermitesche Deformationen von $\mathcal{A}$. Zeigen Sie, daß diese genau dann äquivalent sind, wenn sie *-äquivalent sind.
Anleitung nach [58, Cor. 4]: Offenbar ist nur eine Richtung nichttrivial. Sei S eine Äquivalenz, also $S(a \star b) = Sa \star' Sb$. Dann definiert $a^\dagger = S^{-1}((Sa)^*)$ eine *-Involution für $\star$ und es gilt $a^\dagger = Ta^*$ mit einer C-linearen Abbildung $T = \mathrm{id} + \sum_{r=1}^\infty \lambda^r T_r$. Benutzen Sie nun Proposition 6.2.7 und zeigen Sie, daß $ST^{1/2}$ die gewünschte *-Äquivalenz ist.

Aufgabe 7.7 (Positive Funktionale und Deformationen). Betrachten Sie die formalen Potenzreihen $\mathcal{A} = \mathbb{C}[[z, \overline{z}]]$ in zwei Variablen z und $\overline{z}$.

i.) Zeigen Sie, daß $\mathcal{A}$ eine kommutative komplexe *-Algebra bezüglich der üblichen Multiplikation von formalen Potenzreihen und $z^* = \overline{z}$ wird.

ii.) Zeigen Sie, daß das δ-Funktional bei $z = 0$, also $\delta(a) = a_{00}$ für $a = \sum_{k,\ell} a_{k\ell} z^k \overline{z}^\ell$ ein positives Funktional von $\mathcal{A}$ ist.

Betrachten Sie nun ein positives lineares Funktional $\omega : \mathcal{A} \longrightarrow \mathbb{C}$, wobei etwas anderes als $\mathbb{C}$-Linearität offenbar nicht sinnvoll ist. Sei $k \geq 1$, und setzen Sie $c = \omega(z^k)$. Sei weiter $H = \overline{z}z$.

iii.) Zeigen Sie mit Hilfe der Cauchy-Schwartz-Ungleichung $\overline{c}c \leq \omega(H^k)$ und durch Induktion $(\overline{c}c)^{2^n} \leq \omega(H^k)^{2^n} \leq \omega\left((H^k)^{2^n}\right)$ für alle n.

iv.) Nehmen Sie nun an, daß $c \neq 0$ und betrachten Sie folgende Algebraelemente

$$a_N = \sum_{n=0}^{N} \frac{1}{(\overline{c}c)^{2^n}} \left(H^k\right)^{2^n} \in \mathcal{A} \tag{7.166}$$

für $N \in \mathbb{N}_0 \cup \{+\infty\}$. Betrachten Sie nun $N \in \mathbb{N}_0$, und zerlegen Sie $a_\infty = a_N + b_N$. Zeigen Sie, daß $a_N \in \mathcal{A}^{++}$ und b_N sich als ein Quadrat eines Hermiteschen Elements c_N schreiben läßt. Somit ist also $a_\infty \in \mathcal{A}^{++}$ positiv.

v.) Folgern Sie nun $\omega(a_\infty) \geq N$ für alle N und schließen Sie aus diesem Widerspruch zunächst $\omega(H^k) = 0 = \omega(H)$ sowie $\omega(z^k) = 0$ für alle $k \geq 1$.

vi.) Folgern Sie nun mit Hilfe der Cauchy-Schwartz-Ungleichung $\omega(z^k \bar{z}^\ell) = 0$ für alle $k + \ell \geq 1$.

vii.) Sei nun $a \in \mathcal{A}$ ein beliebiges Algebraelement mit $\delta(a) = 0$. Schreiben Sie $a = zb + \bar{z}c$ mit gewissen $b, c \in \mathcal{A}$ und zeigen Sie mit Hilfe der Cauchy-Schwartz-Ungleichung, daß $\omega(a) = 0$ gilt.

viii.) Folgern Sie, daß δ der einzige Zustand der Algebra $\mathcal{A}$ ist.

Betrachten Sie nun $\mathcal{A}[[\lambda]]$ als *-Algebra über $\mathbb{C}[[\lambda]]$, versehen mit dem formalen Wick-Sternprodukt $\star_{\mathrm{Wick}}$.

ix.) Überlegen Sie sich, daß $\star_{\mathrm{Wick}}$ auf $\mathcal{A}[[\lambda]]$ tatsächlich wohl-definiert ist und eine Hermitesche Deformation liefert.

x.) Zeigen Sie, daß $\star_{\mathrm{Wick}}$ eine positive Deformation ist und bestimmen Sie die GNS-Darstellung zum Funktional δ.

xi.) Zeigen Sie, daß diese Darstellung treu ist, und folgern Sie, daß die Algebra $(\mathcal{A}[[\lambda]], \star_{\mathrm{Wick}})$ „viele" Zustände besitzt, in dem Sinne, daß es für jedes Hermitesche Element $a = a^* \neq 0$ einen Zustand ω mit $\omega(a) \neq 0$ gibt.

Aufgabe 7.8 (Eine positive Deformation). Den konzeptionellen Rahmen für die Positivität des Wick-Sternprodukts erhält man aus folgender allgemeinen Überlegung [55]: Sei $(\mathcal{A}, \mu_0)$ eine *-Algebra über $\mathsf{C} = \mathsf{R}(i)$ mit einem geordneten Ring R, so daß $\mathbb{Q} \subseteq \mathsf{R}$. Seien weiter $D_1, \ldots, D_n \in \mathsf{Der}(\mathcal{A})$.

i.) Zeigen Sie, daß $D_k^* \in \mathsf{Der}(\mathcal{A})$ unter Benutzung von Aufgabe 7.2.

Nehmen Sie nun an, daß alle Derivationen D_k und D_ℓ^* untereinander vertauschen und betrachten Sie die formale Deformation

$$\mu = \mu_0 \circ e^{\lambda \sum_{k=1}^n D_k \otimes D_k^*} \tag{7.167}$$

von μ_0, welche nach Satz 6.2.37 assoziativ ist.

ii.) Zeigen Sie, daß μ eine Hermitesche Deformation von μ_0 ist.

iii.) Berechnen Sie $\mu(a^* \otimes a)$ für $a \in \mathcal{A}$ explizit und folgern Sie so, daß μ eine positive Deformation von μ_0 ist. Hier ist Proposition 7.1.51 nützlich.

iv.) Zeigen Sie, daß μ sogar eine vollständig positive Deformation ist.

Aufgabe 7.9 (Der Kern einer *-Darstellung). Betrachten Sie eine *-Algebra $\mathcal{A}$ mit Eins $\mathbb{1}$ über $\mathsf{C} = \mathsf{R}(i)$, wobei R ein geordneter Ring sei.

i.) Sei $\omega : \mathcal{A} \longrightarrow \mathsf{C}$ ein positives lineares Funktional mit GNS-Darstellung π_ω. Zeigen Sie

$$\ker \pi_\omega = \bigcap_{b \in \mathcal{A}} \mathcal{J}_{\omega_b} = \bigcap_{b \in \mathcal{A}} \ker \omega_b, \tag{7.168}$$

wobei ω_b das positive lineare Funktional wie in (7.36) und $\mathcal{J}_{\omega_b}$ das Gel'fand-Ideal von ω_b bezeichnet.

Hinweis: Zeigen Sie für die zweite Gleichung zuerst, daß $a \in \ker \omega_b$ für alle b impliziert, daß $\omega(c^*ab) = 0$ für alle b, c, indem Sie geeignet polarisieren.

ii.) Zeigen Sie $\ker \pi_\omega \subseteq \mathcal{J}_\omega \subseteq \ker \omega$. Hier benötigen Sie das Einselement von $\mathcal{A}$.

iii.) Sei nun $(\mathcal{H}, \pi)$ eine beliebige *-Darstellung und ω_ψ das positive lineare Funktional aus (7.83) für $\psi \in \mathcal{H}$. Zeigen Sie

$$\ker \pi = \bigcap_{\psi \in \mathcal{H}} \ker \pi_{\omega_\psi} = \bigcap_{\psi \in \mathcal{H}} \mathcal{J}_{\omega_\psi} = \bigcap_{\psi \in \mathcal{H}} \ker \omega_\psi. \tag{7.169}$$

Hinweis: Benutzen Sie erneut eine geeignete Polarisierung.

Literatur: [56].

Aufgabe 7.10 (Das minimale Ideal). Sei $\mathcal{A}$ eine *-Algebra mit Eins $\mathbb{1}$ über $\mathsf{C} = \mathsf{R}(\mathrm{i})$, wobei R ein geordneter Ring sei. Ein *-Ideal $\mathcal{J} \subseteq \mathcal{A}$ heißt *abgeschlossen*, falls es eine *-Darstellung $(\mathcal{H}, \pi)$ von $\mathcal{A}$ mit $\ker \pi = \mathcal{J}$ gibt.

i.) Zeigen Sie, daß der beliebige Durchschnitt $\bigcap_{\iota \in I} \mathcal{J}_\iota$ von abgeschlossenen *-Idealen wieder abgeschlossen ist. Insbesondere ist der Durchschnitt $\mathcal{J}_{\min}(\mathcal{A})$ aller abgeschlossenen *-Ideale wieder abgeschlossen. Man nennt $\mathcal{J}_{\min}(\mathcal{A})$ das *minimale Ideal* von $\mathcal{A}$.

Hinweis: Betrachten Sie die direkte Summe von *-Darstellungen.

ii.) Benutzen Sie Aufgabe 7.9, und zeigen Sie

$$\mathcal{J}_{\min}(\mathcal{A}) = \bigcap_\omega \ker \pi_\omega = \bigcap_\omega \mathcal{J}_\omega = \bigcap_\omega \ker \omega, \tag{7.170}$$

wobei die Durchschnitte über alle positiven linearen Funktionale von $\mathcal{A}$ laufen.

iii.) Bestimmen Sie das minimale Ideal von $\mathfrak{B}(\mathcal{H})$.

iv.) Sei $\mathcal{B}$ eine weitere *-Algebra mit Eins und $\Phi : \mathcal{A} \longrightarrow \mathcal{B}$ ein *-Homomorphismus (mit $\Phi(\mathbb{1}_\mathcal{A}) = \mathbb{1}_\mathcal{B}$). Zeigen Sie, daß $\Phi(\mathcal{J}_{\min}(\mathcal{A})) \subseteq \mathcal{J}_{\min}(\mathcal{B})$.

v.) Zeigen Sie, daß $\mathcal{A}$ genau dann eine treue *-Darstellung besitzt, wenn $\mathcal{J}_{\min}(\mathcal{A}) = \{0\}$ gilt.

vi.) Zeigen Sie, daß $\mathcal{A}$ genau dann eine treue *-Darstellung besitzt, wenn es zu jedem von Null verschiedenen Hemiteschen Element $a = a^* \neq 0$ ein positives lineares Funktional ω mit $\omega(a) \neq 0$ gibt.

vii.) Sei $a \in \mathcal{A}$ ein Element mit $a^*a = 0$. Zeigen Sie $a \in \mathcal{J}_{\min}(\mathcal{A})$.

viii.) Sei a ein normales Element mit $a^k = 0$ für ein $k \in \mathbb{N}$. Zeigen Sie $a \in \mathcal{J}_{\min}(\mathcal{A})$.

ix.) Betrachten Sie die *-Algebra $\mathcal{B} = \mathcal{A}/\mathcal{J}_{\min}(\mathcal{A})$. Zeigen Sie, daß $\mathcal{J}_{\min}(\mathcal{B}) = \{0\}$. Zeigen Sie weiter, daß $\mathcal{A}$ und $\mathcal{B}$ die gleiche Darstellungstheorie besitzen, also die Kategorien *-Rep($\mathcal{A}$) und *-Rep($\mathcal{B}$) äquivalent sind.
Hinweis: Betrachten Sie den kanonischen *-Homomorphismus pr : $\mathcal{A} \longrightarrow \mathcal{B}$ und transportieren Sie damit *-Darstellungen.

x.) Interpretieren Sie diese Ergebnisse physikalisch. Welche Anforderungen an eine Observablenalgebra sollte man stellen, und welche „Observablen" sind durch physikalische Messungen überhaupt beobachtbar?

Literatur: [56], in [288] werden *-Algebren über $\mathbb{C}$ mit $\mathcal{J}_{\min}(\mathcal{A}) = \{0\}$ *-*halbeinfach* genannt.

Aufgabe 7.11 (Indefinite GNS-Konstruktion).   Betrachten Sie erneut eine *-Algebra $\mathcal{A}$ über $\mathsf{C} = \mathsf{R}(\mathrm{i})$. Betrachten Sie ein lineares Funktional $\omega : \mathcal{A} \longrightarrow \mathsf{C}$ mit der Eigenschaft $\omega(a^*b) = \overline{\omega(b^*a)}$.

i.) Zeigen Sie für $a \in \mathcal{A}$, daß $\omega(b^*a) = 0$ für alle b genau dann gilt, wenn $\omega(a^*b) = 0$ für alle b. Die Menge der Elemente a mit dieser Eigenschaft bezeichnet man mit $\mathcal{J}_\omega$.

ii.) Zeigen Sie, daß $\mathcal{J}_\omega$ ein Linksideal in $\mathcal{A}$ ist.

iii.) Zeigen Sie, daß die Definition $\langle \psi_a, \psi_b \rangle_\omega = \omega(a^*b)$ für $\psi_a, \psi_b \in \mathcal{H}_\omega = \mathcal{A}/\mathcal{J}_\omega$ wohl-definiert ist, wobei ψ_a die Äquivalenzklasse von a bezeichnet.

iv.) Zeigen Sie, daß $\langle \cdot, \cdot \rangle_\omega$ linear im zweiten Argument ist und $\langle \psi_a, \psi_b \rangle_\omega = \overline{\langle \psi_b, \psi_a \rangle}$ sowie $\langle \psi_a, \psi_a \rangle_\omega \in \mathsf{R}$ erfüllt. Zeigen Sie weiter, daß $\langle \cdot, \cdot \rangle_\omega$ nichtausgeartet ist. In diesem Sinne ist $\mathcal{H}_\omega$ ein *pseudo* Prä-Hilbert-Raum.

v.) Zeigen Sie analog zu Lemma 7.1.14, daß die bezüglich $\langle \cdot, \cdot \rangle_\omega$ adjungierbaren Operatoren $\mathfrak{B}(\mathcal{H}_\omega)$ auf $\mathcal{H}_\omega$ eine *-Algebra mit Einselement bilden.

vi.) Zeigen Sie, daß die induzierte $\mathcal{A}$-Linksmodulstruktur, welche wir mit $\pi_\omega(a)\psi_b = \psi_{ab}$ bezeichnen, einen *-Homomorphismus $\pi_\omega : \mathcal{A} \longrightarrow \mathfrak{B}(\mathcal{H}_\omega)$ liefert.

A

Differentialoperatoren auf Mannigfaltigkeiten

In diesem Anhang stellen wir einige technischere Aspekte der Differentialgeometrie zusammen, welche oft nur unzureichend in den Lehrbüchern zu finden sind. Da für die Deformationsquantisierung Multidifferentialoperatoren von entscheidender Bedeutung sind, wollen wir hier insbesondere einen algebraischen Zugang vorstellen, welcher in vielerlei Hinsicht dem schnelleren Zugang aus Definition 5.4.3 überlegen ist.

A.1 Zerlegungen der Eins

Wir beginnen mit einigen elementaren differentialtopologischen Überlegungen, welche die Rolle des zweiten Abzählbarkeitsaxioms illustrieren. Für eine weitergehende Diskussion sei auf [54] verwiesen.

Lemma A.1.1. *Sei M eine Mannigfaltigkeit. Dann gibt es abzählbar viele Punkte $p_n \in M$ mit entsprechenden, um p_n zentrierten, lokalen Karten (U_n, x_n), so daß $B_2(0)^{\mathrm{cl}} \subseteq x_n(U_n)$ und daß die offenen Bälle $x_n^{-1}(B_1(0))$ um p_n ganz M überdecken.*

Beweis. Zunächst wählen wir eine abzählbare Basis O_n der Topologie von M, so daß also jede offene Teilmenge eine geeignete Vereinigung dieser O_n ist. Weiter wählen wir um jeden Punkt $p \in M$ eine zentrierte Karte (U_p, x_p) mit der Eigenschaft, daß die abgeschlossene Kugel $B_2(0)^{\mathrm{cl}}$ noch im Bildbereich $x_p(U_p)$ der Karte enthalten ist. Sei nun $k \in \mathbb{N}$. Dann gibt es ohne Einschränkung mindestens einen Punkt $p \in M$ mit $O_k \subseteq x_p^{-1}(B_1(0))$: Wäre nämlich O_k in keiner dieser offenen Kugeln enthalten, so wäre jede Kugel $x_p^{-1}(B_1(0))$ eine geeignete Vereinigung der übrigen O_n mit $n \neq k$ und daher $M = \bigcup_{n \neq k} O_n$, da ja die Kugeln $x_p^{-1}(B_1(0))$ zusammen trivialerweise ganz M überdecken. Ein solches O_k könnten wir daher aus der obigen Liste der O_n streichen. Durch die Wahl der Punkte p_k erreichen wir also, daß $O_k \subseteq x_{p_k}^{-1}(B_1(0))$ und somit insgesamt $\bigcup_k x_{p_k}^{-1}(B_1(0)) = M$. $\square$

Das folgende Lemma zeigt, daß wir selbst eine nichtkompakte Mannigfaltigkeit durch kompakte Teilmengen ausschöpfen können, siehe auch Abbildung A.1:

Lemma A.1.2. *Sei M eine Mannigfaltigkeit. Dann gibt es eine Folge von Kompakta $K_n \subseteq M$ mit den Eigenschaften, daß $K_n \subseteq \mathring{K}_{n+1}$ für alle n und $M = \bigcup_n K_n$.*

Beweis. Wir wählen gemäß Lemma A.1.1 abzählbar viele Punkte $p_n \in M$ mit den entsprechenden Karten (U_n, x_n), so daß $B_2(0)^{\mathrm{cl}} \subseteq x_n(U_n)$ noch im Bildbereich der Karte enthalten ist und die offenen Kugeln $x_n^{-1}(B_1(0))$ ganz M überdecken. Dann überdecken die *kompakten* Kugeln $x_n^{-1}(B_{2-\epsilon}(0)^{\mathrm{cl}}) = (x_n^{-1}(B_{2-\epsilon}(0)))^{\mathrm{cl}}$ erst recht ganz M, sofern $0 < \epsilon < 1$. Damit ist

$$K_n = \bigcup_{k=1}^{n} x_k^{-1}\left(B_{2-\frac{1}{n}}(0)\right)^{\mathrm{cl}}$$

aber eine Folge von Kompakta mit der gewünschten Eigenschaft.   □

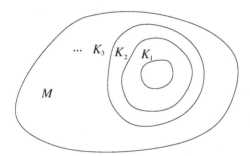

Abb. A.1. Eine ausschöpfende Folge von Kompakta

Die Eigenschaft eines topologischen Raumes, abzählbare Vereinigung kompakter Teilmengen zu sein, nennt man auch σ-*Kompaktheit*. Differenzierbare Mannigfaltigkeiten sind also Dank des zweiten Abzählbarkeitsaxioms immer σ-kompakt. Ist M selbst kompakt, so werden Lemma A.1.1 und Lemma A.1.2 trivial.

Wir kommen nun zum zentralen Begriff dieses Abschnitts:

Definition A.1.3 (Zerlegung der Eins). *Eine Familie $\{\chi_\alpha\}_{\alpha \in I}$ von glatten Funktionen $\chi_\alpha \in C^\infty(M)$ heißt Zerlegung der Eins der Ordnung $k \in \mathbb{N}$, wenn jeder Punkt p eine offene Umgebung U_p besitzt, so daß $\chi_\alpha\big|_{U_p} = 0$ für alle bis auf höchstens endlich viele $\alpha \in I$ und*

$$\sum_{\alpha \in I} \chi_\alpha^k = 1 \qquad\qquad (A.1)$$

gilt. Ist $\{O_\beta\}_{\beta \in J}$ eine offene Überdeckung von M, so heißt eine Zerlegung der Eins $\{\chi_\alpha\}_{\alpha \in I}$ der Überdeckung $\{O_\beta\}_{\beta \in J}$ untergeordnet, falls es für jedes $\alpha \in I$ ein $\beta \in J$ mit

$$\operatorname{supp} \chi_\alpha \subseteq O_\beta \tag{A.2}$$

gibt.

Eine Zerlegung der Eins der Ordnung $k = 1$ heißt auch einfach Zerlegung der Eins. Manchmal sind jedoch auch Zerlegungen der Eins höherer Ordnung wie etwa quadratische Zerlegungen der Eins von Interesse. Da in der Definition die lokale Endlichkeit der Träger gefordert wird, ist die Gleichung (A.1) auch bei beliebiger Indexmenge unproblematisch. Wir werden gelegentlich mit einigem Notationsmißbrauch die beiden Indexmengen I und J identifizieren. Letztlich ist dies insofern auch möglich, da wir zu gegebenem β auf jeden Fall $\chi_\beta = 0$ mit dazu nehmen können. Umgekehrt können wir verschiedene χ_α, deren Träger in einem O_β liegen, aufsummieren, um so genau ein χ_β zu erhalten.

Um nun zeigen zu können, daß es immer eine untergeordnete Zerlegung der Eins gibt, benötigen wir einige Hilfsfunktionen, welche aus der elementaren Analysis wohlbekannt sind: Die Funktion

$$h(t) = \begin{cases} \mathrm{e}^{-\frac{1}{t}} & t > 0 \\ 0 & t \le 0 \end{cases} \tag{A.3}$$

ist auf ganz $\mathbb{R}$ glatt und es gilt $0 \le h(t) \le 1$. Die Funktionen

$$g_\epsilon(t) = \frac{h(t)}{h(t) + h(\epsilon - t)} \tag{A.4}$$

sind für alle $\epsilon > 0$ ebenfalls auf ganz $\mathbb{R}$ glatt und es gilt $g_\epsilon(t) = 0$ für $t \le 0$ und $g_\epsilon(t) = 1$ für $t \ge \epsilon$ sowie $0 \le g_\epsilon(t) \le 1$ für alle t. Schließlich sind die Funktionen $\varphi_{r,\epsilon} : \mathbb{R}^n \longrightarrow \mathbb{R}$

$$\varphi_{r,\epsilon}(x) = 1 - g_\epsilon(\|x\| - r) \tag{A.5}$$

ebenfalls glatt für alle $r, \epsilon > 0$, wobei $\|x\|$ die übliche Norm bezeichnet. Es gilt $0 \le \varphi_{r,\epsilon}(x) \le 1$ sowie $\varphi_{r,\epsilon}(x) = 1$ für $\|x\| \le r$ und $\varphi_{r,\epsilon}(x) = 0$ für $\|x\| \ge r + \epsilon$. Der Nachweis dieser Eigenschaften ist elementar.

Mit Hilfe dieser Funktionen können wir nun zeigen, daß es zu jeder offenen Überdeckung eine untergeordnete Zerlegung der Eins gibt:

Satz A.1.4 (Zerlegung der Eins). *Sei M eine Mannigfaltigkeit, und sei $\{O_\beta\}_{\beta \in J}$ eine offene Überdeckung von M. Dann gibt es eine untergeordnete Zerlegung der Eins $\{\chi_\alpha\}_{\alpha \in I}$ der Ordnung k. Es kann sogar $\chi_\alpha = \overline{\chi_\alpha}$ mit $0 \le \chi_\alpha \le 1$ sowie $\chi_\alpha \in C_0^\infty(M)$ und I abzählbar gewählt werden.*

Beweis. Wir konstruieren zunächst einen geeigneten Atlas von M. Dazu wählen wir eine ausschöpfende Folge $\cdots \subseteq K_n \subseteq \overset{\circ}{K}_{n+1} \subseteq \cdots$ von Kompakta gemäß Lemma A.1.2. Dann ist konstruktionsgemäß $K_{n+1} \setminus \mathring{K}_n$ eine abgeschlossene Teilmenge des Kompaktums K_{n+1}, also selbst kompakt. Weiter ist $\mathring{K}_{n+2} \setminus K_{n-1}$ offen und enthält $K_{n+1} \setminus \mathring{K}_n$. Wir betrachten nun um p zentrierte Karten (U_p, x_p) für $p \in \mathring{K}_{n+2} \setminus K_{n-1}$ mit der Eigenschaft, daß $B_2(0)$ noch im Bildbereich der Karte ist, sowie $U_p \subseteq \mathring{K}_{n+2} \setminus K_{n-1}$ und $U_p \subseteq O_{\beta_p}$ für ein geeignetes β_p. Offenbar gibt es zu jedem p eine solche Karte. Da $K_{n+1} \setminus \mathring{K}_n$ kompakt ist, überdecken bereits endlich viele $x_p^{-1}(B_1(0))$ das Kompaktum $K_{n+1} \setminus \mathring{K}_n$. Eine Auswahl dieser endlich vielen Punkte bezeichnen wir mit $p_{n,1}, \ldots, p_{n,m_n}$. Die zugehörigen Karten seien mit $(U_{n,1}, x_{n,1}), \ldots, (U_{n,m_n}, x_{n,m_n})$ bezeichnet. Die lokal definierte, glatte Funktion

$$\varphi_{n,i}(p) = \varphi_{1,\frac{1}{2}}(x_{n,i}(p))$$

für $p \in U_{n,i}$ hat ihren Träger in $x_{n,i}^{-1}(B_{\frac{3}{2}}(0)) \subseteq U_{n,i} \subseteq O_{\beta_{p_{n,i}}}$ und kann daher zu einer globalen Funktion $\varphi_{n,i} \in C^\infty(M)$ fortgesetzt werden, indem man $\varphi_{n,i}(p) = 0$ für $p \in M \setminus U_{n,i}$ setzt. Offenbar gilt $0 \le \varphi_{n,i} \le 1$ und $\varphi_{n,i}\big|_{x_{n,i}^{-1}(B_1(0))} = 1$. Die Gesamtheit aller dieser Funktionen $\{\varphi_{n,i}\}_{n,i}$ hat nun folgende Eigenschaften: Die Träger sind lokal endlich, da $\operatorname{supp} \varphi_{n,i} \subseteq \mathring{K}_{n+2} \setminus K_{n-1}$. Die lokal endliche Summe

$$\varphi = \sum_{n,i} \varphi_{n,i}^k$$

ist überall echt positiv, da $\varphi_{n,i} \ge 0$ und auf $x_{n,i}^{-1}(B_1(0))$ konstant 1 ist, diese Kugeln das Kompaktum $K_{n+1} \setminus \mathring{K}_n$ überdecken und die K_n ganz M ausschöpfen. Daher sieht man leicht, daß die Funktionen

$$\chi_{n,i} = \frac{1}{\sqrt[k]{\varphi}} \varphi_{n,i}$$

die gesuchte Zerlegung der Eins der Ordnung k liefern, welche $\{O_\beta\}_{\beta \in J}$ untergeordnet ist. Die zusätzlichen Eigenschaften sind per constructionem gegeben. $\square$

Wir notieren einige nützliche Folgerungen aus diesem Satz. Das erste Korollar ist eine verschärfte Version des bekannten Urysohn-Lemmas aus der mengentheoretischen Topologie, siehe etwa [270, Kap. 7].

Korollar A.1.5 (C^∞-**Urysohn-Lemma**). *Seien $A_1, A_2 \subseteq M$ zwei disjunkte abgeschlossene Teilmengen von M. Dann gibt es eine Funktion $\chi \in C^\infty(M)$ mit $0 \le \chi \le 1$ und*

$$\chi\big|_{A_1} = 1 \quad \text{sowie} \quad \chi\big|_{A_2} = 0. \tag{A.6}$$

Entsprechend gibt es disjunkte offene Teilmengen $U_1, U_2 \subseteq M$ mit $A_i \subseteq U_i$. Eine differenzierbare Mannigfaltigkeit erfüllt also das Trennungsaxiom T_4.

Beweis. Man betrachte die offene Überdeckung $\{M \setminus A_1, M \setminus A_2\}$ von M und wählt eine untergeordnete Zerlegung der Eins $\{\chi_n\}_{n \in \mathbb{N}}$ mit $0 \leq \chi_n \leq 1$. Dann setzt man

$$\chi = \sum_{n \in I} \chi_n,$$

wobei $I = \{n \in \mathbb{N} \mid \operatorname{supp} \chi_n \subseteq M \setminus A_2\}$. Dies liefert die gewünschte Funktion χ. Zur Trennung von A_1 und A_2 betrachtet man dann einfach die offenen Teilmengen $U_1 = \chi^{-1}((\frac{3}{4}, 1])$ und $U_2 = \chi^{-1}([0, \frac{1}{4}))$. $\qquad \square$

Korollar A.1.6 (Lokale Einselemente). *Sei M eine Mannigfaltigkeit. Zu jeder ausschöpfenden Folge $\cdots \subseteq K_n \subseteq \mathring{K}_{n+1} \subseteq \cdots$ von Kompakta von M existieren Funktionen $\chi_n \in C_0^\infty(M)$ mit den folgenden Eigenschaften:*

i.) $0 \leq \chi_n \leq 1$,
ii.) $\operatorname{supp} \chi_n \subseteq K_{n+1}$,
iii.) $\chi_n\big|_{K_n} = 1$.

Beweis. Zur Konstruktion wende man rekursiv Korollar A.1.5 auf $A_1 = K_n$ und $A_2 = M \setminus \mathring{K}_{n+1}$ an. $\qquad \square$

Als eine weitere nichttriviale Anwendung betrachtet man ein reelles Vektorbündel $\pi : E \longrightarrow M$ über M. Eine Fasermetrik ist eine glatt vom Fußpunkt p abhängende symmetrische Bilinearform $\langle \cdot, \cdot \rangle_p : E_p \times E_p \longrightarrow \mathbb{R}$, welche für alle $p \in M$ nichtausgeartet ist. Alternativ können wir eine Fasermetrik als einen glatten Schnitt $h \in \Gamma^\infty(\mathrm{S}^2 E^*)$ auffassen, welcher die Bilinearform durch $h_p(\cdot, \cdot) = \langle \cdot, \cdot \rangle_p$ induziert.

Satz A.1.7. *Sei $\pi : E \longrightarrow M$ ein reelles Vektorbündel. Dann existiert für E eine positiv definite Fasermetrik.*

Beweis. Wir wählen einen Vektorbündelatlas $\{(U_\alpha, \varphi_\alpha)\}_{\alpha \in I}$ für E und eine untergeordnete Zerlegung der Eins $\{\chi_\alpha\}_{\alpha \in I}$ mit $0 \leq \chi_\alpha \leq 1$. Für $p \in U_\alpha$ definiert man dann

$$\langle v_p, w_p \rangle_\alpha = \langle \operatorname{pr}_2 \circ \varphi_\alpha(v_p), \operatorname{pr}_2 \circ \varphi_\alpha(w_p) \rangle_{\mathbb{R}^k},$$

wobei auf der rechten Seite das kanonische, positiv definite Skalarprodukt auf $\mathbb{R}^k$ verwendet wird und $\operatorname{pr}_2 \circ \varphi_\alpha(v_p)$ die Komponenten des Vektors v_p bezüglich der Bündelkarte φ_p darstellen. Die Faserdimension sei k. Offenbar ist $\langle \cdot, \cdot \rangle_\alpha$ auf U_α glatt vom Fußpunkt abhängig und positiv definit. Dann setzt man

$$\langle v_p, w_p \rangle_p = \sum_{\alpha \in I} \chi_\alpha(p) \langle v_p, w_p \rangle_\alpha,$$

und zeigt leicht, daß dies eine überall positiv definite und glatte Fasermetrik auf E darstellt. $\qquad \square$

Angewandt auf $E = TM$ folgt, daß jede Mannigfaltigkeit eine Riemannsche Metrik besitzt. Man beachte jedoch, daß die positive Definitheit in Satz A.1.7 entscheidend ist: es gibt für die Existenz von Fasermetriken mit anderer Signatur sehr wohl topologische Einschränkungen an das Bündel E.

Bemerkung A.1.8. Für ein komplexes Vektorbündel definiert man analog eine *Hermitesche Fasermetrik* als eine positiv definite, glatt vom Fußpunkt abhängige Sesquilinearform. Den Existenzbeweis kann man dann wörtlich übernehmen.

A.2 Algebraische Definition von Differentialoperatoren

Um einen systematischen Zugang zur Theorie der Multidifferentialoperatoren in der Differentialgeometrie zu erhalten, betrachten wir zunächst den Spezialfall von Differentialoperatoren, für die wir eine rein algebraische Definition geben können. Im folgenden sei $\Bbbk$ ein Körper der Charakteristik Null. Darüberhinaus sei $\mathcal{A}$ eine assoziative und kommutative $\Bbbk$-Algebra. Die Linksmultiplikation mit $a \in \mathcal{A}$ bezeichnen wir wie schon zuvor mit $\mathsf{L}_a(b) = ab$. Besitzt die Algebra $\mathcal{A}$ kein Einselement, so werden bestimmte der folgenden Aussagen im allgemeinen falsch sein. Eine nützliche Verallgemeinerung von Algebren mit Einselement sind die Algebren mit lokalen Einselementen:

Definition A.2.1 (Lokale Einselemente). *Eine assoziative $\Bbbk$-Algebra besitzt lokale Einselemente* $\{e_\alpha\}_{\alpha \in I}$, *falls es für alle* $n \in \mathbb{N}$ *und alle* $a_1, \ldots, a_n \in \mathcal{A}$ *ein* e_α *mit*

$$e_\alpha a_i = a_i = a_i e_\alpha \tag{A.7}$$

für alle $i = 1, \ldots, n$ *gibt.*

Offenbar besitzt jede Algebra mit Einselement auch lokale Einselemente, nämlich $\{\mathbb{1}\}$. Namensgebend ist nun folgendes Beispiel aus der Differentialgeometrie:

Beispiel A.2.2 (Lokale Einselemente). Sei M eine Mannigfaltigkeit. Dann leisten die gemäß Korollar A.1.6 konstruierten Funktionen $\{\chi_n\}_{n \in \mathbb{N}}$ das gewünschte für die Algebra $C_0^\infty(M)$.

Wir kommen nun zur (algebraischen) Definition von Differentialoperatoren:

Definition A.2.3 (Differentialoperatoren). *Sei $\mathcal{A}$ eine assoziative und kommutative $\Bbbk$-Algebra. Die Differentialoperatoren* $\mathrm{DiffOp}^k(\mathcal{A}) \subseteq \mathsf{End}_\Bbbk(\mathcal{A})$ *der Ordnung* $k \in \mathbb{Z}$ *definiert man induktiv durch* $\mathrm{DiffOp}^k(\mathcal{A}) = \{0\}$ *für* $k < 0$ *und*

$$\mathrm{DiffOp}^k(\mathcal{A}) = \left\{ D \in \mathsf{End}_\Bbbk(\mathcal{A}) \ \middle| \ [D, \mathsf{L}_a] \in \mathrm{DiffOp}^{k-1}(\mathcal{A}) \text{ für alle } a \in \mathcal{A} \right\} \tag{A.8}$$

für $k \geq 0$.

Da die Bedingungen linear sind, ist $\mathrm{DiffOp}^k(\mathcal{A})$ für alle k ein Unterraum von $\mathsf{End}_\Bbbk(\mathcal{A})$: dies sieht man durch eine leichte Induktion nach der Ordnung k. Wir studieren nun einige allgemeine Eigenschaften von Differentialoperatoren.

Proposition A.2.4. *Sei $\mathcal{A}$ eine assoziative und kommutative $\Bbbk$-Algebra.*

i.) Für alle k gilt

$$\mathrm{DiffOp}^k(\mathcal{A}) \subseteq \mathrm{DiffOp}^{k+1}(\mathcal{A}) \tag{A.9}$$

womit

$$\mathrm{DiffOp}^\bullet(\mathcal{A}) = \bigcup_{k=0}^{\infty} \mathrm{DiffOp}^k(\mathcal{A}) \subseteq \mathsf{End}_\Bbbk(\mathcal{A}) \tag{A.10}$$

ein filtrierter Unterraum ist.

ii.) Es gilt $\mathsf{id} \in \mathrm{DiffOp}^0(\mathcal{A})$ ebenso wie $\mathsf{L}_a \in \mathrm{DiffOp}^0(\mathcal{A})$ für alle $a \in \mathcal{A}$.

iii.) Die Differentialoperatoren der Ordnung k sind auf natürliche Weise ein $\mathcal{A}$-Bimodul, wobei man $a \cdot D \cdot b$ für $D \in \mathrm{DiffOp}^k(\mathcal{A})$ und $a, b \in \mathcal{A}$ durch

$$a \cdot D \cdot b = \mathsf{L}_a\, D\, \mathsf{L}_b \tag{A.11}$$

definiert.

iv.) Für $D \in \mathrm{DiffOp}^k(\mathcal{A})$ und $D' \in \mathrm{DiffOp}^\ell(\mathcal{A})$ gilt

$$DD' \in \mathrm{DiffOp}^{k+\ell}(\mathcal{A}), \tag{A.12}$$

womit $\mathrm{DiffOp}^\bullet(\mathcal{A})$ eine filtrierte Unteralgebra von $\mathsf{End}_\Bbbk(\mathcal{A})$ ist.

v.) Besitzt $\mathcal{A}$ lokale Einselemente, so ist

$$\mathcal{A} \ni a \mapsto \mathsf{L}_a \in \mathrm{DiffOp}^0(\mathcal{A}) \tag{A.13}$$

ein injektiver Algebrahomomorphismus. Weiter gilt in diesem Fall für $D \in \mathrm{DiffOp}^k(\mathcal{A})$ und $D' \in \mathrm{DiffOp}^\ell(\mathcal{A})$

$$[D, D'] \in \mathrm{DiffOp}^{k+\ell-1}(\mathcal{A}). \tag{A.14}$$

Beweis. Für den ersten Teil genügt es, $k \geq 0$ zu betrachten. Sei daher $D \in \mathrm{DiffOp}^k(\mathcal{A})$ mit $k \geq 0$ gegeben. Dann gilt $[D, \mathsf{L}_a] \in \mathrm{DiffOp}^{k-1}(\mathcal{A})$ nach Definition. Ist $k = 0$, so bedeutet dies einfach $[D, \mathsf{L}_a] = 0$. Da aber $0 \in \mathrm{DiffOp}^0(\mathcal{A})$, folgt $D \in \mathrm{DiffOp}^1(\mathcal{A})$. Für $k > 0$ folgt $[D, \mathsf{L}_a] \in \mathrm{DiffOp}^{k-1}(\mathcal{A}) \subseteq \mathrm{DiffOp}^k(\mathcal{A})$ durch Induktion nach k, womit $D \in \mathrm{DiffOp}^{k+1}(\mathcal{A})$. Dies zeigt den ersten Teil. Der zweite Teil ist klar, da id mit allen Linksmultiplikationen vertauscht und somit $\mathsf{id} \in \mathrm{DiffOp}^0(\mathcal{A})$. Da $\mathcal{A}$ kommutativ ist, folgt ebenfalls, daß alle Linksmultiplikationen untereinander vertauschen, womit $\mathsf{L}_a \in \mathrm{DiffOp}^0(\mathcal{A})$ für alle $a \in \mathcal{A}$. Für den dritten Teil bemerken wir zunächst, daß (A.11) die kanonische Bimodulstruktur von $\mathsf{End}_\Bbbk(\mathcal{A})$ ist. Daher ist also nur zu zeigen, daß $\mathrm{DiffOp}^k(\mathcal{A})$ unter diesen Bimodulmultiplikationen in sich überführt wird. Für $k < 0$ ist das trivial, für $k = 0$ vertauscht auch $a \cdot D \cdot b$ mit allen Linksmultiplikationen, da $\mathcal{A}$ kommutativ ist. Sei also $k > 0$, so gilt

$[a \cdot D \cdot b, \mathsf{L}_c] = \mathsf{L}_a[D, \mathsf{L}_c]\,\mathsf{L}_b$, da alle Linksmultiplikationen vertauschen. Durch Induktion nach k ist aber $\mathsf{L}_a[D, \mathsf{L}_c]\,\mathsf{L}_b = a \cdot [D, \mathsf{L}_c] \cdot b \in \mathrm{DiffOp}^{k-1}(\mathcal{A})$, womit $a \cdot D \cdot b \in \mathrm{DiffOp}^k(\mathcal{A})$ folgt, was den dritten Teil zeigt. Für den vierten Teil können wir wieder $k, \ell \geq 0$ annehmen. Wir führen einen Induktionsbeweis nach $k + \ell$. Ist $k = 0 = \ell$, so vertauscht sowohl D als auch D' mit allen Linksmultiplikationen. Damit gilt aber auch $[DD', \mathsf{L}_a] = 0$, was den Induktionsanfang $DD' \in \mathrm{DiffOp}^0(\mathcal{A})$ zeigt. Ist $k + \ell > 0$, so gilt nach Induktionsannahme $[DD', \mathsf{L}_a] = D[D', \mathsf{L}_a] + [D, \mathsf{L}_a]D' \in \mathrm{DiffOp}^{k+\ell-1}(\mathcal{A})$, da $[D, \mathsf{L}_a] \in \mathrm{DiffOp}^{k-1}(\mathcal{A})$ und $[D', \mathsf{L}_a] \in \mathrm{DiffOp}^{\ell-1}(\mathcal{A})$. Damit folgt aber $DD' \in \mathrm{DiffOp}^{k+\ell}(\mathcal{A})$ wie gewünscht. Nun habe $\mathcal{A}$ lokale Einselemente. Dann ist die Injektivität von $a \mapsto \mathsf{L}_a$ aber klar, da $\mathsf{L}_a(\mathsf{e}_\alpha) = a$ für ein geeignetes lokales Einselement. Für die zweite Aussage betrachten wir zunächst $k = 0 = \ell$ und $a \in \mathcal{A}$ sowie e_α mit $\mathsf{e}_\alpha a = a = a\mathsf{e}_\alpha$. Dann gilt

$$
\begin{aligned}
[D, D'](a) &= DD'(\mathsf{L}_a(\mathsf{e}_\alpha)) - D'D(\mathsf{L}_{\mathsf{e}_\alpha}(a)) \\
&= D(aD'(\mathsf{e}_\alpha)) - D'(\mathsf{e}_\alpha D(a)) \\
&= D(a)D'(\mathsf{e}_\alpha) - D'(\mathsf{e}_\alpha)D(a) = 0,
\end{aligned}
$$

womit $\mathrm{DiffOp}^0(\mathcal{A})$ eine kommutative Algebra ist. Sei nun $k + \ell > 0$, dann gilt induktiv $[[D, D'], \mathsf{L}_a] = [[D, \mathsf{L}_a], D'] + [D, [D', \mathsf{L}_a]] \in \mathrm{DiffOp}^{k+\ell-2}(\mathcal{A})$. Damit folgt aber auch der fünfte Teil. □

Im folgenden schreiben wir für die Bimodulstruktur auch einfach aDb. Weiter beachte man, daß (A.14) ohne die Existenz lokaler Einselemente im allgemeinen falsch ist: Die Algebra mit trivialer Multiplikation $ab = 0$ bietet ein Gegenbeispiel, da hier $\mathrm{DiffOp}^0(\mathcal{A}) = \mathsf{End}_{\Bbbk}(\mathcal{A})$ keineswegs kommutativ zu sein braucht.

Der Fall der Differentialoperatoren erster Ordnung verdient besondere Aufmerksamkeit. Zunächst ist klar, daß jede Derivation von $\mathcal{A}$ ein Differentialoperator erster Ordnung ist, denn für $D \in \mathsf{Der}(\mathcal{A})$ gilt nach der Leibniz-Regel

$$
[D, \mathsf{L}_a](b) = D(ab) - aD(b) = \mathsf{L}_{D(a)}(b), \tag{A.15}
$$

womit $D \in \mathrm{DiffOp}^1(\mathcal{A})$ gezeigt ist, da $\mathsf{L}_{D(a)} \in \mathrm{DiffOp}^0(\mathcal{A})$. Besitzt nun $\mathcal{A}$ lokale Einselemente, so läßt sich $\mathrm{DiffOp}^1(\mathcal{A})$ folgendermaßen zerlegen:

Proposition A.2.5. *Sei $\mathcal{A}$ eine assoziative und kommutative $\Bbbk$-Algebra mit lokalen Einselementen. Dann gilt kanonisch*

$$
\mathrm{DiffOp}^1(\mathcal{A}) = \mathrm{DiffOp}^0(\mathcal{A}) \oplus \mathsf{Der}(\mathcal{A}), \tag{A.16}
$$

wobei $D \in \mathrm{DiffOp}^1(\mathcal{A})$ in $D = D_0 + d$ mit

$$
d(a) = D(a) - D(\mathsf{e}_\alpha)a \quad und \quad D_0(a) = \mathsf{L}_{D(\mathsf{e}_\alpha)}(a) \tag{A.17}
$$

für alle $a \in \mathcal{A}$ zerlegt wird. Hier ist e_α ein lokales Einselement mit $\mathsf{e}_\alpha a = a$ und $\mathsf{e}_\alpha D(a) = D(a)$.

Beweis. Zunächst ist zu zeigen, daß die Definition von D_0 und d tatsächlich wohl-definiert ist. Seien also e_α und e_β lokale Einselemente mit $\mathsf{e}_\alpha a = a = \mathsf{e}_\beta a$ sowie $\mathsf{e}_\alpha D(a) = D(a) = \mathsf{e}_\beta D(a)$. Es ist klar, daß $D(a) - D(\mathsf{e}_\alpha)a = [D, \mathsf{L}_a](\mathsf{e}_\alpha)$ und ebenso für e_β. Wir wählen nun ein e_γ mit $\mathsf{e}_\alpha \mathsf{e}_\gamma = \mathsf{e}_\alpha$ sowie $\mathsf{e}_\beta \mathsf{e}_\gamma = \mathsf{e}_\beta$. Da $[D, \mathsf{L}_a]$ ein Differentialoperator nullter Ordnung ist, gilt

$$[D, \mathsf{L}_a](\mathsf{e}_\alpha) = [D, \mathsf{L}_a](\mathsf{L}_{\mathsf{e}_\alpha} \mathsf{e}_\gamma) = \mathsf{L}_{\mathsf{e}_\alpha}[D, \mathsf{L}_a](\mathsf{e}_\gamma) = D(a) - aD(\mathsf{e}_\gamma)$$

und genauso $[D, \mathsf{L}_a](\mathsf{e}_\beta) = D(a) - aD(\mathsf{e}_\gamma)$. Dies zeigt aber, daß d und $D_0 = D - d$ nicht von der Wahl des lokalen Einselements abhängen und daher wohl-definiert sind. Es bleibt zu zeigen, daß d eine Derivation und $D_0 \in \mathrm{DiffOp}^0(\mathcal{A})$ ist. Letzteres ist klar, denn für $a, b \in \mathcal{A}$ betrachten wir ein geeignetes lokales Einselement, womit $D_0(\mathsf{L}_a b) = \mathsf{L}_{D(\mathsf{e}_\alpha)}(\mathsf{L}_a b) = \mathsf{L}_a \mathsf{L}_{D(\mathsf{e}_\alpha)}(b) = \mathsf{L}_a D_0(b)$. Entsprechend gilt

$$\begin{aligned}
d(ab) &= D(ab) - D(\mathsf{e}_\alpha)ab \\
&= [D, \mathsf{L}_a](\mathsf{e}_\alpha b) + aD(b) - aD(\mathsf{e}_\alpha)b \\
&= \mathsf{L}_b[D, \mathsf{L}_a](\mathsf{e}_\alpha) + ad(b) \\
&= bd(a) + ad(b),
\end{aligned}$$

womit gezeigt ist, daß d eine Derivation ist. □

Da alle drei Vektorräume in (A.16) bezüglich des Kommutators Lie-Algebren sind, was man aus dem fünften Teil von Proposition A.2.4 leicht sieht, ist (A.16) für Algebren mit lokalen Einselementen eine semidirekte Summe

$$\mathrm{DiffOp}^1(\mathcal{A}) = \mathrm{DiffOp}^0(\mathcal{A}) \rtimes \mathrm{Der}(\mathcal{A}) \tag{A.18}$$

von Lie-Algebren. Nach (A.14) wirkt die Lie-Algebra $\mathrm{DiffOp}^1(\mathcal{A})$ und damit auch die Lie-Unteralgebra $\mathrm{Der}(\mathcal{A})$ auf $\mathrm{DiffOp}^k(\mathcal{A})$ für jedes k.

Darüberhinaus ist die direkte Summe in (A.16) auch mit der $\mathcal{A}$-Links-modulstruktur der drei Vektorräume verträglich, da für eine Derivation D auch aD eine Derivation ist. Hier geht die Kommutativität von $\mathcal{A}$ erneut ein. Mit der $\mathcal{A}$-Rechtsmodulstruktur ist (A.16) jedoch nicht länger verträglich, da $D \circ \mathsf{L}_a$ im allgemeinen keine Derivation mehr ist.

Bemerkung A.2.6. Besitzt $\mathcal{A}$ sogar ein Einselement $\mathbb{1}$, so gilt

$$\mathrm{DiffOp}^0(\mathcal{A}) \cong \mathcal{A} \tag{A.19}$$

und

$$\mathrm{DiffOp}^1 \cong \mathcal{A} \oplus \mathrm{Der}(\mathcal{A}), \tag{A.20}$$

wobei die Identifikation in (A.19) über $a \mapsto \mathsf{L}_a$ mit Inversem $D \mapsto D(\mathbb{1})$ gegeben ist.

Für die höheren Differentialoperatoren existieren keine einfachen Zerlegungen analog zu denen in $\mathrm{DiffOp}^1(\mathcal{A})$.

A.3 Differentialoperatoren der Algebra $C^\infty(M)$

Wir betrachten nun den Fall $\mathcal{A} = C^\infty(M)$. Da die glatten Funktionen eine Algebra mit Einselement sind, sind die Resultate von Abschnitt A.2 uneingeschränkt gültig, insbesondere gilt

$$\mathrm{DiffOp}^0(C^\infty(M)) \cong C^\infty(M). \tag{A.21}$$

Wir wollen als erstes zeigen, daß sich Differentialoperatoren immer auf offene Teilmengen einschränken lassen. Dies ist der tatsächlich nichttriviale Schritt bei der Charakterisierung von Differentialoperatoren von $C^\infty(M)$ und keineswegs selbstverständlich. Wir benötigen zunächst einige vorbereitende Resultate:

Lemma A.3.1. *Sei $D : C^\infty(M) \longrightarrow C^\infty(M)$ eine lineare Abbildung. Gibt es dann eine offene Überdeckung $\{O_\alpha\}_{\alpha \in I}$ von M und Differentialoperatoren $\{D_\alpha\}_{\alpha \in I}$ der Ordnung k, so daß*

$$D(f)\Big|_{O_\alpha} = D_\alpha(f)\Big|_{O_\alpha} \tag{A.22}$$

für alle $\alpha \in I$ und $f \in C^\infty(M)$, dann gilt $D \in \mathrm{DiffOp}^k(C^\infty(M))$.

Beweis. Sei zunächst $k = 0$, womit $D_\alpha = \mathsf{L}_{g_\alpha}$ mit $g_\alpha \in C^\infty(M)$ für alle α. Sind dann $f, h \in C^\infty(M)$, so gilt

$$D(\mathsf{L}_h\, f)\Big|_{O_\alpha} = D_\alpha(\mathsf{L}_h\, f)\Big|_{O_\alpha} = h\Big|_{O_\alpha} g_\alpha\Big|_{O_\alpha} f\Big|_{O_\alpha} = (\mathsf{L}_h\, D_\alpha(f))\Big|_{O_\alpha}$$
$$= (\mathsf{L}_h\, D(f))\Big|_{O_\alpha}.$$

Da die O_α aber ganz M überdecken, folgt $[D, \mathsf{L}_h] = 0$ und somit $D \in \mathrm{DiffOp}^0(C^\infty(M))$. Sei also $k \geq 1$, dann gilt

$$[D, \mathsf{L}_h](f)\Big|_{O_\alpha} = D(hf)\Big|_{O_\alpha} - h\Big|_{O_\alpha} D(f)\Big|_{O_\alpha} = D_\alpha(hf)\Big|_{O_\alpha} - h\Big|_{O_\alpha} D_\alpha(f)\Big|_{O_\alpha}$$
$$= [D_\alpha, \mathsf{L}_h](f)\Big|_{O_\alpha}$$

Da $[D_\alpha, \mathsf{L}_h] \in \mathrm{DiffOp}^{k-1}(C^\infty(M))$ können wir induktiv über k folgern, daß $[D, \mathsf{L}_h] \in \mathrm{DiffOp}^{k-1}(\mathcal{A})$. Damit ist aber $D \in \mathrm{DiffOp}^k(C^\infty(M))$, womit der Beweis erbracht ist. $\qquad\square$

Der entscheidende Punkt im Beweis ist offensichtlich die Verträglichkeit von Produktbildung von glatten Funktionen mit der Einschränkung glatter Funktionen auf offene Teilmengen. Das nächste Lemma zeigt, daß Differentialoperatoren immer *lokal* sind:

Lemma A.3.2. *Ist $D \in \mathrm{DiffOp}^k(C^\infty(M))$, so gilt*

$$\mathrm{supp}\, D(f) \subseteq \mathrm{supp}\, f \tag{A.23}$$

für alle $f \in C^\infty(M)$.

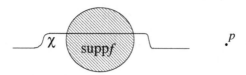

Abb. A.2. Die Abschneidefunktion χ.

Beweis. Ohne Einschränkung sei $f \in C^\infty(M)$ mit $\operatorname{supp} f \neq M$ und $p \in M \setminus \operatorname{supp} f$ gegeben. Daher gibt es nach Korollar A.1.5 eine Funktion $\chi \in C^\infty(M)$ mit $\chi|_{\operatorname{supp} f} = 1$ und $\chi(p) = 0$, siehe Abbildung A.2. Da (A.23) für $k = 0$ trivialerweise erfüllt ist, beweisen wir (A.23) durch Induktion nach k. Es gilt

$$D(f)\big|_p = D(\chi f)\big|_p = [D, \mathsf{L}_\chi](f)\big|_p + (\mathsf{L}_\chi \, D(f))\big|_p = 0,$$

da $[D, \mathsf{L}_\chi] \in \operatorname{DiffOp}^{k-1}(C^\infty(M))$ nach Induktionsannahme lokal ist und $\chi(p) = 0$. Damit folgt (A.23) durch Induktion. $\square$

Wir kommen nun zur angekündigten Einschränkbarkeit. Da sich eine Funktion $f \in C^\infty(U)$ auf einer offenen Teilmenge $U \subseteq M$ im allgemeinen nicht zu einer Funktion $F \in C^\infty(M)$ fortsetzen läßt, können wir die Einschränkung D_U von D auf $C^\infty(U)$ *nicht* durch $D_U(f) = D(F)\big|_U$ definieren. Trotzdem gilt folgende Proposition:

Proposition A.3.3 (Einschränkbarkeit lokaler Operatoren). *Sei $D : C^\infty(M) \longrightarrow C^\infty(M)$ eine lokale lineare Abbildung. Dann gibt es zu jeder offenen Teilmenge $U \subseteq M$ eine eindeutig bestimmte lokale lineare Abbildung $D_U : C^\infty(U) \longrightarrow C^\infty(U)$ derart, daß $D_M = D$ und für offenes $V \subseteq U$*

$$D_U(f)\big|_V = D_V \left(f\big|_V \right) \tag{A.24}$$

für alle $f \in C^\infty(U)$. Ist $D \in \operatorname{DiffOp}^k(C^\infty(M))$ sogar ein Differentialoperator, so folgt $D_U \in \operatorname{DiffOp}^k(C^\infty(U))$ für alle offenen Teilmengen $U \subseteq M$.

Beweis. Wir zeigen zunächst die Eindeutigkeit. Seien solche Abbildungen D_U und $\tilde{D}_U$ für jedes offene $U \subseteq M$ gegeben. Dann betrachten wir eine offene Teilmenge $V \subseteq U$ mit $V^{\mathrm{cl}} \subseteq U$ und eine Abschneidefunktion $\chi \in C^\infty(M)$ mit $\operatorname{supp} \chi \subseteq U$ und $\chi|_{V^{\mathrm{cl}}} = 1$. Sei nun $f \in C^\infty(U)$, dann gilt

$$\tilde{D}_U(f)\big|_V = \tilde{D}_V \left(f\big|_V \right) = \tilde{D}_V \left((\chi f)\big|_V \right) = \tilde{D}_M(\chi f)\big|_V = D(\chi f)\big|_V$$

und genauso für D_U. Damit stimmen die Funktionen $D_U(f)$ und $\tilde{D}_U(f)$ auf *allen* derartigen $V \subseteq U$ überein. Da letztere aber ganz U überdecken, folgt die Eindeutigkeit.

Wir zeigen nun die Existenz. Sei also $U \subseteq M$ offen und $O \subseteq U$ eine offene Teilmenge mit $O^{\mathrm{cl}} \subseteq U$. Weiter sei χ wieder eine Abschneidefunktion wie oben. Dann definieren wir

$$D_U(f)\big|_O = D(\chi f)\big|_O \tag{$*$}$$

für $f \in C^\infty(U)$. Da $\chi f \in C^\infty(M)$ als globale glatte Funktion wohl-definiert ist, müssen wir nun zeigen, daß die rechte Seite von $(*)$ nicht von der Wahl von O und χ abhängt. Sei also $\tilde{O}$ und $\tilde{\chi}$ eine weitere Wahl. Dann gilt

$$\operatorname{supp} D((\chi - \tilde{\chi})f) \subseteq \operatorname{supp}((\chi - \tilde{\chi})f) \subseteq M \setminus (O \cap \tilde{O}),$$

da $\chi - \tilde{\chi}$ auf der offenen Teilmenge $O \cap \tilde{O}$ verschwindet. Damit folgt aber $D(\chi f)\big|_{O \cap \tilde{O}} = D(\tilde{\chi} f)\big|_{O \cap \tilde{O}}$. Dies zeigt, daß $(*)$ tatsächlich eine auf ganz U wohl-definierte und offensichtlich auch glatte Funktion $D_U(f)$ liefert. Wir behaupten nun, daß die so konstruierten Abbildungen die Eigenschaft (A.24) besitzen. Zunächst ist klar, daß $D_M = D$, da wir in diesem Fall $O = M$ und $\chi = 1$ wählen können. Sei also $V \subseteq U$ eine offene Teilmenge und $O \subseteq V$ mit $O^{\mathrm{cl}} \subseteq V$ und $\chi \in C^\infty(M)$ mit $\operatorname{supp} \chi \subseteq V$ und $\chi\big|_{O^{\mathrm{cl}}} = 1$. Sei nun $f \in C^\infty(U)$. Dann stimmen die kanonischen Fortsetzungen von $f\big|_V \chi$ und $f\chi$ zu glatten Funktionen auf M überein und entsprechend gilt

$$D_V\left(f\big|_V\right)\big|_O = D\left(f\big|_V \chi\right)\big|_O = D(\chi f)\big|_O = D_U(f)\big|_O.$$

Da wiederum derartige O ganz V überdecken, folgt (A.24).

Sei nun $D \in \operatorname{DiffOp}^k(C^\infty(M))$. Ist $k = 0$, so ist $D = \mathsf{L}_g$ mit einer Funktion $g \in C^\infty(M)$, womit $D_U = \mathsf{L}_{g|_U}$ sofort folgt. Daher ist jedes D_U ebenfalls ein Differentialoperator nullter Ordnung. Sei also $k \geq 1$ und $f, g \in C^\infty(U)$. Dann gilt mit O und χ wie oben, daß auch O und χ^2 eine gültige Wahl ist, womit

$$\begin{aligned}
D_U(\mathsf{L}_g f)\big|_O - \mathsf{L}_g D_U(f)\big|_O &= D(\chi^2 g f)\big|_O - g\big|_O D(\chi f)\big|_O \\
&= [D, \mathsf{L}_{\chi g}](\chi f)\big|_O + (\chi g)\big|_O D(\chi f)\big|_O - g\big|_O D(\chi f)\big|_O \\
&= [D, \mathsf{L}_{\chi g}](\chi f)\big|_O,
\end{aligned}$$

da $\chi g\big|_O = g\big|_O$. Da $[D, \mathsf{L}_{\chi g}] \in \operatorname{DiffOp}^{k-1}(C^\infty(M))$, folgt $[D_U, \mathsf{L}_g](f)\big|_O = [D, \mathsf{L}_{\chi g}]_U(f)\big|_O$. Induktiv können wir $[D, \mathsf{L}_{\chi g}]_U \in \operatorname{DiffOp}^{k-1}(C^\infty(U))$ folgern. Nach Lemma A.3.1 ist dann aber auch $[D_U, \mathsf{L}_g] \in \operatorname{DiffOp}^{k-1}(C^\infty(U))$, da die offenen Teilmengen O ganz U überdecken. Damit folgt aber $D_U \in \operatorname{DiffOp}^k(C^\infty(U))$. $\qquad\square$

Bemerkung A.3.4. Es folgt insbesondere, daß ein lokaler Operator D nicht nur eindeutige Einschränkungen D_U auf offene Mengen besitzt, sondern seinerseits aus den Einschränkungen D_{U_α} für eine offene Überdeckung $\{U_\alpha\}_{\alpha \in I}$ rekonstruiert werden kann. Damit sind lokale Operatoren und insbesondere Differentialoperatoren bereits dadurch bestimmt, was ihre Einschränkungen auf lokale Karten eines Atlanten sind.

Wir können also nun die lokalen Formen von Differentialoperatoren in lokalen Koordinaten bestimmen. Der folgende Satz zeigt, daß Differentialoperatoren lokal genau die gewünschte Form besitzen:

Satz A.3.5 (Lokale Form von Differentialoperatoren). *Sei (U, x) eine lokale Karte von M und $D \in \mathrm{DiffOp}^k(C^\infty(M))$. Dann gibt es eindeutig bestimmte lokale Funktionen $D_U^{r\,i_1 \cdots i_r} \in C^\infty(U)$ für $r = 0, \ldots, k$, welche in den Indizes $i_1, \ldots, i_r$ symmetrisch sind, so daß*

$$D_U = \sum_{r=0}^{k} \frac{1}{r!} D_U^{r\,i_1 \cdots i_r} \frac{\partial^r}{\partial x^{i_1} \cdots \partial x^{i_r}}. \tag{A.25}$$

Für $r = k$ sind die Funktionen $D_U^{k\,i_1 \cdots i_k}$ die lokalen Koeffizientenfunktionen eines globalen Tensorfeldes $\sigma_k(D) \in \Gamma^\infty(S^k TM)$, also

$$\sigma_k(D)\Big|_U = \frac{1}{k!} D_U^{k\,i_1 \cdots i_k} \frac{\partial}{\partial x^{i_1}} \vee \cdots \vee \frac{\partial}{\partial x^{i_k}}. \tag{A.26}$$

Beweis. Wir beweisen den Satz erneut durch Induktion nach k, da offenbar der Fall $k = 0$ trivialerweise richtig ist. Sei also $k \geq 1$. Dann betrachten wir zunächst den Spezialfall, daß der Bildbereich der Karte konvex ist, also mit x, y auch $tx + (1 - t)y$ im Bildbereich der Karte liegt, sofern $t \in [0, 1]$. Sei nun x_0 fest gewählt, dann gilt (Hadamards Trick) für alle x in U

$$f(x) = f(x_0) + \int_0^1 \frac{\mathrm{d}}{\mathrm{d}t} f(tx + (1 - t)x_0) \mathrm{d}t$$

$$= f(x_0) + \int_0^1 (x^i - x_0^i) \frac{\partial f}{\partial x^i}(tx + (1 - t)x_0) \mathrm{d}t$$

$$= f(x_0) + \sum_{i=1}^{n} (x^i - x_0^i) g_i(x)$$

mit glatten Funktionen $g_i \in C^\infty(U)$. Insbesondere gilt

$$\frac{\partial^r g_i}{\partial x^{i_1} \cdots \partial x^{i_r}}(x_0) = \int_0^1 \frac{\partial^{r+1} f}{\partial x^{i_1} \cdots \partial x^{i_r} \partial x^i}(tx + (1 - t)x_0) t^r \mathrm{d}t \Big|_{x=x_0}$$

$$= \frac{1}{r + 1} \frac{\partial^{r+1} f}{\partial x^{i_1} \cdots \partial x^{i_r} \partial x^i}(x_0). \tag{$*$}$$

Nun gilt

$$D_U f = D_U \left(f(x_0) + \sum_{i=1}^{n} (x^i - x_0^i) g_i \right)$$

$$= f(x_0) D_U(1) + \sum_{i=1}^{n} \left[D_U, \mathsf{L}_{x^i - x_0^i} \right](g_i) + (x^i - x_0^i) D_U(g_i)$$

$$= f(x_0) D_U(1) + \sum_{i=1}^{n} \left[D_U, \mathsf{L}_{x^i} \right](g_i) + (x^i - x_0^i) D_U(g_i),$$

wobei wir hier mit x^i die i-te *Koordinatenfunktion* bezeichnen und mit x_0^i die *konstante* Funktion mit Funktionswert gleich der i-ten Koordinate des Punktes x_0. Die Linksmultiplikation L_{x^i} vertauscht offenbar mit D_U, da D_U linear ist. Nun ist $[D_U, \mathsf{L}_{x^i}]$ ein Differentialoperator der Ordnung $k-1$, womit es nach Induktionsannahme also Funktionen $D_U^{r\,ii_1\cdots i_r}$ mit $r = 0, \ldots, k-1$ und

$$[D_U, \mathsf{L}_{x^i}] = \sum_{r=0}^{k-1} \frac{1}{r!} D_U^{r\,ii_1\cdots i_r} \frac{\partial^r}{\partial x^{i_1} \cdots \partial x^{i_r}}$$

gibt. Daher folgt bei $x = x_0$ mit (∗) und $(x^i - x_0^i)\big|_{x=x_0} = 0$

$$D_U f\big|_{x_0} = f(x_0) D_U(1)\big|_{x_0} + \sum_{i=1}^{n} \sum_{r=0}^{k-1} \frac{1}{(r+1)!} D_U^{r\,ii_1\cdots i_r}(x_0) \frac{\partial^{r+1} f}{\partial x^{i_1} \cdots \partial x^{i_r} \partial x^i}(x_0).$$

Da der Punkt x_0 aber beliebig war, folgt die Behauptung, da die Eindeutigkeit trivialerweise folgt, indem man D_U auf geeigneten Polynomen auswertet. Ist der Bildbereich der Karte nicht konvex, so zerlegt man ihn zunächst in kleine überlappende konvexe offene Teilmengen, wo wir die obige Form finden. Ein Vergleich auf den Schnittmengen zeigt aber aufgrund der Eindeutigkeit, daß die Koeffizientenfunktionen sogar auf ganz U definiert sind, womit auch in diesem Fall die lokale Form (A.25) folgt. Dies zeigt den ersten Teil. Die zweite Behauptung folgt aber leicht aus dem Transformationsverhalten von partiellen Ableitungen unter Koordinatenwechsel und wurde bereits in Lemma 5.4.4 diskutiert. Das Tensorfeld $\sigma_k(D)$ ist gerade das *führende Symbol* aus Lemma 5.4.4. □

Ist umgekehrt ein Operator D gegeben, der in einem Atlas lokal die Form (A.25) besitzt, so ist D ein Differentialoperator. Dies zeigt folgende Proposition, womit schließlich die Äquivalenz der Definition 5.4.3 mit der algebraischen Definition A.2.3 für $\mathcal{A} = C^\infty(M)$ gezeigt ist.

Proposition A.3.6. *Sei $D : C^\infty(M) \longrightarrow C^\infty(M)$ eine lineare Abbildung und $k \geq 0$. Gibt es dann einen Atlas, so daß für jede lokale Karte (U, x) in diesem Atlas Funktionen $D_U^{i_1\cdots i_r} \in C^\infty(U)$ für $r = 0, \ldots, k$ mit der Eigenschaft*

$$Df\big|_U = \sum_{r=0}^{k} \frac{1}{r!} D_U^{i_1\cdots i_r} \frac{\partial^r f\big|_U}{\partial x^{i_1} \cdots \partial x^{i_r}} \tag{A.27}$$

existieren, so ist $D \in \mathrm{DiffOp}^k(C^\infty(M))$.

Beweis. Wir zeigen diese Behauptung erneut durch Induktion nach k. Für $k = 0$ gilt offenbar $(Df)\big|_U = D_U^0\left(f\big|_U\right)$, womit sich D_U^0 als unabhängig von der Karte U erweist und eine global definierte glatte Funktion $D_U^0 = D(1)$ darstellt. Damit ist aber $D = \mathsf{L}_{D(1)} \in \mathrm{DiffOp}^0(C^\infty(M))$. Für $k \geq 1$ sieht man mit Hilfe der Leibniz-Regel leicht, daß $([D, \mathsf{L}_g]f)\big|_U$ wieder von der Form (A.27) ist, jedoch höchstens $k-1$ partielle Ableitungen von f enthält. Daher folgt die Behauptung durch Induktion. □

Zur weiteren Illustration betrachten wir als nächstes die Differentialoperatoren der Algebra $C_0^\infty(M)$. Aus der Lokalität von Differentialoperatoren $D \in \mathrm{DiffOp}^\bullet(C^\infty(M))$ gemäß Lemma A.3.2 folgt sofort, daß $D(f) \in C_0^\infty(M)$, falls $f \in C_0^\infty(M)$. Daher lassen sich Differentialoperatoren auf $C_0^\infty(M)$ einschränken. Da $C_0^\infty(M)$ eine Unteralgebra ist, folgt sofort, daß die Einschränkung von $D \in \mathrm{DiffOp}^k(C^\infty(M))$ auf $C_0^\infty(M)$ ebenfalls ein Differentialoperator der Ordnung k der Algebra $C_0^\infty(M)$ liefert. Die nächste Proposition zeigt nun, daß diese Zuordnung bijektiv ist:

Proposition A.3.7. *Sei* $D \in \mathrm{DiffOp}^k(C_0^\infty(M))$. *Dann existiert ein eindeutig bestimmter Differentialoperator* $\hat{D} \in \mathrm{DiffOp}^k(C^\infty(M))$, *so daß*

$$D = \hat{D}\big|_{C_0^\infty(M)}. \tag{A.28}$$

Beweis. Ein Differentialoperator $\hat{D} \in \mathrm{DiffOp}^k(C^\infty(M))$ ist durch seine Werte auf $C_0^\infty(M)$ offenbar bereits eindeutig bestimmt: dies folgt sofort aus der lokalen Form sowie der Tatsache, daß es zu festem k und $p \in M$ immer eine Funktion f mit kompaktem Träger gibt, deren Taylor-Entwicklung in einer lokalen Karte um p bis zur Ordnung k eine beliebig vorgegebene ist. Das Borel-Lemma ist hierzu nicht nötig, der Beweis ist elementar, da k endlich ist. Damit läßt sich aber die Form der Koeffizienten von $\hat{D}$ bei p eindeutig bestimmen.

Sei also D vorgegeben, dann ist D lokal, was man analog zu Lemma A.3.2 zeigt. Wir definieren $\hat{D}$ folgendermaßen. Sei $O \subseteq M$ eine offene Teilmenge mit kompaktem Abschluß O^{cl} und $\chi \in C_0^\infty(M)$ mit der Eigenschaft $\chi\big|_{O^{\mathrm{cl}}} = 1$. Die Existenz einer solchen Funktion χ zu gegebenem O läßt sich durch eine einfache Verschärfung von Korollar A.1.5 zeigen, indem man O^{cl} durch endlich viele offene Mengen $U_1, \ldots, U_n$ überdeckt, derart, daß U_i^{cl} selbst kompakt ist. Dann betrachtet man $A_1 = O^{\mathrm{cl}}$ und $A_2 = M \setminus (U_1 \cup \cdots \cup U_n)$ und wählt χ gemäß Korollar A.1.5. Offenbar ist dann $\mathrm{supp}\,\chi$ kompakt. Mit diesen Wahlen definieren wir für $f \in C^\infty(M)$

$$\hat{D}(f)\big|_O = D(\chi f)\big|_O. \tag{$*$}$$

Da $\chi f \in C_0^\infty(M)$, können wir D tatsächlich anwenden. Ist nun $\tilde{O}$, $\tilde{\chi}$ eine alternative Wahl, so gilt aufgrund der Lokalität von D die Beziehung $\mathrm{supp}(D((\chi - \tilde{\chi})f)) \subseteq \mathrm{supp}((\chi - \tilde{\chi})f) \subseteq M \setminus (O \cap \tilde{O})$, da $\chi - \tilde{\chi}$ auf der offenen Teilmenge $O \cap \tilde{O}$ verschwindet. Damit folgt aber $D(\chi f)\big|_{O \cap \tilde{O}} = D(\tilde{\chi} f)\big|_{O \cap \tilde{O}}$, womit ($*$) eine wohl-definierte lineare Abbildung $\hat{D} : C^\infty(M) \longrightarrow C^\infty(M)$ ist.

Seien nun $f, g \in C^\infty(M)$, dann gilt für $k = 0$ und O, χ wie oben

$$\hat{D}(gf)\big|_O = D(\chi^2 g f)\big|_O = D(\mathsf{L}_{\chi g}\, \chi f)\big|_O = \mathsf{L}_{\chi g}\, D(\chi f)\big|_O = g\big|_O \hat{D}(f)\big|_O,$$

da auch $\chi^2\big|_{O^{\mathrm{cl}}} = 1$. Damit vertauscht $\hat{D}$ aber mit L_g, da die offenen Teilmengen O ganz M überdecken. Also folgt $\hat{D} \in \mathrm{DiffOp}^0(C^\infty(M))$. Sei nun $k \geq 1$, dann gilt

$$\left(\hat{D}(gf) - g\hat{D}(f)\right)\Big|_O = D(\chi^2 gf)\big|_O - g\big|_O D(\chi f)\big|_O$$

$$= D(\mathsf{L}_{\chi g}\, \chi f)\big|_O - (\chi g)\big|_O D(\chi f)\big|_O$$

$$= (D(\mathsf{L}_{\chi g}\, \chi f) - \mathsf{L}_{\chi g}\, D(\chi f))\big|_O$$

$$= \left([\widehat{D, \mathsf{L}_{\chi g}}](f)\right)\Big|_O.$$

Da $[D, \mathsf{L}_{\chi g}] \in \mathrm{DiffOp}^{k-1}(C_0^\infty(M))$ gilt, folgt durch Induktion nach k, daß $[\hat{D}, \mathsf{L}_g]$ auf O mit einem Differentialoperator der Ordnung $k-1$ übereinstimmt. Nach Lemma A.3.1 folgt, daß $[\hat{D}, \mathsf{L}_g] \in \mathrm{DiffOp}^{k-1}(C^\infty(M))$ und somit $\hat{D} \in \mathrm{DiffOp}^k(C^\infty(M))$. Es bleibt zu zeigen, daß die Einschränkung von $\hat{D}$ auf Funktionen mit kompaktem Träger wieder den Differentialoperator D liefert. Dies folgt aber sofort aus der Existenz lokaler Einselemente gemäß Beispiel A.2.2. □

Diese Proposition zeigt also, daß die Differentialoperatoren von $C^\infty(M)$ und $C_0^\infty(M)$ letztlich die selben sind. Aus diesem Grunde schreiben wir auch gelegentlich

$$\mathrm{DiffOp}^\bullet(M) = \mathrm{DiffOp}^\bullet(C^\infty(M)) = \mathrm{DiffOp}^\bullet(C_0^\infty(M)). \tag{A.29}$$

Wir können nun noch einige Konsequenzen der lokalen Charakterisierung von Differentialoperatoren geben. Insbesondere liefert Satz A.3.5 nun einen Beweis von Satz 2.1.26:

Korollar A.3.8. *Für die Differentialoperatoren erster Ordnung gilt:*

i.) $\sigma_1(D) = 0$ *genau dann, wenn* $D \in \mathrm{DiffOp}^0(M)$.
ii.) $\sigma_1 : \mathsf{Der}(C^\infty(M)) = \mathsf{Der}(C_0^\infty(M)) \longrightarrow \Gamma^\infty(TM)$ *ist eine kanonische lineare Bijektion mit der inversen Abbildung*

$$\mathscr{L} : \Gamma^\infty(TM) \ni X \mapsto \mathscr{L}_X \in \mathsf{Der}(C^\infty(M)). \tag{A.30}$$

Beweis. Zunächst gilt $\mathrm{DiffOp}^1(\mathcal{A}) = \mathcal{A} \oplus \mathsf{Der}(\mathcal{A})$ nach (A.20). Die lokale Formel für $\sigma_1(D)$ zeigt aber sofort den ersten Teil, womit $\sigma_1|_{\mathsf{Der}(C^\infty(M))}$ injektiv ist. Da die Surjektivität trivial ist, folgt der zweite Teil. □

A.4 Algebraische Definition von Multidifferentialoperatoren

Multidifferentialoperatoren verallgemeinern Differentialoperatoren in zweierlei Hinsicht: zum einen wollen wir mehr als nur ein Argument zulassen, wie dies beispielsweise für die Hochschild-Koketten eines Sternprodukts notwendig ist. Zum anderen wollen wir die Gelegenheit nutzen, um auch andere „Objekte" als nur Algebraelemente zu „differenzieren". Geometrisch sind wir hierbei insbesondere an Schnitten von Vektorbündeln interessiert, um Aussagen wie „die äußere Ableitung von k-Formen zu $(k + 1)$-Formen ist ein Differentialoperator erster Ordnung" treffen zu können. Der algebraische Rahmen wird nun durch folgende Definition festgelegt.

Wir betrachten eine assoziative und kommutative Algebra $\mathcal{A}$ über einem Körper $\Bbbk$ der Charakteristik Null, welche typischerweise ein Einselement oder zumindest lokale Einselemente besitzen soll. Weiter betrachten wir $\mathcal{A}$-Moduln $\mathcal{E}_1, \ldots, \mathcal{E}_N$ und $\mathcal{F}$, welche immer eine zugrundeliegende $\Bbbk$-Vektorraumstruktur besitzen mögen, die mit der $\mathcal{A}$-Modulstruktur verträglich ist. Da $\mathcal{A}$ kommutativ ist, können wir jeden Linksmodul auch als Rechtsmodul und umgekehrt auffassen. Zudem können wir jeden Modul entsprechend auch als $(\mathcal{A}, \mathcal{A})$-Bimodul auffassen, was wir gelegentlich stillschweigend tun werden.

Ein N-Differentialoperator (kurz: Multidifferentialoperator) mit Argumenten in $\mathcal{E}_1, \ldots, \mathcal{E}_N$ und Werten in $\mathcal{F}$ wird dann eine $\Bbbk$-multilineare Abbildung

$$D : \mathcal{E}_1 \times \cdots \times \mathcal{E}_N \longrightarrow \mathcal{F} \tag{A.31}$$

mit noch näher zu spezifizierenden Eigenschaften sein. Insbesondere wollen wir die Differentiationsordnung in jedem einzelnen Argument zählen können, womit sich folgende Multiindexschreibweise anbietet: Wir betrachten $K = (k_1, \ldots, k_N), L = (\ell_1, \ldots, \ell_N) \in \mathbb{Z}^N$. Dann definieren wir $K \leq L$, wenn $k_i \leq \ell_i$ für alle $i = 1, \ldots, N$. Weiter bezeichnen wir mit $\mathsf{e}_i \in \mathbb{Z}^N$ die kanonischen Basisvektoren, also den Multiindex mit 1 an i-ter Stelle und 0 sonst. Addition und Subtraktion von Multiindizes werden wie immer komponentenweise erklärt. Für $K \geq 0$ definiert man weiter $|K| = k_1 + \cdots + k_N$. Die $\Bbbk$-multilinearen Abbildungen D wie in (A.31) werden wir auf die übliche Weise mit den $\Bbbk$-linearen Abbildungen $\mathrm{Hom}_{\Bbbk}(\mathcal{E}_1 \otimes \cdots \otimes \mathcal{E}_N, \mathcal{F})$ identifizieren, wobei $\otimes$ immer für $\otimes_{\Bbbk}$ steht. Dann bezeichnen wir mit

$$\mathsf{L}_a^{(i)} : \mathcal{E}_1 \otimes \cdots \otimes \mathcal{E}_N \longrightarrow \mathcal{E}_1 \otimes \cdots \otimes \mathcal{E}_N \tag{A.32}$$

die Linksmultiplikation (im Sinne der Modulstruktur von $\mathcal{E}_i$) mit dem Algebraelement $a \in \mathcal{A}$ im i-ten Tensorfaktor $\mathcal{E}_i$. Auf elementaren Tensoren gilt also

$$\mathsf{L}_a^{(i)}(s_1 \otimes \cdots \otimes s_N) = s_1 \otimes \cdots \otimes s_{i-1} \otimes a s_i \otimes s_{i+1} \otimes \cdots \otimes s_N, \tag{A.33}$$

wobei $s_j \in \mathcal{E}_j$ für $j = 1, \ldots, N$. Die Linksmultiplikation von Elementen in $\mathcal{F}$ mit $a \in \mathcal{A}$ bezeichnen wir einfach mit L_a. Die folgende Definition ist nun die naheliegende Verallgemeinerung von Definition A.2.3:

Definition A.4.1 (Multidifferentialoperatoren). *Seien $\mathcal{E}_1, \ldots, \mathcal{E}_N$ und $\mathcal{F}$ Moduln über einer assoziativen und kommutativen $\Bbbk$-Algebra $\mathcal{A}$. Dann definiert man die Multidifferentialoperatoren $\mathrm{DiffOp}_{\mathcal{A}}^K(\mathcal{E}_1, \ldots, \mathcal{E}_N; \mathcal{F})$ mit Argumenten in $\mathcal{E}_1, \ldots, \mathcal{E}_N$ und Werten in $\mathcal{F}$ der Ordnung $K \in \mathbb{Z}^N$ induktiv durch*

$$\mathrm{DiffOp}_{\mathcal{A}}^K(\mathcal{E}_1, \ldots, \mathcal{E}_N; \mathcal{F}) = \{0\}, \tag{A.34}$$

falls es ein $k_i < 0$ in K gibt, und

$$\mathrm{DiffOp}_{\mathcal{A}}^{K}(\mathcal{E}_1, \dots, \mathcal{E}_N; \mathcal{F}) = \Big\{ D \in \mathrm{Hom}_{\Bbbk}(\mathcal{E}_1 \otimes \dots \otimes \mathcal{E}_N, \mathcal{F}) \;\Big|$$
$$\forall a \in \mathcal{A} \; \forall i: \; \mathsf{L}_a \circ D - D \circ \mathsf{L}_a^{(i)} \in \mathrm{DiffOp}_{\mathcal{A}}^{K-\mathsf{e}_i}(\mathcal{E}_1, \dots, \mathcal{E}_N; \mathcal{F}) \Big\}, \qquad (\mathrm{A.35})$$

falls $K \geq 0$.

Da die Bedingungen jeweils linear sind, zeigt eine einfache Induktion nach $|K|$, daß die Multidifferentialoperatoren der Ordnung K ein Untervektorraum von $\mathrm{Hom}_{\Bbbk}(\mathcal{E}_1 \otimes \dots \otimes \mathcal{E}_N, \mathcal{F})$ sind.

Da wir $\mathcal{A}$ in natürlicher Weise als $\mathcal{A}$-Modul auffassen können, indem wir die Algebramultiplikation als Modulmultiplikation deuten, liefert Definition A.4.1 eine Verallgemeinerung von Definition A.2.3:

Bemerkung A.4.2. Es gilt für alle $k \in \mathbb{Z}$

$$\mathrm{DiffOp}_{\mathcal{A}}^{k}(\mathcal{A}; \mathcal{A}) = \mathrm{DiffOp}^{k}(\mathcal{A}). \qquad (\mathrm{A.36})$$

Die folgende Proposition zeigt nun, daß auch die Multidifferentialoperatoren filtriert sind und sich mit Elementen aus $\mathcal{A}$ multiplizieren lassen. Man beachte jedoch, daß es nicht mehr nur eine Rechtsmodulstruktur gibt, wie in Proposition A.2.4, sondern N im allgemeinen verschiedene, da wir jedes Argument mit Elementen aus $\mathcal{A}$ multiplizieren können:

Proposition A.4.3. *Seien $\mathcal{E}_1, \dots, \mathcal{E}_N$ und $\mathcal{F}$ Moduln über $\mathcal{A}$. Dann gilt:*

i.) Für $K \leq L$ gilt

$$\mathrm{DiffOp}_{\mathcal{A}}^{K}(\mathcal{E}_1, \dots, \mathcal{E}_N; \mathcal{F}) \subseteq \mathrm{DiffOp}_{\mathcal{A}}^{L}(\mathcal{E}_1, \dots, \mathcal{E}_N; \mathcal{F}), \qquad (\mathrm{A.37})$$

womit

$$\mathrm{DiffOp}_{\mathcal{A}}^{\bullet}(\mathcal{E}_1, \dots, \mathcal{E}_N; \mathcal{F}) = \bigcup_{K \geq 0} \mathrm{DiffOp}_{\mathcal{A}}^{K}(\mathcal{E}_1, \dots, \mathcal{E}_N; \mathcal{F}) \qquad (\mathrm{A.38})$$

ein filtrierter Unterraum von $\mathrm{Hom}_{\Bbbk}(\mathcal{E}_1 \otimes \dots \otimes \mathcal{E}_N, \mathcal{F})$ ist.
ii.) $\mathrm{DiffOp}_{\mathcal{A}}^{K}(\mathcal{E}_1, \dots, \mathcal{E}_N; \mathcal{F})$ wird durch die Definition

$$a \cdot D = \mathsf{L}_a \circ D \qquad (\mathrm{A.39})$$

zu einem $\mathcal{A}$-Linksmodul. Weiter liefert

$$D \cdot^{(i)} a = D \circ \mathsf{L}_a^{(i)} \qquad (\mathrm{A.40})$$

eine $\mathcal{A}$-Rechtsmodulstruktur, welche mit allen anderen $\cdot^{(j)}$ sowie mit (A.39) vertauscht. Im allgemeinen gilt $D \cdot^{(i)} a \neq D \cdot^{(j)} a$ für $i \neq j$.

Beweis. Für den ersten Teil dürfen wir $K \geq 0$ annehmen, da die Aussage sonst trivial ist. Wir wollen zunächst

$$\mathrm{DiffOp}_{\mathcal{A}}^{K}(\mathcal{E}_1, \ldots, \mathcal{E}_N; \mathcal{F}) \subseteq \mathrm{DiffOp}_{\mathcal{A}}^{K+\mathbf{e}_i}(\mathcal{E}_1, \ldots, \mathcal{E}_N; \mathcal{F}) \qquad (*)$$

zeigen, wobei $i = 1, \ldots, N$. Der allgemeine Fall (A.37) folgt daraus durch sukzessives Anwenden von $(*)$. Sei also $K = 0$ und $D \in \mathrm{DiffOp}_{\mathcal{A}}^{0}(\mathcal{E}_1, \ldots, \mathcal{E}_N; \mathcal{F})$ gegeben, womit also $\mathsf{L}_a \circ D - D \circ \mathsf{L}_a^{(j)} = 0$ für alle $j = 1, \ldots, N$ gilt. Daher gilt aber auch $\mathsf{L}_a \circ D - D \circ \mathsf{L}_a^{(j)} \in \mathrm{DiffOp}_{\mathcal{A}}^{\mathbf{e}_i - \mathbf{e}_j}(\mathcal{E}_1, \ldots, \mathcal{E}_N; \mathcal{F})$ für alle $j = 1, \ldots, N$, womit $D \in \mathrm{DiffOp}_{\mathcal{A}}^{\mathbf{e}_i}(\mathcal{E}_1, \ldots, \mathcal{E}_N; \mathcal{F})$ folgt. Dies zeigt $(*)$ für $K = 0$. Wir nehmen nun an, daß $(*)$ für alle $K \geq 0$ mit $|K| = 0, \ldots, \kappa - 1$ gültig ist und wollen induktiv auf K mit $|K| = \kappa$ schließen. Sei also $D \in \mathrm{DiffOp}_{\mathcal{A}}^{K}(\mathcal{E}_1, \ldots, \mathcal{E}_N; \mathcal{F})$ gegeben. Dann gilt $\mathsf{L}_a \circ D - D \circ \mathsf{L}_a^{(j)} \in \mathrm{DiffOp}_{\mathcal{A}}^{K - \mathbf{e}_j}(\mathcal{E}_1, \ldots, \mathcal{E}_N; \mathcal{F})$ und $|K - \mathbf{e}_j| = \kappa - 1$, so daß nach Induktionsannahme $\mathsf{L}_a \circ D - D \circ \mathsf{L}_a^{(j)} \in \mathrm{DiffOp}_{\mathcal{A}}^{K + \mathbf{e}_i - \mathbf{e}_j}(\mathcal{E}_1, \ldots, \mathcal{E}_N; \mathcal{F})$. Dies impliziert aber $D \in \mathrm{DiffOp}_{\mathcal{A}}^{K + \mathbf{e}_i}(\mathcal{E}_1, \ldots, \mathcal{E}_N; \mathcal{F})$, womit $(*)$ induktiv folgt und der erste Teil gezeigt ist. Den zweiten Teil zeigen wir ebenfalls durch Induktion nach $\kappa = |K|$, wobei wir wieder $K \geq 0$ annehmen dürfen. Für $D \in \mathrm{DiffOp}_{\mathcal{A}}^{0}(\mathcal{E}_1, \ldots, \mathcal{E}_N; \mathcal{F})$ gilt

$$\mathsf{L}_b \circ (\mathsf{L}_a \circ D) - (\mathsf{L}_a \circ D) \circ \mathsf{L}_b^{(j)} = \mathsf{L}_{ba} \circ D - \mathsf{L}_{ab} \circ D = 0$$

ebenso wie

$$\mathsf{L}_b \circ (D \circ \mathsf{L}_a^{(i)}) - (D \circ \mathsf{L}_a^{(i)}) \circ \mathsf{L}_b^{(j)} = \mathsf{L}_{ba} \circ D - \mathsf{L}_{ab} \circ D = 0,$$

da $\mathcal{A}$ *kommutativ* ist. Damit ist sowohl $\mathsf{L}_a \circ D$ als auch $D \circ \mathsf{L}_a^{(i)}$ für alle $i = 1, \ldots, N$ wieder ein Differentialoperator der Ordnung 0. Sei also die Behauptung für alle $K \geq 0$ mit $|K| = 0, \ldots, \kappa - 1$ richtig, und sei $D \in \mathrm{DiffOp}_{\mathcal{A}}^{K}(\mathcal{E}_1, \ldots, \mathcal{E}_N; \mathcal{F})$ mit $|K| = \kappa$ gegeben. Dann ist

$$\mathsf{L}_b \circ (\mathsf{L}_a \circ D) - (\mathsf{L}_a \circ D) \circ \mathsf{L}_b^{(j)} = \mathsf{L}_a \circ (\mathsf{L}_b \circ D - D \circ \mathsf{L}_b^{(j)})$$

ein Element in $\mathrm{DiffOp}_{\mathcal{A}}^{K - \mathbf{e}_j}(\mathcal{E}_1, \ldots, \mathcal{E}_N; \mathcal{F})$, und

$$\mathsf{L}_b \circ (D \circ \mathsf{L}_a^{(i)}) - (D \circ \mathsf{L}_a^{(i)}) \circ \mathsf{L}_b^{(j)} = (\mathsf{L}_b \circ D - D \circ \mathsf{L}_b^{(j)}) \circ \mathsf{L}_a^{(i)}$$

ist in $\mathrm{DiffOp}_{\mathcal{A}}^{K - \mathbf{e}_j}(\mathcal{E}_1, \ldots, \mathcal{E}_N; \mathcal{F})$, da nach $|K - \mathbf{e}_j| = \kappa - 1$ die Induktionsannahme verwendet werden kann. Damit folgt aber auch der zweite Teil durch Induktion, da es klar ist, daß es sich um Modulstrukturen handelt. $\qquad\square$

Die Verkettung von Multidifferentialoperatoren liefert wieder Multidifferentialoperatoren, womit auch hier eine Verallgemeinerung von Proposition A.2.4 erreicht ist. Die genaue Bestimmung der resultierenden Ordnung ist jedoch etwas komplizierter:

Proposition A.4.4. *Seien* $\mathcal{E}_1^{(1)}, \ldots, \mathcal{E}_{N_1}^{(1)}, \ldots, \mathcal{E}_1^{(M)}, \ldots, \mathcal{E}_{N_M}^{(M)}, \mathcal{F}_1, \ldots, \mathcal{F}_M$ *und* $\mathcal{G}$ *Moduln über* $\mathcal{A}$*. Sind*

$$D_i \in \mathrm{DiffOp}_{\mathcal{A}}^{K_i}\left(\mathcal{E}_1^{(i)}, \ldots, \mathcal{E}_{N_i}^{(i)}; \mathcal{F}_i\right) \tag{A.41}$$

und

$$D \in \mathrm{DiffOp}_{\mathcal{A}}^{L}(\mathcal{F}_1, \ldots, \mathcal{F}_M; \mathcal{G}) \tag{A.42}$$

gegeben, so gilt

$$D \circ (D_1 \otimes \cdots \otimes D_M) \in \mathrm{DiffOp}_{\mathcal{A}}^{(K_1+L_1, \ldots, K_M+L_M)}\left(\mathcal{E}_1^{(1)}, \ldots, \mathcal{E}_{N_M}^{(M)}; \mathcal{G}\right), \tag{A.43}$$

wobei $L_i = (\ell_i, \ldots, \ell_i) \in \mathbb{N}_0^{N_i}$ *für alle* $i = 1, \ldots, M$*.*

Beweis. Offenbar ist die Aussage nur wieder für $K_1, \ldots, K_M, L \geq 0$ von Interesse, womit wir zunächst den Fall $K_1 = \ldots = K_M = L = 0$ betrachten. In diesem Fall ist aber leicht zu sehen, daß $D \circ (D_1 \otimes \cdots \otimes D_M)$ mit jeder Linksmultiplikation L_a in der richtigen Weise vertauscht, womit (A.43) gilt. Nun betrachten wir $\kappa = |K_1| + \cdots + |K_M| + |L|$ und zeigen (A.43) durch Induktion nach κ. Mit $\mathsf{L}_a^{(i)(j)}$ bezeichnen wir die Linksmultiplikation im $\mathcal{E}_j^{(i)}$-Argument, wobei $i = 1, \ldots, M$ und $j = 1, \ldots, N_i$ gilt. Dann folgt

$$\mathsf{L}_a \circ D \circ (D_1 \otimes \cdots \otimes D_M) - D \circ (D_1 \otimes \cdots \otimes D_M) \circ \mathsf{L}_a^{(i)(j)}$$

$$= \left(\mathsf{L}_a \circ D - D \circ \mathsf{L}_a^{(i)}\right) \circ (D_1 \otimes \cdots \otimes D_M)$$

$$+ D \circ \left(D_1 \otimes \cdots \otimes \left(\mathsf{L}_a \circ D_i - D_i \circ \mathsf{L}_a^{(j)}\right) \otimes \cdots \otimes D_M\right).$$

Da $\mathsf{L}_a \circ D - D \circ \mathsf{L}_a^{(i)} \in \mathrm{DiffOp}_{\mathcal{A}}^{L-\mathsf{e}_i}(\mathcal{F}_1, \ldots, \mathcal{F}_M; \mathcal{G})$ und $\mathsf{L}_a \circ D_i - D_i \circ \mathsf{L}_a^{(j)} \in \mathrm{DiffOp}_{\mathcal{A}}^{K_i - \mathsf{e}_j}(\mathcal{E}_1^{(i)}, \ldots, \mathcal{E}_{N_i}^{(i)}; \mathcal{F}_i)$, folgt durch Induktion, daß $\left(\mathsf{L}_a \circ D - D \circ \mathsf{L}_a^{(i)}\right) \circ (D_1 \otimes \cdots \otimes D_M)$ in $\mathrm{DiffOp}_{\mathcal{A}}^{(K_1+L_1, \ldots, K_i+L_i', \ldots K_M+L_M)}\left(\mathcal{E}_1^{(1)}, \ldots, \mathcal{E}_{N_M}^{(M)}; \mathcal{G}\right)$ mit $L_i' = (\ell_i - 1, \ldots, \ell_i - 1)$ ist. Ebenso folgt induktiv, daß die Abbildung $D \circ \left(D_1 \otimes \cdots \otimes \left(\mathsf{L}_a \circ D_i - D_i \circ \mathsf{L}_a^{(j)}\right) \otimes \cdots \otimes D_M\right)$ einen Multidifferentialoperator in $\mathrm{DiffOp}_{\mathcal{A}}^{(K_1+L_1, \ldots, K_i-\mathsf{e}_j+L_i, \ldots, K_M+L_M)}\left(\mathcal{E}_1^{(1)}, \ldots, \mathcal{E}_{N_M}^{(M)}; \mathcal{G}\right)$ liefert. Da aber $(K_1 + L_1, \ldots, K_i + L_i', \ldots, K_M + L_M) \leq (K_1 + L_1, \ldots, K_i - \mathsf{e}_j + L_i, \ldots, K_M + L_M)$ gilt, folgt mit der Filtrationseigenschaft (A.37), daß insgesamt $\mathsf{L}_a \circ D \circ (D_1 \otimes \cdots \otimes D_M) - D \circ (D_1 \otimes \cdots \otimes D_M) \circ \mathsf{L}_a^{(i)(j)}$ ein Element in $\mathrm{DiffOp}_{\mathcal{A}}^{(K_1+L_1, \ldots, K_i-\mathsf{e}_j+L_i, \ldots, K_M+L_M)}\left(\mathcal{E}_1^{(1)}, \ldots, \mathcal{E}_{N_M}^{(M)}; \mathcal{G}\right)$ für alle i und j ist, womit (A.43) folgt. $\qquad\square$

Wir diskutieren nun einige Konsequenzen der Propositionen A.4.3 und A.4.4. Häufig betrachten wir die Situation von Differentialoperatoren auf einem festen Modul $\mathcal{E}$. Diese bezeichnen wir dann einfach mit

$$\mathrm{DiffOp}_{\mathcal{A}}^{k}(\mathcal{E}) = \mathrm{DiffOp}_{\mathcal{A}}^{k}(\mathcal{E}; \mathcal{E}), \tag{A.44}$$

und setzen entsprechend

$$\mathrm{DiffOp}_{\mathcal{A}}^{\bullet}(\mathcal{E}) = \bigcup_{k=0}^{\infty} \mathrm{DiffOp}_{\mathcal{A}}^{k}(\mathcal{E}) \subseteq \mathsf{End}_{\Bbbk}(\mathcal{E}). \tag{A.45}$$

Wir erhalten somit unmittelbar folgende Verallgemeinerung von Proposition A.2.4:

Korollar A.4.5. *Sei $\mathcal{E}$ ein $\mathcal{A}$-Modul. Dann ist $\mathrm{DiffOp}_{\mathcal{A}}^{\bullet}(\mathcal{E})$ eine filtrierte Unteralgebra von $\mathsf{End}_{\Bbbk}(\mathcal{E})$ mit Einselement $\mathbb{1} = \mathsf{id}_{\mathcal{E}}$. Es gilt $\mathsf{L}_{a} \in \mathrm{DiffOp}_{\mathcal{A}}^{0}(\mathcal{E})$. Ist der Modul nichtausgeartet, so ist $a \mapsto \mathsf{L}_{a}$ ein injektiver Algebramorphismus $\mathcal{A} \longrightarrow \mathrm{DiffOp}_{\mathcal{A}}^{0}(\mathcal{E})$.*

Hier heißt ein $\mathcal{A}$-Modul *nichtausgeartet*, wenn $a \cdot s = 0$ für alle $a \in \mathcal{A}$ impliziert, daß $s = 0$ gilt. Für Algebren mit Einselement treffen wir die (durchaus vernünftige) Vereinbarung, daß wir nur Moduln $\mathcal{E}$ mit der Eigenschaft $\mathbb{1} \cdot s = s$ betrachten, also $\mathsf{L}_{\mathbb{1}} = \mathsf{id}_{\mathcal{E}}$. Diese sind dann immer nichtausgeartet.

Ein triviales, wenn auch wichtiges Beispiel für einen Bidifferentialoperator ist die Modulmultiplikation selbst:

Beispiel A.4.6. Sei $\mathcal{E}$ ein Modul über $\mathcal{A}$, dann ist die Modulmultiplikation $\mu_{\mathcal{E}} : \mathcal{A} \times \mathcal{E} \longrightarrow \mathcal{E}$

$$\mu_{\mathcal{E}}(a, s) = a \cdot s \tag{A.46}$$

ein Bidifferentialoperator der Ordnung 0 in beiden Argumenten

$$\mu_{\mathcal{E}} \in \mathrm{DiffOp}_{\mathcal{A}}^{(0,0)}(\mathcal{A}, \mathcal{E}; \mathcal{E}). \tag{A.47}$$

Dies folgt unmittelbar aus der Kommutativität von $\mathcal{A}$. Insbesondere ist die Algebramultiplikation $\mu : \mathcal{A} \times \mathcal{A} \longrightarrow \mathcal{A}$ ein Bidifferentialoperator nullter Ordnung auf $\mathcal{A}$.

Als letzte Konstruktion betrachten wir das Einsetzen von Modulelementen in einen Multidifferentialoperator. Sei $D \in \mathrm{DiffOp}_{\mathcal{A}}^{K}(\mathcal{E}_{1}, \ldots, \mathcal{E}_{N}; \mathcal{F})$ gegeben und $s \in \mathcal{E}_{\ell}$ fest gewählt. Dann definiert man die multilineare Abbildung $\mathsf{i}_{\ell}(s)D : \mathcal{E}_{1} \times \cdots \overset{\ell}{\wedge} \cdots \times \mathcal{E}_{N} \longrightarrow \mathcal{F}$ mit $N - 1$ Argumenten durch

$$(\mathsf{i}_{\ell}(s)D)(s_{1}, \ldots, s_{\ell-1}, s_{\ell+1}, \ldots, s_{N}) = D(s_{1}, \ldots, s_{\ell-1}, s, s_{\ell+1}, \ldots, s_{N}), \tag{A.48}$$

wobei $s_{i} \in \mathcal{E}_{i}$ für $i \in \{1, \ldots, \ell - 1, \ell + 1, \ldots, N\}$. Die Abbildung $D \mapsto \mathsf{i}_{\ell}(s)D$ ist offenbar linear und es gilt

$$\mathsf{L}_{a} \circ \mathsf{i}_{\ell}(s) = \mathsf{i}_{\ell}(s) \circ \mathsf{L}_{a} \tag{A.49}$$

sowie

$$i_\ell(s) \circ L_a^{(i)} = \begin{cases} L_a^{(i)} \circ i_\ell(s) & i < \ell \\ i_\ell(as) & i = \ell \\ L_a^{(i-1)} \circ i_\ell(s) & i > \ell \end{cases} \tag{A.50}$$

für alle $a \in \mathcal{A}$. Schließlich gilt $i_\ell(\alpha s + \beta t) = \alpha\, i_\ell(s) + \beta\, i_\ell(t)$ für alle $\alpha, \beta \in \Bbbk$ und $s, t \in \mathcal{E}_\ell$. Die Einsetzungen an verschiedenen Stellen vertauschen.

Folgende Proposition zeigt, daß $i_\ell(s)D$ wieder ein Multidifferentialoperator ist, was man mit dem üblichen Induktionsbeweis über die totale Ordnung $|K|$ leicht zeigt. Wir verzichten daher auf einen Beweis:

Proposition A.4.7. *Sei* $D \in \mathrm{DiffOp}_{\mathcal{A}}^K(\mathcal{E}_1, \ldots, \mathcal{E}_N; \mathcal{F})$ *und* $s \in \mathcal{E}_\ell$. *Dann gilt*

$$i_\ell(s)D \in \mathrm{DiffOp}_{\mathcal{A}}^{\hat{K}}(\mathcal{E}_1, \ldots, \mathcal{E}_{\ell-1}, \mathcal{E}_{\ell+1}, \ldots, \mathcal{E}_N; \mathcal{F}), \tag{A.51}$$

wobei $\hat{K} = (k_1, \ldots, k_{\ell-1}, k_{\ell+1}, \ldots, k_N) \in \mathbb{Z}^{N-1}$.

Das einfache Beispiel A.4.6 sowie Proposition A.4.7 besitzen eine interessante und nichttriviale Anwendung, welche unsere Überlegungen zur differentiellen Hochschild-Kohomologie aus Abschnitt 6.2.5 für beliebige kommutative Algebren verallgemeinert:

Satz A.4.8 (Differentielle Hochschild-Kohomologie). *Sei* $\mathcal{A}$ *eine assoziative und kommutative* $\Bbbk$-*Algebra mit Einselement* $\mathbb{1}$.

i.) Der differentielle Hochschild-Komplex

$$C_{\mathrm{diff}}^\bullet(\mathcal{A}) = \bigoplus_{k=0}^{\infty} C_{\mathrm{diff}}^k(\mathcal{A}) \subseteq C^\bullet(\mathcal{A}) \tag{A.52}$$

mit

$$C_{\mathrm{diff}}^k(\mathcal{A}) = \mathrm{DiffOp}_{\mathcal{A}}^\bullet \big(\underbrace{\mathcal{A}, \ldots, \mathcal{A}}_{k\text{-}mal}; \mathcal{A} \big) \tag{A.53}$$

ist bezüglich des Gerstenhaber-Produkts $\circ$, *der Gerstenhaber-Klammer* $[\cdot, \cdot]$, *des cup-Produkts* $\cup$ *und des Hochschild-Differentials* δ *abgeschlossen. Damit ist* $C_{\mathrm{diff}}^\bullet(\mathcal{A})$ *insbesondere ein Unterkomplex von* $C^\bullet(\mathcal{A})$.

ii.) Die differentielle Hochschild-Kohomologie

$$\mathrm{HH}_{\mathrm{diff}}^\bullet(\mathcal{A}) = \frac{\ker\left(\delta\big|_{C_{\mathrm{diff}}^\bullet(\mathcal{A})}\right)}{\mathrm{im}\left(\delta\big|_{C_{\mathrm{diff}}^{\bullet-1}(\mathcal{A})}\right)} \tag{A.54}$$

wird auf natürliche Weise mit der Gerstenhaber-Klammer und dem cup-Produkt zu einer Gerstenhaber-Algebra.

iii.) Es gilt kanonisch

$$\mathrm{HH}_{\mathrm{diff}}^0(\mathcal{A}) = \mathrm{HH}^0(\mathcal{A}) = \mathcal{A} \tag{A.55}$$

und

$$\mathrm{HH}_{\mathrm{diff}}^1(\mathcal{A}) = \mathrm{HH}^1(\mathcal{A}) = \mathrm{Der}(\mathcal{A}). \tag{A.56}$$

Beweis. Da die Gerstenhaber-Produkte $\circ_i$ aus Linearkombinationen von „Ineinandersteckungen" gebildet werden, folgt der erste Teil unmittelbar aus den Propositionen A.4.4 und A.4.7 sowie Beispiel A.4.6 zusammen mit der Tatsache, daß $\circ$, $[\cdot,\cdot]$, $\cup$, δ auf die elementaren Operationen $\circ_i$ zurückgeführt werden können. Der zweite Teil folgt analog zu Satz 6.2.18, da der Beweis ebenfalls rein kombinatorischer Natur ist und nur die elementaren Operationen $\circ_i$ verwendet. Der dritte Teil ist schließlich eine einfache Konsequenz aus Bemerkung A.2.6 und der Annahme, daß $\mathcal{A}$ kommutativ ist, womit alle Derivationen äußere sind. $\square$

A.5 Multidifferentialoperatoren auf Schnitten von Vektorbündeln

Wir wollen nun die algebraischen Resultate zu Multidifferentialoperatoren in die Differentialgeometrie übertragen. Hierbei stellt sich zunächst die Frage, welche Moduln man betrachten möchte. Auch wenn es nicht der einzige interessante Fall ist, werden wir uns auf die Schnitte $\Gamma^\infty(E)$ von Vektorbündeln $E \longrightarrow M$ beschränken. Diese stellen eine große Klasse von Moduln über $C^\infty(M)$ dar, wie wir in Abschnitt 2.2 gesehen haben.

Seien also $\pi_j : E_j \longrightarrow M$ mit $j = 1,\ldots,N$ und $\pi_F : F \longrightarrow M$ Vektorbündel über M, welche entweder reell oder komplex sein mögen, je nach dem, ob wir reell- oder komplexwertige Funktionen $C^\infty(M)$ betrachten. Um die Notation nicht unnötig zu erschweren, schreiben wir für $K \in \mathbb{Z}^N$ kurz

$$\mathrm{DiffOp}_M^K(E_1,\ldots,E_N;F) = \mathrm{DiffOp}_{C^\infty(M)}^K\left(\Gamma^\infty(E_1),\ldots,\Gamma^\infty(E_N);\Gamma^\infty(F)\right).$$
(A.57)

Als erstes Ergebnis erhalten wir die Lokalität und Lokalisierbarkeit von Multidifferentialoperatoren. Für eine offene Teilmenge $U \subseteq M$ können Schnitte $s \in \Gamma^\infty(E)$ eingeschränkt werden und liefern Schnitte $s|_U \in \Gamma^\infty(E|_U)$. Man beachte jedoch, daß typischerweise *nicht* jeder Schnitt von $E|_U$ eine solche Einschränkung ist: ein gegebener Schnitt $s \in \Gamma^\infty(E|_U)$ kann im allgemeinen *nicht* zu einem Schnitt von E fortgesetzt werden. Diese Problematik haben wir für Funktionen ja bereits gesehen.

Satz A.5.1 (Lokalität von Multidifferentialoperatoren). *Seien $E_j \longrightarrow M$ mit $j = 1,\ldots,N$ und $F \longrightarrow M$ Vektorbündel über M.*

i.) Sei $D : \Gamma^\infty(E_1) \times \cdots \times \Gamma^\infty(E_N) \longrightarrow \Gamma^\infty(F)$ eine multilineare Abbildung. Ist D lokal im Sinne, daß

$$\operatorname{supp} D(s_1,\ldots,s_N) \subseteq \operatorname{supp} s_1 \cap \cdots \cap \operatorname{supp} s_N$$
(A.58)

für alle $s_j \in \Gamma^\infty(E_j)$ mit $j = 1,\ldots,N$, so gibt es für jede offene Teilmenge $U \subseteq M$ eindeutig bestimmte multilineare Abbildungen $D_U : \Gamma^\infty(E_1|_U) \times \cdots \times \Gamma^\infty(E_N|_U) \longrightarrow \Gamma^\infty(F|_U)$ mit $D_M = D$ und

$$D_U(s_1, \ldots, s_N)\big|_V = D_V(s_1\big|_V, \ldots, s_N\big|_V) \tag{A.59}$$

für alle offenen Teilmengen $V \subseteq U$ und $s_j \in \Gamma^\infty(E_j\big|_U)$.

ii.) Ist $D \in \mathrm{DiffOp}_M^K(E_1, \ldots, E_N; F)$, so ist D lokal.

iii.) $D \in \mathrm{DiffOp}_M^0(E_1, \ldots, E_N; F)$ läßt sich kanonisch als ein Tensorfeld in $\Gamma^\infty(E_1^* \otimes \cdots \otimes E_N^* \otimes F)$ auffassen.

iv.) Ist $D \in \mathrm{DiffOp}_M^K(E_1, \ldots, E_N; F)$, so gilt für alle offenen Teilmengen U

$$D_U \in \mathrm{DiffOp}_U^K(E_1\big|_U, \ldots, E_N\big|_U; F\big|_U). \tag{A.60}$$

Beweis. Der erste Teil folgt im wesentlichen dem Beweis von Proposition A.3.3. Die Eindeutigkeit läßt sich wieder wie in Proposition A.3.3 mit Hilfe einer Abschneidefunktion zeigen: Für eine offene Teilmenge $U \subseteq M$ und $s_j \in \Gamma^\infty(E_j\big|_U)$ betrachten wir eine offene Teilmenge $O \subseteq U$ mit $O^{\mathrm{cl}} \subseteq U$ und eine Abschneidefunktion $\chi \in C^\infty(M)$ mit $\mathrm{supp}\,\chi \subseteq U$ und $\chi\big|_{O^{\mathrm{cl}}} = 1$. Dann definiert man

$$D_U(s_1, \ldots, s_N)\big|_O = D(\chi s_1, \ldots, \chi s_N)\big|_O.$$

Ist $\tilde{O}$ und $\tilde{\chi}$ eine andere Wahl, so gilt $(\chi - \tilde{\chi})\big|_{O \cap \tilde{O}} = 0$, womit aufgrund der Lokalität und Multilinearität

$$D(\chi s_1, \ldots, \chi s_N)\big|_{O \cap \tilde{O}} = D(\chi s_1, \ldots, \chi s_{N-1}, \tilde{\chi} s_N)\big|_{O \cap \tilde{O}}$$
$$= \cdots = D(\tilde{\chi} s_1, \ldots, \tilde{\chi} s_N)\big|_{O \cap \tilde{O}}$$

folgt, was die Wohl-Definiertheit von D_U liefert. Analog zeigt man auch, daß die Eigenschaft (A.59) gilt. Seien nun für den zweiten Teil $s_j \in \Gamma^\infty(E_j)$ mit $j = 1, \ldots, N$ vorgegeben und $p \notin \mathrm{supp}\,s_{j_0}$. Dann wählt man $\chi \in C^\infty(M)$ mit $\chi\big|_{\mathrm{supp}\,s_{j_0}} = 1$ und $\chi(p) = 0$ und findet für $D \in \mathrm{DiffOp}_M^0(E_1, \ldots, E_N; F)$, daß

$$D(s_1, \ldots s_N)(p) = D(s_1, \ldots, \chi s_{j_0}, \ldots, s_N)(p) = \chi(p)D(s_1, \ldots, s_N)(p) = 0,$$

womit (A.58) für $K = 0$ folgt. Danach läuft die Induktion über $|K|$ wie in Lemma A.3.2. Im dritten Teil geht es also darum, den Beweis von Satz 2.2.24 nachzuholen, da die Multidifferentialoperatoren $\mathrm{DiffOp}_M^0(E_1, \ldots, E_N; F)$ nullter Ordnung gerade die $C^\infty(M)$-multilinearen Abbildungen sind. Seien dazu $v_j \in E_j\big|_p$ vorgegeben. Dann definieren wir

$$\tilde{D}_p(v_1, \ldots, v_N) = D(s_1, \ldots, s_N)(p),$$

wobei wir Schnitte $s_j \in \Gamma^\infty(E_j)$ mit $s_j(p) = v_j$ wählen, was immer möglich ist, wie man mit Hilfe einer lokalen Trivialisierung und einer entsprechenden Abschneidefunktion leicht einsieht. Wir müssen nun zeigen, daß $\tilde{D}_p$ wohldefiniert ist, also nicht von der Wahl der Schnitte s_j sondern nur von den Werten $v_j = s_j(p)$ bei p abhängt. Da D multilinear ist, genügt es, zu zeigen, daß mit $v_j = 0$ auch $\tilde{D}_p(v_1, \ldots, v_N)$ verschwindet. Sei also $s_j(p) = 0$ für ein j. Man kann nun um p eine Bündelkarte mit lokalen Basisschnitten $e_{j,\alpha} \in$

$\Gamma^\infty(E_j\big|_U)$ wählen, so daß $s_j\big|_U = s_j^\alpha e_{j,\alpha}$ mit eindeutig bestimmten Funktionen $s_j^\alpha \in C^\infty(U)$ gilt. Insbesondere folgt mit $s_j(p) = 0$ auch $s_j^\alpha(p) = 0$ für alle α. Wir wählen nun eine glatte Funktion $\chi \in C^\infty(M)$ mit $\mathrm{supp}\,\chi \subseteq U$ und $\chi(p) = 1$. Dann sind die Funktionen χs_j^α auf ganz M als glatte Funktionen definiert, und entsprechend ist auch $\chi e_{j,\alpha} \in \Gamma^\infty(E_j)$ global definiert und glatt. Weiter gilt $\chi^2 s_j = (\chi s_j^\alpha)(\chi e_{j,\alpha})$. Mit der $C^\infty(M)$-Multilinearität gilt nun

$$
\begin{aligned}
D(s_1,\ldots,s_N)(p) &= \chi^2(p)D(s_1,\ldots,s_N)(p) \\
&= D(s_1,\ldots,\chi^2 s_j,\ldots,s_N)(p) \\
&= D(s_1,\ldots,(\chi s_j^\alpha)(\chi e_{j,\alpha}),\ldots,s_N)(p) \\
&= (\chi s_j^\alpha)(p)D(s_1,\ldots,(\chi e_{j,\alpha}),\ldots,s_N)(p) \\
&= 0.
\end{aligned}
$$

Dies zeigt aber, daß $\tilde{D}$ tatsächlich ein wohl-definiertes Tensorfeld vom angegebenen Typ ist. Für $K = 0$ ist der vierte Teil klar, da die Einschränkung von D durch die entsprechende Einschränkung des Tensorfeldes $\tilde{D}$ gegeben ist und daher wieder von der Ordnung 0 ist. Der Beweis für $K \geq 0$ folgt nun wörtlich dem von Proposition A.3.3, wobei wir nun einen Induktionsbeweis über $|K|$ führen. $\qquad\square$

Wir wollen nun wieder die lokale Gestalt von Multidifferentialoperatoren bestimmen. Hierzu müssen wir aber, anders als im Fall von (Multi-) Differentialoperatoren auf Funktionen, auch lokale Darstellungen der Schnitte wählen, da auf intrinsische Weise *keine* partielle Ableitung eines Schnittes wohl-definiert ist: man kann nur die Koeffizientenfunktionen bezüglich lokaler Basisschnitte partiell in Koordinatenrichtung differenzieren. Abgesehen von diesem neuen Aspekt verläuft der Beweis des folgenden Satzes analog zu dem von Satz A.3.5.

Satz A.5.2 (Lokale Form von Multidifferentialoperatoren). *Sei* $D \in \mathrm{DiffOp}_M^K(E_1,\ldots,E_N;F)$. *Sei weiter eine lokale Karte* (U,x) *von* M *gegeben sowie lokale, auf* U *definierte Basisschnitte* $\{e_{j,\alpha}\}_\alpha$ *von* E_j *für* $j = 1,\ldots,N$ *mit den zugehörigen dualen lokalen Basisschnitten* $\{e_j^\alpha\}_\alpha$ *von* E_j^*.

i.) Dann gibt es eindeutig bestimmte lokale Schnitte $D_{U\,\alpha_1,\ldots,\alpha_N}^{R\,I_1,\ldots,I_N} \in \Gamma^\infty\big(F\big|_U\big)$, *welche in jeder Indexgruppe* $I_j = (i_1^{(j)},\ldots,i_{r_j}^{(j)})$ *total symmetrisch sind, so daß*

$$
\begin{aligned}
&D_U(s_1,\ldots,s_N) \\
&= \sum_{0 \leq R \leq K} \frac{1}{R!} \sum_{I_1,\ldots,I_N} D_{U\,\alpha_1,\ldots,\alpha_N}^{R\,I_1,\ldots,I_N} \frac{\partial^{r_1} s_1^{\alpha_1}}{\partial x^{i_1^{(1)}} \cdots \partial x^{i_{r_1}^{(1)}}} \cdots \frac{\partial^{r_N} s_N^{\alpha_N}}{\partial x^{i_1^{(N)}} \cdots \partial x^{i_{r_N}^{(N)}}}
\end{aligned}
$$
$$\tag{A.61}$$

für alle lokalen Schnitte $s_j \in \Gamma^\infty\big(E_j\big|_U\big)$, *wobei* $s_j = s_j^\alpha e_{j,\alpha}$ *die lokale Basisdarstellung der* s_j *bezeichnet.*

ii.) Für $R = K$ definieren die lokalen Schnitte $D_{U\,\alpha_1,\ldots,\alpha_N}^{K\,I_1,\ldots,I_N}$ ein globales Tensorfeld, das führende Symbol

$$\sigma_K(D) \in \Gamma^\infty \left(\mathrm{S}^{k_1} TM \otimes \cdots \otimes \mathrm{S}^{k_N} TM \otimes E_1^* \otimes \cdots \otimes E_N^* \otimes F \right) \qquad (A.62)$$

durch

$$\sigma_K(D)\big|_U = \frac{1}{K!} \partial_{I_1} \otimes \cdots \otimes \partial_{I_N} \otimes e_1^{\alpha_1} \otimes \cdots \otimes e_N^{\alpha_N} \otimes D_{U\,\alpha_1,\ldots,\alpha_N}^{K\,I_1,\ldots,I_N}, \qquad (A.63)$$

wobei über alle auftretenden Koordinaten- und Basisindizes summiert wird und

$$\partial_{I_j} = \frac{\partial}{\partial x^{i_1^{(j)}}} \vee \cdots \vee \frac{\partial}{\partial x^{i_{k_j}^{(j)}}}. \qquad (A.64)$$

Beweis. Für $K = 0$ ist dies gerade die lokale Darstellung des Tensorfeldes aus Satz A.5.1, so daß wir $K \geq 0$ annehmen können. Auch wenn die Buchhaltung etwas schwieriger geworden ist, folgt der Beweis doch im wesentlichen dem von Satz A.3.5. Ohne Einschränkung betrachten wir wieder zunächst einen konvexen Bildbereich $x(U)$ der Karte. Weiter wählen wir x_0 fest und schreiben die Koeffizientenfunktionen in der Form

$$s_j^\alpha(x) = s_j^\alpha(x_0) + (x^i - x_0^i) g_{j,i}^\alpha(x)$$

mit $g_{j,i}^\alpha \in C^\infty(U)$ für alle $j = 1, \ldots, N$, so daß

$$\frac{\partial^r g_{j,i}^\alpha}{\partial x^{i_1} \cdots \partial x^{i_r}}(x_0) = \frac{1}{r+1} \frac{\partial^{r+1} s_j^\alpha}{\partial x^{i_1} \cdots \partial x^{i_r} \partial x^i}(x_0), \qquad (*)$$

was nach Hadamards Trick gelingt. Mit der üblichen Induktionsannahme für die Induktion nach $|K|$ sind die Operatoren

$$S_j^i = D_U \circ \mathsf{L}_{x^i - x_0^i}^{(j)} - \mathsf{L}_{x^i - x_0^i} \circ D_U = D_U \circ \mathsf{L}_{x^i}^{(j)} - \mathsf{L}_{x^i} \circ D_U$$

von der gewünschten Form. Man beachte, daß die Linksmultiplikation mit der *Konstanten* x_0^i mit D vertauscht, während die Linksmultiplikation mit der *Koordinatenfunktion* x^i dies natürlich im allgemeinen nicht tut. Es gilt also

$$S_j^i(s_1, \ldots, s_N)$$
$$= \sum_{0 \leq R \leq K - \mathbf{e}_j} \frac{1}{R!} \sum_{I_1,\ldots,I_N} S_j^{iR\,I_1,\ldots,I_N}_{\alpha_1,\ldots,\alpha_N} \frac{\partial^{r_1} s_1^{\alpha_1}}{\partial x^{i_1^{(1)}} \cdots \partial x^{i_{r_1}^{(1)}}} \cdots \frac{\partial^{r_N} s_N^{\alpha_N}}{\partial x^{i_1^{(N)}} \cdots \partial x^{i_{r_N}^{(N)}}}$$

mit entsprechenden lokalen Schnitten $S_j^{iR\,I_1,\ldots,I_N}_{\alpha_1,\ldots,\alpha_N} \in \Gamma^\infty\left(F\big|_U\right)$. Wir berechnen nun $D_U(s_1, \ldots, s_N)$ am Punkte $x = x_0$. Es gilt

$$D_U(s_1, \ldots, s_N)(x_0) = D_U \left(\left(s_1^\alpha(x_0) + g_{1,i}^\alpha(x^i - x_0^i) \right) e_{1,\alpha}, s_2, \ldots, s_N \right)(x_0)$$
$$= s_1^\alpha(x_0) D(e_{1,\alpha}, s_2, \ldots, s_N)(x_0)$$

$$+ \left(D_U \circ \mathsf{L}_{x^i}^{(1)} - \mathsf{L}_{x^i - x_0^i}^{(1)} \circ D_U \right) \left(g_{1,i}^{\alpha} e_{1,\alpha}, s_2, \ldots, s_N \right) (x_0)$$

$$+ \left(\mathsf{L}_{x^i - x_0^i} \circ D_U \right) \left(g_{1,i}^{\alpha} e_{1,\alpha}, s_2, \ldots, s_N \right) (x_0)$$

$$= s_1^{\alpha}(x_0) D_U (e_{1,\alpha}, s_2, \ldots, s_N)(x_0)$$

$$+ S_1^i \left(g_{1,i}^{\alpha} e_{1,\alpha}, s_2, \ldots, s_N \right) (x_0),$$

da $x^i - x_0^i$ bei $x = x_0$ verschwindet. Iterativ erhält man also

$$D_U(s_1, \ldots, s_N)(x_0) = \sum_{j=1}^{N} s_1^{\alpha_1}(x_0) \cdots s_{j-1}^{\alpha_{j-1}}(x_0)$$

$$\times S_j^i \left(e_{1,\alpha_1}, \ldots, e_{j-1,\alpha_{j-1}}, g_{ji}^{\alpha_j} e_{j,\alpha_j}, s_{j+1}, \ldots, s_N \right) (x_0)$$

$$+ s_1^{\alpha_1}(x_0) \cdots s_N^{\alpha_N}(x_0) D_U \left(e_{1,\alpha_1}, \ldots, e_{N,\alpha_N} \right) (x_0).$$

Einsetzen der lokalen Form der S_j^i und Berücksichtigung von $(*)$ liefert dann die gewünschte Form des Operators D_U am Punkt x_0. Da aber die S_j^i nicht von der Wahl des Punktes x_0 abhingen, gilt die Darstellung für alle $x_0 \in U$, womit der Beweis von (A.61) erbracht ist. Das zeigt den ersten Teil durch Induktion nach $|K|$. Der zweite besteht im Nachrechnen, daß sich die Koeffizientenfunktionen für $R = K$ tatsächlich auf die gewünschte Weise transformieren: Mit Lemma 5.4.4 sowie dem bekannten Transformationsverhalten der Koeffizientenfunktionen s^{α} unter Wechsel der Basisschnitte e_{α} ist dies aber eine einfache Rechnung. $\square$

Bemerkung A.5.3. Analog zu Proposition A.3.6 erhält man auch die „Umkehrung" dieses Satzes: eine Abbildung D, welche in einem Atlas bezüglich einer Wahl von lokalen Basisschnitten lokal durch (A.61) beschrieben werden kann, ist ein Multidifferentialoperator der entsprechenden Ordnung. Der Beweis verläuft hier, abgesehen vom etwas größeren buchhalterischen Aufwand, analog zu Proposition A.3.6, so daß wir auf eine detaillierte Ausführung verzichten.

Wir kommen zum Abschluß nun zu einigen Beispielen, welche an verschiedenen Stellen bereits zur Anwendung kamen:

Beispiel A.5.4 (Äußere Ableitung). Die äußere Ableitung $\mathrm{d} : \Omega^{\bullet}(M) \longrightarrow \Omega^{\bullet+1}(M)$ ist ein Differentialoperator erster Ordnung. Dies folgt unmittelbar aus der Leibniz-Regel

$$\mathrm{d}(f\alpha) = \mathrm{d}f \wedge \alpha + f\mathrm{d}\alpha \tag{A.65}$$

für $f \in C^{\infty}(M)$ und $\alpha \in \Omega^{\bullet}(M)$. Damit ist letztlich auch die Vorgehensweise im Beweis von Satz 2.3.14 gerechtfertigt, d in lokalen Koordinaten zu bestimmen. Ebenso sind die Operatoren ∂ und $\overline{\partial}$ auf einer Kähler-Mannigfaltigkeit Differentialoperatoren der Ordnung 1.

Beispiel A.5.5 (Schouten-Nijenhuis-Klammer). Mit Hilfe der Leibniz-Regel zeigt man analog, daß die Schouten-Nijenhuis-Klammer ein Bidifferentialoperator der Ordnung $(1,1)$ ist, also

$$[\![\cdot,\cdot]\!] \in \mathrm{DiffOp}_M^{(1,1)}\left(\Lambda^\bullet TM, \Lambda^\bullet TM; \Lambda^\bullet TM\right). \tag{A.66}$$

Insbesondere ist die Lie-Klammer von Vektorfeldern ein Bidifferentialoperator der Ordnung $(1,1)$.

Beispiel A.5.6 (Kovariante Ableitung und Krümmung). Ist $E \longrightarrow M$ ein Vektorbündel, so ist eine kovariante Ableitung $\nabla : \Gamma^\infty(TM) \times \Gamma^\infty(E) \longrightarrow \Gamma^\infty(E)$ ein Bidifferentialoperator der Ordnung $(0,1)$, also in unserer Notation

$$\nabla \in \mathrm{DiffOp}_M^{(0,1)}(TM, E; E). \tag{A.67}$$

Dies folgt wieder unmittelbar aus der Funktionenlinearität im ersten und der Leibniz-Regel im zweiten Argument gemäß Definition 2.2.25. Entsprechend liefert Satz A.5.2 die Rechtfertigung dafür, daß ∇ auf lokalen Basisschnitten ausgewertet werden darf und so durch die lokalen Zusammenhangseinsformen festgelegt wird.

Interessant ist nun der Krümmungstensor $R(X,Y)s = \nabla_X\nabla_Y s - \nabla_Y\nabla_X s - \nabla_{[X,Y]}s$, welcher durch naives Abzählen der Differentiationsordnungen gemäß Proposition A.4.4 sowie mit Beispiel A.5.5 ein Tridifferentialoperator $R \in \mathrm{DiffOp}_M^{(1,1,2)}(TM, TM, E; E)$ ist. Hier sieht man, daß beim Bilden geeigneter Linearkombinationen der tatsächliche Differentiationsgrad niedriger ausfallen kann, als Proposition A.4.4 dies zunächst liefert: Es gilt ja aufgrund der jeweiligen Leibniz-Regeln für ∇ und die Lie-Klammer, daß R *tensoriell* in jedem Argument, also ein Tridifferentialoperator der Ordnung $(0,0,0)$ ist.

Die Potenzen der symmetrisierten kovarianten Ableitung D wie in Definition 5.4.1 liefern für $k,\ell \in \mathbb{N}_0$ schließlich Differentialoperatoren

$$\mathsf{D}^k \in \mathrm{DiffOp}_M^k(S^\ell T^*M; S^{\ell+k}T^*M). \tag{A.68}$$

Beispiel A.5.7 (Poisson-Klammer und Jacobiator). Schließlich zeigt man erneut unter Verwendung der Leibniz-Regel, daß die Poisson-Klammer ein Bidifferentialoperator der Ordnung $(1,1)$ ist. Für ein beliebiges Bivektorfeld π ist dann der Jacobiator J_π gemäß (4.6) ein Tridifferentialoperator der Ordnung $(1,1,1)$, was ebenfalls aus der Leibniz-Regel für J_π folgt.

Kommentiertes Literaturverzeichnis

Literatur zu Kapitel 1

1.1 HONERKAMP, J., RÖMER, H.: *Klassische Theoretische Physik*. Springer-Verlag, Berlin, Heidelberg, New York, 2. Auflage, 1989. Schönes Lehrbuch zur theoretischen Physik, insbesondere Kapitel 2 und 3 als Hintergrundwissen zur klassischen Mechanik.

Literatur zu Kapitel 2

2.1 BRÖCKER, T., JÄNICH, K.: *Einführung in die Differentialtopologie*, Band 143 in *Heidelberger Taschenbücher*. Springer-Verlag, Berlin, Heidelberg, New York, 1990. Korrigierter Nachdruck. Hier finden sich weiterführende differentialtopologische Resultate mit detaillierten Beweisen.

2.2 JÄNICH, K.: *Vektoranalysis*. Springer-Verlag, Heidelberg, Berlin, New York, 4. Auflage, 2003. Sehr schöne und pädagogische Einführung in die Differentialgeometrie, insbesondere weitere Details zur Integrationstheorie.

2.3 LANG, S.: *Fundamentals of Differential Geometry*, Band 191 in *Graduate Texts in Mathematics*. Springer-Verlag, Berlin, Heidelberg, New York, 1999. Einer der Klassiker. Sehr viel Hintergrundinformation, insbesondere auch zur Riemannschen Geometrie.

2.4 MICHOR, P.: *Topics in Differential Geometry*. Schrödinger Institute, Wien, 2001, erhältlich auf der homepage www.mat.univie.ac.at/~michor/. Dieses Skriptum war an vielen Stellen Vorlage und Inspiration. Uneingeschränkt empfehlenswert.

2.5 QUERENBURG, B. v.: *Mengentheoretische Topologie*. Springer-Verlag, Berlin, Heidelberg, New York, 3. Auflage, 2001.

Sehr ausführliche Darstellung der mengentheoretischen Topologie, zum Nachschlagen einzelner Begriffe.

2.6 WELLS, R. O.: *Differential Analysis on Complex Manifolds*, Band 65 in *Graduate Texts in Mathematics*. Springer-Verlag, New York, Berlin, Heidelberg, 1980.
Weiterführende Resultate zu komplexen Mannigfaltigkeiten und Kähler-Geometrie.

Literatur zu Kapitel 3

3.1 ABRAHAM, R., MARSDEN, J. E.: *Foundations of Mechanics*. Addison Wesley Publishing Company, Reading, Mass., 2. Auflage, 1985.
Sicherlich nach wie vor das Standardwerk in der geometrischen Mechanik. Sehr umfangreich und auch nicht ganz einfach.

3.2 ARNOL'D, V. I.: *Mathematical Methods of Classical Mechanics*, Band 60 in *Graduate Texts in Mathematics*. Springer-Verlag, Berlin, Heidelberg, New York, 2. Auflage, 1989.
Einer der Klassiker zur klassischen Mechanik, insbesondere auch weiterführenden Resultate zur Dynamik und Störungstheorie.

3.3 DUISTERMAAT, J. J., KOLK, J. A. C.: *Lie Groups*. Springer-Verlag, Berlin, Heidelberg, New York, 2000.
Sehr moderne Darstellung der Theorie der Lie-Gruppen und ihrer Wirkungen, allerdings kein Anfängerbuch.

3.4 GUILLEMIN, V., STERNBERG, S.: *Symplectic techniques in physics*. Cambridge University Press, Cambridge, U. K., 1984.
Ebenfalls ein Klassiker. Bietet insbesondere auch Anwendungen der symplektischen Geometrie jenseits der klassischen Mechanik.

3.5 HALL, B. C.: *Lie Groups, Lie Algebras, and Representations*, Band 222 in *Graduate Texts in Mathematics*. Springer-Verlag, Berlin, Heidelberg, New York, 2003.
Schöne Einführung in die Theorie der Lie-Gruppen und ihrer Darstellungstheorie, bezieht sich hauptsächlich auf Matrix-Lie-Gruppen.

3.6 MARSDEN, J. E., RATIU, T. S.: *Einführung in die Mechanik und Symmetrie*. Springer-Verlag, New York, Heidelberg, 2000.
Schöne Darstellung der geometrischen Mechanik mit vielen weiterführenden Beispielen.

3.7 MEINRENKEN, E.: *Symplectic Geometry*. Department of Mathematics, University of Toronto, 2000. Vorlesungsskriptum, erhältlich auf der homepage www.math.toronto.edu/~mein/.
Weiterführende Resultate zur symplektischen Geometrie. Zum Teil sehr elegante Beweise, aber nicht ganz einfach.

3.8 ORTEGA, J.-P., RATIU, T. S.: *Momentum Maps and Hamiltonian Reduction*, Band 222 in *Progress in Mathematics*. Birkhäuser, Boston, 2004.
Weiterführende Literatur zur Phasenraumreduktion, kein Anfängerbuch.

Literatur zu Kapitel 4

4.1 CANNAS DA SILVA, A., WEINSTEIN, A.: *Geometric Models for Noncommutative Algebras. Berkeley Mathematics Lecture Notes.* AMS, 1999.
Verschiedene Aspekte der Poisson-Geometrie und auch der Lie-Algebroidtheorie werden im Lichte der nichtkommutativen Geometrie diskutiert. Enthält auch eine kurze Einführung in die Deformationsquantisierung.

4.2 DUFOUR, J.-P., ZUNG, N. T.: *Poisson Structures and Their Normal Forms,* Band 242 in *Progress in Mathematics.* Birkhäuser Verlag, Basel, Boston, New York, 2005.
Fachmonographie zur Poisson-Geometrie mit Schwerpunkt auf den verschiedenen Normalformen.

4.3 MACKENZIE, K. C. H.: *General Theory of Lie Groupoids and Lie Algebroids,* Band 213 in *London Mathematical Society Lecture Note Series.* Cambridge University Press, Cambridge, UK, 2005.
Grundlegendes zur Theorie der Lie-Gruppoide und Lie-Algebroide.

4.4 VAISMAN, I.: *Lectures on the Geometry of Poisson Manifolds.* Birkhäuser Verlag, Basel, Boston, Berlin, 1994.
Der Klassiker zur Poisson-Geometrie, enthält auch kurze Bemerkungen zur Deformationsquantisierung.

Literatur zu Kapitel 5

5.1 BATES, S., WEINSTEIN, A.: *Lectures on the Geometry of Quantization.* Berkeley Mathematics Lecture Notes 8, Berkeley, 1995.
Diverse geometrische Aspekte zur Quantisierung ausgehend von der WKB-Entwicklung.

5.2 DIRAC, P. A. M.: *Lectures on Quantum Mechanics.* Belfer Graduate School of Science, Yeshiva University, New York, 1964.
Einer der Klassiker zur Quantisierungstheorie in Gegenwart von *constraints.*

5.3 LANDSMAN, N. P.: *Mathematical Topics between Classical and Quantum Mechanics. Springer Monographs in Mathematics.* Springer-Verlag, Berlin, Heidelberg, New York, 1998.
Sehr detaillierte und schöne Diskussion des Quantisierungsproblems, insbesondere der funktionalanalytischen Aspekte. Setzt einiges an Kenntnissen zu Operatoralgebren voraus.

5.4 THIRRING, W.: *Quantum Mathematical Physics. Atoms, Molecules and Large Systems.* Springer-Verlag, Berlin, Heidelberg, New York, 2. Auflage, 2002.
Grundlagen der Quantentheorie mit Schwerpunkt auf den funktionalanalytischen Aspekten.

5.5 WOODHOUSE, N. M. J.: *Geometric Quantization.* Clarendon Press, Oxford, 1992.
Ein Standardwerk zur geometrischen Quantisierung.

Literatur zu Kapitel 6

6.1 BAYEN, F., FLATO, M., FRØNSDAL, C., LICHNEROWICZ, A., STERNHEI-
MER, D.: *Deformation Theory and Quantization.* Ann. Phys. **111** (1978),
61–151.
Die grundlegenden Definitionen und erste Resultate zu Sternprodukten.
Schon aus historischen Gründen sollte dieser Artikel gelesen werden.

6.2 FEDOSOV, B. V.: *Deformation Quantization and Index Theory.* Akademie
Verlag, Berlin, 1996.
Die Konstruktion von Fedosov sowie der Beweis seines Index-Theorems,
setzt allerdings einiges voraus.

6.3 WEINSTEIN, A.: *Deformation Quantization.* Astérisque .227 (1995), Exp.
No. 789, 5, 389–409. Séminaire Bourbaki, Vol. 1993/94.
Schöner, wenn auch etwas älterer Übersichtsartikel.

Literatur zu Kapitel 7

7.1 BRATTELI, O., ROBINSON, D. W.: *Operator Algebras and Quantum Statistical Mechanics I: C^*- and W^*-Algebras. Symmetry Groups. Decomposition of States.* Springer-Verlag, New York, Heidelberg, Berlin, 2. Auflage,
1987.
Grundlagen der Theorie der Operatoralgebren mit Anwendungen in der
Quantentheorie, zum Nachschlagen.

7.2 SCHMÜDGEN, K.: *Unbounded Operator Algebras and Representation Theo-
ry,* Band 37 in *Operator Theory: Advances and Applications.* Birkhäuser
Verlag, Basel, Boston, Berlin, 1990.
Fachmonographie zu Algebren von unbeschränkten Operatoren, bietet
Hintergrundwissen und Motivation für die Darstellungstheorie. Kein An-
fängerbuch.

7.3 WALDMANN, S.: *States and Representation Theory in Deformation Quan-
tization.* Rev. Math. Phys. **17** (2005), 15–75.
Ein Übersichtsartikel zur Darstellungstheorie mit Schwerpunkt Morita-
Theorie.

Literaturverzeichnis

1. ABRAHAM, R., MARSDEN, J. E.: *Foundations of Mechanics.* Addison Wesley Publishing Company, Reading, Mass., 2. Auflage, 1985.
2. AGARWAL, G. S., WOLF, E.: *Calculus for Functions of Noncommuting Operators and General Phase-Space Methods in Quantum Mechanics. I. Mapping Theorems and Ordering of Functions of Noncommuting Operators.* Phys. Rev. D **2**.10 (1970), 2161–2186.
3. AGARWAL, G. S., WOLF, E.: *Calculus for Functions of Noncommuting Operators and General Phase-Space Methods in Quantum Mechanics II.* Phys. Rev. D **2** (1970), 2187–2205.
4. AGARWAL, G. S., WOLF, E.: *Calculus for Functions of Noncommuting Operators and General Phase-Space Methods in Quantum Mechanics III.* Phys. Rev. D **2**.10 (1970), 2206–2225.
5. AHARONOV, Y., BOHM, D.: *Significance of Electromagnetic Potentials in the Quantum Theory.* Phys. Rev. **115**.3 (1959), 485–491.
6. AIZENMAN, M., GALLAVOTTI, G., GOLDSTEIN, S., LEBOWITZ, J. L.: *Stability and Equilibrium States of Infinite Classical Systems.* Commun. Math. Phys. **48** (1976), 1–14.
7. ALI, S. T., ENGLIŠ, M.: *Quantization Methods; A guide for Physicists and Analysts.* Rev. Math. Phys. **17**.4 (2005), 391–490.
8. ARNAL, D., CAHEN, M., GUTT, S.: *⋆-exponential and holomorphic discrete series.* Bull. Soc. Math. Belg. Sér. B **41**.2 (1989), 207–227.
9. ARNAL, D., CORTET, J. C., MOLIN, P., PINCZON, G.: *Covariance and Geometrical Invariance in ∗-Quantization.* J. Math. Phys. **24**.2 (1983), 276–283.
10. ARNAL, D., MANCHON, D., MASMOUDI, M.: *Choix des signes pour la formalité de M. Kontsevich.* Pacific. J. Math. **203** (2002), 23–66.
11. ARNOL'D, V. I.: *Mathematical Methods of Classical Mechanics*, Band 60 in *Graduate Texts in Mathematics.* Springer-Verlag, Berlin, Heidelberg, New York, 2. Auflage, 1989.
12. BARGMANN, V.: *On a Hilbert Space of Analytic Functions and an Associated Integral Transform, Part I.* Comm. Pure Appl. Math **14** (1961), 187–214.
13. BARGMANN, V.: *On a Hilbert Space of Analytic Functions and an Associated Integral Transform, Part II. A Family of Related Function Spaces Application to Distribution Theory.* Comm. Pure Appl. Math **20** (1967), 1–101.

14. BASART, H., FLATO, M., LICHNEROWICZ, A., STERNHEIMER, D.: *Deformation Theory applied to Quantization and Statistical Mechanics.* Lett. Math. Phys. **8** (1984), 483–494.

15. BASART, H., LICHNEROWICZ, A.: *Conformal Symplectic Geometry, Deformations, Rigidity and Geometrical (KMS) Conditions.* Lett. Math. Phys. **10** (1985), 167–177.

16. BATES, S., WEINSTEIN, A.: *Lectures on the Geometry of Quantization.* Berkeley Mathematics Lecture Notes 8, Berkeley, 1995.

17. BAYEN, F., FLATO, M., FRØNSDAL, C., LICHNEROWICZ, A., STERNHEIMER, D.: *Quantum Mechanics as a Deformation of Classical Mechanics.* Lett. Math. Phys. **1** (1977), 521–530.

18. BAYEN, F., FLATO, M., FRØNSDAL, C., LICHNEROWICZ, A., STERNHEIMER, D.: *Deformation Theory and Quantization.* Ann. Phys. **111** (1978), 61–151.

19. BECHER, F.: *Sternprodukte auf Kotangentenbündeln.* Diplomarbeit, Fakultät für Mathematik und Physik, Physikalisches Institut, Albert-Ludwigs-Universität, Freiburg, 2006. http://idefix.physik.uni-freiburg.de/~flo/.

20. BEISER, S.: *Eine konvergente Algebra für das Wick-Sternprodukt und kohärente Zustände in der Deformationsquantisierung.* Diplomarbeit, Fakultät für Mathematik und Physik, Physikalisches Institut, Albert-Ludwigs-Universität, Freiburg, 2005.

21. BEISER, S., RÖMER, H., WALDMANN, S.: *Convergence of the Wick Star Product.* Commun. Math. Phys. **272** (2007), 25–52.

22. BEREZIN, F. A.: *General Concept of Quantization.* Commun. Math. Phys. **40** (1975), 153–174.

23. BEREZIN, F. A.: *Quantization.* Math. USSR Izvestija **8**.5 (1975), 1109–1165.

24. BEREZIN, F. A.: *Quantization in Complex Symmetric Spaces.* Math. USSR Izvestija **9**.2 (1975), 341–379.

25. BEREZIN, F. A., MARINOV, M. S.: *Particle Spin Dynamics as the Grassmann Variant of Classical Mechanics.* Ann. Phys. **104** (1977), 336–362.

26. BERTELSON, M., BIELIAVSKY, P., GUTT, S.: *Parametrizing Equivalence Classes of Invariant Star Products.* Lett. Math. Phys. **46** (1998), 339–345.

27. BERTELSON, M., CAHEN, M., GUTT, S.: *Equivalence of Star Products.* Class. Quant. Grav. **14** (1997), A93–A107.

28. BIELIAVSKY, P.: *Strict Quantization of Solvable Symmetric Spaces.* J. of Symplectic Geometry **1**.2 (2002), 269–320.

29. BIELIAVSKY, P., BONNEAU, P.: *On the geometry of the characteristic class of a star product on a symplectic manifold.* Rev. Math. Phys. **15** (2003), 199–215.

30. BIELIAVSKY, P., BORDEMANN, M., GUTT, S., WALDMANN, S.: *Traces for star products on the dual of a Lie algebra.* Rev. Math. Phys. **15**.5 (2003), 425–445.

31. BIELIAVSKY, P., CAHEN, M., GUTT, S., RAWNSLEY, J., SCHACHHÖFER, L.: *Symplectic Connections.* Int. J. Geom. Methods Mod. Phys. **3**.3 (2006), 375–420.

32. BLANCHARD, P., BRÜNING, E.: *Distribitionen und Hilbertraumoperatoren.* Springer-Verlag, Wien, New York, 1993.

33. BORDEMANN, M.: *Private communication,* 1996. Discussions on the Fedosov construction.

34. BORDEMANN, M.: *A star-product for associative algebras and the BFFLS-Drinfel'd formula.* Private note, 1996.

35. BORDEMANN, M.: *(Bi)Modules, morphismes et réduction des star-produits : le cas symplectique, feuilletages et obstructions.* Preprint **math.QA/0403334** (2004), 135 Seiten.

36. BORDEMANN, M.: *Die Groenewold-van Hove-Eigenschaft von Paaren von Lie-Algebren*, 2004. Private communication.

37. BORDEMANN, M.: *Deformation Quantization. A mini lecture*, 2005. Lecture Notes for the the 2005 Summer School on Geometric and Topological Methods for Quantum Field Theory, Villa de Leyva, Colombia. http://matematicas.uniandes.edu.co/summer2005/.

38. BORDEMANN, M., BRISCHLE, M., EMMRICH, C., WALDMANN, S.: *Phase Space Reduction for Star Products: An Explicit Construction for $\mathbb{C}P^n$.* Lett. Math. Phys. **36** (1996), 357–371.

39. BORDEMANN, M., BRISCHLE, M., EMMRICH, C., WALDMANN, S.: *Subalgebras with converging star products in deformation quantization: An algebraic construction for $\mathbb{C}P^n$.* J. Math. Phys. **37** (1996), 6311–6323.

40. BORDEMANN, M., GINOT, G., HALBOUT, G., HERBIG, H.-C., WALDMANN, S.: *Formalité G_∞ adaptee et star-représentations sur des sous-variétés coïsotropes.* Preprint **math.QA/0504276** (2005), 56 Seiten.

41. BORDEMANN, M., MEINRENKEN, E., SCHLICHENMAIER, M.: *Toeplitz quantization of Kähler manifolds and $gl(N), N \to \infty$ limit.* Commun. Math. Phys. **165** (1994), 281–296.

42. BORDEMANN, M., NEUMAIER, N., PFLAUM, M. J., WALDMANN, S.: *On representations of star product algebras over cotangent spaces on Hermitian line bundles.* J. Funct. Anal. **199** (2003), 1–47.

43. BORDEMANN, M., NEUMAIER, N., WALDMANN, S.: *Homogeneous Fedosov Star Products on Cotangent Bundles I: Weyl and Standard Ordering with Differential Operator Representation.* Commun. Math. Phys. **198** (1998), 363–396.

44. BORDEMANN, M., NEUMAIER, N., WALDMANN, S.: *Homogeneous Fedosov star products on cotangent bundles II: GNS representations, the WKB expansion, traces, and applications.* J. Geom. Phys. **29** (1999), 199–234.

45. BORDEMANN, M., NOWAK, C. J., SCHIRMER, J.: *Existence of Poisson structures.* Unpublished note of an afternoon discussion in Freiburg, 1995.

46. BORDEMANN, M., RÖMER, H., WALDMANN, S.: *A Remark on Formal KMS States in Deformation Quantization.* Lett. Math. Phys. **45** (1998), 49–61.

47. BORDEMANN, M., RÖMER, H., WALDMANN, S.: *KMS States and Star Product Quantization.* Rep. Math. Phys. **44** (1999), 45–52.

48. BORDEMANN, M., WALDMANN, S.: *A Fedosov Star Product of Wick Type for Kähler Manifolds.* Lett. Math. Phys. **41** (1997), 243–253.

49. BORDEMANN, M., WALDMANN, S.: *Formal GNS Construction and WKB Expansion in Deformation Quantization.* In: STERNHEIMER, D., RAWNSLEY, J., GUTT, S. (HRSG.): *Deformation Theory and Symplectic Geometry.* [294], 315–319.

50. BORDEMANN, M., WALDMANN, S.: *Formal GNS Construction and States in Deformation Quantization.* Commun. Math. Phys. **195** (1998), 549–583.

51. BOURBAKI, N.: *Lie Groups and Lie Algebras.* Springer-Verlag, Berlin, Heidelberg, New York, 1989.

52. BRATTELI, O., ROBINSON, D. W.: *Operator Algebras and Quantum Statistical Mechanics I: C^*- and W^*-Algebras. Symmetry Groups. Decomposition of States.* Springer-Verlag, New York, Heidelberg, Berlin, 2. Auflage, 1987.

53. BRATTELI, O., ROBINSON, D. W.: *Operator Algebras and Quantum Statistical Mechanics II: Equilibrium States. Models in Quantum Statistical Mechanics.* Springer-Verlag, New York, Heidelberg, Berlin, 2. Auflage, 1997.

54. BRÖCKER, T., JÄNICH, K.: *Einführung in die Differentialtopologie*, Band 143 in *Heidelberger Taschenbücher*. Springer-Verlag, Berlin, Heidelberg, New York, 1990. Korrigierter Nachdruck.

55. BURSZTYN, H., WALDMANN, S.: *On Positive Deformations of *-Algebras*. In: DITO, G., STERNHEIMER, D. (HRSG.): *Conférence Moshé Flato 1999. Quantization, Deformations, and Symmetries*. [96], 69–80.

56. BURSZTYN, H., WALDMANN, S.: **-Ideals and Formal Morita Equivalence of *-Algebras*. Int. J. Math. **12**.5 (2001), 555–577.

57. BURSZTYN, H., WALDMANN, S.: *Algebraic Rieffel Induction, Formal Morita Equivalence and Applications to Deformation Quantization*. J. Geom. Phys. **37** (2001), 307–364.

58. BURSZTYN, H., WALDMANN, S.: *The characteristic classes of Morita equivalent star products on symplectic manifolds*. Commun. Math. Phys. **228** (2002), 103–121.

59. BURSZTYN, H., WALDMANN, S.: *Bimodule deformations, Picard groups and contravariant connections*. K-Theory **31** (2004), 1–37.

60. BURSZTYN, H., WALDMANN, S.: *Completely positive inner products and strong Morita equivalence*. Pacific J. Math. **222** (2005), 201–236.

61. BURSZTYN, H., WALDMANN, S.: *Hermitian star products are completely positive deformations*. Lett. Math. Phys. **72** (2005), 143–152.

62. BURSZTYN, H., WALDMANN, S.: *Induction of Representations in Deformation Quantization*. In: MAEDA, Y., TOSE, N., MIYAZAKI, N., WATAMURA, S., STERNHEIMER, D. (HRSG.): *Noncommutative Geometry and Physics*, 65–76. World Scientific, Singapore, 2005. Proceedings of the CEO International Workshop.

63. BURSZTYN, H., WEINSTEIN, A.: *Poisson geometry and Morita equivalence*. In: GUTT, S., RAWNSLEY, J., STERNHEIMER, D. (HRSG.): *Poisson Geometry, Deformation Quantisation and Group Representations*. [157], 1–78.

64. CAHEN, M., GUTT, S.: *Invariant *-Product of Holomorphic Functions on the Hyperbolic Hermitian Spaces*. Lett. Math. Phys. **5** (1981), 219–228.

65. CAHEN, M., GUTT, S.: *Regular * Representations of Lie Algebras*. Lett. Math. Phys. **6** (1982), 395–404.

66. CAHEN, M., GUTT, S.: *Discrete spectrum of the hydrogen atom: an illustration of deformation theory methods and problems*. J. Geom. Phys. **1**.2 (1984), 65–83.

67. CAHEN, M., GUTT, S., DEWILDE, M.: *Local Cohomology of the Algebra of C^∞ Functions on a Connected Manifold*. Lett. Math. Phys. **4** (1980), 157–167.

68. CAHEN, M., GUTT, S., RAWNSLEY, J.: *Quantization of Kähler Manifolds I: Geometric Interpretation of Berezin's Quantization*. J. Geom. Phys. **7** (1990), 45–62.

69. CAHEN, M., GUTT, S., RAWNSLEY, J.: *Quantization of Kähler Manifolds. II.* Trans. Am. Math. Soc. **337**.1 (1993), 73–98.

70. CAHEN, M., GUTT, S., RAWNSLEY, J.: *Quantization of Kähler Manifolds. III.* Lett. Math. Phys. **30** (1994), 291–305.

71. CAHEN, M., GUTT, S., RAWNSLEY, J.: *Quantization of Kähler Manifolds. IV.* Lett. Math. Phys. **34** (1995), 159–168.

72. CANNAS DA SILVA, A.: *Lectures on Symplectic Geometry*, Band 1764 in *Lecture Notes in Mathematics*. Springer-Verlag, Berlin, Heidelberg, New York, 2001.

73. CANNAS DA SILVA, A., WEINSTEIN, A.: *Geometric Models for Noncommutative Algebras*. Berkeley Mathematics Lecture Notes. AMS, 1999.

74. CATTANEO, A., FELDER, G.: *A Path Integral Approach to the Kontsevich Quantization Formula*. Commun. Math. Phys. **212** (2000), 591–611.

75. CATTANEO, A. S.: *Formality and Star Products*. In: GUTT, S., RAWNSLEY, J., STERNHEIMER, D. (HRSG.): *Poisson Geometry, Deformation Quantisation and Group Representations*. [157], 79–144. Lecture Notes taken by D. Indelicato.

76. CATTANEO, A. S., FELDER, G.: *Coisotropic Submanifolds in Poisson Geometry and Branes in the Poisson Sigma Model*. Lett. Math. Phys. **69** (2004), 157–175.

77. CATTANEO, A. S., FELDER, G.: *Relative formality theorem and quantisation of coisotropic submanifolds*. Preprint **math.QA/0501540** (2005), 31 Seiten.

78. CATTANEO, A. S., FELDER, G., TOMASSINI, L.: *Fedosov connections on jet bundles and deformation quantization*. In: HALBOUT, G. (HRSG.): *Deformation quantization*. [162], 191–202.

79. CATTANEO, A. S., FELDER, G., TOMASSINI, L.: *From local to global deformation quantization of Poisson manifolds*. Duke Math. J. **115**.2 (2002), 329–352.

80. CHAMBERS, R. G.: *Shift of an Electron Interference Pattern by Enclosed Magnetic Flux*. Phys. Rev. Lett. **5**.1 (1960), 3–5.

81. CHARI, V., PRESSLEY, A.: *A Guide to Quantum Groups*. Cambridge University Press, Cambridge, 1994.

82. CHOQUET-BRUHAT, Y., DEWITT-MORETTE, C.: *Analysis, Manifolds and Physics*. North-Holland, Amsterdam, Oxford, New York, Tokyo, 2. Auflage, 1982.

83. CHOQUET-BRUHAT, Y., DEWITT-MORETTE, C.: *Analysis, Manifolds and Physics. Part II: 92 Applications*. North-Holland, Amsterdam, Oxford, New York, Tokyo, 2. Auflage, 1989.

84. CONNES, A.: *Noncommutative Geometry*. Academic Press, San Diego, New York, London, 1994.

85. CONNES, A., FLATO, M., STERNHEIMER, D.: *Closed Star Products and Cyclic Cohomology*. Lett. Math. Phys. **24** (1992), 1–12.

86. CRAINIC, M., FERNANDES, R. L.: *Integrability of Poisson brackets*. J. Differential Geom. **66** (2004), 71–137.

87. CUSHMAN, R. H., BATES, L. M.: *Global aspects of classical integrable systems*. Birkhäuser Verlag, Basel, Boston, Berlin, 1997.

88. DAVIDSON, K. R.: *C*-Algebras by Example*, Band 6 in *Fields Institute Monographs*. American Mathematical Society, Providence, Rhode Island, 1996.

89. DELIGNE, P.: *Déformations de l'Algèbre des Fonctions d'une Variété Symplectique: Comparaison entre Fedosov et DeWilde, Lecomte*. Sel. Math. New Series **1**.4 (1995), 667–697.

90. DEWILDE, M., LECOMTE, P. B. A.: *Existence of Star-Products and of Formal Deformations of the Poisson Lie Algebra of Arbitrary Symplectic Manifolds*. Lett. Math. Phys. **7** (1983), 487–496.

91. DEWILDE, M., LECOMTE, P. B. A.: *Star-Products on Cotangent Bundles*. Lett. Math. Phys. **7** (1983), 235–241.

92. DEWILDE, M., LECOMTE, P. B. A.: *Formal Deformations of the Poisson Lie Algebra of a Symplectic Manifold and Star-Products. Existence, Equivalence, Derivations*. In: HAZEWINKEL, M., GERSTENHABER, M. (HRSG.): *Deformation Theory of Algebras and Structures and Applications*. [165], 897–960.

93. DeWitt, B.: *Supermanifolds. Cambridge Monographs on Mathematical Physics.* Cambridge University Press, Cambridge, second. Auflage, 1992.

94. Dirac, P. A. M.: *The Theory of Magnetic Poles.* Phys. Rev. **74**.7 (1948), 817–830.

95. Dirac, P. A. M.: *Lectures on Quantum Mechanics.* Belfer Graduate School of Science, Yeshiva University, New York, 1964.

96. Dito, G., Sternheimer, D. (Hrsg.): *Conférence Moshé Flato 1999. Quantization, Deformations, and Symmetries. Mathematical Physics Studies* Nr. **22**. Kluwer Academic Publishers, Dordrecht, Boston, London, 2000.

97. Dito, G., Sternheimer, D. (Hrsg.): *Conférence Moshé Flato 1999. Quantization, Deformations, and Symmetries. Mathematical Physics Studies* Nr. **21**. Kluwer Academic Publishers, Dordrecht, Boston, London, 2000.

98. Dito, G., Sternheimer, D.: *Deformation quantization: genesis, developments and metamorphoses.* In: Halbout, G. (Hrsg.): *Deformation quantization.* [162], 9–54.

99. Dixmier, J.: *C*-Algebras.* North-Holland Publishing Co., Amsterdam, 1977. Translated from the French by Francis Jellett, North-Holland Mathematical Library, Vol. 15.

100. do Carmo, M. P.: *Riemanniam Geometry.* Birkhäuser, Boston, 1992.

101. Dolgushev, V. A.: *Covariant and equivariant formality theorems.* Adv. Math. **191** (2005), 147–177.

102. Dolgushev, V. A.: *A Proof of Tsygan's Formality Conjecture for an Arbitrary Smooth Manifold.* Dissertation, Massachusetts Institute of Technology, Cambridge, MA, 2005. math.QA/0504420.

103. Dolgushev, V. A., Lyakhovich, S. L., Sharapov, A. A.: *Wick Quantization of a Symplectic Manifold.* Nuc. Phys. B **102&103** (2001), 144–149.

104. Dolgushev, V. A., Lyakhovich, S. L., Sharapov, A. A.: *Wick type deformation quantization of Fedosov manifolds.* Nuc. Phys. B **606** (2001), 647–672.

105. Donin, J.: *Classification of polarized deformation quantizations.* J. Geom. Phys. **48** (2003), 546–579.

106. Dubois-Violette, M., Kriegl, A., Maeda, Y., Michor, P.: *Smooth *-Algebras.* In: Maeda, Y., Watamura, S. (Hrsg.): *Noncommutative Geometry and String Theory,* Band 144 in *Prog. Theo. Phys. Suppl.,* 54–78. Yukawa Institute for Theoretical Physics, 2001. Proceedings of the International Workshop on Noncommutative Geometry and String Theory.

107. Dufour, J.-P., Zung, N. T.: *Poisson Structures and Their Normal Forms,* Band 242 in *Progress in Mathematics.* Birkhäuser Verlag, Basel, Boston, New York, 2005.

108. Duistermaat, J. J., Kolk, J. A. C.: *Lie Groups.* Springer-Verlag, Berlin, Heidelberg, New York, 2000.

109. Eckel, R.: *Eine geometrische Formulierung von Supermannigfaltigkeiten, deren Super-Poisson-Klammern und Sternprodukten.* Diplomarbeit, Fakultät für Physik, Albert-Ludwigs-Universität, Freiburg, 1996.

110. Emmrich, C., Römer, H.: *Multicomponent Wentzel-Kramers-Brillouin Approximation on arbitrary Symplectic Manifolds: A Star Product Approach.* J. Math. Phys. **39**.7 (1998), 3530–3546.

111. Emmrich, C., Weinstein, A.: *The Differential Geometry of Fedosov's Quantization.* In: Brylinski, J.-L., Brylinski, R., Guillemin, V., Kac, V. (Hrsg.): *Lie Theory and Geometry, in Honor of B. Kostant,* 217–239. Birkhäuser, Boston, Basel, 1994.

112. EMMRICH, C., WEINSTEIN, A.: *Geometry of the Transport Equation in Multi-component WKB Approximations.* Comm. Math. Phys. **176** (1996), 701–711.

113. EVENS, S., LU, J.-H., WEINSTEIN, A.: *Transverse measures, the modular class and a cohomology pairing for Lie algebroids.* Quart. J. Math. Oxford Ser. (2) **50**.200 (1999), 417–436.

114. FEDOSOV, B., SCHULZE, B.-W., TARKHANOV, N.: *On the index theorem for symplectic orbifolds.* Ann. Inst. Fourier (Grenoble) **54**.5 (2004), 1601–1639, xvi, xxii.

115. FEDOSOV, B. V.: *Formal Quantization.* Some Topics of Modern Mathematics and their Applications to Problems of Mathematical Physics (1985), 129–136. Moscow.

116. FEDOSOV, B. V.: *Quantization and the Index.* Sov. Phys. Dokl. **31**.11 (1986), 877–878.

117. FEDOSOV, B. V.: *Index Theorem in the Algebra of Quantum Observables.* Sov. Phys. Dokl. **34**.4 (1989), 319–321.

118. FEDOSOV, B. V.: *Reduction and Eigenstates in Deformation Quantization.* In: DEMUTH, M., SCHROHE, E., SCHULZE, B.-W. (HRSG.): *Pseudo-differential Calculus and Mathematical Physics,* Band 5 in *Advances in Partial Differential Equations,* 277–297. Akademie Verlag, Berlin, 1994.

119. FEDOSOV, B. V.: *A Simple Geometrical Construction of Deformation Quantization.* J. Diff. Geom. **40** (1994), 213–238.

120. FEDOSOV, B. V.: *Trace Density in Deformation Quantization.* In: DEMUTH, M., SCHROHE, E., SCHULZE, B.-W. (HRSG.): *Boundary Value Problems, Schrödinger Operators, Deformation Quantization,* Band 8 in *Advances in Partial Differential Equations,* 319–333. Akademie Verlag, Berlin, 1995.

121. FEDOSOV, B. V.: *Deformation Quantization and Index Theory.* Akademie Verlag, Berlin, 1996.

122. FEDOSOV, B. V.: *Non-Abelian Reduction in Deformation Quantization.* Lett. Math. Phys. **43** (1998), 137–154.

123. FEDOSOV, B. V.: *On G-trace and G-index in deformation quantization.* In: DITO, G., STERNHEIMER, D. (HRSG.): *Conférence Moshé Flato 1999. Quantization, Deformations, and Symmetries.* [97], 157–176.

124. FEDOSOV, B. V.: *On G-Trace and G-Index in Deformation Quantization.* Lett. Math. Phys. **52** (2000), 29–49.

125. FEDOSOV, B. V.: *On the trace density in deformation quantization.* In: HALBOUT, G. (HRSG.): *Deformation quantization.* [162], 67–83.

126. FELDER, G., SHOIKHET, B.: *Deformation Quantization with Traces.* Lett. Math. Phys. **53** (2000), 75–86.

127. FISCHER, G.: *Lineare Algebra.* Vieweg Verlag, Wiesbaden, 11. Auflage, 1997.

128. FORGER, M., PAUFLER, C., RÖMER, H.: *A general construction of Poisson brackets on exact multisymplectic manifolds.* Rep. Math. Phys. **51**.2-3 (2003), 187–195.

129. FORGER, M., PAUFLER, C., RÖMER, H.: *The Poisson bracket for Poisson forms in multisymplectic field theory.* Rev. Math. Phys. **15**.7 (2003), 705–743.

130. FORGER, M., RÖMER, H.: *A Poisson bracket on multisymplectic phase space.* Rep. Math. Phys. **48** (2001), 211–218.

131. GALLAVOTTI, G., PULVIRENTI, M.: *Classical KMS Condition and Tomita-Takesaki Theory.* Commun. Math. Phys. **46** (1976), 1–9.

132. GALLAVOTTI, G., VERBOVEN, E.: *On the Classical KMS Boundary Condition.* Nuovo Cimento **28** (1975), 274–286.

133. GALLO, S., HULIN, D., LAFONTAINE, J.: *Riemannian Geometry*. Springer-Verlag, Berlin, Heidelberg, New York, 2. Auflage, 1990.

134. GERSTENHABER, M.: *Cohomology Structure of an associative Ring*. Ann. Math. **78** (1963), 267–288.

135. GERSTENHABER, M.: *On the Deformation of Rings and Algebras*. Ann. Math. **79** (1964), 59–103.

136. GERSTENHABER, M.: *On the Deformation of Rings and Algebras II*. Ann. Math. **84** (1966), 1–19.

137. GERSTENHABER, M.: *On the Deformation of Rings and Algebras III*. Ann. Math. **88** (1968), 1–34.

138. GERSTENHABER, M.: *On the Deformation of Rings and Algebras IV*. Ann. Math. **99** (1974), 257–276.

139. GERSTENHABER, M., SCHACK, S. D.: *Algebraic Cohomology and Deformation Theory*. In: HAZEWINKEL, M., GERSTENHABER, M. (HRSG.): *Deformation Theory of Algebras and Structures and Applications*. [165], 13–264.

140. GOLDSTEIN, H.: *Klassische Mechanik*. AULA-Verlag, Wiesbaden, 11. Auflage, 1991.

141. GORBUNOV, I. V., LYAKHOVICH, S. L., SHARAPOV, A. A.: *Wick quantization of cotangent bundles over Riemannian manifolds*. J. Geom. Phys. **53** (2005), 98–121.

142. GOTAY, M. J.: *A multisymplectic framework for classical field theory and the calculus of variations. II. Space + time decomposition*. Differential Geom. Appl. **1**.4 (1991), 375–390.

143. GOTAY, M. J., TUYNMAN, G. M.: R^{2n} *is a universal symplectic manifold for reduction*. Lett. Math. Phys. **18**.1 (1989), 55–59.

144. GRABOWSKI, J.: *Isomorphisms of algebras of smooth functions revisited*. Arch. Math. (Basel) **85**.2 (2005), 190–196.

145. GREUB, W.: *Multilinear Algebra*. Springer-Verlag, New York, Berlin, Heidelberg, 2. Auflage, 1978.

146. GRIFFITH, P., HARRIS, J.: *Principles of Algebraic Geometry*. John Wiley & Sons, New York, 1978.

147. GRIGIS, A., SJÖSTRAND, J.: *Microlocal Analysis for Differential Operators*, Band 196 in *London Mathematical Society Lecture Note Series*. Cambridge University Press, Cambridge, 1994.

148. GROENEWOLD, H. J.: *On the principles of elementary quantum mechanics*. Physica **12** (1946), 405–460.

149. GUILLEMIN, V., STERNBERG, S.: *Symplectic techniques in physics*. Cambridge University Press, Cambridge, U. K., 1984.

150. GUTT, S.: *Equivalence of Deformations and Associated ∗-Products*. Lett. Math. Phys. **3** (1979), 297–309.

151. GUTT, S.: *An Explicit ∗-Product on the Cotangent Bundle of a Lie Group*. Lett. Math. Phys. **7** (1983), 249–258.

152. GUTT, S.: *On Some Second Hochschild Cohomology Spaces for Algebras of Functions on a Manifold*. Lett. Math. Phys. **39** (1997), 157–162.

153. GUTT, S.: *Variations on deformation quantization*. In: DITO, G., STERNHEIMER, D. (HRSG.): *Conférence Moshé Flato 1999. Quantization, Deformations, and Symmetries*. [97], 217–254.

154. GUTT, S., RAWNSLEY, J.: *Equivalence of star products on a symplectic manifold; an introduction to Deligne's Čech cohomology classes*. J. Geom. Phys. **29** (1999), 347–392.

155. GUTT, S., RAWNSLEY, J.: *Traces for star products on symplectic manifolds.* J. Geom. Phys. **42** (2002), 12–18.

156. GUTT, S., RAWNSLEY, J.: *Natural Star Products on Symplectic Manifolds and Quantum Moment Maps.* Lett. Math. Phys. **66** (2003), 123–139.

157. GUTT, S., RAWNSLEY, J., STERNHEIMER, D. (HRSG.): *Poisson Geometry, Deformation Quantisation and Group Representations*, Band 323 in *London Mathematical Society Lecture Note Series.* Cambridge University Press, Cambridge, 2005.

158. HAAG, R.: *Local Quantum Physics.* Springer-Verlag, Berlin, Heidelberg, New York, 2. Auflage, 1993.

159. HAAG, R., HUGENHOLTZ, N. M., WINNINK, M.: *On the Equilibrium States in Quantum Statistical Mechanics.* Commun. Math. Phys. **5** (1967), 215–236.

160. HAAG, R., KASTLER, D., TRYCH-POHLMEYER, E. B.: *Stability and Equilibrium States.* Commun. Math. Phys. **33** (1974), 173–193.

161. HAAG, R., TRYCH-POHLMEYER, E. B.: *Stability Properties of Equilibrium States.* Commun. Math. Phys. **56** (1977), 213–224.

162. HALBOUT, G. (HRSG.): *Deformation Quantization*, Band 1 in *IRMA Lectures in Mathematics and Theoretical Physics.* Walter de Gruyter, Berlin, New York, 2002.

163. HALL, B. C.: *Lie Groups, Lie Algebras, and Representations*, Band 222 in *Graduate Texts in Mathematics.* Springer-Verlag, Berlin, Heidelberg, New York, 2003.

164. HANSEN, F.: *Quantum Mechanics in Phase Space.* Rep. Math. Phys. **19** (1984), 361–381.

165. HAZEWINKEL, M., GERSTENHABER, M. (HRSG.): *Deformation Theory of Algebras and Structures and Applications.* Kluwer Academic Press, Dordrecht, 1988.

166. HELGASON, S.: *Differential Geometry and Symmetric Spaces.* American Mathematical Society, Providence, Rhode Island, 2000. Reprint of the 1962 edition.

167. HENNEAUX, M., TEITELBOIM, C.: *Quantization of Gauge Systems.* Princeton University Press, New Jersey, 1992.

168. HESS, H.: *Symplectic connections in geometric quantization and factor orderings.* Dissertation, Fachbereich Physik, Freie Universität, Berlin, 1981.

169. HIRSCH, M. W.: *Differential Topology*, Band 33 in *Graduate Texts in Mathematics.* Springer-Verlag, Berlin, Heidelberg, New York, 1976.

170. HOCHSCHILD, G., KOSTANT, B., ROSENBERG, A.: *Differential Forms on regular affine Algebras.* Trans. Am. Math. Soc. **102** (1962), 383–408.

171. HONERKAMP, J., RÖMER, H.: *Klassische Theoretische Physik.* Springer-Verlag, Berlin, Heidelberg, New York, 2. Auflage, 1989.

172. HÖRMANDER, L.: *The Analysis of Linear Partial Differential Operators III*, Band 274 in *Grundlehren der mathematischen Wissenschaften.* Springer-Verlag, Berlin, Heidelberg, New York, 1985.

173. HÖRMANDER, L.: *The Analysis of Linear Partial Differential Operators I.* Springer-Verlag, Berlin, Heidelberg, New York, 2. Auflage, 1990.

174. HUEBSCHMANN, J.: *Poisson cohomology and quantization.* J. Reine Angew. Math. **408** (1990), 57–113.

175. HUEBSCHMANN, J.: *Lie-Rinehart algebras, Gerstenhaber algebras, and Batalin-Vilkovisky algebras.* Ann. Inst. Fourier **48** (1998), 425–440.

176. HUMPHREYS, J. E.: *Introdution to Lie Algebras and Representation Theory*, Band 9 in *Graduate Texts in Mathematics*. Springer-Verlag, Berlin, Heidelberg, New York, 1997. Seventh corrected printing.

177. HUYBRECHTS, D.: *Complex Geometry: an Introduction*. Springer-Verlag, Heidelberg, Berlin, New York, 2005.

178. JACOBSON, N.: *Basic Algebra I*. Freeman and Company, New York, 2. Auflage, 1985.

179. JÄNICH, K.: *Topologie*. Springer-Verlag, Berlin, Heidelberg, New York, 4. Auflage, 1994.

180. JÄNICH, K.: *Vektoranalysis*. Springer-Verlag, Heidelberg, Berlin, New York, 4. Auflage, 2003.

181. KADISON, R. V., RINGROSE, J. R.: *Fundamentals of the Theory of Operator Algebras. Volume I: Elementary Theory*, Band 15 in *Graduate Studies in Mathematics*. American Mathematical Society, Providence, 1997.

182. KADISON, R. V., RINGROSE, J. R.: *Fundamentals of the Theory of Operator Algebras. Volume II: Advanced Theory*, Band 16 in *Graduate Studies in Mathematics*. American Mathematical Society, Providence, 1997.

183. KAMMERER, J. B.: *Analysis of the Moyal product in a flat space*. J. Math. Phys. **27** (1986), 529–535.

184. KARABEGOV, A. V.: *Deformation Quantization with Separation of Variables on a Kähler Manifold*. Commun. Math. Phys. **180** (1996), 745–755.

185. KARABEGOV, A. V.: *On deformation quantization on a Kählerian manifold that is related to the Berezin quantization. (Russian)*. Funktsional. Anal. i Prilozhen. **30** (1996), 87–89.

186. KARABEGOV, A. V.: *Berezin's quantization on flag manifolds and spherical modules*. Trans. Amer. Math. Soc. **350**.4 (1998), 1467–1479.

187. KARABEGOV, A. V.: *Cohomological Classification of Deformation Quantizations with Separation of Variables*. Lett. Math. Phys. **43** (1998), 347–357.

188. KARABEGOV, A. V.: *On the Canonical Normalization of a Trace Density of Deformation Quantization*. Lett. Math. Phys. **45** (1998), 217–228.

189. KARABEGOV, A. V.: *Pseudo-Kähler Quantization on Flag Manifolds*. Commun. Math. Phys. **200** (1999), 355–379.

190. KARABEGOV, A. V.: *On Fedosov's approach to Deformation Quantization with Separation of Variables*. In: DITO, G., STERNHEIMER, D. (HRSG.): *Conférence Moshé Flato 1999. Quantization, Deformations, and Symmetries*. [96].

191. KARABEGOV, A. V., SCHLICHENMAIER, M.: *Almost-Kähler Deformation Quantization*. Lett. Math. Phys. **57** (2001), 135–148.

192. KARABEGOV, A. V., SCHLICHENMAIER, M.: *Identification of Berezin-Toeplitz deformation quantization*. J. reine angew. Math. **540** (2001), 49–76.

193. KARASEV, M.: *Formulas for noncommutative products of functions in terms of membranes and strings. I*. Russian J. Math. Phys. **2**.4 (1994), 445–462 (1995).

194. KARASEV, M. V., MASLOV, V. P.: *Nonlinear Poisson Brackets. Geometry and Quantization*, Band 119 in *Translation of Mathematical Monographs*. American Mathematical Society, Providence, Rhode Island, 1993.

195. KARASEV, M. V., OSBORN, T. A.: *Symplectic areas, quantization, and dynamics in electromagnetic fields*. J. Math. Phys. **43** (2002), 756–788.

196. KARASEV, M. V., OSBORN, T. A.: *Quantum Magnetic Algebra and Magnetic Curvature*. J. Phys. A **37** (2004), 2345–2363.

197. KARASEV, M. V., OSBORN, T. A.: *Cotangent bundle quantization: Entangling of metric and magnetic field*. J. Phys. A **38** (2005), 8549–8578.

198. KASSEL, C.: *Quantum Groups*, Band 155 in *Graduate Texts in Mathematics*. Springer-Verlag, New York, Berlin, Heidelberg, 1995.

199. KELLEY, J. L.: *General Topology*. *Graduate Texts in Mathematics* Nr. **27**. Springer-Verlag, New York, Heidelberg, Berlin, 1955.

200. KIRILLOV, A. A.: *Elements of the theory of representations*, Band 220 in *Grundlehren der Mathematischen Wissenschaften*. Springer-Verlag, Berlin, 1976. Translated from the Russian by Edwin Hewitt.

201. KOBAYASHI, S., NOMIZU, K.: *Foundations of Differential Geometry II*. *Interscience Tracts in Pure and Applied Mathematics* Nr. **15**. John Wiley & Sons, New York, London, Sydney, 1969.

202. KOLÁŘ, I., MICHOR, P. W., SLOVÁK, J.: *Natural Operations in Differential Geometry*. Springer-Verlag, Berlin, Heidelberg, New York, 1993.

203. KONTSEVICH, M.: *Deformation Quantization of Poisson Manifolds, I*. Preprint **q-alg/9709040** (September 1997).

204. KONTSEVICH, M.: *Formality Conjecture*. In: STERNHEIMER, D., RAWNSLEY, J., GUTT, S. (HRSG.): *Deformation Theory and Symplectic Geometry*. [294], 139–156.

205. KONTSEVICH, M.: *Operads and Motives in Deformation Quantization*. Lett. Math. Phys. **48** (1999), 35–72.

206. KONTSEVICH, M.: *Deformation Quantization of Poisson manifolds*. Lett. Math. Phys. **66** (2003), 157–216.

207. KOSMANN-SCHWARZBACH, Y.: *Exact Gerstenhaber algebras and Lie bialgebroids*. Acta Appl. Math. **41**.1-3 (1995), 153–165. Geometric and algebraic structures in differential equations.

208. KOSMANN-SCHWARZBACH, Y.: *Les Théorèmes de Noether*. *Histoire des Mathématiques*. Édition de l'École Polytechniques, Paris, 2004.

209. KOSMANN-SCHWARZBACH, Y.: *Quasi, twisted, and all that...in Poisson geometry and Lie algebroid theory*. In: MARSDEN, J. E., RATIU, T. S. (HRSG.): *The breadth of symplectic and Poisson geometry*, Band 232 in *Progress in Mathematics*, 363–389. Birkhäuser Boston Inc., Boston, MA, 2005. Festschrift in honor of Alan Weinstein.

210. KOSTANT, B.: *Quantization and Unitary Representation. Part I: Prequantization*. In: TAAM, C. T. (HRSG.): *Lectures in Modern Analysis and Application*, Band 170 in *Lecture Notes in Mathematics*, 87–208. Springer-Verlag, Berlin, 1970.

211. KOSTANT, B.: *Graded manifolds, graded Lie theory, and prequantization*. In: BLEULER, K., REETZ, A. (HRSG.): *Differential geometrical methods in mathematical physics (Proc. Sympos., Univ. Bonn, Bonn, 1975)*, Band 570 in *Lecture Notes in Mathematics*, 177–306. Springer-Verlag, Berlin, 1977. Proceedings of the Symposium held at the University of Bonn, July 1–4, 1975.

212. KOSZUL, J. L.: *Crochet de Schouten-Nijenhuis et cohomologie*. Astérisque **1985** (1985), 257–271.

213. KUBO, R.: *Statistical-mechanical theory of irreversible processes, I. General theory and simple applications to magnetic and conduction problems*. J. Phys. Soc. Japan **12** (1957), 570–586.

214. LANCE, E. C.: *Hilbert C^*-modules. A Toolkit for Operator algebraists*, Band 210 in *London Mathematical Society Lecture Note Series*. Cambridge University Press, Cambridge, 1995.

215. LANDI, G.: *An Introduction to Noncommutative Spaces and Their Geometries.* *Lecture Notes in Physics* Nr. **m51**. Springer-Verlag, Heidelberg, Berlin, New York, 1997.

216. LANDSMAN, N. P.: *Mathematical Topics between Classical and Quantum Mechanics.* *Springer Monographs in Mathematics.* Springer-Verlag, Berlin, Heidelberg, New York, 1998.

217. LANDSMAN, N. P.: *Between Classical and Quantum.* Preprint **quant-ph/0506082** (2005), 100 Seiten. Erscheint in Elsevier's Handbook of the Philosophy of Science, Volume 2: Philosophy of Physics, edited by J. Earman and J. Butterfield.

218. LANDSMAN, N. P.: *When champions meet: rethinking the Bohr-Einstein debate.* Stud. Hist. Philos. Sci. B Stud. Hist. Philos. Modern Phys. **37** (2006), 212–242.

219. LANG, S.: *Algebra.* Addison-Wesley Publishing Company, Inc., Reading, Massachusetts, 3. Auflage, 1997.

220. LANG, S.: *Fundamentals of Differential Geometry*, Band 191 in *Graduate Texts in Mathematics.* Springer-Verlag, Berlin, Heidelberg, New York, 1999.

221. LIBERMANN, P., MARLE, C.-M.: *Symplectic Geometry and Analytical Mechanics.* Reidel, Dordrecht, 1987.

222. LICHNERIWICZ, A.: *Les Varietes de Poisson et leurs Algebres de Lie Associees.* J. Diff. Geom. **12** (1977), 253–300.

223. LICHNEROWICZ, A.: *Existence and Equivalence of Twisted Products on a Symplectic Manifold.* Lett. Math. Phys. **3** (1979), 495–502.

224. MACKENZIE, K. C. H.: *General Theory of Lie Groupoids and Lie Algebroids*, Band 213 in *London Mathematical Society Lecture Note Series.* Cambridge University Press, Cambridge, UK, 2005.

225. MACKENZIE, K. C. H., XU, P.: *Lie bialgebroids and Poisson groupoids.* Duke Math. J. **73**.2 (1994), 415–452.

226. MADORE, J.: *An Introduction to Noncommutative Differential Geometry and its Physical Applications.* London Mathematical Society Lecture Note Series Nr. **257**. Cambridge University Press, Cambridge, UK, 2. Auflage, 1999.

227. MAILLARD, J.-M.: *On the twisted convolution product and the Weyl transformation of tempered distributions.* J. Geom. Phys. **3**.2 (1986), 230–261.

228. MAJID, S.: *Foundations of Quantum Group Theory.* Cambridge University Press, 1995.

229. MANCHON, D.: *Une remarque sur l'exponentielle étoile.* In: *Rencontres Mathématiques de Glanon 1997*, VIII1–VIII3. Association Mathématique de Glanon, 1997.

230. MARSDEN, J. E., PATRICK, G. W., SHKOLLER, S.: *Multisymplectic geometry, variational integrators, and nonlinear PDEs.* Comm. Math. Phys. **199**.2 (1998), 351–395.

231. MARSDEN, J. E., RATIU, T. S.: *Einführung in die Mechanik und Symmetrie.* Springer-Verlag, New York, Heidelberg, 2000.

232. MARSDEN, J. E., WEINSTEIN, A.: *Some comments on the history, theory, and applications of symplectic reduction.* In: LANDSMAN, N. P., PFLAUM, M., SCHLICHENMAIER, M. (HRSG.): *Quantization of singular symplectic quotients.* Birkhäuser, Basel, Boston, Berlin, 2001.

233. MARTIN, P. C., SCHWINGER, J.: *Theory of many-particle systems, I.* Phys. Rev. **115** (1959), 1342–1373.

234. MEINRENKEN, E.: *Symplectic Geometry.* Department of Mathematics, University of Toronto, 2000. Vorlesungsskriptum. www.math.toronto.edu/~mein/.

235. MICHOR, P.: *Topics in Differential Geometry.* Schrödinger Institute, Wien, 2001. Vorlesungsskriptum. www.mat.univie.ac.at/~michor/.

236. MILNOR, J. W., STASHEFF, J. D.: *Characteristic Classes,* Band 76 in *Annals of Mathematics Studies.* Princeton University Press, Princeton, N. J., 1974.

237. MITTELSTAEDT, P.: *Philosophische Probleme der modernen Physik.* BI-Hochschultaschenbücher Nr. **50.** B. I.-Verlag, Mannheim, Wien, Zürich, 7. Auflage, 1989.

238. MOERDIJK, I., MRČUN, J.: *Introduction to Foliations and Lie Groupoids.* Cambridge studies in advanced mathematics Nr. **91.** Cambridge University Press, Cambridge, UK, 2003.

239. MORENO, C.: **-Products on Some Kähler Manifolds.* Lett. Math. Phys. **11** (1986), 361–372.

240. MORENO, C.: *Invariant Star Products and Representations of Compact Semisimple Lie Groups.* Lett. Math. Phys. **12** (1986), 217–229.

241. MORENO, C.: *Geodesic Symmetries and Invariant Star Products on Kähler Symmetric Spaces.* Lett. Math. Phys. **13** (1987), 245–257.

242. MORENO, C., ORTEGA-NAVARRO, P.: **-Products on $D^1(\mathbb{C})$, S^2 and Related Spectral Analysis.* Lett. Math. Phys. **7** (1983), 181–193.

243. MORENO, C., ORTEGA-NAVARRO, P.: *Deformation of the Algebra of Functions on Hermitian Symmetric Spaces Resulting from Quantization.* Ann. Inst. Henri Poincaré **38** (1983), 215–241.

244. MOSER, J.: *On the Volume Elements on a Manifold.* Trans. Am. Math. Soc. **120** (1965), 286–294.

245. MRČUN, J.: *On isomorphisms of algebras of smooth functions.* Proc. Amer. Math. Soc. **133**.10 (2005), 3109–3113 (electronic).

246. MÜLLER-BAHNS, M. F., NEUMAIER, N.: *Some remarks on $\mathfrak{g}$-invariant Fedosov star products and quantum momentum mappings.* J. Geom. Phys. **50** (2004), 257–272.

247. NADAUD, F.: *On Continuous and Differential Hochschild Cohomology.* Lett. Math. Phys. **47** (1999), 85–95.

248. NAKAHARA, M.: *Geometry, Topology and Physics.* Institute of Physics Publishing, Bristol, Philadelphia, 1990.

249. NEROSLAVSKI, O. M., VLASSOV, A. T.: *Sur les Déformations de l'algèbre des fonctions d'une variété symplectique.* C. R. Acad. Sc. Paris I **292** (1981), 71–73.

250. NEST, R., TSYGAN, B.: *Algebraic Index Theorem.* Commun. Math. Phys. **172** (1995), 223–262.

251. NEST, R., TSYGAN, B.: *Algebraic Index Theorem for Families.* Adv. Math. **113** (1995), 151–205.

252. NEUMAIER, N.: *Sternprodukte auf Kotangentenbündeln und Ordnungs-Vorschriften.* Diplomarbeit, Fakultät für Physik, Albert-Ludwigs-Universität, Freiburg, 1998. http://idefix.physik.uni-freiburg.de/~nine/.

253. NEUMAIER, N.: *Klassifikationsergebnisse in der Deformationsquantisierung.* Dissertation, Fakultät für Physik, Albert-Ludwigs-Universität, Freiburg, 2001. http://idefix.physik.uni-freiburg.de/~nine/.

254. NEUMAIER, N.: *Local ν-Euler Derivations and Deligne's Characteristic Class of Fedosov Star Products and Star Products of Special Type.* Commun. Math. Phys. **230** (2002), 271–288.

255. NEUMAIER, N.: *Universality of Fedosov's Construction for Star Products of Wick Type on Pseudo-Kähler Manifolds.* Rep. Math. Phys. **52** (2003), 43–80.

256. NOWAK, C. J.: *Über Sternprodukte auf nichtregulären Poissonmannigfaltigkeiten.* Dissertation, Fakultät für Physik, Albert-Ludwigs-Universität, Freiburg, 1997.

257. OMORI, H., MAEDA, Y., YOSHIOKA, A.: *Weyl Manifolds and Deformation Quantization.* Adv. Math. **85** (1991), 224–255.

258. OMORI, H., MAEDA, Y., YOSHIOKA, A.: *Existence of a Closed Star Product.* Lett. Math. Phys. **26** (1992), 285–294.

259. ORTEGA, J.-P., RATIU, T. S.: *Momentum Maps and Hamiltonian Reduction,* Band 222 in *Progress in Mathematics.* Birkhäuser, Boston, 2004.

260. PAUFLER, C., RÖMER, H.: *De Donder-Weyl equations and multisymplectic geometry.* Rep. Math. Phys. **49**.2-3 (2002), 325–334.

261. PAUFLER, C., RÖMER, H.: *Geometry of Hamiltonian n-vector fields in multisymplectic field theory.* J. Geom. Phys. **44**.1 (2002), 52–69.

262. PEETRE, J.: *Une Charactérisation abstraite des opérateurs différentiels.* Math. Skand. **7** (1959), 211–218.

263. PEETRE, J.: *Réctification a l'article ≪Une Charactérisation abstraite des opérateurs différentiels≫.* Math. Skand. **8** (1960), 116–120.

264. PFLAUM, M. J.: *A Deformation-Theoretical Approach to Weyl Quantization on Riemannian Manifolds.* Lett. Math. Phys. **45** (1998), 277–294.

265. PFLAUM, M. J.: *The normal symbol on Riemannian manifolds.* New York J. Math. **4** (1998), 97–125.

266. PFLAUM, M. J.: *On Continuous Hochschild Homology and Cohomology Groups.* Lett. Math. Phys. **44** (1998), 43–51.

267. PFLAUM, M. J.: *A deformation-theoretic approach to normal order quantization.* Russ. J. Math. Phys. **7** (2000), 82–113.

268. PITTNAUER, F.: *Vorlesung über Asymptotische Reihen. Lecture Notes in Mathematics* Nr. **301**. Springer Verlag, Berlin, Heidelberg, New York, 1972.

269. PUSZ, W., WORONOWICZ, S. L.: *Passive States and KMS States for General Quantum Systems.* Commun. Math. Phys. **58** (1978), 273–290.

270. QUERENBURG, B. V.: *Mengentheoretische Topologie.* Springer-Verlag, Berlin, Heidelberg, New York, 3. Auflage, 2001.

271. RADKO, O.: *A classification of topologically stable Poisson structures on a compact oriented surface.* J. Symplectic Geom. **1** (2002), 523–542.

272. REED, M., SIMON, B.: *Methods of Modern Mathematical Physics I: Functional Analysis.* Academic Press, New York, San Fransisco, London, 1972.

273. RIEFFEL, M. A.: *Deformation quantization for actions of $\mathbb{R}^d$.* Mem. Amer. Math. Soc. **106**.506 (1993), 93 Seiten.

274. RINEHART, G.: *Differential forms on general commutative algebras.* Trans. Amer. Math. Soc. **108** (1963), 195–222.

275. RÖMER, H.: *Klassische Mechanik und Dynamische Systeme.* Fakultät für Mathematik und Physik, Albert-Ludwigs-Universität, 1995. Vorlesungsskriptum. `idefix.physik.uni-freiburg.de/~aufgabe/`.

276. RÖMER, H.: *Theoretical Optics. An Introduction.* Wiley-VCH, Berlin, 1. Auflage, 2004.

277. RÖMER, H., FILK, T.: *Statistische Mechanik. Konzepte der Theoretischen Physik.* VCH Verlagsgesellschaft mbH., Weinheim, 1994.

278. RÖMER, H., FORGER, M.: *Elementare Feldtheorie.* VCH Verlagsgesellschaft, Weinheim, 1993.

279. RUDIN, W.: *Real and Complex Analysis*. McGraw-Hill Book Company, New York, 3. Auflage, 1987.

280. RUDIN, W.: *Functional Analysis*. McGraw-Hill Book Company, New York, 2. Auflage, 1991.

281. RUIZ, J. M.: *The Basic Theory of Power Series*. Vieweg Verlag, Braunschweig, Wiesbaden, 1993.

282. SAFAROV, Y.: *Pseudodifferential operators and linear connections*. Proc. London Math. Soc. **74** (1997), 379–416.

283. SAKAI, S.: C^*-*Algebras and* W^*-*Algebras*, Band 60 in *Ergebnisse der Mathematik und ihrer Grenzgebiete*. Springer-Verlag, Berlin, Heidelberg, New York, 1971.

284. SCHALLER, P., STROBL, T.: *Poisson structure induced (topological) field theories*. Mod. Phys. Lett. A **9**.33, 3129–3136.

285. SCHLICHENMAIER, M.: *Berezin-Toeplitz quantization of compact Kähler manifolds*. In: STRASBURGER, A., ALI, S., ANTOINE, J.-P., GAZEAU, J.-P., ODZIJEWICZ, A. (HRSG.): *Quantization, Coherent States and Poisson Structures, Proc. XIV'th Workshop on Geometric Methods in Physics Białowieża, 1995*, 101–115. Polish Scientific Publisher PWN, Warsaw, 1998.

286. SCHLICHENMAIER, M.: *Deformation quantization of compact Kähler manifolds by Berezin-Toeplitz quantization*. In: DITO, G., STERNHEIMER, D. (HRSG.): *Conférence Moshé Flato 1999. Quantization, Deformations, and Symmetries*. [96], 289–306.

287. SCHLICHENMAIER, M.: *Berezin-Toeplitz quantization and Berezin symbols for arbitrary compact Kähler manifolds*. In: SCHLICHENMAIER, M., STRASBURGER, A., ALI, S., ODZIJEWICZ, A. (HRSG.): *Coherent States, Quantization and Gravity, Bialowieza 1998*, 45–56. Warsaw University Press, Warsaw, 2001.

288. SCHMÜDGEN, K.: *Unbounded Operator Algebras and Representation Theory*, Band 37 in *Operator Theory: Advances and Applications*. Birkhäuser Verlag, Basel, Boston, Berlin, 1990.

289. SCHOTTENLOHER, M.: *Geometrie und Symmetrie in der Physik*. Vieweg Verlag, Braunschweig, Wiesbaden, 1995.

290. SEXL, R., URBANTKE, H. K.: *Gravitation und Kosmologie*. Bibliographisches Institut, Mannheim, Wien, Zrich, 3. Auflage, 1987.

291. SEXL, R. U., URBANTKE, H. K.: *Relativität, Gruppen, Teilchen*. Springer-Verlag, Wien, New York, 3. Auflage, 1992.

292. SNIATYCKI, J.: *Dirac brackets in geometric dynamics*. Ann. Inst. Henri Poincaré **XX** (1974), 365–372.

293. SOURIAU, J.-M.: *Structure des systèmes dynamiques*. *Maîtrises de mathématiques*. Dunod, Paris, 1970.

294. STERNHEIMER, D., RAWNSLEY, J., GUTT, S. (HRSG.): *Deformation Theory and Symplectic Geometry*. *Mathematical Physics Studies* Nr. **20**. Kluwer Academic Publisher, Dordrecht, Boston, London, 1997.

295. STRAUMANN, N.: *Allgemeine Relativitätstheorie und relativistische Astrophysik*, Band 150 in *Lecture Notes in Physics*. Springer-Verlag, Berlin, Heidelberg, New York, 2. Auflage, 1988.

296. SUBIN, M. A.: *Pseudodifferential operators and spectral theory*. Springer-Verlag, Berlin, Heidelberg, New York, 2. Auflage, 2001.

297. TAKESAKI, M.: *Disjointness of the KMS-States of Different Temperatures*. Commun. Math. Phys. **17** (1970), 33–41.

298. TAMARKIN, D., TSYGAN, B.: *Cyclic Formality and Index Theorems*. Lett. Math. Phys. **56** (2001), 85–97.

299. TAMARKIN, D. E.: *Formality of Chain Operad of Little Discs*. Lett. Math. Phys. **66** (2003), 65–72.

300. THE, Y.-K.: *Zum Spektrum und Sternexponential in der Deformationsquantisierung*. Diplomarbeit, Fakultät für Physik, Albert-Ludwigs-Universität, Freiburg, November 2000.

301. THIRRING, W.: *Klassische Dynamische Systeme*, Band 1 in *Lehrbuch der Mathematischen Physik*. Springer-Verlag, Wien, New York, 2. Auflage, 1988.

302. THIRRING, W.: *Klassische Feldtheorie*, Band 2 in *Lehrbuch der Mathematischen Physik*. Springer-Verlag, Wien, New York, 2. Auflage, 1990.

303. THIRRING, W.: *Quantenmechanik von Atomen und Molekülen*, Band 3 in *Lehrbuch der Mathematischen Physik*. Springer-Verlag, Wien, New York, 2. Auflage, 1994.

304. THIRRING, W.: *Quantum Mathematical Physics. Atoms, Molecules and Large Systems*. Springer-Verlag, Berlin, Heidelberg, New York, 2. Auflage, 2002.

305. UNDERHILL, J.: *Quantization on a manifold with connection*. J. Math. Phys. **19**.9 (1978), 1932–1935.

306. VAISMAN, I.: *Lectures on the Geometry of Poisson Manifolds*. Birkhäuser Verlag, Basel, Boston, Berlin, 1994.

307. VAN HOVE, L.: *Sur certaines représentations unitaires d'un groupe infini de transformations*. Mem. de l'Acad. Roy. de Belgique (Classe des Sci.) **XXVI** (1951), 61–102.

308. VON NEUMANN, J.: *Mathematische Grundlagen der Quantenmechanik*. Springer-Verlag, Heidelberg, Berlin, New York, 2. Auflage, 1996.

309. WALDMANN, S.: *Ein Sternprodukt für den komplex projektiven Raum und die Fedosov-Konstruktion für Kähler-Mannigfaltigkeiten*. Diplomarbeit, Fakultät für Physik, Albert-Ludwigs-Universität, Freiburg, 1995. 97 Seiten. http://idefix.physik.uni-freiburg.de/~stefan/.

310. WALDMANN, S.: *Zur Deformationsquantisierung in der klassischen Mechanik: Observablen, Zustände und Darstellungen*. Dissertation, Fakultät für Physik, Albert-Ludwigs-Universität, Freiburg, 1999. 190 Seiten. http://idefix.physik.uni-freiburg.de/~stefan/.

311. WALDMANN, S.: *Locality in GNS Representations of Deformation Quantization*. Commun. Math. Phys. **210** (2000), 467–495.

312. WALDMANN, S.: *A Remark on the Deformation of GNS Representations of *-Algebras*. Rep. Math. Phys. **48** (2001), 389–396.

313. WALDMANN, S.: *On the representation theory of deformation quantization*. In: HALBOUT, G. (HRSG.): *Deformation quantization*. [162], 107–133.

314. WALDMANN, S.: *The Picard Groupoid in Deformation Quantization*. Lett. Math. Phys. **69** (2004), 223–235.

315. WALDMANN, S.: *States and Representation Theory in Deformation Quantization*. Rev. Math. Phys. **17** (2005), 15–75.

316. WARNER, F. W.: *Foundations of Differentiable Manifolds and Lie Groups*, Band 94 in *Graduate Texts in Mathematics*. Springer-Verlag, New York, Berlin, Heidelberg, 1983.

317. WEINSTEIN, A.: *Lectures on Symplectic Manifolds*. Providence, Rhode Island, 1977. Expository lectures from the CBMS regional conference held at the University of North Carolina, March 8–12, 1976.

318. WEINSTEIN, A.: *The Local Structure of Poisson Manifolds.* J. Diff. Geom. **18** (1983), 523–557.

319. WEINSTEIN, A.: *Traces and triangles in symmetric symplectic spaces.* Contemp. Math. **179** (1994), 261–270.

320. WEINSTEIN, A.: *Deformation Quantization.* Astérisque .227 (1995), Exp. No. 789, 5, 389–409. Séminaire Bourbaki, Vol. 1993/94.

321. WEINSTEIN, A.: *The modular automorphism group of a Poisson manifold.* J. Geom. Phys. **23** (1997), 379–394.

322. WEINSTEIN, A.: *Poisson geometry.* Diff. Geom. Appl. **9** (1998), 213–238.

323. WEINSTEIN, A.: *Commuting vector fields with compact support,* 2006. Private communication during the Poisson 2006 conference.

324. WEINSTEIN, A., XU, P.: *Hochschild cohomology and characteristic classes for star-products.* In: KHOVANSKIJ, A., VARCHENKO, A., VASSILIEV, V. (HRSG.): *Geometry of differential equations. Dedicated to V. I. Arnold on the occasion of his 60th birthday,* 177–194. American Mathematical Society, Providence, 1998.

325. WELLS, R. O.: *Differential Analysis on Complex Manifolds,* Band 65 in *Graduate Texts in Mathematics.* Springer-Verlag, New York, Berlin, Heidelberg, 1980.

326. WIDOM, H.: *Families of Pseudodifferential Operators.* In: GOHBERG, I., KAC, M. (HRSG.): *Topics in Functional Analysis,* 345–395. Academic Press, New York, 1978.

327. WIDOM, H.: *A Complete Symbolic Calculus for Pseudodifferential Operators.* Bull. Sc. Math. **104** (1980), 19–63.

328. WOODHOUSE, N. M. J.: *Geometric Quantization.* Clarendon Press, Oxford, 1992.

329. XU, P.: *Fedosov ∗-Products and Quantum Momentum Maps.* Commun. Math. Phys. **197** (1998), 167–197.

330. YANO, K., ISHIHARA, S.: *Tangent and Cotangent Bundles,* Band 16 in *Pure and Applied Mathematics.* Marcel Dekker, Inc., New York, 1973.

Sachverzeichnis